本科教材

情境式微积分

李应岐　方晓峰　**主编**

王静　张辉　郑丽娜　**副主编**

国防工业出版社

·北京·

内 容 简 介

本书是根据高等学校非数学类专业"高等数学"课程的教学要求和教学大纲编写的,在保持传统高等数学教材体系的基础上,体现了新军事背景下对数学素养的需求和新工科理念,并深度融合了问题情境和应用情境。本书在编写过程中不仅借鉴了国内外优秀教材的特点,而且结合了火箭军工程大学高等数学教学团队多年教改和教学的经验。全书共9章,主要内容为向量代数与空间解析几何、函数与极限、导数与微分、微分中值定理及其应用、一元函数积分学、微分方程、多元数量值函数积分、多元向量值函数积分和无穷级数,并配有大量基于情境和分层的习题。

本书可作为高等学校理工科非数学类专业的高等数学教材,也可作为报考硕士研究生人员和科技工作者学习高等数学知识的参考书。

图书在版编目(CIP)数据

情境式微积分/李应岐,方晓峰主编. —北京:
国防工业出版社,2023.8(2024.1重印)
ISBN 978-7-118-12970-0

Ⅰ.①情… Ⅱ.①李… ②方… Ⅲ.①微积分 Ⅳ.
①O172

中国国家版本馆 CIP 数据核字(2023)第 137034 号

※

国防工业出版社出版发行
(北京市海淀区紫竹院南路23号 邮政编码100048)
三河市天利华印刷装订有限公司印刷
新华书店经售

*

开本 787×1092 1/16 印张 43 字数 1082 千字
2024年1月第1版第2次印刷 印数 1501—3500 册 定价 138.00 元

(本书如有印装错误,我社负责调换)

国防书店:(010)88540777 书店传真:(010)88540776
发行业务:(010)88540717 发行传真:(010)88540762

前　言

微积分作为高等数学的主要内容，是现代数学大多数数学分支的理论基础，是新工科、新农科、新医科人才培养的根基，它的应用涉及科技、生产、国防和社会活动的各个领域。不仅为高等教育后继课程学习提供必需的数学知识，同时对培养数学思维、数学学习能力、数学精神和终身发展能力有着不可替代的关键作用。然而微积分经过300多年的发展，建立了严密的理论体系和复杂的运算法则，具有高度的抽象性、严格的逻辑性、广泛的应用性和晦涩的符号语言。为了在有限的篇幅内系统介绍微积分的相关知识，几乎所有数学教材语言简洁、逻辑严密、内容系统，都只记述了数学研究者得到的结果，省去了数学家的发现过程和数学概念的出处，按照 ε-δ 法则讲述微积分的基础内容，把一元函数和多元函数分开，先讲一元函数微积分，再介绍空间解析几何和向量代数，然后再介绍多元函数微分、重积分、线面积分、微分方程和无穷级数，在每个单元中直接给出数学概念的定义、定理、命题和方法，然后再解释或证明，最后举例应用，确实结构紧凑，体系完整，逻辑严密，但这样造成了大多数学生不知概念和公式是从哪里及如何产生的，只能无可奈何地安于知其然而不知其所以然的境地，去为了应付考试而进行刷题式学习。多数学生因感到数学的晦涩难懂无用而苦恼，数学学习的动力和兴趣不高。从数学教育和人才成长的角度来看，较之数学的严密性和抽象性，更应该使学生领悟发明、发现、研究的精神和方法，并应以启发和培养这种精神为主。注重数学思维和实践动手能力的培养，关注学生的独立思考能力和数学学习能力，关注学生学习的兴趣和爱好，突出学生个性和成长，使每个学生都能得到自己满意的发展，在学习中引导学生探究和体验数学，培养学生的道德情感和发展数学研究的体验更为重要。如何使微积分有趣一些，微积分的学习变得容易些，让学生自己可以发现和建立微积分，不仅激发学生的自主学习激情和持久动力，还能增强他们的学习信心，培养学生的数学应用能力和创新思维，是我们一直以来的最大心愿。

本书编写了大量的问题情境和应用情境，试图呈现数学家的发现过程和数学概念的出处，以学生周围环境和生活实际为参照对象，为学生提供充分自由地表达、质疑、探究、讨论问题的机会和氛围，让学生在教材的阅读过程和微积分的学习中经历数学的"再创造"与"再发现过程"，体会数学的思想与方法，增强研究和运用数学的兴趣与体验，享受发现和成功应用知识的成就感。教材首先从熟悉的生活空间出发讲述空间解析几何和向量代数，然后通过诸多熟悉的生活实例介绍函数的特性和意义，体会数学语言的功用，把一元函数和多元函数的微分学结合在一起，不仅能使读者容易理解变化率和函数增量的线性近似，从数量关系理解导数和微分的本质，而且更容易掌握导数的计算法则及应用方法；在一元函数积分学之后，以物体质量为研究对象，把多元重积分、第一类线面积分用质量微元分析联系起来，使得学生更容易建立起这些积分的概念，发现计算方法，并充分体会微积分中的微元分析思想和计算方法。在每个单元的内容安排上，都是从生活或科技的真实背景出发，引出问题的数学表示，再从以前学习过的知识结构关联上建立概念和方法，严格证明，逻辑化结论，然后扩展到不同领域和不同水平的应用。在内容的表述上，我们追求描述化、数值化、图形化和符号化相结合，以强化问题的数学表述和语言表达。在知识的检验和应用上，我们遵循由简到难的顺序，设置了基本概念问题(判断、填空、选择)、达标训练(简单计算题、简答题)、思维和方法(综合题、证明题)、拓展应用(项目研究、建模应用)和发展(数值试验和论文)等,使各层次的学生都有获得感和继续探究的欲望。

  微积分是数学家300多年的研究结晶,虽然我们热切希望教材能够容易有趣一点,但是它绝不可能像小说或杂谈那么吸引人,必然会遇到读一遍甚至几遍都不太明白的内容,这也需要读者准备好纸和笔做一定的理论推导和数值计算,必须细致深入地研读,这也正是数学的独特之处。让读者不仅能洞悉数学知识的出处,更会创新应用微积分的思想和方法解决生活和工作中的问题,提出新的想法甚至是方法理论,这是我们的愿望和一直追求的目标。但是一本好的教材需要不断修正,且我们的知识和能力有限,本书错误之处定有不少,敬请读者提出宝贵的意见和建议。

编者
2023.06

目　录

第1章　向量代数与空间解析几何 ·· 1

§1.1　向量及其线性运算 ·· 1
1.1.1　向量的概念 ·· 1
1.1.2　向量的线性运算 ·· 2

§1.2　空间直角坐标系与向量的坐标 ·································· 4
1.2.1　空间直角坐标系 ·· 4
1.2.2　向量的坐标表示及代数运算 ······························ 5
1.2.3　向量的模、方向角 ······································ 7

§1.3　数量积　向量积　*混合积 ···································· 10
1.3.1　向量的数量积 ·· 10
1.3.2　向量的向量积 ·· 12
1.3.3　向量的混合积 ·· 15

§1.4　平面及其方程 ·· 17
1.4.1　平面的点法式方程 ······································ 18
1.4.2　平面的一般方程 ·· 19
1.4.3　平面的截距式方程 ······································ 19
1.4.4　两平面的夹角与点到平面的距离 ·························· 20

§1.5　空间直线及其方程 ·· 23
1.5.1　空间直线的对称式方程与参数方程 ························ 23
1.5.2　空间直线的一般方程 ···································· 24
1.5.3　两直线的夹角 ·· 25
1.5.4　直线与平面的夹角 ······································ 26
1.5.5　平面束 ·· 27

§1.6　曲面及其方程 ·· 30
1.6.1　空间曲面研究的基本问题 ································ 30
1.6.2　旋转曲面及其方程 ······································ 34
1.6.3　柱面 ·· 36
1.6.4　二次曲面 ·· 37

§1.7　空间曲线及其方程 ·· 43
1.7.1　空间曲线的一般方程 ···································· 43
1.7.2　空间曲线的参数方程 ···································· 44

  1.7.3 空间曲线在坐标面上的投影 ······ 46

第 2 章 函数与极限

§2.1 函数的基本概念 ······ 50
  2.1.1 相关概念 ······ 50
  2.1.2 函数的概念及其表达 ······ 53
  2.1.3 反函数与复合函数 ······ 60
  2.1.4 多项式函数与基本初等函数 ······ 62
  2.1.5 初等函数与双曲函数 ······ 70
  2.1.6 函数的参数表示与极坐标表示 ······ 73

§2.2 数列的极限 ······ 86
  2.2.1 数列极限的概念 ······ 86
  2.2.2 收敛数列的性质 ······ 92
  2.2.3 数列极限的运算法则 ······ 94
  2.2.4 数列及其子列的关系 ······ 96

§2.3 函数的极限 ······ 98
  2.3.1 自变量趋于无穷大时函数的极限 ······ 98
  2.3.2 自变量趋于有限值时函数的极限 ······ 102
  2.3.3 函数极限的性质与运算法则 ······ 110
  2.3.4 极限存在准则与两个重要极限 ······ 117

§2.4 无穷小量与无穷大量 ······ 128
  2.4.1 无穷小量及其阶数 ······ 128
  2.4.2 无穷小量的等价代换 ······ 132
  2.4.3 无穷大量 ······ 133

§2.5 连续函数 ······ 138
  2.5.1 函数连续性概念与间断点 ······ 138
  2.5.2 连续函数的运算法则与初等函数的连续性 ······ 142
  2.5.3 闭区间上连续函数的性质 ······ 146

§2.6 多元函数的极限与连续性 ······ 153
  2.6.1 二重极限的概念 ······ 153
  2.6.2 多元函数的连续性概念及其性质 ······ 155

第 3 章 导数与微分

§3.1 导数的概念 ······ 159
  3.1.1 一元函数的导数 ······ 159
  3.1.2 多元函数的偏导数 ······ 167

§3.2 函数的求导法则 ······ 173
  3.2.1 函数的和、差、积、商的求导法则 ······ 173

3.2.2 反函数的求导法则 ……………………………………………………… 177
3.2.3 一元复合函数的求导法则 …………………………………………… 179
3.2.4 多元复合函数的求导法则 …………………………………………… 186

§3.3 隐函数求导法则 ……………………………………………………………… 194
3.3.1 由一个方程确定的函数的求导 ……………………………………… 194
3.3.2 由参数方程确定的函数的导数 ……………………………………… 201
3.3.3 由方程组确定的函数的导数 ………………………………………… 204
3.3.4 相关变化率 …………………………………………………………… 207

§3.4 函数的微分 …………………………………………………………………… 211
3.4.1 一元函数的微分 ……………………………………………………… 211
3.4.2 多元函数的全微分 …………………………………………………… 217
3.4.3 微分在近似计算中的应用 …………………………………………… 228

§3.5 向量值函数的微分及其应用 ………………………………………………… 234
3.5.1 向量值函数及空间曲线的参数方程 ………………………………… 234
3.5.2 向量值函数的导数 …………………………………………………… 236
3.5.3 空间曲线的切线与法平面 …………………………………………… 238
3.5.4 曲面的切平面与法线 ………………………………………………… 241

§3.6 多元函数的方向导数与梯度 ………………………………………………… 246
3.6.1 方向导数 ……………………………………………………………… 246
3.6.2 梯度 …………………………………………………………………… 249

第4章 微分中值定理及其应用 ………………………………………………… 255

§4.1 微分中值定理 ………………………………………………………………… 255
4.1.1 罗尔定理 ……………………………………………………………… 256
4.1.2 拉格朗日中值定理 …………………………………………………… 257
4.1.3 柯西中值定理 ………………………………………………………… 261

§4.2 洛必达法则 …………………………………………………………………… 264
4.2.1 $\frac{0}{0}$型与$\frac{\infty}{\infty}$型未定式 ……………………………………………… 264
4.2.2 其他类型的未定式 …………………………………………………… 267

§4.3 泰勒公式 ……………………………………………………………………… 269
4.3.1 具有拉格朗日余项的泰勒公式 ……………………………………… 270
4.3.2 具有皮亚诺余项的泰勒公式 ………………………………………… 271
4.3.3 泰勒公式的应用 ……………………………………………………… 272
4.3.4 二元函数的泰勒公式 ………………………………………………… 277

§4.4 一元函数性态研究 …………………………………………………………… 280
4.4.1 函数的极值与最值 …………………………………………………… 280
4.4.2 函数的单调性与曲线的凹凸性 ……………………………………… 287

  4.4.3 函数图形的描绘 ········· 296
  4.4.4 曲线的曲率 ············ 300
 §4.5 多元函数的极值与最值 ········ 307
  4.5.1 多元函数的极值 ········· 307
  4.5.2 多元函数的最值 ········· 310
  4.5.3 拉格朗日乘数法 ········· 313
 §4.6 方程近似解与最小二乘法 ······· 320
  4.6.1 方程近似解 ············ 320
  4.6.2 最小二乘法 ············ 323

第5章 一元函数积分学 ············ 328

 §5.1 定积分的概念与性质 ········· 328
  5.1.1 有限与逼近 ············ 329
  5.1.2 定积分的概念 ··········· 336
  5.1.3 定积分的性质 ··········· 340
  5.1.4 定积分的近似计算 ········ 346
 §5.2 微积分基本定理 ············ 355
  5.2.1 微积分基本定理 ········· 356
  5.2.2 微积分基本公式 ········· 358
  5.2.3 变限积分函数及其导数 ····· 361
 §5.3 积分法 ················· 365
  5.3.1 不定积分的概念与性质 ····· 366
  5.3.2 积分换元法 ············ 368
  5.3.3 分部积分法 ············ 378
  5.3.4 有理函数的积分法 ········ 381
 §5.4 定积分的应用 ············· 389
  5.4.1 定积分的元素法 ········· 389
  5.4.2 定积分在几何上的应用 ····· 393
  5.4.3 定积分在物理上的应用 ····· 410
  5.4.4 定积分在其他方面的应用 ···· 419
 §5.5 反常积分 ················ 427
  5.5.1 无穷限的反常积分 ········ 427
  5.5.2 无界函数的反常积分 ······ 430
  5.5.3 反常积分敛散性的判别法 ···· 433

第6章 微分方程 ·················· 437

 §6.1 微分方程的基本概念 ········· 437
 §6.2 一阶微分方程 ············· 442

  6.2.1 可分离变量的微分方程 …… 442
  6.2.2 一阶线性微分方程 …… 445
  6.2.3 伯努利方程 …… 447
§6.3 二阶微分方程 …… 449
  6.3.1 可降阶的二阶微分方程 …… 449
  6.3.2 二阶线性微分方程 …… 451
  6.3.3 二阶常系数齐次线性微分方程 …… 456
  6.3.4 二阶常系数非齐次线性微分方程 …… 461
  6.3.5 二阶齐次线性微分方程的幂级数解法 …… 466
§6.4 一阶微分方程的数值解 …… 471
  6.4.1 欧拉法 …… 471
  6.4.2 龙格-库塔法 …… 473

第7章 多元数量值函数积分 …… 476

§7.1 多元数量值函数积分的概念与性质 …… 476
  7.1.1 微元法与物体质量的计算 …… 476
  7.1.2 多元数量值函数积分的概念 …… 478
  7.1.3 多元数量值函数积分的性质 …… 481
§7.2 对弧长的曲线积分的计算 …… 484
  7.2.1 求曲线型构件的质量 …… 485
  7.2.2 对弧长的曲线积分的计算 …… 485
  7.2.3 对弧长的曲线积分的几何意义 …… 488
§7.3 二重积分的计算 …… 490
  7.3.1 求平面薄片的质量 …… 490
  7.3.2 利用直角坐标系计算二重积分 …… 492
  7.3.3 利用极坐标系计算二重积分 …… 495
§7.4 对面积的曲面积分的计算 …… 505
  7.4.1 曲面面积的计算 …… 506
  7.4.2 对面积的曲面积分的计算 …… 507
  7.4.3 杂例 …… 509
§7.5 三重积分的计算 …… 512
  7.5.1 空间物体质量的计算 …… 512
  7.5.2 直角坐标系下三重积分的计算 …… 513
  7.5.3 柱面坐标系下三重积分的计算 …… 517
  7.5.4 球面坐标系下三重积分的计算 …… 519
§7.6 多元数量值函数积分的应用 …… 526
  7.6.1 曲顶柱体的体积 …… 526
  7.6.2 矩和质心 …… 529

  7.6.3 转动惯量 532
  7.6.4 引力 535
 *§7.7 重积分的换元法 538
  7.7.1 坐标变换 538
  7.7.2 二重积分的换元法 540
  7.7.3 三重积分的换元法 544

第8章 多元向量值函数积分 548

 §8.1 对坐标曲线积分的概念与计算 548
  8.1.1 数量场和向量场的概念 548
  8.1.2 对坐标的曲线积分的概念 551
  8.1.3 对坐标的曲线积分的计算 553
  8.1.4 曲线积分与路径无关 556
  8.1.5 保守场和势函数 556
 §8.2 对坐标曲面积分的概念与计算 563
  8.2.1 曲面的侧 563
  8.2.2 对坐标的曲面积分的概念及性质 567
  8.2.3 对坐标的曲面积分的计算 568
 §8.3 散度和旋度 576
  8.3.1 散度 576
  8.3.2 旋度 578
 §8.4 线、面积分与重积分的联系 584
  8.4.1 格林公式 584
  8.4.2 高斯公式 592
  8.4.3 斯托克斯公式 596
 §8.5 外微分初步 607
  8.5.1 外乘积、外微分形式 607
  8.5.2 外微分运算、Poincaré 引理及其逆定理 609
  8.5.3 梯度、旋度与散度的数学意义 612
  8.5.4 多变量微积分的基本定理 613

第9章 无穷级数 616

 §9.1 常数项级数的概念与性质 616
  9.1.1 常数项级数的概念 617
  9.1.2 收敛级数的基本性质 621
 §9.2 常数项级数的审敛法 625
  9.2.1 正项级数及其审敛法 625
  9.2.2 交错级数及其审敛法 631

9.2.3　绝对收敛与条件收敛 ·· 633
§9.3　幂级数 ··· 637
　　9.3.1　函数项级数的概念 ·· 637
　　9.3.2　幂级数的收敛性 ··· 639
　　9.3.3　幂级数的运算性质 ·· 644
　　9.3.4　函数展开成幂级数及其应用 ··· 646
§9.4　傅里叶级数 ··· 659
　　9.4.1　周期为 2π 的函数展开成傅里叶级数 ··· 660
　　9.4.2　正弦级数和余弦级数 ·· 667
　　9.4.3　周期为 $2l$ 的函数展开成傅里叶级数 ··· 671

参考文献 ·· 676

第1章 向量代数与空间解析几何

在中学阶段,我们学习了平面解析几何,通过平面直角坐标系把平面上的点与一对有序数组建立关系,将平面上的图形和方程联系起来,实现用代数方法来研究几何问题。本章我们将学习空间解析几何,建立空间直角坐标系,再用代数的方法来研究空间的几何问题,它是我们学习微积分学不可缺少的基础。

我们首先学习向量代数的相关内容,为建立空间解析几何的知识体系奠定必要的知识基础,然后主要讨论空间平面、直线、曲面和曲线等有关知识。

§1.1 向量及其线性运算

1.1.1 向量的概念

在日常生活中,我们经常会遇到两类量。一类只有大小,但没有方向,我们称之为**数量**,如温度、时间、面积、质量等。还有一类量既有大小,又有方向,如位移、速度、加速度、力、力矩等,我们常把这类量称为**向量**,也称为**矢量**,在几何上,常用一条有向线段来表示这类量,有向线段的长度表示向量的大小,有向线段的方向表示向量的方向。

如图 1-1-1 所示,将以 A 为起点、B 为终点的有向线段记作向量 $\overrightarrow{AB}$,有时也用黑体字母表示向量(**在书写时,字母上面加箭头**),例如 $\boldsymbol{a}$,$\boldsymbol{r}$,$\boldsymbol{v}$,$\boldsymbol{F}$ 或 $\vec{a}$,$\vec{r}$,$\vec{v}$,$\vec{F}$。

在物理学中,矢量不仅与大小和方向有关,有时还要考虑力的作用点。在数学上,有时研究向量不考虑向量的起点,只关注它们的大小和方向,称这样的向量为**自由向量**,即可以自由进行平行移动。

把向量的大小叫作**向量的模**,向量 $\overrightarrow{AB}$ 的模常用符号 $|\overrightarrow{AB}|$ 表示。模等于 1 的向量称为**单位向量**,模等于 0 的向量叫作**零向量**,记为 **0**。由于零向量的起点和终点重合,因此它的方向可以是任意的。

图 1-1-1

如果两个向量 $\boldsymbol{a}$ 和 $\boldsymbol{b}$ 的模相等,且方向相同,我们就说向量 $\boldsymbol{a}$ 和 $\boldsymbol{b}$ 是**相等**的,记作 $\boldsymbol{a}=\boldsymbol{b}$。

与向量 $\boldsymbol{a}$ 大小相等、方向相反的向量叫作向量 $\boldsymbol{a}$ 的**负向量**,记作 $-\boldsymbol{a}$。

为了研究向量之间以及后续研究平面与平面、直线与直线、直线与平面的位置关系,我们引入向量的夹角这一概念。

设有两个非零向量 $\boldsymbol{a}$ 和 $\boldsymbol{b}$,任取空间一点 O,作 $\overrightarrow{OA}=\boldsymbol{a}$,$\overrightarrow{OB}=\boldsymbol{b}$,规定不超过 π 的 $\angle AOB$(设 $\varphi=\angle AOB, 0\leq\varphi\leq\pi$)称为向量 $\boldsymbol{a}$ 和 $\boldsymbol{b}$ 的**夹角**(图 1-1-2),记作 $(\widehat{\boldsymbol{a},\boldsymbol{b}})$ 或 $(\widehat{\boldsymbol{b},\boldsymbol{a}})$,即 $(\widehat{\boldsymbol{a},\boldsymbol{b}})=\varphi$。如果向量 $\boldsymbol{a}$ 和 $\boldsymbol{b}$ 中有一个是零向量,则规定它们的夹角可以在 0 和 π 之间任意取值。

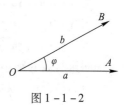

图 1-1-2

特别地,当 $(\widehat{\boldsymbol{a},\boldsymbol{b}})=0$ 或 π 时,称向量 $\boldsymbol{a}$ 与 $\boldsymbol{b}$ **平行**,记作 $\boldsymbol{a}//\boldsymbol{b}$;

当 $(\widehat{\boldsymbol{a},\boldsymbol{b}})=\dfrac{\pi}{2}$ 时,就称向量 $\boldsymbol{a}$ 与 $\boldsymbol{b}$ **垂直**,记作 $\boldsymbol{a}\perp\boldsymbol{b}$。

1.1.2 向量的线性运算

1. 向量的加减法

向量加法的运算规则(称**三角形法则**):设有两个向量 a 和 b,任取一点 A,作向量 $\overrightarrow{AB}=a$,再以 B 起点,作向量 $\overrightarrow{BC}=b$,连接 AC(图 1-1-3),那么向量 $\overrightarrow{AC}$ 称为向量 a 和 b 的和,记作 $a+b$,即 $\overrightarrow{AC}=a+b$。

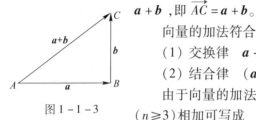

图 1-1-3

向量的加法符合下列运算规律:
(1) 交换律 $a+b=b+a$;
(2) 结合律 $(a+b)+c=a+(b+c)$。

由于向量的加法符合交换律和结合律,故 n 个向量 $a_1,a_2,\cdots,a_n$ ($n\geqslant 3$)相加可写成

$$a_1+a_2+\cdots+a_n$$

并可按照三角形法则计算如下:前一个向量的终点作为下一向量的起点,相继作向量 a_1, $a_2,\cdots,a_n$,再以第一个向量的起点为起点,最后一个向量的终点为终点作一向量,这个向量即为所求的和。

同理可以建立向量减法的运算规则,规定两个向量 b 与 a 的差为

$$b-a=b+(-a)$$

即 $(b-a)$ 等于向量 b 加上向量 a 的负向量。因此,向量的减法仍可按照三角形法则进行运算,这里不再赘述。关于向量加减法,除了可以使用三角形法则之外,也可以利用**平行四边形法则**进行计算。

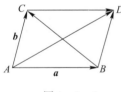

图 1-1-4

设有两个向量 a 和 b,作 $\overrightarrow{AB}=a$,$\overrightarrow{AC}=b$,以 AB、AC 为邻边作平行四边形(图 1-1-4),则有

$$\overrightarrow{AD}=a+b$$

$$\overrightarrow{BC}=b-a\,(\text{向量的方向是指向被减向量})$$

2. 向量与数的乘法

向量与数的乘法运算规则(简称**数乘**):向量 a 与实数 λ 的乘积记作 λa,规定 λa 是一个向量,它的模为

$$|\lambda a|=|\lambda||a|$$

它的方向为:

当 $\lambda>0$ 时,λa 与 a 相同,模等于 $|a|$ 的 λ 倍,即 $|\lambda a|=\lambda|a|$;

当 $\lambda<0$ 时,λa 与 a 相反,模等于 $|a|$ 的 $|\lambda|$ 倍,即 $|\lambda a|=|\lambda||a|$;

当 $\lambda=0$ 时,λa 是一个零向量,即 $\lambda a=\mathbf{0}$。

向量与数的乘法符合下列运算规律:

(1) 结合律 $\lambda(\mu a)=\mu(\lambda a)=(\lambda\mu)a$ $\hspace{4em}$ (λ,μ 为实数);
(2) 分配律 $(\lambda+\mu)a=\lambda a+\mu a$ $\hspace{3em}$ $\lambda(a+b)=\lambda a+\lambda b$ $\hspace{2em}$ (λ,μ 为实数)。

向量的加减法以及向量的数乘运算统称为向量的**线性运算**。关于线性运算所满足的运算规律,可以利用相应运算的定义进行简单证明,这里不再赘述。

3. 数乘的应用

（1）向量的单位化。已知非零向量 a，则其模 $|a|>0$。记

$$e_a = \frac{a}{|a|}$$

则有 $|e_a| = \left|\frac{a}{|a|}\right| = 1$，由于 $|a|>0$，因此 $e_a = \frac{a}{|a|}$ 为与向量 a 同方向的单位向量，这一过程也称为向量的**单位化**。

（2）向量平行的判定。因为向量 λa 与向量 a 平行，因此可以用向量与数的乘积来说明两个向量的平行关系，有如下定理。

定理 1－1－1 设向量 $a \neq 0$，则向量 b 平行于向量 a 的充分必要条件是：存在唯一的实数 λ，使 $b = \lambda a$。

证明 先证条件的充分性。由向量数乘的定义容易得出，当 $b = \lambda a$ 时，$b /\!/ a$。
再证条件的必要性。

设 $b /\!/ a$，取 $|\lambda| = |b|/|a|$，当 b 与 a 同向时 λ 取正值，当 b 与 a 反向时 λ 取负值，即有 $b = \lambda a$。这是因为此时 b 与 λa 同向，且

$$|\lambda a| = |\lambda||a| = \frac{|b|}{|a|}|a| = |b|$$

下面说明 λ 的唯一性。

设 $b = \lambda a$，又设 $b = \mu a$，两式相减，便得

$$(\lambda - \mu)a = 0$$

即 $|\lambda - \mu||a| = 0$。因 $a \neq 0$，故 $|\lambda - \mu| = 0$，即 $\lambda = \mu$。证毕。

该定理是建立数轴的理论依据（图 1－1－5）。对于数轴上任意一点 P，对应一个向量 $\overrightarrow{OP}$，由于 $\overrightarrow{OP} /\!/ i$（$i$ 为单位向量），根据定理 1，必有唯一的实数 x，使 $\overrightarrow{OP} = xi$（实数 x 叫作数轴上有向线段的值），并知 $\overrightarrow{OP}$ 与实数 x 一一对应。于是

点 $P \leftrightarrow$ 向量 $\overrightarrow{OP} = xi \leftrightarrow$ 实数 x

从而数轴上的点 P 与实数 x 有一一对应的关系。据此，定义实数 x 为数轴上点的坐标。

例 1－1－1 已知平行四边形两邻边向量 $\overrightarrow{OA} = a$，$\overrightarrow{OB} = b$，其对角线交点为 M，求 $\overrightarrow{OM}$，$\overrightarrow{MA}$，$\overrightarrow{MB}$。

解：如图 1－1－6 所示，显然 $\overrightarrow{OC} = 2\overrightarrow{OM}$，又 $\overrightarrow{OC} = a + b$，可得

$$2\overrightarrow{OM} = a + b, \quad \overrightarrow{OM} = \frac{a+b}{2}$$

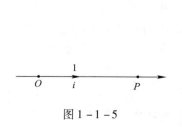

图 1－1－5

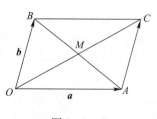

图 1－1－6

又 $\overrightarrow{OM} + \overrightarrow{MA} = \overrightarrow{OA} = a$，即

$$\frac{1}{2}(a+b) + \overrightarrow{MA} = a$$

所以 $\overrightarrow{MA} = a - \frac{1}{2}(a+b) = \frac{1}{2}(a-b)$，$\overrightarrow{MB} = -\overrightarrow{MA} = \frac{1}{2}(b-a)$。

习题 1-1
（A）

1. 设正六边形的六个顶点按逆时针方向分别为 A,B,C,D,E,F，记 $\overrightarrow{AB} = a$，$\overrightarrow{AE} = b$，试用向量 a,b 表示向量 $\overrightarrow{AC}$，$\overrightarrow{AD}$，$\overrightarrow{AF}$ 和 $\overrightarrow{CB}$。

2. 设 $u = a + b - 2c$，$v = -a - 3b + c$，试用 a,b,c 表示 $2u - 3v$。

3. 假设平行四边形 $ABCD$ 的对角线向量 $\overrightarrow{AC} = a$，$\overrightarrow{BD} = b$，试求 $\overrightarrow{AB}$，$\overrightarrow{BC}$。

4. 设 a_1 与 a_2 是两个不共线向量，$\overrightarrow{AB} = a_1 - 2a_2$，$\overrightarrow{BC} = 2a_1 + 3a_2$，$\overrightarrow{CD} = -a_1 - 5a_2$。证明点 A,B,D 在一条直线上。

5. 用向量的方法证明：任意三角形两边中点的连线平行于第三边，并且等于第三边的一半。

（B）

1. 用向量的方法证明：四边形 $ABCD$ 是平行四边形的充分必要条件是它的对角线互相平分。

2. 设 C 位于线段 AB 上，且分 AB 为 $m:n$，即 $AC:CB = m:n$，求 C 点的向径。

3. 试用向量法证明：三角形各边依次以同比分之，则三个分线所围成三角形必与原三角形有相同的重心。

§1.2 空间直角坐标系与向量的坐标

1.2.1 空间直角坐标系

在平面解析几何中，通过建立平面直角坐标系，将平面上的任意一点与二元有序实数对 (a,b) 对应起来。为了进一步研究空间中的图形，需要确定空间中的一个点，类似地，我们可将三元有序实数组 (a,b,c) 与空间上的点一一对应起来，这就需要引入**空间直角坐标系**。

在空间取定一点 O 和三个两两垂直的单位向量 i,j,k，确定了三条都以 O 为原点的两两垂直的数轴，依次记为 x 轴（横轴）、y 轴（纵轴）和 z 轴（竖轴），统称为**坐标轴**。它们构成一个空间直角坐标系，称为 **$Oxyz$ 坐标系**（图 1-2-1），其中 x 轴，y 轴，z 轴满足右手法则（图 1-2-2），即当你的右手四指沿 x 轴正向以逆时针方向旋转 $90°$ 到 y 轴正向时，大拇指指向即为 z 轴正向。

注：（1）通常三个数轴应具有相同的长度单位；

（2）通常把 x 轴和 y 轴配置在水平面上，而 z 轴则是铅垂线；

（3）数轴的正向满足右手规则。

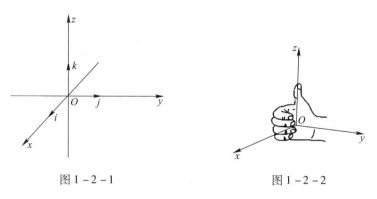

图 1-2-1　　　　　　　　图 1-2-2

在空间直角坐标系中,任意两个坐标轴都可以确定一个平面,这样的平面称为**坐标面**。x 轴及 y 轴所确定的坐标面叫作 xOy 面,另两个坐标面是 yOz 面和 zOx 面。三个坐标面把空间分成八个部分,每一部分叫作**卦限**(图 1-2-3),含有三个正半轴的卦限叫作**第一卦限**,它位于 xOy 面的上方。按逆时针方向排列着第二卦限、第三卦限和第四卦限。在 xOy 面的下方,与第一卦限对应的是第五卦限,按逆时针方向还排列着第六卦限、第七卦限和第八卦限。八个卦限分别用字母 Ⅰ、Ⅱ、Ⅲ、Ⅳ、Ⅴ、Ⅵ、Ⅶ、Ⅷ 表示。

建立了直角坐标系后,就可以建立空间中的点和三元数组之间的关系了。设 M 为空间的任意一点(图 1-2-4),过点 M 分别作垂直于三条坐标轴的平面,与三条坐标轴分别交于 P,Q,R 三点。设 x,y,z 分别是它们在 x 轴,y 轴和 z 轴上的坐标。这样,空间内任一点 M 就确定了唯一的一组有序数组 (x,y,z),称为点 M 的坐标,记为 $M(x,y,z)$,数 x,y,z 分别称为**横坐标**、**纵坐标**和**竖坐标**。

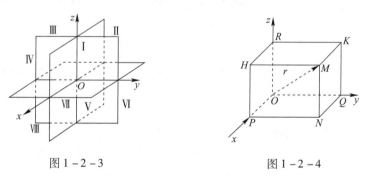

图 1-2-3　　　　　　　　图 1-2-4

反之,任给出一组有序数组 (x,y,z),它们分别在 x 轴、y 轴和 z 轴上对应的点为 P,Q,R,过这三点分别作垂直 x 轴、y 轴和 z 轴的平面,这三个平面交于 M 点,这样一组有序数组确定了空间内唯一的一个点 M,而点 M 的坐标为 (x,y,z)。这样就建立了空间一点与有序数组 (x,y,z) 的一一对应关系。

坐标面上和坐标轴上的点,其坐标各有一定的特殊性。例如:在 yOz 面上的点,有 $x=0$;同理,在 zOx 面上的点,$y=0$;在 xOy 面上的点 $z=0$。在 x 轴上的点,有 $y=z=0$;同样在 y 轴上的点,有 $z=x=0$;在 z 轴上的点,有 $x=y=0$;显然坐标原点有 $x=y=z=0$。

1.2.2　向量的坐标表示及代数运算

1. 向量的分解式、向量的投影与向量的坐标式

任给向量 r,如图 1-2-4 所示,有对应点 M,使 $\overrightarrow{OM}=r$,以 OM 为对角线、三条坐标轴为棱

5

作长方体。

(1) 向量的分解式。设 $\overrightarrow{OP}=x\boldsymbol{i}$，$\overrightarrow{OQ}=y\boldsymbol{j}$，$\overrightarrow{OR}=z\boldsymbol{k}$，则向径

$$\boldsymbol{r}=\overrightarrow{OM}=\overrightarrow{OP}+\overrightarrow{PN}+\overrightarrow{NM}=\overrightarrow{OP}+\overrightarrow{OQ}+\overrightarrow{OR}$$

$$\boldsymbol{r}=\overrightarrow{OM}=x\boldsymbol{i}+y\boldsymbol{j}+z\boldsymbol{k}$$

上式称为向量 $\boldsymbol{r}$ 按基本单位向量的**坐标分解式**，$x\boldsymbol{i},y\boldsymbol{j},z\boldsymbol{k}$ 称为向量 $\boldsymbol{r}$ 沿三个坐标轴方向的**分量**，x,y,z 分别为向量 $\boldsymbol{r}$ 的横坐标、纵坐标、竖坐标。

(2) 向量在轴上的投影。设点 O 及单位向量 $\boldsymbol{e}$ 确定 u 轴(图 1 - 2 - 5)。任给向量 $\boldsymbol{r}$，作 $\overrightarrow{OM}=\boldsymbol{r}$，过点 M 作与 u 轴垂直的平面交 u 轴于点 M' (点 M' 称作点 M 在 u 轴上的投影)，则向量 $\overrightarrow{OM'}$ 称为向量 $\boldsymbol{r}$ 在 u 轴上的分向量。设 $\overrightarrow{OM'}=\lambda\boldsymbol{e}$，则数 λ 称为向量 $\boldsymbol{r}$ 在 u 轴上的**投影**，记作

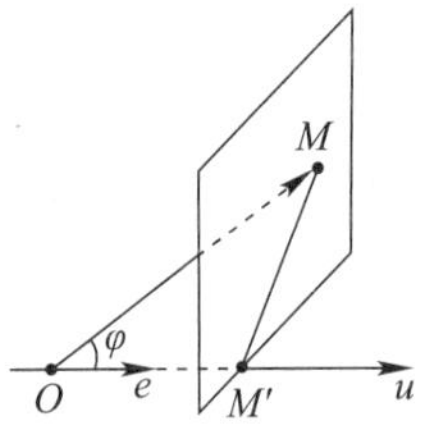

$$\mathrm{Prj}_u\boldsymbol{r} \text{ 或 } (\boldsymbol{r})_u$$

当 $\boldsymbol{r}$ 与轴 u 同向时 λ 是正的，当 $\boldsymbol{r}$ 与轴 u 反向时 λ 是负的。

图 1 - 2 - 5

按此定义，向量 $\boldsymbol{a}$ 在直角坐标系中的坐标 a_x,a_y,a_z 就是 $\boldsymbol{a}$ 在三条坐标轴上的投影，即

$$a_x=\mathrm{Prj}_x\boldsymbol{a},\quad a_y=\mathrm{Prj}_y\boldsymbol{a},\quad a_z=\mathrm{Prj}_z\boldsymbol{a}$$

由此可知，向量的投影具有与坐标相同的性质：

性质 1 $\mathrm{Prj}_u\boldsymbol{a}=|\boldsymbol{a}|\cos\varphi$，其中 φ 为向量与 u 轴的夹角；

性质 2 $\mathrm{Prj}_u(\boldsymbol{a}+\boldsymbol{b})=\mathrm{Prj}_u\boldsymbol{a}+\mathrm{Prj}_u\boldsymbol{b}$；

性质 3 $\mathrm{Prj}_u(\lambda\boldsymbol{a})=\lambda\mathrm{Prj}_u\boldsymbol{a}$。

这里需特别指出向量的投影和向量的分向量之间的区别，二者在概念上有本质的区别：

① 向量 $\boldsymbol{a}$ 在坐标轴上的投影是三个数 a_x,a_y,a_z；

② 向量 $\boldsymbol{a}$ 在坐标轴上的分向量是三个向量 $a_x\boldsymbol{i},a_y\boldsymbol{j},a_z\boldsymbol{k}$。

(3) 向量的坐标表示式。因为有序数组 a_x,a_y,a_z 与向量 $\boldsymbol{a}$ 一一对应，向量 $\boldsymbol{a}$ 在三条坐标轴上的投影 $a_x、a_y、a_z$，称其为向量 $\boldsymbol{a}$ 的坐标，并记为

$$\boldsymbol{a}=(a_x,a_y,a_z)$$

上式也称为向量 $\boldsymbol{a}$ 的**坐标表示式**。

于是，起点为 $M_1(x_1,y_1,z_1)$，终点为 $M_2(x_2,y_2,z_2)$ 的向量可以表示为

$$\overrightarrow{M_1M_2}=(x_2-x_1,y_2-y_1,z_2-z_1)$$

特别地，点 $M(x,y,z)$ 对于原点 O 的向径(起点在坐标原点的向量)

$$\overrightarrow{OM}=(x,y,z)$$

2. 坐标形式下向量的线性运算

设 $$\boldsymbol{a}=(a_x,a_y,a_z),\quad \boldsymbol{b}=(b_x,b_y,b_z)$$

即 $$\boldsymbol{a}=a_x\boldsymbol{i}+a_y\boldsymbol{j}+a_z\boldsymbol{k},\quad \boldsymbol{b}=b_x\boldsymbol{i}+b_y\boldsymbol{j}+b_z\boldsymbol{k}$$

利用向量加法的交换律与结合律以及向量与数的乘法的结合律与分配律，向量的加法、减法以及向量与数的乘法的坐标式运算如下：

$$\boldsymbol{a}+\boldsymbol{b}=(a_x+b_x)\boldsymbol{i}+(a_y+b_y)\boldsymbol{j}+(a_z+b_z)\boldsymbol{k}$$

$$\boldsymbol{a}-\boldsymbol{b}=(a_x-b_x)\boldsymbol{i}+(a_y-b_y)\boldsymbol{j}+(a_z-b_z)\boldsymbol{k}$$

$$\lambda\boldsymbol{a}=(\lambda a_x)\boldsymbol{i}+(\lambda a_y)\boldsymbol{j}+(\lambda a_z)\boldsymbol{k}(\lambda \text{ 为实数})$$

即
$$a + b = (a_x + b_x, a_y + b_y, a_z + b_z)$$
$$a - b = (a_x - b_x, a_y - b_y, a_z - b_z)$$
$$\lambda a = (\lambda a_x, \lambda a_y, \lambda a_z)$$

由此可见，对向量进行加、减及数乘，只需对向量的各个坐标分别进行相应的数量运算就行了。

上节定理指出，当向量 $a \neq 0$ 时，向量 $b // a$ 相当于 $b = \lambda a$，按坐标表示式即为
$$(b_x, b_y, b_z) = \lambda(a_x, a_y, a_z)$$
这也就相当于向量 b 与 a 对应的坐标成比例：
$$\frac{b_x}{a_x} = \frac{b_y}{a_y} = \frac{b_z}{a_z}$$
该结论提供了坐标形式下判断两向量平行的方法。

例 1-2-1 已知两点 $A(x_1, y_1, z_1)$ 和 $B(x_2, y_2, z_2)$，在 AB 直线上的点 M 分有向线段 $\overrightarrow{AB}$ 为两个有向线段 $\overrightarrow{AM}$ 与 $\overrightarrow{MB}$，为使它们的比值等于某数 $\lambda(\lambda \neq -1)$，即
$$\frac{AM}{MB} = \lambda$$
求分点 M 的坐标。

解 如图 1-2-6 所示，由于 $\overrightarrow{AM} = \overrightarrow{OM} - \overrightarrow{OA}$, $\overrightarrow{MB} = \overrightarrow{OB} - \overrightarrow{OM}$，得
$$\overrightarrow{OM} - \overrightarrow{OA} = \lambda(\overrightarrow{OB} - \overrightarrow{OM})$$
从而
$$\overrightarrow{OM} = \frac{1}{1+\lambda}(\overrightarrow{OA} + \lambda \overrightarrow{OB})$$
将 $\overrightarrow{OA}$、$\overrightarrow{OB}$ 的坐标代入，得
$$\overrightarrow{OM} = \left(\frac{x_1 + \lambda x_2}{1+\lambda}, \frac{y_1 + \lambda y_2}{1+\lambda}, \frac{z_1 + \lambda z_2}{1+\lambda}\right)$$

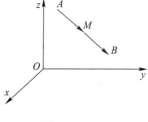

图 1-2-6

这就是分点 M 的坐标。

本例中的点 M 也叫作有向线段 $\overrightarrow{AB}$ 的 λ 分点。特别地，当 $\lambda = 1$ 时，得线段 AB 的中点为
$$M\left(\frac{x_1 + x_2}{2}, \frac{y_1 + y_2}{2}, \frac{z_1 + z_2}{2}\right)$$

1.2.3 向量的模、方向角

1. 向量的模

设向量 $r = \overrightarrow{OM} = (x, y, z)$（如图 1-2-4 所示），由勾股定理可得
$$|r| = |\overrightarrow{OM}| = \sqrt{|\overrightarrow{OP}|^2 + |\overrightarrow{OQ}|^2 + |\overrightarrow{OR}|^2}$$
又知 $|\overrightarrow{OP}| = |x|$，$|\overrightarrow{OQ}| = |y|$，$|\overrightarrow{OR}| = |z|$，于是得向量模的坐标表示式
$$|r| = \sqrt{x^2 + y^2 + z^2}$$

2. 两点间的距离公式

设点 $A(x_1, y_1, z_1)$ 和 $B(x_2, y_2, z_2)$ 则
$$\overrightarrow{AB} = \overrightarrow{OB} - \overrightarrow{OA} = (x_2, y_2, z_2) - (x_1, y_1, z_1) = (x_2 - x_1, y_2 - y_1, z_2 - z_1)$$

于是点 $A(x_1,y_1,z_1)$ 和 $B(x_2,y_2,z_2)$ 间的距离为

$$|AB|=|\overrightarrow{AB}|=\sqrt{(x_2-x_1)^2+(y_2-y_1)^2+(z_2-z_1)^2}$$

3. 方向角与方向余弦

非零向量 $\boldsymbol{r}=(x,y,z)$ 与三条坐标轴正向的夹角 α,β,γ（均大于等于 0，小于等于 π）称为向量 $\boldsymbol{r}$ 的**方向角**，其中 $\cos\alpha$、$\cos\beta$、$\cos\gamma$ 称为向量 $\boldsymbol{r}$ 的**方向余弦**，则有

$$\cos\alpha=\frac{x}{|\boldsymbol{r}|},\quad \cos\beta=\frac{y}{|\boldsymbol{r}|},\quad \cos\gamma=\frac{z}{|\boldsymbol{r}|}$$

从而

$$(\cos\alpha,\quad \cos\beta,\quad \cos\gamma)=\frac{1}{|\boldsymbol{r}|}\boldsymbol{r}=\boldsymbol{e}_r$$

上式表明，以向量 $\boldsymbol{r}$ 的方向余弦为坐标的向量就是与 $\boldsymbol{r}$ 同方向的单位向量 $\boldsymbol{e}_r$。因此

$$\cos^2\alpha+\cos^2\beta+\cos^2\gamma=1$$

该结论提供了在坐标形式下构造与已知向量同方向的单位向量的新方法。

基于上述讨论可以得到如下两条结论：

① 任意向量的方向余弦有性质：$\cos^2\alpha+\cos^2\beta+\cos^2\gamma=1$；

② 与非零向量 $\boldsymbol{a}$ 同方向的单位向量为

$$\boldsymbol{e}_a=\frac{\boldsymbol{a}}{|\boldsymbol{a}|}=\frac{1}{|\boldsymbol{a}|}(a_x,a_y,a_z)=(\cos\alpha,\cos\beta,\cos\gamma)$$

例 1-2-2 求证以 $M_1(4,3,1)$、$M_2(7,1,2)$、$M_3(5,2,3)$ 三点为顶点的三角形是一个等腰三角形。

解 因为

$$|M_1M_2|^2=(7-4)^2+(1-3)^2+(2-1)^2=14$$
$$|M_2M_3|^2=(5-7)^2+(2-1)^2+(3-2)^2=6$$
$$|M_1M_3|^2=(5-4)^2+(2-3)^2+(3-1)^2=6$$

所以 $|M_2M_3|=|M_1M_3|$，即 $\triangle M_1M_2M_3$ 为等腰三角形。

例 1-2-3 在 z 轴上求与两点 $A(-4,1,7)$ 和 $B(3,5,-2)$ 等距离的点。

解 设所求的点为 $M(0,0,z)$，依题意有 $|MA|^2=|MB|^2$，

即 $(0+4)^2+(0-1)^2+(z-7)^2=(3-0)^2+(5-0)^2+(-2-z)^2$

解之得 $z=\frac{14}{9}$，所以，所求的点为 $M\left(0,0,\frac{14}{9}\right)$。

例 1-2-4 已知两点 $A(4,0,5)$ 和 $B(7,1,3)$，求与 $\overrightarrow{AB}$ 方向相同的单位向量 $\boldsymbol{e}_{\overrightarrow{AB}}$。

解 因为 $\overrightarrow{AB}=\overrightarrow{OB}-\overrightarrow{OA}=(7,1,3)-(4,0,5)=(3,1,-2)$，

$$|\overrightarrow{AB}|=\sqrt{3^2+1^2+(-2)^2}=\sqrt{14}$$

所以

$$\boldsymbol{e}_{\overrightarrow{AB}}=\frac{\overrightarrow{AB}}{|\overrightarrow{AB}|}=\frac{1}{\sqrt{14}}(3,1,-2)$$

例 1-2-5 设已知两点 $A(2,2,0)$ 和 $B(1,3,\sqrt{2})$,计算向量 $\overrightarrow{AB}$ 的模、方向余弦和方向角。

解 向量 $\overrightarrow{AB}$ 的坐标:$\overrightarrow{AB}=(1-2,3-2,\sqrt{2}-0)=(-1,1,\sqrt{2})$,

向量 $\overrightarrow{AB}$ 的模:$|\overrightarrow{AB}|=\sqrt{(-1)^2+1^2+(-\sqrt{2})^2}=2$,

向量 $\overrightarrow{AB}$ 的方向余弦:$\cos\alpha=-\dfrac{1}{2},\cos\beta=\dfrac{1}{2},\cos\gamma=\dfrac{\sqrt{2}}{2}$,

向量 $\overrightarrow{AB}$ 的方向角:$\alpha=\dfrac{2\pi}{3},\beta=\dfrac{\pi}{3},\gamma=\dfrac{\pi}{4}$。

习题 1-2
(A)

1. 在空间直角坐标系中,点 (x,y,z) 关于 Ox 轴、Oy 轴和 Oz 轴的对称点分别为( ),( )和( );关于 yOz 平面、zOx 平面和 xOy 平面的对称点分别为( ),( )和( );关于原点 O 的对称点为( )。

2. 过点 $P_0(x_0,y_0,z_0)$ 作与 x 轴垂直相交的直线,则垂足的坐标为( );过 P_0 作 xOy 平面的垂线,则垂足为( );过 P_0 作平行于 xOy 平面的平面,则该平面上的点 (x,y,z) 的坐标必满足( )。

3. 在 yOz 平面上,求与三点 $A(3,1,2)$、$B(4,-2,-2)$ 和 $C(0,5,1)$ 等距离的点。

4. 已知 $A(1,2,0),B(2,-1,3)$,求:
(1) 向量 $\overrightarrow{AB}$ 在三个坐标轴的投影;
(2) 向量 $\overrightarrow{AB}$ 的模;
(3) 向量 $\overrightarrow{AB}$ 的方向余弦;
(4) 与向量 $\overrightarrow{AB}$ 方向一致的单位向量。

5. 确定下列点的坐标:
(1) 一个向量的终点在 $B(2,-1,7)$,它在 x 轴、y 轴及 z 轴上的投影依次为 $4,-4,7$,求这向量的起点 A 的坐标;
(2) 从点 $B(2,-1,7)$ 沿向量 $\boldsymbol{a}=8\boldsymbol{i}+9\boldsymbol{j}-12\boldsymbol{k}$ 的方向取点 C,使 $|\overrightarrow{BC}|=34$,求点 C 的坐标。

6. 设一向量的方向角依次为 α,β,γ。若已知其中的两个角为 $\alpha=60°,\beta=120°$,求其第三角 γ 及平行于该向量的单位向量。

7. 设 $\boldsymbol{m}=3\boldsymbol{i}+5\boldsymbol{j}+8\boldsymbol{k},\boldsymbol{n}=2\boldsymbol{i}-4\boldsymbol{j}-7\boldsymbol{k}$ 和 $\boldsymbol{p}=5\boldsymbol{i}+\boldsymbol{j}-4\boldsymbol{k}$,求向量 $\boldsymbol{a}=4\boldsymbol{m}+3\boldsymbol{n}-\boldsymbol{p}$ 在 x 轴上的投影及在 y 轴上的分向量。

8. 设向量 $\boldsymbol{a}$ 的方向余弦分别满足:(1) $\cos\alpha=0$;(2) $\cos\beta=1$;(3) $\cos\alpha=\cos\beta=0$。这些向量与坐标轴或坐标面的关系如何?

9. 设向量 $\boldsymbol{b}$ 平行于向量 $\boldsymbol{a}=(1,1,-1)$,并且 $\boldsymbol{b}$ 与 z 轴正向的夹角为锐角,求 $\boldsymbol{b}$ 的方向余弦。

10. 设向量 $\boldsymbol{a}=(-2,3,x)$ 和 $\boldsymbol{b}=(y,-6,2)$ 共线,求 x 与 y 的值。

11. 已知点 $A(1,1,1)$ 和 $B(1,2,0)$,若点 P 将线段 $\overrightarrow{AB}$ 划分为两段的比是 $2:1$,求点 P 的坐标。

(B)

1. 判断题

(1) 若 $a = (a_x, a_y, a_z)$，则平行于向量 a 的单位向量为 $\left(\dfrac{a_x}{|a|}, \dfrac{a_z}{|a|}, \dfrac{a_z}{|a|}\right)$。（　　）

(2) 若一向量在另一向量上的投影为零，则此两向量共线。　　　　　　　　（　　）

2. 填空题

(1) 设 $a = (2,1,0), b = (1,-1,4)$，则向量 $c = 3a - b$ 在 x 轴上的投影是_____。

(2) 已知两点 $A(4,0,5)$ 和 $B(7,1,3)$，则与向量 $\overrightarrow{AB}$ 方向一致的单位向量为_____。

3. 向量 $\overrightarrow{OM}$ 与 x 轴成 $45°$，与 y 轴成 $60°$，它的长度为 6，它在 z 轴上的坐标是负的，求向量 $\overrightarrow{OM}$ 的各个坐标，沿 $\overrightarrow{OM}$ 反方向的单位向量。

4. 设向量 $r = (x,y,z), r_0 = (x_0, y_0, z_0)$，试指出满足等式

$$\|r - r_0\| = 1$$

的所有点 (x,y,z) 形成的空间图形的名称及其方程。

5. 设 $r = (x,y), r_1 = (x_1, y_1), r_2 = (x_2, y_2)$，指出满足等式

$$\|r - r_1\| + \|r - r_2\| = k \quad (k > \|r_1 - r_2\|)$$

的所有点 (x,y) 形成的平面图形的名称及其图形。

§1.3　数量积　向量积　*混合积

本节讨论向量的乘法运算，包括数量积、向量积和混合积等，它们都有很明确的物理背景和重要应用。

1.3.1　向量的数量积

1. 数量积的概念与性质

【物理背景】设一物体在恒力 F 作用下沿直线从点 M_1 移动到点 M_2，以 s 表示位移 $\overrightarrow{M_1 M_2}$。由物理学知识，力 F 所做的功为

$$W = |F||s|\cos\theta$$

其中 θ 为 F 与 s 的夹角。

注意到功为一个数量，它没有方向，但是它的值依赖于力与位移向量的大小及两向量之间的夹角。从数学上来讲，就是对两个向量定义了一种运算，其结果是一个数值，我们称为**两向量的数量积**。

定义　对于两个向量 a, b，它们的模 $|a|$、$|b|$ 及它们的夹角 θ 的余弦的乘积称为向量 a, b 的**数量积**(也称**点积**或**内积**)，记作 $a \cdot b$，即

$$a \cdot b = |a||b|\cos\theta$$

根据这个定义，上述问题中的功 W 就是力 F 与位移 s 的数量积，即 $W = F \cdot s$。

结合投影的定义，由于

$$|b|\cos\theta = |b|\cos(\widehat{a,b})$$

当 $a \neq 0$ 时,可以理解为向量 b 在向量 a 的方向上的投影,因此数量积的定义又可以表示为

$$a \cdot b = |a| \operatorname{Prj}_a b$$

同理,当 $b \neq 0$ 时

$$a \cdot b = |b| \operatorname{Prj}_b a$$

由此得到数量积的另外两种形式的表达式,该表达式提供了一种求解向量积或者投影的新方法。

根据数量积的定义,不难得到,数量积具有以下两条性质:

(1) $a \cdot a = |a|^2$ ($a \cdot a$ 有时简写成 a^2,即 $a^2 = a \cdot a$);
(2) 两个非零向量 a 与 b 垂直(即 $a \perp b$)的充分必要条件为

$$a \cdot b = 0$$

其中性质(1)可以实现向量乘积运算与实数乘积运算之间的转化;性质(2)可以用来判断两向量是否垂直。

另外,不难证明,数量积符合下列运算规律:

(1) 交换律 $a \cdot b = b \cdot a$;
(2) 分配律 $(a + b) \cdot c = a \cdot c + b \cdot c$;
(3) 结合律 $(\lambda a) \cdot c = \lambda (a \cdot c)$,$\lambda$ 为实数。

2. 数量积的坐标表达式

利用上述数量积的定义、性质以及运算律,可以得到数量积的坐标表示式。

设

$$a = a_x i + a_y j + a_z k, b = b_x i + b_y j + b_z k$$

则有

$$\begin{aligned}
a \cdot b &= (a_x i + a_y j + a_z k) \cdot (b_x i + b_y j + b_z k) \\
&= a_x i \cdot (b_x i + b_y j + b_z k) + a_y j \cdot (b_x i + b_y j + b_z k) + a_z k \cdot (b_x i + b_y j + b_z k) \\
&= a_x b_x i \cdot i + a_x b_y i \cdot j + a_x b_z i \cdot k + a_y b_x j \cdot i + a_y b_y j \cdot j + a_y b_z j \cdot k + a_z b_x k \cdot i + \\
&\quad a_z b_y k \cdot j + a_z b_z k \cdot k
\end{aligned}$$

因为 i, j, k 两两垂直,所以 $i \cdot j = j \cdot k = k \cdot i = 0, j \cdot i = k \cdot j = i \cdot k = 0$,又因为 i, j, k 为单位向量,其模等于1,所以 $i \cdot i = j \cdot j = k \cdot k = 1$。因此,可得

$$a \cdot b = a_x b_x + a_y b_y + a_z b_z$$

利用数量积的定义以及上述结果,可以得到两向量夹角余弦公式如下:

$$\cos \theta = \frac{a \cdot b}{|a||b|} = \frac{a_x b_x + a_y b_y + a_z b_z}{\sqrt{a_x^2 + a_y^2 + a_z^2} \sqrt{b_x^2 + b_y^2 + b_z^2}}$$

例 1 - 3 - 1 证明:向量 $2i + 2j - k$ 与向量 $5i - 4j + 2k$ 正交。

解 因为

$$(2i + 2j - k) \cdot (5i - 4j + 2k) = 2 \times 5 + 2 \times (-4) + (-1) \times 2 = 0$$

所以两向量正交。

例 1 - 3 - 2 求向量 $a = (2, 2, -1), b = (5, -3, 2)$ 之间的夹角。

解 令 θ 为所求夹角,因为

$$|a| = \sqrt{2^2+2^2+(-1)^2} = 3, \quad |b| = \sqrt{5^2+(-3)^2+2^2} = \sqrt{38}$$

由点积定义有

$$a \cdot b = 2(5) + 2(-3) + (-1)(2) = 2$$

所以向量 $a \cdot b$ 之间的夹角为

$$\cos\theta = \frac{a \cdot b}{|a||b|} = \frac{2}{3\sqrt{38}} \Rightarrow \theta = \arccos\left(\frac{2}{3\sqrt{38}}\right) \approx 1.46(84°)$$

例 1-3-3 力 $F = 3i + 4j + 5k$ 将质点从 $P(2,1,0)$ 移动到 $Q(4,6,2)$,求力所做功。

解 位移向量为 $D = \overrightarrow{PQ} = (2,5,2)$,所以力所做功为

$$W = F \cdot D = (3,4,5) \cdot (2,5,2) = 6 + 20 + 10 = 36$$

若长度单位为 m,力单位为 N,则所做功为 36J。

例 1-3-4 求 $b = (1,1,2)$ 在 $a = (-2,3,1)$ 上的数量投影以及向量投影。

解 因为 $|a| = \sqrt{(-2)^2+3^2+1^2} = \sqrt{14}$,$b$ 在 a 上的数量投影为

$$\text{Prj}_a b = \frac{a \cdot b}{|a|} = \frac{(-2)(1)+3(1)+1(2)}{\sqrt{14}} = \frac{3}{\sqrt{14}}$$

向量投影即该数量投影乘上与 a 同方向的单位向量,即

$$\text{Prj}_a b = \frac{3}{\sqrt{14}} \frac{a}{|a|} = \frac{3}{14} a = \left(-\frac{3}{7}, \frac{9}{14}, \frac{3}{14}\right)$$

例 1-3-5 设 $|a| = 1$,$|b| = 3$,a 与 b 的夹角为 $\frac{\pi}{3}$,试求 $|3a-2b|$。

解 根据数量积的基本性质有

$$|3a-2b|^2 = (3a-2b) \cdot (3a-2b) = 9|a|^2 - 12 a \cdot b + 4|b|^2$$

$$= 9 - 12|a| \cdot |b|\cos\frac{\pi}{3} + 36 = 27$$

所以

$$|3a-2b| = 3\sqrt{3}$$

例 1-3-6 设 $a_i, b_i \in R \ (i=1,2,3)$,证明柯西(Cauchy)不等式:

$$\left|\sum_{i=1}^{3} a_i b_i\right| \leq \left(\sum_{i=1}^{3} a_i^2\right)^{\frac{1}{2}} \left(\sum_{i=1}^{3} b_i^2\right)^{\frac{1}{2}}$$

证明 记向量 $a = (a_1, a_2, a_3)$,$b = (b_1, b_2, b_3)$。因为 $a \cdot b = |a||b|\cos\theta$,所以

$$a \cdot b \leq |a||b|$$

再利用数量积和向量模的坐标表达式即得所要证明的不等式。

1.3.2 向量的向量积

1. 向量积的概念与性质

下面我们从物理角度引入两向量的另外一种乘积运算,称为向量积(叉积或外积)。

【物理背景】设 O 为一根杠杆 L 的支点(图 1-3-1),有一个力 F 作用于这杠杆上 P 点处。F 与 $\overrightarrow{OP}$ 的夹角为 θ。由力学知道,力 F 对支点 O 的力矩是一向量 M,它的模
$$|M| = |\overrightarrow{OP}||F|\sin\theta$$
而 M 的方向垂直于 $\overrightarrow{OP}$ 与 F 所决定的平面,M 的指向是按右手规则从 $\overrightarrow{OP}$ 以不超过 π 的角转向 F 来确定的(图 1-3-2)。

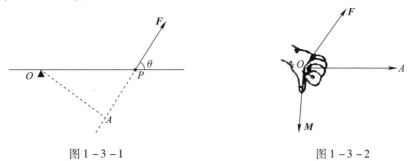

图 1-3-1　　　　　　　　　图 1-3-2

定义　向量 c 是由向量 a 与向量 b 按下列方式确定:

① c 的模 $|c| = |a||b|\sin\theta$,式中 θ 为向量 a 与 b 的夹角。

② c 的方向垂直于 a 与 b 的平面,指向按右手规则从 a 转向 b。

那么,向量 c 叫作向量 a 与 b 的向量积,记作 $a \times b$,即
$$c = a \times b$$

根据向量积的定义,力矩 M 等于 $\overrightarrow{OP}$ 与 F 的向量积,即
$$M = \overrightarrow{OP} \times F$$

向量积的性质:

(1) $a \times a = \mathbf{0}$;

(2) 两个非零向量 a 与 b 平行 $a /\!/ b$(或称共线)的充分必要条件为
$$a \times b = \mathbf{0}$$

其中性质(2)提供了一种判断两向量是否平行的一种新方法。

向量积的运算律:

(1) 反交换律:$a \times b = -b \times a$;

(2) 分配律:$(a+b) \times c = a \times c + b \times c$;

(3) 结合律:　$(\lambda a) \times c = a \times (\lambda c) = \lambda(a \times c)$,其中 λ 为实数。

这里需要指出的是,由于向量积的结果是一个向量,积向量的方向有相应的规定。因此,对于向量积不再符合交换律。

利用向量积的定义、性质以及运算律,可以得到坐标形式下向量积的表达式。

设 $a = a_x i + a_y j + a_z k, b = b_x i + b_y j + b_z k$,则
$$\begin{aligned}
a \times b &= (a_x i + a_y j + a_z k) \times (b_x i + b_y j + b_z k) \\
&= a_x i \times (b_x i + b_y j + b_z k) + a_y j \times (b_x i + b_y j + b_z k) + a_z k \times (b_x i + b_y j + b_z k) \\
&= a_x b_x (i \times i) + a_x b_y (i \times j) + a_x b_z (i \times k) + a_y b_x (j \times i) + a_y b_y (j \times j) + a_y b_z (j \times k) + \\
&\quad a_y a_z (j \times k) + a_z b_x (k \times i) + a_z b_y (k \times j) + a_z b_z (k \times k)
\end{aligned}$$

因为 $i \times i = j \times j = k \times k = \mathbf{0}$，同时可验证
$$i \times j = k, j \times k = i, k \times i = j, j \times i = -k, k \times j = -i, i \times k = -j$$
因此
$$\mathbf{a} \times \mathbf{b} = (a_y b_z - a_z b_y)\mathbf{i} + (a_z b_x - a_x b_z)\mathbf{j} + (a_x b_y - a_y b_x)\mathbf{k}$$
为了便于记忆，我们引入**行列式**的概念。记
$$\begin{vmatrix} a & b \\ c & d \end{vmatrix} \triangleq ad - bc$$
称上述表达式左侧为**二阶行列式**，它表示主对角线元素乘积与副对角线元素乘积之差。例如
$$\begin{vmatrix} 2 & 1 \\ -4 & 3 \end{vmatrix} = 2 \times 3 - (-4) \times 1 = 10$$
相应的**三阶行列式**可定义如下：
$$\begin{vmatrix} a_1 & a_2 & a_3 \\ b_1 & b_2 & b_3 \\ c_1 & c_2 & c_3 \end{vmatrix} \triangleq a_1 \begin{vmatrix} b_2 & b_3 \\ c_2 & c_3 \end{vmatrix} - a_2 \begin{vmatrix} b_1 & b_3 \\ c_1 & c_3 \end{vmatrix} + a_3 \begin{vmatrix} b_1 & b_2 \\ c_1 & c_2 \end{vmatrix}$$
此时，利用三阶行列式符号，上式可写成行列式表示式：
$$\mathbf{a} \times \mathbf{b} = \begin{vmatrix} a_y & a_z \\ b_y & b_z \end{vmatrix} \mathbf{i} - \begin{vmatrix} a_x & a_z \\ b_x & b_z \end{vmatrix} \mathbf{j} + \begin{vmatrix} a_x & a_y \\ b_x & b_y \end{vmatrix} \mathbf{k} = \begin{vmatrix} \mathbf{i} & \mathbf{j} & \mathbf{k} \\ a_x & a_y & a_z \\ b_x & b_y & b_z \end{vmatrix}$$

例 1-3-7 已知 $\mathbf{a} = (1,3,4), \mathbf{b} = (2,7,-5)$，试计算 $\mathbf{a} \times \mathbf{b}$。

解 $\mathbf{a} \times \mathbf{b} = \begin{vmatrix} \mathbf{i} & \mathbf{j} & \mathbf{k} \\ 1 & 3 & 4 \\ 2 & 7 & -5 \end{vmatrix} = \begin{vmatrix} 3 & 4 \\ 7 & -5 \end{vmatrix} \mathbf{i} - \begin{vmatrix} 1 & 4 \\ 2 & -5 \end{vmatrix} \mathbf{j} + \begin{vmatrix} 1 & 3 \\ 2 & 7 \end{vmatrix} \mathbf{k}$

$= (-15 - 28)\mathbf{i} - (-5 - 8)\mathbf{j} + (7 - 6)\mathbf{k} = -43\mathbf{i} + 13\mathbf{j} + \mathbf{k}$

例 1-3-8 一平面经过点 $P(1,4,6), Q(-2,5,-1), R(1,-1,1)$，求垂直于此平面的向量。

解 向量 $\overrightarrow{PQ} \times \overrightarrow{PR}$ 垂直于 $\overrightarrow{PQ}$、$\overrightarrow{PR}$，于是垂直于过 P, Q, R 的平面。
$$\overrightarrow{PQ} = (-2-1)\mathbf{i} + (5-4)\mathbf{j} + (-1-6)\mathbf{k} = -3\mathbf{i} + \mathbf{j} - 7\mathbf{k}$$
$$\overrightarrow{PR} = (1-1)\mathbf{i} + (-1-4)\mathbf{j} + (1-6)\mathbf{k} = -5\mathbf{j} - 5\mathbf{k}$$
计算两向量之间的叉积
$$\overrightarrow{PQ} \times \overrightarrow{PR} = \begin{vmatrix} \mathbf{i} & \mathbf{j} & \mathbf{k} \\ -3 & 1 & -7 \\ 0 & -5 & -5 \end{vmatrix} = (-5-35)\mathbf{i} - (15-0)\mathbf{j} + (15-0)\mathbf{k} = -40\mathbf{i} - 15\mathbf{j} + 15\mathbf{k}$$
于是向量 $(-40, -15, 15)$ 垂直于给定平面，任一非零数乘上此向量后同样满足要求，比如 $(-8, -3, 3)$。

例 1-3-9 求以 $P(1,4,6), Q(-2,5,-1), R(1,-1,1)$ 为顶点的三角形的面积。

解 在例 1-3-8 中,我们得到 $\overrightarrow{PQ} \times \overrightarrow{PR} = (-40, -15, 15)$。以 $\overrightarrow{PQ} \times \overrightarrow{PR}$ 为邻边的平行四边形的面积即为该叉积的模长

$$|\overrightarrow{PQ} \times \overrightarrow{PR}| = \sqrt{(-40)^2 + (-15)^2 + 15^2} = 5\sqrt{82}$$

而 $\triangle PQR$ 的面积为此平行四边形面积的一半,即 $\dfrac{5}{2}\sqrt{82}$。

例 1-3-10 设刚体以等角速度 ω 绕 l 轴旋转,计算刚体上一点 M 的线速度。

解 刚体绕 l 轴旋转时,可用在 l 轴上的一个向量 ω 表示角速度,它的大小等于角速度的大小,它的方向由右手规则确定:以右手握住 l 轴,当右手的四个手指的转向与刚体的旋转方向一致时,大拇指的指向就是 ω 的方向(图 1-3-3)。

设点 M 到旋转轴 l 的距离为 a,再在 l 轴上任取一点 O 作向量 $r = \overrightarrow{OM}$,并以 θ 表示 ω 与 r 的夹角,那么

$$a = |r|\sin\theta$$

设点 M 的线速度为 v,由物理学知识,线速度与角速度间的关系为:v 的大小为

$$|v| = |\omega|a = |\omega||r|\sin\theta$$

v 的方向垂直于通过点 M 与 l 轴的平面,即 v 垂直于 ω 与 r,又 v 的指向是使 ω, r, v 符合右手规则。因此有

$$v = \omega \times r$$

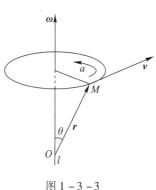

图 1-3-3

1.3.3 向量的混合积

前面我们讨论了两个向量的数量积和向量积,下面介绍三个向量的一种运算——混合积。

设已知三个向量 a, b, c,先作向量积 $a \times b$,再作 $a \times b$ 与 c 的数量积 $(a \times b) \cdot c$,则称所得到的数 $(a \times b) \cdot c$ 为三向量 a, b, c 的**混合积**,记为

$$[abc] = (a \times b) \cdot c$$

混合积的几何意义可由向量 a, b, c 确定的平行六面体(图 1-3-4)得到。因为底面的面积为 $A = |a \times b|$,若 θ 为向量 $a \times b, c$ 之间的夹角,则平行六面体的高为 $h = |c||\cos\theta|$(我们用 $|\cos\theta|$ 代替 $\cos\theta, \theta > \pi/2$)。因此,平行六面体的体积为

$$V = Ah = |a \times b||c||\cos\theta| = |(a \times b) \cdot c|$$

所以有下列结论:

由向量 a, b, c 确定的平行六面体的体积即为它们的混合积的绝对值

$$V = |(a \times b) \cdot c|$$

上述分析过程中,我们以 b, c 为平行六面体的底面,当然还可以以 a, b 为底面。这样得到

$$a \cdot (b \times c) = c \cdot (a \times b)$$

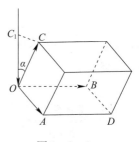

图 1-3-4

而点积符合交换律,所以得到 $\boldsymbol{a} \cdot (\boldsymbol{b} \times \boldsymbol{c}) = (\boldsymbol{a} \times \boldsymbol{b}) \cdot \boldsymbol{c}$。

根据混合积的几何意义可得:三向量 $\boldsymbol{a},\boldsymbol{b},\boldsymbol{c}$ 共面的充分必要条件是 $[\boldsymbol{abc}] = 0$。

假定 $\boldsymbol{a},\boldsymbol{b},\boldsymbol{c}$ 以分量形式给出

$$\boldsymbol{a} = a_1\boldsymbol{i} + a_2\boldsymbol{j} + a_3\boldsymbol{k}, \boldsymbol{b} = b_1\boldsymbol{i} + b_2\boldsymbol{j} + b_3\boldsymbol{k}, \boldsymbol{c} = c_1\boldsymbol{i} + c_2\boldsymbol{j} + c_3\boldsymbol{k}$$

那么

$$\boldsymbol{a} \cdot (\boldsymbol{b} \times \boldsymbol{c}) = \boldsymbol{a} \cdot \left[\begin{vmatrix} b_2 & b_3 \\ c_2 & c_3 \end{vmatrix} \boldsymbol{i} - \begin{vmatrix} b_1 & b_3 \\ c_1 & c_3 \end{vmatrix} \boldsymbol{j} + \begin{vmatrix} b_1 & b_2 \\ c_1 & c_2 \end{vmatrix} \boldsymbol{k} \right]$$

$$= a_1 \begin{vmatrix} b_2 & b_3 \\ c_2 & c_3 \end{vmatrix} - a_2 \begin{vmatrix} b_1 & b_3 \\ c_1 & c_3 \end{vmatrix} + a_3 \begin{vmatrix} b_1 & b_2 \\ c_1 & c_2 \end{vmatrix}$$

这表明我们可将 $\boldsymbol{a},\boldsymbol{b},\boldsymbol{c}$ 的混合积记为这些分量所构成的行列式的形式:

$$(\boldsymbol{a} \times \boldsymbol{b}) \cdot \boldsymbol{c} = \begin{vmatrix} a_1 & a_2 & a_3 \\ b_1 & b_2 & b_3 \\ c_1 & c_2 & c_3 \end{vmatrix}$$

我们利用行列式的计算规则,可以证明,混合积有下列性质:若轮换混合积中三个向量的顺序,其值是不变的,对调混合积中的任意两个向量的位置,则所得的混合积的值变号,即

$$(\boldsymbol{a} \times \boldsymbol{b}) \cdot \boldsymbol{c} = (\boldsymbol{c} \times \boldsymbol{a}) \cdot \boldsymbol{b} = (\boldsymbol{b} \times \boldsymbol{c}) \cdot \boldsymbol{a}$$
$$= -(\boldsymbol{b} \times \boldsymbol{a}) \cdot \boldsymbol{c} = -(\boldsymbol{a} \times \boldsymbol{c}) \cdot \boldsymbol{b} = -(\boldsymbol{c} \times \boldsymbol{b}) \cdot \boldsymbol{a}$$

例 1-3-11 用混合积证明:三向量 $\boldsymbol{a} = (1, -4, 7), \boldsymbol{b} = (2, -1, 4), \boldsymbol{c} = (0, -9, 18)$ 共面,即它们位于同一平面上。

解

$$(\boldsymbol{a} \times \boldsymbol{b}) \cdot \boldsymbol{c} = \begin{vmatrix} 1 & 4 & -7 \\ 2 & -1 & 4 \\ 0 & -9 & 18 \end{vmatrix} = 1 \begin{vmatrix} -1 & 4 \\ -9 & 18 \end{vmatrix} - 4 \begin{vmatrix} 2 & 4 \\ 0 & 18 \end{vmatrix} - 7 \begin{vmatrix} 2 & -1 \\ 0 & -9 \end{vmatrix} = 0$$

因此,由 $\boldsymbol{a},\boldsymbol{b},\boldsymbol{c}$ 确定的平行六面体的体积为 0,即 $\boldsymbol{a},\boldsymbol{b},\boldsymbol{c}$ 共面。

由上述例题,我们可以得出空间任意四点 $A(x_1, y_1, z_1), B(x_2, y_2, z_2), C(x_3, y_3, z_3)$ 和 $D(x_4, y_4, z_4)$ 共面的充要条件是向量 $\overrightarrow{AB}、\overrightarrow{AC}、\overrightarrow{AD}$ 共面,故

$$\begin{vmatrix} x_2 - x_1 & y_2 - y_1 & z_2 - z_1 \\ x_3 - x_1 & y_3 - y_1 & z_3 - z_1 \\ x_4 - x_1 & y_4 - y_1 & z_4 - z_1 \end{vmatrix} = 0$$

习题 1-3

(A)

1. 选择题

(1) 设 $\boldsymbol{i},\boldsymbol{j},\boldsymbol{k}$ 是三个坐标轴正方向上的单位向量,下列等式中正确的是(   )。

A. $\boldsymbol{k} \times \boldsymbol{j} = \boldsymbol{i}$ B. $\boldsymbol{i} \cdot \boldsymbol{j} = \boldsymbol{k}$ C. $\boldsymbol{i} \cdot \boldsymbol{i} = \boldsymbol{k} \cdot \boldsymbol{k}$ D. $\boldsymbol{k} \times \boldsymbol{k} = \boldsymbol{k} \cdot \boldsymbol{k}$

(2) 设 a,b,c,d 为向量,则下列各量为向量的是( )。
A. $\text{Prj}_b a$ B. $b \cdot (c \times d)$ C. $(a \times b) \cdot (c \times d)$ D. $a \times (b \times c)$

(3) 设 a,b,c 为非零矢量,且 $a \cdot b = 0, a \times c = \mathbf{0}$,则( )。
A. $a // b$ 且 $b \perp c$ B. $a \perp b$ 且 $b // c$ C. $a // c$ 且 $b \perp c$ D. $a \perp c$ 且 $b // c$

(4) 以下结论正确的是( )。
A. $(a \cdot b)^2 = |a|^2 \cdot |b|^2$
B. $a \times b = |a||b|\sin(\widehat{a,b})$
C. 若 $a \cdot b = a \cdot c$ 或 $a \times b = a \times c$,且 $a \neq \mathbf{0}$,则 $b = c$
D. $(a+b) \times (a-b) = -2a \times b$

2. 设 $a = (1,1,-1), b = (0,3,4)$,求:
(1) $2a \cdot b$ (2) $3a \times 4b$ (3) $\text{Prj}_b a$ (4) $\cos(\widehat{a,b})$

3. 设向量 b 和 $a = 2i - j + 2k$ 共线,并且 $a \cdot b = 18$,求向量 b。

4. 设 $|a| = 4, |b| = 2, |a-b| = 2\sqrt{7}$,求 a 与 b 之间的夹角。

5. 求同时垂直于向量 $a = (1,0,-1), b = (1,1,0)$ 的单位向量。

6. 证明:向量 $(a \cdot c)b - (b \cdot c)a$ 垂直于向量 c。

7. 已知 a,b,c 为单位向量,且满足 $a + b + c = \mathbf{0}$,计算 $a \cdot b + b \cdot c + c \cdot a$。

8. 设 $a = (2,-1,-2), b = (1,1,z)$,问 z 为何值时夹角 $(\widehat{a,b})$ 最小?并求出此最小值。

9. 已知 $\overrightarrow{OA} = i + 3k, \overrightarrow{OB} = j + 3k$,求三角形 ABO 的面积。

10. 设 $|a| = 4, |b| = 3, (\widehat{a,b}) = \dfrac{\pi}{6}$,求以 $a + 2b$ 和 $a - 3b$ 为边的平行四边形的面积。

11. 求以 $A(3,0,0), B(0,3,0), C(0,0,2), D(4,5,6)$ 为顶点的四面体的体积。

(B)

1. 设向量 $a = (2,3,4), b = (3,-1,-1), |c| = 3$。求向量 c,使三向量 a,b,c 所构成的平行六面体的体积最大。

2. 已知点 $A(1,0,0)$ 和点 $B(0,2,1)$,试求 z 轴上一点 C,使得 $\triangle ABC$ 的面积最小。

3. 设 $a + b + c = \mathbf{0}$,证明:$a \times b = b \times c = c \times a$,并给出它的几何解释。

4. 证明平行四边形公式:
$$|a+b|^2 + |a-b|^2 = 2(|a|^2 + |b|^2)$$
并说明它的几何意义。

§1.4 平面及其方程

与平面解析几何类似,建立给定的空间图形的方程和利用图形的方程来研究它们的形状和性质,也是空间解析几何要讨论的基本问题。在空间解析几何中,任何曲面都可以看作点的几何轨迹,而点的轨迹可由点的坐标满足的方程来表示;反之也成立。

为此,我们先给出如下定义,如果曲面 S(图 1-4-1)与三元方程
$$F(x,y,z) = 0$$

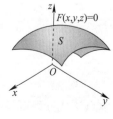

图 1-4-1

有下述关系：
（1）曲面 S 上任一点的坐标都满足方程 $F(x,y,z)=0$。
（2）不在曲面 S 上的点的坐标都不满足方程 $F(x,y,z)=0$。
那么，方程 $F(x,y,z)=0$ 就叫作曲面 S 的**方程**，而曲面 S 就叫作方程 $F(x,y,z)=0$ 的**图形**。

下面将以向量为工具，建立空间中最简单的图形——平面的方程，并利用方程讨论它们之间的位置关系，研究它们的一些性质。

1.4.1 平面的点法式方程

如果一非零向量垂直于一平面，这向量就称为该**平面的法线向量**，简称为**法向量**。容易知道，平面上的任一向量均与该平面的法线向量垂直。

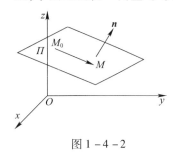

图 1-4-2

因为当平面 Π 上一点 $M_0(x_0,y_0,z_0)$ 和它的一个法线向量 $\boldsymbol{n}=(A,B,C)$ 为已知时，平面 Π 的位置就完全确定了。至此，我们就可以利用平面上已知一点以及该平面的法向量建立平面的方程了。

已知平面上的一点 $M_0(x_0,y_0,z_0)$（图 1-4-2）和它的一个法线向量 $\boldsymbol{n}=(A,B,C)$，在平面上任取一点 $M(x,y,z)$，有向量 $\overrightarrow{M_0M}\perp\boldsymbol{n}$，即

$$\boldsymbol{n}\cdot\overrightarrow{M_0M}=0$$

代入坐标式有

$$A(x-x_0)+B(y-y_0)+C(z-z_0)=0$$

这就是平面上任意一点 $M(x,y,z)$ 的坐标满足的方程。

反过来，若点 $M(x,y,z)$ 不在平面上，则向量 $\overrightarrow{M_0M}$ 与法向量 $\boldsymbol{n}$ 不垂直，从而 $\boldsymbol{n}\cdot\overrightarrow{M_0M}\neq 0$，即不在平面上的点 $M(x,y,z)$ 的坐标就不满足上述的方程。

由于方程

$$A(x-x_0)+B(y-y_0)+C(z-z_0)=0$$

是由平面 Π 上的一点 $M_0(x_0,y_0,z_0)$ 及它的一个法线向量 $\boldsymbol{n}=(A,B,C)$ 确定的，所以此方程叫作平面的**点法式方程**。

例 1-4-1 已知平面过点 $(2,4,-1)$ 且法向量为 $\boldsymbol{n}=(2,3,4)$，求该平面方程。

解 根据平面的点法式方程，可以得到平面方程为

$$2(x-2)+3(y-4)+4(z+1)=0$$
$$2x+3y+4z=12$$

例 1-4-2 求过三点 $M_1(2,-1,4),M_2(-1,3,-2)$ 和 $M_3(0,2,3)$ 的平面方程。

解 先找出这平面的法向量 $\boldsymbol{n}$，取

$$\boldsymbol{n}=\overrightarrow{M_1M_2}\times\overrightarrow{M_1M_3}=\begin{vmatrix} \boldsymbol{i} & \boldsymbol{j} & \boldsymbol{k} \\ -3 & 4 & -6 \\ -2 & 3 & -1 \end{vmatrix}=14\boldsymbol{i}+9\boldsymbol{j}-\boldsymbol{k}$$

由点法式方程得平面方程为 $14(x-2)+9(y+1)-(z-4)=0$，即

$$14x+9y-z-15=0$$

1.4.2 平面的一般方程

由于平面的点法式方程是 x,y,z 的一次方程,而任一平面都可以用它上面的一点及它的法线向量来确定,所以任一平面都可以用三元一次方程来表示。

反过来,设有三元一次方程
$$Ax + By + Cz + D = 0$$
我们任取满足该方程的一组数 x_0,y_0,z_0,即
$$Ax_0 + By_0 + Cz_0 + D = 0$$
把上述两等式相减,得
$$A(x - x_0) + B(y - y_0) + C(z - z_0) = 0$$
这正是通过点 $M_0(x_0,y_0,z_0)$ 且以 $\boldsymbol{n} = (A,B,C)$ 为法线向量的平面方程。由于方程
$$Ax + By + Cz + D = 0$$
与方程
$$A(x - x_0) + B(y - y_0) + C(z - z_0) = 0$$
同解,所以任一三元一次方程 $Ax + By + Cz + D = 0$ 的图形总是一个平面。方程 $Ax + By + Cz + D = 0$ 称为**平面的一般方程**,其中 x,y,z 的系数就是该平面的一个法线向量 $\boldsymbol{n}$ 的坐标,即
$$\boldsymbol{n} = (A,B,C)$$

例如,方程 $3x + 4y + 2z + 1 = 0$ 表示一个平面,$\boldsymbol{n} = (3,4,2)$ 是这平面的一个法线向量。

当方程 $Ax + By + Cz + D = 0$ 中的系数一个或多个为零时,此时方程对应的平面具有一定的特殊性,现讨论如下:

(1) $D = 0$:通过原点的平面。

(2) $A = 0$:法线向量垂直于 x 轴,表示一个平行于 x 轴的平面。

同理:$B = 0$ 或 $C = 0$,分别表示一个平行于 y 轴或 z 轴的平面。

(3) $A = B = 0$:方程为 $Cz + D = 0$,法线向量为 $(0,0,C)$,方程表示一个平行于 xOy 面的平面。

同理:$Ax + D = 0$ 和 $By + D = 0$ 分别表示平行于 yOz 面和 zOx 面的平面。

(4) 反之:任何的三元一次方程,例如:$5x + 6y - 7z + 11 = 0$ 都表示一个平面,该平面的法向量为 $\boldsymbol{n} = (5,6,-7)$。

例 1-4-3 求过 y 轴和点 $M(-3,1,2)$ 的平面方程。

解 因为所求平面过 y 轴,因此可设所求平面方程为 $Ax + Cz = 0$,另外,所求平面过点 $M(-3,1,2)$,因此将点 M 的坐标代入平面方程 $Ax + Cz = 0$,可得
$$-3A + 2C = 0$$
因此可得所求平面方程为
$$2x + 3z = 0$$

1.4.3 平面的截距式方程

设一平面的一般方程为 $Ax + By + Cz + D = 0$,若该平面与 x,y,z 轴的交点依次为点 $P(a,0,0),Q(0,b,0),R(0,0,c)$(图 1-4-3),其中 $a \neq 0, b \neq 0, c \neq 0$,则这三点均满足平面方

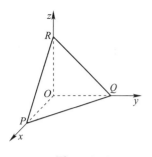

图 1-4-3

程,将它们的坐标分别代入平面方程即得

$$\begin{cases} aA + D = 0 \\ bB + D = 0 \\ cC + D = 0 \end{cases}$$

由此得

$$A = -\frac{D}{a}, \quad B = -\frac{D}{b}, \quad C = -\frac{D}{c}$$

将其代入所设方程,得

$$-\frac{D}{a}x - \frac{D}{b}y - \frac{D}{c}z + D = 0$$

即

$$\frac{x}{a} + \frac{y}{b} + \frac{z}{c} = 1$$

上述方程称为平面的**截距式方程**,其中 a, b, c 依次叫作平面在 x 轴、y 轴和 z 轴上的截距。

例 1-4-4 求平行于平面 $6x + y + 6z + 2 = 0$,且与三个坐标面所围成的四面体的体积为一个单位的平面方程。

解 设所求平面方程为

$$\frac{x}{a} + \frac{y}{b} + \frac{z}{c} = 1$$

因为所求平面与三个坐标面所围成的四面体的体积为一个单位,所以

$$V = \frac{1}{3} \times \frac{1}{2} |abc| = 1$$

又所求平面与平面 $6x + y + 6z + 2 = 0$ 平行,所以

$$\frac{1/a}{6} = \frac{1/b}{1} = \frac{1/c}{6}$$

令 $\dfrac{1/a}{6} = \dfrac{1/b}{1} = \dfrac{1/c}{6} = t$,代入 $V = \dfrac{1}{3} \times \dfrac{1}{2} |abc| = 1$,可得 $t = \dfrac{1}{6}$ 或 $t = -\dfrac{1}{6}$,即有

$$a = 1, b = 6, c = 1 \text{ 或 } a = -1, b = -6, c = -1$$

所以所求的平面方程为

$$6x + y + 6z - 6 = 0 \text{ 或 } 6x + y + 6z + 6 = 0$$

1.4.4 两平面的夹角与点到平面的距离

为讨论两平面间的位置关系,先介绍两平面的夹角。两平面的法线向量的夹角(通常指锐角)称为**两平面的夹角**(图 1-4-4)。

设平面 $\Pi_1: A_1x + B_1y + C_1z + D_1 = 0$, $\Pi_2: A_2x + B_2y + C_2z + D_2 = 0$,则其法向量分别为

$$\boldsymbol{n}_1 = (A_1, B_1, C_1), \boldsymbol{n}_2 = (A_2, B_2, C_2)$$

按照两向量夹角余弦公式,平面 Π_1 和 Π_2 的夹角 θ 可由

$$\cos\theta = \frac{|A_1A_2 + B_1B_2 + C_1C_2|}{\sqrt{A_1^2 + B_1^2 + C_1^2} \cdot \sqrt{A_2^2 + B_2^2 + C_2^2}}$$

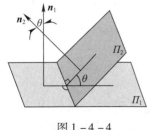

图 1-4-4

来确定。

利用上述结论以及两向量之间关系的确定方法,可得如下结论:

设平面 Π_1 和平面 Π_2 的法向量依次为

$$\boldsymbol{n}_1 = (A_1, B_1, C_1) \quad 和 \quad \boldsymbol{n}_2 = (A_2, B_2, C_2)$$

(1) 两平面垂直:$A_1A_2 + B_1B_2 + C_1C_2 = 0$ （法向量垂直）

(2) 两平面平行:$\dfrac{A_1}{A_2} = \dfrac{B_1}{B_2} = \dfrac{C_1}{C_2}$ （法向量平行）

例 1-4-5 求两平面 $x - y + 2z - 6 = 0$ 和 $2x + y + z - 5 = 0$ 的夹角。

解 $\boldsymbol{n}_1 = (A_1, B_1, C_1) = (1, -1, 2)$,$\boldsymbol{n}_2 = (A_2, B_2, C_2) = (2, 1, 1)$

$$\cos\theta = \frac{|A_1A_2 + B_1B_2 + C_1C_2|}{\sqrt{A_1^2 + B_1^2 + C_1^2} \cdot \sqrt{A_2^2 + B_2^2 + C_2^2}} = \frac{|1 \times 2 + (-1) \times 1 + 2 \times 1|}{\sqrt{1^2 + (-1)^2 + 2^2} \cdot \sqrt{2^2 + 1^2 + 1^2}} = \frac{1}{2}$$

故所求夹角为 $\theta = \dfrac{\pi}{3}$。

例 1-4-6 一平面通过两点 $M_1(1,1,1)$ 和 $M_2(0,1,-1)$ 且垂直于平面 $x + y + z = 0$,求此平面方程。

解 方法一 已知从点 $M_1(1,1,1)$ 到点 $M_2(0,1,-1)$ 的向量为 $\boldsymbol{n}_1 = (-1, 0, -2)$,平面 $x + y + z = 0$ 的法线向量为 $\boldsymbol{n}_2 = (1, 1, 1)$。

设所求平面的法线向量为 $\boldsymbol{n} = (A, B, C)$,因为点 $M_1(1,1,1)$ 和 $M_2(0,1,-1)$ 在所求平面上,所以 $\boldsymbol{n} \perp \boldsymbol{n}_1$,即

$$-A - 2C = 0, \quad A = -2C$$

又因为所求平面垂直于平面 $x + y + z = 0$,所以 $\boldsymbol{n} \perp \boldsymbol{n}_2$,即 $A + B + C = 0$,$B = C$。于是由点法式方程,所求平面为

$$-2C(x - 1) + C(y - 1) + C(z - 1) = 0$$

即

$$2x - y - z = 0$$

方法二 先求平面的法线向量 $\boldsymbol{n} = \boldsymbol{n}_1 \times \boldsymbol{n}_2$,再利用平面的点法式方程。

设 $\boldsymbol{n}$ 为所求平面的法向量,$\boldsymbol{n}_1 = \overrightarrow{M_1M_2} = (-1, 0, -2)$,$\boldsymbol{n}_2 = (1, 1, 1)$ 为已知平面的法向量,已知

$$\boldsymbol{n} = \boldsymbol{n}_1 \times \boldsymbol{n}_2 = \begin{vmatrix} \boldsymbol{i} & \boldsymbol{j} & \boldsymbol{k} \\ -1 & 0 & -2 \\ 1 & 1 & 1 \end{vmatrix} = 2\boldsymbol{i} - \boldsymbol{j} - \boldsymbol{k}$$

由点法式方程,得

$$2(x - 1) - (y - 1) - (z - 1) = 0$$

即

$$2x - y - z = 0$$

例 1-4-7 设 $P_0(x_0, y_0, z_0)$ 是平面 $Ax + By + Cz + D = 0$ 外一点,求 $P_0(x_0, y_0, z_0)$ 到这平面的距离(图 1-4-5)。

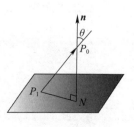

图 1-4-5

解 设 $n = (A, B, C)$ 是平面的法向量,其单位法线向量记为 e_n,在平面上任取一点 $P_1(x_1, y_1, z_1)$,$\overrightarrow{P_1 P_0} = (x_0 - x_1, y_0 - y_1, z_0 - z_1)$,此时可得,$P_0(x_0, y_0, z_0)$ 到这平面的距离为

$$d = |\overrightarrow{P_1 P_0} \cdot e_n| = \frac{|A(x_0 - x_1) + B(y_0 - y_1) + C(z_0 - z_1)|}{\sqrt{A^2 + B^2 + C^2}}$$

$$= \frac{|Ax_0 + By_0 + Cz_0 - (Ax_1 + By_1 + Cz_1)|}{\sqrt{A^2 + B^2 + C^2}}$$

$$= \frac{|Ax_0 + By_0 + Cz_0 + D|}{\sqrt{A^2 + B^2 + C^2}}$$

例如,若取 $P_0(2, 1, 1)$,平面方程为 $x + y - z + 1 = 0$,由例 1-4-7 结论知,点到平面的距离为

$$d = \frac{|Ax_0 + By_0 + Cz_0 + D|}{\sqrt{A^2 + B^2 + C^2}} = \frac{|1 \times 2 + 1 \times 1 - (-1) \times 1 + 1|}{\sqrt{1^2 + 1^2 + (-1)^2}} = \sqrt{3}$$

习题 1-4

(A)

1. 填空

(1) 设有平面 $x + my - 2z - 9 = 0$,若它与平面 $2x + 4y + 3z = 3$ 垂直,$m =$ _____;若与平面 $x + 3y - 2z - 5 = 0$ 平行,$m =$ _____。

(2) 指出下列各平面的特殊位置:

$3x - 1 = 0$ _____；$2x - 3y - 6 = 0$ _____；

$x - 2z = 0$ _____；$6x + 5y - z = 0$ _____。

(3) 两平面 $x - y + 2z - 6 = 0$ 和 $2x + y + z - 5 = 0$ 的夹角为 _____。

2. 求下列满足条件的平面方程。

(1) 过点 $(3, 0, -1)$ 且与向量 $\boldsymbol{a} = (3, -7, 5)$ 垂直。

(2) 过点 $(1, 0, -1)$ 且与向量 $\boldsymbol{a} = (2, 1, 1)$ 和向量 $\boldsymbol{b} = (1, -1, 0)$ 平行。

(3) 过点 $(1, -1, 1)$ 且与平面 $x - y + z - 1 = 0$ 及平面 $2x + y + z + 1 = 0$ 垂直。

(4) 过 x 轴且与平面 $5x + 4y - 2z + 3 = 0$ 垂直。

(5) 过点 $(5, -7, 4)$ 且在三坐标轴上的截距相等且不为零。

(6) 平分两平面 $x + y + 2z + 1 = 0$ 与 $2x - y + z - 4 = 0$ 的夹角。

3. 求两平行平面 $x + y - z + 1 = 0$ 与 $2x + 2y - 2z - 3 = 0$ 之间的距离。

4. 一平面通过 z 轴,且与平面 $2x + y - \sqrt{5}z = 0$ 的夹角为 $\frac{\pi}{3}$,求它的方程。

5. 求平面 $6x - 3y + 4z - 12 = 0$ 与三个坐标面所围成的四面体的体积。

(B)

1. 填空题

(1) 求过三点 $M_1(2, -1, 4)$, $M_2(-1, 3, -2)$, $M_3(0, 2, 3)$ 的平面 Π 的方程为 _____。

（2）平行于平面 $6x+y+6z+5=0$，与三个坐标面所围成的四面体体积为 1 个单位的平面方程为_____。

2. 在平面 $\Pi:x-y-2z=0$ 上求一点，使得它到三点 $P_1(2,1,5),P_2(4,-3,1),P_3(-2,-1,3)$ 的距离相等。

3. 求原点 $O(0,0,0)$ 关于平面 $6x+2y-9z+121=0$ 的对称点。

§1.5　空间直线及其方程

与平面类似，我们也可以用确定空间直线的不同几何条件来建立空间直线的不同形式的代数方程。

1.5.1　空间直线的对称式方程与参数方程

如果一个非零向量平行于一条已知直线，我们把这个向量称为这条直线的**方向向量**。

容易知道，直线上任一向量都平行于该直线的方向向量。当直线 L 上一点 $M_0(x_0,y_0,z_0)$ 和它的一方向向量 $\boldsymbol{s}=(m,n,p)$ 为已知时，直线 L 的位置就完全确定了。基于以上讨论，便可以建立空间直线的方程。

已知直线上的一点 $M_0(x_0,y_0,z_0)$ 和它的一方向向量 $\boldsymbol{s}=(m,n,p)$（图 1-5-1），设直线上任一点为 $M(x,y,z)$，那么 $\overrightarrow{M_0M}$ 与 $\boldsymbol{s}$ 平行，由两向量平行的坐标表示式有

$$\frac{x-x_0}{m}=\frac{y-y_0}{n}=\frac{z-z_0}{p}$$

即空间直线的**对称式方程**(也称**点向式方程**)。

当 m,n,p 中有一个为零时，例如 $m=0$，而 $n\neq0,p\neq0$，上述对称式方程应理解为

$$\begin{cases}x-x_0=0\\ \dfrac{y-y_0}{n}=\dfrac{z-z_0}{p}\end{cases}$$

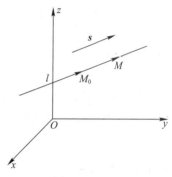

图 1-5-1

当 m,n,p 中有两个为零时，例如 $m=n=0$，而 $p\neq0$，上述对称式方程应理解为

$$\begin{cases}x-x_0=0\\ y-y_0=0\end{cases}$$

如设

$$\frac{x-x_0}{m}=\frac{y-y_0}{n}=\frac{z-z_0}{p}=t$$

就可将对称式方程变成**参数方程**(t 为参数)

$$\begin{cases}x=x_0+mt\\ y=y_0+nt\\ z=z_0+pt\end{cases}\quad t\in(-\infty,+\infty)$$

上述方程即为**直线的参数方程**。

例 1-5-1 用对称式方程及参数方程表示直线 $\begin{cases} x+y+z=1 \\ 2x-y+3z=4 \end{cases}$.

解 先求直线上的一点,取 $x=1$,有
$$\begin{cases} y+z=-2 \\ -y+3z=2 \end{cases}$$
解此方程组,得 $y=-2,z=0$,即 $(1,-2,0)$ 就是直线上的一点。

再求这直线的方向向量 s。以平面 $x+y+z=1$ 和 $2x-y+3z=4$ 的法线向量的向量积作为直线的方向向量 s:
$$s=(i+j+k)\times(2i-j+3k)=\begin{vmatrix} i & j & k \\ 1 & 1 & 1 \\ 2 & -1 & 3 \end{vmatrix}=4i-j-3k$$

因此,所给直线的对称式方程为
$$\frac{x-1}{4}=\frac{y+2}{-1}=\frac{z}{-3}$$

令 $\frac{x-1}{4}=\frac{y+2}{-1}=\frac{z}{-3}=t$,得所给直线的参数方程为
$$\begin{cases} x=1+4t \\ y=-2-t \\ z=-3t \end{cases}$$

例 1-5-2 求过两点 $M_1(x_1,y_1,z_1)$ 和 $M_2(x_2,y_2,z_2)$ 的直线方程。

解 因为 $\overrightarrow{M_1M_2}$ 在直线上,可取直线的方向向量
$$s=\overrightarrow{M_1M_2}=(x_2-x_1,y_2-y_1,z_2-z_1)$$
由对称式方程可得
$$\frac{x-x_1}{x_2-x_1}=\frac{y-y_1}{y_2-y_1}=\frac{z-z_1}{z_2-z_1}$$

上述方程也称为直线的**两点式方程**。

1.5.2 空间直线的一般方程

上面已经看到,一条空间直线也可以视为两个不平行平面 Π_1 和 Π_2 的交线,因此,也可以根据这个几何条件来建立空间直线的方程。

设两个相交平面 Π_1 和 Π_2(图 1-5-2)的方程分别为

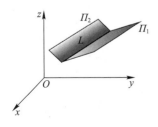

图 1-5-2

$$A_1x+B_1y+C_1z+D_1=0 \quad \text{和} \quad A_2x+B_2y+C_2z+D_2=0$$

其中 $\frac{A_1}{A_2}=\frac{B_1}{B_2}=\frac{C_1}{C_2}$ 不成立,那么直线 L 上的任一点的坐标应同时满足这两个平面的方程,即应满足方程组

$$\begin{cases} A_1x+B_1y+C_1z+D_1=0 \\ A_2x+B_2y+C_2z+D_2=0 \end{cases} \quad (1.5.1)$$

反过来,如果点 M 不在直线 L 上,那么它不可能同时在平面 Π_1 和 Π_2 上,所以它的坐标不满足方程组(1.5.1)。因此,直线 L 可以用方程组(1.5.1)来表示。方程组(1.5.1)叫作**空间直线的一般方程**。

不难发现,通过空间一直线 L 的平面有无限多个,我们把经过此直线的所有平面称为这条直线的**平面束**,只要在这无限多个平面中任意选取两个,把它们的方程联立起来,所得的方程组就表示空间直线 L。因此空间直线的一般方程在形式上不唯一。

例1-5-3 求过平面 $\Pi_1:2x+5y-3z+4=0$ 与平面 $\Pi_2:-x-3y+z-1=0$ 的交线 L 并且垂直于平面 Π_2 的平面 Π 的方程。

解 取 $z=0$,则由

$$\begin{cases} 2x+5y=-4 \\ x+3y=-1 \end{cases}$$

解得

$$x=-7, \quad y=2$$

显然点 $(-7,2,0)$ 在直线 L 上,又因为直线 L 的方向向量 $\boldsymbol{s}$ 是已知给出两个平面法向量的向量积,得

$$\boldsymbol{s}=\boldsymbol{n}_1\times\boldsymbol{n}_2=\begin{vmatrix} \boldsymbol{i} & \boldsymbol{j} & \boldsymbol{k} \\ 2 & 5 & -3 \\ -1 & -3 & 1 \end{vmatrix}=(-4,1,-1)$$

假设所求平面 Π 的法向量为 $\boldsymbol{n}$,由题意知 $\boldsymbol{n}\perp\boldsymbol{s},\boldsymbol{n}\perp\boldsymbol{n}_2$,其中 $\boldsymbol{n}_2=(-1,-3,1)$,所以可取 $\boldsymbol{n}$ 为

$$\boldsymbol{n}=\boldsymbol{s}\times\boldsymbol{n}_2=\begin{vmatrix} \boldsymbol{i} & \boldsymbol{j} & \boldsymbol{k} \\ 4 & -1 & 1 \\ -1 & -3 & 1 \end{vmatrix}=(2,-5,-13)$$

此时,由平面的点法式方程,得

$$2(x+7)-5(y-2)-13z=0$$

即

$$2x-5y-13z+24=0$$

1.5.3 两直线的夹角

两直线的方向向量的夹角(通常指锐角)叫作**两直线的夹角**。

设两直线 L_1 和 L_2 的方向向量依次为 $\boldsymbol{s}_1=(m_1,n_1,p_1)$ 和 $\boldsymbol{s}_2=(m_2,n_2,p_2)$,两直线的夹角可以按两向量夹角公式来计算

$$\cos\varphi=\frac{|m_1m_2+n_1n_2+p_1p_2|}{\sqrt{m_1^2+n_1^2+p_1^2}\cdot\sqrt{m_2^2+n_2^2+p_2^2}}$$

两直线 L_1 和 L_2 垂直:$m_1m_2+n_1n_2+p_1p_2=0$ (充分必要条件)

两直线 L_1 和 L_2 平行:$\dfrac{m_1}{m_2}=\dfrac{n_1}{n_2}=\dfrac{p_1}{p_2}$ (充分必要条件)

例 1-5-4 设直线 $L_1: \dfrac{x-1}{1} = \dfrac{y-5}{-4} = \dfrac{z+8}{1}$,直线 $L_2: \dfrac{x}{2} = \dfrac{y+5}{-2} = \dfrac{z}{-1}$,求两直线的夹角。

解 两直线的方向向量分别为 $\boldsymbol{s}_1 = (1, -4, 1)$ 和 $\boldsymbol{s}_2 = (2, -2, -1)$ 设两直线的夹角为 φ,则

$$\cos\varphi = \dfrac{|1\times 2 + (-4)\times(-2) + 1\times(-1)|}{\sqrt{1^2 + (-4)^2 + 1^2} \cdot \sqrt{2^2 + (-2)^2 + (-1)^2}} = \dfrac{1}{\sqrt{2}} = \dfrac{\sqrt{2}}{2}$$

所以 $\varphi = \dfrac{\pi}{4}$。

例 1-5-5 求过点 $(-3, 2, 5)$ 且与两平面 $x - 4z = 3$ 和 $2x - y - 5z = 1$ 的交线平行的直线方程。

解 设所求直线的方向向量为 $\boldsymbol{s} = (m, n, p)$,根据题意知直线的方向向量与两个平面的法向量都垂直,所以可以取

$$\boldsymbol{s} = \boldsymbol{n}_1 \times \boldsymbol{n}_2 = (-4, -3, -1)$$

所求直线的方程为

$$\dfrac{x+3}{4} = \dfrac{y-2}{3} = \dfrac{z-5}{1}$$

1.5.4 直线与平面的夹角

当直线与平面不垂直时,直线和它在平面上的投影直线的夹角 φ(图 1-5-3),称为直线与平面的夹角,当直线与平面垂直时,规定直线与平面的夹角为 $\dfrac{\pi}{2}$。

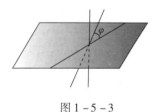

图 1-5-3

设直线的方向向量 $\boldsymbol{s} = (m, n, p)$,平面的法线向量为 $\boldsymbol{n} = (A, B, C)$,直线与平面的夹角为 φ,那么

$$\varphi = \left| \dfrac{\pi}{2} - (\widehat{\boldsymbol{s}, \boldsymbol{n}}) \right|$$

因此 $\sin\varphi = |\cos(\widehat{\boldsymbol{s}, \boldsymbol{n}})|$。按两向量夹角余弦的坐标表示式,有

$$\sin\varphi = \dfrac{|Am + Bn + Cp|}{\sqrt{A^2 + B^2 + C^2} \cdot \sqrt{m^2 + n^2 + p^2}}$$

因为直线与平面垂直相当于直线的方向向量与平面的法线向量平行,所以直线与平面垂直相当于

$$\dfrac{A}{m} = \dfrac{B}{n} = \dfrac{C}{p}$$

又因为直线与平面平行或直线在平面上相当于直线的方向向量与平面的法线向量垂直,所以直线与平面平行或直线在平面上相当于

$$Am + Bn + Cp = 0$$

· 设直线 L 的方向向量为 $\boldsymbol{s} = (m, n, p)$,平面的法线向量为 $\boldsymbol{n} = (A, B, C)$,则

$$L \perp \Pi \Leftrightarrow \dfrac{A}{m} = \dfrac{B}{n} = \dfrac{C}{p}$$

$$L // \Pi \Leftrightarrow Am + Bn + Cp = 0$$

例 1-5-6 求过点 $(1,-2,4)$ 且与平面 $2x-3y+z-4=0$ 垂直的直线的方程。

解 平面的法线向量 $(2,-3,1)$ 可以作为所求直线的方向向量。由此可得所求直线的方程为

$$\frac{x-1}{2} = \frac{y+2}{-3} = \frac{z-4}{1}$$

例 1-5-7 求过点 $(2,1,3)$ 且与直线 $\frac{x+1}{3} = \frac{y-1}{2} = \frac{z}{-1}$ 垂直相交的直线方程。

解 先作一平面过点 $(2,1,3)$ 且垂直于已知直线(即以已知直线的方向向量为平面的法线向量),这个平面的方程为

$$3(x-2) + 2(y-1) - (z-3) = 0$$

再求已知直线与这个平面的交点。将已知直线改成参数方程形式为

$$\begin{cases} x = -1 + 3t \\ y = 1 + 2t \\ z = -t \end{cases}$$

并代入上面的平面方程中去,求得 $t = 3/7$,从而求得交点为 $(2/7, 13/7, -3/7)$。以此交点为起点、已知点为终点可以构成向量 s 即为所求直线的方向向量

$$s = \left(2 - \frac{2}{7}, 1 - \frac{13}{7}, 3 + \frac{3}{7}\right) = \frac{6}{7}(2, -1, 4)$$

故所求直线方程为

$$\frac{x-2}{2} = \frac{y-1}{-1} = \frac{z-3}{4}$$

1.5.5 平面束

设直线 L 的一般方程为

$$\begin{cases} A_1 x + B_1 y + C_1 z + D_1 = 0 \\ A_2 x + B_2 y + C_2 z + D_2 = 0 \end{cases}$$

其中系数 A_1, B_1, C_1 与 A_2, B_2, C_2 不成比例。把通过该直线的无穷多个平面称为过直线 L 的**平面束**,则过 L 的平面束方程为

$$\lambda(A_1 x + B_1 y + C_1 z + D_1) + \mu(A_2 x + B_2 y + C_2 z + D_2) = 0$$

其中实数 λ, μ 满足 $\lambda^2 + \mu^2 \neq 0$,显然上述方程是一个平面,并且直线 L 上的点的坐标都满足方程。因为系数 A_1, B_1, C_1 与 A_2, B_2, C_2 不成比例,所以对于任何 λ, μ 值,上述方程的系数不全为零,从而它表示一个平面。对于不同的 λ, μ 值,所对应的平面也不同,而且这些平面都通过直线 L,也就是说,这个方程表示通过直线 L 的一族平面。另外,任何通过直线 L 的平面也一定包含在上述通过 L 的平面族中。我们可以看到:

当 $\lambda = 0, \mu \neq 0$ 时,上述方程表示的就是第二个平面的方程;

当 $\lambda \neq 0$ 时,可令 $m = \mu/\lambda$,则平面束方程可表示为

$$A_1 x + B_1 y + C_1 z + D_1 + m(A_2 x + B_2 y + C_2 z + D_2) = 0$$

该平面束的方程表达式中缺少一个平面,即为第二个平面。此时平面束方程中,只含有一个参

变量，在应用中比较方便。

例 1-5-8 （例 1-5-3 续）**方法二**：我们可以借助平面束来求解。

解 设通过直线 L 的平面束方程为
$$2x+5y-3z+4+\lambda(-x-3y+z-1)=0$$
化简得
$$(2-\lambda)x+(5-3\lambda)y+(-3+\lambda)z+4-\lambda=0$$

为了得到所求平面 Π，只要利用它与平面 Π_2 垂直这个条件。事实上，由 $\Pi \perp \Pi_2$，得
$$(2-\lambda)\times(-1)+(5-3\lambda)\times(-3)+(-3+\lambda)\times 1=0$$
解此方程，易得 $\lambda=\dfrac{20}{11}$，因此，所求平面的方程为
$$2x-5y-13z+24=0$$

例 1-5-9 求直线 $\begin{cases} x+y-z-1=0 \\ x-y+z+1=0 \end{cases}$ 在平面 $x+y+z=0$ 上的投影直线的方程。

解 应用平面束的方法。设过直线 $\begin{cases} x+y-z-1=0 \\ x-y+z+1=0 \end{cases}$ 的平面束方程为
$$(x+y-z-1)+\lambda(x-y+z+1)=0$$
即
$$(1+\lambda)x+(1-\lambda)y+(-1+\lambda)z+\lambda-1=0$$
这平面与已知平面 $x+y+z=0$ 垂直的条件是
$$(1+\lambda)\cdot 1+(1-\lambda)\cdot 1+(-1+\lambda)\cdot 1=0$$
解之得
$$\lambda=-1$$
代入平面束方程中得投影平面方程为
$$y-z-1=0$$
所以投影直线为
$$\begin{cases} y-z-1=0 \\ x+y+z=0 \end{cases}$$

例 1-5-10 求过点 $(-3,2,5)$ 且通过两个平面 $x-4z-3=0$ 和 $2x-y-5z-1=0$ 的交线的平面方程。

解 因为点 $(-3,2,5)$ 不满足平面 $x-4z-3=0$ 的方程，所以不在此平面上，因此设过两平面交线的平面束方程为
$$2x-y-5z-1+\lambda(x-4z-3)=0$$
即
$$(2+\lambda)x-y-(5+4\lambda)z-1-3\lambda=0$$
因为点 $(-3,2,5)$ 在平面上，所以代入平面束方程，得

$$\lambda = -\frac{17}{13}$$

整理得平面方程为

$$9x - 13y + 3z + 38 = 0$$

习题 1-5
(A)

1. 填空题

(1) 过点 $(1,1,1)$ 且以向量 $\boldsymbol{a} = (2,-1,3)$ 为方向向量的直线方程是_____。

(2) 过点 $(0,0,0)$，方向角为 $60°,45°,120°$ 的直线方程是_____。

(3) 过两点 $(3,-2,1)$ 和 $(-1,0,2)$ 的直线方程是_____。

(4) 过点 $(-4,1,3)$ 且平行于直线 $\frac{x-2}{5} = \frac{y}{0} = \frac{z-1}{2}$ 的直线方程是_____。

(5) 过点 $(3,-1,2)$ 且与平面 $2x+3y-z=0$ 垂直的直线方程是_____。

(6) 过点 $(-1,-1,-1)$ 且与直线 $\frac{x-1}{2} = y = \frac{z-1}{3}$ 垂直的平面方程是_____。

(7) 直线 $\frac{x}{1} = \frac{y+2}{-4} = \frac{z-5}{1}$ 与平面 $2x-2y-z=6$ 的夹角是_____。

2. 选择题

(1) 两直线 $\frac{x}{2} = \frac{y+2}{-2} = \frac{z-1}{-1}$ 和 $\frac{x-1}{4} = \frac{y-3}{n} = \frac{z-1}{-2}$ 相互平行，则常数 $n = ($ 　　$)$。

A. 2　　　　　　B. 5　　　　　　C. -2　　　　　　D. -4

(2) 直线 $\begin{cases} x = 2+3t \\ y = -2+t \\ z = 3-4t \end{cases}$ 与平面 $x+y+z-3=0$ 的位置关系是(　　)。

A. 斜交　　　　　　　　　　　　B. 垂直
C. 平行但不在平面上　　　　　　D. 直线在平面上

3. 求过点 $M(1,2,3)$ 且与直线 $L: \frac{x+1}{1} = \frac{y-1}{3} = \frac{z}{5}$ 垂直相交的直线方程。

4. 求过点 $(0,2,1)$ 且与两平面 $2x+y-1=0$ 和 $3y-z+4=0$ 平行的直线方程。

5. 求过直线 $L: \frac{x-1}{-1} = \frac{y}{0} = \frac{z-2}{2}$ 与平面 $\Pi: x+2y-z+4=0$ 的交点 Q 及点 $P(1,2,1)$ 的直线方程。

6. 求通过直线 $L: \begin{cases} 4x-y+3z-1=0 \\ x+5y-z+2=0 \end{cases}$ 并与已知平面 $\Pi: 2x-y+5z-3=0$ 垂直的平面 Π_1 的方程以及直线 L 在平面 Π 上的投影直线 L_0 的方程。

7. 求过点 $(3,1,-2)$ 且通过直线 $L: \frac{x-4}{5} = \frac{y+3}{2} = \frac{z}{1}$ 的平面方程。

8. 求直线 $L: \begin{cases} x+y+3z=0 \\ x-y-z=0 \end{cases}$ 和平面 $\Pi: x-y-z+1=0$ 间的夹角。

9. 试确定下列各组中直线和平面间的关系：

（1） $L: \dfrac{x+3}{-2} = \dfrac{y+4}{-7} = \dfrac{z}{3}$ 和 $\Pi: 4x - 2y - 2z = 3$；

（2） $L: \dfrac{x}{3} = \dfrac{y}{-2} = \dfrac{z}{7}$ 和 $\Pi: 3x - 2y + 7z = 8$；

（3） $L: \dfrac{x-2}{3} = \dfrac{y+2}{1} = \dfrac{z-3}{-4}$ 和 $\Pi: x + y + z = 3$。

10. 求点 $(-1, 2, 0)$ 在平面 $x + 2y - z + 1 = 0$ 上的投影。

11. 求点 $P(3, -1, 2)$ 到直线 $\begin{cases} x + y - z + 1 = 0 \\ 2x - y + z - 4 = 0 \end{cases}$ 的距离。

12. 证明：直线 $\dfrac{x-1}{3} = \dfrac{y-2}{8} = \dfrac{z-3}{1}$ 和直线 $\dfrac{x-1}{4} = \dfrac{y-2}{7} = \dfrac{z-3}{3}$ 相交，并求它们夹角的平分线方程。

(B)

1. 填空题

（1） 直线 $L: \begin{cases} x - z + 1 = 0 \\ y + 2z - 2 = 0 \end{cases}$ 的一个方向向量 s 是_____。

（2） 两直线 $\dfrac{x+1}{1} = \dfrac{y-5}{-2} = \dfrac{z+8}{1}$ 和 $\begin{cases} x - y = 6 \\ 2y + z = 3 \end{cases}$ 的夹角是_____。

2. 求过点 $P(1, 0, -2)$ 且与平面 $\Pi: 3x + 4y - z + 6 = 0$ 平行，又与直线 $L: \begin{cases} x = 3 + t \\ y = -2 + 4t \\ z = t \end{cases}$ 垂直的直线方程。

3. 已知点 $P(4, 3, 10)$ 是直线 $L: \dfrac{x-1}{2} = \dfrac{y-2}{4} = \dfrac{z-3}{5}$ 外一点，求点 P 关于直线 L 对称的点 M 的坐标，并求点 P 到直线 L 的距离 d。

4. 过直线 $\dfrac{x-3}{4} = \dfrac{y-1}{3} = \dfrac{z-24}{44}$ 作球面 $x^2 + y^2 + z^2 = 1$ 的切平面，求此切平面的方程（提示：利用平面束方程）。

5. 设 M_0 是直线 L 外一点，M 是直线 L 上任意一点，且直线的方向向量为 s，试证明：点 M_0 到直线 L 的距离为

$$d = \dfrac{|\overrightarrow{M_0M} \times s|}{|s|}$$

6. 已知某入射光线的路径为 $\dfrac{x-1}{4} = \dfrac{y-1}{3} = \dfrac{z-1}{1}$，求该光线经过平面 $x + 2y + 5z + 17 = 0$ 反射后的反射光线的路径方程。

§1.6 曲面及其方程

1.6.1 空间曲面研究的基本问题

由前一节内容，我们知道，平面 Π 上的点 $M(x, y, z)$ 满足 x, y, z 的一次方程。反过来，满足

变量 x,y,z 的一次方程的点 $M(x,y,z)$ 都在平面 Π 上,即平面可用一次方程表示。

一般来说,空间中的曲面是由空间中的一部分点组成的。在直角坐标系下,当一个点在一个曲面上时,它的坐标 (x,y,z) 需要满足一定的条件,这个条件一般可以写成一个方程 $F(x,y,z)=0$。如果曲面 Σ 上点的坐标 (x,y,z) 满足方程 $F(x,y,z)=0$,同时满足方程 $F(x,y,z)=0$ 的点都在曲面 Σ 上,则称曲面 Σ 可以用方程 $F(x,y,z)=0$ 来表示,也就是说,曲面 Σ 是方程 $F(x,y,z)=0$ 的图形,方程 $F(x,y,z)=0$ 也称作曲面 Σ 的方程。对于曲面的研究一般有下列两个基本问题:

(1) 已知一曲面作为点的几何轨迹时,建立该曲面的方程;

(2) 已知一个三元方程 $F(x,y,z)=0$,确定这一方程所表示的曲面的形状。

下面,我们建立几个常见的曲面方程。

例 1-6-1 建立球心在点 $C(h,k,l)$、半径为 r 的球面的方程。

解 设 $P(x,y,z)$ 是球面上的任一点,那么
$$|PC|=r$$
即
$$(x-h)^2+(y-k)^2+(z-l)^2=r^2$$

这就是球面上的点的坐标所满足的方程(图 1-6-1)。而不在球面上的点的坐标都不满足这个方程。所以
$$(x-h)^2+(y-k)^2+(z-l)^2=r^2$$
就是球心在 $C(h,k,l)$,半径为 $r(r>0)$ 的球面方程。

特殊地,球心在原点 $O(0,0,0)$、半径为 R 的球面的方程为
$$x^2+y^2+z^2=R^2$$

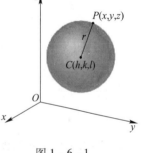

图 1-6-1

例 1-6-2 已知两点 $M_1(x_1,y_1,z_1)$ 和 $M_2(x_2,y_2,z_2)$,求线段 M_1M_2 垂直平分面 Π 的方程。

解 设与已知两点距离相等的点为 $M(x,y,z)$,由两点间的距离公式,得
$$\sqrt{(x-x_1)^2+(y-y_1)^2+(z-z_1)^2}=\sqrt{(x-x_2)^2+(y-y_2)^2+(z-z_2)^2}$$

等式两边平方,整理得
$$(x_1-x_2)x+(y_1-y_2)y+(z_1-z_2)z-\frac{x_1^2-x_2^2+y_1^2-y_2^2+z_1^2-z_2^2}{2}=0 \quad (1-6-1)$$

方程 (1-6-1) 称为线段 M_1M_2 的垂直平分面方程。

例 1-6-3 方程 $x^2+y^2+z^2-4z=0$ 表示什么曲面?

解 将原方程配方,得
$$x^2+y^2+(z-2)^2=4$$

由此可知方程表示球心在 $(0,0,2)$,半径为 $R=2$ 的球面。

在平面解析几何中,二次曲线的方程是二次方程,如抛物线、椭圆和双曲线。但在空间解析几何中,二次曲面的形状比较复杂,但其方程是坐标变量 x,y,z 的二次方程。

在 R^3 中,xOy 面可以表示为集合

$$\{(x,y,z) \mid x \in R, y \in R, z = 0\}$$

可以看成是由两个参数 x,y 确定的方程：$x=x, y=y, z=0$ 对应的图形。这个结论对一般的平面也是成立的。若平面方程为 $Ax+By+Cz+D=0$，则此平面可以表示为集合（设 $C \neq 0$）

$$\{(x,y,z) \mid x \in R, y \in R, z = -\frac{1}{C}(Ax+By+D)\}$$

这样，平面可以看成是由两个参数 x,y 确定的方程：

$$\begin{cases} x=x, \\ y=y, \\ z=-(Ax+By+D)/C \end{cases}$$

对应的图形。

更为一般的是，如果设

$$\boldsymbol{a}=(a_1,a_2,a_3), \quad \boldsymbol{b}=(b_1,b_2,b_3)$$

是平面内的两个已知的不平行的非零向量，$M_0(x_0,y_0,z_0)$ 是平面内的已知点（如图 1-6-2 所示），那么，对于平面内的任意一点 $M(x,y,z)$，向量 $\overrightarrow{M_0M}$ 都可以写作

$$\overrightarrow{M_0M} = u\boldsymbol{a} + v\boldsymbol{b}$$

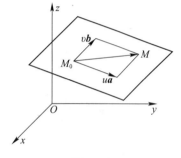

图 1-6-2

对应的分量形式为

$$\begin{cases} x=x_0+ua_1+vb_1 \\ y=y_0+ua_2+vb_2 \\ z=z_0+ua_3+vb_3 \end{cases} \quad (1-6-2)$$

称式 (1-6-2) 为**平面的参数方程**。

一般地，曲面可以用有两个参数的方程表示：

$$\begin{cases} x=x(u,v) \\ y=y(u,v) \\ z=z(u,v) \end{cases}$$

给定参数 (u,v) 的一组值，就确定了曲面上一个点的位置。曲面就是所有这些点的集合：

$$S = \{(x(u,v),y(u,v),z(u,v)) \mid u \in R, v \in R\}$$

或

$$S = \{(x(u,v),y(u,v),z(u,v)) \mid (u,v) \in D\}$$

其中 D 是 R^2 的一个区域，它是参数 u,v 的取值范围。

例如空间曲线 Γ

$$\begin{cases} x=\varphi(t) \\ y=\psi(t) \\ z=\omega(t) \end{cases} \quad (\alpha \leqslant t \leqslant \beta)$$

绕 z 轴旋转,所得到的曲面的方程为

$$\begin{cases} x = \sqrt{[\varphi(t)]^2 + [\psi(t)]^2}\cos\theta \\ y = \sqrt{[\varphi(t)]^2 + [\psi(t)]^2}\sin\theta \\ z = \omega(t) \end{cases} \quad \begin{pmatrix} \alpha \leqslant t \leqslant \beta \\ 0 \leqslant \theta \leqslant 2\pi \end{pmatrix}$$

这是因为,固定一个 t,得 Γ 上一点 $M(\varphi(t),\psi(t),\omega(t))$ 绕 z 轴旋转,得空间的一个圆,该圆在平面 $z=\omega(t)$ 上,其半径为点 M 到 z 轴的距离 $\sqrt{[\varphi(t)]^2+[\psi(t)]^2}$,因此,再令 t 在 $[\alpha,\beta]$ 内变动,得上述参数方程。

例 1-6-4 写出 R^3 中的球面 $x^2+y^2+z^2=a^2$ 的参数方程。

解 我们将球面分成上半球面和下半球面,从而得到它们对应的参数方程
上半球面:

$$\begin{cases} x = u \\ y = v \\ z = \sqrt{a^2 - u^2 - v^2} \end{cases} \quad (u^2 + v^2 \leqslant a^2)$$

下半球面:

$$\begin{cases} x = u \\ y = v \\ z = -\sqrt{a^2 - u^2 - v^2} \end{cases} \quad (u^2 + v^2 \leqslant a^2)$$

还有一种应用很广泛的**球面参数方程**,可以将 zOx 面上的半圆周

$$\begin{cases} x = a\sin\varphi \\ y = 0 \\ z = a\cos\varphi \end{cases} \quad (0 \leqslant \varphi \leqslant \pi)$$

绕 z 轴旋转所得

$$\begin{cases} x = a\sin\varphi\cos\theta \\ y = a\sin\varphi\sin\theta \\ z = a\cos\varphi \end{cases} \qquad (1-6-3)$$

其中 $0 \leqslant \theta \leqslant 2\pi, 0 \leqslant \varphi \leqslant \pi$,参数 θ,φ 的几何意义如图 1-6-3 所示,通常情况下,人们使用的球面参数方程就是指式(1-6-3),方程的建立也可以通过后面介绍的曲线旋转成曲面产生。

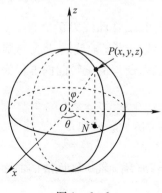

图 1-6-3

1.6.2 旋转曲面及其方程

如图 1-6-4 所示,方程 $z^2 = x^2 + y^2$ 表示的曲面是一个圆锥面。该图形可以看成是在 zOx 平面上的直线

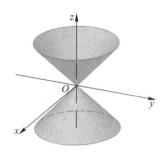

图 1-6-4

$$\begin{cases} z = x \\ y = 0 \end{cases}$$

绕 z 轴旋转而成的曲面。我们可以用平行于 xOy 平面 $z = k$ 去切割得

$$\begin{cases} z = k \\ x^2 + y^2 = k^2 \end{cases}$$

是一个平面上的圆。在该曲面上任取一点 $P_0(x_0, y_0, z_0)$,过 P_0 作平面 $z = z_0$,它和该曲面的交线为一个半径为

$$r = |z_0| = \sqrt{x_0^2 + y_0^2}$$

的圆,圆心在 z 轴上。这个圆是平面直线上的点 (x_0, z_0) 绕 z 轴旋转而生成的曲线。图 1-6-4 的圆锥面也可以看成是 yOz 平面上的直线 $\begin{cases} z = y \\ x = 0 \end{cases}$ 绕 z 轴旋转而成的旋转曲面,z 轴称为旋转轴。

定义 对于一条平面上的曲线(也称母线)绕该平面上一条定直线旋转而成的曲面称作**旋转曲面**,定直线称为**旋转轴**。

一般地,对于 yOz 平面上的曲线 $C: f(y, z) = 0$ 绕 z 轴旋转一周,得到一旋转曲面(图 1-6-5)。设 $M_1(0, y_1, z_1)$ 为曲线 C 上的任一点,则有

$$f(y_1, z_1) = 0$$

当曲线 C 绕 z 轴旋转时,点 M_1 绕 z 轴转到点 $M(x, y, z)$,这时 $z = z_1$,且点 M 与点 M_1 到 z 轴有相同的距离,即

$$d = \sqrt{x^2 + y^2} = |y_1|$$

将 $z = z_1, y_1 = \pm\sqrt{x^2 + y^2}$ 代入 $f(y_1, z_1) = 0$,得旋转曲面的方程为

$$f(\pm\sqrt{x^2 + y^2}, z) = 0$$

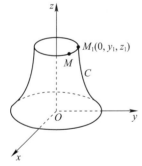

图 1-6-5

由此可知,在曲线 C 的方程 $f(y, z) = 0$ 中,将 y 改成 $\pm\sqrt{x^2 + y^2}$,便得到曲线 C 绕 z 轴旋转所成的旋转曲面的方程。同理,将曲线 C 绕 y 轴旋转,所得的旋转曲面方程为

$$f(y, \pm\sqrt{x^2 + z^2}) = 0$$

当曲线是二次曲线时,旋转而成的旋转曲面是二次曲面。

例如:

(1) yOz 平面上的抛物线 $y^2 = 2pz$ 绕 z 轴旋转而成的曲面方程是

$$x^2 + y^2 = 2pz$$

该曲面称为**旋转抛物面**(图 1-6-6)。

(2) xOy 平面上的椭圆 $\dfrac{x^2}{a^2}+\dfrac{y^2}{b^2}=1$ 绕 x 轴和 y 轴旋转而成的曲面方程分别是

$$\dfrac{x^2}{a^2}+\dfrac{y^2+z^2}{b^2}=1 \quad 及 \dfrac{x^2+z^2}{a^2}+\dfrac{y^2}{b^2}=1$$

该曲面称为**旋转椭球面**(图 1-6-7)。

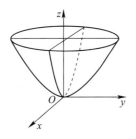
图 1-6-6

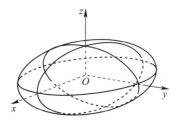
图 1-6-7

(3) zOx 平面上的双曲线 $\dfrac{x^2}{a^2}-\dfrac{z^2}{b^2}=1$ 绕 z 轴和 x 轴旋转而成的曲面方程分别是

$$\dfrac{x^2+y^2}{a^2}-\dfrac{z^2}{b^2}=1 \quad 及 \quad \dfrac{x^2}{a^2}-\dfrac{y^2+z^2}{b^2}=1$$

该曲面分别称为**旋转单叶双曲面**和**旋转双叶双曲面**(图 1-6-8)。

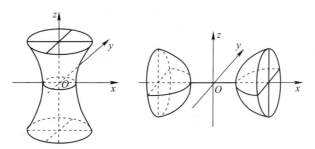
图 1-6-8

(4) yOz 平面上的圆 $(y-4)^2+z^2=4$ 绕 z 轴旋转而成的旋转曲面(**圆环面**,图 1-6-9)方程为

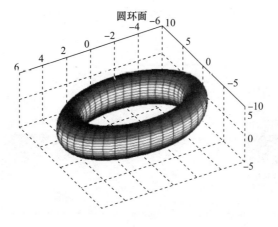
图 1-6-9

$$\left(\sqrt{x^2+y^2}-4\right)^2+z^2=4$$

顺便指出，yOz 平面上的曲线 $C: f(y,z)=0$ 绕 z 轴旋转一周所成的旋转曲面方程
$$f(\pm\sqrt{x^2+y^2},z)=0$$
写出参数方程形式为
$$\begin{cases} x=u\cos\theta \\ y=u\sin\theta \\ z=v \end{cases}$$

其中 $f(u,v)=0$ $(0\leqslant\theta\leqslant 2\pi)$。

1.6.3 柱面

我们来分析一个具体的例子。

例 1-6-5 方程 $y^2=2x$ 表示怎样的曲面？

解 方程 $y^2=2x$ 在 xOy 面上表示的是抛物线。在空间直角坐标系中，这个方程不含竖坐标 z，即不论空间点的竖坐标 z 怎样，只要它的横坐标 x 和纵坐标 y 能满足该方程，那么这些点就在该曲面上。这就是说，凡是通过 xOy 面上的抛物线 $y^2=2x$ 上一点 $M(x,y,0)$，且平行于 z 轴的直线 L 都会在这个曲面上，因此，这个曲面可以看作是由平行于 z 轴的直线 L 沿 xOy 面上的抛物线 $y^2=2x$ 平行移动而形成的。

对于一般的函数 $f(x,y)=0$ 在平面解析几何中表示一条曲线，而在空间解析几何中则意味着若 (x,y) 满足 $f(x,y)=0$，则空间上的点坐标 (x,y,z)（z 是任意实数）满足方程 $f(x,y)=0$，即有 xOy 平面上的点 $(x,y,0)$ 变成了过该点垂直于 xOy 平面的直线。

再如方程 $x^2+y^2=4$ 在平面解析几何中表示圆心在原点半径为 2 的圆，而在空间解析几何中表示轴线为 z 轴，半径为 2 的圆柱面（图 1-6-10）。圆柱面可以看作是由平行于 z 轴的直线沿 xOy 平面上的圆 $x^2+y^2=4$ 移动形成的，xOy 平面上的圆 $x^2+y^2=4$ 叫作它的**准线**，移动的平行于 z 轴的直线叫作它的**母线**。

一般地，直线 L 沿定曲线 C 平行移动形成的轨迹曲面称作柱面，定曲线 C 叫作柱面的**准线**，动直线 L 叫作**母线**。

方程 $z=x^2$ 表示准线为 zOx 平面上的抛物线 $\begin{cases} z=x^2 \\ y=0 \end{cases}$，母线平行于 y 轴的**抛物柱面**（图 1-6-11）。

图 1-6-10

图 1-6-11

方程 $x^2+y^2=1$ 和 $y^2+z^2=1$ 分别表示两个圆柱面:

$x^2+y^2=1$ 表示准线为 $\begin{cases} x^2+y^2=1 \\ z=0 \end{cases}$,母线平行于 z 轴的**圆柱面**(图 1-6-12(a));

$y^2+z^2=1$ 表示准线为 $\begin{cases} y^2+z^2=1 \\ x=0 \end{cases}$,母线平行于 x 轴的**圆柱面**(图 1-6-12(b))。

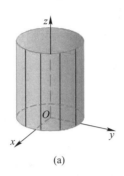 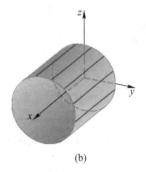

(a) (b)

图 1-6-12

方程 $\dfrac{x^2}{a^2}+\dfrac{y^2}{b^2}=1$ 表示准线为 $\begin{cases} \dfrac{x^2}{a^2}+\dfrac{y^2}{b^2}=1 \\ z=0 \end{cases}$,母线平行于 z 轴的**椭圆柱面**;

方程 $\dfrac{x^2}{a^2}-\dfrac{y^2}{b^2}=1$ 表示准线为 $\begin{cases} \dfrac{x^2}{a^2}-\dfrac{y^2}{b^2}=1 \\ z=0 \end{cases}$,母线平行于 z 轴的**双曲柱面**。

顺便我们可以写出柱面 $x^2+y^2=1$ 的参数方程为

$$\begin{cases} x=\cos\theta \\ y=\sin\theta \\ z=z \end{cases}$$

一般地,只含 x,y 而缺 z 的方程 $F(x,y)=0$ 在空间直角坐标系中表示母线平行于 z 轴的柱面,其准线是 xOy 面上的曲线 $C:F(x,y)=0$。

类似可得,只含 x,z 而缺 y 的方程 $G(x,z)=0$ 和只含 y,z 而缺 x 的方程 $H(y,z)=0$ 分别表示母线平行于 y 轴和 x 轴的柱面。例如,方程 $x-z=0$ 表示的是母线平行于 y 轴的柱面,其准线是 xOz 面上的直线,即表示过 y 轴的平面。

1.6.4 二次曲面

本节将介绍几个特殊的曲面。在空间解析几何中,我们由三元二次方程 $F(x,y,z)=0$ 表示的曲面称为**二次曲面**。适当地选取坐标系,可得到它们的标准方程。前面讨论了抛物柱面、椭圆柱面、双曲柱面等二次曲面的方程与形状,下面我们根据方程来研究它们的图形,采用的方法用坐标面及与坐标面平行的平面或一些特殊的平面与二次曲面相截,考察其截痕的形状,然后对这些截痕加以综合分析,得出曲面的全貌,这种方法称为**截痕法**。另外一种方法称为**坐标伸缩法**,就是沿不同的坐标轴方向进行伸缩一定的倍数,来研究曲面的形状。

1. 椭圆锥面 $\dfrac{x^2}{a^2}+\dfrac{y^2}{b^2}=z^2$

以垂直于 z 轴的平面 $z=k$ 截此曲面,当 $k=0$,仅得一点 $(0,0,0)$;当 $k\neq 0$ 时,得平面 $z=k$

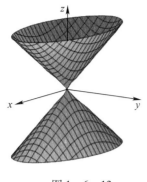

图 1-6-13

上的椭圆

$$\frac{x^2}{(ak)^2}+\frac{y^2}{(bk)^2}=1$$

当 k 变化时,上式表示一族长短轴比例不变的椭圆,当 $|k|$ 从大到小变化并变为 0 时,这族椭圆从大到小并缩为一个点。综上讨论,可得椭圆锥面的形状(图 1-6-13)。

对于椭圆锥面还可以利用圆锥面的伸缩来研究。对于圆锥面 $z^2=\dfrac{x^2+y^2}{a^2}$,可以沿 y 轴方向伸缩 $\dfrac{b}{a}$ 倍,则圆锥面 $z^2=\dfrac{x^2+y^2}{a^2}$ 变成了椭圆锥面 $z^2=\dfrac{x^2}{a^2}+\dfrac{y^2}{b^2}$。

2. 椭球面 $\dfrac{x^2}{a^2}+\dfrac{y^2}{b^2}+\dfrac{z^2}{c^2}=1$($a>0,b>0,c>0$)

截痕法分析:以垂直于 z 轴的平面 $z=k$($-c\leqslant k\leqslant c$)截此曲面,

当 $k=0$ 时,得椭圆 $\dfrac{x^2}{a^2}+\dfrac{y^2}{b^2}=1$;

当 $k\neq 0$ 时,得平面 $z=k$ 上的椭圆

$$\frac{x^2}{a^2\left(1-\dfrac{k^2}{c^2}\right)}+\frac{y^2}{b^2\left(1-\dfrac{k^2}{c^2}\right)}=1$$

当 $k=\pm c$ 时,仅得一个点 $(0,0,\pm c)$。对于以垂直于 x 轴和 y 轴的平面截此平面,可以进行类似的分析。

伸缩变形分析:把 zOx 平面上的椭圆 $\dfrac{x^2}{a^2}+\dfrac{z^2}{c^2}=1$ 绕 z 轴旋转,得到旋转椭球面,其方程为

$$\frac{x^2+y^2}{a^2}+\frac{z^2}{c^2}=1$$

再把旋转椭球面沿 y 轴方向伸缩 $\dfrac{b}{a}$ 倍,便得到椭球面,如图 1-6-14 所示。

当 $a=b=c$ 时,椭球面变成球面 $x^2+y^2+z^2=a^2$,这是球心在原点,半径为 a 的球面。椭球面也可以看成是球面 $x^2+y^2+z^2=a^2$ 在 y 轴方向伸缩 $\dfrac{b}{a}$ 倍,在 z 轴方向伸缩 $\dfrac{c}{a}$ 倍得到的曲面。

如椭球面 $x^2+\dfrac{y^2}{9}+\dfrac{z^2}{4}=1$ 可以看成球面 $x^2+y^2+z^2=1$,在 y 轴方向伸长 3 倍,在 z 轴方向伸长 2 倍得到的曲面(图 1-6-15)。

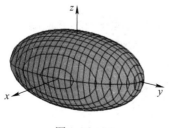

图 1-6-14

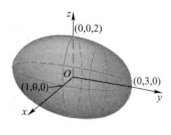

图 1-6-15

参照球面的参数方程,容易写出椭球面标准方程对应的参数方程为

$$\begin{cases} x = a\sin\varphi\cos\theta \\ y = b\sin\varphi\sin\theta \\ z = c\cos\varphi \end{cases}$$

其中 $0 \leq \theta \leq 2\pi, 0 \leq \varphi \leq \pi$。

3. 椭圆抛物面 $\dfrac{x^2}{a^2} + \dfrac{y^2}{b^2} = z$

截痕法分析:以垂直于 z 轴的平面 $z = k(k>0)$ 截此曲面,

当 $k = 0$ 时,仅得一个点 $(0, 0, 0)$;

当 $k \neq 0$ 时,得到平面 $z = k$ 上的椭圆 $\dfrac{x^2}{a^2 k} + \dfrac{y^2}{b^2 k} = 1$,以垂直于 y 轴的平面 $y = k(k>0)$ 截此平面,当 $k = 0$ 时,得一个抛物线 $\dfrac{x^2}{a^2} = z$;

当 $k \neq 0$ 时,得到平面 $z = k$ 上的椭圆 $\dfrac{x^2}{a^2} = z - \dfrac{k^2}{b^2}$,对于垂直于 x 轴的平面 $x = k$ 截此曲面得到的曲线形状可以进行类似的分析。

伸缩变形分析:把 xOz 平面上的椭圆 $\dfrac{x^2}{a^2} = z$ 绕 z 轴旋转,得到旋转抛物面,其方程为 $\dfrac{x^2 + y^2}{a^2} = z$,再把旋转抛物面沿 y 轴方向伸缩 $\dfrac{b}{a}$ 倍,便得到椭圆抛物面,如图 1-6-16 所示。

4. 单叶双曲面 $\dfrac{x^2}{a^2} + \dfrac{y^2}{b^2} - \dfrac{z^2}{c^2} = 1$

把 xOz 面上的双曲线 $\dfrac{x^2}{a^2} - \dfrac{z^2}{c^2} = 1$ 绕 z 轴旋转得到旋转单叶双曲面

$$\dfrac{x^2 + y^2}{a^2} - \dfrac{z^2}{c^2} = 1$$

再把此旋转曲面沿 y 轴方向伸缩 $\dfrac{b}{a}$ 倍,便得到单叶双曲面(图 1-6-17)。

图 1-6-16

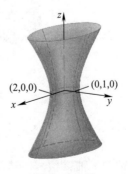

图 1-6-17

5. 双叶双曲面 $\dfrac{x^2}{a^2}+\dfrac{y^2}{b^2}-\dfrac{z^2}{c^2}=-1$

把 xOz 面上的双曲线 $\dfrac{x^2}{a^2}-\dfrac{z^2}{c^2}=-1$ 绕 z 轴旋转得到旋转双叶双曲面

$$\dfrac{x^2+y^2}{a^2}-\dfrac{z^2}{c^2}=-1$$

再把此旋转曲面沿 y 轴方向伸缩 $\dfrac{b}{a}$ 倍,便得到双叶双曲面(图 1 – 6 – 18)。

例 1 – 6 – 6 研究 $x^2-\dfrac{y^2}{4}+\dfrac{z^2}{2}=-1$ 的形状。

解 可以看成是 xOy 平面上的双曲线 $x^2-\dfrac{y^2}{4}=-1$ 绕 y 轴旋转成旋转双曲面

$$x^2+z^2-\dfrac{y^2}{4}=-1$$

再沿 z 轴缩短 $\sqrt{2}$ 倍变成了双叶双曲面(图 1 – 6 – 19)。

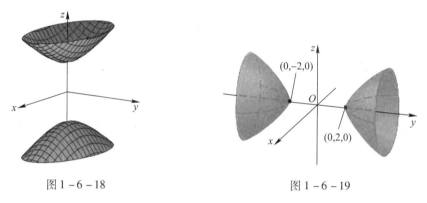

图 1 – 6 – 18　　　　　　　　　　图 1 – 6 – 19

6. 双曲抛物面 $\dfrac{x^2}{a^2}-\dfrac{y^2}{b^2}=z$

双曲抛物面又称**马鞍面**,用截痕法分析它的形状(图 1 – 6 – 20)。

以垂直于 z 轴的平面 $z=k$ 截此曲面:

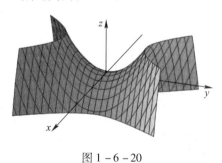

图 1 – 6 – 20

当 $k=0$ 时,仅得两条直线 $x=\pm\dfrac{a}{b}y$;当 $k>0$ 时,得到平面 $z=k$ 上的双曲线 $\dfrac{x^2}{a^2k}-\dfrac{y^2}{b^2k}=1$,实轴为 x 轴,虚轴为 y 轴;当 $k<0$ 时,得到平面 $z=k$ 上的双曲线 $\dfrac{x^2}{a^2|k|}-\dfrac{y^2}{b^2|k|}=-1$,实轴为 y 轴,虚轴为 x 轴。

以垂直于 y 轴的平面 $y=k$ 截此平面：

当 $k=0$ 时,得一个抛物线 $\dfrac{x^2}{a^2}=z$;当 $k\neq 0$ 时,得到平面 $z=k$ 上的抛物线 $\dfrac{x^2}{a^2}=z-\dfrac{k^2}{b^2}$,开口向上。

对于垂直于 x 轴的平面 $x=k$ 截此曲面：

当 $k=0$ 时,得一个抛物线 $-\dfrac{y^2}{b^2}=z$;当 $k\neq 0$ 时,得到平面 $z=k$ 上的抛物线 $-\dfrac{y^2}{b^2}=z-\dfrac{k^2}{a^2}$,开口向下。

例 1-6-7 研究方程 $z=y^2-x^2$（图 1-6-21）表示曲面的形状。

解 用截痕法分析其形状。用垂直于 x 轴的平面 $x=k$,割痕 $z=y^2-k^2$,当 $k=0,\pm 1,\pm 2$ 截得的形状是抛物线,如图 1-6-22(a) 和图 1-6-22(b)。

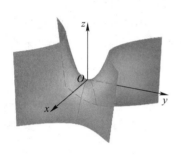

图 1-6-21

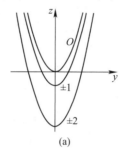

图 1-6-22

用垂直于 y 轴的平面 $y=k$ 切割,割痕 $z=-x^2+k^2$,当 $k=0,\pm 1,\pm 2$ 截得的形状是抛物线如图 1-6-23(a) 和图 1-6-23(b)。

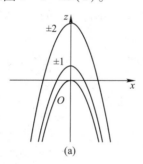

图 1-6-23

用垂直于 z 轴的平面 $z=k$,割痕 $y^2-x^2=k$,当 $k=0$ 时,$y=\pm x$;当 $k=1$ 时,$y^2-x^2=1$,实轴在 y 轴,虚轴在 x 轴的双曲线;当 $k=-1$ 时,$x^2-y^2=1$,实轴在 x 轴,虚轴在 y 轴的双曲线;$k=0,\pm 1$ 截得的形状是抛物线（图 1-6-24）。

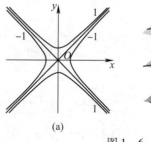

图 1-6-24

综上分析可以看出,方程 $z=y^2-x^2$ 表示的曲面为**双曲抛物面**。

例 1-6-8 研究方程 $x^2+2z^2-6x-y+10=0$ 的形状。

解 该方程中含有 x 的一次项和二次项,因此对 x 配方得
$$y-1=(x-3)^2+2z^2$$

可以看出 $y\geqslant 1$。因此用垂直 y 轴的平面 $y=k(k\geqslant 1)$ 截割,割痕为 $(x-3)^2+2z^2=k-1$。

当 $k=1$ 时,方程表示一个点 $(3,1,0)$;

当 $k>1$ 时,割痕为长短轴比例不变的一簇椭圆。

用垂直 x 轴的平面 $x=k$ 截割,割痕 $y-1-(k-3)^2=2z^2$,为开口向上的一簇抛物线。用垂直 z 轴的平面 $z=k$ 截割,割痕 $y-1-2k^2=(x-3)^2$,为开口向右的一簇抛物线。

综上分析,方程 $x^2+2z^2-6x-y+10=0$ 表示的曲面为顶点为 $(3,1,0)$,轴线为过点 $(3,1,0)$ 垂直于平面 zOx 的直线的椭圆抛物面(图 1-6-25)。

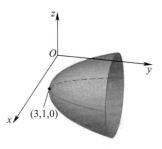

图 1-6-25

习题 1-6

(A)

1. 填空题

(1) 在空间解析几何中,曲面研究的两个基本问题是 _____ 和 _____。

(2) 设球面的方程为 $x^2+y^2+z^2-2x+4y-6z=0$,则此球面的球心坐标为 _____,球面半径是 _____。

(3) 将 zOx 平面上的抛物线 $z^2=2x$ 绕 Ox 轴旋转一周所得旋转曲面的方程为 _____,其图形是 _____ 面。

(4) 方程 $z^2=y$ 的图形是母线平行于 _____ 轴的 _____ 柱面。

(5) 写出下列二次方程表示的曲面类型。

$x-z^2=0$ _____ ; $x^2-3y^2=1$ _____ ;

$x^2+3z^2=1$ _____ ; $\sqrt{x^2+3z^2}=y$ _____ ;

$\dfrac{x^2}{3}+\dfrac{y^2}{5}+\dfrac{z^2}{2}=1$ _____ ; $\dfrac{x^2}{3}-\dfrac{y^2}{5}+\dfrac{z^2}{2}=1$ _____ ;

$\dfrac{x^2}{3}-\dfrac{y^2}{5}+\dfrac{z^2}{2}=-1$ _____ ; $\dfrac{x^2}{3}+\dfrac{z^2}{5}=y$ _____ ;

$\dfrac{x^2}{3}-\dfrac{y^2}{5}=z$ _____ 。

(6) 方程 $\dfrac{x^2}{3}-y^2+\dfrac{z^2}{3}=-1$ 的图形是 _____,其旋转轴为 _____。

2. 说明下列旋转曲面是如何形成的。

(1) $y=x^2+z^2$;   (2) $4x^2+9y^2+9z^2=36$;

(3) $x^2-\dfrac{y^2}{4}+z^2=1$;   (4) $2z=(x^2+y^2)^2$。

3. 画出下列各方程的图形。

(1) $z = x^2 + 2y^2$;

(2) $4x^2 + 9y^2 + z^2 = 36$;

(3) $z = \sqrt{x^2 + 2y^2}$。

4. 求下列动点的轨迹方程：

(1) 动点到点 $(1,2,1)$ 的距离为 3，到点 $(2,0,1)$ 的距离为 2；

(2) 动点到点 $(5,0,0)$ 的距离与到点 $(-5,0,0)$ 的距离之和为 20；

(3) 动点到 z 轴的距离等于到 yOz 平面距离的 2 倍。

5. 由方程

$$\frac{x^2}{a^2} + \frac{y^2}{b^2} - \frac{z^2}{c^2} = 0$$

所表示的曲面称为椭圆锥面。试用平行截面法讨论该曲面的形状，并画出它的草图。

6. 已知椭球面的轴与坐标轴重合，并且该曲面通过椭圆 $\begin{cases} \dfrac{x^2}{9} + \dfrac{y^2}{16} = 1 \\ z = 0 \end{cases}$ 与点 $M(1, 2, \sqrt{23})$，试求它的方程。

(B)

1. 画出下列各曲面所围成的立体的图形。

(1) $z = x^2 + y^2$ 和 $z = \sqrt{2 - x^2 - y^2}$；

(2) $z = x^2 + y^2$ 和 $z = 2 - \sqrt{x^2 + y^2}$；

(3) $z = \sqrt{x^2 + y^2}$ 和 $z = \sqrt{2 - x^2 - y^2}$。

2. 求曲面 $x^2 + xy - yz - 5y = 0$ 与直线 $\begin{cases} 3x + y - 5 = 0 \\ 7y - 3z - 5 = 0 \end{cases}$ 的交点。

3. 建立以 $(2, -3, 5)$ 为顶点，$(1,1,1)$ 为轴，半顶角为 $\dfrac{\pi}{6}$ 的直圆锥面方程。

4. 证明：到定直线及该直线上一定点的距离平方和是常数的动点的轨迹是一个旋转曲面。

5. 求准线为 $\varGamma: \begin{cases} y = x^2 \\ z = 0 \end{cases}$，母线平行于向量 $(1,2,1)$ 的柱面方程。

6. 已知点 A 与 B 的直角坐标分别为 $(1,0,0)$ 和 $(0,1,1)$，线段 AB 绕 z 轴旋转一周所成的旋转曲面为 S 的方程。

§1.7 空间曲线及其方程

1.7.1 空间曲线的一般方程

空间直线可以看成是两相交平面的交线，同样地，空间曲线也可以看作是两个曲面的交线。如果空间曲线 $\varGamma$ 是两个曲面

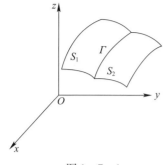

图 1-7-1

$$S_1: F(x,y,z)=0 \quad \text{和} \quad S_2: G(x,y,z)=0$$

的交线(图 1-7-1),那么空间曲线 Γ 与方程组

$$\begin{cases} F(x,y,z)=0 \\ G(x,y,z)=0 \end{cases}$$

有如下的关系:空间曲线 Γ 上的任意一点的坐标都满足上述方程组;而不在曲线 Γ 上的点,它不可能同时在两个曲面上,所以它的坐标不会满足方程组,这样就称上述方程组为空间曲线 Γ 的方程,空间曲线为方程组的图形。方程组也称为**空间曲线 Γ 的一般方程**。

例 1-7-1 方程组 $\begin{cases} x^2+y^2=1 \\ y+z=2 \end{cases}$ 表示怎样的曲线?

解 方程组中第一个方程表示母线平行于 z 轴,以 xOy 面上单位圆周为准线的圆柱面;第二个方程表示平行 x 轴的平面。因此,该方程组表示圆柱面与平面的交线(图 1-7-2)。

例 1-7-2 方程组 $\begin{cases} z=\sqrt{a^2-x^2-y^2} \\ x^2+y^2=ax \end{cases}$ 表示怎样的曲线?

解 方程组中第一个方程表示球心在原点,半径为 a 的上半球面;第二个方程表示母线平行于 z 轴的圆柱面,其准线是 xOy 面上的圆,圆心在点 $\left(\dfrac{a}{2},0,0\right)$ 处,半径为 $\dfrac{a}{2}$,因此方程组表示上半球面与圆柱面的交线(图 1-7-3)。

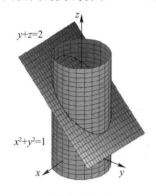

图 1-7-2

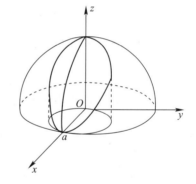

图 1-7-3

1.7.2 空间曲线的参数方程

空间曲线除了用一般式方程表示外,还可以用参数式方程表示,即将空间曲线 Γ 上的动点的坐标 x,y,z 都表示为参数 t 的函数

$$\begin{cases} x=x(t) \\ y=y(t) \\ z=z(t) \end{cases}$$

每给定一个 t 值,就得到一组 x,y,z 的值,即对应于曲线 Γ 上的一个点 M,当 t 在某一范围内变动时,点 M 就描绘出了曲线 Γ,上述的方程组就称为空间曲线的参数方程。

例 1-7-3 设一动点在圆柱面 $x^2+y^2=a^2$ 上,以角速度 ω 绕 z 轴旋转,同时又以线速度 v 沿平行于 z 轴的正方向上升,则点 M 的几何轨迹称为螺旋线,试建立其参数方程。

解 取时间 t 为参数。设当 $t=0$ 时,动点在点 $A(0,0,0)$ 处(图 1-7-4)。在 t 时刻,动点在点 $M(x,y,z)$ 处。过点 M 作 xOy 面的垂线 MM',则垂足 M' 的坐标为 $(x,y,0)$,$\angle AOM'$ 就是动点在时间 t 内所转过的角度,线段 MM' 的长 $|MM'|$ 就是在时间 t 内动点所上升的高度。于是有

$$\angle AOM' = \omega t, \quad |MM'| = vt$$

从而

$$x = a\cos\angle AOM' = a\cos\omega t$$
$$y = a\sin\angle AOM' = a\sin\omega t$$
$$z = |MM'| = vt$$

图 1-7-4

因此,螺旋线的参数方程为

$$\begin{cases} x = a\cos\omega t \\ y = a\sin\omega t \\ z = vt \end{cases}$$

记 $\theta = \omega t$,令 $b = v/\omega$,上述参数方程也可以表示为

$$\begin{cases} x = a\cos\theta \\ y = a\sin\theta \\ z = b\theta \end{cases}$$

特别地,当 OM' 转过一周,点 M' 就上升一个固定的高度 $h = 2\pi b$,这个高度称为**螺距**。在现实生活中,我们经常会遇到螺旋线的实例。例如,当我们拧紧平头螺丝钉时,它的外缘曲线上的任意一点 M,在绕螺丝钉的轴旋转的同时又沿平行于轴线的方向前进,点 M 的运动轨迹就是一条螺旋线。

例 1-7-4 求圆柱面 $x^2+y^2=1$ 和平面 $y+z=2$ 的交线 C 的一般方程和参数方程。

解 交线 C 的一般方程为 $\begin{cases} x^2+y^2=1 \\ y+z=2 \end{cases}$(图 1-7-5)。

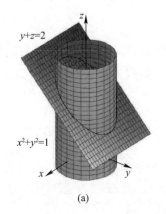

(a)

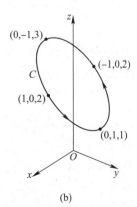

(b)

图 1-7-5

交线 C 在圆柱面 $x^2+y^2=1$ 上,因而在坐标平面 xOy 上的投影是 $\begin{cases} x^2+y^2=1 \\ z=0 \end{cases}$。因此,令 $x=\cos t, y=\sin t, 0\leq t\leq 2\pi$。再根据平面方程可得
$$z=2-y=2-\sin t$$
于是,曲线 C 的参数方程为
$$\begin{cases} x=\cos t \\ y=\sin t \\ z=2-\sin t \end{cases} \quad (0\leq t\leq 2\pi)$$

例 1-7-5 把曲线 C 的一般方程 $\begin{cases} x^2+y^2=1 \\ 2x+3y+z=6 \end{cases}$ 化为参数方程。

解 设 $M(x,y,z)$ 是曲线 C 上任意一点,则 M 在 xOy 面上的投影为 $M'(x,y,0)$,设 OM' 与 x 正半轴夹角为 θ,则
$$x=|OM'|\cos\theta, \quad y=|OM'|\sin\theta$$
又因为 M 满足方程 $2x+3y+z=6$,则
$$z=6-2\cos\theta-3\sin\theta$$
因此参数式方程为
$$\begin{cases} x=\cos\theta \\ y=\sin\theta \\ z=6-2\cos\theta-3\sin\theta \end{cases} \quad (0\leq\theta\leq 2\pi)$$

1.7.3 空间曲线在坐标面上的投影

设曲线的一般方程为
$$\begin{cases} F(x,y,z)=0 \\ G(x,y,z)=0 \end{cases}$$
现在来求曲线 C 关于 xOy 面的投影柱面的方程及在 xOy 面上的投影的方程。

从曲线一般方程中,消去变量 z,得到方程
$$H(x,y)=0$$
可知曲线上所有的点都在方程 $H(x,y)=0$ 表示的曲面(柱面)上,此柱面(垂直于 xOy 平面)称为**投影柱面**,称投影柱面与 xOy 平面的交线为空间曲线 C 在 xOy 平面上的**投影曲线**,简称**投影**,用方程表示为
$$\begin{cases} H(x,y)=0 \\ z=0 \end{cases}$$
类似地,曲线一般方程中,消去 x,可得空间曲线在 yOz 平面上的投影柱面,此柱面与 yOz 面的交线为
$$\begin{cases} R(y,z)=0 \\ x=0 \end{cases}$$

如果曲线的一般方程中,消去 y,可得空间曲线在 zOx 平面上的投影柱面,此柱面与 zOx 面的交线为

$$\begin{cases} P(x,z)=0 \\ y=0 \end{cases}$$

例 1-7-6 求曲线 $\begin{cases} z=x^2+y^2 \\ x^2+y^2+z^2=1 \end{cases}$ 在 xOy 平面上的投影。

解 由方程组消去 z 得

$$(x^2+y^2)^2+(x^2+y^2)-1=0$$

解之得

$$x^2+y^2=\frac{\sqrt{5}-1}{2}$$

因此,曲线 $\begin{cases} z=x^2+y^2 \\ x^2+y^2+z^2=1 \end{cases}$ 在 xOy 平面上的投影为

$$\begin{cases} x^2+y^2=\dfrac{\sqrt{5}-1}{2} \\ z=0 \end{cases}$$

它是 xOy 平面上的一个以原点为圆心,以 $\sqrt{(\sqrt{5}-1)/2}$ 为半径的圆,如图 1-7-6 所示。

例 1-7-7 求抛物柱面 $x=2y^2$ 与平面 $x+z=1$ 的交线在三个坐标面上的投影。

解 (1) 因为抛物柱面 $x=2y^2$ 的母线平行于 z 轴,所以它就是交线关于 xOy 面的投影柱面。因此交线在 xOy 面的投影曲线

$$\begin{cases} x=2y^2 \\ z=0 \end{cases}$$

是 xOy 面上的一条抛物线(图 1-7-7)。

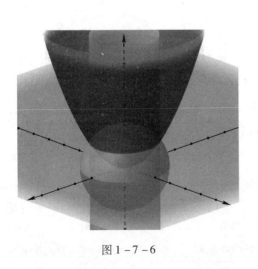

图 1-7-6

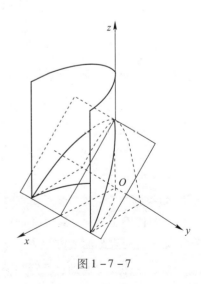

图 1-7-7

(2) 因为平面 $x+y=1$ 可看成母线平行于 y 轴的柱面,所以它就是交线关于 zOx 面的投影柱面。因此交线在 zOx 面的投影曲线

$$\begin{cases} x+z=1 & (x>0) \\ y=0 \end{cases}$$

是 zOx 面上的一条射线。

（3）由方程组

$$\begin{cases} x=2y^2 \\ x+z=1 \end{cases}$$

消去 x，得

$$2y^2+z=1$$

它就是交线关于 yOz 面的投影柱面（它是一个抛物柱面）。所以交线在 yOz 面的投影曲线

$$\begin{cases} 2y^2+z=1 \\ x=0 \end{cases}$$

是 yOz 面上的一条抛物线（图 1-7-7）。

例 1-7-8 设一个立体由上半球面 $z=\sqrt{4-x^2-y^2}$ 和锥面 $z=\sqrt{3(x^2+y^2)}$ 所围成，求它在 xOy 面上的投影。

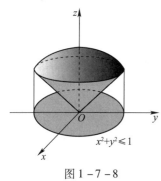

图 1-7-8

解 如图 1-7-8 所示，半球面和锥面的交线为 C：

$$\begin{cases} z=\sqrt{4-x^2-y^2} \\ x=\sqrt{3(x^2+y^2)} \end{cases}$$

由上述方程组消去 z，得到

$$x^2+y^2=1$$

这是一个母线平行于 z 轴的圆柱面，恰好是交线 C 关于 xOy 面的投影柱面，因此交线 C 在 xOy 面上的投影曲线为

$$\begin{cases} x^2+y^2=1 \\ z=0 \end{cases}$$

这是 xOy 面上的一个圆，于是所求立体在 xOy 面上的投影，就是该圆在 xOy 上所围的部分：
$$x^2+y^2 \leq 1$$

习题 1-7

（A）

1. 填空题

（1）圆柱面 $x^2+y^2=1$ 与球面 $x^2+(y-1)^2+(z-1)^2=1$ 的交线的方程为_____；该曲线在 yOz 面上的投影曲线方程为_____。

（2）螺旋线 $x=a\cos\theta, y=a\sin\theta, z=b\theta$ 称为曲线的方程，该曲线在 yOz 面上的投影曲线方程为_____。

（3）上半锥面 $z=\sqrt{x^2+y^2}$ $(0 \leq z \leq 1)$ 在 xOy 面上的投影方程为_____，在 xOz 面上的

投影方程为_____,在 yOz 面上的投影方程为_____。

(4) 曲线 $\begin{cases} x = t+1 \\ y = t^2 \\ z = 2t+1 \end{cases}$ 的一般式方程为_____。

(5) 方程 $\begin{cases} x^2 + y^2 + z^2 = 25 \\ x = 3 \end{cases}$ 是空间中某个圆的方程,该圆圆心坐标为_____,半径为_____。

2. 指出下列方程所表示的曲线。

(1) $\begin{cases} (x-1)^2 + (y+4)^2 + z^2 = 25 \\ y + 1 = 0 \end{cases}$;

(2) $\begin{cases} \dfrac{y^2}{9} - \dfrac{z^2}{4} = 1 \\ x - 2 = 0 \end{cases}$;

(3) $\begin{cases} z = \dfrac{x^2}{3} + \dfrac{y^2}{3} \\ x - 2y = 0 \end{cases}$;

(4) $\begin{cases} 3x^2 - y^2 + 5xz = 0 \\ z = 0 \end{cases}$。

3. 点 M 在 xOy 平面内,M 到原点 O 的距离等于它到点 $A(5, -3, 1)$ 的距离,求 M 的轨迹。

4. 设曲线方程为 $\begin{cases} 2x^2 + 4y + z^2 = 4z \\ x^2 - 8y + 3z^2 = 12z \end{cases}$,求它在三个坐标面上的投影曲线。

5. 将空间曲线方程 $\begin{cases} x^2 + y^2 + z^2 = 64 \\ y + z = 0 \end{cases}$ 化成参数方程。

6. 写出空间曲线 $\Gamma: \begin{cases} x^2 + y^2 + z^2 = 4 \\ y = x \end{cases}$ 的参数方程,并求其在各坐标面上的投影。

(B)

1. 画出下列曲线在第一卦限内的图形。

(1) $\begin{cases} x = 1 \\ y = 2 \end{cases}$;

(2) $\begin{cases} x^2 + y^2 = a^2 \\ x^2 + z^2 = a^2 \end{cases}$。

2. 求上半球 $0 \leq z \leq \sqrt{a^2 - x^2 - y^2}$ 与圆柱体 $x^2 + y^2 \leq ax (a > 0)$ 的公共部分在 xOy 面和 zOx 面上的投影。

3. 将曲线方程 $\Gamma: \begin{cases} 2y^2 + z^2 + 4x = z \\ y^2 + 3z^2 - 8x = 12z \end{cases}$ 换成母线分别平行于 x 轴与 y 轴的柱面交线的方程来表示。

4. (1) 证明:空间曲线 $\Gamma: x = \varphi(t), y = \phi(t), z = \psi(t)$ 绕 z 轴旋转一周所得旋转曲面的参数方程为

$$x = \sqrt{\varphi^2(t) + \phi^2(t)} \cos\theta, y = \sqrt{\varphi^2(t) + \phi^2(t)} \sin\theta, z = \psi(t), (0 \leq \theta \leq 2\pi)$$

(2) 求直线 $L: x = 1, y = t, z = 2t$ 绕 z 轴旋转一周所得旋转曲面方程,并指出其图形为何曲面。

(3) 求直线 $L: \dfrac{x}{a} = \dfrac{y-b}{0} = \dfrac{z}{1}$ 绕 z 轴旋转一周所得旋转曲面方程,并讨论常数 a, b 的不同值所对应的图形为何曲面。

第2章 函数与极限

数学是研究现实世界中的空间形式和数量关系的科学,初等数学的研究对象基本上是不变的量,而高等数学主要研究变量与变量之间的相互依赖关系。微积分是高等数学的主要内容,极限概念是微积分学的理论基础,极限方法是研究变量的一种基本方法。在深入学习高等数学的内容之前,我们有必要对研究对象——函数等基本概念加以必要的概括和拓展。

§2.1 函数的基本概念

2.1.1 相关概念

1. 实数及其绝对值

有理数是指形如 p/q(p,q 是整数,且 $q \neq 0$)的数,即指可化为有限小数或无限循环小数的数,把无限不循环小数称为**无理数**,如 $\sqrt{2}$,π,e 等数。有理数和无理数统称为**实数**。有理数在实数集中是稠密的,即任意的两个有理数之间还有无穷多个有理数。

实数有如下主要性质:
(1) 无最小的数,也无最大的数;
(2) 实数经加、减、乘和除(除数不为零)四则运算后仍为实数;
(3) 任意两个实数可以比较大小;
(4) 具有连续性,即实数间无空隙。

2. 区间与邻域

设 $a,b \in R$,且 $a<b$,称数集 $\{x \mid a<x<b\}$ 为**开区间**,记作 (a,b);

数集 $\{x \mid a \leqslant x \leqslant b\}$ 称为**闭区间**,记作 $[a,b]$;

数集 $\{x \mid a \leqslant x < b\}$ 和数集 $\{x \mid a < x \leqslant b\}$ 都称为**半开半闭区间**,分别记作 $[a,b)$ 和 $(a,b]$,以上这几类区间统称为**有限区间**。

把满足关系式 $x \geqslant a$ 的全体实数 x 的集合记作 $[a,+\infty)$,这里符号 ∞ 读作"无穷大",$+\infty$ 读作"正无穷大",$-\infty$ 读作"负无穷大"。类似地,记

$$(-\infty,a] = \{x \mid x \leqslant a\}, \qquad (a,+\infty) = \{x \mid x > a\},$$
$$(-\infty,a) = \{x \mid x < a\}, \qquad (-\infty,+\infty) = \{x \mid -\infty < x < +\infty\} = R$$

以上这几类数集都称为**无限区间**,有限区间和无限区间统称为**区间**。

设 $a \in R, \delta > 0$,满足绝对值不等式 $|x-a| < \delta$ 的全体实数 x 的集合称为点 a 的 δ **邻域**,记作 $U(a,\delta)$,或简写为 $U(a)$,即有

$$U(a,\delta) = \{x \mid |x-a| < \delta\} = (a-\delta, a+\delta)$$

点 a 称为**邻域的中心**,δ 称为该**邻域的半径**(图 2-1-1)。

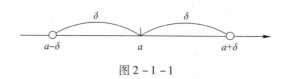

图 2-1-1

点 a 的 δ 邻域去掉中心 a 后,称为点 a 的**去心 δ 邻域**,记作 $\overset{\circ}{U}(a,\delta)$,即

$$\overset{\circ}{U}(a,\delta) = \{x \mid 0 < |x-a| < \delta\}$$

为了方便,有时把开区间 $(a-\delta, a)$ 称为 a 的**左 δ 邻域**,把开区间 $(a, a+\delta)$ 称为 a 的**右 δ 邻域**。

3. 平面点集

当在平面上引入直角坐标系或在空间中引入空间直角坐标系,平面上的点 P 或空间上的点 Q 就分别与一有序二元实数组 (x,y) 或三元实数组 (x,y,z) 之间建立了一一对应。于是,把有序数组 (x,y) 和 (x,y,z) 与平面上的点 P 和空间上的点 Q 视作是等同的。

这样,二元有序实数组 (x,y) 的全体,即 $R^2 = R \times R = \{(x,y) \mid x,y \in R\}$ 就表示**平面坐标系**。同理,三元有序实数组 (x,y,z) 的全体,即 $R^3 = R \times R \times R = \{(x,y,z) \mid x,y,z \in R\}$ 就表示**空间坐标系**。于是,坐标平面上具有某种性质 P 的点的集合,称为**平面点集**,记作

$$E = \{(x,y) \mid (x,y) \text{ 具有性质 } P\}$$

例如,平面上以原点为中心,r 为半径的圆内所有点的集合是

$$C = \{(x,y) \mid x^2 + y^2 < r^2\}$$

空间上以原点为中心,R 为半径的球内所有点的集合就是

$$D = \{(x,y,z) \mid x^2 + y^2 + z^2 < R^2\}$$

如果用 $|OP|$ 表示点 P 到原点 O 的距离,那么上述集合也可表示为

$$C = \{P \mid |OP| < r\} \text{ 和 } D = \{P \mid |OP| < R\}$$

这样就可以引入 R^2 中邻域的概念了。

设 $P_0(x_0, y_0)$ 是 xOy 平面上的一个点,δ 是某一正数,与点 $P_0(x_0, y_0)$ 距离小于 δ 的点 $P(x,y)$ 的全体,称为 P_0 的 δ 邻域,记作 $U(P_0, \delta)$,即

$$U(P_0, \delta) = \{P \mid |PP_0| < \delta\}$$

也就是

$$U(P_0, \delta) = \{(x,y) \mid \sqrt{(x-x_0)^2 + (y-y_0)^2} < \delta\}$$

点 P_0 的去心 δ 邻域,记作 $\overset{\circ}{U}(P_0, \delta)$,即

$$\overset{\circ}{U}(P_0, \delta) = \{P \mid 0 < |PP_0| < \delta\}$$

在几何上,$U(P_0, \delta)$ 就是在 xOy 平面上,以点 $P_0(x_0, y_0)$ 为中心、$\delta > 0$ 为半径的圆内部的点 $P(x,y)$ 的全体。

下面利用邻域来描述点和点集之间的关系。任意一点 $P \in R^2$ 与任意一个点集 $E \subset R^2$ 之间必有以下三种关系中的一种:

(1) **内点**:如果存在点 P 的某个邻域 $U(P)$,使得 $U(P) \subset E$,则称 P 为 E 的**内点**(如图 2-1-2 所示,P_1 为 E 的内点)。

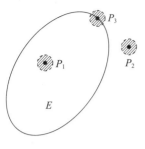

图 2-1-2

(2) **外点**:如果存在点 P 的某个邻域 $U(P)$,使得 $U(P) \cap E = \varnothing$,则称 P 为 E 的**外点**(如图 2-1-2 所示,P_2 为 E 的内点)。

(3) **边界点**:如果点 P 的任一邻域内既含有属于 E 的点,又含有不属于 E 的点,则称 P 为 E 的**边界点**(如图 2-1-2 所示,P_3 为 E 的边界点)。

E 的边界点的全体,称为 E 的**边界**,记作 ∂E。E 的内点必属于 E;E 的外点必定不属于 E;而 E 的边界点可能属于 E,也可能不属于 E。

进一步,如果对于任一给定的 $\delta > 0$,点 P 的去心邻域 $\mathring{U}(P, \delta)$ 内总有 E 中的点,则称 P 是 E 的**聚点**。从这个定义中,可知点集 E 的聚点 P 本身,可以属于 E,也可以不属于 E。

例如,设平面点集

$$E = \{(x, y) \mid 1 < x^2 + y^2 \leq 2\}$$

满足 $1 < x^2 + y^2 < 2$ 的一切点 (x, y) 都是 E 的内点;满足 $x^2 + y^2 = 1$ 的一切点 (x, y) 都是 E 的边界点,它们都不属于 E;满足 $x^2 + y^2 = 2$ 的一切点 (x, y) 都是 E 的边界点,它们都属于 E;点集 E 以及它的边界 ∂E 上的一切点都是 E 的聚点。

这样,根据点集所属的特征,平面上的一些重要概念就可定义了。

开集:如果点集 E 的点都是 E 的内点,则称 E 为**开集**。

闭集:如果点集 E 的边界 $\partial E \subset E$,则称 E 为**闭集**。

连通集:如果点集 E 内任何两点,都可以用折线联结起来,且该折线上的点都属于 E,则称 E 为**连通集**。

区域(或**开区域**):连通的开集称为**区域**或**开区域**。

闭区域:开区域连同它的边界一起所构成的点集称为**闭区域**。

有界集:对于平面点集 E,如果存在某一正数 r,使得

$$E \subset U(O, r)$$

其中 O 是坐标原点,则称 E 为**有界集**。

无界集:一个集合如果不是有界集,就称这集合为**无界集**。

例如,集合 $\{(x, y) \mid 1 < x^2 + y^2 < 2\}$ 是开集,是区域;集合 $\{(x, y) \mid 1 \leq x^2 + y^2 \leq 2\}$ 是闭集,是闭区域,是有界闭区域;而集合 $\{(x, y) \mid 1 < x^2 + y^2 \leq 2\}$ 既非开集,也非闭集。集合 $\{(x, y) \mid x + y > 0\}$ 是无界开区域,集合 $\{(x, y) \mid x + y \geq 0\}$ 是无界闭区域。

4. n 维空间

设 n 为一正整数,用 R^n 表示 n 元有序实数组 $(x_1, x_2, \cdots, x_n)$ 的全体所构成的集合,即

$$R^n = R \times R \times \cdots \times R = \{(x_1, x_2, \cdots, x_n) \mid x_i \in R, i = 1, 2, \cdots, n\}$$

当所有的 $x_i (i = 1, 2, \cdots, n)$ 都为零时,称这样的元素为 R^n 中的零元,记为 **0** 或 O。在解析几何中,通过直角坐标系,R^2(或 R^3)中的元素分别与平面(或空间)中的点或向量建立一一对应,因而 R^n 中的元素 $x = (x_1, x_2, \cdots, x_n)$ 也称为 R^n 中的一个点或一个 n 维向量,x_i 就称为 x 的第 i 个坐标或称为向量 x 的第 i 个分量。于是在 R^n 中就可以定义线性运算如下:

设 $x = (x_1, x_2, \cdots, x_n)$,$y = (y_1, y_2, \cdots, y_n)$ 为 R^n 中任意两个元素,$\lambda \in R$,规定

$$x + y = (x_1 + y_1, x_2 + y_2, \cdots, x_n + y_n)$$

$$\lambda x = (\lambda x_1, \lambda x_2, \cdots, \lambda x_n)$$

这种定义了线性运算的集合 R^n 称为 n **维空间**。其中，R^n 中两点间距离，记作 $\rho(x,y)$，规定

$$\rho(x,y) = \|x-y\| = \sqrt{(x_1-y_1)^2 + (x_2-y_2)^2 + \cdots + (x_n-y_n)^2}$$

很显然，当 $n=1,2,3$ 时，上述规定与数轴上、直角坐标系下平面及空间中两点的距离一致。

2.1.2 函数的概念及其表达

1. 函数概念的发展

"函数"一词最早由德国数学家莱布尼茨创造，其发展经历了由朦胧到清晰，由片面到完善，由直观到抽象的过程。17 世纪的人们对函数的理解，基本上就是曲线。到了 18 世纪，函数的认识提升到一个公式表示，基本上还局限于初等函数。直到 1837 年德国数学家狄利克雷抽象出较为合理的函数概念，将函数理解为给定区间上的每个值，总有唯一的值与之对应，这就构成了一个函数。随着集合论的产生和发展，函数的概念获得了更一般的意义和更抽象的形式，从实数集（或子集）到实数集的映射通常就称为定义在数集上的函数。例如：

（1）圆的面积 S 依赖于圆的半径 r。r 和 S 的关系可以用公式 $S=\pi r^2$。对一个正数 r 就有一个相关的 S 的值，称 S 是 r 的函数。

（2）世界的人口数量 P 与时间相关。表 2-1-1 给出了在 t（某个确定的年）时世界人口数量的估计 $P(t)$，例如：$P(1950) \approx 2,560,000,000$。而对任意给定的时间 t，都有相应的 P 的值，称 P 为时间 t 的函数。

表 2-1-1

年份	1910	1920	1930	1940	1950	1960	1970	1980	1990	2000
人口/百万	1750	1860	2070	2300	2560	3040	3710	4450	5280	6070

（3）邮递一类信件的费用 C 与信件的重量 w 有关，虽然没有一个关于 w 和 C 的简单计算公式，但邮局却可以根据信件的重量确定邮费。

（4）地震仪在地震时可以测量到地面的竖直加速度 a 是地震波传输的时间的函数。图 2-1-3 表示某年某山区地震中加速度与时间的关系图。对于给定的时间 t，从图中可以找到对应的 a 的值。

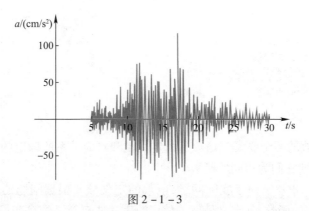

图 2-1-3

（5）圆柱体的体积 V 和它的半径 r 和高 h 之间具有下面的关系

$$V = \pi r^2 h$$

其中，当 r,h 在集合 $\{(r,h) | r>0, h>0\}$ 内取定一对值 (r,h) 时，V 的对应值就随之确定了。

（6）某品牌手机的销售量为 Q，销售价格为 p，消费者人数为 N，设它们之间的关系为
$$Q = a - bp + cN \quad (p>0, N>0)$$
其中，a、b、c 均为正常数，当 p、N 在一定范围内取定一对值时，Q 的对应值就随之确定了。

由以上的例子不难看出，虽然背景和具体意义不同，但它们却具有相同的特点：一个变量的变化依赖于另一个或其他两个，甚至是多个变量的变化，一旦其中一个变量确定，或其他的所有变量确定之后，这个变量就会按照一定的规则也随之有一个确定对应值，由此就有了函数的概念。

2. 函数的概念

定义 设 D 是 R^n 的一个非空子集，若有对应法则 f，对 D 内的每个元素 $P \in R^n$，都有唯一的一个数 $y \in R$ 与它对应，则称 f 是定义在数集 D 上的 n 元函数，记作
$$f: D \to R, \quad x \to y$$

在这种定义下，集合 D 称为函数的**定义域**，而 R 是包含值域的一个集合。定义域 D 中的任意数 $P = (x_1, x_2, \cdots, x_n)$ 称作**自变量**，P 所对应的数 y，称为 f 在点 P 的函数值，常记作 $f(P)$。函数 f 在点 P 处的函数值 $f(P)$ 称为**因变量**。全体函数值的集合
$$f(D) = \{y \mid y = f(P), P \in R^n\}$$
称为函数 f 的**值域**。

当自变量 $P \in R$ 时，此时函数称为**一元函数**，记为 $y = f(x)$；

当自变量 $P \in R^2$ 时，此时函数称为**二元函数**，记为 $z = f(x, y)$；

类似地，当自变量 $P \in R^n$ 时，此时函数称为 **n 元函数**，记为 $u = f(x_1, x_2, \cdots, x_n)$；函数的结构可如图 2-1-4 所示，若 P 属于函数的定义域，当 P 输入，依据函数关系则产生输出 $f(P)$。

另外一种函数的表示如图 2-1-5 所示的箭头图。每个箭头连接了集合 D 的一个元素和集合 R 的一个元素。箭头关联了 $f(x)$ 和 x，$f(a)$ 和 a 等的对应关系。

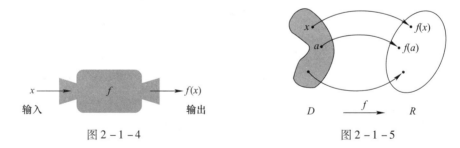

图 2-1-4　　　　　　　　　　图 2-1-5

注 ① 确定函数的两个要素。函数是由定义域和对应关系所确定的，若两个函数的定义域和对应关系相同，则它们为相同的函数。

② 函数定义域的求法。对于实际问题，函数的定义域要根据问题的实际意义具体确定。对于由公式形式给出的函数，其定义域就是使函数表达式有意义的自变量的一切实数值。

例 2-1-1 函数 $y = x$ 与 $y = \dfrac{x^2}{x}$ 是否相同？为什么？

解 $y = x$ 的定义域为 $(-\infty, +\infty)$，而 $y = \dfrac{x^2}{x}$ 的定义域为 $(-\infty, 0) \cup (0, +\infty)$。这两个

函数的定义域不同,故为不同的函数。

例 2-1-2 （1）求函数 $y = \sqrt{4-x^2} + \dfrac{1}{\sqrt{x-1}}$ 的定义域。

（2）求函数 $z = \arcsin(x^2 + y^2)$ 的定义域。

解 （1）当 $x-1>0$ 且 $4-x^2 \geq 0$ 时,函数有意义,即 $x>1$ 且 $-2 \leq x \leq 2$,因此,函数 $y = \sqrt{4-x^2} + \dfrac{1}{\sqrt{x-1}}$ 的定义域为 $D = (1,2]$。

（2）要使函数有意义,只要满足 $x^2 + y^2 \leq 1$,所以函数的定义域为
$$D = \{(x,y) \mid x^2 + y^2 \leq 1\}$$

例 2-1-3 求下列函数的定义域:

（1）$z = x\ln(y-x^2)$;　　　　（2）$z = \sqrt{1-x^2-y^2} + \sqrt{y}$

解 （1）要使函数有意义,点 (x,y) 必须满足 $y-x^2>0$,所以函数的定义域为
$$D = \{(x,y) \mid y > x^2\}$$
如图 2-1-6(a)所示。

（2）要使函数有意义,点 (x,y) 必须满足不等式组 $\begin{cases} 1-x^2-y^2 \geq 0 \\ y \geq 0 \end{cases}$

所以函数的定义域为
$$\begin{cases} x^2 + y^2 \leq 1 \\ y \geq 0 \end{cases}$$

即函数的定义域是一个以原点为圆心、以 1 为半径位于上半平面的半圆(如图 2-1-6(a)所示)。

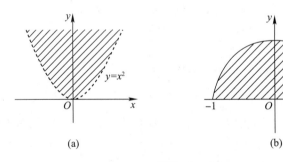

图 2-1-6

例 2-1-4 求函数 $u = \dfrac{1}{\sqrt{z-x^2-y^2}}$ 的定义域。

解 要使函数有意义,点 (x,y,z) 必须满足 $z-x^2-y^2>0$,即
$$V = \{(x,y,z) \in R^3 \mid z > x^2 + y^2\}$$
它表示 R^3 空间中以抛物面 $z = x^2 + y^2$ 为边界的无界区域,如图 2-1-7 所示。

3. 函数的几何意义

如果函数的定义域为 D,一元函数的图象是一个有序对的集合

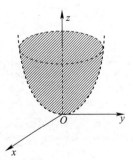

图 2-1-7

$\{(x,f(x))\,|\,x\in D\}$。换言之，函数 f 的图形由平面上的点 (x,y) 组成，$y=f(x)$，$x\in D$，如图 2-1-8 所示。对于二元函数，设函数 $z=f(x,y)$ 的定义域为 D，对于任意取定的点 $P(x,y)\in D$，对应的函数值为 $z=f(x,y)$，这样在空间就确定了一点 $M(x,y,z)$。当 (x,y) 取遍 D 上的一切点时，得到一个空间点集

$$\{(x,y,z)\,|\,z=f(x,y),(x,y)\in D\}$$

这个点集称为二元函数 $z=f(x,y)$ 的图形（图 2-1-9）。通常我们也称二元函数的图形是一个曲面。

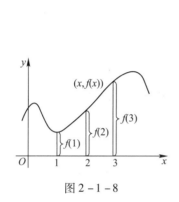
图 2-1-8

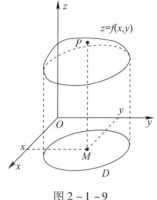
图 2-1-9

有时也可用等值线来刻画多元函数。例如二元函数 $z=f(x,y)$ 的等值线（或水平线）是 xOy 平面上方程

$$f(x,y)=c \quad (c \text{ 为常数})$$

的平面曲线，也就是 xOy 平面上使函数 $z=f(x,y)$ 取相同函数值 c 的点的集合。容易看到，等值线 $f(x,y)=c$ 就是函数 $z=f(x,y)$ 的图象与水平平面 $z=c$ 的交线在 xOy 平面上的投影（图 2-1-10）。可知，一个函数的所有的等值线构成了 xOy 平面上的一个曲线族。在同一条等值线上，函数的图象具有相同的高度 c。将等值线族 $f(x,y)=c$ 中各曲线垂直提升（或降低）到相应的高度 c，那么就容易得到该函数的大致图象。

三元函数 $u=f(x,y,z)$ 的图象就是四维空间的点集

$$R_f = \{(x,y,z,u)\in R^4\,|\,u=f(x,y,z),(x,y,z)\in D\}$$

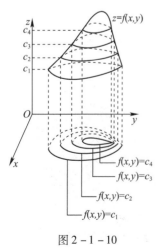

所以不能用空间直角坐标系表示出来。但是，我们可以像用二维空间的图形（等值线 $f(x,y)=c$）来讨论二元函数图象那样，用三维空间 R^3 中的曲面 $f(x,y,z)=c$ 来讨论三元函数，揭示三元函数的某些特性，$f(x,y,z)=c$ 称为函数 $u=f(x,y,z)$ 的**等值面**，其中 c 为常数。

当然，函数的形式不尽相同，以下四个特殊函数在以后的研究中经常出现。

4. 几类常用的函数

（1）绝对值函数。

$$y=|x|=\begin{cases} x & (\text{当 } x\geqslant 0 \text{ 时}) \\ -x & (\text{当 } x<0 \text{ 时}) \end{cases}$$

图 2-1-10

它是一个分段函数,所谓**分段函数**是指:在自变量的不同变化范围之内,对应法则用不同式子来表示的函数。其图象如图 2-1-11 所示,其定义域为 $D=R$,值域为 $f(D)=[0,+\infty)$。

(2) 符号函数。

$$y = \operatorname{sgn} x = \begin{cases} 1 & (\text{当 } x>0 \text{ 时}) \\ 0 & (\text{当 } x=0 \text{ 时}) \\ -1 & (\text{当 } x<0 \text{ 时}) \end{cases}$$

其图象如图 2-1-12 所示,称为**符号函数**,因为任意实数 x 都可以表示为

$$x = \operatorname{sgn} x \cdot |x|$$

(3) 取整函数。

$$y = [x], \quad x \in (-\infty, +\infty)$$

其中 $[x]$ 表示不超过 x 的最大整数,如 $[2.3]=2$,$[1]=1$,$[-3.7]=-4$ 等。如图 2-1-13 所示。从图象可以看出,取整函数的图形是跳跃的、断开的、逐步上升的,也称为阶梯曲线。

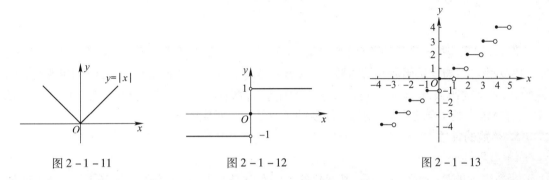

图 2-1-11　　　　　图 2-1-12　　　　　图 2-1-13

(4) 狄利克雷(Dirichlet)函数。

$$y = D(x) = \begin{cases} 1 & (\text{当 } x \text{ 是有理数时}) \\ 0 & (\text{当 } x \text{ 是无理数时}) \end{cases}$$

可以发现该函数的图象不能在平面坐标系中画出来,容易验证,狄利克雷函数还是一个周期函数,因为有理数加上一个有理数得到一个有理数,一个无理数加上一个有理数得到无理数,任何正有理数都是它的周期。因为不存在最小的正数,所以没有最小正周期。

从函数的几何意义知道,函数 $y=f(x)$ 的图象通常是在 xOy 平面上的一条曲线。一个自然的问题是,是不是在 xOy 平面上的曲线都是 x 的函数曲线呢?请观察下面的图形。

假设在 xOy 平面上的一条曲线 $y=f(x)$,我们通过任意的一条竖直线来分析,如图 2-1-14 所示。如果竖直线 $x=a$ 与曲线仅相交一点 (a,b),则函数准确定义为 $f(a)=b$;但是,如果竖直线 $x=a$ 与曲线相交两个点 $(a,b),(a,c)$,则函数不能对一个数 a 指定两个函数值。

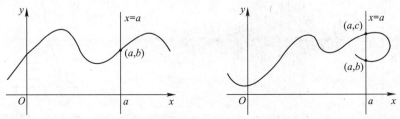

图 2-1-14

如抛物线 $x=y^2-2$（图 2-1-15(a)），竖直线与抛物线有两个交点，图中的曲线不是关于 x 的函数的曲线。但是，该抛物线包含两个关于 x 的函数。

注意到：$x=y^2-2$ 隐含着 $y^2=x+2$，于是，$y=\pm\sqrt{x+2}$。因此，该抛物线上一个分支是函数 $f(x)=\sqrt{x+2}$ 的图形（图 2-1-15(b)），下半部分是函数 $g(x)=-\sqrt{x+2}$ 的图形（图 2-1-15(c)）。

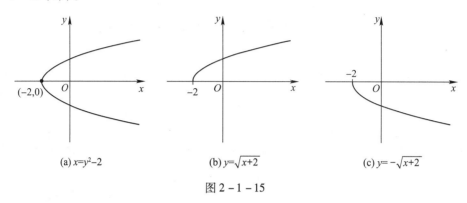

(a) $x=y^2-2$ (b) $y=\sqrt{x+2}$ (c) $y=-\sqrt{x+2}$

图 2-1-15

但是，如果交换 x 和 y 的角色，则方程 $x=h(y)=y^2-2$ 定义了 x 是 y 的函数（y 是自变量，x 是因变量），抛物线是函数 h 的图形。在 xOy 平面上函数 $x=h(y)$ 对应的曲线，如果既是 x 的函数，又是 y 的函数，也就是说对定义域内的任意 x，都有唯一的 y 与之对应；对于值域内的任意 y，都有唯一的 x 与之对应，则称该曲线的函数是一一对应的。

5. 函数的性质

1）有界性

函数表示的是一种变化关系，其变化的范围有时是有限的，如图 2-1-16 所示，地震时地震仪竖直加速度的变化，但有时变化范围是无限的，如图 2-1-17 所示，某种细胞分裂时，细胞总数的变化。从图形上看，区间有限和无限的区别在于能不能用两条平行于 x 轴的直线把图象夹在两直线中间。因此，我们给出如下定义：

定义 设函数 $f(x)$ 在区间 I 上有定义，如果存在 $M>0$，使得对任意的 $x\in I$，都有

$$|f(x)|\leqslant M$$

或写成

$$-M\leqslant f(x)\leqslant M$$

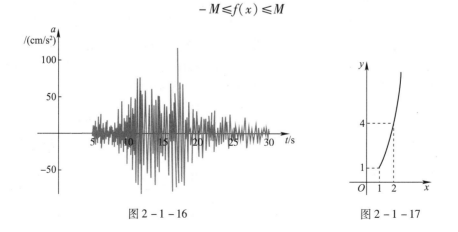

图 2-1-16   图 2-1-17

则称函数 $f(x)$ 在区间 I 上**有界**,如图 2-1-18 所示。如果这样的 M 不存在,则称 $f(x)$ 在区间 I 上**无界**。

例如,函数 $f(x) = \sin x$ 在 $(-\infty, +\infty)$ 内是有界的,因为无论 x 是多少,$|\sin x| \leq 1$ 都成立,如图 2-1-19 所示。这里 $M = 1$(当然任何大于 1 的实数都可以作为这里的 M,满足 $|\sin x| \leq M$)。

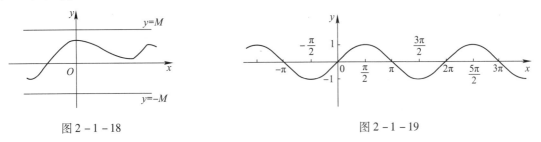

图 2-1-18　　　　　　　　　　　图 2-1-19

函数 $f(x) = \dfrac{1}{x}$ 在区间 $(0,1)$ 内无界,因为不存在这样的正数 $M > 0$,使得 $\left|\dfrac{1}{x}\right| \leq M$ 对于 $(0,1)$ 内的一切 x 都成立。事实上,对于任意取定的正数 $M > 0$(不妨设 $M > 1$),则 $\dfrac{1}{2M} \in (0,1)$,当 $x_1 = \dfrac{1}{2M}$ 时,$\left|\dfrac{1}{x_1}\right| = 2M > M$。但是 $f(x) = \dfrac{1}{x}$ 在区间 $(1,2)$ 内是有界的,例如可取 $M = 1$,从而使得 $\left|\dfrac{1}{x}\right| \leq 1$ 对 $(1,2)$ 内的一切 x 都成立。

2) 奇偶性

图 2-1-20 所示,容易看出函数图形关于 y 轴对称,也就是说,对于定义域内的 x 和 $-x$,其函数值总是相等的。我们将满足该性质的函数称为**偶函数**。

定义　如果函数 f 对定义域中的每个 x 满足
$$f(-x) = f(x)$$
称 f 为**偶函数**。

例如 $f(x) = x^2$ 在实数域上是偶函数,因为 $f(-x) = (-x)^2 = x^2 = f(x)$。

图 2-1-21 所示的函数图形关于原点对称,图中函数在 $x \geq 0$ 部分的图形,通过对绕原点旋转 $180°$ 可以得到函数的全部图形。从函数角度来看,每对对称点的函数值都互为相反数。我们将满足该性质的函数称为**奇函数**。

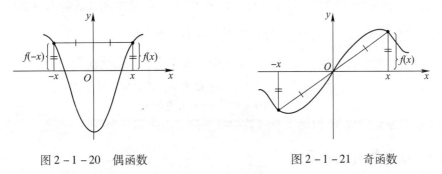

图 2-1-20　偶函数　　　　　　图 2-1-21　奇函数

定义　如果函数 f 对定义域中的每个 x 满足
$$f(-x) = -f(x)$$

称 f 为**奇函数**。

例如 $f(x)=x^3$ 在实数域上是奇函数,因为 $f(-x)=(-x)^3=-x^3=-f(x)$。

3) 单调性

如图 2-1-22 所示,函数图形从 A 到 B 上升,从 B 到 C 下降,从 C 到 D 又在上升。函数 f 在区间 $[a,b]$ 上是增加的,在 $[b,c]$ 上是减少的。在 $[c,d]$ 上又是增加的。注意到,对于区间 $[a,b]$ 上的两点 x_1 和 x_2,$x_1<x_2$,则 $f(x_1)<f(x_2)$。我们以此来定义增函数。

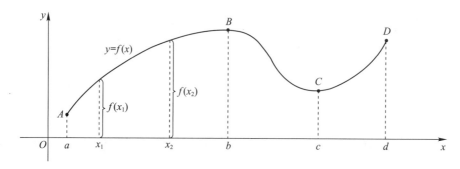

图 2-1-22

定义 若 $x_1<x_2, x_1,x_2\in I$,$f(x_1)<f(x_2)$,则函数 f 在区间 I 上是**增加的**;

若 $x_1<x_2, x_1,x_2\in I$,$f(x_1)>f(x_2)$,则函数 f 在区间 I 上是**减少的**。

在增函数的定义中,强调不等式 $f(x_1)<f(x_2)$ 对于区间 I 上每对 x_1 和 x_2,$x_1<x_2$ 是成立的。

4) 周期性

当"自变量"增大某一个值时,"函数值"有规律地重复出现,如图 2-1-23 所示,反映的就是周期性质。

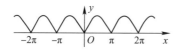 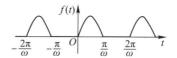

图 2-1-23

定义 设函数 $f(x)$ 的定义域为 D。若存在数 $T\neq 0$,使得对任意的 $x\in D$,都有 $x\pm T\in D$,且
$$f(x+T)=f(x)$$
恒成立,则称 $f(x)$ 为**周期函数**,其中 T 叫作 $f(x)$ 的**周期**。

若 T 是 $f(x)$ 的周期,则 $2T,3T,4T\cdots$ 都是 $f(x)$ 的周期,通常周期函数的周期是指它的最小正周期。例如图 2-1-23 中的两个函数,周期分别为 π 和 $\dfrac{2\pi}{\omega}$。

注意 并不是所有周期函数都有最小正周期。例如狄利克雷函数
$$D(x)=\begin{cases}1 & (\text{当 }x\text{ 是有理数时})\\ 0 & (\text{当 }x\text{ 是无理数时})\end{cases}$$
任意正有理数都是它的周期,但是正有理数中找不到最小的那一个数。

2.1.3 反函数与复合函数

1. 反函数

定义 设函数 $y=f(x)$ 的定义域为 D,值域为 W。若对于任一 $y\in W$,由 $y=f(x)$ 都能唯一

地确定 $x \in D$ 的值与之对应,则 x 是 y 的函数,称此函数为 $y=f(x)$ 的反函数,记为 $x=f^{-1}(y)$,而称原来的函数 $y=f(x)$ 为直接函数。为了研究的方便,习惯上仍用 x 作为自变量,y 作为因变量,记为 $y=f^{-1}(x)$。

由反函数的定义,可得到下面几个性质:

(1) 反函数 $y=f^{-1}(x)$ 的定义域就是直接函数 $y=f(x)$ 的值域,而反函数的值域就是直接函数的定义域。

(2) 在同一个平面直角坐标系中,函数 $y=f(x)$ 的图象与它的反函数 $y=f^{-1}(x)$ 的图象关于直线 $y=x$ 对称(图 2-1-24)。

(3) **反函数存在定理** 若函数 $f(x)$ 在定义域 D 上是单调函数,则函数存在反函数。即 $y=f(x)$ 在某个区间上是单调增加(减少)的,则它的反函数 $y=f^{-1}(x)$ 在相应区间上也是单调增加(减少)的。

例如,函数 $y=x^2$ 当 $x \in (-\infty, +\infty)$ 时,它不存在反函数。但是,若限制 $x \in [0, +\infty)$。此时 $y=x^2$ 在区间是单调递增的,它存在反函数 $y=\sqrt{x}$,其在相应区间上也是单调递增的(图 2-1-25)。

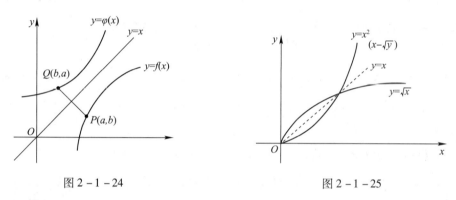

图 2-1-24   图 2-1-25

2. 复合函数

设函数 $y=f(u)$ 的定义域为 D_f,函数 $u=g(x)$ 的定义域为 D_g,且其值域 $R_g \subset D_f$,则由下式确定的函数

$$y=f[g(x)], \quad x \in D_g$$

称为由函数 $u=g(x)$ 与函数 $y=f(u)$ 构成的**复合函数**,它的定义域为 D_g,变量 u 称为中间变量。

函数 g 与函数 f 构成的复合函数,即按"先 g 后 f"的次序复合的函数,通常记为 $f \circ g$,即

$$(f \circ g)(x) = f[g(x)]$$

图 2-1-26 和图 2-1-27 分别为 $f \circ g$ 的结构图和箭头示意图。由复合函数的定义可知,g 与 f 能构成复合函数的条件是:函数 g 的值域 R_g 必须包含于函数 f 的定义域 D_f,即 $R_g \subset D_f$。否则,不能构成复合函数。

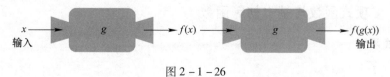

图 2-1-26

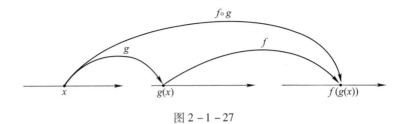

图 2-1-27

例如，$y=f(u)=\arcsin u$ 的定义域为 $[-1,1]$，$u=g(x)=\sin x$ 的定义域为 R，且 $g(R) \subset [-1,1]$，故 g 与 f 可构成复合函数。

$$y = \arcsin \sin x, \ x \in R$$

例 2-1-5 若 $f(x)=x^2, g(x)=x-3$，求 $f \circ g$ 和 $g \circ f$。

解 $(f \circ g)(x) = f(g(x)) = f(x-3) = (x-3)^2$
$(g \circ f)(x) = g(f(x)) = g(x^2) = x^2 - 3$

注意：可以看出，一般地，$f \circ g \neq g \circ f$。$f \circ g$ 先计算函数 g，再计算函数 f；而 $g \circ f$ 则是先计算函数 f，再计算函数 g。

例 2-1-6 若 $f(x)=\sqrt{x}, g(x)=\sqrt{2-x}$，求下列函数和定义域。

(1) $f \circ g$ (2) $g \circ f$ (3) $f \circ f$ (4) $g \circ g$

解 (1) $(f \circ g)(x) = f(g(x)) = f(\sqrt{2-x}) = \sqrt{\sqrt{2-x}} = \sqrt[4]{2-x}$，其定义域为：$x \leq 2$。

(2) $(g \circ f)(x) = g(f(x)) = g(\sqrt{x}) = \sqrt{2-\sqrt{x}}$，其定义域为：$x \geq 0$ 且 $2-\sqrt{x} \geq 0$，即 $0 \leq x \leq 4$。

(3) $(f \circ f)(x) = f(f(x)) = f(\sqrt{x}) = \sqrt{\sqrt{x}} = \sqrt[4]{x}$，其定义域为：$x \geq 0$。

(4) $(g \circ g)(x) = g(g(x)) = g(\sqrt{2-x}) = \sqrt{2-\sqrt{2-x}}$，其定义域为：$2-x \geq 0$ 且 $2-\sqrt{2-x} \geq 0$。即 $g \circ g$ 的定义域为：$-2 \leq x \leq 2$。

例 2-1-7 $f(x)=x/(x+1), g(x)=x^{10}, h(x)=x+3$，求 $f \circ g \circ h$。

解 $(f \circ g \circ h)(x) = f(g(h(x))) = f(g(x+3))$
$$= f((x+3)^{10}) = \frac{(x+3)^{10}}{(x+3)^{10}+1}$$

需要注意的是，在微积分里，更为有用的是如何把复杂函数分解成简单函数，如下例：

例 2-1-8 给定 $F(x)=\cos^2(x+9)$，求函数 f, g, h，使 $F = f \circ g \circ h$。

解 由于 $F(x)=[\cos(x+9)]^2$，函数 F 的含义是，先对 x 加 9，然后求余弦值，最后平方。因此

令 $h(x)=x+9, g(x)=\cos x, f(x)=x^2$，则
$$(f \circ g \circ h)(x) = f(g(h(x))) = f(g(x+9)) = [\cos(x+9)]^2 = F(x)$$

2.1.4 多项式函数与基本初等函数

1. 多项式函数

1) 线性函数

线性函数是最简单且非常重要的一类常见函数，所谓 y 是 x 的线性函数，是指函数的图形

为一条直线,可以用点斜式表示为
$$y = f(x) = ax + b \quad (x \in R)$$
其中,a 是直线的斜率,b 是 y 轴上的截距。线性函数之所以重要,是因为它有一种重要的特征,而这一特征是现实世界中事物的均匀变化的反映。

(1) 改变量。对于函数 $y = f(x)$,当自变量 x 在其定义域内从某一点 x_0 变为点 x 时,相应地,函数值从 y_0 变为 y,称 $x - x_0$ 为自变量在 x_0 处的改变量,记作 $\Delta x = x - x_0$,称 $y - y_0$ 为函数 $y = f(x)$ 在 y_0 处相应的改变量,简称为函数的改变量,记为
$$\Delta y = y - y_0 = f(x) - f(x_0) \quad \text{或} \quad \Delta y = f(x_0 + \Delta x) - f(x_0)$$
自变量的改变量 Δx 与函数的改变量 Δy 的几何意义如图 2-1-28(a) 所示。下面我们来讨论线性函数和简单的二次函数的改变量。

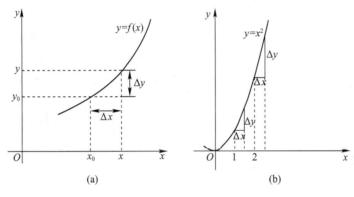

图 2-1-28

对于线性函数 $y = ax + b$,当自变量在点 x_0 处有改变量 Δx 时,有
$$\Delta y = f(x) - f(x_0) = (ax + b) - (ax_0 + b) = a(x - x_0) = a\Delta x$$
对于二次函数,$y = x^2$,当 x 在 x_0 处有改变量 Δx 时,有
$$\Delta y = f(x_0 + \Delta x) - f(x_0) = (x_0 + \Delta x)^2 - x_0^2 = 2x_0\Delta x + (\Delta x)^2$$

(2) 均匀变化与非均匀变化。从上述讨论可知,对于线性函数来说,因为 $\Delta y = a\Delta x$,表明无论自变量如何改变,只要它的改变量是一样大,则函数的改变量也一样大,换句话说,线性函数随自变量的变化是均匀的,可记为
$$\frac{\Delta y}{\Delta x} = a$$

上式表明,自变量 x 改变单位长度,相应的函数的改变量始终是常数 a,与变化的起始点 x_0 无关,我们把 $\Delta y / \Delta x$ 称为该函数的**变化率**。因此线性函数的一个重要特征就是函数的变化率为一常数,不随自变量起始点的位置和改变量的大小而变化,它是该函数随自变量均匀变化的反映。线性函数的变化率就是直线 $y = ax + b$ 的斜率。

是否其他的函数也具有这一特性呢?或者说能否证明具有变化率是常数这一特性的函数只能是线性函数呢?

事实上,设函数 $y = f(x)$ 满足 $\dfrac{\Delta y}{\Delta x} = a$,则

$$\frac{y-y_0}{x-x_0} = \frac{\Delta y}{\Delta x} = a$$

从而

$$y = ax + y_0 - ax_0$$

令常数 $y_0 - ax_0 = b$，即得到线性函数

$$y = ax + b$$

因此，只有线性函数才具有均匀变化的特性，也就是其他的一切函数的变化都是非均匀的。上面的例子 $y = x^2$ 就是一个简单的非线性函数，因为

$$\frac{\Delta y}{\Delta x} = 2x_0 + \Delta x$$

等式右侧并非常数，它不仅依赖于起始点 x_0，还与 Δx 的大小有关（如图 2-1-28(b)所示）。

通过以上的分析可以看到，均匀变化只能用线性函数来描述，线性函数的图象是直线，它的变化率是一常量；非均匀变化只能是非线性函数来描述，非线性函数的图象是曲线。

区分均匀变化与非均匀变化，对我们今后学习微积分的思想非常重要，可以逐步体会到，属于均匀变化一类的问题研究，基本上还停留在初等数学的领域，可以用初等数学的知识方法解决，而对非均匀变化一类问题的研究，这就诞生了微积分的方法。

2）多项式函数 $P(x)$

$$P(x) = a_n x^n + a_{n-1} x^{n-1} + \cdots + a_2 x^2 + a_1 x + a_0$$

其中，n 是非负整数，$a_0, a_1, a_2, \cdots, a_n$ 是常数，称作**多项式的系数**，其定义域为 $R = (-\infty, +\infty)$。若首项系数 $a_n \neq 0$，多项式的次数为 n，称为 n 次多项式。

例如：$P(x) = 2x^6 - x^4 + x^3 + \sqrt{2}$ 是一个 6 次多项式。

一次多项式的形式：$P(x) = ax + b$，即线性函数。

二次多项式的形式：$P(x) = ax^2 + bx + c$，也称为二次函数。

2. 基本初等函数

1）幂函数

形如 $f(x) = x^a$ 的函数称为**幂函数**，其中 a 为常数。

（1）$a = n$，n 是正整数，图 2-1-29 为当 $n = 1, 2, 3, 4, 5$ 时 $f(x) = x^n$ 的图形。

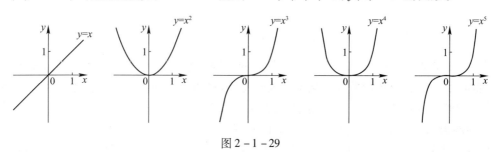

图 2-1-29

通常 $f(x) = x^n$ 的形状与 n 是奇数还是偶数相关。如 n 是偶数，则 $f(x) = x^n$ 是偶函数，其图形与抛物线 $y = x^2$ 相似；如 n 是奇数，则 $f(x) = x^n$ 是奇函数，其图形与 $y = x^3$ 的图形相似。

从图 2-1-30 知,随着 n 的增大,$f(x)=x^n$ 的图形在 0 点附近越来越平坦,当 $|x|\geq 1$,图形越来越陡峭。

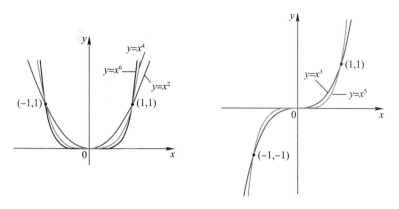

图 2-1-30

(2) 函数 $f(x)=x^{1/n}$ 是根函数。图 2-1-31(a) 所示为平方根函数 $f(x)=\sqrt{x}$,定义域为 $[0,\infty)$,其图形是抛物线 $x=y^2$ 的上半支,图 2-1-31(b) 所示为立方根函数 $f(x)=\sqrt[3]{x}$ 的图形,其定义域为 R。

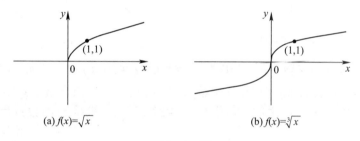

图 2-1-31

(3) 反比例函数 $f(x)=x^{-1}=1/x$,如图 2-1-32 所示,其图形是坐标轴为渐近线的双曲线。

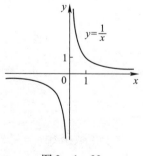

图 2-1-32

2) 指数函数

形如 $f(x)=a^x$ 的函数,称为**指数函数**,其中 a 为正常数。如图 2-1-33 所示是 $y=2^x$ 和 $y=(0.5)^x$ 的图形,两个函数的定义域都为 $(-\infty,\infty)$,值域为 $[0,\infty)$。如图 2-1-34 和 2-1-35 所示,曲线 $y=2^x$ 和 $y=3^x$ 在 $(0,1)$ 点处的切线的斜率分别为 $m\approx 0.7$ 和 $m\approx 1.1$。有一种特殊底数的指数函数计算非常方便。

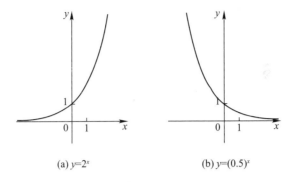

(a) $y=2^x$ (b) $y=(0.5)^x$

图 2-1-33

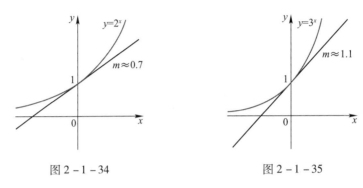

图 2-1-34   图 2-1-35

数 e 如果选择指数函数 $y=a^x$ 的底数 a 使其曲线在 $(0,1)$ 点处的切线的斜率等于1, 如图 2-1-36 所示。事实上, 存在这样一个数, 记为 e(这个符号出自瑞士数学家欧拉)。曲线 $y=e^x$ 在曲线 $y=2^x$ 和 $y=3^x$ 之间, 如图 2-1-37 所示, e 准确到小数点后第 5 位的数值为 $e\approx 2.71828$。

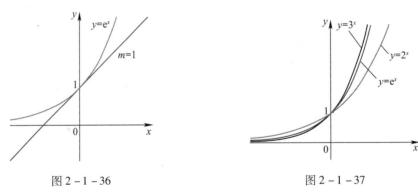

图 2-1-36   图 2-1-37

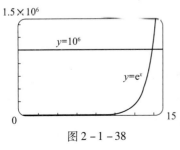

图 2-1-38

对于指数函数 $y=e^x$, 下面例子展示其函数值快速增长情况。

例 2-1-9 估计 x 的值, 使得 $e^x>1,000,000$。

解 画出 $y=e^x$ 和 $y=1000000$ 的图形, 如图 2-1-38 所示, 可以看到两曲线在 $x\approx 13.8$ 时相交。当 $x>13.8$ 时, $e^x>10^6$。你或许感到惊讶 x 的值只有 14, 而指数函数的值却超过了一百万。

3）对数函数

把形如 $f(x)=\log_a x$ 的函数，称为**对数函数**，其中 a 是正常数。图 2 - 1 - 39 表示了四种不同底数的对数函数。定义域为 $(0,\infty)$，值域为 $(-\infty,\infty)$，所有的函数都过点 $(1,0)$。

对数函数是指数函数的反函数，即

$$\log_a x = y \quad \Leftrightarrow \quad a^y = x$$

所以有如下恒等式

$$\log_a(a^x) = x \quad \forall x \in R$$

$$a^{\log_a x} = x \quad \forall x > 0$$

图 2 - 1 - 40 显示了当 $a>1$ 的情形，指数函数 $y=a^x$ 当 $x>0$ 时增长非常快，对应于对数函数 $y=\log_a x$ 在 $x>1$ 时增长非常慢。

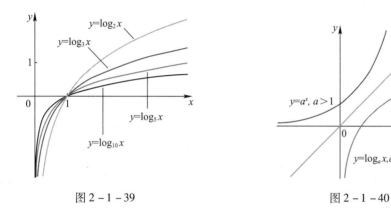

图 2 - 1 - 39　　　　　　　　　　　　图 2 - 1 - 40

4）三角函数

一般地，对任意角 θ（弧度），令 $P(x,y)$ 为终止边上的任意一点，r 为 $|OP|$ 的距离，如图 2 - 1 - 41所示。定义

$$\sin\theta = \frac{y}{r} \quad \csc\theta = \frac{r}{y}$$

$$\cos\theta = \frac{x}{r} \quad \sec\theta = \frac{r}{x}$$

$$\tan\theta = \frac{y}{x} \quad \cot\theta = \frac{x}{y}$$

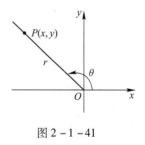

图 2 - 1 - 41

正弦函数和余弦函数是以 2π 为周期的周期函数，它在研究周期性现象中非常重要。

正切函数与正弦和余弦函数相关，由定义可知

$$\tan\theta = \frac{\sin\theta}{\cos\theta}$$

正切函数当 $\cos\theta=0$ 时没有定义，即 $\theta=\pm\dfrac{\pi}{2},\pm\dfrac{3\pi}{2},\cdots$，值域为 $(-\infty,\infty)$。

正切函数的周期为 π：$\tan(\theta+\pi)=\tan\theta$。正割函数、余割函数和余切函数分别是余弦函数、正弦函数和正切函数的倒数。

例 2-1-10 求解区间$[0,2\pi]$上所有x的值,使得$\sin x = \sin 2x$。

解 利用倍角公式,得
$$\sin 2x = 2\sin x \cos x \quad \text{或} \quad \sin x(1-2\cos x) = 0$$
则有
$$\sin x = 0 \quad \text{或} \quad 1-2\cos x = 0$$
求解可得$x = 0, \pi, 2\pi, \dfrac{\pi}{3}, \dfrac{5\pi}{3}$。

三角函数的图形 如图2-1-42(a)所示给出了函数$f(x) = \sin x (0 \leqslant x \leqslant 2\pi)$的图形,利用周期性可得到该函数的全部图形,当$x = n\pi$($n$是整数)时,$\sin x = 0$。由于等式$\cos x = \sin\left(x+\dfrac{\pi}{2}\right)$,所以通过将正弦函数的图形向左平移$\dfrac{\pi}{2}$个单位得到余弦函数的图形,如图2-1-42(b)所示。

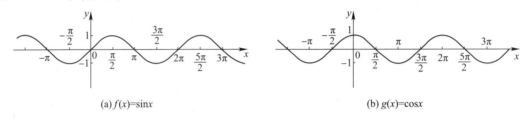

图2-1-42

注 正弦和余弦函数的定义域都是$(-\infty, \infty)$,值域为$[-1, 1]$。于是,对所有的x有
$$-1 \leqslant \sin x \leqslant 1 \quad -1 \leqslant \cos x \leqslant 1, \quad \sin(x+2\pi) = \sin x, \quad \cos(x+2\pi) = \cos x$$
如图2-1-43所示,给出了正切、余切、余割和正割四个函数的图形并指出了它们的定义域。注意到正切函数和余切函数具有定义域$(-\infty, +\infty)$,正割函数和余割函数具有定义域

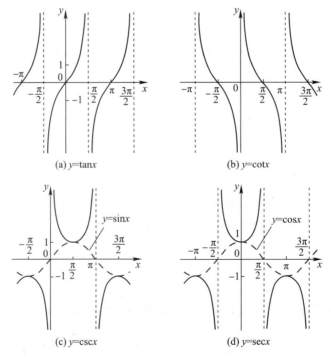

图2-1-43

$(-\infty,-1]\cup[1,+\infty)$,四个函数均为周期函数,其中正切函数和余切函数的周期为 π,而正割函数和余割函数的周期为 2π。

5) 反三角函数

如图 2-1-44 所示,可以看到函数 $y=\sin x$ 不是一一映射,但可以通过确定函数的定义域来实现一一映射的关系,如函数 $y=\sin x(-\pi/2\leq x\leq\pi/2)$ 是一一映射,如图 2-1-45 所示,此时,限定了定义域的正弦函数就具有反三角函数,记为 $y=\arcsin x$,称为**反正弦函数**。根据直接函数与反函数的图形关系,如图 2-1-46 所示,得到 $y=\arcsin x$ 的图形。

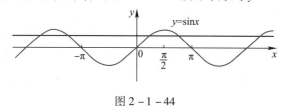

图 2-1-44

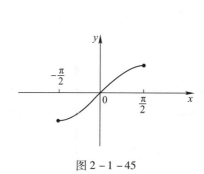

图 2-1-45

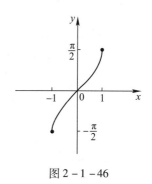

图 2-1-46

显然,$y=\arcsin x$ 的定义域为 $-1\leq x\leq 1$,值域在 $-\pi/2$ 和 $\pi/2$ 之间。

例 2-1-11 计算:

(1) $\arcsin\left(\dfrac{1}{2}\right)$; (2) $\tan\left(\arcsin\dfrac{1}{3}\right)$

解 (1) 因为 $\sin(\pi/6)=\dfrac{1}{2}$,且 $\pi/6$ 在 $-\pi/2$ 和 $\pi/2$ 之间,所以可得

$$\arcsin\left(\dfrac{1}{2}\right)=\dfrac{\pi}{6}$$

(2) 令 $\theta=\arcsin\dfrac{1}{3}$,如图 2-1-47 所示,由勾股定理得第三条边的长度是 $\sqrt{9-1}=2\sqrt{2}$,可得

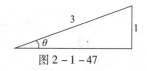

图 2-1-47

$$\tan\left(\arcsin\dfrac{1}{3}\right)=\tan\theta=\dfrac{1}{2\sqrt{2}}$$

正切函数将定义域限制在 $(-\pi/2,\pi/2)$ 也可以变成一一映射函数,如图 2-1-48 所示。因此,反正切函数被定义为函数 $f(x)=\tan x$,$-\pi/2\leq x\leq\pi/2$ 的反函数,记为 $y=\arctan x$,图形如图 2-1-49 所示。

$$\arctan x=y\Leftrightarrow\tan y=x\quad\left(-\dfrac{\pi}{2}<y<\dfrac{\pi}{2}\right)$$

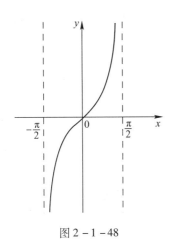
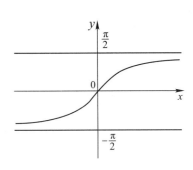

图 2-1-48　　　　　　　　　　　　　　　　图 2-1-49

反正切函数具有定义域 R，值域 $(-\pi/2, \pi/2)$。直线 $x = \pm\pi/2$ 是正切函数的铅直渐近线。由于 $y = \arctan x$ 是通过被限制了定义域的正切函数关于 $y = x$ 对称得到，所以 $y = \pi/2$ 和 $y = -\pi/2$ 是反三角函数 $y = \arctan x$ 的水平渐近线。

例 2-1-12　简化 $\cos(\arctan x)$。

解 1　令 $y = \arctan x$，则 $\tan y = x$，$-\dfrac{\pi}{2} < y < \dfrac{\pi}{2}$，由

$$\sec^2 y = 1 + \tan^2 y = 1 + x^2$$

$$\sec y = \sqrt{1 + x^2}$$

于是

$$\cos(\arctan x) = \cos y = \frac{1}{\sec y} = \frac{1}{\sqrt{1 + x^2}}$$

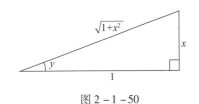

图 2-1-50

解 2　用图形法。

如果 $y = \arctan x$，则 $\tan y = x$，从图 2-1-50 中知

$$\cos(\arctan x) = \cos y = \frac{1}{\sqrt{1 + x^2}}$$

六个反三角函数中的 $\arcsin x$ 和 $\arctan x$ 是微积分学中最有用的，反余弦函数和反余切函数请大家自行练习讨论。

由上述讨论，**基本初等函数**就包括：

幂函数：$y = x^\mu$（$\mu \in R$ 是常数）；

指数函数：$y = a^x$（$a > 0$ 且 $a \neq 1$）；

对数函数：$y = \log_a x$（$a > 0$ 且 $a \neq 1$，特别当 $a = e$ 时，记为 $y = \ln x$）；

三角函数：如 $y = \sin x$，$y = \cos x$，$y = \tan x$ 等；

反三角函数：如 $y = \arcsin x$，$y = \arccos x$，$y = \arctan x$ 等。

2.1.5　初等函数与双曲函数

1. 初等函数

由常数和基本初等函数经过有限次的四则运算和有限次的函数复合步骤所构成并可以用

一个式子表示的函数,称为**初等函数**。例如
$$y=\sqrt{1-x^2},y=\sin^2 x,y=\mathrm{e}^{-x}\arcsin x+3x^3+2,y=\ln\sin x,\cdots$$
本书中所讨论的函数绝大多数都是初等函数,再举两个不是初等函数的例子。

例 2-1-13 讨论 $y=\begin{cases} 1 & (x\geq 0) \\ -x & (x<0)\end{cases}$ 是否为初等函数。

解 因为在其定义域内,函数无法用一个式子表示,所以不是初等函数。

那么是不是分段函数就一定不是初等函数呢?也不一定,例如绝对值函数
$$y=|x| \quad \text{或} \quad y=\begin{cases} x, & x\geq 0 \\ -x, & x<0 \end{cases}$$
虽然它在第一种表达式里出现了绝对值的符号,在第二种表达式里有两个式子,但它可以转化为 $y=\sqrt{x^2}$,所以是初等函数。

例 2-1-14 $y=\sin x+\dfrac{\sin 3x}{3}+\dfrac{\sin 5x}{5}+\cdots+\dfrac{\sin(2n-1)x}{(2n-1)}+\cdots$

解 这里…表示有无穷多项。因为是无限次的加法,所以也是非初等函数。

2. 双曲函数

在应用上还常遇到以 e 为底的指数函数 $y=\mathrm{e}^x$ 和 $y=\mathrm{e}^{-x}$ 所产生的双曲函数以及它们的反函数——反双曲函数。

定义   双曲正弦:$\mathrm{sh}x=\dfrac{\mathrm{e}^x-\mathrm{e}^{-x}}{2}$

双曲余弦:$\mathrm{ch}x=\dfrac{\mathrm{e}^x+\mathrm{e}^{-x}}{2}$

双曲正切:$\mathrm{th}x=\dfrac{\mathrm{sh}x}{\mathrm{ch}x}=\dfrac{\mathrm{e}^x-\mathrm{e}^{-x}}{\mathrm{e}^x+\mathrm{e}^{-x}}$

这三个双曲函数的图象,如图 2-1-51 所示,从图中可以看出它们的简单性质,如奇偶性、单调性、有界性等,这里不再赘述。

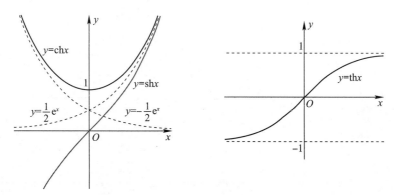

图 2-1-51

根据双曲函数的定义,可证得下列四个公式:
$$\mathrm{sh}(x+y)=\mathrm{sh}x\mathrm{ch}y+\mathrm{ch}x\mathrm{sh}y$$
$$\mathrm{sh}(x-y)=\mathrm{sh}x\mathrm{ch}y-\mathrm{ch}x\mathrm{sh}y$$

$$\text{ch}(x+y) = \text{ch}x\text{ch}y + \text{sh}x\text{sh}y$$
$$\text{ch}(x-y) = \text{ch}x\text{ch}y - \text{sh}x\text{sh}y$$

由上述公式,还可以得到其他一些公式,例如令 $x=y$,可得
$$\text{ch}^2 x - \text{sh}^2 x = 1$$
$$\text{sh}2x = 2\text{sh}x\text{ch}x$$
$$\text{ch}2x = \text{ch}^2 x + \text{sh}^2 x$$

以上关于双曲函数的公式与三角函数很类似,把它们对比可以帮助记忆。

双曲函数 $y = \text{sh}x$,$y = \text{ch}x(x \geq 0)$,$y = \text{th}x$ 的反函数依次记为

$$\text{反双曲正弦}: y = \text{arsh}x$$
$$\text{反双曲余弦}: y = \text{arch}x$$
$$\text{反双曲正切}: y = \text{arth}x$$

这些反双曲函数都可以通过自然对数函数来表示,分别讨论如下:

$y = \text{arsh}x$ 是 $x = \text{sh}y$ 的反函数,因此,从
$$x = \frac{e^y - e^{-y}}{2}$$

中解出 y 来便是 $\text{arsh}x$。

令 $u = e^y$,得 $u^2 - 2xu - 1 = 0$,这是一个关于 u 的二次方程,其根为
$$u = x \pm \sqrt{x^2 + 1}$$

因 $u = e^y > 0$,于是
$$y = \ln u = \text{arsh}x = \ln(x + \sqrt{x^2 + 1})$$

函数 $y = \text{arsh}x$ 的定义域为 $(-\infty, +\infty)$,它为奇函数,在区间 $(-\infty, +\infty)$ 内为单调增加,由直接函数与反函数的图形关系,可以画出 $y = \text{arsh}x$ 的图形,如图 2-1-52 所示。

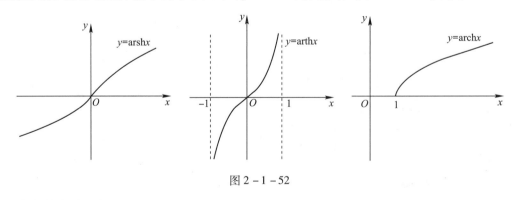

图 2-1-52

类似的方法可得

反双曲余弦: $y = \text{arch}x = \ln(x + \sqrt{x^2 - 1})$,其定义域为 $[1, +\infty)$,它在区间 $[1, +\infty)$ 是单调增加的。

反双曲正切: $y = \text{arth}x = \frac{1}{2}\ln\frac{1+x}{1-x}$,其定义域为开区间 $(-1, 1)$,它在开区间 $(-1, 1)$ 内是

单调增加的奇函数,图形关于原点对称。

2.1.6 函数的参数表示与极坐标表示

1. 函数的参数方程

1）参数方程

假设一个质点沿如图 2-1-53 中的曲线 C 运动,可以发现曲线 C 不能用一个形如 $y=f(x)$ 或 $x=g(y)$ 方程进行描述,但是质点的位置 x 和 y 是时间的函数,因此可描述为 $x=f(t)$ 和 $y=g(t)$,即借助于参数可以描述曲线,下面给出参数曲线的定义。

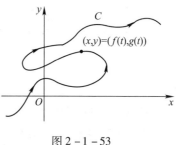

图 2-1-53

假设 x 和 y 都是由方程 $x=f(t),y=g(t)$ 定义的函数,对每个 t 确定了一个平面上的点 (x,y)。当 t 变化时,点 $(x,y)=(f(t),g(t))$ 随之变化形成了曲线 C,称之为**参数曲线**。

例 2-1-15 画出并确定由参数方程 $x=t^2-2t,y=t+1$ 定义的曲线。

解 每个 t 值给出的曲线上的点列于表 2-1-2,例如

$$t=0, \quad x=0, \quad y=1$$

对应的点为 $(0,1)$。在图 2-1-54 中,画出了几个不同参数值对应的点,并把这些点连接起来形成了曲线。

表 2-1-2

t	-2	-1	0	1	2	3	4
x	8	3	0	-1	0	3	8
y	-1	0	1	2	3	4	5

从图 2-1-55 中看出曲线可能是抛物线。因为将第二个方程 $t=y-1$,代入第一个方程得

$$x=t^2-2t=(y-1)^2-2(y-1)=y^2-4y+3$$

因此,参数方程决定的曲线是抛物线 $x=y^2-4y+3$。

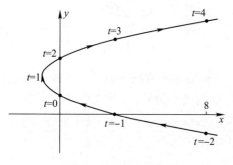

图 2-1-54

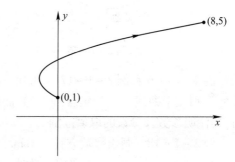

图 2-1-55

例 2-1-15 中的参数 t 没有任何约束,假设 t 是任意实数。但有时会把 t 限制在一个有限区间。例如图 2-1-55 中的参数曲线:$x=t^2-2t, y=t+1, 0 \leqslant t \leqslant 4$ 是例 2-1-15 中的抛

物线的一部分,始于点(0,1)终于点(8,5)。箭头指出了曲线沿 t 增大的方向从 0 到 4。

一般地,参数方程 $x=f(t),y=g(t),a\leq t\leq b$ 表示的曲线,起点为 $(f(a),g(a))$,终点为 $(f(b),g(b))$。

2) 参数方程与普通方程的互化

将曲线的参数方程化为普通方程,有利于识别曲线的类型。一般地,可以通过消去参数,从参数方程得到普通方程。如果知道变量 x,y 中的一个与参数 t 的关系,例如 $x=f(t)$,把它代入普通方程,求出另一个变量与参数的关系 $y=g(t)$,那么

$$\begin{cases} x=f(t) \\ y=g(t) \end{cases}$$

就是曲线的参数方程。

例 2-1-16 参数方程 $x=\cos t, y=\sin t, 0\leq t\leq 2\pi$ 表示的是什么曲线?

解 消去参数,得

$$x^2+y^2=\cos^2 t+\sin^2 t=1$$

于是,点 (x,y) 沿单位圆 $x^2+y^2=1$ 移动。注意到,参数 t 表示角度(弧度),如图 2-1-56 所示当 t 从 0 向 2π 增加时,点 $(x,y)=(\cos t,\sin t)$ 从点 $(0,1)$ 开始沿单位圆逆时针旋转一周。

例 2-1-17 参数方程 $x=\cos 2t, y=\sin 2t, 0\leq t\leq 2\pi$ 表示的是什么曲线?

解 因为 $x^2+y^2=\cos^2 2t+\sin^2 2t=1$,因此,参数方程也表示单位圆 $x^2+y^2=1$。但是当 t 从 0 向 2π 增加时,点 $(x,y)=(\cos t,\sin t)$ 从点 $(0,1)$ 开始沿单位圆逆时针旋转两周,如图 2-1-57 所示。

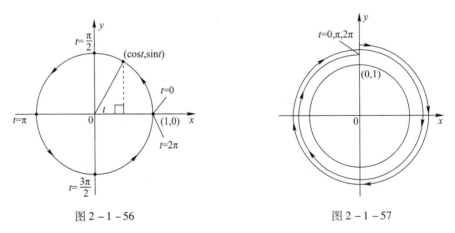

图 2-1-56　　　　　　　　图 2-1-57

例 2-1-16 和例 2-1-17 说明同一曲线可以由不同的参数方程来表示。曲线和参数曲线的区别在于曲线是点的集合,而参数曲线是点的特别轨迹。另外,在建立曲线的参数方程时,要注明参数及参数的取值范围。

例 2-1-18 画出参数方程 $x=\sin t, y=\sin^2 t$ 表示的曲线。

解 由 $y=\sin^2 t=x^2$ 知,点沿抛物线 $y=x^2$ 移动。

注意,$-1\leq\sin t\leq 1$,则 $-1\leq x\leq 1$,参数方程表示的仅是抛物线在 $-1\leq x\leq 1$ 上的部分。由于 $\sin t$ 是周期函数,点 $(x,y)=(\sin t,\sin^2 t)$ 沿抛物线从 $(-1,1)$ 到 $(1,1)$ 无限往返移动,如图 2-1-58 所示。

例 2-1-19（空投应急救援物资） 一架飞机正在向一个受灾地区空投应急救援食品和药物。如果飞机在一长为 200m 的开放区域的边上立即投下货物，假设货物沿曲线

$$x = 40t, \quad y = -5t^2 + 120$$

方向运动（t 为时间）。问货物能否在该区域着陆？并求下落货物路径的直角坐标方程。画出参数方程表示的曲线。

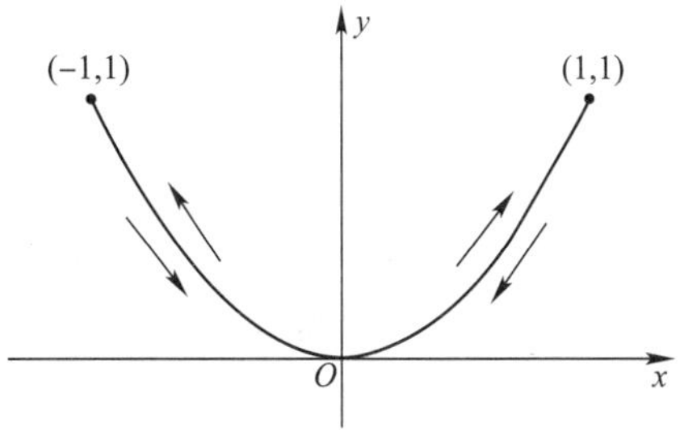

图 2-1-58

解 当 $y=0$ 时货物着陆，它在 t 时刻发生，这时

$$-5t^2 + 120 = 0$$

解得 $t = 2\sqrt{6}\,\text{S}$。

投下时刻的 x 坐标为 $x=0$。货物着地时刻的 x 坐标为

$$x = 40t = 40 \times 2\sqrt{6} = 80\sqrt{6}\,(\text{m})$$

因为 $80\sqrt{6} \approx 195.96 < 200$，所以货物能够在空投指定区域内着陆。通过消去参数方程中的 t 来求货物坐标的直角方程：

$$y = -5t^2 + 120 = -5\left(\frac{x}{40}\right)^2 + 120$$

$$= -\frac{x^2}{320} + 120$$

所以，货物沿抛物线 $y = -\frac{x^2}{320} + 120$ 运动，如图 2-1-59 所示。

3）圆锥曲线的参数方程

（1）椭圆的参数方程。如图 2-1-60 所示，建立直角坐标系，设 A 为大圆上的任一点，连接 OA，与小圆交于点 B，过点 A,B 分别作 x,y 轴的垂线，两垂线交于点 M。则由三角函数的关系得

$$\begin{cases} x = |OA|\cos\varphi = a\cos\varphi \\ y = |OB|\sin\varphi = b\sin\varphi \end{cases}$$

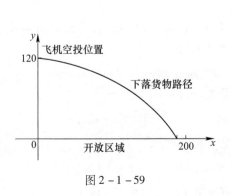

图 2-1-59

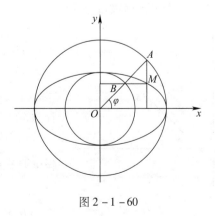

图 2-1-60

椭圆 $\dfrac{x^2}{a^2} + \dfrac{y^2}{b^2} = 1 (a > b > 0)$ 的一个参数方程为

$$\begin{cases} x = a\cos\varphi \\ y = b\sin\varphi \end{cases}$$

这是中心在原点 O，焦点在 x 轴上的椭圆的参数方程。

（2）双曲线的参数方程。类似探究椭圆参数方程的方法，建立双曲线

$$\dfrac{x^2}{a^2} - \dfrac{y^2}{b^2} = 1 \quad (a > 0, b > 0)$$

的参数方程为

$$\begin{cases} x = a\sec\varphi \\ y = b\tan\varphi \end{cases} \quad (\varphi \text{ 为参数})$$

通常规定参数 φ 的范围为 $\varphi \in [0, 2\pi)$，且 $\varphi \neq \dfrac{\pi}{2}$，$\varphi \neq \dfrac{3\pi}{2}$。

（3）抛物线参数方程。设抛物线的普通方程为 $y^2 = 2px$，其中 p 表示焦点到准线的距离。如图 2-1-61 所示，建立平面直角坐标系，显然，当 α 在 $(-\pi/2, \pi/2)$ 内变化时，点 M 在抛物线上运动，并且对于 α 的每一个值，在抛物线上都有唯一的点 M 与之对应，因此，可以取 α 为参数来探求抛物线的参数方程。由三角函数的定义，知

$$\dfrac{y}{x} = \tan\alpha$$

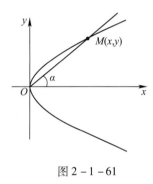

图 2-1-61

代入抛物线普通方程，得

$$\begin{cases} x = \dfrac{2p}{\tan^2\alpha} \\ y = \dfrac{2p}{\tan\alpha} \end{cases} \quad (\alpha \text{ 为参数})$$

如果令 $t = \dfrac{1}{\tan\alpha}$，$t \in (-\infty, 0) \cup (0, +\infty)$，则有

$$\begin{cases} x = 2pt^2 \\ y = 2pt \end{cases} \quad (t \text{ 为参数})$$

这就是抛物线的参数方程。当 $t = 0$ 时，参数方程表示的点正好就是抛物线的顶点 $(0, 0)$，因此，当 $t \in (-\infty, +\infty)$ 时，参数方程就表示整条抛物线。参数 t 表示抛物线上除顶点外的任意一点与原点连线的斜率的倒数。

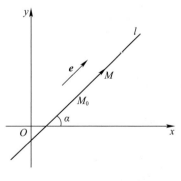

图 2-1-62

4）直线的参数方程

如图 2-1-62 所示，经过点 $M_0(x_0, y_0)$，倾斜角为 α（$\alpha \neq \pi/2$）的直线 l 的普通方程是

$$y - y_0 = \tan\alpha (x - x_0)$$

在直线 l 上任取一点 $M(x, y)$，则

$$\overrightarrow{M_0M} = (x, y) - (x_0, y_0) = (x - x_0, y - y_0)$$

设 e 是直线 l 的单位方向向量，则

$$e = (\cos\alpha, \sin\alpha), \quad (\alpha \in [0, \pi))$$

因为 $\overrightarrow{M_0M} // e$，则存在实数 $t \in R$，使 $\overrightarrow{M_0M} = te$，即

$$(x-x_0, y-y_0) = t(\cos\alpha, \sin\alpha)$$

于是 $\qquad x - x_0 = t\cos\alpha, \quad y - y_0 = t\sin\alpha$

即 $\qquad x = x_0 + t\cos\alpha, \quad y = y_0 + t\sin\alpha$

因此,经过点 $M_0(x_0, y_0)$,倾斜角为 α 的直线 l 的参数方程为

$$\begin{cases} x = x_0 + t\cos\alpha \\ y = y_0 + t\sin\alpha \end{cases} \quad (t \text{ 为参数})$$

进一步分析,由 $\overrightarrow{M_0M} = t\boldsymbol{e}$,得到 $|\overrightarrow{M_0M}| = |t|$,因此,直线上的动点 M 到定点 M_0 的距离,就为直线参数方程中参数 t 的绝对值。

5)渐开线与摆线

(1)渐开线。把一条没有弹性的细绳绕在一个圆盘上,在绳的外端系上一支铅笔,如图 2-1-63 所示,将绳子拉紧,保持绳子与圆相切而逐渐展开,那么铅笔会画出一条曲线,这条曲线的形状怎样?能否求出它的轨迹方程?

如图 2-1-64 所示,建立直角坐标系,设开始时绳子外端位于点 A,当外端展开到点 M 时,因为绳子对圆心角 φ 的一段弧 $\overset{\frown}{AB}$,展开后成切线 BM,所以切线 BM 的长就是弧 $\overset{\frown}{AB}$ 的长,这是动点满足的几何条件。我们把笔尖画出的曲线称作圆的渐开线,相应的定圆称为渐开线的基圆。

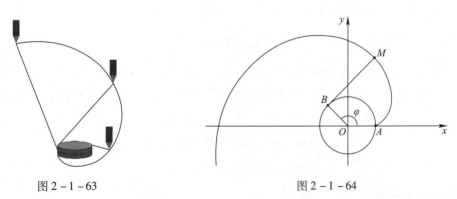

图 2-1-63　　　　　图 2-1-64

设基圆的半径为 r,M 的坐标为 (x, y),取 φ 为参数,则点 B 的坐标为 $(r\cos\varphi, r\sin\varphi)$,从而

$$\overrightarrow{BM} = (x - r\cos\varphi, y - r\sin\varphi), |\overrightarrow{BM}| = r\varphi$$

由于向量 $\boldsymbol{e}_1 = (\cos\varphi, \sin\varphi)$ 是与 $\overrightarrow{OB}$ 同方向的单位向量,因而向量 $\boldsymbol{e}_2 = (\sin\varphi, -\cos\varphi)$ 是与 $\overrightarrow{BM}$ 同方向的单位向量,因此 $\overrightarrow{BM} = (r\varphi)\boldsymbol{e}_2$,即

$$(x - r\cos\varphi, y - r\sin\varphi) = (r\varphi)(\sin\varphi, -\cos\varphi)$$

解得

$$\begin{cases} x = r(\cos\varphi + \varphi\sin\varphi) \\ y = r(\sin\varphi - \varphi\cos\varphi) \end{cases} \quad (\varphi \text{ 是参数})$$

这就是**圆的渐开线的参数方程**。

在机械工业中,广泛地使用齿轮传递动力。由于渐开线齿形的齿轮磨损少,传动平稳,制造安装较为方便,因此大多数齿轮采用这种齿形。设计加工这种齿轮,需要借助圆的渐开线方程。

（2）摆线。如果在自行车的轮子上喷一个白色印记,那么当自行车在笔直的道路上行驶时,白色印记会画出什么样的曲线？如图 2-1-65 所示。

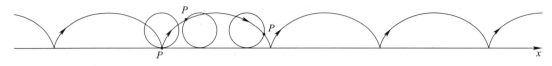

图 2-1-65

如图 2-1-66 所示,建立直角坐标,假设 B 为圆心,圆周上的定点为 M,开始时位于 O 处。圆在直线上滚动时,点 M 绕圆心作圆周运动,转过 φ 角度后,圆与直线相切于 A,线段 OA 的长度等于弧 $\overset{\frown}{MA}$ 的长,即 $OA = r\varphi$。这就是圆周上的定点 M 在圆 B 沿直线滚动过程中满足的几何条件。我们把点 M 的轨迹称作平摆线,简称**摆线**,又称**旋轮线**。

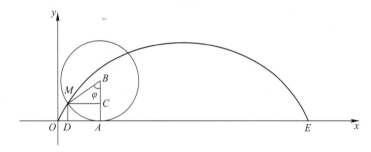

图 2-1-66

设开始时定点 M 在原点,圆滚动了 φ 角后与 x 轴相切于点 A,圆心在点 B。从点 M 分别作 AB,x 轴的垂线,垂足分别是 C,D。设点 M 的坐标为 (x,y),取 φ 为参数,根据点 M 满足的几何条件,有

$$x = OD = OA - DA = OA - MC = r\varphi - r\sin\varphi$$

$$y = DM = AB - CB = r - r\cos\varphi$$

因此,摆线的参数方程为

$$\begin{cases} x = r(\varphi - \sin\varphi) \\ y = r(1 - \cos\varphi) \end{cases} \quad (\varphi \text{ 是参数})$$

2. 极坐标表示法

在平面上,我们选取一点称为**极点**(或原点)并记为 O,然后我们从 O 点开始画一条射线(半直线)称为**极轴**。这条轴一般都是水平向右画,与笛卡儿坐标系中的 x 轴的正向相对应,如图 2-1-67 所示。如果 P 是平面上其他任意一个点,设 r 是从 O 到 P 的距离,θ 是极轴与线 OP 之间的夹角(通常用弧度来测量),则点 P 就可以用一对有序数对 (r,θ) 来表示,且 (r,θ) 叫作点 P 的**极坐标**。我们约定,如果是从极轴逆时针方向测量到的角度就是正的,如果是顺时针方向测量到的角度就是负的。如果 $P = 0$,那么 $r = 0$,我们认为 $(0,\theta)$ 表示极点,θ 可以取任意值。

我们把极坐标 (r,θ) 的意义延伸到 r 是负数的情形,如图 2-1-68 所示,点 $(-r,\theta)$ 和点 (r,θ) 位于通过 O 点的同一条直线上,且和点 O 的距离都是 $|r|$,但在点 O 相反的两边。如果

$r>0$,点(r,θ)位于θ所在象限;如果$r<0$,它位于与极点相反的象限。注意$(-r,\theta)$和$(r,\theta+\pi)$表示同一个点。极坐标是由牛顿提出的,最先应用于积分的计算和开普勒的行星运动定律的推导。

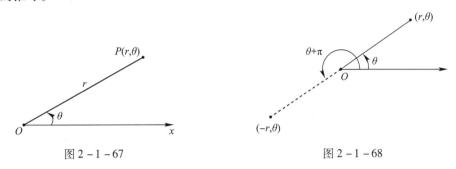

图 2 - 1 - 67　　　　　　　　　　　　图 2 - 1 - 68

例 2 - 1 - 20　画出用极坐标系所表示的点。

(1) $\left(1,\dfrac{5}{4}\pi\right)$;　　(2) $(2,3\pi)$;　　(3) $\left(2,-\dfrac{2}{3}\pi\right)$;　　(4) $\left(-3,\dfrac{3}{4}\pi\right)$

解　点在图 2 - 1 - 69 中标出。对于(4)中的点 $\left(-3,\dfrac{3}{4}\pi\right)$ 位于距离极点 3 单位的第四象限,因为角 $\dfrac{3}{4}\pi$ 在第二象限且 $r=-3$ 是负数。

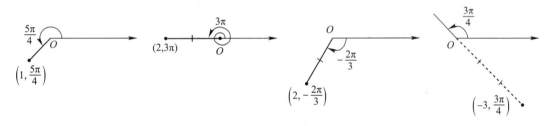

图 2 - 1 - 69

在笛卡儿坐标系中每个点只有一种表示法,但是在极坐标系下每个点有多种表示方法。例如,例 2 - 1 - 20(1)中的点 $\left(1,\dfrac{5}{4}\pi\right)$ 可以写成 $\left(1,-\dfrac{3}{4}\pi\right)$ 或 $\left(1,\dfrac{13}{4}\pi\right)$ 或 $\left(-1,\dfrac{1}{4}\pi\right)$,如图 2 - 1 - 70所示。

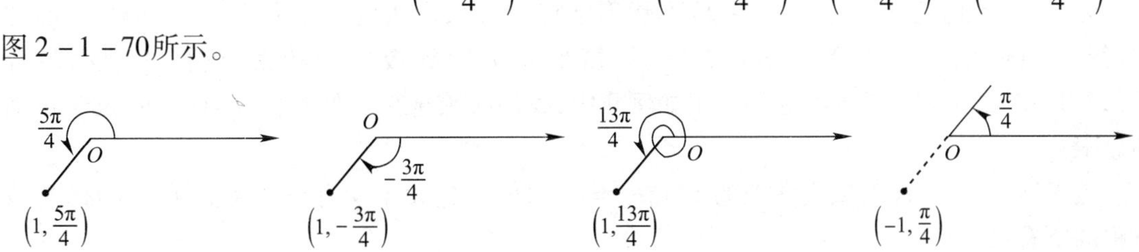

图 2 - 1 - 70

事实上,由于一个完整的逆时针的循环是以 2π 角度来确定的,极坐标 (r,θ) 所表示的点也可以用 $(r,\theta+2n\pi)$ 和 $(-r,\theta+(2n+1)\pi)$ 来表示,其中 n 是任意整数。

极坐标和直角坐标系的关系可以从图 2 - 1 - 71 看到,极点与原点对应,极轴与 x 轴的正向一致。如果点 P 的笛卡儿坐标为 (x,y),极坐标为 (r,θ),那么,从图中我们有

$$\cos\theta=\dfrac{x}{r}\quad \sin\theta=\dfrac{y}{r}$$

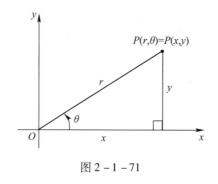

图 2-1-71

所以

$$\begin{cases} x = r\cos\theta \\ y = r\sin\theta \end{cases} \quad (2-1-1)$$

由式(2-1-1),可以得到

$$\begin{cases} r^2 = x^2 + y^2 \\ \tan\theta = \dfrac{y}{x} \end{cases} \quad (2-1-2)$$

例 2-1-21 用极坐标的形式表示直角坐标系中的点(1,-1)。

解 如果我们选择 r 为正数,由式(2-1-2)得

$$r = \sqrt{x^2 + y^2} = \sqrt{1^2 + (-1)^2} = \sqrt{2}$$

$$\tan\theta = \frac{y}{x} = -1$$

因为点(1,-1)位于第四象限,我们可以取 $\theta = -\dfrac{\pi}{4}$ 或 $\theta = \dfrac{7\pi}{4}$。因此,答案有两个:

$$\left(\sqrt{2}, -\frac{\pi}{4}\right) \quad \text{和} \quad \left(\sqrt{2}, \frac{7\pi}{4}\right)$$

注 当 x 和 y 已知,式(2-1-2)不能确定唯一的 θ,因为随着 θ 在区间 $0 \leq \theta \leq 2\pi$ 的增加,每个 $\tan\theta$ 的值会出现两次。因此,从笛卡儿坐标到极坐标转换,仅仅找到满足等式(2-1-2)的 r 和 θ 是不够好的。正如例9中,我们必须选择 θ 使其保证点 (r,θ) 位于正确的象限。

极坐标方程 $r = f(\theta)$ 或更一般的 $F(r,\theta) = 0$ 的图象,包含至少有一个极坐标 (r,θ) 满足该方程的所有点 P。

例 2-1-22 极坐标方程 $r = 2$ 表示什么样的曲线?

解 该曲线包含 $r = 2$ 的所有点 (r,θ)。因为 r 表示点到极点的距离,曲线 $r = 2$ 表示圆心为 O,半径为 2 的圆。一般地,方程 $r = a$ 表示圆心为 O,半径为 $|a|$ 的圆,如图 2-1-72 所示。

例 2-1-23 画出极坐标曲线 $\theta = 1$。

解 该曲线包含极角为 1 弧度的所有点 (r,θ)。它是一条通过 O 点与极轴的夹角为 1 弧度的直线(如图 2-1-73)。注意线上 $r > 0$ 的点 (r,θ) 在第一象限,反之,那些 $r < 0$ 的点在第三象限。

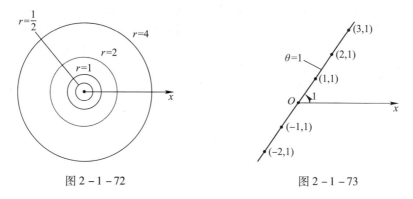

图 2 - 1 - 72　　　　　　　　　　　图 2 - 1 - 73

例 2 - 1 - 24　（1）画出极坐标方程 $r = 2\cos\theta$ 表示的曲线；

（2）找到该曲线的一个笛卡儿方程。

解　（1）如图 2 - 1 - 74 所示，取一些方便计算的 θ 的值来计算 r 的值并画出相应的点 (r,θ)。然后连接这些点画出曲线，该曲线似乎是一个圆。对 θ 只取了 0 到 π 之间的值，如果让 θ 的值增加超过 π，将会再次得到相同的点。

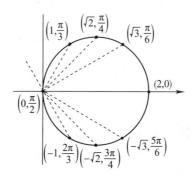

θ	$r = 2\cos\theta$
0	2
π/6	$\sqrt{3}$
π/4	$\sqrt{2}$
π/3	1
π/2	0
2π/3	-1
3π/4	$-\sqrt{2}$
5π/6	$-\sqrt{3}$
π	-2

图 2 - 1 - 74

（2）由式（2 - 1 - 1）和式（2 - 1 - 2）。因为 $x = r\cos\theta$，得 $\cos\theta = \dfrac{x}{r}$，$r = 2\cos\theta$ 变形得 $r = \dfrac{2x}{r}$，则

$$2x = r^2 = x^2 + y^2 \quad \text{或} \quad x^2 + y^2 - 2x = 0$$

完全平方，得

$$(x - 1)^2 + y^2 = 1$$

此方程表示圆心为 $(1,0)$、半径为 1 的圆，如图 2 - 1 - 75 所示。

例 2 - 1 - 25　画出曲线 $r = 1 + \sin\theta$ 的图形。

解　首先通过把正弦函数的图象上移一个单位，画出图 2 - 1 - 76 中 $r = 1 + \sin\theta$ 在直角坐标系中的图形，可以观察到随着 θ 值的增加，r 的值的变化情况。例如，随着 θ 从 0 增大到 π/2，r 从 1 增大到 2，因此，图 2 - 1 - 77（a）描绘出相应的极坐标曲线图。随着 θ 从 π/2 增大到 π，表明 r 从 2 减为 1，也得相应部分的极坐标曲线图，如图（b）所示。随着 θ 从 π 增

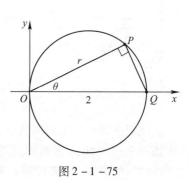

图 2 - 1 - 75

大到 $3\pi/2$，r 从 1 减到 0，如图(c)所示。又随着 θ 从 $3\pi/2$ 增大到 2π，r 从 0 增大到 1，得到如图(d)所示的图形。如果让 θ 的值增大到大于 2π 或减小到小于 0，将又重复上述图形。把曲线从图 2-1-77(a) 到 (d) 的所有部分放在一起，在 (e) 描绘出完整的曲线图，由于它的形状像一个心，因此也把它称为**心形线**。

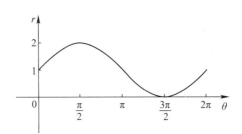

图 2-1-76

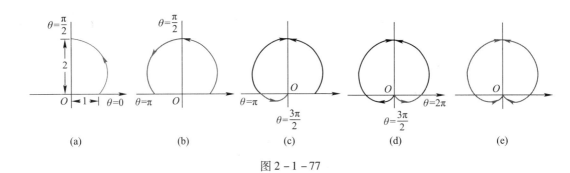

(a)　　　(b)　　　(c)　　　(d)　　　(e)

图 2-1-77

例 2-1-26 画出曲线 $r = \cos 2\theta$。

解 如图 2-1-78 所示，随着 θ 从 0 增大到 $\pi/4$，表明 r 从 1 减为 0，在图 2-1-79（用 ①~⑧ 表示）中画出其在极坐标系中相应的图形。随着 θ 从 $\pi/4$ 增大到 $\pi/2$，r 从 0 减为 -1。这意味着与原点的距离从 0 增加到 1，但是这一部分极坐标曲线不是位于第一象限，而是位于关于极点相反的第三象限。曲线其余部分的画法类似，用箭头和数字表示其所在画出图形的顺序。最终的曲线有 4 个环，称作**四叶玫瑰线**。

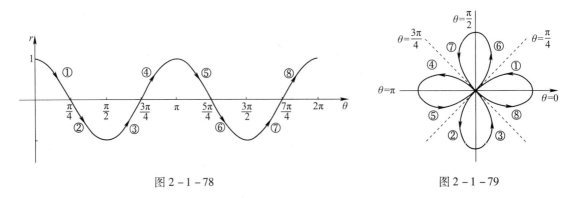

图 2-1-78　　　　　　　　　　　图 2-1-79

我们在描绘极坐标曲线时，有时借助于对称性的优势是非常有用的。接下来的三个法则用如图 2-1-80 所示解释说明。

（1）如果用 $-\theta$ 来代替 θ，极坐标方程不变，则曲线关于极轴对称。

（2）如果用 $-r$ 来代替 r，极坐标方程不变，则曲线关于极点对称（这就意味着如果我们让曲线关于原点旋转180°,曲线保持不变)。

（3）如果用 $\pi-\theta$ 来代替 θ,极坐标方程不变,则曲线关于直线 $\theta=\pi/2$ 对称。

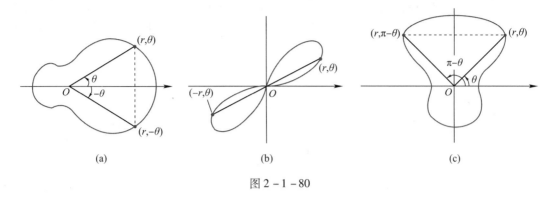

图 2-1-80

3. 隐式表示法

在函数关系中,把因变量可以由自变量用数学式子直接表示出来的函数称为**显函数**,如 $y=\sin x, y=x^2+5$ 等。

若自变量 x 和因变量 y 之间的函数关系由一个方程式 $F(x,y)=0$ 所确定,即对任一 x,方程 $F(x,y)=0$ 确定唯一的一个 y 与之对应,我们把 $F(x,y)=0$ 称为**隐函数**,如 $e^{xy}+\sin xy-5=0$ 等。

注 并非任何一个方程 $F(x,y)=0$ 都能确定隐函数,例如 $x^2+y^2+2=0$ 就不能确定任何隐函数。即便方程 $F(x,y)=0$ 能确定隐函数,但有时也很难将隐函数显化,即很难从方程中解出 $y=f(x)$,例如

$$y-x-\frac{1}{3}\sin y=0$$

习题 2-1

(A)

1. 求下列函数的定义域:

(1) $f(x)=\dfrac{2x+1}{x^2+x-2}$;

(2) $g(x)=\dfrac{\sqrt[3]{x}}{x^2+1}$;

(3) $f(x)=\dfrac{1}{4-x}+\sqrt{x^2-1}$;

(4) $f(x)=\lg(x-3)$;

(5) $f(x)=\arcsin\dfrac{2x-1}{7}$;

(6) $f(x)=\sqrt{4-x}+\arctan\dfrac{2}{x}$;

(7) $f(x)=\sqrt{x+1}+\dfrac{1}{\lg(1-x)}$;

(8) $f(x)=e^{\frac{1}{x-2}}$。

2. 下列各题中,函数是否相同？为什么？

(1) $f(x)=\lg x^2$ 与 $g(x)=2\lg x$;

(2) $y=2x+1$ 与 $x=2y+1$;

(3) $f(x)=|x|$ 与 $g(x)=\sqrt{x^2}$;

(4) $f(x)=\dfrac{|x|}{x}$ 与 $g(x)=1$。

3. 设

$$f(x)=\begin{cases} 1-x^2 & x\leq 0 \\ 2x+1 & x>0 \end{cases}$$

计算 $f(-2), f(1), f(x+1)$ 并画出函数 $f(x)$ 的图形。

4. 设下面所考虑的函数都是定义在区间 $(-l, l)$ 上的。证明：
   (1) 两个偶函数的和是偶函数，两个奇函数的和是奇函数；
   (2) 两个偶函数的乘积是偶函数，两个奇函数的乘积是偶函数，偶函数与奇函数的乘积是奇函数。

5. 判断下列函数的奇偶性：
   (1) $y = \tan x - \sec x + 1$；
   (2) $y = \dfrac{e^x - e^{-x}}{2}$；
   (3) $y = |x\cos x| e^{\cos x}$；
   (4) $y = x(x-3)(x+3)$。

6. 讨论下列函数在指定区间的单调性：
   (1) $y = \dfrac{x}{1-x}, (-\infty, 1)$；
   (2) $y = 2x + \ln x, (0, +\infty)$。

7. 下列各函数哪些是周期函数？对于周期函数，指出其周期：
   (1) $y = \cos(x-1)$；
   (2) $y = x\tan x$；
   (3) $y = \cos^2 x$；
   (4) $y = 1 + \sin\dfrac{\pi x}{2}$。

8. 收音机每台售价为 90 元，成本为 60 元，厂方为鼓励销售商大量采购，决定凡是订购超过 100 台的，每多订一台，售价就降低 1 分，但最低价为每台 75 元。
   (1) 将每台的实际售价 p 表示为订购量 x 的函数；
   (2) 将厂方所获得的利润 L 表示成订购量 x 的函数 x；
   (3) 某一商行订购了 1000 台，厂方可获利润多少？

9. 设函数 $f(x)$ 在数集 I 上有定义，证明：函数 $f(x)$ 在 I 上有界的充要条件是它在 I 上既有上界又有下界。

10. 求下列函数的反函数，并写出反函数的定义域：
    (1) $y = \dfrac{1-x}{1+x}$；
    (2) $y = \sin x \left(-\dfrac{\pi}{2} \leqslant x \leqslant \dfrac{3\pi}{2}\right)$。

11. 设 $f(x) = \arccos(\lg x)$，求 $f(10^{-1}), f(1), f(10)$。

12. 下列函数可以看成由哪些简单函数复合而成？
    (1) $y = \sqrt{3x-1}$；
    (2) $y = (1 + \ln x)^5$；
    (3) $y = e^{e^{-x^2}}$；
    (4) $y = \sqrt{\ln\sqrt{x}}$。

13. 已知函数 $f(x) = \sqrt{x^2 - 1}, g(x) = x/2$，求下列各函数的值，并指出它们的定义域。
    (1) $(f + g)(x)$；
    (2) $f^2(x) + g^2(x)$；
    (3) $(f \circ g)(x)$；
    (4) $(g \circ f)(x)$。

14. 设 $f(x) = e^{x^2}, f[\varphi(x)] = 1 - x$，且 $\varphi(x) \geqslant 0$，求 $\varphi(x)$ 及其定义域。

15. 设 $f(x)$ 的定义域 $D = [0, 1]$，求下列各函数的定义域：
    (1) $f(x^2)$；
    (2) $f(\sin x)$；
    (3) $f(x + a)(a > 0)$；
    (4) $f(x + a) + f(x - a)(a > 0)$。

16. 按要求给出曲线的参数化。
    (1) 端点为 $(-2, 5)$ 和 $(4, 3)$ 的直线段；
    (2) 过 $(-3, -3)$ 和 $(4, 1)$ 的直线；
    (3) 起点为 $(2, 5)$ 的过 $(-1, 0)$ 的射线；
    (4) $y = x(x-4)(x \leqslant 2)$。

17. 写出方程的直角坐标方程,然后识别或描述图形;
(1) $r\sin\theta = 0$;
(2) $r = 4\csc\theta$;
(3) $r\cos\theta + r\sin\theta = 2$;
(4) $r = 4\sin\theta$;
(5) $\cos^2\theta = \sin^2\theta$;
(6) $r\sin(\theta + \pi/6) = 2$。

18. 写出方程的极坐标方程:
(1) $x = 7$;
(2) $x^2 - y^2 = 1$;
(3) $\dfrac{x^2}{9} + \dfrac{y^2}{4} = 1$;
(4) $(x-3)^2 + (y+1)^2 = 4$。

19. 从水平场地向上升起的热气球由位于离起飞点 200m 的一架测距仪跟踪。把气球的高度表为测距仪和气球的连线和地面的交角的函数。

20. 飞机 A 从中午 12:00 开始,以 640km/h 的速度向北飞行,在飞机 A 起飞 1h 后,飞机 B 以 480km/h 的速度向东飞行。不计地球的表面弯度,并假设两飞机在同样的海拔高度飞行,找出在 A 飞机起飞 t 小时后两飞机之间的距离 $D(t)$ 的表达式,并求出在下午 2:30 时刻两飞机的距离。

(B)

1. 设 $[x]$ 表示不超过 x 的最大整数,则 $y = x - [x]$ 是( )。
   A. 无界函数　　　B. 周期为 1 的周期函数　　　C. 单调函数　　　D. 偶函数

2. 若函数 $f(x)$ 在某实数集 I 上都有确定的值,则 $f(x)$ 在实数集 I 内任一点的充分小邻域内必有界。 ( )

3. 已知函数 $f(x)$,当它的定义域包括 x 时,$-x$ 也在它的定义域上。证明以下结论:
(1) $f(x) - f(-x)$ 是一个奇函数;
(2) $f(x) + f(-x)$ 是一个偶函数;
(3) 任意一个函数 $f(x)$ 总可以写成一个奇函数和一个偶函数的和。

4. 讨论函数 $f(x) = \dfrac{1}{x}\cos\dfrac{1}{x}$ 在 $(0,1)$ 内是否有界。

5. 设 $f(x)$ 在 $(-\infty, +\infty)$ 上有定义,且对任意 $x, y \in (-\infty, +\infty)$ $(x \neq y)$ 有
$$|f(x) - f(y)| < |x - y|$$
证明 $F(x) = f(x) + x$ 在 $(-\infty, +\infty)$ 上单调增加。

6. 用 $S(a)$ 表示由曲线 $y = x(1-x)$ 的下方、x 轴的上方和直线 $x = a$ 的左方组成的区域的面积,如图 2-1-81 所示。函数 S 的定义域是 $[0,1]$,已知 $S(1) = \dfrac{1}{6}$。
(1) 求出 $S(0)$;
(2) 求出 $S\left(\dfrac{1}{2}\right)$;
(3) 画出 $S(a)$ 的图形。

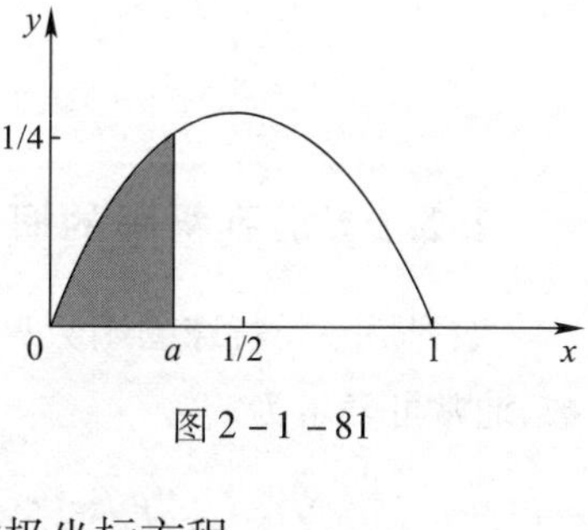

图 2-1-81

7. 建立极坐标方程和参数方程的关系　设 $r = f(\theta)$ 是曲线的极坐标方程,
(1) 解释为什么 $x = f(t)\cos t, y = f(t)\sin t$ 是曲线的参数方程。
(2) 用(1)写出圆周 $r = 2$ 的参数方程,并画出参数方程的图以支持你的答案。

8. 心脏病 地高辛是用来治疗心脏病的。医生必须开出处方用药量使之能保持血液中地高辛的浓度高于有效水平而不超过安全用药水平。先从考虑地高辛在血液中的衰减率开始。假定在血液中的初始剂量为 0.5mg。表 2-1-3 中，x 表示用了初始剂量后的天数而 y 表示对某个特定病人血液中剩余地高辛的含量。

表 2-1-3

x	0	1	2	3	4	5	6	7	8
y	0.500	0.345	0.238	0.164	0.113	0.078	0.054	0.037	0.026

（1）构建血液中地高辛含量和用药后天数间关系的模型；
（2）你的模型拟合的数据有多好？
（3）预测 12 天后血液中地高辛的含量。

9. 放射性 为强化 X-射线过程给病人注射放射性染剂。在几分钟的过程中以每分钟的计数（cpm）来度量放射性，给出了表 2-1-4。

表 2-1-4

x/min	0	1	2	3	4	5	6	7	8	9	10
y/cpm	10023	8174	6693	5500	4489	3683	3061	2479	2045	1645	1326

（1）构建放射性水平和所经历的时间之间关系的数学模型；
（2）比较观测值和测量值（列表，求出残差=（观测值-测量值））；
（3）用你的模型预测何时放射性水平会低于 500cpm。

10. 弹簧伸长 为设计能以所要求的方式对道路条件作出反应的诸如油罐车、自动卸货车、供电车以及豪华轿车那样的车辆，必须对各种荷载下弹簧的响应进行建模。为此我们做个实验，对给定的钢绳上的压力 S 以磅每平方英寸（lb/in²）来度量，表 2-1-5 给出了钢绳的伸长已按每英寸伸长多少英寸（in/in）计。通过画数据散点图来检验模型 $e = c_1 S$。从图形估计 c_1。

表 2-1-5

$S \times 10^{-3}$	5	10	20	30	40	50	60	70	80	90	100
$e \times 10^5$	0	19	57	94	134	173	216	256	297	343	390

（1）试构建弹簧的伸长和荷载的质量单位的数目之间关系的模型；
（2）你的模型拟合数据有多好？
（3）预测压力为 200×10^{-3} lb/in² 时弹簧的伸长。你对这个预测有多满意？

§2.2 数列的极限

2.2.1 数列极限的概念

数列是一类特殊的函数——整标函数 $f(n) = a_n$，它是由无限项随着角标 n 排列的一串数，通常可表示为

$$a_1, a_2, a_3, \cdots, a_n, \cdots \quad 或 \quad \{a_n\}, \quad 或 \quad a_n, n = 1, 2, \cdots$$

其中 a_n 称为数列的**通项**。研究数列的极限就是要去研究随着 n 的无限增大，这串数最终的变化趋势。

例 2-2-1 古希腊数学家、哲学家芝诺（Zeno，公元前 5 世纪左右）曾以悖论的形式来表

达运动和无限变化的关系,其中悖论"人永远走不到墙壁"指的是人为了走到墙壁,首先要走完人与墙壁距离的一半,留有另外一半的距离;然后,再走剩下距离的一半,此时还有一半的一半距离留下,这一过程可以永无止境地进行下去,如图 2-2-1 所示。

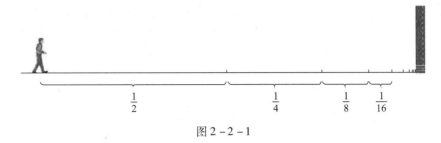

图 2-2-1

很显然,人是可以走到墙壁跟前的。这一现象告诉我们,总距离可以表示为无穷多个很小的距离的和,如

$$1 = \frac{1}{2} + \frac{1}{4} + \frac{1}{8} + \frac{1}{16} + \cdots + \frac{1}{2^n} + \cdots \qquad (2-2-1)$$

但芝诺认为:无穷多项是无法相加的。事实上,在一些情况下,无穷多项是可以相加的。

类似的情形,早在公元前 300 多年,我国的战国时期,《庄子》就有下列记载:

"一尺之棰,日取其半,万世不竭"

意思是一尺长的一根棒,每天截去它的一半,虽然越来越短,却永远不会完结。如果用数学语言来描述就是,随着天数 n 的增加,剩下的棒长是下面的一串无穷数列:

$$\frac{1}{2}, \frac{1}{2^2}, \frac{1}{2^3}, \cdots, \frac{1}{2^n}, \cdots$$

容易看出,这个数列的变化趋势是:无论 n 多大,数列中的每项都不会是零,但随着 n 的增大,它越来越接近零。这时,我们可以说,当 n 无限变大时,数列 $\{1/2^n\}$ 趋向于常数 0,或者说,当 n 趋向无限大时,数列 $\{1/2^n\}$ 的极限为 0,也记作

$$a_n = \frac{1}{2^n} \to 0 \quad (n \to \infty)$$

下面我们再来观察几个数列的变化趋势。

例 2-2-2 观察数列

$$\left\{ 1 + \frac{(-1)^n}{n} \right\}: \quad 0, \frac{3}{2}, \frac{2}{3}, \frac{5}{4}, \frac{4}{5}, \cdots, 1 + \frac{(-1)^n}{n}, \cdots$$

随着 n 的增大,此数列在 1 左右摇摆而且越来越接近于常数 1。于是说数列的极限为 1。

例 2-2-3 观察数列

$$\{(-1)^n\}: \quad -1, 1, -1, 1, \cdots, (-1)^n, \cdots$$

随着 n 的增大,此数列在 -1 和 1 两点无休止地来回跳动,不可能与某一个常数越来越近,这时,我们说此数列没有极限,或者说它的极限不存在。

随着对数列的认识,我们发现,对于稍微复杂的数列仅凭直觉的观察是难以判断它是否有极限,更难求出其极限值。

例 2-2-4 对于数列

$$\left\{ \left(1 + \frac{1}{n} \right)^n \right\}: \quad 2, \left(1 + \frac{1}{2} \right)^2, \left(1 + \frac{1}{3} \right)^3, \cdots, \left(1 + \frac{1}{n} \right)^n, \cdots$$

如果仅凭直观是难以从表达式判断数列是否存在极限。我们计算各项的值得

表 2-2-1

n	1	2	3	4	5	6	10	20	⋯
$\left(1+\dfrac{1}{n}\right)^n$	2	2.5	2.37038	2.44141	2.48832	2.52159	2.59374	2.65329	⋯

由表 2-2-1 可见 $\left(1+\dfrac{1}{n}\right)^n$ 似乎随 n 的增加而单调增加,但是它是否有极限?极限是多少?凭直观难以判定。

例 2-2-5 对于数列

$$a_n = \frac{1}{n^3} + \frac{\cos\dfrac{5}{n}}{10000} \quad (n=1,2,\cdots)$$

计算该数列的前面一些项的值,可得表 2-2-2:

表 2-2-2

n	1	2	10	20	100	⋯
a_n	1.000028	0.124920	0.001088	0.000222	0.000101	⋯

由表 2-2-2,可见此数列 a_n 随着 n 的增大越来越与 0 接近,似乎它的极限应为 0。然而,这一结论是错误的。由中学的知识不难看出,当 n 无限增大时,由于 $\dfrac{1}{n^3}\to 0$, $\cos\dfrac{5}{n}\to\cos 0=1$,从而 a_n 的极限并不是 0 而是 $\dfrac{1}{10000}$。

通过分析,从以上例题我们可以看到:

(1) 数列可能会出现各种不同变化的形态:有的有确定的变化趋势,即存在确定的极限值,有的不存在极限值(如例 2-2-3);有的单调地趋向其极限值(如例 2-2-1),有的在其极限值左右跳跃而趋向极限值(如例 2-2-2)。

(2) 对形式复杂的数列,仅凭直观是无法判断其极限的存在性,更难求出其极限值,必须建立一套判断极限是否存在的理论和求极限的方法。

(3) 用"随着 n 的增大,a_n 越来越趋近常数 A"来判定 a_n 的极限是 A 是不可靠的,必须建立一套更为精确的语言来描述极限存在的过程。

下面以数列 $\left\{1+\dfrac{(-1)^n}{n}\right\}$ 为例,来精确描述数列的变化趋势:

$$n\to\infty \Rightarrow 1+\frac{(-1)^n}{n}\to 1$$

何为"当 n 无限增大时,数列 $\left\{1+\dfrac{(-1)^n}{n}\right\}$ 无限趋近于 0"呢?那就是,随着 n 的增大,a_n 不仅越来越接近于常数 1,而且与 1 可以任意接近。换句话说,a_n 与 1 的距离可以任意地小,要多小,就可以多小。即当 n 充分大时,数列的第 n 项 $1+\dfrac{(-1)^n}{n}$ 与 1 的距离

$$|a_n - 1| = \left|\frac{(-1)^n}{n}\right| = \frac{1}{n}$$

能任意小,并保持任意小。但何为"距离 $|a_n-1|=\dfrac{1}{n}$ 任意小,并保持任意小"?那就是,对 $\dfrac{1}{10}$,

能够做到 $|a_n - 1| = \dfrac{1}{n} < \dfrac{1}{10}$, 只需 $n > 10$ 即可, 即数列 $\left\{1 + \dfrac{(-1)^n}{n}\right\}$ 的第 10 项以后的所有项:

$$1 - \frac{1}{11}, 1 + \frac{1}{12}, 1 - \frac{1}{13}, 1 + \frac{1}{14}, \cdots \quad 或 \quad \frac{10}{11}, \frac{13}{12}, \frac{12}{13}, \frac{15}{14}, \cdots$$

都满足这个不等式。

对 $\dfrac{1}{10^2}$, 能够做到 $|a_n - 1| = \dfrac{1}{n} < \dfrac{1}{10^2}$, 只需 $n > 10^2$ 即可, 即数列 $\left\{1 + \dfrac{(-1)^n}{n}\right\}$ 的第 100 项以后的所有项:

$$1 - \frac{1}{101}, 1 + \frac{1}{102}, 1 - \frac{1}{103}, 1 + \frac{1}{104}, \cdots \quad 或 \quad \frac{100}{101}, \frac{103}{102}, \frac{102}{103}, \frac{105}{104}, \cdots$$

都满足这个不等式。

对 $\dfrac{1}{10^4}$, 能够做到 $|a_n - 1| = \dfrac{1}{n} < \dfrac{1}{10^4}$, 只需 $n > 10^4$ 即可, 即数列 $\left\{1 + \dfrac{(-1)^n}{n}\right\}$ 的第 10000 项以后的所有项:

$$1 - \frac{1}{10001}, 1 + \frac{1}{10002}, 1 - \frac{1}{10003}, 1 + \frac{1}{10004}, \cdots \quad 或 \quad \frac{10000}{10001}, \frac{10003}{10002}, \frac{10002}{10003}, \frac{10005}{10004}, \cdots$$

都满足这个不等式。

到此为止,仅作了 3 次验证,最小的数是 $1/10^4$,对极限来说远远没有完成,$1/10^4$ 这个数的大与小是相对的。一般来说,$1/10^4$ 是比较小的,但它再小也还是个常数。对描述 $|a_n - 1| = 1/n$ 任意小,并保持任意小来说,比 $1/10^4$ 小的正数仍有无穷多个。因此,描述当 n 充分大时,距离 $|a_n - 1| = 1/n$ 能任意小,必须对任意小的正数(不妨用字母 ε 来表示),只要 n 充分大,总有不等式

$$|a_n - 1| = \frac{1}{n} < \varepsilon$$

成立才行。事实上,这也是可以做到的。显然,只要自然数 $n > 1/\varepsilon$ 就满足,即原数列的第 $N = [1/\varepsilon]$ 项($1/\varepsilon$ 不一定是正整数,从而取不超过 $1/\varepsilon$ 的最大整数 $[1/\varepsilon]$)以后的所有项均满足这个不等式。

综上分析,"数 1 是数列 $\left\{1 + \dfrac{(-1)^n}{n}\right\}$ 的极限"或"数列 $\left\{1 + \dfrac{(-1)^n}{n}\right\}$ 的极限是 1"的定量定义可表述为:对任意 $\varepsilon > 0$,总存在自然数 $N = [1/\varepsilon]$,对任意自然数 $n > N$,有

$$\left| 1 + \frac{(-1)^n}{n} - 1 \right| < \varepsilon$$

上述的描述总共有四小段,前后两小段"对任意 $\varepsilon > 0, \cdots$, 有 $\left| 1 + \dfrac{(-1)^n}{n} - 1 \right| < \varepsilon$",表明数列 $\left\{1 + \dfrac{(-1)^n}{n}\right\}$ 无限趋近于 1。正是因为 ε 具有任意性,不等式 $\left| 1 + \dfrac{(-1)^n}{n} - 1 \right| < \varepsilon$ 才表明数列 $\left\{1 + \dfrac{(-1)^n}{n}\right\}$ 趋近于 1 的无限性。中间两小段"总存在自然数 $N = [1/\varepsilon]$, 对任意自然数 $n > N$",使用数列的序号说明,数列 $\left\{1 + \dfrac{(-1)^n}{n}\right\}$ 中存在某一项 $1 + \dfrac{(-1)^N}{N}$,在此项后面的所有

项都满足不等式 $\left|1+\dfrac{(-1)^n}{n}-1\right|<\varepsilon$。这就是用相对静态的定量 ε 和不等式刻画了"数列 $\left\{1+\dfrac{(-1)^n}{n}\right\}$ 的极限是1"。

一般地,根据上述同样的思想方法和数学语言,不难给出一般的"数列 $\{a_n\}$ 的极限为 A"的定义。

定义(数列的极限) 设有数列 $\{a_n\}$,若存在一常数 $A\in R$,对于任意给定的正数 ε,总存在正整数 N,使得当 $n>N$ 时,恒有不等式

$$|a_n-A|<\varepsilon$$

成立,则称数列 $\{a_n\}$ 的极限存在,并称 A 为它的**极限值**,简称为**极限**,记作

$$\lim_{n\to\infty}a_n=A \quad 或 \quad a_n\to A\ (n\to\infty)$$

此时,称 $\{a_n\}$ 为**收敛数列**,也称 $\{a_n\}$ 收敛于 A。不收敛的数列称为**发散数列**。这样,数列极限的定义可以更简洁地表述如下:

$$\boxed{\forall\varepsilon>0,\exists N\in\mathbf{N}^+,使得当 n>N 时,恒有 |a_n-A|<\varepsilon。}$$

其中符号:$\forall$ 表示"任意"的意思,$\exists$ 表示"存在"的意思。

为了进一步理解数列极限的定义,再作如下几点说明:

(1) 关于"ε"(二重性)。ε 是任意给定的正数,可以任意小,它在给定之前是任意的,但是 ε 一旦给定以后就是一个常数,它是用来刻画 a_n 与 A 接近程度的,即 $|a_n-A|<\varepsilon$。

(2) 关于"N"。N 是一个正整数,它是数列 a_n 的一个脚标,起着一个界标的作用,用来刻画为保证 $|a_n-A|<\varepsilon$ 所需要的 n 变大的程度。N 与 ε 有关,一般来说,当 ε 给得越小时,N 相应地需要取得更大,但是不能认为 N 是 ε 的函数,因为对于确定的 ε,相应的 N 并不唯一。例如,若取 N_0 已能保证 $n>N_0$ 时,恒有 $|a_n-A|<\varepsilon$,则大于 N_0 的任一正整数都可以取作所需要的 N。

(3) 关于"恒有"。这里"恒有"意味着要求当 $n>N$ 时的所有 a_n 都要满足不等式 $|a_n-A|<\varepsilon$,无一例外,即使有无限项满足不等式也不能保证有极限。例如,数列 $\{(-1)^n\}$,$\forall\varepsilon>0$,取 $N=1$,则当 $n>N$ 时,此数列中所有偶数项满足不等式

$$|(-1)^n-1|=0<\varepsilon$$

但这个数列并无极限。

(4) 定义只能验证 A 是否为数列 $\{a_n\}$ 的极限,并没有给出如何求数列 $\{a_n\}$ 的极限。验证的关键在于设法由给定的 $\varepsilon>0$ 求出一个相应的 $N\in\mathbb{N}^+$,使得当 $n>N$ 时,恒有不等式 $|a_n-A|<\varepsilon$ 成立。

例2-2-6 用极限的定义证明

$$\lim_{n\to\infty}c=c \quad (c\text{ 为常数})$$

证明 $\forall\varepsilon>0,\forall n\in N$,有

$$|a_n-c|=|c-c|=0<\varepsilon$$

即 $\lim\limits_{n\to\infty}c=c$。

例2-2-7 用极限定义证明 $\lim\limits_{n\to\infty}\dfrac{n}{n+1}=1$。

证明 $\forall \varepsilon > 0$,要使不等式

$$\left|\frac{n}{n+1} - 1\right| = \frac{1}{n+1} < \varepsilon$$

成立,解得 $n > \frac{1}{\varepsilon} - 1$。取 $N = \left[\frac{1}{\varepsilon} - 1\right]$,于是

$\forall \varepsilon > 0, \exists N = \left[\frac{1}{\varepsilon} - 1\right] \in \mathbb{N}$,当 $n > N$ 时,恒有 $\left|\frac{n}{n+1} - 1\right| < \varepsilon$ 成立,即

$$\lim_{n \to \infty} \frac{n}{n+1} = 1$$

例 2-2-8 用数列极限的定义证明 $\lim\limits_{n \to \infty} \frac{1}{n^k} = 0$,其中 $k \in \mathbb{N}^+$。

证明 $\forall \varepsilon > 0$,要使不等式恒有

$$\left|\frac{1}{n^k} - 0\right| = \frac{1}{n^k} < \varepsilon$$

也就是要寻求保证 $\frac{1}{n^k} < \varepsilon$ 成立的 n 变大的程度。由于 $k \in \mathbb{N}^+$,必有

$$\frac{1}{n^k} \leqslant \frac{1}{n}$$

所以只要 $\frac{1}{n} < \varepsilon$,就能保证 $\frac{1}{n^k} < \varepsilon$,而要 $\frac{1}{n} < \varepsilon$,只需 $n > \frac{1}{\varepsilon}$,故可取 $N = \left[\frac{1}{\varepsilon}\right]$。当正整数 $n > N = \left[\frac{1}{\varepsilon}\right]$ 时,恒有

$$\left|\frac{1}{n^k} - 0\right| = \frac{1}{n^k} \leqslant \frac{1}{n} < \varepsilon$$

根据定义可知 $\lim\limits_{n \to \infty} \frac{1}{n^k} = 0$。

例 2-2-9 用数列极限的定义证明 $\lim\limits_{n \to \infty} a^{\frac{1}{n}} = 1$,$a > 0$。

证明 (1) 当 $a > 1$ 时,有 $a^{\frac{1}{n}} > 1$。$\forall \varepsilon > 0 (0 < \varepsilon < a - 1)$,要使不等式
$$\left|a^{\frac{1}{n}} - 1\right| = a^{\frac{1}{n}} - 1 < \varepsilon$$

成立。解得 $n > \frac{\ln a}{\ln(1+\varepsilon)}$。取 $N = \left[\frac{\ln a}{\ln(1+\varepsilon)}\right]$,于是,

$\forall \varepsilon > 0, \exists N = \left[\frac{\ln a}{\ln(1+\varepsilon)}\right] \in \mathbb{N}$,当 $n > N$ 时,恒有 $\left|a^{\frac{1}{n}} - 1\right| < \varepsilon$,即

$$\lim_{n \to \infty} a^{\frac{1}{n}} = 1, \ a > 1$$

(2) 当 $a = 1$ 时,$\forall n \in \mathbb{N}$,$a^{\frac{1}{n}} = 1$,这还是常数数列,则有

$$\lim_{n \to \infty} a^{\frac{1}{n}} = 1, \ a = 1$$

(3) 当 $0 < a < 1$ 时,令 $a = \frac{1}{b}$,从而 $b > 1$,有

$$\left|a^{\frac{1}{n}} - 1\right| = \left|\frac{1}{b^{\frac{1}{n}}} - 1\right| = \left|\frac{1 - b^{\frac{1}{n}}}{b^{\frac{1}{n}}}\right| < \left|b^{\frac{1}{n}} - 1\right|$$

由(1)知, $\forall \varepsilon > 0, \exists N = \left[\dfrac{\ln b}{\ln(1+\varepsilon)}\right] = \left[\dfrac{-\ln a}{\ln(1+\varepsilon)}\right] \in \mathbb{N}$, 当 $n > N$ 时, 恒有

$$|a^{\frac{1}{n}} - 1| < |b^{\frac{1}{n}} - 1| < \varepsilon$$

即
$$\lim_{n \to \infty} a^{\frac{1}{n}} = 1, \quad 0 < a < 1$$

综上, 有
$$\lim_{n \to \infty} a^{\frac{1}{n}} = 1, \quad a > 0$$

数列极限的几何意义 接下来从邻域的角度来描述数列极限的定义, 可表示为

$$\forall \varepsilon > 0, \exists N \in \mathbb{N}^+, 使得当 n > N 时, 恒有 a_n \in \cup(A, \varepsilon)。$$

这在几何上反映如下的现象: 任给 $\varepsilon > 0$, 无论多么小, 总能找到 $N \in \mathbb{N}^+$, 使得从第 $N+1$ 项开始 $\{a_n\}$ 中的所有各项全部都落在 A 的 ε 邻域内。这表明数列 $\{a_n\}$ 从 $N+1$ 项开始以后逐渐凝聚在点 A 的 ε 邻域附近, 在点 A 的 ε 邻域外最多只有 N 项: $a_1, a_2, \cdots, a_N$ (如图 2-2-2 所示)。由此可见, 数列 $\{a_n\}$ 如果收敛, 极限值与此数列的前任意有限项无关。因此, 改变数列中任意的有限项的值, 并不影响此数列的收敛性和极限值。

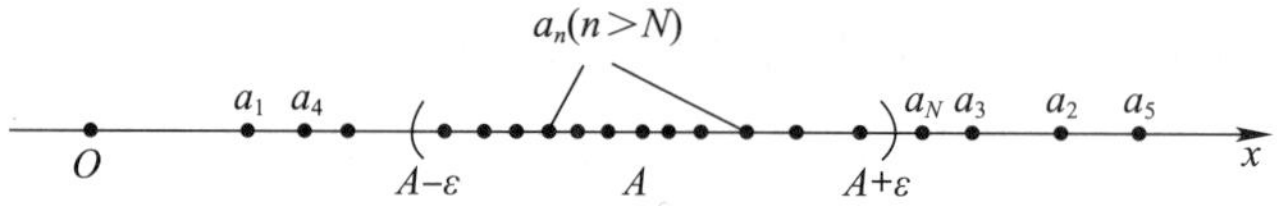

图 2-2-2

2.2.2 收敛数列的性质

利用数列极限的定义, 我们可以证明收敛数列的一些有用性质, 可以加深对数列极限的理解。

定理 2-2-1 (唯一性) 若数列 $\{a_n\}$ 收敛, 则它的极限是唯一的。

分析 由极限定义这个结论应该是显然的。因为若数列 $\{a_n\}$ 收敛于 A, 从某一项以后它的所有项均位于 A 的任意小邻域内, 当然就不可能再与另一个不同于 A 的常数任意接近了。

借助几何示意可以将这一事实讲得更清楚, 我们假设数列 $\{a_n\}$ 有两个极限 A 与 B, $A \neq B$, 不妨设 $A < B$, 这样 A, B 两点间就有确定的距离。分别作点 A 与 B 的邻域 $\cup(A)$ 与 $\cup(B)$ 使它们互不相交 (如图 2-2-3 所示)。由于 $\{a_n\}$ 以 A 为极限, 故从某项开始 $\{a_n\}$ 的所有项都在 $\cup(A)$ 中。又因为 B 也是 $\{a_n\}$ 的极限, 故从某一项开始 $\{a_n\}$ 的所有项又落在 $\cup(B)$ 中, 这显然是不可能的。

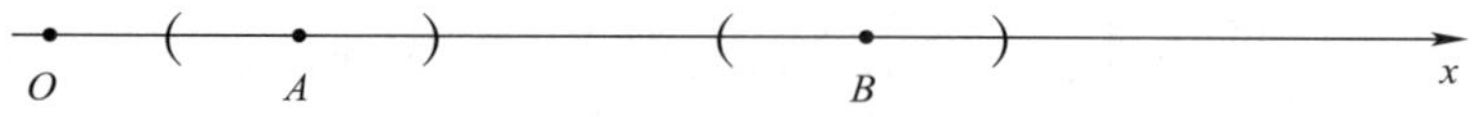

图 2-2-3

证明 设 $\lim\limits_{n \to \infty} a_n = A$ 与 $\lim\limits_{n \to \infty} a_n = B (B > A)$, 根据数列极限的定义, 任给 $\varepsilon = \dfrac{B-A}{2}$, 由于 $\lim\limits_{n \to \infty} a_n = A$, 故 $\exists N_1 \in \mathbb{N}^+$, 使得, 当 $n > N_1$ 时, 恒有

$$|a_n - A| < \dfrac{B-A}{2} \Rightarrow \dfrac{3A-B}{2} < a_n < \dfrac{B+A}{2}$$

又 $\lim\limits_{n \to \infty} a_n = B$, 故 $\exists N_2 \in \mathbb{N}^+$, 使得, 当 $n > N_2$ 时, 恒有

$$|a_n - B| < \frac{B-A}{2} \Rightarrow \frac{B+A}{2} < a_n < \frac{3B-A}{2}$$

此时取 $N = \max\{N_1, N_2\}$，则当 $n > N$ 时，上述两个不等式都要满足，可得

$$\frac{B+A}{2} < a_n < \frac{B+A}{2}$$

这是一矛盾不等式，所以收敛数列 $\{a_n\}$ 不可能有两个极限。

定理 2-2-2 （有界性）若数列 $\{a_n\}$ 收敛，则 $\{a_n\}$ 必是一有界数列。

分析 所谓数列 $\{a_n\}$ 有界，就是 $\exists M > 0, \forall n \in \mathbb{N}^+$，有 $|a_n| \leq M$，即 $-M \leq a_n \leq M$。换句话说，$\{a_n\}$ 的所有项都在以原点 O 为中心，M 为半径的区间 $[-M, M]$ 内。如果数列 $\{a_n\}$ 仅含有有限项，那么它的有界性是很显然的，因为只要把有限项排在数轴上，找到一个最大的正数 M，让这些点都包含在区间 $[-M, M]$ 内。但是数列 $\{a_n\}$ 的项数是无穷项，这就需要从收敛数列的定义来证明，设数列 $\{a_n\}$ 的极限为 A，由极限定义，从某项 N 以后的所有各项都在 A 的很小的邻域内，所以这无穷多项有界，同时可以看到，剩下的只有有限项（至多 N 项）也是有界的（如图 2-2-4 所示），因此，整个数列 $\{a_n\}$ 有界。

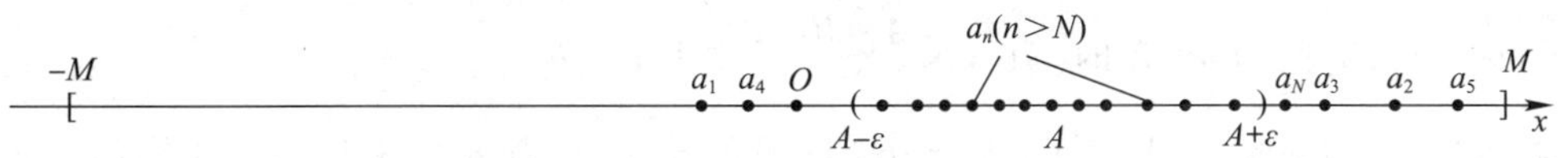

图 2-2-4

证明 设 $\lim_{n \to \infty} a_n = A$，由数列极限的定义，取 $\varepsilon_0 = 1$，$\exists N \in \mathbb{N}^+$，当 $n > N$ 时，有 $|a_n - A| < 1$，从而，$\forall n > N$，有

$$|a_n| = |a_n - a + a| \leq |a_n - a| + |a| < 1 + |a|$$

取 $M = \max\{|a_1|, |a_2|, \cdots, |a_N|, |a|+1\}$，于是，当 $n > N$ 时，有 $|a_n| \leq M$，即数列 $\{a_n\}$ 有界。

注 （1）定理 2 的等价命题为：若数列 $\{a_n\}$ 无界，则数列发散。例如，数列 $\{n^{(-1)^{n-1}}\}$：

$$1, \frac{1}{2}, 3, \frac{1}{4}, 5, \frac{1}{6}, \cdots, n^{(-1)^{n-1}}, \cdots$$

无界，则此数列发散。

（2）数列有界仅是数列收敛的必要条件，不是充分条件，即数列有界也不一定收敛。例如，数列 $\{(-1)^n\}$ 有界，但是它是发散的。

定理 2-2-3 （保号性）设 $\lim_{n \to \infty} a_n = A$，$A > 0$ $(A < 0)$，则 $\exists N \in \mathbb{N}^+$，使得当 $n > N$ 时，恒有

$$a_n \geq q > 0 \quad (a_n \leq -q < 0)$$

其中 q 为某一正常数。

分析 事实上，设 $A > 0$，作 A 的 ε 邻域 $\cup(A, \varepsilon)$，使得 $A - \varepsilon > 0$，即原点位于闭区间 $[A-\varepsilon, A+\varepsilon]$ 左边（如图 2-2-5 所示）。例如，取 $\varepsilon = A/2$。由极限的定义，从某项 N 以后 $\{a_n\}$ 的所有项都在 $\cup(A, \varepsilon)$ 内。

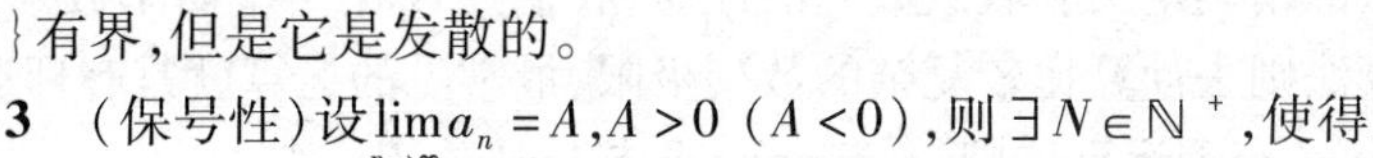

图 2-2-5

证明 因为 $\lim\limits_{n\to\infty}a_n = A$，则 $\exists \varepsilon > 0$，当 $n > N$ 时，恒有 $|a_n - A| < \varepsilon$，即
$$a_n \geq A - \varepsilon > 0$$
取 $q = A - \varepsilon$，则有 $a_n \geq q > 0$。

推论 1 若 $\exists N \in \mathbb{N}^+$，使得 $\forall n > N$，恒有 $a_n \geq 0$ ($a_n < 0$)，且 $\lim\limits_{n\to\infty}a_n = A$，则必有 $A \geq 0$ ($A \leq 0$)。

事实上，如果 $A < 0$，由定理 2-2-3，从某项以后 $\{a_n\}$ 的所有项都有 $a_n \leq -q < 0$，这与已知条件 $\forall n > N$ 恒有 $a_n \geq 0$ 矛盾。

定理 2-2-4（保序性）若 $\lim\limits_{n\to\infty}a_n = A$ 与 $\lim\limits_{n\to\infty}b_n = B$，且 $A < B$，则 $\exists N \in \mathbb{N}^+$，$\forall n > N$，有 $a_n < b_n$。

证明 已知 $\lim\limits_{n\to\infty}a_n = A$ 与 $\lim\limits_{n\to\infty}b_n = B$，根据数列极限的定义，$\exists \varepsilon_0 = \dfrac{B-A}{2} > 0$，分别有：

$\exists N_1 \in \mathbb{N}^+$，当 $n > N_1$ 时，有 $|a_n - A| < \dfrac{B-A}{2}$，从而 $a_n < \dfrac{A+B}{2}$；

$\exists N_2 \in \mathbb{N}^+$，当 $n > N_2$ 时，有 $|b_n - B| < \dfrac{B-A}{2}$，从而 $b_n > \dfrac{A+B}{2}$

取 $N = \max\{N_1, N_2\}$，当 $n > N$ 时，有 $a_n < \dfrac{A+B}{2} < b_n$，即 $a_n < b_n$。

推论 2 若 $\lim\limits_{n\to\infty}a_n = A$ 与 $\lim\limits_{n\to\infty}b_n = B$，且 $\exists N \in \mathbb{N}^+$，当 $n > N$ 时，$a_n \leq b_n$ ($a_n \geq b_n$)，则 $A \leq B$ ($A \geq B$)。

证明 只证 $A \leq B$ 的情况。用反证法。假设 $A < B$。根据定理 4，$\exists N_1 \in \mathbb{N}^+$（使 $N_1 > N$），当 $n > N_1$ 时，$b_n < a_n$。与已知条件矛盾。

注 在推论 2 中，即使 $a_n < b_n$，也可能有 $A = B$。例如，两个收敛的数列 $\left\{-\dfrac{1}{n}\right\}$ 与 $\left\{\dfrac{1}{n}\right\}$。对于任意的 $n \in \mathbb{N}$，有 $-\dfrac{1}{n} < \dfrac{1}{n}$，但是
$$\lim_{n\to\infty}\left(-\dfrac{1}{n}\right) = \lim_{n\to\infty}\dfrac{1}{n} = 0$$

2.2.3 数列极限的运算法则

有了数列极限的精确定义和收敛数列的性质，我们可以在一些简单数列极限的基础上通过它们的一些运算法则去计算比较复杂的数列极限，最常见的运算就是有理运算。

定理 2-2-5（有理运算法则）设 $\lim\limits_{n\to\infty}a_n = A$ 与 $\lim\limits_{n\to\infty}b_n = B$。则

(1) $\lim\limits_{n\to\infty}(a_n \pm b_n) = \lim\limits_{n\to\infty}a_n \pm \lim\limits_{n\to\infty}b_n = A \pm B$；

(2) $\lim\limits_{n\to\infty}a_n \cdot b_n = \lim\limits_{n\to\infty}a_n \cdot \lim\limits_{n\to\infty}b_n = A \cdot B$；

(3) $\lim\limits_{n\to\infty}\dfrac{a_n}{b_n} = \dfrac{\lim\limits_{n\to\infty}a_n}{\lim\limits_{n\to\infty}b_n} = \dfrac{A}{B}$，$B \neq 0$。

这些运算法则都可以利用数列极限的定义加以证明（此处省略）。应当注意使用这些运算的前提是数列 $\{a_n\}$ 和数列 $\{b_n\}$ 都要存在，而且对于法则 (3)，还要保证分母的极限不能为零。在此基础上，我们还可以得到以下推论：

(1) 注意到任一常数 C 可看作是各项都为 C 的数列的通项，有常数项数列极限的定义，

于是由法则(2)有
$$\lim_{n\to\infty} Ca_n = C \lim_{n\to\infty} a_n$$

(2) 法则(1)与(2)均可推广到任意有限个数列的情形。例如,对下列 m 个数列之和有
$$\lim_{n\to\infty}\left(\frac{1}{n^2}+\frac{2}{n^2}+\cdots+\frac{m}{n^2}\right) = \lim_{n\to\infty}\frac{1}{n^2}+\lim_{n\to\infty}\frac{2}{n^2}+\cdots+\lim_{n\to\infty}\frac{m}{n^2}=0$$

但应当注意这里 m 与 n 必须没有关系,如果把 m 用 n 替换,那就不是有限个数列之和了,而对无限个数列来说,法则(1)和(2)将不再成立。例如
$$\lim_{n\to\infty}\left(\frac{1}{n^2}+\frac{2}{n^2}+\cdots+\frac{n}{n^2}\right) \neq \lim_{n\to\infty}\frac{1}{n^2}+\lim_{n\to\infty}\frac{2}{n^2}+\cdots+\lim_{n\to\infty}\frac{n}{n^2}$$

这是因为随着 $n\to\infty$,数列的个数变成无限多。事实上,有
$$\lim_{n\to\infty}\left(\frac{1}{n^2}+\frac{2}{n^2}+\cdots+\frac{n}{n^2}\right) = \lim_{n\to\infty}\left[\frac{1}{n^2}\cdot\frac{1}{2}n(n+1)\right] = \lim_{n\to\infty}\frac{1}{2}\left(1+\frac{1}{n}\right)$$
$$= \frac{1}{2}\left(\lim_{n\to\infty}1 + \lim_{n\to\infty}\frac{1}{n}\right) = \frac{1}{2}$$

(3) 作为有限个数列乘积极限法则的特例,有
$$\lim_{n\to\infty}(a_n)^m = \left(\lim_{n\to\infty}a_n\right)^m = A^m, \text{其中常数 } m \in \mathbb{N}^+$$

例 2-2-10 求极限 $\lim_{n\to\infty}\dfrac{2n^2+3n-2}{n^2+1}$。

解 将分式 $\dfrac{2n^2+3n-2}{n^2+1}$ 的分子与分母同除以 n^2,再根据定理 2-2-5,有
$$\lim_{n\to\infty}\frac{2n^2+3n-2}{n^2+1} = \lim_{n\to\infty}\frac{2+\dfrac{3}{n}-\dfrac{2}{n^2}}{1+\dfrac{1}{n^2}} = \frac{\lim_{n\to\infty}\left(2+\dfrac{3}{n}-\dfrac{2}{n^2}\right)}{\lim_{n\to\infty}\left(1+\dfrac{1}{n^2}\right)}$$
$$= \frac{\lim_{n\to\infty}2 + \lim_{n\to\infty}\dfrac{3}{n} - \lim_{n\to\infty}\dfrac{2}{n^2}}{\lim_{n\to\infty}1 + \lim_{n\to\infty}\dfrac{1}{n^2}} = \frac{2}{1} = 2$$

例 2-2-11 求极限 $\lim_{n\to\infty}\dfrac{a_0 n^k + a_1 n^{k-1}+\cdots+a_k}{b_0 n^m + b_1 n^{m-1}+\cdots+b_m}$,其中 k, m 都是自然数,且 $k \leq m$,$a_i, b_j (i=0,1,\cdots,k; j=0,1,\cdots,m)$ 都是与 n 无关的常数,且 $a_0 \neq 0, b_0 \neq 0$。

解 $\lim_{n\to\infty}\dfrac{a_0 n^k + a_1 n^{k-1}+\cdots+a_k}{b_0 n^m + b_1 n^{m-1}+\cdots+b_m} = \lim_{n\to\infty} n^{k-m} \dfrac{a_0 + \dfrac{a_1}{n}+\cdots+\dfrac{a_k}{n^k}}{b_0 + \dfrac{b_1}{n}+\cdots+\dfrac{b_m}{n^m}} = \begin{cases} 0 & (k<m) \\ \dfrac{a_0}{b_0} & (k=m) \end{cases}$

例 2-2-12 求极限 $\lim_{n\to\infty}\dfrac{1^2+2^2+\cdots+n^2}{n^3}$。

解 $\lim_{n\to\infty}\dfrac{1^2+2^2+\cdots+n^2}{n^3} = \lim_{n\to\infty}\dfrac{n(n+1)(2n+1)}{6n^3}$
$$= \lim_{n\to\infty}\frac{1}{6}\left(1+\frac{1}{n}\right)\left(2+\frac{1}{n}\right) = \frac{1}{6}\times 1 \times 2 = \frac{1}{3}$$

2.2.4 数列及其子列的关系

讨论数列的敛散性时,经常会涉及所谓的**子数列**,也称为**子列**。

定义 设有数列 $\{a_n\}$,从中任意抽取无穷多项按其脚标由小到大排列所形成的数列称为 $\{a_n\}$ 的一个子列,若记 $n_k(k=1,2,3,\cdots)$ 是一列自然数,且
$$n_1 < n_2 < n_3 < \cdots < n_k < \cdots$$
此时子列可表示为 $\{a_{n_k}\}$。

例如,在数列 $\{a_n\}$ 中,依次选取无限多项:$a_3,a_4,a_9,a_{15},a_{19},a_{25},a_{40},\cdots$ 就是数列 $\{a_n\}$ 的一个子数列。特别地,选取 $n_k = 2k-1$ 与 $n_k = 2k,(k \in \mathbb{N}^+)$,有

奇子列:$\{a_{2k-1}\}:a_1,a_3,a_5,\cdots,a_{2k-1},\cdots$

偶子列:$\{a_{2k}\}:a_2,a_4,a_6,\cdots,a_{2k},\cdots$

关于子数列 $\{a_{n_k}\}$ 的序号 n_k 说明如下:

(1) n_k 是 k 的函数,即 $n_k = \varphi(k)$,不同的 φ 就是不同的子数列。a_{n_m} 是子数列 $\{a_{n_k}\}$ 中的第 m 项,它是原数列 $\{a_n\}$ 中的第 n_m 项。

(2) $\forall k \in \mathbb{N}^+$,总有 $n_k \geq k$,显然,当 k 无限增大时,n_k 也无限增大。

由数列极限的定义容易看到:若数列 $\{a_n\}$ 收敛于 A,则它的任意一个子数列都收敛于 A。事实上,若 $\{a_n\}$ 收敛于 A,即当脚标 n 足够大时,数列 $\{a_n\}$ 中的所有项 a_n 都位于 A 的充分小的邻域内,当然任一子数列的相应项也位于 A 的这个邻域内,由此子数列也收敛于 A。

定理 2-2-6 若数列 $\{a_n\}$ 收敛于 A,则 $\{a_n\}$ 的任意子数列 $\{a_{n_k}\}$ 也收敛于 A。

证明 已知 $\lim\limits_{n \to \infty} a_n = A$,即 $\forall \varepsilon > 0, \exists N \in \mathbb{N}^+$,当 $n > N$ 时,有
$$|a_n - A| < \varepsilon$$
因为下标 $\{n_k\}$ 是严格增加的,所以对上述的 N,$\exists k_0 \in \mathbb{N}^+$,当 $\forall k > k_0$ 时,有 $n_k > N$,于是,$\forall \varepsilon > 0, \exists k_0 \in \mathbb{N}^+$,当 $k > k_0$ 时,有
$$|a_{n_k} - A| < \varepsilon$$
即
$$\lim_{k \to \infty} a_{n_k} = A$$

定理 2-2-6 的等价命题是:若数列 $\{a_n\}$ 有某一个子数列发散,或有某两个收敛子数列,它们的极限不相等,则数列 $\{a_n\}$ 发散。例如

数列 $\{n^{(-1)^n}\}$ 是发散的,因为它的偶子列 $\{(2k)^{(-1)^{2k}}\} = \{2k\}$ 发散。

数列 $\{(-1)^n\}$ 是发散的,因为它的奇子列 $\{(-1)^{2k-1}\}$ 收敛于 -1;它的偶子列 $\{(-1)^{2k}\}$ 收敛于 1,而 $-1 \neq 1$。

定理 2-2-7 数列 $\{a_n\}$ 收敛的充分必要条件为奇子列 $\{a_{2k-1}\}$ 与偶子列 $\{a_{2k}\}$ 都收敛,且它们的极限相等。

必要性($\Rightarrow$)根据定理 2-2-6,数列 $\{a_n\}$ 的奇子列和偶子列都收敛,且它们的极限相等。

充分性($\Leftarrow$)设 $\lim\limits_{k \to \infty} a_{2k-1} = \lim\limits_{k \to \infty} a_{2k} = A$。根据数列极限的定义,即

$\forall \varepsilon > 0, \exists K_1 \in \mathbb{N}^+$,当 $\forall k > K_1$ 时,有 $|a_{2k-1} - A| < \varepsilon$

对上述的 ε,$\exists K_2 \in \mathbb{N}^+$,当 $\forall k > K_2$ 时,有 $|a_{2k} - A| < \varepsilon$

取 $N = \max\{2K_1, 2K_2\}$,当 $n > N (n = 2k-1$,有 $k > K_1; n = 2k$,有 $k > K_2)$ 时,有
$$|a_n - A| < \varepsilon$$
即数列 $\{a_n\}$ 收敛。

习题 2-2

(A)

1. 观察下列数列的变化趋势,若数列有极限,写出其极限值。

(1) $a_n = \dfrac{n-1}{2n+1}$;

(2) $a_n = \dfrac{1}{4^n}$;

(3) $a_n = (-1)^{n+1}\dfrac{1}{n}$;

(4) $a_n = (-1)^n n$;

(5) $a_n = 1 + \dfrac{1}{n^4}$;

(6) $a_n = \dfrac{1}{1+\sqrt{n+1}}$;

(7) $a_n = 3^n + \dfrac{1}{3^n}$;

(8) $a_n = \sin\dfrac{n\pi}{2}$;

(9) $a_n = 2 - \dfrac{1}{n} + \dfrac{1}{n^2}$;

(10) $a_n = \dfrac{2n^3 - 3n + 2}{n^3 + 2n^2 + 1}$;

(11) $a_n = \dfrac{(n-2)^2}{3n^3 - 2n^2 + 5}$;

(12) $a_n = 1 + \dfrac{1}{2} + \dfrac{1}{2^2} + \cdots + \dfrac{1}{2^n}$。

2. 判断

(1) 无界数列一定发散。 ( )

(2) 有界数列一定收敛。 ( )

(3) 发散数列一定无界。 ( )

3. 下列关于数列 $\{x_n\}$ 的极限是 a 的定义,正确的是( )。

A. 对于任意给定的 $\varepsilon > 0$,存在 $N \in N_+$,当 $n > N$ 时,不等式 $x_n - a < \varepsilon$ 成立

B. 对于任意给定的 $\varepsilon > 0$,存在 $N \in N_+$,当 $n > N$ 时,有无穷多项 x_n,使不等式 $|x_n - a| < \varepsilon$ 成立

C. 对于任意给定的 $\varepsilon > 0$,存在 $N \in N_+$,当 $n > N$ 时,不等式 $|x_n - a| < a\varepsilon$ 成立,其中 a 为某个正常数

D. 对于任意给定的 $m \in N_+$,存在 $N \in N_+$,当 $n > N$ 时,不等式 $|x_n - a| < \dfrac{1}{m}$ 成立

E. 如果对任意给定的 $\varepsilon > 0$,数列 x_n 中只有有限项不满足 $|x_n - a| < \varepsilon$,则 $\lim\limits_{n\to\infty} x_n = a$

4. 若 $\lim\limits_{n\to\infty} x_n = a$,证明 $\lim\limits_{n\to\infty} |x_n| = |a|$。反过来成立吗?若成立给出证明,不成立举出反例。

5. 设 $\lim\limits_{n\to\infty} x_n = a$,证明 $\lim\limits_{n\to\infty}(x_n - x_{n-1}) = 0$。

(B)

1. 根据数列极限的定义证明:

(1) $\lim\limits_{n\to\infty}\dfrac{3n+1}{4n-1} = \dfrac{3}{4}$;

(2) $\lim\limits_{n\to\infty}\dfrac{1}{n^3} = 0$;

(3) $\lim\limits_{n\to\infty}\dfrac{n+1}{n^2-1}\sin n = 0$;

(4) $\lim\limits_{n\to\infty}\dfrac{2n^2 - 3n + 1}{6n^2} = \dfrac{1}{3}$。

2. 设数列 $\{x_n\}$ 的一般项 $x_n = \dfrac{1}{n}\sin\dfrac{n\pi}{2}$。问 $\lim\limits_{n\to\infty}x_n = ?$ 求出 N,使当 $n > N$ 时,x_n 与其极限之差的绝对值小于正数 ε。当 $\varepsilon = 0.001$ 时,求出数 N。

3. 若 $\lim\limits_{n\to\infty}x_n = 0$,数列 $\{y_n\}$ 有界,证明 $\lim\limits_{n\to\infty}x_n y_n = 0$,并计算极限 $\lim\limits_{n\to\infty}\dfrac{\sin n}{n} = 0$。

4. 若 $\lim\limits_{n\to\infty}x_n = a$,能否判定 $\lim\limits_{n\to\infty}\dfrac{x_{n+1}}{x_n} = 1$?

5. 对于数列 $\{x_n\}$,若 $\lim\limits_{k\to\infty}x_{2k-1} = a$,$\lim\limits_{k\to\infty}x_{2k} = a$,证明 $\lim\limits_{n\to\infty}x_n = a$。

§2.3　函数的极限

本节将数列极限的概念、理论和方法推广到函数极限。我们知道数列可以看作是整标函数,自变量只能取正整数,反映的是"离散变化"。对于定义在区间上的函数 $f(x)$,$x \in I$,自变量 x 可以在区间 I 中"连续不断地"取值,它所反映的是一种"连续变化",从而其变化状态也就更加多样。即 x 可以无限变大,也可以无限地向某个有限值接近,本节来讨论函数的极限。

2.3.1　自变量趋于无穷大时函数的极限

对于自变量无限变大的情形,数列只能有 $n \to \infty$(即 $n \to +\infty$),但函数 $f(x)$ 的自变量 x 可以向正方向无限变大,记作 $x \to +\infty$;也可以向负方向无限变大,记作 $x \to -\infty$;还可以有 $|x|$ 无限变大,即从正负两个方向都无限变大,记作 $x \to \infty$。

考察函数

$$f(x) = \dfrac{x^2 - 1}{x^2 + 1}$$

在 $|x|$ 的值变大时的变化趋势。表 2-3-1 中给出函数值保留 6 位有效数字。

表 2-3-1

x	$f(x)$	x	$f(x)$
0	-1	±5	0.923077
±1	0	±10	0.980198
±2	0.600000	±50	0.999200
±3	0.800000	±100	0.999800
±4	0.882353	±1000	0.999998

如图 2-3-1 所示,随着 x 的值越来越大(小),$f(x)$ 的值越来越接近 1。事实上,选取充分大(小)的 X,$f(x)$ 的值就无限接近 1。可表示为

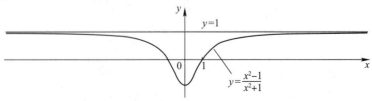

图 2-3-1

$$\lim_{x\to\infty}\frac{x^2-1}{x^2+1}=1$$

一般地,我们使用记号

$$\lim_{x\to\infty}f(x)=A$$

表示 x 的绝对值越来越大时 $f(x)$ 无限逼近 A。

1. $x\to+\infty$, $f(x)\to A$

与数列极限相类似的语言,要刻画 $f(x)\to A$,仍用 $\forall\varepsilon>0$, $|f(x)-A|<\varepsilon$,而 $f(x)$ 与 A 接近到小于 ε 是当 x 变大到一定程度时才成立。我们用正实数 X,通过 $x>X$ 来表示,此时的 X 为可取的正实数。于是有下列定义。

定义 1 设 f 是定义在 $(a,+\infty)$ 上的函数。若存在常数 $A\in\mathbb{R}$,使它与 $f(x)$ 满足如下关系

$$\boxed{\forall\varepsilon>0,\exists X>0,\text{使得当}\ x>X\ \text{时},\text{恒有}\ |f(x)-A|<\varepsilon}$$

则称 A 是 $f(x)$ 当 $x\to+\infty$ 时的极限,记作

$$\lim_{x\to+\infty}f(x)=A \quad \text{或} \quad f(x)\to A\ (x\to+\infty)$$

这时也称当 $x\to+\infty$ 时 $f(x)$ 的极限存在,或有极限。

同样的方式,可以定义当 $x\to-\infty$, $f(x)\to A$ 的情形。

2. $x\to-\infty$, $f(x)\to A$

定义 2 设 f 是定义在 $(-\infty,a)$ 上的函数。若存在常数 $A\in\mathbb{R}$,使它与 $f(x)$ 满足如下关系

$$\boxed{\forall\varepsilon>0,\exists X>0,\text{使得当}\ x<-X\ \text{时},\text{恒有}\ |f(x)-A|<\varepsilon}$$

则称 A 是 $f(x)$ 当 $x\to-\infty$ 时的极限,记作

$$\lim_{x\to-\infty}f(x)=A \quad \text{或} \quad f(x)\to A(x\to-\infty)$$

这时也称当 $x\to-\infty$ 时 $f(x)$ 的极限存在,或有极限。

3. $x\to\infty$, $f(x)\to A$

$x\to\infty$ 表示 x 既向正方向也向负方向无限变大,也即是 $|x|\to+\infty$。这种状态下的定义如下。

定义 3 设 f 是定义在 $(-\infty,+\infty)$ 上的函数。若存在常数 $A\in\mathbb{R}$,使它与 $f(x)$ 满足如下关系

$$\boxed{\forall\varepsilon>0,\exists X>0,\text{使得当}\ |x|>X\ \text{时},\text{恒有}\ |f(x)-A|<\varepsilon}$$

则称 A 是 $f(x)$ 当 $x\to\infty$ 时的极限,记作

$$\lim_{x\to\infty}f(x)=A \quad \text{或} \quad f(x)\to A(x\to\infty)$$

这时也称当 $x\to\infty$ 时 $f(x)$ 的极限存在,或有极限。

从几何上来看,如图 2-3-2 所示,$\lim\limits_{x\to\infty}f(x)=A$ 的意义是:作直线 $y=A+\varepsilon$ 和 $y=A-\varepsilon$,则总有一个正数 X,使得当 $x<-X$ 或 $x>X$ 时,函数 $y=f(x)$ 的图形位于这两条直线之间。

进一步,我们可以看到,如图 2-3-3 所示,当 x 的值无限增大,函数 $f(x)$ 的图形有多种方式逼近直线 $y=L$(称为**水平渐近线**)。此时,我们用

$$\lim_{x \to +\infty} f(x) = L$$

表示 x 趋近于 $+\infty$ 时，$f(x)$ 任意接近 L。

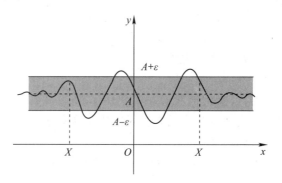

图 2-3-2

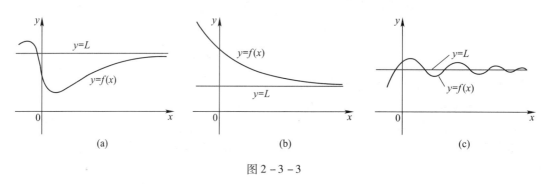

图 2-3-3

同理，如图 2-3-4 所示，如果 x 的值无限减小时，$f(x)$ 无限接近常数 L。我们用记号

$$\lim_{x \to -\infty} f(x) = L$$

表示 $x \to -\infty$ 时，$f(x)$ 任意接近 L。

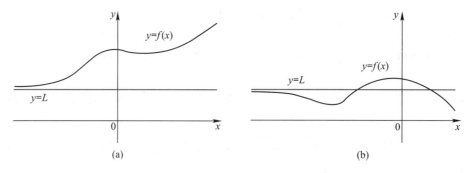

图 2-3-4

很显然，有如下结论：

$$\lim_{x \to \infty} f(x) = L \Leftrightarrow \lim_{x \to +\infty} f(x) = L \quad \text{且} \quad \lim_{x \to -\infty} f(x) = L$$

定义 4 如果曲线 $y = f(x)$ 满足

$$\lim_{x \to -\infty} f(x) = L \quad \text{或者} \quad \lim_{x \to +\infty} f(x) = L$$

则称 $y = L$ 是 $y = f(x)$ 的一条**水平渐近线**。

例如,因为
$$\lim_{x \to -\infty} \frac{x^2-1}{x^2+1} = 1$$
所以 $y=1$ 是一条水平渐近线。又如,因为
$$\lim_{x \to -\infty} \arctan x = -\frac{\pi}{2}, \quad \lim_{x \to +\infty} \arctan x = \frac{\pi}{2}$$
所以函数 $y = \arctan x$ 具有两条水平渐近线,如图 2-3-5 所示。

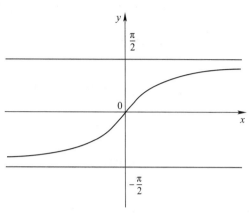

图 2-3-5

例 2-3-1 用定义证明 $\lim\limits_{x \to \infty} \dfrac{1}{x} = 0$。

解 $\forall \varepsilon > 0$,要证 $\exists X > 0$,当 $|x| > X$ 时,不等式
$$\left| \frac{1}{x} - 0 \right| < \varepsilon$$
成立。因这个不等式相当于
$$\frac{1}{|x|} < \varepsilon \quad 或 \quad |x| > \frac{1}{\varepsilon}$$
由此可知,如果选取 $X = \dfrac{1}{\varepsilon}$,那么当 $|x| > X = \dfrac{1}{\varepsilon}$ 时,不等式 $\left| \dfrac{1}{x} - 0 \right| < \varepsilon$ 成立,这就证明了
$$\lim_{x \to \infty} \frac{1}{x} = 0$$
直线 $y = 0$ 是函数 $y = \dfrac{1}{x}$ 的图形的水平渐近线。

例 2-3-2 计算 $\lim\limits_{x \to +\infty} \sqrt{x^2+1} - x$。

解 分子分母同乘以共轭因子
$$\lim_{x \to +\infty} (\sqrt{x^2+1} - x) = \lim_{x \to +\infty} (\sqrt{x^2+1} - x) \frac{\sqrt{x^2+1} + x}{\sqrt{x^2+1} + x}$$
$$= \lim_{x \to +\infty} \frac{x^2+1-x^2}{\sqrt{x^2+1}+x} = \lim_{x \to +\infty} \frac{1}{\sqrt{x^2+1}+x} = 0$$

如图 2-3-6(a)所示,$y=0$ 为函数 $f(x) = \sqrt{x^2+1} - x$ 的水平渐近线。

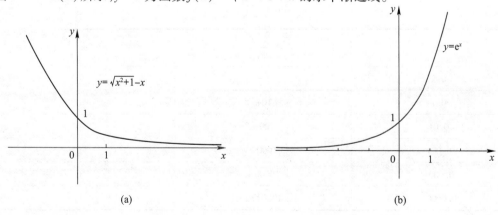

图 2-3-6

如图2-3-6(b)和表2-3-2可以看出,自然指数函数 $y=e^x$ 的水平渐近线是 $y=0$(x 轴),即

$$\lim_{x\to -\infty} e^x = 0$$

对任意 $a>1$,$y=a^x$ 的水平渐近线也是 $y=0$。

表2-3-2

x	$y=e^x$	x	$y=e^x$	x	$y=e^x$
0	1.00000	-3	0.04979	-8	0.00034
-1	0.36788	-5	0.00674	-10	0.00005
-2	0.13534				

例2-3-3 计算 $\lim\limits_{x\to 0^-} e^{1/x}$。

解 如果令 $t=1/x$,有上述自然指数的特征可知:$x\to 0^-$,$t\to -\infty$。因此

$$\lim_{x\to 0^-} e^{1/x} = \lim_{t\to -\infty} e^t = 0$$

例2-3-4 计算 $\lim\limits_{x\to \infty} \sin x$。

解 随 x 的绝对值增加的,$\sin x$ 的值在 -1 与 1 之间无限次振荡。因而 $\lim\limits_{x\to \infty}\sin x$ 不存在(如图2-3-7所示)。

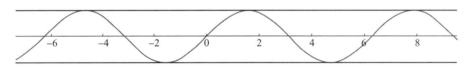

图2-3-7

2.3.2 自变量趋于有限值时函数的极限

引例2-3-1 研究 $y=\sin\dfrac{\pi}{x}$ 在 $x\to 0$ 时的极限是否存在?

分析 观察表2-3-3,从数值的变化,有的人会得到如下的结论:

$$\lim_{x\to 0}\sin\frac{\pi}{x} = 0$$

表2-3-3

x	$\dfrac{\pi}{x}$	$\sin\dfrac{\pi}{x}$
0.2	5π	0
0.1	10π	0
0.01	100π	0
0.001	1000π	0
0.0001	10000π	0
0.00001	100000π	0

但如果我们选取 $x = \dfrac{2}{9}, \dfrac{2}{21}, \dfrac{2}{201}, \dfrac{2}{2001}, \dfrac{2}{20001}$,对应的 $y = \sin\dfrac{\pi}{x}$ 的数值如表 2-3-4 所示,可能有的人会得到

$$\lim_{x\to 0}\sin\dfrac{\pi}{x} = 1$$

表 2-3-4

x	$\dfrac{\pi}{x}$	$\sin\dfrac{\pi}{x}$
2/9	4.5π	1
2/21	10.5π	1
2/201	100.5π	1
2/2001	1000.5π	1
2/20001	10000.5π	1
2/200001	100000.5π	1

而事实上,函数 $y = \sin\dfrac{\pi}{x}$ 的图形,如图 2-3-8 所示,可以看出,$y = \sin\dfrac{\pi}{x}$ 在 $x\to 0$ 时的极限是不存在的。即用 $x\to x_0$ 时有限的自变量取值对应的函数值观察得到的结论不一定是可靠正确的。

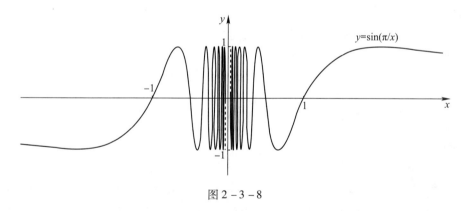

图 2-3-8

引例 2-3-2 求 $\lim\limits_{x\to 0}\left(x^3 + \dfrac{\cos 5x}{10000}\right)$。

分析 我们也采用一些特殊点处的函数值来估计该极限的值,见表 2-3-5,从这有限个数值观察,可能会得到

表 2-3-5

x	$x^3 + \dfrac{\cos 5x}{10000}$
1	1.000028
0.5	0.124920
0.1	0.001088
0.05	0.000222
0.01	0.000101

$$\lim_{x\to 0}\left(x^3+\frac{\cos 5x}{10000}\right)=0$$

而实际上,当 $x=0.005,0.001$ 时,$x^3+\frac{\cos 5x}{10000}$ 分别为 $0.00010009,0.00010000$,x 取更接近于 0 的数时,$x^3+\frac{\cos 5x}{10000}$ 的值为 0.00010000。因此

$$\lim_{x\to 0}\left(x^3+\frac{\cos 5x}{10000}\right)=0.0001$$

引例 2-3-1 和引例 2-3-2 说明,通过用 $x\to x_0$ 时有限的自变量对应的函数值 $f(x)$ 观察得到的关于 $x\to x_0$ 时 $f(x)$ 极限的结论不一定是可靠的,特别是当自变量的取点不合适时,估计的结论往往是错误的。用描述性定义虽然直观,容易理解,只是说明当 x 趋向 x_0 时 $f(x)$ 越来越接近常数 L,但不能说明如何接近和无限接近,尽管在 17 世纪柯西也给出了极限的描述性定义"当 x 趋向 x_0 时 $f(x)$ 越来越接近常数 L,则把常数 L 叫作当 x 趋向 x_0 时 $f(x)$ 的极限",但这一定性描述还是难以准确刻画和理解像如下的极限

$$\lim_{x\to 0}\left(x^3+\frac{\cos 5x}{10000}\right)=0.0001 \quad \text{和} \quad \lim_{x\to 0}\frac{\sin x}{x}=1$$

因此有必要对极限进行精确定义。下面通过引例 2-3-3 来说明讨论这种极限是解决一些实际问题需要的。

引例 2-3-3 讨论抛物线 $y=2x^2$ 上一点 $P(1,2)$ 的切线方程。

分析 由解析几何知,曲线在点 P 的切线是过点 P 的割线 PQ 当点 Q 沿曲线无限趋近一点 P 时的极限位置,如图 2-3-9 所示。

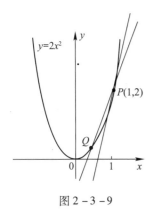

图 2-3-9

设过点 $P(1,2)$ 的切线斜率为 k,切线方程为 $y-2=k(x-1)$。考虑在点 P 附近任取一点 Q(要求 Q 点不同于 P 点),其坐标设为 $Q(x,2x^2)$,此时割线 PQ 的斜率为

$$k=\frac{y-2}{x-1}=\frac{2x^2-2}{x-1}=2(x+1) \quad (x\neq 1)$$

当点 Q 沿抛物线 $y=2x^2$ 无限趋近于点 P 时,即当 x 无限趋近于 1 时,割线 PQ 的斜率 $k=2(x+1)$ 无限趋近于 4,即过点 P 的切线的斜率为 $k=4$。4 就是函数 $\frac{2x^2-2}{x-1}$ 的"极限"(当 x 无限趋近于 1 时)。于是,过点 P 的切线方程为 $y-2=4(x-1)$,即 $4x-y-2=0$。

接下来,我们着重理解何谓"当 x 无限趋近于 1 时,函数 $\frac{2x^2-2}{x-1}$ 无限趋近于 4"。类比数列极限存在的定量分析,就是说,$\frac{2x^2-2}{x-1}$ 与 4 的距离 $\left|\frac{2x^2-2}{x-1}-4\right|$ 能任意小,并保持任意小,只需 x 与 1 的距离 $|x-1|$ 充分小。例如:

对 $\frac{1}{10}$,能够做到 $\left|\frac{2x^2-2}{x-1}-4\right|=2|x-1|<\frac{1}{10}$,只需 $0<|x-1|<\frac{1}{20}$ 即可;

对 $\frac{1}{10^3}$,能够做到 $\left|\frac{2x^2-2}{x-1}-4\right|=2|x-1|<\frac{1}{10^3}$,只需 $0<|x-1|<\frac{1}{2\times 10^3}$ 即可;

一般情况下，对于$\forall \varepsilon > 0$，总能够做到$\left|\dfrac{2x^2-2}{x-1}-4\right|=2|x-1|<\varepsilon$，只需$0<|x-1|<\dfrac{\varepsilon}{2}$即可。

这样我们就可以将"当x无限趋近于1时，函数$\dfrac{2x^2-2}{x-1}$无限趋近于4"这句话定量描述为

$$\forall \varepsilon > 0, \exists \delta = \dfrac{\varepsilon}{2} > 0, 当0<|x-1|<\delta时，有\left|\dfrac{2x^2-2}{x-1}-4\right|<\varepsilon$$

下面给出一般函数$f(x)$（当$x \to x_0$时）极限的定义：

定义1 设函数$f(x)$在邻域$\overset{\circ}{U}(x_0)$有定义，A是常数，若$\forall \varepsilon > 0, \exists \delta > 0$，当$0<|x-x_0|<\delta$时，有

$$|f(x)-A|<\varepsilon$$

则称函数$f(x)$（当$x \to x_0$时）存在极限，极限是A，表示为

$$\lim_{x \to x_0} f(x) = A \quad \text{或} \quad f(x) \to A \ (x \to x_0)$$

这就是函数在一点的极限的$\varepsilon - \delta$定义。

注：(1) 讨论极限状态$x \to x_0, f(x) \to A$确实有实际的需要，在上例中，这类极限是将近似值化为精确值的一种重要且有效的思想和方法；

(2) 上述抛物线$y=2x^2$在点$(1,2)$的切线斜率就是割线PQ的斜率$k=\dfrac{2x^2-2}{x-1}$在$x=1$处的极限，即

$$\lim_{x \to 1} \dfrac{2x^2-2}{x-1} = 4$$

我们从定义进一步可以看到，"$0<|x-x_0|<\delta$"指出$x \neq x_0$，这说明函数$f(x)$在x_0的极限与函数$f(x)$在x_0的情况无关。其中包含两层意思：

其一，x_0可以不属于函数$f(x)$的定义域，例如，1并不属于函数$\dfrac{2x^2-2}{x-1}$的定义域。但是，函数$\dfrac{2x^2-2}{x-1}$在$x=1$处仍然存在极限（极限为4）；

其二，x_0可以属于函数$f(x)$的定义域，这时函数$f(x)$在x_0的极限与函数$f(x)$在x_0处的函数值$f(x_0)$没有任何关系。

总之，函数$f(x)$在x_0处的极限仅与函数$f(x)$在x_0附近的x的函数值$f(x)$的变化有关，而与函数$f(x)$在x_0处的情况无关。

如果用邻域表示函数极限的定义，则表述如下：

$$\boxed{\forall \varepsilon > 0, \exists \delta > 0, 当x \in \overset{\circ}{U}(x_0, \delta)时，恒有f(x) \in U(A, \varepsilon)}$$

其几何意义：对于给定的$\varepsilon > 0$，总可以找到一个以x_0为中心，半径为δ的开区间$(x_0-\delta, x_0+\delta)$，使得横坐标在此开区间内除点x_0外对应的曲线段全部位于以$y=A$为中心轴，宽为2ε的带形域中，即曲线$y=f(x)$（$x \neq x_0$）全部位于由$x=x_0 \pm \delta$和$y=A \pm \varepsilon$所围成的矩形域

$$(x_0-\delta, x_0+\delta) \times (A-\varepsilon, A+\varepsilon)$$

内(如图2-3-10所示)。

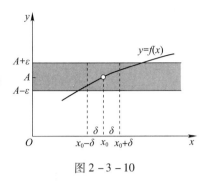

图2-3-10

我们可以进一步借助函数的图象理解 ε,δ 之间的关系:

若设 $\lim\limits_{x\to a}f(x)=A$,则一定可以由两水平线与曲线 $y=f(x)$ 的交点中与 $x=x_0$ 最近的点得到数 $\delta(>0)$,使得当 x 在开区间 $(x_0-\delta,x_0+\delta)$ 内且 $x\neq x_0$ 时,曲线 $y=f(x)$ 位于线 $y=A-\varepsilon$ 和 $y=A+\varepsilon$ 之间,如图2-3-11所示。值得注意的是图2-3-10和图2-3-11所示的过程对于任意正数 ε,无论它多么小,都是可以操作的。图2-3-12所示说明了如果正数 ε 变得小,则可能需要更小的正数 δ。

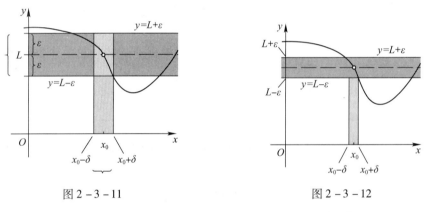

图2-3-11   图2-3-12

例2-3-5 用几何方法找出一个正数 δ,使当 $|x-1|<\delta$ 时,$|(x^3-5x+6)-2|<0.2$。

分析 由函数极限的定义,设 $f(x)=x^3-5x+6$,$a=1$,$L=1$,$\varepsilon=0.2$,只需寻找正数 δ。

解 函数 $f(x)=x^3-5x+6$ 的图象如图2-3-13所示,我们感兴趣的图象在点 $(1,2)$ 附近,把这一区域的图象放大如图2-3-14所示,把 $|(x^3-5x+6)-2|<0.2$ 改写为

$$1.8<x^3-5x+6<2.2$$

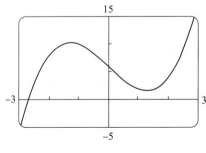 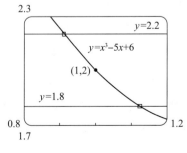

图2-3-13   图2-3-14

因此，我们需要确定曲线 $y = x^3 - 5x + 6$ 处于水平线 $y = 1.8$ 和 $y = 2.2$ 之间部分图形所对应 x 的值。通过作图我们估计出直线 $y = 2.2$ 与曲线 $y = x^3 - 5x + 6$ 的交点的 x 坐标约为 0.911，而直线 $y = 1.8$ 与曲线 $y = x^3 - 5x + 6$ 的交点的 x 坐标约为 1.124。进一步可以得到：若 $0.92 < x < 1.12$，则 $1.8 < x^3 - 5x + 6 < 2.2$。

区间 $(0.92, 1.12)$ 关于 $x = 1$ 不对称，$x = 1$ 与区间左端点的距离为 $1 - 0.92 = 0.08$ 小于 $x = 1$ 与区间右端点的距离为 $1.12 - 1 = 0.12$，取最小距离 0.08 为 δ，上述不等式改写为：若 $|x - 1| < 0.08$，则 $|(x^3 - 5x + 6) - 2| < 0.2$。

也就是说，保持 x 在 1 的 0.08 范围内，就能使 $f(x)$ 与 2 的接近程度在 0.02 内。当然比 0.08 更小的 δ，也能使上述结论成立。

例 2-3-6 只是对一个特定的 $\varepsilon = 0.2$ 通过作图得到了一个 $\delta = 0.08$，并不是对每个正数 ε 都找到了一个正数 δ，因而并不能说明 $f(x)$ 在 x 趋向 1 时的极限为 2。在极限的证明过程中，必须强调的是对于任意的正数 ε 找到正数 δ，我们把这一过程看作是证明的挑战，对极限定义的理解是非常有益的。第一个挑战就是，对一个给定正数 ε，设法得到 δ，然后对任意而不是特定的 $\varepsilon > 0$，产生与之对应的 $\delta(> 0)$。

我们把定义的证明想象成是军军和萌萌两个人的对抗赛。

假设军军想给萌萌证明 $\lim\limits_{x \to x_0} f(x) = A$。萌萌用任一正数 ε 表示 $f(x)$ 与 A 的接近程度或者准确程度，比如 $\varepsilon = 0.01$，军军依据一定的代数计算寻找一个数 δ，使得当 $0 < |x - x_0| < \delta$ 时有

$$|f(x) - A| < \varepsilon$$

萌萌又将接近的程度提高到 $\varepsilon = 0.001$，军军又找到了一个相应的 δ 满足要求，通常随着 ε 变小，δ 也会越来越小。无论萌萌提出多么苛刻的 ε，军军都找到了相应的 δ 满足了相应的要求，萌萌还是怀疑 $\lim\limits_{x \to x_0} f(x) = A$ 是否一定成立，也就是说对于一个具体的 ε，无论多么小，都能找到相应的 δ，都不能够使萌萌完全信服，因为给定的具体 ε，都是有限的，难以准确刻画无限的变化。但是，如果在上述挑战和应战的过程中，萌萌提出了更高的要求，对任意的正数 ε，军军能给出寻找 δ 的方式，使得找到的 δ 对任意的正数 ε 都满足，也就是军军对于这个对抗赛中萌萌提出的任何挑战都能成功应对，萌萌则无可辩驳地会承认 $\lim\limits_{x \to x_0} f(x) = A$。

例 2-3-6 证明 $\lim\limits_{x \to 4}(10x + 5) = 45$

分析 对于任意给定的正数 ε，我们要找到一个 δ，使得当 $0 < |x - 4| < \delta$ 时

$$|(10x + 5) - 45| < \varepsilon$$

而

$$|(10x + 5) - 45| = |10x - 40| = 10|x - 4|$$

问题变成要找到数 δ，使当 $0 < |x - 4| < \delta$ 时

$$10|x - 4| < \varepsilon$$

也就是当 $0 < |x - 4| < \delta$ 时

$$|x - 4| < \varepsilon/10$$

显然,取 $\delta = \dfrac{\varepsilon}{10}$ 即可。

证明 任意给定 $\varepsilon > 0$,取 $\delta = \dfrac{\varepsilon}{10}$,当 $0 < |x-4| < \delta$ 时,则

$$|(10x+5)-45| = |10x-40| = 10|x-4| < 10\delta = 10\left(\dfrac{\varepsilon}{10}\right) = \varepsilon$$

因此, $\lim\limits_{x\to 4}(10x+5) = 45$。

注意:例 2-3-6 的求解过程中包括两个过程:猜想和证明。第一阶段通过 $|f(x)-A|<\varepsilon$ 和适当的不等式变换猜想出或者得到相应的 δ,第二阶段,则是反推整个过程,仔细证明逻辑结论。在用定义证明极限的过程需要对不等式做一些适当的变化,才能使 δ 比较容易估计出来。

例 2-3-7 用定义证明 $\lim\limits_{x\to 0^+}\sqrt{x} = 0$。

解 (1) 猜想 δ。令 ε 是一个给定的正数,这里 $x_0 = 0, A = 0$,我们欲寻找数 δ 使当 $0 < x < \delta$ 时, $|\sqrt{x}-0| < \varepsilon$,也就是当 $0 < x < \delta$ 时, $\sqrt{x} < \varepsilon$,不等式两边平方得

$$\text{当 } 0 < x < \delta \text{ 时,} \quad \text{则 } x < \varepsilon^2$$

取 $\delta = \varepsilon^2$。

(2) 证明:对任意给定的 $\varepsilon > 0$,令 $\delta = \varepsilon^2$,若当 $0 < x < \delta$ 时,则 $\sqrt{x} < \sqrt{\delta} = \sqrt{\varepsilon^2} = \varepsilon$。

由定义 3 知 $\lim\limits_{x\to 0^+}\sqrt{x} = 0$。

例 2-3-7 改为对于任意 $a > 0$,证明 $\lim\limits_{x\to a}\sqrt{x} = \sqrt{a}$。

猜想分析 对于任意给定的 $\varepsilon > 0$,要想寻找数 δ,使当 $0 < |x-a| < \delta$ 时, $|\sqrt{x}-\sqrt{a}| < \varepsilon$,而

$$\left|\sqrt{x}-\sqrt{a}\right| = \left|\dfrac{(\sqrt{x}-\sqrt{a})(\sqrt{x}+\sqrt{a})}{(\sqrt{x}+\sqrt{a})}\right| = \dfrac{|x-a|}{\sqrt{x}+\sqrt{a}} \leqslant \dfrac{|x-a|}{\sqrt{a}}$$

也就是只要寻找数 δ 使当 $0 < |x-a| < \delta$ 时, $\dfrac{|x-a|}{\sqrt{a}} < \varepsilon$。显然,取 $\delta = \varepsilon\sqrt{a}$。

值得注意的是,这里对于 $a > 0$ 来分析, a 很有可能非常接近 0,对于 $\sqrt{x}$ 而言要求 $x \geqslant 0$,也就说 $a - \delta > 0$,即 $a > \delta > 0$,因此,准确起见, $\delta = \min\{a, \varepsilon\sqrt{a}\}$。

证明 任意给定 $\varepsilon > 0$,令 $\delta = \min(a, \varepsilon\sqrt{a})$,当 $0 < |x-a| < \delta$ 时,则

$$\left|\sqrt{x}-\sqrt{a}\right| = \left|\dfrac{(\sqrt{x}-\sqrt{a})(\sqrt{x}+\sqrt{a})}{(\sqrt{x}+\sqrt{a})}\right| = \dfrac{|x-a|}{\sqrt{x}+\sqrt{a}} \leqslant \dfrac{|x-a|}{\sqrt{a}} < \dfrac{\delta}{\sqrt{a}} < \varepsilon$$

因此, $\lim\limits_{x\to a}\sqrt{x} = \sqrt{a}$。

例 2-3-8 证明 $\lim\limits_{x\to 2} x^2 = 4$。

猜想分析 对于任意给定的 $\varepsilon > 0$,要想寻找数 δ,使当 $0 < |x-2| < \delta$ 时, $|x^2-4| < \varepsilon$。为了能让 $|x^2-4|$ 与 $|x-2|$ 联系起来,把 $|x^2-4|$ 改写为 $|(x+2)(x-2)|$,则问题变成寻找数 δ 当 $0 < |x-2| < \delta$ 时, $|(x+2)(x-2)| < \varepsilon$。

如果,有一个数 $C > 0$ 使 $|x+2| < C$,那么 $|(x+2)(x-2)| < C\varepsilon$。为了找到这个数 C,我

们把 x 限制在以 2 为中心的某个开区间内。事实上,我们关心的只是 x 在 2 附近的取值。因此假定 x 与 2 的距离小于 1 是合理的,即 $|x-2|<1$,即 $1<x<3$,则

$$3<x+2<5$$

如此,我们得到 $|x+2|<5$,令 $C=5$,则对 $|x-2|$ 有两个限制:$|x-2|<1$ 和 $|x-2|<\dfrac{\varepsilon}{C}=\dfrac{\varepsilon}{5}$。为了使两个不等式同时成立,可取 $\delta=\min\left\{1,\dfrac{\varepsilon}{5}\right\}$。

证明 对于任意给定的 $\varepsilon>0$,令 $\delta=\min\left\{1,\dfrac{\varepsilon}{5}\right\}$,若 $0<|x-2|<\delta$,则由 $|x-2|<1$ 可得 $1<x<3$,$3<x+2<5$,因此 $|x+2|<5$。同时 $|x-2|<\dfrac{\varepsilon}{5}$,则

$$|x^2-4|=|(x+2)(x-2)|<5\times\dfrac{\varepsilon}{5}=\varepsilon$$

故而 $\lim\limits_{x\to 2}x^2=4$。

有时我们需要或者只能讨论当 x 从 x_0 的左方(或右方)趋向 x_0 时函数 $f(x)$ 的极限,例如

$$f(x)=\sqrt{x}$$

要讨论 $x\to 0$,就只能讨论当 x 从 0 的右方趋向于 0 时的极限,此时称这样的极限为单侧极限。仿照定义 1 类似地给出单侧极限的定义。

定义 2(左极限) $\lim\limits_{x\to x_0^-}f(x)=A$

如果对于任意 $\varepsilon>0$,存在正数 δ,当 $x_0-\delta<x<0$ 时有 $|f(x)-A|<\varepsilon$,称 x 趋向 x_0^- 时 $f(x)$ 的极限为 A,记为 $\lim\limits_{x\to x_0^-}f(x)=A$(或 $f(x_0-0)$)。

定义 3(右极限) $\lim\limits_{x\to x_0^+}f(x)=A$

如果对于任意 $\varepsilon>0$,存在正数 δ,当 $0<x<x_0+\delta$ 时有 $|f(x)-A|<\varepsilon$,称 x 趋向 x_0^+ 时 $f(x)$ 的极限为 A,记为 $\lim\limits_{x\to x_0^+}f(x)=A$(或 $f(x_0+0)$)。

定义 2 和定义 3 类似,不同的是定义 2 将 x 限制在区间 $(x_0-\delta,x_0+\delta)$ 的左半区间 $(x_0-\delta,x_0)$,定义 3 是将 x 限制在区间 $(x_0-\delta,x_0+\delta)$ 的右半区间 $(x_0,x_0+\delta)$。

不难看出,当自变量 $x\to x_0$ 时,函数 $f(x)$ 的极限与 $x\to x_0$ 的左、右极限的关系:

$$\lim_{x\to x_0}f(x)=A\Leftrightarrow\begin{cases}\lim\limits_{x\to x_0^+}f(x)=A\\ \lim\limits_{x\to x_0^-}f(x)=A\end{cases}$$

由此,若 $f(x)$ 的左、右极限中有一个不存在,或者两个都存在但不相等,则 $f(x)$ 的极限不存在。它常用于讨论分段函数在定义域的各个子区间的分界点的极限状况。

例 2-3-9 设

$$f(x)=\begin{cases}-x & (-1\leqslant x<0)\\ x & (0\leqslant x<1)\\ 2 & (1\leqslant x<2)\end{cases}$$

讨论 $f(x)$ 在点 $x=0$ 与 $x=1$ 的极限状况。

解 由于 $\lim\limits_{x\to 0^-}f(x)=\lim\limits_{x\to 0^-}(-x)=0$，$\lim\limits_{x\to 0^+}f(x)=\lim\limits_{x\to 0^+}x=0$，则 $f(0-0)=f(0+0)=0$，故
$$\lim_{x\to 0}f(x)=0$$

由于 $\lim\limits_{x\to 1^-}f(x)=\lim\limits_{x\to 1^-}x=1$，$\lim\limits_{x\to 1^+}f(x)=\lim\limits_{x\to 1^+}2=2$，则 $f(1-0)\neq f(1+0)$，故 $f(x)$ 当 $x\to 1$ 时的极限不存在。

2.3.3 函数极限的性质与运算法则

函数的极限与数列极限有类似的性质和运算法则，这些性质和运算对
$$x\to\infty\ (+\infty,-\infty)\quad 或\quad x\to x_0(x_0^+,x_0^-)$$
都成立，以下仅就 $x\to x_0$ 陈述。

定理 2-3-1 （唯一性）如果 $\lim\limits_{x\to x_0}f(x)$ 存在，那么极限唯一。

分析 我们在极限性质的直观分析中了解到极限的几何意义。如果 $\lim\limits_{x\to x_0}f(x)=L$，则对于任意给定 $\varepsilon>0$，一定存在正数 δ，当 $0<|x-x_0|<\delta$ 时，曲线 $y=f(x)$ 在两条水平线 $y=L+\varepsilon$ 和 $y=L-\varepsilon$ 之间。

那么，若函数有两个不同的极限 L_1 和 L_2（假设 $L_1<L_2$），一定存在正数 δ_1 和 δ_2，当 $0<|x-x_0|<\delta_1$ 时，曲线 $y=f(x)$ 在两条水平线 $y=L_1+\varepsilon$ 和 $y=L_1-\varepsilon$ 之间，当 $0<|x-x_0|<\delta_2$ 时，曲线 $y=f(x)$ 在两条水平线 $y=L_2+\varepsilon$ 和 $y=L_2-\varepsilon$ 之间。

为了使上述两种情况同时成立，取 $\delta=\min\{\delta_1,\delta_2\}$，当 $0<|x-x_0|<\delta$ 时，曲线 $y=f(x)$ 在两条水平线 $y=L_1+\varepsilon$ 和 $y=L_1-\varepsilon$ 之间，也在两条水平线 $y=L_2+\varepsilon$ 和 $y=L_2-\varepsilon$ 之间。$L_1+\varepsilon<L_2+\varepsilon$，但是，若 $L_1+\varepsilon<L_2-\varepsilon$，区间 $(L_1-\varepsilon,L_1+\varepsilon)\cap(L_2-\varepsilon,L_2+\varepsilon)=\varnothing$，也就是说曲线 $y=f(x)$ 不可能同时满足在两条水平线 $y=L_1+\varepsilon$ 和 $y=L_1-\varepsilon$ 之间和在水平线 $y=L_2+\varepsilon$ 和 $y=L_2-\varepsilon$ 之间。此时可选取 $L_1+\varepsilon=L_2-\varepsilon$，即 $\varepsilon=\dfrac{L_2-L_1}{2}$。

证明 假设函数存在两个不同的极限 L_1 和 $L_2(L_1<L_2)$，即
$$\lim_{x\to x_0}f(x)=L_1\quad 和\quad \lim_{x\to x_0}f(x)=L_2$$

取 $\varepsilon=\dfrac{L_2-L_1}{2}>0$，对于 $\lim\limits_{x\to x_0}f(x)=L_1$ 来说存在 δ_1，当 $0<|x-x_0|<\delta_1$ 时
$$|f(x)-L_1|<\varepsilon=\frac{L_2-L_1}{2},\quad 即\frac{L_1-L_2}{2}<f(x)<\frac{L_2+L_1}{2}$$

对于 $\lim\limits_{x\to x_0}f(x)=L_2$ 来说存在 δ_1，当 $0<|x-x_0|<\delta_2$ 时，有
$$|f(x)-L_2|<\varepsilon=\frac{L_2-L_1}{2},\quad 即\frac{L_1+L_2}{2}<f(x)<\frac{3L_2-L_1}{2}$$

取 $\delta=\min\{\delta_1,\delta_2\}$，当 $0<|x-x_0|<\delta$ 时，$f(x)<\dfrac{L_2+L_1}{2}$ 和 $\dfrac{L_1+L_2}{2}<f(x)$ 同时成立，显然这是不可能的。因此，假设是错误的。故而，极限存在时，函数的极限是唯一的。

定理 2-3-2 （函数极限的局部有界性）如果 $\lim\limits_{x\to x_0}f(x)=L$，那么存在常数 $M>0$ 和 $\delta>0$，使得当 $0<|x-x_0|<\delta$ 时，有 $|f(x)|<M$。

分析 要使 $|f(x)|<M$ 与 $|f(x)-L|<\varepsilon$ 联系起来，需要把 $|f(x)|$ 与 $|f(x)-L|$ 联系起来。而

$$|f(x)|=|f(x)-L+L|\leqslant|f(x)-L|+|L|<|L|+\varepsilon$$

取常数 $M=|L|+\varepsilon$ 即可。事实上，为了表述简单，可以让 $\varepsilon=1$，$M=|L|+1$。

证明 因为 $\lim\limits_{x\to x_0}f(x)=L$，所以取 $\varepsilon=1$，则存在 $\delta>0$，当 $0<|x-x_0|<\delta$ 时

$$|f(x)|=|f(x)-L+L|\leqslant|f(x)-L|+|L|<|L|+1$$

记 $M=|L|+1$，则定理 2-3-2 得到证明。

定理 2-3-3 （函数极限的局部保号性）如果 $\lim\limits_{x\to x_0}f(x)=L$，且 $L>0$（或 $L<0$），那么存在常数 $\delta>0$，使得当 $0<|x-x_0|<\delta$ 时，有 $f(x)>0$（或 $f(x)<0$）。

分析 由 $\lim\limits_{x\to x_0}f(x)=L$ 知，$\forall\varepsilon>0$，$\exists\delta>0$，当 $0<|x-x_0|<\delta$ 时，有 $L-\varepsilon<f(x)<L+\varepsilon$，要使 $f(x)>0$（或 $f(x)<0$），只需 $L-\varepsilon>0$（或 $L+\varepsilon<0$）。当 $L>0$（或 $L<0$）时取 $\varepsilon=\dfrac{L}{2}$（或 $\varepsilon=-\dfrac{L}{2}$）。

证明 对于 $L>0$，令 $\varepsilon=\dfrac{L}{2}>0$，则存在 $\delta>0$，使得当 $0<|x-x_0|<\delta$ 时，有

$$L-\dfrac{L}{2}<f(x)<L+\dfrac{L}{2}, \quad 即\ f(x)>L-\dfrac{L}{2}=\dfrac{L}{2}>0$$

对于 $L<0$，令 $\varepsilon=-\dfrac{L}{2}>0$，则存在 $\delta>0$，使得当 $0<|x-x_0|<\delta$ 时，有

$$L+\dfrac{L}{2}<f(x)<L-\dfrac{L}{2}, \quad 即\ f(x)<L-\dfrac{L}{2}=\dfrac{L}{2}<0$$

在定理 2-3-3 中，$\varepsilon=\dfrac{|L|}{2}>0$，则一定存在 $\delta>0$，使得当 $0<|x-x_0|<\delta$ 时，有 $L>0$ 时，$f(x)>\dfrac{L}{2}$，在 $L<0$ 时，$f(x)<\dfrac{L}{2}$，所以 $|f(x)|>\dfrac{|L|}{2}$。于是得到更精确的结论定理 2-3-4。

定理 2-3-4 如果 $\lim\limits_{x\to x_0}f(x)=L$（且 $L\neq0$），那么存在常数 $\delta>0$，使得当 $0<|x-x_0|<\delta$ 时，有

$$|f(x)|>\dfrac{|L|}{2}$$

从定理 2-3-3 的证明中可以容易地从结论得到定理的条件，但必须注意的是若在 a 的某个去心邻域内 $f(x)\geqslant0$（或 $f(x)\leqslant0$），$\lim\limits_{x\to x_0}f(x)=L$ 则 $L\geqslant0$（或 $L\leqslant0$）。

例如 $\lim\limits_{x\to 0}x^2$，当 $x\neq0$ 时，$x^2>0$，但 $\lim\limits_{x\to 0}x^2=0$。

推论 如果在 x_0 的某个去心邻域内 $f(x)\geqslant0$（或 $f(x)\leqslant0$），且 $\lim\limits_{x\to x_0}f(x)=L$，则

$$L\geqslant0 \quad （或\ L\leqslant0）$$

定理 2-3-5 （极限的运算法则）假设 c 是常数，$\lim_{x \to x_0} f(x) = L$，$\lim_{x \to x_0} g(x) = M$，则

1. $\lim_{x \to x_0}[f(x) \pm g(x)] = L \pm M$
2. $\lim_{x \to x_0}[cf(x)] = cL$
3. $\lim_{x \to x_0}[f(x)g(x)] = LM$
4. $\lim_{x \to x_0}\dfrac{f(x)}{g(x)} = \dfrac{L}{M}$ $(M \neq 0)$

1. **分析** 对于任意给定的 $\varepsilon > 0$，要找到正数 δ，当 $0 < |x - x_0| < \delta$ 时，有
$$|(f(x) + g(x)) - (L + M)| < \varepsilon$$
为了与 $|f(x) - L|$ 和 $|g(x) - M|$ 相关联，则可将 $|(f(x) + g(x)) - (L + M)|$ 变形，即
$$|(f(x) + g(x)) - (L + M)| = |(f(x) - L) + (g(x) - M)| \leqslant |f(x) - L| + |g(x) - M|$$
要使上式小于 ε，则在极限定义中取 $\varepsilon/2$ 即可。

证明 由于 $\lim_{x \to x_0} f(x) = L$，$\lim_{x \to x_0} g(x) = M$，对于 $\dfrac{\varepsilon}{2} > 0$，存在常数 $\delta > 0$，使得当 $0 < |x - x_0| < \delta$ 时 $|f(x) - L| < \dfrac{\varepsilon}{2}$，$|g(x) - M| < \dfrac{\varepsilon}{2}$，则

$$|(f(x) + g(x)) - (L + M)| \leqslant |f(x) - L| + |g(x) - M| < \dfrac{\varepsilon}{2} + \dfrac{\varepsilon}{2} = \varepsilon$$

因此 $\lim_{x \to x_0}[f(x) + g(x)] = L + M$。类似地可以证明 2。

2. **证明** 当 $c = 0$ 时，显然成立，当 $c \neq 0$ 时，由于 $\lim_{x \to x_0} f(x) = L$，则对任意的 $\dfrac{\varepsilon}{|c|} > 0$，存在常数 $\delta > 0$，使得当 $0 < |x - x_0| < \delta$ 时 $|f(x) - L| < \dfrac{\varepsilon}{|c|}$，则

$$|cf(x) - cL| = |c||f(x) - L| < |c| \times \dfrac{\varepsilon}{|c|} = \varepsilon$$

3. **分析** 对于任意给定的 $\varepsilon > 0$，要找到正数 δ，当 $0 < |x - x_0| < \delta$ 时，有
$$|f(x)g(x) - LM| < \varepsilon$$
为了与 $|f(x) - L|$ 和 $|g(x) - M|$ 相关联，则可在 $|f(x)g(x) - LM|$ 中加入 $Lg(x)$ 恒等变形，

$$|f(x)g(x) - LM| = |f(x)g(x) - Lg(x) + Lg(x) - LM|$$
$$\leqslant |(f(x) - L)g(x)| + |L(g(x) - M)|$$
$$= |f(x) - L||g(x)| + |L||g(x) - M|$$

要使上式小于 ε，则每一项都小于 $\varepsilon/2$ 即可。对于第一项 $|(f(x) - L)||g(x)|$，$g(x)$ 局部有界，即
$$|g(x)| < |M| + 1$$
则只要
$$|(f(x) - L)| < \dfrac{\varepsilon}{2(|M| + 1)}$$
那么
$$|(f(x) - L)||g(x)| < \dfrac{\varepsilon}{2}$$

同样,只要 $|g(x)-M|<\dfrac{\varepsilon}{2(|L|+1)}$,第二项 $|L||g(x)-M|<\dfrac{\varepsilon}{2}$。

证明 对于任意给定的 $\varepsilon>0$,由于 $\lim\limits_{x\to x_0}g(x)=M$,存在常数 $\delta_1>0$,当 $0<|x-x_0|<\delta_1$ 时,$|g(x)-M|<1$,因此
$$|g(x)|=|g(x)-M+M|\leqslant|g(x)-M|+|M|<|M|+1$$

同理,对于 $\dfrac{\varepsilon}{2(|L|+1)}>0$,存在常数 $\delta_2>0$,当 $0<|x-x_0|<\delta_2$ 时,$|g(x)-M|<\dfrac{\varepsilon}{2(|L|+1)}$。

由于 $\lim\limits_{x\to x_0}f(x)=L$,对于 $\dfrac{\varepsilon}{2(|M|+1)}>0$,存在 $\delta_3>0$,当 $0<|x-x_0|<\delta_3$ 时
$$|f(x)-L|<\dfrac{\varepsilon}{2(|M|+1)}$$

所以,取 $\delta=\min\{\delta_1,\delta_2,\delta_3\}$,当 $0<|x-x_0|<\delta$ 时
$$|f(x)g(x)-LM|\leqslant|f(x)-L||g(x)|+L|g(x)-M|$$
$$<\dfrac{\varepsilon}{2(|M|+1)}\times(|M|+1)+L\times\dfrac{\varepsilon}{2(|L|+1)}<\varepsilon$$

因此 $\lim\limits_{x\to x_0}[f(x)g(x)]=LM$。

4. **分析** 只要证明 $\lim\limits_{x\to x_0}\dfrac{1}{g(x)}=\dfrac{1}{M}$,则用规则4就可证明
$$\lim_{x\to x_0}\dfrac{f(x)}{g(x)}=\lim_{x\to x_0}f(x)\dfrac{1}{g(x)}=\dfrac{L}{M}$$

对于任意给定的 $\varepsilon>0$,要找到正数 δ,当 $0<|x-x_0|<\delta$ 时,有 $\left|\dfrac{1}{g(x)}-\dfrac{1}{M}\right|<\varepsilon$,即
$$\left|\dfrac{1}{g(x)}-\dfrac{1}{M}\right|=\left|\dfrac{M-g(x)}{Mg(x)}\right|=\left|\dfrac{1}{Mg(x)}\right||M-g(x)|<\varepsilon$$

由于 $\lim\limits_{x\to x_0}g(x)=M$,则常数 $\delta_1>0$,当 $0<|x-x_0|<\delta_1$ 时,$|g(x)|>\dfrac{|M|}{2}$(极限局部保号性定理)。因此
$$\left|\dfrac{1}{Mg(x)}\right|=\dfrac{1}{|M||g(x)|}<\dfrac{1}{|M|}\left|\dfrac{2}{M}\right|=\dfrac{2}{M^2}$$

则只要 $|g(x)-M|<\dfrac{M^2}{2}\varepsilon$ 即可,证明过程如下。

证明 由于 $\lim\limits_{x\to x_0}g(x)=M$,则存在常数 $\delta_1>0$,当 $0<|x-x_0|<\delta_1$ 时,$|g(x)|>\dfrac{|M|}{2}$,$\left|\dfrac{1}{Mg(x)}\right|<\dfrac{2}{M^2}$。同样,对于 $\dfrac{M^2}{2}\varepsilon>0$,则存在常数 $\delta_2>0$,当 $0<|x-x_0|<\delta_2$ 时,$|g(x)-M|<\dfrac{M^2}{2}\varepsilon$,所以,取 $\delta=\min\{\delta_1,\delta_2\}$,当 $0<|x-x_0|<\delta$ 时
$$\left|\dfrac{1}{g(x)}-\dfrac{1}{M}\right|=\left|\dfrac{1}{Mg(x)}\right||M-g(x)|<\dfrac{2}{M^2}\times\dfrac{M^2}{2}\varepsilon=\varepsilon$$

故,$\lim\limits_{x\to x_0}\dfrac{1}{g(x)}=\dfrac{1}{M}$,$\lim\limits_{x\to x_0}\dfrac{f(x)}{g(x)}=\lim\limits_{x\to x_0}f(x)\dfrac{1}{g(x)}=\dfrac{L}{M}$。

定理 2-3-6 若在 x_0 的某去心邻域内 $f(x) \leq g(x)$，且 $\lim\limits_{x \to x_0} f(x) = L, \lim\limits_{x \to x_0} g(x) = M$，则 $L \leq M$。

证明 由极限的运算法则由 $\lim\limits_{x \to x_0}(f(x) - g(x)) = L - M$，在 x_0 的某去心邻域内 $f(x) - g(x) \leq 0$，根据保号性定理的推论有 $L - M \leq 0$，即 $L \leq M$。

由有理运算法则，容易得出下列推论：

(1) $\lim\limits_{x \to x_0} [f(x)]^n = [\lim\limits_{x \to x_0} f(x)]^n \ (n = 1, 2, \cdots)$

(2) $\lim\limits_{x \to x_0} [f(x)]^{1/n} = [\lim\limits_{x \to x_0} f(x)]^{1/n} \ (n = 1, 2, \cdots, n$ 为偶数时 $\lim\limits_{x \to x_0} f(x) > 0)$

特别地，有如下常用法则：

$$\lim\limits_{x \to x_0} c = c \qquad \lim\limits_{x \to x_0} x = x_0 \qquad \lim\limits_{x \to x_0} x^n = x_0^n, n = 1, 2, \cdots$$

$\lim\limits_{x \to x_0} x^{1/n} = x_0^{1/n}, n = 1, 2, \cdots, n$ 为偶数时 $x_0 > 0$。

例 2-3-10 计算下列极限：

(1) $\lim\limits_{x \to 5}(2x^2 - 3x + 4)$；

(2) $\lim\limits_{x \to -2} \dfrac{x^3 + 2x^2 - 1}{5 - 3x}$。

解 (1) $\lim\limits_{x \to 5}(2x^2 - 3x + 4) = \lim\limits_{x \to 5} 2x^2 - \lim\limits_{x \to 5} 3x + \lim\limits_{x \to 5} 4$

$$= 2(\lim\limits_{x \to 5} x^2) - 3\lim\limits_{x \to 5} x + \lim\limits_{x \to 5} 4$$

$$= 2 \times 5^2 - 3 \times 5 + 4 = 39$$

(2) $\lim\limits_{x \to -2} \dfrac{x^3 + 2x^2 - 1}{5 - 3x} = \dfrac{\lim\limits_{x \to -2}(x^3 + 2x^2 - 1)}{\lim\limits_{x \to -2}(5 - 3x)}$

$$= \dfrac{\lim\limits_{x \to -2} x^3 + 2\lim\limits_{x \to -2} x^2 - \lim\limits_{x \to -2} 1}{\lim\limits_{x \to -2} 5 - 3\lim\limits_{x \to -2} x}$$

$$= \dfrac{(-2)^3 + 2 \times (-2)^2 - 1}{5 - 3 \times (-2)} = -\dfrac{1}{11}$$

例 2-3-11 计算 $\lim\limits_{x \to 1} \dfrac{x^2 - 1}{x - 1}$。

解 设 $f(x) = \dfrac{x^2 - 1}{x - 1}$，可知 $f(1)$ 没有定义，因而不能使用直接代入法。又由于分母在 $x \to 1$ 时极限为 0，也不能使用商法则。对分子进行因式分解

$$\dfrac{x^2 - 1}{x - 1} = \dfrac{(x + 1)(x - 1)}{x - 1}$$

可见分子、分母有相同的因子 $x - 1$。由于 $x \neq 1, x - 1 \neq 0$，因此我们可以消除公共因子，按照下述方法计算极限：

$$\lim\limits_{x \to 1} \dfrac{x^2 - 1}{x - 1} = \lim\limits_{x \to 1} \dfrac{(x - 1)(x + 1)}{x - 1} = \lim\limits_{x \to 1}(x + 1) = 2$$

例 2-3-12 计算极限 $\lim\limits_{x \to 1} g(x)$，其中 $g(x) = \begin{cases} x + 1, & x \neq 1 \\ \pi, & x = 1 \end{cases}$。

解 $g(1)$ 有定义且 $g(1) = \pi$，但是 $x \to 1$ 时函数的极限并不依赖于 $g(1)$。所以

$$\lim\limits_{x \to 1} g(x) = \lim\limits_{x \to 1}(x + 1) = 2$$

例 2-3-11、例 2-3-12 中函数在 $x \neq 1$ 时表达式相同，因而 $x \to 1$ 时函数的极限相等，如图 2-3-15 所示。

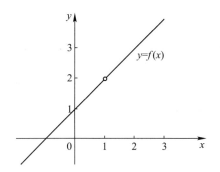
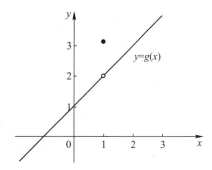

图 2-3-15

例 2-3-13 计算 $\lim\limits_{h \to 0} \dfrac{(3+h)^2 - 9}{h}$。

解 令 $F(h) = \dfrac{(3+h)^2 - 9}{h}$。显然，$F(0)$ 没有定义，与例 2-3-12 相同，不能直接代入 $h = 0$ 求极限。我们发现

$$F(h) = \frac{(3+h)^2 - 9}{h} = h + 6$$

因此

$$\lim_{h \to 0} \frac{(3+h)^2 - 9}{h} = \lim_{h \to 0} (h + 6) = 6$$

例 2-3-14 计算 $\lim\limits_{t \to 0} \dfrac{\sqrt{t^2 + 9} - 3}{t^2}$。

解 因为分母极限为 0，我们不能使用商法则。对分子进行有理化，可得

$$\lim_{t \to 0} \frac{\sqrt{t^2 + 9} - 3}{t^2} = \lim_{t \to 0} \frac{(\sqrt{t^2 + 9} - 3)(\sqrt{t^2 + 9} + 3)}{t^2(\sqrt{t^2 + 9} + 3)} = \lim_{t \to 0} \frac{(t^2 + 9) - 9}{t^2(\sqrt{t^2 + 9} + 3)}$$

$$= \lim_{t \to 0} \frac{1}{\sqrt{t^2 + 9} + 3} = \frac{1}{\sqrt{\lim\limits_{t \to 0}(t^2 + 9)} + 3} = \frac{1}{6}$$

例 2-3-15 证明 $\lim\limits_{x \to 0} |x| = 0$。

证明

$$|x| = \begin{cases} x & (x \geq 0) \\ -x & (x < 0) \end{cases}$$

$\lim\limits_{x \to 0^+} |x| = \lim\limits_{x \to 0^+} x = 0$，$\lim\limits_{x \to 0^-} |x| = \lim\limits_{x \to 0^-} (-x) = 0$

由定理 1 可知，$\lim\limits_{x \to 0} |x| = 0$，如图 2-3-16 所示。

例 2-3-16 证明 $\lim\limits_{x \to 0} |x|/x$ 不存在。

证明

$$\lim_{x \to 0^+} |x|/x = \lim_{x \to 0^+} x/x = 1$$

$$\lim_{x \to 0^-} |x|/x = \lim_{x \to 0^-} (-x/x) = -1$$

左右极限虽然存在,但是二者不相等。由定理 2-3-1 可知 $\lim\limits_{x\to 0}|x|/x$ 不存在。如图 2-3-17 所示是函数 $f(x)=|x|/x$ 的图形。

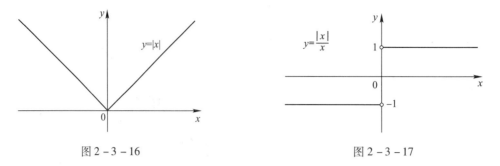

图 2-3-16　　　　　　　　　　　　　图 2-3-17

例 2-3-17　取整函数 $[x]=n$,其中整数 n 满足 $0\le x-n<1$。如 $[4]=4,[4.8]=4$, $[\pi]=3,[\sqrt{2}]=1,[-0.5]=-1$ 等。证明 $\lim\limits_{x\to 3}[x]$ 不存在。

证明　取整函数图形,如图 2-3-18 所示。由于

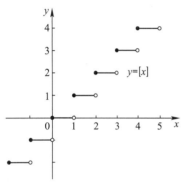

图 2-3-18

$2\le x<3$ 时 $[x]=2,3\le x<4$ 时 $[x]=3$,故

$$\lim_{x\to 3^-}[x]=2,\quad \lim_{x\to 3^+}[x]=3$$

由于单侧极限不相等,可知 $\lim\limits_{x\to 3}[x]$ 不存在。

复合函数是高等数学中常见的一类函数,我们通过例子来看复合函数如何求极限。

例 2-3-18　求 $\lim\limits_{x\to 1}\sqrt{\dfrac{x^3-1}{x-1}}$。

解　我们先做变换,令 $u=\dfrac{x^3-1}{x-1}$,因为

$$\lim_{x\to 1}u=\lim_{x\to 1}\frac{x^3-1}{x-1}=\lim_{x\to 1}\frac{(x-1)(x^2+x+1)}{x-1}=\lim_{x\to 1}(x^2+x+1)=3$$

而

$$\lim_{u\to 3}\sqrt{u}=\sqrt{3}$$

于是有 $x\to 1\Rightarrow u\to 3\Rightarrow \sqrt{u}\to \sqrt{3}$,所以

$$\lim_{x\to 1}\sqrt{\frac{x^3-1}{x-1}}=\sqrt{3}$$

上述解法实际上是把函数看作是 $y=f(u)=\sqrt{u}$ 与 $u=g(x)=\dfrac{x^3-1}{x-1}$ 的复合函数,在求极限时,先求里层函数的极限

$$\lim_{x\to 1}u=\lim_{x\to 1}g(x)=u_0$$

然后再由此求外层函数的极限

$$\lim_{u\to u_0}f(u)=A$$

就得到 $y=f[g(x)]$ 的极限。

一般地，我们有如下的复合函数的极限运算法则（证明略）。

定理 2-3-7 （复合函数的极限运算法则）设函数 $y=f[g(x)]$ 是由函数 $y=f(u)$ 与函数 $u=g(x)$ 复合而成，$f[g(x)]$ 在点 x_0 的某去心邻域内有定义，若 $\lim\limits_{x \to x_0} g(x) = u_0$，$\lim\limits_{u \to u_0} f(u) = A$，且在 x_0 的某去心邻域内有 $g(x) \neq u_0$，则

$$\lim_{x \to x_0} f[g(x)] = \lim_{u \to u_0} f(u) = A$$

定理 2-3-7 表示，如果函数 $f(u)$ 与函数 $g(x)$ 复合而成，$g(x)$ 满足该定理的条件，那么作代换 $u=g(x)$ 可把求 $\lim\limits_{x \to x_0} f[g(x)]$ 化为求 $\lim\limits_{u \to u_0} f(u)$，这里 $u_0 = \lim\limits_{x \to x_0} g(x)$。

2.3.4 极限存在准则与两个重要极限

相对于极限的寻求，极限的收敛性问题显得更为基本和重要，因为极限的有理运算法则是在各极限存在的前提下才能成立。另外，即便有些极限难以求出，如果我们能知道它们的收敛性，便可以用已知的方法求其近似值。下面先给出极限存在的准则，并在此基础上得到两个重要极限，它们也是间接求某些极限非常有效的一种方法。

定理 2-3-8 （夹逼准则）如果在 x_0 的某去心邻域内 $f(x) \leqslant g(x) \leqslant h(x)$，如图 2-3-19 所示，且

$$\lim_{x \to x_0} f(x) = \lim_{x \to x_0} h(x) = L, \quad 则 \lim_{x \to x_0} g(x) = L$$

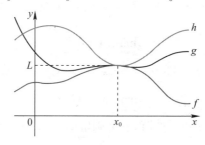

图 2-3-19

分析 夹逼准则的示意图表明：当 x 靠近 x_0 时，$g(x)$ 夹在 $f(x)$，$h(x)$ 之间，如果 $x \to x_0$ 时 $f(x)$，$h(x)$ 的极限都是 L，则迫使 $g(x)$ 有相同的极限 L。

证明 对于任意的给定 $\varepsilon > 0$，由 $\lim\limits_{x \to x_0} f(x) = L$，存在正数 δ_1，当 $0 < |x - x_0| < \delta_1$ 时，

$$|f(x) - L| < \varepsilon, \quad 即 \quad L - \varepsilon < f(x) < L + \varepsilon$$

由 $\lim\limits_{x \to x_0} h(x) = L$，存在正数 δ_2，当 $0 < |x - x_0| < \delta_2$ 时，$|h(x) - L| < \varepsilon$，即

$$L - \varepsilon < h(x) < L + \varepsilon$$

取 $\delta = \min\{\delta_1, \delta_2\}$，当 $0 < |x - x_0| < \delta$ 时

$$L - \varepsilon < f(x) \leqslant g(x) \leqslant h(x) < L + \varepsilon, 亦即 L - \varepsilon < g(x) < L + \varepsilon, 故 \lim_{x \to x_0} g(x) = L。$$

例 2-3-19 证明 $\lim\limits_{x \to 0} x^2 \sin \dfrac{1}{x} = 0$。

证明 由于 $\lim\limits_{x \to 0} \sin \dfrac{1}{x}$ 不存在，我们不能使用乘积法则。因为

$$-1 \leqslant \sin \frac{1}{x} \leqslant 1$$

所以 $-x^2 \leqslant x^2 \sin \dfrac{1}{x} \leqslant x^2$，如图 2-3-20 所示。$\lim\limits_{x \to 0}(-x^2) = \lim\limits_{x \to 0} x^2 = 0$，由夹逼准则可知

$$\lim\limits_{x \to 0} x^2 \sin \dfrac{1}{x} = 0$$

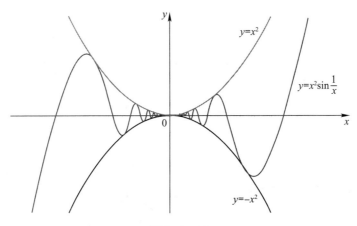

图 2-3-20

例 2-3-20 （夹逼准则的另一个应用）

(1) （如图 2-3-21(a)所示）因为 $-|x| \leqslant \sin x \leqslant |x|$ 对一切 x 成立，而 $\lim\limits_{x \to 0}(-|x|) = \lim\limits_{x \to 0}|x| = 0$，所以有

$$\lim\limits_{x \to 0} \sin x = 0$$

(2) （如图 2-3-21(b)所示）因为 $0 \leqslant 1 - \cos x \leqslant |x|$ 对一切 x 成立，我们有 $\lim\limits_{x \to 0}(1 - \cos x) = 0$ 或

$$\lim\limits_{x \to 0} \cos x = 1$$

(3) 对任何函数 $f(x)$，如果 $\lim\limits_{x \to x_0}|f(x)| = 0$，则 $\lim\limits_{x \to x_0} f(x) = 0$。$-|f(x)| \leqslant f(x) \leqslant |f(x)|$ 以及 $-|f(x)|$ 和 $|f(x)|$ 当 $x \to x_0$ 时有极限 0。

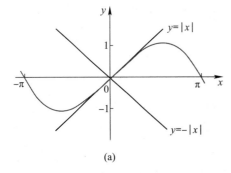 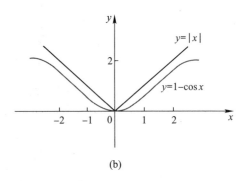

(a) (b)

图 2-3-21

类似地，给出数列极限存在的夹逼准则：

定理 2-3-9 （数列极限夹逼准则）设有数列 $\{a_n\}, \{b_n\}, \{z_n\}$，若 $\exists N \in \mathbb{N}^+$，使得当 $n > N$ 时，恒有

$$b_n \leqslant a_n \leqslant c_n$$

118

且满足 $\lim\limits_{n\to\infty}b_n = \lim\limits_{n\to\infty}c_n = A$，则数列 $\{a_n\}$ 必收敛，且有 $\lim\limits_{n\to\infty}a_n = A$。

夹逼准则既可用于证明数列的收敛性，也可用来求极限。

例 2-3-21 证明：

(1) $\lim\limits_{n\to\infty}\sqrt[t]{1+\dfrac{1}{n^s}} = 1$，其中 $s,t \in \mathbb{N}^+$；

(2) $\lim\limits_{n\to\infty}\left(\dfrac{1}{\sqrt{n^2+1}} + \dfrac{1}{\sqrt{n^2+2}} + \cdots + \dfrac{1}{\sqrt{n^2+n}}\right) = 1$

证明 (1) 由于

$$1 < \sqrt[t]{1+\dfrac{1}{n^s}} \leqslant 1 + \dfrac{1}{n^s}, \quad 且 \lim\limits_{n\to\infty}\left(1+\dfrac{1}{n^s}\right) = 1$$

由夹逼准则知

$$\lim\limits_{n\to\infty}\sqrt[t]{1+\dfrac{1}{n^s}} = 1$$

(2) 由于

$$\dfrac{n}{\sqrt{n^2+n}} \leqslant \dfrac{1}{\sqrt{n^2+1}} + \dfrac{1}{\sqrt{n^2+2}} + \cdots + \dfrac{1}{\sqrt{n^2+n}} \leqslant \dfrac{n}{\sqrt{n^2+1}}$$

由(1)知

$$\lim\limits_{n\to\infty}\dfrac{n}{\sqrt{n^2+n}} = \lim\limits_{n\to\infty}\dfrac{1}{\sqrt{1+\dfrac{1}{n}}} = 1$$

$$\lim\limits_{n\to\infty}\dfrac{n}{\sqrt{n^2+1}} = \lim\limits_{n\to\infty}\dfrac{1}{\sqrt{1+\dfrac{1}{n^2}}} = 1$$

由夹逼准则知

$$\lim\limits_{n\to\infty}\left(\dfrac{1}{\sqrt{n^2+1}} + \dfrac{1}{\sqrt{n^2+2}} + \cdots + \dfrac{1}{\sqrt{n^2+n}}\right) = 1$$

定理 2-3-10 （单调有界准则）单调增加（减小）有上界（下界）的数列必定收敛（证明略）。

几何直观解释：这个定理的结论是容易理解的。如图 2-3-22 所示，由于数列 $\{a_n\}$ 单调增加又总不会越过点 M，必然逐渐密集在某一点的左侧。若将点 M 向左方慢慢靠近，必然会存在一个"临界"的点 M'，使 $\{a_n\}$ 凝聚在它的左方的任意邻域内，右方没有 $\{a_n\}$ 的点，此时若再往左方移动任意小，它的右方就会出现 $\{a_n\}$ 的点，这个 M' 就应当是数列 $\{a_n\}$ 的极限。

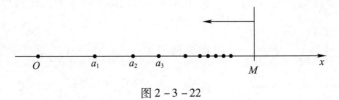

图 2-3-22

这个准则主要用于数列的收敛性,但在某种情况下也可同时利用它求得极限。应当指出的是,由于数列收敛与否与此数列的前任意项无关,所以只要数列从某一项以后是单调的,定理仍旧成立。

例 2-3-22 设 $a_n = \dfrac{a^n}{n!}$,证明数列 $\{a_n\}$ 收敛,且有 $\lim\limits_{n\to\infty}\dfrac{a^n}{n!}=0$,其中 $a\in\mathbb{R}$ 为任一常数。

证明 对 a 进行讨论:

(1) 当 $a=0$ 时,$\{a_n\}=\{0\}$,结论显然成立;

(2) 当 $a>0$ 时,先考察 $\{a_n\}$ 的单调性。由于

$$\frac{a_{n+1}}{a_n}=\frac{\dfrac{a^{n+1}}{(n+1)!}}{\dfrac{a^n}{n!}}=\frac{a}{n+1}$$

可知,a 为正常数,数列极限关心的是 $n\to\infty$,因此当 $n>a-1$ 时,$\dfrac{a}{n+1}<1$,从而当 $n>a-1$ 时,数列 $\{a_n\}$ 严格单调减小。

接下来,证明数列 $\{a_n\}$ 有下界。这是显然的,因为 $a_n>0$,所以 0 就是数列 $\{a_n\}$ 的一个下界。由定理 2-3-10,数列 $\{a_n\}$ 必定收敛。

为了求得该数列的极限,不妨假设 $\lim\limits_{n\to\infty}a_n=A$。由上述公式

$$\frac{a_{n+1}}{a_n}=\frac{a}{n+1}\Rightarrow a_{n+1}=\frac{a}{n+1}a_n,\ \forall n\in\mathbb{N}^+$$

两边取极限,注意到 a_{n+1} 和 a_n 是同一个数列的通项,所以有

$$A=\lim_{n\to\infty}a_{n+1}=\lim_{n\to\infty}\frac{a}{n+1}\cdot\lim_{n\to\infty}a_n=0\cdot A=0$$

故

$$\lim_{n\to\infty}\frac{a^n}{n!}=0$$

(3) 当 $a<0$ 时,由不等式

$$-\frac{|a|^n}{n!}\leqslant\frac{a^n}{n!}\leqslant\frac{|a|^n}{n!}$$

根据(2)的结论,再用夹逼准则可知

$$\lim_{n\to\infty}\frac{a^n}{n!}=0$$

综上所述,数列 $\{a_n\}$ 收敛,其极限为 0。

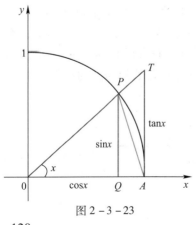

图 2-3-23

一般来说,利用单调有界求数列的极限,通常都是建立数列的通项的递推公式,再两端取极限来获得。但是使用前,必须先证明此数列是收敛数列,否则不能直接设 $\lim\limits_{n\to\infty}a_n=A$。

接下来利用极限收敛准则,我们可以证得两个重要极限:

重要极限 I $\lim\limits_{x\to 0}\dfrac{\sin x}{x}=1$

证明 先证右极限为 1。为此从小于 $\dfrac{\pi}{2}$ 的正值 x 开始,如图 2-3-23 所示。注意到

$$\triangle OAP \text{ 的面积} < \text{扇形 } OAP \text{ 的面积} < \triangle OAT \text{ 的面积}$$

其中

$$\triangle OAP \text{ 的面积} = \frac{1}{2}(1)(\sin x) = \frac{1}{2}\sin x$$

$$\text{扇形 } OAP \text{ 的面积} = \frac{1}{2}(1)^2 x = \frac{1}{2}x$$

$$\triangle OAT \text{ 的面积} = \frac{1}{2}(1)(\tan x) = \frac{1}{2}\tan x$$

因此

$$\frac{1}{2}\sin x < \frac{1}{2}x < \frac{1}{2}\tan x$$

用 $\frac{1}{2}\sin x$ 除这个不等式的三项，不等式仍然成立

$$1 < \frac{x}{\sin x} < \frac{1}{\cos x} \quad \text{或} \quad 1 > \frac{\sin x}{x} > \cos x$$

因为 $\lim\limits_{x\to 0}\cos x = 1$，由夹逼准则可得

$$\lim_{x\to 0^+}\frac{\sin x}{x} = 1$$

又因为 $\sin x, x$ 都是奇函数，所以 $\frac{\sin x}{x}$ 是偶函数，其图象关于 y 轴对称。这个对称性蕴含着在 $x = 0$ 的左极限存在且和右极限相等，所以有

$$\lim_{x\to 0}\frac{\sin x}{x} = 1$$

注 由极限运算法则可知，$\lim\limits_{x\to 0}\frac{x}{\sin x} = 1$。

该极限在极限理论中占有十分重要的地位，是求解极限问题的有效工具，而且微积分中的一些基本求导、积分公式都是在此基础上得到的。现在我们来看几个例子。

例 2-3-23 计算下列各极限：

(1) $\lim\limits_{x\to 0}\frac{\sin 2x}{x}$; 　　(2) $\lim\limits_{t\to 0}\frac{1-\cos t}{\frac{1}{2}t^2}$; 　　(3) $\lim\limits_{x\to 0}\frac{\sin 5x}{\tan x}$。

解 (1) $\lim\limits_{x\to 0}\frac{\sin 2x}{x} = \lim\limits_{x\to 0}\frac{\sin 2x}{2x}\times 2 = 2\lim\limits_{x\to 0}\frac{\sin 2x}{2x}$

令 $y = 2x$，则 $y\to 0$ 当且仅当 $x\to 0$，所以

$$\lim_{x\to 0}\frac{\sin 2x}{2x} = \lim_{y\to 0}\frac{\sin y}{y} = 1$$

因此

$$\lim_{x\to 0}\frac{\sin 2x}{x} = 2\lim_{x\to 0}\frac{\sin 2x}{2x} = 2$$

(2) $\lim\limits_{t\to 0}\dfrac{1-\cos t}{\dfrac{1}{2}t^2} = \lim\limits_{t\to 0}\dfrac{1-\cos t}{\dfrac{1}{2}t^2}\times\dfrac{1+\cos t}{1+\cos t} = \lim\limits_{t\to 0}\dfrac{1-\cos^2 t}{\dfrac{1}{2}t^2(1+\cos t)}$

$= \lim\limits_{t\to 0}\dfrac{\sin^2 t}{\dfrac{1}{2}t^2(1+\cos t)} = \lim\limits_{t\to 0}\left(\dfrac{\sin t}{t}\right)^2\cdot\lim\limits_{t\to 0}\dfrac{2}{1+\cos t}$

$= 1^2\times\dfrac{\lim\limits_{t\to 0}2}{\lim\limits_{t\to 0}(1+\cos t)} = 1\times\dfrac{2}{2} = 1$

(3) $\lim\limits_{x\to 0}\dfrac{\sin 5x}{\tan x} = \lim\limits_{x\to 0}\dfrac{5\dfrac{\sin 5x}{5x}}{\dfrac{\sin x}{x\cos x}} = \dfrac{\lim\limits_{x\to 0}5\dfrac{\sin 5x}{5x}}{\lim\limits_{x\to 0}\dfrac{\sin x}{x}\lim\limits_{x\to 0}\dfrac{1}{\cos x}} = \dfrac{5}{1\times 1} = 5$

重要极限（Ⅰ）可以归结为如下的一般形式：

$$\lim\limits_{\square\to 0}\dfrac{\sin\square}{\square} = 1 \quad 或 \quad \lim\limits_{\square\to 0}\dfrac{\square}{\sin\square} = 1$$

其中□代表任意趋于 0 的变量。

另外我们也注意到,关于利用重要极限Ⅰ求解函数极限的问题,要注意所求极限的函数形式不一定是正弦函数,还要掺入其他的三角函数、反三角函数,通常要灵活转换,适当情形下利用诱导公式、换元法等将其转换为熟悉的形式。比如下面这个例子。

例 2 – 3 – 24 求 $\lim\limits_{x\to 0}\dfrac{\arctan x}{x}$

解 令 $t=\arctan x$,则 $x=\sin t$,当 $x\to 0$ 时,有 $t\to 0$,于是有 $t\to 0$,根据复合函数的极限运算法则得

$$\lim\limits_{x\to 0}\dfrac{\arctan x}{x} = \lim\limits_{t\to 0}\dfrac{t}{\sin t} = 1$$

同样的做法,还可以得到 $\lim\limits_{x\to 0}\dfrac{\arcsin x}{x} = 1$。

重要极限Ⅱ $\lim\limits_{x\to\infty}\left(1+\dfrac{1}{x}\right)^x = e$

下面我们将通过储蓄存款的增长问题,引入第二重要极限,从而为 1^∞ 型极限提供一种有效的计算方法。

某人在银行存入本金 1 元,银行存款年复利率达到了逆天的 100%,1 年后他在银行的存款额是本金及利息之和。如果一年结算一次,那么存款额变为 $1\times(1+100\%)=2$ 元;如果每半年结算一次,每个结算周期的复利率为 1/2,则存款额变为

$$1\times(1+1/2)\times(1+1/2) = 2.25$$

每两个月结算一次,每个结算周期的复利率为 1/6,存款额变为

$$1\times(1+1/6)^6 = 2.5216264;\cdots\cdots$$

如表 2 – 3 – 6 所示,我们发现随着计算周期的缩短,本利和在不断增多。当结算次数 t 趋于无穷大时,结算周期变为无穷小,这意味着银行连续不断地向顾客付利息,这种存款方式称为连续复利。那么在连续复利情况下,顾客 1 年后的最终存款额就为

$$\lim_{n\to+\infty}\left(1+\frac{1}{n}\right)^n$$

那么该极限值会无限增大吗？如果是的话，我们就可以通过银行存款的方式，坐等成为大款了！

表 2 - 3 - 6

一年内结算次数	本利和
1	2
2	2.25
6	2.5216264
10	2.59374246
100	2.70481383
1000000	2.71828169
10000000000	2.71828183

这个结果着实让 17 世纪的数学家大吃一惊。事实上，利用单调有界准则可以严格证明该极限存在。欧拉(Euler，瑞士数学家、物理学家)将极限定义为 e，并通过纯手工计算，得到了当 $t=10000000000$ 时，e 的前 23 位。

$$e \approx 2.718\ 281\ 828\ 4590\ 453\cdots$$

即有**重要极限 II**。

$$\lim_{n\to\infty}\left(1+\frac{1}{n}\right)^n = e$$

例 2 - 3 - 25 设 $a_n = \left(1+\frac{1}{n}\right)^n$，证明数列 $\{a_n\}$ 收敛。

证明 （1）先证单调性。由二项公式展开，得

$$a_n = 1 + n\times\frac{1}{n} + \frac{n(n-1)}{2!}\frac{1}{n^2} + \cdots + \frac{n(n-1)\cdots(n-k+1)}{k!}\times\frac{1}{n^k} + \cdots + \frac{n(n-1)\cdots 2\times 1}{n!}\times\frac{1}{n^n}$$

$$= 1 + 1 + \frac{1}{2!}\left(1-\frac{1}{n}\right) + \cdots + \frac{1}{k!}\left(1-\frac{1}{n}\right)\left(1-\frac{2}{n}\right)\cdots\left(1-\frac{k-1}{n}\right) + \cdots$$

$$+ \frac{1}{n!}\left(1-\frac{1}{n}\right)\left(1-\frac{2}{n}\right)\cdots\left(1-\frac{n-1}{n}\right)$$

上式右端共有 $(n+1)$ 项，而且每一项都是正的，考察它的一般项

$$\frac{1}{k!}\left(1-\frac{1}{n}\right)\left(1-\frac{2}{n}\right)\cdots\left(1-\frac{k-1}{n}\right)$$

显然，它的值随 n 的增大而增大。比较 a_{n+1} 与 a_n 可以看出，a_{n+1} 的二项展开式中有 $(n+2)$ 项，比 a_n 的展开式多一正项，而且从展开式的第三项起，a_{n+1} 中的各项均比 a_n 中的相应项大，所以数列 $\{a_n\}$ 单调增加。

（2）再证明有界性。为了证明 $\{a_n\}$ 有上界，由展开式变形得

$$a_n < 1 + 1 + \frac{1}{2!} + \frac{1}{3!} + \cdots + \frac{1}{n!} < 1 + 1 + \frac{1}{2} + \frac{1}{2^2} + \cdots + \frac{1}{2^{n-1}}$$

$$< 3 - \frac{1}{2^{n-1}} < 3$$

故 $\{a_n\}$ 有上界。由单调有界准则可知,数列 $\{a_n\}$ 收敛。即 $\lim\limits_{n\to\infty}\left(1+\dfrac{1}{n}\right)^n = e$

可以证明(从略)这个结果可以推广到函数,有

$$\lim_{x\to\infty}\left(1+\frac{1}{x}\right)^x = e$$

如果在上式中令 $t = 1/x$,当 $x\to\infty$ 时 $t\to 0$,则上述极限变为

$$\lim_{t\to 0}(1+t)^{\frac{1}{t}} = e$$

事实上,重要极限 II 有如下更一般的形式

$$\lim_{\square\to\infty}\left(1+\frac{1}{\square}\right)^{\square} = e \quad \text{或} \quad \lim_{\square\to 0}(1+\square)^{\frac{1}{\square}} = e$$

其中 □ 代表任意变量。

例 2-3-26 求 $\lim\limits_{x\to 0}(1-x)^{\frac{1}{x}}$

解 令 $t = -x$,则 $x\to 0$ 时,$t\to 0$。于是

$$\lim_{x\to 0}(1-x)^{\frac{1}{x}} = \lim_{t\to 0}(1+t)^{-\frac{1}{t}} = \lim_{t\to 0}\frac{1}{(1+t)^{\frac{1}{t}}} = \frac{1}{e}$$

仔细观察我们就会发现,这几个极限虽然形式不同,但都可以归结为"1^∞"型的极限:底数位置函数的极限为 1,指数位置函数的极限为 ∞。

对于这一类极限,我们可以将底数位置函数写成 1 加上一个无穷小的形式,指数位置配成无穷小的倒数有关的形式,通过恒等变形,可以转化为重要极限的"次方"。也就是说,重要极限 II 为我们提供了一条计算"1^∞"型极限的途径。

一般地,对于形如 $[f(x)]^{g(x)}$ ($f(x)>0$) 的函数,称为**幂指函数**。在求它的极限时,如果 $\lim\limits_{x\to x_0}f(x) = A$ ($A>0$),$\lim\limits_{x\to x_0}g(x) = B$,那么,可以证明

$$\lim_{x\to x_0}f(x)^{g(x)} = \lim_{x\to x_0}e^{g(x)\ln f(x)} = e^{\lim\limits_{x\to x_0}g(x)\ln f(x)} \text{(这里用到 } e^x \text{ 的连续性,2.5 节介绍)}$$

$$= e^{B\ln A} = A^B = \left[\lim_{x\to x_0}f(x)\right]^{\lim\limits_{x\to x_0}g(x)}$$

我们再来看几个例子体会一下。

例 2-3-27 求极限 $\lim\limits_{x\to 0}(1+3x)^{\frac{1}{x}}$

解 $\lim\limits_{x\to 0}(1+3x)^{\frac{1}{x}} = \lim\limits_{x\to 0}(1+3x)^{\frac{1}{3x}\cdot 3} = \left[\lim\limits_{x\to 0}(1+3x)^{\frac{1}{3x}}\right]^3$

令 $y = 3x$,则 $x\to 0$ 时,$y\to 0$。于是

$$\lim_{x\to 0}(1+3x)^{\frac{1}{x}} = \left[\lim_{y\to 0}(1+y)^{\frac{1}{y}}\right]^3 = e^3$$

例 2-3-28 求 $\lim\limits_{x\to 0}\dfrac{\ln(1+x)}{x}$

解 $\lim\limits_{x\to 0}\dfrac{\ln(1+x)}{x} = \lim\ln(1+x)^{\frac{1}{x}} = \ln\lim(1+x)^{\frac{1}{x}} = \ln e = 1$

注 在这个例子中,我们把极限符号和函数符号进行了交换,之所以能够这样做,是因为 $y = \ln(1+x)$ 是连续的(从对数函数的曲线一目了然)。

例 2-3-29 求 $\lim\limits_{x\to 0}\dfrac{e^x - 1}{x}$

分析 本题虽然不能直接使用重要极限,但作变换 $y = e^x - 1$,就可以求了。

解 令 $y = e^x - 1$,则 $x = \ln(1+y)$,且 $x \to 0$ 时,$y \to 0$,所以有

$$\lim_{x \to 0} \frac{e^x - 1}{x} = \lim_{y \to 0} \frac{y}{\ln(1+y)} = 1$$

例 2-3-30 求 $\lim_{x \to 0} (1+x)^{\frac{2}{\sin x}}$

解 由于极限的类型为 1^∞,使用重要极限。因为

$$(1+x)^{\frac{2}{\sin x}} = (1+x)^{\frac{1}{x} \cdot \frac{2x}{\sin x}}$$

由幂指函数极限存在条件和结论,得

$$\lim_{x \to 0} (1+x)^{\frac{2}{\sin x}} = \lim_{x \to 0} (1+x)^{\frac{1}{x} \cdot \frac{2x}{\sin x}} = \lim_{x \to 0} [(1+x)^{\frac{1}{x}}]^{\lim_{x \to 0} \frac{2x}{\sin x}} = e^2$$

通过以上例子,我们看到在利用重要极限 II 计算极限问题时,通常的步骤为:

(1) 判别是否为"1^∞"型;
(2) 底数位置构造"$1 + \square$"形式($\square$ 是无穷小);
(3) 指数位置构造 $\square$ 的倒数形式。

现在,继续来讨论银行复利问题。一般地,设存款额为 A_0,年利率为 r,则连续复利下 t 年后的存款额为

$$\lim_{x \to \infty} A_0 \left(1 + \frac{r}{x}\right)^{xt}$$

利用重要极限 II,我们可以计算得

$$\lim_{x \to \infty} A_0 \left(1 + \frac{r}{x}\right)^{xt} = A_0 \lim_{x \to \infty} \left(1 + \frac{r}{x}\right)^{\frac{x}{r} \cdot rt} = A_0 \left[\lim_{x \to \infty} \left(1 + \frac{r}{x}\right)^{\frac{x}{r}}\right]^{rt} = A_0 e^{rt}$$

事实上,有很多的自然现象,其物理过程是不间断的、连续的,比如植物的生长,它的变化特点是它新生长的部分都立即和母体一样再生长,也就是说把"利息"时时刻刻自动加到"本金"中去,还有人口的增长、细胞的繁殖、放射性物质的衰变……都是这样的运动模式——指数增长或指数衰减,而 e 被称为大自然的复利率,人们称 e^x 为自然滋长函数就是这个道理。A_0 和 r 代表人口数量和增长率时,得到的就是著名的马尔萨斯(Malthus)模型,可以预测短时期内人口数量;当 r 为负数时,又是著名的衰变定律,利用它,可以测得地球年龄、鉴别古文物年代、化石年龄等。所以由重要极限 II 得来的共同形式,充分体现了宇宙的形成、发展及衰亡的最本质的东西。

注 函数单调有界几何说明 设函数 $f(x)$ 在点 x_0 的某个左(右)领域内单调并且有界,则 $f(x)$ 在 x_0 的左(右)极限必定存在。如图 2-3-24 所示,展示了定理 2-3-10 的一种情形。定理表明:当 x 靠近 a 时,如果函数 $f(x)$ 单调递增,则函数值只能向上移动,所以只有两种情形:或者函数值无限增大,或者无限趋近于一个定值 A,也就是说函数有极限。但现在假定函数是有界的,那么第一种情形就不可能发生了。这就表示函数趋于一个极限。

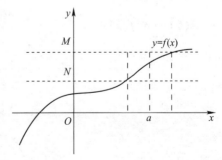

图 2-3-24

需要注意,这里单调和有界两个条件缺一不可,如图 2-3-25(a)所示,函数 $y = \frac{1}{x-1}$ 在点 $x = 1$ 左侧单调递增,但无界,很显然函数不能无限趋于确定的常数,所以无极限。而图 2-3-25(b)所示函

数 $y = \sin(\pi/x)$,在 $x = 0$ 的任意邻域都有界,但趋于 0 的过程中无限振荡,不满足单调性,是无极限的。

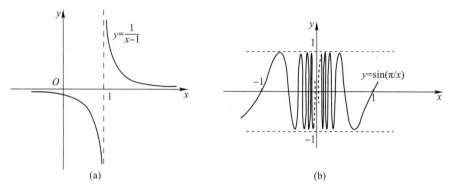

图 2 - 3 - 25

习题 2 - 3
(A)

1. 填空题

(1) 极限 $\lim\limits_{x \to x_0} f(x)$ 存在是 $f(x)$ 在 x_0 的某一去心邻域内有界的_____条件;

(2) $\lim\limits_{x \to x_0^-} f(x) = \lim\limits_{x \to x_0^+} f(x)$ 是存在 $\lim\limits_{x \to x_0} f(x)$ 的_____条件。

2. 下列说法正确的是( )。

A. 如果 $\lim\limits_{x \to x_0} f(x) = A$,那么 $f(x_0) = A$

B. 如果 $\lim\limits_{x \to x_0} f(x) = A$,那么 $f(x_0)$ 存在

C. 如果 $f(x_0)$ 不存在,那么 $\lim\limits_{x \to x_0} f(x) = A$ 也不存在

D. 如果 $f(x_0) = A$,那么 $\lim\limits_{x \to x_0} f(x) = A$ 未必成立

3. 观察如图所示的函数,求下列极限。若极限不存在,说明理由。

(1) $\lim\limits_{x \to -3} f(x)$; (2) $f(-3)$;

(3) $f(-1)$; (4) $\lim\limits_{x \to -1} f(x)$;

(5) $\lim\limits_{x \to -1^+} f(x)$; (6) $\lim\limits_{x \to 1} f(x)$;

(7) $\lim\limits_{x \to 1^-} f(x)$; (8) $\lim\limits_{x \to 1^+} f(x)$。

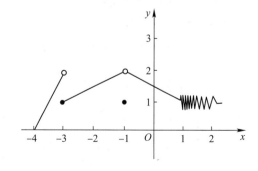

4. 讨论函数 $f(x) = \dfrac{|x|}{x}$ 当 $x \to 0$ 时的极限。

5. 证明：$\lim\limits_{x \to 0} \sin \dfrac{1}{x}$ 不存在。

6. 下列说法哪些是对的,哪些是错的? 如果是对的,试说明理由;如果是错的,试给出一个反例。

（1）若 $\lim\limits_{x \to x_0} f(x)$ 存在, $\lim\limits_{x \to x_0} g(x)$ 不存在,则 $\lim\limits_{x \to x_0} [f(x) \pm g(x)]$ 不存在;

（2）若 $\lim\limits_{x \to x_0} f(x)$ 存在, $\lim\limits_{x \to x_0} g(x)$ 不存在,则 $\lim\limits_{x \to x_0} f(x) \cdot g(x)$ 不存在;

（3）若 $\lim\limits_{x \to x_0} f(x)$ 不存在, $\lim\limits_{x \to x_0} g(x)$ 不存在,则 $\lim\limits_{x \to x_0} [f(x) \pm g(x)]$ 不存在;

（4）若 $\lim\limits_{x \to x_0} f(x)$ 不存在, $\lim\limits_{x \to x_0} g(x)$ 不存在,则 $\lim\limits_{x \to x_0} f(x) \cdot g(x)$ 不存在。

7. 计算下列各极限值：

（1）$\lim\limits_{x \to 0} \dfrac{\cos x}{x+1}$;

（2）$\lim\limits_{\theta \to \pi/2} \theta \cos \theta$;

（3）$\lim\limits_{x \to 1} \left(\dfrac{3}{1-x^3} - \dfrac{1}{1-x} \right)$;

（4）$\lim\limits_{x \to \infty} \left(1 + \dfrac{1}{3} + \dfrac{1}{9} + \cdots + \dfrac{1}{3^n} \right)$;

（5）$\lim\limits_{x \to 0} \dfrac{3x \tan x}{\sin x}$;

（6）$\lim\limits_{y \to 0} \dfrac{\sin 5y}{3y}$;

（7）$\lim\limits_{x \to 0} \dfrac{\tan 4x}{\sin 2x}$;

（8）$\lim\limits_{t \to 0} \dfrac{\sin^3 3t}{2t}$;

（9）$\lim\limits_{t \to 0} \dfrac{\cot(\pi t) \sin t}{2 \sec t}$;

（10）$\lim\limits_{x \to 0} \dfrac{\sin^2 x}{x^2}$;

（11）$\lim\limits_{n \to \infty} 2^n \sin \dfrac{x}{2^{n-1}}$

（12）$\lim\limits_{x \to 0} \dfrac{x - \sin x}{x + \sin x}$

8. 计算下列各极限值：

（1）$\lim\limits_{x \to 0} (1 - 3x)^{\frac{2}{x}}$;

（2）$\lim\limits_{x \to \infty} \left(1 + \dfrac{k}{x} \right)^x$;

（3）$\lim\limits_{x \to \infty} \left(\dfrac{3+x}{2+x} \right)^{2x}$;

（4）$\lim\limits_{x \to 0} (1 + \tan x)^{\cot x}$;

（5）$\lim\limits_{x \to \infty} \left(1 + \dfrac{1}{x} \right)^{-2x+3}$;

（6）$\lim\limits_{x \to 1} x^{\frac{1}{1-x}}$。

9. 利用极限存在准则证明：

（1）$\lim\limits_{n \to \infty} n \left(\dfrac{1}{n^2 + \pi} + \dfrac{1}{n^2 + 2\pi} + \cdots + \dfrac{1}{n^2 + n\pi} \right) = 1$;

（2）$\lim\limits_{n \to \infty} \sqrt{1 + \dfrac{1}{n}} = 1$;

（3）$\lim\limits_{n \to \infty} \left(\dfrac{1}{n^2 + n + 1} + \dfrac{2}{n^2 + n + 2} + \cdots + \dfrac{n}{n^2 + n + n} \right) = 1$;

（4）数列 $\sqrt{2}, \sqrt{2 + \sqrt{2}}, \sqrt{2 + \sqrt{2 + \sqrt{2}}}, \cdots$ 的极限存在,并求之;

（5）数列 $x_1 = 10, x_{n+1} = \sqrt{6 + x_n}$,证明数列 $\{x_n\}$ 的极限存在并求之。

(B)

1. 若 $\lim\limits_{x \to x_0} \dfrac{f(x)}{g(x)} = 1$,且 $\lim\limits_{x \to x_0} g(x) = 0$,则 $\lim\limits_{x \to x_0} f(x) = $ ＿＿＿＿＿＿。

2. 设对任意 x，总有 $\varphi(x) \leqslant f(x) \leqslant g(x)$，且 $\lim\limits_{x\to\infty}[g(x)-\varphi(x)]=0$，则 $\lim\limits_{x\to\infty}f(x)=($ ）。

A. 存在且等于 0   B. 存在但不一定为 0   C. 一定不存在   D. 不一定存在

3. 根据函数极限的定义证明：

(1) $\lim\limits_{x\to 2}(3x-1)=5$；　　　　　(2) $\lim\limits_{x\to 0}\dfrac{2x+3}{3x}=\dfrac{2}{3}$；

(3) $\lim\limits_{x\to -2}\dfrac{x^2-4}{x+2}=-4$；　　(4) $\lim\limits_{x\to +\infty}\dfrac{\sin x}{\sqrt{x}}=0$；

(5) $\lim\limits_{x\to x_0}\sqrt{x}=\sqrt{a}\,(a>0)$；　　(6) $\lim\limits_{x\to\infty}\dfrac{1+x^3}{3x^3}=\dfrac{1}{3}$。

4. 当 $x\to 3$ 时，$y=x^2\to 9$。问 δ 等于多少，使当 $|x-3|<\delta$ 时，$|y-9|<0.001$？

5. 假设对于所有 x，都有 $f(x)\cdot g(x)=1$，且 $\lim\limits_{x\to x_0}g(x)=0$，证明 $\lim\limits_{x\to x_0}f(x)$ 不存在。

6. 计算下列极限：

(1) $\lim\limits_{x\to -\infty}\dfrac{\sqrt{x^2-x-1}+x+1}{\sqrt{x^2-\sin x}}$；　　(2) $\lim\limits_{x\to 0}\left(\dfrac{2+\mathrm{e}^{\frac{1}{x}}}{1+\mathrm{e}^{\frac{2}{x}}}+\dfrac{|x|}{x}\right)$；

(3) $\lim\limits_{n\to\infty}\cos\dfrac{x}{2}\cdot\cos\dfrac{x}{2^2}\cdots\cos\dfrac{x}{2^n}$；　　(4) $\lim\limits_{n\to\infty}\sqrt[n]{1+\dfrac{1}{2}+\dfrac{1}{3}+\cdots+\dfrac{1}{n}}$；

(5) $\lim\limits_{n\to\infty}(\mathrm{e}^2+4^n+7^n)^{\frac{1}{n}}$；

(6) $\lim\limits_{n\to\infty}\left(\sin\dfrac{\pi}{\sqrt{n^2+1}}+\sin\dfrac{\pi}{\sqrt{n^2+2}}+\cdots+\sin\dfrac{\pi}{\sqrt{n^2+n}}\right)$；

(7) 已知 $x_1=1,x_2=\dfrac{x_1}{1+x_1},\cdots,x_n=\dfrac{x_{n-1}}{1+x_{n-1}}$，求 $\lim\limits_{n\to\infty}x_n$。

7. 设 $x_1>a>0$，且 $x_{n+1}=\sqrt{ax_n}\,(n=1,2,\cdots)$，证明 $\lim\limits_{n\to\infty}x_n$ 存在，并求此极限值。

§2.4　无穷小量与无穷大量

本节将研究一类在微积分发展史上占有十分重要地位的特殊函数——无穷小量。重点研究无穷小量及其阶的概念以及如何利用等价无穷小代换来求极限的方法。

无穷小概念有着悠久的历史。自微积分诞生之日起，数学家们就开始了对无穷小的讨论，甚至争论。在微积分发展完善的整个过程中，无穷小扮演着一个非常重要的角色。科学界和哲学界对早期微积分基础的质疑，尤其是对无穷小概念的质疑以及微积分拥护者的辩护失败，导致了数学史上的第二次数学危机。直到 1821 年，柯西（Cauchy）在他的《分析教程》中才对无穷小这一概念给出了明确的回答。而有关无穷小的理论就是在柯西的理论基础上发展起来的。

2.4.1　无穷小量及其阶数

1. 无穷小的概念

定义 1　（**无穷小量**）如果函数 $f(x)$ 当 $x\to x_0$ 时的极限为零，就称函数 $f(x)$ 为当 $x\to x_0$ 时的无穷小量，简称无穷小。记为

$$\lim_{x\to x_0}f(x)=0$$

即无穷小量指的是极限为零的变量,绝不能把它与绝对值很小的常量混为一谈。我们经常用希腊字母 $\alpha(x),\beta(x),\gamma(x)$ 来表示无穷小。

例如,如图 2-4-1 所示,可知函数 $y=\sin x$ 当 $x\to 0$ 时为无穷小;函数 $y=\ln x$ 当 $x\to 1$ 时为无穷小。

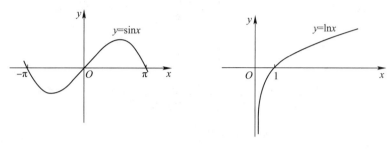

图 2-4-1

注1 将定义中 $x\to x_0$ 换成 $x\to x_0^+, x\to x_0^-, x\to\infty, x\to +\infty, x\to -\infty$ 等,可得到不同形式的无穷小。

注2 无穷小不是一个很小的常数,而是一个趋于零的变量。因为在 $x\to x_0$ 的过程中,函数 $f(x)$ 的绝对值能小于任意给定的正数,而很小的数如亿万分之一,就做不到这一点。但 0 是可以作为无穷小的唯一的常数。

注3 $f(x)$ 是否为无穷小依赖于自变量的变化情况,如 $y=\sin x$ 当 $x\to 0$ 时为无穷小,但当 $x\to \pi/2$ 时,其极限为 1,此时,它不是无穷小量。所以,说一个变量是无穷小量时,一定要交代清楚自变量的变化过程。

2. 无穷小量的性质

无穷小量之所以重要,是因为它与极限有密切的关系。由极限的定义及四则运算,可得无穷小有以下性质。

定理 2-4-1 在自变量的同一变化过程 $x\to x_0$ 中,$\lim_{x\to x_0}f(x)=A$ 的充分必要条件是 $f(x)=A+\alpha$,其中 α 是无穷小。

分析 要证明 $f(x)-A=\alpha$ 是无穷小。

证明 **必要性** 设 $\lim_{x\to x_0}f(x)=A$,则对 $\forall \varepsilon>0, \exists \delta>0$,使当 $0<|x-x_0|<\delta$ 时,有

$$|f(x)-A|<\varepsilon$$

令 $\alpha=f(x)-L$,则有 $|\alpha|<\varepsilon$,即 α 是 $x\to x_0$ 时的无穷小,且 $f(x)=L+\alpha$。

充分性 设 $f(x)=A+\alpha$,其中 A 是常数,α 是当 $x\to x_0$ 时的无穷小,于是

$$|f(x)-A|=|\alpha|$$

由于 α 是当 $x\to x_0$ 时的无穷小,所以 $\forall \varepsilon>0, \exists \delta>0$,使得当 $0<|x-x_0|<\delta$ 时,有

$$|\alpha|<\varepsilon$$

即

$$|f(x)-A|<\varepsilon$$

也就是 $\lim_{x\to x_0}f(x)=A$。

定理 2-4-1 称为**无穷小与函数极限的关系定理**,或**极限表示定理**。它指出,任何形式的函数极限总可以将该函数表示为它的极限与无穷小的和,反之亦然。由此可见极限运算的实质是无穷小的运算,故早期的极限理论也称为无穷小分析。

定理 2-4-2 两个无穷小的和是无穷小。

证明 设 α 及 β 是当 $x \to x_0$ 时的无穷小,而 $\gamma = \alpha + \beta$。

$\forall \varepsilon > 0$,因为 α 是当 $x \to x_0$ 时的无穷小,对于 $\frac{\varepsilon}{2} > 0$,$\exists \delta_1 > 0$,使当 $0 < |x - x_0| < \delta_1$ 时,有

$$|\alpha| < \frac{\varepsilon}{2}$$

又因为 β 是当 $x \to x_0$ 时的无穷小,对于 $\frac{\varepsilon}{2} > 0$,$\exists \delta_2 > 0$,使当 $0 < |x - x_0| < \delta_1$ 时,有

$$|\beta| < \frac{\varepsilon}{2}$$

取 $\delta = \min\{\delta_1, \delta_2\}$,当 $0 < |x - x_0| < \delta$ 时

$$|\gamma| = |\alpha + \beta| \leq |\alpha| + |\beta| < \frac{\varepsilon}{2} + \frac{\varepsilon}{2} = \varepsilon$$

因此,γ 是当 $x \to x_0$ 时的无穷小。

用归纳法可以证明:**有限个无穷小的和是无穷小**。

定理 2-4-3 有界函数与无穷小的乘积是无穷小。

证明 设函数 u 在 a 的某去心邻域 $\overset{\circ}{U}(a, \delta_1)$ 内是有界的,即 $\exists M > 0$,当 $x \in \overset{\circ}{U}(a, \delta_1)$ 时,有

$$|u| < M$$

又 β 是当 $x \to x_0$ 时的无穷小,即 $\forall \varepsilon > 0$ $\exists \delta_2 > 0$,当 $x \in \overset{\circ}{U}(x_0, \delta_2)$ 时,有

$$|\beta| < \frac{\varepsilon}{M}$$

取 $\delta = \min\{\delta_1, \delta_2\}$,当 $x \in \overset{\circ}{U}(x_0, \delta)$ 时,有 $|\beta| < \frac{\varepsilon}{M}$,$|u| < M$ 同时成立,从而

$$|u\beta| = |u||\beta| < M \times \frac{\varepsilon}{M} = \varepsilon$$

因此 $u\beta$ 是当 $x \to x_0$ 时的无穷小。

推论 1 常数与无穷小的乘积仍为无穷小。

推论 2 有限个无穷小的乘积仍为无穷小。

例 2-4-1 求 $\lim\limits_{x \to 0} x \sin \frac{1}{x}$。

解 因为 $\left|\sin \frac{1}{x}\right| \leq 1$,所以 $\sin \frac{1}{x}$ 是有界函数。又因为 $x \to 0$ 时,x 是无穷小量,由推论 2,乘积 $x \sin \frac{1}{x}$ 是无穷小量,即有

$$\lim_{x \to 0} x \sin \frac{1}{x} = 0$$

3. 无穷小量的比较

由例 2-4-1 启示,读者会去思考:两个无穷小的商(比)是否也是无穷小量呢? 由于两个无穷小量商的极限属于 0/0 型未定式极限,因此,不能作肯定的回答。例如当 $x\to 0$ 时,x, x^2,$\sin x$,$x\sin\frac{1}{x}$ 都是无穷小,但是

$$\lim_{x\to 0}\frac{x^2}{x}=0,\quad \lim_{x\to 0}\frac{x}{x^2}=\infty,\quad \lim_{x\to 0}\frac{\sin x}{3x}=\frac{1}{3},\quad \lim_{x\to 0}\frac{x\sin\frac{1}{x}}{x}\text{极限不存在}$$

两个无穷小之比的极限的各种情况,反映了不同的无穷小趋于零的"快慢"程度。就上面几个例子来说,在 $x\to 0$ 的过程中,$x^2\to 0$ 比 $3x\to 0$ "快些",反过来 $3x\to 0$ 比 $x^2\to 0$ "慢些",而 $\sin x\to 0$ 与 $3x\to 0$ "快慢相仿"。

下面,我们为比较两个无穷小之间趋于 0 的快慢程度,引进无穷小的"阶"的概念。下述定义中,α 及 β 都是在同一个自变量的变化过程中的无穷小,且 $\alpha\neq 0$。

定义 2 如果 $\lim\frac{\beta}{\alpha}=0$,则称 β 是比 α 高阶的无穷小,记作 $\beta=o(\alpha)$;如果 $\lim\frac{\beta}{\alpha}=\infty$,则称 β 是比 α 低阶的无穷小;如果 $\lim\frac{\beta}{\alpha}=C\neq 0$($C$ 为常数),则称 β 与 α 是同阶无穷小。

特别地,如果 $\lim\frac{\beta}{\alpha}=1$,则称 β 与 α 是等价无穷小,记作 $\beta\sim\alpha$;如果 $\lim\frac{\beta}{\alpha^k}=C\neq 0$($C$ 为常数),$k>0$,则称 β 是关于 α 的 k 阶无穷小。

例如,$\lim_{x\to 0}\frac{x^2}{3x}=0$,所以当 $x\to 0$ 时,x^2 是比 $3x$ 高阶的无穷小,即

$$x^2=o(3x)\quad (x\to 0)$$

$\lim_{x\to 0}\frac{\sin x}{3x}=\frac{1}{3}$,所以当 $x\to 0$ 时,$\sin x$ 与 $3x$ 是同阶无穷小。

$\lim_{x\to 0}\frac{\sin x}{x}=1$,所以当 $x\to 0$ 时,$\sin x$ 与 x 是等价无穷小。

下面再举一个常用的等价无穷小的例子。

例 2-4-2 证明:当 $x\to 0$ 时,$\sqrt[n]{1+x}-1\sim\frac{1}{n}x$。

证明 根据公式

$$x^n-y^n=(x-y)(x^{n-1}+x^{n-2}y+x^{n-3}y^2+\cdots+xy^{n-2}+y^{n-1})$$

可得

$$(\sqrt[n]{1+x})^n-1=(\sqrt[n]{1+x}-1)(\sqrt[n]{(1+x)^{n-1}}+\sqrt[n]{(1+x)^{n-2}}+\cdots+\sqrt[n]{(1+x)}+1)$$

则

$$\lim_{x\to 0}\frac{\sqrt[n]{1+x}-1}{\frac{1}{n}x}=\lim_{x\to 0}\frac{(\sqrt[n]{1+x})^n-1}{\frac{1}{n}x[\sqrt[n]{(1+x)^{n-1}}+\sqrt[n]{(1+x)^{n-2}}+\cdots+\sqrt[n]{(1+x)}+1]}$$

$$=\lim_{x\to 0}\frac{n}{\sqrt[n]{(1+x)^{n-1}}+\sqrt[n]{(1+x)^{n-2}}+\cdots+\sqrt[n]{(1+x)}+1}=1$$

所以 $\sqrt[n]{1+x} - 1 \sim \dfrac{1}{n}x \ (x \to 0)$。

2.4.2 无穷小量的等价代换

在无穷小的比较中,等价无穷小比较特殊,下面介绍两个等价无穷小的定理,它们在以后求极限的过程中起着重要作用。

定理 2-4-4 β 与 α 是等价无穷小的充分必要条件为 $\beta = \alpha + o(\alpha)$。

证明 **必要性** 要证 $\beta = \alpha + o(\alpha)$,即证 $\lim\limits_{x \to 0} \dfrac{\beta - \alpha}{\alpha} = 0$。设 $\alpha \sim \beta$,则 $\lim\limits_{x \to 0} \dfrac{\beta - \alpha}{\alpha} = \lim\limits_{x \to 0} \left(\dfrac{\beta}{\alpha} - 1 \right) = \lim\limits_{x \to 0} \dfrac{\beta}{\alpha} - 1 = 0$,得证。

充分性 设 $\beta = \alpha + o(\alpha)$,则

$$\lim\limits_{x \to 0} \dfrac{\beta}{\alpha} = \lim\limits_{x \to 0} \dfrac{\alpha + o(\alpha)}{\alpha} = \lim\limits_{x \to 0} \left(1 + \dfrac{o(\alpha)}{\alpha} \right) = 1$$

因此 $\alpha \sim \beta$。

例 2-4-3 因为当 $x \to 0$ 时,$\sin x \sim x$,$\tan x \sim x$,$\arcsin x \sim x$,$1 - \cos x \sim \dfrac{1}{2}x^2$,所以当 $x \to 0$ 时,有

$$\sin x = x + o(x), \quad \tan x = x + o(x), \quad \arcsin x = x + o(x), \quad 1 - \cos x = \dfrac{1}{2}x^2 + o(x^2)$$

定理 2-4-4 和例 2-4-3 表明,用简单的幂函数近似其他函数时,误差是幂函数的高阶无穷小。在计算方法中,无穷小是研究计算误差的出发点,"收敛阶"是对无穷小收敛速度的度量。而要进行更精确的近似,则要进一步用到后面的泰勒公式,它是更精确的无穷小分析。

定理 2-4-5 设在自变量的同一变化过程中,$\alpha \sim \alpha'$,$\beta \sim \beta'$,且 $\lim \dfrac{\beta'}{\alpha'}$ 存在(或 ∞),则

$$\lim \dfrac{\beta}{\alpha} = \lim \dfrac{\beta'}{\alpha'}$$

证明 $\lim \dfrac{\beta}{\alpha} = \lim \left(\dfrac{\beta}{\beta'} \cdot \dfrac{\beta'}{\alpha'} \cdot \dfrac{\alpha'}{\alpha} \right) = \lim \dfrac{\beta}{\beta'} \cdot \lim \dfrac{\beta'}{\alpha'} \cdot \lim \dfrac{\alpha'}{\alpha} = \lim \dfrac{\beta'}{\alpha'}$

定理 2-4-5 表明,求两个无穷小之比的极限时,分子及分母都可用等价无穷小代替。因此,如果用来代替的无穷小选得适当,可以使计算简化。

回忆我们已经研究过的极限:

$$\lim\limits_{x \to 0} \dfrac{\sin x}{x} = 1 \quad \lim\limits_{x \to 0} \dfrac{1 - \cos x}{\dfrac{1}{2}x^2} = 1 \quad \lim\limits_{x \to 0} \dfrac{\tan x}{x} = 1 \quad \lim\limits_{x \to 0} \dfrac{\ln(1+x)}{x} = 1$$

$$\lim\limits_{x \to 0} \dfrac{\arcsin x}{x} = 1 \quad \lim\limits_{x \to 0} \dfrac{e^x - 1}{x} = 1 \quad \lim\limits_{x \to 0} \dfrac{\arctan x}{x} = 1 \quad \lim\limits_{x \to 0} \dfrac{\sqrt[n]{1+x} - 1}{x} = \dfrac{1}{n}$$

可以得到下列常用的等价无穷小(当 $x \to 0$ 时):

$\sin x \sim x$	$\sin \square \sim \square$	$\tan x \sim x$	$\tan \square \sim \square$
$\arcsin x \sim x$	$\arcsin \square \sim \square$	$\arctan x \sim x$	$\arctan \square \sim \square$
$e^x - 1 \sim x$	$e^{\square} - 1 \sim \square$	$\ln(1+x) \sim x$	$\ln(1+\square) \sim \square$

$1 - \cos x \sim \dfrac{1}{2}x^2 \quad 1 - \cos\square \sim \dfrac{\square^2}{2} \qquad \sqrt[n]{1+x} - 1 \sim \dfrac{1}{n}x \qquad \sqrt[n]{1+\square} - 1 \sim \dfrac{\square}{n}$

$(1+x)^n - 1 \sim nx \quad (1+\square)^n - 1 \sim n\square \qquad a^x - 1 \sim x\ln a \qquad a^\square - 1 \sim \square\ln a$

注 准确记忆、灵活应用以上等价无穷小,对于熟练计算极限能起到事半功倍的效果。

例 2-4-4 求 $\lim\limits_{x \to 0}\dfrac{\tan 2x}{x^2 + 3x}$。

解 当 $x \to 0$ 时,$\tan 2x \sim 2x$。

$$\lim_{x \to 0}\dfrac{\tan 2x}{x^2 + 3x} = \lim_{x \to 0}\dfrac{2x}{x^2 + 3x} = \lim_{x \to 0}\dfrac{2}{x + 3} = \dfrac{2}{3}$$

例 2-4-5 求 $\lim\limits_{x \to 0}\dfrac{\tan x - \sin x}{x^3}$。

分析 如果原式变成 $\lim\limits_{x \to 0}\dfrac{x - x}{x^3} = 0$,这个解法是错误的。原因可从定理 2-4-5 证明过程看到,只有当等价无穷小代换因式时极限才保持不变,即只能在因子乘、除时替换使用定理 2-4-5 正确,在加减时使用定理 2-4-5 就不一定可行。如果要使用,则可以做恒等变形转化为乘除即可。正确的解法为

解 $\lim\limits_{x \to 0}\dfrac{\tan x - \sin x}{x^3} = \lim\limits_{x \to 0}\dfrac{\tan x(1 - \cos x)}{x^3}$

$= \lim\limits_{x \to 0}\dfrac{\tan x}{x} \cdot \dfrac{1 - \cos x}{x^2} = \lim\limits_{x \to 0}\dfrac{\tan x}{x} \cdot \lim\limits_{x \to 0}\dfrac{1 - \cos x}{x^2} = 1 \cdot \lim\limits_{x \to 0}\dfrac{\frac{1}{2}x^2}{x^2} = \dfrac{1}{2}$

2.4.3 无穷大量

如图 2-4-2 所示,考察函数 $y = 1/x$ 和 $y = 1/x^2$ 的曲线图形,两个函数在 $x = 0$ 处没有定义,但是对于 $y = 1/x$,x 从左边趋向于 0,函数好像无限减小,x 从右边趋向于 0,函数好像无限增大,表示为

$$\lim_{x \to 0^-}\dfrac{1}{x} = -\infty, \quad \lim_{x \to 0^+}\dfrac{1}{x} = +\infty$$

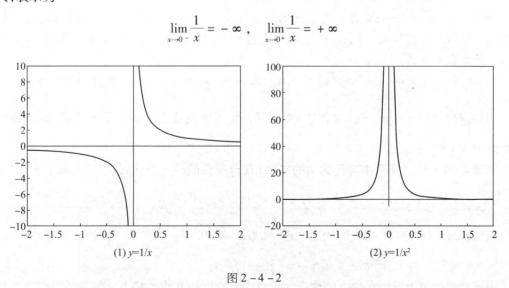

(1) $y = 1/x$ \qquad (2) $y = 1/x^2$

图 2-4-2

而对函数 $y = 1/x^2$,无论 x 从左边还是右边趋向于 0,函数好像都是无限增大,表示为

$$\lim_{x\to 0}\frac{1}{x^2} = +\infty$$

类似用任意 $X>0$，$|x|>X$ 表示自变量 x 趋向无穷大一样，用任意 $M>0$，$|f(x)|>M$ 来表示 $f(x)$ 趋向无穷大。下面给出极限为无穷大的精确定义。

定义 3 若函数 $y=f(x)$ 在 x_0 的某个去心邻域 $\mathring{U}(x_0)$ 内有定义，对 $\forall M>0$，$\exists \delta >0$，当 $x_0<x<x_0+\delta$ 时，有

$$f(x)>M$$

则称函数 $y=f(x)$ 在 $x\to x_0^+$ 的极限为正无穷大，记为 $\lim\limits_{x\to x_0^+}f(x) = +\infty$。

类似地，可以给出

$$\lim_{x\to x_0^+}f(x) = -\infty, \quad \lim_{x\to x_0^-}f(x) = +\infty, \quad \lim_{x\to x_0^-}f(x) = -\infty,$$
$$\lim_{x\to x_0}f(x) = +\infty, \quad \lim_{x\to x_0}f(x) = -\infty, \quad \lim_{x\to x_0}f(x) = \infty$$

的精确定义。也仿照定义 3 给出自变量趋向无穷大时函数极限为无穷大的精确定义，相关的表达式为

$$\lim_{x\to +\infty}f(x) = +\infty, \quad \lim_{x\to +\infty}f(x) = -\infty, \quad \lim_{x\to -\infty}f(x) = +\infty, \quad \lim_{x\to -\infty}f(x) = -\infty$$

等。同样也可给出数列极限为无穷大的定义。

定义 3' 若函数 $y=f(x)$ 在 $|x|$ 大于某一正数时有定义，如果对于任意给定的正数 M，总存在正数 X，只要 x 适合不等式 $|x|>X$，对应的函数值 $f(x)$ 总满足不等式

$$|f(x)|>M$$

则称函数 $y=f(x)$ 是当 $x\to \infty$ 时的无穷大。记为 $\lim\limits_{x\to \infty}f(x) = \infty$。

值得注意的是，在自变量的某一变化过程中函数的极限为无穷大，事实上是极限不存在，因为无穷大不是一个**确定的数**。尽管我们可以书写成 $\lim f(x)=\infty$，但只是一个表达**极限不存在的特殊形式**。也就是说，我们利用这一表示形式专门来刻画这一极限不存在的特殊形式，只是人为规定了"无穷大"的概念。因为在函数自变量趋向某一个确定数时极限为无穷大与函数曲线的渐近线密切相关，当下面四个表达式有一个成立时，直线 $x=x_0$ 就是函数 $y=f(x)$ 曲线的一条**竖直渐近线**：

1. $\lim\limits_{x\to x_0^-}f(x) = +\infty$ 2. $\lim\limits_{x\to x_0^-}f(x) = -\infty$ 3. $\lim\limits_{x\to x_0^+}f(x) = +\infty$ 4. $\lim\limits_{x\to x_0^+}f(x) = -\infty$。

例如，对函数 $y=\dfrac{x^2}{x^2-x-2}$，如图 2-4-3 所示，函数曲线有一条水平渐近线 $y=1$ 和两条竖直渐近线 $x=-1, x=2$。

定理 2-4-6 （无穷小与无穷大的关系）在自变量的同一变化过程中，如果 $f(x)$ 为无穷大，则 $\dfrac{1}{f(x)}$ 为无穷小；反之，如果 $f(x)$ 为无穷小，且 $f(x)\neq 0$，则 $\dfrac{1}{f(x)}$ 为无穷大。

例如，$f(x)=x-1$ 当 $x\to 1$ 时为无穷小，则当 $x-1\neq 0$ 时，$\dfrac{1}{f(x)}=\dfrac{1}{x-1}$ 是 $x\to 1$ 时的无穷大；e^{x^2} 是 $x\to\infty$ 时的无穷大，因而 e^{-x^2} 是 $x\to\infty$ 时的无穷小。

不难理解无穷大量还有如下的性质。设自变量在同一变化趋势下，则：

（1）有限个无穷大量的乘积仍是无穷大量；

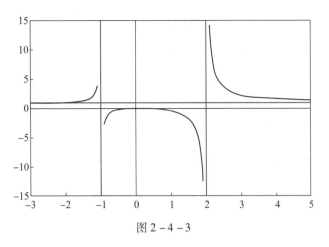

图 2-4-3

(2) 无穷大量与有界变量之和仍是无穷大量。

然而,应当注意的是,两个无穷大量的代数和不一定是无穷大量,因为可能出现 $\infty - \infty$ 型不定式的情形;无穷大量与有界变量的乘积,也不一定是无穷大量,因为可能出现 $0 \cdot \infty$ 型不定式情形,此外还需注意无穷大量与无界函数的区别。

例如,当 $x \to 0$ 时,显然 $f(x) = \frac{1}{x} \sin \frac{1}{x}$ 是一个无界变量,但该函数并不是无穷大(如图 2-4-4 所示),因为:

图 2-4-4

(1) 选取子列 $x_n = \dfrac{1}{2k\pi + \dfrac{\pi}{2}}$ ($k = 0,1,2,3,\cdots$),当 k 充分大时,有

$$f(x_n) = 2k\pi + \frac{\pi}{2} \quad (f(x) > M)$$

此时是无界的。

(2) 选取子列 $x_n' = \dfrac{1}{2k\pi}$ ($k = 0,1,2,3,\cdots$),当 k 充分大时,有

$$f(x_n') = 2k\pi \sin(2k\pi) = 0 < M$$

综上,由无穷大量的定义可知,当 $x \to 0$ 时,$f(x) = \dfrac{1}{x} \sin \dfrac{1}{x}$ 不是无穷大量。

习题 2-4

(A)

1. 判断题

(1) 两个无穷小的和、差、积、商仍为无穷小。 (　　)

(2) 两个无穷大的和一定是无穷大。 (　　)

(3) 零是无穷小。 (　　)

(4) 无限个无穷小之和未必是无穷小。 (　　)

(5) 因为 $\lim\limits_{x\to 0}3x^2=0$，所以 $3x^2$ 是无穷小量。 (　　)

(6) 当 $x\to\infty$ 时，$\dfrac{1}{x}\sin\dfrac{1}{x}$ 是 $\dfrac{1}{x}$ 的二阶无穷小。 (　　)

2. 选择题

(1) 下列命题中正确的是(　　)。

A. 无穷大是一个非常大的数 　　B. 无穷小是一个以零为极限的变量

C. 无界变量必为无穷大　　D. 无穷大量的倒数是无穷小量

(2) 下列运算正确的是(　　)。

A. $\lim\limits_{x\to\infty}\dfrac{\arctan x}{x}=\lim\limits_{x\to\infty}\dfrac{1}{x}\cdot\lim\limits_{x\to\infty}\arctan x=0\times\left(\pm\dfrac{\pi}{2}\right)=0$

B. $\lim\limits_{x\to\infty}(2x^3-x^2+3)=\infty-\infty+3=3$

C. $\lim\limits_{x\to\infty}\dfrac{x^2}{2x+1}=\dfrac{\lim\limits_{x\to\infty}x^2}{\lim\limits_{x\to\infty}(2x+1)}=\dfrac{\infty}{\infty}=1$

D. 求 $\lim\limits_{x\to\infty}\dfrac{2x+1}{x^2}$，因为 $\lim\limits_{x\to\infty}\dfrac{2x+1}{x^2}=\lim\limits_{x\to\infty}\dfrac{\dfrac{2}{x}+\dfrac{1}{x^2}}{1}=0$，所以 $\lim\limits_{x\to\infty}\dfrac{2x+1}{x^2}=0$

(3) 当 $x\to 0$ 时，下列四个无穷小量中，哪一个是比其他三个更高阶的无穷小量？(　　)

A. $\sin x-\tan x$　　B. $1-\cos x$　　C. $\sqrt{1-x^2}-1$　　D. x^2

(4) $\alpha(x)=\dfrac{1-x}{1+x},\beta(x)=1-\sqrt[3]{x}$，则当 $x\to 1$ 时有(　　)。

A. α 是比 β 高阶的无穷小　　B. α 是比 β 低阶的无穷小

C. α 与 β 同阶无穷小，但不等价　　D. $\alpha\sim\beta$

(5) 当 $x\to 0^+$ 时，与 $\sqrt{x}$ 等价的无穷小是(　　)。

A. $1-e^{\sqrt{x}}$　　B. $\ln\dfrac{1+x}{1-\sqrt{x}}$　　C. $\sqrt{1+\sqrt{x}}-1$　　D. $1-\cos\sqrt{x}$

3. 填空题

(1) 因为 $\lim\limits_{x\to 0}\dfrac{x^2}{3x}=0$，所以当 $x\to 0$ 时，$3x$ 是比 x^2 _____ 的无穷小。

(2) $x\to 0$ 时，$\tan x-\sin x$ 是 x 的 _____ 阶无穷小。

(3) $\lim\limits_{x\to 0}x^k\sin\dfrac{1}{x}=0$ 成立的 k 为_____。

(4) $x\to 0$ 时,$e^{x^2}-\cos x$ 是 x^2 的_____阶无穷小。

(5) 若 $x\to 0$ 时,$\sqrt{1+x\sin x}-1\sim$ _____。

(6) 若 $x\to 0$ 时,$1-\cos x\sim mx^n$,则常数 $m=$____,$n=$____。

4. 指出下列函数在指定的变化趋势下是无穷小量还是无穷大量。

(1) $\ln x$,$x\to 1$ 及 $x\to 0^+$;

(2) $e^{\frac{1}{x}}$,$x\to 0^+$ 及 $x\to 0^-$;

(3) $\dfrac{x+1}{x^2-4}$,$x\to 2$;

(4) $\dfrac{1+(-1)^n}{n}$,$n\to\infty$。

5. 求下列极限:

(1) $\lim\limits_{n\to\infty}\left[\sin n!\left(\dfrac{n-1}{3n^2+2}\right)\right]$;

(2) $\lim\limits_{x\to 0}\dfrac{\cos x-\cot x}{x}$;

(3) $\lim\limits_{n\to\infty}(\sqrt{n+4\sqrt{n}}-\sqrt{n-\sqrt{n}})$;

(4) $\lim\limits_{x\to\frac{\pi}{3}}\dfrac{8\cos^2 x-2\cos x-1}{2\cos^2 x+\cos x-1}$。

6. 求函数的水平渐近线和垂直渐近线,并画出它们的图形:

(1) $y=\dfrac{3}{x+1}$;

(2) $y=\dfrac{2x}{x-2}$;

(3) $y=\dfrac{3}{9-x^2}$;

(4) $y=x\sin\dfrac{1}{x}$。

7. 利用等价无穷小替换求极限:

(1) $\lim\limits_{x\to\infty}x\sin\dfrac{2x}{x^2+1}$;

(2) $\lim\limits_{x\to 0}\dfrac{\ln(\sin x+1)}{e^{\sin x}-1}$;

(3) $\lim\limits_{x\to\infty}\dfrac{3x^2+5}{5x+3}\sin\dfrac{2}{x}$;

(4) $\lim\limits_{x\to\infty}x(e^{\frac{1}{x}}-1)$;

(5) $\lim\limits_{x\to 0}\dfrac{1-\cos x^2}{x^2\sin x^2}$;

(6) $\lim\limits_{x\to 0}\dfrac{\sqrt{1+x\sin x}-\cos x}{\sin^2\dfrac{x}{2}}$;

(7) $\lim\limits_{x\to 0}\dfrac{\tan x-\sin x}{x\sin x^2}$;

(8) $\lim\limits_{x\to 4}\dfrac{e^x-e^4}{x-4}$;

(9) $\lim\limits_{x\to 2}\dfrac{\ln(1+\sqrt[3]{2-x})}{\arctan\sqrt[3]{4-x^2}}$;

(10) $\lim\limits_{x\to 0}\dfrac{\sqrt{1+\sin x^2}-1}{e^{x^2}-1}$。

(B)

1. 当 $x\to 0$ 时,用 $o(x)$ 表示比 x 高阶的无穷小,则下列式子中错误的是( )。
A. $x\cdot o(x)=o(x^2)$
B. $o(x)\cdot o(x^2)=o(x^3)$
C. $o(x^2)+o(x^2)=o(x^2)$
D. $o(x)+o(x^2)=o(x^2)$

2. 证明函数 $f(x)=\dfrac{1}{x^2}\sin\dfrac{1}{x}$ 在 $(-\infty,0)$ 和 $(0,+\infty)$ 内无界,但当 $x\to 0$ 时非无穷大。

3. 设 $x\to x_0$ 时,$g(x)$ 是有界量,$f(x)$ 是无穷大,证明:$f(x)\pm g(x)$ 是无穷大。

4. 已知 $\lim\limits_{x\to 0}\dfrac{\sqrt{1+f(x)\sin 2x}-1}{e^{3x}-1}=2$,求 $\lim\limits_{x\to 0}f(x)$。

5. 求下列极限:

(1) $\lim\limits_{n\to\infty}\sqrt{n}(\sqrt[n]{n}-1)$; (2) $\lim\limits_{x\to\infty}x^{-3}\left[\left(\dfrac{2+\cos x}{3}\right)^x-1\right]$。

6. 当 $x\to 0$ 时,$\alpha(x)=kx^2$ 与 $\beta(x)=\sqrt{1+x\arcsin x}-\sqrt{\cos x}$ 是等价无穷小,求 k。

7. 当 $\lim\limits_{x\to-\infty}[f(x)-(kx+b)]=0$ 或 $\lim\limits_{x\to+\infty}[f(x)-(kx+b)]=0$ 时,直线 $y=kx+b$ 叫作 $y=f(x)$ 图形的斜渐近线。求 $f(x)=\dfrac{3x^3+4x^2-x+1}{x^2+1}$ 的斜渐近线。

8. 求曲线 $y=\dfrac{1+e^{-x^2}}{1-e^{-x^2}}$ 的渐近线。

§2.5 连续函数

2.5.1 函数连续性概念与间断点

客观世界的许多现象和事物不仅是运动变化的,而且其运动变化的过程往往是连续不断的,比如日月行空、岁月流逝、植物生长、物种变化等,这些连续不断发展变化的事物在量的方面的反映就是函数的连续性。本节将要引入的连续函数就是刻画变量连续变化的数学模型。

16—17 世纪微积分的酝酿和产生,直接肇始于对物体的连续运动的研究。例如,伽利略(Galileo)所研究的自由落体运动等都是连续变化的量。但 19 世纪以前,数学家们对连续变量的研究仍停留在几何直观的层面上,即把能一笔画成的曲线所对应的函数称为连续函数。19 世纪中叶,在柯西等数学家建立起严格的极限理论之后,才对连续函数作出了严格的数学表述。

依赖直觉来理解函数的连续性是不够的。早在 20 世纪 20 年代,物理学家就已发现,我们直觉上认为是连续运动的光,实际上是由离散的光粒子组成且受热的原子是以离散的频率发射光线的,如图 2 – 5 – 1 所示,因此,光既有波动性又具有粒子性(光的"波粒二象性"),但它是不连续的。20 世纪以来由于诸如此类的发现以及在计算机科学、统计学和数学建模中间断函数的大量应用,连续性的问题就成为在实践中和理论上均有重大意义的问题之一。连续性是函数的重要性态之一。它不仅是函数研究的重要内容,也为计算极限开辟了新途径,本节将运用极限的概念对它加以描述和研究,并在此基础上解决更多的计算问题。

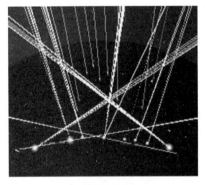

图 2 – 5 – 1

1. 函数连续的概念

前面我们发现 $x\to x_0$ 时,有些函数 $f(x)$ 的极限通常等于 $f(x_0)$,称具备这种特性的函数在 x_0 处连续。连续的数学定义与日常用语中连续的含义具有紧密联系,自然界的许多现象,如气温的变化、植物的生长等,都是连续变化的。也就是说,连续过程是一个渐变过程,不存在中断。有如下定义。

定义 1 （增量定义）设函数 $y=f(x)$ 在点 x_0 的某一邻域 $U(x_0)$ 内有定义,如果
$$\lim_{\Delta x \to 0} \Delta y = \lim_{\Delta x \to 0}[f(x_0 + \Delta x) - f(x_0)] = 0$$
那么就称函数 $y=f(x)$ 在点 x_0 连续。

设 $x = x_0 + \Delta x$,则 $\Delta x \to 0$ 就是 $x \to x_0$,由于 $\Delta y = f(x_0 + \Delta x) - f(x_0) = f(x) - f(x_0)$,即
$$f(x) = f(x_0) + \Delta y$$
可见 $\Delta y \to 0$ 就是 $f(x) \to f(x_0)$,于是得到函数 $y=f(x)$ 在点 x_0 连续的另一种定义形式。

定义 1′ （函数极限值定义）设函数 $y=f(x)$ 在点 x_0 的某一邻域 $U(x_0)$ 内有定义,如果
$$\lim_{x \to x_0} f(x) = f(x_0)$$
那么称函数 $y=f(x)$ 在点 x_0 连续。

定义说明 $x \to x_0$ 时 $f(x) \to f(x_0)$。因而,连续函数的自变量 x 取值发生细微变化时 $f(x)$ 的值也会发生细微变化。实际上,只要选择 x 发生充分小的变化,就能保证 $f(x)$ 只发生我们希望的细小变化。

如图 2-5-2 所示,连续函数 $f(x)$ 的曲线上任意一点 $(x, f(x))$ 将连续地沿曲线靠近 $(x_0, f(x_0))$,不会产生间隙。

物理过程一般是连续的,如车辆的速率和路程是时间的连续函数,和人的身高随时间变化一样。但不连续函数也存在,如符号函数在 0 处间断。从几何图形上看,在区间内每一个数值处连续的函数就是一个没有中断的图形,可用不离开纸面的笔描绘出来。

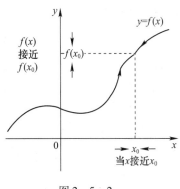

图 2-5-2

定义 1″ （$\varepsilon - \delta$ 定义）设函数 $y=f(x)$ 在点 x_0 的某一邻域 $U(x_0)$ 内有定义,如果 $\forall \varepsilon > 0$,$\exists \delta > 0$,若 $|x - x_0| < \delta$ 时,有
$$|f(x) - f(x_0)| < \varepsilon, \quad 即 \lim_{x \to x_0} f(x) = f(x_0)$$
称函数 $y=f(x)$ 在点 x_0 连续。

根据函数极限与左右极限的关系,容易得到:**函数 $y=f(x)$ 在点 x_0 连续的充要条件是函数在点 x_0 左连续且右连续。**

定义 2 （左、右连续）设函数 $y=f(x)$ 在点 x_0 的某一邻域内有定义,如果
$$\lim_{x \to x_0^-} f(x) = f(x_0) \ (\text{或} \lim_{x \to x_0^+} f(x) = f(x_0))$$
那么称函数 $y=f(x)$ 在点 x_0 左（右）连续。

例如,取整函数 $f(x) = [x]$ 在整数 n 处左不连续、右连续。因为 $\lim_{x \to n^+}[x] = n = [n]$,但是
$$\lim_{x \to n^-}[x] = n - 1 \neq [n]$$

定义 3 如果函数 $f(x)$ 在区间内每一点处都连续,则称函数在该区间上连续（对于包含端点的区间,在左端点处右连续,在右端点处左连续,其他点处连续）。

例 2-5-1 证明函数 $y = \sin x$ 在区间 $(-\infty, +\infty)$ 内是连续的。

证明 设 x 是区间 $(-\infty, +\infty)$ 内任意取定的一点,当 x 有增量 Δx 时,对应的函数的增量为

$$\Delta y = \sin(x + \Delta x) - \sin x$$

因

$$\sin(x + \Delta x) - \sin x = 2\sin\frac{\Delta x}{2}\cos\left(x + \frac{\Delta x}{2}\right)$$

注意到

$$\left|\cos\left(x + \frac{\Delta x}{2}\right)\right| \leq 1$$

推得

$$|\Delta y| = |\sin(x + \Delta x) - \sin x| \leq 2\left|\sin\frac{\Delta x}{2}\right|$$

对于任意的角度 α,当 $\alpha \neq 0$ 时,有 $|\sin\alpha| < |\alpha|$,所以

$$0 \leq |\Delta y| = |\sin(x + \Delta x) - \sin x| < |\Delta x|$$

因此,由 x 在区间的任意性,则当 $\Delta x \to 0$ 时,由夹逼准则得 $|\Delta y| \to 0$,这就证明了 $y = \sin x$ 对于 $x \in (-\infty, +\infty)$ 是连续的。类似地可以证明,函数 $y = \cos x$ 在区间 $(-\infty, +\infty)$ 内是连续的。

例 2-5-2 证明函数 $f(x) = 1 - \sqrt{1-x^2}$ 在 $[-1, 1]$ 上连续。

证明 如果 $-1 < x_0 < 1$,则由极限运算法则可知

$$\lim_{x \to x_0} f(x) = \lim_{x \to x_0}(1 - \sqrt{1-x^2}) = 1 - \lim_{x \to x_0}\sqrt{1-x^2} = 1 - \sqrt{\lim_{x \to x_0}(1-x^2)}$$
$$= 1 - \sqrt{1-x_0^2} = f(x_0)$$

由定义 1 可知,$f(x) = 1 - \sqrt{1-x^2}$ 在 $(-1, 1)$ 内连续。

同理可得

$$\lim_{x \to -1^+} f(x) = f(-1), \quad \lim_{x \to 1^-} f(x) = f(1)$$

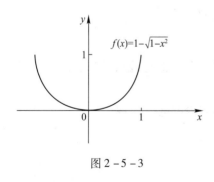

图 2-5-3

说明函数 $f(x) = 1 - \sqrt{1-x^2}$ 在 -1 处右连续,在 1 处左连续。由定义 3 可知,函数 $f(x) = 1 - \sqrt{1-x^2}$ 在 $[-1, 1]$ 上连续。函数图形如图 2-5-3 所示,它是下半圆周。

2. 间断点及其分类

定义 1 表明 $f(x)$ 在 x_0 处连续需要三个条件,那么只要有一个条件不满足,函数就不连续,即有如下定义。

设函数 $f(x)$ 在 x_0 处的某去心邻域内有定义。在此前提下,如果函数 $f(x)$ 有下列三种情形之一:

1. 在 $x = x_0$ 没有定义;
2. 虽在 $x = x_0$ 有定义,但 $\lim\limits_{x \to x_0} f(x)$ 不存在;
3. 虽在 $x = x_0$ 有定义,且 $\lim\limits_{x \to x_0} f(x)$ 存在,但 $\lim\limits_{x \to x_0} f(x) \neq f(x_0)$。

那么函数 $f(x)$ 在 x_0 处不连续,而点 x_0 称为 $f(x)$ 的**不连续点**或**间断点**。

例 2-5-3 如图 2-5-4 所示是函数 $f(x)$ 的图形。函数在什么地方间断?为什么?

解 函数在 $x = 1, 3, 5$ 处间断。在 $x = 1$ 处,$f(1)$ 没有定义。在 $x = 3$ 处,左右极限存在但不相等。在 $x = 5$ 处,函数的极限不等于 $f(5)$。

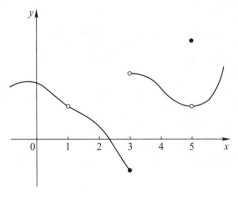

图 2-5-4

现在我们考察由公式表示的函数的间断点怎样确定。

例 2-5-4 确定下述函数的间断点。

(1) $f(x) = \dfrac{x^2 - x - 2}{x - 2}$;

(2) $f(x) = \begin{cases} 1/x^2 & (x \neq 0) \\ 1 & (x = 0) \end{cases}$;

(3) $f(x) = \begin{cases} \dfrac{x^2 - x - 2}{x - 2} & (x \neq 2) \\ 1 & (x = 2) \end{cases}$;

(4) $f(x) = [x]$。

解 (1) $f(2)$ 没有定义,所以 $x = 2$ 是间断点。

(2) $x \to 0$ 时 $f(x)$ 的极限不存在,所以 $x = 0$ 是间断点。

(3) $\lim\limits_{x \to 2} f(x) = \lim\limits_{x \to 2} \dfrac{x^2 - x - 2}{x - 2} = 3 \neq f(2)$,所以 $x = 2$ 是间断点。

(4) 由 2.3.3 节例 2-3-18 可知,$f(x)$ 在整数点处间断。

图 2-5-4 是例 2-5-3 中函数的图形,因为图形上有洞、中断或者跳跃,因而画图时不能笔不离纸。图 2-5-5 是例 2-5-4 中函数的图形,(a)、(c)中间断点称为可去间断点,只要重新定义 $f(2)$ 就可使得函数连续。(b)中间断点是无穷间断点,(d)中间断点是跳跃间断点,函数从一个数值跳到另一个数值。

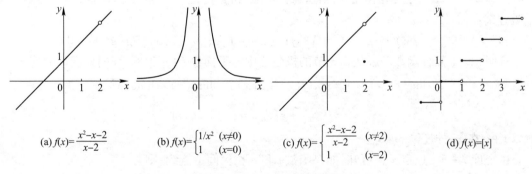

(a) $f(x) = \dfrac{x^2 - x - 2}{x - 2}$ (b) $f(x) = \begin{cases} 1/x^2 & (x \neq 0) \\ 1 & (x = 0) \end{cases}$ (c) $f(x) = \begin{cases} \dfrac{x^2 - x - 2}{x - 2} & (x \neq 2) \\ 1 & (x = 2) \end{cases}$ (d) $f(x) = [x]$

图 2-5-5 例 4 中函数的图形

上面举了一些间断点的例子。通常把间断点分为两类:

第一类间断点 如果 x_0 是函数 $f(x)$ 的间断点,但左极限和右极限都存在,那么称 x_0 为 $f(x)$ 的第一类间断点。第一类间断点有如下两种情形。

(1) 函数 $f(x)$ 在 x_0 处极限存在,但不等于该点处的函数值,即 $\lim\limits_{x \to x_0} f(x) = A \neq f(x_0)$,或极限存在但函数在该点处无定义,则称 x_0 为 $f(x)$ 的可去间断点。

例如,例 2-5-3 中的 $x=1$ 和 $x=5$,例 2-5-4(1)中的 $x=2$,例 2-5-4(3)中的 $x=2$,都是可去间断点。

(2) 函数 $f(x)$ 在 x_0 处的左、右极限都存在但不相等,则称 x_0 为 $f(x)$ 的跳跃间断点。

例如,例 2-5-3 中的 $x=3$,例 2-5-4(4)中 $x=n(n\in Z)$,都是跳跃间断点。

第二类间断点 不是第一类间断点的任何间断点,称为第二类间断点。

例如,例 2-5-4(2)中,因为 $\lim\limits_{x \to 0} f(x) = +\infty$,极限不存在,所以 $x=0$ 属于第二类间断点,称为无穷间断点。

再比如,$f(x) = \sin\dfrac{\pi}{x}$,如图 2-5-6 所示,当 $x \to 0$ 时,函数值在 -1 和 1 之间无限振荡无极限,$x=0$ 称为无穷振荡间断点。

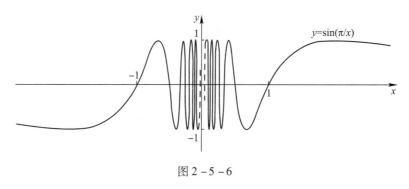

图 2-5-6

2.5.2 连续函数的运算法则与初等函数的连续性

在讨论函数的连续性时,并非需要每次都使用定义 1~3(见 2.5.1 节)来判断函数的连续性,下面通过讨论简单函数的连续性,以及连续函数的运算,从而使复杂函数的连续性判断更加便利。

定理 2-5-1 (**连续函数的四则运算**) 如果 f 和 g 在 x_0 处连续,c 是常量,则下列函数在 x_0 处连续:

(1) $f+g$;   (2) $f-g$;   (3) cf;   (4) fg;   (5) $f/g(g(a)\neq 0)$。

证明 5 个复合函数都服从 2.3 节的极限法则。下面以 $f+g$ 为例,证明该函数的连续性。

$$\lim_{x \to x_0}(f+g)(x) = \lim_{x \to x_0}(f(x)+g(x)) = \lim_{x \to x_0}f(x) + \lim_{x \to x_0}g(x)$$
$$= f(x_0) + g(x_0) = (f+g)(x_0)$$

所以 $f+g$ 在 x_0 处连续。

由定理 2-5-1、定义 3 可知,如果函数 f 和 g 在区间上连续,则

(1) $f+g$;   (2) $f-g$;   (3) cf;   (4) fg;   (5) $f/g(g(x)\neq 0)$

在区间上连续。

以下的定理是函数直接代入求极限的性质。

定理 2-5-2 (1) 任何多项式在实数域上连续;

(2) 有理函数在定义域上连续。

证明 （1）假设多项式为 $P(x) = c_n x^n + c_{n-1} x^{n-1} + \cdots + c_1 x_1 + c_0$，其中 $c_n, c_{n-1}, \cdots, c_1, c_0$ 为常数。由于

$$\lim_{x \to x_0} c_0 = c_0, \quad \lim_{x \to x_0} c_m x^m = c_m \lim_{x \to x_0} x^m = c_m x_0^m \quad (m = 1, 2, \cdots, n)$$

所以

$$\lim_{x \to x_0} P(x) = \lim_{x \to x_0} (c_n x^n + \cdots + c_1 x + c_0) = c_n x_0^n + \cdots + c_1 x_0 + c_0 = P(x_0)$$

故多项式在任意实数 x_0 处连续，即多项式在实数域上连续。

（2）设有理函数为 $f(x) = P(x)/Q(x)$，定义域为 D，$P(x), Q(x)$ 为多项式，且对于任意 $x \in D$ 满足 $Q(x) \neq 0$。根据（1）的结论可知，$P(x), Q(x)$ 在 D 连续。由定理 2-5-4 可知，$f(x) = P(x)/Q(x)$ 在 D 上任意点处连续。

例如，根据球体体积公式 $V(r) = 4\pi r^3/3$，可知球体体积随半径增加而连续变化。连续函数这一知识使我们可以很快地计算极限，函数的连续性与函数的极限类似，也有连续函数的运算法则，即连续函数的和差积是连续函数，连续函数商在分母不为零时是连续函数。

例 2-5-5 计算 $\lim\limits_{x \to -2} (x^3 + 2x^2 - 1)/(5 - 3x)$。

解 函数 $f(x) = (x^3 + 2x^2 - 1)/(5 - 3x)$ 是有理函数，在定义域 $\{x \mid x \neq 5/3\}$ 上连续。所以

$$\lim_{x \to -2} (x^3 + 2x^2 - 1)/(5 - 3x) = f(-2) = -1/11$$

大部分熟悉的函数在定义域内每个数值处连续。

由例 2-5-1 知，$\sin x, \cos x$ 在定义域 R 上是连续的，由定理 2-5-4 可知，三角函数在其定义区域内也是连续的，如 $\tan x = \sin x / \cos x (\cos x \neq 0)$ 连续，$x = (k+0.5)\pi, k \in Z$ 是函数 $y = \tan x$ 的无穷间断点，如图 2-5-7 所示。

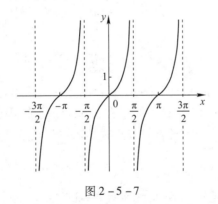

图 2-5-7

任何连续函数的反函数也是连续函数（反函数 f^{-1} 的图形与 f 的图形关于直线 $y = x$ 对称，f 的图形没有间断，f^{-1} 的图形必然没有间断）。因而反三角函数也是连续函数。

在前面我们定义的指数函数 $y = a^x$ 在实数域上连续，因此它的反函数 $y = \log_a x$ 在 $(0, +\infty)$ 上是连续函数。

定理 2-5-3 下述类型函数在其定义域上是连续函数：多项式，有理函数，根式函数，三角函数，反三角函数，指数函数，对数函数。

例 2-5-6 确定函数 $f(x) = (\ln x + \arctan x)/(x^2 - 1)$ 的连续区间。

解 由定理 2-5-3 可知，$\ln x$ 在 $(0, +\infty)$ 内连续，$\arctan x$ 在实数域上连续，所以 $(\ln x + \arctan x)$ 在 $(0, +\infty)$ 内连续。分母 $y = x^2 - 1$ 在实数域上连续。由定理 2-5-2 可知，$x^2 - 1 \neq 0$

时$f(x)$连续。因此,$f(x)$的连续区间是$(0,1)$和$(1,+\infty)$。

例2-5-7 计算$\lim\limits_{x\to\pi}\sin x/(2+\cos x)$。

解 定理2-5-3告诉我们,函数$y=\sin x$是连续函数。分母$y=2+\cos x$是连续函数且$y=2+\cos x\geqslant 1$。因而$f(x)=\sin x/(2+\cos x)$是实数域上的连续函数。由连续函数的定义可知

$$\lim_{x\to\pi}\sin x/(2+\cos x)=\lim_{x\to\pi}f(x)=f(\pi)=0$$

另一个组合两个连续函数f和g为一个新连续函数的方式是形成复合函数$f\circ g$。这一事实是定理2-5-4的结果。

定理2-5-4 (复合函数极限的运算定理)如果$\lim\limits_{x\to x_0}g(x)=A$,函数$y=f(x)$在$A$处连续,那么

$$\lim_{x\to x_0}f[g(x)]=f[\lim_{x\to x_0}g(x)]=f(A)$$

特别地,函数$g(x)$在点x_0连续,$f(x)$在点$g(x_0)$连续,则函数$f[g(x)]$在点x_0连续。

分析 要证明$\lim\limits_{x\to x_0}f[g(x)]=f[\lim\limits_{x\to x_0}g(x)]=f(A)$,就是要求$\forall \varepsilon>0$,寻找$\delta>0$,使得当$|x-x_0|<\delta$时,$|f[g(x)]-f(A)|<\varepsilon$成立。而$|f[g(x)]-f(A)|<\varepsilon$成立,必须寻找一个数$\eta>0$使$|g(x)-A|<\eta$成立,同理寻找$\delta>0$,使$x$满足$|x-x_0|<\delta$。

证明 设$u=g(x)$,由于函数$f(u)$在点A连续,$\forall \varepsilon>0$,$\exists \eta>0$,当$|u-A|<\eta$时,有

$$|f(u)-f(A)|<\varepsilon$$

又由于$\lim\limits_{x\to x_0}g(x)=A$,对于上述的$\eta$,$\exists \delta>0$,当$|x-x_0|<\delta$时,有$|u-A|<\eta$。因此,$\forall \varepsilon>0$,$\exists \delta>0$,当$|x-x_0|<\delta$时,有$|u-A|<\eta$,$|f(u)-f(A)|<\varepsilon$,即

$$|g(x)-A|<\eta,\quad |f[g(x)]-f(A)|<\varepsilon$$

所以

$$\lim_{x\to x_0}f[g(x)]=f[\lim_{x\to x_0}g(x)]=f(A)$$

在上述证明过程中,把A换成$g(x_0)$就证明了复合函数的连续运算定理。

定理2-5-5 如果$g(x)$在x_0处连续,f在$g(x_0)$处连续,则由$(f\circ g)(x)=f(g(x))$确定的复合函数在x_0处连续。(这一定理常常非正式地表达为连续函数的复合函数是连续函数。)

例2-5-8 计算$\lim\limits_{x\to 1}\arcsin\dfrac{1-\sqrt{x}}{1-x}$。

解 因为反正弦函数是连续函数,应用定理2-5-4:

$$\lim_{x\to 1}\arcsin\frac{1-\sqrt{x}}{1-x}=\arcsin\left(\lim_{x\to 1}\frac{1-\sqrt{x}}{1-x}\right)=\arcsin\left(\lim_{x\to 1}\frac{1-\sqrt{x}}{(1-\sqrt{x})(1+\sqrt{x})}\right)$$

$$=\arcsin\left(\lim_{x\to 1}\frac{1}{1+\sqrt{x}}\right)=\arcsin 0.5=\frac{\pi}{6}$$

例2-5-9 确定下述函数的连续区间:

(1) $h(x)=\sin(x^2)$; (2) $F(x)=\ln(1+\cos x)$。

解 (1) $h(x)=f(g(x))$,其中

$$f(x)=\sin x,\quad g(x)=x^2$$

由于$g(x)=x^2$是多项式,在实数域上连续,而$f(x)=\sin x$在实数域上连续。因而由定

理 2-5-5 可知 $h=f\circ g$ 在实数域上连续。

(2) 由定理 2-5-3 可知,$f(x)=\ln x$ 在 $(0,+\infty)$ 内连续,
$$g(x)=1+\cos x$$
在实数域上连续。因此,由定理 2-5-5 可知,$F(x)=f(g(x))$ 在定义域上连续。

$1+\cos x>0$ 时,$F(x)=\ln(1+\cos x)$ 有定义。

$\cos x=-1$,即 $x=(2k+1)\pi,k\in Z$ 时,$F(x)=\ln(1+\cos x)$ 无意义。

因此,函数的连续区间为 $\{x\mid x\neq(2k+1)\pi,k\in Z\}$,如图 2-5-8 所示。

由基本初等函数的连续性及上述定理,我们可以得到定理 2-5-6。

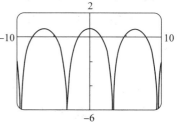

图 2-5-8

定理 2-5-6 一切初等函数在其定义区间内都是连续的。

简言之,初等函数的连续区间就是其定义区间。由定理 2-5-6 可知,如果函数 $f(x)$ 是初等函数,x_0 是其定义区间内的一点,则 $\lim\limits_{x\to x_0}f(x)=f(x_0)$,即连续点处的极限可以用代入法。

例 2-5-10 求下列极限

(1) $\lim\limits_{x\to 1}\cos\sqrt{e^{2x}-1}$; (2) $\lim\limits_{x\to 0}\dfrac{\sqrt{x^2+9}-\sin x}{x+\pi}$。

解 (1) $\lim\limits_{x\to 1}\cos\sqrt{e^{2x}-1}=\cos\sqrt{e^2-1}$;

(2) $\lim\limits_{x\to 0}\dfrac{\sqrt{x^2+9}-\sin x}{x+\pi}=\dfrac{\sqrt{0+9}-\sin 0}{0+\pi}=\dfrac{3}{\pi}$。

例 2-5-11 讨论函数
$$f(x)=\begin{cases}x+e^x & (x\leq 0)\\(x-1)\sin\dfrac{1}{x-1} & (x>0)\end{cases}$$
的连续性,并指出间断点的类型。

解 由于所给函数是一个分段函数,它在 $x<0$ 与 $x>0$ 区间内分别都是用初等函数表示的,而初等函数在其定义区间均连续,故在 $x<0$ 与 $x>0$ 区间内的间断点只有使函数无定义的点 $x=1$。此外,分界点 $x=0$ 也是间断点的"可疑"点,必须专门讨论。

对于点 $x=1$,由于 $x\to 1$ 时 $(x-1)$ 是一无穷小量,而 $\sin\dfrac{1}{x-1}$ 是一有界变量,故有
$$\lim_{x\to 1}(x-1)\sin\dfrac{1}{x-1}=0$$
所以 $x=1$ 是一可去间断点。

对于点 $x=0$,由于
$$\lim_{x\to 0^-}f(x)=\lim_{x\to 0^-}(x+e^x)=1$$
$$\lim_{x\to 0^+}f(x)=\lim_{x\to 0^+}(x-1)\sin\dfrac{1}{x-1}=\sin 1$$
所以 $x=0$ 是一跳跃间断点。

2.5.3 闭区间上连续函数的性质

函数在区间 I 上的**每一个点连续**,称函数**在区间 I 上连续**,函数也称区间 I 上的连续函数。闭区间上的连续函数图形是一条有头有尾的曲线段,一定有曲线的最高点和最低点,也就是说有最大值和最小值,而且最大值和最小值之间是一条连续的曲线段,因此闭区间上的函数值一定有介于最大值和最小值之间的任何数值。

1. 有界性和最值定理

先说明最大值和最小值的概念。顾名思义,对于定义在区间 I 上的函数 $f(x)$,如果存在 $x_0 \in I$,使得对任意 $x \in I$,都有

$$f(x) \leqslant f(x_0) \quad (f(x) \geqslant f(x_0))$$

则称 $f(x_0)$ 是 $f(x)$ 在区间 I 上的最大值(最小值)。**最大值和最小值统称为最值**。

例如,函数 $f(x) = 1 + \sin x$ 在区间 $[0, 2\pi]$ 上有最大值 2 和最小值 0,如图 2-5-9(a)所示。函数 $f(x) = \text{sgn}\, x$ 在区间 $(-\infty, +\infty)$ 内有最大值 1 和最小值 -1,在开区间 $(0, +\infty)$ 内的最大值和最小值都等于 1(注意,最大值和最小值可以相等!),如图 2-5-9(b)所示。但函数 $f(x) = x$ 在开区间 (a, b) 内既无最大值也无最小值,如图 2-5-9(c)所示。由此可见最值不一定存在。

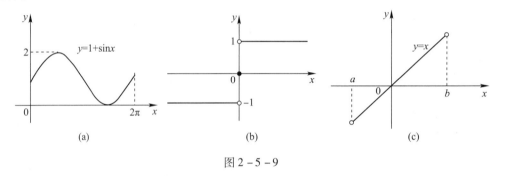

图 2-5-9

下面的定理给出函数有界且最值存在的充分条件。

定理 2-5-7(**有界性和最值定理**)在闭区间上连续的函数在该区间上有界且一定能取得它的最大值和最小值。

定理 2-5-7 如图 2-5-10 所示。如果函数 $f(x)$ 在闭区间 $[a,b]$ 上连续,那么至少存在一点 ξ_1,使得 $f(\xi_1)$ 是 $f(x)$ 在 $[a,b]$ 上的最大值;又至少存在一点 ξ_2,使得 $f(\xi_2)$ 是 $f(x)$ 在 $[a,b]$ 上的最小值。取 $M = \max\{|f(\xi_1)|, |f(\xi_2)|\}$,则对任意的 $x \in [a,b]$,都有 $|f(x)| \leqslant M$,即 $f(x)$ 在闭区间 $[a,b]$ 上有界。

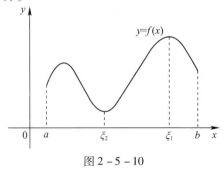

图 2-5-10

注 上述定理中,闭区间和连续两个条件缺一不可。也就是说,如果函数在开区间内连续,或函数在闭区间上有间断点,那么函数在该区间上不一定有界,也不一定有最大值和最小值。

例如,函数 $y = \tan x$ 在开区间 $\left(-\dfrac{\pi}{2}, \dfrac{\pi}{2}\right)$ 内是连续的,但它在开区间 $\left(-\dfrac{\pi}{2}, \dfrac{\pi}{2}\right)$ 内是无界的,且既无最大值也无最小值;又如函数

$$y = f(x) = \begin{cases} -x+1 & (0 \leqslant x < 1) \\ 1 & (x = 1) \\ -x+3 & (1 < x \leqslant 2) \end{cases}$$

在闭区间 $[0,2]$ 上有间断点 $x = 1$,该函数在闭区间 $[0,2]$ 上虽然有界,但既无最大值又无最小值,如图 2-5-11 所示。

2. 零点定理

如果 x_0 使得 $f(x_0) = 0$,则称 x_0 为函数 $f(x)$ 的**零点**。

定理 2-5-8 (**零点定理**) 设函数 $f(x)$ 在闭区间 $[a,b]$ 上连续,且 $f(a)$ 与 $f(b)$ 异号(即 $f(a) \cdot f(b) < 0$),那么在开区间 (a,b) 内至少有一点 ξ,使得

$$f(\xi) = 0$$

证明 假设结论不成立,即对于 $\forall x \in (a,b), f(x) \neq 0$,也就是说,函数 $f(x)$ 在闭区间 $[a,b]$ 上的曲线与 x 轴无交点,由函数 $f(x)$ 在闭区间 $[a,b]$ 上连续,那么曲线一定在 x 轴的上方(或下方),则 $f(a) \cdot f(b) \geqslant 0$,与定理的条件矛盾,因此假设不成立,故命题得证。

定理 2-5-8 如图 2-5-12 所示。从几何上看,定理 2-5-8 表明:如果连续曲线 $y = f(x)$ 的两个端点位于 x 轴的不同侧,那么这段曲线弧与 x 轴至少有一个交点。

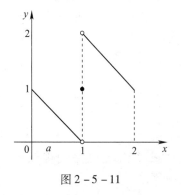

图 2-5-11

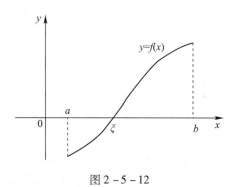

图 2-5-12

定理 2-5-8 中"函数是连续的"这一条件非常重要。一般而言,对于不连续的函数,零点定理就不一定成立了。

零点定理的一个重要应用是确定方程的根。

例 2-5-12 证明方程 $4x^3 - 6x^2 + 3x - 2 = 0$ 在 $[1,2]$ 上有一个根。

解 令 $f(x) = 4x^3 - 6x^2 + 3x - 2$。我们寻找方程的根,就是确定存在 $\xi \in [1,2]$,使得 $f(\xi) = 0$。因此,由定理 2-5-8,设 $a = 1, b = 2$,则

$$f(1) = -1 < 0, \quad f(2) = 12 > 0$$

因而 $f(1) \cdot f(2) < 0$。而多项式 $f(x)$ 连续,因此存在 $\xi \in [1,2]$,使得 $f(\xi) = 0$。换言之,方程

$4x^3 - 6x^2 + 3x - 2 = 0$ 在 $(1,2)$ 内至少有一根。

事实上,我们可以反复使用零点定理更加精确地确定根的范围。因为
$$f(1.2) = -0.128 < 0 < f(1.3) = 0.548$$
$$f(1.22) = -0.007008 < 0 < f(1.23) = 0.056068$$
因此,在 $(1.22, 1.23)$ 内存在一个根。

我们可用计算机阐明零点定理在例 2-5-11 中的应用。如图 2-5-13 所示是矩形窗口 $[-1,3] \times [-3,3]$ 内函数图形,可以看到函数曲线在 1、2 之间穿过 x 轴。如图 2-5-14 所示为放大到矩形视窗 $[1.2, 1.3] \times [-0.2, 0.2]$ 内的结果。

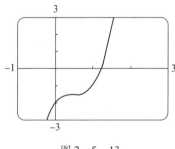

图 2-5-13

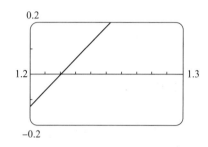

图 2-5-14

实际上,零点定理在这些画图装置工作中发挥了特别重要的作用。计算机计算图形上的有限个点,并显示图形上的所有像素点(包含已计算的点)。假设函数是连续的,并获得两个连贯的点之间的所有点。这样,计算机以显示中间点的方式连接像素点。

由定理 2-5-8,立即可推得下列较为一般的定理。

3. 介值定理

定理 2-5-9 (**介值定理**)假设 $f(x)$ 是闭区间 $[a,b]$ 上的连续函数,且在区间两端点取不同的函数值,C 是介于 $f(a)$ 与 $f(b)$ 之间的任意常数,则存在 $\xi \in (a,b)$,使得 $f(\xi) = C$。

证明 设 $\varphi(x) = f(x) - C$,则 $\varphi(x)$ 在闭区间 $[a,b]$ 上连续,且 $\varphi(a) = f(a) - C$ 与 $\varphi(b) = f(b) - C$ 异号。根据零点定理,开区间 (a,b) 内至少有一点 ξ,使得
$$\varphi(\xi) = 0$$
又 $\varphi(\xi) = f(\xi) - C$,因此上式即为
$$f(\xi) = C \quad (\xi \in (a,b))$$

介值定理说明连续函数可以取得介于 $f(a)$ 与 $f(b)$ 之间的任意数值。注意 ξ 可能取得一次,如图 2-5-15(a)所示,也可能取得多次,如图 2-5-15(b)所示。

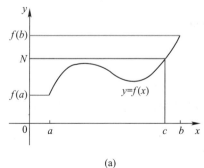

(a)

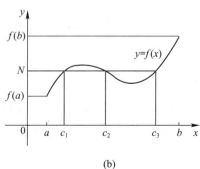

(b)

图 2-5-15

如果我们把连续函数看成没有洞或间断的图形,容易理解介值定理的正确性。从几何上看,如图 2-5-16 所示,给定介于 $y=f(a),y=f(b)$ 之间的任意水平直线 $y=L,y=f(x)$ 的图形无法越过直线 $y=L$,必然在某处与直线 $y=L$ 相交。

推论 在闭区间上连续的函数必取得介于最大值 M 和 m 之间的任何值。

证明 设 $m=f(\xi_1),M=f(\xi_2)$,而 $m \neq M$,在闭区间 $[\xi_1,\xi_2]$(或 $[\xi_2,\xi_1]$)上应用介值定理,即得上述结论,如图 2-5-17 所示。

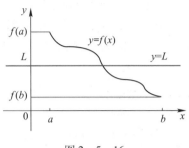

图 2-5-16

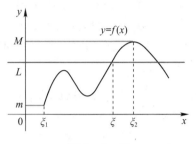

图 2-5-17

习题 2-5

(A)

1. 函数如下,其图形如图 2-5-18 所示:

$$f(x)=\begin{cases} x^2-1 & (-1 \leq x < 0) \\ 2x & (0 < x < 1) \\ 1 & (x=1) \\ -2x+4 & (1 < x < 2) \\ 0 & (2 < x < 3) \end{cases}$$

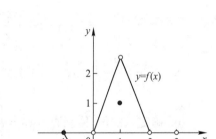

图 2-5-18

(1) ① $f(-1)$ 是否存在?
　　② $\lim\limits_{x \to -1^+} f(x)$ 是否存在?
　　③ 是否 $\lim\limits_{x \to -1^+} f(x) = f(-1)$?
　　④ $f(x)$ 是否在 $x=-1$ 处连续?

(2) ① $f(1)$ 是否存在?　　② $\lim\limits_{x \to 1} f(x)$ 是否存在?
　　③ 是否 $\lim\limits_{x \to 1} f(x) = f(1)$?　　④ $f(x)$ 是否在 $x=1$ 处连续?

(3) $f(x)$ 在 $x=2$ 有定义吗?(查看图形)

(4) $f(x)$ 在 $x=2$ 连续吗?

(5) 在什么点处 $f(x)$ 是连续的?

(6) 什么值应指定给 $f(2)$ 才能使得延拓后的函数在 $x=2$ 处连续?

2. 判断:

(1) 如果 $\lim\limits_{x \to c^-} f(x) = \lim\limits_{x \to c^+} f(x)$,那么 $f(x)$ 在 $x=c$ 处连续。　　(　　)

(2) $\tan x$ 在其定义域内连续。　　(　　)

(3) 若函数 $y=f(x)$ 在 5 处连续,且 $f(5)=2,f(4)=3$,则 $\lim\limits_{x \to 2} f(4x^2-11)=2$。　　(　　)

(4) 若 $f(1)>0, f(3)<0$ 则在 1 和 3 之间存在一个数 c，使得 $f(c)=0$。 （　　）

(5) 函数 $f(x)$ 满足在 $[a,b]$ 上连续，且 $f(a) \cdot f(b) \leqslant 0$，则至少存在点 $\xi \in (a,b)$，使得 $f(\xi)=0$。 （　　）

3. 下列结论正确的是（　　）。

A. 若 $f(x)$ 在点 x_0 处有定义且极限存在，则 $f(x)$ 在 x_0 处必连续

B. 若 $f(x)$ 在点 x_0 处连续，$g(x)$ 在点 x_0 处不连续，则 $f(x)+g(x)$ 在点 x_0 处必不连续

C. 若 $f(x)$ 和 $g(x)$ 在点 x_0 处都不连续，则 $f(x)+g(x)$ 在点 x_0 处必不连续

D. 若 $f(x)$ 在点 x_0 处连续，$g(x)$ 在点 x_0 处不连续，则 $f(x) \cdot g(x)$ 在点 x_0 处必不连续

4. 判断下列函数在指定点所属的间断点类型。如果是可去间断点，则请补充或改变函数的定义使它连续。

(1) $y=\dfrac{x^2-1}{x^2-4x+3}, x=1, x=3$；

(2) $y=\dfrac{\sin x}{x}, x=0$；

(3) $y=x\cos\dfrac{1}{x^2}, x=0$；

(4) $y=\begin{cases}\dfrac{\cos x}{x} & (x \neq 0) \\ 0 & (x=0)\end{cases}, x=0$；

(5) $y=\dfrac{e^{|x|}-1}{x}, x=0$；

(6) $y=\begin{cases}2-x & (x \leqslant 1) \\ 2x & (x>1)\end{cases}, x=1$；

(7) $y=\left[\dfrac{x}{2}\right], x=2$；

(8) $y=\dfrac{\ln(1-x)}{x}, x=0$；

(9) $y=\dfrac{x}{\tan x}, x=k\pi, x=k\pi+\dfrac{\pi}{2}(k \in Z)$；

(10) $y=\begin{cases}\dfrac{\sin x}{|x|} & (x \neq 0) \\ 1 & (x=0)\end{cases}, x=0$。

5. 若 $\lim\limits_{x \to \infty}\left(\dfrac{x^2+1}{x+1}-ax-b\right)=0$，求常数 a 与 b 的值。

6. 确定 a 的值，使函数 $f(x)=\begin{cases}x^2+a & (x \leqslant 0) \\ x\sin\dfrac{1}{x} & (x>0)\end{cases}$ 在 $(-\infty, +\infty)$ 上连续。

7. 讨论函数 $f(x)=\begin{cases}\dfrac{\sqrt{1+x}-1}{\sqrt[3]{1+x}-1} & (x \neq 0, x \geqslant -1) \\ k, & x=0\end{cases}$，在 $x=0$ 处连续，求 k。

8. 已知 $f(x)=\begin{cases}(\cos x)^{\frac{1}{x^2}} & (x \neq 0) \\ a & (x=0)\end{cases}$，试确定常数 a，使其在 $x=0$ 处连续。

9. 求下列极限：

(1) $\lim\limits_{x \to 0}\sqrt{x^2-3x+4}$；

(2) $\lim\limits_{x \to \frac{\pi}{6}}(\cos 2x)^2$；

(3) $\lim\limits_{x \to 0}\ln\dfrac{\sqrt{x+1}-1}{x}$；

(4) $\lim\limits_{x \to 0}\dfrac{\ln(1+x^2)}{\sin(1+x^2)}$；

(5) $\lim\limits_{x \to \alpha}\dfrac{\sin x-\sin\alpha}{x-\alpha}$；

(6) $\lim\limits_{x \to +\infty}x(\sqrt{x^2+1}-x)$；

(7) $\lim\limits_{x \to 0}(1+\tan x)^{\frac{2}{x}}$；

(8) $\lim\limits_{x \to 0}(1+\sin x)^{\cot x}$；

(9) $\lim\limits_{x\to 0}\dfrac{\sqrt{1+x}-1}{\sqrt[3]{1+x}-1}$;

(10) $\lim\limits_{x\to\infty}\left(\dfrac{2+x}{4+x}\right)^{\frac{x-1}{2}}$;

(11) $\lim\limits_{x\to 0}\dfrac{\sqrt{1+\sin x}-\sqrt{1+\tan x}}{x\sqrt{1+\tan^2 x}-x}$;

(12) $\lim\limits_{x\to 0}\dfrac{\left(1-\frac{1}{3}x^3\right)^{\frac{2}{3}}-1}{x\ln(1-x^2)}$。

10. 求函数 $f(x)=\dfrac{x^3-3x^2-x+3}{x^2-2x-3}$ 的连续区间，并求极限 $\lim\limits_{x\to -1}f(x)$，$\lim\limits_{x\to 1}f(x)$ 及 $\lim\limits_{x\to 3}f(x)$。

11. 讨论函数 $f(x)=\begin{cases}\dfrac{\tan 2x^2}{x(1-e^x)} & (x>0)\\ \dfrac{x+1}{a} & (x\leqslant 0)\end{cases}$ $(a\neq 0)$ 的连续性。

12. 若 $f(x)$ 在 $x=0$ 点连续，且 $f(x+y)=f(x)+f(y)$，对任意的 $x,y\in(-\infty,+\infty)$ 都成立，试证明 $f(x)$ 为 $(-\infty,+\infty)$ 上的连续函数。

13. 证明方程 $x^5-3x-1=0$ 在区间 $[1,2]$ 上至少有一个根。

14. 证明方程 $x=a\sin x+b(a>0,b>0)$ 至少有一个正根，并且它不超过 $a+b$。

15. 设 $f(x)$ 在 $[a,b]$ 上连续，且 $a<f(x)<b$，证明在 (a,b) 内至少有一点 ξ，使 $f(\xi)=\xi$。

16. 假定函数 $f(x)$ 在闭区间 $[0,1]$ 上是连续的，对于 $[0,1]$ 中的每一点 $0\leqslant f(x)\leqslant 1$。证明：在 $[0,1]$ 上必定存在一个数 ξ，使得 $f(\xi)=\xi$（ξ 称为 f 的不动点）。

17. 设 $f(x)$ 在 $[0,2a]$ 上连续，且 $a>0$，$f(0)=f(2a)$。证明：方程 $f(x)=f(x+a)$ 在 $[0,a]$ 上至少有一个根。

18. 若 $f(x)$ 在 $[a,b]$ 上连续，$a<x_1<x_2<\cdots<x_n<b(n\geqslant 3)$，则在 (x_1,x_n) 内至少有一个点 ξ，使得 $f(\xi)=\dfrac{f(x_1)+f(x_2)+\cdots+f(x_n)}{n}$。

(B)

1. 选择题

(1) 设 $f(x)$ 在 $(-\infty,+\infty)$ 内有定义，且 $\lim\limits_{x\to\infty}f(x)=a$，$g(x)=\begin{cases}f\left(\dfrac{1}{x}\right) & (x\neq 0)\\ 0 & (x=0)\end{cases}$，则（　　）。

A. $x=0$ 必是 $g(x)$ 的第一类间断点　　B. $x=0$ 必是 $g(x)$ 的第二类间断点

C. $x=0$ 必是 $g(x)$ 的连续点　　D. $g(x)$ 在 $x=0$ 处的连续性与 a 的取值有关

(2) 设函数 $f(x)=\lim\limits_{n\to\infty}\dfrac{1+x}{1+x^{2n}}$，讨论 $f(x)$ 的间断点，其结论是（　　）。

A. 不存在间断点　　B. 存在间断点 $x=1$

C. 存在间断点 $x=0$　　D. 存在间断点 $x=-1$

2. 填空题

(1) 设 $f(x)=\dfrac{e^{\frac{1}{x}}-1}{e^{\frac{1}{x}}+1}$，则 $x=0$ 是 $f(x)$ 的_____。

(2) 设 $f(x)=\dfrac{e^{\frac{1}{x}}+e^{-\frac{1}{x}}}{e^{\frac{1}{x}}-e^{-\frac{1}{x}}}$，则 $f(x)$ 的连续区间为_____，$f(0^+)=$_____，$f(0^-)=$_____。

3. $f(x)$ 与 $g(x)$ 在 $(-\infty, +\infty)$ 内有定义，$f(x)$ 为连续函数，且 $f(x) \neq 0$，$g(x)$ 有间断点，下列各命题是否成立？为什么？

(1) $f[g(x)]$ 必有间断点

(2) $g^2(x)$ 必有间断点

(3) $g[f(x)]$ 必有间断点

(4) $\dfrac{g(x)}{f(x)}$ 必有间断点

4. 已知函数 $f(x) = \dfrac{1}{e^{\frac{x}{x-1}} - 1}$，求函数 $f(x)$ 的间断点并判断类型。

5. 讨论函数 $f(x) = \lim\limits_{n \to \infty} \dfrac{1-x^{2n}}{1+x^{2n}} x$ 的连续性，若有间断点，指出其类型。

6. 设 $f(x) = \lim\limits_{n \to \infty} \dfrac{x^{2n+1} + ax^2 + bx}{1 + x^{2n}}$ 在 $(-\infty, +\infty)$ 内连续，试确定常数 a, b。

7. 下列陈述中，哪些是对的，哪些是错的？如果是对的，说明理由；如果是错的，试给出一个反例。

(1) 如果函数 $f(x)$ 在点 x_0 处连续，那么 $|f(x)|$ 也在 x_0 连续；

(2) 函数 $f(x)$ 在一点 x_0 处连续，意味着 $f(x)$ 在 x_0 的某个邻域内处处连续；

(3) 第二类间断点只包括无穷间断点和振荡间断点；

(4) 如果函数 $f(x)$ 和 $g(x)$ 在 $[0,1]$ 上连续，$f(x)/g(x)$ 在 $[0,1]$ 上的某一点可能间断；

(5) 如果积函数 $h(x) = f(x) \cdot g(x)$ 在 $x = 0$ 是连续的，那么 $f(x)$ 和 $g(x)$ 在 $x = 0$ 必定是连续的。

8. **不会取零的连续函数**　在一个区间上不会取零的函数在区间上决不会改变符号——这是真实的吗？对你的回答说明理由。

9. **拉长橡皮带**　如果拉长一条橡皮带，使其一端向右移动而另外一端向左移动，带子中的某个点将停止在原来位置上——这是真实的吗？对你的回答说明理由。

10. 设函数 $f(x)$ 对于闭区间 $[a,b]$ 上的任意两点 x, y，恒有
$$|f(x) - f(y)| \leq L|x - y|$$
其中 L 为正常数，且 $f(a)f(b) < 0$，证明至少存在一点 $\xi \in (a, b)$，使得 $f(\xi) = 0$。

11. 设 $f(x)$ 在 $[a, b]$ 上连续，且恒为正，证明：对任意的 $x_1, x_2 \in (a, b)$，$x_1 < x_2$，必存在 $\xi \in [x_1, x_2]$，使得 $f(\xi) = \sqrt{f(x_1) f(x_2)}$。

12. 证明：若 $f(x)$ 在 $(-\infty, +\infty)$ 内连续，且 $\lim\limits_{x \to \infty} f(x) = A$，则 $f(x)$ 在 $(-\infty, +\infty)$ 内有界。

13. 一徒步旅游者从早晨 4 点开始登山，于正午到达山顶。第二天早晨 5 点他原路返回，并于 11 点到达出发点。说明在这两天路上的某些位置处，旅行者的手表显示相同的时间。

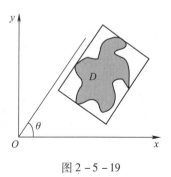

图 2-5-19

14. 令 D 为第一象限内一块有界且面积形状任意的区域。已知角 $\theta, 0 \leq \theta \leq \dfrac{\pi}{2}$，$D$ 可被一矩形围起，且矩形的一边与 x 轴成 θ 角，如图 2-5-19 所示。证明存在 θ，使得此矩形成为正方形（即任意一块有界的区域可被正方形围起）。

15. 讨论函数 $f(x) = \lim\limits_{n \to \infty} \dfrac{n^x - n^{-x}}{n^x + n^{-x}}$ 的连续性，若有间断点，指出其类型。

§2.6 多元函数的极限与连续性

2.6.1 二重极限的概念

与一元函数一样,讨论二元函数 $z=f(x,y)$ 当 (x,y) 无限趋近于 (x_0,y_0) 时的极限,就是研究当 $(x,y) \to (x_0,y_0)$ 时该函数的变化趋势,由前面二元函数直观意义可知,二元函数的图形在平面直角坐标系内是一张曲面(如图 2-6-1 所示),如果当 (x,y) 无限趋近于 (x_0,y_0) 时,$f(x,y)$ 能任意接近一个确定的常数 A,则称 A 为当 $(x,y) \to (x_0,y_0)$ 时,$f(x,y)$ 的极限。为了精确描述这个过程,我们就需要给出与一元函数极限类似的精确定义,那么首先需要明确:如何刻画 $f(x,y)$ "任意接近"于常数 A,类似的可用 $|f(x,y) - A| < \varepsilon$,其中 ε 是任意小的正数来刻画。剩下的问题是如何刻画 (x,y) "无限趋近" (x_0,y_0)。在一元函数的极限定义中,我们用 $0 < |x - x_0| < \delta$ 来刻画 x 与 x_0 的接近程度,其中 δ 仅与 ε 有关,一般随 ε 的变化而变化。如果将 x 与 x_0 看作 x 轴上的点,那么 $|x - x_0|$ 就是这两点之间的距离,受此启发,我们也可以借助距离大小来刻画平面两点的接近程度,将 (x,y) 与 (x_0,y_0) 分别看成 xOy 平面上两点 P 与 P_0,则它们的距离大小可表示为

$$\rho(P, P_0) = \sqrt{(x - x_0)^2 + (y - y_0)^2}$$

相应刻画平面上两点的接近过程,就可表示为

$$0 < \rho(P, P_0) = \sqrt{(x - x_0)^2 + (y - y_0)^2} < \delta$$

自然地,可将一元函数极限定义推广到二元函数情形。

定义 (二重极限)设二元函数 $z = f(x,y)$ 的定义域为 D,$P(x_0,y_0)$ 是 D 的聚点。如果存在常数 A,对于任意给定正数 ε,总存在正数 δ,使得当点 $P(x,y) \in D \cap \overset{\circ}{U}(P_0, \delta)$ 时,都有

$$|f(x,y) - A| < \varepsilon$$

成立,则称当 $(x,y) \to (x_0,y_0)$ 时 $f(x,y)$ 有极限或极限存在,常数 A 称为当 $(x,y) \to (x_0,y_0)$ 时 $f(x,y)$ 的二重极限,记作

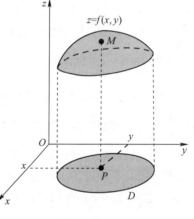

图 2-6-1

$$\lim_{\substack{x \to x_0 \\ y \to y_0}} f(x,y) = A \quad \text{或} \quad \lim_{(x,y) \to (x_0,y_0)} f(x,y) = A$$

例 2-6-1 用定义证明 $\lim\limits_{\substack{x \to 0 \\ y \to 0}} (x^2 + y^2) \sin \dfrac{1}{x^2 + y^2} = 0$。

证明 因为函数 $f(x,y) = (x^2 + y^2) \sin \dfrac{1}{x^2 + y^2}$ 在 xOy 平面上除去原点 $(0,0)$ 外处处有定义,并且

$$|f(x,y) - 0| = \left| (x^2 + y^2) \sin \dfrac{1}{x^2 + y^2} - 0 \right| \leqslant x^2 + y^2$$

可见,$\forall \varepsilon > 0$,取 $\delta = \sqrt{\varepsilon}$,则当

$$0 < \sqrt{(x-0)^2 + (y-0)^2} < \delta$$

恒有

$$|f(x,y) - 0| < \varepsilon$$

从而由定义知

$$\lim_{\substack{x \to 0 \\ y \to 0}} (x^2 + y^2) \sin \frac{1}{x^2 + y^2} = 0$$

必须注意的是,由于二重极限自变量个数的增加,出现了比一元函数极限更为复杂的变化。一元函数自变量的变化趋势主要反映在从 x 轴上沿左、右两侧趋近 x_0 的情况,所以 $\lim_{x \to x_0} f(x) = A$ 的充要条件是

$$\lim_{x \to x_0^-} f(x) = \lim_{x \to x_0^+} f(x) = A$$

而在二重极限中,点 $P(x,y)$ 是在平面区域 D 内趋近于 $P(x_0, y_0)$ 的,因此点 P 可以从四面八方以任意的方式趋近于 P_0,可见趋近于 P_0 的路径有无穷多种,既可以是沿不同的直线也可以是各种各样的曲线趋近于 P_0。二重极限的定义中并未对 P 趋近于 P_0 的方式和路径作限制,这就意味着,二重极限 $\lim_{\substack{x \to x_0 \\ y \to y_0}} f(x,y) = A$ 的极限要存在,说明当 P 在定义域内以任意方式和路径趋近于 P_0 时,$f(x,y)$ 都要趋近于同一个常数 A。反之,如果 P 存在两种不同的方式或路径趋近 P_0 时,$f(x,y)$ 趋近于两个不同的常数;或者 P 以某一种方式或路径趋于 P_0 时,$f(x,y)$ 不能趋近某一确定常数,我们就可以断定该函数 $f(x,y)$ 当点 P 趋近于 P_0 时,极限不存在。

例 2 - 6 - 2 设函数 $f(x,y) = \dfrac{xy}{x^2 + y^2}$,讨论二重极限 $\lim_{\substack{x \to 0 \\ y \to 0}} f(x,y)$ 是否存在。

解 我们选取点 $P(x,y)$ 分别沿 x 轴和 y 轴趋于原点时的情况,不难发现

$$\lim_{\substack{x \to 0 \\ y = 0}} f(x,y) = \lim_{x \to 0} f(x,0) = \lim_{x \to 0} 0 = 0; \quad \lim_{\substack{x = 0 \\ y \to 0}} f(x,y) = \lim_{y \to 0} f(0,y) = \lim_{y \to 0} 0 = 0$$

均存在,虽然这两种特殊方式路径趋于原点时函数的极限存在并且相等,但是事实上原函数的二重极限是不存在的。这是因为我们并不能保证沿着任意的方向趋近原点时函数的极限还存在。例如考察当点 $P(x,y)$ 沿着直线 $y = kx$ 趋近于点 $(0,0)$ 时,有

$$\lim_{\substack{(x,y) \to (0,0) \\ y = kx}} \frac{xy}{x^2 + y^2} = \lim_{x \to 0} \frac{kx^2}{x^2 + k^2 x^2} = \frac{k}{1 + k^2}$$

显然它是随着 k 的值不同而改变的,所以原函数的极限不存在。

以上关于二元函数的极限概念,可以相应推广到 n 元函数极限。

定义 设 n 元函数 $f(P)$ 的定义域为点集 D,P_0 是 D 的聚点。如果对于任意给定的正数 ε,总存在正数 δ,使得对于满足不等式

$$0 < |PP_0| < \delta$$

的所有点 $P \in D$,恒有不等式

$$|f(P) - A| < \varepsilon$$

成立,则称 A 为 n 元函数 $f(P)$ 是当 $P \to P_0$ 时 $f(x,y)$ 的极限,记为

$$\lim_{P \to P_0} f(P) = A$$

由于多元函数极限的概念与一元函数的极限概念类似,因此一元函数的极限性质(如唯一性、局部有界性、局部保号性及夹逼准则等)和运算法则(包括四则运算和复合运算法则)都可以推广到多元函数中来,这里就不再赘述。

例 2-6-3 求 $\lim\limits_{\substack{x\to 0\\y\to 2}}\dfrac{\sin(xy)}{x}$。

解 这里函数的定义域为 $D=\{(x,y)|x\neq 0,y\in R\}$,$(0,2)$ 为 D 的聚点,由积的极限运算法则,得

$$\lim_{\substack{x\to 0\\y\to 2}}\frac{\sin(xy)}{x}=\lim_{\substack{x\to 0\\y\to 2}}\left[\frac{\sin(xy)}{xy}\cdot y\right]=\lim_{xy\to 0}\frac{\sin(xy)}{xy}\cdot\lim_{y\to 2}y=1\times 2=2$$

2.6.2 多元函数的连续性概念及其性质

由上述多元函数极限概念以及一元函数的连续定义的讨论,就不难给多元函数的连续性下定义。

定义 1 (二元连续函数) 设二元函数 $z=f(x,y)$ 在 $P_0(x_0,y_0)$ 的一个邻域 $U(P_0)$ 内有定义,若

$$\lim_{\substack{x\to x_0\\y\to y_0}}f(x,y)=f(x_0,y_0)$$

那么称函数 $f(x,y)$ 在点 $P_0(x_0,y_0)$ 连续。否则称该函数在点 $P_0(x_0,y_0)$ 处不连续或间断,并称 $P_0(x_0,y_0)$ 为它的间断点。

若函数 $f(x,y)$ 在 D 上有定义,如果函数 $f(x,y)$ 在 D 的每一点都连续,那么就称函数 $f(x,y)$ 在 D 上连续,或者称 $f(x,y)$ 是 D 上的连续函数。

若令 $x=x_0+\Delta x$,$y=y_0+\Delta y$,则连续定义式可以写成

$$\lim_{\substack{\Delta x\to 0\\\Delta y\to 0}}[f(x_0+\Delta x,y_0+\Delta y)-f(x_0,y_0)]=0$$

或

$$\lim_{\substack{\Delta x\to 0\\\Delta y\to 0}}\Delta z=0$$

其中 $\Delta z=f(x_0+\Delta x,y_0+\Delta y)-f(x_0,y_0)$ 就是当 x、y 分别取得改变量 Δx、Δy 时函数 $z=f(x,y)$ 的相应改变量。

关于函数在闭区域的边界上连续,我们只要和上述关于二元函数的极限相类似的处理就可以了。如果函数 $z=f(x,y)$ 在闭区域 D 和边界 ∂D 上的每一点都连续,那么就称函数在闭区域 D 上连续。

利用二重极限的运算法则可以证明,二元连续函数的和、差、积、商(除分母为零的点外)与复合函数仍为连续函数。常见的二元函数,大多数是 x,y 的基本初等函数经过有限次的四则运算和复合运算构成的,也称为二元初等函数。根据连续函数的性质可知,在它们有定义的区域(含闭区域)内都是连续的。

例 2-6-4 讨论下列函数的连续性:

(1) $f(x,y)=\begin{cases}\dfrac{xy}{x^2+y^2},& x^2+y^2\neq 0\\ 0,& x^2+y^2=0\end{cases}$; (2) $z=\sin\dfrac{1}{x^2+y^2-1}$。

解 (1) 显然,该函数除点(0,0)外在 xOy 平面上是处处连续的,由例 2-6-4 知,该函数在(0,0)处的二重极限不存在,所以点(0,0)是它的间断点。

(2) 函数 $z = \sin\dfrac{1}{x^2+y^2-1}$ 是由 $z = \sin u$ 与 $u = \dfrac{1}{x^2+y^2-1}$ 复合而成的复合函数,而 $z = \sin u$ 是连续函数,$u = \dfrac{1}{x^2+y^2-1}$ 除圆周 $x^2 + y^2 = 1$ 外在 xOy 平面上处处连续。因而题中所给的函数在它的定义域 $D = \{(x,y) \in \mathbb{R}^2 \mid x^2 + y^2 \neq 1\}$ (单位圆周的内部区域和外部区域的并)上是连续的,单位圆周 $x^2 + y^2 = 1$ 上的点都是间断点,也构成一条间断线。

例 2-6-5 求 $\lim\limits_{\substack{x \to 1 \\ y \to 2}} \dfrac{x+y}{xy}$。

解 函数 $f(x,y) = \dfrac{x+y}{xy}$ 是初等函数,它的定义域为
$$D = \{(x,y) \mid x \neq 0, y \neq 0\}$$
$P_0(1,2)$ 为内点,故存在 P_0 的某一个邻域 $U(P_0) \subset D$,而任何邻域都是区域,所以 $U(P_0)$ 是 $f(x,y)$ 的一个定义区域,因此
$$\lim\limits_{\substack{x \to 1 \\ y \to 2}} \dfrac{x+y}{xy} = f(1,2) = \dfrac{3}{2}$$

例 2-6-6 求 $\lim\limits_{\substack{x \to 0 \\ y \to 0}} \dfrac{\sqrt{xy+1}-1}{xy}$。

解 $\lim\limits_{\substack{x \to 0 \\ y \to 0}} \dfrac{\sqrt{xy+1}-1}{xy} = \lim\limits_{\substack{x \to 0 \\ y \to 0}} \dfrac{xy+1-1}{xy(\sqrt{xy+1}+1)} = \lim\limits_{\substack{x \to 0 \\ y \to 0}} \dfrac{1}{\sqrt{xy+1}+1} = \dfrac{1}{2}$

定义 2 设函数 $f(x,y)$ 的定义域为 D,$P_0(x_0,y_0)$ 是 D 的聚点。如果函数 $f(x,y)$ 在点 $P_0(x_0,y_0)$ 不连续,那么称 $P_0(x_0,y_0)$ 为函数 $f(x,y)$ 的间断点。

例如,函数
$$f(x,y) = \begin{cases} \dfrac{xy}{x^2+y^2} & (x^2+y^2 \neq 0) \\ 0 & (x^2+y^2 = 0) \end{cases}$$

其定义域 $D = R^2$,$(0,0)$ 是 D 的聚点。函数当 $(x,y) \to (0,0)$ 时的极限不存在,所以点 $(0,0)$ 是该函数的一个间断点;又如函数
$$f(x,y) = \sin\dfrac{1}{x^2+y^2-1}$$

其定义域为 $D = \{(x,y) \mid x^2+y^2 \neq 1\}$,圆周 $C = \{(x,y) \mid x^2+y^2 = 1\}$ 上的点都是 D 的聚点,而 $f(x,y)$ 在 C 上没有定义,显然函数在其上都不连续,所以圆周 C 上每一点都是该函数的间断点。

我们知道,在闭区间上的一元连续函数有许多具有重要理论和应用价值的性质,有界闭区域上的多元函数也有类似的性质。现不加证明描述如下:

有界性 有界闭区域 D 上的多元连续函数在 D 上有界。

最大最小值定理 有界闭区域 D 上的多元连续函数在 D 上必能取得它的最大值和最小值。

介值定理 有界闭区域 D 上的多元连续函数必能取得介于该函数在 D 上的最大值与最小值之间的任意值。

习题 2-6
(A)

1. 选择题

(1) 若二元函数 $f(x,y)$ 在 $P_0(x_0,y_0)$ 处极限 $\lim\limits_{\substack{x\to x_0\\y\to y_0}}f(x,y)$ 存在,则一定有( )。

A. $f(x,y)$ 在某个 $\cup(P_0)$ 上有定义 B. $f(x,y)$ 在 $\overset{\circ}{U}(P_0)$ 上有定义
C. P_0 点是 $f(x,y)$ 的聚点 D. $f(x,y)$ 在 P_0 点连续

(2) 设有二元函数 $f(x,y)=\begin{cases}\dfrac{xy}{x^2+xy}, & (x,y)\neq(0,0)\\ 0, & (x,y)=(0,0)\end{cases}$,则( )。

A. $\lim\limits_{(x,y)\to(0,0)}f(x,y)$ 存在,$f(x,y)$ 在 $(0,0)$ 处不连续

B. $\lim\limits_{(x,y)\to(0,0)}f(x,y)$ 不存在,$f(x,y)$ 在 $(0,0)$ 处不连续

C. $\lim\limits_{(x,y)\to(0,0)}f(x,y)$ 存在,$f(x,y)$ 在 $(0,0)$ 处连续

D. $\lim\limits_{(x,y)\to(0,0)}f(x,y)$ 不存在,$f(x,y)$ 在 $(0,0)$ 处连续

2. 求下列各极限:

(1) $\lim\limits_{(x,y)\to(0,3)}\dfrac{\sin(xy)}{x}$;

(2) $\lim\limits_{(x,y)\to(0,0)}\dfrac{3-\sqrt{xy+9}}{xy}$;

(3) $\lim\limits_{(x,y)\to(1,0)}\dfrac{1-xy}{x^2+y^2}$;

(4) $\lim\limits_{(x,y)\to(0,0)}\dfrac{1-\cos(x^2+y^2)}{(x^2+y^2)^2}$;

(5) $\lim\limits_{(x,y)\to(0,0)}\dfrac{x^2\sin y}{x^2+y^2}$;

(6) $\lim\limits_{(x,y)\to(0,0)}\dfrac{\sqrt{2-e^{xy}}-1}{xy}$;

(7) $\lim\limits_{(x,y)\to(+\infty,+\infty)}(x^2+y^2)e^{-(x+y)}$;

(8) $\lim\limits_{(x,y)\to(0,1)}\arcsin\sqrt{x^2+y^2}$。

3. 讨论下列函数的连续性:

(1) $f(x,y)=\dfrac{y^2+3x}{y^2-3x}$;

(2) $f(x,y)=xy\ln(x^2+y^2)$。

4. 证明下列极限不存在:

(1) $\lim\limits_{(x,y)\to(0,3)}\dfrac{xy^3}{x^2+y^6}$;

(2) $\lim\limits_{(x,y)\to(0,0)}\dfrac{x+y}{x-y}$。

5. 讨论二元函数 $f(x,y)=\begin{cases}(x+y)\cos\dfrac{1}{x} & (x\neq 0)\\ 0 & (x=0)\end{cases}$ 在点 $(0,0)$ 的连续性。

(B)

1. 求下列各极限:

(1) $\lim\limits_{(x,y)\to(0,0)}\dfrac{\sqrt{x^2+y^2}-\sin\sqrt{x^2+y^2}}{\sqrt{(x^2+y^2)^3}}$;

(2) $\lim\limits_{(x,y)\to(0,0)}\dfrac{x^2+y^2}{|x|+|y|}$。

2. 二重极限 $\lim\limits_{(x,y)\to(\infty,a)}\left(1-\dfrac{1}{x}\right)^{\frac{x^2}{x+y}}$ 的值为（　　）。

A. 0　　　　　　B. 1　　　　　　C. e^{-1}　　　　　　D. e

3. 证明下列极限不存在：

（1）$\lim\limits_{(x,y)\to(0,0)}(1+xy)^{\frac{1}{x+y}}$；

（2）$\lim\limits_{(x,y)\to(0,0)}\dfrac{\sqrt{xy+1}-1}{x+y}$。

4. 讨论函数 $f(x,y)=\begin{cases}\dfrac{\sin xy}{y(1+x^2)} & (y\neq 0)\\ 0 & (y=0)\end{cases}$ 的连续性。

5. 设 $F(x,y)=f(x)$，$f(x)$ 在 x_0 处连续，证明：对任意 $y_0\in R$，$F(x,y)$ 在 (x_0,y_0) 处连续。

第3章 导数与微分

微积分学主要研究处理非均匀变化或非线性函数某些性态的重要方法和工具,包括微分学和积分学两大部分,分别从局部和整体两个侧面对非均匀和非线性函数进行研究。本章将系统地介绍函数微分学及其在相关领域的应用。

§3.1 导数的概念

从15世纪初文艺复兴时期起,欧洲的工业、农业、航海业与商贾贸易大规模发展,生产实践对自然科学提出了新的课题,迫切要求力学、天文学等基础学科向前发展,而这些学科的发展都深刻地依赖数学,推动着数学的发展。在各类学科对数学提出的种种需求中,下列三类问题导致了微分学的产生:

(1) 求变速运动物体在某一时刻的瞬时速度;
(2) 求曲线上某一点处的切线;
(3) 求最大值和最小值。

实际上,这三类实际问题的现实原型在数学上都可归结为函数相对于自变量变化而变化的快慢程度,即所谓的**函数的变化率问题**。

3.1.1 一元函数的导数

引例 3-1-1 变速直线运动的瞬时速度 假设物体作直线运动,运动方程为 $s=s(t)$,求运动过程中在时刻 t_0 处物体的速度 $v(t_0)$。

分析 假设物体是匀速运动,则各时刻的速度相同,位移 s 随时间 t 均匀变化,那么

$$v(t_0) = \bar{v}(t_0) = \frac{\Delta s}{\Delta t} = \frac{s(t_0 + \Delta t) - s(t_0)}{\Delta t}$$

可以看出平均速度表示的是物体在时间间隔 $[t_0, t_0 + \Delta t]$ 内的平均快慢程度。

若物体的运动是变速的,即是非均匀的,在相等的时间间隔内所走过的路程并不相等,因此 $\bar{v}(t_0)$ 不能精确地表达物体在 t_0 时刻这个瞬间的动态;但很明显,时间间隔 t_0 到 $t_0 + \Delta t$ 越短,平均速度 $\bar{v}(t_0)$ 就越接近那个瞬时的动态,即

$$v(t_0) \approx \bar{v}(t_0) = \frac{s(t_0 + \Delta t) - s(t_0)}{\Delta t}$$

显然,$|\Delta t|$ 越小,近似的精确程度越高,从而当 $\Delta t \to 0$ 时,便可使此近似值转化为 $v(t_0)$ 的精确值,即

$$v(t_0) = \lim_{\Delta t \to 0} \frac{\Delta s}{\Delta t} = \lim_{\Delta t \to 0} \frac{s(t_0 + \Delta t) - s(t_0)}{\Delta t}$$

引例 3-1-2 非均匀细杆的密度 设有由某种物质构成的细杆 AB,用 x 表示杆上 A 点

到点 M 处的长度,显然,AM 这一段杆的质量 m 是 x 的函数

$$m = m(x)$$

假设杆是不均匀的,如何确定在点 M 处杆的密度呢?

分析 我们选取一个和点 M 相邻的点 N,记 $MN = \Delta x$,那么由 M 到 N 这一段杆的质量可表示为

$$m(x + \Delta x) - m(x)$$

此时,MN 这一段上每单位长度的质量就可以表示为

$$\frac{m(x + \Delta x) - m(x)}{\Delta x}$$

很显然,这是平均线密度,它不能完全表达杆在 M 处的密度,但当 Δx 充分小时,这个平均密度就能任意接近 M 处的线密度,因此,极限

$$\lim_{\Delta x \to 0} \frac{m(x + \Delta x) - m(x)}{\Delta x}$$

就可精确地表达杆在 M 处的线密度。

引例 3-1-3 平面曲线切线的斜率 设 C 为平面上一条连续的曲线,其方程为 $y = f(x)$,M 为曲线 C 上任意一点,求在该点处的切线斜率。

首先,我们来研究一下,什么叫平面曲线在一点处的切线?在平面解析几何中把圆的切线定义为与圆只有一个交点的直线。不难发现,对一般的平面曲线来说,该定义的方式就不恰当了。例如 y 轴与抛物线 $y = x^2$ 只有一个交点 $(0,0)$,如图 3-1-1 所示,显然它不能作为曲线的在圆点处的切线。

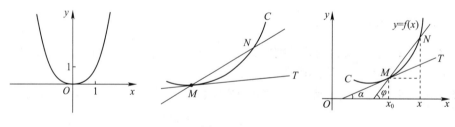

图 3-1-1

现在考虑在曲线点 M 外另取曲线上点 N,作割线 MN,当点 N 沿曲线趋于点 M 时,如果割线 MN 绕点 M 旋转而趋近于极限位置 MT,直线 MT 就称为曲线 C 在点 M 处的切线,实际上这里极限位置的含义是:只要弦长 $|MN|$ 趋近于零时,$\angle NMT$ 也趋近于零。

根据上述的讨论,割线 MN 的斜率为

$$\tan\varphi = \frac{f(x) - f(x_0)}{x - x_0}$$

其中 φ 为割线 MN 的倾角。当点 N 沿曲线 C 趋于点 M 时,即 $x \to x_0$ 时,上述极限存在,即为

$$k = \lim_{x \to x_0} \frac{f(x) - f(x_0)}{x - x_0}$$

存在,那么此极限值就为割线斜率的极限,也就是**切线的斜率**。

以上引例的实际意义完全不同,但从抽象的数量关系来看,其实质都是函数的改变量与自

变量的改变量之比,当自变量的改变量趋近于零时,我们把这种特定的极限称为函数的导数。

定义 1 设函数 $y=f(x)$ 在点 x_0 的某一个邻域内有定义,当自变量 x 在 x_0 处取得增量 Δx(可正,可负)时,相应函数的改变量为 $\Delta y=f(x_0+\Delta x)-f(x_0)$,若当 $\Delta x \to 0$ 时,极限

$$\lim_{\Delta x \to 0}\frac{\Delta y}{\Delta x}=\lim_{\Delta x \to 0}\frac{f(x_0+\Delta x)-f(x_0)}{\Delta x}$$

存在,则称此极限为函数 $y=f(x)$ 在点 x_0 处的**导数**,并称函数 $y=f(x)$ 在点 x_0 处**可导**,记为

$$f'(x_0),y'\big|_{x=x_0},\frac{dy}{dx}\bigg|_{x=x_0},或\frac{df(x)}{dx}\bigg|_{x=x_0}$$

函数 $f(x)$ 在点 x_0 处可导有时也称为函数 $f(x)$ 在点 x_0 处具有**导数**或**导数存在**。

若上述比值的极限不存在,则称函数 $y=f(x)$ 在 x_0 处**不可导**,若不可导是由于 $\Delta x \to 0$ 时,$\frac{\Delta y}{\Delta x} \to \infty$,那么习惯上也往往称 $y=f(x)$ 在点 x_0 处的导数为**无穷大**,并记为 $f'(x_0)=\infty$。

由导数的定义,引例中的问题分别可以表示为:

瞬时速度: $v(t_0)=s'(t_0)$

杆的线密度: $\rho(x_0)=m'(x_0)$

切线的斜率: $k=f'(x_0)$

有时可将定义中,令 $h=\Delta x$,则导数的定义式子就表示为

$$f'(x_0)=\lim_{h \to 0}\frac{f(x_0+\Delta x)-f(x_0)}{h}$$

也可以令 $x=x_0+\Delta x$,则定义式子表示为

$$f'(x_0)=\lim_{x \to x_0}\frac{f(x)-f(x_0)}{x-x_0}$$

如果函数 $y=f(x)$ 在开区间 I 内的每一点处都可导,则称函数 $f(x)$ 在开区间 I 内可导。

定义 2 设函数 $y=f(x)$ 在开区间 I 内可导,则对于 I 内每点 x,都有一个导数值 $f'(x)$ 与之对应,因此,$f'(x)$ 也是 x 的函数,称其为 $f(x)$ 的**导函数**,记作

$$f'(x),y',\frac{dy}{dx},或\frac{df(x)}{dx}$$

即

$$f'(x)=\lim_{\Delta x \to 0}\frac{\Delta y}{\Delta x}=\lim_{\Delta x \to 0}\frac{f(x+\Delta x)-f(x)}{\Delta x}$$

值得注意的是:导数的概念是函数变化率这一概念的精确描述,它撇开了自变量和因变量所代表的几何或物理等方面的特殊意义,纯粹从数量方面来刻画函数变化率的本质。函数增量与自变量增量的比值反映的是平均变化率,而导数反映的是函数在一点处的变化率,是函数随自变量变化而变化的快慢程度。

我们知道,在导数的定义中,自变量 $x \to x_0$ 的方式是任意的,如果 x 仅从 x_0 的左侧趋近于 x_0(记为 $\Delta x \to 0^-$ 或 $x \to x_0^-$)时,极限

$$\lim_{\Delta x \to 0^-}\frac{\Delta y}{\Delta x}=\lim_{\Delta x \to 0^-}\frac{f(x+\Delta x)-f(x)}{\Delta x}$$

存在,则称该极限值为函数 $y=f(x)$ 在点 x_0 处的**左导数**,记为 $f'_-(x_0)$,即

$$f'_-(x_0) = \lim_{\Delta x \to 0^-} \frac{\Delta y}{\Delta x} = \lim_{\Delta x \to 0^-} \frac{f(x_0 + \Delta x) - f(x_0)}{\Delta x} = \lim_{\Delta x \to x_0^-} \frac{f(x) - f(x_0)}{x - x_0}$$

类似地,可定义函数 $y = f(x)$ 在点 x_0 处的**右导数**,记为 $f'_+(x_0)$,即

$$f'_+(x_0) = \lim_{\Delta x \to 0^+} \frac{\Delta y}{\Delta x} = \lim_{\Delta x \to 0^+} \frac{f(x_0 + \Delta x) - f(x_0)}{\Delta x} = \lim_{x \to x_0^+} \frac{f(x) - f(x_0)}{x - x_0}$$

由极限存在与左、右极限的关系,立即可得:

定理 3-1-1 函数 $y = f(x)$ 在点 x_0 处可导的充分必要条件是:函数 $y = f(x)$ 在点 x_0 处的左右导数均存在且相等。(本定理常被用于判定分段函数在分段点处是否可导。)

进一步,如果 $y = f(x)$ 在开区间 (a, b) 内可导,且在区间的左端点 a 处右可导,在右端点 b 处左可导,则称函数 $y = f(x)$ 在闭区间 $[a, b]$ 上是可导的。

下面,利用导数定义求一些简单函数的导数。

例 3-1-1 求函数 $f(x) = C$(C 为常数)的导数。

解 $f'(x) = \lim_{\Delta x \to 0} \frac{f(x + \Delta x) - f(x)}{\Delta x} = \lim_{\Delta x \to 0} \frac{C - C}{\Delta x} = 0$

即 $(C)' = 0$

例 3-1-2 设函数 $f(x) = \sin x$,求 $(\sin x)'$ 及 $(\sin x)'|_{x = \frac{\pi}{4}}$。

解 $(\sin x)' = \lim_{\Delta x \to 0} \frac{f(x + \Delta x) - f(x)}{\Delta x} = \lim_{\Delta x \to 0} \frac{\sin(x + \Delta x) - \sin x}{\Delta x}$

$$= \lim_{\Delta x \to 0} \cos\left(x + \frac{\Delta x}{2}\right) \cdot \frac{\sin \frac{\Delta x}{2}}{\frac{\Delta x}{2}} = \cos x$$

所以 $(\sin x)' = \cos x$,$(\sin x)'|_{x = \frac{\pi}{4}} = \cos x|_{x = \frac{\pi}{4}} = \frac{\sqrt{2}}{2}$

类似地可得 $(\cos x)' = -\sin x$

例 3-1-3 求指数函数 $f(x) = e^x$ 的导数。

解 $(e^x)' = \lim_{\Delta x \to 0} \frac{f(x + \Delta x) - f(x)}{\Delta x} = \lim_{\Delta x \to 0} \frac{e^{x + \Delta x} - e^x}{\Delta x} = \lim_{\Delta x \to 0} e^x \cdot \frac{e^{\Delta x} - 1}{\Delta x} = e^x \cdot \lim_{\Delta x \to 0} \frac{e^{\Delta x} - 1}{\Delta x} = e^x$

即 $(e^x)' = e^x$

例 3-1-4 求幂函数 $f(x) = x^n$($n \in N$)的导数。

解 $(x^n)' = \lim_{\Delta x \to 0} \frac{f(x + \Delta x) - f(x)}{\Delta x} = \lim_{\Delta x \to 0} \frac{(x + \Delta x)^n - x^n}{\Delta x}$

$$= \lim_{\Delta x \to 0} \frac{nx^{n-1} \Delta x + \frac{n(n-1)}{2!} x^{n-2} (\Delta x)^2 + \cdots + nx (\Delta x)^{n-1} + (\Delta x)^n}{\Delta x} = nx^{n-1}$$

即 $(x^n)' = nx^{n-1}$

后面我们将会证明对于一般的幂函数 $f(x) = x^\mu$,$\mu \in R$,有类似的导数公式:

$$(x^\mu)' = \mu x^{\mu - 1}$$

例 3-1-5 求指数函数 $f(x) = a^x$($a > 0, a \neq 1$)的导数。

解 $(a^x)' = \lim_{\Delta x \to 0} \frac{f(x + \Delta x) - f(x)}{\Delta x} = \lim_{\Delta x \to 0} \frac{a^{x + \Delta x} - a^x}{\Delta x} = \lim_{\Delta x \to 0} a^x \cdot \frac{a^{\Delta x} - 1}{\Delta x} = a^x \cdot \lim_{\Delta x \to 0} \frac{a^{\Delta x} - 1}{\Delta x}$

令 $t = a^{\Delta x} - 1$, 则 $\Delta x = \log_a(1+t)$, 则

$$\lim_{\Delta x \to 0} \frac{a^{\Delta x} - 1}{\Delta x} = \lim_{\Delta x \to 0} \frac{t}{\log_a(1+t)} = \lim_{\Delta x \to 0} \frac{1}{\frac{1}{t}\log_a(1+t)} = \lim_{\Delta x \to 0} \frac{1}{\log_a(1+t)^{\frac{1}{t}}} = \frac{1}{\log_a e} = \ln a$$

可知

$$(a^x)' = a^x \cdot \lim_{\Delta x \to 0} \frac{a^{\Delta x} - 1}{\Delta x} = a^x \ln a$$

取 $a = e$, 因 $\ln e = 1$, 可得 $(e^x)' = e^x$, 此式表明, 以 e 为底的指数函数的导数就等于它自己, 这是以 e 为底的指数函数的一个重要特性。

例 3-1-6 求对数函数 $f(x) = \ln x (x > 0)$ 的导数。

解 $(\ln x)' = \lim_{\Delta x \to 0} \frac{f(x+\Delta x) - f(x)}{\Delta x} = \lim_{\Delta x \to 0} \frac{\ln(x+\Delta x) - \ln x}{\Delta x} = \lim_{\Delta x \to 0} \frac{\ln\left(1 + \frac{\Delta x}{x}\right)}{\Delta x}$

$$= \lim_{\Delta x \to 0} \frac{1}{x} \cdot \ln\left(1 + \frac{\Delta x}{x}\right)^{\frac{x}{\Delta x}} = \frac{1}{x}$$

即

$$(\ln x)' = \frac{1}{x}$$

例 3-1-7 假设球从 450m 高的观赏台上面往下落, 问:
(1) 5s 后球的速度多大?
(2) 落地时球的速度多大?

解 我们使用公式 $s = f(t) = 4.9t^2$ 计算下落 as 后的速度 $v(a)$:

$$v(a) = \lim_{h \to 0} \frac{f(a+h) - f(a)}{h} = \lim_{h \to 0} \frac{4.9(a+h)^2 - 4.9a^2}{h}$$

$$= \lim_{h \to 0} \frac{4.9(2ah + h^2)}{h} = \lim_{h \to 0} 4.9(2a + h) = 9.8a$$

(1) 5s 后速度为 $v(5) = 49$m/s。
(2) 观赏台离地面 450m, 落地所需时间 t_1 满足 $s(t_1) = 450$, 即

$$4.9t_1^2 = 450, t_1 = \sqrt{450/4.9} \approx 9.6(\text{s})$$

因此, 落地速度为 $v(t_1) = 9.8t_1 \approx 94$m/s。

例 3-1-8 试按导数的定义求下列极限(假设各极限均存在)。

(1) $\lim_{x \to a} \frac{f(2x) - f(2a)}{x - a}$;   (2) $\lim_{x \to 0} \frac{f(x)}{x}$, 其中 $f(0) = 0$。

解 (1) $\lim_{x \to a} \frac{f(2x) - f(2a)}{x - a} = 2 \cdot \lim_{2x \to 2a} \frac{f(2x) - f(2a)}{2x - 2a} = 2 \cdot f'(2a)$

(2) 因为 $f(0) = 0$, 于是

$$\lim_{x \to 0} \frac{f(x)}{x} = \lim_{x \to 0} \frac{f(x) - f(0)}{x - 0} = f'(0)$$

例 3-1-9 考察函数 $f(x) = |x|$ 在 $x = 0$ 处的可导性。

解 由于

$$f'(0) = \lim_{\Delta x \to 0} \frac{f(0 + \Delta x) - f(0)}{\Delta x} = \lim_{\Delta x \to 0} \frac{|\Delta x|}{\Delta x}$$

所以必须分左、右导数讨论：

$$f'_+(0) = \lim_{\Delta x \to 0^+} \frac{f(0+\Delta x)-f(0)}{\Delta x} = \lim_{\Delta x \to 0^+} \frac{|\Delta x|}{\Delta x} = \lim_{\Delta x \to 0^+} \frac{\Delta x}{\Delta x} = 1$$

$$f'_-(0) = \lim_{\Delta x \to 0^-} \frac{f(0+\Delta x)-f(0)}{\Delta x} = \lim_{\Delta x \to 0^-} \frac{|\Delta x|}{\Delta x} = \lim_{\Delta x \to 0^+} \frac{-\Delta x}{\Delta x} = -1$$

由于 $f'_+(0) \neq f'_-(0)$，所以 $f(x) = |x|$ 在 $x = 0$ 处的不可导。

例 3-1-10 考察函数 $f(x) = \sqrt[3]{x}$ 在 $x=0$ 处的导数。

解 因为

$$f'(0) = \lim_{x \to 0} \frac{f(x)-f(0)}{x-0} = \lim_{x \to 0} \frac{\sqrt[3]{x}}{x} = \lim_{x \to 0} \frac{1}{\sqrt[3]{x^2}} = \infty$$

所以函数 $f(x) = \sqrt[3]{x}$ 在 $x=0$ 处不可导，或说其导数为无穷大。

由引例 3 可见，若函数 $f(x)$ 在 x_0 处可导，那么 $f(x)$ 在 x_0 处的导数 $f'(x_0)$ 就是曲线 $y = f(x)$ 在点 $(x_0, f(x_0))$ 处**切线的斜率**。其切线方程可表示为

$$y - y_0 = f'(x_0)(x - x_0)$$

相应的法线方程为

$$y - y_0 = \frac{1}{f'(x_0)}(x - x_0)$$

从图 3-1-2(a) 可知，$f(x)$ 在 x_0 处的左(右)导数就是曲线 $y = f(x)$ 在点 $A(x_0, f(x_0))$ 的左侧(右侧)切线的斜率，当 $f'_+(x_0) \neq f'_-(x_0)$ 时，此曲线在点 A 有两条切线；$f'_+(x_0) = f'_-(x_0)$ 时，此两条切线合二为一，即只有一条切线。由此可见，$f(x)$ 在 x_0 处不可导，并不意味着曲线 $y = f(x)$ 在点 $(x_0, f(x_0))$ 的切线不存在，它可能是在此点有两条切线，也可能在此点有铅直的切线，例如例 3-1-10 对应的函数在 $x=0$ 处不可导，但曲线在原点处有铅直的切线，如图 3-2-1(b) 所示。

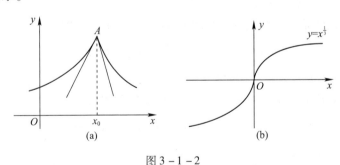

图 3-1-2

一般地，如果曲线 $y = f(x)$ 的图形在点 x_0 处出现"尖点"，则它在该点不可导。因此，如果函数在一个区间可导，则其图形不会出现"尖点"，或者说其图形是一条连续的光滑曲线。

例 3-1-11 求曲线 $y = \sqrt{x}$ 在点 $(1,1)$ 处的切线方程和法线方程。

解 因为

$$y' = \frac{1}{2\sqrt{x}}, \quad y'|_{x=1} = \frac{1}{2\sqrt{1}} = \frac{1}{2}$$

故所求的切线方程为

$$y - 1 = \frac{1}{2}(x - 1)$$

即
$$x - 2y + 1 = 0$$

如图 3-1-3 所示,所求的法线方程为
$$y - 1 = -2(x - 1)$$

即
$$2x + y - 3 = 0$$

例 3-1-12 考察函数

$$f(x) = \begin{cases} x\sin\dfrac{1}{x} & (x \neq 0) \\ 0 & (x = 0) \end{cases}$$

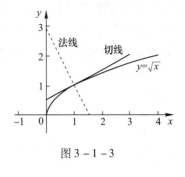

图 3-1-3

在 $x = 0$ 处的连续性和可导性。

解 由于
$$\lim_{x \to 0} x\sin\frac{1}{x} = 0 = f(0)$$

所以,$f(x)$ 在 $x = 0$ 处连续。又因为在 $x = 0$ 处有

$$\frac{\Delta y}{\Delta x} = \frac{(0 + \Delta x)\sin\dfrac{1}{0 + \Delta x} - 0}{\Delta x} = \sin\frac{1}{\Delta x}$$

因为 $\Delta x \to 0$ 时,$\sin\dfrac{1}{\Delta x}$ 极限不存在,所以函数 $f(x)$ 在 $x = 0$ 处不可导。

由图 3-1-4 可知,$f(x)$ 的图象被夹在直线 $y = x$ 与 $y = -x$ 之间无限次振荡,尽管其振幅值随 $x \to 0$ 而减小为零,但曲线 $y = f(x)$ 在点 $O(0,0)$ 的割线(即原点到曲线上的动点的连线)却随 $x \to 0$ 而在两直线 $y = \pm x$ 间无休止地摆动而没有确定的极限位置,因此曲线 $y = f(x)$ 在点 $(0,0)$ 处没有确定的切线。

我们知道,初等函数在其定义区间上都是连续函数,那么从例 3-1-12 可以猜测,函数的连续性和可导性之间有如下的联系。

定理 3-1-2 如果函数 $y = f(x)$ 在点 x_0 处可导,则它在点 x_0 处连续,反之,如果函数在 $y = f(x)$ 在点 x_0 处连续,则在 x_0 处不一定可导。

证明 因为函数 $y = f(x)$ 在点 x_0 处可导,故有

$$\lim_{\Delta x \to 0} \frac{\Delta y}{\Delta x} = f'(x_0)$$

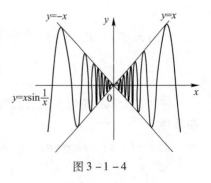

图 3-1-4

由函数与极限值的关系,可知

$$\frac{\Delta y}{\Delta x} = f'(x_0) + \alpha$$

其中 $\alpha \to 0$(当 $\Delta x \to 0$ 时),则

$$\lim_{\Delta x \to 0} \Delta y = \lim_{\Delta x \to 0} [f'(x_0)\Delta x + \alpha \cdot \Delta x] = 0$$

所以,函数 $y = f(x)$ 在点 x_0 处连续。

例 3-1-9 和例 3-1-12 说明,函数在某点处连续是函数在该点处可导的必要条件,但不是充分条件。由定理 3-1-2 还知道,若函数在某点处不连续,则它在该点处一定不可导。

注 在微积分理论尚不完善的时候,人们普遍认为连续函数除个别点外都是可导的。1872 年德国数学家魏尔斯特拉斯构造出一个处处连续但处处不可导的例子,这与人们基于直观的普遍认识大相径庭,从而震惊了数学界和思想界,这就促使人们对微积分研究从依赖直观转向依赖理性思维,从而大大促进了微积分逻辑基础的创建工作。

根据引例 3-1-1,物体做变速直线运动时的瞬时速度 $v(t)$ 就是路程函数 $s=s(t)$ 对时间 t 的导数,即

$$v(t) = s'(t)$$

根据物理学知识,速度函数 $v(t)$ 对于时间 t 的变化率就是加速度 $a(t)$,即 $a(t)$ 是 $v(t)$ 对时间 t 的导数:

$$a(t) = v'(t) = [s'(t)]'$$

于是,加速度 $a(t)$ 就是路程函数 $s(t)$ 对时间 t 的导数的导数,称为 $s(t)$ 对 t 的**二阶导数**,记为 $s''(t)$。因此,变速直线运动的加速度就是路程函数 $s(t)$ 对 t 的二阶导数,即

$$a(t) = s''(t)$$

定义 3 如果函数 $f(x)$ 的导数 $f'(x)$ 在点 x 处可导,即

$$[f'(x)]' = \lim_{\Delta x \to 0} \frac{f'(x+\Delta x) - f'(x)}{\Delta x}$$

存在,则称 $[f'(x)]'$ 为函数 $f(x)$ 在点 x 处的**二阶导数**,记为

$$f''(x), y'', \frac{d^2 y}{dx^2} \text{ 或 } \frac{d^2 f(x)}{dx^2}$$

类似地,二阶导数的导数称为**三阶导数**,记为

$$f'''(x), y''', \frac{d^3 y}{dx^3} \text{ 或 } \frac{d^3 f(x)}{dx^3}$$

一般地,$f'(x)$ 的 $(n-1)$ 阶导数的导数称为 $f(x)$ 的 n **阶导数**,记为

$$f^{(n)}(x), y^{(n)}, \frac{d^n y}{dx^n} \text{ 或 } \frac{d^n f(x)}{dx^n}$$

注 二阶和二阶以上的导数统称为**高阶导数**。相应地,$f(x)$ 称为**零阶导数**;$f'(x)$ 称为**一阶导数**。

例 3-1-13 设 $y = ax + b$,求 y''。

解 $y' = a, y'' = 0$。

例 3-1-14 求幂函数 $y = x^\mu (\mu \in R)$,求 $y^{(n)}$。

解 $y' = \mu x^{\mu-1}$, $y'' = \mu(\mu-1)x^{\mu-2}$, $y''' = \mu(\mu-1)(\mu-2)x^{\mu-3}, \cdots$
$y^{(n)} = \mu(\mu-1)(\mu-2)\cdots(\mu-n+1)x^{\mu-n}$

一般地,对于 $f(x) = a_n x^n + a_{n-1}x^{n-1} + \cdots + a_1 x + a_0 (n \in N)$,有

$$f^{(n)}(x) = n! \, a_n, \quad f^{(n+1)}(x) = 0$$

例 3-1-15 设 $y = e^x$,求 $y^{(n)}$。

解 $y' = e^x, y'' = e^x, y''' = e^x, \cdots, y^{(n)} = e^x$

例 3-1-16 求函数 $y=\sin x$ 与函数 $y=\cos x$ 的 n 阶导数。

解 $y=\sin x, y'=\cos x=\sin\left(x+\dfrac{\pi}{2}\right)$

$$y''=\cos\left(x+\dfrac{\pi}{2}\right)=\sin\left(x+x+\dfrac{\pi}{2}\right)=\sin\left(x+2\cdot\dfrac{\pi}{2}\right)$$

$$y'''=\cos\left(x+2\cdot\dfrac{\pi}{2}\right)=\sin\left(x+3\cdot\dfrac{\pi}{2}\right)$$

$$y^{(4)}=\cos\left(x+3\cdot\dfrac{\pi}{2}\right)=\sin\left(x+4\cdot\dfrac{\pi}{2}\right)$$

一般地,可得

$$y^{(n)}=\sin\left(x+n\cdot\dfrac{\pi}{2}\right)$$

即

$$(\sin x)^{(n)}=\sin\left(x+n\cdot\dfrac{\pi}{2}\right)$$

类似的方法,可得

$$(\cos x)^{(n)}=\cos\left(x+n\cdot\dfrac{\pi}{2}\right)$$

3.1.2 多元函数的偏导数

上一节,我们从研究函数的变化率建立了导数的概念。但在实际问题中,我们常常需要了解一个受到多种因素制约的变量,在其他因素固定不变的情况下,只随一种因素变化的变化率问题。反映在数学上就是多元函数在其他自变量固定时,函数随一个自变量变化的变化率问题,这就是我们接下来介绍的偏导数的概念。

以二元函数 $z=f(x,y)$ 为例,如果固定自变量 $y=y_0$,则函数 $z=f(x,y_0)$ 就是 x 的一元函数,该函数对 x 的导数就称为二元函数 $z=f(x,y)$ 对 x 的**偏导数**,有如下定义:

定义 4 设函数 $z=f(x,y)$ 在点 (x_0,y_0) 的某一邻域内有定义,当 y 固定在 y_0 而 x 在 x_0 处有增量 Δx 时,相应地,函数关于 x_0 的偏增量为

$$f(x_0+\Delta x,y_0)-f(x_0,y_0)$$

如果 $\lim\limits_{\Delta x\to 0}\dfrac{f(x_0+\Delta x,y_0)-f(x_0,y_0)}{\Delta x}$ 存在,则称此极限为二元函数 $z=f(x,y)$ 在点 (x_0,y_0) 处**对 x 的偏导数**,记为

$$\left.\dfrac{\partial z}{\partial x}\right|_{\substack{x=x_0\\y=y_0}},\left.\dfrac{\partial f}{\partial x}\right|_{\substack{x=x_0\\y=y_0}},\left.z_x\right|_{\substack{x=x_0\\y=y_0}} \text{ 或 } f_x(x_0,y_0)$$

即有

$$f_x(x_0,y_0)=\lim_{\Delta x\to 0}\dfrac{f(x_0+\Delta x,y_0)-f(x_0,y_0)}{\Delta x}$$

类似地,二元函数 $z=f(x,y)$ 在点 (x_0,y_0) 处**对 y 的偏导数**为

$$\lim_{\Delta y \to 0} \frac{f(x_0, y_0 + \Delta y) - f(x_0, y_0)}{\Delta y}$$

记为

$$\left.\frac{\partial z}{\partial y}\right|_{\substack{x=x_0\\y=y_0}}, \left.\frac{\partial f}{\partial y}\right|_{\substack{x=x_0\\y=y_0}}, z_y\bigg|_{\substack{x=x_0\\y=y_0}} 或 f_y(x_0, y_0)$$

当 $z = f(x, y)$ 在点 (x_0, y_0) 处的两个偏导数 $f_x(x_0, y_0)$ 与 $f_y(x_0, y_0)$ 都存在,常称函数 $f(x, y)$ 在 (x_0, y_0) 处可偏导。若 $f(x, y)$ 在区域 $D \subseteq R^2$ 内每一点都可偏导,则这两个偏导数的值随 (x, y) 在 D 中的变化而变化,是 x 和 y 的函数,称它们为 $f(x, y)$ 在 D 内的**偏导函数**,记作

$$f_x(x, y), f_y(x, y), \frac{\partial f}{\partial x}, \frac{\partial f}{\partial y}, z_x, z_y 或 \frac{\partial z}{\partial x}, \frac{\partial z}{\partial y}$$

在不引起混淆的地方,也把偏导函数简称为**偏导数**。

由偏导数的定义可见,求函数 $z = f(x, y)$ 的偏导数并不需要新的方法。因为求 $\frac{\partial z}{\partial x}$ 时,只要将 y 暂看成常量,仅对 x 求导数;求 $\frac{\partial z}{\partial y}$ 时,只要将 x 暂看成常量,仅对 y 求导数。实际上,偏导数本质上仍旧是求一元函数的导数。

关于多元函数的偏导数的定义,需要注意的是:

(1) 偏导数的记号 $\frac{\partial z}{\partial x}$ 是一个整体符号,不能看作分子除以分母;

(2) 偏导数的定义可以推广到二元以上的函数,例如三元函数 $u = f(x, y, z)$ 在点 (x, y, z) 处的偏导数:

$$f_x(x, y, z) = \lim_{\Delta x \to 0} \frac{f(x + \Delta x, y, z) - f(x, y, z)}{\Delta x}$$

$$f_y(x, y, z) = \lim_{\Delta y \to 0} \frac{f(x, y + \Delta y, z) - f(x, y, z)}{\Delta y}$$

$$f_z(x, y, z) = \lim_{\Delta z \to 0} \frac{f(x, y, z + \Delta z) - f(x, y, z)}{\Delta z}$$

(3) 与一元函数类似,对于分段函数在分段点的偏导数要利用偏导数的定义来求;

(4) 第一节中,我们知道一元函数在某一点存在导数,则它在该点处必然连续。但对于多元函数而言,即使函数的各个偏导数都存在,也不能保证函数在该点连续。

例如,二元函数

$$f(x, y) = \begin{cases} \dfrac{xy}{x^2 + y^2} & ((x, y) \neq (0, 0)) \\ 0 & ((x, y) = (0, 0)) \end{cases}$$

在点 $(0, 0)$ 处的偏导数为

$$f_x(0, 0) = \lim_{\Delta x \to 0} \frac{f(0 + \Delta x, 0) - f(0, 0)}{\Delta x} = \lim_{\Delta x \to 0} \frac{0}{\Delta x} = 0$$

$$f_y(0, 0) = \lim_{\Delta y \to 0} \frac{f(0, 0 + \Delta y) - f(0, 0)}{\Delta y} = \lim_{\Delta y \to 0} \frac{0}{\Delta y} = 0$$

由第 2 章 2.6 节例 2-6-4 知,函数 $f(x,y)$ 在点 $(0,0)$ 处不连续。

(5) 偏导数的几何意义:以二元函数 $z=f(x,y)$ 为例,它表示空间坐标系中的一张曲面,$z=f(x,y)$ 在点 (x_0,y_0) 处的偏导数 $f_x(x_0,y_0)$ 实际上就是一元函数 $z=f(x,y_0)$ 在 x_0 处的导数,而函数 $z=f(x,y_0)$ 的图象就是该曲面与平面 $y=y_0$ 的交线 C_x,如图 3-1-5 所示。则有一元函数导数的几何意义知:

偏导数 $f_x(x_0,y_0)$ 在几何上就表示为曲线 $C_x:\begin{cases}z=f(x,y)\\y=y_0\end{cases}$ 在点 $P_0(x_0,y_0,f(x_0,y_0))$ 处的切线 T_x 的斜率,即

$$f_x(x_0,y_0)=\tan\alpha$$

同理可知,偏导数 $f_y(x_0,y_0)$ 在几何上就表示为曲线 $C_y:\begin{cases}z=f(x,y)\\x=x_0\end{cases}$ 在点 $P_0(x_0,y_0,f(x_0,y_0))$ 处的切线 T_y 的斜率,即

$$f_y(x_0,y_0)=\tan\beta$$

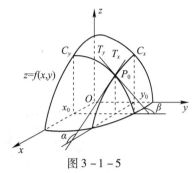

图 3-1-5

例 3-1-17 若 $f(x,y)=4-x^2-2y^2$,计算 $f_x(1,1)$ 和 $f_y(1,1)$。

解 按定义

$$f_x(1,1)=\lim_{x\to 1}\frac{f(x,1)-f(1,1)}{x-1}=\lim_{x\to 1}\frac{4-x^2-2-(4-1-2)}{x-1}=\lim_{x\to 1}\frac{1-x^2}{x-1}=-2$$

$$f_y(1,1)=\lim_{y\to 1}\frac{f(1,y)-f(1,1)}{y-1}=\lim_{y\to 1}\frac{4-1-2y^2-(4-1-2)}{y-1}=\lim_{y\to 1}\frac{2-2y^2}{y-1}=-4$$

另解 视 y 为常数,得 $f_x(x,y)=-2x$,则 $f_x(x,y)\big|_{\substack{x=1\\y=1}}=-2x\big|_{x=1}=-2$。

同理,视 x 为常数,得 $f_y(x,y)=-4y$,则 $f_y(x,y)\big|_{\substack{x=1\\y=1}}=-4y\big|_{y=1}=-4$。

上例中,$z=4-x^2-2y^2$ 为曲面,$y=1$ 为垂直 xOy 面的平面,如图 3-1-6 所示,它们的相交为抛物线 $z=2-x^2,y=1$ 在点 $(1,1,1)$ 的切线斜率为 $f_x(1,1)=-2$,同样,曲线 c_2 为平面 $x=1$ 与曲面相交得到的抛物线 $z=3-2y^2,f_y(1,1)=-4$ 为其在点 $(1,1,1)$ 切线的斜率。

定义 5 设二元函数 $z=f(x,y)$ 在区域 $D\subseteq R^2$ 内的两个偏导数

$$\frac{\partial z}{\partial x}=f_x(x,y),\quad \frac{\partial z}{\partial y}=f_y(x,y)$$

存在,它们都是 x,y 的函数,并且仍然可偏导,则称它们的偏导数为函数 $z=f(x,y)$ 的**二阶偏导数**。按照求导的次序不同,二元函数的二阶偏导数有四个,分别记为

$$\frac{\partial^2 z}{\partial x^2}=\frac{\partial z}{\partial x}\left(\frac{\partial z}{\partial x}\right)=\frac{\partial^2 f}{\partial x^2}=f_{xx}(x,y)=z_{xx}$$

$$\frac{\partial^2 z}{\partial x\partial y}=\frac{\partial z}{\partial y}\left(\frac{\partial z}{\partial x}\right)=\frac{\partial^2 f}{\partial x\partial y}=f_{xy}(x,y)=z_{xy}$$

$$\frac{\partial^2 z}{\partial y\partial x}=\frac{\partial z}{\partial x}\left(\frac{\partial z}{\partial y}\right)=\frac{\partial^2 f}{\partial y\partial x}=f_{yx}(x,y)=z_{yx}$$

$$\frac{\partial^2 z}{\partial y^2}=\frac{\partial z}{\partial y}\left(\frac{\partial z}{\partial y}\right)=\frac{\partial^2 f}{\partial y^2}=f_{yy}(x,y)=z_{yy}$$

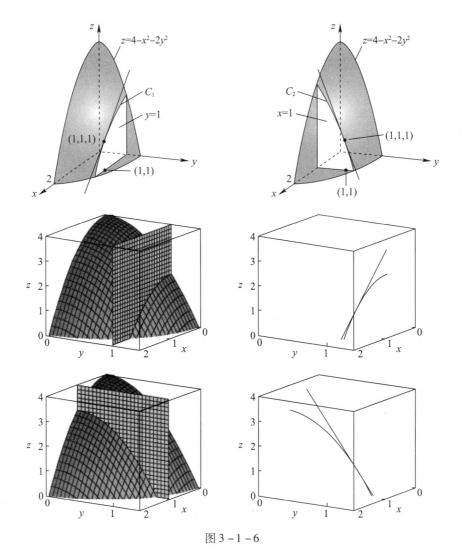

图 3-1-6

其中 $f_{xy}(x,y)$ 与 $f_{yx}(x,y)$ 的区别在于前者先对 x 后对 y 求导,后者相反,统称为函数 $z=f(x,y)$ 的**二阶混合偏导数**。

按照上述方法,可以继续定义二阶偏导函数的偏导数为函数的**三阶偏导数**,一般称 $(n-1)$ 阶偏导函数的偏导数为函数的 n **阶偏导数**,将二阶及二阶以上的偏导数称为**高阶偏导数**。

例 3-1-18 求函数 $z=x^3y+3xy^2$ 的二阶偏导数。

解 所给函数的两个一阶偏导数为

$$\begin{aligned}
\frac{\partial z}{\partial x} &= \lim_{\Delta x \to 0} \frac{(x+\Delta x)^3 y + 3(x+\Delta x)y^2 - (x^3 y + 3xy^2)}{\Delta x} \\
&= \lim_{\Delta x \to 0} \frac{3x^2(\Delta x)y + 3x(\Delta x)^2 y + (\Delta x)^3 + 3(\Delta x)y^2}{\Delta x} \\
&= 3x^2 y + 3y^2 \\
\frac{\partial z}{\partial y} &= \lim_{\Delta y \to 0} \frac{x^3(y+\Delta y) + 3x(y+\Delta y)^2 - (x^3 y + 3xy^2)}{\Delta y} \\
&= \lim_{\Delta y \to 0} \frac{x^3(\Delta y) + 6xy(\Delta y) + 3x(\Delta y)^2}{\Delta y} \\
&= x^3 + 6xy
\end{aligned}$$

所以

$$\frac{\partial^2 z}{\partial x^2} = \lim_{\Delta x \to 0} \frac{3(x+\Delta x)^2 y + 3y^2 - (3x^2 y + 3y^2)}{\Delta x} = 6xy$$

$$\frac{\partial^2 z}{\partial x \partial y} = \lim_{\Delta y \to 0} \frac{3x^2(y+\Delta y) + 3(y+\Delta y)^2 - (3x^2 y + 3y^2)}{\Delta y} = 3x^2 + 6y$$

$$\frac{\partial^2 z}{\partial y \partial x} = \lim_{\Delta x \to 0} \frac{(x+\Delta x)^3 + 6(x+\Delta x)y - (x^3 + 6xy)}{\Delta x} = 3x^2 + 6y$$

$$\frac{\partial^2 z}{\partial y^2} = \lim_{\Delta y \to 0} \frac{x^3 + 6x(y+\Delta y) - (x^3 + 6xy)}{\Delta y} = 6y$$

此例中二阶混合偏导数 $\frac{\partial^2 z}{\partial x \partial y} = \frac{\partial^2 z}{\partial y \partial x}$，就是说混合偏导数与求导的先后次序无关。然而，并非都是如此，也就是说，存在这样的二元函数，它的两个混合偏导数不相等。值得庆幸的是，满足下列条件的多元函数，其混合偏导数与求导次序无关。

定理 3 – 1 – 3　如果二元函数 $z = f(x,y)$ 的两个二阶混合偏导数 $\frac{\partial^2 z}{\partial x \partial y}$ 与 $\frac{\partial^2 z}{\partial y \partial x}$ 在区域 D 内是连续的，则在该区域内有

$$\frac{\partial^2 z}{\partial x \partial y} = \frac{\partial^2 z}{\partial y \partial x}$$

该定理表明：二阶混合偏导数在连续的情况下与求偏导数的次序无关，这给混合偏导数的计算带来了方便。类似地对于高阶偏导数，如果高阶混合偏导数在偏导数连续的条件下也与求偏导数的次序无关。

偏导数经常会出现在表示特定物理意义的偏导数方程中。例如，偏导数方程

$$\frac{\partial^2 u}{\partial x^2} + \frac{\partial^2 u}{\partial y^2} = 0$$

被称为**拉普拉斯(Laplace)方程**，该方程的解叫作**调和函数**，该方程在解决热传导、液体流动和电势问题上起着重要的作用。

例 3 – 1 – 19　证明函数 $u(x,y) = e^x \sin y$ 是拉普拉斯方程的一个解。

解
$$u_x = e^x \sin y \qquad u_y = e^x \cos y$$
$$u_{xx} = e^x \sin y \qquad u_{yy} = -e^x \sin y$$
$$u_{xx} + u_{yy} = e^x \sin y - e^x \sin y = 0$$

因此，u 满足拉普拉斯方程。

波动方程

$$\frac{\partial^2 u}{\partial t^2} = a^2 \frac{\partial^2 u}{\partial x^2}$$

描述了波动形式的运动，这种波动可以是水波、声波、光波或者绳波。例如，若 $u(x,t)$ 表示小提琴从端点时间 t 和距离 x 处的波动情况（图 3 – 1 – 7），则 $u(x,t)$ 满足波动方程，常数 a 与绳子的性质有关。

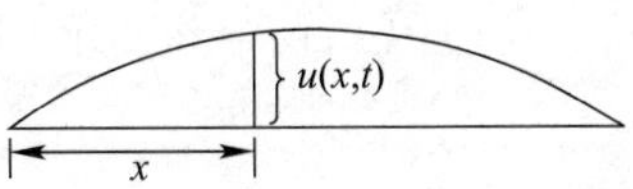

例 3 – 1 – 20　证明函数 $u(x,t) = \sin(x - at)$ 满足波动方程。

解　$u_x = \cos(x - at), u_{xx} = -\sin(x - at)$

图 3 – 1 – 7

$$u_t = -a\cos(x-at), u_{tt} = -a^2\sin(x-at) = a^2 u_{xx}$$

所以 u 满足波动方程。

习题 3-1

(A)

1. 求下列函数的导数。

   (1) $y = \dfrac{1}{\sqrt{x}}$;

   (2) $y = \sqrt[3]{x^2}$;

   (3) $y = x^3\sqrt[5]{x}$;

   (4) $y = \dfrac{x^2\sqrt[3]{x}}{\sqrt{x^5}}$。

2. 求一阶和二阶导数。

   (1) $s = 5t^3 - t^2 + 8$;

   (2) $y = \dfrac{4x^3}{3} - 4$;

   (3) $y = \dfrac{x^3 + 7}{x}$;

3. 求下列函数的各阶导数。

   (1) $y = \dfrac{x^4}{2} - \dfrac{3}{2}x^2 - x$;

   (2) $y = \dfrac{x^5}{120}$。

4. 设 $f'(x_0) = 2$, 则 $\lim\limits_{h \to 0} \dfrac{f(x_0 - h) - f(x_0 + 2h)}{2h} = $ _____。

5. 设 $f(0) = 0$, 又 $\lim\limits_{x \to 0} \dfrac{f(x)}{x} = A$(有限数), 则 $A = $ _____。

6. 求曲线 $y = \dfrac{1}{x}$ 在点 $\left(\dfrac{1}{2}, 2\right)$ 处的切线方程。

7. 伽利略曾在离地面高 54.5m 的比萨斜塔上扔下一物体, $t(s)$ 后下落的物体高出地面的高度为 $s = 54.5 - 16t^2$。

   (1) t 时刻物体的速度、速率和加速度为多少?

   (2) 物体击到地面所需的时间为多少?

   (3) 击到地面时物体的速度是多少?

8. 用定义计算 $f(x,y) = 1 - x + y - 3x^2 y$ 在点 $(1,2)$ 处的 $\dfrac{\partial f}{\partial x}$ 和 $\dfrac{\partial f}{\partial y}$。

9. 求下列函数的一阶偏导数。

   (1) $f(x,y,z) = 2x^2 - 3xy^2 + xz^3$;

   (2) $f(x,y) = x^2 - xy + y^2 + 3x - 6y - 1$;

   (3) $f(x,y) = (x^2 - 1)(y + 3)$;

   (4) $f(x,y) = (2x - 5y)^3$;

   (5) $f(x,y,z) = z - \sqrt{x^2 + y^2}$;

   (6) $f(x,y) = (x^3 + (y/2))^{2/3}$。

10. 求下列函数的所有二阶偏导数。

    (1) $f(x,y) = xe^y + y + 1$;

    (2) $f(x,y) = x^2 y + \cos y + y \ln x$。

(B)

1. 已知 $f(x) = x(x-1)(x-2)\cdots(x-50)$, 求 $f'(2)$。

2. 设 $f(x)=\begin{cases} x^2\sin\dfrac{1}{x} & (x\neq 0) \\ 0 & (x=0) \end{cases}$,讨论 $f(x)$ 在 $x=0$ 处的连续性和可导性。

3. 已知 $f'(a)$ 存在,求 $\lim\limits_{x\to 0}\dfrac{f(a+\alpha x)-f(a-\beta x)}{x}$,其中 α,β 均为常数。

4. 设 $f(x)=\begin{cases} x^2 & (x\geq 0) \\ -x & (x<0) \end{cases}$,求 $f'(0)$。

5. 讨论函数 $f(x)=\begin{cases} \dfrac{x}{1+\mathrm{e}^{\frac{1}{x}}} & (x>0) \\ 0 & (x\leq 0) \end{cases}$ 在点 $x=0$ 处的可导性。

6. 设 $\varphi(x)$ 在 $x=a$ 处连续,讨论 $f(x)=|x-a|\varphi(x)$ 在点 $x=a$ 处的可导性。

7. $f(x)=\begin{cases} \ln(1+x) & (x\geq 0) \\ ax^2+bx+c & (x<0) \end{cases}$,选择适当的 a,b,c,使得 $f''(0)$ 存在。

8. 证明:双曲线 $xy=a^2$ 上任一点处的切线与两坐标轴构成的三角形的面积都等于 $2a^2$。

9. 证明下列函数都是波动方程的解。
(1) $u=\cos(2x+2ct)$;   (2) $u=\ln(2x+2ct)$;
(3) $u=5\cos(3x+3ct)+\mathrm{e}^{x+ct}$。

§3.2 函数的求导法则

有时候根据导数的定义求函数的导数或偏导数往往非常烦琐,甚至是不可行的。能否找到求导的一般法则或常用函数的求导公式,使求导的运算变得更为简单易行呢?本节就来研究导数运算法则。

3.2.1 函数的和、差、积、商的求导法则

定理 3-2-1 若函数 $f(x)$ 和 $g(x)$ 在点 x 处可导,则它们的和、差、积和商(分母不为零)在点 x 也可导,且有以下法则:

(1) **数乘法则** 若 C 是常数,$f(x)$ 是可导函数,则

$$\frac{\mathrm{d}}{\mathrm{d}x}[C\cdot f(x)]=C\cdot\frac{\mathrm{d}}{\mathrm{d}x}f(x)$$

可简记为 $(Cf)'=Cf'$。

(2) **加减法则** 若 $f(x)$ 和 $g(x)$ 均为可导函数,则

$$\frac{\mathrm{d}}{\mathrm{d}x}[f(x)\pm g(x)]=\frac{\mathrm{d}}{\mathrm{d}x}f(x)\pm\frac{\mathrm{d}}{\mathrm{d}x}g(x)$$

可简记为 $(f\pm g)'=f'\pm g'$。

(3) **乘积法则** 若函数 $f(x)$ 和 $g(x)$ 是可导的,则有

$$\frac{\mathrm{d}}{\mathrm{d}x}[f(x)g(x)]=f(x)\frac{\mathrm{d}}{\mathrm{d}x}[g(x)]+g(x)\frac{\mathrm{d}}{\mathrm{d}x}[f(x)]$$

可简记为 $(f\cdot g)'=f'\cdot g+f\cdot g'$。

(4) **除法法则** 若 $f(x)$ 和 $g(x)$ 可导,则

$$\frac{\mathrm{d}}{\mathrm{d}x}\left[\frac{f(x)}{g(x)}\right] = \frac{g(x)\frac{\mathrm{d}}{\mathrm{d}x}[f(x)] - f(x)\frac{\mathrm{d}}{\mathrm{d}x}[g(x)]}{[g(x)]^2}$$

可简记为 $\left(\dfrac{f}{g}\right)' = \dfrac{f' \cdot g - f \cdot g'}{g^2}$。

(1) 证明 设 $g(x) = cf(x)$,则

$$g'(x) = \lim_{h \to 0}\frac{g(x+h) - g(x)}{h} = \lim_{h \to 0}\frac{cf(x+h) - cf(x)}{h}$$

$$= \lim_{h \to 0} c \cdot \left[\frac{f(x+h) - f(x)}{h}\right] = c \cdot \lim_{h \to 0}\frac{f(x+h) - f(x)}{h}$$

$$= c \cdot f'(x)$$

数乘导数法则的几何解释:函数乘以常数表示其图象被上下拉伸或压缩(如该常数为负数,则图象关于 x 轴对称),此时函数的零点保持不变,函数的峰值点及低谷点仍出现在相同的 x 处。而曲线在各处的斜率却改变了。如果曲线被拉伸,则整个图象的升降被同一因子增加了,而曲线"走势"不变,也就是曲线的斜率都被同一因子变陡了;如果曲线被压缩,则斜率被同一因子变缓和了(如图 3-2-1 所示);如果曲线是关于 x 轴对称得到的曲线,则该曲线的斜率就为原曲线的相反数。

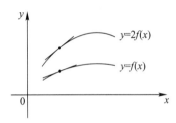

图 3-2-1

(2) 证明 设 $F(x) = f(x) \pm g(x)$,则

$$F'(x) = \lim_{h \to 0}\frac{F(x+h) - F(x)}{h}$$

$$= \lim_{h \to 0}\frac{[f(x+h) \pm g(x+h)] - [f(x) \pm g(x)]}{h}$$

$$= \lim_{h \to 0}\left[\frac{f(x+h) - f(x)}{h} \pm \frac{g(x+h) - g(x)}{h}\right]$$

$$= \lim_{h \to 0}\frac{f(x+h) - f(x)}{h} \pm \lim_{h \to 0}\frac{g(x+h) - g(x)}{h} = f'(x) \pm g'(x)$$

加法法则可以推广到多个函数的情形,使用多次法则即可,例如

$$(f(x) + g(x) + h(x))' = [(f+g) + h]' = (f+g)' + h' = f' + g' + h'$$

(3) 证明 假设 $u = f(x)$,$v = g(x)$ 均是可导函数,这样可以将 uv 看成是矩形的面积,如图 3-2-2 所示。若 x 的改变量记为 Δx,则 u 和 v 相应改变量为

$$\Delta u = f(x + \Delta x) - f(x) \text{ 和 } \Delta v = g(x + \Delta x) - g(x)$$

则新的乘积的值可表示为图中大的矩形的面积,矩形的改变量为

$$\Delta(uv) = (u + \Delta u)(v + \Delta v) - uv = u\Delta v + v\Delta u$$

即图中三部分阴影的面积,两边同除 Δx,得

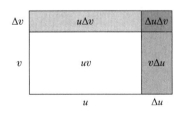

图 3-2-2

$$\frac{\Delta(uv)}{\Delta x} = u\frac{\Delta v}{\Delta x} + v\frac{\Delta u}{\Delta x} + \Delta u\frac{\Delta v}{\Delta x}$$

令 $\Delta x \to 0$,我们得到 uv 的导数:

$$\frac{\mathrm{d}}{\mathrm{d}x}(uv) = \lim_{\Delta x \to 0}\frac{\Delta(uv)}{\Delta x} = \lim_{\Delta x \to 0}\left(u\frac{\Delta v}{\Delta x} + v\frac{\Delta u}{\Delta x} + \Delta u\frac{\Delta v}{\Delta x}\right)$$

$$= u\lim_{\Delta x \to 0}\frac{\Delta v}{\Delta x} + v\lim_{\Delta x \to 0}\frac{\Delta u}{\Delta x} + \left(\lim_{\Delta x \to 0}\Delta u\right)\left(\lim_{\Delta x \to 0}\frac{\Delta v}{\Delta x}\right) = u\frac{\mathrm{d}v}{\mathrm{d}x} + v\frac{\mathrm{d}u}{\mathrm{d}x} + 0\cdot\frac{\mathrm{d}v}{\mathrm{d}x}$$

即

$$\frac{\mathrm{d}}{\mathrm{d}x}(uv) = u\frac{\mathrm{d}v}{\mathrm{d}x} + v\frac{\mathrm{d}u}{\mathrm{d}x}$$

(4) 证明 设 $F(x) = f(x)/g(x)$,变形有 $f(x) = F(x)\cdot g(x)$,利用乘法法则得

$$f'(x) = F(x)g'(x) + g(x)F'(x)$$

解关于 $F'(x)$ 的方程,可得

$$F'(x) = \frac{f(x) - F(x)g'(x)}{g(x)} = \frac{f'(x) - \frac{f(x)}{g(x)}g'(x)}{g(x)} = \frac{g(x)f'(x) - f(x)g'(x)}{[g(x)]^2}$$

$$\left[\frac{f(x)}{g(x)}\right]' = \frac{g(x)f'(x) - f(x)g'(x)}{[g(x)]^2}$$

例 3-2-1 $\dfrac{\mathrm{d}}{\mathrm{d}x}[x^8 + 12x^5 - 4x^4 + 10x^3 - 6x + 5]$

$$= \frac{\mathrm{d}}{\mathrm{d}x}(x^8) + 12\frac{\mathrm{d}}{\mathrm{d}x}(x^5) - 4\frac{\mathrm{d}}{\mathrm{d}x}(x^4) + 10\frac{\mathrm{d}}{\mathrm{d}x}(x^3) - 6\frac{\mathrm{d}}{\mathrm{d}x}(x) + \frac{\mathrm{d}}{\mathrm{d}x}(5)$$

$$= 8x^7 + 60x^4 - 16x^3 + 30x^2 - 6$$

例 3-2-2 求曲线 $y = x^4 - 6x^2 + 4$ 上的点,使在该点的切线为水平线。

解 水平切线出现在导数为 0 的点,则

$$\frac{\mathrm{d}y}{\mathrm{d}x} = 4x^3 - 12x = 4x(x^2 - 12)$$

由 $\dfrac{\mathrm{d}y}{\mathrm{d}x} = 0$,得到 $x = 0$ 或 $x = \pm\sqrt{3}$。

这样当 $x = 0$ 或 $x = \pm\sqrt{3}$ 时,曲线有水平切线,相应曲线上的点为 $(0,4)$、$(\sqrt{3}, -\sqrt{5})$ 和 $(-\sqrt{3}, -\sqrt{5})$,如图 3-2-3 所示。

例 3-2-3 一粒子的运动方程为 $s = 2t^3 - 5t^2 + 3t + 4$,其中 s 单位为 cm,t 单位为 s。求该函数关于时间的加速度,并求 2s 后的加速度?

解 该粒子运动的速度和加速度分别为

$$v(t) = \frac{\mathrm{d}s}{\mathrm{d}t} = 6t^2 - 10t + 3$$

$$a(t) = \frac{\mathrm{d}v}{\mathrm{d}t} = 12t - 10$$

则 2s 后的加速度值为 $a(2) = 12\cdot 2 - 10 = 14\mathrm{cm/s}^2$。

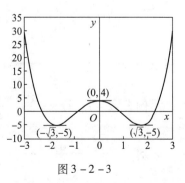

图 3-2-3

例 3-2-4 (1) 求函数 $f(x) = xe^x$ 的导数 $f'(x)$；

(2) 求函数的 n 阶导数 $f^{(n)}(x)$。

解 (1) 由乘积法则，得

$$f'(x) = \frac{d}{dx}(xe^x) = xe^x + e^x \cdot 1 = (x+1)e^x$$

如图 3-2-4 所示为函数及其导函数的图形，可以发现当函数逐渐增加时，导函数为正值，当函数逐渐减少时，导函数为负值。

(2) 使用 2 次乘积法则，得

$$f''(x) = \frac{d}{dx}[(x+1)e^x] = (x+1)\frac{d}{dx}(e^x) + e^x \frac{d}{dx}(x+1) = (x+1)e^x + e^x \cdot 1 = (x+2)e^x$$

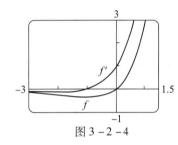

图 3-2-4

再次使用乘积法则，可以得到

$$f'''(x) = (x+3)e^x \qquad f^{(4)}(x) = (x+4)e^x$$

事实上，计算结果为逐次导数加上函数项 e^x，即

$$f^{(n)}(x) = (x+n)e^x$$

例 3-2-5 求函数 $f(t) = \sqrt{t}(1-t)$ 的导数。

解法一 利用乘法法则，有

$$f'(t) = \sqrt{t}(1-t)' + (1-t)(\sqrt{t})' = \sqrt{t}(-1) + (1-t) \cdot \frac{1}{2}t^{-\frac{1}{2}} = -\sqrt{t} + \frac{1-t}{2\sqrt{t}}$$

解法二 首先使用幂函数性质化简 $f(t)$，则不用乘积法则就可以直接求导

$$f(t) = \sqrt{t} - t\sqrt{t} = t^{\frac{1}{2}} - t^{\frac{3}{2}} \qquad f'(t) = \frac{1}{2}t^{-\frac{1}{2}} - \frac{3}{2}t^{\frac{1}{2}}$$

这与解法一结果一样。可以看出，有些时候在计算导数时，先对函数进行适当变形计算，而不直接利用乘积法则，计算会容易些。

例 3-2-6 若 $f(x) = \sqrt{x} \cdot g(x)$，其中 $g(x)$ 可导且 $g(4) = 2$，$g'(4) = 3$，求 $f'(4)$。

解 由乘法法则知

$$f'(x) = \frac{d}{dx}[\sqrt{x} \cdot g(x)] = \sqrt{x}\frac{d}{dx}[g(x)] + g(x)\frac{d}{dx}[\sqrt{x}] = \sqrt{x}g'(x) + \frac{g(x)}{2\sqrt{x}}$$

所以

$$f'(4) = \sqrt{4}g'(4) + \frac{g(4)}{2\sqrt{4}} = 2 \times 3 + \frac{2}{2 \times 2} = 6.5$$

例 3-2-7 设 $y = \dfrac{x^2 + x - 2}{x^3 + 6}$，求 y'。

解
$$y' = \frac{(x^3+6)(x^2+x-2)' - (x^2+x-2)(x^3+6)'}{(x^3+6)^2}$$

$$= \frac{(x^3+6)(2x+1) - (x^2+x-2)(3x^2)}{(x^3+6)^2}$$

$$= \frac{(2x^4+x^3+12x+6) - (3x^4+3x^3-6x^2)}{(x^3+6)^2} = \frac{-x^4-2x^3+6x^2+12x+6}{(x^3+6)^2}$$

图 3－2－5 表示例 3－2－7 的函数和导函数图形。注意，当 y 在 2 的附近快速变化时，y' 很大，当 y 变化缓慢时，y' 趋近于 0。

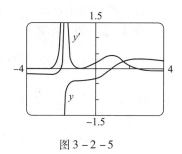

图 3－2－5

例 3－2－8 计算 $y=\tan x$ 与 $y=\cot x$ 的导数。

解 由除法规则知

$$(\tan x)' = \left(\frac{\sin x}{\cos x}\right)' = \frac{(\sin x)'\cos x - \sin x(\cos x)'}{(\cos x)^2}$$

$$= \frac{\cos^2 x + \sin^2 x}{\cos^2 x} = \sec^2 x$$

所以正切函数的导数公式为

$$(\tan x)' = \sec^2 x$$

同理可得余切函数的求导公式为

$$(\cot x)' = -\csc^2 x$$

例 3－2－9 计算 $y=\sec x$ 与 $y=\csc x$ 的导数。

解 由除法规则知

$$(\sec x)' = \left(\frac{1}{\cos x}\right)' = -\frac{(\cos x)'}{\cos^2 x} = \frac{\sin x}{\cos^2 x} = \sec x \tan x$$

所以正割函数的导数为

$$(\sec x)' = \sec x \tan x$$

同理可得余割函数的求导公式为

$$(\csc x)' = -\csc x \cot x$$

3.2.2 反函数的求导法则

定理 3－2－2 设函数 $y=f(x)$ 为函数 $x=\varphi(y)$ 的反函数，若 $x=\varphi(y)$ 在点 y 处可导，且 $\varphi'(y) \neq 0$，则 $y=f(x)$ 在相应点 x 处可导，且有

$$f'(x) = \frac{1}{\varphi'(y)}$$

证明 记 $\Delta y = f(x+\Delta x) - f(x)$，则有 $f(x+\Delta x) = f(x) + \Delta y = y + \Delta y$，由于 $x=\varphi(y)$ 与 $y=f(x)$ 互为反函数，所以 $x+\Delta x = \varphi(y+\Delta y)$。

因为 $x=\varphi(y)$ 在点 y 处可导，则在该点连续，从而其反函数 $y=f(x)$ 在点 x 处连续，所以当 $\Delta x \to 0$ 时，有 $\Delta y \to 0$，而且，由于函数 $y=f(x)$ 存在反函数，那么，当 $\Delta x \neq 0$ 时，$f(x+\Delta x)$ 与 $f(x)$ 对应不同的函数值，所以 $\Delta y \neq 0$。于是

$$f'(x) = \lim_{\Delta x \to 0} \frac{f(x+\Delta x) - f(x)}{\Delta x} = \lim_{\Delta x \to 0} \frac{\Delta y}{(x+\Delta x) - x} = \lim_{\Delta x \to 0} \frac{1}{\frac{(x+\Delta x) - x}{\Delta y}}$$

$$= \lim_{\Delta x \to 0} \frac{1}{\frac{\varphi(y+\Delta y) - \varphi(y)}{\Delta y}} = \frac{1}{\varphi'(y)}$$

这一结论表明：反函数的导数等于直接函数的导数的倒数。

需要注意函数存在反函数的条件是：函数满足在区间内是单调的。这样就可以用上述定

理来求一些函数的反函数的导数了。

例3-2-10 计算反正弦函数 $y=\arcsin x$ 的导数。

解 因为 $y=\arcsin x$ 的直接函数为 $x=\sin y\left(-\dfrac{\pi}{2}\leqslant y\leqslant\dfrac{\pi}{2}\right)$。

$x=\sin y$ 在 $I_y=\left(-\dfrac{\pi}{2},\dfrac{\pi}{2}\right)$ 内单调、可导,且 $(\sin y)'=\cos y>0$,由定理3-2-2知,在对应区间 $I_x=(-1,1)$ 内有 $(\arcsin x)'=\dfrac{1}{(\sin y)'}=\dfrac{1}{\cos y}$,而

$$\cos y=\sqrt{1-\sin^2 y}=\sqrt{1-x^2}$$

故

$$\frac{dy}{dx}=\frac{1}{\cos y}=\frac{1}{\sqrt{1-x^2}}$$

即

$$(\arcsin x)'=\frac{1}{\sqrt{1-x^2}}$$

同理可得

$$(\arccos x)'=-\frac{1}{\sqrt{1-x^2}}$$

或者,由 $\arcsin x+\arccos x=\dfrac{\pi}{2}$,可得

$$(\arccos x)'=\left(\frac{\pi}{2}-\arcsin x\right)'=-\frac{1}{\sqrt{1-x^2}}$$

例3-2-11 计算反正切函数 $y=\arctan x$ 的导数。

解 由于 $y=\arctan x$ 为 $x=\tan y$ 的反函数,且注意它的值域是 $-\dfrac{\pi}{2}<y<\dfrac{\pi}{2}$,所以有

$$y'=(\arctan x)'=\frac{1}{(\tan y)'}=\frac{1}{\sec^2 y}=\frac{1}{1+\tan^2 y}=\frac{1}{1+x^2}$$

即

$$(\arctan x)'=\frac{1}{1+x^2}$$

如图3-2-6所示。同理可得

$$(\text{arccot}\, x)'=-\frac{1}{1+x^2}$$

例3-2-12 计算函数 $y=\log_a x(a>0$ 且 $a\neq 1)$ 的导数。

解 因为 $y=\log_a x$ 的反函数 $x=a^y$ 在 $I_y=(-\infty,+\infty)$ 内单调,可导,且

$$(a^y)'=a^y\ln a\neq 0$$

所以在对应区间 $I_x=(0,+\infty)$ 内,有

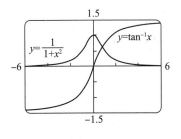

图3-2-6

$$(\log_a x)' = \frac{1}{(a^y)'} = \frac{1}{a^y \ln a} = \frac{1}{x \ln a}$$

即

$$(\log_a x)' = \frac{1}{x \ln a}$$

特别地，当 $a = e$ 时，$(\ln x)' = \frac{1}{x}$。

例 3-2-13 求 $y = \frac{1}{\arcsin x}$ 的导数。

解 $\frac{dy}{dx} = \frac{d(\arcsin x)^{-1}}{dx} = -(\arcsin x)^{-2} \frac{d}{dx}(\arcsin x) = -\frac{1}{(\arcsin x)^2 \sqrt{1-x^2}}$

3.2.3 一元复合函数的求导法则

观察下列一元函数

$$F(x) = \sqrt{1 + x^2}$$

很显然函数 $F(x)$ 是一个复合函数。如何计算复合函数的导数呢？

分析 令 $y = f(u) = \sqrt{u}$，$u = g(x) = x^2 + 1$，则可以写成 $y = F(x) = f(g(x))$，即 $F = f \circ g$。我们已经知道了求 f 和 g 的导数，所以如何利用 f 和 g 的导数，寻求 $F = f \circ g$ 的导数规则就很有用了。

把导数理解为变化率，如果 $y = f(u)$ 的变化是 u 的变化的 2 倍，而 $u = g(x)$ 是 x 的变化的 3 倍，那么 y 变化是 x 变化的 6 倍。这种效果有点像多个齿轮的齿轮链，如图 3-2-7 所示，当齿轮 A 转过 x 圈，B 转过 u 圈而 C 转过 y 圈。通过计算周长或齿轮数，我们知道

$$y = 2u, u = 3x$$

图 3-2-7

所以
$$y = 6x$$

因此
$$\frac{dy}{du} = 2, \frac{du}{dx} = 3$$

而
$$\frac{dy}{dx} = 6 = \frac{dy}{du} \cdot \frac{du}{dx}$$

可以证明复合函数 $f \circ g$ 的导数为 f 和 g 函数导数的乘积。事实上这就是导数规则中很重要的**链式法则**。

定理 3-2-3 （链式法则）若函数 $u=g(x)$ 在点 x 处可导,而 $y=f(u)$ 在点 $u=g(x)$ 处可导,则复合函数 $y=f[g(x)]$ 在点 x 处可导,且其导数为

$$\frac{dy}{dx}=f'(u)\cdot g'(x) \text{ 或 } \frac{dy}{dx}=\frac{dy}{du}\cdot\frac{du}{dx}$$

证明 因为 $y=f(u)$ 在点 u 处可导,所以

$$\lim_{\Delta u\to 0}\frac{\Delta y}{\Delta u}=f'(u)$$

根据极限与无穷小的关系,有

$$\frac{\Delta y}{\Delta u}=f'(u)+\alpha$$

其中 α 是 $\Delta u\to 0$ 时的无穷小,上式中若 $\Delta u\neq 0$,则有

$$\Delta y=f'(u)\Delta u+\alpha\Delta u$$

当 $\Delta u=0$ 时,规定 $\alpha=0$,此时 $\Delta y=f(u+\Delta u)-f(u)=0$,上式右端亦为零,等式仍成立。从而

$$\lim_{\Delta x\to 0}\frac{\Delta y}{\Delta x}=\lim_{\Delta x\to 0}\left[f'(u)\frac{\Delta u}{\Delta x}+\alpha\frac{\Delta u}{\Delta x}\right]=f'(u)\lim_{\Delta x\to 0}\frac{\Delta u}{\Delta x}+\lim_{\Delta x\to 0}\alpha\lim_{\Delta x\to 0}\frac{\Delta u}{\Delta x}=f'(u)\cdot g'(x)$$

即

$$\frac{dy}{dx}=f'(u)\cdot g'(x)$$

例 3-2-14 求函数 $F(x)=\sqrt{x^2+1}$ 的导数。

解 由链式法则: $F(x)=(f\circ g)(x)=f(g(x))$, 其中 $f(u)=\sqrt{u}$, $g(x)=x^2+1$,

$$f'(u)=\frac{1}{2}u^{-\frac{1}{2}}=\frac{1}{2\sqrt{u}},\ g'(x)=2x$$

则利用公式得

$$F'(x)=f'(g(x))g'(x)=\frac{1}{2\sqrt{x^2+1}}\cdot 2x=\frac{x}{\sqrt{x^2+1}}$$

注 在使用链式法则时,我们需要从外到内,首先进行外部函数的求导,再乘以内部函数的导数。

$$\frac{d}{dx}\underbrace{f}_{\text{外部函数}}\underbrace{(g(x))}_{\text{内部函数值}}=\underbrace{f'}_{\text{外部函数的导数}}\underbrace{(g(x))}_{\text{内部函数值}}\cdot\underbrace{g'(x)}_{\text{内部函数的导数}}$$

例 3-2-15 求导数 (1) $y=\sin(x^2)$; (2) $y=\sin^2 x$。

解 （1）由链式法则知

$$\frac{d}{dx}\underbrace{\sin}_{\text{外部函数}}\underbrace{(x^2)}_{\text{内部函数值}}=\underbrace{\cos}_{\text{外部函数的导数}}\underbrace{(x^2)}_{\text{内部函数值}}\cdot\underbrace{2x}_{\text{内部函数的导数}}$$
$$=2x\cos(x^2)$$

（2）因 $\sin^2 x=(\sin x)^2$,由链式法则知

$$\frac{dy}{dx}=\frac{d}{dx}\underbrace{(\sin x)^2}_{\text{外部函数}}=\underbrace{2}_{\text{外部函数的导数}}\cdot\underbrace{(\sin x)}_{\text{内部函数值}}\cdot\underbrace{\cos x}_{\text{内部函数的导数}}=\sin 2x$$

我们也可以整体使用链式法则,一般地,如果 $y = \sin u$,其中 u 是 x 的可导函数,则链式法则知

$$\frac{dy}{dx} = \frac{dy}{du} \cdot \frac{du}{dx} = \cos u \frac{du}{dx}$$

即

$$\frac{d}{dx}(\sin u) = \cos u \frac{du}{dx}$$

类似地,所有三角函数的复合函数也可以利用链式法则进行计算。

复合幂函数的链式法则 设 n 为任意实数,$u = g(x)$ 可导,则

$$\frac{d}{dx}(u^n) = nu^{n-1}\frac{du}{dx}$$

相应地

$$\frac{d}{dx}[g(x)]^n = n[g(x)]^{n-1} \cdot g'(x)$$

例 3 - 2 - 16 求 $y = (x^3 - 1)^{100}$ 的导数。

解 设 $u = g(x) = x^3 - 1$,公式中取 $n = 100$,有

$$\frac{dy}{dx} = \frac{d}{dx}(x^3-1)^{100} = 100(x^3-1)^{99}\frac{d}{dx}(x^3-1) = 100(x^3-1)^{99} \cdot 3x^2 = 300x^2(x^3-1)^{99}$$

例 3 - 2 - 17 求函数 $f(x) = \dfrac{1}{\sqrt[3]{x^2+x+1}}$ 的导数 $f'(x)$。

解 重写函数 $f(x) = (x^2+x+1)^{-\frac{1}{3}}$,则

$$f'(x) = -\frac{1}{3}(x^2+x+1)^{-\frac{4}{3}}\frac{d}{dx}(x^2+x+1) = -\frac{1}{3}(x^2+x+1)^{-\frac{4}{3}}(2x+1)$$

例 3 - 2 - 18 求函数 $g(t) = \left(\dfrac{t-2}{2t+1}\right)^9$ 的导数。

解 组合使用幂规则、链式法则和商规则,可得

$$g'(t) = 9\left(\frac{t-2}{2t+1}\right)^8 \frac{d}{dt}\left(\frac{t-2}{2t+1}\right) = 9\left(\frac{t-2}{2t+1}\right)^8 \frac{(2t+1)\cdot 1 - 2(t-2)}{(2t+1)^2} = \frac{45(t-2)^8}{(2t+1)^{10}}$$

例 3 - 2 - 19 求函数 $y = (2x+1)^5(x^3-x+1)^4$ 的导数。

解 利用乘法法则和链式法则,得

$$\frac{dy}{dx} = (2x+1)^5\frac{d}{dx}(x^3-x+1)^4 + (x^3-x+1)^4\frac{d}{dx}(2x+1)^5$$

$$= (2x+1)^5 \cdot 4(x^3-x+1)^3\frac{d}{dx}(x^3-x+1) + (x^3-x+1)^4 \cdot 5(2x+1)^4\frac{d}{dx}(2x+1)$$

$$= 4(2x+1)^5(x^3-x+1)^3(3x^2-1) + 5(x^3-x+1)^4(2x+1)^4 \cdot 2$$

$$= 2(2x+1)^4(x^3-x+1)^3(17x^3+6x^2-9x+3)$$

例 3 - 2 - 20 求函数 $y = e^{\sin x}$ 的导数。

解 这里外部函数为 $f(x) = e^x$,内部函数为 $g(x) = \sin x$,利用链式法则,知

$$\frac{dy}{dx} = \frac{d}{dx}(e^{\sin x}) = e^{\sin x}\frac{d}{dx}(\sin x) = e^{\sin x}\cos x$$

对于任意的 $a > 0$，对指数函数使用链式法则。由 $a = e^{\ln a}$，则有

$$a^x = (e^{\ln a})^x = e^{(\ln a)x}$$

由链式法则

$$\frac{d}{dx}(a^x) = \frac{d}{dx}(e^{(\ln a)x}) = e^{(\ln a)x}\frac{d}{dx}(\ln a)x = e^{(\ln a)x} \cdot \ln a = a^x \ln a$$

因为 a 是常数，有下面公式

$$\frac{d}{dx}(a^x) = a^x \ln a$$

复合函数的链式法则可推广到多个中间变量的情形：假设 $y = f(u)$，$u = g(x)$ 和 $x = h(t)$，其中 f、g 和 h 均为可导函数，则计算 y 关于 t 的导数，由链式法则，得

$$\frac{dy}{dt} = \frac{dy}{dx} \cdot \frac{dx}{dt} = \frac{dy}{du} \cdot \frac{du}{dx} \cdot \frac{dx}{dt}$$

例 3-2-21 若 $f(x) = \sin(\cos(\tan x))$，则

$$f'(x) = \cos(\cos(\tan x))\frac{d}{dx}\cos(\tan x) = \cos(\cos(\tan x))[-\sin(\tan x)]\frac{d}{dx}(\tan x)$$

$$= -\cos(\cos(\tan x))\sin(\tan x)\sec^2 x$$

计算中使用了 2 次链式法则。

例 3-2-22 计算 $y = e^{\sec 3\theta}$ 的导数。

解 外层函数为指数函数，中层函数为正割函数，内层函数为 3 倍函数。则

$$\frac{dy}{d\theta} = e^{\sec 3\theta}\frac{d}{d\theta}(\sec 3\theta) = e^{\sec 3\theta}\sec 3\theta\tan 3\theta\frac{d}{d\theta}(3\theta) = 3e^{\sec 3\theta}\sec 3\theta\tan 3\theta$$

例 3-2-23 计算 $f(x) = x\arctan\sqrt{x}$ 的导数。

解 由乘积法则和链式法则，得

$$f'(x) = x\frac{1}{1+(\sqrt{x})^2}\left(\frac{1}{2}x^{-1/2}\right) + \arctan\sqrt{x} = \frac{\sqrt{x}}{2(1+x)} + \arctan\sqrt{x}$$

例 3-2-24 已知 $f(u)$ 可导，求函数 $y = f(\sec x)$ 的导数。

解 由链式法则，得

$$y' = [f(\sec x)]' = f'(\sec x) \cdot (\sec x)' = f'(\sec x) \cdot \sec x \cdot \tan x$$

注 求此类抽象函数的导数时，应该特别注意记号表示的真实含义，在此例中，$f'(\sec x)$ 表示对 $\sec x$ 求导，而 $[f(\sec x)]'$ 表示对 x 求导。

例 3-2-25 求函数 $f(x) = \begin{cases} 2x & (0 < x \leq 1) \\ x^2 + 1 & (1 < x < 2) \end{cases}$ 的导数。

解 求分段函数的导数时，在每段内的导数可按一般求导数法则求之，但在分段点处的导数要用左右导数的定义来求。

当 $0 < x < 1$ 时，$f'(x) = (2x)' = 2$；

当 $1 < x < 2$ 时，$f'(x) = (x^2 + 1)' = 2x$；

当 $x=1$ 时,

$$f'_-(1) = \lim_{x \to 1^-} \frac{f(x)-f(1)}{x-1} = \lim_{x \to 1^-} \frac{2x-2}{x-1} = 2$$

$$f'_+(1) = \lim_{x \to 1^+} \frac{f(x)-f(1)}{x-1} = \lim_{x \to 1^+} \frac{x^2+1-2}{x-1} = \lim_{x \to 1^+} \frac{x^2-1}{x-1} = 2$$

由 $f'_-(1) = f'_+(1) = 2$ 知,$f'(1) = 2$。所以

$$f'(x) = \begin{cases} 2 & (0 < x \leq 1) \\ 2x & (1 < x < 2) \end{cases}$$

例 3-2-26 求函数 $y = \ln(1+x)$ 的 n 阶导数。

解 $y' = \dfrac{1}{1+x}, y'' = -\dfrac{1}{(1+x)^2}, y''' = \dfrac{2!}{(1+x)^3}, y^{(4)} = -\dfrac{3!}{(1+x)^4}$

一般地,可得

$$y^{(n)} = (-1)^{n-1} \frac{(n-1)!}{(1+x)^n} \quad (n \geq 1, 0! = 1)$$

求函数的高阶导数时,除直接按定义逐阶求出指定的高阶导数(直接法)外,还常利用已知的高阶导数公式,通过导数的四则运算、变量代换等方法,间接求出指定的高阶导数(间接法)。

例 3-2-27 设函数 $y = \dfrac{1}{x^2-1}$,求 $y^{(100)}$。

解 因为 $y = \dfrac{1}{x^2-1} = \dfrac{1}{2}\left(\dfrac{1}{x-1} - \dfrac{1}{x+1}\right)$,所以利用例 3-2-26 结论知

$$y^{(100)} = \frac{1}{2}\left(\frac{100!}{(x-1)^{101}} - \frac{100!}{(x+1)^{101}}\right)$$

如果函数 $u = u(x)$ 及 $v = v(x)$ 都在点 x 处具有 n 阶导数,则显然有

$$[u(x) \pm v(x)]^{(n)} = u^{(n)}(x) \pm v^{(n)}(x)$$

利用复合函数求导法则,还可以证明下列常用结论:

$$[Cu(x)]^{(n)} = Cu^{(n)}(x)$$

$$[u(ax+b)]^{(n)} = a^n u^{(n)}(ax+b) \quad (a \neq 0)$$

对于 $u(x) \cdot v(x)$ 乘积形式的 n 阶导数却比较复杂,由 $(uv)' = u'v + uv'$,进一步有

$$(uv)'' = u''v + 2u'v' + uv''$$

$$(uv)''' = u'''v + 3u''v' + 3u'v'' + uv'''$$

一般地,可用数学归纳法证明

$$(u \cdot v)^{(n)} = u^{(n)}v + nu^{(n-1)}v' + \frac{n(n-1)}{2!}u^{(n-2)}v'' + \cdots + \frac{n(n-1)\cdots(n-k+1)}{k!}u^{(n-k)}v^{(k)} + \cdots + uv^{(n)}$$

我们把上式称为**莱布尼茨(Leibniz)公式**。简写为

$$(uv)^{(n)} = \sum_{k=0}^{n} C_n^k u^{(n-k)} v^{(k)}$$

例 3-2-28 设函数 $y = \ln(1 + 2x - 3x^2)$,求 $y^{(n)}$。

解 因为
$$y = \ln(1 + 2x - 3x^2) = \ln(1-x) + \ln(1+3x)$$

所以
$$y^{(n)} = [\ln(1-x)]^{(n)} + [\ln(1+3x)]^{(n)}$$

由例 3-2-26 的结论,得
$$y^{(n)} = (-1)^{n-1} \cdot (-1)^n \cdot \frac{(n-1)!}{(1-x)^n} + (-1)^{n-1} \cdot 3^n \cdot \frac{(n-1)!}{(1+3x)^n}$$
$$= (n-1)! \cdot \left[\frac{(-1)^{n-1} \cdot 3^n}{(1+3x)^n} - \frac{1}{(1-x)^n} \right]$$

例 3-2-29 设函数 $y = x^2 e^{2x}$,求 $y^{(20)}$。

解 设 $u = e^{2x}, v = x^2$,则由莱布尼茨公式,得
$$y^{(20)} = (e^{2x})^{(20)} \cdot x^2 + 20(e^{2x})^{(19)} \cdot (x^2)' + \frac{20(20-1)}{2!}(e^{2x})^{(18)} \cdot (x^2)'' + 0$$
$$= 2^{20} e^{2x} \cdot x^2 + 20 \cdot 2^{19} e^{2x} \cdot 2x + \frac{20 \cdot 19}{2!} \cdot 2^{18} e^{2x} \cdot 2$$
$$= 2^{20} e^{2x} (x^2 + 20x + 95)$$

基本初等函数的导数公式与本节中所讨论的求导法则,在初等函数的求导运算中起着重要的作用,我们必须熟练地掌握它们,为了便于查阅,现在把这些导数公式和求导法则归纳如下:

(1) 常数和基本初等函数的导数公式。

① $(C)' = 0$; ② $(x^\mu)' = \mu x^{\mu-1}$;
③ $(\sin x)' = \cos x$; ④ $(\cos x)' = -\sin x$;
⑤ $(\tan x)' = \sec^2 x$; ⑥ $(\cot x)' = -\csc^2 x$;
⑦ $(\sec x)' = \sec x \tan x$; ⑧ $(\csc x)' = -\csc x \cot x$;
⑨ $(a^x)' = a^x \ln a$ $(a > 0, a \neq 1)$; ⑩ $(e^x)' = e^x$;
⑪ $(\log_a x)' = 1/\ln a$ $(a > 0, a \neq 1)$; ⑫ $(\ln x)' = 1/x$;
⑬ $(\arcsin x)' = 1/\sqrt{1-x^2}$; ⑭ $(\arccos x)' = -1/\sqrt{1-x^2}$;
⑮ $(\arctan x)' = 1/(1+x^2)$; ⑯ $(\text{arccot}\, x)' = -1/(1+x^2)$。

(2) 函数的和、差、积、商的求导法则。
设 $u = u(x), v = v(x)$ 都可导,则
① $(u \pm v)' = u' \pm v'$; ② $(Cu)' = Cu'$ C 为常数;
③ $(uv)' = u'v + uv'$; ④ $(u/v)' = (u'v - uv')/v^2$ $(v \neq 0)$。

(3) 反函数的求导法则。
设函数 $y = f(x)$ 为函数 $x = \varphi(y)$ 的反函数,若 $x = \varphi(y)$ 在点 y 处可导,且 $\varphi'(y) \neq 0$,则 $y = f(x)$ 在相应点 x 处可导,且有
$$f'(x) = \frac{1}{\varphi'(y)} \quad \text{或} \quad \frac{dy}{dx} = \frac{1}{\frac{dx}{dy}}$$

(4) 复合函数的求导法则。

若函数 $u=g(x)$ 在点 x 处可导,而 $y=f(u)$ 在点 $u=g(x)$ 处可导,则复合函数 $y=f[g(x)]$ 在点 x 处可导,且其导数为

$$\frac{dy}{dx}=f'(u)\cdot g'(x) \quad \text{或} \quad \frac{dy}{dx}=\frac{dy}{du}\cdot\frac{du}{dx}$$

下面再举两个综合运用这些法则和导数公式的例子。

例 3-2-30 设 $y=\sin nx\cdot\sin^n x$(n 为常数),求 y'。

解 首先应用积的求导法则,再用复合函数求导法则,得

$$\begin{aligned}
y'&=(\sin nx)'\cdot\sin^n x+\sin nx\cdot(\sin^n x)'\\
&=n\cos nx\cdot\sin^n x+\sin nx\cdot n\sin^{n-1}x\cdot\cos x\\
&=n\sin^{n-1}x(\cos nx\cdot\sin x+\sin nx\cdot\cos x)\\
&=n\sin^{n-1}x\cdot\sin(n+1)x
\end{aligned}$$

例 3-2-31 证明下列双曲函数与反双曲函数的导数公式:

$$(\operatorname{sh} x)'=\operatorname{ch} x; \quad (\operatorname{ch} x)'=\operatorname{sh} x; \quad (\operatorname{th} x)'=\frac{1}{\operatorname{ch}^2 x}$$

$$(\operatorname{arsh} x)'=\frac{1}{\sqrt{1+x^2}}; \quad (\operatorname{arch} x)'=\frac{1}{\sqrt{x^2-1}}; \quad (\operatorname{arth} x)'=\frac{1}{1-x^2}$$

证明 有

$$(\operatorname{sh} x)'=\left(\frac{e^x-e^{-x}}{2}\right)'=\frac{e^x+e^{-x}}{2}=\operatorname{ch} x$$

同理得

$$(\operatorname{ch} x)'=\left(\frac{e^x+e^{-x}}{2}\right)'=\frac{e^x-e^{-x}}{2}=\operatorname{sh} x$$

又有

$$(\operatorname{th} x)'=\left(\frac{\operatorname{sh} x}{\operatorname{ch} x}\right)'=\frac{(\operatorname{sh} x)'\operatorname{ch} x-\operatorname{sh} x(\operatorname{ch} x)'}{\operatorname{ch}^2 x}=\frac{\operatorname{ch}^2 x-\operatorname{sh}^2 x}{\operatorname{ch}^2 x}=\frac{1}{\operatorname{ch}^2 x}$$

由 $\operatorname{arsh} x=\ln(x+\sqrt{1+x^2})$,应用复合函数的求导法则,有

$$(\operatorname{arsh} x)'=\frac{1}{x+\sqrt{1+x^2}}(x+\sqrt{1+x^2})'=\frac{1}{x+\sqrt{1+x^2}}\left(1+\frac{x}{\sqrt{1+x^2}}\right)=\frac{1}{\sqrt{1+x^2}}$$

由 $\operatorname{arch} x=\ln(x+\sqrt{x^2-1})$,同理可得

$$(\operatorname{arch} x)'=\frac{1}{\sqrt{x^2-1}} \quad (x\in(1,+\infty))$$

由 $\operatorname{arth} x=\frac{1}{2}\ln\frac{1+x}{1-x}$,同理可得

$$(\operatorname{arth} x)'=\frac{1}{1-x^2} \quad (x\in(-1,1))$$

3.2.4 多元复合函数的求导法则

接下来我们将一元函数的链式法则推广到多元复合函数的情形,多元复合函数的求导法则在多元函数微分学中也起着重要的作用。下面分几种情况讨论。

我们回顾由 $y=f(x)$ 和 $x=g(t)$ 复合而成的一元复合函数的链式求导法则,其中 f 和 g 都是可导函数,则 y 是 t 的可导函数,并且

$$\frac{dy}{dt} = \frac{dy}{dx} \cdot \frac{dx}{dt}$$

对于多元复合函数,链式求导法则有不同形式。

第一种情形(一元函数与多元函数复合的情形) 适用于当 $z=f(x,y)$,其中 x 和 y 都是变量 t 的函数,则 z 间接是 t 的函数,$z=f(g(t),h(t))$,将 z 对变量 t 使用链式法则。

引理 如果函数 $z=f(x,y)$ 在 (x_0,y_0) 的某个邻域内有定义,且在点 (x_0,y_0) 处具有连续的偏导数,则它在该点处的改变量(全增量)可表示为

$$\Delta z = f_x(x_0,y_0)\Delta x + f_y(x_0,y_0)\Delta y + \varepsilon_1 \Delta x + \varepsilon_2 \Delta y$$

其中 ε_1、ε_2 是当 $\rho = \sqrt{(\Delta x)^2 + (\Delta y)^2} \to 0$ 时的无穷小。(此时也称函数 $f(x,y)$ 是可微分的)

证明 由条件,函数 f 的一阶偏导数 f_x 和 f_y 存在,所以考察函数的全增量

$$\Delta z = f(x_0 + \Delta x, y_0 + \Delta y) - f(x_0,y_0)$$
$$= [f(x_0 + \Delta x, y_0 + \Delta y) - f(x_0, y_0 + \Delta y)] + [f(x_0, y_0 + \Delta y) - f(x_0,y_0)]$$

第一个方括号内,可看作是 x 的一元函数 $f(x_0, y_0 + \Delta y)$ 的增量,应用拉格朗日中值定理,可得

$$f(x_0 + \Delta x, y_0 + \Delta y) - f(x_0, y_0 + \Delta y) = f_x(x_0 + \theta_1 \Delta x, y_0 + \Delta y)\Delta x \quad (0 < \theta_1 < 1)$$

又由条件 f_x 在 (x_0,y_0) 点连续,所以上式可写为

$$f(x_0 + \Delta x, y_0 + \Delta y) - f(x_0, y_0 + \Delta y) = f_x(x_0,y_0)\Delta x + \varepsilon_1 \Delta x \quad (0 < \theta_1 < 1) \qquad (*)$$

其中 ε_1 为 $(\Delta x, \Delta y)$ 的函数,且当 $(\Delta x, \Delta y) \to (0,0)$ 时,$\varepsilon_1 \to 0$。

同理可证第二个方括号内的表达式可以写为

$$f(x_0, y_0 + \Delta y) - f(x_0,y_0) = f_y(x_0,y_0)\Delta y + \varepsilon_2 \Delta y \quad (0 < \theta_1 < 1) \qquad (**)$$

其中 ε_2 为 Δy 的函数,且当 $\Delta y \to 0$ 时,$\varepsilon_2 \to 0$。

由式 $(*)$ 和式 $(**)$ 可得,在偏导数连续的条件下,全增量可表示为

$$\Delta z = f_x(x_0,y_0)\Delta x + f_y(x_0,y_0)\Delta y + \varepsilon_1 \Delta x + \varepsilon_2 \Delta y$$

此时,我们借助上述引理,就可以证明多元复合函数求导公式(**链式法则**)。

求导法则 1 设 $z=f(x,y)$ 是 x,y 的可微函数,其中 $x=g(t)$ 和 $y=h(t)$ 是关于 t 的可导函数,则 z 是关于 t 的可导函数,且

$$\frac{dz}{dt} = \frac{\partial f}{\partial x}\frac{dx}{dt} + \frac{\partial f}{\partial y}\frac{dy}{dt}$$

证明 当变量 t 有一个增量 Δt 时,x,y 有相应的增量 $\Delta x, \Delta y$。由此,z 有相应的增量 Δz,可得

$$\Delta z = \frac{\partial f}{\partial x}\Delta x + \frac{\partial f}{\partial y}\Delta y + \varepsilon_1 \Delta x + \varepsilon_2 \Delta y$$

当$(\Delta x,\Delta y)\to(0,0)$时，$\varepsilon_1\to 0,\varepsilon_2\to 0$（如果函数$\varepsilon_1,\varepsilon_2$在(0,0)无定义，定义在(0,0)的值为0）。在上式等号两边同时除以Δt，得

$$\frac{\Delta z}{\Delta t}=\frac{\partial f}{\partial x}\cdot\frac{\Delta x}{\Delta t}+\frac{\partial f}{\partial y}\cdot\frac{\Delta y}{\Delta t}+\varepsilon_1\frac{\Delta x}{\Delta t}+\varepsilon_2\frac{\Delta y}{\Delta t}$$

令$\Delta t\to 0$，由于$x=g(t)$是可导的，因此连续，则$\Delta x=g(t+\Delta t)-g(t)\to 0$，同理可得，$\Delta t\to 0$时，$\Delta y\to 0$，因而$\varepsilon_1\to 0,\varepsilon_2\to 0$，所以

$$\begin{aligned}\frac{\mathrm{d}z}{\mathrm{d}t}&=\lim_{\Delta t\to 0}\frac{\Delta z}{\Delta t}=\frac{\partial f}{\partial x}\lim_{\Delta t\to 0}\frac{\Delta x}{\Delta t}+\frac{\partial f}{\partial y}\lim_{\Delta t\to 0}\frac{\Delta y}{\Delta t}+\lim_{\Delta t\to 0}\varepsilon_1\lim_{\Delta t\to 0}\frac{\Delta x}{\Delta t}+\lim_{\Delta t\to 0}\varepsilon_2\lim_{\Delta t\to 0}\frac{\Delta y}{\Delta t}\\&=\frac{\partial f}{\partial x}\cdot\frac{\mathrm{d}x}{\mathrm{d}t}+\frac{\partial f}{\partial y}\cdot\frac{\mathrm{d}y}{\mathrm{d}t}+0\cdot\frac{\mathrm{d}x}{\mathrm{d}t}+0\cdot\frac{\mathrm{d}y}{\mathrm{d}t}=\frac{\partial f}{\partial x}\cdot\frac{\mathrm{d}x}{\mathrm{d}t}+\frac{\partial f}{\partial y}\cdot\frac{\mathrm{d}y}{\mathrm{d}t}\end{aligned}$$

由于通常我们用$\partial z/\partial x$代替$\partial f/\partial x$，所以复合函数求导法则有下面的形式：

$$\boxed{\frac{\mathrm{d}z}{\mathrm{d}t}=\frac{\partial f}{\partial x}\cdot\frac{\mathrm{d}x}{\mathrm{d}t}+\frac{\partial f}{\partial y}\cdot\frac{\mathrm{d}y}{\mathrm{d}t}}$$

求导法则1还可以进一步推广到中间变量多于两个的情形：设函数$z=f(u,v,w)$，$u=u(t),v=v(t),w=w(t)$，构成复合函数$z=z[u(t),v(t),w(t)]$，其变量间的相互依赖关系如图3-2-8所示，则在满足求导法则1类似的条件下，有

$$\frac{\mathrm{d}z}{\mathrm{d}t}=\frac{\partial f}{\partial x}\cdot\frac{\mathrm{d}x}{\mathrm{d}t}+\frac{\partial f}{\partial y}\cdot\frac{\mathrm{d}y}{\mathrm{d}t}+\frac{\partial f}{\partial z}\cdot\frac{\mathrm{d}z}{\mathrm{d}t}$$

图3-2-8

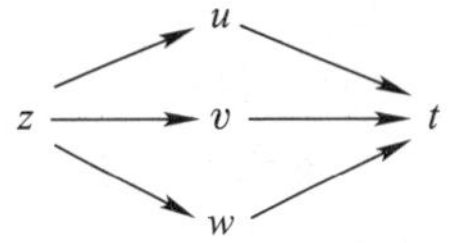

由上述的复合过程不难看到，复合函数$z=z[u(t),v(t),w(t)]$本质上是t的一元函数，结合图形，求导过程中可以归纳为"**分段用乘，分叉用加，单路全导，叉路偏导**"，因此，此公式$\frac{\mathrm{d}z}{\mathrm{d}t}$也称为**全导数公式**。

例3-2-32 设$z=x^2y+3xy^4$，其中$x=\sin 2t,y=\cos t$，求$t=0$时，$\mathrm{d}z/\mathrm{d}t$。

解 由复合函数求导法则可得

$$\begin{aligned}\frac{\mathrm{d}z}{\mathrm{d}t}&=\frac{\partial f}{\partial x}\cdot\frac{\mathrm{d}x}{\mathrm{d}t}+\frac{\partial f}{\partial y}\cdot\frac{\mathrm{d}y}{\mathrm{d}t}\\&=(2xy+3y^4)(2\cos 2t)+(x^2+12xy^3)(-\sin t)\end{aligned}$$

这里不需将x,y用t表示，已知，当$t=0$时，$x=\sin 0=0,y=\cos 0=1$。因此，

$$\left.\frac{\mathrm{d}z}{\mathrm{d}t}\right|_{t=0}=(0+3)(2\cos 0)+(0+0)(-\sin 0)=6$$

例3-2-32中的结论可以理解为随着t沿曲线C按$x=\sin 2t$，$y=\cos t$移动时，变量z相应的变化（图3-2-9）。另外，当$t=0$时，点(x,y)为(0,1)，$\mathrm{d}z/\mathrm{d}t=6$是沿着曲线$C$在点(0,1)的增加速率。例如，设

$$z=T(x,y)=x^2y+3xy^4$$

表示点(x,y)的温度，则复合函数$z=T(\sin 2t,\cos t)$表示的是C上一点的温度，导数$\mathrm{d}z/\mathrm{d}t$表示的是沿着C的温度的变化率。

图3-2-9

例3-2-33 理想模型中的气体压强P(kPa)，体积V(L)以及

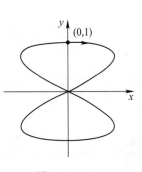

温度 T(K)满足公式 $PV = 8.31T$。当温度为 300K 且温度以 0.1K/s 的速率变化,体积为 100L 且以 0.2L/s 的速率变化时,求压强的变化率。

解 设时间 t 的单位为 s,温度 $T = 300$K,$dT/dt = 0.1$,$V = 100$L,$dV/dt = 0.2$。又因为

$$P = 8.31 \frac{T}{V}$$

由复合函数求导法则可得

$$\frac{dP}{dt} = \frac{\partial P}{\partial T} \cdot \frac{dT}{dt} + \frac{\partial P}{\partial V} \cdot \frac{dV}{dt} = \frac{8.31}{V} \times \frac{dT}{dt} - \frac{8.31T}{V^2} \times \frac{dV}{dt}$$

$$= \frac{8.31}{100} \times (0.1) - \frac{8.31(300)}{100^2} \times (0.2) = -0.04155$$

因此压强的变化率为 0.042kPa/s。

第二种情形 (复合函数的中间变量为多元函数的情形) 假定 $z = f(x,y)$,而且 x,y 都是 (s,t) 的函数:$x = g(s,t)$,$y = h(s,t)$,因此 z 是 (s,t) 的函数,要求 $\partial z/\partial s$ 和 $\partial z/\partial t$。回顾求 $\partial z/\partial t$ 时,先保持 s 不变,然后计算 z 关于 t 的导数。因此,利用法则 1 可以得出

$$\frac{\partial z}{\partial t} = \frac{\partial f}{\partial x} \cdot \frac{\partial x}{\partial t} + \frac{\partial f}{\partial y} \cdot \frac{\partial y}{\partial t}$$

同理可得 $\partial z/\partial s$,因此我们得到另一个复合函数求导法则。

求导法则 2 设 $z = f(x,y)$ 是 x,y 的可微函数,其中 $x = g(s,t)$,$y = h(s,t)$ 是关于 (s,t) 的可微函数,则

$$\frac{\partial z}{\partial s} = \frac{\partial f}{\partial x} \cdot \frac{\partial x}{\partial s} + \frac{\partial f}{\partial y} \cdot \frac{\partial y}{\partial s}$$

$$\frac{\partial z}{\partial t} = \frac{\partial f}{\partial x} \cdot \frac{\partial x}{\partial t} + \frac{\partial f}{\partial y} \cdot \frac{\partial y}{\partial t}$$

例 3-2-34 设 $z = e^x \sin y$,其中 $x = st^2$,$y = s^2t$,求 $\partial z/\partial s$ 和 $\partial z/\partial t$。

解 利用求导法则 2,可得

$$\frac{\partial z}{\partial s} = \frac{\partial z}{\partial x} \cdot \frac{\partial x}{\partial s} + \frac{\partial z}{\partial y} \cdot \frac{\partial y}{\partial s} = (e^x \sin y)(t^2) + (e^x \cos y)(2st)$$

$$= t^2 e^{st^2} \sin(s^2t) + 2st e^{st^2} \cos(s^2t)$$

$$\frac{\partial z}{\partial t} = \frac{\partial z}{\partial x} \cdot \frac{\partial x}{\partial t} + \frac{\partial z}{\partial y} \cdot \frac{\partial y}{\partial t} = (e^x \sin y)(2st) + (e^x \cos y)(s^2)$$

$$= 2st e^{st^2} \sin(s^2t) + s^2 e^{st^2} \cos(s^2t)$$

求导法则 2 中的复合函数包括三种不同的变量:(s,t) 是自变量,x,y 是中间变量,z 是因变量。该法则中的每个中间变量都与求导法则 1 中的中间变量类似。

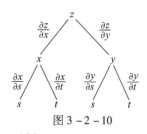

图 3-2-10

图 3-2-10 中的树状图有助于记忆复合函数求导法则。从变量 z 到中间变量 x,y 的分支,表明 z 是 x,y 的函数,从 x,y 到独立变量 (s,t) 的分支,在每个分支上我们注明相应的偏导数。先算出从 z 到 s 的每个路径上偏导数的乘积,然后将相乘的结果加起来,就得到 $\partial z/\partial s$:

$$\frac{\partial z}{\partial s} = \frac{\partial z}{\partial x} \cdot \frac{\partial x}{\partial s} + \frac{\partial z}{\partial y} \cdot \frac{\partial y}{\partial s}$$

同理,可得 $\partial z/\partial t$。

通常情况下,变量 u 是 n 个中间变量 $x_1, x_2, \cdots, x_n$ 的函数,每个中间变量是 m 个独立变量 $t_1, t_2, \cdots, t_m$ 的函数,证明过程与求导法则 1 相似。

求导法则 2′ (一般情形)设 u 是 n 个中间变量 $x_1, x_2, \cdots, x_n$ 的可微函数,每个 x_i 是 m 个变量 $t_1, t_2, \cdots, t_m$ 的可微函数,则 u 是 $t_1, t_2, \cdots, t_m$ 的函数,并且有

$$\frac{\partial u}{\partial t_i} = \frac{\partial u}{\partial x_1} \cdot \frac{\partial x_1}{\partial t_i} + \frac{\partial u}{\partial x_2} \cdot \frac{\partial x_2}{\partial t_i} + \cdots + \frac{\partial u}{\partial x_n} \cdot \frac{\partial x_n}{\partial t_i} \quad (i = 1, 2, \cdots, m)$$

例 3-2-35 设 $w = f(x, y, z, t)$,其中 $x = x(u, v), y = y(u, v), z = z(u, v), t = t(u, v)$,写出复合函数求导法则。

解 运用求导法则 2′,$n = 4, m = 2$,图 3-2-11 是本题对应的树状图。虽然没标明分支的导数,通过树状图能清晰地分析出 y 到 u 的分支,该分支的偏导数就是 $\partial y/\partial u$。由树状图可以写出相应的等式:

$$\frac{\partial w}{\partial u} = \frac{\partial w}{\partial x} \cdot \frac{\partial x}{\partial u} + \frac{\partial w}{\partial y} \cdot \frac{\partial y}{\partial u} + \frac{\partial w}{\partial z} \cdot \frac{\partial z}{\partial u} + \frac{\partial w}{\partial t} \cdot \frac{\partial t}{\partial u}$$

$$\frac{\partial w}{\partial v} = \frac{\partial w}{\partial x} \cdot \frac{\partial x}{\partial v} + \frac{\partial w}{\partial y} \cdot \frac{\partial y}{\partial v} + \frac{\partial w}{\partial z} \cdot \frac{\partial z}{\partial v} + \frac{\partial w}{\partial t} \cdot \frac{\partial t}{\partial v}$$

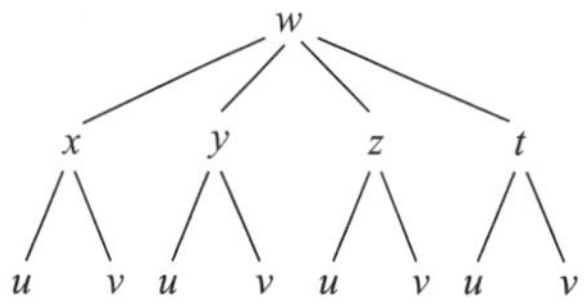

图 3-2-11

例 3-2-36 设 $g(s, t) = f(s^2 - t^2, t^2 - s^2)$,且 f 可微,证明 g 满足方程

$$t \frac{\partial g}{\partial s} + s \frac{\partial g}{\partial t} = 0$$

解 令 $x = s^2 - t^2, y = t^2 - s^2$,得 $g(s, t) = f(x, y)$,由复合函数求导法则得出

$$\frac{\partial g}{\partial s} = \frac{\partial f}{\partial x} \cdot \frac{\partial x}{\partial s} + \frac{\partial f}{\partial y} \cdot \frac{\partial y}{\partial s} = \frac{\partial f}{\partial x}(2s) + \frac{\partial f}{\partial y}(-2s)$$

$$\frac{\partial g}{\partial t} = \frac{\partial f}{\partial x} \cdot \frac{\partial x}{\partial t} + \frac{\partial f}{\partial y} \cdot \frac{\partial y}{\partial t} = \frac{\partial f}{\partial x}(-2t) + \frac{\partial f}{\partial y}(2t)$$

因此

$$t \frac{\partial g}{\partial s} + s \frac{\partial g}{\partial t} = \left(2st \frac{\partial f}{\partial x} - 2st \frac{\partial f}{\partial y}\right) + \left(-2st \frac{\partial f}{\partial x} + 2st \frac{\partial f}{\partial y}\right) = 0$$

例 3-2-37 设 $z = f(x, y)$ 有连续的二阶偏导数,且 $x = r^2 + s^2, y = 2rs$,求 $\frac{\partial z}{\partial r}$ 和 $\frac{\partial^2 z}{\partial r^2}$。

解 由复合函数求导法则可得

$$\frac{\partial z}{\partial r} = \frac{\partial z}{\partial x} \cdot \frac{\partial x}{\partial r} + \frac{\partial z}{\partial y} \cdot \frac{\partial y}{\partial r} = \frac{\partial z}{\partial x}(2r) + \frac{\partial z}{\partial y}(2s)$$

把上式运用函数乘积的求导法则,得

$$\frac{\partial^2 z}{\partial r^2} = \frac{\partial}{\partial r}\left(\frac{\partial z}{\partial x}(2r) + \frac{\partial z}{\partial y}(2s)\right) = 2\frac{\partial z}{\partial x} + 2r\frac{\partial}{\partial r}\left(\frac{\partial z}{\partial x}\right) + 2s\frac{\partial}{\partial r}\left(\frac{\partial z}{\partial y}\right)$$

再次运用复合函数求导法则(图 3-2-12),得到

$$\frac{\partial}{\partial r}\left(\frac{\partial z}{\partial x}\right) = \frac{\partial}{\partial x}\left(\frac{\partial z}{\partial x}\right)\frac{\partial x}{\partial r} + \frac{\partial}{\partial y}\left(\frac{\partial z}{\partial x}\right)\frac{\partial y}{\partial r} = \frac{\partial^2 z}{\partial x^2}(2r) + \frac{\partial^2 z}{\partial y \partial x}(2s)$$

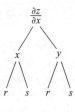

图 3-2-12

$$\frac{\partial}{\partial r}\left(\frac{\partial z}{\partial y}\right) = \frac{\partial}{\partial x}\left(\frac{\partial z}{\partial y}\right)\frac{\partial x}{\partial r} + \frac{\partial}{\partial y}\left(\frac{\partial z}{\partial y}\right)\frac{\partial y}{\partial r} = \frac{\partial^2 z}{\partial x \partial y}(2r) + \frac{\partial^2 z}{\partial y^2}(2s)$$

由混合二阶导数的性质,得

$$\frac{\partial^2 z}{\partial r^2} = 2\frac{\partial z}{\partial x} + 2r\left(\frac{\partial^2 z}{\partial x^2}(2r) + \frac{\partial^2 z}{\partial y \partial x}(2s)\right) + 2s\left(\frac{\partial^2 z}{\partial x \partial y}(2r) + \frac{\partial^2 z}{\partial y^2}(2s)\right)$$

$$= 2\frac{\partial z}{\partial x} + 4r^2\frac{\partial^2 z}{\partial x^2} + 8rs\frac{\partial^2 z}{\partial x \partial y} + 4s^2\frac{\partial^2 z}{\partial y^2} = 2f_1' + 4r^2 f_{11}'' + 8rs f_{12}'' + 4s^2 f_{22}''$$

求导法则 3 (复合函数的中间变量既有一元函数也有多元函数的情形)假定 $z = f(x,y)$,且 $x = g(s,t), y = y(t)$,因此 z 是 (s,t) 的函数,要求 $\frac{\partial z}{\partial s}$ 和 $\frac{\partial z}{\partial t}$。回顾求 $\frac{\partial z}{\partial t}$ 时,先保持 s 不变,然后计算 z 关于 t 的导数。因此,利用法则 1 和法则 2 可以得出

$$\frac{\partial z}{\partial s} = \frac{\partial z}{\partial x}\frac{\partial x}{\partial s}$$

$$\frac{\partial z}{\partial t} = \frac{\partial z}{\partial x}\frac{\partial x}{\partial t} + \frac{\partial z}{\partial y}\frac{\mathrm{d} y}{\mathrm{d} t}$$

这类情形实际上是第二种情形的一种特例,即变量 y 与 s 无关,从而 $\frac{\partial y}{\partial s} = 0$,这样,因 $y = y(t)$ 是 t 的一元函数,所以 $\frac{\partial y}{\partial t}$ 换成 $\frac{\mathrm{d} y}{\mathrm{d} t}$,从而有上述结论。

在第三种情形中,一种常见的情况是:复合函数的某些中间变量本身又是复合函数的自变量的情形。

例如,设函数

$$z = f(u,x,y), u = u(x,y)$$

构成的复合函数为 $z = f[u(x,y),x,y]$,其变量间的相互依赖关系如图 3-3-13 所示,则有

$$\frac{\partial z}{\partial x} = \frac{\partial f}{\partial u}\frac{\partial u}{\partial x} + \frac{\partial f}{\partial x} \qquad \frac{\partial z}{\partial y} = \frac{\partial f}{\partial u}\frac{\partial u}{\partial y} + \frac{\partial f}{\partial y}$$

注 这里 $\frac{\partial z}{\partial x}$ 与 $\frac{\partial f}{\partial x}$ 是不同的,$\frac{\partial z}{\partial x}$ 是把复合函数

$$z = f[u(x,y),x,y]$$

图 3-2-13 中的 y 看作不变时对 x 的偏导数,$\frac{\partial f}{\partial x}$ 是把函数 $z = f(u,x,y)$ 中的 u 及 y 看作不变时对 x 的偏导数。$\frac{\partial z}{\partial y}$ 与 $\frac{\partial f}{\partial y}$ 也有类似的区别。

例 3-2-38 设 $w = f(x+y+z, xyz)$,其中函数 f 有二阶连续偏导数,求 $\frac{\partial w}{\partial x}$ 和 $\frac{\partial^2 w}{\partial x \partial z}$。

解 令 $y = x+y+z, v = xyz$,则根据复合函数的求导法则,有

$$\frac{\partial w}{\partial x} = \frac{\partial f}{\partial u}\cdot\frac{\partial u}{\partial x} + \frac{\partial f}{\partial v}\cdot\frac{\partial v}{\partial x} = f_u + yz f_v \triangleq f_1' + yz f_2'$$

$$\frac{\partial^2 w}{\partial x \partial z} = \frac{\partial}{\partial z}(f_1' + yz f_2') = \frac{\partial f_1'}{\partial z} + y f_2' + yz\frac{\partial f_2'}{\partial z}$$

求 $\dfrac{\partial f_1'}{\partial z}$ 和 $\dfrac{\partial f_2'}{\partial z}$ 时,应注意 f_1' 和 f_2' 仍旧是复合函数,故有

$$\frac{\partial f_1'}{\partial z} = \frac{\partial f_1'}{\partial u} \cdot \frac{\partial u}{\partial z} + \frac{\partial f_1'}{\partial v} \cdot \frac{\partial v}{\partial z} = f_{11}'' + xyf_{12}''$$

$$\frac{\partial f_2'}{\partial z} = \frac{\partial f_2'}{\partial u} \cdot \frac{\partial u}{\partial z} + \frac{\partial f_2'}{\partial v} \cdot \frac{\partial v}{\partial z} = f_{21}'' + xyf_{22}''$$

所以

$$\frac{\partial^2 w}{\partial x \partial z} = f_{11}'' + xyf_{12}'' + yf_2' + yz(f_{21}'' + xyf_{22}'') = f_{11}'' + y(x+z)f_{12}'' + xy^2 zf_{22}'' + yf_2'$$

例 3-2-39 设函数 $u = u(x,y)$ 可导,在极坐标变换 $x = r\cos\theta, y = r\sin\theta$ 下,证明

$$\left(\frac{\partial u}{\partial x}\right)^2 + \left(\frac{\partial u}{\partial y}\right)^2 = \left(\frac{\partial u}{\partial r}\right)^2 + \frac{1}{r^2}\left(\frac{\partial u}{\partial \theta}\right)^2$$

证明 从等式右端出发来证明,把函数 u 视为 (r,θ) 的复合函数,即

$$u = u(r\cos\theta, r\sin\theta)$$

则

$$\frac{\partial u}{\partial r} = \frac{\partial u}{\partial x} \cdot \frac{\partial x}{\partial r} + \frac{\partial u}{\partial y} \cdot \frac{\partial y}{\partial r} = \frac{\partial u}{\partial x}\cos\theta + \frac{\partial u}{\partial y}\sin\theta$$

$$\frac{\partial u}{\partial \theta} = \frac{\partial u}{\partial x} \cdot \frac{\partial x}{\partial \theta} + \frac{\partial u}{\partial y} \cdot \frac{\partial y}{\partial \theta} = \frac{\partial u}{\partial x}(-r\sin\theta) + \frac{\partial u}{\partial y}r\cos\theta$$

所以

$$\left(\frac{\partial u}{\partial r}\right)^2 + \frac{1}{r^2}\left(\frac{\partial u}{\partial \theta}\right)^2 = \left(\frac{\partial u}{\partial x}\cos\theta + \frac{\partial u}{\partial y}\sin\theta\right)^2 + \left(\frac{\partial u}{\partial x}(-\sin\theta) + \frac{\partial u}{\partial y}\cos\theta\right)^2$$

$$= \left(\frac{\partial u}{\partial x}\right)^2 + \left(\frac{\partial u}{\partial y}\right)^2$$

习题 3-2

(A)

1. 求下列函数的导数。

(1) $y = 2\tan x + \sec x - 1$;

(2) $y = \sin x \cdot \ln x$;

(3) $y = \dfrac{e^x}{x^2} + \ln 2$;

(4) $y = \sin^2 3x$;

(5) $y = \ln(\sec x + \tan x)$;

(6) $y = \sqrt{a^2 - x^2}$;

(7) $y = \sin x \cdot \ln x$;

(8) $y = \arctan(e^x)$;

(9) $y = (\arcsin x)^2$;

(10) $y = \dfrac{1}{\sqrt{1-x^2}}$;

(11) $y = \ln(x + \sqrt{a^2 + x^2})$;

(12) $y = e^{\arctan\sqrt{x}}$;

(13) $y = \ln\ln\ln x$;

(14) $y = \dfrac{\sqrt{1+x} - \sqrt{1-x}}{\sqrt{1+x} + \sqrt{1-x}}$;

(15) $y = \arcsin\sqrt{\dfrac{1-x}{1+x}}$; (16) $y = e^{-x}(x^3 - 2x + 1)$;

(17) $y = x\arcsin\dfrac{x}{2} + \sqrt{4 - x^2}$; (18) $y = \sqrt{x + \sqrt{x}}$;

(19) $y = \dfrac{\cos x}{1 - \sin x}$; (20) $y = \arctan e^x - \ln\sqrt{\dfrac{e^{2x}}{e^{2x} + 1}}$;

(21) $y = \ln\dfrac{1+x}{1-x}$。

2. 若 $f''(x)$ 存在，求下列函数的二阶导数 $\dfrac{d^2 y}{dx^2}$。

(1) $y = f(x^3)$; (2) $y = \ln[f(x)]$; (3) $y = f[f(x)]$。

3. 求下列函数的 n 阶导数。

(1) $y = \dfrac{1}{3 + x}$; (2) $y = \sin 2x + 5^x$; (3) $y = xe^x$。

4. 求下列函数的一阶偏导数。

(1) $f(x, y) = (4x - y^2)^{3/2}$; (2) $f(x, y) = e^x \cos y$;

(3) $f(x, y) = \sqrt{x^2 - y^2}$; (4) $f(u, v) = e^{uv}$;

(5) $z = \cos(2x^2 - y^2)$; (6) $f(x, y) = y\cos(x^2 + y^2)$;

(7) $z = x^{\frac{x}{y}}$; (8) $z = \ln\tan\dfrac{x}{y}$;

(9) $f(x, y) = x^2 e^{y^3} + (x - 1)\arcsin\dfrac{y}{x}$; (10) $u = \arctan(2x) + (1 + yz)^z$;

(11) $u = e^{-xyz} - \ln(xy - z^2)$; (12) $f(w, z) = w\arcsin\left(\dfrac{w}{z}\right)$。

5. 设 $f(x, y, z) = xy^2 + yz^2 + zx^2$，求 $f_{xx}(0, 0, 1)$，$f_{xz}(1, 0, 2)$，$f_{yz}(0, -1, 0)$，$f_{zzx}(2, 0, 1)$。

6. 求下列函数的二阶偏导数。

(1) $z = xe^y - \sin(x/y) + x^3 y^2$; (2) $z = y^x$。

7. 设 $z = x\ln(xy)$，求 $\dfrac{\partial^3 z}{\partial x^2 \partial y}$ 和 $\dfrac{\partial^3 z}{\partial x \partial y^2}$。

8. 设 $f(x) = \begin{cases} x^3 \sin\dfrac{1}{x} & (x \neq 0) \\ 0 & (x = 0) \end{cases}$，试证明：$f(x)$ 在 $x = 0$ 处连续、可导且导函数在 $x = 0$ 处连续，但导函数在 $x = 0$ 处不可导。

9. 设 $z = u^2 \ln v$，而 $u = \dfrac{x}{y}$，$v = x^2 + y$，求 $\dfrac{\partial z}{\partial x}$，$\dfrac{\partial z}{\partial y}$。

10. 设 $z = \arcsin(x - y)$，而 $x = 3t$，$y = 4t^2$，求 $\dfrac{dz}{dt}$。

11. 设 $z = \dfrac{1}{\sqrt{u^2 + v^2 + w^2}}$，$u = x^2 + y^2$，$v = x^2 - y^2$，$w = 2xy$，求 $\dfrac{\partial z}{\partial x}$。

12. 设 $u = e^{x^2 + y^2 + z^2}$，$z = x + \ln y$，求 u 的一阶偏导数。

13. 求下列函数的一阶偏导数（其中 f 具有一阶连续偏导数）。

(1) $u = f(x^2 - y^2, e^{xy})$； (2) $u = f\left(\dfrac{x}{y}, \dfrac{y}{z}\right)$；

(3) $u = f(x, xy, xyz)$。

14. 设 $z = f(x, x^2 + y^2) + g\left(\dfrac{x}{y}\right)$，其中 f, g 具有二阶连续偏导数，求 $\dfrac{\partial^2 z}{\partial x \partial y}$。

(B)

1. 设函数 $f(x)$ 满足下列条件：

(1) $f(x+y) = f(x) \cdot f(y)$，对一切 $x, y \in R$；

(2) $f(x) = 1 + x g(x)$，而 $\lim\limits_{x \to 0} g(x) = 1$。

试证明 $f(x)$ 在 R 上处处可导，且 $f'(x) = f(x)$。

2. 求下列函数的 n 阶导数。

(1) $y = x^n + a_1 x^{n-1} + a_2 x^{n-2} + \cdots + a_{n-1} x + a_n$（$a_1, a_2, \cdots, a_n$ 都是常数）；

(2) $y = \sin^2 x$；   (3) $y = x \ln x$；   (4) $y = \ln \dfrac{1+x}{1-x}$；

(5) $y = \dfrac{1}{6x^2 + x - 1}$。

3. 已知 $f(x) = \begin{cases} ax^2 + bx + c & (x < 0) \\ \ln(1+x) & (x \geq 0) \end{cases}$ 在 $x = 0$ 处二阶可导，试确定常数 a, b, c。

4. 设 $y = x^2 \cos 3x$，求 $y^{(100)}$。

5. 设 $f(x) = \arctan x$，求 $f^{(n)}(0)$。

6. 已知 $\dfrac{dx}{dy} = \dfrac{1}{y'}$，试从中导出：

(1) $\dfrac{d^2 x}{dy^2} = -\dfrac{y''}{(y')^3}$；   (2) $\dfrac{d^3 x}{dy^3} = \dfrac{3(y'')^2 - y' y'''}{(y')^5}$。

7. 设函数 $f(x, y) = \begin{cases} \dfrac{x^2 y}{x^2 + y^2} & ((x, y) \neq (0, 0)) \\ 0 & ((x, y) = (0, 0)) \end{cases}$。

(1) 讨论函数 $f(x, y)$ 在点 $(0, 0)$ 处的连续性；

(2) 求 $f_x(x, y)$ 和 $f_y(x, y)$。

8. 验证 $r = \sqrt{x^2 + y^2 + z^2}$ 满足 $\dfrac{\partial^2 r}{\partial x^2} + \dfrac{\partial^2 r}{\partial y^2} + \dfrac{\partial^2 r}{\partial z^2} = \dfrac{2}{r}$。

9. 设 $z = f(x, x^2 + y^2) + g\left(\dfrac{x}{y}\right)$，其中 f, g 具有二阶连续偏导数，求 $\dfrac{\partial^2 z}{\partial x \partial y}$。

10. 设 $z = x^3 f\left(xy, \dfrac{y}{x}\right)$，其中 f 具有二阶连续偏导数，求 $\dfrac{\partial^2 z}{\partial x^2}, \dfrac{\partial^2 z}{\partial x \partial y}, \dfrac{\partial^2 z}{\partial y^2}$。

11. 设 ϕ, ψ 都具有连续的一阶和二阶导数，且

$$z = \dfrac{1}{2}[\phi(y + ax) + \phi(y - ax)] + \dfrac{1}{2a} \int_{y-ax}^{y+ax} \psi(t) dt$$

证明：$\dfrac{\partial^2 z}{\partial x^2} - a^2 \dfrac{\partial^2 z}{\partial y^2} = 0$。

§3.3 隐函数求导法则

3.3.1 由一个方程确定的函数的求导

前面我们遇到的函数均可以描述成因变量能直接表示成自变量的形式 $y=f(x)$,例如

$$y = \sqrt{x^3+1} \quad \text{或} \quad y = x\sin x$$

但是,有时变量 y 与 x 之间的函数关系以隐函数 $F(x,y)=0$ 的形式出现,如

$$x^2+y^2=25 \quad \text{和} \quad x^3+y^3=6xy$$

一些函数可以清楚地将函数表示成 y 是 x 的直接函数形式,如 $x^2+y^2=25$ 可确定两个函数(图 3-3-1)

$$f(x) = \sqrt{25-x^2} \quad \text{和} \quad g(x) = -\sqrt{25-x^2}$$

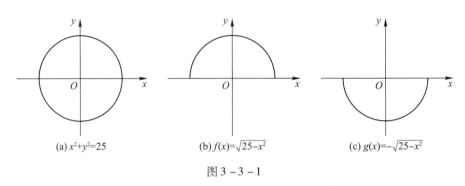

(a) $x^2+y^2=25$ (b) $f(x)=\sqrt{25-x^2}$ (c) $g(x)=-\sqrt{25-x^2}$

图 3-3-1

而对于另外一些函数,我们就很难将 y 直接表示成 x 的函数形式,其关系就更加复杂,即隐函数不易或无法显化。

尽管这样,上式 $x^3+y^3=6xy$ 表示的是一条曲线,如图 3-3-2 所示,称为**笛卡儿叶形线**,它定义了若干个 y 为 x 的函数。当我们称 f 是上述等式的函数,其含义是在 f 定义域内的 x 满足

$$x^3+[f(x)]^3=6xf(x)$$

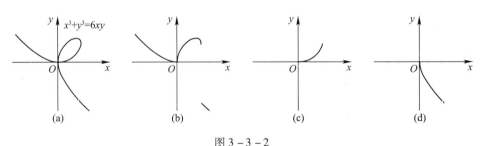

(a)   (b)   (c)   (d)

图 3-3-2

幸运的是,在求导数时,我们不需要求出函数之间的具体函数关系,可以利用隐函数求导法则来计算。通过两边进行求导,解出相应的 y'。

假设由方程 $F(x,y)=0$ 确定的函数为 $y=f(x)$,则把它代回方程 $F(x,y)=0$ 中,得到恒等式

$$F(x,y(x)) \equiv 0$$

利用复合函数的求导法则,在上式两边同时对自变量 x 求导,再解出所求导数 $\dfrac{dy}{dx}$,这就是**隐函数求导法**。

例 3 - 3 - 1 若 $x^2 + y^2 = 25$,计算 $\dfrac{dy}{dx}$,并求曲线在点 $(3,4)$ 的切线方程。

解法一 对方程 $x^2 + y^2 = 25$ 两边同时对 x 求导

$$2x + 2y \dfrac{dy}{dx} = 0$$

解上述方程,得

$$\dfrac{dy}{dx} = -\dfrac{x}{y}$$

此时在点 $(3,4)$ 处有

$$\dfrac{dy}{dx} = -\dfrac{3}{4}$$

其切线方程为

$$y - 4 = -\dfrac{3}{4}(x - 3),\text{即}\ 3x + 4y = 25$$

解法二 可以解方程 $x^2 + y^2 = 25$,得

$$y = \pm\sqrt{25 - x^2}$$

因为点 $(3,4)$ 在上半圆上 $f(x) = \sqrt{25 - x^2}$,利用链式法则,得

$$f'(x) = \dfrac{1}{2}(25 - x^2)^{-\frac{1}{2}} \dfrac{d}{dx}(25 - x^2) = \dfrac{1}{2}(25 - x^2)^{-\frac{1}{2}}(-2x) = -\dfrac{x}{\sqrt{25 - x^2}}$$

因此

$$f'(3) = -\dfrac{3}{\sqrt{25 - 3^2}} = -\dfrac{3}{4}$$

则切线方程为

$$3x + 4y = 25$$

注 (1) 例 3 - 3 - 1 表明即便当方程能显化成 x 的函数时,也可以使用隐函数求导法则。

(2) 导数的表达式 $\dfrac{dy}{dx} = -\dfrac{x}{y}$ 同时包含了 x 和 y,只要确定出 y 是 x 的方程时,都是正确的。例如 $y = f(x) = \sqrt{25 - x^2}$,有

$$\dfrac{dy}{dx} = -\dfrac{x}{y} = -\dfrac{x}{\sqrt{25 - x^2}}$$

而对于函数 $y = g(x) = -\sqrt{25 - x^2}$,有

$$\dfrac{dy}{dx} = -\dfrac{x}{y} = -\dfrac{x}{-\sqrt{25 - x^2}} = \dfrac{x}{\sqrt{25 - x^2}}$$

例 3 - 3 - 2 (1) 求 $x^3 + y^3 = 6xy$ 的导数 y';

（2）求笛卡儿叶形线 $x^3+y^3=6xy$ 在点$(3,3)$的切线方程；

（3）求在何处曲线有垂直和水平的切线？

解（1）对方程 $x^3+y^3=6xy$ 两边同时对 x 导数，有
$$3x^2+3y^2y'=6y+6xy'$$
或
$$x^2+y^2y'=2y+2xy'$$
解得 y'
$$y^2y'-2xy'=2y-x^2$$
$$y'=\frac{2y-x^2}{y^2-2x}$$

（2）当 $x=y=3$ 时
$$y'=\frac{2\times3-3^2}{3^2-2\times3}=-1$$

如图3-3-3所示，在点$(3,3)$处的切线及相应的方程为
$$y-3=-1(x-3) \quad 或 \quad x+y=6$$

（3）当 $y'=0$ 时，存在水平切线，由（1）得
$$2y-x^2=0$$

将 $y=\frac{1}{2}x^2$ 代入曲线方程，得
$$x^3+\left(\frac{1}{2}x^2\right)^3=6x\left(\frac{1}{2}x^2\right)$$

化简得 $x^6=16x^3$，解得 $x=0$ 或 $x^3=16$。

当 $x=16^{\frac{1}{3}}=2^{\frac{4}{3}}$ 时，$y=\frac{1}{2}(2^{\frac{8}{3}})=2^{\frac{5}{3}}$。这样，在点$(0,0)$和点$(2^{\frac{4}{3}},2^{\frac{5}{3}})\approx(2.5198,3.1748)$ 有水平切线，如图3-3-4所示。在先前表达式中，取
$$\frac{\mathrm{d}y}{\mathrm{d}x}=\infty$$

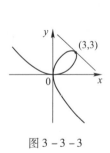

图3-3-3

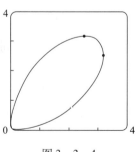

图3-3-4

可得垂直切线斜率。

另外一个方法，我们发现，交换 x 和 y 位置，其表达式不变，因此有曲线关于 $y=x$ 对称。在点$(0,0)$和点$(2^{\frac{4}{3}},2^{\frac{5}{3}})$的水平切线与在点$(0,0)$和点$(2^{\frac{4}{3}},2^{\frac{5}{3}})$的垂直切线是相对应的。

注 对于三次方程虽有像二次方程一样的求根公式,但是极其复杂,如果用公式来解方程

$$x^3 + y^3 = 6xy$$

得到由 x 确定 y 的函数:

$$y = f(x) = \sqrt[3]{-\frac{1}{2}x^3 + \sqrt{\frac{1}{4}x^6 - 8x^3}} + \sqrt[3]{-\frac{1}{2}x^3 - \sqrt{\frac{1}{4}x^6 - 8x^3}}$$

和

$$y = \frac{1}{2}\left[-f(x) \pm \sqrt{3}\left(\sqrt[3]{-\frac{1}{2}x^3 + \sqrt{\frac{1}{4}x^6 - 8x^3}} - \sqrt[3]{-\frac{1}{2}x^3 - \sqrt{\frac{1}{4}x^6 - 8x^3}}\right)\right]$$

可以看出用隐函数的导数可以节约大量的工作。然而,这样的方法同样适用于像

$$y^5 + 3x^2y^2 + 5x^4 = 12$$

这样的方程,因为它不可能找到利用 x 来直接表达 y。在数学史上,1824 年,挪威数学家阿贝尔(Abel)证明超过 5 次以上的有理方程,不存在根的解析表达式。随后,法国数学家伽罗瓦(Galois)证明(根据系数的代数运算)不可能存在当 n 超过 5 的代数方程一般的求根公式。

例 3-3-3 求方程 $\sin(x+y) = y^2\cos x$ 的导数 y'。

解 两边对 x 求导,得

$$\cos(x+y) \cdot (1+y') = 2yy'\cos x + y^2(-\sin x)$$

可得

$$\cos(x+y) + y^2\sin x = (2y\cos x)y' - \cos(x+y) \cdot y'$$

所以

$$y' = \frac{\cos(x+y) + y^2\sin x}{2y\cos x - \cos(x+y)}$$

如图 3-3-5 所示画出了隐函数 $\sin(x+y) = y^2\cos x$ 的部分图形,当 $x = y = 0$ 时,有 $y' = -1$,从图中可以观察到在原点处,其切线斜率近似为 1。

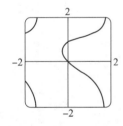

图 3-3-5

正交曲线 两曲线正交是指在每个曲线交点处的两条切线互相垂直。

下例中我们将利用隐函数导数展现两相似曲线是正交轨线,即一类相似的曲线族与另一类曲线族是正交的。正交族起源于物理学的许多领域。例如,静电力线和等势线正交;在热力动力学中,等温线与热流线是正交的;在空气动力学中,气流线与等速线正交。

例 3-3-4 方程

$$xy = c \quad (c \neq 0)$$

表示的是双曲线族,如图 3-3-6 所示,方程

$$x^2 - y^2 = k \quad (k \neq 0)$$

表示另一类双曲线,其渐近线为 $y = \pm x$。可以发现 $xy = c$ 对应的曲线族与 $x^2 - y^2 = k$ 对应的曲线族相正交。

解 对 $xy = c$ 利用隐函数求导

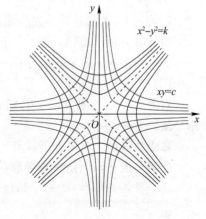

图 3-3-6

$$y + x\frac{dy}{dx} = 0 \quad \text{有} \quad \frac{dy}{dx} = -\frac{y}{x}$$

对方程 $x^2 - y^2 = k$ 利用隐函数求导

$$2x - 2y\frac{dy}{dx} = 0 \quad \text{有} \quad \frac{dy}{dx} = \frac{x}{y}$$

可以发现，每个曲线族在相交的每个点上切线的斜率互为负倒数，因此相交成直角。

下面我们介绍另一类函数的求导方法。对于复杂函数的导数，涉及积、商、幂的运算，通常可以借助对数进行化简。对于这类函数，可以先在函数两边取对数，然后在等式两边同时对自变量 x 求导，最后解出所求导数。我们把这种方法称为**对数求导法**。

一般地，设 $y = u(x)^{v(x)}$ $(u(x) > 0)$ 在等式两边取对数，得

$$\ln y = v(x) \cdot \ln u(x)$$

在等式两边同时对自变量 x 求导，得

$$\frac{y'}{y} = v'(x) \cdot \ln u(x) + \frac{v(x)u'(x)}{u(x)}$$

从而

$$y' = u(x)^{v(x)}\left[v'(x) \cdot \ln u(x) + \frac{v(x)u'(x)}{u(x)}\right]$$

例 3-3-5 求 $y = \dfrac{x^{\frac{3}{4}}\sqrt{x^2+1}}{(3x+2)^5}$ 的导数。

解 对等式两边先求对数

$$\ln y = \frac{3}{4}\ln x + \frac{1}{2}\ln(x^2+1) - 5\ln(3x+2)$$

两边对 x 求导：

$$\frac{1}{y}\frac{dy}{dx} = \frac{3}{4} \times \frac{1}{x} + \frac{1}{2} \times \frac{2x}{x^2+1} - 5 \times \frac{3}{3x+2}$$

解得

$$\frac{dy}{dx} = y\left(\frac{3}{4x} + \frac{x}{x^2+1} - \frac{15}{3x+2}\right) = \frac{x^{\frac{4}{3}}\sqrt{x^2+1}}{(3x+2)^5}\left(\frac{3}{4x} + \frac{x}{x^2+1} - \frac{15}{3x+2}\right)$$

归纳一下，求解对数导数步骤：

（1）对方程 $y = f(x)$ 两边进行自然对数运算，并利用对数法则进行化简；

（2）两边对 x 隐函数求导；

（3）解关于 y' 方程。

对于某些 x，如果 $f(x) < 0$，则 $\ln f(x)$ 就没有定义，但是我们可以重写成 $|y| = |f(x)|$，再利用公式。

幂函数法则 对于幂函数 $f(x) = x^\mu$，如果 μ 为实数，则 $f'(x) = \mu x^{\mu-1}$。

证明 设 $y = x^\mu$，由对数导数：

$$\ln|y| = \ln|x|^\mu = \mu\ln|x| \quad (x \neq 0)$$

则

$$\frac{y'}{y} = \frac{\mu}{x}$$

因此
$$y' = \mu \frac{y}{x} = \mu \frac{x^\mu}{x} = \mu x^{\mu-1}$$

例 3-3-6 计算 $y = x^{\sqrt{x}}$ 的导数。

解法一 利用对数求导法,得
$$\ln y = \ln x^{\sqrt{x}} = \sqrt{x} \ln x$$
$$\frac{y'}{y} = \sqrt{x} \cdot \frac{1}{x} + (\ln x) \frac{1}{2\sqrt{x}}$$
$$y' = \left(\sqrt{x} \cdot \frac{1}{x} + (\ln x) \frac{1}{2\sqrt{x}}\right) x^{\sqrt{x}} = x^{\sqrt{x}} \left(\frac{2 + \ln x}{2\sqrt{x}}\right)$$

解法二 另外一种写法 $x^{\sqrt{x}} = (e^{\ln x})^{\sqrt{x}}$
$$\frac{d}{dx}(x^{\sqrt{x}}) = \frac{d}{dx}(e^{\ln x})^{\sqrt{x}} = e^{\sqrt{x}\ln x} \frac{d}{dx}(\sqrt{x} \ln x) = x^{\sqrt{x}} \left(\frac{2 + \ln x}{2\sqrt{x}}\right)$$

接下来从理论上阐明隐函数的存在性,并通过多元复合函数求导的链式法则建立隐函数的求导公式,给出一套所谓的"隐式"求导法。

假设 $F(x,y) = 0$ 定义了 y 是 x 的隐形函数 $y = f(x)$,即在 f 的定义域内对所有的 x 都有 $F(x, f(x)) \equiv 0$。设 F 可微,用复合函数求导法则1对等式 $F(x, y) = 0$ 两边对 x 同时求导,由于 x 和 y 都是 x 的函数,得到
$$\frac{\partial F}{\partial x} \cdot \frac{dx}{dx} + \frac{\partial F}{\partial y} \cdot \frac{dy}{dx} = 0$$

又有 $dx/dx = 1$,当 $\partial F/\partial y \neq 0$ 时,得 dy/dx,且
$$\frac{dy}{dx} = -\frac{\dfrac{\partial F}{\partial x}}{\dfrac{\partial F}{\partial y}} = -\frac{F_x}{F_y}$$

定理 3-3-1(隐函数求导公式)设函数 $F(x, y)$ 在点 (x_0, y_0) 的某一邻域内有连续的偏导数,且 $F(x_0, y_0) = 0$,$F_y(x_0, y_0) \neq 0$,则方程 $F(x, y) = 0$ 在点 (x_0, y_0) 的某一邻域内恒能唯一确定一个连续且具有连续导数的函数 $y = f(x)$,它满足条件 $y_0 = f(x_0)$,并有
$$\frac{dy}{dx} = -\frac{F_x}{F_y} \qquad (3-3-1)$$

将上式两端视为 x 的函数,继续利用复合求导法则在上式两端求导,可求得隐函数的二阶导数
$$\frac{d^2 y}{dx^2} = \frac{\partial}{\partial x}\left(-\frac{F_x}{F_y}\right) + \frac{\partial}{\partial y}\left(-\frac{F_x}{F_y}\right)\frac{dy}{dx}$$
$$= -\frac{F_{xx} F_y - F_{yx} F_x}{F_y^2} - \frac{F_{xy} F_y - F_{yy} F_x}{F_y^2}\left(-\frac{F_x}{F_y}\right)$$
$$= -\frac{F_{xx} F_y^2 - 2F_{xy} F_x F_y + F_{yy} F_x^2}{F_y^3}$$

例 3-3-7 已知 $x^3 + y^3 = 6xy$,求 y'。

解 由已知条件,记

$$F(x,y) = x^3 + y^3 - 6xy$$

由式(3-3-1)可得

$$\frac{dy}{dx} = -\frac{F_x}{F_y} = -\frac{3x^2 - 6y}{3y^2 - 6x} = -\frac{x^2 - 2y}{y^2 - 2x}$$

现在假设方程 $F(x,y,z)=0$ 确定了 z 是隐函数 $z=f(x,y)$，即在定义域内对所有的 (x,y) 都有 $F(x,y,f(x,y))=0$。如果 F,f 都可微，运用复合函数求导法则对 $F(x,y,z)=0$ 求导如下：

$$\frac{\partial F}{\partial x} \cdot \frac{\partial x}{\partial x} + \frac{\partial F}{\partial y} \cdot \frac{\partial y}{\partial x} + \frac{\partial F}{\partial z} \cdot \frac{\partial z}{\partial x} = 0$$

而

$$\frac{\partial}{\partial x}(x) = 1, \frac{\partial}{\partial x}(y) = 0$$

所以上式为

$$\frac{\partial F}{\partial x} + \frac{\partial F}{\partial z} \cdot \frac{\partial z}{\partial x} = 0$$

如果 $\partial F/\partial z \neq 0$，求出 $\partial z/\partial x$ 得到如下公式中第一个等式，同理可得 $\partial z/\partial y$。

$$\frac{\partial z}{\partial x} = -\frac{\frac{\partial F}{\partial x}}{\frac{\partial F}{\partial z}}; \quad \frac{\partial z}{\partial y} = -\frac{\frac{\partial F}{\partial y}}{\frac{\partial F}{\partial z}}$$

与定理3-3-1一样，我们同样可以由三元函数 $F(x,y,z)$ 的性质来断定由方程 $F(x,y,z)=0$ 确定的二元函数 $z=f(x,y)$ 的性质。

定理3-3-2 设函数 F 在点 (x_0,y_0,z_0) 的邻域内有定义：

$$F(x_0,y_0,z_0) = 0, F_z(x_0,y_0,z_0) \neq 0$$

且 F_x, F_y, F_z 在该邻域内连续，则 $F(x,y,z)=0$ 定义了点 (x_0,y_0,z_0) 邻域内 z 是 x,y 的函数，并且有

$$\frac{\partial z}{\partial x} = -\frac{F_x}{F_z}, \frac{\partial z}{\partial y} = -\frac{F_y}{F_z} \tag{3-3-2}$$

例3-3-8 设 $x^3 + y^3 + z^3 + 6xyz = 1$，求 $\frac{\partial z}{\partial x}$ 和 $\frac{\partial z}{\partial y}$。

解 令 $F(x,y,z) = x^3 + y^3 + z^3 + 6xyz - 1$，应用式(3-3-2)，可得

$$\frac{\partial z}{\partial x} = -\frac{F_x}{F_z} = -\frac{3x^2 + 6yz}{3z^2 + 6xy} = -\frac{x^2 + 2yz}{z^2 + 2xy}$$

$$\frac{\partial z}{\partial y} = -\frac{F_y}{F_z} = -\frac{3y^2 + 6xz}{3z^2 + 6xy} = -\frac{y^2 + 2xz}{z^2 + 2xy}$$

注 在实际应用中，求方程所确定的多元函数的偏导数时，不一定非得套用公式，尤其是方程中有抽象函数时，利用求偏导数的过程进行推导更为清楚。

例3-3-9 设 $z = f(x+y+z, xyz)$，求 $\frac{\partial z}{\partial x}, \frac{\partial x}{\partial y}$ 和 $\frac{\partial y}{\partial z}$。

解 令 $u = x + y + z, v = xyz$，则 $z = f(u,v)$，把 z 看成 x,y 的函数对 x 求偏导数，得

$$\frac{\partial z}{\partial z} = f_u \cdot \left(1 + \frac{\partial z}{\partial x}\right) + f_v \cdot \left(yz + xy\frac{\partial z}{\partial x}\right)$$

所以
$$\frac{\partial z}{\partial x} = \frac{f_u + yzf_v}{1 - f_u - xyf_v}$$

把 x 看成 z,y 的函数对 y 求偏导数,得
$$0 = f_u \cdot \left(\frac{\partial x}{\partial y} + 1\right) + f_v \cdot \left(xz + yz\frac{\partial x}{\partial y}\right)$$

所以
$$\frac{\partial x}{\partial y} = -\frac{f_u + xzf_v}{f_u + yzf_v}$$

把 y 看成 x,z 的函数对 z 求偏导数,得
$$1 = f_u \cdot \left(\frac{\partial y}{\partial z} + 1\right) + f_v \cdot \left(xy + xz\frac{\partial y}{\partial z}\right)$$

所以
$$\frac{\partial y}{\partial z} = \frac{1 - f_u - xyf_v}{f_u + xzf_v}$$

例 3 – 3 – 10 设 $\varphi(u,v)$ 具有连续的一阶偏导数,$z = z(x,y)$ 是由方程 $\varphi(cx - az, cy - bz) = 0$ (a,b,c 为常数)确定的隐函数,证明 $az_x + bz_y = c$。

证明 设 $u = cx - az, v = cy - bz$,则 $\varphi(cx - az, cy - bz)$ 就是由 $\varphi(u,v)$ 与 $u = cx - az$ 和 $v = cy - bz$ 构成的复合函数。利用链式法则将方程 $\varphi(cx - az, cy - bz) = 0$ 两端对 x 求偏导,注意到 z 是 x,y 的函数,得

$$\varphi_u(u,v)\frac{\partial u}{\partial x} + \varphi_v(u,v)\frac{\partial v}{\partial x} = 0$$

从而有
$$\varphi_u(c - az_x) + \varphi_v(-bz_x) = 0$$

所以
$$z_x = \frac{c\varphi_u}{a\varphi_u + b\varphi_v}$$

用类似的方法,将方程两边对 y 求偏导,得
$$z_y = \frac{c\varphi_u}{a\varphi_u + b\varphi_v}$$

故
$$az_x + bz_y = \frac{c(a\varphi_u + b\varphi_v)}{a\varphi_u + b\varphi_v} = c$$

3.3.2 由参数方程确定的函数的导数

若由参数方程
$$\begin{cases} x = \varphi(t) \\ y = \psi(t) \end{cases}$$

确定 y 与 x 之间的函数关系,则称为**参数方程表示的函数**。

在实际问题中,有时要计算由上述参数方向所确定的函数的导数。但要从参数方程中消去参数 t 有时会很困难。因此,希望有一种能直接由参数方程出发计算出它所表示的函数的导数的方法。下面具体讨论。

一般地,设 $x=\varphi(t)$ 具有单调连续的反函数 $t=\varphi^{-1}(x)$,则变量 y 与 x 构成复合函数关系
$$y=\psi[\varphi^{-1}(x)]$$
现在,要计算这个复合函数的导数。为此,假定函数 $x=\varphi(t),y=\psi(t)$ 都可导,且 $\varphi'(t)\neq 0$,则由复合函数与反函数的求导法则,有
$$\frac{\mathrm{d}y}{\mathrm{d}x}=\frac{\mathrm{d}y}{\mathrm{d}t}\cdot\frac{\mathrm{d}t}{\mathrm{d}x}=\frac{\mathrm{d}y}{\mathrm{d}t}\cdot\frac{1}{\frac{\mathrm{d}x}{\mathrm{d}t}}=\frac{\psi'(t)}{\varphi'(t)}$$
即
$$\frac{\mathrm{d}y}{\mathrm{d}x}=\frac{\psi'(t)}{\varphi'(t)} \quad \text{或} \quad \frac{\mathrm{d}y}{\mathrm{d}x}=\frac{\frac{\mathrm{d}y}{\mathrm{d}t}}{\frac{\mathrm{d}x}{\mathrm{d}t}}$$

如果函数 $x=\varphi(t),y=\psi(t)$ 二阶可导,则可进一步求出函数的二阶导数:
$$\frac{\mathrm{d}^2y}{\mathrm{d}x^2}=\frac{\mathrm{d}}{\mathrm{d}x}\left(\frac{\mathrm{d}y}{\mathrm{d}x}\right)=\frac{\frac{\mathrm{d}}{\mathrm{d}t}\left(\frac{\mathrm{d}y}{\mathrm{d}x}\right)}{\frac{\mathrm{d}x}{\mathrm{d}t}}=\frac{\frac{\mathrm{d}}{\mathrm{d}t}\left(\frac{\psi'(t)}{\varphi'(t)}\right)}{\frac{\mathrm{d}x}{\mathrm{d}t}}$$
$$=\frac{\frac{\psi''(t)\varphi'(x)-\psi'(x)\varphi''(x)}{[\varphi'(t)]^2}}{\varphi'(t)}=\frac{\psi''(t)\varphi'(x)-\psi'(x)\varphi''(x)}{[\varphi'(t)]^3}$$
即
$$\frac{\mathrm{d}^2y}{\mathrm{d}x^2}=\frac{\psi''(t)\varphi'(x)-\psi'(x)\varphi''(x)}{[\varphi'(t)]^3}$$

例 3-3-11 求参数曲线 $\begin{cases}x=2\sin 2t\\y=2\sin t\end{cases}$ 在点 $(\sqrt{3},1)$ 的切线方程,并指出在何处存在水平和铅直切线。

解 在参数 t 处,斜率为
$$\frac{\mathrm{d}y}{\mathrm{d}x}=\frac{\frac{\mathrm{d}y}{\mathrm{d}t}}{\frac{\mathrm{d}x}{\mathrm{d}t}}=\frac{\frac{\mathrm{d}}{\mathrm{d}t}(2\sin t)}{\frac{\mathrm{d}}{\mathrm{d}t}(2\sin 2t)}=\frac{2\cos t}{2(\cos 2t)\cdot 2}=\frac{\cos t}{2\cos 2t}$$

在点 $(\sqrt{3},1)$ 处,对应的参数为 $t=\pi/6$,所以在该点处切线的斜率为
$$\left.\frac{\mathrm{d}y}{\mathrm{d}x}\right|_{t=\pi/6}=\frac{\cos(\pi/6)}{2\cos(\pi/3)}=\frac{\sqrt{3}}{2}$$

则方程为

$$y-1=\frac{\sqrt{3}}{2}(x-\sqrt{3}) \text{ 或 } y=\frac{\sqrt{3}}{2}x-\frac{1}{2}$$

图 3-3-7 表示曲线及其切线图形。

当 $dy/dt=0$ 时,有 $\cos t=0$(同时 $\cos 2t\neq 0$),此时有水平切线,即 $t=\pi/4,3\pi/4,5\pi/4$ 和 $7\pi/4$,相应点的曲线坐标为$(\pm 2,\pm\sqrt{2})$。

例 3-3-12 求由摆线(图 3-3-8)的参数方程

$$\begin{cases} x=a(t-\sin t) \\ y=a(1-\cos t) \end{cases}$$

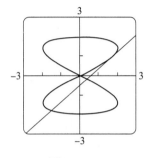

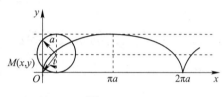

图 3-3-7   图 3-3-8

表示的函数 $y=y(x)$ 的二阶导数。

解 $\dfrac{dy}{dx}=\dfrac{\dfrac{dy}{dt}}{\dfrac{dx}{dt}}=\dfrac{a\sin t}{a-a\cos t}=\dfrac{\sin t}{1-\cos t}$ $(t\neq 2n\pi,n\in Z)$

$$\frac{d^2y}{dx^2}=\frac{d}{dx}\left(\frac{dy}{dx}\right)=\frac{\dfrac{d}{dt}\left(\dfrac{\sin t}{1-\cos t}\right)}{\dfrac{dx}{dt}}=-\frac{1}{1-\cos t}\frac{1}{a(1-\cos t)}=-\frac{1}{a(1-\cos t)^2} \quad (t\neq 2n\pi,n\in Z)$$

极坐标也是描述点和曲线的有效工具,有些特殊形状的曲线(如星形线、双纽线等)用极坐标描述更为简便,那么极坐标给出的函数,如何求其导数呢?

设曲线的极坐标方程为

$$r=r(\theta)$$

利用直角坐标与极坐标之间的关系,得参数方程为

$$\begin{cases} x=r(\theta)\cos\theta \\ y=r(\theta)\sin\theta \end{cases}$$

其中参数为极角 θ,按照参数方程的求导法则,可得到曲线 $r=r(\theta)$ 的切线斜率为

$$y'=\frac{dy}{dx}=\frac{y'_\theta}{x'_\theta}=\frac{r'(\theta)\sin\theta+r(\theta)\cos\theta}{r'(\theta)\cos\theta-r(\theta)\sin\theta}$$

例 3-3-13 求心形线 $r=a(1-\cos\theta)$ 在 $\theta=\dfrac{\pi}{2}$ 处的切线方程。

解 将极坐标方程转化为参数方程,得

$$\begin{cases} x = r(\theta)\cos\theta = a(1-\cos\theta)\cos\theta \\ y = r(\theta)\sin\theta = a(1-\cos\theta)\sin\theta \end{cases}$$

于是

$$\frac{dy}{dx} = \frac{\dfrac{dy}{d\theta}}{\dfrac{dx}{d\theta}} = \frac{\cos\theta - \cos2\theta}{-\sin\theta + \sin2\theta}, \left.\frac{dy}{dx}\right|_{\theta=\frac{\pi}{2}} = -1$$

又当 $\theta = \dfrac{\pi}{2}$ 时，$x = 0, y = a$，所以曲线上对应于参数 $\theta = \dfrac{\pi}{2}$ 的点的切线方程为

$$y - a = -x$$

即

$$x + y = a$$

3.3.3 由方程组确定的函数的导数

在许多问题的研究中还会遇到由方程组确定的隐函数的求导问题，例如

$$\begin{cases} 2x^2 + y^2 + z^2 = 45 \\ x^2 + 2y^2 = z \end{cases}$$

上述方程组中，有三个变量和两个方程，因此独立的变量只有一个，不妨设为 x，另外两个变量随 x 的变化而变化，因而确定了两个一元隐函数

$$\begin{cases} y = y(x) \\ z = z(x) \end{cases}$$

但这两个函数具体的表达式需要上述方程组解出，但是有时解不易显化，甚至解不出来。在这种情况下，如何求它们的导数呢？

我们可以借助上节讨论由一个方程确定的隐函数的求导方法来解决。对方程组中两个方程的两端同时对 x 求导，注意 y 和 z 都是 x 的函数，因此，由一元函数的链式法则得

$$\begin{cases} 4x + 2y\dfrac{dy}{dx} + 2z\dfrac{dz}{dx} = 0 \\ 2x + 4y\dfrac{dy}{dx} = \dfrac{dz}{dx} \end{cases}$$

将上述方程组看成是以未知数 $\dfrac{dy}{dx}, \dfrac{dz}{dx}$ 为未知量的二元线性方程组，解得

$$\begin{cases} \dfrac{dy}{dx} = -\dfrac{2x(1+z)}{y(1+4z)} \\ \dfrac{dz}{dx} = -\dfrac{6x}{y(1+4z)} \end{cases}$$

接下来，我们将隐函数存在定理作进一步的推广。我们增加方程中变量的个数，例如考虑方程组

$$\begin{cases} F(x,y,u,v) = 0 \\ G(x,y,u,v) = 0 \end{cases}$$

这是多个变量的隐函数方程组。对于由方程组确定的隐函数,一般知道了函数个数后,方程组中剩下的变量就全为自变量。反过来,知道了自变量,变量总数减去自变量个数就是函数个数。

假设 $F(x,y,u,v) = 0, G(x,y,u,v) = 0$ 对各个变量有连续偏导数,不妨假设变量 u,v 是变量 x,y 的函数,即 $u = u(x,y), v = v(x,y)$,这时

$$\begin{cases} F(x,y,u(x,y),v(x,y)) \equiv 0 \\ G(x,y,u(x,y),v(x,y)) \equiv 0 \end{cases}$$

方程组两边对 x 求导,得

$$\begin{cases} F_x + F_u \dfrac{\partial u}{\partial x} + F_v \dfrac{\partial v}{\partial x} = 0 \\ G_x + G_u \dfrac{\partial u}{\partial x} + G_v \dfrac{\partial v}{\partial x} = 0 \end{cases}$$

这是关于 $\dfrac{\partial u}{\partial x}, \dfrac{\partial v}{\partial x}$ 的线性方程组,如果系数行列式(也称为**雅可比(Jacobian)行列式**)

$$J = \begin{vmatrix} F_u & F_v \\ G_u & G_v \end{vmatrix} \neq 0$$

则方程组有对唯一解 $\dfrac{\partial u}{\partial x}, \dfrac{\partial v}{\partial x}$。同理,将方程组两边对 y 求导,可得 $\dfrac{\partial u}{\partial y}, \dfrac{\partial v}{\partial y}$。这样,我们给出下面的隐函数存在定理。

定理 3-3-3 设 $F(x,y,u,v), G(x,y,u,v)$ 在点 $P(x_0,y_0,u_0,v_0)$ 的某个邻域内具有各个变量的连续偏导数,又 $F(x_0,y_0,u_0,v_0) = 0, G(x_0,y_0,u_0,v_0) = 0$,且偏导数所组成的函数的行列式

$$J = \frac{\partial(F,G)}{\partial(u,v)} \triangleq \begin{vmatrix} \dfrac{\partial F}{\partial u} & \dfrac{\partial F}{\partial v} \\ \dfrac{\partial G}{\partial u} & \dfrac{\partial G}{\partial v} \end{vmatrix}$$

在点 $P(x_0,y_0,u_0,v_0)$ 不等于零,则方程组 $F(x,y,u,v) = 0, G(x,y,u,v) = 0$ 在点 $P(x_0,y_0,u_0,v_0)$ 的某个邻域内恒能唯一确定一组连续且具有连续偏导数的函数 $u = u(x,y), v = v(x,y)$,它们满足条件 $u_0 = u(x_0,y_0), v_0 = v(x_0,y_0)$,并且有

$$\frac{\partial u}{\partial x} = -\frac{1}{J} \cdot \frac{\partial(F,G)}{\partial(x,v)} = -\frac{\begin{vmatrix} F_x & F_v \\ G_x & G_v \end{vmatrix}}{\begin{vmatrix} F_u & F_v \\ G_u & G_v \end{vmatrix}} \qquad \frac{\partial v}{\partial x} = -\frac{1}{J} \cdot \frac{\partial(F,G)}{\partial(u,x)} = -\frac{\begin{vmatrix} F_u & F_x \\ G_u & G_x \end{vmatrix}}{\begin{vmatrix} F_u & F_v \\ G_u & G_v \end{vmatrix}}$$

$$\frac{\partial u}{\partial y} = -\frac{1}{J} \cdot \frac{\partial(F,G)}{\partial(y,v)} = -\frac{\begin{vmatrix} F_y & F_v \\ G_y & G_v \end{vmatrix}}{\begin{vmatrix} F_u & F_v \\ G_u & G_v \end{vmatrix}} \qquad \frac{\partial v}{\partial y} = -\frac{1}{J} \cdot \frac{\partial(F,G)}{\partial(u,y)} = -\frac{\begin{vmatrix} F_u & F_y \\ G_u & G_y \end{vmatrix}}{\begin{vmatrix} F_u & F_v \\ G_u & G_v \end{vmatrix}}$$

例3-3-14 设 $\begin{cases} xu - yv = 0 \\ yu + xv = 1 \end{cases}$，确定了 u,v 是 x,y 的函数，求 $\dfrac{\partial u}{\partial x}, \dfrac{\partial v}{\partial x}, \dfrac{\partial u}{\partial y}$ 和 $\dfrac{\partial v}{\partial y}$。

解 将方程组两边分别对 x 求导，得

$$\begin{cases} u + x\dfrac{\partial u}{\partial x} - y\dfrac{\partial v}{\partial x} = 0 \\ y\dfrac{\partial u}{\partial x} + v + x\dfrac{\partial v}{\partial x} = 0 \end{cases}$$

当 $x^2 + y^2 \neq 0$ 时，解之得

$$\frac{\partial u}{\partial x} = -\frac{xu + yv}{x^2 + y^2}, \quad \frac{\partial v}{\partial x} = \frac{yu - xv}{x^2 + y^2}$$

将方程组两边分别对 y 求导，得

$$\begin{cases} x\dfrac{\partial u}{\partial y} - v - y\dfrac{\partial v}{\partial y} = 0 \\ u + y\dfrac{\partial u}{\partial y} + x\dfrac{\partial v}{\partial y} = 0 \end{cases}$$

当 $x^2 + y^2 \neq 0$ 时，解之得

$$\frac{\partial u}{\partial y} = \frac{xv - yu}{x^2 + y^2}, \quad \frac{\partial v}{\partial y} = -\frac{xu + yv}{x^2 + y^2}$$

例3-3-15 在坐标变换中我们常常要研究一种坐标 (x,y) 与另一种坐标 (u,v) 之间的关系。设方程组

$$\begin{cases} x = x(u,v) \\ y = y(u,v) \end{cases}$$

可确定隐函数组 $u = u(x,y), v = v(x,y)$，称上述方程组为**反函数组**。若 $x(u,v), y(u,v), u(x,y), v(x,y)$ 具有连续的偏导数，试证明

$$\frac{\partial(u,v)}{\partial(x,y)} \cdot \frac{\partial(x,y)}{\partial(u,v)} = 1$$

证明 将 $u = u(x,y), v = v(x,y)$ 代入方程组，得

$$\begin{cases} x - x[u(x,y), v(x,y)] \equiv 0 \\ y - y[u(x,y), v(x,y)] \equiv 0 \end{cases}$$

在方程组两端分别对 x 和 y 求偏导，得

$$\begin{cases} 1 - x_u u_x - x_v v_x = 0 \\ 0 - y_u u_x - y_v v_x = 0 \end{cases} \quad \text{和} \quad \begin{cases} 0 - x_u u_y - x_v v_y = 0 \\ 1 - y_u u_y - y_v v_y = 0 \end{cases}$$

得

$$\begin{cases} x_u u_x + x_v v_x = 1 \quad (1) \\ y_u u_x + y_v v_x = 0 \quad (2) \end{cases} \quad \text{和} \quad \begin{cases} x_u u_y + x_v v_y = 0 \quad (3) \\ y_u u_y + y_v v_y = 1 \quad (4) \end{cases}$$

由 $(1) \times (4) - (2) \times (3)$ 得

$$u_x v_y x_u y_v - u_x v_y x_v y_u - u_y v_x x_u y_v + u_y v_x x_v y_u = 1$$

则有

$$\frac{\partial(u,v)}{\partial(x,y)} \cdot \frac{\partial(x,y)}{\partial(u,v)} = \begin{vmatrix} u_x & v_x \\ u_y & v_y \end{vmatrix} \cdot \begin{vmatrix} x_u & y_u \\ x_v & y_v \end{vmatrix} = (u_x v_y - u_y v_x)(x_u y_v - x_v y_u)$$

$$= u_x v_y x_u y_v - u_x v_y x_v y_u - u_y v_x x_u y_v + u_y v_x x_v y_u = 1$$

知

$$\frac{\partial(u,v)}{\partial(x,y)} \cdot \frac{\partial(x,y)}{\partial(u,v)} = 1$$

这个结果与一元函数的反函数的导数公式 $\frac{dx}{dy} \cdot \frac{dy}{dx} = 1$ 是类似的。上述结果还可以推广到三维以上空间的坐标变换。

例如，若函数组 $x = x(u,v,w), y = y(u,v,w), z = z(u,v,w)$ 确定反函数组 $u = u(x,y,z)$，$v = v(x,y,z), w = w(x,y,z)$，则在一定的条件下，有

$$\frac{\partial(u,v,w)}{\partial(x,y,z)} \cdot \frac{\partial(x,y,z)}{\partial(u,v,w)} = 1$$

例 3-3-16 设方程组 $\begin{cases} x = -u^2 + v \\ y = u + v^2 \end{cases}$ 确定反函数组 $\begin{cases} u = u(x,y) \\ v = v(x,y) \end{cases}$ 求 $\frac{\partial u}{\partial x}, \frac{\partial v}{\partial x}, \frac{\partial u}{\partial y}$ 和 $\frac{\partial v}{\partial y}$。

解 由 $u = u(x,y), v = v(x,y)$，在方程组两边分别对 x 求导，得

$$\begin{cases} 1 = -2u \dfrac{\partial u}{\partial x} + \dfrac{\partial v}{\partial x} \\ 0 = \dfrac{\partial u}{\partial x} + 2v \dfrac{\partial v}{\partial x} \end{cases}$$

解得

$$\begin{cases} \dfrac{\partial u}{\partial x} = \dfrac{-2v}{4uv + 1} \\ \dfrac{\partial v}{\partial x} = \dfrac{1}{4uv + 1} \end{cases}$$

同理，在方程组两边对 y 求偏导，可得

$$\begin{cases} \dfrac{\partial u}{\partial y} = \dfrac{1}{4uv + 1} \\ \dfrac{\partial v}{\partial y} = \dfrac{2u}{4uv + 1} \end{cases}$$

3.3.4 相关变化率

导数的概念是从计算不同实际问题的变化率中抽象出来的，它是对变量变化快慢程度的定量刻画。当考虑的变量具有实际背景时，相应的变化率也被赋予了实际的意义。现实中存在这样一类问题：变量 x 与 y 都随另一变量 t 而变化，即

$$x = x(t), y = y(t)$$

而 x 与 y 之间又有相互依赖关系：

$$F(x,y)=0$$

要研究 x 对 t 的变化率 $\dfrac{\mathrm{d}x}{\mathrm{d}t}$ 与 y 对 t 的变化率 $\dfrac{\mathrm{d}y}{\mathrm{d}t}$ 之间的关系。这类研究两个相关的变化率 $\dfrac{\mathrm{d}x}{\mathrm{d}t}$ 与 $\dfrac{\mathrm{d}y}{\mathrm{d}t}$ 之间的关系的问题称为**相关变化率问题**。

解决这类变化率问题可采用以下步骤：

第一步　建立变量 x 与 y 之间的关系式：$F(x,y)=0$；

第二步　将 $F(x,y)=0$ 中的 x 与 y 均看成是 t 的函数，利用复合函数的链式求导法则，等式

$$F(x(t),y(t))=0$$

两端分别对 t 求导；

第三步　从求导后的关系式中解出所要求的变化率。

例 3-3-17　设直圆锥的底半径 r、高 h 都是时间 t 的可微函数，则其体积 V 也是时间 t 的可微函数，试给出变化率 $\dfrac{\mathrm{d}V}{\mathrm{d}t},\dfrac{\mathrm{d}r}{\mathrm{d}t},\dfrac{\mathrm{d}h}{\mathrm{d}t}$ 的关系。

解　由圆锥的体积计算公式有

$$V=\dfrac{1}{3}\pi r^2 h$$

于是，由函数的求导法则有

$$\dfrac{\mathrm{d}V}{\mathrm{d}t}=\dfrac{\pi}{3}\left(2rh\dfrac{\mathrm{d}r}{\mathrm{d}t}+r^2\dfrac{\mathrm{d}h}{\mathrm{d}t}\right)$$

例 3-3-18　有一深度为 8m，上底直径为 8m 的正圆锥容器，现向该容器以 $4\mathrm{m}^3/\mathrm{min}$ 的速度注水，问：当容器中水深为 5m 时，此时水面上升的速度为多少？

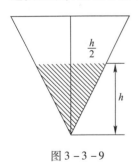

图 3-3-9

解　设 $t(\min)$ 时，容器中水面高度为 h，此时容器中水的体积为 $4t$ (m^3)，且水面圆半径为 $\dfrac{h}{2}$，如图 3-3-9 所示，所以，建立下面的方程

$$4t=\dfrac{1}{3}\pi\left(\dfrac{h}{2}\right)^2 h,\quad 即\quad 48t=3\pi h^3$$

将方程两边关于时间 t 求导数，得

$$48=3\pi h^2\dfrac{\mathrm{d}h}{\mathrm{d}t},\quad 即\quad \dfrac{\mathrm{d}h}{\mathrm{d}t}=\dfrac{16}{\pi h^2}$$

当 $h=5\mathrm{m}$ 时，水面上升的速度为

$$\left.\dfrac{\mathrm{d}h}{\mathrm{d}t}\right|_{h=5}=\left.\dfrac{16}{\pi h^2}\right|_{h=5}=\dfrac{16}{25\pi}=0.2037(\mathrm{m}/\min)$$

例 3-3-19　一台摄像机被安置在距火箭发射塔 4000m 处，为了使摄像机的镜头始终对准火箭，摄像机的仰角应随火箭的上升而不断增加。若已知当火箭垂直上升距离为 3000m 时，其速度达到 600m/s，火箭发射后，它与地面垂直距离随时间的变化规律 $x(t)$ 是容易得知的，假设 $x(t)$ 已知，求摄像机仰角变化率。

解 如图 3-3-10 所示，设火箭升空后 $t(s)$ 时其高度为 $x(t)$，摄像机的仰角为 $\alpha(t)$，建立 α 与 x 的关系，由图可知

$$\tan\alpha = \frac{x}{4000}$$

上式两端分别对 t 求导，由链式法则，得

$$\sec^2\alpha \frac{\mathrm{d}\alpha}{\mathrm{d}t} = \frac{1}{4000} \times \frac{\mathrm{d}x}{\mathrm{d}t}$$

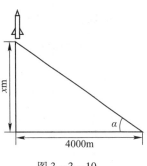

图 3-3-10

将 $\sec^2\alpha = 1 + \tan^2\alpha = 1 + \frac{x^2}{(4000)^2}$ 代入上式化简，得

$$\frac{\mathrm{d}\alpha}{\mathrm{d}t} = \frac{4000}{16000000 + x^2(t)} \times \frac{\mathrm{d}x}{\mathrm{d}t}$$

由于 $x(t)$ 已知，从而 $\frac{\mathrm{d}x}{\mathrm{d}t}$ 已知，上式便可控制仰角转动的速率，以确保摄像机始终能拍到火箭。

例如，若已知当火箭垂直上升距离为 3000m 时，其速度达到 600m/s，代入便得

$$\frac{\mathrm{d}\alpha}{\mathrm{d}t} = \frac{4000}{16000000 + 9000000} \times 600 = 0.096 \ (\mathrm{rad/s})$$

习题 3-3

(A)

1. 求由下列方程所确定的隐函数的导数 $\frac{\mathrm{d}y}{\mathrm{d}x}$。

   (1) $y^2 - 2xy + 9 = 0$； (2) $xy = \mathrm{e}^{x+y}$；

   (3) $y = 1 + x\sin y$； (4) $\mathrm{e}^{xy} + \tan(xy) = y$。

2. 求由下列方程所确定的隐函数的二阶导数 $\frac{\mathrm{d}^2 y}{\mathrm{d}x^2}$。

   (1) $y = \tan(x - y)$； (2) $xy + \mathrm{e}^y = \mathrm{e}$。

3. 求下列函数的导数。

   (1) $y = (1 + x^2)^{\sin x}$； (2) $y = \frac{\sqrt{x+2}(3-x)^4}{\sqrt[3]{(x+1)^2}}$；

   (3) $y = \sqrt{x\sin x \sqrt{1-\mathrm{e}^x}}$。

4. 求参数方程确定的函数的导数 $\frac{\mathrm{d}y}{\mathrm{d}x}$。

   (1) $\begin{cases} x = \mathrm{e}^t \sin t \\ y = \mathrm{e}^t \cos t \end{cases}$； (2) $\begin{cases} x = \dfrac{1-t^2}{1+t^2} \\ y = \dfrac{2t}{1+t^2} \end{cases}$。

5. 已知曲线的参数方程是 $\begin{cases} x = 2(t - \sin t) \\ y = 2(1 - \cos t) \end{cases}$，求曲线上 $t = \dfrac{\pi}{2}$ 处的切线方程。

6. 设 $y=y(x)$ 由 $\begin{cases} x=\arctan t \\ 2y-ty^2+e^t=5 \end{cases}$ 所确定,求 $\dfrac{dy}{dx}$。

7. 求下列函数的一二阶导数 y', y''。

(1) $\begin{cases} x=\ln(1+t^2) \\ y=t-\arctan t \end{cases}$;   (2) $\begin{cases} x=a(\cos t+t\sin t) \\ y=a(\sin t-t\cos t) \end{cases}$。

8. 设函数 $y=y(x)$ 由方程 $y-xe^y=1$ 所确定,求 $\dfrac{d^2y}{dx^2}\Big|_{x=0}$ 的值。

9. 设 $\dfrac{x}{z}=\ln\dfrac{z}{y}$,求 $\dfrac{\partial z}{\partial x},\dfrac{\partial z}{\partial y}$。

10. 设 $x+2y-z+5\sqrt{xyz}=0$,求 $\dfrac{\partial z}{\partial x},\dfrac{\partial z}{\partial y}$。

11. 设 $y=f(x+y)$,其中 f 具有二阶导数,且其一阶导数不等于 1,求 $\dfrac{d^2y}{dx^2}$。

12. 设函数 $z=z(x,y)$ 是由方程 $z^3-2xz+y=0$ 所确定,求 $\dfrac{\partial^2 z}{\partial x^2}$。

13. 设 $u=xyz^3$,而 $z=z(x,y)$ 是由方程 $x^2+y^2+z^2=3(z>0)$ 所确定的隐函数,求 $\dfrac{\partial u}{\partial x}\Big|_{(1,1)}$。

14. 设 $x^2+z^2=y\varphi\left(\dfrac{z}{y}\right)$,$\varphi$ 可微,求 $\dfrac{\partial z}{\partial y}$。

15. 求由下列方程组所确定的函数的导数或偏导数。

(1) $\begin{cases} z=x^2+y^2 \\ x^2+2y^2+2z^2=10 \end{cases}$,求 $\dfrac{dy}{dx},\dfrac{dz}{dx}$。

(2) $\begin{cases} u=f(ux,v+y) \\ v=g(u-x,v^2y) \end{cases}$,其中 f,g 具有连续的一阶偏导数,求 $\dfrac{\partial u}{\partial x},\dfrac{\partial v}{\partial x}$。

16. 设顶点在下的正圆锥形容器,高 10m,容器口半径是 5m,若在空的容器内以每分钟 $2m^3$ 的速率注入水,求当水面高度为 4m 时:

(1) 水面上升的速率;   (2) 水的上表面面积的增长率。

(B)

1. 设 $z^3-3xyz=a^3$,求 $\dfrac{\partial^2 z}{\partial x\partial y}$。

2. 试求过点 $M_0(1,-1)$ 且与曲线 $2e^x-2\cos y-1=0$ 上点 $\left(0,\dfrac{\pi}{3}\right)$ 的切线相垂直的直线方程。

3. 设 $\begin{cases} x=\cos(t^2) \\ y=t\cos(t^2)-\int_1^{t^2}\dfrac{1}{2\sqrt{u}}\cos u\,du \end{cases}$,求 $\dfrac{dy}{dx},\dfrac{d^2y}{dx^2}$ 在 $t=\sqrt{\dfrac{\pi}{2}}$ 的值。

4. 函数 $z=z(x,y)$ 由方程 $F\left(x+\dfrac{z}{y},y+\dfrac{z}{x}\right)=0$ 所确定,其中 F 具有连续的一阶偏导数,试证明

$$x\dfrac{\partial z}{\partial x}+y\dfrac{\partial z}{\partial y}=z-xy$$

5. 设 $u=f(x,y,z)$ 有连续的一阶偏导数,又函数 $y=y(x)$ 及 $z=z(x)$ 分别由 $e^{xy}-xy=2$ 和 $e^x = \int_0^{x-z} \frac{\sin t}{t} dt$ 所确定,求 $\frac{du}{dx}$。

6. 设 $y=y(x)$ 及 $z=z(x)$ 是由 $z=xf(x+y)$ 和 $F(x,y,z)=0$ 所确定的函数,求 $\frac{dz}{dx}$。

7. 设 $y=f(x,t)$,而 $t=t(x,y)$ 是由方程 $F(x,y,t)=0$ 所确定的函数,其中 f,F 具有连续的一阶偏导数,求 $\frac{dy}{dx}$。

8. 甲船以 6km/h 的速率向东行驶,乙船以 8km/h 的速率向南行驶。在中午 12 点整,乙船位于甲船之北 16km 处,问下午 1 点整两船相离多少?

§3.4 函数的微分

在理论研究和实际应用中,常常会遇到这样的问题:当自变量 x 有微小变化时,函数 $y=f(x)$ 的微小改变量可表述为:

$$\Delta y = f(x+\Delta x) - f(x)$$

此时如何计算其改变量?这个问题初看起来似乎只要做减法运算就可以了,然而,对于较复杂的函数 $f(x)$,差值 $f(x+\Delta x)-f(x)$ 却是一个更为复杂的表达式,不易求出其值。一个想法是:我们能否设法将 Δy 表示成 Δx 的线性函数,即**线性化**,从而把复杂问题转化为简单问题。微分就是实现这种线性化的一种数学模型。本节着重说明**微分是函数局部线性化**的表现形式,而"局部线性化"的思想方法在数学及其他科学技术中都是十分重要的。

3.4.1 一元函数的微分

在很多工程领域,常常需要对一些复杂公式进行计算,比如计算

$$f(x) = \sqrt[8]{x}, \quad \sin 30°15'$$

等,如果直接用这些公式计算,是一项非常费时费力的工作。能不能把这些复杂的计算公式用简单的近似公式来代替?线性化函数为我们寻找近似计算函数提供了基础。

线性化 如图 3-4-1 所示,曲线 $y=x^2$ 的切线在切点附近很接近该曲线。对于确定点两边的一小段,沿切线的 y 的值给出了曲线上 y 函数值很好的近似。我们通过把镜头推近,在切点 x 坐标附近 $y=x^2$ 和它的切线之间距离的数值来观察这种现象。可以发现,在局部每一条光滑曲线的性态就像一条直线。

因此,我们的基本思想就是对于在 a 点附近 x 很难计算函数值 $f(x)$,用曲线在点 $(a,f(a))$ 处的切线方程 L 对应的函数值来近似代替。换句话说,当 x 在点 a 附近时,我们用曲线 $f(x)$ 在点 $(a,f(a))$ 处的切线近似曲线。该曲线的方程为

$$y = f(a) + f'(a)(x-a)$$

近似式为

$$f(x) \approx f(a) + f'(a)(x-a)$$

称为函数 $f(x)$ 在点 a 的**线性近似**或**切线近似**。把线性函数即切线方程称为函数 $f(x)$ 在点 a 的**线性化**。

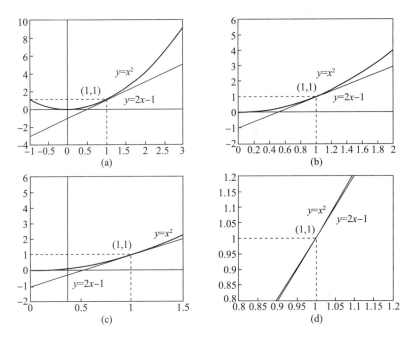

图 3-4-1

定义1 （线性化）如果函数 $f(x)$ 在 $x=a$ 可导，那么近似函数

$$L(x) = f(a) + f'(a)(x-a)$$

就称为函数 $f(x)$ 在点 $x=a$ 的**线性化函数**。近似 $f(x) \approx L(x)$ 是函数 $f(x)$ 在点 $x=a$ 的标准线性近似，点 $x=a$ 是该近似的中心。

例 3-4-1 求 $f(x) = \cos x$ 在点 $x = \dfrac{\pi}{2}$ 的线性化函数。

解 因为 $f\left(\dfrac{\pi}{2}\right) = \cos\left(\dfrac{\pi}{2}\right) = 0$，$f'(x) = -\sin x$，而 $f'\left(\dfrac{\pi}{2}\right) = -\sin x\left(\dfrac{\pi}{2}\right) = -1$，所以有

$$L(x) = f(a) + f'(a)(x-a) = 0 + (-1)\left(x - \dfrac{\pi}{2}\right) = -x + \dfrac{\pi}{2}$$

例 3-4-2 求 $\sqrt[8]{257}$ 的近似计算。

解 对于 257 可以看作 256+1，而 $256 = 2^8$，因此

$$\sqrt[8]{257} = \sqrt[8]{256+1} = 2\sqrt[8]{1+\dfrac{1}{256}}$$

令 $f(x) = 2\sqrt[8]{x}$，$a = 1$，$x = 1 + \dfrac{1}{256}$，$f'(x) = \dfrac{1}{4\sqrt[8]{x^7}}$，

$$\sqrt[8]{257} = 2\sqrt[8]{1+\dfrac{1}{256}} \approx 2\sqrt[8]{1} + \dfrac{1}{4\sqrt[8]{1^7}}\left(1 + \dfrac{1}{256} - 1\right) = 2 + \dfrac{1}{4} \times \dfrac{1}{256} \approx 2.001$$

例 3-4-3 在工件的制作过程中，为了表面的光滑、装饰、焊接等工艺要求，需要在工件的表面镀一层很薄的金属，例如对一批半径为 1cm 的球，为了提高球面的光洁度，镀上一层很薄的铜，厚度为 0.01cm，估计每只球需多少克铜（铜的密度是 $8.9g/cm^3$）。

解 由线性化公式知

即
$$f(x) \approx f(a) + f'(a)(x-a)$$

$$f(x) - f(a) \approx f'(a)(x-a)$$

因为 $f(x) = \frac{4}{3}\pi r^3$，只要计算出镀层的体积，再乘以铜的密度就得到了每只球镀铜需要的铜的质量。镀层的体积为电镀后球的体积与电镀前球的体积之差：

$$\Delta V = \frac{4}{3}\pi(1+0.01)^3 - \frac{4}{3}\pi \cdot 1^3 \quad (由线性近似函数知)$$

$$= \frac{4}{3}\pi \times 3 \times 1^2 \times 0.01 + \frac{4}{3}\pi \times 3 \times 1 \times 0.01^2 + \frac{4}{3}\pi \times 0.01^3$$

$$\approx 4\pi \times 0.01 \approx 0.13(\text{cm}^3)$$

于是电镀每只球需要铜的质量约为 $0.13 \times 8.9 \approx 1.16(\text{g})$。

通过例 3-4-2，例 3-4-3 的近似计算可以看出，函数可导最显著的几何特征是曲线存在切线，且在切线附近函数的图形与切线非常贴近，即通常所说的"**以直代曲**"，利用微积分处理实际问题时，这种将"曲的"视为"直的"，将"不均匀的"视为"均匀的"，将"不规则的"视为"规则的"等的思想，使原本复杂的问题大大简化了。

现在，我们考虑相反的问题，当函数的图形具有"以直代曲"的几何特征时，函数本身具有何种特性呢？此时与函数可导有何关系？

假设函数 $y=f(x)$ 在 $x=x_0$ 的附近可以"以直代曲"或局部线性化，即存在线性函数

$$L(x) = A(x-x_0) + f(x_0)$$

（其中 A 为与 x 无关的常数），使得

$$f(x) - L(x) = o(x-x_0) \quad (x \to x_0)$$

即

$$f(x) - f(x_0) = A(x-x_0) + o(x-x_0) \quad (x \to x_0)$$

记 $\Delta x = x - x_0$，上式可以写成

$$f(x) - f(x_0) = A\Delta x + o(\Delta x) \quad (\Delta x \to 0)$$

于是，我们有如下的定义。

定义 设函数 $y=f(x)$ 在某个区间内有定义，x_0 及 $x_0 + \Delta x$ 在该区间内，如果函数的增量

$$\Delta y = f(x_0 + \Delta x) - f(x_0)$$

可表示为

$$\Delta y = A\Delta x + o(\Delta x) \quad (\Delta x \to 0)$$

其中 A 是不依赖于 Δx 的常数，那么称函数 $y=f(x)$ 在点 x_0 是**可微（或可微分）**的，把 $A\Delta x$ 叫作函数 $y=f(x)$ 在点 x_0 相应于自变量增量 Δx 的**微分**，记为

$$dy|_{x=x_0} \text{ 或 } df(x)|_{x=x_0}$$

即

$$dy|_{x=x_0} = A\Delta x$$

一般地，在点 x 处的微分，我们简记为 $dy = A\Delta x$。

例 3-4-4 设 $f(x)=x$,证明 $f(x)$ 在任何点 x_0 处可微,且 $df(x)|_{x=x_0}=\Delta x$。

证明 对任何 Δx,有

$$\Delta y = f(x_0+\Delta x)-f(x_0)=(x_0+\Delta x)-x_0=\Delta x$$

与定义比较,可知,此时 $o(\Delta x)=0$,得 $A=1$,所以 $df(x)|_{x=x_0}=A\Delta x=\Delta x$,即

$$dx|_{x=x_0}=\Delta x$$

一般地

$$dx=\Delta x$$

这样,我们可以将函数 $y=f(x)$ 在点 x_0 处的微分写成

$$dy|_{x=x_0}=Adx$$

而 $y=f(x)$ 在点 x 处的微分则写成

$$dy=Adx \quad \text{或} \quad df(x)=Adx$$

注 由定义可知:如果函数 $y=f(x)$ 在点 x_0 处可微,则:

(1) 函数 $y=f(x)$ 在点 x_0 处的微分 dy 是自变量的改变量 Δx 的线性函数;

(2) 由 $\Delta y=A\Delta x+o(\Delta x)$ 得

$$\Delta y-dy=o(\Delta x)$$

即 $\Delta y-dy$ 是比自变量的改变量 Δx 更高阶的无穷小;

(3) 当 $A\neq 0$ 时,dy 与 Δy 是等价无穷小,事实上

$$\frac{\Delta y}{dy}=\frac{dy+o(\Delta x)}{dy}=1+\frac{o(\Delta x)}{A\Delta x}\to 1 \quad (\Delta x\to 0)$$

由此可得

$$\Delta y=dy+o(\Delta x)$$

我们称 dy 是 Δy 的线性主部,同时还表明,以微分 dy 近似代替函数增量 Δy 时,其误差为 $o(\Delta x)$,因此,当 $|\Delta x|$ 很小时,有近似等式

$$\Delta y\approx dy$$

根据定义,我们仅知道微分 $dy=A\Delta x$ 中的 A 与 Δx 无关,那么 A 是怎样的量?什么样的函数才可微呢?下面定理回答了这些问题。

很显然,若函数 $y=f(x)$ 在点 x_0 **可微**,则 $\Delta y=A\Delta x+o(\Delta x)$,当 $\Delta x\to 0$ 时,$\Delta y\to 0$,即函数 $y=f(x)$ 在点 x_0 **连续**。

进一步分析,若函数 $y=f(x)$ 在点 x_0 **可微**,则

$$\Delta y=A\Delta x+o(\Delta x)$$

两边除以 Δx,得

$$\frac{\Delta y}{\Delta x}=A+\frac{o(\Delta x)}{\Delta x}$$

于是,当 $\Delta x\to 0$ 时,得到

$$A=\lim_{\Delta x\to 0}\frac{\Delta y}{\Delta x}=f'(x_0)$$

因此,如果函数 $y=f(x)$ 在点 x_0 **可微**,那么 $y=f(x)$ 在点 x_0 也一定**可导**,且 $A=f'(x_0)$。

反之,如果函数 $y=f(x)$ 在点 x_0 **可导**,即 $\lim\limits_{\Delta x \to 0}\dfrac{\Delta y}{\Delta x}=f'(x_0)$ 存在,根据极限与无穷小的关系,则有

$$\frac{\Delta y}{\Delta x}=f'(x_0)+\alpha$$

其中 $\alpha \to 0$(当 $\Delta x \to 0$)。由此得到

$$\Delta y=f'(x_0)\Delta x+\alpha \Delta x$$

因 $\alpha \Delta x=o(\Delta x)$,且 $f'(x_0)$ 不依赖于 Δx,由微分定义知,函数 $y=f(x)$ 在点 x_0 **可微**。

因此,有下述定理:

定理 3-4-1 函数 $y=f(x)$ 在点 x_0 可微的充分必要条件是函数 $y=f(x)$ 在点 x_0 可导,且微分一定是

$$\mathrm{d}y=f'(x_0)\Delta x$$

对于函数 $y=f(x)$ 在区间 I 内任意一点可微,则其微分为 $\mathrm{d}y=f'(x)\Delta x=f'(x)\mathrm{d}x$,因此,亦有

$$f'(x)=\frac{\mathrm{d}y}{\mathrm{d}x}$$

即函数的导数等于函数的微分与自变量的微分的商,因此导数也叫**微商**。

由于求微分的问题可归结为求导数的问题,因此求导数与求微分的方法统称为**微分法**。

例 3-4-5 求函数 $y=x^2$ 当 x 由 1 改变到 1.01 时的微分。

解 因为 $\mathrm{d}y=f'(x)\mathrm{d}x=2x\mathrm{d}x$,由题设知

$$x=1, \mathrm{d}x=\Delta x=1.01-1=0.01$$

所以

$$\mathrm{d}y=2\times 1\times 0.01=0.02$$

例 3-4-6 求函数 $y=x^3$ 在 $x=2$ 处的微分。

解 $\mathrm{d}y=f'(x)|_{x=2}\mathrm{d}x=3x^2|_{x=2}\mathrm{d}x=12\mathrm{d}x$

函数的微分有明显的几何意义。在直角坐标系中,如图 3-4-2 所示,函数 $y=f(x)$ 的图形是一条曲线,对于某一固定点 $M(x_0,f(x_0))$,当自变量有微小增量 Δx 时,得曲线上另一点 $N(x_0+\Delta x,f(x_0+\Delta x))$,知

$$MQ=\Delta x, QN=\Delta y$$

过点 M 作曲线的切线 MT,倾角为 α,与 QN 交于点 P,

$$QP=|MQ|\cdot \tan\alpha=\Delta x \cdot f'(x_0)$$

即 $\mathrm{d}y=QP$。由此可见,对于可微函数 $y=f(x)$,当

$$\Delta y=f(x_0+\Delta x)-f(x_0)$$

时,曲线 $y=f(x)$ 上的点的纵坐标的增量,$\mathrm{d}y=f'(x_0)\Delta x$ 是曲线的切线上点的纵坐标的相应增量。当 $|\Delta x|$ 很小时,$|\Delta y-\mathrm{d}y|$ 比 $|\Delta x|$ 小得多。因此在点 M 的邻近,我们

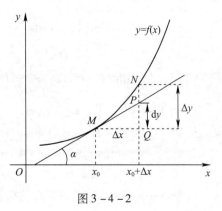

图 3-4-2

可以用切线段来近似代替曲线段。在局部范围内用线性函数近似替代非线性函数，在几何上就是局部范围内用切线段代替曲线段，这就是本单元开始所谓的局部线性化，在数学上称为**非线性函数的局部线性化**，是微分学的基本思想方法之一。

从函数 $y=f(x)$ 的微分表达式 $dy=f'(x)\Delta x$ 可以看出，计算函数的微分，只要计算函数的导数，再乘以自变量的微分。因此基本初等函数有如下的微分公式和微分的运算法则。

（1）基本初等函数的微分公式。

$d(x^\mu) = \mu x^{\mu-1}dx$;

$d(\sin x) = \cos x dx$;　　　　　　　　$d(\cos x) = -\sin x dx$;

$d(\tan x) = \sec^2 x dx$;　　　　　　　$d(\cot x) = -\csc^2 x dx$;

$d(\sec x) = \sec x \tan x dx$;　　　　　$d(\csc x) = -\csc x \cot x dx$;

$d(a^x) = a^x \ln a dx (a>0, a\neq 1)$;　　$d(e^x) = e^x dx$;

$d(\log_a x) = \dfrac{1}{x\ln a}dx(a>0,a\neq 1)$;　　$d(\ln x) = 1/x dx$;

$d(\arcsin x) = \dfrac{1}{\sqrt{1-x^2}}dx$;　　　$d(\arccos x) = -\dfrac{1}{\sqrt{1-x^2}}dx$;

$d(\arctan x) = \dfrac{1}{1+x^2}dx$;　　　$d(\text{arccot} x) = -\dfrac{1}{1+x^2}dx$

（2）函数和、差、积、商的微分法则。

为了便于表述，用 u 代替 $u(x)$，v 代替 $v(x)$，$u(x),v(x)$ 均可导。

$d(Cu) = Cdu$;　　　　　　　　　　$d(u\pm v) = du\pm dv$;

$d(uv) = vdu + udv$;　　　　　　　$d\left(\dfrac{u}{v}\right) = \dfrac{vdu-udv}{v^2}$　$(v\neq 0)$

（3）复合函数的微分法则。

设函数 $y=f(u),u=g(x)$ 都可导，则复合函数 $y=f[g(x)]$ 的微分为

$$dy = y'_x dx = f'(u)\cdot g'(x)dx$$

而 $g'(x)dx = du$，所以复合函数 $y=f[g(x)]$ 的微分公式可以写成

$$dy = f'(u)du \quad \text{或} \quad dy = y'_u du$$

由此可见，无论 u 是中间变量还是自变量，微分形式 $dy=f'(u)du$ 保持不变，这一性质称为函数的**微分形式不变性**。利用这一特性，可以简化微分的有关运算。

例 3-4-7　设 $y=\cos(4x+5)$，求 dy。

解　$dy = d(\cos(4x+5)) = -\sin(4x+5)d(4x+5) = -\sin(4x+5)\times 4dx$
　　　$= -4\sin(4x+5)dx$

例 3-4-8　设 $y=\ln(6+e^{x^2})$，求 dy。

解　$dy = d\ln(6+e^{x^2}) = \dfrac{1}{6+e^{x^2}}d(6+e^{x^2}) = \dfrac{1}{6+e^{x^2}}\cdot e^{x^2}dx^2 = \dfrac{1}{6+e^{x^2}}\cdot e^{x^2}2xdx = \dfrac{2xe^{x^2}}{6+e^{x^2}}dx$

例 3-4-9　设 $y=4^x\sin(\omega x)$，求 dy。

解　$dy = d(4^x\sin(\omega x)) = \sin(\omega x)d(4^x) + 4^x d(\sin(\omega x))$
　　　$= \sin(\omega x)4^x\ln 4 dx + 4^x\cos\omega x d(\omega x) = \sin(\omega x)4^x\ln 4 dx + 4^x\omega\cos\omega x dx$
　　　$= (4^x\ln 4\sin(\omega x) + 4^x\omega\cos\omega x)dx$

例 3-4-10　在下列等式的括号中填入适当的函数，使等式成立。

(1) d(　　) = cos ωt dt;　　　　　　(2) d(sin x²) = (　　) d√x

解 (1) 因为 d(sin ωt) = ω cos ωt dt, 所以

$$\cos\omega t\,dt = \frac{1}{\omega}d(\sin\omega t) = d\left(\frac{1}{\omega}\sin\omega t\right)$$

一般地, 有

$$d\left(\frac{1}{\omega}\sin\omega t + C\right) = \cos\omega t\,dt$$

(2) 因为

$$\frac{d(\sin x^2)}{d\sqrt{x}} = \frac{2x\cos x^2\,dx}{\frac{1}{2\sqrt{x}}dx} = 4x\sqrt{x}\cos x^2$$

所以

$$d(\sin x^2) = (4x\sqrt{x}\cos x^2)\,d\sqrt{x}$$

例 3-4-11 求由方程 $e^{xy} = 2x + y^3$ 确定的隐函数 $y = f(x)$ 的微分 dy。

解 对方程两边求微分, 得

$$d(e^{xy}) = d(2x + y^3)$$
$$e^{xy}d(xy) = d(2x) + d(y^3)$$
$$e^{xy}(y\,dx + x\,dy) = 2\,dx + 3y^2\,dy$$

于是

$$dy = \frac{2 - ye^{xy}}{xe^{xy} - 3y^2}dx$$

3.4.2 多元函数的全微分

一元函数的微分学中有一个重要的思想:将可微函数的曲线在一点处进行放大,局部曲线图形与该点处的切线图形很接近,即在这点附近可以用线性函数近似代替该函数。将这种近似的思想扩展到三维空间中,将二元函数局部图形上的一点进行放大,曲面就会越来越像平面(称为切平面),因此,我们也可以用二元线性函数来近似代替该函数,还可以将这种近似的思想扩展到二元以上的函数。

切平面 设曲面 S 由函数 $z = f(x, y)$ 确定, 且函数 f 具有一阶连续的偏导数, $P(x_0, y_0, z_0)$ 是曲面 S 上一点, 设 C_1, C_2 分别为垂直平面 $y = y_0, x = x_0$ 与曲面 S 相交的曲线, P 为曲线 C_1, C_2 的交点, 设曲线 C_1, C_2 在点 P 处的切线分别是 T_1, T_2, 则曲面 S 在点 P 的切平面定义为包含切线 T_1, T_2 的平面(图 3-4-3)。

在本章后续内容中, 我们将会从理论证明, 如果曲线 C 是曲面 S 上过点 P 的任意一条曲线, 则点 P 的切线也在切平面上。因此, 可以认为曲面 S 上点 P 处的切平面是由位于曲面 S 上过点 P 的所有曲线在点 P 处的切线组成的。在点 P 附近, 点 P 的切平面是最接近曲面 S 的平面。

假设通过点 $P(x_0, y_0, z_0)$ 的任意平面方程是

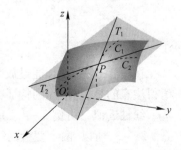

图 3-4-3

$$A(x-x_0)+B(y-y_0)+C(z-z_0)=0$$

方程两边同时除以 C,令 $a=-A/C, b=-B/C$,化简得

$$z-z_0=a(x-x_0)+b(y-y_0)$$

上式代表点 P 处的切平面方程,那么它与 $y=y_0$ 的交线是切线 T_1。将 $y=y_0$ 代入上式,得

$$z-z_0=a(x-x_0), \quad y=y_0$$

这是斜率为 a 的直线方程。由偏导数的几何意义,切线 T_1 的斜率是 $f_x(x_0,y_0)$。因此

$$a=f_x(x_0,y_0)$$

同理,将 $x=x_0$ 代入上式,可得 $z-z_0=b(y-y_0)$ 表示切线 T_2,因此

$$b=f_y(x_0,y_0)$$

因而有曲面的切平面方程。

设 f 具有一阶连续的偏导数,则曲面 $z=f(x,y)$ 在点 $P(x_0,y_0,z_0)$ 处的**切平面方程**为

$$z-z_0=f_x(x_0,y_0)(x-x_0)+f_y(x_0,y_0)(y-y_0)$$

例 3-4-12 求椭圆抛物面 $z=2x^2+y^2$ 在点 $(1,1,3)$ 的切平面方程。

解 令 $f(x,y)=2x^2+y^2$,则

$$f_x(x,y)=4x, \quad f_y(x,y)=2y$$
$$f_x(1,1)=4, \quad f_y(1,1)=2$$

由公式得,在点 $(1,1,3)$ 处的切平面方程为

$$z-3=4(x-1)+2(y-1)$$

或

$$z=4x+2y-3$$

图 3-4-4 显示了例 3-4-12 中椭圆抛物面及在点 $(1,1,3)$ 的切平面。图 3-4-4(b),图 3-4-4(c)表明,将函数 $f(x,y)=2x^2+y^2$ 在点 $(1,1,3)$ 的一定区域内放大。易见,放大倍数越高,图象越平坦。

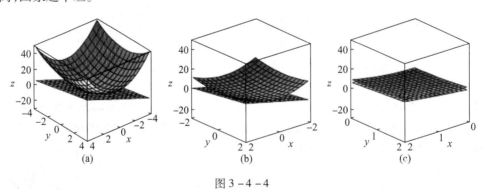

图 3-4-4

在图 3-4-5 中,通过放大函数 $f(x,y)=2x^2+y^2$ 的等高线图证实了 $(1,1)$ 点上述表达。值得注意的是,与曲面的特征类似,弧线放大程度越高,越像直线。

线性近似 由例 3-4-12 知,函数 $f(x,y)=2x^2+y^2$ 在点 $(1,1,3)$ 的切平面方程为 $z=4x+2y-3$,所以,两个变量的线性函数是

$$L(x,y)=4x+2y-3$$

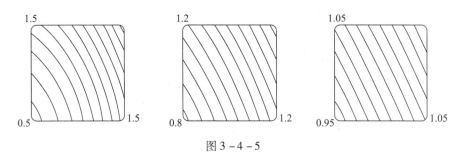

图 3-4-5

当 (x,y) 接近 $(1,1)$ 时,它是 $f(x,y)$ 的近似函数,称 L 为 f 在 $(1,1)$ 点的线性函数。近似值为

$$f(x,y) \approx 4x + 2y - 3$$

是函数 f 在 $(1,1)$ 点的近似切平面或线性近似函数。

例如,在点 $(1.1, 0.95)$,线性近似值

$$f(1.1, 0.95) \approx 4(1.1) + 2(0.95) - 3 = 3$$

与实际值 $f(1.1, 0.95) = 2(1.1)^2 + (0.95)^2 = 3.3225$ 相当接近。但如果取离点 $(1,1)$ 较远的点,如点 $(2,3)$,结果就会相差较远。实际上,$L(2,3) = 11$,而 $f(2,3) = 17$。

总之,二元函数 f 在点 $(x_0, y_0, f(x_0, y_0))$ 的切平面方程是

$$z = f(x_0, y_0) + f_x(x_0, y_0)(x - x_0) + f_y(x_0, y_0)(y - y_0)$$

也称函数 f 在点 (x_0, y_0) 的线性化,近似函数为

$$f(x,y) \approx f(x_0, y_0) + f_x(x_0, y_0)(x - x_0) + f_y(x_0, y_0)(y - y_0)$$

也称函数 f 在点 (x_0, y_0) **线性近似或切平面近似**。

当 f 具有一阶连续的偏导数时,定义了曲面 $z = f(x,y)$ 的切平面,如果 f_x 和 f_y 不连续,有什么结论?图 3-4-6 表示的函数方程为

$$f(x,y) = \begin{cases} \dfrac{xy}{x^2 + y^2} & ((x,y) \neq (0,0)) \\ 0 & ((x,y) = (0,0)) \end{cases}$$

可证明函数在原点有偏导,$f_x(0,0) = 0$,$f_y(0,0) = 0$,但 f_x 和 f_y 不连续。若线性近似,则 $f(0,0) \approx 0$,但在直线 $x = y$ 上所有点的值 $f(x,y) = \dfrac{1}{2}$,近似效果不好。事实上,尽管 f 的两个偏导数都存在,但在 $(0,0)$ 处 f 本身不连续。

图 3-4-6

为了精确地描述近似效果,我们来定义二元函数的可微性。

我们已经知道,二元函数对某个自变量的偏导数表示当其中一个自变量固定时,因变量对另一个自变量的变化率。根据一元函数微分学中增量与微分的关系,可得

$$f(x + \Delta x, y) - f(x, y) \approx f_x(x, y) \Delta x$$

$$f(x, y + \Delta y) - f(x, y) \approx f_y(x, y) \Delta y$$

上面两式左端分别称为二元函数对 x 和 y 的**偏增量**,而右端分别称为二元函数对 x 和 y 的**偏微分**。

考虑二元函数 $z=f(x,y)$，设 x 从 x_0 变化到 $x_0+\Delta x$，y 从 y_0 变化到 $y_0+\Delta y$，则 z 的**全增量**为

$$\Delta z = f(x_0+\Delta x, y_0+\Delta y) - f(x_0, y_0)$$

因此，增量 Δz 便是当 (x,y) 从 (x_0,y_0) 变为 $(x_0+\Delta x, y_0+\Delta y)$ 时，函数 f 的改变量，一般来说，计算全增量时比较复杂，由引例分析，我们希望建立与一元函数增量表达类似的公式，即利用关于自变量增量 Δx 和 Δy 的线性函数来近似地代替函数的全增量 Δz，由此引入二元函数全微分的概念。

定义 设 $z=f(x,y)$，若 Δz 可表示为

$$\Delta z = A\Delta x + B\Delta y + o(\rho)$$

其中 A,B 是不依赖于 $\Delta x,\Delta y$ 而仅与 x,y 有关的常数，$\rho=\sqrt{(\Delta x)^2+(\Delta y)^2}$，则称函数 f 在点 (x_0,y_0) 可微分的。$A\Delta x+B\Delta y$ 称为函数 $z=f(x,y)$ 在点 (x,y) 处的**全微分**，记为 $\mathrm{d}z$，即

$$\mathrm{d}z = A\Delta x + B\Delta y$$

如果函数在区域 D 内各点处都可微分，那么称函数在区域 D 内**可微分**。

我们知道偏导数存在不能保证函数在该点连续（原因在于偏导数存在只是说明在坐标轴方向可导，而连续则要求是任意方向都连续），但是，由上述定义，有如下结论。

定理 3-4-2 （**必要条件** 1）如果函数 $z=f(x,y)$ 在点 (x_0,y_0) 可微，则 f 在该点连续。

证明 若函数 f 在点 (x_0,y_0) 可微，则

$$\Delta z = A\Delta x + B\Delta y + o(\rho)$$

从而 $\lim\limits_{(\Delta x,\Delta y)\to(0,0)} \Delta z = \lim\limits_{(\Delta x,\Delta y)\to(0,0)} [A\Delta x+B\Delta y+o(\rho)] = 0$

即 $\lim\limits_{(\Delta x,\Delta y)\to(0,0)} f(x_0+\Delta x, y_0+\Delta y) = f(x_0,y_0)$，因此 f 在点 (x_0,y_0) 连续。

若函数 f 在点 (x_0,y_0) 可微，那么 A,B 与函数在该点的偏导数有关系吗？对于这个问题，有下面的定理。

定理 3-4-3 （**必要条件** 2）如果函数 f 在点 (x_0,y_0) 可微，则 f 在该点的两个偏导数都存在，且

$$A = f_x(x_0,y_0), \quad B = f_y(x_0,y_0)$$

证明 因为函数 f 在点 (x_0,y_0) 可微，则

$$\Delta z = A\Delta x + B\Delta y + o(\rho)$$

令 $\Delta y=0$，则 $\rho=|\Delta x|$，这时全增量转化为偏增量

$$\Delta_x z = A\Delta x + o(|\Delta x|)$$

两边除以 Δx，再令 $\Delta x\to 0$，得

$$\lim_{\Delta x\to 0}\frac{\Delta_x z}{\Delta x} = \lim_{\Delta x\to 0}\frac{A\Delta x+o(|\Delta x|)}{\Delta x} = \lim_{\Delta x\to 0}\left(A+\frac{o(|\Delta x|)}{\Delta x}\right) = A$$

即 $\quad A = f_x(x_0,y_0)$

同理可证 $\quad B = f_y(x_0,y_0)$

定理 3-4-2 表明，如果函数可微，当 (x,y) 趋近 (x_0,y_0) 时，公式中的线性函数是非常好的近似函数。也就是说，靠近切点时，可用切平面近似代替函数 f 的图形。但有时候，直接用定义判定函数是否可微分比较困难。

我们知道,一元函数在某点可导是可微的充分必要条件,那么对于多元函数是不是也成立呢? 显然不是! 因为由定理 3-4-1 知如果函数不连续,则一定不可微,上述的例子就是偏导数存在但不可微的例子。

而事实上,即使函数连续,且偏导数存在,函数也不一定可微,也就是说连续和可导只是二元函数可微的必要条件。当各偏导数存在时,虽然能形式地写出

$$f_x(x_0,y_0)\Delta x + f_y(x_0,y_0)\Delta y$$

但它与 Δz 之差并不一定是较 ρ 的高阶无穷小,因此它不一定可微。例如

$$f(x,y) = \begin{cases} \dfrac{xy}{\sqrt{x^2+y^2}} & ((x,y) \neq (0,0)) \\ 0 & ((x,y) = (0,0)) \end{cases}$$

因为 $\quad 0 \leqslant \left|\dfrac{xy}{\sqrt{x^2+y^2}}\right| \leqslant \left|\dfrac{xy}{\sqrt{2xy}}\right| = \dfrac{\sqrt{xy}}{\sqrt{2}}$

而 $\lim\limits_{(x,y)\to(0,0)} \dfrac{\sqrt{xy}}{\sqrt{2}} = 0$,由夹逼准则知 $\lim\limits_{(x,y)\to(0,0)} f(x,y) = 0 = f(0,0)$,即 f 在 $(0,0)$ 处连续。

又 $f(x,0) = 0, f(0,y) = 0$ 所以

$$f_x(0,0) = \frac{\mathrm{d}f(x,0)}{\mathrm{d}x} = 0, \quad f_y(0,0) = \frac{\mathrm{d}f(0,y)}{\mathrm{d}y} = 0$$

故 $\quad \Delta z - [f_x(x_0,y_0)\Delta x + f_y(x_0,y_0)\Delta y] = \dfrac{\Delta x \cdot \Delta y}{\sqrt{(\Delta x)^2 + (\Delta y)^2}}$

所以

$$\lim_{(\Delta x,\Delta y)\to(0,0)} \frac{\Delta z - [f_x(x_0,y_0)\Delta x + f_y(x_0,y_0)\Delta y]}{\rho} = \lim_{(\Delta x,\Delta y)\to(0,0)} \frac{\Delta x \cdot \Delta y}{(\Delta x)^2 + (\Delta y)^2}$$

当点 $(\Delta x, \Delta y)$ 沿着直线 $y = x$ 趋于 $(0,0)$ 时,上述极限等于 $\dfrac{1}{2}$,不等于 0,也就是说不是较 ρ 的高阶无穷小,因此它不可微。

但是,在 f 具有一阶连续的偏导数的条件下,则可以证明函数是可微的。

定理 3-4-4 (**充分条件**) 如果函数 $z = f(x,y)$ 的一阶偏导数 f_x 和 f_y 在 (x_0,y_0) 点连续,则函数 f 在点 (x_0,y_0) 可微。

证明 函数 f 的一阶偏导数 f_x 和 f_y 存在,由 3.2.4 节多元复合函数的求导法则中引理知,当自变量 x,y 分别取得增量 $\Delta x, \Delta y$ 时,函数的全增量可表示为

$$\Delta z = f_x(x_0,y_0)\Delta x + f_y(x_0,y_0)\Delta y + \varepsilon_1 \Delta x + \varepsilon_2 \Delta y$$

其中当 $(\Delta x, \Delta y) \to (0,0)$ 时,$\varepsilon_1 \to 0, \varepsilon_2 \to 0$,很显然

$$\left|\frac{\varepsilon_1 \Delta x + \varepsilon_2 \Delta y}{\rho}\right| \leqslant |\varepsilon_1| + |\varepsilon_2|$$

所以 $\varepsilon_1 \Delta x + \varepsilon_2 \Delta y = o(\rho)$。这就证明了 $z = f(x,y)$ 在点 (x_0,y_0) 处是可微的。

例 3-4-13 证明函数 $f(x,y) = x\mathrm{e}^{xy}$ 在点 $(1,0)$ 处可微,并计算在该点的近似值,用该值近似代替 $f(1.1, -0.1)$。

解 函数的一阶偏导数为

$$f_x(x,y) = \mathrm{e}^{xy} + xy\mathrm{e}^{xy}, \qquad f_y(x,y) = x^2 \mathrm{e}^{xy},$$

$$f_x(1,0)=1, \qquad f_y(1,0)=1$$

可知 f_x 和 f_y 都是连续函数，由定理可知函数 f 可微，线性函数是

$$L(x,y)=f(1,0)+f_x(1,0)(x-1)+f_y(1,0)(y-0)$$
$$=1+1(x-1)+1\cdot y=x+y$$

相应的线性近似函数是

$$xe^{xy}\approx x+y$$

因此 $\qquad f(1.1,-0.1)\approx 1.1-0.1=1$

函数值 $f(1.1,-0.1)=1.1e^{-0.11}\approx 0.98542$，可见误差很小，如图 3-4-7 所示。

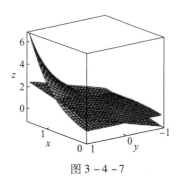

图 3-4-7

例 3-4-14 热指数函数 I（感受温度）是实际温度 $T(°F)$ 和相对湿度 $H(\%)$ 的函数，并给出下面的数表（表 3-4-1），表中数据来自国家气象局。求热指数函数 $I=f(T,H)$ 在 $T=96°F, H=70\%$ 时的线性近似值，用该值估计 $T=97°F, H=72\%$ 时热指数函数值。

表 3-4-1

H\T	50	55	60	65	70	75	80	85	90
90	96	98	100	103	106	109	112	115	119
92	100	103	105	108	112	115	119	123	128
94	104	107	111	114	118	122	127	132	137
96	109	113	116	121	125	130	135	141	146
98	114	118	123	127	133	138	144	150	157
100	119	124	129	135	141	147	154	161	168

解 由数表可知，$f(96,70)=125$，根据表格数据估计得

$$f_T(96,70)\approx 3.75, f_H(96,70)\approx 0.9$$

因此，线性近似函数为

$$f(T,H)\approx f(96,70)+f_T(96,70)(T-96)+f_H(96,70)(H-70)$$
$$\approx 125+3.75(T-96)+0.9(H-70)$$

所以

$$f(97,72)\approx 125+3.75(1)+0.9(2)=130.55$$

所以，$T=97°F, H=72\%$ 时热指数函数值为 $I\approx 131°F$。

若二元函数 $z=f(x,y)$ 可微，定义自变量的微分为 dx, dy，则给出全微分的计算公式。

定义 若二元函数 $z=f(x,y)$ 可微，则称

$$f_x(x,y)dx+f_y(x,y)dy$$

为 f 的**全微分**，记作 dz。

有时也用符号 df 代替 dz。

将 $dx=\Delta x=x-x_0, dy=\Delta y=y-y_0$ 代入上式，则

$$dz=f_x(x_0,y_0)(x-x_0)+f_y(x_0,y_0)(y-y_0)$$

因此,利用微分符号,近似线性函数为
$$f(x,y) \approx f(x_0,y_0) + \mathrm{d}z$$

图 3-4-8 是微分 $\mathrm{d}z$ 和增量 Δz 的几何解释:$\mathrm{d}z$ 代表切平面上对应高度,Δz 代表当 (x,y) 从 (x_0,y_0) 变为 $(x_0+\Delta x, y_0+\Delta y)$ 时,曲面 $z = f(x,y)$ 的变化高度。

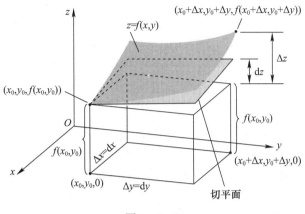

图 3-4-8

例 3-4-15 (1) 设 $z = x^2 + 3xy - y^2$,求 $\mathrm{d}z$。
(2) 若 x 从 2 变为 2.05,y 从 3 变到 2.96,比较 Δz 和 $\mathrm{d}z$ 的值。

解 (1) 根据定义,可得
$$\mathrm{d}z = \frac{\partial z}{\partial x}\mathrm{d}x + \frac{\partial z}{\partial y}\mathrm{d}y = (2x+3y)\mathrm{d}x + (3x-2y)\mathrm{d}y$$

(2) 将 $x = 2, \mathrm{d}x = \Delta x = 0.05, y = 3$,且 $\mathrm{d}y = \Delta y = -0.04$ 代入得
$$\mathrm{d}z = [2 \times 2 + 3 \times 3] \times 0.05 + [3 \times 2 - 2 \times 3](-0.04) = 0.65$$

z 的增量
$$\begin{aligned}\Delta z &= f(2.05, 2.96) - f(2,3) \\ &= [(2.05)^2 + 3 \times 2.05 \times 2.96 - (2.96)^2] - [2^2 + 3 \times 2 \times 3 - 3^2] \\ &= 0.6449\end{aligned}$$

注意到:$\Delta z \approx \mathrm{d}z$,但 $\mathrm{d}z$ 更容易计算。

上述关于二元函数全微分的必要条件和充分条件,可以完全类似地推广到三元或多元函数的情形。

例如,三元函数 $u = f(x,y,z)$,在 (x_0,y_0,z_0) 的近似公式为
$$\begin{aligned}f(x,y,z) \approx{} &f(x_0,y_0,z_0) + f_x(x_0,y_0,z_0)(x-x_0) + f_y(x_0,y_0,z_0)(y-y_0) + \\ &f_z(x_0,y_0,z_0)(z-z_0)\end{aligned}$$

上式的右边是线性函数 $L(x,y,z)$。

设 $w = f(x,y,z)$,则 w 的增量为
$$\Delta w = f(x+\Delta x, y+\Delta y, z+\Delta z) - f(x,y,z)$$

微分 $\mathrm{d}w$ 定义为自变量微分 $\mathrm{d}x, \mathrm{d}y, \mathrm{d}z$ 的组合:

$$dw = \frac{\partial w}{\partial x}dx + \frac{\partial w}{\partial y}dy + \frac{\partial w}{\partial z}dz$$

例 3-4-16 测得一长方体盒子长 75cm、宽 60cm 高 40cm,测量误差在 0.2cm 内,请利用微分估算用测量值计算体积的最大误差。

解 设长宽高分别为 x,y,z,则 $v = xyz$,因此

$$dv = \frac{\partial v}{\partial x}dx + \frac{\partial v}{\partial y}dy + \frac{\partial v}{\partial t}dz = yzdx + xzdy + xydz$$

由已知得 $|\Delta x| \leq 0.2, |\Delta y| \leq 0.2, |\Delta z| \leq 0.2$,因此 $dx = 0.2, dy = 0.2, dz = 0.2$,同时 $x = 75, y = 60, z = 40$,则

$$\Delta V \approx dV = (60) \times (40) \times (0.2) + (70) \times (40) \times (0.2) + (75) \times (60) \times (0.2) = 1980$$

因此,一个单维度误差为 0.2cm(测量误差)将导致计算体积时产生高达 1980cm³ 的误差。这看起来是一个很大的误差,但它仅仅占区域体积的 1%。

全微分形式的不变性 设函数 $z = f(x,y)$ 具有连续偏导数,则有全微分

$$dz = \frac{\partial z}{\partial x}dx + \frac{\partial z}{\partial y}dy$$

如果 x,y 又是中间变量,即 $x = g(s,t), y = h(s,t)$,且这两个函数也具有连续偏导数,则复合函数

$$z = f[g(s,t), h(s,t)]$$

的全微分为

$$dz = \frac{\partial z}{\partial s}ds + \frac{\partial z}{\partial t}dt$$

其中 $\frac{\partial z}{\partial s}, \frac{\partial z}{\partial t}$ 由公式得

$$dz = \left(\frac{\partial z}{\partial x} \cdot \frac{\partial x}{\partial s} + \frac{\partial z}{\partial y} \cdot \frac{\partial y}{\partial s}\right)ds + \left(\frac{\partial z}{\partial x} \cdot \frac{\partial x}{\partial t} + \frac{\partial z}{\partial y} \cdot \frac{\partial y}{\partial t}\right)dt$$

$$= \frac{\partial z}{\partial x}\left(\frac{\partial x}{\partial s}ds + \frac{\partial x}{\partial t}dt\right) + \frac{\partial z}{\partial y}\left(\frac{\partial y}{\partial s}ds + \frac{\partial y}{\partial t}dt\right) = \frac{\partial z}{\partial x}dx + \frac{\partial z}{\partial y}dy$$

由此可见,无论 x,y 是自变量还是中间变量,函数 $z = f(x,y)$ 的全微分形式都是一样的,这个性质叫作**全微分形式的不变性**。

例 3-4-17 设 $z = e^x \sin y$,其中 $x = st^2, y = s^2 t$,利用全微分形式的不变性求 $\frac{\partial z}{\partial s}$ 和 $\frac{\partial z}{\partial t}$。

解 先求函数的全微分,得

而
$$\begin{cases} dz = d(e^x \sin y) = e^x \sin y dx + e^x \cos y dy \\ dx = d(st^2) = t^2 ds + 2st dt \\ dy = d(s^2 t) = 2st ds + s^2 dt \end{cases}$$

代入后合并含 ds, dt 的项得

$$dz = e^x \sin y (t^2 ds + 2st dt) + e^x \cos y (2st ds + s^2 dt)$$

$$= [t^2 e^{st^2} \sin(s^2 t) + 2st e^{st^2} \cos(s^2 t)]ds + [2st e^{st^2} \sin(s^2 t) + s^2 e^{st^2} \cos(s^2 t)]dt$$

所以有
$$\frac{\partial z}{\partial s} = t^2 e^{st^2}\sin(s^2 t) + 2ste^{st^2}\cos(s^2 t)$$

$$\frac{\partial z}{\partial t} = 2ste^{st^2}\sin(s^2 t) + s^2 e^{st^2}\cos(s^2 t)$$

微分逆运算 物理学家可以根据粒子在某一时刻的速度来求粒子所在的位置。工程人员可以通过测量水箱漏水的变化率来计算水箱在某一时间段内漏出的水量。生物学家可以通过细菌的增长率来推测将来某个时间段细菌的数量等,这些问题都可以描述为:

已知函数 $F(x)$ 的导数为 $f(x)$,怎样求原来这个函数 $F(x)$?如果函数 $F(x)$ 存在的话,则称函数 $F(x)$ 为 $f(x)$ 的**一个原函数**。

定义 在区间 I 上有 $F'(x) = f(x)$,则称函数 $F(x)$ 为 $f(x)$ 在区间 I 上的一个**原函数**。

例如,设 $f(x) = x^2$,由幂函数导数公式,则不难给出 $f(x)$ 的一个原函数。但是函数

$$G(x) = \frac{1}{3}x^3 + 100, \text{也满足 } G'(x) = x^2$$

因此,$F(x)$ 和 $G(x)$ 都为函数 $f(x)$ 的原函数。任何具有形式

$$H(x) = \frac{1}{3}x^3 + C(C \text{ 为常数})$$

的函数,都是 $f(x)$ 的原函数。

下面定理说明 $f(x)$ 不再有其他形式的函数了。

定理 如果函数 $F(x)$ 为区间 I 上 $f(x)$ 的原函数,则在区间 I 上一般形式的原函数为

$$F(x) + C$$

其中 C 为任意常数。

回到函数 $f(x) = x^2$,其原函数一般形式为 $x^3/3 + C$。通过给定常数 C 具体的数值,我们将得到一簇函数族,其图形是一簇相互平移的曲线,如图 3-4-9 所示。这是因为每条曲线在给定 x 值时一定有同样的斜率。

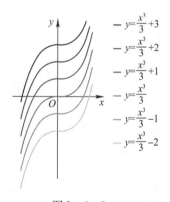

图 3-4-9

例 3-4-18 求下列函数的原函数

(1) $f(x) = \sin x$; (2) $f(x) = \frac{1}{x}$; (3) $f(x) = x^n$ ($n \neq -1$)

解 (1) 若 $F(x) = -\cos x$,则 $F'(x) = \sin x$,所以 $\sin x$ 的一个原函数为 $-\cos x$,由定理知

$$G(x) = -\cos x + C$$

(2) 已知 $x > 0$ 时

$$\frac{\mathrm{d}}{\mathrm{d}x}(\ln x) = \frac{1}{x}$$

因此,在区间 $(0, \infty)$ 上 $\frac{1}{x}$ 的原函数为 $\ln x + C$。

当 $x < 0$ 时

$$\frac{\mathrm{d}}{\mathrm{d}x}(\ln(-x)) = \frac{-1}{-x} = \frac{1}{x}$$

所以在 $x\neq 0$ 的区间上,其原函数为 $\ln|x|+C$,可写成
$$F(x)=\begin{cases}\ln x+C_1 & (x>0)\\ \ln(-x)+C_2 & (x<0)\end{cases}$$

(3) 由幂函数 x^n 的导数,当 $n\neq -1$ 时,有
$$\frac{\mathrm{d}}{\mathrm{d}x}\left(\frac{x^{n+1}}{n+1}\right)=\frac{(n+1)x^n}{n+1}=x^n$$

所以,$f(x)=x^n$ 的原函数为
$$F(x)=\frac{x^{n+1}}{n+1}+C$$

对于 $n\geq 0$,上式是有意义的,因为 $f(x)=x^n$ 在区间上有定义。当 $n<0$(但是 $n\neq -1$),只要区间不包含 0 也都有意义。

表 3-4-2 给出了部分函数的原函数。

表 3-4-2

函数	特殊原函数	函数	特殊原函数
$cf(x)$	$cF(x)$	$\sin x$	$-\cos x$
$f(x)+g(x)$	$F(x)+G(x)$	$\sec^2 x$	$\tan x$
$x^n (n\neq -1)$	$x^{n+1}/(n+1)$	$\sec x\tan x$	$\sec x$
$1/x$	$\ln|x|$	$1/\sqrt{1-x^2}$	$\arcsin x$
e^x	e^x	$1/(1+x^2)$	$\arctan x$
$\cos x$	$\sin x$		

例 3-4-19 求函数 $g(x)$,满足
$$g'(x)=4\sin x+\frac{2x^5-\sqrt{x}}{x}$$

解 重写已知函数形式为
$$g'(x)=4\sin x+2x^4-x^{-1/2}$$
由定理,则有
$$g(x)=4(-\cos x)+2\times\frac{x^5}{5}-\frac{x^{\frac{1}{2}}}{\frac{1}{2}}+C=-4\cos x+\frac{2}{5}x^5-2\sqrt{x}+C$$

在微积分的应用中经常会出现类似例 3-4-19 的问题,需要在给定导数信息下求相应满足条件的函数。我们把含有函数导数或微分的方程称为**微分方程**。这将在后面章节中详细讨论,对求解一般微分方程涉及常数问题,我们可以通过额外的条件确定常数的值,此时就有唯一的具体的解。

例 3-4-20 求函数 $f(x)$,满足 $f'(x)=e^x+\dfrac{20}{1+x^2}$ 且 $f(0)=-2$。

解 函数 $f'(x)=e^x+\dfrac{20}{1+x^2}$ 的原函数为
$$f(x)=e^x+20\arctan x+C$$
为了确定 C,将 $f(0)=-2$ 代入,有
$$f(0)=e^0+20\arctan(0)+C=-2$$

则有 $C = -2 - 1 = -3$，所以具体解为
$$f(x) = e^x + 20\arctan x - 3$$

例 3-4-21 求函数 $f(x)$，满足 $f''(x) = 12x^2 + 6x - 4$ 且 $f(0) = 4$ 和 $f(1) = 1$。

解 函数 $f''(x) = 12x^2 + 6x - 4$ 的原函数为
$$f'(x) = 12 \times \frac{x^3}{3} + 6 \times \frac{x^2}{2} - 4x + C = 4x^3 + 3x^2 - 4x + C$$

再次使用求原函数法则，则
$$f(x) = 4 \times \frac{x^4}{4} + 3 \times \frac{x^3}{3} - 4 \times \frac{x^2}{2} + Cx + D = x^4 + x^3 - 2x^2 + Cx + D$$

为了确定常数 C 和 D，利用条件 $f(0) = 4$ 和 $f(1) = 1$。因为 $f(0) = 0 + D = 4$，得 $D = 4$，又因为
$$f(1) = 1 + 1 - 2 + C + 4 = 1$$
得 $C = -3$。因此，要求的函数为
$$f(x) = x^4 + x^3 - 2x^2 - 3x + 4$$

例 3-4-22 如果 $f(x) = \sqrt{1 + x^3} - x$，求满足初始条件 $F(-1) = 0$ 的原函数图形。

解 因为 $f(0) = 1$，函数 $F(x)$ 在 $x = 0$ 时的切线的斜率为 1，所以我们可以再以 $x = 0$ 为中心画出一些斜率为 1 的线段，用同样的方法画出其他一些 x 取值情况，则我们给出了 $F(x)$ 的方向场图形，如图 3-4-10 所示。这些称为方向场是因为它们隐含了曲线 $y = F(x)$ 在每一点的方向。

由于初始条件 $F(0) = -1$，所以图形从 $(-1, 0)$ 开始，沿着各点切线斜率方向描绘曲线。结果如图 3-4-11 所示。其他的原函数图形可以利用已画 $F(x)$ 的图形向上和向下平移即得。

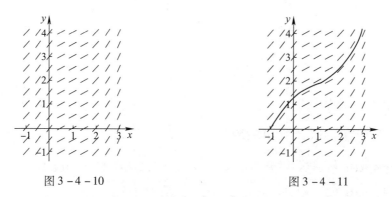

图 3-4-10   图 3-4-11

例 3-4-23 一粒子沿直线运动，其加速度为 $a(t) = 6t + 4$，初始速度为 $v(0) = -6\text{cm/s}$，初始位置为 $s(0) = 9\text{cm}$，求位置函数。

解 因为 $v'(t) = a(t) = 6t + 4$，求其原函数得
$$v(t) = 6 \times \frac{t^2}{2} + 4t + C = 3t^2 + 4t + C$$

因为 $v(0) = C$，已知 $v(0) = -6$，所以 $C = -6$，即
$$v(t) = 3t^2 + 4t - 6$$

又因为 $v(t) = s'(t)$，对其求原函数，得

$$s(t) = 3 \times \frac{t^3}{3} + 4 \times \frac{t^2}{2} - 6t + D = t^3 + 2t^2 - 6t + D$$

已知 $s(0) = 9$，又 $s(0) = D$，所以 $D = 9$，则有位置函数为

$$s(t) = t^3 + 2t^2 - 6t + 9$$

例 3-4-24 在一个离地面 130m 的悬崖上向上抛掷速度为 15m/s 的球。求在何时球的高度达到最大值？又在何时球撞击地面？

解 球是竖直运动，选择向上为正方向。在时刻 t 地面以上的距离记为 $s(t)$，速度函数 $v(t)$ 是减小的。因此，加速度一定是个负值，则有

$$a(t) = \frac{dv}{dt} = -9.8$$

求原函数，得

$$v(t) = -9.8t + C$$

为了确定常数 C，由已知条件 $v(0) = 15$，可得 $15 = 0 + C$，所以

$$v(t) = -9.8t + 15$$

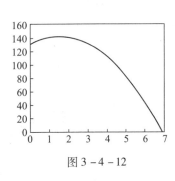

图 3-4-12

当 $v(t) = 0$ 时，即 1.5s 后，球达到最高处，如图 3-4-12 所示。因为 $s'(t) = v(t)$，再次求原函数可得

$$s(t) = -4.9t^2 + 15t + D$$

又知 $s(0) = 130$，则有 $130 = 0 + D$，因此

$$s(t) = -4.9t^2 + 15t + 130$$

因为 $s(t) = 0$，即

$$-4.9t^2 + 15t + 130 = 0$$

得

$$t = \frac{-15 \pm \sqrt{15^2 + 4 \times 4.9 \times 130}}{-9.8} \approx 6.9(s)（负根舍去）$$

因此，球落地在 6.9s 之后发生。

3.4.3 微分在近似计算中的应用

下面利用函数的线性化和微分的定义，介绍微分在实际生活中的应用。

1. 函数的近似计算

设函数 $y = f(x)$ 可微，当 $|x|$ 很小时，函数在 $x = 0$ 处的标准线性近似公式为

$$\sin x \approx x \qquad \tan x \approx x \qquad \ln(1+x) \approx x$$
$$e^x \approx 1 + x \qquad (1+x)^\alpha \approx 1 + \alpha x$$

例 3-4-25 计算 $\sqrt{1.05}$ 的近似值。

解 $\sqrt{1.05} = \sqrt{1 + 0.05}$

这里 $x = 0.05$，利用近似公式得 $\sqrt{1.05} \approx 1 + \frac{1}{2} \times 0.05 = 1.025$。

例 3-4-26 计算 $\sin 30°30'$ 的近似值。

解 把 $30°30'$ 化为弧度,得 $30°30' = \dfrac{\pi}{6} + \dfrac{\pi}{360}$。

令 $f(x) = \sin x$,则 $f'(x) = \cos x$,取 $x_0 = \dfrac{\pi}{6}$,那么

$$f\left(\dfrac{\pi}{6}\right) = \sin\dfrac{\pi}{6} = \dfrac{1}{2}, \quad f'\left(\dfrac{\pi}{6}\right) = \cos\dfrac{\pi}{6} = \dfrac{\sqrt{3}}{2}$$

都容易计算,$\Delta x = \dfrac{\pi}{360}$,由函数的线性近似计算公式得

$$\sin 30°30' = \sin\left(\dfrac{\pi}{6} + \dfrac{\pi}{360}\right) \approx \sin\dfrac{\pi}{6} + \cos\dfrac{\pi}{6} \cdot \dfrac{\pi}{360}$$

$$= \dfrac{1}{2} + \dfrac{\sqrt{3}}{2} \times \dfrac{\pi}{360} \approx 0.500 + 0.0076 = 0.5076$$

例 3-4-27 计算 $(1.04)^{2.02}$ 的近似值。

解 设函数 $f(x,y) = x^y$。显然,要计算的值就是函数在 $x=1.04, y=2.02$ 时的函数值。取 $x=1, y=2, \Delta x = 0.04, \Delta y = 0.02$。由于

$$f(1,2) = 1$$
$$f_x(x,y) = yx^{y-1}, \quad f_y(x,y) = x^y \ln x$$
$$f_x(1,2) = 2, \quad f_y(1,2) = 0$$

所以

$$(1.04)^{2.02} = f(1.04, 2.02) \approx f(1,2) + f_x(1,2)\Delta x + f_y(1,2)\Delta y$$
$$= 1 + 2 \times 0.04 + 0 \times 0.02 = 1.08$$

2. 误差估计

在工程实践中,经常需要测量和计算各种数据,例如在圆钢的生产中圆钢截面积是圆钢品质的关键,圆钢的截面积 A 是圆钢直径 D 的函数 $A = \pi D^2/4$。圆钢截面直径可通过有标卡尺来测量,测量会受到测量仪器的精度、测量的条件和测量方法等各种因素的影响,测量都带有**误差**,称之为**直接测量误差**,而根据带有误差的数据计算所得的结果当然也会有误差,称作**间接测量误差**。

如果某个量的精确值为 A,它的近似值为 a,那么 $|A-a|$ 叫作 a 的**绝对误差**,而绝对误差与 $|a|$ 的比值

$$\dfrac{|A-a|}{|a|}$$

叫作 a 的**相对误差**。

在实践中,某个值的精确值往往无法得到,于是绝对误差和相对误差也就无法求得。但是根据测量仪器的精度等因素,在某种程度上能够确定误差在一定范围内。如果某个量的精确值为 A,测得它的近似值为 a,又知道它的误差不超过 δ_A,即

$$|A-a| \leq \delta_A$$

那么 δ_A 叫作测量 A 的**绝对误差限**,而 $\dfrac{\delta_A}{|a|}$ 叫作测量 A 的**相对误差限**。

例 3-4-28 设测得圆钢截面的直径 $D = 60.03 \text{mm}$,测量 D 的绝对误差限 $\delta_D = 0.05 \text{mm}$。

利用公式
$$A = \frac{\pi}{4}D^2$$
计算圆钢的截面积时,试估计面积的误差。

解 我们把测量 D 的绝对误差限 δ_D 当作自变量 D 的增量 ΔD,那么,利用公式 $A = \frac{\pi}{4}D^2$ 来计算 A 时所产生的误差就是函数 A 的对应增量 ΔA。当 $|\Delta D|$ 很小时,可以利用微分 $\mathrm{d}A$ 近似地代替增量 ΔA,即
$$\Delta A \approx \mathrm{d}A = A' \cdot \Delta D = \frac{\pi}{2}D \cdot \Delta D$$
由于 D 的绝对误差限为 $\delta_D = 0.05\,\mathrm{mm}$,所以
$$|\Delta D| \leq \delta_D = 0.05$$
因此得出 A 的绝对误差限约为
$$\delta_A = \frac{\pi}{2}D \cdot \delta_D = \frac{\pi}{2} \times 60.03 \times 0.05 \approx 4.712\,(\mathrm{mm}^2)$$
A 的绝对误差限约为
$$\frac{\delta_A}{A} = \frac{\frac{\pi}{2}D \cdot \delta_D}{\frac{\pi}{4}D^2} = 2 \times \frac{\delta_D}{D} = 2 \times \frac{0.05}{60.03} \approx 0.17\%$$

一般地,间接测量的 y 通过 $y = f(x)$ 直接测量的 x 来计算,如果已知测量量 x 的绝对误差限为 δ_x,即
$$|\Delta x| \leq \delta_x$$
则当 $y' \neq 0$ 时,y 的绝对误差
$$|\Delta y| \approx |\mathrm{d}y| = |y'| \cdot |\Delta x| \leq |y'| \cdot \delta_x$$
y 的绝对误差限为
$$\delta_y = |y'| \cdot \delta_x$$
y 的相对误差限为
$$\frac{\delta_y}{|y|} = \left|\frac{y'}{y}\right| \cdot \delta_x$$
在工程实践中,通常把绝对误差限与相对误差限简称为**绝对误差与相对误差**。

3. 由微分预测变化

当我们从点 (x_0, y_0) 移动到临近的点时,我们可以用三种方式描述函数 $f(x,y)$ 的值相应的变化,如表 3-4-3 所示。

表 3-4-3

	精确值	估计
绝对变化	Δf	$\mathrm{d}f$
相对变化	$\dfrac{\Delta f}{f(x_0, y_0)}$	$\dfrac{\mathrm{d}f}{f(x_0, y_0)}$
百分数变化	$\dfrac{\Delta f}{f(x_0, y_0)} \times 100$	$\dfrac{\mathrm{d}f}{f(x_0, y_0)} \times 100$

例 3-4-29 测得一正圆锥体底圆半径 r 为 10cm，高 h 为 25cm，误差大约为 0.1cm，试用微分估算此圆锥体体积最大误差值、相对变化和百分数变化。

解 圆锥的体积 $V = \pi r^2 h/3$，由此可得 V 的微分

$$dV = \frac{\partial V}{\partial r}dr + \frac{\partial V}{\partial h}dh = \frac{2\pi rh}{3}dr + \frac{\pi r^2}{3}dh$$

由于最大误差为 0.1cm，因此，$|\Delta r| \leq 0.1$，$|\Delta h| \leq 0.1$，我们通过 r,h 的误差计算体积最大误差，取 $r=10, h=25, dr=0.1, dh=0.1$，因此体积的最大误差值为

$$dV = \frac{500\pi}{3} \times (0.1) + \frac{100\pi}{3} \times (0.1) = 20\pi$$

用 $V(10,25)$ 除这个值以便估计相对变化：

$$\frac{dV}{V(10,25)} = \frac{20\pi}{\pi 10^2 \cdot 25/3} = 0.024$$

用 100% 乘这个值就得到百分数变化：

$$\frac{dV}{V(10,25)} \times 100\% = 2.4\%$$

我们必须以怎样的精确度测量 r,h 以便得到 $V = \pi r^2 h/3$ 的合理的误差，比如说，小于 2%？这类问题难于回答，因为通常不只一个答案。由于

$$\frac{dV}{V} = \frac{2\pi rh/3 dr + \pi r^2/3 dh}{\pi r^2 h/3} = \frac{2}{r}dr + \frac{1}{h}dh$$

我们看到 dV/V 由 dr/r 和 dh/h 控制，这种情况下我们要做的是考察围绕测量值 (r_0, h_0) 的一个合理的正方形，在其中 V 的变化与 $V_0 = \pi r_0^2 h_0/3$ 相比不会大于允许的偏离。

例 3-4-30 （控制误差）求 $(r_0, h_0) = (5, 12)$ 的合理的正方形，使得在其中 $V = \pi r^2 h/3$ 的值的变化不大于 ± 0.1。

解 我们用以下微分逼近变化 ΔV：

$$dV = \frac{2\pi rh}{3}dr + \frac{\pi r^2}{3}dh = \frac{2 \times \pi \times 5 \times 12}{3}dr + \frac{\pi(5)^2}{3}dh = \frac{120\pi}{3}dr + \frac{25\pi}{3}dh$$

因为我们关注的区域是正方形（图 3-4-13），我们可以令 $dr = dh$，这就得到

$$dV = \frac{120\pi}{3}dr + \frac{25\pi}{3}dr = \frac{145\pi}{3}dr$$

现在要问取 dr 多小可以保证 $|dV|$ 不大于 0.1？为了回答这个问题，我们从以下不等式开始：

$$|dV| \leq 0.1$$

用 dr 表示 dV

$$\left|\frac{145\pi}{3}dr\right| \leq 0.1$$

求得 dr 相应的上界为

$$|dr| \leq \frac{0.3}{145\pi} \approx 6.3 \times 10^{-4}$$

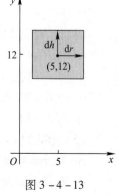

图 3-4-13

由于 $dr = dh$，我们要求的正方形用以下不等式描述：
$$|r-5| \leq 6.3 \times 10^{-4}, \quad |h-12| \leq 6.3 \times 10^{-4}$$
只要 (r,h) 停留在这个正方形内，我们可以期望 $|dV|$ 不大于 0.1。

习题 3-4
(A)

1. 求下列函数的微分。

(1) $y = e^x - \ln x$；

(2) $y = e^{2x} \cos(3x)$；

(3) $y = \dfrac{\ln x}{2 - \sin x}$；

(4) $y = \sqrt{x \sqrt{x+1}}$；

(5) $y = \arcsin \sqrt{1 - x^2}$；

(6) $y = x^x$。

2. 求下列函数的全微分。

(1) $z = xy + \dfrac{x}{y}$；

(2) $z = e^{\frac{y}{x}}$；

(3) $z = \dfrac{y}{\sqrt{x^2 + y^2}}$；

(4) $u = x^{yz}$。

3. 填空

$d(\underline{\qquad}) = \sin(4x)dx$； $\quad d(\underline{\qquad}) = \dfrac{1}{\sqrt{x}}dx$；

$d(\underline{\qquad}) = e^{-2x}dx$； $\quad d(\underline{\qquad}) = \sec^2 x dx$。

4. 选择

(1) 设可导函数 $f(x)$ 在点 x_0 处的导数 $f'(x_0) = 2$，则当 $\Delta x \to 0$ 时，$f(x)$ 在点 x_0 处的微分 dy 与 Δx 比较是（　　）无穷小。

A. 高阶　　　B. 低阶　　　C. 同阶非等价　　　D. 等价

(2) 设函数 $f(x)$ 可微，则当 $\Delta x \to 0$ 时，$\Delta y - dy$ 与 Δx 比较是（　　）无穷小。

A. 高阶　　　B. 低阶　　　C. 同阶非等价　　　D. 等价

(3) 下列说法错误的是（　　）。

A. 若 $f(x)$ 在点 x_0 处可导，则 $f(x)$ 在点 x_0 处可微

B. 若 $f(x)$ 在点 x_0 处可微，则 $f(x)$ 在点 x_0 处可导

C. 若 $f(x)$ 在点 x_0 处连续，则 $f(x)$ 在点 x_0 处可微

D. 若 $f(x)$ 在点 x_0 处可微，则 $f(x)$ 在点 x_0 处连续

(4) 下列说法错误的是（　　）。

A. 若 $f(x)$ 在点 x_0 处不可导，则 $f(x)$ 在点 x_0 处不可微

B. 若 $f(x)$ 在点 x_0 处不可微，则 $f(x)$ 在点 x_0 处不可导

C. 若 $f(x)$ 在点 x_0 处不连续，则 $f(x)$ 在点 x_0 处不可微

D. 若 $f(x)$ 在点 x_0 处不可微，则 $f(x)$ 在点 x_0 处不连续

(5) 函数 $f(x)$ 在点 x_0 处的左、右导数存在且相等是 $f(x)$ 在点 x_0 处可微的（　　）。

A. 充分非必要条件　　　B. 必要非充分条件

C. 充分必要条件　　　　D. 既不充分也不必要条件

(6) 在点(x_0,y_0)处二元函数$f(x,y)$"偏导数存在"是它"连续"的（　　）条件。

A. 充分　　　　B. 必要　　　　C. 既充分又必要　　　　D. 既非充分也非必要

(7) 对于函数$f(x,y)$，在区域D内"$f''_{xy}(x,y),f''_{yx}(x,y)$连续"是"$f''_{xy}(x,y)=f''_{yx}(x,y)$"的（　　）条件。

A. 充分　　　　B. 必要　　　　C. 既充分又必要　　　　D. 既非充分也非必要

(8) 函数$z=f(x,y)$在(x_0,y_0)处连续、可偏导、可微的下列关系中正确的是（　　）。

A. 可微$\Leftrightarrow$可偏导　　　　　　B. 可偏导$\Rightarrow$连续

C. 可微$\Rightarrow$可偏导　　　　　　D. 可偏导$\Rightarrow$可微

5. 设$y=(1+\sin x)^x$，求$dy|_{x=\pi}$。

6. 设$z=xe^{-y}$，求$dz|_{(1,0)}$。

7. 设方程$e^{xy}+y^2=\cos x$确定y是x的函数，求dy。

8. 已知$y=x^3-x$，计算在$x=2$处当$\Delta x=0.1,0.01$时的Δy和dy。

9. 求函数$z=e^{xy}$当$x=1,y=1,\Delta x=0.15,\Delta y=0.1$时的全微分。

10. 计算下列数值的近似值。

(1) $\cos 59°$；　　(2) $\sqrt[3]{997}$；　　(3) $\sqrt{(1.02)^3+(1.97)^3}$。

11. 当$|x|$较小时，证明下列近似公式。

(1) $\tan x \sim x$（x是角的弧度值）；　　(2) $\ln(1+x) \sim x$。

12. 设一扇形的圆心角$\alpha=60°$，半径$R=100cm$。

(1) 若R不变，α减少$30'$，则扇形面积大约改变了多少？

(2) 若α不变，R增加$1cm$，则扇形面积大约改变了多少？

（B）

1. 填空题

(1) 设$z=xy^2+e^{xy}$，则$dz|_{(1,2)}=$ ＿＿＿＿＿；

(2) 设$u(x,y,z)=\left(\dfrac{x}{y}\right)^z$，求$du|_{(1,2,1)}=$ ＿＿＿＿＿。

2. 设方程$x=y^y$确定y是x的函数，求dy。

3. 设$z^x=y^z$确定z为x,y的函数，求全微分dz。

4. 设函数

$$f(x,y)=\begin{cases}\dfrac{xy}{\sqrt{x^2+y^2}} & (x,y)\neq(0,0) \\ 0 & (x,y)=(0,0)\end{cases}$$

证明函数在$(0,0)$处偏导数存在，但不可微。

5. 设函数

$$f(x,y)=\begin{cases}(x^2+y^2)\cos\dfrac{1}{\sqrt{x^2+y^2}} & (x,y)\neq(0,0) \\ 0 & (x,y)=(0,0)\end{cases}$$

证明函数在点$(0,0)$连续且偏导数存在，但偏导数在点$(0,0)$不连续，而f在点$(0,0)$可微。

6. 某工厂为火箭军生产导弹上的一重要扇形板零件,半径 $R = 100\text{mm}$,要求圆心角 α 为 $60°$。现利用测量弦长 l 来间接测量圆心角 α 的办法进行产品检验,若测量弦长 l 时的误差 $\delta_l = 0.1\text{mm}$,问由此而引起的圆心角测量误差 δ_α 是多少?

§3.5 向量值函数的微分及其应用

3.5.1 向量值函数及空间曲线的参数方程

粒子在三维空间上运动,其位置会随时间的变化而变化,粒子运动的轨迹就形成了一条空间曲线(如图 3-5-1 所示)。此时粒子的位置可表示为点 $P(x(t),y(t),z(t))$,它是时间 t 的函数,即对于时间 t 有唯一确定的对应点。

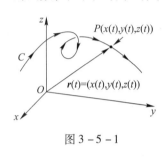

图 3-5-1

若粒子在点 $P(x(t),y(t),z(t))$ 可以用向量
$$\boldsymbol{r}(t) = (x(t),y(t),z(t))$$
表示,粒子位置的变化就是向量的变化,即向量 $\boldsymbol{r}(t)$ 由时间 t 确定。向量 $\boldsymbol{r}(t) = (x(t),y(t),z(t))$ 就叫时间 t 的**向量值函数**或**向量函数**。如果 $x(t),y(t)$ 和 $z(t)$ 是向量的三个分量(坐标),则 x,y 和 z 是实数函数,称作向量 $\boldsymbol{r}$ 的**坐标函数**或**分量函数**,记作
$$\boldsymbol{r}(t) = (x(t),y(t),z(t)) = x(t)\boldsymbol{i} + y(t)\boldsymbol{j} + z(t)\boldsymbol{k}$$

t 是自变量(向量值函数的多数应用都是以时间为自变量,因此,通常我们用字母 t 表示自变量)。向量值函数的定义域是实数集或实数的子集,其值域是向量,而向量的每个分量是实数。向量值函数的定义域 D_r 由分量的定义域确定,若 D_x,D_y 和 D_z 分别表示 $x(t),y(t)$ 和 $z(t)$ 的定义域,则
$$D_r = D_x \cap D_y \cap D_z$$

例 3-5-1 求 $\boldsymbol{r}(t) = (\sqrt{t},\ln(4-t),t^2)$ 的定义域。

解 因为表示式 $\sqrt{t},\ln(4-t)$ 和 t^2 有意义的 t 为 $t \geq 0$ 且 $4-t > 0$,因此向量函数 $\boldsymbol{r}(t)$ 的定义域为 $[0,4)$。

向量值函数的极限通过其分量的极限来定义。

定义 1 若 $\boldsymbol{r}(t) = (x(t),y(t),z(t))$,且 $\lim\limits_{t \to a} x(t), \lim\limits_{t \to a} y(t), \lim\limits_{t \to a} z(t)$ 存在,则向量值函数 $\boldsymbol{r}(t)$ 的极限为
$$\lim_{t \to a} \boldsymbol{r}(t) = (\lim_{t \to a} x(t),\lim_{t \to a} y(t),\lim_{t \to a} z(t))$$

向量值函数的极限具有与实值函数的极限一样的运算法则和性质。

例 3-5-2 已知 $\boldsymbol{r}(t) = (1+t^3)\boldsymbol{i} + te^{-t}\boldsymbol{j} + \dfrac{\sin t}{t}\boldsymbol{k}$,求 $\lim\limits_{t \to a} \boldsymbol{r}(t)$。

解 $\lim\limits_{t \to 0} \boldsymbol{r}(t) = \left[\lim\limits_{t \to 0}(1+t^3)\right]\boldsymbol{i} + \left[\lim\limits_{t \to 0} te^{-t}\right]\boldsymbol{j} + \left[\lim\limits_{t \to 0} \dfrac{\sin t}{t}\right]\boldsymbol{k} = \boldsymbol{i} + \boldsymbol{k}$

向量值函数在 a 点连续当且仅当 $\lim\limits_{t \to a} \boldsymbol{r}(t) = \boldsymbol{r}(a)$。

由定义1,显而易见,向量值函数 $\boldsymbol{r}(t)$ 在 a 点连续,当且仅当其分量函数 $x(t),y(t)$ 和 $z(t)$ 在 a 点连续。向量值函数与空间曲线有着非常紧密的联系。若函数 $x(t),y(t)$ 和 $z(t)$ 是区间

I 上连续的实值函数,且
$$x = x(t), y = y(t), z = z(t) \quad (t \in I)$$
则点 $P(x(t),y(t),z(t))$ 的集合 C 就称作**空间曲线**。上式称作曲线 C 的**参数方程**,t 称作**参数**。曲线 C 可以看作粒子运动时 t 时刻位置 $(x(t),y(t),z(t))$ 的轨迹。向量值函数 $r(t) = (x(t),y(t),z(t))$ 就是曲线 C 上的点 $P(x(t),y(t),z(t))$ 的位置向量。任意连续的向量值函数 r 可以看作是空间上运动的粒子的轨迹上的点的位置向量。

例 3-5-3 描述向量值函数 $r(t) = (1+t, 2+5t, -1+6t)$ 定义的空间曲线。

解 向量值函数表示的曲线的参数方程为 $\begin{cases} x = 1 + t \\ y = 2 + 5t \\ z = -1 + 6t \end{cases}$。由直线的参数方程知,该曲线是过点 $(1,2,-1)$ 平行于向量 $(1,5,6)$ 的直线。因而,直线的向量值函数可以写成
$$r = r_0 + tv, \text{其中 } r_0 = (1,2,-1), v = (1,5,6)$$

平面曲线也可以用向量表示。例如平面直线的参数方程为 $\begin{cases} x = t^2 - 2t \\ y = t + 1 \end{cases}$,其向量值函数(向量方程)为 $r(t) = (t^2 - 2t, t + 1)$。

例 3-5-4 画出向量值函数 $r(t) = \cos t \boldsymbol{i} + \sin t \boldsymbol{j} + t \boldsymbol{k}$ 表示的曲线。

解 曲线的参数方程为
$$\begin{cases} x = \cos t \\ y = \sin t \\ z = t \end{cases}$$

由于 $x^2 + y^2 = \cos^2 t + \sin^2 t = 1$,则该曲线一定在圆柱面 $x^2 + y^2 = 1$ 上。点 (x,y,z) 在点 $(x,y,0)$ 的竖直上方。当点运动时,其在 xOy 平面上的投影点 $(x,y,0)$ 沿 xOy 平面的 $x^2 + y^2 = 1$ 逆时针转动。由于 $z = t$,曲线随着 t 的增加,沿着圆柱面螺旋上升(图 3-5-2),该曲线叫作**螺旋线**。

例 3-5-5 写出连接点 $P(1,3,-2)$ 和点 $Q(2,-1,3)$ 的线段的向量值函数和参数方程。

解 如图 3-5-3 所示,令 $r_0 = (1,3,-2)$,$r_1 = (2,-1,3)$,根据向量的运算法则,$\overrightarrow{PQ} = r_1 - r_0$,则该直线的向量值函数为

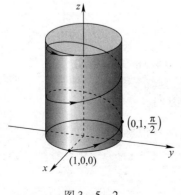

图 3-5-2

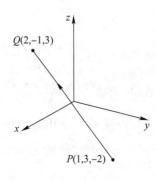

图 3-5-3

$$r(t) = r_0 + t(r_1 - r_0) = (1-t)r_0 + r_1 \quad (0 \leqslant t \leqslant 1)$$
$$r(t) = (1-t)(1,3,-2) + t(2,-1,3) \quad (0 \leqslant t \leqslant 1)$$

即

$$r(t) = (1+t, 3-4t, -2+5t) \quad (0 \leqslant t \leqslant 1)$$

对应的参数方程为

$$\begin{cases} x = 1 + t \\ y = 3 - 4t \\ z = -2 + 5t \end{cases} \quad (0 \leqslant t \leqslant 1)$$

3.5.2 向量值函数的导数

向量值函数可以看作是运动粒子在空间上的位置向量,那么粒子空间运动的速度和加速度就要通过向量值函数的变化率来表述。假设粒子在 t 时刻的位置向量为 $r(t)$,在 $t+\Delta t$ 时刻的位置向量为 $r(t+\Delta t)$。可以仿照一元函数那样定义粒子在 t 时刻的速度向量 $v(t)$ 为向量函数 $r(t)$ 的导数 $r'(t)$。

向量值函数的导数 向量值函数 $r(t)$ 的导数定义为

$$\frac{dr}{dt} = r'(t) = \lim_{t \to 0} \frac{r(t+\Delta t) - r(t)}{\Delta t}$$

如果该极限存在,则把该极限值称为向量值函数 $r(t)$ 在 t 时刻的**导数**。如图 3-5-4 所示,点 P 的向量为 $r(t)$,点 Q 的向量为 $r(t+\Delta t)$,向量 $\overrightarrow{PQ}$ 表示向量 $r(t+\Delta t) - r(t)$,也是曲线 C 上的割线向量。

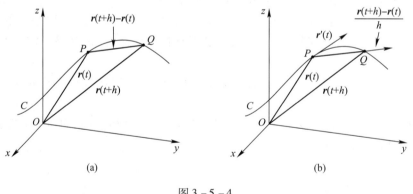

图 3-5-4

如果 $\Delta t > 0$,则向量 $\frac{r(t+\Delta t) - r(t)}{\Delta t}$ 与 $r(t+\Delta t) - r(t)$ 的方向相同。

当 $\Delta t \to 0$ 时,向量 $\frac{r(t+\Delta t) - r(t)}{\Delta t}$ 无限趋近切线方向。

为此,当 $r'(t)$ 存在且 $r'(t) \neq \mathbf{0}$ 时,向量 $r'(t)$ 称作由向量值函数表示的曲线 C 在点 P 处的**切向量**。

单位切向量 $T(t)$ 为

$$T(t) = \frac{r'(t)}{|r'(t)|}$$

定理 3-5-1 如果 $r(t) = (x(t), y(t), z(t)) = x(t)i + y(t)j + z(t)k$，且 $x(t), y(t), z(t)$ 是可导函数，则
$$r'(t) = (x'(t), y'(t), z'(t)) = x'(t)i + y'(t)j + z'(t)k$$

证明
$$\begin{aligned}
r'(t) &= \lim_{\Delta t \to 0} \frac{r(t+\Delta t) - r(t)}{\Delta t} \\
&= \lim_{\Delta t \to 0} \frac{(x(t+\Delta t), y(t+\Delta t), z(t+\Delta t)) - (x(t), y(t), z(t))}{\Delta t} \\
&= \lim_{\Delta t \to 0} \left(\frac{x(t+\Delta t)-x(t)}{\Delta t}, \frac{y(t+\Delta t)-y(t)}{\Delta t}, \frac{z(t+\Delta t)-z(t)}{\Delta t} \right) \\
&= \left(\lim_{\Delta t \to 0} \frac{x(t+\Delta t)-x(t)}{\Delta t}, \lim_{\Delta t \to 0} \frac{y(t+\Delta t)-y(t)}{\Delta t}, \lim_{\Delta t \to 0} \frac{z(t+\Delta t)-z(t)}{\Delta t} \right) \\
&= (x'(t), y'(t), z'(t))
\end{aligned}$$

例 3-5-6 求向量值函数 $r(t) = (1+t^3)i + te^{-t}j + \sin 2t k$ 的导数和 $t=0$ 时的切向量。

解 根据定理 3-5-1，$r'(t) = 3t^2 i + (1-t)e^{-t}j + 2\cos 2t k$。

由于 $r(0) = i, r'(0) = j + 2k$，则在点 $(1,0,0)$ 处的单位切向量为
$$T(0) = \frac{r'(0)}{|r'(0)|} = \frac{j + 2k}{\sqrt{1+4}} = \frac{1}{\sqrt{5}} j + \frac{2}{\sqrt{5}} k$$

例 3-5-7 求由参数方程 $\begin{cases} x = 2\cos t \\ y = \sin t \\ z = t \end{cases}$ 确定的螺旋线在点 $\left(0, 1, \frac{\pi}{2}\right)$ 处切线的参数方程。

解 螺旋线的向量函数 $r(t) = (2\cos t, \sin t, t)$，则对应于点 $\left(0, 1, \frac{\pi}{2}\right)$ 的参数 $t = \frac{\pi}{2}$，$r'(t) = (-2\sin t, \cos t, 1)$

$$r'\left(\frac{\pi}{2}\right) = (-2, 0, 1)$$

于是，切线平行于向量 $(-2, 0, 1)$，且过点 $\left(0, 1, \frac{\pi}{2}\right)$（图 3-5-5），则参数方程为

$$\begin{cases} x = -2t \\ y = 1 \\ z = \pi/2 + t \end{cases}$$

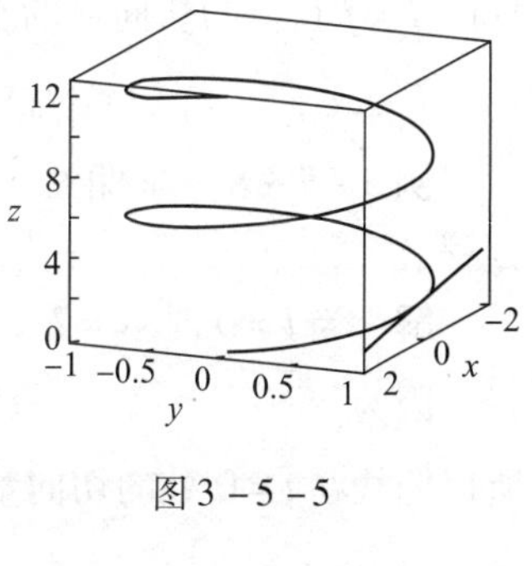

与实值函数的导数类似，向量值函数 $r(t)$ 的二阶导数 $r''(t)$ 定义为 $r'(t)$ 的导数，即
$$r''(t) = (r'(t))'$$

例如，上例中 $r(t) = (2\cos t, \sin t, t), r'(t) = (-2\sin t, \cos t, 1)$，则

$$r''(t) = (-2\cos t, -\sin t, 0)$$

图 3-5-5

向量值函数的导数运算法则 同实值函数一样，向量值函数有如下的求导法则。

定理 3-5-2 假设 u 和 v 是可导向量值函数，c 是常数，f 是实值可导函数，则

(1) $\dfrac{d}{dt}[u(t) + v(t)] = u'(t) + v'(t)$；

(2) $\dfrac{\mathrm{d}}{\mathrm{d}t}[c\boldsymbol{u}(t)] = c\boldsymbol{u}'(t)$;

(3) $\dfrac{\mathrm{d}}{\mathrm{d}t}[f(t)\boldsymbol{u}(t)] = f'(t)\boldsymbol{u}(t) + f(t)\boldsymbol{u}'(t)$;

(4) $\dfrac{\mathrm{d}}{\mathrm{d}t}[\boldsymbol{u}(t) \cdot \boldsymbol{v}(t)] = \boldsymbol{u}'(t) \cdot \boldsymbol{v}(t) + \boldsymbol{u}(t) \cdot \boldsymbol{v}'(t)$;

(5) $\dfrac{\mathrm{d}}{\mathrm{d}t}[\boldsymbol{u}(t) \times \boldsymbol{v}(t)] = \boldsymbol{u}'(t) \times \boldsymbol{v}(t) + \boldsymbol{u}(t) \times \boldsymbol{v}'(t)$;

(6) $\dfrac{\mathrm{d}}{\mathrm{d}t}[\boldsymbol{u}(f(t))] = f'(t)\boldsymbol{u}'(f(t))$。

可以从定义 1 和定理 3-5-1 用实值函数的求导公式直接证明。

3.5.3 空间曲线的切线与法平面

空间曲线与向量值函数有着非常紧密的联系。若函数 $x(t), y(t)$ 和 $z(t)$ 是区间 $[\alpha, \beta]$ 上连续的实值函数,且

$$\begin{cases} x = x(t) \\ y = y(t) \\ z = z(t) \end{cases} \quad (\alpha \leqslant t \leqslant \beta) \tag{3-5-1}$$

则点 $P(x(t), y(t), z(t))$ 的集合 C 就称作**空间曲线**。式(3-5-1)称作曲线 C 的**参数方程**。

现在要求曲线 C 在其上一点 $P(x_0, y_0, z_0)$ 处的切线和法平面方程。

设点 P 对应的参数为 t_0,记 $\boldsymbol{f}(t) = (x(t), y(t), z(t))$,由向量值函数的导数的几何意义知,向量 $\boldsymbol{T} = \boldsymbol{f}'(t_0) = (x'(t_0), y'(t_0), z'(t_0))$ 就是曲线 C 在点 P 处的一个**切向量**,从而曲线 C 在点 P 处的**切线方程**为

$$\frac{x - x_0}{x'(t_0)} = \frac{y - y_0}{y'(t_0)} = \frac{z - z_0}{z'(t_0)} \tag{3-5-2}$$

通过点 P 且与切线垂直的平面称为曲线 C 在点 P 处的**法平面**,它是通过点 $P(x_0, y_0, z_0)$ 且以 $\boldsymbol{T} = \boldsymbol{f}'(t_0)$ 为法向量的平面。因此**法平面方程**为

$$x'(t_0)(x - x_0) + y'(t_0)(y - y_0) + z'(t_0)(z - z_0) = 0 \tag{3-5-3}$$

例 3-5-8 求曲线 $x = e^t + \cos t, y = 2\sin t + \cos t, z = 1 + e^{3t}$ 在 $t = 0$ 处的切线和法平面方程。

解 当 $t = 0$ 时,$x = 2, y = 1, z = 2$。

因为 $x' = e^t - \sin t, \quad y' = 2\cos t - \sin t, \quad z' = 3e^{3t}$

所以曲线在 $t = 0$ 处的切向量为 $\boldsymbol{T} = (x'(0), y'(0), z'(0)) = (1, 2, 3)$

于是,切线方程为 $\dfrac{x-2}{1} = \dfrac{y-1}{2} = \dfrac{z-2}{3}$

法平面方程为 $(x-2) + 2(y-1) + 3(z-2) = 0$

即

$$x + 2y + 3z - 10 = 0$$

现在我们继续讨论空间曲线 C 的方程是其他形式的情形。

(1) 如果所给空间曲线 C 的方程为

$$\begin{cases} y=y(x) \\ z=z(x) \end{cases}$$

在这种情况下,可以取 x 为参数,就可以得到曲线的参数方程

$$\begin{cases} x=x \\ y=y(x) \\ z=z(x) \end{cases} \tag{3-5-4}$$

若 $y(x), z(x)$ 都在 $x=x_0$ 处可导,那么曲线在该点处的切向量为 $\boldsymbol{T}=(1, y'(x_0), z'(x_0))$,于是曲线 C 在点 $P(x_0, y_0, z_0)$ 处的切线方程为

$$\frac{x-x_0}{1} = \frac{y-y_0}{y'(x_0)} = \frac{z-z_0}{z'(x_0)} \tag{3-5-5}$$

在点 $P(x_0, y_0, z_0)$ 处的法平面方程为

$$(x-x_0) + y'(t_0)(y-y_0) + z'(t_0)(z-z_0) = 0 \tag{3-5-6}$$

(2) 空间曲线还可以看作两个曲面的交线,所以曲线 C 也可能由一般式给出:

$$\begin{cases} F(x,y,z)=0 \\ G(x,y,z)=0 \end{cases} \tag{3-5-7}$$

点 $P(x_0, y_0, z_0)$ 是曲线 C 上的一点。要求曲线在该点处的切线和法平面,我们可以将方程组 (3-5-7) 转化为 (1) 中方程组 (3-5-4) 的形式,换句话说,将 (3-5-7) 中变量 x 看作自变量,方程组 (3-5-7) 确定隐函数

$$y=y(x), \quad z=z(x)$$

然后就能利用 (1) 中结论解决问题。

由上节隐函数的求导方法,假设方程组 $\begin{cases} F(x,y,z)=0 \\ G(x,y,z)=0 \end{cases}$ 确定隐函数 $y=y(x), z=z(x)$,则有

$$\begin{cases} F(x, y(x), z(x)) \equiv 0 \\ G(x, y(x), z(x)) \equiv 0 \end{cases}$$

方程组两边对 x 求导,得

$$\begin{cases} F_x + F_y \dfrac{dy}{dx} + F_z \dfrac{dz}{dx} = 0 \\ G_x + G_y \dfrac{dy}{dx} + G_z \dfrac{dz}{dx} = 0 \end{cases}$$

如果在 P 点的某个邻域内系数行列式 $J = \begin{vmatrix} F_y & F_z \\ G_y & G_z \end{vmatrix} \neq 0$,可得

$$y'(x) = \frac{\begin{vmatrix} F_z & F_x \\ G_z & G_x \end{vmatrix}}{\begin{vmatrix} F_y & F_z \\ G_y & G_z \end{vmatrix}}, \quad z'(x) = \frac{\begin{vmatrix} F_x & F_y \\ G_x & G_y \end{vmatrix}}{\begin{vmatrix} F_y & F_z \\ G_y & G_z \end{vmatrix}} \tag{3-5-8}$$

于是 $T=(1,y'(x_0),z'(x_0))$ 是曲线在 P 点处的一个切向量。如果把该向量乘以行列式

$$\begin{vmatrix} F_y & F_z \\ G_y & G_z \end{vmatrix}$$

得

$$T_1 = \left(\begin{vmatrix} F_y & F_z \\ G_y & G_z \end{vmatrix}, \begin{vmatrix} F_z & F_x \\ G_z & G_x \end{vmatrix}, \begin{vmatrix} F_x & F_y \\ G_x & G_y \end{vmatrix} \right) \qquad (3-5-9)$$

这也是曲线在 P 点处的一个切向量。由此可以写出曲线 C 在 P 点处的切线方程为

$$\frac{x-x_0}{\begin{vmatrix} F_y & F_z \\ G_y & G_z \end{vmatrix}} = \frac{y-y_0}{\begin{vmatrix} F_z & F_x \\ G_z & G_x \end{vmatrix}} = \frac{z-z_0}{\begin{vmatrix} F_x & F_y \\ G_x & G_y \end{vmatrix}} \qquad (3-5-10)$$

法平面方程为

$$\begin{vmatrix} F_y & F_z \\ G_y & G_z \end{vmatrix}(x-x_0) + \begin{vmatrix} F_z & F_x \\ G_z & G_x \end{vmatrix}(y-y_0) + \begin{vmatrix} F_x & F_y \\ G_x & G_y \end{vmatrix}(z-z_0) = 0 \qquad (3-5-11)$$

例 3-5-9 求曲线 $\begin{cases} x^2+y^2+3z^2=5 \\ x+y^2+z=3 \end{cases}$ 在点 $(1,1,1)$ 处的切线和法平面。

解 将方程组两边对 x 求导,得

$$\begin{cases} 2x+2y\dfrac{dy}{dx}+2z\dfrac{dz}{dx}=0 \\ 1+2y\dfrac{dy}{dx}+\dfrac{dz}{dx}=0 \end{cases}$$

将点 $(1,1,1)$ 代入上述方程组,得

$$\begin{cases} 2+2\dfrac{dy}{dx}+2\dfrac{dz}{dx}=0 \\ 1+2\dfrac{dy}{dx}+\dfrac{dz}{dx}=0 \end{cases}$$

解得 $y'(1)=-\dfrac{2}{5},z'(1)=-\dfrac{1}{5}$,从而切向量为 $T=\left(1,-\dfrac{2}{5},-\dfrac{2}{5}\right)$,所求切线为

$$\frac{x-1}{1} = \frac{y-1}{-\dfrac{2}{5}} = \frac{z-1}{-\dfrac{1}{5}}$$

即

$$\frac{x-1}{-5} = \frac{y-1}{2} = \frac{z-1}{1}$$

法平面方程为

$$(x-1) - \frac{2}{5}(y-1) - \frac{1}{5}(z-1) = 0$$

即

$$5x - 2y - z = 2$$

3.5.4 曲面的切平面与法线

我们先讨论由隐式形式给出曲面方程
$$F(x,y,z)=0$$
的情形,然后把曲面的显式方程 $z=f(x,y)$ 作为它的特殊情形。

设 S 是方程 $F(x,y,z)=0$ 确定的曲面,$P(x_0,y_0,z_0)$ 为曲面 S 上一点,并设函数 $F(x,y,z)$ 的偏导数在该点连续且不同时为零。

在曲面 S 上过点 P 任意引一条曲线 C。可知曲线 C 可由连续向量函数 $\boldsymbol{r}(t)=(x(t),y(t),z(t))$ 表示,t_0 为 P 对应的参数值,那么 $\boldsymbol{r}(t_0)=(x_0,y_0,z_0)$。由于 C 在曲面 S 上,C 上任一点 $(x(t),y(t),z(t))$ 都满足曲面 S 的方程,即
$$F(x(t),y(t),z(t))\equiv 0$$
用复合函数求导法则,上式两边同时对自变量 t 求导,得
$$\frac{\partial F}{\partial x}\cdot\frac{\mathrm{d}x}{\mathrm{d}t}+\frac{\partial F}{\partial y}\cdot\frac{\mathrm{d}y}{\mathrm{d}t}+\frac{\partial F}{\partial z}\cdot\frac{\mathrm{d}z}{\mathrm{d}t}=0 \qquad (3-5-12)$$

已知 $\boldsymbol{r}'(t)=(x'(t),y'(t),z'(t))$,引入向量
$$\boldsymbol{n}=(F_x(x_0,y_0,z_0),F_y(x_0,y_0,z_0),F_z(x_0,y_0,z_0)) \qquad (3-5-13)$$
所以式(3-5-12)可以表示为数量积形式
$$\boldsymbol{n}\cdot\boldsymbol{r}'(t_0)=0 \qquad (3-5-14)$$

式(3-5-14)表示过点 P 的任意曲线 C 在该点的切线向量 $\boldsymbol{r}'(t_0)$ 都与向量 $\boldsymbol{n}$ 垂直,所以曲面上通过点 P 一切曲线在点 P 处的切线都在同一个平面上,如图 3-5-6 所示。这个平面称为曲面 S 在 P 点的**切平面**。而向量 $\boldsymbol{n}$ 是该平面的一个法向量,应用平面的点法式方程,得切平面为
$$F_x(x_0,y_0,z_0)(x-x_0)+F_y(x_0,y_0,z_0)(y-y_0)+F_z(x_0,y_0,z_0)(z-z_0)=0$$
$$(3-5-15)$$

曲面 S 上点 P 的法线是通过点 P 与切平面垂直的直线。因此,法线的方向由 $\boldsymbol{n}$ 表示,可得直线的对称式方程为
$$\frac{x-x_0}{F_x(x_0,y_0,z_0)}=\frac{y-y_0}{F_y(x_0,y_0,z_0)}=\frac{z-z_0}{F_z(x_0,y_0,z_0)}$$
$$(3-5-16)$$

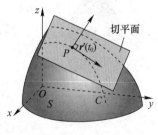

图 3-5-6

在特殊情况下,曲面 S 由 $z=f(x,y)$ 表示时(即曲面 S 是两个变量的函数 f 的图形),则
$$F(x,y,z)=f(x,y)-z=0$$
将曲面 S 作为 F 的等高面(这里 $k=0$),则
$$F_x(x_0,y_0,z_0)=f_x(x_0,y_0)$$
$$F_y(x_0,y_0,z_0)=f_y(x_0,y_0)$$
$$F_z(x_0,y_0,z_0)=-1$$

所以式(3-5-14)成为
$$f_x(x_0,y_0)(x-x_0)+f_y(x_0,y_0)(y-y_0)-(z-z_0)=0$$
与本章3.4节的切平面公式一致。因此,本节中切平面的定义与特殊情况下3.4节中切平面的定义一致。

例 3-5-10 求椭球面 $\dfrac{x^2}{4}+y^2+\dfrac{z^2}{9}=3$ 在点 $(-2,1,-3)$ 处的切平面和法线方程。

解 设
$$F(x,y,z)=\dfrac{x^2}{4}+y^2+\dfrac{z^2}{9}-3$$

因此,得到
$$F_x(x,y,z)=\dfrac{x}{2},\quad F_y(x,y,z)=2y,\quad F_z(x,y,z)=\dfrac{2z}{9}$$
$$F_x(-2,1,-3)=-1,\quad F_y(-2,1,-3)=2,\quad F_z(-2,1,-3)=-\dfrac{2}{3}$$

由式(3-5-15)可得在点 $(-2,1,-3)$ 处的切平面方程为
$$-1(x+2)+2(y-1)-\dfrac{2}{3}(z+3)=0$$

化简得
$$3x-6y+2z+18=0$$

由式(3-5-16)可得法线的对称式方程为
$$\dfrac{x+2}{-1}=\dfrac{y-1}{2}=\dfrac{z+3}{-\dfrac{2}{3}}$$

切平面和法线见图3-5-7。

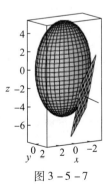

图3-5-7

例 3-5-11 求椭圆抛物面 $z=3x^2+2y^2$ 在点 $P(1,2,11)$ 处的切平面和法线方程。

解 设
$$F(x,y,z)=3x^2+2y^2-z$$

则
$$F_x(x,y,z)=6x,\quad F_y(x,y,z)=4y,\quad F_z(x,y,z)=-1$$

所以椭圆抛物面在点 $P(1,2,11)$ 处的切平面方程为
$$6(x-1)+8(y-2)-(z-11)=0$$

即
$$6x+8y-z-11=0$$

法线方程为
$$\dfrac{x-1}{6}=\dfrac{y-2}{8}=\dfrac{z-11}{-1}$$

切平面到参数曲面 我们通过单个参数 t 的向量函数 $\boldsymbol{r}(t)$ 来描述空间曲线,用相同的方

法，我们可以通过两个参数 u 和 v 的向量函数 $r(u,v)$ 来描述空间曲面。设

$$r(u,v) = x(u,v)\boldsymbol{i} + y(u,v)\boldsymbol{j} + z(u,v)\boldsymbol{k}$$

是一个定义在 uv 平面上范围 D 内的向量值函数。因此，r 的分量函数 x,y,z 都是变量 u,v 在范围 D 内的函数。所有的三维点集 (x,y,z) 表示为

$$x = x(u,v), \quad y = y(u,v), \quad z = z(u,v)$$

在范围 D 内变化的变量 (u,v) 叫作曲面 S 的参数，上述方程叫作曲面 S 的参数方程。每个确定的 u,v 都对应曲面 S 的一点，确定了所有的 u,v 就确定了一个曲面 S。也就是说，曲面 S 是位置向量 $r(u,v)$ 的终点随 u,v 在 D 内变化的运动轨迹（图 3-5-8）。

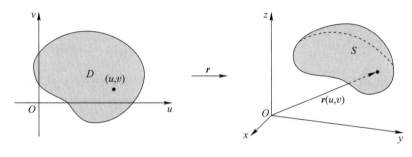

图 3-5-8

例 3-5-12 请描述向量函数 $r(u,v) = 2\cos u\boldsymbol{i} + v\boldsymbol{j} + 2\sin u\boldsymbol{k}$，并画出对应的曲面。

解 曲面的参数方程为

$$x = 2\cos u, \quad y = v, \quad z = 2\sin u$$

对于曲面上任意一点 (x,y,z)，有

$$x^2 + z^2 = 4\cos^2 u + 4\sin^2 u = 4$$

即平行于 xOz 平面的垂直截面（即 y 取常数）都是半径为 2 的圆。$y = v$，即变量 y 无限制，曲面是半径为 2、平行 y 轴的圆柱面（见图 3-5-9）。

在例 3-5-12 中，我们没有限定参数 u,v，所以我们得到整个圆柱体。如果我们限定参数 u,v 的范围，例如

$$0 \leqslant u \leqslant \frac{\pi}{2} \quad (0 \leqslant v \leqslant 3)$$

也就是 $\qquad x \geqslant 0, \quad z \geqslant 0, \quad 0 \leqslant y \leqslant 3$

我们得到长度为 3 的四分之一柱面，如图 3-5-10 所示。

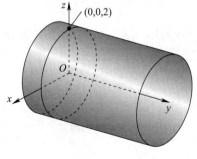

图 3-5-9

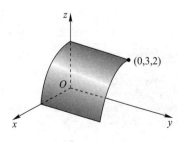

图 3-5-10

如果一个曲面 S 由向量函数 $\boldsymbol{r}(u,v)$ 确定,那么有两组曲线位于曲面 S 上,一组是 u 取常数,一组是 v 取常数。这两组曲线投影在 uv 平面上,分别是垂直线和水平线。如果 u 取常数,令 $u = u_0$,那么 $\boldsymbol{r}(u_0, v)$ 成为单参数 v 的向量函数,它表示曲面 S 上的一条曲线 C_1。(图 3 – 5 – 11)。

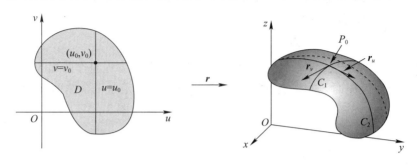

图 3 – 5 – 11

现在我们来计算由向量表示的参数形式的曲面 S 的切平面,在曲线 C_1 上 P_0 点处的切向量是 $\boldsymbol{r}$ 关于 v 的偏导数:

$$\boldsymbol{r}_v = \frac{\partial x}{\partial v}(u_0, v_0)\boldsymbol{i} + \frac{\partial y}{\partial v}(u_0, v_0)\boldsymbol{j} + \frac{\partial z}{\partial v}(u_0, v_0)\boldsymbol{k}$$

类似地,令 $v = v_0$,就得到由 $\boldsymbol{r}(u, v_0)$ 确定的位于曲面 S 上的一条曲线 C_2,在 P_0 点处的切向量是

$$\boldsymbol{r}_u = \frac{\partial x}{\partial u}(u_0, v_0)\boldsymbol{i} + \frac{\partial y}{\partial u}(u_0, v_0)\boldsymbol{j} + \frac{\partial z}{\partial u}(u_0, v_0)\boldsymbol{k}$$

如果 $\boldsymbol{r}_u \times \boldsymbol{r}_v \neq \boldsymbol{0}$,则称曲面 S 为光滑曲面(没有角)。对于光滑曲面,其切平面是包含切向量 $\boldsymbol{r}_u, \boldsymbol{r}_v$ 的平面,并且向量 $\boldsymbol{r}_u \times \boldsymbol{r}_v$ 是切平面的法向量。

例 3 – 5 – 13 求由参数方程 $x = u^2, y = v^2, z = u + 2v$ 确定的曲面在点 $(1,1,3)$ 处的切平面。

解 计算切向量

$$\boldsymbol{r}_u = \frac{\partial x}{\partial u}\boldsymbol{i} + \frac{\partial y}{\partial u}\boldsymbol{j} + \frac{\partial z}{\partial u}\boldsymbol{k} = 2u\boldsymbol{i} + \boldsymbol{k}$$

$$\boldsymbol{r}_v = \frac{\partial x}{\partial v}\boldsymbol{i} + \frac{\partial y}{\partial v}\boldsymbol{j} + \frac{\partial z}{\partial v}\boldsymbol{k} = 2v\boldsymbol{j} + 2\boldsymbol{k}$$

因此,切平面的一个法向量是

$$\boldsymbol{r}_u \times \boldsymbol{r}_v = \begin{vmatrix} \boldsymbol{i} & \boldsymbol{j} & \boldsymbol{k} \\ 2u & 0 & 1 \\ 0 & 2v & 2 \end{vmatrix} = -2v\boldsymbol{i} - 4u\boldsymbol{j} + 4uv\boldsymbol{k}$$

点 $(1,1,3)$ 对应的参数值为 $u = 1, v = 1$,则法向量为 $-2\boldsymbol{i} - 4\boldsymbol{j} + 4\boldsymbol{k}$。

因此,在点 $(1,1,3)$ 处的切平面(如图 3 – 5 – 12)是

$$-2(x-1) - 4(y-1) + 4(z-3) = 0$$

或

$$x + 2y - 2z + 3 = 0$$

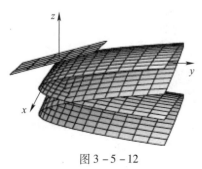

图 3 – 5 – 12

习题 3-5

（A）

1. 设 $r = f(t) = 2\ln(t+1)i + t^2 j + \dfrac{1}{2}t^2 k$ 是空间中的质点 M 在时刻 t 的位置，求质点 M 在时刻 $t_0 = 1$ 的速度向量和加速度以及在任意时刻 t 的速率。

2. 设 $r = (t - \sin t)i + (1 - \cos t)j$ $(0 \leqslant t \leqslant 2\pi)$ 是空间中的质点 M 在时刻 t 的位置，求质点 M 在给定时间内速度与加速度正交的时刻。

3. 求曲线 $l: x = \cos t, y = \sin t, z = 2t$ 在 $t = \pi$ 处的切线和法平面方程。

4. 求曲线 $x = t, y = t^2, z = \dfrac{1}{3}t^3$ 在点 $P\left(-1, 1, -\dfrac{1}{3}\right)$ 处的切平面与法线方程。

5. 求曲线 $\begin{cases} x + y + z = 0 \\ x^2 + y^2 + z^2 = 1 \end{cases}$ 在点 $M_0\left(\dfrac{1}{\sqrt{6}}, -\dfrac{2}{\sqrt{6}}, \dfrac{1}{\sqrt{6}}\right)$ 处的切线方程。

6. 曲线 $\begin{cases} 3x^2 yz = 1 \\ y = 1 \end{cases}$ 在点 $\left(1, 1, \dfrac{1}{3}\right)$ 处的切线与 z 轴正向所成的倾角。

7. 求曲面 $z = 2x^2 + 2y^2 - 4$ 在点 $(1, -1, 0)$ 处的切平面与法线方程。

8. 求曲面 $z = \arctan \dfrac{y}{x}$ 在点 $\left(1, 1, \dfrac{\pi}{4}\right)$ 处的法平面方程。

9. 求曲面 $e^{\frac{x}{z}} + e^{\frac{y}{z}} = 4$ 上点 $(\ln 2, \ln 2, 1)$ 处的切平面与法线方程。

10. 求曲面 $z = x^2 - 2xy - y^2 - 8x + 4y$ 上切平面是水平面的所有点。

11. 在曲面 $x^2 + 2y^2 + 3z^2 = 12$ 上找一点，在该点处的切平面垂直于直线：$x = 1 + 2t, y = 3 + 8t, z = 2 - 6t$。

（B）

1. 求曲线 $x = t^2, y = t, z = t^3$ 上的点，使该点的切线平行于平面 $2x + y + z = 4$。

2. 在曲面 $z = xy$ 上求一点，使这点处的法线垂直于平面 $x + 3y + z + 9 = 0$，并写出该法线的方程。

3. 证明曲面 $Ax^2 + By^2 + Cz^2 = D$ 上任一点 $M_0(x_0, y_0, z_0)$ 处的切平面方程为 $Ax_0 x + By_0 y + Cz_0 z = D$。

4. 求旋转椭球面 $3x^2 + y^2 + z^2 = 16$ 上点 $(-1, -2, 3)$ 处的切平面与 xOy 面的夹角的余弦。

5. 证明椭球面 $\dfrac{x^2}{a^2} + \dfrac{y^2}{b^2} + \dfrac{z^2}{c^2} = 1$ 在 $M_0(x_0, y_0, z_0)$ 处的切平面方程可以写成 $\dfrac{x_0 x}{a^2} + \dfrac{y_0 y}{b^2} + \dfrac{z_0 z}{c^2} = 1$ 的形式。

6. 证明：曲面 $F\left(\dfrac{x-a}{y-b}, \dfrac{y-b}{z-c}\right) = 0$ 上任意一点处的切平面均通过某定点。其中 a, b, c 为常数，函数 $F(u, v)$ 具有一阶连续偏导数。

7. 证明曲面 $xyz = k$ 上任一点的切平面与坐标平面所形成的四面体有固定的体积，并求此体积。

8. 一只蜜蜂落在椭球面 $x^2 + y^2 + 2z^2 = 6$ 上的点 $(1, 2, 1)$ 处。在 0 时刻，它沿着法线以 $3m/s$ 的速度起飞，问什么时候蜜蜂会在哪个地方到达平面 $2x + 3y + z = 49$？

9. 证明向量值函数

$$r(t) = (2\boldsymbol{i} + 2\boldsymbol{j} + \boldsymbol{k}) + (\cos t)\left(\frac{1}{\sqrt{2}}\boldsymbol{i} - \frac{1}{\sqrt{2}}\boldsymbol{j}\right) + (\sin t)\left(\frac{1}{\sqrt{3}}\boldsymbol{i} + \frac{1}{\sqrt{3}}\boldsymbol{j} + \frac{1}{\sqrt{3}}\boldsymbol{k}\right)$$

描述一个质点在平面 $x+y-2z=2$ 上以 $(2,2,1)$ 为中心、半径为 1 的圆周上的运动。

§3.6 多元函数的方向导数与梯度

3.6.1 方向导数

如图 3-6-1 所示的气象图显示的是我国某地 4 月 8 日下午 3 点钟温度函数 $T(x,y)$ 的等温线图,等温线经过的地区有相同的温度。如在 A 市位置的偏导数 T_x 表示从 B 市向东距离变化时引起的温度变化率;T_y 是向北运动时温度的变化率。但是如果我们想知道向东南方向(到市)运动时温度的变化率该怎么做?或者沿其他方向温度的变化率该怎么求?

这一节我们将介绍一种导数,称为**方向导数**,可以帮助我们求出二元或多元函数在任何方向上函数的变化率。

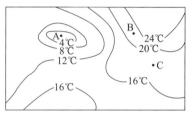

图 3-6-1

我们知道二元函数 $z=f(x,y)$,函数的偏导数 f_x,f_y 定义为

$$\begin{cases} f_x(x_0,y_0) = \lim_{h \to 0} \dfrac{f(x_0+h,y_0) - f(x_0,y_0)}{h} \\ f_y(x_0,y_0) = \lim_{h \to 0} \dfrac{f(x_0,y_0+h) - f(x_0,y_0)}{h} \end{cases} \quad (3-6-1)$$

偏导数 f_x,f_y 表示 z 在 x 轴和 y 轴方向的变化率,即沿单位向量 $\boldsymbol{i}$ 和 $\boldsymbol{j}$ 的方向。

计算 z 在 (x_0,y_0) 点沿 $\boldsymbol{u}=(\cos\theta,\sin\theta)$ 的单位向量方向的变化率(图 3-6-2)。现设曲面 S 的函数为 $z=f(x,y)$(f 的图形),令 $z_0=f(x_0,y_0)$,点 $P(x_0,y_0,z_0)$ 在曲面 S 上,过点 P 沿着向量 $\boldsymbol{u}$ 方向的垂平面与曲面 S 相交于曲线 C(图 3-6-3)。在曲线 C 上点 P 处切线 T 的斜率就是函数 z 在向量 $\boldsymbol{u}$ 方向上的变化率。

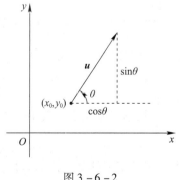

图 3-6-2

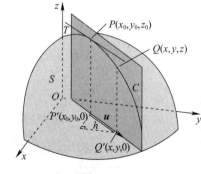

图 3-6-3

设 $Q(x,y,z)$ 是曲线 C 上的另外一点,P'、Q' 是 P、Q 在 xOy 面上的投影,则向量 $\overrightarrow{P'Q'}$ 平行于向量 $\boldsymbol{u}$,并且存在常数 h,使得

$$\overrightarrow{P'Q'} = h\boldsymbol{u} = (h\cos\theta, h\sin\theta)$$

因此，$x - x_0 = h\cos\theta, y - y_0 = h\sin\theta$，故 $x = x_0 + h\cos\theta, y = y_0 + h\sin\theta$ 并且

$$\frac{\Delta z}{h} = \frac{z - z_0}{h} = \frac{f(x_0 + h\cos\theta, y_0 + h\sin\theta) - f(x_0, y_0)}{h}$$

令 $h \to 0$ 取极限，就得到 z（关于距离的）在向量 $\boldsymbol{u}$ 方向的变化率。

定义 1 设函数 $z = f(x, y)$ 在点 $P(x_0, y_0)$ 的某一邻域 $U(P)$ 内有定义，点 $P(x, y)$ 为自 $P(x_0, y_0)$ 点出发的射线 l 上任意一点，记射线 l 的单位向量为 $\boldsymbol{u} = (\cos\theta, \sin\theta)$，$h$ 为 $|P_0P|$ 的长度，如果极限

$$\lim_{h \to 0^+} \frac{f(x_0 + h\cos\theta, y_0 + h\sin\theta) - f(x_0, y_0)}{h}$$

存在，则称此极限值为函数 $z = f(x, y)$ 在点 $P(x_0, y_0)$ 处沿射线 l 方向的**方向导数**，记为 $\frac{\partial f}{\partial l}$，即

$$\left.\frac{\partial f}{\partial l}\right|_{(x_0, y_0)} = \lim_{h \to 0^+} \frac{f(x_0 + h\cos\theta, y_0 + h\sin\theta) - f(x_0, y_0)}{h} \tag{3-6-2}$$

比较定义 1 和式（3-6-1）可以得出，如果取向量 $\boldsymbol{u} = \boldsymbol{i} = (1, 0)$，即沿 x 轴的正向方向，则 $\frac{\partial f}{\partial i} = f_x$，如果取向量 $\boldsymbol{u} = \boldsymbol{j} = (0, 1)$，即沿 y 轴的正向方向，则 $\frac{\partial f}{\partial j} = f_y$，同理，可得到沿着 x, y 轴的负方向，对应的方向导数就是 $-f_x$ 和 $-f_y$。

由方向导数的定义知，函数 f 关于变量 x, y 的偏导数只表示特殊方向的方向导数。那么方向导数与偏导数之间有什么关系呢？下面的定理告诉我们，在函数可微的条件下，可以借助偏导数来计算方向导数。

定理 3-6-1 如果函数 f 是 x 和 y 的可微函数，那么 f 沿任意单位向量 $\boldsymbol{u} = (\cos\theta, \sin\theta)$ 的方向上的方向导数都存在，且

$$\frac{\partial f}{\partial u} = f_x(x, y)\cos\theta + f_y(x, y)\sin\theta \tag{3-6-3}$$

证明 设 g 是 h 的函数，且

$$g(h) = f(x_0 + h\cos\theta, y_0 + h\sin\theta)$$

根据导数的定义，得到

$$\begin{aligned} g'(0) &= \lim_{h \to 0} \frac{g(h) - g(0)}{h} \\ &= \lim_{h \to 0} \frac{f(x_0 + h\cos\theta, y_0 + h\sin\theta) - f(x_0, y_0)}{h} = \left.\frac{\partial f}{\partial u}\right|_{(x_0, y_0)} \end{aligned} \tag{3-6-4}$$

另一方面，我们记 $g(h) = f(x, y)$，设 $x = x_0 + h\cos\theta, y = y_0 + h\sin\theta$，因此利用复合函数求导法则可得

$$g'(h) = \frac{\partial f}{\partial x} \cdot \frac{dx}{dh} + \frac{\partial f}{\partial y} \cdot \frac{dy}{dh} = f_x(x, y)\cos\theta + f_y(x, y)\sin\theta$$

令 $h=0$，则 $x=x_0, y=y_0$，并且有

$$g'(0)=f_x(x_0,y_0)\cos\theta+f_y(x_0,y_0)\sin\theta \qquad (3-6-5)$$

由式(3-6-4)和式(3-6-5)可得

$$\frac{\partial f}{\partial u}=f_x(x,y)\cos\theta+f_y(x,y)\sin\theta$$

例 3-6-1 设函数 $f(x,y)=x^3-3xy+4y^2$，求方向导数 $\frac{\partial f}{\partial u}$，其中向量 u 取 $\theta=\pi/6$ 的单位向量，并求 $\left.\frac{\partial f}{\partial u}\right|_{(1,2)}$。

解 根据式(3-6-3)得

$$\frac{\partial f}{\partial u}=f_x(x,y)\cos\frac{\pi}{6}+f_y(x,y)\sin\frac{\pi}{6}$$

$$=(3x^2-3y)\frac{\sqrt{3}}{2}+(-3x+8y)\frac{1}{2}$$

$$=\frac{1}{2}[3\sqrt{3}x^2-3x+(8-3\sqrt{3})y]$$

因此

$$\left.\frac{\partial f}{\partial u}\right|_{(1,2)}=\frac{1}{2}[3\sqrt{3}\times(1)^2-3\times(1)+(8-3\times\sqrt{3})\times(2)]=\frac{13-3\sqrt{3}}{2}$$

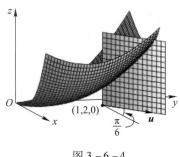

图 3-6-4

例 3-6-1 中，方向导数 $\left.\frac{\partial f}{\partial u}\right|_{(1,2)}$ 代表着 z 在向量 u 方向上的变化率。图 3-6-4 是过点 $(1,2,0)$ 沿 u 向量方向的垂平面与曲面 $z=x^3-3xy+4y^2$ 的交线在该点处的切线斜率。

推广到三元函数的情形 我们用相同的方法来定义三元函数的方向导数，$\left.\frac{\partial f}{\partial u}\right|_{(x,y,z)}$ 的含义为函数沿单位向量 $u=(\cos\alpha,\cos\beta,\cos\gamma)$（其中 α,β,γ 是 u 的方向角）方向的变化率。

定义 2 函数 $f(x,y,z)$ 在点 (x_0,y_0,z_0) 沿单位向量 $u=(\cos\alpha,\cos\beta,\cos\gamma)$ 方向的方向导数为

$$\left.\frac{\partial f}{\partial u}\right|_{(x_0,y_0,z_0)}=\lim_{h\to 0^+}\frac{f(x_0+h\cos\alpha,y_0+h\cos\beta,z_0+h\cos\gamma)-f(x_0,y_0,z_0)}{h} \qquad (3-6-6)$$

这里，上式中极限要存在。

设函数 $f(x,y,z)$ 是可微的，$u=(\cos\alpha,\cos\beta,\cos\gamma)$，证明定理 3-6-1 的方法同样可以用来表达

$$\frac{\partial f}{\partial u}=f_x(x,y,z)\cos\alpha+f_y(x,y,z)\cos\beta+f_z(x,y,z)\cos\gamma \qquad (3-6-7)$$

例 3-6-2 设 n 是曲面 $2x^2+3y^2+z^2=6$ 在点 $P(1,1,1)$ 处的指向外侧的法向量，求函数

$$u=\frac{1}{z}(6x^2+8y^2)^{\frac{1}{2}}$$

沿方向 **n** 的方向导数。

解 令 $F(x,y,z)=2x^2+3y^2+z^2-6$，则有

$$F_x|_P=4x|_P=4,\quad F_y|_P=6y|_P=6,\quad F_z|_P=2z_P=2$$

从而

$$\boldsymbol{n}=(F_x,F_y,F_z)|_P=(4,6,2),\quad |\boldsymbol{n}|=2\sqrt{14}$$

其方向余弦为

$$\cos\alpha=\frac{2}{\sqrt{14}},\quad \cos\beta=\frac{3}{\sqrt{14}},\quad \cos\gamma=\frac{1}{\sqrt{14}}$$

又

$$\frac{\partial u}{\partial x}\bigg|_P=\frac{6x}{z\sqrt{6x^2+8y^2}}\bigg|_P=\frac{6}{\sqrt{14}}$$

$$\frac{\partial u}{\partial y}\bigg|_P=\frac{8y}{z\sqrt{6x^2+8y^2}}\bigg|_P=\frac{8}{\sqrt{14}}$$

$$\frac{\partial u}{\partial z}\bigg|_P=-\frac{\sqrt{6x^2+8y^2}}{z^2}\bigg|_P=-\sqrt{14}$$

所以

$$\frac{\partial u}{\partial \boldsymbol{n}}\bigg|_P=\left(\frac{\partial u}{\partial x}\cos\alpha+\frac{\partial u}{\partial y}\cos\beta+\frac{\partial u}{\partial z}\cos\gamma\right)\bigg|_P=\frac{11}{7}$$

3.6.2 梯度

由定理 3-6-1 可得方向导数是两个向量的数量积，即点乘结果：

$$\begin{aligned}\frac{\partial f}{\partial u}&=f_x(x,y)\cos\theta+f_y(x,y)\sin\theta\\&=\left(f_x(x,y),f_y(x,y)\right)\cdot(\cos\theta,\sin\theta)\\&=\left(f_x(x,y),f_y(x,y)\right)\cdot\boldsymbol{u}\end{aligned}\quad(3-6-8)$$

数量积公式中的第一个向量不仅用来计算方向导数，还有很多其他含义。我们起个特殊的名字，称为 f 的**梯度**，并用符号 **grad** $f(x,y)$ 或者 ∇f 表示，读作 "del f"。

定义3 设函数 $z=f(x,y)$ 在平面区域 D 内具有一阶连续偏导数，则函数 f 的**梯度** ∇f 定义为

$$\nabla f(x,y)=(f_x(x,y),f_y(x,y))=f_x(x,y)\boldsymbol{i}+f_y(x,y)\boldsymbol{j}\quad(3-6-9)$$

式 (3-6-8) 中的方向导数就可记作

$$\frac{\partial f}{\partial u}=\nabla f(x,y)\cdot\boldsymbol{u}=\mathbf{grad}f(x,y)\cdot\boldsymbol{u}\quad(3-6-10)$$

上式表示沿向量 **u** 方向的方向导数是梯度在向量 **u** 上的投影。

例 3-6-3 设 $f(x,y)=\sin x+e^{xy}$，则

$$\nabla f(x,y)=(f_x,f_y)=(\cos x+ye^{xy},xe^{xy}),\ \nabla f(0,1)=(2,0)$$

例 3-6-4 设 $f(x,y)=x^2y^3-4y$，求函数在点 $(2,-1)$ 处沿向量 $\boldsymbol{v}=2\boldsymbol{i}+5\boldsymbol{j}$ 方向的方向导数。

解 函数在点$(2,-1)$的梯度为
$$\nabla f(x,y) = 2xy^3 \boldsymbol{i} + (3x^2y^2 - 4)\boldsymbol{j}, \quad \nabla f(2,-1) = -4\boldsymbol{i} + 8\boldsymbol{j}$$

注意到$\boldsymbol{v}$不是单位向量,如图3-6-5所示,由于$|\boldsymbol{v}| = \sqrt{29}$,因此,沿$\boldsymbol{v}$方向的单位向量是
$$\boldsymbol{u} = \frac{\boldsymbol{v}}{|\boldsymbol{v}|} = \frac{2}{\sqrt{29}}\boldsymbol{i} + \frac{5}{\sqrt{29}}\boldsymbol{j}$$

因此,由式(3-6-10)可得

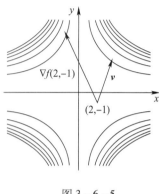

图3-6-5

$$\left.\frac{\partial f}{\partial u}\right|_{(2,-1)} = \nabla f(2,-1) \cdot \boldsymbol{u}$$
$$= (-4\boldsymbol{i} + 8\boldsymbol{j}) \cdot \left(\frac{2}{\sqrt{29}}\boldsymbol{i} + \frac{5}{\sqrt{29}}\boldsymbol{j}\right)$$
$$= \frac{-4 \times 2 + 8 \times 5}{\sqrt{29}} = \frac{32}{\sqrt{29}}$$

对于三元函数$f(x,y,z)$,由∇f或$\mathbf{grad}f(x,y,z)$表示的梯度为
$$\nabla f(x,y,z) = (f_x(x,y,z), f_y(x,y,z), f_z(x,y,z))$$

或者记作
$$\nabla f = (f_x, f_y, f_z) = \frac{\partial f}{\partial x}\boldsymbol{i} + \frac{\partial f}{\partial y}\boldsymbol{j} + \frac{\partial f}{\partial z}\boldsymbol{k}$$

就像二元函数一样,方向导数的向量形式为
$$\frac{\partial f}{\partial u} = \nabla f(x,y,z) \cdot \boldsymbol{u} \tag{3-6-11}$$

例3-6-5 设函数$f(x,y,z) = x\sin yz$;
(1)求函数f的梯度;(2)计算函数f在点$(1,3,0)$沿方向$\boldsymbol{v} = \boldsymbol{i} + 2\boldsymbol{j} - \boldsymbol{k}$的方向导数。

解 (1)函数f的梯度是
$$\nabla f(x,y,z) = (f_x(x,y,z), f_y(x,y,z), f_z(x,y,z))$$
$$= (\sin yz, xz\cos yz, xz\cos yz)$$

(2)在点$(1,3,0)$,有$\nabla f(1,3,0) = (0,0,3)$,$\boldsymbol{v} = \boldsymbol{i} + 2\boldsymbol{j} - \boldsymbol{k}$的单位向量为
$$\boldsymbol{u} = \frac{1}{\sqrt{6}}\boldsymbol{i} + \frac{2}{\sqrt{6}}\boldsymbol{j} - \frac{1}{\sqrt{6}}\boldsymbol{k}$$

因此,由式(3-6-11)得
$$\left.\frac{\partial f}{\partial u}\right|_{(1,3,0)} = \nabla f(1,3,0) \cdot \boldsymbol{u} = 3\boldsymbol{k} \cdot \left(\frac{1}{\sqrt{6}}\boldsymbol{i} + \frac{2}{\sqrt{6}}\boldsymbol{j} - \frac{1}{\sqrt{6}}\boldsymbol{k}\right) = 3 \times \left(-\frac{1}{\sqrt{6}}\right) = -\sqrt{\frac{3}{2}}$$

设函数f是二元或三元函数,该函数在给定点处沿任意方向的方向导数都存在,它表示函数f在任意方向的变化率。我们的问题是:函数f沿哪个方向变化最快,变化率的最大值是多少?下面的定理回答了这个问题。

定理3-6-2 设函数f是二元或三元可微函数,当向量$\boldsymbol{u}$和梯度方向∇f相同时,方向导数$\frac{\partial f}{\partial u}$取到最大值,最大值是$|\nabla f|$。

证明 由式(3-6-11),得

$$\frac{\partial f}{\partial u} = \nabla f \cdot \boldsymbol{u} = |\nabla f| |\boldsymbol{u}| \cos\theta$$

这里,θ是∇f和向量$\boldsymbol{u}$的夹角,当$\theta = 0$时,$\cos\theta$的最大值是1。因此,当$\theta = 0$时,$\frac{\partial f}{\partial u}$的最大值是$|\nabla f|$,即向量$\boldsymbol{u}$和$\nabla f$方向相同。

函数在某点的梯度是这样的一个向量:**它的方向与取得最大方向导数的方向一致,而它的模为方向导数的最大值**。

根据梯度的定义,梯度的模为

$$|\mathbf{grad}\, f(x,y)| = \sqrt{f_x^2 + f_y^2}$$

当f_x不为零时,x轴到梯度的转角的正切为

$$\tan\theta = \frac{f_y}{f_x}$$

例 3-6-6 (1) 设$f(x,y) = xe^y$,求函数f在点$P(2,0)$处,沿点P到点$Q\left(\frac{1}{2}, 2\right)$的方向的变化率。

(2) 函数f在哪个方向上有最大的变化率?最大变化率是多少?

解 (1) 计算梯度

$$\nabla f(x,y) = (f_x, f_y) = (e^y, xe^y)$$
$$\nabla f(2,0) = (1,2)$$

$\overrightarrow{PQ} = (-1.5, 2)$的单位向量是$\boldsymbol{u} = \left(-\frac{3}{5}, \frac{4}{5}\right)$,所以函数$f$在点$P$,沿$P$到$Q$方向的变化率是

$$\left.\frac{\partial f}{\partial u}\right|_{(2,0)} = \nabla f(2,0) \cdot \boldsymbol{u} = (1,2) \cdot \left(-\frac{3}{5}, \frac{4}{5}\right) = 1$$

(2) 函数f在梯度$\nabla f(2,0) = (1,2)$方向增加得最快,最大的变化率是$|\nabla f(2,0)| = |(1,2)| = \sqrt{5}$。

图3-6-6表示例6中函数在点$P(2,0)$沿$\nabla f(2,0) = (1,2)$方向增长得最快,该向量垂直于该点处的等高线。图3-6-7表示函数f的曲面及梯度向量。

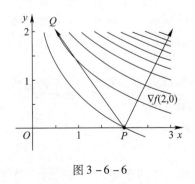

图 3-6-6

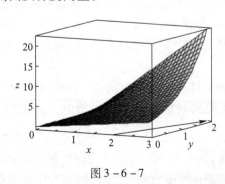

图 3-6-7

例 3-6-7 设空间点(x,y,z)的温度函数是$T(x,y,z) = 80/(1 + x^2 + 2y^2 + 3z^2)$,其中$T$单位是摄氏度,$x,y,z$单位是m。在点$(1,1,-2)$沿哪个方向温度增加得最快?最大增加速率

是多少?

解 函数 T 的梯度是

$$\nabla T = \frac{\partial T}{\partial x}\boldsymbol{i} + \frac{\partial T}{\partial y}\boldsymbol{j} + \frac{\partial T}{\partial z}\boldsymbol{k}$$

$$= -\frac{160x}{1+x^2+2y^2+3z^2}\boldsymbol{i} - \frac{320y}{1+x^2+2y^2+3z^2}\boldsymbol{j} - \frac{480z}{1+x^2+2y^2+3z^2}\boldsymbol{k}$$

$$= \frac{160}{1+x^2+2y^2+3z^2}(-x\boldsymbol{i} - 2y\boldsymbol{j} - 3z\boldsymbol{k})$$

在点 $(1,1,-2)$ 梯度是

$$\nabla T(1,1,-2) = \frac{160}{256}(-\boldsymbol{i} - 2\boldsymbol{j} + 6\boldsymbol{k}) = \frac{5}{8}(-\boldsymbol{i} - 2\boldsymbol{j} + 6\boldsymbol{k})$$

根据定理 3-6-2 可知,温度增加最快的方向是梯度方向,梯度为 $\frac{5}{8}(-\boldsymbol{i} - 2\boldsymbol{j} + 6\boldsymbol{k})$,也可以是 $(-\boldsymbol{i} - 2\boldsymbol{j} + 6\boldsymbol{k})$ 或单位向量 $\frac{1}{\sqrt{41}}(-\boldsymbol{i} - 2\boldsymbol{j} + 6\boldsymbol{k})$。

最大增加速率是梯度的长度,即

$$|\nabla T(1,1,-2)| = \frac{5}{8}|(-\boldsymbol{i} - 2\boldsymbol{j} + 6\boldsymbol{k})| = \frac{5\sqrt{41}}{8}$$

因此,温度增加的最大速率是 $\frac{5\sqrt{41}}{8} \approx 4\text{℃/m}$。

梯度运算满足以下运算法则:设 u 和 v 可微,α,β 为常数,则

(1) $\mathbf{grad}(\alpha u + \beta v) = \alpha\ \mathbf{grad}\ u + \beta\ \mathbf{grad}\ v$;

(2) $\mathbf{grad}(u \cdot v) = u\ \mathbf{grad}\ v + v\ \mathbf{grad}\ u$;

(3) $\mathbf{grad}\ f(u) = f'(u)\mathbf{grad}\ u$。

场是物理学中的概念。例如,在真空中点 P_0 处放置一正电荷 q,则在点 P_0 周围产生一个静电场,再在异于点 P_0 的任一点 P 处放置一单位正电荷,则由物理学知,在点 P 处这个单位正电荷上所受到的力 E,称为此静电场在点 P 处的电场强度。上述静电场内每一点都有一个确定的电场强度,静电场不仅可以用电场强度这个量来描述,也可以用单位正电荷从点 P 处移到无穷远处时,电场强度所做的功 V 来描述,V 称为静电场的电位或电势。

数学中所研究的场是考察客观存在的场的量的侧面。一般地,如果对于空间区域 G 内任一点 M,都有一个确定的数量 $f(M)$ 与之对应,则称在此空间区域 G 内确定了一个**数量场**。

常见的数量场有静电位场、温度场、密度场等,一个数量场可用一个数量函数 $f(M)$ 来确定。

如果与点 M 相对应的是一个向量 $\boldsymbol{A}(M)$,则称在此空间区域 G 内确定了一个**向量场**。

常见的向量场有引力场、静电场、速度场等,一个向量场可用一个向量函数

$$\boldsymbol{A} = \boldsymbol{A}(M) \quad \text{或} \quad \boldsymbol{A} = P(M)\boldsymbol{i} + Q(M)\boldsymbol{j} + R(M)\boldsymbol{k}$$

来确定,其中 $P(M), Q(M), R(M)$ 是点 M 的数量函数。

如果场不随时间而变化,则这类场称为**稳定场**;反之,称为**不稳定场**。本书只讨论稳定场。利用场的概念,我们可以说向量函数 $\mathbf{grad}f(M)$ 确定了一个向量场——梯度场,它是由数量场 $f(M)$ 产生的。通常称函数 $f(M)$ 为这个向量场的**势**,而这个向量场又称为**势场**。必须注意,任

意一个向量场不一定是势场,因为它不一定是某个数量函数的梯度场。

梯度的意义 设三元函数 f 和定义域内的点 $P(x_0,y_0,z_0)$,一方面,由定理 2-6-2 可知梯度 $\nabla f(x_0,y_0,z_0)$ 是函数 f 增长最快的方向;另一方面,$\nabla f(x_0,y_0,z_0)$ 与过点 P 的函数 f 的等高面 S 垂直(图 3-6-8),这两个特点直观上是一致的,因为在等高面上移动 P 点时,函数 f 的值不变。因此,如果在垂直等高面的方向上移动,得到函数增速的最大值是合理的。

同理,考察二元函数 f 及定义域内的一个点 $P(x_0,y_0)$。梯度 $\nabla f(x_0,y_0)$ 表示函数 f 增长最快的方向,梯度 $\nabla f(x_0,y_0)$ 也垂直于过点 P 的等高线 $f(x,y)=k$,因为沿着等高线移动,函数 f 的值不变,所以直观上也是合理的(图 3-6-9)。

又由于等高线 $f(x,y)=k$ 上任一点 $P(x,y)$ 处的法线的斜率为

$$-\frac{1}{\dfrac{dy}{dx}} = -\frac{1}{\left(-\dfrac{f_x}{f_y}\right)} = \frac{f_y}{f_x}$$

这个方向恰好就是梯度 $\nabla f(x,y)$ 的方向。这个结果表明:函数在一点的梯度方向与等高线在该点的一个法线方向相同,它的指向为从数值较低的等高线指向数值较高的等高线,而梯度的模等于函数在这个法线方向的方向导数。

就如同我们考察山脉的等高线地形图一样,$f(x,y)$ 表示海平面上点 (x,y) 对应的高度,那么最陡的上升坡度可以用所有等高线的垂直线连成的曲线,在图 3-6-9 上表示,画出的是最陡峭的下降曲线。图 3-6-10 展示了函数 $f(x,y)=x^2-y^2$ 的有层理的等高线地图图片,跟预期的一样,梯度点"上山点"与等高线垂直。

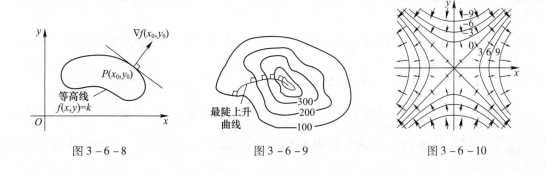

图 3-6-8　　　　　　图 3-6-9　　　　　　图 3-6-10

习题 3-6

(A)

1. 求函数 $u = xy^3z$ 在点 $A(5,1,2)$ 到点 $B(9,4,14)$ 方向的方向导数。

2. 函数 $u = xyz - 2yz - 3$ 在点 $(1,1,1)$ 沿 $\boldsymbol{l} = 2\boldsymbol{i} + 2\boldsymbol{j} + \boldsymbol{k}$ 的方向导数。

4. 求函数 $u = x^2 + y^2 + z^2$ 在椭球面 $\dfrac{x^2}{a^2} + \dfrac{y^2}{b^2} + \dfrac{z^2}{c^2} = 1$ 上点 $M_0(x_0,y_0,z_0)$ 处沿外法线方向的方向导数。

5. 求 $f(x,y) = e^y \sin x$ 在点 $P\left(\dfrac{5\pi}{6}, 0\right)$ 增长最快方向上的单位向量,并求这个方向上的变化率。

6. 哪个方向上使得 $f(x,y) = 1 - x^2 - y^2$ 在点 $(-1,2)$ 处下降最快？

7. 求函数 $f(x,y) = e^{-x}\cos y$ 在点 $\left(0, \dfrac{\pi}{3}\right)$ 指向原点的方向导数。

8. 求 $f(x,y,z) = xy + yz + zx$ 在点 $M(1,1,3)$ 处：

   (1) 沿矢径方向的方向导数；

   (2) 沿梯度方向的方向导数；

   (3) 方向导数的最大值。

9. 以原点为球心的实心球上一点 (x,y,z) 的温度可以表示为
$$T(x,y,z) = \dfrac{200}{5 + x^2 + y^2 + z^2}$$

   (1) 通过观察，猜想实心球中哪里的温度最高；

   (2) 求在点 $(1,-1,1)$ 处温度升高最快的方向；

   (3) 问题(2)中的向量指向原点吗？

(B)

1. 假设点 (x,y,z) 的温度 T 只与其到原点的距离有关，证明 T 上升最快的方向不是指向原点就是背向原点。

2. 已知 $f_x(2,4) = -3$ 和 $f_y(2,4) = 8$，求 f 在点 $(2,4)$ 指向 $(5,0)$ 的方向导数。

3. 在海平面上一座山在点 (x,y) 处的海拔是 $3000e^{-\frac{x^2+y^2}{100}}$ m。x 轴正向指向东方，y 轴正向指向北方。一个登山者在 $(10,10)$ 的正上方，如果她向西北方向移动，那么她是以什么斜率在上升或下降？

4. 点 $P(1,-1,-10)$ 在曲面 $z = -10\sqrt{|xy|}$ 上，一个人从 P 点开始，在以下情况下应该沿什么方向 $\boldsymbol{l} = x\boldsymbol{i} + y\boldsymbol{j}$ 移动？

   (1) 爬得最快；   (2) 在同一水平线上；   (3) 以斜率 1 爬坡。

5. 在点 (x,y,z) 的摄氏温度 $T = \dfrac{10}{x^2 + y^2 + z^2}$，距离的单位是 m。一只蜜蜂以热点为原点以螺旋线飞离，它在时间 $t(\text{s})$ 内的位置向量是 $\boldsymbol{r} = t\cos\pi t\boldsymbol{i} + t\sin\pi t\boldsymbol{j} + t\boldsymbol{k}$。判断以下情形的变化率：

   (1) 在 $t = 1$ 时，T 相对于距离的变化率；

   (2) 在 $t = 1$ 时，T 相对于时间的变化率。

第4章 微分中值定理及其应用

由第3章知识知道,导数作为函数变化率的刻画在研究函数性态中有着十分重要的意义,因而在自然科学、工程技术以及社会科学等领域中得到广泛的应用。本章将利用导数来研究函数以及曲线的某些性态,并利用这些知识解决一些实际问题,给出求极值的新方法。同时介绍微分学的几个中值定理,进一步推广局部线性化,介绍泰勒(Tylor)中值定理,它们是导数应用的理论基础。

§4.1 微分中值定理

微分中值定理揭示了函数在区间上的整体性质与函数在该区间内某一点的导数之间的关系,即函数与其导数的内在联系。中值定理既是微分学知识解决应用问题的理论基础,又是解决微分学自身发展的一种理论模型,因而称为**微分中值定理**。下面先定义函数的极值:

定义 (极值)设 c 是函数 $f(x)$ 定义域的内点,则

(1) 对包含 c 的某个开区间的一切 x,有 $f(x) \leq f(c)$,称 $f(c)$ 是函数 $f(x)$ 的一个极大值;

(2) 对包含 c 的某个开区间的一切 x,有 $f(x) \geq f(c)$,称 $f(c)$ 是函数 $f(x)$ 的一个极小值。

如图 4-1-1 所示,假设一个函数在 c 处可导且有极大值,对 c 附近的 $x<c$,连接点 $(x,f(x))$ 和点 $(c,f(c))$ 的割线斜率为非负。对 c 附近的 $x>c$,连接点 $(x,f(x))$ 和点 $(c,f(c))$ 的割线斜率为非正。当 $x \to c$ 时,这些斜率趋于在 $(c,f(c))$ 处切线的斜率。由此,切线斜率必为非负且非正,所以只能是 $f'(c)=0$,类似的原因,在 c 处为极小值,也有同样的结论。下面定理就告诉我们极值点的特征,称为**极值点定理**(或**费马(Fermat)引理**)。

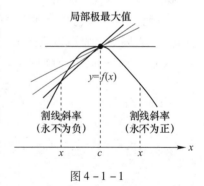

图 4-1-1

费马引理 如果函数 $f(x)$ 在其定义域 D 的内点 c 点取到极值,又若在 c 点,其导数存在,那么

$$f'(c) = 0$$

分析 首先考虑 $f(c)$ 是函数 $f(x)$ 在 D 上极大值的情况,对 D 上的所有 x,有

$$f(x) - f(c) \leq 0$$

这样,如果 $x<c$,那么 $x-c<0$,所有

$$\frac{f(x)-f(c)}{x-c} \geq 0$$

反之,如果 $x-c>0$,那么

$$\frac{f(x)-f(c)}{x-c} \leq 0$$

但是因为 $f'(c)$ 存在。因此当 $x \to c^-$ 和 $x \to c^+$,分别由极限的保号性,即

$$f'(c) = f'_+(c) = \lim_{\Delta x \to 0^+} \frac{f(x) - f(c)}{x - c} \leq 0$$

$$f'(c) = f'_-(c) = \lim_{\Delta x \to 0^-} \frac{f(x) - f(c)}{x - c} \geq 0$$

可得到$f'(c) \geq 0$和$f'(c) \leq 0$, 从而推断$f'(c) = 0$。同理可证明$f(c)$为极小值的情况。

通常称导数等于零的点为函数的**驻点**(或稳定点、临界点)。

4.1.1 罗尔定理

观察图4-1-2,设函数$y = f(x)$在区间$[a,b]$上的图形是一条连续光滑的曲线弧,这条曲线在区间(a,b)内每一点都存在不垂直于x轴的切线,且区间$[a,b]$的两个端点的函数值相等,即$f(a) = f(b)$,则可发现在曲线弧上的最高点或最低点处,曲线有水平的切线,即有$f'(\xi) = 0$。如果用数学语言把这种几何现象描述出来,就是下面的**罗尔(Rolle)定理**。

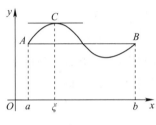

图4-1-2

定理4-1-1 (罗尔定理)如果函数$f(x)$满足:

(1) 在闭区间$[a,b]$上连续;

(2) 在开区间(a,b)内可导;

(3) 在区间端点处函数值相等,即$f(a) = f(b)$,

那么,在开区间(a,b)内至少有一点ξ,使$f'(\xi) = 0$。

分析 由费马引理知:可导函数的极值点处的一阶导数为零,因此只要证明在开区间(a,b)内至少有一点ξ为极大值点(或极小值点)即可,而闭区间上连续的函数有最大值和最小值,只要最大值或最小值有一个在开区间(a,b)内取得就可证明。

证明 由于函数$f(x)$在闭区间$[a,b]$上连续,根据闭区间上连续函数的最值定理,$f(x)$在闭区间$[a,b]$上必定取得它的最大值M和最小值m。

(1) 当$M = m$,这时函数$f(x)$在闭区间$[a,b]$上必然为常数M,即$f(x) = M$,则有

$$\forall x \in (a,b), f'(x) = 0$$

因此,任取$\xi \in (a,b)$,有$f'(\xi) = 0$。

(2) 当$M \neq m$,而$f(a) = f(b)$,M和m至少有一个不等于$f(a)$,不妨设$m \neq f(a)$(对于$M \neq f(a)$,可类似证明),那么必然在(a,b)内至少有一点ξ,使$f(\xi) = m$,对于$\forall x \in [a,b]$

$$f(x) \geq f(\xi)$$

由费马引理得到$f'(\xi) = 0$。

应当注意,上述三个条件若有任何一个不成立,定理的结论都无法保证。如图4-1-3可知图(a)显示了函数在区间内有不可导点的情形;图(b)显示了尽管函数在开区间内连续可导,且在区间端点的函数值相等,但是由于在右端点函数不连续,仍不能保证定理结论的成立。

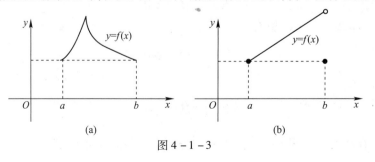

图4-1-3

另一方面,还需注意定理的条件是充分而不必要的,这就是说,当定理的条件不满足时定理的结论也有可能成立(读者可通过图象加以说明)。在一般情况下,罗尔定理只给出了结论中导函数的零点存在性,通常这样的零点是不易具体求出的。

例 4-1-1 不求导数判断函数 $f(x)=(x-1)(x-2)(x-3)$ 的导数有几个零点及这些零点所在的范围。

解 因为 $f(1)=f(2)=f(3)=0$,所以 $f(x)$ 在闭区间 $[1,2]$,$[2,3]$ 上满足罗尔定理的三个条件,所以,在 $(1,2)$ 内至少存在一点 ξ_1,使得 $f'(\xi_1)=0$,即 ξ_1 是 $f'(x)=0$ 的一个零点;又在 $(2,3)$ 内至少存在一点 ξ_2,使得 $f'(\xi_2)=0$,即 ξ_2 也是 $f'(x)=0$ 的一个零点;

又因为 $f'(x)$ 为二次多项式,最多只能有两个零点,故 $f'(x)$ 恰好有两个零点,分别在区间 $(1,2)$ 和 $(2,3)$ 内,如图 4-1-4 所示。

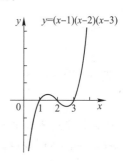

图 4-1-4

例 4-1-2 证明多项式 $f(x)=x^2-3x+a$ 在 $[0,1]$ 上不可能有两个零点。

分析 $f(x)=x^2-3x+a$ 是一个二次多项式,在 $[0,1]$ 上最多有两个零点,如果有两个不同的零点 x_1,x_2,则 $f(x_1)=f(x_2)=0$,根据罗尔定理有 $\exists c \in (0,1),f'(c)=0$。而事实上 $f'(x)=2x-3<0(0<x<1)$,这是相互矛盾的。

证明 用反证法,假设 $f(x)$ 有两个不同的零点 x_1,x_2,则 $f(x_1)=f(x_2)=0$,根据罗尔定理有 $\exists c \in (0,1),f'(c)=0$,而事实上 $f'(x)=2x-3<0(0<x<1)$,这是相互矛盾的。因此 $f(x)=x^2-3x+a$ 在 $[0,1]$ 上不可能有两个零点。

例 4-1-3 设 $f(x)$ 在 $[0,a]$ 上连续,在 $(0,a)$ 内可导,且 $f(a)=0$,证明存在一点 $\xi \in (0,a)$,使

$$f(\xi)+\xi f'(\xi)=0$$

分析 证明存在一点 $\xi \in (0,a)$,使 $f(\xi)+\xi f'(\xi)=0$,就是要证明某个函数 $\phi(x)$ 在 ξ 处的一阶导数为零,即 $\phi'(\xi)=f(\xi)+\xi f'(\xi)=0$,那么只要 $\phi(x)$ 在 $[0,a]$ 上连续,在 $(0,a)$ 内可导,且 $\phi(0)=\phi(a)$ 即可。而 $\phi'(x)=f(x)+xf'(x)$,则 $\phi(x)=xf(x)$。

证明 令 $\phi(x)=xf(x)$,由于 $f(x)$ 在 $[0,a]$ 上连续,在 $(0,a)$ 内可导,且 $f(a)=0$,则 $\phi(x)$ 在 $[0,a]$ 上连续,在 $(0,a)$ 内可导,且

$$\phi'(x)=f(x)+xf'(x)$$

$$\phi(0)=0 \times f(0),\phi(a)=a \times f(a)=a \times 0=0$$

根据罗尔定理有

$$\exists \xi \in (0,a),使 \phi'(\xi)=f(\xi)+\xi f'(\xi)=0$$

定理得证。

4.1.2 拉格朗日中值定理

在罗尔定理中,$f(a)=f(b)$ 这个条件是相当特殊的,它使罗尔定理的应用受到了限制。法国数学家拉格朗日(Lagrange)在罗尔定理的基础上作了进一步的研究,取消了罗尔定理中的这个条件,但仍保留其余两个条件,得到了在微分学中具有十分重要地位的拉格朗日中值定理。

定理 4-1-2 (拉格朗日中值定理)如果函数 $f(x)$ 满足:

(1) 在闭区间 $[a,b]$ 上连续；
(2) 在开区间 (a,b) 内可导，

那么，在开区间 (a,b) 内至少有一点 ξ，使

$$f(b)-f(a)=f'(\xi)(b-a)$$

成立。

分析 拉格朗日定理的两个条件是罗尔定理的前两个条件，根据最近相似性推测，我们自然会想到使用罗尔中值定理，罗尔定理的结论是 $\varphi'(\xi)=0$。而对

$$f(b)-f(a)=f'(\xi)(b-a)$$

变形为

$$f(b)-f(a)-f'(\xi)(b-a)=0$$

即令

$$\varphi'(\xi)=f(b)-f(a)-f'(\xi)(b-a)=0$$

也就是说对于新的函数 $\varphi(x)$，只要满足：在闭区间 $[a,b]$ 上连续，在开区间 (a,b) 内可导，而且 $\varphi(a)=\varphi(b)$，就可以完成证明。由于

$$\varphi'(x)=f(b)-f(a)-f'(x)(b-a)$$

因此

$$\varphi(x)=(f(b)-f(a))x-f(x)(b-a)$$

而且

$$\varphi(a)=(f(b)-f(a))a-f(a)(b-a)=af(b)-bf(a)$$
$$\varphi(b)=(f(b)-f(a))b-f(b)(b-a)=af(b)-bf(a)$$

即 $\varphi(a)=\varphi(b)$。于是就可以用罗尔定理证明（这种证明方法叫作**辅助函数构造法**）。

证明 令 $\varphi(x)=(f(b)-f(a))x-f(x)(b-a)$，由于 $f(x)$ 在闭区间 $[a,b]$ 上连续，在开区间 (a,b) 内可导，所以 $\varphi(x)$ 在闭区间 $[a,b]$ 上连续，在开区间 (a,b) 内可导，且

$$\varphi(a)=(f(b)-f(a))a-f(a)(b-a)$$
$$=af(b)-bf(a)=\varphi(b)$$

由罗尔定理有 $\exists \xi \in (a,b)$，使

$$\varphi'(\xi)=f(b)-f(a)-f'(\xi)(b-a)=0$$

故

$$f(b)-f(a)=f'(\xi)(b-a)$$

拉格朗日定理的结论也可以改写成 $\dfrac{f(b)-f(a)}{b-a}=f'(\xi)$，由图 4-1-5 可知，$\dfrac{f(b)-f(a)}{b-a}$ 为弦 AB 的斜率，而 $f'(\xi)$ 为曲线在 C 点的切线的斜率。拉格朗日中值定理的几何意义是：如果连续曲线 $y=f(x)$ 的弧 $\overset{\frown}{AB}$ 上除端点外处处有不垂直于 x 轴的切线，那么弧上至少有一点 C，曲线在 C 点的切线平行于弦 AB。弦 AB 的直线方程为

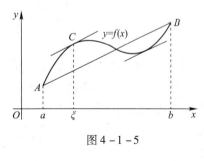

图 4-1-5

$$y = L(x) = f(a) + \frac{f(b)-f(a)}{b-a}(x-a)$$

显然 $y=f(x)$ 与 $y=L(x)$ 在 $x=a$ 处的函数值为 $f(a)$，在 $x=b$ 处的函数值为 $f(b)$，则 $y=f(x)-L(x)$ 满足罗尔定理的三个条件，可以构造辅助函数：

$$h(x) = f(x) - f(a) - \frac{f(b)-f(a)}{b-a}(x-a)$$

进而利用罗尔定理证明。

设 x 为 $[a,b]$ 内一点，$x+\Delta x$ 为 $[a,b]$ 内另一点，则拉格朗日中值定理有了新的形式：

$$f(x+\Delta x) - f(x) = f'(x+\theta\Delta x) \cdot \Delta x \quad (0<\theta<1)$$

θ 在 0 与 1 之间，所以 $x+\theta\Delta x$ 在 x 与 $x+\Delta x$ 之间。该式也可记为

$$\Delta y = f'(x+\theta\Delta x) \cdot \Delta x \quad (0<\theta<1)$$

一般说来，以 $\mathrm{d}y = f'(x) \cdot \Delta x$ 近似代替 Δy 的误差只有当 $\Delta x \to 0$ 时才趋于零，而拉格朗日中值定理却给出了自变量取得有限增量 Δx 时（$|\Delta x|$ 不一定很小）的准确表达式，称之为**有限增量公式**，拉格朗日定理亦称为**有限增量定理**。由于其在微分学中的重要地位，拉格朗日中值定理也称为微分中值定理。在一些理论研究和公式推导中，往往需要给出函数增量的准确表达式，拉格朗日定理就显得尤为重要。拉格朗日中值定理在不等式和一些有关一阶导数中值的结论证明中有着非常重要的作用。

例如：在区间内导数恒为零的函数是常数函数。

证明如下：在区间 I 上任取两点 $x_1, x_2 (x_1 < x_2)$，应用拉格朗日中值定理有

$$f(x_2) - f(x_1) = f'(\xi)(x_2 - x_1) \quad (x_1 < \xi < x_2)$$

又由 $f'(\xi) = 0$，所以 $f(x_2) - f(x_1) = 0$，即 $f(x_2) = f(x_1)$。而 x_1, x_2 是区间 I 上任意两点，所以 $f(x)$ 区间 I 上的函数值总相等，也就是说 $f(x)$ 在区间 I 上是一个常数。

例 4-1-4 证明 $|\arctan a - \arctan b| \leq |a-b| \ (a<b)$。

分析 $\arctan a - \arctan b$ 很容易看成是 $\arctan x$ 在区间 $[a,b]$ 上的增量，而 $(a-b)$ 看成是自变量的增量，两者的联系显然是拉格朗日中值定理。

证明 $\arctan x$ 在区间 $[a,b]$ 上连续，在 (a,b) 内可导，且 $(\arctan x)' = \dfrac{1}{1+x^2}$，由拉格朗日中值定理得

$$|\arctan a - \arctan b| = \frac{1}{1+\xi^2}|a-b| \leq |a-b| \quad (\xi\text{ 在 } a \text{ 与 } b \text{ 之间})$$

例 4-1-5 证明 $\arcsin x + \arccos x = \dfrac{\pi}{2} \quad (-1 \leq x \leq 1)$。

证明 设 $f(x) = \arcsin x + \arccos x, x \in [-1,1]$，则

$$f'(x) = \frac{1}{\sqrt{1-x^2}} + \left(-\frac{1}{\sqrt{1-x^2}}\right) = 0 \quad (x \in (-1,1))$$

从而 $f(x) = C, x \in (-1,1)$。又因为

$$f(0) = \arcsin 0 + \arccos 0 = 0 + \frac{\pi}{2} = \frac{\pi}{2} \quad (x \in (-1,1))$$

而 $f(-1) = f(1) = \dfrac{\pi}{2}$,故

$$\arcsin x + \arccos x = \dfrac{\pi}{2} \quad (-1 \leq x \leq 1)$$

例 4-1-6 证明:当 $x > 0$ 时,$\dfrac{x}{1+x} < \ln(1+x) < x$。

证明 设 $f(x) = \ln(1+x)$,显然,$f(x)$ 在 $[0, x]$ 上满足拉格朗日中值定理的条件,则有

$$f(x) - f(0) = f'(\xi)(x - 0) \quad (0 < \xi < x)$$

因为 $f(0) = 0$,$f'(x) = \dfrac{1}{1+x}$,故上式即为

$$\ln(1+x) = \dfrac{x}{1+\xi} \quad (0 < \xi < x)$$

由于 $0 < \xi < x$,所以 $\dfrac{x}{1+x} < \dfrac{x}{1+\xi} < x$,即

$$\dfrac{x}{1+x} < \ln(1+x) < x$$

例 4-1-7 设函数 $f(x)$ 在 $[0,1]$ 上连续,在 $(0,1)$ 内可导,且 $f(0) = 1$,$f(1) = 0$,证明在 $(0,1)$ 内存在不同的两点 ξ 和 η,使 $f'(\xi)f'(\eta) = 1$。

分析 要证明 $f'(\xi)f'(\eta) = 1$,即证明两个不同中值点的导数相乘为 1。为了使 ξ 和 η 不同,那么,ξ 和 η 必须处于不同的区间,也就是必须把区间 $[0,1]$ 分成两个不同的区间 $[0,c]$ 和 $[c,1]$,在 $[0,c]$ 上应用拉格朗日中值定理有

$$f'(\xi) = \dfrac{f(c) - f(0)}{c - 0} = \dfrac{f(c) - 1}{c} \quad (0 < \xi < c)$$

在 $[c,1]$ 上应用拉格朗日中值定理有:

$$f'(\eta) = \dfrac{f(1) - f(c)}{1 - c} = \dfrac{0 - f(c)}{1 - c} = -\dfrac{f(c)}{1 - c} \quad (c < \eta < 1)$$

那么

$$f'(\xi)f'(\eta) = \dfrac{f(c) - 1}{c} \times \dfrac{f(c)}{c - 1} \quad (0 < \xi < c < \eta < 1)$$

如果 $f(c) = c$ $(0 < c < 1)$(点 c 成为固定点),则 $\dfrac{f(c) - 1}{c} \times \dfrac{f(c)}{c - 1} = \dfrac{c - 1}{c} \times \dfrac{c}{c - 1} = 1$。

证明 令 $g(x) = f(x) - x$,则在 $[0,1]$ 上连续,$g(0) = f(0) - 0 = 1$,$g(1) = f(1) - 1 = -1$,$\exists \xi \in (0,1)$,$g(c) = f(c) - c = 0$,则 $f(c) = c$。
在 $[0,c]$ 上应用拉格朗日中值定理有

$$f'(\xi) = \dfrac{f(c) - f(0)}{c - 0} = \dfrac{c - 1}{c} \quad (0 < \xi < c)$$

在 $[c,1]$ 上应用拉格朗日中值定理有

$$f'(\eta) = \dfrac{f(1) - f(c)}{1 - c} = \dfrac{c}{c - 1} \quad (c < \eta < 1)$$

因此
$$f'(\xi)f'(\eta) = \frac{c-1}{c} \times \frac{c}{c-1} = 1 \quad (0 < \xi < c < \eta < 1)$$

命题得证。

中值定理应用证明,主要方法是逆向思维,把结论变化为熟悉的中值等式,从要证明的含有中值的等式和不等式出发构造辅助函数。

如图 4-1-6 所示,若把拉格朗日定理中的函数 $y=f(x)$ 用参数方程

$$\begin{cases} X = g(t) \\ Y = f(t) \end{cases} \quad (a \leq t \leq b)$$

表示,则函数曲线在点 (x,y) 处的切线的斜率为 $\dfrac{\mathrm{d}y}{\mathrm{d}x} = \dfrac{f'(t)}{g'(t)}$,

而弦 AB 的斜率为 $\dfrac{f(b)-f(a)}{g(b)-g(a)}$,假定曲线 C 点对应于参数

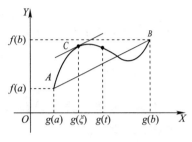

图 4-1-6

$t=\xi$,那么曲线上点 C 处的切线平行于弦 AB,表示为 $\dfrac{f(b)-f(a)}{g(b)-g(a)} = \dfrac{f'(\xi)}{g'(\xi)}, g'(x) \neq 0$,这就是**柯西中值定理**。

4.1.3 柯西中值定理

定理 4-1-3 (柯西中值定理)如果函数 $f(x)$ 及 $F(x)$ 满足:

(1) 在闭区间 $[a,b]$ 上连续;

(2) 在开区间 (a,b) 内可导;

(3) $\forall x \in (a,b), F'(x) \neq 0$,

那么,在开区间 (a,b) 内至少有一点 ξ,使 $\dfrac{f(b)-f(a)}{F(b)-F(a)} = \dfrac{f'(\xi)}{F'(\xi)}$ 成立。

分析 在这里如果对于 $f(x)$ 及 $F(x)$ 分别用拉格朗日中值定理得到

$$f(b) - f(a) = f'(\xi)(b-a) \qquad ①$$
$$F(b) - F(a) = F'(\xi)(b-a) \qquad ②$$

① 除以 ②,有
$$\frac{f(b)-f(a)}{F(b)-F(a)} = \frac{f'(\xi)}{F'(\xi)}$$

这个证明过程是错误的,因为①和②式的中值点 ξ 与函数有关,即两式中的 ξ 不同,而柯西中值定理中 ξ 是同一个数。

可用辅助函数构造法来证明。把结论改写为

$$\frac{f(b)-f(a)}{F(b)-F(a)} F'(\xi) = f'(\xi)$$

即

$$f'(\xi) - \frac{f(b)-f(a)}{F(b)-F(a)} F'(\xi) = 0$$

令 $\phi'(\xi) = f'(\xi) - \dfrac{f(b)-f(a)}{F(b)-F(a)} F'(\xi) = 0$ 即可。

证明 令 $\phi(x) = f(x) - \dfrac{f(b)-f(a)}{F(b)-F(a)}F(x)$，则 $\phi(x)$ 在闭区间 $[a,b]$ 上连续，在开区间 (a,b) 内可导，且

$$\phi(a) = f(a) - \frac{f(b)-f(a)}{F(b)-F(a)}F(a) = \frac{F(b)f(a)-F(a)F(b)}{F(b)-F(a)}$$

$$\phi(b) = f(b) - \frac{f(b)-f(a)}{F(b)-F(a)}F(b) = \frac{F(b)f(a)-F(a)F(b)}{F(b)-F(a)}$$

根据罗尔定理有：$\exists \xi \in (a,b)$，$\phi'(\xi) = f'(\xi) - \dfrac{f(b)-f(a)}{F(b)-F(a)}F'(\xi) = 0$，由此得

$$\frac{f(b)-f(a)}{F(b)-F(a)} = \frac{f'(\xi)}{F'(\xi)}$$

例 4-1-8 设 $f(x)$ 在 $[a,b]$ 上连续，在 (a,b) 内可导，且 $0 < a < b$，证明存在两点 $\xi, \eta \in (a,b)$，使

$$f'(\xi) = \frac{a+b}{2\eta}f'(\eta)$$

分析 为了证明结论的清晰，把不同符号归并到等式的一边，并尽可能使用相同的形式，把欲证明的等式变形为：$\dfrac{f'(\xi)}{a+b} = \dfrac{f'(\eta)}{2\eta}$。显然等式右边与柯西中值定理相似，即可以看成是函数 $\dfrac{f(x)}{x^2}$ 在区间 $[a,b]$ 上作用的结果，也就是 $\dfrac{f(b)-f(a)}{b^2-a^2} = \dfrac{f(\eta)}{2\eta}$；而左边的 $f(b)-f(a) = f'(\xi)(b-a)$，代入上式就有了欲证明等式的左端：

$$\frac{f(b)-f(a)}{b^2-a^2} = \frac{f'(\xi)(b-a)}{b^2-a^2} = \frac{f'(\xi)}{a+b}$$

证明 令 $F(x) = x^2$，显然 $f(x), F(x)$ 在区间 $[a,b]$ 上连续，在 (a,b) 内可导，由于 $0 < a < b$，所以在 (a,b) 内 $F'(x) = 2x > 0$，根据柯西中值定理定理有：$\exists \eta \in (a,b)$ 使得

$$\frac{f(b)-f(a)}{F(b)-F(a)} = \frac{f(b)-f(a)}{b^2-a^2} = \frac{f(\eta)}{2\eta}$$

而根据拉格朗日中值定理有 $f(b)-f(a) = f'(\xi)(b-a)$，代入上式得

$$\frac{f(b)-f(a)}{b^2-a^2} = \frac{f'(\xi)(b-a)}{b^2-a^2} = \frac{f'(\xi)}{a+b} = \frac{f'(\eta)}{2\eta}$$

因此，当 $0 < a < b$ 时，$\exists \xi, \eta \in (a,b)$，使 $f'(\xi) = \dfrac{a+b}{2\eta}f'(\eta)$。

习题 4-1

(A)

1. 验证罗尔定理对函数 $y = \ln(\sin x)$ 在闭区间 $\left[\dfrac{\pi}{6}, \dfrac{5\pi}{6}\right]$ 上的正确性。

2. 不求导数，判断函数 $f(x) = (x-1)(x-2)(x-3)(x-4)(x-5)$ 的导数有几个零点及这些零点所在的范围。

3. 证明：方程 $x^5 + x - 1 = 0$ 有且仅有一个正根。

4. 证明：若方程 $a_n x^n + a_{n-1} x^{n-1} + \cdots + a_2 x^2 + a_1 x = 0 (a_n \neq 0)$ 有一个正根 $x_0 > 0$，则方程 $na_n x^{n-1} + (n-1)a_{n-1} x^{n-2} + \cdots + 2a_2 x + a_1 = 0$ 必有一个小于 x_0 的正根。

5. 若函数 $f(x)$ 在开区间 (a, b) 内二阶可导，且 $f(x_1) = f(x_2) = f(x_3)$，其中 $a < x_1 < x_2 < x_3 < b$，证明：在 (a, b) 内至少存在一点 ξ 使得 $f''(\xi) = 0$。

6. 证明：$\arctan x + \mathrm{arccot}\, x = \dfrac{\pi}{2}$。

7. 若函数 $f(x)$ 在区间 I 内可导，且导函数 $f'(x) > 0$，证明：$f(x)$ 在区间 I 内为单调增函数。

8. 设 $a > b > 0, n > 1$，证明：$nb^{n-1}(a-b) < a^n - b^n < na^{n-1}(a-b)$。

9. 证明：若函数 $f(x)$ 在 $(-\infty, +\infty)$ 内满足 $f'(x) = f(x)$，且 $f(0) = 1$，则 $f(x) = e^x$。

10. 设函数 $f(x)$ 在 $[0, 1]$ 上连续，在 $(0, 1)$ 内可导，则在 $(0, 1)$ 内至少存在一点 ξ 使得 $f'(\xi) = 2\xi [f(1) - f(0)]$。

11. 设 $f(x)$ 在点 $x = 0$ 某邻域内具有 n 阶导数，且

$$f(0) = f'(0) = f''(0) = \cdots = f^{(n-1)}(0) = 0$$

证明：$\dfrac{f(x)}{x^n} = \dfrac{f^{(n)}(\theta x)}{n!}, 0 < \theta < 1$。

(B)

1. 设 $f(x)$ 在 $[a, b]$ 上有定义，且在 (a, b) 内可导，则（　　）。
   A. 当 $f(a) \cdot f(b) < 0$ 时，至少存在一点 $\xi \in (a, b)$，使得 $f(\xi) = 0$
   B. 对于任意的点 $\xi \in (a, b)$，恒有 $\lim\limits_{x \to \xi} [f(x) - f(\xi)] = 0$
   C. 当 $f(a) = f(b)$ 时，至少存在一点 $\xi \in (a, b)$，使得 $f'(\xi) = 0$
   D. 至少存在一点 $\xi \in (a, b)$，使得 $f(b) - f(a) = f'(\xi)(b - a)$

2. 设 $f(x)$ 和 $g(x)$ 在 $[a, b]$ 上连续，在 (a, b) 内可导，且 $f(a) = f(b) = 0$。证明：$\exists \xi \in (a, b)$，使得

$$f'(\xi) + 2f(\xi)g'(\xi) = 0$$

3. 已知 $f(x)$ 在 $[0, 1]$ 上二阶可导，$f(0) = f(1) = 0$，设 $F(x) = x^2 f(x)$，则至少存在一点 $\xi \in (0, 1)$，使得 $F''(\xi) = 0$。

4. 设 $f(x)$ 在 $[-1, 1]$ 上具有三阶连续导数，且 $f(-1) = 0, f(1) = 1, f'(0) = 0$，证明至少存在一点 $\xi \in (-1, 1)$，使得 $f'''(\xi) = 3$。

5. 设函数 $f(x)$ 在 $[1, 2]$ 上有二阶导数，且 $f(1) = f(2) = 0$，又

$$F(x) = (x-1)^2 f(x)$$

证明在 $(1, 2)$ 内至少存在一点 ξ，使得 $F''(\xi) = 0$。

6. 设 $b > a > 0$，$f(x)$ 在 $[a, b]$ 上连续，在 (a, b) 内可导。证明：至少存在一点 $\xi \in (a, b)$，使得

$$f(b) - f(a) = \xi f'(\xi) \ln \dfrac{b}{a}$$

7. 设函数 $f(x), g(x)$ 在闭区间 $[a, b]$ 上连续，在开区间 (a, b) 内具有二阶导数且存在相等

的最小值,又 $f(a)=g(a), f(b)=g(b)$。证明:

(1) 至少存在一点 $\xi \in (a,b)$,使得 $f(\xi)=g(\xi)$;

(2) 至少存在一点 $\eta \in (a,b)$,使得 $f''(\eta)=g''(\eta)$。

8. 设 $f(x)$ 在 $[0,1]$ 上连续,在 $(0,1)$ 内可导,$f(0)=0, f(1)=1$。证明:在 $(0,1)$ 内存在两个不同的点 ξ, η,使

$$\frac{1}{f'(\xi)}+\frac{1}{f'(\eta)}=2$$

§4.2 洛必达法则

如果当 $x \to a$(或 $x \to \infty$)时,两个函数 $f(x)$ 与 $g(x)$ 都趋于零或者趋于无穷大,则极限

$$\lim_{x \to a}\frac{f(x)}{g(x)} \quad 或 \quad \lim_{x \to \infty}\frac{f(x)}{g(x)}$$

可能存在,也可能不存在,通常把这种极限称为**未定式**。并分别记为 $\frac{0}{0}$ 或 $\frac{\infty}{\infty}$。

例如,$\lim\limits_{x \to 0}\frac{\sin x}{x}, \lim\limits_{x \to 0}\frac{1-\cos x}{x^2}, \lim\limits_{x \to +\infty}\frac{x^3}{e^x}$ 等就是未定式。

在前面,我们曾计算过两个无穷小之比以及两个无穷大之比的未定式的极限,往往需要经过适当的变形,转化为可利用极限运算法则或重要极限进行计算的形式,这种变形没有一般的方法,需视具体问题而定,属于特定的方法。本节将以导数为工具,利用柯西中值定理推出计算未定式极限的一种简便且重要的方法,即**洛必达(L'Hôpital)法则**。

4.2.1 $\frac{0}{0}$ 型与 $\frac{\infty}{\infty}$ 型未定式

下面,我们以 $x \to a$ 时的未定式 $\frac{0}{0}$ 的情形为例进行讨论。

定理 4-2-1 (洛必达法则)设:

(1) $\lim\limits_{x \to a}f(x)=0$ 和 $\lim\limits_{x \to a}F(x)=0$;

(2) 在点 a 的某一去心邻域 $\overset{\circ}{U}(a)$ 内,$f'(x)$ 及 $F'(x)$ 都存在且 $F'(x) \neq 0$;

(3) $\lim\limits_{x \to a}\frac{f'(x)}{F'(x)}$ 存在(或为无穷大),

则

$$\lim_{x \to a}\frac{f(x)}{F(x)}=\lim_{x \to a}\frac{f'(x)}{F'(x)}$$

证明 因为极限 $\lim\limits_{x \to a}\frac{f(x)}{F(x)}$ 存在与否与 $f(a)$ 及 $F(a)$ 无关,令 $f(a)=F(a)=0$。由条件(1)和(2)知,$f(x)$ 及 $F(x)$ 在 a 的某一邻域内 $U(a)$ 是连续的,设 $x \in U(a)$,在以 x 及 a 为端点的开区间内可导,满足柯西中值定理的条件,因此有

$$\frac{f(x)}{F(x)}=\frac{f(x)-f(a)}{F(x)-f(a)}=\frac{f'(\xi)}{F'(\xi)} \quad (\xi 在 x 与 a 之间)$$

令 $x \to a$,并对上式两边求极限,注意到 $x \to a$ 时,$\xi \to a$,再由条件(3)就证明了结论。

例 4－2－1 求 $\lim\limits_{x\to 0}\dfrac{\sin kx}{x}$ ($k\neq 0$)。

解 这是 $\dfrac{0}{0}$ 型未定式，由洛必达法则

$$\lim_{x\to 0}\frac{\sin kx}{x}=\lim_{x\to 0}\frac{(\sin kx)'}{(x)'}=\lim_{x\to 0}\frac{k\cos kx}{1}=k$$

例 4－2－2 求 $\lim\limits_{x\to 1}\dfrac{x^3-3x+2}{x^3-x^2-x+1}$。

解 这是 $\dfrac{0}{0}$ 型未定式，连续使用洛必达法则两次，得

$$\lim_{x\to 1}\frac{x^3-3x+2}{x^3-x^2-x+1}=\lim_{x\to 1}\frac{3x^2-3}{3x^2-2x-1}=\lim_{x\to 1}\frac{6x}{6x-2}=\frac{3}{2}$$

注 上式中 $\lim\limits_{x\to 1}\dfrac{6x}{6x-2}$ 已经不是未定式了，不能再对它应用洛必达法则，否则会导致错误。

例 4－2－3 求 $\lim\limits_{x\to 1}\dfrac{x-\sin x}{x^3}$。

解 这是 $\dfrac{0}{0}$ 型未定式，由洛必达法则，得

$$\lim_{x\to 1}\frac{x-\sin x}{x^3}=\lim_{x\to 1}\frac{1-\cos x}{3x^2}=\lim_{x\to 1}\frac{\sin x}{6x}=\frac{1}{6}$$

注 对于 $x\to\infty$ 未定式 $\dfrac{0}{0}$ 有类似的定理。

定理 4－2－2 （洛必达法则）设
(1) $\lim\limits_{x\to\infty}f(x)=0$ 和 $\lim\limits_{x\to\infty}F(x)=0$；
(2) 当 $|x|>M$ 时，$f'(x)$ 及 $F'(x)$ 都存在且 $F'(x)\neq 0$；
(3) $\lim\limits_{x\to\infty}\dfrac{f'(x)}{F'(x)}$ 存在（或为无穷大），

则

$$\lim_{x\to\infty}\frac{f(x)}{F(x)}=\lim_{x\to\infty}\frac{f'(x)}{F'(x)}$$

同样，对于 $x\to a$ 和 $x\to\infty$ 未定式 $\dfrac{\infty}{\infty}$ 有类似的定理（洛必达法则）。

例 4－2－4 求 $\lim\limits_{x\to +\infty}\dfrac{\dfrac{\pi}{2}-\arctan x}{\dfrac{1}{x}}$。

解 这是 $\dfrac{0}{0}$ 型未定式，由洛必达法则，得

$$\lim_{x\to +\infty}\frac{\dfrac{\pi}{2}-\arctan x}{\dfrac{1}{x}}=\lim_{x\to +\infty}\frac{-\dfrac{1}{1+x^2}}{-\dfrac{1}{x^2}}=\lim_{x\to +\infty}\frac{x^2}{1+x^2}=1$$

例 4-2-5 求 $\lim\limits_{x\to 0^+}\dfrac{\ln\cot x}{\ln x}$。

解 这是 $\dfrac{\infty}{\infty}$ 型未定式，由洛必达法则，得

$$\lim_{x\to 0^+}\frac{\ln\cot x}{\ln x}=\lim_{x\to 0^+}\frac{\dfrac{1}{\cot x}\left(-\dfrac{1}{\sin^2 x}\right)}{\dfrac{1}{x}}=-\lim_{x\to 0^+}\frac{x}{\sin x\cos x}=-\lim_{x\to 0^+}\frac{x}{\sin x}\lim_{x\to 0^+}\frac{1}{\cos x}=-1$$

例 4-2-6 求 $\lim\limits_{x\to +\infty}\dfrac{\ln x}{x^n}$ $(n>0)$。

解 这是 $\dfrac{\infty}{\infty}$ 型未定式，由洛必达法则，得

$$\lim_{x\to +\infty}\frac{\ln x}{x^n}=\lim_{x\to +\infty}\frac{\dfrac{1}{x}}{nx^{n-1}}=\lim_{x\to +\infty}\frac{1}{nx^n}=0$$

例 4-2-7 求 $\lim\limits_{x\to +\infty}\dfrac{x^n}{\mathrm{e}^{\lambda x}}$（$n$ 为正整数，$\lambda>0$）。

解 这是 $\dfrac{\infty}{\infty}$ 型未定式，反复使用洛必达法则 n 次，得

$$\lim_{x\to +\infty}\frac{x^n}{\mathrm{e}^{\lambda x}}=\lim_{x\to +\infty}\frac{nx^{n-1}}{\lambda\mathrm{e}^{\lambda x}}=\lim_{x\to +\infty}\frac{n(n-1)x^{n-2}}{\lambda^2\mathrm{e}^{\lambda x}}=\cdots=\lim_{x\to +\infty}\frac{n!}{\lambda^n\mathrm{e}^{\lambda x}}=0$$

注 对数函数 $\ln x$，幂函数 x^n，指数函数 $\mathrm{e}^{\lambda x}$（$\lambda>0$）均为 $x\to +\infty$ 时的无穷大，但它们增大的速度很不一样。幂函数增大的速度远比对数函数快，而指数函数增大的速度又比幂函数快。

洛必达法则虽然是求未定式极限的一种有效方法，但不是最佳方法也不是一切未定式的通用方法，若能与其他求极限的方法结合使用，效果会更好。例如，能化简时应尽可能先化简，可以应用等价无穷小替换、有理化、约去公因式或重要极限时应尽量应用，以使运算尽可能简便。

例 4-2-8 求 $\lim\limits_{x\to 0}\dfrac{3x-\sin 3x}{(1-\cos x)\ln(1+2x)}$。

解 当 $x\to 0$ 时，$1-\cos x\sim\dfrac{1}{2}x^2$，$\ln(1+2x)\sim 2x$，所以

$$\lim_{x\to 0}\frac{3x-\sin 3x}{(1-\cos x)\ln(1+2x)}=\lim_{x\to 0}\frac{3x-\sin 3x}{\dfrac{1}{2}x^2\cdot 2x}=\lim_{x\to 0}\frac{3x-\sin 3x}{x^3}$$

$$=\lim_{x\to 0}\frac{3-3\cos 3x}{3x^2}=\lim_{x\to 0}\frac{\dfrac{1}{2}(3x)^2}{x^2}=\frac{9}{2}$$

注 应用洛必达法则求极限 $\lim\dfrac{f(x)}{g(x)}$ 时，如果 $\lim\dfrac{f'(x)}{g'(x)}$ 不存在且不等于 ∞，只表明洛必达法则失效，并不意味着 $\lim\dfrac{f(x)}{g(x)}$ 不存在，此时应该用其他方法求解。

例 4-2-9 求 $\lim\limits_{x\to 0}\dfrac{x^2\sin\dfrac{1}{x}}{\sin x}$。

解 这是 $\dfrac{0}{0}$ 型未定式,但对于分子和分母分别求导数后,将变为

$$\lim_{x\to 0}\frac{2x\sin\dfrac{1}{x}-\cos\dfrac{1}{x}}{\cos x}$$

此极限并不存在(振荡),故洛必达法则失效。但原极限是存在的,可用如下方法求解:

$$\lim_{x\to 0}\frac{x^2\sin\dfrac{1}{x}}{\sin x}=\lim_{x\to 0}\left(\frac{x}{\sin x}\cdot x\sin\frac{1}{x}\right)=\lim_{x\to 0}\frac{x}{\sin x}\cdot\lim_{x\to 0}x\sin\frac{1}{x}=1\cdot 0=0$$

4.2.2 其他类型的未定式

(1) 对于 $0\cdot\infty$ 型,可将乘积转化为除的形式,可通过恒等变换转换成 $\dfrac{0}{0}\left(\text{或}\dfrac{\infty}{\infty}\right)$ 进行计算。

即 $0\cdot\infty$ 转化为 $\dfrac{0}{1/\infty}\left(\text{或}\dfrac{\infty}{1/0}\right)$ 型,即 $\dfrac{0}{0}\left(\text{或}\dfrac{\infty}{\infty}\right)$。

例 4-2-10 求 $\lim\limits_{x\to 0^+}x\ln x$。

解 $\lim\limits_{x\to 0^+}x\ln x=\lim\limits_{x\to 0^+}\dfrac{\ln x}{x^{-1}}=\lim\limits_{x\to 0^+}\dfrac{x^{-1}}{-x^{-2}}=-\lim\limits_{x\to 0^+}x=0$

(2) 对于 $\infty-\infty$ 型,可利用通分化为 $\dfrac{0}{0}$ 进行计算。即

$$\frac{1}{1/\infty}-\frac{1}{1/\infty}=\frac{1/\infty-1/\infty}{(1/\infty)(1/\infty)}$$

例 4-2-11 求 $\lim\limits_{x\to 0}\left(\dfrac{1}{x}-\dfrac{1}{\sin x}\right)$。

解 $\lim\limits_{x\to 0}\left(\dfrac{1}{x}-\dfrac{1}{\sin x}\right)=\lim\limits_{x\to 0}\dfrac{\sin x-x}{x\sin x}=\lim\limits_{x\to 0}\dfrac{\sin x-x}{x^2}=\lim\limits_{x\to 0}\dfrac{\cos x-1}{2x}=\lim\limits_{x\to 0}\dfrac{-\sin x}{2}=0$

(3) 对于 0^0,1^∞,∞^0 等形如 $u(x)^{v(x)}$ 幂指函数,则通过取对数再取指数化成指数函数的极限计算

$$u(x)^{v(x)}=e^{v(x)\ln u(x)}$$

一般地,如果函数极限存在,我们有

$$\lim u(x)^{v(x)}=\lim e^{v(x)\ln u(x)}=e^{\lim v(x)\ln u(x)}$$

例 4-2-12 求 $\lim\limits_{x\to 0}(1+x)^{\frac{1}{\sin x}}$。

解 $\lim\limits_{x\to 0}(1+x)^{\frac{1}{\sin x}}=\lim\limits_{x\to 0}e^{\frac{1}{\sin x}\ln(1+x)}=e^{\lim\limits_{x\to 0}\frac{1}{\sin x}\ln(1+x)}=e^{\lim\limits_{x\to 0}\frac{x}{\sin x}}=e^1=e$

例 4-2-13 求 $\lim\limits_{x\to 0^+}x^x$。

解 $\lim\limits_{x\to 0^+}x^x=\lim\limits_{x\to 0^+}e^{\ln x^x}=\lim\limits_{x\to 0^+}e^{x\ln x}=e^{\lim\limits_{x\to 0^+}\frac{\ln x}{\frac{1}{x}}}=e^{\lim\limits_{x\to 0^+}\frac{\frac{1}{x}}{-\frac{1}{x^2}}}=e^{\lim\limits_{x\to 0^+}(-x)}=e^0=1$

例 4-2-14 求 $\lim\limits_{x\to+\infty} x^{\frac{1}{x}}$。

解 $\lim\limits_{x\to+\infty} x^{\frac{1}{x}} = \lim\limits_{x\to+\infty} e^{\frac{\ln x}{x}} = e^{\lim\limits_{x\to+\infty}\frac{\ln x}{x}} = e^{\lim\limits_{x\to+\infty}\frac{\frac{1}{x}}{1}} = e^0 = 1$

例 4-2-15 求 $\lim\limits_{x\to 0^+}\left(\dfrac{1}{\sin x}\right)^x$。

解 $\lim\limits_{x\to 0^+}\left(\dfrac{1}{\sin x}\right)^x = \lim\limits_{x\to 0^+} e^{x\ln\left(\frac{1}{\sin x}\right)} = \lim\limits_{x\to 0^+} e^{-x\ln\sin x}$

$= e^{\lim\limits_{x\to 0^+}(-x\ln\sin x)} = e^{-\lim\limits_{x\to 0^+}\frac{\ln\sin x}{\frac{1}{x}}} = e^{\lim\limits_{x\to 0^+}\frac{\cos x}{\frac{1}{x^2}\cdot\sin x}} = e^{\lim\limits_{x\to 0^+}\frac{x^2\cos x}{\sin x}} = e^0 = 1$

习题 4-2

(A)

1. 下列各式中正确的是( )。

   A. $\lim\limits_{x\to 0^+}\left(1+\dfrac{1}{x}\right)^x = 1$
   B. $\lim\limits_{x\to 0^+}\left(1+\dfrac{1}{x}\right)^x = e$

   C. $\lim\limits_{x\to\infty}\left(1-\dfrac{1}{x}\right)^x = e$
   D. $\lim\limits_{x\to\infty}\left(1+\dfrac{1}{x}\right)^{-x} = e$

2. 用洛必达法则求下列极限：

   (1) $\lim\limits_{x\to 0}\dfrac{\ln(1+x^2)}{x^2}$；

   (2) $\lim\limits_{x\to 0}\dfrac{e^x - e^{-x}}{\tan x}$；

   (3) $\lim\limits_{x\to 0}\dfrac{\sin x - x}{x - \tan x}$；

   (4) $\lim\limits_{x\to\frac{\pi}{2}}\dfrac{\ln\sin x}{(2x-\pi)^2}$；

   (5) $\lim\limits_{x\to 0^+}\dfrac{\ln(\sin 4x)}{\ln(\tan 5x)}$；

   (6) $\lim\limits_{x\to\frac{\pi}{2}}\dfrac{\tan 3x}{\tan 4x}$；

   (7) $\lim\limits_{x\to+\infty}\dfrac{1}{x\operatorname{arccot}x}$；

   (8) $\lim\limits_{x\to 0}\dfrac{\ln(1+x^2)}{\sec x - \cos x}$；

   (9) $\lim\limits_{x\to 0} x\cot 3x$；

   (10) $\lim\limits_{x\to 0} x^2 e^{\frac{1}{x^2}}$；

   (11) $\lim\limits_{x\to 0^+} x^{\sin x}$；

   (12) $\lim\limits_{x\to 0^+}\left(\dfrac{1}{\sin x}\right)^{\tan x}$。

3. 验证极限 $\lim\limits_{x\to+\infty}\dfrac{x+\sin x}{x}$ 存在，但不能使用洛必达法则得出。

4. 验证极限 $\lim\limits_{x\to+\infty}\dfrac{x^2\sin\frac{1}{x}}{\sin x}$ 存在，但不能使用洛必达法则得出。

(B)

1. 求下列极限：

   (1) $\lim\limits_{x\to a}\left(\dfrac{\sin x}{\sin a}\right)^{\frac{1}{x-a}}$；

   (2) $\lim\limits_{x\to 1}\dfrac{x^x - x}{\ln x - x + 1}$；

(3) $\lim\limits_{x\to 0}\dfrac{\sin x + x^2\sin\dfrac{1}{x}}{(1+\cos x)\ln(1+x)}$; (4) $\lim\limits_{x\to +\infty}(x+\mathrm{e}^x)^{\frac{1}{x}}$;

(5) $\lim\limits_{x\to\infty}\left[x-x^2\ln\left(1+\dfrac{1}{x}\right)\right]$; (6) $\lim\limits_{x\to 0}\dfrac{\mathrm{e}^x-\mathrm{e}^{\sin x}}{x^2\ln(1+x)}$;

(7) $\lim\limits_{x\to 0}\left(\dfrac{a_1^x+a_2^x+\cdots a_n^x}{n}\right)^{\frac{1}{x}}$ $(a_i>0, i=1,2,\cdots,n)$;

(8) $\lim\limits_{x\to 0}\dfrac{\mathrm{e}^x-\sin x-1}{1-\sqrt{1-x^2}}$; (9) $\lim\limits_{x\to 0}\dfrac{\tan x - x + x^4\cos\dfrac{1}{x}}{(1+\cos x)\ln(1+x^3)}$;

(10) $\lim\limits_{x\to 0}\dfrac{\mathrm{e}^{x^2}+2\cos x-3}{x^4}$; (11) $\lim\limits_{x\to 0}\dfrac{(1+x)^{\frac{2}{x}}-\mathrm{e}^2[1-\ln(1+x)]}{x}$;

(12) $\lim\limits_{x\to 0}\dfrac{\mathrm{e}^x\sin x - x(1+x)}{x(\mathrm{e}^x-1)\ln(1+x)}$; (13) $\lim\limits_{x\to 0}\dfrac{(1+\cos x)^x-2^x}{x(1-\cos x)}$;

(14) $\lim\limits_{n\to\infty}n^2\left(\arctan\dfrac{1}{n}-\arctan\dfrac{1}{n+1}\right)$。

2. 求常数 a 和 b,使 $f(x)=\mathrm{e}^x-\dfrac{1+ax}{1+bx}$ 为当 $x\to 0$ 时关于 x 的三阶无穷小。

3. 讨论函数 $f(x)=\begin{cases}\left[(1+x)^{\frac{1}{x}}\right]^{\frac{1}{x}} & (x>0)\\ \mathrm{e}^{-\frac{1}{2}} & (x\leq 0)\end{cases}$ 在点 $x=0$ 处的连续性。

4. 设 $f(x)$ 具有二阶连续导数,且 $\lim\limits_{x\to 0}\dfrac{f(x)}{x}=0$,$f''(0)=2$,求 $\lim\limits_{x\to 0}\left[1+\dfrac{f(x)}{x}\right]^{\frac{1}{x}}$。

§4.3 泰勒公式

对于一些复杂函数的计算来说,为了研究其一些性质,需要用一些简单的函数来近似表达。多项式函数是最为简单的基本初等函数,它只需要对自变量进行有限次加、减、乘三种运算,便能求出其函数值,因此,多项式函数经常被用来近似地表达函数,这种近似表达在数学上常称为**逼近**。如何找到多项式函数来近似一般函数,并估计误差成为本节课我们需要讨论的问题,其中英国数学家**泰勒(Taylor)**在这方面进行了大量的研究,做出了不朽的贡献。

在前面学习了微分的应用,我们已经知道,当 $|x|$ 很小时,有下列近似等式

$$\mathrm{e}^x\approx 1+x,\ \ln(1+x)\approx x$$

这些都是用一次多项式来近似表达函数的例子,一般地可用

$$f(x+\Delta x)\approx f(x)+f'(x)\cdot\Delta x$$

给出函数的线性近似的方法,但当 $|\Delta x|$ 不是很小时,误差较大。微分中值定理虽然给出了

$$f(x+\Delta x)=f(x)+f'(x+\theta\Delta x)\cdot\Delta x$$

的准确表达,但 θ 在 0 与 1 之间,是一个未知的数,难以计算。因此,当精度要求较高且需要估计误差的时候,就必须用高次的多项式来近似表达函数,同时给出误差估计式。

这里,我们要考虑的问题是:

设函数 $f(x)$ 在含有 x_0 的开区间 (a,b) 内有直到 $(n+1)$ 阶的导数,问是否存在一个 n 次多项式函数

$$p_n(x) = a_0 + a_1(x-x_0) + a_2(x-x_0)^2 + \cdots + a_n(x-x_0)^n$$

使得

$$f(x) \approx p_n(x)$$

且误差 $R_n(x) = f(x) - p_n(x)$ 是比 $(x-x_0)^n$ 高阶的无穷小,并给出误差估计的具体表达式。

这个问题的答案是肯定的。下面我们先来考虑这样的情形:设 $p_n(x)$ 在点 x_0 处的函数值及它的直到 n 阶的导数在点 x_0 处的值依次与对应的函数值及导数值相等,即有

$$p_n(x_0) = f(x_0), p_n^{(k)}(x_0) = f^{(k)}(x_0) \quad (k=1,2,\cdots,n)$$

要按这些等式来确定上述多项式的系数 $a_0, a_1, \cdots, a_n$。为此,对多项式进行各阶求导,并分别代入,得

$$a_0 = f(x_0), a_1 = f'(x_0), 2! \quad a_2 = f''(x_0), \cdots, n! \quad a_n = f^{(n)}(x_0)$$

即

$$a_0 = f(x_0), a_k = \frac{f^{(k)}(x_0)}{k!} \quad (k=1,2,\cdots,n)$$

将所求系数代入多项式,有

$$p_n(x) = f(x_0) + f'(x_0)(x-x_0) + \frac{f''(x_0)}{2!}(x-x_0)^2 + \cdots + \frac{f^{(n)}(x_0)}{n!}(x-x_0)^n$$

下面定理将从理论上证明,上述多项式就是我们要寻找的 n 次多项式。

4.3.1 具有拉格朗日余项的泰勒公式

定理 4-3-1(**泰勒中值定理**)如果函数 $f(x)$ 在某个邻域 $U(x_0)$ 内具有 $(n+1)$ 阶导数,那么对于任意 $x \in U(x_0)$,有

$$f(x) = f(x_0) + f'(x_0)(x-x_0) + \frac{f''(x_0)}{2!}(x-x_0)^2 + \cdots + \frac{f^{(n)}(x_0)}{n!}(x-x_0)^n + R_n(x)$$

其中 $R_n(x) = \frac{f^{(n+1)}(\xi)}{(n+1)!}(x-x_0)^{n+1}$,这里 ξ 是介于 x_0 与 x 之间的某个数。

分析

$$R_n(x) = f(x) - f(x_0) - f'(x_0)(x-x_0) - \frac{f''(x_0)}{2!}(x-x_0)^2 - \cdots - \frac{f^{(n)}(x_0)}{n!}(x-x_0)^n$$

证明

$$R_n(x) = \frac{f^{(n+1)}(\xi)}{(n+1)!}(x-x_0)^{n+1} \quad (\xi \text{ 介于 } x_0 \text{ 与 } x \text{ 之间})$$

即证明

$$\frac{R_n(x)}{(x-x_0)^{n+1}} = \frac{f^{(n+1)}(\xi)}{(n+1)!}$$

证明 令

$$R_n(x) = f(x) - f(x_0) - f'(x_0)(x-x_0) - \frac{f''(x_0)}{2!}(x-x_0)^2 - \cdots - \frac{f^{(n)}(x_0)}{n!}(x-x_0)^n, \text{由假设}$$

知 $R_n(x)$ 在 $U(x_0)$ 内具有 $(n+1)$ 阶导数,且
$$R_n(x_0) = R'_n(x_0) = R''_n(x_0) = \cdots = R_n^{(n)}(x_0) = 0$$

对 $R_n(x)$ 和 $(x-x_0)^{n+1}$ 在以 x 及 x_0 为端点的区间上应用柯西中值定理,得
$$\frac{R_n(x)}{(x-x_0)^{n+1}} = \frac{R_n(x) - R_n(x_0)}{(x-x_0)^{n+1} - 0} = \frac{R'_n(\xi_1)}{(n+1)(\xi_1 - x_0)^n} \quad (\xi_1 \text{ 介于 } x_0 \text{ 与 } x \text{ 之间})$$

再对 $R'_n(x)$ 和 $(n+1)(x-x_0)^n$ 在以 ξ_1 及 x_0 为端点的区间上应用柯西中值定理,得
$$\frac{R'_n(\xi_1)}{(n+1)(\xi_1-x_0)^n} = \frac{R'_n(\xi_1) - R'_n(x_0)}{(n+1)(\xi_1-x_0)^n} = \frac{R''_n(\xi_2)}{(n+1)n(\xi_2-x_0)^{n-1}} \quad (\xi_2 \text{ 介于 } x_0 \text{ 与 } \xi_1 \text{ 之间})$$

按此方法经过 $(n+1)$ 次后,得
$$\frac{R_n(x)}{(x-x_0)^{n+1}} = \frac{R^{(n+1)}(\xi)}{(n+1)!} \quad (\xi \text{ 介于 } x_0 \text{ 与 } \xi_n \text{ 之间,也在 } x_0 \text{ 与 } x \text{ 之间})$$

而 $R^{(n+1)}(x) = f^{(n+1)}(x)$,则由上式得
$$R_n(x) = \frac{f^{(n+1)}(\xi)}{(n+1)!}(x-x_0)^{n+1} \quad (\xi \text{ 介于 } x_0 \text{ 与 } x \text{ 之间})$$

这里的 $R_n(x) = \frac{f^{(n+1)}(\xi)}{(n+1)!}(x-x_0)^{n+1}$ 称为**拉格朗日型余项**。

如果对某个固定的 n,$\forall x \in U(x_0)$,$|f^{(n+1)}(x)| \leq M$,则
$$|R_n(x)| = \left|\frac{f^{(n+1)}(\xi)}{(n+1)!}(x-x_0)^{n+1}\right| \leq \frac{M}{(n+1)!}|x-x_0|^{n+1}$$

用 n 次泰勒多项式代替 $f(x)$ 产生的误差小于 $\frac{M}{(n+1)!}|x-x_0|^{n+1}$。

这样,把
$$p_n(x) = f(x_0) + f'(x_0)(x-x_0) + \frac{f''(x_0)}{2!}(x-x_0)^2 + \cdots + \frac{f^{(n)}(x_0)}{n!}(x-x_0)^n$$

称为函数 $f(x)$ 在 x_0 处(或按 $(x-x_0)$ 的幂展开)的 **n 次泰勒多项式**。

当 $n=0$ 时,泰勒公式就变成了拉格朗日中值公式
$$f(x) = f(x_0) + f'(\xi)(x-x_0) \quad (\xi \text{ 介于 } x_0 \text{ 与 } x \text{ 之间})$$

若取 $x_0 = 0$,就得到拉格朗日型余项的**麦克劳林(Maclaurin)公式**:
$$f(x) = f(0) + f'(0)x + \frac{f''(0)}{2!}x^2 + \cdots + \frac{f^{(n)}(0)}{n!}x^n + \frac{f^{(n+1)}(\theta x)}{(n+1)!}x^{n+1} \quad (0 < \theta < 1)$$

4.3.2 具有皮亚诺余项的泰勒公式

定理 4-3-2 (**泰勒中值定理**)如果函数 $f(x)$ 在 x_0 处具有 n 阶导数,那么存在 x_0 的某一邻域 $U(x_0)$,对于任意 $x \in U(x_0)$,有
$$f(x) = f(x_0) + f'(x_0)(x-x_0) + \frac{f''(x_0)}{2!}(x-x_0)^2 + \cdots + \frac{f^{(n)}(x_0)}{n!}(x-x_0)^n + R_n(x)$$

其中

$$R_n(x) = o((x-x_0)^n)$$

分析 证明 $R_n(x) = o((x-x_0)^n)$，就是证明 $\lim\limits_{x \to x_0} \dfrac{R_n(x)}{(x-x_0)^n} = 0$。

证明 设

$$R_n(x) = f(x) - f(x_0) - f'(x_0)(x-x_0) - \frac{f''(x_0)}{2!}(x-x_0)^2 - \cdots - \frac{f^{(n)}(x_0)}{n!}(x-x_0)^n$$

则

$$R_n(x_0) = R_n'(x_0) = R_n''(x_0) = \cdots = R_n^{(n)}(x_0) = 0$$

由于 $f(x)$ 在 x_0 处具有 n 阶导数，因此在 x_0 的某邻域内具有 $(n-1)$ 阶导数，从而 $R_n(x)$ 在该邻域内 $(n-1)$ 阶可导，应用 n 次洛必达法则得

$$\lim_{x \to x_0} \frac{R_n(x)}{(x-x_0)^n} = \lim_{x \to x_0} \frac{R_n'(x)}{n(x-x_0)^{n-1}} = \lim_{x \to x_0} \frac{R_n''(x)}{n(n-1)(x-x_0)^{n-2}}$$

$$= \cdots = \lim_{x \to x_0} \frac{R_n^{(n-1)}(x)}{n!(x-x_0)}$$

$$= \frac{1}{n!} \lim_{x \to x_0} \frac{R_n^{(n-1)}(x) - R_n^{(n-1)}(x_0)}{(x-x_0)}$$

$$= \frac{1}{n!} R_n^{(n)}(x_0) = 0$$

因此 $R_n(x) = o((x-x_0)^n)$，定理证毕。

公式

$$f(x) = f(x_0) + f'(x_0)(x-x_0) + \frac{f''(x_0)}{2!}(x-x_0)^2 + \cdots + \frac{f^{(n)}(x_0)}{n!}(x-x_0)^n + R_n(x)$$

称为 $f(x)$ 在 x_0 处的带**有皮亚诺(Peano)余项的 n 阶泰勒公式**，而 $R_n(x) = o((x-x_0)^n)$ 称为**皮亚诺余项**，就是用 n 次泰勒多项式代替 $f(x)$ 产生的误差，这一误差是当 $x \to x_0$ 时比 $(x-x_0)^n$ 高阶的无穷小，但并不能估算出误差的大小。

$$f(x) = f(0) + f'(0)x + \frac{f''(0)}{2!}x^2 + \cdots + \frac{f^{(n)}(0)}{n!}x^n + o(x^n)$$

称为带有**皮亚诺余项的麦克劳林公式**。

4.3.3 泰勒公式的应用

例 4-3-1 求函数 $f(x) = e^x$ 的 n 阶麦克劳林公式。

解 因为 $f(x) = f'(x) = f''(x) = \cdots = f^{(n)}(x) = e^x$，所以

$$f(0) = f'(0) = f''(0) = \cdots = f^{(n)}(0) = 1$$

注意到 $f^{(n+1)}(\theta x) = e^{\theta x}$，代入泰勒公式即得所求的麦克劳林公式

$$e^x = 1 + x + \frac{x^2}{2!} + \frac{x^3}{3!} + \cdots + \frac{x^n}{n!} + \frac{e^{\theta x}}{(n+1)!}x^{n+1} \quad (0 < \theta < 1)$$

由此可知，函数 e^x 的 n 阶泰勒多项式为

$$p_n(x) = 1 + x + \frac{x^2}{2!} + \frac{x^3}{3!} + \cdots + \frac{x^n}{n!}$$

用 $p_n(x)$ 近似 e^x 所产生的误差为

$$|R_n(x)| = \left|\frac{e^{\theta x}}{(n+1)!}x^{n+1}\right| < \frac{e^{|x|}}{(n+1)!}|x|^{n+1} \quad (0 < \theta < 1)$$

若取 $x = 1$,则得到无理数 e 的近似表达式为

$$e \approx 1 + 1 + \frac{1}{2!} + \frac{1}{3!} + \cdots + \frac{1}{n!}$$

其误差为

$$|R_n| = \left|\frac{e}{(n+1)!}\right| < \frac{3}{(n+1)!}$$

当 $n = 10$ 时,可计算出 $e \approx 2.718282$,其误差不超过 10^{-6}。

函数 e^x 与 $p_1(x) = 1 + x, P_2(x) = 1 + x + \frac{x^2}{2!}, P_3(x) = 1 + x + \frac{x^2}{2!} + \frac{x^3}{3!}$ 比较,如图 4-3-1 所示。

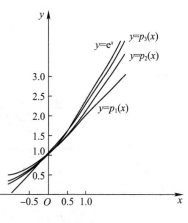

图 4-3-1

例 4-3-2 求函数 $f(x) = \sin x$ 的 n 阶麦克劳林公式。

解 因为 $f^{(n)}(x) = \sin\left(x + \frac{n\pi}{2}\right)$,所以

$$f(0) = 0, \quad f'(0) = 1, \quad f''(0) = 0, \quad f'''(0) = -1, \quad f^{(4)}(0) = 0$$

等,它们顺序循环地取四个数 $0, 1, 0, -1$,于是得(令 $n = 2m$)

$$\sin x = x - \frac{x^3}{3!} + \frac{x^5}{5!} - \cdots (-1)^{m-1}\frac{x^{2m-1}}{(2m-1)!} + R_{2m}(x)$$

其中

$$R_{2m}(x) = \frac{\sin\left(\theta x + (2m+1)\frac{\pi}{2}\right)}{(2m+1)!}x^{2m+1} = (-1)^m\frac{\cos\theta x}{(2m+1)!}x^{2m+1} \quad (0 < \theta < 1)$$

若取 $m = 1$,则得到近似公式 $\sin x \approx x$,其误差为

$$p_3(x) = x - \frac{1}{3!}x^3$$

和

$$p_5(x) = x - \frac{1}{3!}x^3 + \frac{1}{5!}x^5$$

其误差的绝对值不超过 $\frac{1}{5!}|x|^5$ 和 $\frac{1}{7!}|x|^7$,以上三个泰勒多项式及正弦函数的图形如图 4-3-2 所示。

类似地,我们还可以得到

$$\cos x = 1 - \frac{x^2}{2!} + \frac{x^4}{4!} - \cdots (-1)^m\frac{x^{2m}}{(2m)!} + R_{2m+1}(x)$$

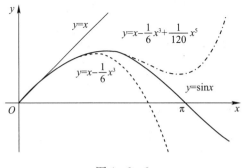

图 4 - 3 - 2

其中

$$R_{2m+1}(x) = \frac{\cos(\theta x + (m+1)\pi)}{(2m+2)!}x^{2m+2} = (-1)^{m+1}\frac{\cos\theta x}{(2m+2)!}x^{2m+2} \quad (0 < \theta < 1)$$

$$\ln(1+x) = x - \frac{1}{2}x^2 + \frac{1}{3}x^3 - \cdots + (-1)^{n-1}\frac{1}{n}x^n + R_n(x)$$

其中

$$R_n(x) = (-1)^n \frac{1}{(n+1)(1+\theta x)^{n+1}}x^{n+1} \quad (0 < \theta < 1)$$

$$(1+x)^\alpha = 1 + \alpha x + \frac{\alpha(\alpha-1)}{2!}x^2 + \cdots + \frac{\alpha(\alpha-1)\cdots(\alpha-n+1)}{n!}x^n + R_n(x)$$

其中

$$R_n(x) = \frac{\alpha(\alpha-1)\cdots(\alpha-n+1)(\alpha-n)}{(n+1)!}(1+\theta x)^{\alpha-n-1}x^{n+1} \quad (0 < \theta < 1)$$

由以上带拉格朗日余项的麦克劳林公式,易得相应的带皮亚诺余项的麦克劳林公式。在实际应用中,上述已知的初等函数的麦克劳林公式常用于间接地展开一些更为复杂的函数的麦克劳林公式,以及求某些函数的极限和不等式证明等。

例 4 - 3 - 3 求函数 $f(x) = xe^{-x}$ 的带有皮亚诺余项的 n 阶麦克劳林公式。

解 因为

$$e^{-x} = 1 + (-x) + \frac{(-x)^2}{2!} + \frac{(-x)^3}{3!} + \cdots + \frac{(-x)^{n-1}}{(n-1)!} + o(x^{n-1})$$

所以

$$xe^{-x} = x - x^2 + \frac{x^3}{2!} - \cdots + \frac{(-1)^{n-1}x^n}{(n-1)!} + o(x^n)$$

例 4 - 3 - 4 求函数 $f(x) = \frac{1}{3-x}$ 在 $x = 1$ 处的泰勒展开式。

解 $f(x) = \frac{1}{3-x} = \frac{1}{2-(x-1)} = \frac{1}{2} \times \frac{1}{1-\frac{x-1}{2}}$

因为 $\frac{1}{1-x} = 1 + x + x^2 + \cdots + x^n + o(x^n)$,所以

$$f(x) = \frac{1}{2} \times \frac{1}{1 - \frac{x-1}{2}} = \frac{1}{2}\left(1 + \frac{x-1}{2} + \left(\frac{x-1}{2}\right)^2 + \cdots + \left(\frac{x-1}{2}\right)^n + o\left(\frac{x-1}{2}\right)^n\right)$$

$$= \frac{1}{2} + \frac{x-1}{2^2} + \frac{(x-1)^2}{2^3} + \cdots + \frac{(x-1)^n}{2^{n+1}} + o[(x-1)^n]$$

例 4-3-5 计算 $\lim\limits_{x\to 0}\dfrac{e^{x^2} + 2\cos x - 3}{x^4}$。

解 由于分式的分母为 x^4，只需将分子中的各函数分别用带有皮亚诺余项的四阶麦克劳林公式表示，即

$$e^{x^2} = 1 + x^2 + \frac{1}{2!}x^4 + o(x^4), \quad \cos x = 1 - \frac{1}{2!}x^2 + \frac{1}{4!}x^4 + o(x^4)$$

而

$$e^{x^2} + 2\cos x - 3 = \left(\frac{1}{2!} + 2 \cdot \frac{1}{4!}\right)x^4 + o(x^4) = \frac{7}{12}x^4 + o(x^4)$$

所以

$$\lim_{x\to 0}\frac{e^{x^2} + 2\cos x - 3}{x^4} = \lim_{x\to 0}\frac{\frac{7}{12}x^4 + o(x^4)}{x^4} = \frac{7}{12}$$

例 4-3-6 证明当 $0 < x < \dfrac{\pi}{2}$ 时，$\tan x > x + \dfrac{1}{3}x^3$。

分析 $\tan 0 = 0$，不等式右端与 $\tan x$ 在 $x = 0$ 处的三次泰勒展开式很相似，因此考虑用 $\tan x$ 在 $x = 0$ 处的带有拉格朗日余项的泰勒公式。

证明 令 $f(x) = \tan x, f(0) = \tan 0 = 0$

$f'(x) = (\tan x)' = \sec^2 x, f'(0) = \sec^2 0 = 1$

$f''(x) = (\tan x)'' = 2\sec^2 x \tan x, f''(0) = 2\sec^2 0 \tan 0 = 0$

$f'''(x) = (\tan x)''' = 4\sec^2 x \tan^2 x + 2\sec^4 x = 6\sec^4 x - 4\sec^2 x$

$f'''(0) = 6\sec^4 0 - 4\sec^2 0 = 2$

$f^{(4)}(x) = (\tan x)^{(4)} = 24\sec^4 x \tan x - 8\sec^2 x \tan x = 8\sec^2 x \tan x(3\sec^2 x - 1)$
$= 8\sec^2 x \tan x(2\sec^2 x + \tan^2 x)$

当 $0 < x < \dfrac{\pi}{2}$ 时，$\tan x > 0, f^{(4)}(x) > 0$，所以

$$f(x) = \tan x = f(0) + f'(0)x + \frac{f''(0)}{2}x^2 + \frac{f'''(0)}{3!}x^3 + \frac{f'''(\theta x)}{4!}x^4 \quad (0 < \theta < 1)$$

$$> f(0) + f'(0)x + \frac{f''(0)}{2}x^2 + \frac{f'''(0)}{3!}x^3 = x + \frac{1}{3}x^3$$

因此当 $0 < x < \dfrac{\pi}{2}$ 时，$\tan x > x + \dfrac{1}{3}x^3$。

例 4-3-7 设函数 $f(x)$ 在 $[0,1]$ 上二阶可导，$f(0) = f(1)$，且 $|f''(x)| \leqslant 2$，证明 $|f'(x)| \leqslant 1$。

分析 把 $f(0), f(1), f''(x)$ 和 $f'(x)$ 联系起来常常是泰勒公式，要通过泰勒公式把 $f'(x)$

表示成 $f(0),f(1),f''(x)$ 的关系,也就是在泰勒公式中出现 $f'(x)$,那么只能是把 $f(0),f(1)$ 在 x 点展开:

$$f(0) = f(x) + f'(x)(0-x) + \frac{f''(\xi_1)}{2}(0-x)^2 \quad (0 < \xi_1 < x) \qquad ①$$

$$f(1) = f(x) + f'(x)(1-x) + \frac{f''(\xi_2)}{2}(1-x)^2 \quad (0 < \xi_2 < x) \qquad ②$$

② - ① 有

$$f'(x) + \frac{f''(\xi_2)}{2}(1-x)^2 - \frac{f''(\xi_1)}{2}x^2 = 0$$

即

$$f'(x) = \frac{f''(\xi_1)}{2}x^2 - \frac{f''(\xi_2)}{2}(1-x)^2$$

等式两边取绝对值

$$|f'(x)| = \left|\frac{f''(\xi_1)}{2}x^2 - \frac{f''(\xi_2)}{2}(1-x)^2\right|$$

$$|f'(x)| \leq \frac{|f''(\xi_1)|}{2}x^2 + \frac{|f''(\xi_2)|}{2}(1-x)^2$$

又因为 $|f''(x)| \leq 2$,所以

$$|f'(x)| \leq \frac{|f''(\xi_1)|}{2}x^2 + \frac{|f''(\xi_2)|}{2}(1-x)^2 \leq x^2 + (1-x)^2$$

显然,函数 $x^2 + (1-x)^2$ 在闭区间 $[0,1]$ 上的最大值为 1。

证明 因为 $f(x)$ 在 $[0,1]$ 上二阶可导,把 $f(0),f(1)$ 在 x 点展开:

$$f(0) = f(x) + f'(x)(0-x) + \frac{f''(\xi_1)}{2}(0-x)^2 \quad (0 < \xi_1 < x) \qquad ①$$

$$f(1) = f(x) + f'(x)(1-x) + \frac{f''(\xi_2)}{2}(1-x)^2 \quad (0 < \xi_2 < x) \qquad ②$$

又因 $f(0) = f(1)$,② - ① 得

$$f'(x) + \frac{f''(\xi_2)}{2}(1-x)^2 - \frac{f''(\xi_1)}{2}x^2 = 0$$

即

$$f'(x) = \frac{f''(\xi_1)}{2}x^2 - \frac{f''(\xi_2)}{2}(1-x)^2$$

等式两边取绝对值

$$|f'(x)| = \left|\frac{f''(\xi_1)}{2}x^2 - \frac{f''(\xi_2)}{2}(1-x)^2\right|$$

$$|f'(x)| \leq \frac{|f''(\xi_1)|}{2}x^2 + \frac{|f''(\xi_2)|}{2}(1-x)^2$$

又因为$|f''(x)|\leq 2$,所以
$$|f'(x)|\leq\frac{|f''(\xi_1)|}{2}x^2+\frac{|f''(\xi_2)|}{2}(1-x)^2\leq x^2+(1-x)^2$$

令$g(x)=x^2+(1-x)^2$,$g'(x)=2x-2(1-x)=4x-2$。令$g'(x)=4x-2=0$,解方程得$x=\frac{1}{2}$,而
$$g(0)=g(1)=1,g\left(\frac{1}{2}\right)=\left(\frac{1}{2}\right)^2+\left(1-\frac{1}{2}\right)^2=\frac{1}{2}$$

因此,函数$g(x)=x^2+(1-x)^2$在闭区间$[0,1]$上的最大值为$\max\left\{1,1,\frac{1}{2}\right\}=1$,即
$$g(x)=x^2+(1-x)^2\leq 1$$

所以$|f'(x)|\leq 1$。

4.3.4 二元函数的泰勒公式

一元函数的泰勒公式告诉我们,可用n次多项式来近似表达函数$f(x)$,且误差是当$x\to x_0$时比$(x-x_0)^n$高阶的无穷小。对于多元函数来说,无论是为了理论的需要还是实际的计算目的,也都需要考虑用多个变量的多项式来近似表达一个给定的多元函数,并能具体地估算出误差的大小。

下面以二元函数为例,设$z=f(x,y)$在点(x_0,y_0)的某个邻域内连续且有$(n+1)$阶连续偏导数,(x_0+h,y_0+k)为此邻域内的任一点,要把函数$f(x_0+h,y_0+k)$近似地表达为$h=x-x_0$,$k=y-y_0$的n次多项式,而由此所产生的误差是当$\sqrt{h^2+k^2}\to 0$时比ρ^n高阶的无穷小。为了回答这个问题,就需把一元函数的泰勒中值定理向多元函数推广。

定理4-3-3 设$z=f(x,y)$在点(x_0,y_0)的某个邻域内连续且有$(n+1)$阶连续偏导数,(x_0+h,y_0+k)为此邻域内的任一点,则有

$$f(x_0+h,y_0+k)=f(x_0,y_0)+\left(h\frac{\partial}{\partial x}+k\frac{\partial}{\partial y}\right)f(x_0,y_0)+\frac{1}{2!}\left(h\frac{\partial}{\partial x}+k\frac{\partial}{\partial y}\right)^2 f(x_0,y_0)+\cdots+$$
$$\frac{1}{n!}\left(h\frac{\partial}{\partial x}+k\frac{\partial}{\partial y}\right)^n f(x_0,y_0)+\frac{1}{(n+1)!}\left(h\frac{\partial}{\partial x}+k\frac{\partial}{\partial y}\right)^{n+1} f(x_0+\theta h,y_0+\theta k)$$
$$(0<\theta<1)$$

其中记号
$$\left(h\frac{\partial}{\partial x}+k\frac{\partial}{\partial y}\right)f(x_0,y_0)\text{表示}hf_x(x_0,y_0)+kf_y(x_0,y_0)$$
$$\left(h\frac{\partial}{\partial x}+k\frac{\partial}{\partial y}\right)^2 f(x_0,y_0)\text{表示}h^2 f_{xx}(x_0,y_0)+2hk f_{xy}(x_0,y_0)+k^2 f_{yy}(x_0,y_0)$$

一般地,记号
$$\left(h\frac{\partial}{\partial x}+k\frac{\partial}{\partial y}\right)^m f(x_0,y_0)\text{表示}\sum_{p=0}^{m}C_m^p h^p k^{m-p}\frac{\partial^m f}{\partial x^p \partial y^{m-p}}\bigg|_{(x_0,y_0)}$$

证明 为了利用一元函数的泰勒公式进行证明,我们引入函数
$$\varphi(t)=f(x_0+ht,y_0+kt)\quad(0\leq t\leq 1)$$

显然 $\varphi(0)=f(x_0,y_0)$，$\varphi(1)=f(x_0+h,y_0+k)$。由 $\varphi(t)$ 的定义及多元复合函数的求导法则，可得

$$\varphi'(t)=hf_x(x_0+ht,y_0+kt)+kf_y(x_0+ht,y_0+kt)=\left(h\frac{\partial}{\partial x}+k\frac{\partial}{\partial y}\right)f(x_0+ht,y_0+kt)$$

$$\varphi''(t)=h^2f_{xx}(x_0+ht,y_0+kt)+2hkf_{xy}(x_0+ht,y_0+kt)+k^2f_{yy}(x_0+ht,y_0+kt)$$

$$=\left(h\frac{\partial}{\partial x}+k\frac{\partial}{\partial y}\right)^2 f(x_0+ht,y_0+kt)$$

$$\vdots$$

$$\varphi^{(n+1)}(t)=\sum_{p=0}^{n+1}C_{n+1}^p h^p k^{n+1-p}\frac{\partial^{n+1}f}{\partial x^p\partial y^{n+1-p}}\bigg|_{(x_0+ht,y_0+kt)}=\left(h\frac{\partial}{\partial x}+k\frac{\partial}{\partial y}\right)^{n+1}f(x_0+ht,y_0+kt)$$

利用一元函数的麦克劳林公式，得

$$\varphi(1)=\varphi(0)+\varphi'(0)+\frac{1}{2!}\varphi''(0)+\cdots+\frac{1}{n!}\varphi^{(n)}(0)+\frac{1}{(n+1)!}\varphi^{(n+1)}(\theta)\quad(0<\theta<1)$$

将 $\varphi(0)=f(x_0,y_0)$，$\varphi(1)=f(x_0+h,y_0+k)$ 及上面求得的 $\varphi(t)$ 直到 n 阶导数在 $t=0$ 的值，以及 $\varphi^{(n+1)}(\theta)$ 的值代入上式，即得

$$f(x_0+h,y_0+k)=f(x_0,y_0)+\left(h\frac{\partial}{\partial x}+k\frac{\partial}{\partial y}\right)f(x_0,y_0)+\frac{1}{2!}\left(h\frac{\partial}{\partial x}+k\frac{\partial}{\partial y}\right)^2 f(x_0,y_0)+\cdots+$$

$$\frac{1}{n!}\left(h\frac{\partial}{\partial x}+k\frac{\partial}{\partial y}\right)^n f(x_0,y_0)+R_n$$

其中 $$R_n=\frac{1}{(n+1)!}\left(h\frac{\partial}{\partial x}+k\frac{\partial}{\partial y}\right)^{n+1}f(x_0+\theta h,y_0+\theta k)\quad(0<\theta<1)$$

上式称为二元函数 $f(x,y)$ 在点 (x_0,y_0) 的 n 阶泰勒公式，而 R_n 称为拉格朗日余项。

由假设，函数的各 $n+1$ 阶偏导数都连续，故它们的绝对值在点 (x_0,y_0) 的某一邻域内都不超过某一正常数 M，于是，有下面的误差估计式：

$$|R_n|\leq\frac{M}{(n+1)!}(|h|+|k|)^{n+1}=\frac{M}{(n+1)!}\rho^{n+1}\left(\frac{|h|}{\rho}+\frac{|k|}{\rho}\right)^{n+1}\leq\frac{M}{(n+1)!}(\sqrt{2})^{n+1}\rho^{n+1}$$

其中 $\rho=\sqrt{h^2+k^2}$。

易知，误差 $|R_n|$ 是当 $\rho\to 0$ 时比 ρ^n 高阶的无穷小。

当 $n=0$ 时，公式成为

$$f(x_0+h,y_0+k)=f(x_0,y_0)+hf_x(x_0+\theta h,y_0+\theta k)+kf_y(x_0+\theta h,y_0+\theta k)$$

称为二元函数的拉格朗日中值公式。由此公式即可推得下面的结论：

推论 如果函数 $f(x,y)$ 的偏导数 $f_x(x,y)$，$f_y(x,y)$ 在某一区域内都恒等于零，那么函数 $f(x,y)$ 在该区域内为一常数。

例 4-3-8 求函数 $f(x,y)=\ln(1+x+y)$ 在点 $(0,0)$ 的三阶泰勒公式。

解 因为

$$f_x(x,y)=f_y(x,y)=\frac{1}{1+x+y}$$

$$f_{xx}(x,y)=f_{xy}(x,y)=f_{yy}(x,y)=-\frac{1}{(1+x+y)^2}$$

$$\frac{\partial^3 f}{\partial x^p \partial y^{3-p}} = \frac{2!}{(1+x+y)^3} \quad (p=0,1,2,3)$$

$$\frac{\partial^4 f}{\partial x^p \partial y^{4-p}} = -\frac{3!}{(1+x+y)^4} \quad (p=0,1,2,3,4)$$

所以

$$\left(h\frac{\partial}{\partial x}+k\frac{\partial}{\partial y}\right)f(0,0) = hf_x(0,0)+kf_y(0,0) = h+k$$

$$\left(h\frac{\partial}{\partial x}+k\frac{\partial}{\partial y}\right)^2 f(0,0) = h^2 f_{xx}(0,0)+2hkf_{xy}(0,0)+k^2 f_{yy}(0,0) = -(h+k)^2$$

$$\left(h\frac{\partial}{\partial x}+k\frac{\partial}{\partial y}\right)^3 f(0,0) = h^3 f_{xxx}(0,0)+3h^2 k f_{xxy}(0,0)+3hk^2 f_{xyy}(0,0)+k^3 f_{yyy}(0,0)$$
$$= 2(h+k)^3$$

又 $f(0,0)=0$，并将 $h=x, k=y$ 代入，由三阶泰勒公式便得

$$\ln(1+x+y) = x+y-\frac{1}{2}(x+y)^2+\frac{1}{3}(x+y)^3+R_3$$

其中

$$R_3 = \frac{1}{4!}\left[\left(h\frac{\partial}{\partial x}+k\frac{\partial}{\partial y}\right)^4 f(\theta h, \theta k)\right]_{h=x,k=y} = -\frac{1}{4}\cdot\frac{(x+y)^4}{(1+\theta x+\theta y)^4} \quad (0<\theta<1)$$

习题 4-3

(A)

1. 已知 $f(x) = x^3 \cos x$，则 $f^{(7)}(0) = $ _____。

2. 求函数 $f(x) = \ln\frac{1+x}{1-x}$ 带有皮亚诺余项的 5 阶麦克劳林公式。

3. 求函数 $f(x) = \sqrt{x}$ 按 $(x-3)$ 的幂展开的带有拉格朗日余项的 4 阶麦克劳林公式。

4. 求函数 $f(x) = x^5 - 4x^4 + 2x^3 - 6x^2 + x - 8$ 分别按 x 和 $(x-2)$ 的幂展开的带有拉格朗日余项的 n 阶泰勒公式。

5. 求函数 $f(x) = \tan x$ 带有皮亚诺余项的 3 阶麦克劳林公式。

6. 求函数 $f(x) = xe^x$ 带有皮亚诺余项的 n 阶麦克劳林公式。

7. 求 $f(x) = \ln x$ 按 $(x-2)$ 的幂展成带有皮亚诺余项的 n 阶泰勒公式。

8. 求二元函数 $f(x,y) = e^x + \ln(1+y)$ 在点 $(0,0)$ 的 3 阶泰勒公式。

9. 求二元函数 $f(x,y) = x^2 - xy + y^2 + 2x - 6y + 2$ 在点 $(1,-2)$ 的泰勒公式。

10. 求二元函数 $f(x,y) = e^{x+y}$ 在点 $(0,0)$ 的 n 阶泰勒公式。

(B)

1. 验证当 $0 < x \leq \frac{1}{2}$ 时，按公式 $e^x \approx 1 + x + \frac{x^2}{2} + \frac{x^3}{6}$ 计算 e^x 的近似值时，所产生的误差小于 0.01，并求 $\sqrt{e}$ 的近似值，使误差小于 0.01。

2. 应用 3 阶泰勒公式求下列各数的近似值，并估算误差：

(1) $\sin 18°$；　　　　　　　　(2) $\sqrt[3]{30}$。

3. 利用泰勒公式计算极限：

(1) $\lim\limits_{x\to 0}\dfrac{e^{\frac{x^2}{2}}-\sqrt{1+x^2}}{x^4}$；

(2) $\lim\limits_{x\to 0}\dfrac{\cos x-e^{-\frac{x^2}{2}}}{x^2[x+\ln(1-x)]}$。

4. 设 $f(x)$ 在 $[-1,1]$ 上有二阶连续导数，且 $f(-1)=0, f(0)=0, f(1)=2$。证明：至少存在一点 $\xi\in(-1,1)$，使得 $f''(\xi)=2$。

5. 利用二元函数 $f(x,y)=x^y$ 的三阶泰勒公式，计算 $1.1^{1.02}$ 的近似值。

§4.4　一元函数性态研究

本节将利用导数来研究函数单调性和曲线的凹凸性，并给出判定给定函数在区间上是否能取到其最大值或最小值的方法。下面从一个具体例子出发进行讨论。

4.4.1　函数的极值与最值

例 4-4-1　（从油井到炼油厂输油管的铺设）用输油管把离岸 12km 的一座油井和沿岸往下 20km 处的炼油厂连接起来，如图 4-4-1 所示。如果水下输油管的铺设成本为 50000 元/km，而陆地输油管的铺设成本为 30000 元/km。水下和陆地输油管如何分配能使铺设的输油管总费用最小？

初步分析：可先试从几种可能性获得对问题的感性认识：

（1）水下输油管最短。

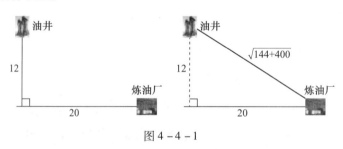

图 4-4-1

因为水下输油管铺设比较贵，所以我们尽可能少铺设水下输油管。我们直接铺到最近的岸边（12km）再铺设陆地输油管（20km）到炼油厂。

$$成本 = 12\times 50000 + 20\times 30000 = 1200000(元)$$

（2）全部铺设水下输油管（最直接的路程）。

我们从水下直接铺到炼油厂

$$成本 = \sqrt{12^2+20^2}\times 50000 = \sqrt{544}\times 50000\approx 1166190(元)$$

这比方案（1）要便宜点。

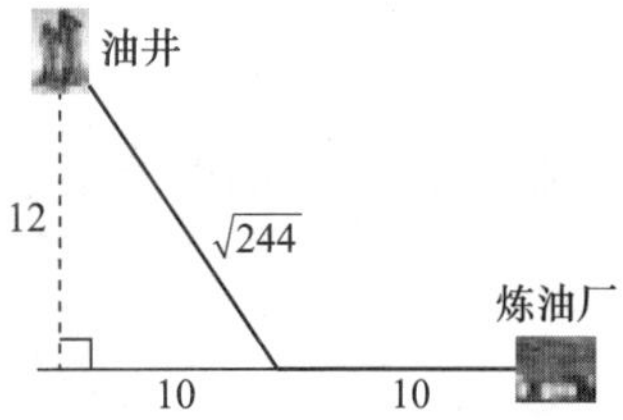

（3）折中方案。

我们从水下铺设到中点 10km 处再从陆地铺设到炼油厂，如图 4-4-2 所示。

$$成本 = \sqrt{12^2+10^2}\times 50000 + 10\times 30000$$
$$= \sqrt{244}\times 50000 + 10\times 30000\approx 1081025(元)$$

图 4-4-2

两个极端的方案(1)和(2)都没有给出最优解。折中方案比较好一点。从上面分析，10km 处是随机选取的，一个自然的想法是，是否存在另外一种更好的选择点呢？如果存在的话，怎么去求得？接下来研究求最优解问题的数学方法。

想象进行一次从西到东的长途徒步旅行，要走过许多不同的地形。过山岗，穿峡谷，走平原，高度随时发生着改变，整个行程中，一定会有几次达到高点或低点。如果把高度抽象成平面上，数轴 x 在某区间上的函数值，函数值递增或递减，达到高点或低点。这类问题经常会被描述成在一个指定集合里求一个函数的最大值或最小值的问题，而微积分就提供了一种强大的工具来解决这类问题。以下三个问题经常被提到：

(1) 函数 $f(x)$ 在定义域 D 中是否存在最大值或最小值？
(2) 如果这样的值存在，它出现在 D 的什么位置？
(3) 如果它们存在，最大值或最小值是多少？

回答上述问题，我们就有如下的定义，如图 4-4-3 所示。

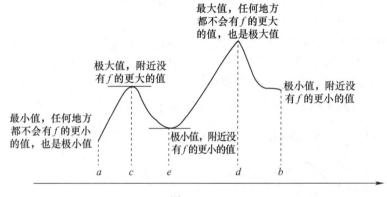

图 4-4-3

定义 1 （**最大值和最小值**） 设 $f(x)$ 是定义在区域 D 上的函数，点 $c \in D$，则：
(1) 如果对每个 $x \in D$，有 $f(x) \leq f(c)$，则称 $f(c)$ 为函数 $f(x)$ 在 D 上的最大值；
(2) 如果对每个 $x \in D$，有 $f(x) \geq f(c)$，则称 $f(c)$ 为函数 $f(x)$ 在 D 上的最小值；
(3) 如果 $f(c)$ 是最大值或最小值，则称 $f(c)$ 是函数 $f(x)$ 在 D 上的最值；
(4) 我们把要求最大值或最小值的函数 $f(x)$ 称为目标函数。

例 4-4-2 （**探究极值**）在 $\left[-\dfrac{\pi}{2}, \dfrac{\pi}{2}\right]$ 上，$f(x) = \cos x$ 取到最大值 1（1 次）和最小值 0（两次）。函数 $g(x) = \sin x$ 取到最大值 1 和最小值 -1。

表明最值的存在性及其位置既依赖于函数也依赖于感兴趣的区间，即最值可能出现在区间的内点或区间端点处。需要注意的是感兴趣的区间不是闭的，函数可能没有最值，如图 4-4-4 所示。

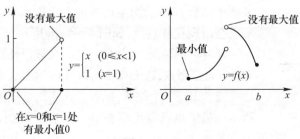

图 4-4-4

例 4-4-3 （探究极值）观察下列函数在其定义域上的最值。

函数	定义域 D	D 上的最值
(1) $y = x^2$	$(-\infty, +\infty)$	无最大值，在 $x=0$ 处取到最小值
(2) $y = x^2$	$[0,2]$	在 $x=2$ 处取到最大值，在 $x=0$ 处取到最小值
(3) $y = x^2$	$(0,2]$	在 $x=2$ 处取到最大值，无最小值
(4) $y = x^2$	$(0,2)$	无最值

例 4-4-3 表明函数可能没有最大值或最小值，但是，对于有限闭区间上的连续函数这种情形不会发生。这里有个很好的定理，它能回答很多来自实际的关于存在性的问题，尽管这个定理很直观而明显，但要给出严格的证明很困难，我们将把这个问题留给更高级的微积分课本学习。

定理 4-4-1 （最大值-最小值定理） 如果函数 $f(x)$ 在闭区间 $[a,b]$ 上是连续函数，那么函数 $f(x)$ 在该区间上一定存在最大值和最小值。

注意定理中的关键词：函数 $f(x)$ 要求是"连续"的，定义域 D 必须是"闭区间"。

最值出现在哪里 通常目标函数会有一个区间作为定义域，区间的种类很多，有的包含端点，有的没有。例如，$D = [a,b]$ 包含两个端点，$D = [a,b)$ 只包含一个端点，$D = (a,b)$ 没有包含端点。定义在闭区间上的函数的最值经常出现在端点处，如图 4-4-5 所示。

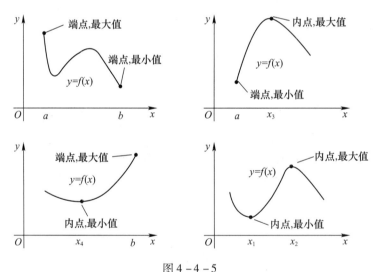

图 4-4-5

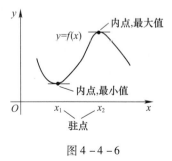

图 4-4-6

进一步分析，如果点 c 是使得 $f'(c) = 0$ 的点，由导数的几何意义知道，在该点处的切线是水平的，我们称点 c 为**驻点**。这个名字来源于函数 $f(x)$ 的图象在驻点上变得水平这个事实。而最值通常也会出现在驻点处，如图 4-4-6 所示。

还有一种情况是，如果 c 是定义域里使得 $f'(x)$ 不存在的点，则称 c 点是**奇点**，这个点使函数 $f(x)$ 的图形出现尖角、一条垂直的切线或者出现一个跳跃，或者在该点附近图形摆动，如图 4-4-7 所示。最值也可以出现在奇点处，尽管这种情况在现实问题中很少见。

以上三类(端点、驻点和奇点)是最大值和最小值理论的关键点,都称为函数的**临界点**。

定理 4-4-2 (**临界点定理**) 设 $f(x)$ 是定义在包含点 c 的区域 D 上的函数。如果 $f(c)$ 是一个最值,那么 c 一定是临界点;也就是说点 c 是下列三种情况之一:

(1) D 的一个端点;
(2) 函数 $f(x)$ 的一个驻点,即使 $f'(x)=0$ 的一个点;
(3) 函数 $f(x)$ 的一个奇点,即使 $f'(x)$ 不存在的一个点。

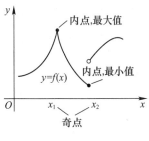

图 4-4-7

求函数 $f(x)$ 最值的步骤

设函数 $f(x)$ 在闭区间 $[a,b]$ 上连续:

(1) 确定 (a,b) 内的临界点 c,满足 $f'(c)=0$ 或 $f'(c)$ 不存在。这些点是候选的最大值点和最小值点。

(2) 计算函数 $f(x)$ 在临界点和 $[a,b]$ 端点处的函数值。

(3) 从第 2 步得到的函数 $f(x)$ 值中选择最大的和最小的,分别对应于最大值和最小值。

例 4-4-4 求函数 $f(x)=-2x^3+3x^2$ 在区间 $\left[-\dfrac{1}{2},2\right]$ 上的临界点和最值。

解 显然端点为 $-\dfrac{1}{2}$ 和 2,求驻点,只要解关于 x 的方程

$$f'(x)=-6x^2+6x=0$$

得 $x=0$ 或 $x=1$,此函数没有奇点。所以函数的临界点为 $x=-\dfrac{1}{2},0,1,2$。又 $f\left(-\dfrac{1}{2}\right)=1$,$f(0)=0$,$f(1)=1$,$f(2)=-4$,这样,最大值为 1,最小值为 -4,如图 4-4-8 所示。

例 4-4-5 求函数 $f(x)=\dfrac{x}{x^2+1}$ 的临界点。

解 函数 $f(x)$ 在其定义域 $(-\infty,\infty)$ 上可导,由商的导数法则,得

$$f'(x)=\dfrac{(x^2+1)-2x^2}{(x^2+1)^2}=\dfrac{1-x^2}{(x^2+1)^2}$$

令 $f'(x)=0$,故临界点满足方程 $1-x^2=0$,解得临界点为 $x=-1$ 和 $x=1$,如图 4-4-9 所示。

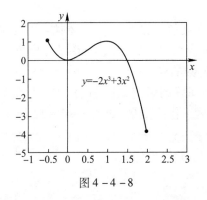

图 4-4-8

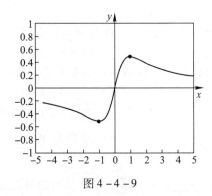

图 4-4-9

例 4-4-6 求函数 $f(x)=x+2\cos x$ 在 $[-\pi,2\pi]$ 上的最大值和最小值。

解 如图 4-4-10 所示,函数的导数为 $f'(x)=1-2\sin x$,这是定义在 $(-\pi,2\pi)$ 的函数

并且当 $\sin x = \frac{1}{2}$ 时，它的值为 0。在区间 $[-\pi, 2\pi]$ 上，令 $\sin x = \frac{1}{2}$，可得 $x = \frac{\pi}{6}$ 或 $x = \frac{5\pi}{6}$。这两个点和端点 $-\pi$、2π 都是临界点。现在比较它们的值：

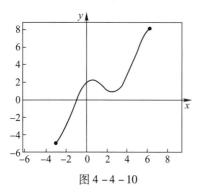

图 4-4-10

$$f(-\pi) = -2 - \pi \approx -5.14$$
$$f\left(\frac{\pi}{6}\right) = \sqrt{3} + \frac{\pi}{6} \approx 2.26$$
$$f\left(\frac{5\pi}{6}\right) = -\sqrt{3} + \frac{5\pi}{6} \approx 0.89$$
$$f(2\pi) = 2 + 2\pi \approx 8.28$$

因此，$-2-\pi$ 是最小值（在 $x = -\pi$ 时取到），最大值是 $2+2\pi$（在 $x = 2\pi$ 时取到）。

如图 4-4-3 所示，函数在其定义区域 $[a,b]$ 上取到极值的 5 个点的图形，函数最小值在 a 取到，尽管在点 e 的函数值比它附近任何点处的函数值要小。在点 c 周围曲线从左边上升而从右边降下来，从而使 $f(c)$ 成为一个局部极大。函数取到极值的定义域内的内点处或者导数为零，或导数不存在。

费马引理告诉我们，在函数取到极值的内点处，如果一阶导数有定义，那么它一定为零。因此函数 $f(x)$ 可能取到极值的点只可能是：

（1）使 $f'(x) = 0$ 的内点；
（2）$f'(x)$ 没有定义的内点；
（3）$f(x)$ 定义域的端点。

另一方面，费马引理的逆命题不一定成立。例如函数 $f(x) = x^3$，尽管有 $f'(0) = 0$，但 0 不是它的极值点，如图 4-4-11 所示。

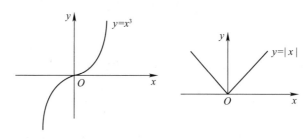

图 4-4-11

需要指出，不能把上面的结论简单说成"函数取到极值的必要条件"。例如，函数 $f(x) = |x|$（图 4-4-11），它在点 $x=0$ 有极小值（也是最小值），可是它在点 $x=0$ 没有导数。因此，**函数在区间内部的极值点只可能是它的驻点或没有导数的点。**

例 4-4-7 （油井问题的解）现在我们把水下输油管的长度 x 和陆上输油管的长度 y 作为变量，如图 4-4-12 所示，则有下列关系：

$$x^2 = 12^2 + (20-y)^2$$

本模型中只有正根才有意义，即

$$x = \sqrt{144 + (20-y)^2}$$

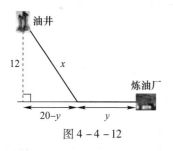

图 4-4-12

输油管的成本为

$$d = 5000x + 3000y(元)$$

将上式代入得

$$d = 5000\sqrt{144 + (20-y)^2} + 3000y$$

我们的目标是求在区间$[0,20]$上$d(y)$的最小值。关于y的一阶导数为

$$d' = 5000 \times \frac{1}{2} \times \frac{2(20-y)(-1)}{\sqrt{144 + (20-y)^2}} + 3000$$

$$= -5000 \times \frac{20-y}{\sqrt{144 + (20-y)^2}} + 3000$$

令$d' = 0$得

$$5000 \times (20-y) = 3000 \times \sqrt{144 + (20-y)^2}$$

解得

$$y = 11 \text{ 或 } y = 29$$

只有$y = 11$在定义区间,比较$y = 11$这个临界点和端点处的值为

$$d(11) = 1080000, \quad d(0) = 1166190, \quad d(20) = 1200000$$

综上所述,花费最小的连接成本为1080000元,通过把水下输油管通到离炼油厂11km的地方就能做到花费最小。

例4-4-8 证明不等式:$e^x > 1 + x (x > 0)$。

证 令$f(x) = e^x - (1 + x)(x > 0)$,则$f(x)$在$(0, +\infty)$上是连续函数。因为

$$f'(x) = e^x - 1 > 0 (x > 0) \quad (即函数f(x)是增函数)$$

所以$f(0) = 0$是最小值。因此,$f(x) > 0(x > 0)$,即$e^x > 1 + x(x > 0)$。

例4-4-9 证明:函数$f(x) = x^\alpha - \alpha x (0 < \alpha < 1)$在区间$(0, +\infty)$内有最大值$f(1) = 1 - \alpha$。由此再证明近代数学中著名的**赫尔德(Hölder)不等式**:

$$ab \le \frac{1}{p}a^p + \frac{1}{q}b^q \quad \left(a > 0, b > 0, p > 0, q > 0; \frac{1}{p} + \frac{1}{q} = 1\right)$$

证明 由$f'(x) = \alpha x^{\alpha-1} - \alpha = \alpha(x^{\alpha-1} - 1) = 0$得驻点$x = 1$。因为

当$0 < x < 1$时, $f'(x) = \alpha(x^{\alpha-1} - 1) > 0$ (即$f(x)$增大)

当$1 < x < +\infty$时, $f'(x) = \alpha(x^{\alpha-1} - 1) < 0$ (即$f(x)$减小)

所以$f(1) = 1 - \alpha$是最大值。

其次,令$\alpha = p^{-1}, x = a^p/b^q$,则

$$f\left(\frac{a^p}{b^q}\right) = \left(\frac{a^p}{b^q}\right)^{\frac{1}{p}} - \frac{1}{p} \cdot \frac{a^p}{b^q} = ab^{-\frac{q}{p}} - \frac{1}{p}a^p b^{-q}$$

而根据上述结论,即$f(x) \le 1 - \alpha$,则得不等式

$$ab^{-\frac{q}{p}} - \frac{1}{p}a^p b^{-q} \le f(1) = 1 - \alpha = 1 - \frac{1}{p} = \frac{1}{q}$$

两端同乘 b^q,并注意 $q - \dfrac{q}{p} = 1$,则得要证的不等式 $ab \leq \dfrac{1}{p}a^p + \dfrac{1}{q}b^q$。

在非闭区间上求一个函数的最大(小)值问题,常常出现在实际应用问题中。解这类问题时,首先需要根据问题本身,运用几何学或物理学或其他有关科学中的知识,列出"目标函数"(即要求它的最大值或最小值的函数)的函数式。这样,问题就变成求目标函数的最大值或最小值。例如,当矩形周长 l 为定值时,它的长和宽为何值时面积最大? 或当矩形面积 S 为定值时,它的长和宽为何值时周长最小?

设矩形的一边长为 x,则前一个问题的目标函数就是(矩形面积)

$$S(x) = x\left(\dfrac{l}{2} - x\right) \quad \left(0 < x < \dfrac{l}{2}\right)$$

而后一个问题的目标函数就是(矩形周长)

$$l(x) = 2\left(x + \dfrac{S}{x}\right) \quad (0 < x < +\infty)$$

这样,问题就变成求函数 $S(x)$ 的最大值或求函数 $l(x)$ 的最小值。

例 4-4-10 设有闭合电路如图 4-4-13 所示。它由电动势 E、内阻 r 和纯电阻负载 R 所构成。若 E 和 r 是已知常数,问负载 R 为何值时,电流的电功率最大?

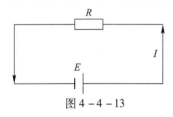

图 4-4-13

解 根据电学的知识,闭合电路中电流的电功率为
$$P = I^2 R \, (I \text{为电流强度})$$
而根据闭合电路的欧姆定律,电流强度 $I = \dfrac{E}{r+R}$。

因此,电功率为
$$P = \dfrac{E^2 R}{(r+R)^2} \quad (\text{自变量为 } R)$$

由 $P' = 0$,即由
$$P' = \dfrac{E^2 \cdot (r+R)^2 - E^2 R \cdot 2(r+R)}{(r+R)^4} = \dfrac{E^2(r-R)}{(r+R)^3} = 0$$

得 $R = r$。因此,当负载 $R = r$(内阻)时,电功率取到最大值 $P = E^2/4r$。

例 4-4-11 由材料力学的知识,横截面为矩形的横梁的强度是
$$\varepsilon = kxh^2 \, (k \text{ 为比例系数},x \text{ 为矩形的宽},h \text{ 为矩形的高})$$
今要将一根横截面直径为 d 的圆木,切成横截面为矩形且有最大强度的横梁,那么矩形的高与宽之比应该是多少?

解 如图 4-4-14 所示,因为 $h^2 = d^2 - x^2$,所以 $\varepsilon = kx(d^2 - x^2)(0 < x < d)$。令 $\varepsilon'_x = 0$,即
$$\varepsilon'_x = k[(d^2 - x^2) - 2x^2] = k(d^2 - 3x^2) = 0$$

则得驻点 $x = \dfrac{d}{\sqrt{3}}$。根据实际问题的提法,当矩形的宽 $x = \dfrac{d}{\sqrt{3}}$ 时,强度 ε 取到最大值。此时,因为

$$h = \sqrt{d^2 - x^2} = \sqrt{d^2 - (d/\sqrt{3})^2} = \dfrac{\sqrt{2}}{\sqrt{3}} d$$

所以 $\dfrac{h}{x} = \sqrt{2}$。

在实际工作中,技术人员是按下面的几何方法设计的:把圆木的横截面(圆)的直径 AB 分

成三等份,如图 4-4-15 所示,再分别自分点 C 和 D 向相反方向作直径 AB 的垂线,交圆周后形成图中那样的矩形。这个矩形的长边与短边的比值就是 $\sqrt{2}$。

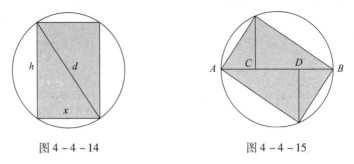

图 4-4-14   图 4-4-15

例 4-4-12 已知某工厂生产 x 件产品的成本为

$$C(x) = 25000 + 200x + \frac{1}{40}x^2 (元)$$

问:(1) 要使平均成本最小,应生产多少件产品?
(2) 若产品以每件 500 元售出,要获得最大利润,应生产多少件产品?最大利润是多少?

解 (1) 平均成本为

$$\bar{C}(x) = \frac{C(x)}{x} = \frac{25000}{x} + 200 + \frac{1}{40}x (元/件)$$

让 $\bar{C}'(x) = -\frac{25000}{x^2} + \frac{1}{40} = 0$,则得 $x = 1000$(件)。因此,生产 1000 件产品时平均成本最小。

(2) 售出 x 件产品时,收入为 $500x$(元),而利润为

$$L(x) = (收入)500x - (成本)C(x) = 500x - \left(25000 + 200x + \frac{1}{40}x^2\right)$$
$$= -25000 + 300x - \frac{1}{40}x^2$$

让 $L'(x) = 300 - \frac{x}{20} = 0$,则得 $x = 6000$(件)。因此,生产 6000 件产品并全部售出时,获得的利润最大。最大利润为 $L(6000) = 900000$(元)。

4.4.2 函数的单调性与曲线的凹凸性

上一节,我们看到导数是求临界点的工具,而临界点又与极值相关。为了确定函数当图形往前走时它是上升或下降以及图形是怎么弯曲的,将这些辨别特征展示在图 4-4-16 所示。本节我们将进一步研究导数(一阶和二阶),它可以告诉我们更多的函数形状的信息。

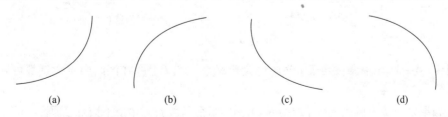

图 4-4-16

(a) 中的图形上升并且弯曲向上;(b) 中的图形上升并且弯曲向下;
(c) 中的图形下降并且弯曲向上;(d) 中的图形下降并且弯曲向下。

在之前的论述中,我们非正式地使用过递增和递减来描述函数及其图象。例如,在图 4-4-17中,当 x 增加时,图象上升,所以对应的函数是递增的;当 x 增加时,图象下降,所以对应的函数是递减的。下面的定义使这些概念精确化。

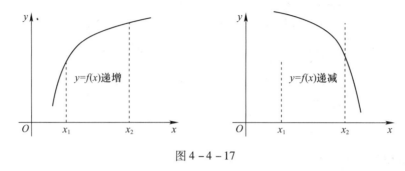

图 4-4-17

定义 (函数单调)设函数 $f(x)$ 是定义在区间 I(开、闭或者两者都不是)上的函数。

(1) 如果对于 I 上的每一对数 x_1 和 x_2,有
$$x_1 < x_2 \Rightarrow f(x_1) < f(x_2)$$
则称函数 $f(x)$ 在 I 上**递增**;

(2) 如果对于 I 上的每一对数 x_1 和 x_2,有
$$x_1 < x_2 \Rightarrow f(x_1) > f(x_2)$$
则称函数 $f(x)$ 在 I 上**递减**。

我们应该怎么来判断一个函数是递增还是递减呢?另一方面,函数的图象提供了对函数递增区间和递减区间的推断。但如何精确地确定这些区间呢?这个问题通过与导数的联系来回答。

回想一下,函数的导数给出了切线斜率。如果在一个区间上导数为正,那么在该区间上的切线有正的斜率,函数在这个区间上递增(图 4-4-18)。换一种说法,在区间上的正导数蕴含正的变化率,由此表示函数值递增。类似地,如果在一个区间上导数为负,那么在该区间上的切线有负的斜率,函数在这个区间上递减,如图 4-4-18 所示。

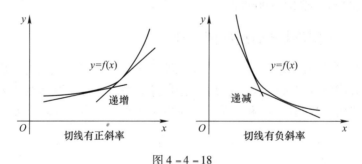

图 4-4-18

定理 4-4-3 (单调性定理)设 $f(x)$ 是定义在区间 I 上并在区间内每一点都可导的连续函数。

(1) 如果对于 I 上的所有 x 都有 $f'(x) > 0$,那么函数 $f(x)$ 在区间 I 上递增;

(2) 如果对于 I 上的所有 x 都有 $f'(x) < 0$,那么函数 $f(x)$ 在区间 I 上递减。

证明 任取两点 $x_1, x_2 \in I (x_1 < x_2)$,由题意知,$f(x)$ 在 $[x_1, x_2]$ 上连续,在 (x_1, x_2) 内可导,

应用微分中值定理,有
$$f(x_2)-f(x_1)=f'(\xi)(x_2-x_1) \quad \xi\in(x_1,x_2)$$
上式中,$x_2-x_1>0$,若对于 I 上的所有 x 都有 $f'(x)>0$,则 $f'(\xi)>0$,于是
$$f(x_2)-f(x_1)=f'(\xi)(x_2-x_1)>0$$
即 $f(x_2)>f(x_1)$,表明函数在区间 I 上递增。同理可证(2)。

这个定理通常能让我们准确地判断一个可导函数在哪里递增、哪里递减。这只是解两个不等式的问题。

例 4-4-13 设函数 $f(x)=2x^3-3x^2-12x+7$,求函数在何处递增何处递减。

解 从求导数开始
$$f'(x)=6x^2-6x-12=6(x+1)(x-2)$$
需要决定在何处
$$(x+1)(x-2)>0$$
在何处
$$(x+1)(x-2)<0$$
令 $f'(x)=0$,其驻点分别为 $x=-1$ 和 $x=2$。

这两点将整个定义域划分为三个区间:$(-\infty,-1)$,$(-1,2)$ 和 $(2,\infty)$,可任取相应区间内一点的 $f'(x)$ 函数值正负来判断相应区间导数的正负值,这样我们得到函数 $f(x)$ 在 $(-\infty,-1]$ 和 $[2,\infty)$ 内递增,在 $[-1,2]$ 上递减。如图 4-4-19 所示。

知道了在何处函数递增和递减也就告诉了我们怎样去检验函数极值的性质。我们重新来分析下面这幅图形。

如图 4-4-20 所示,在函数 $f(x)$ 取极小值的点处,在其左边邻近 $f'(x)<0$ 而在其右边邻近 $f'(x)>0$(如果是端点,只要考虑左边或右边邻近的情形)。所以在取最小值的点的左边曲线是下降的(函数值递减)而在右边是上升的(函数值增加)。类似地,在取最大值的点处,在其左边邻近 $f'(x)>0$ 而在其右边邻近 $f'(x)<0$。因此,曲线在取到最大值点的左边是上升的(函数值增加)而在右边是下降的(函数值减少)。

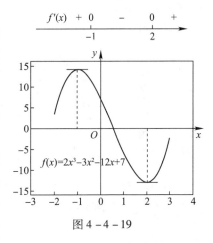

图 4-4-19

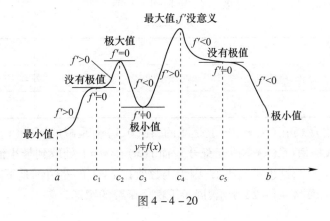

图 4-4-20

这些观察结果产生了可导函数极值存在和性质的检验法。

极值的一阶导数检验法 在临界点 $x=c$ 处,

(1) 如果 $f'(x)$ 在 c 从负变到正,则 $f(x)$ 有极小值;

(2) 如果 $f'(x)$ 在 c 从正变到负,则 $f(x)$ 有极大值;

(3) 如果 $f'(x)$ 在 c 的两侧正负号相同,则 $f(x)$ 没有极值。

在端点的极值的检验类似,但只需考虑一侧的情形。

定理 4-4-4 (一阶导数法则) 函数 $f(x)$ 在点 x_0 处连续,且在 x_0 的某一去心邻域 $\mathring{U}(x_0,\delta)$ 内可导。

(1) 若 $x \in (x_0-\delta, x_0)$ 时,$f'(x) > 0$,而 $x \in (x_0, x_0+\delta)$ 时,$f'(x) < 0$,则 $f(x)$ 在点 x_0 处取得极大值;

(2) 若 $x \in (x_0-\delta, x_0)$ 时,$f'(x) < 0$,而 $x \in (x_0, x_0+\delta)$ 时,$f'(x) > 0$,则 $f(x)$ 在点 x_0 处取得极小值;

(3) 若 $x \in \mathring{U}(x_0,\delta)$ 时,$f'(x) \geq 0$(或 $f'(x) \leq 0$)则函数在点 x_0 处没有极值。

证明 (1) 根据函数的单调性判定法,函数在 $(x_0-\delta, x_0)$ 内单调增加,而在 $(x_0, x_0+\delta)$ 内单调减少,且函数 $f(x)$ 在点 x_0 处连续,故当 $x \in \mathring{U}(x_0,\delta)$ 时,$f(x) < f(x_0)$,所以 $f(x_0)$ 是 $f(x)$ 的极大值,如图 4-4-21 所示。

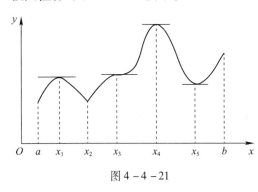

图 4-4-21

类似地可证明情形(2)及情形(3)(图 4-4-21)。

例 4-4-14 求函数 $f(x) = x^{\frac{1}{3}}(x-4)$ 的临界点,讨论函数的递增和递减区间,并求函数的极值和最值。

解 求函数的一阶导数

$$f'(x) = \frac{d}{dx}\left(x^{\frac{4}{3}} - 4x^{\frac{1}{3}}\right) = \frac{4}{3}x^{-\frac{2}{3}}(x-1) = \frac{4(x-1)}{3x^{\frac{2}{3}}}$$

在 $x=1$ 为零,而在 $x=0$ 处没有定义。定义域没有端点,所以临界点 $x=0$ 和 $x=1$ 是函数可能取得极值的仅有的点。

临界点把区间分成 $f'(x)$ 为正或为负的区间,$f'(x)$ 的正负号揭示了函数 $f(x)$ 在临界点之间和临界点处的性态。可以把信息展示在表 4-4-1 中。

表 4-4-1

区间	$x < 0$	$0 < x < 1$	$x > 1$
$f'(x)$ 的正负号	−	−	+
$f(x)$ 的性态	减	减	增

由检验法,函数 $f(x)$ 在 $(-\infty, 0)$ 上是减的,在 $(0,1)$ 上是减的而在 $(1,\infty)$ 上是增的。故函数在 $x=0$ 处不取极值($f'(x)$ 不改变符号),而 $f(x)$ 在 $x=1$ 处取到最小值($f'(x)$ 从负变到正)。极值为 $f(1) = -3$,这也是最小值,因为函数值在 $x=1$ 的左边都是下降的,而在 $x=1$ 的右边都是上升的。如图 4-4-22 所示,展示了这个函数的图形。

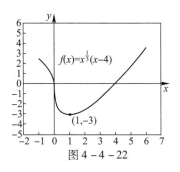
图 4-4-22

例 4-4-15 当 $0 < x < \frac{\pi}{2}$ 时,$\sin x + \tan x > 2x$。

分析 改写不等式为 $\sin x + \tan x - 2x > 0$,显然
$$\sin 0 + \tan 0 - 2 \times 0 = 0$$
也就说对 $0 < x < \frac{\pi}{2}$,$\sin x + \tan x - 2x > 0$,若能证明函数在 $\left[0, \frac{\pi}{2}\right)$ 上单调增加,就证明了不等式。

证明 令 $f(x) = \sin x + \tan x - 2x$,
$f'(x) = \cos x + \sec^2 x - 2$,$f'(0) = \cos 0 + \sec^2 0 - 2 = 1 + 1 - 2 = 0$
$f''(x) = -\sin x + 2\sec^2 x \tan x = \sec^3 x \sin x (2 - \cos^3 x)$

当 $0 < x < \frac{\pi}{2}$ 时,$\sin x > 0$,$\sec x > 0$,$0 < \cos x < 1$,因此 $f''(x) > 0$,于是 $f'(x) > f'(0) = 0$,所以函数在 $\left[0, \frac{\pi}{2}\right)$ 上单调增加,即 $f(x) = \sin x + \tan x - 2x > f(0) = 0$。故 $\sin x + \tan x > 2x$。

例 4-4-16 证明 当 $x < 0$ 时,$x^2 - \frac{54}{x} \geq 27$。

证明 令 $f(x) = x^2 - \frac{54}{x}$,在区间 $(-\infty, 0)$ 内可导
$$f'(x) = 2x + \frac{54}{x^2},\text{让 } f'(x) = 2x + \frac{54}{x^2} = 0$$
解得驻点 $x = -3$。

当 $x < -3$ 时,$f'(x) = 2x + \frac{54}{x^2} = \frac{2}{x^2}(x^3 + 27) < 0$,函数在 $(-\infty, 3)$ 上单调减少,$f(x) > f(-3)$;

当 $-3 < x < 0$ 时,$f'(x) = 2x + \frac{54}{x^2} = \frac{2}{x^2}(x^3 + 27) > 0$,函数在 $(-3, 0)$ 上单调增加,$f(x) > f(-3)$;

$f(-3)$ 是函数 $f(x) = x^2 - \frac{54}{x}$ 在 $(-\infty, 0)$ 内的最小值。

因此,在 $(-\infty, 0)$ 上 $f(x) = x^2 - \frac{54}{x} \geq f(-3) = (-3)^2 - \frac{54}{-3} = 27$,即当 $x < 0$ 时
$$x^2 - \frac{54}{x} \geq 27$$

从另一方面分析,一个函数增加,可能会出现递增的关系有摆动的情形,如图 4-4-23 所示。即怎样确定函数的图形弯曲的方式,要分析它的摆动,我们需要在沿着图形从左到右移动时研究它的切线怎样转动。我们知道有关信息一定包含在函数的导函数中,但怎样去找这些信息呢?对于除可能的孤立点外的二次可导函数而言,通过对 $f'(x)$ 求导数,$f'(x)$ 和 $f''(x)$ 一起就告诉了我们函数的图形和形状。

首先我们定义图形的**凹性**:如果切线稳定地沿逆时针方向转动,我们就说图形是上凹的;如果切线稳定地沿顺时针方向转动,我们说图形是下凹的。

定义 (**凹性**)可微函数 $y = f(x)$ 的图形是:
(1) 如果 $f'(x)$ 在 I 上递增,则函数在开区间 I 上向上凹;

（2）如果 $f'(x)$ 在 I 上递减，则函数在开区间 I 上向下凹。

我们也可从几何性态来定义曲线的凹凸性，即在有的曲线弧上，如果任取两点，则联结这两点的弦总位于这两点间的弧段的上方，如图 4-4-24 所示，而有的曲线弧则正好相反，曲线的这种性质就是曲线的凹凸性，因此曲线的凹凸性可以用联结曲线任意两点的弦的中点与曲线弧上相应点（即具有相同横坐标的点）的位置关系来描述。下面给出曲线的凹凸性定义。

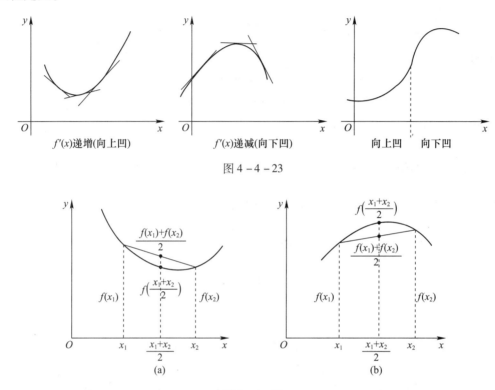

图 4-4-23

图 4-4-24

定义 设 $f(x)$ 在区间 I 上连续，如果对 I 上任意两点 x_1, x_2 恒有

$$f\left(\frac{x_1+x_2}{2}\right) < \frac{f(x_1)+f(x_2)}{2}$$

那么称 $f(x)$ 在区间 I 上的图形是**向上凹**的（简称图形是**凹弧**）；如果恒有

$$f\left(\frac{x_1+x_2}{2}\right) > \frac{f(x_1)+f(x_2)}{2}$$

那么称 $f(x)$ 在区间 I 上的图形是**向上凸**的（简称图形是**凸弧**）。

如果函数 $f(x)$ 在 I 内具有二阶导数，那么可以利用二阶导数的符号来判定曲线的凹凸性，可得如下结论：

如果 $f''(x) > 0$，则 $f'(x)$ 递增；如果 $f''(x) < 0$，则 $f'(x)$ 递减

这样就有**凹性的判定定理（二阶导数凹性检验法）**。

凹性判定定理 设函数 $f(x)$ 在开区间 I 内存在二阶导数：

（1）对于 I 内的所有 x，如果 $f''(x) > 0$，那么函数 $f(x)$ 在 I 内上凹；

(2) 对于 I 内的所有 x,如果 $f''(x)<0$,那么函数 $f(x)$ 在 I 内下凹。

证明 情形(1),设 $\forall x_1,x_2\in[a,b]$,且 $x_1<x_2$,记 $x_0=\dfrac{x_1+x_2}{2}$,并记 $x_2-x_0=x_0-x_1=h$,则 $x_1=x_0-h,x_2=x_0+h$,由拉格朗日中值定理,得

$$f(x_0+h)-f(x_0)=f'(x_0+\theta_1 h)h$$
$$f(x_0)-f(x_0-h)=f'(x_0-\theta_2 h)h$$

其中 $0<\theta_1<1,0<\theta_2<1$,两式相减,即得

$$f(x_0+h)+f(x_0-h)-2f(x_0)=[f'(x_0+\theta_1 h)-f'(x_0-\theta_2 h)]h$$

对 $f'(x)$ 在区间 $[x_0-\theta_2 h,x_0+\theta_1 h]$ 上再次使用拉格朗日中值定理,得

$$[f'(x_0+\theta_1 h)-f'(x_0-\theta_2 h)]h=f''(\xi)(\theta_1+\theta_2)h^2$$

其中 $x_0-\theta_2 h<\xi<x_0+\theta_1 h$。按情形(1)的假设,$f''(\xi)>0$,故有

$$f(x_0+h)+f(x_0-h)-2f(x_0)>0$$

即

$$\dfrac{f(x_0+h)+f(x_0-h)}{2}>f(x_0)$$

亦即

$$\dfrac{f(x_1)+f(x_2)}{2}>f\left(\dfrac{x_1+x_2}{2}\right)$$

所以 $f(x)$ 在 $[a,b]$ 上的图形是凹的。情形(2)类似可证。

例 4-4-17 判断函数 $f(x)=3+\sin x$ 在 $[0,2\pi]$ 上的凹性。

解 易知 $f(x)=3+\sin x$ 在 $(0,\pi)$ 上向下凹,因为在 $(0,\pi)$ 上 $f''(x)=-\sin x<0$,函数在 $(\pi,2\pi)$ 上向上凹,因为在 $(\pi,2\pi)$ 上 $f''(x)=-\sin x>0$。如图 4-4-25 所示。

例 4-4-18 确定函数 $f(x)=\dfrac{x}{(x^2+1)}$ 在何处上凹? 何处下凹? 作出 $f(x)$ 的草图。

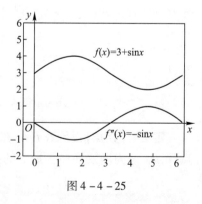

图 4-4-25

解 求一阶导数得

$$f'(x)=\dfrac{(1+x^2)-x(2x)}{(x^2+1)^2}=\dfrac{(1-x)(1+x)}{(1+x^2)^2}$$

令 $f'(x)=0$,驻点为 $x=-1,x=1$ 将定义域分成三个区间:$(-\infty,-1),(-1,1)$ 和 $(1,\infty)$,可分别判断相应区间的导函数的正负值确定函数的递增和递减性质,即函数在 $(-\infty,-1],[1,\infty)$ 上递减,而在 $[-1,1]$ 上递增。

进一步求函数的二阶导数:

$$f''(x)=\dfrac{(1+x^2)^2(-2x)-2(1-x^2)(1+x^2)(2x)}{(x^2+1)^4}=\dfrac{2x(x^2-3)}{(1+x^2)^3}$$

因为分母恒为正数,分割点分别为 $x=-\sqrt{3},x=0$ 和 $x=\sqrt{3}$,定义域分成四个区间,可分别判断出相应区间二阶导数的正负值,从而推断出函数 $f(x)$ 在 $(-\sqrt{3},0),(\sqrt{3},\infty)$ 内向上凹,在

$(-\infty, -\sqrt{3})$ 和 $(0, \sqrt{3})$ 内向下凹。如图 4-4-26 所示。要作函数 $f(x)$ 的图形，我们利用上述获得的信息，加上 $f(x)$ 是一个奇函数这个事实，可以得到大致的图形，如图 4-4-27 所示。

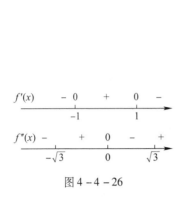

图 4-4-26

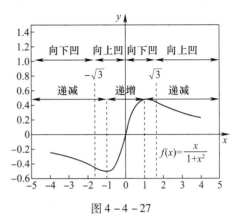

图 4-4-27

从例题中，我们发现曲线在点 $(-\sqrt{3}, -\sqrt{3}/4)$，$(0,0)$ 和 $(\sqrt{3}, \sqrt{3}/4)$ 处改变凹性，我们称这样的点为该函数的**拐点**。

例 4-4-19 证明 $x\ln x + y\ln y > (x+y)\ln\left(\dfrac{x+y}{2}\right)$ $(x>0, y>0, x\neq y)$。

分析 不等式两边同除以 2 变为

$$\dfrac{x\ln x + y\ln y}{2} > \left(\dfrac{x+y}{2}\right)\ln\left(\dfrac{x+y}{2}\right)$$

很明显不等式为函数 $x\ln x$ 在点 x、y、$\dfrac{x+y}{2}$ 三点处的函数值关系，即不同两点的函数值的平均值与中点处函数值的比较，这个联系就是曲线的凹凸性定义不等式。

证明 令 $f(x) = x\ln x$，显然在 $(0, +\infty)$ 内二阶可导，$f'(x) = \ln x + 1$，$f''(x) = \dfrac{1}{x} > 0$，因此曲线 $f(x) = x\ln x$ 在 $(0, +\infty)$ 上的图形是向上凹的，即当 $x>0, y>0, x\neq y$ 时

$$\dfrac{x\ln x + y\ln y}{2} > \left(\dfrac{x+y}{2}\right)\ln\left(\dfrac{x+y}{2}\right)$$

所以

$$x\ln x + y\ln y > (x+y)\ln\left(\dfrac{x+y}{2}\right) \quad (x>0, y>0, x\neq y)$$

定义（拐点）设函数 $f(x)$ 在点 $x=c$ 处连续，如果函数在该点两侧的凹性发生改变，则称点 $(c, f(c))$ 为函数 $f(x)$ 图形上的**拐点**。如图 4-4-28 所示，表示了几种可能的情形。

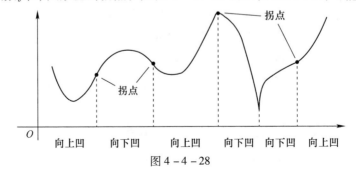

图 4-4-28

正如你可能会猜想的那样，$f''(x)=0$ 的点或 $f''(x)$ 不存在的点成为拐点的候选点。在这使用"候选"一词，正如候选人可能不会当选一样，一个使 $f''(x)=0$ 的点也可能不是拐点。

例 4-4-20 （二阶导为零的非拐点）曲线 $y=x^4$ 在 $x=0$ 处没有拐点，如图 4-4-29 所示。即便 $y''=12x^2$，当 $x=0$ 时为零，但并不改变 y'' 在 $x=0$ 处左右的正负号。

例 4-4-21 （拐点处二阶导数不存在）可以验证，如图 4-4-30 所示，$(0,0)$ 是曲线 $y=x^{\frac{1}{3}}$ 的拐点，但在 $x=0$ 处 y'' 不存在。因为

$$y''=\frac{\mathrm{d}^2}{\mathrm{d}x^2}(x^{\frac{1}{3}})=\frac{\mathrm{d}}{\mathrm{d}x}\left(\frac{1}{3}x^{-\frac{2}{3}}\right)=-\frac{2}{9}x^{-\frac{5}{3}}$$

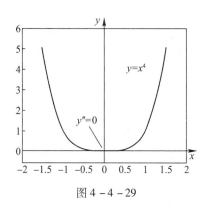

图 4-4-29

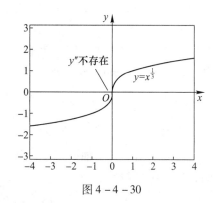

图 4-4-30

上两例题可以看到，二阶导数为零的点并不总是拐点，二阶导数不存在的点也可能是拐点。

从以上对拐点的分析，我们还可以得到另一个关于求极值的法则，有时它比一阶导数法则还实用。它包括了求驻点的二阶导数值，但它不能应用到奇点。

极值的二阶导数检验法　设函数 $f(x)$ 在包含 c 的开区间 (a,b) 上的每一点都存在一阶导数 $f'(x)$ 和二阶导数 $f''(x)$，且假设 $f'(c)=0$。

（1）如果 $f''(c)<0$，则 $f(c)$ 为 $f(x)$ 的极大值；

（2）如果 $f''(c)>0$，则 $f(c)$ 为 $f(x)$ 的极小值。

证明　根据定义和假设

$$f''(c)=\lim_{x\to c}\frac{f'(x)-f'(c)}{x-c}=\lim_{x\to c}\frac{f'(x)-0}{x-c}<0$$

可知，在 c 附近有一个（尽可能小的）区间 (α,β)，满足

$$\frac{f'(x)}{x-c}<0\quad(x\neq c)$$

这就是说，在 $\alpha<x<c$ 上有 $f'(x)>0$，且在 $c<x<\beta$ 上有 $f'(x)<0$，因此，根据一阶导数法则，$f(c)$ 为极大值。类似可以证明 (2)。

例 4-4-22　设 $f(x)=\frac{1}{3}x^3-x^2-3x+4$，用二阶导数法则求极小值。

解　求函数的一阶和二阶导数：

$$f'(x)=x^2-2x-3=(x+1)(x-3),\quad f''(x)=2x-2$$

临界点为 -1 和 3（$f'(-1)=f'(3)=0$）。因为 $f''(-1)=-4$ 和 $f''(3)=4$，由二阶导数法则得：$f(-1)$ 是极大值，$f(3)$ 是极小值。

这个检验法只需要知道函数的二阶导数在点 c 处的信息,而不必知道它在有关 c 的区间上的信息。这就使该检验法便于应用,这是其优点。缺点是当 $f''(c)=0$ 或 $f''(x)$ 不存在时该检验方法就失灵了。例如,对于函数 $f(x)=x^3$ 和 $f(x)=x^4$ 都有 $f'(0)=0$ 和 $f''(0)=0$。第一个函数在 0 处无极值,但第二个函数在 0 处有极小值。如果发生这样的情形,那就回到极值的一阶导数检验法。

4.4.3 函数图形的描绘

在中学数学中,绘制函数图形时,用的是描点法。它的缺点是不能从整体上把握函数变化的状态。微积分为我们提供了强有力的工具去研究图形的精密构造,特别是在确定图形特征发生改变的关键点方面。找出极值、最值和拐点,我们能够明确地找出图形在哪些区间具有单调性和凹性。这种绘图方法我们称为解析法,而它的优点正好弥补了描点法的缺陷。因此,把两者结合起来就是最好的绘图方法。

例 4-4-23 绘出函数 $f(x)=\dfrac{3x^5-20x^3}{32}$ 的图形。

解 由于 $f(-x)=-f(x)$,所以函数 $f(x)$ 是一个奇函数,因此,它的图形关于原点对称。令 $f(x)=0$ 可以求出它与 x 轴的交点为 0 和 $\pm\sqrt{20/3}\approx\pm 2.6$。

对函数求一阶导数

$$f'(x)=\frac{15x^4-60x^2}{32}=\frac{15x^2(x-2)(x+2)}{32}$$

驻点分别为 $-2,0$ 和 2,将函数的定义区间 $(-\infty,+\infty)$ 划分为四个小区间:$(-\infty,-2)$,$(-2,0)$,$(0,2)$ 和 $(2,+\infty)$,可以判断出:在区间 $(-\infty,-2)$ 和 $(2,+\infty)$ 上,$f'(x)>0$;在区间 $(-2,0)$ 和 $(0,2)$ 上,$f'(x)<0$,同时也说明了 $f(-2)=2$ 是一个极大值,$f(2)=-2$ 是一个极小值。

再对函数求二阶导数,得

$$f''(x)=\frac{60x^3-120x}{32}=\frac{15x(x-\sqrt{2})(x+\sqrt{2})}{8}$$

通过分析 $f''(x)$ 的符号,可推断出函数 $f(x)$ 在区间:$(-\sqrt{2},0)$ 和区间 $(\sqrt{2},\infty)$ 内向上凹,在区间 $(-\infty,-\sqrt{2})$ 和区间 $(0,\sqrt{2})$ 内向下凹,因此,图形存在 3 个拐点:

$$(-\sqrt{2},7\sqrt{2}/8)\approx(-1.4,1.2),(0,0) \text{ 和 } (\sqrt{2},-7\sqrt{2}/8)\approx(1.4,-1.2)$$

再把函数 $f(x)$ 在这些小区间内有关 $f'(x)$ 和 $f''(x)$ 的信息,填表 4-4-2 中。

表 4-4-2

x	$(-\infty,-2)$	-2	$(-2,-\sqrt{2})$	$-\sqrt{2}$	$(-\sqrt{2},0)$	0	$(0,\sqrt{2})$	$\sqrt{2}$	$(\sqrt{2},2)$	2	$(2,\infty)$
y'	+	0	−	−	−	0	−	−	−	0	+
y''	−	−	−	0	+	0	−	0	+	+	+
y	递增下凹	极大值	递减下凹	拐点	递减上凹	拐点	递减下凹	拐点	递减上凹	极小值	递增上凹

我们利用导数的有关信息绘出简略图,如图 4-4-31 所示,使我们能够看出函数的变化状态。例如在哪个区间内,它是增大的或减小的,是下凸的或上凸的;又在哪个点上取到极大值或极小值。

由两个多项式组成的有理函数的绘图过程要比单个多项式更复杂。特别要指出的是,我们将会在分母可能为零的区间附近做一些非常有趣的操作。

不管是描点法,还是上面用导数的方法(即解析法),都只能画出函数图形的有限部分,对于那些能够伸向无穷远处的函数图形,当函数图形伸向无穷远时,它有可能无限接近某一直线(称它为**渐近线**)。例如,函数 $y = \arctan x$ 的图形就有两条渐近线 $y = \pm\dfrac{\pi}{2}$,如图 4-4-32 所示。因为它们与 Ox 轴平行,所以称它们为**水平渐近线**。求水平渐近线的方法很简单,若存在有穷极限

$$\lim_{x \to +\infty} f(x) = b \quad 或 \quad \lim_{x \to -\infty} f(x) = b$$

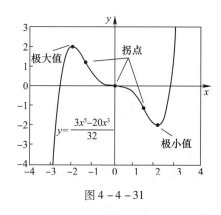

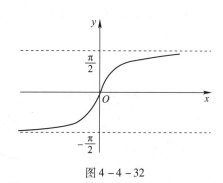

图 4-4-31

图 4-4-32

则曲线 $y = f(x)$ 就有水平渐近线 $y = b$。

函数图形也可能有**垂直渐近线**。例如函数 $y = \tan x$ 的图形(图 4-4-33)有两条垂直渐近线 $x = \pm\dfrac{\pi}{2}$。求垂直渐近线的方法也很简单。观察函数 $y = f(x)$,若它有无穷间断点 a,即

$$\lim_{x \to a^-} f(x) = \infty \quad 或 \quad \lim_{x \to a^+} f(x) = \infty$$

则曲线 $y = f(x)$ 就有垂直渐近线 $x = a$。

函数图形还可能有**斜渐近线** $y = kx + b (k \neq 0)$。如图 4-4-34 所示,设曲线 $y = f(x)$ 上的点 $P(x, y)$ 到直线 $y = kx + b$ 的距离为 d。在直角三角形 PAN 中

$$|f(x) - (kx + b)| = |PA| = \sqrt{d^2 + d^2 \tan^2 \theta} = d \sec \theta$$

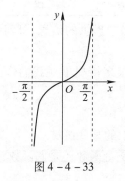

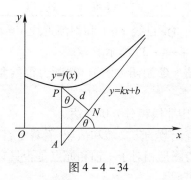

图 4-4-33

图 4-4-34

按照渐近线的定义,直线 $y = kx + b$ 是曲线 $y = f(x)$ 的渐近线,当且仅当点 P 沿曲线伸向无穷远时,有 $d \to 0$;而 $d \to 0$,当且仅当有常数 k 和 b,使

$$\lim_{x\to\infty}[f(x)-(kx+b)]=0 \quad 或 \quad \lim_{x\to\infty}[f(x)-kx]=b$$

于是,当条件满足时,可以按下面的方法求常数 k 和 b:

第一步:求斜率 k。因为

$$k=\frac{f(x)}{x}+\frac{kx-f(x)}{x} \quad 且 \quad \lim_{x\to\infty}\frac{kx-f(x)}{x}=0$$

所以 $k=\lim\limits_{x\to\infty}\dfrac{f(x)}{x}$。

第二步:求截距 b。即 $b=\lim\limits_{x\to\infty}[f(x)-kx]$。

例 4-4-24 求曲线 $y=\dfrac{x^2-2x+2}{x-1}$ 的渐近线。

解 因为 $\lim\limits_{x\to1}y=\infty$,所以它有垂直渐近线 $x=1$。又

$$k=\lim_{x\to\infty}\frac{y}{x}=\lim_{x\to\infty}\frac{x^2-2x+2}{x(x-1)}=1$$

$$b=\lim_{x\to\infty}(y-kx)=\lim_{x\to\infty}\left[\frac{x^2-2x+2}{x-1}-x\right]=\lim_{x\to\infty}\frac{-x+2}{x-1}=-1$$

所以它有斜渐近线 $y=x-1$,如图 4-4-35 所示。

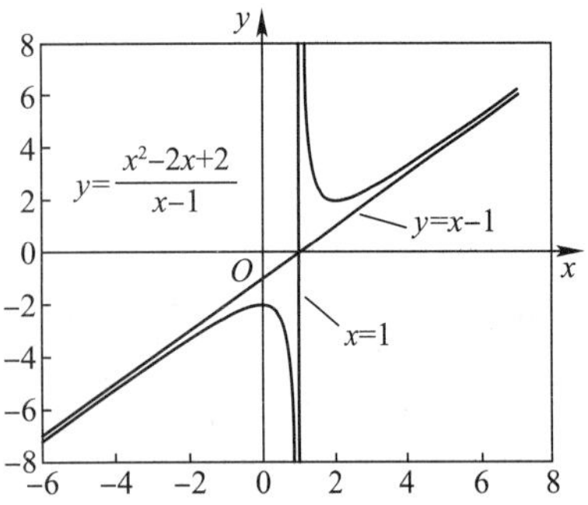

例 4-4-25 画出函数 $y=\dfrac{x^2-2x+2}{x-1}$ 的图形。

解 分别求出函数的一阶和二阶导数:

$$y'=\frac{x(x-2)}{(x-1)^2}, \quad y''=\frac{2}{(x-1)^3}$$

求出函数的驻点为 0 和 2(没有二阶导数等于 0 的点),把函数的定义域分成若干小区间(注意,$x=1$ 是间断点),并把有关信息填入表 4-4-3 中。

图 4-4-35

表 4-4-3

x	$(-\infty,0)$	0	$(0,1)$	1	$(1,2)$	2	$(2,+\infty)$
y'	+	0	—		—	0	+
y''	—	—	—		+	+	+
y	递增下凹	极大值	递减下凹	间断点	递减上凹	极小值	递增上凹

注 有垂直渐近线 $x=1$ 和斜渐近线 $y=x-1$。根据表格中提供的信息,可勾画出函数的简略图,如图 4-4-35 所示。

方法总结 绘制函数图形,判断力很重要,以下步骤在很多情况下对我们作图有很大的帮助。

第一步:用非微积分分析方法。

(1)检查函数的定义域和值域,看看是否能排除掉平面上的某些区域;

(2)检验图形相对于 y 轴和原点是否具有对称性(函数是奇函数还是偶函数?)

(3)找出截距。

第二步:用微积分分析方法。

(1)求一阶导数,找临界点和函数的单调区间;

(2) 检验所找的临界点,找出极值;

(3) 求二阶导数,找出图形在哪些区间上凹或下凹,并找出拐点的位置;

(4) 找出函数图形的渐近线。

第三步:绘出图形。

例 4-4-26 画出函数 $f(x) = x^{\frac{1}{3}}$ 和函数 $g(x) = x^{\frac{2}{3}}$ 及它们导数的图形。

解 这两函数的定义域均为 $(-\infty, \infty)$,$f(x)$ 的值域为 $(-\infty, \infty)$,$g(x)$ 的值域为 $[0, +\infty)$,由于

$$f(-x) = (-x)^{\frac{1}{3}} = -x^{\frac{1}{3}} = -f(x),$$ 所以 $f(x)$ 为奇函数。

$$g(-x) = (-x)^{\frac{2}{3}} = ((-x)^2)^{\frac{1}{3}} = (x^2)^{\frac{1}{3}} = g(x),$$ 所以 $g(x)$ 为偶函数。

分别求两个函数的一阶导数和二阶导数:

$$f'(x) = \frac{1}{3}x^{-\frac{2}{3}} = \frac{1}{3x^{\frac{2}{3}}}, \quad f''(x) = -\frac{2}{9}x^{-\frac{5}{3}} = -\frac{2}{9x^{\frac{5}{3}}}$$

$$g'(x) = \frac{2}{3}x^{-\frac{1}{3}} = \frac{2}{3x^{\frac{1}{3}}}, \quad g''(x) = -\frac{2}{9}x^{-\frac{4}{3}} = -\frac{2}{9x^{\frac{4}{3}}}$$

对这两个函数的临界点都是 $x = 0$,此时其导数不存在。

对所有非零的 x,都有 $f'(x) > 0$,因此 $f(x)$ 在 $(-\infty, 0]$ 和 $[0, +\infty)$ 为增函数,由于 $f(x)$ 在 $(-\infty, \infty)$ 上连续,可知函数 $f(x)$ 在整个定义域上是增函数。因此,$f(x)$ 没有最大值和最小值。由于当 $x > 0$ 时,$f''(x) < 0$;当 $x < 0$ 时,$f''(x) > 0$,可知函数 $f(x)$ 在 $(-\infty, 0)$ 是上凹,在 $(0, \infty)$ 是下凹,点 $(0, 0)$ 为拐点。

对于函数 $g(x)$,当 $x > 0$ 时,$g'(x) > 0$;当 $x < 0$ 时,$g'(x) < 0$,因此 $g(x)$ 在 $(-\infty, 0]$ 上递减,在 $[0, +\infty)$ 上递增,$g(0) = 0$ 为最小值。又注意到只要 $x \neq 0, g''(x) < 0$。因此 $g(x)$ 在 $(-\infty, 0)$ 和 $(0, \infty)$ 均为下凹的。点 $(0, 0)$ 不是拐点。如图 4-4-36 所示。

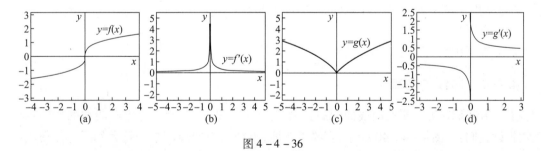

图 4-4-36

用导数来画函数的图形 函数本身的很多性质及其特性,都可以通过函数的导数来反映。

例 4-4-27 图 4-4-37 是 $x = f'(x)$ 的图形。求出函数 $f(x)$ 在区间 $[-1, 3]$ 上所有的极值和拐点。如果 $f(1) = 0$,画出 $y = f(x)$ 的图形。

解 在区间 $(-1, 0), (0, 2)$ 上导数值均为负值,在区间 $(2, 3)$ 上导数值为正值,因此函数 $f(x)$ 在 $[-1, 0], [0, 2]$ 为减函数,并在此区间上有极大值点 $x = -1$。函数 $f(x)$ 在 $[2, 3]$ 为增函数,因此 $x = 3$ 为极

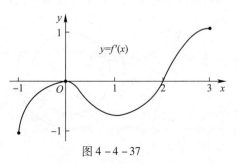

图 4-4-37

大值点。由于 $f(x)$ 在 $[-1,2]$ 为减函数,在 $[2,3]$ 为增函数,则 $x=2$ 为极小值。图 4-4-38 给出了这些性质。

当函数 $f(x)$ 的凹性发生改变,则 $f(x)$ 的拐点存在。由于 $f'(x)$ 在 $(-1,0)$ 和 $(1,3)$ 为增函数,那么函数 $f(x)$ 在 $(-1,0)$ 和 $(1,3)$ 上为上凹,由于 $f'(x)$ 在 $(0,1)$ 为减函数,那么函数 $f(x)$ 在 $(0,1)$ 为向下凹。因此函数 $f(x)$ 在 $x=0$ 和 $x=1$ 处改变凹性,拐点为 $(0,f(0))$ 和 $(1,f(1))$。根据上述信息以及 $f(1)=0$,画出函数草图,如图 4-4-39 所示。

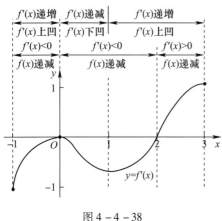

图 4-4-38　　　　　　　　　　　图 4-4-39

注　勾画函数图形之前,要注意以下事项:
(1) 确定函数的定义域;
(2) 函数是否具有奇偶性或周期性;
(3) 求出函数的连续区间,并查明它是否有间断点;
(4) 若有零值点,求出函数的同号区间;
(5) 求出函数的极值点、最大(小)值点和拐点;
(6) 确定函数的增大或减小区间、下凹或上凹区间;
(7) 查明是否有渐近线;
(8) 查明函数是否还有其他特性。

4.4.4　曲线的曲率

上一节我们研究了平面曲线的弯曲方向(下凹或上凹),而没有考虑到曲线的弯曲程度。直觉告诉我们:如图 4-4-40 所示,直线不弯曲,半径较小的圆比半径较大的圆弯曲得厉害,而其他曲线的不同部分有着不同的弯曲程度。例如,抛物线 $y=x^2$ 在顶点附近的弯曲比远离顶点的部分弯曲大。在工程技术中,有时需要研究曲线的弯曲程度,例如,船体结构中的钢梁、

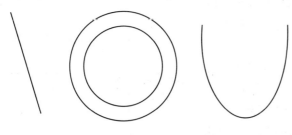

图 4-4-40

机床的转轴等,它们在荷载作用下要产生弯曲变形,在设计时对它们的弯曲必须有一定的限制,这就要定量地研究它们的弯曲程度。

又如,在铁路转弯设计时,我国铁路常用立方抛物线 $y = \dfrac{x^3}{6Rl}$ 作缓和曲线,为了确保火车转弯时行车平稳安全,又要保证离心力连续变化,从而要求这段缓和曲线的弯曲程度应有连续的变化,我们该如何来描述在缓和曲线的连接处的弯曲程度呢?

为此,我们用曲线的曲率表示曲线的弯曲程度,进一步讨论如何用数量来描述曲线的弯曲程度。

为了定义曲率,我们从图 4-4-41 进行研究,如图所示,弧段 $\overset{\frown}{AB}$ 比较平直,当动点沿这段弧从 A 移动到 B 时,切线转过的角度 θ_1 不大;而弧段 $\overset{\frown}{BC}$ 弯曲得比较厉害,角 θ_2 就比较大,说明曲线的弯曲程度与切线的转角大小有关。

但是,切线转角的大小还不能完全反映曲线弯曲的程度,又如图 4-4-42 所示,我们看到,若定义弧 $\overset{\frown}{AB}$ 的**全曲率**为起点 A 处切线方向与终点 B 处切线方向的偏差 $\Delta\theta$。可是,弧 $\overset{\frown}{CD}$ 的全曲率与弧 $\overset{\frown}{AB}$ 的全曲率相同,但前者显然比后者弯曲得更厉害一些,原因在于两段弧的长度不同。这就是说,弧的弯曲程度与弧本身的长度有关。

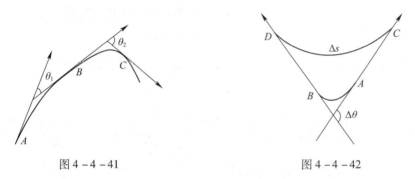

图 4-4-41　　　　　　　　图 4-4-42

因此,就像测量物理量或几何量时先确定一个单位那样,把单位长度弧的全曲率取作测量弧时曲率的单位,而把长度为 Δs 的弧的全曲率 $\Delta\theta$ 同弧长 Δs 的比值 $\Delta\theta/\Delta s$,称为该弧的**平均曲率**。它有点像质点运动的平均速度。像定义质点运动的瞬时速度那样,把极限

$$K_A = \lim_{B \to A}\dfrac{\Delta\theta}{\Delta s} = \lim_{\Delta s \to 0}\dfrac{\Delta\theta}{\Delta s} = \dfrac{\mathrm{d}\theta}{\mathrm{d}s}$$

定义为弧 $\overset{\frown}{AB}$ 在点 A 处的曲率(其中 $\Delta\theta$ 为弧 $\overset{\frown}{AB}$ 的全曲率,Δs 为弧 $\overset{\frown}{AB}$ 的长度)。

对于半径为 R 的圆周来说,如图 4-4-43 所示,由于 $\Delta s = R\Delta\theta$,所以圆周上任一点处的曲率都相等,且曲率为

$$K = \lim_{\Delta s \to 0}\dfrac{\Delta\theta}{\Delta s} = \dfrac{\mathrm{d}\theta}{\mathrm{d}s} = \dfrac{1}{R}$$

对于一般的弧来说,虽然弧上各点处的曲率可能不尽相同,但是当弧上点 A 处的曲率 $K_A \neq 0$ 时,我们可以设想在弧的凹方一侧有一个圆周,它与弧在点 A 相切(即有公切线)且半径 $R_A = \dfrac{1}{K_A}$。这样的圆周就称为弧上点 A 处的**曲率圆**;而它的圆心称为弧上点 A 处的**曲率中心**。如图 4-4-44 所示,虚线部分为抛物线在原点 O 或点 $A(1,a)$ 的曲率圆。

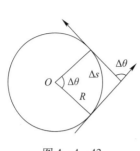
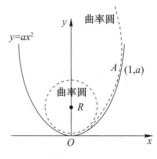

图 4-4-43　　　　　　　图 4-4-44

请读者注意,因为曲率有可能是负数,而曲率半径要与曲率保持相同的正负号,所以曲率半径也有可能是负数。保留曲率或曲率半径的正负号,以便说明曲线的弯曲方向。在实际应用中,有时把绝对值$|K_A|$称为曲率。

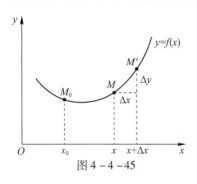

图 4-4-45

弧微分　对于用方程 $y=y(x)\,(a\leqslant x\leqslant b)$ 表示的弧记为 s,显然,弧 s 与 x 存在函数关系:$s=s(x)$,而且 $s(x)$ 是 x 的单调增加函数,下面求 $s=s(x)$ 的导数及微分。

设 $x,x+\Delta x$ 为 (a,b) 内两个邻近的点如图 4-4-45 所示,它们在曲线上对应的点为 M,M',并设对应于 x 的增量为 Δx,弧 s 的增量为 Δs,那么

$$\Delta s = \widehat{M_0M'} - \widehat{M_0M} = \widehat{MM'}$$

于是

$$\left(\frac{\Delta s}{\Delta x}\right)^2 = \left(\frac{\widehat{MM'}}{\Delta x}\right)^2 = \left(\frac{\widehat{MM'}}{|MM'|}\right)^2 \cdot \frac{|MM'|^2}{(\Delta x)^2} = \left(\frac{\widehat{MM'}}{|MM'|}\right)^2 \cdot \frac{(\Delta x)^2+(\Delta y)^2}{(\Delta x)^2}$$

$$= \left(\frac{\widehat{MM'}}{|MM'|}\right)^2 \cdot \left[1+\left(\frac{\Delta y}{\Delta x}\right)^2\right]$$

则

$$\frac{\Delta s}{\Delta x} = \pm\sqrt{\left(\frac{\widehat{MM'}}{|MM'|}\right)^2 \cdot \left[1+\left(\frac{\Delta y}{\Delta x}\right)^2\right]}$$

令 $\Delta x\to 0$ 取极限,由于 $\Delta x\to 0$ 时,$M'\to M$,这时弧的长度与弦的长度之比的极限等于 1,即

$$\lim_{M\to M'}\frac{\widehat{|MM'|}}{|MM'|} = 1$$

又

$$\lim_{\Delta x\to 0}\frac{\Delta y}{\Delta x} = y'$$

因此得

$$\frac{\mathrm{d}s}{\mathrm{d}x} = \pm\sqrt{1+y'^2}$$

由于 $s=s(x)$ 是单调增加函数,从而根号前取正号,于是有

$$ds = \sqrt{1+y'^2}dx$$

此公式也称为**弧微分公式**。

如图 4-4-46 所示,由于

$$y'(x) = \tan\theta, \quad \theta = \arctan y'(x)$$

所以,若有二阶导数 $y''(x)$,则

$$d\theta = \frac{y''(x)}{1+[y'(x)]^2}dx$$

注意到 $ds = \sqrt{1+[y'(x)]^2}dx$,则弧上点 $A(x,y(x))$ 处的曲率为

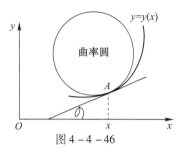

图 4-4-46

$$K = \frac{d\theta}{ds} = \frac{y''(x)}{\{1+[y'(x)]^2\}^{3/2}}$$

当 $y''(x) \neq 0$ 时,曲率半径为

$$R = \frac{1}{K} = \frac{\{1+[y'(x)]^2\}^{3/2}}{y''(x)}$$

其中,$y''(x) > 0$ 时,曲率 K 和曲率半径 R 都大于 0,说明曲线弧向上弯曲或曲率圆在弧的上方。反之,说明曲线弧向下弯曲或曲率圆在弧的下方。

例 4-4-28 对于抛物线 $y = ax^2$,因为 $y' = 2ax, y'' = 2a$,所以

$$（曲率）K = \frac{2a}{(1+4a^2x^2)^{3/2}}, \quad （曲率半径）R = \frac{1}{K} = \frac{(1+4a^2x^2)^{3/2}}{2a}$$

显然,原点 $O(0,0)$ 处有最大曲率 $K = 2a$,最小曲率半径 $R = \frac{1}{2a}$。点 $A(1,a)$ 处的曲率和曲率半径依次为

$$K = \frac{2a}{(1+4a^2)^{3/2}}, \quad R = \frac{(1+4a^2)^{3/2}}{2a}$$

可见,抛物线上离顶点越远,曲率越小,而曲率半径越大。

例 4-4-29 我国铁路常用 $y = \frac{1}{6Rl}x^3$ 作缓和曲线,其中 R 是圆弧弯道的半径,l 是缓和曲线的长度,且 $l \ll R$。求此缓和曲线在其两个端点 $O(0,0), B\left(l, \frac{l^2}{6R}\right)$ 处的曲率,如图 4-4-47 所示。

解 当 $x \in [0,l]$ 时,因为 $y' = \frac{1}{2Rl}x^2 \leq \frac{l}{2R} \approx 0, y'' = \frac{1}{Rl}x$,所以

$$K \approx |y''| = \frac{1}{Rl}x$$

显然,在两个端点的曲率分别为

$$K|_{x=0} = 0, \quad K|_{x=l} \approx \frac{1}{R}$$

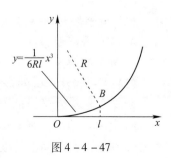

图 4-4-47

对于用参数方程 $\begin{cases} x = x(t) \\ y = y(t) \end{cases} (\alpha \leq t \leq \beta)$ 表示的曲线弧,其中 $x(t)$ 和 $y(t)$ 有二阶导数且

$$[x'(t)]^2 + [y'(t)]^2 > 0 \quad (不妨认为 x'(t) \neq 0)$$

因为

$$\frac{dy}{dx} = \frac{y'(t)}{x'(t)}, \frac{d^2y}{dx^2} = \frac{d}{dx}\left(\frac{dy}{dx}\right) = \frac{d}{dx}\left(\frac{y'(t)}{x'(t)}\right) = \frac{d}{dt}\left(\frac{y'(t)}{x'(t)}\right)\frac{dt}{dx} = \frac{y''(t)x'(t) - y'(t)x''(t)}{[x'(t)]^3}$$

把它们依次代入曲率公式和曲率半径公式,则得

(曲率公式) $\quad K = \dfrac{y''x' - y'x''}{(x'^2 + y'^2)^{3/2}}$

(曲率半径公式) $\quad R = \dfrac{(x'^2 + y'^2)^{3/2}}{y''x' - y'x''} (y''x' - y'x'' \neq 0)$

习题 4-4

(A)

1. 填空题

(1) 曲线 $\begin{cases} x = e^t \\ y = e^t \sin t \end{cases}$ 在区间 $0 \leq t \leq \pi$ 上的拐点是_____。

(2) 函数 $y = x^3$ 在点 $(1,1)$ 处的曲率半径为_____。

(3) 曲线 $\begin{cases} x = \arctan t \\ y = \ln(1 + t^2) \end{cases}$ 在点 $(0,0)$ 处的曲率为_____。

(4) 椭圆 $4x^2 + y^2 = 4$ 在点 $(0,2)$ 处的曲率为_____。

2. 选择题

(1) 设 $f(x)$ 在 $x = 0$ 的某邻域内连续,且 $f(0) = 0, \lim\limits_{x \to 0} \dfrac{f(x)}{1 - \cos x} = 2$,则点 $x = 0$ ( )。

A. 是 $f(x)$ 的极大值点 B. 是 $f(x)$ 的极小值点
C. 不是 $f(x)$ 的驻点   D. 是 $f(x)$ 的驻点但不是极值点

(2) 设 $f'(x_0) = f''(x_0) = 0, f'''(x_0) > 0$,则( )。

A. $f'(x_0)$ 是 $f'(x)$ 的极大值 B. $f(x_0)$ 是 $f(x)$ 的极大值
C. $f(x_0)$ 是 $f(x)$ 的极小值   D. $(x_0, f(x_0))$ 是曲线 $y = f(x)$ 的拐点

(3) 设函数 $f(x)$ 在 $[0,1]$ 上满足 $f''(x) > 0$,则_____。

A. $f'(1) > f'(0) > f(1) - f(0)$ B. $f'(1) > f(1) - f(0) > f'(0)$
C. $f(1) - f(0) > f'(1) > f'(0)$ D. $f'(1) > f(0) - f(1) > f'(0)$

(4) 设函数 $f(x)$ 在点 x_0 处可导,则 $f'(x_0) = 0$ 是 $f(x)$ 在点 x_0 处取得极值的( )。

A. 充分非必要条件   B. 必要非充分条件
C. 充分必要条件   D. 既不充分也不必要条件

(5) 下列说法正确的是( )。

A. 若 $x = x_0$ 为 $f(x)$ 的极值点,则 $f'(x_0) = 0$
B. 若 $f'(x_0) = 0$,则 $x = x_0$ 为 $f(x)$ 的极值点
C. 函数在闭区间上的极值点可以是闭区间的端点

D. 若 $x=x_0$ 为可导函数 $f(x)$ 的极值点，则 $f'(x_0)=0$

（6）设函数 $f(x)$ 在点 x_0 处不可导而在点 x_1 处导数 $f'(x_1)=0$，则（　　）。

A. $x=x_0$ 不可能是 $f(x)$ 的极值点，$x=x_1$ 必是 $f(x)$ 的极值点

B. $x=x_0$ 不可能是 $f(x)$ 的极值点，$x=x_1$ 可能不是 $f(x)$ 的极值点

C. $x=x_0$ 可能是 $f(x)$ 的极值点，$x=x_1$ 必是 $f(x)$ 的极值点

D. $x=x_0$ 可能是 $f(x)$ 的极值点，$x=x_1$ 可能不是 $f(x)$ 的极值点

（7）设 $f(x)=x\sin x+\cos x$，则 $x=0$ 是极＿＿＿＿值点，$x=\dfrac{\pi}{2}$ 是极＿＿＿＿值点。（　　）

A. 大、大　　　　　B. 大、小　　　　　C. 小、大　　　　　D. 小、小

（8）设 $f(x)$ 满足 $\lim\limits_{x\to 1}\dfrac{f(x)-f(1)}{(x-1)^2}=2021$，则点 $x=1$（　　）。

A. 是 $f(x)$ 的极大值点　　　　　　　B. 是 $f(x)$ 的极小值点

C. 不是 $f(x)$ 的驻点　　　　　　　　D. 是 $f(x)$ 的驻点，但不是 $f(x)$ 的极值点

（9）设 $f(x)=x^3+ax^2+bx$ 在点 $x=1$ 处取极小值 -2，则（　　）。

A. $a=1,b=2$　　　B. $a=0,b=-3$　　　C. $a=1,b=1$　　　D. $a=1,b=2$

（10）函数 $y=x^2+1$ 在开区间 $(-1,1)$ 上（　　）。

A. 最小值为 1，最大值为 2　　　　　　B. 最小值不存在，最大值为 2

C. 最小值为 1，最大值不存在　　　　　D. 最小值和最大值都不存在

3. 求解下列各题：

（1）求函数 $f(x)=x+\sqrt{1-x}$ 的极值；

（2）求函数 $f(x)=x+2\cos x$ 在区间 $\left[0,\dfrac{\pi}{2}\right]$ 上的最值；

（3）求函数 $f(x)=\sqrt{x(5-x)}$ 的极值和最值。

4. 设函数 $y=y(x)$ 由方程 $2y^3-2y^2+2xy-x^2=1$ 所确定，试求 $y=y(x)$ 的驻点，并判断它是否为极值点。

5. 要造一体积为 V 圆柱形油罐，问底圆半径 r 和高 h 各等于多少时，才能使其内表面积最小？这时底圆直径与高的比是多少？

6. 在半径为 R 的球内，求体积最大的内接圆柱体的高。

7. 设函数 $f(x)=(1-2x)\mathrm{e}^{2x}$，求 $f(x)$ 的极值和最值，并证明对于任意的实数 x，恒有 $(1-2x)\mathrm{e}^{2x}\leqslant 1$。

8. 设 $x>0$，常数 $a>\mathrm{e}$，证明：$a^{a+x}>(a+x)^a$。

9. 设 $\mathrm{e}<a<b<\mathrm{e}^2$，证明：$\ln^2 b-\ln^2 a>\dfrac{4}{\mathrm{e}^2}(b-a)$。

10. 单调可导函数的导函数是否必为单调函数？研究下面的例子：$f(x)=x+\sin x$。

11. 讨论曲线 $y=x+\dfrac{x}{x^2-1}$ 的凹凸性和拐点。

12. 求函数 $y=x^4-2x^2-5$ 的单调区间及凹凸区间。

13. 利用函数图形的凹凸性，证明下列不等式：

（1）$\dfrac{1}{2}(x^n+y^n)>\left(\dfrac{x+y}{2}\right)^n$，其中 $x>0,y>0,x\neq y,n>1$。

(2) $x\ln x + y\ln y > (x+y)\ln\dfrac{x+y}{2}$,其中 $x>0, y>0, x \neq y$。

14. 描绘下列函数的图形：

(1) $y = \dfrac{1}{2}(x^4 + x^2 - 10x + 4)$；　　(2) $y = \dfrac{x}{x^2+2}$；

(3) $y = x^3 + \dfrac{1}{x}$。

15. 求曲线 $y = \tan x$ 在点 $\left(\dfrac{\pi}{4}, 1\right)$ 处的曲率和曲率半径。

16. 求曲线 $x = a\cos^3 t, y = a\sin^3 t (a>0)$ 在 $t = t_0$ 相应的点处的曲率。

17. 对数曲线 $y = \ln x$ 上哪一点处的曲率半径最小？求出该点处的曲率半径。

（B）

1. 选择题

(1) 设函数 $f(x)$ 在点 $x_0 \neq 0$ 的某邻域 $U(x_0)$ 内有定义,且在点 x_0 处取极大值,则（　　）。

A. 点 x_0 为 $f(x)$ 的驻点　　　　　　B. 点 x_0 为 $-f(x)$ 的极小值点

C. 点 $-x_0$ 为 $-f(x)$ 的极小值点　　D. 对一切 $x \in U(x_0)$ 都有 $f(x) < f(x_0)$

(2) 设 $f(x)$ 在 $(-\delta, \delta)(\delta > 0)$ 内连续,且 $\lim\limits_{x \to 0}\dfrac{f(x)}{1-\cos x} = 2021$,则 $f(x)$ 在点 $x=0$ 处（　　）。

A. 不可导　　　　　　　　　　　B. 可导,且 $f'(0) \neq 0$

C. 取得极大值　　　　　　　　　D. 取得极小值

(3) 设 $f(x)$ 为方程 $y'' - 2y' + 4y = 0$ 的解,且 $f(x_0) > 0, f'(x_0) = 0$,则 $f(x)$ 在点 x_0（　　）。

A. 取得极大值　　　　　　　　　B. 取得极小值

C. 的某邻域内单增　　　　　　　D. 的某邻域内单减

(4) 设 $f(x)$ 和 $g(x)$ 在 $[a, b]$ 上连续,在 (a, b) 内可导, $f(x)g(x) \neq 0$,且 $f'(x)g(x) < f(x)g'(x), x \in (a, b)$,则当 $x \in (a, b)$ 时有（　　）。

A. $f(x)g(x) < f(a)g(a)$　　　　　B. $f(x)g(x) < f(b)g(b)$

C. $\dfrac{f(x)}{g(x)} < \dfrac{f(a)}{g(a)}$　　　　　　　　D. $\dfrac{f(x)}{g(x)} > \dfrac{f(a)}{g(a)}$

(5) 已知 $f(x)$ 在 $(x_0 - \delta, x_0 + \delta)(\delta > 0)$ 内具有连续导数,且 $f'(x_0) > 0$,则有（　　）。

A. $f(x)$ 在 $(x_0 - \delta, x_0 + \delta)$ 内单增　　B. $f(x)$ 在 $(x_0 - \delta, x_0 + \delta)$ 内单减

C. $f(x)$ 在点 x_0 的某充分小邻域内单增　　D. $f(x)$ 在点 x_0 的某充分小邻域内单减

(6) 已知 $f'(x) = |x(x-1)|$,则（　　）。

A. $x=0$ 是 $f(x)$ 的极值点,但 $(0, 0)$ 不是曲线 $y = f(x)$ 的拐点

B. $x=0$ 是 $f(x)$ 的极值点,且 $(0, 0)$ 是曲线 $y = f(x)$ 的拐点

C. $x=0$ 不是 $f(x)$ 的极值点,但 $(0, 0)$ 是曲线 $y = f(x)$ 的拐点

D. $x=0$ 不是 $f(x)$ 的极值点,且 $(0, 0)$ 也不是曲线 $y = f(x)$ 的拐点

(7) 设函数 $f(x)$ 在 $(-\infty, +\infty)$ 内有定义,且 $x_0 \neq 0$ 是 $f(x)$ 的一极大值点,则（　　）。

A. x_0 是 $f(x)$ 的驻点　　　　　　B. $-x_0$ 是 $-f(-x)$ 的极小值点

C. $-x_0$ 是 $-f(-x)$ 的极小值点　　D. $\forall x \in (-\infty, +\infty)$,有 $f(x) \leq f(x_0)$

2. 设 $a > 1, f(x) = a^x - ax$ 在 $(-\infty, \infty)$ 内的驻点为 $x(a)$。问 a 为何值时, $x(a)$ 最小？并

求出最小值。

3. 求椭圆 $x^2-xy+y^2=3$ 上纵坐标最大和最小的点。

4. 某车间靠墙壁要盖一间长方形小屋,现有存砖只够砌 20m 长的墙壁。问应围成怎样的长方形才能使这间小屋的面积最大?

5. 设函数 $f(x)$ 在 x_0 处有 n 阶导数,且 $f'(x_0)=f''(x_0)=\cdots=f^{(n-1)}(x_0)=0, f^{(n)}(x_0)\neq 0$,证明:

(1) 当 n 为奇数时,$f(x)$ 在 x_0 处不取得极值。

(2) 当 n 为偶数时,$f(x)$ 在 x_0 处取得极值,且当 $f^{(n)}(x_0)<0$ 时,$f(x_0)$ 为极大值;当 $f^{(n)}(x_0)>0$ 时,$f(x_0)$ 为极小值。

6. 设函数 $f(x)$ 在点 $x=x_0$ 的某邻域内具有三阶连续导数,若 $f''(x_0)=0$,而 $f'''(x_0)\neq 0$,则问点 $(x_0,f(x_0))$ 是否为曲线 $y=f(x)$ 的拐点?请说明理由。

7. 一飞机沿抛物线路径 $y=\dfrac{x^2}{1000}$(y 轴铅直向上,单位为 m)做俯冲飞行。在坐标原点 O 处飞机的速度为 $v=200\text{m/s}$。飞行员体重 $G=70\text{kg}$。求飞机俯冲至最低点即原点 O 处时座椅对飞行员的反力。

8. 求曲线 $y=\ln x$ 在与 x 轴交点处的曲率圆方程。

§4.5 多元函数的极值与最值

由 4.4 节内容知道,导数的一个重要应用就是计算一元函数的极大值和极小值。在这一节我们将了解如何运用偏导数来求二元函数的最大值与最小值,并研究与之相关的极值与条件极值问题。

4.5.1 多元函数的极值

定义 设函数 $f(x,y)$ 是二元函数,当点 (x,y) 在点 (x_0,y_0) 的邻域内,有
$$f(x,y)\leqslant f(x_0,y_0)$$
则称函数 f 在 (x_0,y_0) 点有极大值,也就是说,对所有的以 (x_0,y_0) 为中心的圆内的点 (x,y) 都有
$$f(x,y)\leqslant f(x_0,y_0)$$
成立,则 $f(x_0,y_0)$ 称作**极大值**。

如果点 (x,y) 在点 (x_0,y_0) 附近时,有
$$f(x,y)\geqslant f(x_0,y_0)$$
此时 $f(x_0,y_0)$ 称为**极小值**。

定义中,对函数 f 定义域内所有的点 (x,y) 不等式都成立,则 f 在 (x_0,y_0) 点有最大值(或者最小值)。

图 4-5-1 显示的是有几个最大值与最小值的函数图形,你可以想象极大值为山峰,极小值为谷底。

定理 4-5-1 设函数 $f(x,y)$ 在点 (x_0,y_0) 有极大值(或极小值),并且函数在该点的一阶偏导数存在,则有

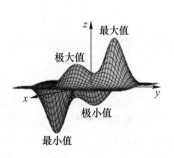

图 4-5-1

$$f_x(x_0,y_0)=0, f_y(x_0,y_0)=0$$

证明 设 f 在点 (x_0,y_0) 处有极大值(或极小值),令 $g(x)=f(x,y_0)$,则 g 在 x_0 处有极大(小)值,由费马定理可知 $g'(x_0)=0$。又知 $g'(x_0)=f_x(x_0,y_0)$,所以 $f_x(x_0,y_0)=0$。同理可得,对函数 $h(y)=f(x_0,y)$ 应用费马定理,可以得出 $f_y(x_0,y_0)=0$。

定理 4-5-1 的结论用梯度的符号表示为 $\nabla f(x_0,y_0)=0$。将 $f_x(x_0,y_0)=0$ 和 $f_y(x_0,y_0)=0$ 代入切平面方程,可得 $z=z_0$。定理有几何解释,如果函数 f 在极大值(或极小值)点有切平面,则切平面一定平行 xOy 面(水平面)。

如果 $f_x(x_0,y_0)=0$ 且 $f_y(x_0,y_0)=0$,或者有一个偏导数不存在,称点 (x_0,y_0) 为**临界点**(或者驻点)。根据定理可知,函数 f 在点 (x_0,y_0) 处有极大值或极小值,那么该点就是函数 f 的临界点。但在单变量函数运算时,不是所有的临界点都能取得最大值或最小值。在临界点,函数可能取得极大值或极小值,也可能不是极值。

例 4-5-1 设 $f(x,y)=x^2+y^2-2x-6y+14$,则
$$f_x(x,y)=2x-2, f_y(x,y)=2y-6$$
当 $x=1, y=3$ 时,偏导数的值都为 0,因此临界点为 $(1,3)$,通过配方,得到
$$f(x,y)=4+(x-1)^2+(y-3)^2$$
由于 $(x-1)^2 \geq 0, (y-3)^2 \geq 0$,因此对任意 x 和 y,有 $f(x,y) \geq 4$。因此,$f(1,3)=4$ 是一个极小值,事实上它也是函数 f 的最小值。通过函数 f 的几何图象表明,如图 4-5-2 所示,该点为椭圆抛物面的顶点 $(1,3,4)$。

例 4-5-2 求函数 $f(x,y)=y^2-x^2$ 的极值。

解 由 $f_x=-2x, f_y=2y$,得唯一的临界点为 $(0,0)$。已知在 x 轴上,$y=0$,所以 $f(x,y)=-x^2<0$(假设 $x \neq 0$),而在 y 轴上,$x=0$,所以 $f(x,y)=y^2>0$(假设 $y \neq 0$)。由于每一个以点 $(0,0)$ 为中心的圆面上函数 f 都有正值和负值,因此 $f(0,0)=0$ 不是函数 f 的极值,所以函数 f 没有极值。

例 4-5-2 的图象说明,函数在临界点可能没有最大值或最小值,图 4-5-3 表明是有可能的。函数 f 的图象是双曲抛物面 $z=y^2-x^2$,其在原点有水平切平面($z=0$)。可以得到从 x 轴方向上,$f(0,0)=0$ 是最大值,在 y 轴方向上是最小值。由于原点附近的图象是马鞍的形状,因此 $(0,0)$ 点称为函数 f 的"**鞍点**"。

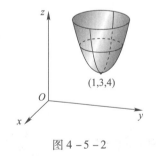

图 4-5-2

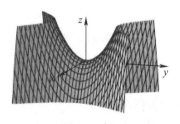

图 4-5-3

怎样判断函数在临界点是否有极值,下面的判别法与单变量函数的二阶导数判别法类似。

定理 4-5-2 (**二阶导数判别法**) 假设函数 f 的二阶偏导数在以点 (x_0,y_0) 为中心的圆面上连续,且 $f_x(x_0,y_0)=0, f_y(x_0,y_0)=0$(即点 (x_0,y_0) 是函数 f 的临界点),令
$$A=f_{xx}(x_0,y_0), \quad B=f_{xy}(x_0,y_0), \quad C=f_{yy}(x_0,y_0)$$

则有：

(1) 如果 $AC-B^2>0$ 且 $A>0$，则 $f(x_0,y_0)$ 为一个极小值；

(2) 如果 $AC-B^2>0$ 且 $A<0$，则 $f(x_0,y_0)$ 为一个极大值；

(3) 如果 $AC-B^2<0$，则 $f(x_0,y_0)$ 既不是极大值也不是极小值。

注释1：在(3)中，点 (x_0,y_0) 被称为函数 f 的"鞍点"，且函数 f 的图象与该点的切平面交于点 (x_0,y_0)。

注释2：如果 $AC-B^2=0$，函数 f 在点 (x_0,y_0) 处可能有极大值或是极小值，也可能是函数 f 的"鞍点"。

例 4-5-3 求函数 $f(x,y)=x^4+y^4-4xy+1$ 的极大值、极小值和鞍点。

解 先求临界点

$$f_x=4x^3-4y, \quad f_y=4y^3-4x$$

令偏导数等于零，得方程

$$x^3-y=0, \quad y^3-x=0$$

将 $y=x^3$ 代入第二个等式，可得

$$0=x^9-x=x(x^8-1)=x(x^4-1)(x^4+1)=x(x^2-1)(x^2+1)(x^4+1)$$

解得 x 值：$x=0,1,-1$，相应临界点为 $(0,0),(1,1),(-1,-1)$。

计算二阶偏导数：

$$A=f_{xx}(x_0,y_0)=12x^2, \quad B=f_{xy}(x_0,y_0)=-4, \quad C=f_{yy}(x_0,y_0)=12y^2$$

则 $$AC-B^2=144x^2y^2-16$$

在 $(0,0)$ 处，由于 $AC-B^2=-16<0$，由二阶导数判别法(3)可知原点为鞍点；也就是说，函数 f 在原点处没有极大值或是极小值。在 $(1,1)$ 处，由于 $AC-B^2=128>0$ 和 $A=12>0$，由(1)可知：$f(1,1)=-1$ 是极小值。同理在 $(-1,-1)$ 处，由 $AC-B^2=128>0$ 和 $A=12>0$，可得 $f(-1,-1)=-1$ 是极小值。函数 f 的图象如图 4-5-4 所示。图 4-5-5 则是函数 f 的等高线图。

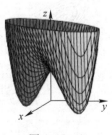

图 4-5-4

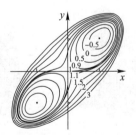

图 4-5-5

例 4-5-4 计算函数 $f(x,y)=10x^2y-5x^2-4y^2-x^4-2y^4$ 的临界点，并在图象上找到最高点。

解 一阶偏导数为

$$f_x=20xy-10x-4x^3, \quad f_y=10x^2-8y-8y^3$$

解方程

$$2x(10y-5-2x^2)=0 \tag{4-5-1}$$

$$5x^2 - 4y - 4y^3 = 0 \quad (4-5-2)$$

由方程(4-5-1)可得 $x = 0$， $10y - 5 - 2x^2 = 0$

若 $x = 0$，函数可化为 $-4y(1+y^2) = 0$，因此 $y = 0$，点 $(0,0)$ 为临界点。

若 $10y - 5 - 2x^2 = 0$，可得 $x^2 = 5y - 2.5$

代入方程(4-5-2)，可得 $25y - 12.5 - 4y - 4y^3 = 0$，解三次方程

$$4y^3 - 21y + 12.5 = 0 \quad (4-5-3)$$

用计算机描绘函数 $g(y) = 4y^3 - 21y + 12.5$，如图4-5-6所示。

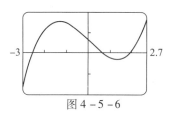

图4-5-6

图中，方程(4-5-3)有三个实数根，保留小数点后4位得

$$y \approx -2.5452, \quad y \approx 0.6468, \quad y \approx 1.8984$$

(或者还可以用牛顿法，求根公式求出方程根。)结合方程(4-5-3)，求得 x 值为

$$x = \pm\sqrt{5y - 2.5}$$

如果 $y \approx -2.5452$，x 没有实数解；如果 $y \approx 0.6468$，$x \approx \pm 0.8567$；如果 $y \approx 1.8984$，$x \approx \pm 2.6442$。所以共有5个临界点，相应数据具体分析如表4-5-1所示(所有数据保留到小数点后两位)：

表4-5-1

临界点	函数值 f	$A = f_{xx}(x_0, y_0)$	$AC - B^2$	结论
$(0,0)$	0.00	-10.00	80.00	极大值
$(\pm 2.64, 1.90)$	8.50	-55.93	2488.71	极大值
$(\pm 0.86, 0.65)$	-1.48	-5.87	-187.64	鞍点

图4-5-7与图4-5-8表示函数 f 的两个不同视角图，曲面开口向下。(由函数 $f(x,y)$ 的图象可分析出，当 $|x|$ 和 $|y|$ 的绝对值足够大，关键项为 $-x^2 - 2y^4$。)对比函数 f 的极大值点，可知函数 f 的最大值为 $f(\pm 2.64, 1.90) \approx 8.50$。也就是说，如图4-5-9所示，函数 f 对应图象的最高点为 $(\pm 2.64, 1.90, 8.50)$。

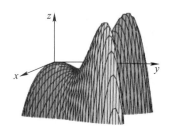

图4-5-7

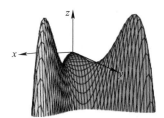

图4-5-8

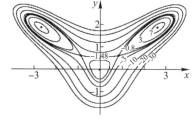

图4-5-9

4.5.2 多元函数的最值

对于单变量函数 f 的最值定理，表述为：若函数 f 是闭区间 $[a,b]$ 的连续函数，则函数 f 在此区间内必有最小值和最大值。根据闭区间定理，可知函数 f 的最值不仅仅局限于临界点，也可能在端点 a, b 取得。

对于两个变量的函数也有相类似的情况。闭区间包含两个端点，R^2 上的闭集包含所有的边界点(点 (a,b) 是区域 D 的边界点时，以 (a,b) 为中心的圆域内既有属于 D 的点，也有不属

于 D 的点）。例如，圆域

$$D = \{(x,y) \mid x^2 + y^2 \leq 1\}$$

由圆 $x^2 + y^2 = 1$ 上的点及圆包含的内部所有点组成，因为 D 包含了所有的边界点（在圆 $x^2 + y^2 = 1$ 上），因此 D 是闭集。但如果边界曲线上任意一点被忽略，该集合就不是闭集（如图 4-5-10 所示）。

图 4-5-10

能被部分圆域包含的集合叫作 R^2 上的有界集，换句话说，它在一定范围内是有限的。根据有界集和闭集理论，得到二维空间上函数极值的存在定理。

定理 4-5-3 （二元函数的最值）设函数 f 是 R^2 内有界闭集 D 上的连续函数，则在 D 内必存在点 (x_1, y_1) 和点 (x_2, y_2)，使得 f 在 (x_1, y_1) 和 (x_2, y_2) 必有最大值 $f(x_1, y_1)$ 和最小值 $f(x_2, y_2)$。

设函数 f 在点 (x_1, y_1) 处有一个极值，则点 (x_1, y_1) 或者是函数 f 的临界点，或者是 D 的边界点。因此，闭集上求函数最值的方法如下。

在闭区域 D 内求连续函数 f 的最大值和最小值：

(1) 在区间 D 中求函数 f 的临界点及对应值；

(2) 在区间 D 的边界点求对应的函数 f 的极值；

(3) 在 (1) 与 (2) 中求得的最大的就是最大值，最小的就是最小值。

例 4-5-5 求函数 f 在矩形域 $D = \{(x,y) \mid 0 \leq x \leq 3, 0 \leq y \leq 2\}$ 上的最大值和最小值，其中

$$f(x,y) = x^2 - 2xy + 2y$$

解 由于 f 是多项式函数，多项式函数在矩形域 D 内是连续的，由定理 4-5-3 可知函数 f 存在最大值和最小值。根据第一步，先计算临界点

$$f_x = 2x - 2y = 0, \quad f_y = -2x + 2 = 0$$

所以临界点为 $(1,1)$，同时 $f(1,1) = 1$。

第二步，求函数 f 在 D 边界上的值，其边界由 4 个线段 L_1, L_2, L_3, L_4 组成（如图 4-5-11 所示），在 L_1 上，$y = 0$，且 $f(x,0) = x^2$ （$0 \leq x \leq 3$）

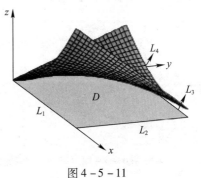

图 4-5-11

这是关于 x 的增函数，它的最小值为 $f(0,0) = 0$。其最大值为 $f(3,0) = 9$。在 L_2 上，$x = 3$，且 $f(3,y) = 9 - 4y$ （$0 \leq y \leq 2$）这是关于 y 的减函数，它的最大值为 $f(3,0) = 9$，最小值为 $f(3,2) = 1$。在 L_3 上，$y = 2$，且 $f(x,2) = x^2 - 4x + 4$ （$0 \leq x \leq 3$）通过观察 $f(x,2) = (x-2)^2$，可得函数 f 的最小值为 $f(2,2) = 0$，最大值为 $f(0,2) = 4$。在 L_4 上，$x = 0$，且 $f(0,y) = 2y$ （$0 \leq y \leq 2$）最大值为 $f(0,2) = 4$，最小值为 $f(0,0) = 0$。因此在边界上函数 f 的最小值是 0，最大值是 9。

第三步,将这些值与临界点处的值 $f(1,1)=1$ 比较,不难总结出在区域 D 上最大值是 $f(3,0)=9$,最小值是 $f(0,0)=f(2,2)=0$。

注 在通常遇到的实际问题中,如果根据问题的性质,知道函数 $f(x,y)$ 的最大值(最小值)一定在 D 的内部取得,而函数在 D 内只有一个临界点,那么可以肯定该驻点处的函数值就是函数 $f(x,y)$ 在 D 上的最大值(最小值)。

例 4-5-6 求点 $(1,0,-2)$ 到平面 $x+2y+z=4$ 的最短距离。

解 设任意点 (x,y,z) 到点 $(1,0,-2)$ 的距离可以表示为

$$d=\sqrt{(x-1)^2+y^2+(z+2)^2}$$

若点 (x,y,z) 在平面 $x+2y+z=4$ 上,则 $z=4-x-2y$,因此

$$d=\sqrt{(x-1)^2+y^2+(6-x-2y)^2}$$

可以通过求下式的最小值,来求 d 的最小值

$$d^2=f(x,y)=(x-1)^2+y^2+(6-x-2y)^2$$

解方程

$$f_x(x,y)=2(x-1)-2(6-x-2y)=4x+4y-14=0$$
$$f_y(x,y)=2y-4(6-x-2y)=4x+10y-24=0$$

得唯一临界点 $\left(\dfrac{11}{6},\dfrac{5}{3}\right)$。由于 $f_{xx}=4, f_{xy}=4, f_{yy}=10$,可得

$$AC-B^2=24>0 \text{ 且 } A>0$$

由二阶导数判定定理可知,函数 f 在点 $\left(\dfrac{11}{6},\dfrac{5}{3}\right)$ 处有极小值。事实上可直观判断出极小值也是最小值,因为在所给平面上必有一点离 $(1,0,-2)$ 最近。当 $x=\dfrac{11}{6}, y=\dfrac{5}{3}$ 时,有

$$d=\sqrt{(x-1)^2+y^2+(6-x-2y)^2}=\sqrt{\left(\dfrac{5}{6}\right)^2+\left(\dfrac{5}{3}\right)^2+\left(\dfrac{5}{6}\right)^2}=\dfrac{5\sqrt{6}}{6}$$

所以点 $(1,0,-2)$ 到平面 $x+2y+z=4$ 的最短距离为 $\dfrac{5\sqrt{6}}{6}$。

例 4-5-7 求由面积为 12m^2 的硬纸板做成的无盖长方体盒子的体积最大值。

解 设盒子的长宽高分别为 x,y,z(单位:m),如图 4-5-12 所示,盒子体积为

$$V=xyz$$

将 V 作为 x,y 的函数,x,y 满足面积等式

$$2xz+2yz+xy=12$$

由上式可得 $z=(12-xy)/2(x+y)$,所以 V 表示为

$$V=xy\dfrac{12-xy}{2(x+y)}=\dfrac{12xy-x^2y^2}{2(x+y)}$$

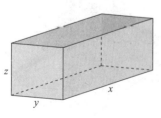

图 4-5-12

计算偏导数:

$$\frac{\partial V}{\partial x} = \frac{y^2(12-2xy-x^2)}{2(x+y)^2}, \quad \frac{\partial V}{\partial y} = \frac{x^2(12-2xy-y^2)}{2(x+y)^2}.$$

设 V 有最大值,则 $\frac{\partial V}{\partial x} = \frac{\partial V}{\partial y} = 0$,但是 $x=0$,或 $y=0$,得 $V=0$,这不是体积最大值。因此解方程

$$12-2xy-x^2=0, \quad 12-2xy-y^2=0$$

可得 $x^2 = y^2$,得 $x=y$(注意等式中 x 与 y 始终取正值),将 $x=y$ 代入等式的任何一边,可得 $12-3x^2=0$,解得 $x=2, y=2, z=1$。

从问题本质分析可知,必有体积最大值在临界点处取得,临界点为 $x=2, y=2, z=1, V=4$,所以盒子体积的最大值为 4。

4.5.3 拉格朗日乘数法

在例 4-5-7 中,计算边长满足 $2xy+2yz+xy=12$ 的条件下,即表面积为 $12m^2$ 的情况下,体积 $V=xyz$ 的最大值。现在我们将介绍运用拉格朗日乘子法求解满足 $g(x,y,z)=k$ 条件下,函数 $f(x,y,z)$ 的最大值以及最小值。

下面我们先尝试满足 $g(x,y)=k$ 的条件下函数 $f(x,y)$ 的极值,即寻找点 (x,y) 在等高线 $g(x,y)=k$ 上移动时 $f(x,y)$ 的极值。图 4-5-13 显示了曲线 $g(x,y)=k$ 和函数 $f(x,y)=c$ 的几条等高线,其中 $c=7,8,9,10,11$。在 $g(x,y)=k$ 的条件下 $f(x,y)$ 的最大值就是等高线 $f(x,y)=c$ 与 $g(x,y)=k$ 相交时的 c 的最大值。从图 4-5-13 中可以看出只有当两条曲线相交并有公共切线时,才有最大值(不然 c 的值就要继续增大),即在点 (x_0,y_0) 处的法线是相同的。因此在交点处两梯度是平行的,即

$$\nabla f(x_0,y_0) = \lambda \nabla g(x_0,y_0)$$

其中 λ 为数量。

以上推理同样适用于求解在 $g(x,y,z)=k$ 的条件下函数 $f(x,y,z)$ 的极值。因此,点 (x,y,z) 就在由 $g(x,y,z)=k$ 确定的等高面 S 上,与图 4-5-13 中的等高线 $f(x,y)=c$ 一样,我们将构造出由 $f(x,y,z)=c$ 确定的等高面,并认为当 $f(x_0,y_0,z_0)=c$ 为函数 f 的最大值,在该点 $f(x,y,z)=c$ 确定的等高面与等式 $g(x,y,z)=k$ 确定的等高面相切,同时两函数的梯度平行。

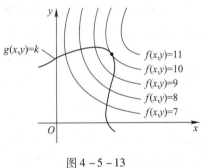

图 4-5-13

下面进行证明。设函数 f 在点 $P(x_0,y_0,z_0)$ 取得极值,点 $P(x_0,y_0,z_0)$ 在曲面 S 上,曲线 C 位于曲面 S 上过点 P 的曲线,其向量方程为 $\boldsymbol{r}(t)=(x(t),y(t),z(t))$,$t_0$ 为点 P 对应的参数值,则 $\boldsymbol{r}(t_0)=(x_0,y_0,z_0)$。用复合函数 $h(t)=f(x(t),y(t),z(t))$ 表示函数 f 在曲线 C 上对应的函数值,因此 f 在点 (x_0,y_0,z_0) 取得极值,也表示函数 h 在 t_0 处取得极值,所以 $h'(t_0)=0$。设 f 可微,用复合函数求导法则可得

$$0 = h'(t_0) = f_x(x_0,y_0,z_0)x'(t_0) + f_y(x_0,y_0,z_0)y'(t_0) + f_z(x_0,y_0,z_0)z'(t_0)$$
$$= \nabla f(x_0,y_0,z_0) \cdot \boldsymbol{r}'(t_0)$$

这表明梯度向量$\nabla f(x_0,y_0,z_0)$与切向量$r'(t_0)$保持相互垂直,已知函数g的梯度$\nabla g(x_0,y_0,z_0)$也与$r'(t_0)$保持相互垂直,这就证明了梯度$\nabla f(x_0,y_0,z_0)$与$\nabla g(x_0,y_0,z_0)$必然平行。因此,设$\nabla g(x_0,y_0,z_0)\neq 0$,必有一个$\lambda$满足

$$\nabla f(x,y,z)=\lambda\nabla g(x,y,z) \tag{4-5-4}$$

式(4-5-4)中的λ叫作**拉格朗日乘子**,运用式(4-5-4)的解题过程如下:

拉格朗日乘子法 求解在$g(x,y,z)=k$的条件下函数$f(x,y,z)$的最大值以及最小值(设极值存在):

(1) 找出x,y,z的所有值,并使λ满足

$$\nabla f(x,y,z)=\lambda\nabla g(x,y,z)$$

和

$$g(x,y,z)=k$$

(2) 计算步骤(1)中得出的所有(x,y,z)对应的f值,其中最大值即是f的最大值,最小值为f的最小值。

将向量方程$\nabla f=\lambda\nabla g$写成分量形式,步骤(1)中的方程写为

$$\begin{cases} f_x=\lambda g_x \\ f_y=\lambda g_y \\ f_z=\lambda g_z \\ g(x,y,z)=k \end{cases}$$

这是由四个变量x,y,z和λ组成的四元线性方程组,不需要求出λ的精确值。

拉格朗日乘子法同样适合求解二元函数的极值。求满足$g(x,y)=k$的条件下函数$f(x,y)$的极值,先找到所有的(x,y)和λ满足

$$\nabla f(x,y)=\lambda\nabla g(x,y)\text{ 和 }g(x,y)=k$$

然后解由三个变量组成的三元方程组:

$$\begin{cases} f_x=\lambda g_x \\ f_y=\lambda g_y \\ g(x,y)=k \end{cases}$$

用拉格朗日乘子法对例4-5-7进行论证。

例4-5-8 制作一个无盖矩形纸箱共用去硬纸板12m^2,计算纸箱的最大容积。

解 设纸箱的长宽高分别为x,y,z,单位为m。容积为

$$V=xyz$$

由题意可知

$$g(x,y,z)=2xz+2yz+xy=12$$

根据拉格朗日乘子法,计算满足$\nabla V=\lambda\nabla g$和$g(x,y,z)=12$的x,y,z和λ,得方程组

$$yz=\lambda(2z+y) \tag{4-5-5}$$

$$xz=\lambda(2z+x) \tag{4-5-6}$$

$$xy=\lambda(2x+2y) \tag{4-5-7}$$

$$2xz + 2yz + xy = 12 \tag{4-5-8}$$

解这样的方程组并没有固定的解法，有时就需要想象，让 $(4-5-5)\cdot x$，$(4-5-6)\cdot y$，$(4-5-7)\cdot z$，发现方程左边相同，因此得到

$$xyz = \lambda(2xz + xy) \tag{4-5-9}$$

$$xyz = \lambda(2yz + xy) \tag{4-5-10}$$

$$xyz = \lambda(2xz + 2yz) \tag{4-5-11}$$

我们注意到 $\lambda \neq 0$，因为如果 $\lambda = 0$，从式 $(4-5-5) \sim$ 式 $(4-5-7)$ 中可以得出 $yz = xz = xy = 0$ 与式 $(4-5-8)$ 矛盾。因此，根据式 $(4-5-9)$ 和式 $(4-5-10)$ 有 $2xz + xy = 2yz + xy$，得出 $x = y$，根据式 $(4-5-10)$ 和式 $(4-5-11)$ 得出 $2xz = xy$，因此(若 $x \neq 0$) $y = 2z$。然后将 $x = y = 2z$ 代入式 $(4-5-8)$，得出

$$4z^2 + 4z^2 + 4z^2 = 12$$

由于 x, y, z 都是实数，解得 $z = 1, x = 2, y = 2$。

例 4-5-9 求函数 $f(x, y) = x^2 + 2y^2$ 的极值，x, y 在圆 $x^2 + y^2 = 1$ 上。

解 根据题意，求解函数 f 在 $g(x, y) = x^2 + y^2 = 1$ 条件下的极值。据拉格朗日乘子法，解方程组 $\nabla f = \lambda \nabla g$ 和 $g(x, y) = 1$，即

$$2x = 2x\lambda \tag{4-5-12}$$

$$4y = 2y\lambda \tag{4-5-13}$$

$$x^2 + y^2 = 1 \tag{4-5-14}$$

解 由式 $(4-5-12)$ 可知 $x = 0$ 或 $\lambda = 1$，若 $x = 0$，解式 $(4-5-14)$ 可知 $y = \pm 1$。若 $\lambda = 1$，则根据式 $(4-5-13)$ 知 $y = 0$，$x = 0$，因此解式 $(4-5-14)$ 知 $x = \pm 1$。因此，f 的极值可以在 $(0, 1), (0, -1), (1, 0), (-1, 0)$ 处取得，将四个点代入 f 中可得

$$f(0, 1) = 2, \quad f(0, -1) = 2, \quad f(1, 0) = 1, \quad f(-1, 0 = 1)$$

因此，f 在圆 $x^2 + y^2 = 1$ 上的最大值为 $f(0, \pm 1) = 2$，最小值为 $f(\pm 1, 0) = 1$，根据图 $4-5-14$ 可知这些值的含义。

例 4-5-10 求 $f(x, y) = x^2 + 2y^2$ 满足 $x^2 + y^2 \leq 1$ 上的极值。

解 比较 f 在关键点和在边界点处的值。因 $f_x = 2x, f_y = 4y$ 只有一个关键点 $(0, 0)$。通过比较 f 在此点处的值和从例 $4-5-9$ 中得到的边界点处 f 的极值得出(如图 $4-5-15$ 所示)：

$$f(0, 0) = 0, \quad f(\pm 1, 0) = 1, \quad f(0, \pm 1) = 2$$

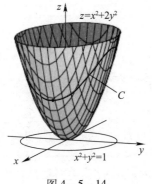

图 4-5-14

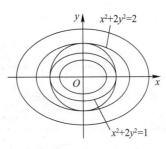

图 4-5-15

因此，f 在圆盘 $x^2+y^2 \leq 1$ 上的最大值为 $f(0,\pm 1)=2$，最小值为 $f(0,0)=0$。

例 4-5-11 在球 $x^2+y^2+z^2=4$ 上找到距点 $(3,1,-1)$ 最近以及最远点（如图 4-5-16 所示）。

解 设点 (x,y,z) 和点 $(3,1,-1)$ 之间的距离为
$$d=\sqrt{(x-3)^2+(y-1)^2+(z+1)^2}$$
用代数法求距离的平方的最大值和最小值更加简单，即
$$d^2=f(x,y,z)=(x-3)^2+(y-1)^2+(z+1)^2$$
由题意可知点 (x,y,z) 在球上，即
$$g(x,y,z)=x^2+y^2+z^2=4$$
由拉格朗日乘子法，解方程组 $\nabla f=\lambda \nabla g, g=4$，即

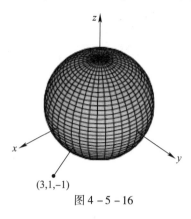

图 4-5-16

$$2(x-3)=2x\lambda \qquad (4-5-15)$$
$$2(y-1)=2y\lambda \qquad (4-5-16)$$
$$2(z+1)=2z\lambda \qquad (4-5-17)$$
$$x^2+y^2+z^2=4 \qquad (4-5-18)$$

解这个方程组最简单的方法就是根据式(4-5-15)、式(4-5-16)和式(4-5-17)，将 x,y,z 用 λ 表示，然后将其代入式(4-5-18)。由式(4-5-15)得
$$x-3=x\lambda \quad \text{或} \quad x(1-\lambda)=3 \quad \text{或} \quad x=\frac{3}{1-\lambda}$$

（注：$1-\lambda \neq 0$，因为当 $\lambda=1$ 时式(4-5-15)不成立。）

同样，由式(4-5-16)和式(4-5-17)得
$$y=\frac{1}{1-\lambda}, \quad z=\frac{-1}{1-\lambda}$$

因此，式(4-5-18)就变为
$$\frac{3^2}{(1-\lambda)^2}+\frac{1^2}{(1-\lambda)^2}+\frac{(-1)^2}{(1-\lambda)^2}=4$$

解得 $(1-\lambda)^2=\frac{11}{4}, 1-\lambda=\frac{\pm\sqrt{11}}{2}$，因此
$$\lambda=1\pm\frac{\sqrt{11}}{2}$$

所对应的点 (x,y,z) 为
$$\left(\frac{6}{\sqrt{11}},\frac{2}{\sqrt{11}},-\frac{2}{\sqrt{11}}\right) \text{和} \left(-\frac{6}{\sqrt{11}},-\frac{2}{\sqrt{11}},\frac{2}{\sqrt{11}}\right)$$

显见，f 在第一个点取最小值，最近点为 $\left(\frac{6}{\sqrt{11}},\frac{2}{\sqrt{11}},-\frac{2}{\sqrt{11}}\right)$，最远点为 $\left(-\frac{6}{\sqrt{11}},-\frac{2}{\sqrt{11}},\frac{2}{\sqrt{11}}\right)$。

两个条件的情形

现在讨论函数 $f(x,y,z)$ 满足两个条件 $g(x,y,z)=k$ 和 $h(x,y,z)=c$ 下的最大值和最小值。从几何上看，要找到 (x,y,z) 满足在等高面 $g(x,y,z)=k$ 和 $h(x,y,z)=c$ 的交线 C 上的

点,使 f 取得极值(图 4-5-17)。设 f 在 $P(x_0, y_0, z_0)$ 处取得极值,从本节开始已知向量∇f 与 C 在该点相互垂直,也知 ∇g 与 $g(x,y,z)=k$ 相互垂直,∇h 与 $h(x,y,z)=c$ 相互垂直,因此∇g 与 ∇h 都垂直于 C。说明梯度 $\nabla f(x_0,y_0,z_0)$ 位于 $\nabla g(x_0,y_0,z_0)$ 和 $\nabla h(x_0,y_0,z_0)$ 决定的平面上。(假设这些向量都不为0,并且不相互平行。)因此存在实数 μ、λ(拉格朗日量子)满足:

$$\nabla f(x_0,y_0,z_0) = \lambda \cdot \nabla g(x_0,y_0,z_0) + \mu \cdot \nabla h(x_0,y_0,z_0) \qquad (4-5-19)$$

根据拉格朗日乘子法,解出由 x,y,z,μ,λ 变量组成的五元方程组,求得极值。这些方程都是由式(4-5-19)转化而来。

$$\begin{cases} f_x = \lambda g_x + \mu h_x \\ f_y = \lambda g_y + \mu h_y \\ f_z = \lambda g_z + \mu h_z \\ g(x,y,z) = k \\ h(x,y,z) = c \end{cases}$$

例 4-5-12 求函数 $f(x,y,z)=x+2y+3z$ 在平面 $x-y+z=1$ 与柱面 $x^2+y^2=1$ 交线上(如图 4-5-18 所示)的极值。

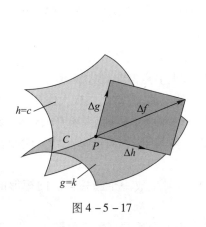

图 4-5-17

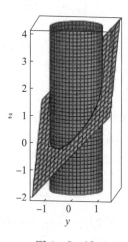

图 4-5-18

解 求函数 $f(x,y,z)=x+2y+3z$ 在 $g(x,y,z)=x-y+z=1$ 和 $h(x,y,z)=x^2+y^2=1$ 的条件下的最大值。根据拉格朗日法 $\nabla f = \lambda \cdot \nabla g + \mu \cdot \nabla h$,解方程组

$$1 = \lambda + 2x\mu \qquad (4-5-20)$$
$$2 = -\lambda + 2y\mu \qquad (4-5-21)$$
$$3 = \lambda \qquad (4-5-22)$$
$$x - y + z = 1 \qquad (4-5-23)$$
$$x^2 + y^2 = 1 \qquad (4-5-24)$$

将式(4-5-22)$\lambda=3$ 代入式(4-5-20),解得 $2x\mu=-2, x=-1/\mu$。同样,解式(4-5-21)得 $y=5/(2\mu)$,代入式(4-5-24)得

$$\frac{1}{\mu^2} + \frac{25}{4\mu^2} = 1$$

解得

$$\mu^2 = \frac{29}{4}, \mu = \frac{\pm\sqrt{29}}{2}, x = \mp\frac{2}{\sqrt{29}}, y = \pm\frac{5}{\sqrt{29}}$$

解式(4-5-22)得 $z = 1 - x + y = 1 \pm \frac{7}{\sqrt{29}}$。对应 f 值为

$$\mp\frac{2}{\sqrt{29}} + 2\left(\pm\frac{5}{\sqrt{29}}\right) + 3\left(1 \pm \frac{7}{\sqrt{29}}\right) = 3 \pm \sqrt{29}$$

因此满足在曲线上函数 f 的最大值为 $3 \pm \sqrt{29}$。

习题 4-5
(A)

1. 选择题

(1) 设二元函数 $f(x,y)$ 在 (x_0, y_0) 有极大值且两个一阶偏导数存在,则必有(　　)。

A. $f_x(x_0, y_0) > 0, f_y(x_0, y_0) > 0$　　B. $f_x(x_0, y_0) = 0, f_y(x_0, y_0) = 0$
C. $f_x(x_0, y_0) < 0, f_y(x_0, y_0) < 0$　　D. $f_x(x_0, y_0) > 0, f_y(x_0, y_0) < 0$

(2) 设函数 $z = 1 - \sqrt{x^2 + y^2}$,则点 $(0,0)$ 是该函数的(　　)。

A. 极小值点且是最小值点　　B. 极大值点且是最大值点
C. 极小值点但非最小值点　　D. 极大值点但非最大值点

2. 求二元函数 $f(x,y) = x^2 + xy + y^2 + x - y - 1$ 的极值,并指出是极大值还是极小值。

3. 设 $z = f(x,y)$ 由方程 $x^2 + y^2 + z^2 - 2x + 2y - 4z - 10 = 0$ 所确定,求 $f(x,y)$ 的极值。

4. 要制作一个表面积为 $a(a > 0)$ 的无盖长方体箱子,如何选择尺寸才能使箱子的容积最大?

5. 将周长为 $2p(p > 0)$ 的矩形绕它的一边旋转时生成一个圆柱体。问矩形的边长各为多少时,圆柱体的体积最大?

6. 从斜边之长为 l 的一切直角三角形中,求有最大周长的直角三角形。

7. 某军械修理所学员在维修装备轴承时,需要做一个容积为 $2\pi\text{cm}^3$ 圆柱形部件(该部件有底有盖),则如何设计尺寸才能使用料最省?

8. 求函数 $u = xyz$ 在附加条件 $\frac{1}{x} + \frac{1}{y} + \frac{1}{z} = \frac{1}{a}$ $(x > 0, y > 0, z > 0, a > 0)$ 下的极值。

9. 设罐装可口可乐的罐是规则的圆柱体,且其表面积为 πa^2(其中 $a > 0$)。试问当其高和底面半径的比值是多少时,该种罐所装的可口可乐最多?并求其最多值。

10. 有一椭圆铁板占有平面闭区域 D 为 $\left\{(x,y) \mid x^2 + \frac{y^2}{4} \leq 1\right\}$,该铁板被加热后,导致在点 (x,y) 处的温度是 $T = x^2 - y^2 + 2$,求该椭圆铁板的最热点和最冷点。

11. 求原点到抛物面 $z = x^2 + y^2$ 与平面 $x + y + z = 1$ 交线的最大和最小距离。

12. 求平面 $\dfrac{x}{3}+\dfrac{y}{4}+\dfrac{z}{5}=1$ 和柱面 $x^2+y^2=1$ 的交线上与 xOy 坐标面距离最近的点,并求出最短距离。

(B)

1. 选择题

(1) 已知函数 $f(x,y)$ 在点 $(0,0)$ 的某个邻域内连续,且
$$\lim_{(x,y)\to(0,0)}\dfrac{f(x,y)-x^2}{x^2+y^2}=3$$
则下列结论正确的是( )。

A. 点 $(0,0)$ 是 $f(x,y)$ 的极大值点　　B. 点 $(0,0)$ 是 $f(x,y)$ 的极小值点
C. 点 $(0,0)$ 不是 $f(x,y)$ 的极值点　　D. 无法判断 $(0,0)$ 是否为 $f(x,y)$ 的极值点

(2) 函数 $z=f(x,y)$ 在点 (x_0,y_0) 处满足 $f_x(x_0,y_0)=0$,$f_y(x_0,y_0)=0$,则 $z=f(x,y)$ 在点 (x_0,y_0) 处( )。

A. 一定连续　　B. 一定可微分,且全微分为 $\mathrm{d}z|_{(x_0,y_0)}=0$
C. 一定取得极值　　D. 可能取得极值

(3) 若函数 $z=f(x,y)$ 具有二阶连续偏导数,在点 (x_0,y_0) 处满足 $f_{xx}(x_0,y_0)=0$,$f_{xy}(x_0,y_0)=1$,$f_{yy}(x_0,y_0)=0$,则 $z=f(x,y)$ 在点 (x_0,y_0) 处( )。

A. 取得极大值　　B. 取得极小值
C. 既不取极小值也不取极大值　　D. 是否取得极值无法确定

2. 求过点 $\left(2,1,\dfrac{1}{3}\right)$ 的平面,使得它与三个坐标面在第一卦限内所围成的立体体积最小。

3. 在椭球面 $x^2+y^2+\dfrac{z^2}{4}=1$ 的第一卦限部分上求一点,使得椭球面在该点处的切平面在三个坐标轴上的截距的平方和最小。

4. 在 xOy 坐标面上求一点,使它到三条直线 $x=0$、$y=0$、$x+2y-16=0$ 的距离平方和最小。

5. 求原点 $(0,0,0)$ 到空间曲线 $\begin{cases}z=x^2+y^2\\x+y+z=4\end{cases}$ 的距离的最大值和最小值。

6. 在第一卦限内作椭球面 $\dfrac{x^2}{a^2}+\dfrac{y^2}{b^2}+\dfrac{z^2}{c^2}=1(a>0,b>0,c>0)$ 的切平面,使该切平面与三坐标面所围成的四面体的体积最小,求此切点,并求此最小体积。

7. 设有一小山,取它的底面所在的平面为 xOy 坐标面,其底部所占的区域为 $D=\{(x,y)\,|\,x^2+y^2-xy\leqslant 75\}$,山高度函数为 $h(x,y)=75-x^2-y^2+xy$。

(1) 设 $M(x_0,y_0)$ 为区域 D 上的一个点,问 $h(x,y)$ 在该点沿平面上什么方向的方向导数最大?记此方向导数的最大值为 $g(x_0,y_0)$,试写出 $g(x_0,y_0)$ 的表达式。

(2) 现欲利用此小山开展攀岩活动,为此需要在山脚寻找一上山坡度最大的点作为攀岩的起点。也就是说,要在 D 的边界曲线 $x^2+y^2-xy=75$ 上找出使(1)中的 $g(x,y)$ 达到最大值的点,试确定攀登起点的位置。

§4.6 方程近似解与最小二乘法

4.6.1 方程近似解

在科学技术问题中,我们经常会遇到求解高次代数方程或其他类型的方程问题,要求得这类方程的精确值往往比较困难,因此就需要寻求方程的近似解。

求方程的近似解,一般可分为两步。第一步,确定根的大致区间。就是确定一个区间 $[a,b]$,使得所求根位于这个区间内为唯一实根,把这个过程称为**根的隔离**,区间 $[a,b]$ 称为所求实根的**隔离区间**。

假设方程 $f(x)=0$ 在 $[a,b]$ 内有实根,且满足函数 $f(x)$ 在 $[a,b]$ 上连续,$f(a) \cdot f(b) < 0$,并在区间 (a,b) 内严格单调,则确定了一个隔离区间 $[a,b]$。另外通过作图,如图 4-6-1 所示,也可以粗略确定隔离区间,因为 $f(x)=0$ 的实根在几何上表示为曲线 $y=f(x)$ 与 x 轴的交点的横坐标,因此可以较精确地画出 $y=f(x)$ 的图形,然后从图上定出它与 x 轴的交点的大概位置,这种方法得不出根的高精度的近似值,但一般已可以确定出根的隔离区间。

第二步,以根的隔离区间的端点作为根的初始近似值,逐步地改善根的近似值的精确度,直至求得满足精确度要求的近似解。完成这一步有多种方法,这里介绍三种常用的方法:二分法、切线法和割线法。

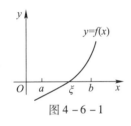

图 4-6-1

1. 二分法

设 $f(x)$ 在区间 $[a,b]$ 上连续,$f(a) \cdot f(b) < 0$,方程 $f(x)=0$ 在 (a,b) 内仅有一个实根 ξ,显然 $[a,b]$ 就是一个隔离区间。

取 $[a,b]$ 的中点 $\xi_1 = \dfrac{a+b}{2}$,计算 $f(\xi_1)$;

如果 $f(\xi_1)=0$,那么 $\xi=\xi_1$;

如果 $f(\xi_1)$ 与 $f(a)$ 同号,那么取 $a_1=\xi_1, b_1=b$,由 $f(a_1)f(b_1)<0$,知

$$a_1 < \xi < b_1, \text{且 } b_1 - a_1 = \frac{1}{2}(b-a)$$

如果 $f(\xi_1)$ 与 $f(b)$ 同号,那么取 $a_1=a, b_1=\xi_1$,由 $f(a_1)f(b_1)<0$,知

$$a_1 < \xi < b_1, \text{且 } b_1 - a_1 = \frac{1}{2}(b-a)$$

总之,当 $\xi \neq \xi_1$ 时,可求得

$$a_1 < \xi < b_1, \text{且 } b_1 - a_1 = \frac{1}{2}(b-a)$$

以 $[a_1, b_1]$ 作为新的隔离区间,重复上述做法,当 $\xi \neq \xi_2 = \dfrac{1}{2}(a_1+b_1)$ 时,可求得

$$a_2 < \xi < b_2, \text{且 } b_2 - a_2 = \frac{1}{2^2}(b-a)$$

如此重复 n 次,可求得 $a_n < \xi < b_n$,且 $b_n - a_n = \dfrac{1}{2^n}(b-a)$。由此可知,如果以 a_n 或 b_n 作为 ξ 的

近似值,那么其误差小于$\frac{1}{2^n}(b-a)$。上述这种寻找根的方法称为**二分法**。

例 4-6-1 用二分法求解方程$x^3+1.1x^2+0.9x-1.4=0$的实根的近似值,使误差不超过10^{-3}。

解 令$f(x)=x^3+1.1x^2+0.9x-1.4$,显然函数在定义域上连续。由

$$f'(x)=3x^2+2.2x+0.9$$

因判别式$2.2^2-4\times3\times0.9=-5.96<0$,知$f'(x)>0$,在定义域上是单调递增的,所以$f(x)=0$至多有一个实根。

由$f(0)=-1.4<0,f(1)=1.6>0$,零点定理知,在隔离区间$[0,1]$上有根。取$a=0$,$b=1$。

由二分法步骤进行计算,见表4-6-1。

欲使$|\xi_{n+1}-\xi|=\frac{1}{2^{n+1}}(1-0)<10^{-3}$,必须$2^{n+1}>1000$,即$n>\log_2 1000-1\approx8.96$所以只要对区间对分9次就能达到需要的精度,见表4-6-1。

表 4-6-1

n	ξ_n	$f(\xi_n)$	a_n	b_n
1	0.500	-0.55	0.5	1
2	0.750	0.32	0.5	0.75
3	0.625	-0.16	0.625	0.75
4	0.687	0.062	0.625	0.687
5	0.656	-0.054	0.656	0.687
6	0.672	0.005	0.656	0.672
7	0.664	-0.025	0.664	0.672
8	0.668	-0.010	0.668	0.672
9	0.670	-0.002	0.670	0.672
10	0.671	0.001	0.670	0.671

于是

$$0.670<\xi<0.671$$

2. 切线法

设$f(x)$在$[a,b]$上具有二阶导数,$f(a)\cdot f(b)<0$且$f'(x)$及$f''(x)$在$[a,b]$上保持定号。在上述条件下,方程$f(x)=0$在(a,b)内仅有一个实根ξ,$[a,b]$也是一个隔离区间。满足上述条件的图形只有如下四种情形,如图4-6-2所示。

考虑用曲线弧一端的切线来代替曲线弧,从而求出方程的近似实根,这种方法也称为切线法。从图形可以看出,如果在纵坐标与$f''(x)$同号的那个端点(记作$(x_0,f(x_0))$)处作切线,此切线与x轴的交点的横坐标x_1就比x_0更接近方程的根ξ。

下面以第一个图形进行讨论:$f(a)<0,f(b)>0,f'(x)>0,f''(x)>0$。此时,因为$f(b)$与$f''(x)$同号,所以令$x_0=b$,在左端点作切线,其方程为

$$y-f(x_0)=f'(x_0)(x-x_0)$$

令$y=0$,解得切线与x轴的交点横坐标为

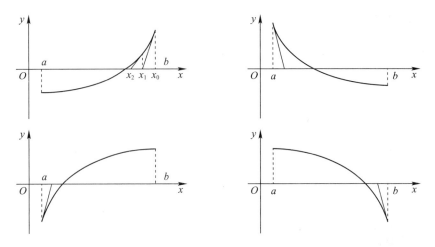

图 4-6-2

$$x_1 = x_0 - \frac{f(x_0)}{f'(x_0)}$$

它比 x_0 更接近方程的根 ξ。

再在点 $(x_1, f(x_1))$ 处作切线,可得到根的近似值 x_2,如此继续,一般地,在点 $(x_n, f(x_n))$ 处作切线,得根的近似值为

$$x_{n+1} = x_n - \frac{f(x_n)}{f'(x_n)}$$

类似的方法,如果 $f(a)$ 与 $f''(x)$ 同号,那么切线作在左端点 $(a, f(a))$ 处,记 $x_0 = a$,再求其与 x 轴的交点的横坐标即可。

例 4-6-2 用切线法求方程 $x^3 + 1.1x^2 + 0.9x - 1.4 = 0$ 的实根的近似值,使误差不超过 10^{-3}。

解 令 $f(x) = x^3 + 1.1x^2 + 0.9x - 1.4$,由例 4-6-1 知,$[0,1]$ 是一个隔离区间。由 $f(0) = -1.4 < 0$,$f(1) = 1.6 > 0$,零点定理知,在隔离区间 $[0,1]$ 上有根。

因 $$f'(x) = 3x^2 + 2.2x + 0.9 > 0, \quad f''(x) = 6x + 2.2 > 0$$

故 $f(x)$ 在 $[0,1]$ 上,按 $f''(x) > 0$ 与 $f(1)$ 同号,所以令 $x_0 = 1$,反复使用切线法公式,得

$$x_1 = 1 - \frac{f(1)}{f'(1)} \approx 0.738$$

$$x_2 = 0.738 - \frac{f(0.738)}{f'(0.738)} \approx 0.674$$

$$x_3 = 0.674 - \frac{f(0.674)}{f'(0.674)} \approx 0.671$$

$$x_4 = 0.671 - \frac{f(0.671)}{f'(0.671)} \approx 0.671$$

至此,计算停止,注意到 $f(x_i)(i = 0, 1, \cdots)$ 与 $f''(x)$ 同号,知 $f(0.671) > 0$,经计算可知 $f(0.670) < 0$,于是有

$$0.670 < \xi < 0.671$$

以 0.670 或 0.671 作为根的近似值,其误差都满足小于 10^{-3}。

3. 割线法

利用切线法需要计算函数的导数,当 $f(x)$ 比较复杂时,计算 $f'(x)$ 可能有困难。这时,可考虑用

$$\frac{f(x_n)-f(x_{n-1})}{x_n-x_{n-1}}$$

来近似代替切线法公式中的 $f'(x_n)$,此时的迭代公式成为

$$x_{n+1}=x_n-\frac{x_n-x_{n-1}}{f(x_n)-f(x_{n-1})}\cdot f(x_n)$$

其中 x_0,x_1 为初始值。上述公式的几何意义也很明显:是用过点 $(x_{n-1},f(x_{n-1}))$ 和点 $(x_n,f(x_n))$ 的割线来近似代替点 $(x_n,f(x_n))$ 处的切线,将这条割线与 x 轴交点的横坐标作为新的近似值。因此这种方法也称为**割线法**或**弦截法**。

例 4-6-3 用割线法求方程 $x^3+1.1x^2+0.9x-1.4=0$ 的实根的近似值,使误差不超过 10^{-3}。

解 由例 4-6-1 知,$[0,1]$ 是一个隔离区间。取 $x_0=1,x_1=0.8$,连续使用割线法公式,得

$$x_2=x_1-\frac{x_1-x_0}{f(x_1)-f(x_0)}\cdot f(x_1)\approx 0.699$$

$$x_3=x_2-\frac{x_2-x_1}{f(x_2)-f(x_1)}\cdot f(x_2)\approx 0.672$$

$$x_4=x_3-\frac{x_3-x_2}{f(x_3)-f(x_2)}\cdot f(x_3)\approx 0.671$$

$$x_5=x_4-\frac{x_4-x_3}{f(x_4)-f(x_3)}\cdot f(x_4)\approx 0.671$$

至此,计算停止,因 x_4 与 x_3 小数的前三位数字相同,故以 0.671 作为根的近似值其误差小于 10^{-3}。

4.6.2 最小二乘法

很多自然现象和工程问题的物理结构和作用机理均很复杂,要研究几个因素的变化关系时常会通过测量得到一组数据,希望能够从数据的数量关系上建立这些因素间的解析关系式,以预测或计算出一些未测量点的因素值。比如,我们通过对某个地区的过去几年的人口数量,希望能建立人口与时间的关系,进而计算某个时刻该地区的人口数量;又比如通过某种材料在一些温度的电阻值,希望建立该材料电阻随温度变化的关系式等。通常的方法是希望找到一个连续的函数(也就是曲线)或者更加密集的离散方程与已知数据相吻合,这个过程就叫作**数据拟合**,在寻找合适的函数中,其中最著名的方法称为**最小二乘法**。

下面我们从一个具体的例子介绍最小二乘法的主要原理。

例 4-6-4 为了测定刀具的磨损速度,实验中,经过一定时间(每隔一小时(h))测量刀具厚度(mm),数据如表 4-6-2 所示。

表 4-6-2

编号	0	1	2	3	4	5	6	7
时间	0	1	2	3	4	5	6	7
厚度	27.0	26.8	26.5	26.3	26.1	25.7	25.3	24.8

试根据上面的实验数据建立 y 和时间 t 之间的关系 $y = f(t)$，也就是要找出一个能使上述数据大体符合的函数关系 $y = f(t)$。

解 首先根据数据的离散图，大致确定这些数据点满足什么类型的函数，如图 4-6-3 所示，可认为该组数据点接近一条直线，可设 $y = f(t)$ 是线性函数，其表达式为

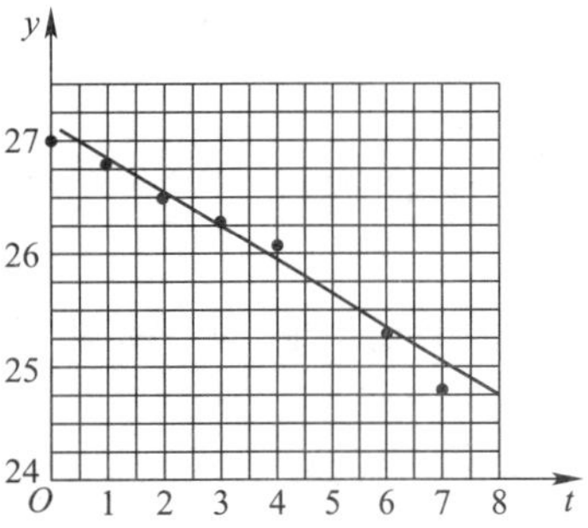

$$f(t) = at + b \quad (a \text{ 和 } b \text{ 是待定常数})$$

我们希望得到的线性函数尽可能通过每个数据，很显然这是不可能的。因此，只能要求选择这样的 a 和 b，使得 $f(t) = at + b$ 在 $t_0, t_1, \cdots, t_7$ 处的函数值与实验数据 $y_0, y_1, \cdots, y_7$ 相差都很小，就是要使它们的偏差

$$y_i - f(t_i) \quad (i = 0, 1, 2, \cdots, 7)$$

图 4-6-3

都很少，能否设法使偏差的和

$$\sum_{i=0}^{7} [y_i - f(t_i)]$$

达到很小来保证每个偏差都很小呢？这是不能的，因为偏差有正有负，在求和时，可能互相抵消。为了避免这种情况，可对偏差取绝对值再求和，只要

$$\sum_{i=0}^{7} |y_i - f(t_i)| = \sum_{i=0}^{7} |y_i - (at_i + b)|$$

很小，就可以保证每个偏差的绝对值都很小，但是这个式子中有绝对值符号，不便于进一步分析讨论，尤其是不好进行求导运算。由于任何实数的平方都是非负数，因此可以考虑选取常数 a 和 b，使

$$M = \sum_{i=0}^{7} [y_i - (at_i + b)]^2$$

最小来保证每个偏差的绝对值都很小。法国数学家**勒让德**（A. M. Legendre）早在 1805 年就在其著作《计算慧星轨道的新方法》中提出这种方法，其主要思想就是对一组观测数据确定某类已知函数中的未知参数，使得函数的计算值与观测值之差（即误差，或者说残差）的平方和达到最小，我们将根据偏差的平方和为最小的条件来选择常数 a 和 b 的方法也称最小二乘法。

那么问题就转化为求函数 $M = M(a, b)$ 的最小值求解问题。由多元函数求极值，得关于 a 和 b 的方程组

$$\begin{cases} M_a(a, b) = 0 \\ M_b(a, b) = 0 \end{cases}$$

即

$$\begin{cases} \dfrac{\partial M}{\partial a} = -2\sum_{i=0}^{7}[y_i - (at_i + b)]t_i = 0 \\ \dfrac{\partial M}{\partial b} = -2\sum_{i=0}^{7}[y_i - (at_i + b)] = 0 \end{cases}$$

或

$$\begin{cases} \sum_{i=0}^{7} t_i[y_i - (at_i + b)] = 0 \\ \sum_{i=0}^{7}[y_i - (at_i + b)] = 0 \end{cases}$$

将括号内各项进行整理合并，并把未知数 a 和 b 分离出来，便得

$$\begin{cases} a\sum_{i=0}^{7} t_i^2 + b\sum_{i=0}^{7} t_i = \sum_{i=0}^{7} y_i t_i \\ a\sum_{i=0}^{7} t_i + 8b = \sum_{i=0}^{7} y_i \end{cases}$$

表 4-6-3 计算的是 $\sum_{i=0}^{7} t_i$，$\sum_{i=0}^{7} t_i^2$，$\sum_{i=0}^{7} y_i$ 及 $\sum_{i=0}^{7} y_i t_i$ 的值。

表 4-6-3

	t_i	t_i^2	y_i	$y_i t_i$
	0	0	27.0	0
	1	1	26.8	26.8
	2	4	26.5	53.0
	3	9	26.3	78.9
	4	16	26.1	104.4
	5	25	25.7	128.5
	6	36	25.3	151.8
	7	49	24.8	173.6
Σ	28	140	208.5	717.0

从而得到

$$\begin{cases} 140a + 28b = 717 \\ 28a + 8b = 208.5 \end{cases}$$

解得 $a = -0.3036$，$b = 27.125$，这样便得到 $y = f(x) = -0.3036t + 27.125$。

我们还可以计算出函数值 $f(t_i)$ 与实测的 y_i 有一定的偏差，如表 4-6-4 所示。

表 4-6-4

t_i	0	1	2	3	4	5	6	7
实测值	27.0	26.8	26.5	26.3	26.1	25.7	25.3	24.8
计算值	27.125	26.821	26.518	26.214	25.911	25.607	25.303	25.000
偏差	-0.125	-0.021	-0.018	0.086	0.189	0.093	-0.003	-0.200

偏差的平方和为 $M=0.108165$,它的平方根 $\sqrt{M}=0.329$,$\sqrt{M}$ 称为**均方误差**,它的大小在一定程度上反映了所求函数来近似表达原来函数关系的近似程度的好坏。

在例 4-6-4 中,我们通过数据的离散图观察其接近一条直线。在这样的情况下认定函数关系是线性的,从而问题转化为求解一个二元一次方程组,计算比较方便。但是在一些实际问题中,假设的类型函数未必是线性函数,我们往往可通过变形设法将其转化成线性的类型,即对数据进行一定的处理转化为线性关系,再用最小二乘法进行参数计算,如表 4-6-5 所示。

表 4-6-5

模型形式	变换后形式	变量和参数的变化			
		Y	X	a_1	a_2
$y=\dfrac{ax}{1+bx}$	$\dfrac{1}{y}=\dfrac{1}{ax}+\dfrac{b}{a}$	$\dfrac{1}{y}$	$\dfrac{1}{x}$	$\dfrac{1}{a}$	$\dfrac{b}{a}$
$y=\dfrac{a}{x-b}$	$\dfrac{1}{y}=\dfrac{x}{a}-\dfrac{b}{a}$	$\dfrac{1}{y}$	x	$\dfrac{1}{a}$	$-\dfrac{b}{a}$
$y=\dfrac{ax}{b^2-x^2}$	$\dfrac{x}{y}=\dfrac{b^2}{a}-\dfrac{x^2}{a}$	$\dfrac{y}{x}$	x^2	$-\dfrac{1}{a}$	$\dfrac{b^2}{a}$
$y=ax^b$	$\ln y=b\ln x+\ln a$	$\ln y$	$\ln x$	$\ln a$	b
$y=ae^{bx}$	$\ln y=bx+\ln a$	$\ln y$	x	$\ln a$	b
$y=ae^{-x^2/b^2}$	$\ln y=-\dfrac{x^2}{b^2}+\ln a$	$\ln y$	x^2	$\ln a$	$-\dfrac{1}{b^2}$
$\dfrac{x^2}{a^2}+\dfrac{y^2}{b^2}=1$	$y^2=b^2-\dfrac{b^2}{a^2}x^2$	y^2	x^2	$-\dfrac{b^2}{a^2}$	b^2

例 4-6-5 在研究某单分子化学反应速度时,得到如表 4-6-6 所示数据。

表 4-6-6

i	1	2	3	4	5	6	7	8
t_i	3	6	9	12	15	18	21	24
y_i	57.6	41.9	31.0	22.7	16.6	12.2	8.9	6.5

其中 t 表示从实验开始算起的时间,y 表示时刻 t 反应物的量,试根据上述的数据定出近似函数关系 $y=f(t)$。

解 由化学反应速度的理论知道,$y=f(t)$ 应是指数函数:$y=ke^{mt}$(k,m 为待定常数)。对指数函数两边取对数,得

$$\ln y=mt+\ln k \quad \text{或} \quad \ln y=at+b \quad (a=m,b=\ln k)$$

可以知道 $\ln y$ 是 t 的线性函数,所以,把表 4-6-6 中各对数据 (t_i,y_i)($i=1,2,\cdots,8$)代入如例 4-6-1 得到的方程组中计算。

$$\begin{cases} a\sum_{i=1}^{8}t_i^2+b\sum_{i=1}^{8}t_i=\sum_{i=1}^{8}t_i\ln y_i \\ a\sum_{i=1}^{8}t_i+8b=\sum_{i=1}^{8}\ln y_i \end{cases}$$

将计算的数据代入，可得方程组为 $\left(\text{其中} \sum_{i=1}^{8}\ln y_i = 23.7139, \sum_{i=1}^{8}t_i\ln y_i = 280.9438\right)$

$$\begin{cases} 1836a + 108b = 280.9438 \\ 108a + 8b = 23.7139 \end{cases}$$

解得

$$\begin{cases} a = -0.1037 \\ b = 4.3640 \end{cases}$$

所以 $m = a = -0.1037, b = \ln k = 4.3640 \Rightarrow k = 78.57$

因此所求的近似公式为

$$y = 78.57e^{-0.1037t}$$

习题 4-6

(A)

1. 证明方程 $x^3 - 3x^2 + 6x - 1 = 0$ 在开区间 $(0,1)$ 内有唯一的实根，并用二分法求这个根的近似值，使误差不超过 0.01。

2. 证明方程 $x^5 + 5x + 1 = 0$ 在开区间 $(-1,0)$ 内有唯一的实根，并用切线法求这个根的近似值，使误差不超过 0.01。

3. 证明方程 $x^3 + 3x - 1 = 0$ 在开区间 $(0,1)$ 内有唯一的实根，并用割线法求这个根的近似值，使误差不超过 0.01。

4. 已知一组实验数据为 $(x_1, y_1), (x_2, y_2), \cdots, (x_n, y_n)$。现若假定经验公式为

$$y = ax^3 + bx + c$$

试利用最小二乘法建立 a、b、c 应满足的三元一次方程组。

(B)

证明方程 $x^3 + 3x - 1 = 0$ 和 $x^5 + 3x - 1 = 0$ 在开区间 $(0,1)$ 内分别有唯一的实根，并用二分法求这个根的近似值，使误差不超过 0.01。可以发现，不同的方程而误差限相同时，在利用二分法求解过程中二分的次数是相同的。是否存在其他的终止条件使得二分的次数减少，有效提高求解的效率。

第 5 章 一元函数积分学

前面,我们从讨论"已知路程如何计算物体在某一时刻的瞬时速度"问题,引出了函数的导数概念。现在我们来考虑另一个相反的问题:已知运动物体的速度,如何计算在某一时间段运动的路程。这一问题将会引出另一个微积分中关键的概念——定积分。

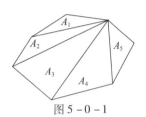

图 5-0-1

微积分的起源可追溯到 2500 多年前的古希腊用"穷尽法"研究面积,他们发现可以把多边形划分成若干个三角形(见图 5-0-1),多边形的面积就是这些三角形的面积之和,即

$$A = A_1 + A_2 + \cdots + A_5$$

但是若考虑一个以曲线为边界的区域时,确定它的面积是非常困难的。尽管如此,两千多年以前,阿基米德(Archimedes)给出了问题的答案,即在曲线图内画内接多边形,并让多边形的边数不断增加。图 5-0-2 说明了通过圆内接正多边形逼近圆的面积的过程。阿基米德还进一步考虑了外切多边形,如图 5-0-3 所示,他证明了不管是用内接多边形还是外切多边形,都会得到半径为 1 的圆的面积的值,且二者相等,即 $\pi \approx 3.14159$。

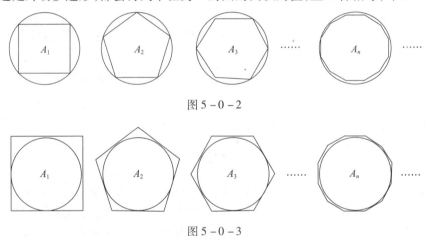

图 5-0-2

图 5-0-3

阿基米德的做法与我们现在的求面积的方法——定积分已经非常接近。定积分是微积分学的一个分支,微积分基本定理建立了微分学和积分学之间的联系,在这一章我们将看到它极大地简化了某些问题。它是研究从已知的函数变化率去计算函数的总改变量。进而,将会发现,定积分不仅可以用来计算距离,而且还可以计算其他的一些量,如某一曲线下的面积或一个函数的平均值等。本章我们将研究定积分的概念和性质,然后介绍微积分的两大基本定理,它们将计算定积分归结为求被积函数的原函数在积分区间上的增量,也介绍一些求原函数的方法,最后研究了定积分在几何、物理、生物以及经济等方面的应用。

§5.1 定积分的概念与性质

本节我们首先考察利用有限和估计路程、面积、体积等问题,通过考察区间长度无限变小从有限和过渡到无限和(即极限)的情况,抽象出定积分的概念,并深入讨论定积分的基本性质。

5.1.1 有限与逼近

问题一:行进的距离

如果物体在运动过程中,已知速度是一常量,则在给定的时间里走过的距离为

$$距离 = 速度 \times 时间$$

而在现实生活中,我们常遇到的是物体运动过程中速度每时每刻都在改变,速度不是常量,在这种情况下,如何计算所走过的距离?

思想实验:汽车走了多远?

一辆汽车以递增的速度行驶。表 5-1-1 给出了它的速度:

表 5-1-1

时间/s	0	1	2	3	4	5
速度/(m/s)	8	13	17	20	22	23

汽车走了多远?因为我们不知道在每一时刻汽车到底有多快,所以不能准确地算出距离,但是我们可以进行估算。由于速度是递增的,所以在第一秒内,汽车至少走了 8m;在第二秒内,汽车至少走了 13m,……,加一起,汽车 5s 内至少走了

$$8 + 13 + 17 + 20 + 22 = 80 (\text{m})$$

这样,80m 便是这 5s 内汽车走过的总距离的不足估算值。

要想得到过剩估算值,5s 可以这样来进行:在第一秒内,汽车至多走了 13m;在第二秒内,汽车至多走了 17m,……,加在一起,汽车 5s 内至多走了

$$13 + 17 + 20 + 22 + 23 = 95 (\text{m})$$

因此,汽车走过的总距离应该介于 80m 和 95m 之间:在过剩估算值和不足估算值之间,存在 15m 的差距。

如果我们想得到更为准确的估算值,该怎么办?那么,我们可以要求以更加频繁的速度测量值来代替前面的那组数据。

比如按每 0.5s 的速度数据,如表 5-1-2 所示。

表 5-1-2

时间/s	0	0.5	1.0	1.5	2.0	2.5	3.0	3.5	4.0	4.5	5
速度/(m/s)	8	10	13	15	17	19	20	21.5	22	22.5	23

像前面的分析过程,我们使用每 0.5s 开始时的速度得到一个以每 0.5s 计算的不足估算值:

$$\begin{aligned}不足值估计值 &= 8 \times 0.5 + 10 \times 0.5 + 13 \times 0.5 + 15 \times 0.5 + 17 \times 0.5 + \\ &\quad 19 \times 0.5 + 20 \times 0.5 + 21.5 \times 0.5 + 22 \times 0.5 + 22.5 \times 0.5 \\ &= 84 (\text{m})\end{aligned}$$

值得注意的是,这一不足估算值比前面得到的那个数值(80m)高。我们继续考虑每个 0.5s 结束时的速度的方法来得到一个新的过剩估算值:

$$\begin{aligned}过剩值估计值 &= 10 \times 0.5 + 13 \times 0.5 + 15 \times 0.5 + 17 \times 0.5 + 19 \times 0.5 + \\ &\quad 20 \times 0.5 + 21.5 \times 0.5 + 22 \times 0.5 + 22.5 \times 0.5 + 23 \times 0.5 \\ &= 91.5 (\text{m})\end{aligned}$$

这一过剩估算值比前面得到的那个数值(95m)低,则有

$$84m \leqslant 走过的总距离 \leqslant 91.5(m)$$

请注意,现在新的过剩估算值和新的不足估算值之间的差距是 7.5m,只是前面得到的那个差距(15m)的一半。这样,通过把测量区间的大小减半的方法,我们也把过剩和不足估算值之间的差距减小了一半。

现在,我们换个视角来形象理解:把距离形象地表示在速度图上。

如图 5-1-1 所示,将表 5-1-1 中的速度数据标记在二维图上,并将数据点用光滑曲线连接起来。从左到右的每个阴影部分的矩形面积分别表示汽车在第一秒至最后一秒内所走过的距离的不足估算值,所有阴影部分矩形的面积和,便代表了汽车在 5s 内所走过的总距离的不足估算值。如果同时考虑阴影矩形和非阴影矩形的面积和,那么从左至右合并的大块矩形的面积的和表示总距离的过剩估算值。

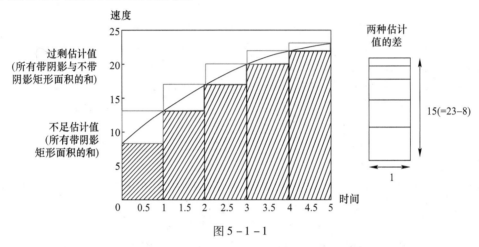

图 5-1-1

为了计算两个总估值之间的差,图 5-1-1 中右侧,将非阴影部分图形的面积叠加起来,就能组成一个宽度为 1、高度为 15 的大矩形。此时该值正好就是速度终值与速度初值之差(15 = 23 - 8),而宽度 1 恰恰就是相邻两次速度测量的时间间隔。

用上述同样的步骤,以每 0.5s 测量一次而得到的速度数据来画图,如图 5-1-2 所示。很显然,非阴影部分叠放出来的大矩形即两个总估值之间的差,其高度仍然是 23 - 8 = 15,而宽度是时间间隔 0.5。

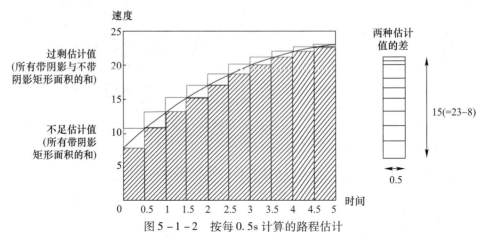

图 5-1-2 按每 0.5s 计算的路程估计

不言而喻,如果每 0.1s 测量一次速度,那么,过剩估算值和不足估算值之间的差距是
$$(23-8) \times 0.1 = 1.5(\mathrm{m})$$

如果每 0.001s 测量一次速度,那么,过剩估算值和不足估算值之间的差距是
$$(23-8) \times 0.001 = 0.015(\mathrm{m})$$

反过来,如果要想使得估算出来的总距离的误差不超过 0.01m,那么只需要每两次观测的间隔 h 满足 $15h < 0.01$,可得
$$h < \frac{0.01}{15} \approx 0.00066$$

所以,如果能够使两次测量的时间间隔不大于 0.00066s,则对实际走过的距离的估算就会精确到 0.01m 之内。

那么,该如何进一步提高其精度呢？与我们用平均速度的极限去表达速度时一样,这里,我们将用估算值的极限表达走过的距离的准确值。

假设我们想知道一个运动物体在时间间隔 $[a,b]$ 内所走过的距离。以 $v = f(t)$ 来表示在时刻 t 的速度,并且把整个时间间隔等分,测量时刻记为 $t_0 = a, t_1, t_2, \cdots, t_n = b$,则相邻时间间隔为
$$\Delta t = \frac{b-a}{n}$$

在第 i 个时间间隔内,速度可近似地表示为 $f(t_i)$,那么走过的距离大约为 $f(t_i)\Delta t$,则总距离的估算值为
$$\sum_{i=0}^{n-1} f(t_i) \Delta t$$

该估算值是不足估算值,称为左和,它可以用图 5-1-3(a) 中阴影部分的面积和表示。当然,我们也可以通过使用每一时间间隔的右边时刻的速度值来得到右和(图 5-1-3(b))：
$$\sum_{i=1}^{n} f(t_i) \Delta t$$

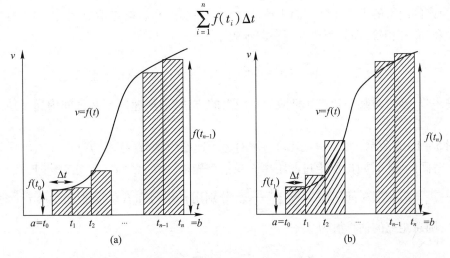

图 5-1-3

如果函数 $f(x)$ 是一递减函数,如图 5-1-4 所示,那么两个估算值的地位正好相反:左和是过剩估算值,右和是不足估算值。

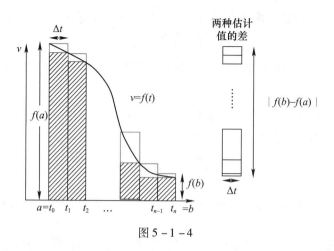

图 5 – 1 – 4

不论函数 $f(x)$ 是递增或递减,走过的距离的准确值却总是介于两个估算值之间。因此我们估算的准确值只依赖于两个估算值之间的差,对一个在 $[a,b]$ 区间上的递增函数或递减函数,有

$$过剩与不足估算值的差的绝对值 = |f(b) - f(a)| \times \Delta t$$

于是通过使观测点更加密集的方法,我们可以使 Δt 变得任意小,就可以使得过剩与不足估算值的差任意小。

为确定 a 到 b 区间内物体走过的总距离 S 的准确值,我们取当区间等分数 $n \to \infty$ 时矩形面积和的极限。这一矩形面积和将趋于 $t = a$ 和 $t = b$ 之间曲线下的面积,且过剩与不足估算值的差的绝对值趋于 0,于是有

$$S = \lim_{n \to \infty} \sum_{i=0}^{n-1} f(t_i) \Delta t = \lim_{n \to \infty} \sum_{i=1}^{n} f(t_i) \Delta t \tag{5-1-1}$$

不难发现,不但左端点可以取代右端点,我们还可以用第 i 个区间中的任一点 t^* 的函数值 $f(t^*)$ 作为该区间上的平均速度。因为该速度介于左端点和右端点值之间,由夹逼准则知,其极限与左和、右和相等,即总距离 S 更一般地表示为

$$S = \lim_{n \to \infty} \sum_{i=1}^{n} f(t^*) \Delta t$$

更进一步,通过对某一和式取极限计算距离的方法,即使速度不在区间内递增或递减,也仍有效。

如图 5 – 1 – 5 所示,假设一个运动物体的运动速度为 $v = f(t)$,且 $f(t)$ 在 $[a,b]$ 上连续,求该物体在时间间隔 $[a,b]$ 内所走过的距离。我们首先把 $[a,b]$ 区间 n 等分,测量时刻记为 $t_0 = a, t_1, t_2, \cdots, t_n = b$,相邻时间间隔为 $\Delta t = \dfrac{b-a}{n}$。分别用 $f(t_{i-1})$ 和 $f(t_i)$ 近似表示第 i 个时间间隔内的速度,则总距离的估算值为

$$\sum_{i=0}^{n-1} f(t_i) \Delta t \quad 和 \quad \sum_{i=1}^{n} f(t_i) \Delta t$$

在三个单调区间 $[a,c]$、$[c,d]$、$[d,b]$ 上,两种估算值的误差分别为图 5 – 1 – 5 右侧的三个矩形,相互抵消掉一部分,最终在 $[a,b]$ 上二者的误差仍为 $|f(b) - f(a)| \times \Delta t$,所以,只需要让

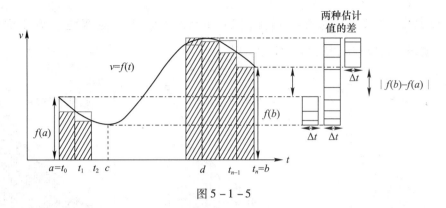

图 5-1-5

$\Delta t \to 0 (n \to \infty)$,对上式取极限,就可得到总距离的精确值。

这个例子对任何具有正向速度的运动物体来说都是适用的。运动的距离即为速度曲线覆盖下的面积。

从式(5-1-1)可以看出,总路程 S 实际上是 n 段近似路程的和的极限,换句话说,是很多个"微小路程"的和,简称**路程微元**,即总路程是"路程微元"的无限叠加。这一思想对于解决不均匀变化的总体量非常有效,我们再举几个例子。

问题二:面积

我们通过例子来说明利用"**面积微元**"的和求面积的这个过程。

例 5-1-1 求抛物线 $y = x^2 (0 < x < 1)$ 下方的面积(如图 5-1-6 所示)。

分析 该问题的难点在于图形的高在区间 $[0, 1]$ 上连续变化,我们通过 $x_i = \dfrac{i}{n}$($i = 1, 2, \cdots, n-1$),将 S 分成 n 个长条(图 5-1-7),对每一长条可以用矩形来近似,矩形的底和长条的底相同,高和长条右边界的高相等(也可以取左边界)。换句话说,矩形的高是函数 $y = f(x)$ 在各区间右端点的函数值。每个小矩形的面积为 $\dfrac{1}{n} \cdot \left(\dfrac{i}{n}\right)^2$,则这 n 个小矩形的面积和 R_n 可作为 S 的近似值:

$$\begin{aligned}R_n &= \frac{1}{n} \cdot \left(\frac{1}{n}\right)^2 + \frac{1}{n} \cdot \left(\frac{2}{n}\right)^2 + \frac{1}{n} \cdot \left(\frac{3}{n}\right)^2 + \cdots + \frac{1}{n} \cdot \left(\frac{n}{n}\right)^2 \\ &= \frac{1}{n} \cdot \frac{1}{n^2}(1^2 + 2^2 + 3^2 + \cdots + n^2) \\ &= \frac{1}{n^3}(1^2 + 2^2 + 3^2 + \cdots + n^2)\end{aligned}$$

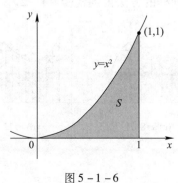

图 5-1-6

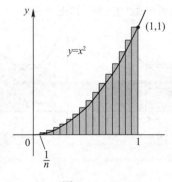

图 5-1-7

不难想象,随着长条的数量的增加,右和 R_n 以及左和 L_n 越来越接近于面积 S,如图 5-1-8 所示。可以证明当 $n \to \infty$ 时,$R_n \to \dfrac{1}{3}$。

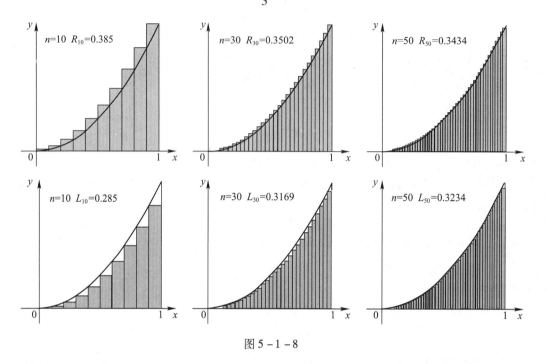

图 5-1-8

证明如下:

$$\lim_{n\to\infty} R_n = \lim_{n\to\infty} \frac{(n+1)(2n+1)}{6n^2} = \lim_{n\to\infty} \frac{1}{6} \times \frac{n+1}{n} \times \frac{2n+1}{n} = \lim_{n\to\infty} \frac{1}{6} \times \left(1+\frac{1}{n}\right) \times \left(2+\frac{1}{n}\right)$$

$$= \frac{1}{6} \times 1 \times 2 = \frac{1}{3}$$

同样可以证明左和也趋于 $\dfrac{1}{3}$,即 $\lim\limits_{n\to\infty} L_n = \dfrac{1}{3}$。因此,我们定义面积 A 为近似矩形面积之和的极限,即

$$A = \lim_{n\to\infty} R_n = \lim_{n\to\infty} L_n = \frac{1}{3} \tag{5-1-2}$$

对于更一般的区域,如图 5-1-9 所示,也可以用同样的方法得到式(5-1-2)。

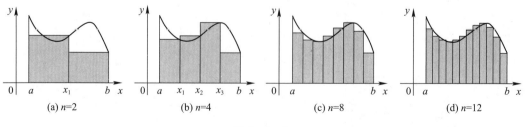

图 5-1-9

同问题一类似,小矩形的高可以取左端点或者右端点处的函数值,还可以取该区间中的任一点 x^* 的函数值 $f(x^*)$。我们把 $x_1^*, x_2^*, \cdots, x_n^*$ 称为样本点,图 5 - 1 - 10 显示的是用样本点的函数值作为近似而不是端点的情形。因此,对于区域面积 A 更一般的表示如下:

$$A = \lim_{n \to \infty} \sum_{i=1}^{n} f(x_i^*) \Delta x \qquad (5-1-3)$$

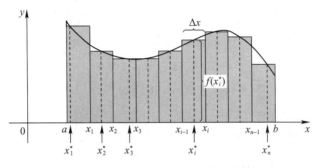

图 5 - 1 - 10

即面积可表示为"面积微元"之和。式(5-1-1)和表示面积的式(5-1-2)、式(5-1-3)结构相同,所以位移在数值上等于速度函数图形下的面积。后面将看到一些在自然和社会科学方面有趣的性质,比如,变力做功、心脏血输出量同样可描述为一条曲线下的面积。因此,当我们在这一章计算面积时,可以以各种实用的方式来解释。

问题三:球的体积

计算半径为 3 的球体体积。如图 5 - 1 - 11(a)所示,球体可看作 xOy 面上曲线 $f(x) = \sqrt{9-x^2}$ 绕 x 轴旋转而成。为此,在区间 $[-3,3]$ 上插入 $(n-1)$ 个分点,再用分点处垂直于 x 的平面切割球体,把球分割成 n 个类似于圆面包片的平行切片,厚度均为 $\dfrac{6}{n}$。当 n 很大时,每个切片类似于圆柱体。所以取每个区间的左端点 x_i 处的函数值 $f(x_i) = \sqrt{9-x_i^2}$ 为圆片半径,如图 5 - 1 - 11(b)所示,用这些圆柱体体积之和逼近球体体积:

$$S_n = \pi \left(\sqrt{9-(-3)^2}\right)^2 \times \frac{6}{n} + \pi \left(\sqrt{9-\left(-3+\frac{6}{n}\right)^2}\right)^2 \times$$

$$\frac{6}{n} + \cdots + \pi \left(\sqrt{9-\left(-3+(n-1)\times\frac{6}{n}\right)^2}\right)^2 \times \frac{6}{n}$$

$$= \frac{6\pi}{n}\left[0 + 9 - \left(-3+\frac{6}{n}\right)^2 + \cdots + 9 - \left(-3+\frac{(n-1)\times 6}{n}\right)^2\right]$$

$$= \frac{6\pi}{n}\left[2\times 3\times\frac{6}{n} - \left(\frac{6}{n}\right)^2 + 2\times 3\times\frac{2\times 6}{n} - \left(\frac{2\times 6}{n}\right)^2 + \cdots + 2\times 3\times\frac{(n-1)\times 6}{n} - \left(\frac{(n-1)\times 6}{n}\right)^2\right]$$

$$= \frac{6\pi}{n}\left[2\times 3\times\frac{6}{n}(1+2+\cdots+(n-1)) - \frac{6^2}{n^2}(1^2+2^2+\cdots+(n-1)^2)\right]$$

$$= \frac{6\pi}{n}\left[2\times 3\times\frac{6}{n}\cdot\frac{n(n-1)}{2} - \frac{6^2}{n^2}\cdot\frac{(n-1)n(2n-1)}{6}\right]$$

$$= \frac{108\pi(n-1)}{n} - \frac{36(n-1)(2n-1)}{n}$$

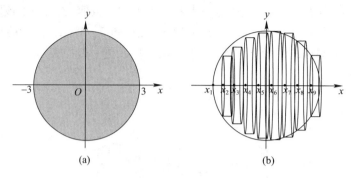

图 5-1-11

当 $n\to\infty$ 时,

$$\lim_{n\to\infty}S_n = \lim_{n\to\infty}\left(\frac{108\pi(n-1)}{n} - \frac{36(n-1)(2n-1)}{n}\right)$$
$$= 108\pi - 72\pi$$
$$= 36\pi$$

这个结果与体积的真值 $V = \frac{4}{3}\pi r^3 = \frac{4}{3}\pi 3^3 = 36\pi$ 一致,即

$$S = \lim_{n\to\infty}\sum_{i=1}^{n}\pi f^2(x_i)\Delta x \tag{5-1-4}$$

注意到上述三个问题之间数学的类似性。在每种情形,我们有一个定义在区间上的函数,我们用函数值乘以区间长度得到要求量的"微元",将其在区间上累加,再取极限,则为要求的量。

5.1.2 定积分的概念

在上一节,我们利用有限和逼近距离、面积、体积。我们感兴趣的是有限和,称为**黎曼 (Riemann) 和**,以德国数学家黎曼命名。黎曼和以特殊方式构成,而且它不仅仅局限于非负函数。我们现在叙述这种和的形式结构。

设 $f(x)$ 是定义在闭区间 $[a,b]$ 上的任意连续函数,如图 5-1-12 所示,它可以取正值,也可以取负值。

分割区间 $[a,b]$ 成 n 个子区间,分点设为 $x_0 = a, x_1, x_2, \cdots, x_{n-1}, x_n = b$,它们仅满足

$$a < x_1 < x_2 < \cdots < x_{n-1} < b$$

点集 $P = \{x_0, x_1, x_2, \cdots, x_{n-1}, x_n\}$ 称为区间的一个划分。

划分 P 定义了 n 个子区间 $[x_0,x_1],[x_1,x_2],\cdots,[x_{n-1},x_n]$,第 i 个子区间的长度为 $\Delta x_i = x_i - x_{i-1}$。在每个子区间上任选一个数 x_i^*,然后在每个子区间上以 $f(x_i^*)$ 为高竖起 个垂直的矩形,如图 5-1-13 所示。在每个子区间上,我们做乘积 $f(x_i^*) \cdot \Delta x_i$。乘积的符号取决于 $f(x_i^*)$,可以是正的、负的或零。

最后,我们对这些乘积求和

$$S_n = \sum_{i=1}^{n} f(x_i^*) \cdot \Delta x_i$$

这个依赖于划分 P 和取点 x_i^* 的选择的和是 f 在区间 $[a,b]$ 上的**黎曼和**。

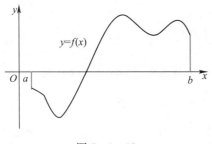
图 5 - 1 - 12

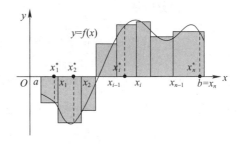
图 5 - 1 - 13

随着 $[a,b]$ 的划分不断变细，我们期望 f 的图象与 x 轴之间的区域，与诸矩形的面积和的误差越来越小（图 5 - 1 - 14）。于是我们期望相应的黎曼和有一个极限值。注意，这里考虑的是全体区间的长度趋于零时的极限，它可以由最大的子区间的长度趋于零保证，记为 $\lambda = \max\{\Delta x_1, \Delta x_2, \cdots, \Delta x_n\}$，称为划分的**模**。

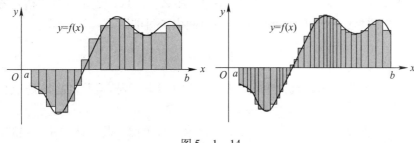
图 5 - 1 - 14

定义 设 $f(x)$ 是定义在区间 $[a,b]$ 上的一个连续函数，如果对于 $[a,b]$ 的任意划分 P 和区间 $[x_{i-1}, x_i]$ 上的任意取点 x_i^*（$i = 1, 2, \cdots, n$），都存在一个数 I，使得

$$\lim_{\lambda \to 0} \sum_{i=1}^{n} f(x_i^*) \Delta x_i = I$$

则称 f 在 $[a,b]$ 上是可积的，而 I 称为 f 在 $[a,b]$ 上的**定积分**，记作

$$\int_a^b f(x) \, dx = \lim_{\lambda \to 0} \sum_{i=1}^{n} f(x_i^*) \Delta x_i$$

定理 5 - 1 - 1（定积分的存在性）如果一个函数 f 在 $[a,b]$ 上连续，则它在 $[a,b]$ 上的定积分一定存在。

虽然我们遇到的大多数函数都是连续函数，但是如果函数只有有限个可去或跳跃间断点，定义中的极限也是存在的（但不是无限的不连续），所以对这样的函数我们也可以定义定积分。

注 1 符号 $\int$ 是由莱布尼茨引进的，称之为积分符号，它是拉长的 S，之所以会选 $\int$ 作为积分符号是因为定积分是和的极限。对于符号 $\int_a^b f(x) \, dx$，$f(x)$ 称为被积函数，a 和 b 被称为积分的上下限，a 是下限，b 是上限。符号 dx 本身没有正式的意义，$\int_a^b f(x) \, dx$ 是一个整体记号。计算积分的过程被称为定积分。

注 2 定积分 $\int_a^b f(x) \, dx$ 是一个数值，它不依赖于 x。事实上，我们可以用任何符号替换 x

而不改变定积分的值。

$$\int_a^b f(x)\,\mathrm{d}x = \int_a^b f(t)\,\mathrm{d}t = \int_a^b f(r)\,\mathrm{d}r$$

注3 定积分的记号 $\int_a^b f(x)\,\mathrm{d}x$ 可以帮助我们理解定积分概念的意义。定积分是一些项的和的极限,而这些项都是"$f(x)$ 乘以 x 的微小改变量"这种形式。严格来说,$\mathrm{d}x$ 不是一个可独立使用的实体,而仅仅是整个定积分记号的一部分。因此,正像可以把 $\dfrac{\mathrm{d}}{\mathrm{d}x}$ 当作一个单独记号来表示"……对 x 求导"一样。我们也可以把"$\int_a^b \cdots \mathrm{d}x$"当作一个单独记号来表示"……对 x 求定积分"。

尽管如此,仍有许多科学家和数学家不太严格地把 $\mathrm{d}x$ 看作 x 的"无穷小"的改变量,在这里它看成是与某一函数的值 $f(x)$ 相乘。这一观点在解释定积分的意义时经常是很关键的。例如,如果 $f(t)$ 是某一运动质点在时刻 t 的速度,那么,$f(t)\,\mathrm{d}t$ 便可不太严格地被看作是速度×时间,它给出的是这一质点在 $\mathrm{d}t$ 这一小段时间内走过的距离。于是积分

$$\int_a^b f(t)\,\mathrm{d}t$$

便可被看作是所有这些小的距离之和,给出的是时间 $t=a$ 到 $t=b$ 之间该质点位置的最终变化。

积分的记号又能帮助我们判断出积分值应该取什么单位。既然被加在一起的这些项都是以"$f(x)$ 乘以 x 的改变量"这种形式出现的一些乘积项,那么积分

$$\int_a^b f(x)\,\mathrm{d}x$$

的度量单位就应该是 x 的单位和 $f(x)$ 的单位的乘积。于是,如果 $f(t)$ 表示以 m/s 为单位进行度量时的速度,t 表示以 s 为单位的时间,则

$$\int_a^b f(t)\,\mathrm{d}t$$

就具有 (m/s)×s = m 这样的单位,这正是我们所期望的,因为积分值代表的就是位置的变化。同样地,如果我们在画 $y=f(x)$ 的图象时,在 x 轴和 y 轴上取的长度单位是相同的,那么,$f(x)$ 和 x 就将以同样的单位来计算,于是

$$\int_a^b f(x)\,\mathrm{d}x$$

就将以平方单位来计算,比如说 cm × cm = cm²。这里,我们得到的结果仍然是我们所期盼的,因为在这里的有关叙述中,积分代表的是面积。

注4 定积分的几何意义。我们知道如果 $f(x)$ 是正的,则黎曼和 $\sum_{i=1}^{n} f(x_i^*)\Delta x_i$ 可以解释为近似矩形面积的和。如果函数 $f(x)$ 既有正值又有负值(见图 5-1-15(a)),则黎曼和表示位于 x 轴上方的矩形的面积和位于 x 轴下方面积相反数的和(x 轴上方的矩形的面积减去 x 轴下方的矩形的面积)。当我们求得黎曼和的极限时,得出的结果如图 5-1-15(b)所示。定积分可以被解释为净面积,也就是面积的差:

$$\int_a^b f(x)\,dx = A_1 - A_2$$

这里 A_1 是 x 轴上方函数 $f(x)$ 图形下方的区域，A_2 是 x 轴下方函数 $f(x)$ 图形上方的区域。

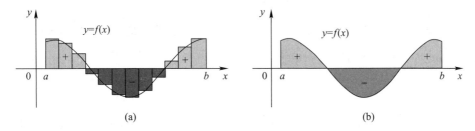

图 5 - 1 - 15

下面，我们举两个通过定积分的几何意义计算定积分的例子。

例 5 - 1 - 2 通过面积的表达方式计算下列极限。

(1) $\int_0^1 \sqrt{1-x^2}\,dx$；　　　　　(2) $\int_0^3 (x-1)\,dx$。

解 (1) 由于 $f(x) = \sqrt{1-x^2} \geq 0$，将该积分看作是曲线 $f(x) = \sqrt{1-x^2}$ ($0 \leq x \leq 1$) 下方的面积。由 $y^2 = 1 - x^2$ 可得 $x^2 + y^2 = 1$，这表明被积函数是半径为 1 的四分之一圆（图 5 - 1 - 16）。因此：

$$\int_0^1 \sqrt{1-x^2}\,dx = \frac{1}{4}\pi(1)^2 = \frac{\pi}{4}$$

(2) $y = x - 1$ 的图形是一条斜率为 1 的直线（图 5 - 1 - 17），我们通过计算两个三角形面积之差来计算该积分：

$$\int_0^3 (x-1)\,dx = A_1 - A_2 = \frac{1}{2}(2 \cdot 2) - \frac{1}{2}(1 \cdot 1) = 1.5$$

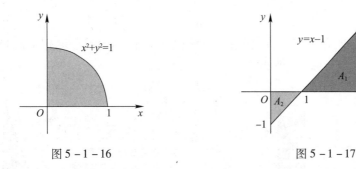

图 5 - 1 - 16　　　　　　　　　　图 5 - 1 - 17

对于一般的定积分，绝大多数时候无法用几何意义计算，我们就必须知道和式如何求解。下面三个等式给出了正整数幂的求和公式。

$$\sum_{i=1}^n i = \frac{n(n+1)}{2} \tag{5-1-5}$$

$$\sum_{i=1}^n i^2 = \frac{n(n+1)(2n+1)}{6} \tag{5-1-6}$$

$$\sum_{i=1}^n i^3 = \left[\frac{n(n+1)}{2}\right]^2 \tag{5-1-7}$$

例 5-1-3 计算下列各题。

（1）计算黎曼和,其中 $f(x)=x^3-6x$,样本点取作区间的右端点,$a=0,b=3,n=6$。

（2）计算 $\int_0^3 (x^3-6x)\mathrm{d}x$。

解 （1）$n=6$ 时,区间宽度为 $\Delta x=\dfrac{b-a}{n}=\dfrac{3-0}{6}=\dfrac{1}{2}$,右端点是 $x_1=0.5, x_2=1.0, x_3=1.5,$ $x_4=2.0, x_5=2.5, x_6=3.0$,所以黎曼和是

$$R_6 = \sum_{i=1}^{6} f(x_i)\Delta x$$
$$= f(0.5)\Delta x + f(1.0)\Delta x + f(1.5)\Delta x + f(2.0)\Delta x + f(2.5)\Delta x + f(3.0)\Delta x$$
$$= \frac{1}{2}(-2.875-5-5.625-4+0.625+9)$$
$$= -3.9375$$

注意到函数 $f(x)$ 不是正的,所以黎曼和不表示近似矩形面积的和,但它表示的是 x 轴上方矩形面积减去 x 轴下方矩形面积(图 5-1-18)。

（2）由 n 个子区间,可以得到 $\Delta x=\dfrac{b-a}{n}=\dfrac{3}{n}$,而 $x_i=\dfrac{3i}{n}, i=0,1,2,\cdots,n$。由于我们使用的是右端点,所以可以利用式(5-1-7)。

$$\int_0^3 (x^3-6x)\mathrm{d}x = \lim_{n\to\infty}\sum_{i=1}^n f(x_i)\Delta x = \lim_{n\to\infty}\sum_{i=1}^n f\left(\frac{3i}{n}\right)\frac{3}{n}$$
$$= \lim_{n\to\infty}\frac{3}{n}\sum_{i=1}^n\left[\left(\frac{3i}{n}\right)^3-6\left(\frac{3i}{n}\right)\right] = \lim_{n\to\infty}\frac{3}{n}\sum_{i=1}^n\left[\frac{27}{n^3}i^3-\frac{18}{n}i\right]$$
$$= \lim_{n\to\infty}\left[\frac{81}{n^4}\sum_{i=1}^n i^3-\frac{54}{n^2}\sum_{i=1}^n i\right] = \lim_{n\to\infty}\left[\frac{81}{4}\left(1+\frac{1}{n}\right)^2-27\left(1+\frac{1}{n}\right)\right]$$
$$= \lim_{n\to\infty}\left\{\frac{81}{n^4}\left[\frac{n(n+1)}{2}\right]^2-\frac{54}{n^2}\left[\frac{n(n+1)}{2}\right]\right\} = \frac{81}{4}-27 = -6\frac{3}{4}$$

因为函数 $f(x)=x^3-6x$ 既有正值又有负值,所以该积分不能解释为面积,但能解释为两面积之差 A_1-A_2, A_1, A_2 如图 5-1-19 所示。

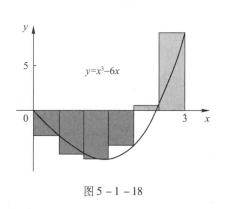

图 5-1-18

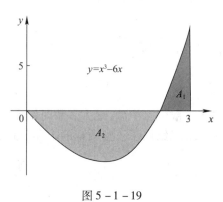

图 5-1-19

5.1.3 定积分的性质

定积分定义中暗含假设 $a<b$,但是即使 $a>b$ 黎曼和的极限定义也是成立的。注意到,如

果交换了 a 和 b, Δx 则从 $(b-a)/n$ 变为 $(a-b)/n$。因此

$$\int_a^b f(x)\,dx = -\int_b^a f(x)\,dx$$

这个公式的另一种解释是：对于一个正在做直线运动的物体，考虑该物体向回走的情形，这时位移就是负的了。

如果 $a = b$，则 $\Delta x = 0$，因此

$$\int_a^a f(x)\,dx = 0$$

现在导出定积分的一些基本性质，它能帮助我们以一种简单的方式计算定积分。我们假设函数 f 和 g 都是连续函数，定积分有如下的基本性质：

性质1 $\int_a^b c\,dx = c(b-a)$，c 为任意常数

性质2 $\int_a^b [f(x) \pm g(x)]\,dx = \int_a^b f(x)\,dx \pm \int_a^b g(x)\,dx$

性质3 $\int_a^b cf(x)\,dx = c\int_a^b f(x)\,dx$，$c$ 为任意常数

性质1说明常值函数的定积分是区间长度的常数倍。如果 $c > 0$ 且 $a < b$，$c(b-a)$ 是矩形的面积（图5-1-20）。

性质2说明和（或差）的积分等于积分的和（或差）。对于正函数而言，$f+g$ 下的面积等于 f 下的面积加 g 下的面积，如图5-1-21所示。

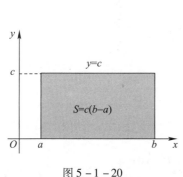

图5-1-20

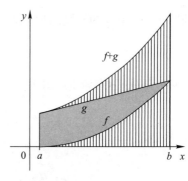

图5-1-21

一般地，性质2可以由定义得到，而它的本质是和的极限等于极限的和。

$$\int_a^b [f(x) + g(x)]\,dx = \lim_{n \to \infty} \sum_{i=1}^n [f(x_i) + g(x_i)]\Delta x$$

$$= \lim_{n \to \infty} \sum_{i=1}^n f(x_i)\Delta x + \lim_{n \to \infty} \sum_{i=1}^n g(x_i)\Delta x$$

$$= \int_a^b f(x)\,dx + \int_a^b g(x)\,dx$$

性质3可以用相似的方式证明，即函数常数倍的积分等于常数倍函数的积分。换句话说，常数（仅仅是常数）可以放到积分符号的前面。

例5-1-4 利用定积分的性质计算 $\int_0^1 (4 + 3x^2)\,dx$。

解 由定积分的性质 2 和性质 3 可以得到

$$\int_0^1 (4 + 3x^2) dx = \int_0^1 4 dx + \int_0^1 3x^2 dx = \int_0^1 4 dx + 3 \int_0^1 x^2 dx$$

由性质 1 可以得到

$$\int_0^1 4 dx = 4(1 - 0) = 4$$

在例 5-1-1 中我们求得

$$\int_0^1 x^2 dx = \frac{1}{3}$$

因此

$$\int_0^1 (4 + 3x^2) dx = \int_0^1 4 dx + \int_0^1 3x^2 dx = \int_0^1 4 dx + 3 \int_0^1 x^2 dx = 4 + 3 \times \frac{1}{3} = 5$$

接下来的性质告诉我们如何将相同被积函数连接起来。

性质 4 （区间的可加性）$\int_a^c f(x) dx + \int_c^b f(x) dx = \int_a^b f(x) dx$

先假设 $a < c < b$，因为 $f(x)$ 在区间 $[a,b]$ 上可积，所以不论 $[a,b]$ 的什么划分，黎曼和的极限都是不变的。因此，在分区间时，可以使 c 永远是个分点。那么，$[a,b]$ 上的黎曼和等于 $[a,c]$ 上的黎曼和加上 $[c,b]$ 上的黎曼和，记为

$$\sum_{[a,b]} f(x_i^*) \Delta x_i = \sum_{[a,c]} f(x_i^*) \Delta x_i + \sum_{[c,b]} f(x_i^*) \Delta x_i$$

令划分的模 $\lambda \to 0$，上式两端同时取极限，即得

$$\int_a^b f(x) dx = \int_a^c f(x) dx + \int_c^b f(x) dx$$

当 $f(x) \geq 0$ 且 $a < b < c$ 时，由于

$$\int_a^c f(x) dx = \int_a^b f(x) dx + \int_b^c f(x) dx$$

于是得

$$\int_a^b f(x) dx = \int_a^c f(x) dx - \int_b^c f(x) dx$$
$$= \int_a^c f(x) dx + \int_c^b f(x) dx$$

证毕。

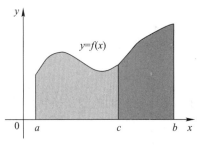

图 5-1-22

$f(x) \geq 0$ 且 $a < c < b$ 的情况可从图 5-1-22 中的几何解释中看到：$a \leq x \leq c$ 时曲线 $y = f(x)$ 下的面积加上 $c \leq x \leq b$ 时曲线 $y = f(x)$ 下的面积等于 $a \leq x \leq b$ 时曲线 $y = f(x)$ 下的面积。

例 5-1-5 如果已知 $\int_0^{10} f(x) dx = 17$ 和 $\int_0^8 f(x) dx = 12$，求 $\int_8^{10} f(x) dx$。

解 由性质 4 可以得到

$$\int_8^{10} f(x)\,dx + \int_0^8 f(x)\,dx = \int_0^{10} f(x)\,dx$$

因此

$$\int_8^{10} f(x)\,dx = \int_0^{10} f(x)\,dx - \int_0^8 f(x)\,dx = 17 - 12 = 5$$

定积分的比较性质：

性质 5 如果当 $a \leq x \leq b$ 时 $f(x) \geq 0$，则 $\int_a^b f(x)\,dx \geq 0$

性质 6 如果当 $a \leq x \leq b$ 时 $f(x) \geq g(x)$，则 $\int_a^b f(x)\,dx \geq \int_a^b g(x)\,dx$

性质 7 如果当 $a \leq x \leq b$ 时 $m \leq f(x) \leq M$，则 $m(b-a) \leq \int_a^b f(x)\,dx \leq M(b-a)$

如果 $f(x) \geq 0$，则 $\int_a^b f(x)\,dx$ 表示的是图形 $f(x)$ 下的面积，由于面积是正的，因此性质 5 的几何解释是简单的。性质 6 是说被积函数大的积分，其值也是大的，因为 $f(x) - g(x) \geq 0$，由性质 5 即得。性质 7 当 $f(x) \geq 0$ 时可以由图 5-1-23 说明。如果 $f(x)$ 是连续的，则我们可以得到 $f(x)$ 在区间 $[a,b]$ 上的最小值和最大值 m 和 M。在这种情况下，性质 7 表明图形 $f(x)$ 下的面积大于以 m 为高的矩形面积小于以 M 为高的矩形面积。

一般地，由 $m \leq f(x) \leq M$，性质 6 可以给出

$$\int_a^b m\,dx \leq \int_a^b f(x)\,dx \leq \int_a^b M\,dx$$

利用性质 1 根据上下界计算积分，可以得到

$$m(b-a) \leq \int_a^b f(x)\,dx \leq M(b-a)$$

性质 7 对于估计积分的大小时是比较有用的。

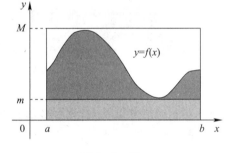

图 5-1-23

例 5-1-6 利用性质 7 估算 $\int_0^1 e^{-x^2}\,dx$。

解 因为 $f(x) = e^{-x^2}$ 在 $[0,1]$ 区间上是单调递减函数，所以它的最大值是 $M = f(0) = 1$，最小值是 $m = f(1) = e^{-1}$。由性质 7 可得

$$e^{-1}(1-0) \leq \int_0^1 e^{-x^2}\,dx \leq 1(1-0)$$

或者

$$e^{-1} \leq \int_0^1 e^{-x^2}\,dx \leq 1$$

由于 $e^{-1} \approx 0.3679$，则

$$0.367 \leq \int_0^1 e^{-x^2}\,dx \leq 1$$

图 5-1-24 说明了例 5-1-6 的结果，定积分所表示的面积大于下面的矩形面积而小于正方形的面积。

函数的平均值 对于有限多个数 $y_1, y_2, \cdots, y_n$ 是容易计算它们的平均值的：

$$\bar{y} = \frac{y_1 + y_2 + \cdots + y_n}{n}$$

但是,如果一天内读取无穷多个温度值是可能的,那么如何计算温度的平均值?即我们将如何去计算一个连续变化的函数的平均值呢?

举个例子,图 5-1-25 显示了温度函数 $T(t)$ 的曲线和猜测的温度平均值 $\bar{T}$,这里 t 的单位是 h,T 的单位是℃。假设 $C = T(t)$ 表示 t 时刻的温度值,且以 h 为单位,从午夜零点开始测量,我们打算计算出 24h 内的平均温度值。其实施办法是,在一天内取 n 个时刻 $t_1, t_2, \cdots, t_n$ 测出温度值,然后对它们取平均值:

$$\text{平均温度} \approx \frac{T(t_1) + T(t_2) + \cdots + T(t_n)}{n}$$

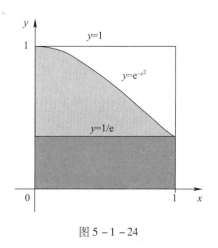

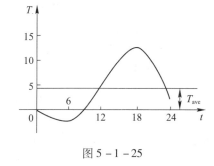

图 5-1-24　　　　　　　　　　　图 5-1-25

我们对 n 的值取得越大,近似程度就越好,可以把上式用黎曼和的形式进行改写,区间取在 $[0, 24]$,$\Delta t = 24/n$,于是 $n = 24/\Delta t$,则有

$$\begin{aligned}
\text{平均温度} &\approx \frac{T(t_1) + T(t_2) + \cdots + T(t_n)}{24/\Delta t} \\
&= \frac{T(t_1)\Delta t + T(t_2)\Delta t + \cdots + T(t_n)\Delta t}{24} \\
&= \frac{1}{24} \sum_{i=1}^{n} T(t_i)\Delta t
\end{aligned}$$

当 $n \to \infty$ 时,黎曼和趋于某一个积分,且对平均温度的近似也更好,这样在取极限的情况下,有

$$\text{平均温度} = \lim_{n \to \infty} \frac{1}{24} \sum_{i=1}^{n} T(t_i)\Delta t = \int_0^{24} T(t) \, dt$$

于是,我们找到了一种用某一个积分形式来表达平均温度的方法。

概括起来,对一般的函数 $f(x)$,计算 $f(x)$ 在区间 $[a, b]$ 上的平均值,我们先将区间 $[a, b]$ 等分成 n 个子区间,每个子区间的长度是 $\Delta x = (b - a)/n$,然后我们依次在每个子区间上选择点 $x_1^*, \cdots, x_n^*$,并计算 $f(x_1^*), \cdots, f(x_n^*)$ 的平均值:

$$\frac{f(x_1^*) + \cdots + f(x_n^*)}{n}$$

由于 $\Delta x = (b-a)/n$，所以可得 $n = (b-a)/\Delta x$，平均值变为

$$\frac{f(x_1^*) + \cdots + f(x_n^*)}{\frac{b-a}{\Delta x}} = \frac{1}{b-a}[f(x_1^*)\Delta x + \cdots + f(x_n^*)\Delta x]$$

$$= \frac{1}{b-a}\sum_{i=1}^{n} f(x_i^*)\Delta x$$

如果让 n 增加，我们将可以计算许多接近于零值的数的平均值。通过定积分的定义可得，极限值是

$$\lim_{n\to\infty} \frac{1}{b-a}\sum_{i=1}^{n} f(x_i^*)\Delta x = \frac{1}{b-a}\int_a^b f(x)\,\mathrm{d}x$$

因此，定义函数 f 在区间 $[a,b]$ 上的平均值为

$$f(x) \text{ 在 }[a,b] \text{ 上的平均值} = \frac{1}{b-a}\int_a^b f(x)\,\mathrm{d}x$$

即

$$(f(x) \text{ 的平均值}) \times (b-a) = \int_a^b f(x)\,\mathrm{d}x$$

例 5-1-7 计算函数 $f(x) = 1 + x^2$ 在区间 $[-1,2]$ 上的平均值。

解 令 $a = -1, b = 2$，可得

$$f_{\text{ave}} = \frac{1}{b-a}\int_a^b f(x)\,\mathrm{d}x = \frac{1}{2-(-1)}\int_{-1}^{2}(1+x^2)\,\mathrm{d}x$$

$$= \frac{1}{3}\left[x + \frac{x^3}{3}\right]_{-1}^{2} = 2$$

如果 $T(t)$ 是 t 时刻的温度，则恰好有某一时刻的温度值等于平均温度。对于图 5-1-25 中的温度函数，我们有两个这样的点，恰好是正午前和午夜前。一般地，对于函数 $f(x)$ 是否也存在一点 c 恰好使得该点的函数值等于函数的平均值？下面的定理指出对于连续函数这个结论是正确的。

积分中值定理 如果 f 是区间 $[a,b]$ 上的连续函数，则存在区间 $[a,b]$ 上的一个数 ξ，使得

$$f(\xi) = \frac{1}{b-a}\int_a^b f(x)\,\mathrm{d}x$$

也就是说

$$\int_a^b f(x)\,\mathrm{d}x = f(\xi)(b-a)$$

积分中值定理的几何解释是，对于正值函数 f，存在一个数 ξ 使得底为 $[a,b]$、高为 $f(\xi)$ 的矩形面积恰好等于曲线 f 下从 a 到 b 的面积（图 5-1-26）。

例 5-1-8 由于 $f(x) = 1 + x^2$ 是区间 $[-1,2]$ 上的连续函数，积分中值定理指出存在区间 $[-1,2]$ 上的一个数 ξ 使得

$$\int_{-1}^{2}(1+x^2)\,\mathrm{d}x = f(\xi)[2-(-1)]$$

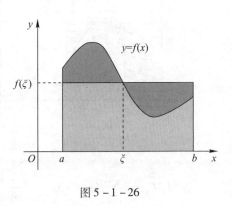

图 5-1-26

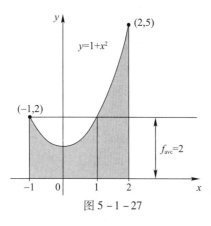

图 5-1-27

在这种特殊情况下我们可以找出 c 的精确值。从例 5-1-1 中我们知道的平均值 $\bar{f}=2$,因此 ξ 值满足
$$f(\xi)=2$$
因此
$$1+c^2=2$$
于是
$$c^2=1$$
因此,在这种情况下我们可以在区间 $[-1,2]$ 上取 $c=\pm 1$ 使得积分中值定理成立。

图 5-1-27 说明了例 5-1-7 和例 5-1-8。

5.1.4 定积分的近似计算

我们已经用黎曼和估计定积分的近似值,本节我们介绍计算定积分的梯形法、辛普森(Simpson)法等数值方法。

1. 黎曼求和法

定积分是通过黎曼和的极限来定义的,因此任意的黎曼和都可以作为定积分的近似。如果我们把区间 $[a,b]$ 等分成 n 份 ($\Delta x=(b-a)/n$),则我们得到

$$\int_a^b f(x)\,dx \approx \sum_{i=1}^n f(x_i^*)\Delta x$$

这里的样点 x_i^* 是第 i 个区间 $[x_{i-1},x_i]$ 上任意一点。

我们考虑样点的三种情况:x_i^* 是 $[x_{i-1},x_i]$ 上的左端点、右端点和中点。

左端点:$x_i^*=x_{i-1}=a+(i-1)\dfrac{b-a}{n}$

右端点:$x_i^*=x_i=a+i\dfrac{b-a}{n}$

中点:$x_i^*=\dfrac{x_{i-1}+x_i}{2}=\dfrac{a+(i-1)\dfrac{b-a}{n}+a+i\dfrac{b-a}{n}}{2}=a+\left(i-\dfrac{1}{2}\right)\dfrac{b-a}{n}$

相应地有定积分的近似计算(图 5-1-28):

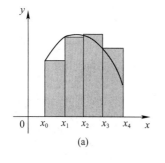
(a)

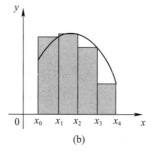
(b)

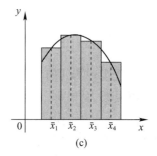
(c)

图 5-1-28

$$\text{左和}: L_n = \sum_{i=1}^n f(x_{i-1})\Delta x = \frac{b-a}{n}\sum_{i=1}^n f\left(a+(i-1)\frac{b-a}{n}\right) \quad (5-1-8)$$

右和：$R_n = \sum_{i=1}^{n} f(x_i)\Delta x = \dfrac{b-a}{n}\sum_{i=1}^{n} f\left(a + i\dfrac{b-a}{n}\right)$ (5-1-9)

中点和：$M_n = \sum_{i=1}^{n} f\left(\dfrac{x_{i-1}+x_i}{2}\right)\Delta x = \dfrac{b-a}{n}\sum_{i=1}^{n} f\left(a + \left(i-\dfrac{1}{2}\right)\dfrac{b-a}{n}\right)$ (5-1-10)

例 5-1-9 取 $n=4$，分别用左和、右和与中点和估算 $\int_1^3 \sqrt{4-x}\,\mathrm{d}x$。

解 令 $f(x) = \sqrt{4-x}$，则有 $a=1, b=3, n=4, (b-a)/n=0.5$，计算各样点 x_i^* 和 $f(x_i^*)$：

$$x_0^* = 1.0, \quad f(x_0^*) = f(1.0) = \sqrt{4-1} \approx 1.7321$$

$$x_1^* = 1.5, \quad f(x_1^*) = f(1.5) = \sqrt{4-1.5} \approx 1.5811$$

$$x_2^* = 2.0, \quad f(x_2^*) = f(2.0) = \sqrt{4-2} \approx 1.4142$$

$$x_3^* = 2.5, \quad f(x_3^*) = f(2.5) = \sqrt{4-2.5} \approx 1.2247$$

$$x_4^* = 3.0, \quad f(x_4^*) = f(3.0) = \sqrt{4-3} \approx 1$$

用左和估计，则有

$$\int_1^3 \sqrt{4-x}\,\mathrm{d}x \approx L_4 = \dfrac{3-1}{4}[f(1.0)+f(1.5)+f(2.0)+f(2.5)] \approx 2.9761$$

用右和估计，则有

$$\int_1^3 \sqrt{4-x}\,\mathrm{d}x \approx R_4 = \dfrac{3-1}{4}[f(1.5)+f(2.0)+f(2.5)+f(3.0)] \approx 2.6100$$

用中点和估计，则有

$$\int_1^3 \sqrt{4-x}\,\mathrm{d}x \approx M_4 = \dfrac{3-1}{4}[f(1.25)+f(1.75)+f(2.25)+f(2.75)] \approx 2.7996$$

选择这个例子是因为它还可以用基本公式进行精确计算，这样我们就可以看看各和的近似精度是怎样的。利用微积分基本公式有

$$\int_1^3 \sqrt{4-x}\,\mathrm{d}x = \left[-\dfrac{2}{3}(4-x)^{\frac{3}{2}}\right]_1^3 = -\dfrac{2}{3}(4-3)^{\frac{3}{2}} + \dfrac{2}{3}(4-1)^{\frac{3}{2}} = 2\sqrt{3} - \dfrac{2}{3} \approx 2.7974$$

误差的定义是精确值减去近似值，由此可见，用中点和的估计效果是最好的。各估算和的误差见后面的定理 5-1-2。若我们把 n 值增大或许可以得到更精确的近似值；若用计算机来做的话是很容易的。

2. 梯形法

顾名思义，梯形法是指把区间 $[a,b]$ n 等分后（$\Delta x = (b-a)/n$），将点 $(x_{i-1},f(x_{i-1}))$ 与 $(x_i,f(x_i))$ 进行连接，如图 5-1-29 所示，得到 n 个梯形，用各小梯形面积而不是小矩形面积的和来逼近积分值。因为每个梯形的面积表达式是

$$S_i = \dfrac{h}{2}[f(x_{i-1}) + f(x_i)]$$

式中：$h = \Delta x$，则梯形法的计算公式：

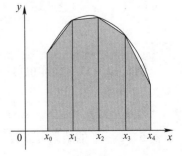

图 5-1-29

$$\int_a^b f(x)dx \approx T_n = \frac{1}{2}\Big[\sum_{i=1}^n f(x_{i-1})\Delta x + \sum_{i=1}^n f(x_i)\Delta x\Big]$$

$$= \frac{\Delta x}{2}\Big[\sum_{i=1}^n (f(x_{i-1}) + f(x_i))\Big]$$

$$= \frac{\Delta x}{2}[(f(x_0 + f(x_1)) + (f(x_1 + f(x_2)) + \cdots + (f(x_{n-1} + f(x_n))]$$

$$= \frac{\Delta x}{2}[f(x_0 + 2f(x_1) + 2f(x_2) + \cdots + 2f(x_{n-1}) + f(x_n)]$$

$$= \frac{b-a}{2n}\Big[f(a) + 2\sum_{i=1}^{n-1} f\Big(a + i\frac{b-a}{n}\Big) + f(b)\Big] \qquad (5-1-11)$$

例 5-1-10 分别用梯形法和中点法 $n=5$ 时,求 $\int_1^2 \frac{1}{x}dx$ 的近似值。

解 当 $n=5, a=1, b=2$ 时,$\Delta x = (2-1)/5 = 0.2$,所以利用梯形法有

$$\int_1^2 \frac{1}{x}dx \approx T_n = \frac{0.2}{2}[f(1) + 2f(1.2) + 2f(1.4) + 2f(1.6) + 2f(1.8) + f(2)]$$

$$= 0.1\Big[\frac{1}{1} + \frac{2}{1.2} + \frac{2}{1.4} + \frac{2}{1.6} + \frac{2}{1.8} + \frac{1}{2}\Big] \approx 0.695635$$

近似结果如图 5-1-30(a)所示。

五个子区间的中点是 1.1, 1.3, 1.5, 1.7, 1.9,所以由中点法可得

$$\int_1^2 \frac{1}{x}dx \approx M_n = \Delta x[f(1.1) + f(1.3) + f(1.5) + f(1.7) + f(1.9)]$$

$$= \frac{1}{5}\Big(\frac{1}{1.1} + \frac{1}{1.3} + \frac{1}{1.5} + \frac{1}{1.7} + \frac{1}{1.9}\Big) \approx 0.691908$$

图 5-1-30(b)显示了近似结果。

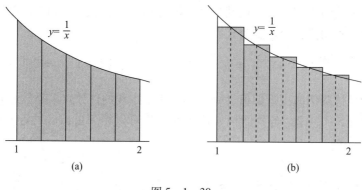

图 5-1-30

例 5-1-11 同样也可以精确计算,利用微积分基本定理计算如下:

$$\int_1^2 \frac{1}{x}dx = \ln x \Big|_1^2 = \ln 2 = 0.693147\cdots$$

从例 5-1-11 的结果可以看出梯形法的误差和中点法则的误差分别是

$$E_T = -0.002488, \quad E_M = 0.001239$$

一般有
$$E_T = \int_a^b f(x)\,dx - T_n, \quad E_M = \int_a^b f(x)\,dx - M_n$$

表 5-1-3 显示了用左和、右和、中点和以及梯形法近似计算例 5-1-9 的结果($n=5,10,20$),表 5-1-4 分别显示了相应的误差。

表 5-1-3

n	L_n	R_n	T_n	M_n
5	0.745635	0.645635	0.695635	0.691908
10	0.718771	0.668771	0.693771	0.692835
20	0.705803	0.680803	0.693303	0.693069

表 5-1-4

n	E_L	E_R	E_T	E_M
5	-0.052488	0.047512	-0.002488	0.001239
10	-0.025624	0.024376	-0.000624	0.000312
20	-0.012656	0.012344	-0.000156	0.000078

通过这张表我们可以有以下发现:
(1) 在所有的方法中,近似精度会随着 n 的增加而减小;
(2) 左和与右和近似的误差符号相反,而且 n 值增加 1 倍,误差差不多减小 1 倍;
(3) 梯形法和中点法则的近似精度要比端点近似的精度好一些;
(4) 梯形法和中点法则的误差符号相反,而且 n 值增加 1 倍,误差差不多是原来的 1/4;
(5) 中点法则的近似误差差不多是梯形法的一半。

图 5-1-31 显示了为什么中点法则比梯形法更加精确,中点法中典型的矩形面积和梯形 $ABCD$ 的面积相等,它的上边是函数图形在点 P 处的切线。这些梯形的面积比梯形 AQRD 更加接近函数曲线下的面积。

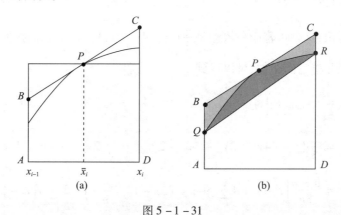

图 5-1-31

3. 辛普森法(n 为偶数)

梯形法仅有的不足是用直线段逼近弯曲的弧,所以我们可以设想有这样一种算法,用弯曲的曲线段逼近曲线,这样将更加有效。最简单的曲线是二次曲线,所以积分近似计算的另外一种方法就是用抛物线近似曲线。

在之前,我们将区间$[a,b]$等分成n个子区间($\Delta x = (b-a)/n$),但是这次我们假设n是偶数。在每一对相连的子区间我们用抛物线近似$y=f(x)\geq 0$(图5-1-32)。如果$y_i = f(x_i)$,则$P_i(x_i,y_i)$是曲线上的点,一条典型的抛物线过相连的三个点P_i、P_{i+1}、P_{i+2}。

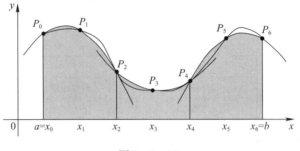

图5-1-32

为了简化计算,首先考虑$x_0 = -h, x_1 = 0$和$x_2 = h$的情况(图5-1-33)。若抛物线经过三点P_0, P_1, P_2且具有形式$y = Ax^2 + Bx + C$,则抛物线从$x=-h$到$x=h$下的面积是

$$\int_{-h}^{h}(Ax^2+Bx+C)\mathrm{d}x = 2\int_{0}^{h}(Ax^2+C)\mathrm{d}x = 2\left[A\frac{x^3}{3}+Cx\right]_0^h = \frac{h}{3}(2Ah^2+6C)$$

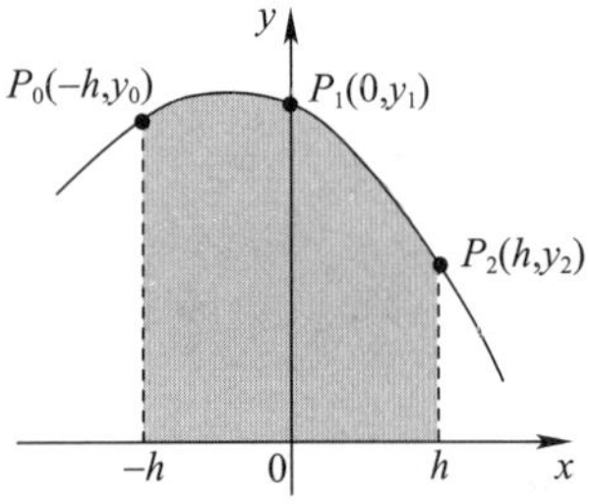

又由于抛物线过点$P_0(-h, y_0), P_1(0, y_1), P_2(h, y_2)$,于是可得

$$y_0 = A(-h)^2 + B(-h) + C = Ah^2 - Bh + C$$
$$y_1 = C$$
$$y_2 = Ah^2 + Bh + 6C$$

图5-1-33

因此

$$y_0 + 4y_1 + y_2 = 2Ah^2 + 6C$$

于是,我们可以将抛物线下的面积写成$\frac{h}{3}(y_0 + 4y_1 + y_2)$。现在,我们将抛物线水平放置而不改变抛物线下的面积,这意味着面积依然是$\frac{h}{3}(y_0 + 4y_1 + y_2)$。如果我们按照这种方式计算所有抛物线下的面积并将它们相加,可以得到

$$\int_a^b f(x)\mathrm{d}x \approx S_n = \frac{h}{3}(y_0 + 4y_1 + y_2) + \frac{h}{3}(y_2 + 4y_3 + y_4) + \cdots + \frac{h}{3}(y_{n-2} + 4y_{n-1} + y_n)$$

$$= \frac{h}{3}(y_0 + 4y_1 + 2y_2 + 4y_3 + 2y_4 + \cdots + 2y_{n-2} + 4y_{n-1} + y_n)$$

$$= \frac{b-a}{3n}\left[f(a) + 4\sum_{i=1}^{n/2}f\left(a+(2i-1)\frac{b-a}{n}\right) + 2\sum_{i=1}^{n/2-1}f\left(a+2i\frac{b-a}{n}\right) + f(b)\right]$$

(5-1-12)

式中:n是偶数,$\Delta x = (b-a)/n$。

虽然我们已经解决了$f(x)\geq 0$时积分近似计算的问题,但是对于任意连续函数都能近似也是比较合理的,这种方法称为辛普森方法,它是英国数学家汤玛斯·辛普森(1710—1761)提出来的。注意到这个方法的系数是1,4,2,4,2,…,4,2,4,1。

例 5-1-12 利用辛普森方法计算 $\int_1^2 \frac{1}{x}dx$ $(n=10)$。

解 将 $f(x)=\frac{1}{x}, n=10, \Delta x=0.1$ 代入到辛普森公式(5-1-12)中可得

$$\int_1^2 f(x)dx \approx S_{10} = \frac{\Delta x}{3}[f(1)+4f(1.1)+2f(1.2)+\cdots+2f(1.8)+4f(1.9)+f(2)]$$

$$=\frac{0.1}{3}\left[\frac{1}{1}+\frac{4}{1.1}+\frac{2}{1.2}+\frac{4}{1.3}+\frac{2}{1.4}+\frac{4}{1.5}+\frac{2}{1.6}+\frac{4}{1.7}+\frac{2}{1.8}+\frac{4}{1.9}+\frac{1}{2}\right]$$

$$\approx 0.693150$$

注意到辛普森法($S_{10}=0.693150$)给出了比梯形法($T_{10}=0.693771$)和中点法则($M_{10}=0.692835$)更接近于真实值 $\ln 2 \approx 0.693147$ 的解。结果表明辛普森法的结果是梯形法和中点法的加权平均：

$$S_n = \frac{1}{3}T_n + \frac{2}{3}M_n$$

在许多应用中我们需要计算 y 关于 x 的函数在没有确切表达式时的积分。一个函数也许是以图象的形式给出或是数据收集的数值表。如果有证据表明函数值变化不是特别大时，梯形法和辛普森法仍然可以用来近似计算 $\int_a^b y dx$。

例 5-1-13（**排净一块湿地的水**）一个城镇欲排干并填平一小块被污染的水坑（图 5-1-34）。水坑平均深 1.5m，排干水坑后为填平它大约需要多少泥土？

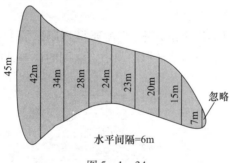

图 5-1-34

解 为计算水坑容积，我们估计表面积再乘以 1.5。为估计表面积，我们用辛普森法，其中 $h=6m, n=6$。

$$S = \frac{h}{3}(y_0+4y_1+2y_2+4y_3+2y_4+4y_5+2y_6+4y_7+y_8)$$

$$=\frac{6}{3}(45+168+68+112+48+92+40+60+7)$$

$$=1280$$

因此，容积约为 $1280 \times 1.5 = 1920 m^3$。

误差分析 本节所有的估算当中都需要考虑误差的大小。幸运的是，只要被积函数有足够高阶导数，则有误差表达式。我们称 E_n 为满足

$$\int_a^b f(x)dx = \text{基于 } n \text{ 个子区间上的估算} + E_n$$

的误差。

误差的具体表达式在下面定理中给出。由于证明较为困难,因此在这里不作解释。

定理 5-1-2 假设涉及的 n 阶导数 $f^{(n)}$ 在区间 $[a,b]$ 上存在,则左和、右和、中点和、梯形法、辛普森法的误差分别是

左和的误差: $E_n = \dfrac{(b-a)^2}{2n} f'(\xi)$, $\xi \in [a,b]$

右和的误差: $E_n = -\dfrac{(b-a)^2}{2n} f'(\xi)$, $\xi \in [a,b]$

中点和的误差: $E_n = \dfrac{(b-a)^3}{24n^2} f''(\xi)$, $\xi \in [a,b]$

梯形法的误差: $E_n = -\dfrac{(b-a)^3}{12n^2} f''(\xi)$, $\xi \in [a,b]$

辛普森法的误差: $E_n = -\dfrac{(b-a)^5}{180n^4} f^{(4)}(\xi)$, $\xi \in [a,b]$

在这些误差中,最重要的就是子区间数 n。因为 n 是在分母中以幂的形式出现,所以指数 n 越大,误差越小。例如,在辛普森法误差估计中,分母有 n^4。而在梯形法中,分母有 n^2,由于 n^4 的增长速度比 n^2 快,所以,辛普森法的误差比梯形法或中点和的误差更快地接近 0。同理,梯形法的误差比左和或右和的误差更快地接近 0。

这些误差估计与前面例子的发现是一致的,例如,例 5-1-11 我们发现的第 4 条的原因是分母上的 n^2,由于 $(2n)^2 = 4n^2$。看图 5-1-31 会发现计算依赖于第二个导数没有什么令人惊讶的,因为 f'' 衡量了曲线的弯曲程度。

另外注意的是,我们可以不用求出 ξ 来,只需要得到误差的上界。例如,假设当 $a \leqslant x \leqslant b$ 时, $|f''(x)| \leqslant K$,如果 E_T 和 E_M 分别是梯形法和中点法则的误差,则

$$|E_T| \leqslant \frac{K(b-a)^3}{12n^2} \tag{5-1-13}$$

$$|E_M| \leqslant \frac{K(b-a)^3}{24n^2} \tag{5-1-14}$$

我们用上述结论估计一下例 5-1-10 中梯形法近似的误差。因为

$$f(x) = 1/x, \quad f'(x) = -1/x^2, \quad f''(x) = 2/x^3$$

则由于 $1 \leqslant x \leqslant 2$,我们得到 $1/x \leqslant 1$,因此

$$|f''(x)| = \left|\frac{2}{x^3}\right| \leqslant \frac{2}{1^3} = 2$$

于是,取 $K=2, a=1, b=2, n=5$,利用上述结论,可得

$$|E_T| \leqslant \frac{2 \times (2-1)^3}{12 \times (5)^2} = \frac{1}{150} \approx 0.006667$$

对比误差界 0.006667 与实际误差 0.002488,我们会发现实际误差会出现远小于误差界的情况。

下面的例子,我们将不再指定 n 来求误差,而是给定误差来求 n。

例 5-1-14 n 取多大能保证对积分

$$\int_1^2 (1/x)\,dx$$

利用梯形法和中点法则近似时误差小于 0.0001？

解 在前面的计算中有 $1 \leq x \leq 2$ 时，$|f''(x)| \leq 2$，所以在式(5-1-13)中可取 $K=2$，$a=1, b=2$，误差界为 0.0001 意味着误差要小于 0.0001，因此我们要选择 n 使得

$$\frac{2(1)^3}{12n^2} < 0.0001$$

求解上述关于 n 的方程可得

$$n > \frac{1}{\sqrt{0.0006}} \approx 40.8$$

因此，利用梯形法 $n=41$ 能确保误差小于 0.0001。

同样的误差精度利用中点法则，由式(5-1-14)，可取 n 满足：

$$\frac{2(1)^3}{24n^2} < 0.0001$$

可给出

$$n > \frac{1}{\sqrt{0.0012}} \approx 29$$

因此，利用中点法 $n=29$ 能确保误差小于 0.0001。

例 5-1-15 n 取多大能保证对积分 $\int_1^2 (1/x)\,dx$ 利用辛普森法近似时误差小于 0.0001？

解 根据定理 5-1-2 中辛普森法的误差公式，若在积分区间 $|f^{(4)}(x)| \leq K$，则

$$|E_S| \leq \frac{K(b-a)^5}{180n^4}$$

因为 $f(x) = \frac{1}{x}$，则 $f^{(4)}(x) = \frac{24}{x^5}$，由于 $x \geq 1$，可得 $\frac{1}{x} \leq 1$，因此有

$$|f^{(4)}(x)| = \left|\frac{24}{x^5}\right| \leq 24$$

取 $K=24, a=1, b=2$，为满足误差小于 0.0001，因此我们要选择 n 使得

$$\frac{24(1)^5}{180n^4} < 0.0001$$

求解上述关于 n 的方程可得

$$n > \frac{1}{\sqrt[4]{0.00075}} \approx 6.04$$

因此，$n=8$（n 必须是偶数）能确保误差小于 0.0001。

最后，需要说明的是，虽然理论上增加 n 的个数，即减小步长 h 可以降低辛普森法和梯形法的误差，但在实践中却可能令人失望，当 h 非常小时，比如说 $h=10^{-5}$，求积分值时产生的误差可能累积到很大，缩小 h 到某个程度可能使得误差变得更糟糕，相关情况可以参考数值分析专业书籍。

习题 5-1
(A)

1. 容器中水的体积 一个形状为半径为8m的半球形碗的容器盛了深度为4m的水。

(1) 通过用八个内接圆柱逼近,求水的体积的一个估计。

(2) 事实上,下一节我们将会看到水的体积是 $V = (320\pi/3)\text{m}^3$。求误差 $|V-S|$ 与 V 之比,用最接近的百分比数表示。

2. 有空气阻力的自由落体 一个物体从直升机上直线落下。物体下落愈来愈快,但其加速度由于空气阻力而逐渐减小。表 5-1-5 是下落 5s 内每秒的记录数据。

表 5-1-5

t	0	1	2	3	4	5
a	32.00	19.41	11.77	7.14	4.33	2.63

(1) 当 $t=5$ 时的速率的过剩估计;

(2) 当 $t=5$ 时的速率的不足估计;

(3) 当 $t=3$ 时的下落距离的过剩估计。

3. 把下述黎曼和的极限表示为定积分函数。

(1) $\lim\limits_{\lambda \to 0} \sum\limits_{i=1}^{n} (x_i^2 - 3x_i) \Delta x_i$ λ 是 $[-7,5]$ 的划分的半径;

(2) $\lim\limits_{\lambda \to 0} \sum\limits_{i=1}^{n} \sqrt{4 - x_i^2} \Delta x_i$ λ 是 $[0,1]$ 的划分的半径。

4. 选择题

(1) 定积分 $\int_a^b f(x)\mathrm{d}x$ 的值是( )。

A. $f(x)$ 的一个原函数 B. 一个确定的数
C. $f(x)$ 的全体原函数 D. 一个非负数

(2) 下列等式不成立的是( )。

A. $\int_a^b f(x)\mathrm{d}x = \int_a^b f(t)\mathrm{d}t$ B. $\int_a^b f(x)\mathrm{d}x = -\int_b^a f(x)\mathrm{d}x$

C. $\int_{-a}^a f(x)\mathrm{d}x = 0$ D. $\int_a^a f(x)\mathrm{d}x = 0$

(3) 由曲线 $y = \cos x$ 和直线 $x=0, x=\pi, y=0$ 所围成图形的面积为( )。

A. $\int_0^\pi \cos x \mathrm{d}x$ B. $\int_0^\pi (0 - \cos x) \mathrm{d}x$

C. $\int_0^\pi |\cos x| \mathrm{d}x$ D. $\int_0^{\pi/2} \cos x \mathrm{d}x + \int_{\pi/2}^\pi \cos x \mathrm{d}x$

5. 画出被积函数的图象,并且用面积求积分的值。

(1) $\int_{-2}^{4} \left(\dfrac{x}{2} + 3\right) \mathrm{d}x$; (2) $\int_{-3}^{3} \sqrt{9 - x^2} \mathrm{d}x$; (3) $\int_{-2}^{1} |x| \mathrm{d}x$。

6. 利用几何方法求函数在给定区间上的平均值。

(1) $f(x) = 1 - x, [0,1]$; (2) $f(x) = \sqrt{1 - (x-2)^2}, [1,2]$。

7. 假设 f 和 g 是连续的,且

$$\int_1^2 f(x)\mathrm{d}x = -4, \quad \int_1^5 f(x)\mathrm{d}x = 6, \quad \int_1^5 g(x)\mathrm{d}x = 8$$

利用定积分的性质求下列积分的值。

(1) $\int_2^2 f(x)\mathrm{d}x$；　　　(2) $\int_5^1 f(x)\mathrm{d}x$；　　　(3) $\int_1^2 3f(x)\mathrm{d}x$；

(4) $\int_2^5 f(x)\mathrm{d}x$；　　　(5) $\int_1^5 [f(x)-g(x)]\mathrm{d}x$；　　(6) $\int_1^5 [2f(x)+3g(x)]\mathrm{d}x$。

8. 不计算积分，比较下列定积分的大小。

(1) $\int_0^1 x^2\mathrm{d}x$ 和 $\int_0^1 x^3\mathrm{d}x$；　　(2) $\int_1^2 (\ln x)^2\mathrm{d}x$ 和 $\int_1^2 \ln x\mathrm{d}x$；

(3) $\int_0^1 \dfrac{x}{1+x}\mathrm{d}x$ 和 $\int_0^1 \ln(1+x)\mathrm{d}x$；　(4) $\int_0^1 \mathrm{e}^x\mathrm{d}x$ 和 $\int_0^1 (1+x)\mathrm{d}x$。

9. 估计下列积分的值。

(1) $\int_{\pi/4}^{5\pi/4} (1+\sin^2 x)\mathrm{d}x$；　　　(2) $\int_0^2 \mathrm{e}^{x^2-x}\mathrm{d}x$。

10. 对于积分 $\int_0^2 (t^3+t)\mathrm{d}t$，试用梯形法求出 $n=6$ 时的近似值。

11. 已知 $\ln 2=\int_0^1 \dfrac{1}{1+x}\mathrm{d}x$，试用辛普森法求出 $\ln 2$ 的近似值（取 $n=10$，计算时取 4 位小数）。

(B)

1. 最大化一个积分　a 和 b 取什么值，使得积分 $\int_a^b (x-x^2)\mathrm{d}x$ 的值最大？

2. 最小化一个积分　a 和 b 取什么值，使得积分 $\int_a^b (x^4-2x^2)\mathrm{d}x$ 的值最大？

3. 用定积分的几何意义求定积分 $\int_a^b \sqrt{(x-a)(x-b)}\mathrm{d}x$。（提示：根式里先配方）

4. 利用定积分的定义计算下列极限：

(1) $\lim\limits_{n\to\infty}\dfrac{1}{n}\sqrt{1+\dfrac{i}{n}}$；　　　(2) $\lim\limits_{n\to\infty}\dfrac{1^p+2^p+\cdots+n^p}{n^{p+1}}$ $(p>0)$。

5. 设 $f(x)$ 在 $[0,1]$ 上连续，证明 $\int_0^1 f^2(x)\mathrm{d}x\geqslant \left(\int_0^1 f(x)\mathrm{d}x\right)^3$。

6. 已知 $f(x)$ 是连续函数，且 $\lim\limits_{x\to+\infty}f(x)=1$，$a$ 为常数，求 $\lim\limits_{x\to+\infty}\int_x^{x+a}f(t)\mathrm{d}t$ 的值。

7. 一个水坝先以 $10\mathrm{m}^3/\mathrm{min}$ 的速率放水 $1000\mathrm{m}^3$，再以 $20\mathrm{m}^3/\mathrm{min}$ 的速率放水另一个 $1000\mathrm{m}^3$，问放水的平均速率是多少？

8. 利用定积分的性质证明不等式：

$$\int_a^b xf(x)\mathrm{d}x > \dfrac{a+b}{2}\int_a^b f(x)\mathrm{d}x$$

式中：$f(x)$ 在 $[a,b]$ 上连续且单调增加。

§5.2 微积分基本定理

定积分为解决"不均匀变化的整体量问题"提供了一种巧妙的解决方法，在 5.1 节我们也看到通过黎曼和的极限来计算定积分，其过程有时是冗长而又复杂的，那么有没有其他简便的计算方法呢?

我们也借助极限工具建立了两个重要的概念——导数和定积分:
$$f'(x) = \lim_{h \to 0} \frac{f(x+h) - f(x)}{h}, \quad \int_a^b f(x) \mathrm{d}x = \lim_{\lambda \to 0} \sum_{i=1}^n f(x_i^*) \Delta x_i$$

到目前为止,这两个极限无论怎样看都是毫无关系的。事实上,它们有着密切的关系。微积分主要是由牛顿和莱布尼茨同时而又独立地发现的,但是关于切线的斜率的研究,早在他俩发现微积分之前就为帕斯卡和巴罗等数学家所知。而且阿基米德更是早在公元前3世纪就开始研究曲线下区域的面积问题。那么为什么只有牛顿和莱布尼茨获得如此高的声誉呢?那是因为他们发现了定积分和导数之间的密切关系。这个重要的关系被称为**微积分基本定理**。

5.2.1 微积分基本定理

对于值得称颂的发明,了解其发明的真正根源与想法是很有用的。我们先来看看牛顿的发现。牛顿是位物理学家,他创立微积分就是为了解决运动问题,而他也喜欢用运动的观点看待问题,比如说求长方形面积时,可以把长方形看成是一条线段沿着垂直于这条直线的方向平移得到的图形(图5-2-1),这样长方形的面积就可以看成是长方形的一边a沿其邻边b匀速划过的轨迹,a的长度可以看成是线段运动的速度v,b即a运动的时间t,那么长方形面积即运动的路程为

$$s = ax$$

当$x = b$时,长方形面积就等于ab。

类似地,曲线$y = f(t)$下的曲边梯形的面积(图5-2-2)就可以看作是动线段x由a运动到b所扫过的面积。从物理学的角度来讲,曲边梯形的面积表示物体做变速直线运动,我们可以采用先把区间细分,在小区间上用匀速运动代替变速运动,然后求和取极限,即走过的路程$F(x)$为

$$F(x) = \int_a^x f(t) \mathrm{d}t \tag{5-2-1}$$

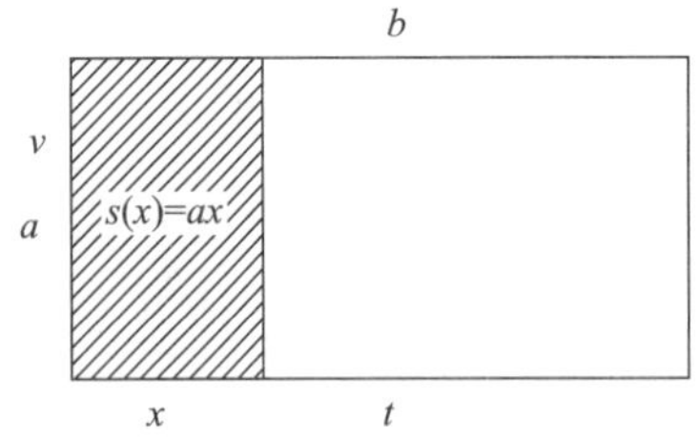

图5-2-1

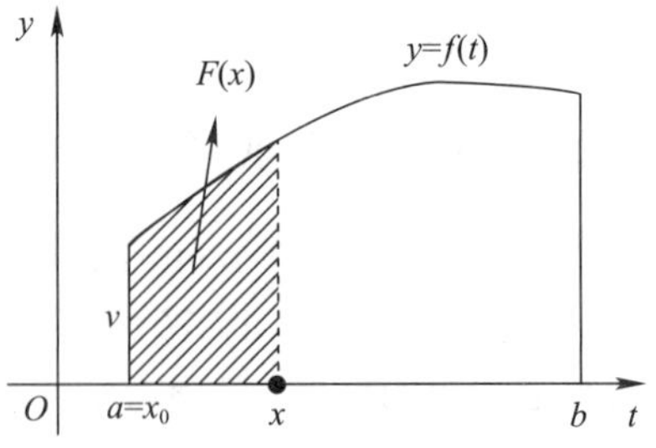

图5-2-2

现在反过来,由曲线运动所扫过的图形面积看作$F(x)$,动线段的长度看作速度$f(x)$,由速度等于变化的面积除以运动的时间,得

$$f(x) = \lim_{h \to 0} \frac{F(x+h) - F(x)}{h}$$

因此有

$$F'(x) = f(x) \tag{5-2-2}$$

式(5-2-1)表明速度的积分是路程(面积)、式(5-2-2)则表明路程(面积)的导数等于速度。换句话说,求导和求积是两个互逆的过程! 这是一个让人十分惊讶的发现。

我们首先注意到,式(5-2-1)给出了一种定义新函数的方式。如果定积分 $\int_a^b f(t)\mathrm{d}t$ 的上限是变量 x,那么这个定积分 $\int_a^x f(t)\mathrm{d}t$ 就是一个关于 x 的函数,我们称为**变上限积分函数**(或积分上限函数),记作

$$\Phi(x) = \int_a^x f(t)\mathrm{d}t \tag{5-2-3}$$

对于该变上限积分函数,其积分上限 x 与积分变量 t 有不同的含义,积分上限 x 为积分区间 $[a,x]$ 的右端点,而积分变量 t 则是在积分区间上变化的变量。因为定积分的值与积分上限有关,而与积分变量的符号无关,所以,为了避免混淆,我们一般把积分变量换成 t。

下面的定理告诉我们,牛顿的发现具有普适性。

定理 5-2-1 (微积分基本定理)如果函数 $f(x)$ 在区间 $[a,b]$ 上连续,则变上限积分函数

$$\Phi(x) = \int_a^x f(t)\mathrm{d}t$$

在 $[a,b]$ 上可导,并且它的导数

$$\Phi'(x) = \frac{\mathrm{d}}{\mathrm{d}x}\int_a^x f(t)\mathrm{d}t = f(x) \quad (a \leqslant x \leqslant b) \tag{5-2-4}$$

证明 因为 $\Phi(x)$ 是一类新函数,利用定义计算 $\Phi'(x)$。设 x 取得增量 $h \neq 0$,且 x 和 $x+h$ 在开区间 (a,b) 内,则

$$\begin{aligned}\Phi(x+h) - \Phi(x) &= \int_a^{x+h} f(t)\mathrm{d}t - \int_a^x f(t)\mathrm{d}t \\ &= \left(\int_a^x f(t)\mathrm{d}t + \int_x^{x+h} f(t)\mathrm{d}t\right) - \int_a^x f(t)\mathrm{d}t \\ &= \int_x^{x+h} f(t)\mathrm{d}t\end{aligned}$$

进一步地,当 $h \neq 0$ 时

$$\frac{\Phi(x+h) - \Phi(x)}{h} = \frac{1}{h}\int_x^{x+h} f(t)\mathrm{d}t \tag{5-2-5}$$

现在假设 $h > 0$,由于 f 是区间 $[x, x+h]$ 上的连续函数,最值定理指出在区间 $[x, x+h]$ 上存在数 u 和 v 使得 $f(u) = m$ 和 $f(v) = M$,这里 m 和 M 是函数 f 在区间 $[x, x+h]$ 上的最小值和最大值。由定积分的性质,如图 5-2-3 所示,我们可以得到

$$mh \leqslant \int_x^{x+h} f(t)\mathrm{d}t \leqslant Mh$$

即

$$f(u)h \leqslant \int_x^{x+h} f(t)\mathrm{d}t \leqslant f(v)h$$

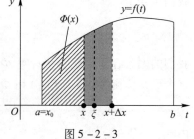

图 5-2-3

由于 $h>0$，我们可以将不等式除以 h：

$$f(u) \leqslant \frac{\int_x^{x+h} f(t)\mathrm{d}t}{h} \leqslant f(v)$$

现在我们用式(5-2-5)替代不等式的中间部分：

$$f(u) \leqslant \frac{\Phi(x+h) - \Phi(x)}{h} \leqslant f(v) \tag{5-2-6}$$

当 $h<0$ 时，不等式(5-2-6)可以用类似的方式证明。现在我们令 $h\to 0$，由于 u 和 v 介于 x 和 $x+h$ 之间，则 $u\to x, v\to x$。由于函数 f 在点 x 处连续，因此

$$\lim_{h\to 0} f(u) = \lim_{u\to x} f(u) = f(x) \text{ 和 } \lim_{h\to 0} f(v) = \lim_{v\to x} f(v) = f(x) \tag{5-2-7}$$

由式(5-2-7)和夹逼准则，我们可以得出结论

$$\Phi'(x) = \lim_{h\to 0} \frac{\Phi(x+h) - \Phi(x)}{h} = f(x)$$

定理 5-2-1 极为重要，是数学中最重要的等式之一。从定理不难得知，函数 $F(x)$ 就是 $f(x)$ 在区间 I 上的**原函数**。至此有个悬而未决的问题得到了解决，即一个函数具备什么条件，才能保证它的原函数一定存在？定理 5-2-1 给出了肯定的回答。它指出，若 $f(x)$ 连续，则积分上限函数 $\int_a^x f(t)\mathrm{d}t$ 就是 $f(x)$ 的一个原函数，即**连续函数一定有原函数**。例如 $\int_a^x \frac{\sin t}{t}\mathrm{d}t$ 是 $\frac{\sin x}{x}$ 的一个原函数。所以，定理 5-2-1 的重要意义之一在于肯定了连续函数的原函数的存在性，而且给出了原函数的统一形式，揭示了积分学中的定积分与原函数之间的联系，使我们有可能通过原函数来计算定积分。

式(5-2-4)还表明，如果先对 f 进行积分然后再求导，则回到了最初的函数 f，所以定理 5-2-1 的另外一层重要意义在于描述了定积分与微分之间的互逆关系，尽管这还不是非常明显。

5.2.2 微积分基本公式

下面，我们利用微积分基本定理来建立求定积分的一个强有力的工具，而且它的应用将比微积分基本定理更加频繁。

若求解 $\int_a^b f(x)\mathrm{d}x$，由定理 5-2-1 知

$$\Phi(b) = \int_a^b f(t)\mathrm{d}t \tag{5-2-8}$$

我们也知道

$$\Phi(a) = \int_a^a f(t)\mathrm{d}t = 0 \tag{5-2-9}$$

我们的困难在于无法直接计算 $\Phi(x)$，但知道 $\Phi(x)$ 是 $f(x)$ 的原函数，假设 $F(x)$ 也是 $f(x)$ 的一个已知原函数，那么 $F(x)$ 和 $\Phi(x)$ 之间相差一个常数，所以有

$$\Phi(x) = F(x) + C$$

由式(5-2-8)知

$$F(b) + C = \int_a^b f(t)\,\mathrm{d}t \tag{5-2-10}$$

由式(5-2-9)知

$$F(a) + C = 0 \tag{5-2-11}$$

综合式(5-2-10)、式(5-2-11),可得下面的定理5-2-2。

定理 5-2-2 （微积分基本公式）如果 $F(x)$ 是连续函数 $f(x)$ 的一个原函数,则

$$\int_a^b f(x)\,\mathrm{d}x = F(b) - F(a) \tag{5-2-12}$$

我们也可以借助于几何图示对式(5-2-12)进行解释,如图5-2-4所示。设曲线方程为 $y = F(x)$,等式右端表示曲线的总高度,左端积分号中的 $f(x)\,\mathrm{d}x$ 是 $F(x)$ 的微分,在图中,它们就代表了一个个小高。公式表明:微分作为小高或小变化,积分作为总高或大变化,只是微分的相加。因此积分只是比微分长,没有质的不同。

这一巧妙的关系,其实也被天才莱布尼茨洞悉。我们简单叙述其思路。

假设 $F'(x)$ 是某一量 $F(x)$ 对时间的变化率,我们感兴趣的是位于 $x = a$ 和 $x = b$ 之间的 $F(x)$ 总的变化。将区间 $[a, b]$ 用分点 $x_0(=a), x_1, x_2, \cdots, x_n(=b)$ 分割成 n 个小区间,每个区间长度为 Δx_i。将函数 $F(x)$ 在区间 $[a,b]$ 的总差转化为每个子区间的差值之和。

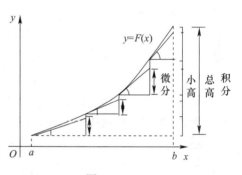

图 5-2-4

$$\begin{aligned}
F(b) - F(a) &= F(x_n) - F(x_0) \\
&= F(x_n) - F(x_{n-1}) + F(x_{n-1}) - F(x_{n-2}) + \\
&\quad \cdots + F(x_2) - F(x_1) + F(x_1) - F(x_0) \\
&= \sum_{i=1}^n [F(x_i) - F(x_{i-1})]
\end{aligned}$$

利用微分中值定理,就有

$$F(b) - F(a) = \sum_{i=1}^n f(x_i^*)\Delta x_i \quad (x_i^* \in (x_{i-1}, x_i))$$

现在我们对等式的两端取 $n \to \infty$ 时的极限,左边是常数,右边是函数 $f(x)$ 黎曼和的极限,因此也有以下等式成立。

$$F(b) - F(a) = \lim_{n \to \infty} \sum_{i=1}^n f(x_i^*)\Delta x_i = \int_a^b f(x)\,\mathrm{d}x$$

上式叫作牛顿(Newton)-莱布尼茨(Leibniz)公式。它说明如果先对 F 进行积分然后再求导则回到了最初的函数 F,但形式为 $F(b) - F(a)$。它与微积分基本定理都说明积分和微分是互逆的过程,就像加法与减法、乘法与除法的关系一样,只有确定了这一基本关系,才能在此基础上构建系统的微积分学,并发展成用符号表示的微积分运算法则。所以,它的发现完成了微积分发明最后的也是最为关键的一步,为其深入发展与广泛应用铺平了道路。该公式也叫作微积分基本公式。

基本公式进一步揭示了定积分与被积函数的原函数之间的联系。它表明如果我们知道了

$f(x)$ 的原函数 $F(x)$，则可以通过 $F(x)$ 在区间 $[a,b]$ 端点处函数值的差计算定积分 $\int_a^b f(x)\mathrm{d}x$。这就给定积分提供了一个有效而简便的计算方法，大大化简了定积分的计算步骤。

当使用计算定理时我们采用下面的记号：

$$F(x)\big]_a^b = F(b) - F(a)$$

所以我们可以这样来写：

$$\int_a^b f(x)\mathrm{d}x = F(x)\Big|_a^b, \quad F'(x) = f(x)$$

其他常用记号是 $F(x)\big|_a^b$ 和 $[F(x)]_a^b$。

下面，我们举几个利用基本公式计算定积分的例子。

例 5-2-1 计算 $\int_0^1 x^2 \mathrm{d}x$。

解 我们知道函数 $f(x)=x^2$ 的一个原函数是 $F(x)=\dfrac{1}{3}x^3$，因此，由基本公式可以得到

$$\int_0^1 x^2 \mathrm{d}x = F(1) - F(0) = \frac{1}{3}\times 1^3 - \frac{1}{3}\times 0^3 = \frac{1}{3}$$

5.1 节中例 5-1-2 是通过计算抛物线 $y=x^2(0\leqslant x\leqslant 1)$ 下方的面积而得到，面积的计算又是通过和的极限求得，对比该方法，基本公式是简单而又强大的。

例 5-2-2 求解余弦曲线 0 到 b 的面积，其中 $0\leqslant b\leqslant \pi/2$。

解 $f(x)=\cos x$ 的一个原函数是 $F(x)=\sin(x)$，我们可以得到

$$A = \int_0^b \cos x \mathrm{d}x = \sin x \Big|_0^b = \sin b - \sin 0 = \sin b$$

特别地，取 $b=\pi/2$（如图 5-2-5 所示），我们已经证明余弦曲线下 0 到 $\pi/2$ 的面积是 $\sin(\pi/2)=1$。

例 5-2-3 某一函数 $F(x)$ 的导函数 $F'(x)$ 的图象，如图 5-2-6 所示，如果已知 $F(20)=150$，请估算出 $F(x)$ 可能获得的最大值。

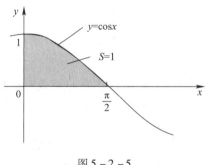

图 5-2-5

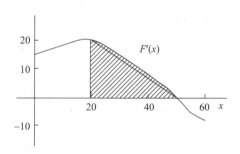

图 5-2-6

解 我们首先粗略地讨论一下 $F(x)$ 的变化情况。图中可知，$F(x)$ 的导数在 $x<50$ 为正，所以 $F(x)$ 在 $x<50$ 时是递增函数。同样，在 $x>50$ 时，$F(x)$ 的导数值为负，则 $F(x)$ 为递减函数。因此很明显，$F(x)$ 的图象的最高点在 $x=50$ 处，于是 $F(x)$ 可达到的最大值便是 $F(50)$。为了计算 $F(50)$，我们使用微积分基本定理：

$$F(50) - F(20) = \int_{20}^{50} F'(x)\mathrm{d}x$$

即

$$F(50) = F(20) + \int_{20}^{50} F'(x)dx = 150 + \int_{20}^{50} F'(x)dx$$

上面定积分项等于 $F'(x)$ 图象下阴影的面积,曲面可用直角三角形来粗略地估计曲边三角形的面积,约为 $20 \times 30 \div 2 = 300$,于是 $F(x)$ 可获得的最大值为

$$F(50) \approx 150 + 300 = 450$$

例 5-2-4 一质点沿直线运动,其速度函数是 $v(t) = t^2 - t - 6$(每秒测量一次)。
(1) 求解质点在时间段 $1 \le t \le 4$ 内的位移;
(2) 求解质点在这一时间段内的距离。

解 (1) 由基本公式可得,位移是

$$s(4) - s(1) = \int_1^4 v(t)dt = \int_1^4 (t^2 - t - 6)dt$$

$$= \left[\frac{t^3}{3} - \frac{t^2}{2} - 6t\right]_1^4 = -\frac{9}{2}$$

这意味着质点在 $t = 4$ 时的位置是 4.5m(距离初始时刻)。

(2) 注意到 $v(t) = t^2 - t - 6 = (t-3)(t+2)$,在区间 $[1,3]$ 上 $v(t) \le 0$,在区间 $[3,4]$ 上 $v(t) \ge 0$,因此,距离应该等于这两区间上距离的和:

$$\int_1^4 |v(t)|dt = \int_1^3 [-v(t)]dt + \int_3^4 v(t)dt$$

$$= \int_1^3 (-t^2 + t + 6)dt + \int_3^4 (t^2 - t - 6)dt$$

$$= \left[-\frac{t^3}{3} + \frac{t^2}{2} + 6t\right]_1^3 + \left[\frac{t^3}{3} - \frac{t^2}{2} - 6t\right]_3^4$$

$$= \frac{61}{6} \approx 10.17\text{m}$$

例 5-2-5 计算 $\int_{-1}^1 \frac{1}{x^2}dx$。

解 如果按照基本公式

$$\int_{-1}^1 \frac{1}{x^2}dx = \left[-\frac{1}{x}\right]_{-1}^1 = \left(-\frac{1}{1}\right) - \left(-\frac{1}{-1}\right) = -2$$

该结果显然是错误的,被积函数在区间 $[-1,1]$ 上非负,而积分下限小于上限,所以积分值不可能小于零。事实上,错误的原因是被积函数在 $x = 0$ 处不连续,不满足基本公式的使用条件,不能使用基本公式。另外,函数在积分区间上无界,不满足函数可积的必要条件,所以函数不可积。

5.2.3 变限积分函数及其导数

在前两节我们看到,虽然形式 $\Phi(x) = \int_a^x f(t)dt$ 看起来有点奇怪,但这是一类重要的新函

数,对其求导数更是揭示了微积分各类运算中的相互联系。在物理、化学等书本中也充满了这样的函数。例如,以法国数学家菲涅耳命名的函数 $S(x) = \int_0^x \sin(\pi t^2/2)\mathrm{d}t$,其导数为 $S'(x) = \sin(\pi x^2/2)$,这意味着我们可以用微分学的方法来分析 S,该函数常应用于光波衍射定理中,也可应用在高速公路的设计中。

如图 5-2-7 所示为 $f(x) = \sin(\pi x^2/2)$ 和菲涅耳函数 $S(x) = \int_0^x \sin(\pi t^2/2)\mathrm{d}t$ 的图形。S 的图形表示的是 f 曲线下从 0 到 x 的面积。图 5-2-8 显示了 S 的大部分图形。

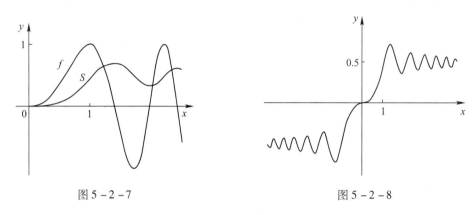

图 5-2-7　　　　　　　　　　　　　图 5-2-8

如果我们从图 5-2-7 中 S 的图形反过来观察导数像什么,比较合理的解释是 $S'(x) = f(x)$,这就给出了微积分基本定理在视觉上的说明。

其实,除了 $\int_a^x f(t)\mathrm{d}t$,我们还会遇到 $\int_x^b f(t)\mathrm{d}t$、$\int_a^{\varphi(x)} f(t)\mathrm{d}t$ 等形式的函数,我们统称为**变限积分函数**。下面,通过例子来考察这一类函数的导数。

例 5-2-6　求解 $\dfrac{\mathrm{d}}{\mathrm{d}x}\int_x^3 2t\sin(t^2)\mathrm{d}t$。

解　利用定积分的基本性质和基本定理。

$$\frac{\mathrm{d}}{\mathrm{d}x}\int_x^3 2t\sin(t^2)\mathrm{d}t = \frac{\mathrm{d}}{\mathrm{d}x}\left(-\int_3^x 2t\sin(t^2)\mathrm{d}t\right) = -\frac{\mathrm{d}}{\mathrm{d}x}\int_3^x 2t\sin(t^2)\mathrm{d}t = -2x\sin(x^2)$$

这里,我们没必要先求积分,再求导数,只是把被积函数中的积分变量 t 改为 x,数值 3 对我们的计算结果没有影响。

类似计算

$$\frac{\mathrm{d}}{\mathrm{d}z}\int_{-e^2}^z 2^{\cos(w^3\ln(2w))}w^3\mathrm{d}w$$

被积函数用 z 代替积分变量为 w,就有

$$\frac{\mathrm{d}}{\mathrm{d}z}\int_{-e^2}^z 2^{\cos(w^3\ln(2w))}w^3\mathrm{d}w = 2^{\cos(z^3\ln(2z))}z^3$$

例 5-2-7　求 $\dfrac{\mathrm{d}}{\mathrm{d}x}\int_1^{x^4}\sec t\,\mathrm{d}t$。

解　这里积分上限是关于 x 的函数,我们必须认真地利用链式法则和基本定理。令 $u = x^4$,则

$$\frac{\mathrm{d}}{\mathrm{d}x}\int_1^{x^4}\sec t\,\mathrm{d}t = \frac{\mathrm{d}}{\mathrm{d}x}\int_1^u\sec t\,\mathrm{d}t = \frac{\mathrm{d}}{\mathrm{d}u}\left[\int_1^u\sec t\,\mathrm{d}t\right]\frac{\mathrm{d}u}{\mathrm{d}x} = \sec u\,\frac{\mathrm{d}u}{\mathrm{d}x} = \sec(x^4)\cdot 4x^3$$

例 5-2-8 求 $\dfrac{\mathrm{d}}{\mathrm{d}x}\displaystyle\int_{x^5}^{x^6}\ln(t^2-\sin t+1)\mathrm{d}t$。

该积分上下限都是关于 x 的函数。解决这个问题的方法是用一个常数把这个积分分成两部分。在哪里分开不重要，只要分点在该被积函数的定义域内。我们选 0。

解 $\dfrac{\mathrm{d}}{\mathrm{d}x}\displaystyle\int_{x^5}^{x^6}\ln(t^2-\sin t+1)\mathrm{d}t$

$= \dfrac{\mathrm{d}}{\mathrm{d}x}\left(\displaystyle\int_{x^5}^{0}\ln(t^2-\sin t+1)\mathrm{d}t + \displaystyle\int_{0}^{x^6}\ln(t^2-\sin t+1)\mathrm{d}t\right)$

$= -\dfrac{\mathrm{d}}{\mathrm{d}x}\displaystyle\int_{0}^{x^5}\ln(t^2-\sin t+1)\mathrm{d}t + \dfrac{\mathrm{d}}{\mathrm{d}x}\displaystyle\int_{0}^{x^6}\ln(t^2-\sin t+1)\mathrm{d}t$

$= -\dfrac{\mathrm{d}}{\mathrm{d}x^5}\displaystyle\int_{0}^{x^5}\ln(t^2-\sin t+1)\mathrm{d}t\,\dfrac{\mathrm{d}x^5}{\mathrm{d}x} + \dfrac{\mathrm{d}}{\mathrm{d}x^6}\displaystyle\int_{0}^{x^6}\ln(t^2-\sin t+1)\mathrm{d}t\,\dfrac{\mathrm{d}x^6}{\mathrm{d}x}$

$= -5x^4\ln(x^{10}-\sin x^5+1) + 6x^5\ln(x^{12}-\sin x^5+1)$

综上所述，利用基本定理，我们有下述结论：

(1) $\dfrac{\mathrm{d}}{\mathrm{d}x}\displaystyle\int_x^b f(t)\mathrm{d}t = -f(x)$；

(2) $\dfrac{\mathrm{d}}{\mathrm{d}x}\displaystyle\int_a^{\varphi(x)} f(t)\mathrm{d}t = f(\varphi(x))\cdot\varphi'(x)$；

(3) $\dfrac{\mathrm{d}}{\mathrm{d}x}\displaystyle\int_{\psi(x)}^b f(t)\mathrm{d}t = -f(\psi(x))\cdot\psi'(x)$；

(4) $\dfrac{\mathrm{d}}{\mathrm{d}x}\displaystyle\int_{\psi(x)}^{\varphi(x)} f(t)\mathrm{d}t = f(\varphi(x))\cdot\varphi'(x) - f(\psi(x))\cdot\psi'(x)$。

例 5-2-9 求极限 $\displaystyle\lim_{x\to 0}\dfrac{\displaystyle\int_0^{\int_1^x\sin(t^2)\mathrm{d}t}t\,\mathrm{d}t}{\displaystyle\int_0^x t^2\,\mathrm{d}t\displaystyle\int_0^t\sin(u^2)\mathrm{d}u}$。

解 这是 $\dfrac{0}{0}$ 型，利用洛必达法则。

$\displaystyle\lim_{x\to 0}\dfrac{\displaystyle\int_0^{\int_1^x\sin(t^2)\mathrm{d}t}t\,\mathrm{d}t}{\displaystyle\int_0^x\left(t^2\displaystyle\int_0^t\sin(u^2)\mathrm{d}u\right)\mathrm{d}t} = \displaystyle\lim_{x\to 0}\dfrac{\displaystyle\int_1^x\sin(t^2)\mathrm{d}t\cdot\left(\displaystyle\int_1^x\sin(t^2)\mathrm{d}t\right)'}{x^2\displaystyle\int_0^x\sin(u^2)\mathrm{d}u}$ （洛必达法则）

$= \displaystyle\lim_{x\to 0}\dfrac{\sin(x^2)\displaystyle\int_1^x\sin(t^2)\mathrm{d}t}{x^2\displaystyle\int_0^x\sin(u^2)\mathrm{d}u} = \displaystyle\lim_{x\to 0}\dfrac{\displaystyle\int_1^x\sin(t^2)\mathrm{d}t}{\displaystyle\int_0^x\sin(u^2)\mathrm{d}u}$ （等价无穷小替换）

$= \displaystyle\lim_{x\to 0}\dfrac{\sin(x^2)}{\sin(x^2)}$ （洛必达法则）

$= 1$

习题 5-2
(A)

1. 选择题

(1) $\dfrac{d}{dx}\displaystyle\int_x^b e^t dt = (\quad)$。

A. e^x B. $-e^x$ C. $e^b - e^x$ D. $-2xe^x$

(2) 设 $f(x)$ 连续，$F(x) = \displaystyle\int_x^{x^2} f(t^2) dt$，则 $F'(x) = (\quad)$。

A. $f(x^4)$ B. $2xf(x^4)$ C. $f(x^4) - f(x^2)$ D. $2xf(x^4) - f(x^2)$

(3) 若 $f(x)$ 为可导函数，且已知 $f(0) = 0, f'(0) = 2$，则 $\displaystyle\lim_{x\to 0}\dfrac{\int_0^x f(t) dt}{x^2} = (\quad)$。

A. 0   B. 1   C. 2   D. 不存在

2. 计算下列导数。

(1) $\dfrac{d}{dx}\displaystyle\int_0^\pi \cos t^2 dt$；

(2) $\dfrac{d}{dx}\displaystyle\int_0^x \cos t^2 dt$；

(3) $\dfrac{d}{dx}\displaystyle\int_0^{x^2} \sqrt{1+t^2} dt$；

(4) $\dfrac{d}{dx}\displaystyle\int_{x^2}^{x^3} \dfrac{1}{\sqrt{1+t^4}} dt$；

(5) $\dfrac{d}{dx}\displaystyle\int_{\sin x}^{\cos x} \cos(\pi t^2) dt$。

3. 计算下列定积分。

(1) $\displaystyle\int_{-e-1}^{-2} \dfrac{1}{1+x} dx$；

(2) $\displaystyle\int_{-1}^{2} e^{|t|} dt$；

(3) $\displaystyle\int_{4}^{9} \sqrt{x}(1+\sqrt{x}) dx$；

(4) $\displaystyle\int_{0}^{1} \dfrac{1}{\sqrt{4-x^2}} dx$；

(5) $\displaystyle\int_{\frac{1}{\sqrt{3}}}^{\sqrt{3}} \dfrac{1}{1+x^2} dx$；

(6) $\displaystyle\int_{0}^{\frac{\pi}{4}} \tan^2\theta d\theta$；

(7) $\displaystyle\int_{-1}^{0} \dfrac{3x^4 + 3x^2 + 1}{x^2 + 1} dx$；

(8) $\displaystyle\int_{0}^{\frac{\pi}{2}} f(x) dx$，其中 $f(x) = \begin{cases} 2x & (x < 1) \\ \cos x & (x \geq 1) \end{cases}$。

4. 求下列极限。

(1) $\displaystyle\lim_{x\to 0}\dfrac{\int_0^x e^{t^2} dt - x}{x - \sin x}$；

(2) $\displaystyle\lim_{x\to 0}\dfrac{\int_{x^2}^{0} \sin\frac{t}{2} dt}{\int_0^x t\ln(1+t^2) dt}$。

5. 设

$$f(x) = \begin{cases} \dfrac{1}{2}\sin x & (0 \leq x \leq \pi) \\ 0 & (x < 0 \text{ 或 } x > \pi) \end{cases}$$

求 $\Phi(x) = \displaystyle\int_0^x f(t) dt$ 在 $(-\infty, +\infty)$ 内的表达式。

6. 求由参数方程 $\begin{cases} x = \displaystyle\int_0^t \sin u du \\ y = \displaystyle\int_0^t \cos u du \end{cases}$ 所确定的函数的导数 $\dfrac{dy}{dx}$。

7. 求由 $\int_1^{y-x} e^{-u^2} du = x$ 所确定的隐函数的导数 $\dfrac{dy}{dx}$。

8. 求函数 $I(x) = \int_0^x u e^{-u^2} du$ 的极值。

(B)

1. 填空题

(1) $\dfrac{d}{dx}\int_0^{\sin x} x\sqrt{1+t^2}\, dt = $ _____。

(2) 设 $F(x) = \int_1^x \left(2 - \dfrac{1}{\sqrt{t}}\right) dt\ (x>0)$，则 $F(x)$ 的单调减少区间是_____。

2. 选择题

(1) 设 $f(x) = \int_0^{2x} \dfrac{\sin t}{t} dt$，$g(x) = \int_0^{\sin x} (1+t)^{\frac{1}{t}} dt$，则当 $x \to 0$ 时，$f(x)$ 是 $g(x)$ 的（　　）。

A. 高阶无穷小 B. 低阶无穷小
C. 同阶非等价无穷小 D. 等价无穷小

(2) 设 $F(x) = \int_0^x \dfrac{1}{1+t^2} dt + \int_0^{\frac{1}{x}} \dfrac{1}{1+t^2} dt$，则（　　）。

A. $F(x) \equiv 0$ B. $F(x) \equiv \dfrac{\pi}{2}$
C. $F(x) = \arctan x$ D. $F(x) = 2\arctan x$

3. 设 $f(x) = x + 2\int_0^1 f(x) dx$，求 $f(x)$。

4. 设 $f(x) = \begin{cases} \dfrac{\int_0^{x^2}(e^{\sqrt{t}}-1)dt}{\int_0^{2x} x\tan t\, dt} & (x>0) \\ \int_0^x \dfrac{\sin t^2}{x\sin^2 x} dt & (x<0) \end{cases}$，求 $\lim\limits_{x\to 0} f(x)$。

5. 已知 $f(x)$ 连续，且 $\int_0^x (x-t)f(t)dt = 1 - \cos x$，求 $\int_0^{\frac{\pi}{2}} f(x) dx$。

6. 设 $f(x)$ 在 $[0, +\infty)$ 内连续，且 $\lim\limits_{x \to +\infty} f(x) = 1$。证明函数

$$y = e^{-x} \int_0^x e^t f(t) dt$$

满足方程，求 $\dfrac{dy}{dx} + y = f(x)$，并求 $\lim\limits_{x \to +\infty} y(x)$。

§5.3 积 分 法

牛顿－莱布尼茨公式告诉我们，对于连续函数的定积分，可以通过原函数的增量计算，所以如何求原函数是个关键。本节我们将建立一套求原函数的技巧，介绍以下积分方法：

(1) 换元法（也称变量替换法）；

（2）分部积分法；

（3）有理函数化为部分分式积分法。

5.3.1 不定积分的概念与性质

如果函数 $F(x)$ 为区间 I 上 $f(x)$ 的原函数,则在区间 I 上全体原函数可表示为

$$F(x) + C$$

式中：C 为任意常数。

定义1 在区间 I 上,函数 $F(x) + C$ 称为 $f(x)$ 在区间 I 上的**不定积分**,记作

$$\int f(x)\mathrm{d}x = F(x) + C \quad (C \text{ 是任意常数})$$

式中：$F'(x) = f(x)$。

从不定积分的定义,可得下述关系：

$$\frac{\mathrm{d}}{\mathrm{d}x}\left[\int f(x)\mathrm{d}x\right] = f(x) \quad \text{或} \quad \mathrm{d}\left[\int f(x)\mathrm{d}x\right] = f(x)\mathrm{d}x$$

$$\int F'(x)\mathrm{d}x = F(x) + C \quad \text{或} \quad \int \mathrm{d}F(x) = F(x) + C$$

值得注意的是,定积分 $\int_a^b f(x)\mathrm{d}x$ 是一个数值,而不定积分 $\int f(x)\mathrm{d}x$ 是一簇函数。通过给定常数 C 具体的数值,我们将得到一簇函数族,其图形是一簇相互平移的曲线。这是因为每条曲线在给定 x 值时一定有同样的斜率。微积分基本公式给出了它们之间的联系。如果 $f(x)$ 是区间 $[a,b]$ 上的一个连续函数,则

$$\int_a^b f(x)\mathrm{d}x = \left[\int f(x)\mathrm{d}x\right]_a^b$$

例如,因为 $\left(\frac{x^{\mu+1}}{\mu+1}\right)' = x^\mu$,所以 $\frac{x^{\mu+1}}{\mu+1}$ 是 x^μ 的一个原函数,于是

$$\int x^\mu \mathrm{d}x = \frac{x^{\mu+1}}{\mu+1} + C \quad (\mu \neq -1)$$

又因为 $x > 0$ 时, $(\ln x)' = \frac{1}{x}$；$x < 0$ 时, $(\ln(-x))' = \frac{1}{-x} \times (-1) = \frac{1}{x}$,所以

$$\int \frac{1}{x}\mathrm{d}x = \ln|x| + C$$

下面,我们列出一些基本的积分公式,称为**基本积分表**,后面我们还会补充一些公式。

(1) $\int k\mathrm{d}x = kx + C$

(2) $\int x^\mu \mathrm{d}x = \frac{x^{\mu+1}}{\mu+1} + C \quad (\mu \neq -1)$

(3) $\int \frac{1}{x}\mathrm{d}x = \ln|x| + C$

(4) $\int \frac{1}{1+x^2}\mathrm{d}x = \arctan x + C$

(5) $\int \dfrac{1}{\sqrt{1-x^2}} \mathrm{d}x = \arcsin x + C$

(6) $\int \cos x \mathrm{d}x = \sin x + C$

(7) $\int \sin x \mathrm{d}x = -\cos x + C$

(8) $\int \dfrac{1}{\cos^2 x} \mathrm{d}x = \int \sec^2 x \mathrm{d}x = \tan x + C$

(9) $\int \dfrac{1}{\sin^2 x} \mathrm{d}x = \int \csc^2 x \mathrm{d}x = -\cot x + C$

(10) $\int \sec x \tan x \mathrm{d}x = \sec x + C$

(11) $\int \csc x \cot x \mathrm{d}x = -\csc x + C$

(12) $\int \mathrm{e}^x \mathrm{d}x = \mathrm{e}^x + C$

(13) $\int a^x \mathrm{d}x = \dfrac{a^x}{\ln a} + C$

以上13个基本公式是求不定积分的基础。另外,根据不定积分和导数的定义,可以推得它有两个基本性质:

性质 1 设函数 $f(x)$ 及 $g(x)$ 的原函数都存在,则

$$\int [f(x) + g(x)] \mathrm{d}x = \int f(x) \mathrm{d}x + \int g(x) \mathrm{d}x$$

性质 2 设函数 $f(x)$ 的原函数存在,k 为非零常数,则

$$\int k f(x) \mathrm{d}x = k \int f(x) \mathrm{d}x$$

根据这两个性质,可以求一些简单函数的不定积分。

例 5-3-1 计算不定积分 $\int (10x^4 - 2\sec^2 x) \mathrm{d}x$。

解 $\int (10x^4 - 2\sec^2 x) \mathrm{d}x = 10 \int x^4 \mathrm{d}x - 2 \int \sec^2 x \mathrm{d}x$

$$= 10 \dfrac{x^5}{5} - 2\tan x + C$$

$$= 2x^5 - 2\tan x + C$$

你可以通过求导来检验答案是否正确。

例 5-3-2 计算 $\int \left(2x^3 - 6x + \dfrac{3}{x^2+1}\right) \mathrm{d}x$。

解 $\int \left(2x^3 - 6x + \dfrac{3}{x^2+1}\right) \mathrm{d}x = 2\dfrac{x^4}{4} - 6\dfrac{x^2}{2} + 3\arctan x + C$

$$= \dfrac{x^4}{2} - 3x^2 + 3\arctan x + C$$

例 5-3-3 计算 $\int \dfrac{2t^2 + t^2\sqrt{t} - 1}{t^2} \mathrm{d}t$。

解 $\int \dfrac{2t^2 + t^2\sqrt{t} - 1}{t^2} dt = \int (2 + t^{1/2} - t^{-2}) dt$

$$= 2t + \dfrac{t^{3/2}}{\dfrac{3}{2}} - \dfrac{t^{-1}}{-1} + C$$

$$= 2t + \dfrac{2}{3} t^{3/2} + \dfrac{1}{t} + C$$

例 5 - 3 - 4 计算 $\int \sin^2 \dfrac{x}{2} dx$。

解 利用三角恒等式变形,然后再逐项积分。

$$\int \sin^2 \dfrac{x}{2} dx = \int \dfrac{1}{2}(1 - \cos x) dx$$

$$= \dfrac{1}{2} \left(\int dx - \int \cos x dx \right)$$

$$= \dfrac{1}{2}(x - \sin x) + C$$

例 5 - 3 - 5 计算 $\int \dfrac{1}{\sin^2 \dfrac{x}{2} \cos^2 \dfrac{x}{2}} dx$。

解 同例 5 - 3 - 4 一样,可以先利用三角恒等式变形,然后再逐项积分。

$$\int \dfrac{1}{\sin^2 \dfrac{x}{2} \cos^2 \dfrac{x}{2}} dx = \int \dfrac{1}{\left(\dfrac{\sin x}{2}\right)^2} dx$$

$$= 4 \int \csc^2 x dx$$

$$= -4 \cot x + C$$

对于定积分,只要求得了原函数,就可以很快通过计算原函数在积分区间上的增量得到,比如计算 $\int_1^9 \dfrac{2t^2 + t^2\sqrt{t} - 1}{t^2} dt$,由例 5 - 3 - 3 可得

$$\int_1^9 \dfrac{2t^2 + t^2\sqrt{t} - 1}{t^2} dt = 2t + \dfrac{2}{3} t^{3/2} + \dfrac{1}{t} \Big]_1^9$$

$$= \left[2 \times 9 + \dfrac{2}{3}(9)^{3/2} + \dfrac{1}{9} \right] - \left(2 \times 1 + \dfrac{2}{3} \cdot 1^{3/2} + \dfrac{1}{1} \right)$$

$$= 18 + 18 + \dfrac{1}{9} - 2 - \dfrac{2}{3} - 1 = 32 \dfrac{4}{9}$$

5.3.2 积分换元法

利用基本积分表与积分的性质,所能计算的不定积分是非常有限的。比如

$$\int 2x \sqrt{1 + x^2} dx \tag{5 - 3 - 1}$$

为了解决该积分,我们可以将变量 x 改变为新的变量 u 来计算,令 $u = 1 + x^2$,则 $du = 2x dx$。注

意到如果积分符号中的 dx 被解释为微分,则微分 $2xdx$ 出现在式(5-3-1)中,于是被积表达式可以写成

$$\int 2x\sqrt{1+x^2}dx = \int \sqrt{1+x^2}\,2xdx$$
$$= \int \sqrt{u}\,du = \frac{2}{3}u^{\frac{3}{2}} + C$$
$$= \frac{2}{3}(x^2+1)^{\frac{3}{2}} + C \qquad (5-3-2)$$

现在利用链式法则对式(5-3-2)中的最后一个函数求导来验证我们的答案是正确的。

$$\frac{d}{dx}\left[\frac{2}{3}(x^2+1)^{\frac{3}{2}} + C\right] = \frac{2}{3} \times \frac{3}{2}(x^2+1)^{\frac{1}{2}} \times 2x = 2x\sqrt{1+x^2}$$

一般地,这种方法在积分能够写成形式 $\int f(g(x))g'(x)dx$ 的情况下都是有效的。如果 $F'=f$,则

$$\int F'(g(x))g'(x)dx = F(g(x)) + C \qquad (5-3-3)$$

上式成立的原因是,由链式法则可以得到 $\frac{d}{dx}[F(g(x))] = F'(g(x))g'(x)$。

若令引入的变量 $u = g(x)$,则式(5-3-3)可以写成

$$\int F'(g(x))g'(x)dx = F(g(x)) + C = F(u) + C = \int F'(u)du$$

或者,$F'=f$,可以得到

$$\int f(g(x))g'(x)dx = \int f(u)du$$

这样,我们就证明了下面的定理。

换元法 如果 $u = g(x)$ 是一个可导函数,其定义域为 I,而且 f 是 I 上的连续函数,则

$$\int f(g(x))g'(x)dx = \int f(u)du \qquad (5-3-4)$$

注意到积分的换元法可以利用导数的链式法则进行证明,如果 $u = g(x)$,则 $du = g'(x)dx$,这启发我们式(5-3-4)中的 dx 和 du 可以被认为是微分。

这样一来,换元法指出:如果 dx 和 du 是微分,则在积分符号下对 dx 和 du 进行操作是允许的。

例 5-3-6 求 $\int x^3 \cos(x^4+2)dx$。

解 令 $u = x^4 + 2$,因为 $du = 4x^3 dx$,这里相差一个常数因子 4。利用 $x^3 dx = du/4$ 和换元法,得到

$$\int x^3 \cos(x^4+2)dx = \int \cos u \cdot \frac{1}{4}du = \frac{1}{4}\int \cos u\,du = \frac{1}{4}\sin u + C = \frac{1}{4}\sin(x^4+2) + C$$

注意,在最后一步我们需要返回到最初的变量 x。

换元法背后的思想是用形式简单的积分替换复杂的积分,这一思想是通过将变量 x 替换

为新的变量 u(u 为 x 的函数)来实现的。这样,例 5-3-6 中的积分 $\int x^3\cos(x^4+2)\mathrm{d}x$ 就被替换为更为简单的 $\frac{1}{4}\int\cos u\mathrm{d}u$。

使用换元法最大的挑战是找到适当的换元,需要选择合适的 u 函数,它们的微分恰好出现在积分里(除了一些常数因子),所以把换元法也称为"**凑微分法**",这种情况在例 5-3-6 中出现了。如果不行,尝试令 u 为积分中较为复杂的那一部分。

例 5-3-7 求 $\int\sqrt{2x+1}\mathrm{d}x$。

解 令 $u=2x+1$,则 $\mathrm{d}u=2\mathrm{d}x$,因此 $\mathrm{d}x=\mathrm{d}u/2$。利用换元法可得

$$\int\sqrt{2x+1}\mathrm{d}x=\int\frac{1}{2}\sqrt{u}\mathrm{d}u=\frac{1}{3}u^{3/2}+C=\frac{1}{3}(2x+1)^{3/2}+C$$

例 5-3-8 求 $\int\frac{x}{\sqrt{1-4x^2}}\mathrm{d}x$。

解 令 $u=1-4x^2$,则 $\mathrm{d}u=-8x\mathrm{d}x$,因此 $\mathrm{d}x=-\mathrm{d}u/8$。于是

$$\int\frac{x}{\sqrt{1-4x^2}}\mathrm{d}x=-\frac{1}{8}\int\frac{1}{\sqrt{u}}\mathrm{d}u=-\frac{1}{8}(2\sqrt{u})+C=-\frac{1}{4}\sqrt{1-4x^2}+C$$

例 5-3-8 的答案可以通过求导来验证,如图 5-3-1 所示为被积函数 $f(x)=\frac{x}{\sqrt{1-4x^2}}$ 和其不定积分曲线 $g(x)=-\frac{1}{4}\sqrt{1-4x^2}$(红色曲线,取 $C=0$)。注意到,当 $f(x)$ 是负的时候,$g(x)$ 是单调递减的,当 $f(x)$ 是正的时候,$g(x)$ 是单调递增的,而且当 $f(x)=0$ 时,$g(x)$ 取得最小值。从图象来看,这一结果是合理的,$g(x)$ 是 $f(x)$ 的原函数。

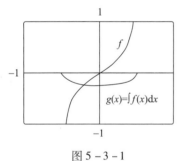

图 5-3-1

例 5-3-9 计算 $\int\mathrm{e}^{5x}\mathrm{d}x$。

解 令 $u=5x$,则 $\mathrm{d}u=5\mathrm{d}x$,因此 $\mathrm{d}x=\mathrm{d}u/5$。因此

$$\int\mathrm{e}^{5x}\mathrm{d}x=\frac{1}{5}\int\mathrm{e}^u\mathrm{d}u=\frac{1}{5}\mathrm{e}^u+C=\frac{1}{5}\mathrm{e}^{5x}+C$$

例 5-3-10 计算 $\int\frac{\sin\sqrt{x}}{\sqrt{x}}\mathrm{d}x$。

解 因为 $(\sqrt{x})'=\frac{1}{2}\times\frac{1}{\sqrt{x}}$,所以

$$\int\frac{\sin\sqrt{x}}{\sqrt{x}}\mathrm{d}x=2\int\sin\sqrt{x}\mathrm{d}\sqrt{x}=-2\cos\sqrt{x}+C$$

一般地,$\int\frac{f(\sqrt{x})}{\sqrt{x}}\mathrm{d}x=2\int f(\sqrt{x})\mathrm{d}\sqrt{x}$

例 5-3-11 计算 $\int\frac{1}{x\sqrt{1-\ln^2 x}}\mathrm{d}x$。

解 $\int\frac{1}{x\sqrt{1-\ln^2 x}}\mathrm{d}x=\int\frac{1}{\sqrt{1-\ln^2 x}}\mathrm{d}\ln x=\arcsin\ln x+C$

一般地 $$\int f(\ln x)\frac{1}{x}dx = \int f(\ln x)d\ln x$$

例 5-3-12 计算 $\int \frac{1}{1+e^x}dx$。

解 因为 $(e^x)' = e^x$,分子上缺少 e^x 项,通过"插项"的方式可以实现。

$$\int \frac{1}{1+e^x}dx = \int \frac{1+e^x-e^x}{1+e^x}dx = \int dx - \int \frac{e^x}{1+e^x}dx = x - \ln(1+e^x) + C$$

例 5-3-13 计算 $\int \frac{1}{a^2+x^2}dx \, (a \neq 0)$。

解 因为 $\int \frac{1}{1+x^2}dx = \arctan x + C$,所以想到将 $\frac{1}{a^2+x^2}$ 变为 $\frac{1}{a^2} \times \frac{1}{1+\left(\frac{x}{a}\right)^2}$,为此令 $\frac{x}{a} = u$,则

$$\int \frac{1}{a^2+x^2}dx = \int \frac{1}{a^2} \times \frac{1}{1+\left(\frac{x}{a}\right)^2}dx = \frac{1}{a}\int \frac{1}{1+\left(\frac{x}{a}\right)^2}d\frac{x}{a}$$

$$= \frac{1}{a}\int \frac{1}{1+u^2}du = \frac{1}{a}\arctan u + C = \frac{1}{a}\arctan \frac{x}{a} + C$$

例 5-3-14 计算 $\int \frac{1}{\sqrt{a^2-x^2}}dx \, (a>0)$。

解 $\int \frac{1}{\sqrt{a^2-x^2}}dx = \int \frac{1}{a}\frac{1}{\sqrt{1-\left(\frac{x}{a}\right)^2}}dx = \int \frac{1}{\sqrt{1-\left(\frac{x}{a}\right)^2}}d\frac{x}{a} = \arcsin \frac{x}{a} + C$

例 5-3-15 计算 $\int \frac{1}{x^2-a^2}dx$。

解 由于 $\frac{1}{x^2-a^2} = \frac{1}{2a}\left(\frac{1}{x-a} - \frac{1}{x+a}\right)$,所以

$$\int \frac{1}{x^2-a^2}dx = \frac{1}{2a}\int\left(\frac{1}{x-a} - \frac{1}{x+a}\right)dx = \frac{1}{2a}\left[\int \frac{1}{x-a}d(x-a) - \int \frac{1}{x+a}d(x+a)\right]$$

$$= \frac{1}{2a}(\ln|x-a| - \ln|x+a|) + C$$

即 $$\int \frac{1}{x^2-a^2}dx = \frac{1}{2a}\ln\left|\frac{x-a}{x+a}\right| + C$$

类似可得 $$\int \frac{1}{x^2-a^2}dx = -\frac{1}{2a}\ln\left|\frac{a+x}{a-x}\right| + C$$

例 5-3-16 计算 $\int \frac{1}{\sqrt{a^2-x^2}}dx \, (a>0)$。

解 $\int \frac{1}{\sqrt{a^2-x^2}}dx = \int \frac{1}{a}\frac{1}{\sqrt{1-\left(\frac{x}{a}\right)^2}}dx = \int \frac{1}{\sqrt{1-\left(\frac{x}{a}\right)^2}}d\frac{x}{a} = \arcsin \frac{x}{a} + C$

被积函数中含有三角函数,这一类积分,往往需要三角恒等式进行变形。

例 5-3-17 计算 $\int \cos^5 x \, dx$。

解 $\int \cos^5 x dx = \int \cos^4 x \cos x dx = \int \cos^4 x d\sin x$

$= \int (1 - \sin^2 x)^2 d\sin x = \int (1 - 2\sin^2 x + \sin^4 x) d\sin x$

$= \sin x - \dfrac{2}{3}\sin^3 x + \dfrac{1}{5}\sin^5 x + C$

例 5-3-18 计算 $\int \sin^3 x \cos^2 x dx$。

解 $\int \sin^3 x \cos^2 x dx = \int \sin^2 x \cos^2 x \sin x dx = -\int (1 - \cos^2 x) \cos^2 x d(\cos x)$

$= \int (\cos^4 x - \cos^2 x) d(\cos x) = \dfrac{1}{5}\cos^5 x - \dfrac{1}{3}\cos^3 x + C$

例 5-3-19 计算 $\int \sin^2 x \cos^4 x dx$。

解 $\int \sin^2 x \cos^4 x dx = \dfrac{1}{8}\int (1 - \cos 2x)(1 + \cos 2x)^2 dx$

$= \dfrac{1}{8}\int (1 + \cos 2x - \cos^2 2x - \cos^3 2x) dx$

$= \dfrac{1}{8}\int (\cos 2x - \cos^3 2x) dx + \dfrac{1}{8}\int (1 - \cos^2 2x) dx$

$= \dfrac{1}{8}\int \sin^2 2x \cdot \dfrac{1}{2} d(\sin 2x) + \dfrac{1}{8}\int \dfrac{1}{2}(1 - \cos 4x) dx$

$= \dfrac{1}{48}\sin^3 2x + \dfrac{x}{16} - \dfrac{1}{64}\sin 4x + C$

例 5-3-20 计算 $\int \tan x dx$。

解 因为 $\int \tan x dx = \int \dfrac{\sin x}{\cos x} dx$。令 $u = \cos x$，因为 $du = -\sin x dx$，因此 $\sin x dx = -du$

于是 $\int \tan x dx = \int \dfrac{\sin x}{\cos x} dx = -\int \dfrac{1}{u} du$

$= -\ln|u| + C = -\ln|\cos x| + C$

类似可得 $\int \cot x dx = \ln|\sin x| + C$

例 5-3-21 计算 $\int \sec x dx$。

解 $\int \sec x dx = \int \dfrac{1}{\cos x} dx = \int \dfrac{\cos x}{\cos^2 x} dx = \int \dfrac{d\sin x}{1 - \sin^2 x}$

$= \dfrac{1}{2}\ln\left|\dfrac{1 + \sin x}{1 - \sin x}\right| + C = \dfrac{1}{2}\ln\left|\dfrac{(1 + \sin x)^2}{\cos^2 x}\right| + C$

$= \ln\left|\dfrac{1 + \sin x}{\cos x}\right| + C = \ln|\sec x + \tan x| + C$

类似可得 $\int \csc x dx = \ln|\csc x - \cot x| + C$

例 5-3-22 计算 $\int \sec^6 x dx$。

解 $\int \sec^6 x \, dx = \int (\sec^2 x)^2 \sec^2 x \, dx = \int (1 + \tan^2 x)^2 \, d\tan x$

$$= \int (1 + 2\tan^2 x + \tan^4 x) \, d\tan x = \tan x + \frac{2}{3}\tan^3 x + \frac{1}{5}\tan^5 x + C$$

从上面的例子看到,换元法在求原函数时起着重要作用,正如复合函数求导法则在微分学中的作用一样。但因为是求导的逆运算,在使用时要比复合函数求导来得困难,会有一定的技巧,而且对于如何恰当选择变量代换 $u = g(x)$ 没有一定的规律可循。我们要熟悉典型,多做练习,才能熟练掌握。

另外,换元公式(见式(5-3-4))

$$\int f(g(x))g'(x) \, dx = \int f(u) \, du$$

还可以反过来使用。为了叙述清晰,对式(5-3-4)换个形式:

$$\int f(x) \, dx = \int f(g(u))g'(u) \, du \tag{5-3-5}$$

即令 $x = g(u)$,则 $dx = g'(u) du$。该公式适用于 $f(x)$ 的原函数难求但 $f(g(u))g'(u)$ 的原函数易求的情形。但要注意的是,最后还要用 $x = g(u)$ 的反函数 $u = g^{-1}(x)$ 代换回去,所以要求变量代换 $x = g(u)$ 在 u 的区间(这个区间与 x 的积分区间相对应)上是**单调且可导的**,而且 $g'(u) \neq 0$。

下面我们还是通过具体的例子熟悉这种方法。

例 5-3-23 计算 $\int \sqrt{a^2 - x^2} \, dx \ (a > 0)$。

解 求解该积分的困难之处在于根式 $\sqrt{a^2 - x^2}$,为了消除根式,我们利用三角公式

$$\sin^2 u + \cos^2 u = 1$$

设 $x = a\sin u, -\frac{\pi}{2} < u < \frac{\pi}{2}$,则 $\sqrt{a^2 - x^2} = \sqrt{a^2 - a^2\sin^2 u} = a\cos u, dx = a\cos u \, du$,于是

$$\int \sqrt{a^2 - x^2} \, dx = a^2 \int \cos^2 u \, du = a^2 \int \frac{1 + \cos 2u}{2} \, du$$

$$= \frac{a^2}{2} \int du + \frac{a^2}{4} \int \cos 2u \, d(2u)$$

$$= \frac{a^2}{2} u + \frac{a^2}{4} \sin 2u + C$$

$$= \frac{a^2}{2} u + \frac{a^2}{2} \sin u \cos u + C$$

由于 $x = a\sin u, -\frac{\pi}{2} < u < \frac{\pi}{2}$,所以 $u = \arcsin \frac{x}{a}$。根据 $x = a\sin u$ 作辅助三角形(图5-3-2),便有

$$\cos u = \frac{\sqrt{a^2 - x^2}}{a}$$

于是所求积分为

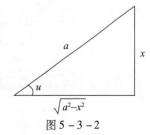

图 5-3-2

$$\int \sqrt{a^2-x^2}\,\mathrm{d}x = \frac{a^2}{2}\arcsin\frac{x}{a} + \frac{1}{2}x\sqrt{a^2-x^2} + C$$

例 5-3-24 计算 $\int \dfrac{1}{\sqrt{x^2+a^2}}\mathrm{d}x\ (a>0)$。

解 同例 5-3-23 类似，为了化去根式，利用三角公式

$$1+\tan^2 u = \sec^2 u$$

设 $x=a\tan u$，$-\dfrac{\pi}{2}<u<\dfrac{\pi}{2}$，则 $\dfrac{1}{\sqrt{x^2+a^2}} = \dfrac{1}{\sqrt{a^2\tan^2 u+a^2}} = \dfrac{1}{a\sec u}$，$\mathrm{d}x = a\sec^2 u\,\mathrm{d}u$，于是

$$\int \frac{1}{\sqrt{x^2+a^2}}\mathrm{d}x = \int \frac{a\sec^2 u}{a\sec u}\mathrm{d}u = \int \sec u\,\mathrm{d}u$$

利用例 5-3-21 的结果可得

$$\int \frac{1}{\sqrt{x^2+a^2}}\mathrm{d}x = \ln|\sec u + \tan u| + C$$

利用 $x=a\tan u$ 作辅助三角形（图 5-3-3），便有

$$\sec u = \frac{\sqrt{x^2+a^2}}{a}$$

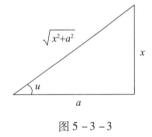

图 5-3-3

且 $\sec u + \tan u > 0$，所以

$$\int \frac{1}{\sqrt{x^2+a^2}}\mathrm{d}x = \ln\left(\frac{x}{a}+\frac{\sqrt{x^2+a^2}}{a}\right) + C_1$$
$$= \ln(x+\sqrt{x^2+a^2}) + C$$

式中：$C = C_1 - \ln a$。

例 5-3-25 计算 $\int \dfrac{1}{\sqrt{x^2-a^2}}\mathrm{d}x\ (a>0)$。

解 同样利用三角公式化去根式：

$$\sec^2 u - 1 = \tan^2 u$$

注意到被积函数的定义域是 $x>a$ 和 $x<-a$ 两个区间。我们分别在两个区间上求不定积分。

当 $x>a$ 时，设 $x=a\sec u$，$0<u<\dfrac{\pi}{2}$，那么

$$\frac{1}{\sqrt{x^2-a^2}} = \frac{1}{\sqrt{a^2\sec^2 u - a^2}} = \frac{1}{a\tan u}$$

$$\mathrm{d}x = a\sec u\tan u\,\mathrm{d}u$$

于是

$$\int \frac{1}{\sqrt{x^2-a^2}}\mathrm{d}x = \int \frac{a\sec u\tan u}{a\tan u}\mathrm{d}u = \int a\sec u\,\mathrm{d}u = \ln|\sec u + \tan u| + C$$

利用 $x=a\sec u$ 作辅助三角形（图 5-3-4），便有

$$\tan u = \frac{\sqrt{x^2-a^2}}{a}$$

因此

$$\int \frac{1}{\sqrt{x^2-a^2}}dx = \ln(\frac{x}{a}+\frac{\sqrt{x^2-a^2}}{a})+C_1$$
$$= \ln(x+\sqrt{x^2-a^2})+C$$

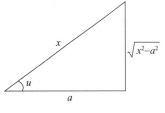

图 5-3-4

式中：$C=C_1-\ln a$。

当 $x<-a$ 时，令 $x=-t$，那么 $t>a$，由上面结果，有

$$\int \frac{1}{\sqrt{x^2-a^2}}dx = -\int \frac{1}{\sqrt{t^2-a^2}}dt = -\ln(t+\sqrt{t^2-a^2})+C$$
$$= -\ln(-x+\sqrt{x^2-a^2})+C$$
$$= \ln\frac{-x-\sqrt{x^2-a^2}}{a^2}+C_1$$
$$= \ln(-x-\sqrt{x^2-a^2})+C$$

式中：$C=C_1-2\ln a$。

把 $x>a$ 和 $x<-a$ 的结果统一起来，就有

$$\int \frac{1}{\sqrt{x^2-a^2}}dx = \ln|x+\sqrt{x^2-a^2}|+C$$

注 （1）如果被积函数含有 $\sqrt{a^2-x^2}$，可以作变量代换 $x=a\sin u$；

（2）如果被积函数含有 $\sqrt{x^2+a^2}$，可以作变量代换 $x=a\tan u$；

（3）如果被积函数含有 $\sqrt{x^2-a^2}$，可以作变量代换 $x=a\sec u$。

但对于具体的问题，要分析被积函数的情况，尽可能作使积分简捷的代换。

需要说明的是，虽然上述方法对于去掉根号是有效的，但这并不意味着这种方法总是最好的方法。例如，计算 $\int x\sqrt{a^2-x^2}dx$，简单的方法是换元 $u=a^2-x^2$，因为 $du=-2xdx$。

最后，我们通过例子再介绍另一种代换——**倒代换** $x=\frac{1}{u}$，它对于分母次数较高的函数求不定积分非常有效。

例 5-3-26 计算 $\int \frac{\sqrt{a^2-x^2}}{x^4}dx$。

解 设 $x=\frac{1}{u}$，那么 $dx=-\frac{1}{u^2}du$，于是

$$\int \frac{\sqrt{a^2-x^2}}{x^4}dx = \int \frac{\sqrt{a^2-\frac{1}{u^2}}\cdot\left(-\frac{1}{u^2}du\right)}{\frac{1}{u^4}} = -\int (a^2u^2-1)^{\frac{1}{2}}|u|du$$

当 $x>0$ 时，有

$$\int \frac{\sqrt{a^2-x^2}}{x^4}dx = -\frac{1}{2a^2}\int (a^2u^2-1)^{\frac{1}{2}}d(a^2u^2-1)$$
$$= -\frac{(a^2u^2-1)^{\frac{3}{2}}}{3a^2}+C = -\frac{(a^2-x^2)^{\frac{3}{2}}}{3a^2x^3}+C$$

当 $x<0$ 时,有相同的结果。

本节例题中,有几个积分是会经常遇到的,我们也把它作为公式,补充到基本积分表中,以后可直接应用。

$$\int \tan dx = -\ln|\cos x| + C$$

$$\int \cot dx = \ln|\sin x| + C$$

$$\int \sec dx = \ln|\sec x + \tan x| + C$$

$$\int \csc dx = \ln|\csc x - \cot x| + C$$

$$\int \frac{1}{a^2 + x^2} dx = \frac{1}{a}\arctan \frac{x}{a} + C$$

$$\int \frac{1}{x^2 - a^2} dx = \frac{1}{2a}\ln\left|\frac{x-a}{x+a}\right| + C$$

$$\int \frac{1}{\sqrt{a^2 - x^2}} dx = \arcsin \frac{x}{a} + C$$

$$\int \frac{1}{\sqrt{x^2 \pm a^2}} dx = \ln|x + \sqrt{x^2 \pm a^2}| + C$$

当我们利用换元法计算定积分时,有两种方法都是可行的。一种是首先计算不定积分然后利用基本公式。例如,应用例 5-3-7 的结果,我们可以得到

$$\int_0^4 \sqrt{2x+1} \, dx = \int \sqrt{2x+1} \, dx \Big]_0^4 = \frac{1}{3}(2x+1)^{3/2} \Big|_0^4 = \frac{26}{3}$$

另外一种方法更好一些,那就是当变量发生变化时,积分的上下限也跟着变化。

定积分的换元法 如果 $g'(x)$ 是区间 $[a,b]$ 上的连续函数,而 f 在 $u = g(x)$ 的定义域上是连续的,则

$$\int_a^b f(g(x))g'(x) \, dx = \int_{g(a)}^{g(b)} f(u) \, du$$

证明 令 $F(x)$ 为 $f(x)$ 的原函数,可得 $F(g(x))$ 是 $f(g(x))g'(x)$ 的原函数,因此得到

$$\int_a^b f(g(x))g'(x) \, dx = F(g(x)) \Big|_a^b = F(g(b)) - F(g(a))$$

由基本公式,得

$$\int_{g(a)}^{g(b)} f(u) \, du = F(u) \Big|_{g(a)}^{g(b)} = F(g(b)) - F(g(a))$$

例 5-3-27 计算 $\int_0^4 \sqrt{2x+1} \, dx$。

解 令 $u = 2x + 1$,则 $du = 2dx$,因此 $dx = du/2$,当 $x = 0$ 时,$u = 3$,当 $x = 4$ 时,$u = 9$,因此

$$\int_0^4 \sqrt{2x+1} \, dx = \int_1^9 \frac{1}{2}\sqrt{u} \, du = \frac{1}{2} \cdot \frac{2}{3} u^{3/2} \Big|_1^9 = \frac{26}{3}$$

例 5-3-28 计算 $\int_1^2 \dfrac{\mathrm{d}x}{(3-5x)^2}$。

解 令 $u=3-5x$，则 $\mathrm{d}u=-5\mathrm{d}x$，因此 $\mathrm{d}x=-\mathrm{d}u/5$。当 $x=1$ 时，$u=-2$，当 $x=2$ 时，$u=-7$，则

$$\int_1^2 \frac{\mathrm{d}x}{(3-5x)^2} = -\frac{1}{5}\int_{-2}^{-7}\frac{\mathrm{d}u}{u^2} = -\frac{1}{5}\left[-\frac{1}{u}\right]_{-2}^{-7} = \frac{1}{14}$$

例 5-3-29 计算 $\int_1^e \dfrac{\ln x}{x}\mathrm{d}x$。

解 令 $u=\ln x$，它的微分 $\mathrm{d}u=\mathrm{d}x/x$，当 $x=1$ 时，$u=\ln 1=0$，当 $x=e$ 时，$u=\ln e=1$，则

$$\int_1^e \frac{\ln x}{x}\mathrm{d}x = \int_0^1 u\,\mathrm{d}u = \left.\frac{u^2}{2}\right|_0^1 = \frac{1}{2}$$

在定积分计算中，当被积函数具有奇偶性、积分区间关于原点对称时，会大大简化计算。

定理 5-3-1 对称函数的积分：

(1) 如果 $f(x)$ 是偶函数 $[f(-x)=f(x)]$，则 $\int_{-a}^a f(x)\mathrm{d}x = 2\int_0^a f(x)\mathrm{d}x$；

(2) 如果 $f(x)$ 是奇函数 $[f(-x)=-f(x)]$，则 $\int_{-a}^a f(x)\mathrm{d}x = 0$。

证明 我们将定积分分成两部分

$$\int_{-a}^a f(x)\mathrm{d}x = \int_{-a}^0 f(x)\mathrm{d}x + \int_0^a f(x)\mathrm{d}x = -\int_0^{-a} f(x)\mathrm{d}x + \int_0^a f(x)\mathrm{d}x \quad (5-3-6)$$

最右边的第一个定积分，令 $u=-x$，则 $\mathrm{d}u=-\mathrm{d}x$，当 $x=-a$ 时，$u=a$。因此

$$-\int_0^{-a} f(x)\mathrm{d}x = -\int_0^a f(-u)(-\mathrm{d}u) = \int_0^a f(-u)\mathrm{d}u$$

于是，式(5-3-6)变为

$$\int_{-a}^a f(x)\mathrm{d}x = \int_0^a f(-u)\mathrm{d}u + \int_0^a f(x)\mathrm{d}x \quad (5-3-7)$$

(1) 如果 $f(x)$ 是偶函数 $[f(-u)=f(u)]$，则由式(5-3-7)可得

$$\int_{-a}^a f(x)\mathrm{d}x = \int_0^a f(u)\mathrm{d}u + \int_0^a f(x)\mathrm{d}x = 2\int_0^a f(x)\mathrm{d}x$$

(2) 如果 $f(x)$ 是奇函数 $[f(-u)=-f(u)]$，则由式(5-3-7)可得

$$\int_{-a}^a f(x)\mathrm{d}x = -\int_0^a f(u)\mathrm{d}u + \int_0^a f(x)\mathrm{d}x = 0$$

定理可以由图 5-3-5 说明，当 $f(x)$ 是正的而且是偶函数时，图 5-3-5(a)部分指出因为对称性曲线 $y=f(x)$ 下从 $-a$ 到 a 的面积是 0 到 a 的面积的两倍。回想起定积分可表示为 x 轴上方曲线 $y=f(x)$ 下方的面积减去 x 轴下方曲线 $y=f(x)$ 上方的面积。因此，图 5-3-5(b)部分指出因为面积相互抵消所以积分等于 0。

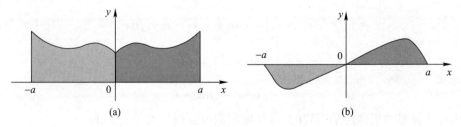

图 5-3-5

例 5 – 3 – 30 由于 $f(x)=x^6+1$ 满足 $f(-x)=f(x)$，它是偶函数，因此
$$\int_{-2}^{2}(x^6+1)dx = 2\int_{0}^{2}(x^6+1)dx = 2\left[\frac{1}{7}x^7+x\right]_{0}^{2} = \frac{284}{7}$$

例 5 – 3 – 31 由于 $f(x)=\dfrac{\tan x}{1+x^2+x^4}$ 满足 $f(-x)=-f(x)$，它是奇函数，因此 $\int_{-1}^{1}\dfrac{\tan x}{1+x^2+x^4}dx = 0$。

5.3.3 分部积分法

每个求导法则都对应一个积分法则，例如积分的换元法对应导数的链式法则。乘积的求导法则对应的积分法则称为分部积分法。

乘积的求导法则指出如果 f 和 g 是可导函数，则
$$\frac{d}{dx}[f(x)g(x)] = f(x)g'(x) + f'(x)g(x)$$

在定积分的表示法中，上式就变成
$$\int [f(x)g'(x) + f'(x)g(x)]dx = f(x)g(x)$$

或
$$\int f(x)g'(x)dx + \int f'(x)g(x)dx = f(x)g(x)$$

我们可以重新整理上式为
$$\int f(x)g'(x)dx = f(x)g(x) - \int f'(x)g(x)dx \tag{5-3-8}$$

式（5 – 3 – 8）称为**不定积分的分部积分公式**，也可采用下面的记号记忆。令 $u=f(x)$ 和 $v=g(x)$，则它们的微分是 $du=f'(x)dx$ 和 $dv=g'(x)dx$，因此，由换元法可将分部积分公式变成
$$\int u\,dv = uv - \int v\,du \tag{5-3-9}$$

例 5 – 3 – 32 计算 $\int x\sin x\,dx$。

解（一） 选择 $f(x)=x, g'(x)=\sin x$，则 $f'(x)=1, g(x)=-\cos x$，利用式（5 – 3 – 8）可以得到
$$\int x\sin x\,dx = f(x)g(x) - \int g(x)f'(x)dx$$
$$= x(-\cos x) - \int(-\cos x)dx$$
$$= -x\cos x + \int \cos x\,dx$$
$$= -x\cos x + \sin x + C$$

通过求导验证答案的正确性是明智的，这样做我们可以得到期望的 $x\sin x$。

解（二） 令 $u=x$，$dv=\sin x\,dx$，则 $du=dx$， $v=-\cos x$，于是

$$\int x\sin x\,dx = x(-\cos x) - \int(-\cos x)\,dx$$

$$= -x\cos x + \int\cos x\,dx$$

$$= -x\cos x + \sin x + C$$

注 使用分部积分法的目的是得到一个比开始的那个更简单的积分。这样,例 5-3-32 中从积分 $\int x\sin x\,dx$ 开始,然后得到一个更简单的积分 $\int\cos x\,dx$。如果我们选择 $u = \sin x$ 和 $dv = x\,dx$,则 $du = \cos x\,dx$ 和 $v = x^2/2$,由分部积分可得到

$$\int x\sin x\,dx = (\sin x)\frac{x^2}{2} - \frac{1}{2}\int x^2\cos x\,dx$$

虽然这是正确的,但是 $\int x^2\cos x\,dx$ 比 $\int x\sin x\,dx$ 更复杂。一般地,我们选择 u 和 v 时,是选择 $u = f(x)$ 时对它求导后变得简单,同时 $dv = g'(x)\,dx$ 通过积分后可以得到 v。

例 5-3-33 计算 $\int\ln x\,dx$。

解 令 $u = \ln x, dv = dx$,则 $du = \frac{1}{x}dx, v = x$。由分部积分可得到

$$\int\ln x\,dx = x\ln x - \int x\frac{dx}{x} = x\ln x - \int dx = x\ln x - x + C$$

因为函数 $f(x) = \ln x$ 的导数比 $f(x)$ 更简单,所以在这个例子中使用积分的分部积分法是有效的。

例 5-3-34 求解 $\int x^2 e^x\,dx$。

解 注意到对 x^2 求导后变得更简单,所以选择 $u = x^2, dv = e^x dx$,则 $du = 2x\,dx, v = e^x$。由分部积分,可得

$$\int x^2 e^x\,dx = \int x^2 d(e^x) = x^2 e^x - \int e^x \cdot 2x\,dx \qquad (5-3-10)$$

得到的积分 $\int e^x \cdot 2x\,dx$ 更简单了,但是依然不是显而易见的。因此,需要再次利用分部积分法令 $u = x$ 和 $dv = e^x dx$,则有 $du = dx, v = e^x$,以及

$$\int xe^x\,dx = xe^x - \int e^x\,dx = xe^x - e^x + C$$

将上式代入式(5-3-10)可得

$$\int x^2 e^x\,dx = x^2 e^x - 2\int xe^x\,dx$$

$$= x^2 e^x - 2(xe^x - e^x + C)$$

$$= x^2 e^x - 2xe^x + 2e^x + C_1$$

例 5-3-35 计算 $\int e^x \sin x\,dx$。

解 无论选择 e^x 还是 $\sin x$ 求导之后都简单。不妨选择 $u = e^x$ 和 $dv = \sin x\,dx$,则 $du = e^x dx$, $v = -\cos x$,由分部积分法可得

$$\int e^x \sin x \, dx = -e^x \cos x + \int e^x \cos x \, dx \qquad (5-3-11)$$

得到了积分 $\int e^x \cos x \, dx$，它并没有比开始的那个积分简单，但至少没有比之前的那个复杂。在之前的例子中成功地利用两次分部积分解决了积分问题，我们仍然这样处理。这次继续令 $u = e^x$ 和 $dv = \cos x \, dx$，则 $du = e^x \, dx, v = \sin x$，

$$\int e^x \cos x \, dx = e^x \sin x - \int e^x \sin x \, dx \qquad (5-3-12)$$

等式右侧又回到了积分 $\int e^x \sin x \, dx$，将式(5-3-12)代入到式(5-3-11)，可以得到

$$\int e^x \sin x \, dx = -e^x \cos x + e^x \sin x - \int e^x \sin x \, dx$$

$$2\int e^x \sin x \, dx = -e^x \cos x + e^x \sin x + 2C$$

两端除以 2 可得

$$\int e^x \sin x \, dx = \frac{1}{2} e^x (\sin x - \cos x) + C$$

例 5-3-36 证明递推公式 $\int \sin^n x \, dx = -\frac{1}{n} \cos x \sin^{n-1} x + \frac{n-1}{n} \int \sin^{n-2} x \, dx$ ($n \geq 2$)。

证明 令 $u = \sin^{n-1} x, dv = \sin x \, dx$，则 $du = (n-1)\sin^{n-2} x \cos x \, dx, v = -\cos x$，于是利用定积分的分部积分法可得

$$\int \sin^n x \, dx = -\cos x \sin^{n-1} x + (n-1) \int \sin^{n-2} x \cos^2 x \, dx$$

由于 $\cos^2 x = 1 - \sin^2 x$，因此

$$\int \sin^n x \, dx = -\cos x \sin^{n-1} x + (n-1) \int \sin^{n-2} x \, dx - (n-1) \int \sin^n x \, dx$$

在例 5-3-35 中我们通过把右边最后一项移到左边求解了以所求积分为未知量的方程，同样的方法可得

$$n \int \sin^n x \, dx = -\cos x \sin^{n-1} x + (n-1) \int \sin^{n-2} x \, dx$$

或

$$\int \sin^n x \, dx = -\frac{1}{n} \cos x \sin^{n-1} x + \frac{n-1}{n} \int \sin^{n-2} x \, dx \qquad (5-3-13)$$

重复利用递推公式(5-3-15)可以将积分 $\int \sin^n x \, dx$ 转化为

$$\int \sin x \, dx \text{（如果 } n \text{ 是奇数）和} \int (\sin x)^0 \, dx = \int dx \text{（如果 } n \text{ 是偶数）}$$

所以递推公式(5-3-13)是有用的。

如果将计算定理和不定积分的分部积分法结合起来，可以得到**定积分的分部积分法**。对式(5-3-8)两边从 a 到 b 积分，同时假设 f' 和 g' 是连续的，然后利用微积分基本公式可得

$$\int_a^b f(x) g'(x) \, dx = [f(x) g(x)]_a^b - \int_a^b g(x) f'(x) \, dx \qquad (5-3-14)$$

或
$$\int_a^b u\mathrm{d}v = [uv]_a^b - \int_a^b v\mathrm{d}u \tag{5-3-15}$$

例 5 - 3 - 37 计算 $\int_0^1 \arctan x \mathrm{d}x$。

解 令 $u = \arctan x, \mathrm{d}v = \mathrm{d}x$,则 $\mathrm{d}u = \dfrac{1}{1+x^2}, v = x$。由式(5 - 3 - 15)可得

$$\int_0^1 \arctan x \mathrm{d}x = [x\arctan x]_0^1 - \int_0^1 \frac{x}{1+x^2}\mathrm{d}x$$

$$= 1 \cdot \arctan 1 - 0 \cdot \arctan 0 - \int_0^1 \frac{x}{1+x^2}\mathrm{d}x$$

$$= \frac{\pi}{4} - \int_0^1 \frac{x}{1+x^2}\mathrm{d}x$$

为了计算这个积分,我们利用换元法令 $t = 1 + x^2$,则 $\mathrm{d}t = 2x\mathrm{d}x$,因此 $x\mathrm{d}x = \mathrm{d}t/2$。当 $x = 0$ 时,$t = 1$;当 $x = 1$ 时,$t = 2$,于是

$$\int_0^1 \frac{x}{1+x^2}\mathrm{d}x = \frac{1}{2}\int_1^2 \frac{\mathrm{d}t}{t} = \left[\frac{1}{2}\ln|t|\right]_1^2 = \frac{1}{2}(\ln 2 - \ln 1) = \frac{1}{2}\ln 2$$

因此

$$\int_0^1 \arctan x \mathrm{d}x = \frac{\pi}{4} - \int_0^1 \frac{x}{1+x^2}\mathrm{d}x = \frac{\pi}{4} - \frac{1}{2}\ln 2$$

5.3.4 有理函数的积分法

两个多项式函数的商构成的函数 $\dfrac{P(x)}{Q(x)}$ 称为**有理函数**。通过对有理函数分解成多个简单部分之和来对有理函数进行积分,将这种方法称为有理函数分解,这样我们就可以进一步积分了。接下来的例子将说明这一点。

例 5 - 3 - 38 计算 $\int \dfrac{5x-4}{2x^2+x-1}\mathrm{d}x$。

解 注意到分母可以分解成线性因子之积,$\dfrac{5x-4}{2x^2+x-1} = \dfrac{5x-4}{(x+1)(2x-1)}$,在这种情况下,分子的次数低于分母的次数,我们可以将有理函数写成部分分式之和的形式,

$$\frac{5x-4}{(x+1)(2x-1)} = \frac{A}{x+1} + \frac{B}{2x-1}$$

这里的 A 和 B 是常数,为了求得 A 和 B 的值我们在等式的两边同时乘以 $(x+1)(2x-1)$,得到

$$5x - 4 = A(3x-1) + B(x+1)$$

或

$$5x - 4 = (2A+B)x + (-A+B)$$

x 的系数和常数都应该对应相等,于是有 $2A + B = 5$ 和 $-A + B = -4$,解线性方程组可得 $A = 3$ 和 $B = -1$,因此 $\dfrac{5x-4}{(x+1)(2x-1)} = \dfrac{3}{x+1} - \dfrac{1}{2x-1}$,分式的每一部分都是容易积分的,因此得到

$$\int \frac{5x-4}{2x^2+x-1}\mathrm{d}x = \int \left(\frac{3}{x+1} - \frac{1}{2x-1}\right)\mathrm{d}x$$

$$= 3\ln|x+1| - \frac{1}{2}\ln|2x-1| + C$$

注1 如果有理函数中分子的次数等于或高于分母的次数,我们要先做一个长除法,例如

$$\frac{2x^3-11x^2-2x+2}{2x^2+x-2} = x-6 + \frac{5x-4}{(x+1)(2x-1)}$$

注2 如果分母多于两个线性因子,我们需要一个因子对应一项,例如

$$\frac{x+6}{x(x-3)(4x+5)} = \frac{A}{x} + \frac{B}{x-3} + \frac{C}{4x+5}$$

这里的 A、B 和 C 是常数,可以通过求解以 A、B、C 为未知量的方程组得到。

注3 如果线性因子是重次的,在部分分式里面我们需要有一个特殊的项,这里给出一个例子。

$$\frac{x}{(x+2)^2(x-1)} = \frac{A}{x+2} + \frac{B}{(x+2)^2} + \frac{C}{x-1}$$

注4 当我们对分母尽可能地分解时,有可能得到不能继续简化的二次因子 ax^2+bx+c,它的判别式 $b^2-4ac<0$,则它对应的部分分式是这样的形式

$$\frac{Ax+B}{ax^2+bx+c}$$

这里的 A 和 B 是可求的常数,这一项的积分可以通过配方和公式

$$\int \frac{\mathrm{d}x}{x^2+a^2} = \frac{1}{a}\arctan\left(\frac{x}{a}\right) + C$$

来积分。

例 5-3-39 计算 $\int \frac{2x^2-x+4}{x^3+4x}\mathrm{d}x$。

解 由于 $x^3+4x=x(x^2+4)$ 不能再进行分解,所以可得

$$\frac{2x^2-x+4}{x^3+4x} = \frac{A}{x} + \frac{Bx+C}{x^2+4}$$

两边同时乘以 $x(x^2+4)$ 可得

$$2x^2-x+4 = A(x^2+4) + (Bx+C)x = (A+B)x^2 + Cx + 4A$$

求解系数可得

$$A+B=2, \quad C=-1, \quad 4A=4$$

因此 $A=2, B=1, C=-1$,于是有

$$\int \frac{2x^2-x+4}{x^3+4x}\mathrm{d}x = \int \left[\frac{1}{x} + \frac{x-1}{x^2+4}\right]\mathrm{d}x$$

为了对第二项进行积分,将它分成两部分

$$\int \frac{x-1}{x^2+4}\mathrm{d}x = \int \frac{x}{x^2+4}\mathrm{d}x - \int \frac{1}{x^2+4}\mathrm{d}x$$

$$\int \frac{2x^2 - x + 4}{x^3 + 4x} dx = \int \frac{1}{x} dx + \int \frac{x}{x^2 + 4} dx - \int \frac{1}{x^2 + 4} dx$$

$$= \ln|x| + \frac{1}{2}\ln(x^2 + 4) - \frac{1}{2}\arctan(x/2) + C$$

对于某些含有简单根式 $\sqrt[n]{ax+b}$ 或 $\sqrt[n]{\frac{ax+b}{cx+d}}$ 的函数,通过直接对根式做变量代换,可以将被积函数转化为有理函数,然后再利用部分分式进行积分,我们也通过例子来说明。

例 5-3-40 计算 $\int \frac{1}{1+\sqrt[3]{x+2}} dx$。

解 设 $\sqrt[3]{x+2} = u$,于是 $x = u^3 - 2$,$dx = 3u^2 du$,则

$$\int \frac{1}{1+\sqrt[3]{x+2}} dx = \int \frac{3u^2}{1+u} du = 3\int \left(u - 1 + \frac{1}{1+u}\right) du$$

$$= 3\left(\frac{u^2}{2} - u + \ln|1+u|\right) + C$$

$$= \frac{3}{2}\sqrt[3]{(x+2)^2} - 3\sqrt[3]{x+2} + \ln\left|1+\sqrt[3]{x+2}\right| + C$$

例 5-3-41 计算 $\int \frac{1}{(1+\sqrt[3]{x})\sqrt{x}} dx$。

解 被积函数中出现了两个根式 $\sqrt[3]{x}$ 和 $\sqrt{x}$,为了能同时消去这两个根式,令 $\sqrt[6]{x} = u$,则 $dx = 6u^5 du$,于是

$$\int \frac{1}{(1+\sqrt[3]{x})\sqrt{x}} dx = \int \frac{6u^5}{(1+u^2)u^3} du = 6\int \frac{u^2}{1+u^2} du$$

$$= 6\int \left(1 - \frac{1}{1+u^2}\right) du = 6(u - \arctan u) + C$$

$$= 6(\sqrt[6]{x} - \arctan \sqrt[6]{x}) + C$$

通过前面的讨论我们可以看到,积分的计算要比导数的计算灵活、复杂。为了使用的方便,我们把常用的积分公式汇集成表,称为**积分表**。积分表是按照被积函数的类型排列的。如果手动计算困难时可以按照类型进行查询。当然,积分不会经常以积分表里的形式出现,所以我们经常需要换元或化简转化成积分表里出现的形式。

例 5-3-42 利用积分表计算 $\int_0^2 \frac{x^2+12}{x^2+4} dx$。

解 积分表里只有一个积分与所给积分相似,那就是

$$\int \frac{du}{a^2+u^2} = \frac{1}{a}\arctan \frac{u}{a} + C$$

又

$$\frac{x^2+12}{x^2+4} = 1 + \frac{8}{x^2+4}$$

利用公式($a=2$):

$$\int_0^2 \frac{x^2+12}{x^2+4}dx = \int_0^2 \left(1+\frac{8}{x^2+4}\right)dx$$

$$= x + 8 \cdot \frac{1}{2}\arctan\frac{x}{2}\Big]_0^2$$

$$= 2 + 4\arctan 1 = 2 + \pi$$

例 5-3-43 利用积分表计算 $\int \frac{x^2}{\sqrt{5-4x^2}}dx$。

解 查表,得

$$\int \frac{u^2}{\sqrt{a^2-u^2}}du = -\frac{u}{2}\sqrt{a^2-u^2} + \frac{a^2}{2}\arcsin\left(\frac{u}{a}\right) + C$$

先做换元 $u=2x$,可知

$$\int \frac{x^2}{\sqrt{5-4x^2}}dx = \int \frac{(u^2/2)^2}{\sqrt{5-u^2}}\frac{du}{2} = \frac{1}{8}\int \frac{u^2}{\sqrt{5-u^2}}du$$

再令 $a^2=5(a=\sqrt{5})$,利用公式可得

$$\int \frac{x^2}{\sqrt{5-4x^2}}dx = \frac{1}{8}\int \frac{u^2}{\sqrt{5-u^2}}du = \frac{1}{8}\left[-\frac{u}{2}\sqrt{5-u^2} + \frac{5}{2}\arcsin\frac{u}{\sqrt{5}}\right] + C$$

$$= -\frac{x}{8}\sqrt{5-4x^2} + \frac{5}{16}\arcsin\left(\frac{2x}{\sqrt{5}}\right) + C$$

例 5-3-44 利用积分表计算 $\int x^3\sin x dx$。

解 因为

$$\int x^3\sin x dx = -x^3\cos x + 3\int x^2\cos x dx$$

现在计算积分 $\int x^2\cos x dx$,继续利用公式,知

$$\int x^2\cos x dx = x^2\sin x - 2\int x\sin x dx$$

$$= x^2\sin x - 2(\sin x - x\cos x) + K$$

联立这些计算的结果,可得

$$\int x^3\sin x dx = -x^3\cos x + 3x^2\sin x + 6x\cos x - 6\sin x + C(C=3K)$$

例 5-3-45 利用积分表计算 $\int x\sqrt{x^2+2x+4}dx$。

解 由于积分表给出的形式包含 $\sqrt{a^2-x^2}$,$\sqrt{a^2+x^2}$ 和 $\sqrt{x^2-a^2}$,但是没有 $\sqrt{ax^2+bx+c}$,所以我们首先进行配方:$x^2+2x+4=(x+1)^2+3$,令 $u=x+1$(则 $x=u-1$),则积分具有形式 $\sqrt{a^2+u^2}$:

$$\int x\sqrt{x^2+2x+4}dx = \int (u-1)\sqrt{u^2+3}du$$

$$= \int u\sqrt{u^2+3}\,du - \int \sqrt{u^2+3}\,du$$

第一个积分可以通过换元 $t = u^2 + 3$ 计算：

$$\int u\sqrt{u^2+3}\,du = \frac{1}{2}\int \sqrt{t}\,dt = \frac{1}{2} \cdot \frac{2}{3}t^{2/3} = \frac{1}{3}(u^2+2)^{3/2} + C$$

对第二个积分可以利用公式 ($a = \sqrt{3}$)：

$$\int \sqrt{u^2+3}\,du = \frac{u}{2}\sqrt{u^2+3} + \frac{3}{2}\ln(u+\sqrt{u^2+3}) + C$$

这样

$$\int x\sqrt{x^2+2x+4}\,dx = \frac{1}{3}(x^2+2x+4)^{3/2} - \frac{x+1}{2}\sqrt{x^2+2x+4} -$$
$$\frac{3}{2}\ln(x+1+\sqrt{x^2+2x+4}) + C$$

习题 5-3
(A)

1. 填空题

(1) $2x\,dx = \underline{\qquad} d(x^2+3)$；

(2) $\dfrac{dx}{1+4x^2} = \underline{\qquad} d(\arctan 2x)$；

(3) $xe^{2x^2}\,dx = d\underline{\qquad}$；

(4) $\int \dfrac{\ln x}{x}\,dx = \underline{\qquad}$；

(5) $\int \ln x\,dx = \underline{\qquad}$；

(6) $\int x\sin x\,dx = \underline{\qquad}$；

(7) $\int xe^{-x}\,dx = \underline{\qquad}$；

(8) $\int \arctan x\,dx = \underline{\qquad}$；

(9) $\int 3x^2(1+x^3)^5\,dx$ 用 $u = 1+x^3$ 换元后变为 $\underline{\qquad}$；

(10) 积分 $\int e^x/(4+e^{2x})\,dx$ 用 $\underline{\qquad}$ 换元后变为 $\int 1/(4+u^2)\,du$；

(11) 积分 $\int_0^{\frac{\pi}{2}}(1+\sin\theta)^3\cos\theta\,d\theta$ 用 $u = 1+\sin\theta$ 换元后变为 $\underline{\qquad}$；

(12) 为了求 $\int \cos^2 x\,dx$，需要首先将其改写成 $\underline{\qquad}$；

(13) 为了求 $\int \cos^3 x\,dx$，需要首先将其改写成 $\underline{\qquad}$；

(14) 为了求 $\int x\sqrt{x-3}\,dx$，需要做换元 $u = \underline{\qquad}$；

(15) 为了求含有 $\sqrt{4-x^2}$ 的积分，需要做换元 $u = \underline{\qquad}$；

(16) 为了求含有 $\sqrt{4+x^2}$ 的积分，需要做换元 $u = \underline{\qquad}$；

(17) 为了求含有 $\sqrt{x^2-4}$ 的积分，需要做换元 $u = \underline{\qquad}$。

2. 选择题

(1) $\int \dfrac{1}{2-3x}dx = ($ $)$。

A. $\ln|2-3x| + C$
B. $\dfrac{1}{3}\ln|2-3x| + C$
C. $-\dfrac{1}{3}\ln|2-3x|$
D. $-\dfrac{1}{3}\ln|2-3x| + C$

(2) 若 $f'(x)$ 为连续函数,则 $\int f'(2x)dx = ($ $)$。

A. $f(2x) + C$
B. $f(x) + C$
C. $\dfrac{1}{2}f(2x) + C$
D. $2f(2x) + C$

(3) 设 $F(x)$ 是 $f(x)$ 的一个原函数,则 $\int e^{-x}f(e^{-x})dx = ($ $)$。

A. $F(e^{-x}) + C$
B. $-F(e^{-x}) + C$
C. $F(e^{x}) + C$
D. $-F(e^{x}) + C$

(4) $\int xf''(x)dx = ($ $)$。

A. $xf'(x) - f(x) + C$
B. $xf'(x) - f'(x) + C$
C. $xf'(x) + f(x) + C$
D. $xf'(x) - \int f(x)dx$

(5) 设 $f(x)$ 的原函数为 $\ln(x+\sqrt{1+x^2})$,则 $\int xf'(x)dx = ($ $)$。

A. $\dfrac{1}{\sqrt{1+x^2}} - \ln(x+\sqrt{1+x^2}) + C$
B. $\dfrac{1}{\sqrt{1+x^2}} + \ln(x+\sqrt{1+x^2}) + C$
C. $\dfrac{x}{\sqrt{1+x^2}} - \ln(x+\sqrt{1+x^2}) + C$
D. $\dfrac{x}{\sqrt{1+x^2}} + \ln(x+\sqrt{1+x^2}) + C$

3. 求下列不定积分。

(1) $\int \dfrac{4x}{\sqrt{1+2x^2}}dx$;

(2) $\int \dfrac{\cos x - \sin x}{\cos x + \sin x}dx$;

(3) $\int \left(1 - \dfrac{1}{x^2}\right)e^{x+\frac{1}{x}}dx$;

(4) $\int \dfrac{1 + \ln x}{(x\ln x)^2}dx$;

(5) $\int \tan^8 x \sec^2 x \, dx$;

(6) $\int \sin x \cos 2x \, dx$;

(7) $\int \sin^3 x \cos^5 x \, dx$;

(8) $\int \dfrac{dx}{e^x + e^{-x}}$;

(9) $\int \dfrac{dx}{1 + \sqrt{x-1}}$;

(10) $\int \dfrac{f'(x)}{1 + [f(x)]^2}dx$;

(11) $\int \dfrac{\ln x - 1}{x^2}dx$;

(12) $\int x\tan^2 x \, dx$;

(13) $\int \dfrac{\arcsin \sqrt{x}}{\sqrt{x}}dx$;

(14) $\int e^x \cos x \, dx$;

(15) $\int \dfrac{dx}{x(x^2+1)}$;

(16) $\int \dfrac{dx}{3 + \cos x}$;

(17) $\int \dfrac{\mathrm{d}x}{1+\sqrt[3]{x+1}}$;

(18) $\int \dfrac{\mathrm{d}x}{\sqrt{1-x}-1}$;

(19) $\int \dfrac{3-x}{\sqrt{16+6x-x^2}}\mathrm{d}x$;

(20) $\int \dfrac{\tan x}{\sqrt{\sec^2 x - 4}}\mathrm{d}x$;

(21) $\int \sqrt{5-4x-x^2}\,\mathrm{d}x$;

(22) $\int \dfrac{\sqrt{t^2-1}}{t^3}\mathrm{d}t$;

(23) $\int \dfrac{2x+1}{x^2+2x+2}\mathrm{d}x$;

(24) $\int \dfrac{x^3+x^2}{x^2+5x+6}\mathrm{d}x$;

(25) $\int \dfrac{1}{(x-1)^2(x+4)^2}\mathrm{d}x$;

(26) $\int \dfrac{1}{x(2+x^{10})}\mathrm{d}x$;

(27) $\int \dfrac{1}{\sin 2x \cos x}\mathrm{d}x$;

(28) $\int \dfrac{\sqrt{x}}{\sqrt{a^3-x^3}}\mathrm{d}x\ (a>0)$;

(29) $\int \dfrac{x^4+1}{x^6+1}\mathrm{d}x$;

(30) $\int \dfrac{\sin 2x}{1+\sin^4 x}\mathrm{d}x$。

4. 求下列定积分。

(1) $\int_{-2}^{-1} \dfrac{1}{(11+5x)^3}\mathrm{d}x$;

(2) $\int_0^{\frac{\pi}{2}} \sin\theta\cos^3\theta\,\mathrm{d}\theta$;

(3) $\int_1^{\frac{\pi}{2}} \dfrac{1+\cos x}{x+\sin x}\mathrm{d}x$;

(4) $\int_1^{\sqrt{3}} \dfrac{1}{x^2\sqrt{1+x^2}}\mathrm{d}x$;

(5) $\int_0^1 x\arcsin x\,\mathrm{d}x$;

(6) $\int_0^{\frac{\pi}{2}} \dfrac{x+\sin x}{1+\cos x}\mathrm{d}x$;

(7) $\int_{-5}^{5} \dfrac{x^3\sin^2 x}{x^4+2x^2+1}\mathrm{d}x$;

(8) $\int_{-3}^{3} (x^3+4)\sqrt{9-x^2}\,\mathrm{d}x$;

(9) $\int_0^3 \dfrac{x^3}{\sqrt{9+x^2}}\mathrm{d}x$;

(10) $\int_4^6 \dfrac{x-17}{x^2+x-12}\mathrm{d}x$。

5. 已知 $\int_{-a}^{a}(2x-1+\arctan x)\mathrm{d}x = -4$,求 a。

6. 设 $f(x)=\begin{cases} 1+x^2 & (x<0) \\ \mathrm{e}^{-x} & (x\geq 0) \end{cases}$,求 $\int_1^3 f(x-2)\mathrm{d}x$。

7. 已知 $\dfrac{\sin x}{x}$ 是 $f(x)$ 的一个原函数,求 $\int x^3 f'(x)\mathrm{d}x$。

8. 证明递推公式 $\int (\ln x)^\alpha \mathrm{d}x = x(\ln x)^\alpha - \alpha\int (\ln x)^{\alpha-1}\mathrm{d}x$。

9. 证明等式 $\int_0^x \left(\int_0^t f(z)\mathrm{d}z\right)\mathrm{d}t = \int_0^x f(t)(x-t)\mathrm{d}t$。

(B)

1. 选择题

(1) $\int x f(x^2) f'(x^2)\mathrm{d}x = (\quad)$。

A. $\dfrac{1}{4}[f(x^2)]^2 + C$

B. $\dfrac{1}{2}[f(x^2)]^2 + C$

C. $\frac{1}{2}f(x^2) + C$
D. $\frac{1}{4}f(x^2) + C$

(2) 设 $f(x) = e^{-x}$，则 $\int \frac{f'(\ln x)}{x} dx = ($)。

A. $-\ln x + C$
B. $\ln x + C$
C. $-\frac{1}{x} + C$
D. $\frac{1}{x} + C$

(3) 设 $I_n = \int \cos^n x dx, n \in N^+$，则有递推公式( )。

A. $\frac{1}{n}\sin x + \frac{n-1}{n}I_{n-1}$
B. $\frac{1}{n}\cos^{n-1} x + \frac{n-1}{n}I_{n-1}$
C. $\frac{1}{n}\sin x \cos^{n-1} x - \frac{n-1}{n}I_{n-2}$
D. $\frac{1}{n}\sin x \cos^{n-1} x + \frac{n-1}{n}I_{n-2}$

(4) 设 $\int f(x) dx = F(x) + C$，当 $f'(x)$ 及 $f(x)$ 的反函数 $f^{-1}(x)$ 均连续时，则 $\int f^{-1}(x) dx = ($)。

A. $xf(x) - F[f^{-1}(x)] + C$
B. $xf(x) + F[f^{-1}(x)] + C$
C. $xf^{-1}(x) - F[f^{-1}(x)] + C$
D. $xf^{-1}(x) + F[f^{-1}(x)] + C$

2. 计算下列不定积分。

(1) $\int \frac{e^{2x}}{1 + e^x} dx$；

(2) $\int \frac{\ln \tan x}{\cos x \cdot \sin x} dx$；

(3) $\int x^3 \sqrt{4 - x^2} dx$；

(4) $\int \frac{\sqrt[3]{x}}{x(\sqrt{x} + \sqrt[3]{x})} dx$；

(5) $\int \frac{3}{x^3 + 1} dx$；

(6) $\int \frac{dx}{(2 + \cos x)\sin x}$；

(7) $\int \frac{1}{x^4 \sqrt{1 + x^2}} dx$；

(8) $\int \frac{x + 1}{\sqrt{-4x^2 + 4x + 3}} dx$；

(9) $\int \frac{x + 1}{x(1 + xe^x)} dx$；

(10) $\int \frac{1}{(2 + \cos x)\sin x} dx$；

(11) $\int_0^{\frac{1}{2}} (\arcsin x)^2 dx$；

(12) $\int_0^{\frac{\pi}{4}} \ln(1 + \tan x) dx$；

(13) $\int_0^{\frac{\pi}{2}} \frac{x + \sin x}{1 + \cos x} dx$；

(14) $\int_0^x \max\{t^3, t^2, 1\} dt$。

3. 设 $\int xf(x) dx = \arcsin x + C$，求 $\int \frac{1}{f(x)} dx$。

4. 已知 $f'(\ln x) = \begin{cases} 1 & (0 < x \leq 1) \\ x & (1 < x < +\infty) \end{cases}$，且 $f(0) = 0$，求 $f(x)$。

5. 若 $f(x)$ 在 $[a, b]$ 上连续，证明 $\int_a^b f(x) dx = (b - a)\int_0^1 f[a + (b - a)x] dx$。

6. 证明 $\int_0^{\frac{\pi}{2}} \frac{\sin\theta d\theta}{\sin\theta + \cos\theta} = \int_0^{\frac{\pi}{2}} \frac{\cos\theta d\theta}{\sin\theta + \cos\theta}$，并利用结果计算 $\int_0^{\frac{\pi}{2}} \frac{\sin\theta d\theta}{\sin\theta + \cos\theta}$。

7. 设 $\Phi(x) = \int_0^x \cos(t - x) dt$，求 $\frac{d\Phi(x)}{dx}$。

8. 设 $f(x) = \int_1^x e^{-t^2} dt$，求 $\int_0^1 f(x) dx$。

9. 已知函数 $f(x)$ 连续，且 $\lim\limits_{x\to 0} \dfrac{f(x)}{x} = 2$，设 $\varphi(x) = \int_0^1 f(xt) dt$，求 $\varphi'(x)$，并讨论 $\varphi'(x)$ 的连续性。

10. 设函数 $f(x)$ 在 $[0,1]$ 上可微，且满足 $f(1) - 2\int_0^{\frac{1}{2}} xf(x) dx = 0$。证明在 $(0,1)$ 内至少存在一点 ξ，使得 $f'(\xi) = -\dfrac{f(\xi)}{\xi}$。

§5.4 定积分的应用

在引入定积分概念中，我们利用物体的速度在时间段上的定积分来表达物体所走过的路程，其方法是将时间段分成时间小段，对每个小时间段上近似计算路程得到黎曼和，当时间间隔分割变得越来越细时对黎曼和求极限，这就将问题转化成了定积分。处理过程中，最关键是如何把所求的量分割成许多小片段，使得可以对一小片段计算所求的量，通过分割、近似、求和与取极限也就得到了所求量。

在这一章我们将继续利用上述思想，计算曲线围成的面积、立体的体积、曲线的弧长、函数的平均值、变力做功、质心、压力等问题，并讨论将定积分应用于生物学、经济学、统计学等方面。

5.4.1 定积分的元素法

为了将定积分解决问题的分析过程转变为一种方法，我们先来看几个例子。

例 5-4-1 公路附近居民数量 以沿市中心（钟楼）向西大街延伸为例，因生活在公路附近的居民人口的数量随着距西安市中心的距离而变化。假设在距这一城市 x km 处，毗邻公路的人口的密度为 $f(x)$ 人/km。请把距市中心 10km 内毗邻这条公路的人口总数用定积分表示出来。

解 首先，粗略估计每千米长的公路其附近人口数量。因为在市中心的人口密度为 $f(0)$，可以用该数据作为整个第 1km 的人口密度，于是第 1km 区域内生活在公路附近的人口数量近似为 $f(0) \times 1$ 人。在 1km 处，人口密度为 $f(1)$，用这一密度代表第二个 1km 内人口密度的数值，便得到在第 2km 区域内人口数量的近似值为 $f(1) \times 1$ 人，继续这样做下去，10km 内的总人口数量为

$$f(0) + f(1) + \cdots + f(9)$$

为了得到更加精确的估算，我们可以把这段距离分割成每段 100m 的路段，那么在第一个 100m 内的人口数量粗略地为这一个 100m 路段开始处的人口密度乘以 1/10（因为例子中人口密度是以每千米数量计算的），或可写成 $f(0) \times 1/10$。在下一个 100m 的人口数量大约为这一 100m 开始处的人口密度乘以 1/10，或 $f(0.1) \times 1/10$，等等，总的估算为

$$\underbrace{f(0) \times 0.1 + f(0.1) \times 0.1 + f(0.2) \times 0.1 + \cdots + f(9.9) \times 0.1}_{100}$$

这样得到近似求人口总数的黎曼和，它是按照把区间 $[0,10]$ 分割成步长为 $\Delta x = 0.1$ 的 100 个

小区间的方法得到的。在每一个小区间$[x_i, x_i + \Delta x]$内,人口数量大约为$f(x_i)\Delta x$,即人口密度乘以这区间的长度(图5-4-1)。

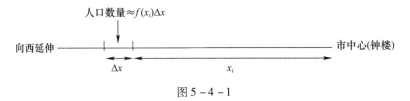

图5-4-1

以上所有这些小区间的估算值加起来就给出了总人口数量的估算值

$$总人口数量 \approx \sum_{i=0}^{99} f(x_i)\Delta x$$

若把整个区间等分成n份,那么便有

$$总人口数量 \approx \sum_{i=0}^{n-1} f(x_i)\Delta x$$

让$n \to \infty$,便得到

$$总人口数量 = \lim_{n \to \infty} \sum_{i=0}^{n-1} f(x_i)\Delta x = \int_0^{10} f(x)\,dx$$

例5-4-2 柱状空气质量 高出地面$h(\text{m})$处的空气密度为$P = f(h)$(以kg/m^3为单位),试求出底面直径为2m、高为25km的圆柱形空间中的空气的质量。

解 该题中空气柱体是一地面直径为2m,高为25000m的正圆柱体。首先,我们要决定如何分割这一圆柱体。既然空气的密度随高度变化而在水平方向不变,那么选取水平空气片这种分割就是有意义的。按照这种方式,密度在整个水平空气片内大致保持常数,大约等于这一水平空气片底部的空气的密度值(图5-4-2)。

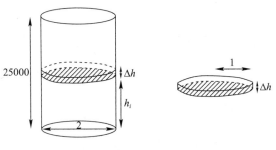

图5-4-2

水平空气片可理解为是一高为Δh、底面直径为2m的圆柱体,于是,其底面半径为1m,我们可以通过把其体积乘以密度的办法得到这一空气片的近似质量,即体积为

$$\pi r^2 \cdot \Delta h = \pi \cdot 1^2 \cdot \Delta h = \pi \cdot \Delta h \,(\text{m}^3)$$

高度h_i和$h_i + \Delta h$之间的空气片的密度大约为$f(h_i)$,于是有

$$空气片的质量 \approx 体积 \times 近似密度 = \pi \cdot \Delta h \cdot f(h_i)\,(\text{kg})$$

如果有n层空气片,那么把按上述方法求得的各空气片的质量加起来,我们便得到黎曼和:

$$总质量 \approx \sum_{i=0}^{n-1} \pi f(h_i)\Delta h \,(\text{kg})$$

当上式中 $n\to\infty$,这一和式就趋近于下面的定积分:

$$\text{总质量} = \int_0^{25000} \pi f(h)\,dh \text{ (kg)}$$

为了得到有关空气质量的数量值,假设高为 h 处的空气密度为

$$P = f(h) = 1.28 e^{-0.000124h}$$

则有

$$\text{质量} = \int_0^{25000} \pi \times 1.28 e^{-0.000124h}\,dh = \frac{1.28\pi}{0.000124}\left(-e^{-0.000124h}\Big|_0^{25000}\right) \approx 31000 \text{ (kg)}$$

例 5-4-2 中,我们并没有像例 5-4-1 中那样写出任何特定(比如说用 20 等分,200 等分分割)的黎曼和。为了能够写出定积分,我们代之以考虑有关问题的一般的黎曼和。Δh 变成了 dh,而考虑到变量 h 的变化范围,我们便得到了定积分中积分限。一旦决定了取水平切割圆柱体,我们便知道了一个典型的空气片具有 Δh 的厚度,因此 h 一定是定积分中的变量了。我们得到的定积分中积分限必定就是 h 的值。

另外,还需要仔细领会如何分割一个几何量或物理量。从例题中可以感受到,关键在于牢记你是为了寻求密度、速度或是其他什么量在分割成的每一部分中都要几乎是常数。

例 5-4-3 城市总人口 指环城的人口密度是到这一城市中心距离的函数:距中心 r(km)处,密度为 $P = f(r)$(人/km²)。指环城的半径为 5km。试写出指环城总人数的积分表达式。

解 我们需要分割指环城这一城市,然后在每一分割区域内估算出人口的数量。假设我们把城市分割成直线条块,那么在每一条块上人口密度就是变化着的,因为密度依赖的是到城市中心的距离,所以这样分是不行的。我们的目的是要把城市分割成这样的区域,在该分割区域内人口密度非常接近一常数,这样才能够通过把密度与这一区域的面积相乘的办法得到这一区域内人口的估算值。于是,我们把这一城市分割成以城市为中心的圆环形区域(图 5-4-3)。由于这样的环形区域非常窄,便可以通过把它拉直成一窄矩形区域的办法来非常近似地求出这一区域的面积(图 5-4-4),拉成的矩形区域的宽度为 Δr(km),而其长度近似等于这一环的周长,即 $2\pi r$(km),所以这一区域的面积即为 $2\pi r\Delta r$(km²)。

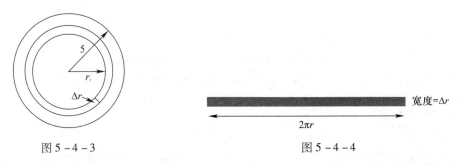

图 5-4-3　　　　　　　　　　　图 5-4-4

于是有

$$\text{环形区域的人口} \approx \text{密度} \times \text{面积}$$

即

$$\text{环形区域内的人口} \approx f(r) \times 2\pi r\Delta r \text{ (人)}$$

把分布在各环形区域内的人口加起来,便得到

$$\text{总人口数量} \approx \sum 2\pi r f(r) \Delta r \text{ (人)}$$

于是

$$\text{总人口数量} = \int_0^5 2\pi r f(r) \mathrm{d}r \text{ (人)}$$

注 如果我们用环的外圆的面积 $[\pi(r+\Delta r)^2]$ 减去环的内圆的面积 πr^2 而得到环形区域的面积

$$\text{环形区域的面积} = \pi(r+\Delta r)^2 - \pi r^2 = 2\pi r \Delta r + \pi(\Delta r)^2$$

这一表达式与我们前面使用的不同,多了一项 $\pi(\Delta r)^2$。可是当 Δr 变得非常小的时候,$\pi(\Delta r)^2$ 则变得更小。我们说它是二阶小量,因为这一小量的幂次为 2。在取 $\Delta r \to 0$ 时的极限可以忽略不计 $\pi(\Delta r)^2$,所以用矩形区域可以代替环形区域。

关于这些主题的应用在方法上和寻求曲线下的面积方法是相似的。一般地,如果某一实际问题中所求量 U 符合下列条件:

(1) U 是与一个变量 x 的变化区间 $[a,b]$ 有关的量;

(2) U 对于区间 $[a,b]$ 具有可加性,就是说,如果把区间 $[a,b]$ 分成许多部分区间,则 U 相应地分成许多部分量,而 U 等于所有部分量之和;

(3) 部分量 ΔU_i 的近似值可表示为 $f(\xi_i)\Delta x_i$。

那么就可考虑用定积分来表达这个量 U。

通常写出这个量的积分表达式的步骤是:

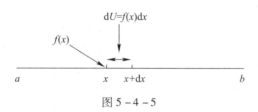

图 5-4-5

(1) 根据问题的具体情况,选取一个变量,例如 x 为积分变量,并确定它的变化区间 $[a,b]$;

(2) 设想把区间 $[a,b]$ 分成 n 个小区间,取其中任一小区间并记作 $[x, x+\mathrm{d}x]$(图 5-4-5),求出相应于这个小区间的部分量 ΔU 的近似值。如果 ΔU 能近似地表示成 $[a,b]$ 上的一个连续函数在 x 处的值 $f(x)$ 与 $\mathrm{d}x$(这里 ΔU 与 $f(x)\mathrm{d}x$ 相差一个比 $\mathrm{d}x$ 高阶的无穷小)的乘积,就把 $f(x)\mathrm{d}x$ 称为量 U 的元素且记为 $\mathrm{d}U$,即

$$\mathrm{d}U = f(x)\mathrm{d}x$$

(3) 以所求量 U 的元素 $f(x)\mathrm{d}x$ 为被积表达式,在区间 $[a,b]$ 上作定积分,得

$$U = \int_a^b f(x)\mathrm{d}x$$

这就是所求量 U 的积分表达式。

这个方法通常称为**元素法**(或**微元法**)。我们将应用这个方法来讨论几何、物理中的一些问题。

5.4.2 定积分在几何上的应用

1. 平面图形的面积

本节我们来计算更一般区域的面积。首先我们讨论两个函数曲线之间区域的面积,然后讨论参数曲线围成区域的面积。

1) 直角坐标系情形

X - 型区域

考虑曲线 $y = f(x), y = g(x)$ 以及垂直直线 $x = a, x = b$ 所围区域的面积,这里 $f(x)$、$g(x)$ 是连续函数且 $f(x) \geq g(x) (x \in [a,b])$ (5-4-6)。该类区域的特点是用垂直于 x 轴的直线穿过它,直线与区域边界线的交点不超过两个,称其区域为 X - 型区域。

取横坐标 x 为积分变量,它的变化区间为 $[a,b]$,区域 S 上的任一小区间 $[x, x + \mathrm{d}x]$ 的窄条面积近似于高为 $f(x) - g(x)$,底为 $\mathrm{d}x$ 的矩形面积(图 5-4-6),从而得到面积微元

$$\mathrm{d}A = [f(x) - g(x)] \mathrm{d}x$$

因此我们有下面的面积公式:

$$A = \int_a^b [f(x) - g(x)] \mathrm{d}x \qquad (5-4-1)$$

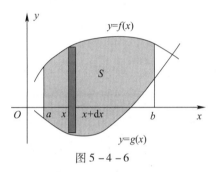

图 5-4-6

注意到 $g(x) = 0$ 的特殊情形是函数 $f(x)$ 曲线下区域的面积,与我们之前曲边梯形面积的计算结果是一致的。

当 $f(x), g(x)$ 都是正的时候,容易理解图 5-4-7 可以看出为什么式(5-4-1)是正确的。

$$A = \int_a^b f(x) \mathrm{d}x - \int_a^b g(x) \mathrm{d}x = \int_a^b [f(x) - g(x)] \mathrm{d}x$$

例 5-4-4 求抛物线 $y = x^2$ 和 $y = 2x - x^2$ 所围区域的面积。

解 首先,联立两抛物线方程求出交点坐标为 $(0,0)$ 和 $(1,1)$。

从图 5-4-8 中可以看出上曲线是 $y = 2x - x^2$,下曲线是 $y = x^2$,取 x 为积分变量,它的变化区间为 $[0,1]$,面积微元是

$$\mathrm{d}A = (2x - x^2 - x^2) \mathrm{d}x$$

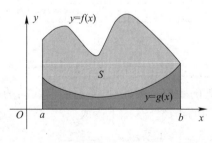

图 5-4-7

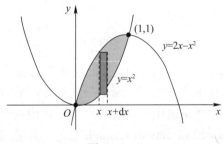

图 5-4-8

因此,总的面积是

$$A = \int_0^1 (2x - 2x^2) \mathrm{d}x = 2 \int_0^1 (x - x^2) \mathrm{d}x$$

$$= 2 \left[\frac{x^2}{2} - \frac{x^3}{3} \right]_0^1 = 2 \left(\frac{1}{2} - \frac{1}{3} \right) = \frac{1}{3}$$

有时候,要准确找出两条曲线的交点是非常困难的,甚至是不可能的。遇到这种情况,可以利用画草图确定交点的近似值,然后利用之前的方法来解决。

例 5-4-5 求解曲线 $y = \dfrac{x}{\sqrt{x^2+1}}$ 和 $y = x^4 - x$ 所围区域面积的近似值。

解 如果试图找到两条曲线的确切交点,我们需要求解方程

$$\frac{x}{\sqrt{x^2+1}} = x^4 - x$$

这看起来是一个求解非常困难的方程(事实上,是不可能求解的),因此,取而代之的是利用图形工具画出两条曲线(图 5-4-9),一个交点是原点,放大图形寻找另外一个交点,发现 $x \approx 1.18$。于是,两曲线间的面积的近似值是

$$A \approx \int_0^{1.18} \left[\frac{x}{\sqrt{x^2+1}} - (x^4 - x) \right] dx$$

为了积出第一项,令 $u = x^2 + 1$,则 $du = 2x dx$,当 $x \approx 1.18$ 时,$u \approx 2.39$。因此

$$A \approx \frac{1}{2} \int_1^{2.39} \frac{du}{\sqrt{u}} - \int_0^{1.18} x^4 - x dx = \sqrt{u} \Big]_1^{2.39} - \left[\frac{x^5}{5} - \frac{x^2}{2} \right]_0^{1.18}$$

$$= \sqrt{2.39} - 1 - \frac{1.18^5}{5} + \frac{1.18^2}{2} \approx 0.785$$

例 5-4-6 图 5-4-10 显示了两辆汽车的速度曲线 A 和 B,它们并排行驶在同样的道路上速度曲线间的面积代表了什么?用辛普森法计算它。

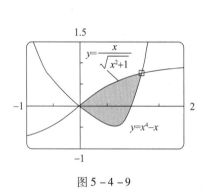

图 5-4-9

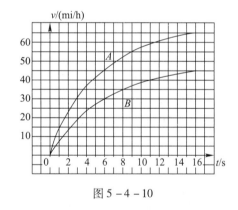

图 5-4-10

解 前面我们得知速度曲线 A 下的面积表示的是汽车 A 在前 16s 内行驶的距离,类似的速度曲线 B 下的面积表示的是汽车 B 在前 16s 内行驶的距离。因此,两条速度曲线间的面积表示的是两条曲线下面积的差,是 16s 内两辆汽车之间的距离。从图上读取速度并转换为 ft/s(1mi/h = 5280/3600ft/s,1mi/h 意为 1 英里/时),如表 5-4-1 所示。

表 5-4-1

t	0	2	4	6	8	10	12	14	16
v_A	0	34	54	67	76	84	89	92	95
v_B	0	21	34	44	51	56	60	63	65
$v_A - v_B$	0	13	20	23	25	28	29	29	30

利用辛普森法,8 等分时间区间,因此,$\Delta t=2$,我们估算 16s 后两车的距离为

$$\int_0^{16}(v_A-v_B)dt \approx \frac{2}{3}\times[0+4(13)+2(20)+4(23)+2(25)+4(28)+2(29)+4(29)+30]$$
$$\approx 367\text{ft}$$

Y-型区域

如果区域是以曲线 $x=f(y)$、$x=g(y)$、$y=c$ 和 $y=d$ 作为边界(图 5-4-11),这里的 f 和 g 是连续函数且 $f(y)\geq g(y)(y\in[c,d])$,称其为 Y-型区域。它的特点是用垂直于 y 轴的直线穿过它,直线与区域边界线的交点不超过两个。

此时,将 x 作为 y 的函数,取竖坐标 y 为积分变量,它的变化区间为 $[c,d]$,区域 S 上的任一小区间 $[y,y+dy]$ 的窄条面积近似于高为 $f(y)-g(y)$,底为 Δy 的矩形面积(图 5-4-11),从而得到面积微元

$$dA=[f(y)-g(y)]dy$$

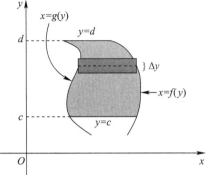

因此我们有下面的面积公式:

$$A=\int_c^d[f(y)-g(y)]dy \quad (5-4-2)$$

图 5-4-11

例 5-4-7 求解直线 $y=x-1$ 和抛物线 $y^2=2x+6$ 所围区域的面积。

解 通过求解方程组得交点为 $(-1,-2)$ 和 $(5,4)$,解自变量为 y 的抛物线方程,并在图 5-4-12 中注意到左右边界曲线分别是

$$x_L=\frac{1}{2}y^2-3 \quad \text{和} \quad x_R=y+1$$

在 $y=-2$ 和 $y=4$ 之间进行积分,于是

$$A=\int_{-2}^4(x_R-x_L)dx=\int_{-2}^4\left[(y+1)-\left(\frac{1}{2}y^2-3\right)\right]dx=\int_{-2}^4\left(-\frac{1}{2}y^2+y+4\right)dx$$
$$=-\frac{1}{2}\left(\frac{y^3}{3}\right)+\frac{y^2}{2}+4y\Big|_{-2}^4=-\frac{1}{6}\times 64+8+16-\left(\frac{4}{3}+2-8\right)=18$$

注意到积分区域其实既是 X-型域,又是 Y-型域,我们已经通过按照 Y-型域对 y 积分求出了例 5-4-4 中的面积,如果按照 X-型域也是可以计算的,但是这种计算太复杂。这将意味着将区域分成两部分,并分别计算标记为 A_1 和 A_2 的面积(图 5-4-13)。

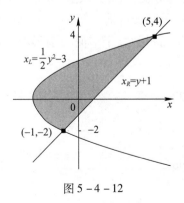

图 5-4-12

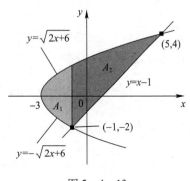

图 5-4-13

2) 参数曲线围成的面积

我们知道曲线 $y = F(x)(a \leq x \leq b)$ 下的面积是 $A = \int_a^b F(x)dx$，这里 $F(x) \geq 0$。如果曲线是以参数方程 $x = f(t)$ 和 $y = g(t)(\alpha \leq t \leq \beta)$ 给出，则我们可以通过对定积分利用换元法计算面积：

$$A = \int_a^b y\,dx = \int_\alpha^\beta g(t)f'(t)dt \quad \text{或} \quad \int_\beta^\alpha g(t)f'(t)dt$$

图 5-4-14

例 5-4-8 计算摆线 $\begin{cases} x = r(\theta - \sin\theta) \\ y = r(1 - \cos\theta) \end{cases}$ 一拱下的面积（图 5-4-14）。

解 摆线的一拱通过 $0 \leq \theta \leq 2\pi$ 给定，用换元法 $x = r(\theta - \sin\theta), y = r(1 - \cos\theta)$ 可得

$$A = \int_0^{2\pi r} y\,dx = \int_0^{2\pi} r(1 - \cos\theta)r(1 - \cos\theta)d\theta$$

$$= r^2 \int_0^{2\pi} (1 - \cos\theta)^2 d\theta = r^2 \int_0^{2\pi} (1 - 2\cos\theta + \cos^2\theta)d\theta$$

$$= r^2 \int_0^{2\pi} \left[1 - 2\cos\theta + \frac{1}{2}(1 + \cos 2\theta)\right] d\theta$$

$$= r^2 \left[\frac{3}{2}\theta - 2\sin\theta + \frac{1}{4}\sin 2\theta\right]_0^{2\pi} = r^2 \left(\frac{3}{2} \cdot 2\pi\right) = 3\pi r^2$$

3) 极坐标系情形

有些平面图形，用极坐标计算其面积会比较简便。

设区域由曲线 $\rho = \rho(\theta)$ 及射线 $\theta = \alpha, \theta = \beta$ 围成，我们将这类区域简称为曲边扇形（图 5-4-15），其中，$\rho(\theta)$ 在 $[\alpha, \beta]$ 上连续，且 $\rho(\theta) \geq 0, 0 < \beta - \alpha \leq 2\pi$。

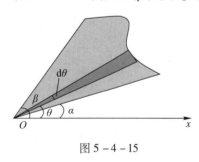

图 5-4-15

由于当 θ 在 $[\alpha, \beta]$ 上变动时，极径 $\rho = \rho(\theta)$ 也随之改变，因此所求图形的面积不能直接利用扇形面积的公式 $A = \frac{1}{2}R^2\theta$ 来计算，其中 R 是扇形的半径。但是，由于 $\rho(\theta)$ 在 $[\alpha, \beta]$ 上连续，在 $[\alpha, \beta]$ 内一个很小夹角上，半径变化非常小，几乎可以看作常数。

为此，取极角 θ 为积分变量，它的变化区间是 $[\alpha, \beta]$，相应于任一小区间 $[\theta, \theta + d\theta]$ 的窄曲边扇形的面积就可以用半径为 $\rho(\theta)$、中心角为 $d\theta$ 的扇形的面积来近似代替，从而得到这个窄曲边扇形面积的近似值，即曲边扇形的面积元素

$$dA = \frac{1}{2}[\rho(\theta)]^2 d\theta$$

因此我们有下面曲边扇形的面积公式：

$$A = \int_\alpha^\beta \frac{1}{2}[\rho(\theta)]^2 d\theta$$

例 5-4-9 求阿基米德螺线

$$\rho = a\theta \quad (a > 0)$$

上相应于 θ 从 0 变到 2π 的一段弧与极轴所围成的图形(图 5-4-16)的面积。

解 在指定的螺线上，$\theta \in [0, 2\pi]$，在该区间内任一小区间 $[\theta, \theta + d\theta]$ 对应的窄曲边扇形的面积近似于半径为 $a\theta$、中心角为 $d\theta$ 的扇形的面积，从而得到面积元素

$$dA = \frac{1}{2}(a\theta)^2 d\theta$$

于是所求面积为

$$A = \int_0^{2\pi} \frac{a^2}{2}\theta^2 d\theta = \frac{a^2}{2}\left[\frac{\theta^3}{3}\right]_0^{2\pi} = \frac{4a^2\pi^3}{3}$$

例 5-4-10 求心形线

$$\rho = a(1 + \cos\theta) \quad (a > 0)$$

所围成的图形的面积(图 5-4-17)。

解 心形线所围图形对称于极轴，因此所求面积 A 是极轴以上部分图形面积 A_1 的 2 倍。

对于极轴以上部分的图形，θ 的变化区间为 $[0, \pi]$，在该区间上任一小区间 $[\theta, \theta + d\theta]$ 对应的窄曲边扇形的面积近似于半径为 $a(1 + \cos\theta)$、中心角为 $d\theta$ 的扇形的面积，从而得到面积元素

$$dA = \frac{1}{2}a^2(1 + \cos\theta)^2 d\theta$$

于是

$$A = \int_0^\pi \frac{1}{2}a^2(1+\cos\theta)^2 d\theta = \frac{a^2}{2}\int_0^\pi (1 + 2\cos\theta + \cos^2\theta)d\theta$$

$$= \frac{a^2}{2}\int_0^\pi \left(\frac{3}{2} + 2\cos\theta + \frac{1}{2}\cos 2\theta\right)d\theta$$

$$= \frac{a^2}{2}\left[\frac{3}{2}\theta + 2\sin\theta + \frac{1}{4}\sin 2\theta\right]_0^\pi = \frac{3\pi a^2}{4}$$

因此所求面积为

$$A = 2A_1 = \frac{3\pi a^2}{4}$$

2. 体积

上一节通过分割、近似、求和、取极限计算一般区域的面积，这个方法也可以用来求立体的体积，前提是我们要找到对每块小部分进行取近似，也就是寻找体积微元。

1) 体积的定义

如图 5-4-18(a)所示，柱体以平面区域 B_1(被称为底)和与 B_1(被称为顶)平行且全等的区域 B_2 为界。柱体由垂直于底面连接 B_1 和 B_2 的垂直线段上的点组成。底面积为 A，高为 h，则柱体的体积为

$$V = Ah$$

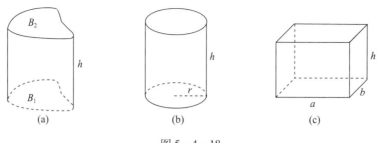

图 5-4-18

特殊地,如果底面是个半径为 r 的圆,则柱体是个体积为 $V=\pi r^2 h$ 的圆柱体(图 5-4-18(b)),如果底面是一个长为 a、宽为 b 的矩形,则柱体是一个体积为 $V=abh$ 矩形盒(也被称为长方体)(图 5-4-18(c))。

对一个不是柱体的立体,我们首先把它分成许多小块,然后对每一小块用柱体去近似,通过将这些柱体的体积相加来近似立体的体积。通过当块数无限大的极限过程我们可以得到体积的精确值。

我们通过横切立体 S 得到一个称为"截面"的平面区域开始,令 $A(x)$ 为过过点 x,垂直于 x 轴,在平面 P_x 上的截面面积,这里 $a \leqslant x \leqslant b$(图 5-4-19)。截面面积 $A(x)$ 随着 x 从 a 到 b 增加将发生变化。

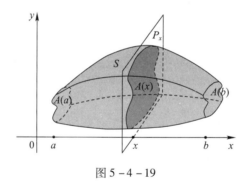

图 5-4-19

用平面 $P_{x_1}, P_{x_2}\cdots$ 将立体 S 等分成 n 个宽为 Δx 的平板。如果选择区间 $[x_{i-1}, x_i]$ 样本点为 x_i^*,我们可以用底面积为 $A(x_i^*)$ 高为 Δx 的柱体近似第 i 个平板的体积(图 5-4-20)。

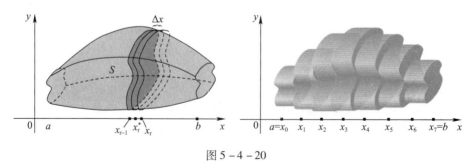

图 5-4-20

这个柱体的体积是 $A(x_i^*)\Delta x$,因此,第 i 个平板的体积直观概念上可以近似为

$$V(S_i) = A(x_i^*)\Delta x$$

将这些平板的体积相加就可以得到体积的近似值

$$V \approx \sum_{i=1}^{n} A(x_i^*) \Delta x$$

这种近似随着 $n \to \infty$ 会越来越好,因此,我们定义体积为和式当 $n \to \infty$ 时的极限。但是我们意识到黎曼和的极限是定积分,因此我们可以得到如下的定义。

体积的定义 令 S 为介于 $x=a$ 和 $x=b$ 之间的立体,如果过点 x,垂直于 x 轴,在平面 P_x 上的截面面积是 $A(x)$,这里 $A(x)$ 是连续函数,则 S 的体积为

$$V = \lim_{n \to \infty} \sum_{i=1}^{n} A(x_i^*) \Delta x = \int_a^b A(x) \mathrm{d}x$$

当我们使用体积公式 $V = \int_a^b A(x) \mathrm{d}x$ 时,记得过点 x,垂直于 x 轴截面面积 $A(x)$ 是变化的是非常重要的,$A(x) \mathrm{d}x$ 即体积微元。

2)旋转体的体积——截片法

例 5-4-11 求曲线 $y = \sqrt{x} (0 \leqslant x \leqslant 1)$ 绕着 x 轴旋转所得立体的体积。

解 如图 5-4-21(a)所示,关于 x 轴旋转可以得到图 5-4-21(b)显示的立体。当过点 x 切下时,得到半径为 $\sqrt{x}$ 的圆盘。

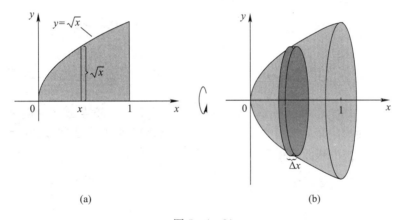

图 5-4-21

截面的面积是

$$A(x) = \pi \left(\sqrt{x}\right)^2 = \pi x$$

近似柱体的体积是

$$A(x) \Delta x = \pi x \Delta x$$

立体位于 $x=0$ 和 $x=1$ 之间,因此,它的体积是

$$V = \int_0^1 A(x) \mathrm{d}x = \int_0^1 \pi x \mathrm{d}x = \pi \left.\frac{x^2}{2}\right]_0^1 = \frac{\pi}{2}$$

例 5-4-12 求由曲线 $y = x^3$、$y = 8$、$x = 0$ 所围区域绕 y 轴旋转一周所得立体的体积。

解 图 5-4-22(a)显示了平面区域,旋转得到的立体见图 5-4-22(b)。因为该区域绕 y 轴旋转,选择对 y 积分。因为 $x = \sqrt[3]{y}$。因此过点 y 的截面面积是

$$A(y) = \pi x^2 = \pi \left(\sqrt[3]{y}\right)^2 = \pi y^{2/3}$$

图 5-4-22(b) 中近似柱体的体积是

$$A(y)\Delta y = \pi y^{2/3} \Delta y$$

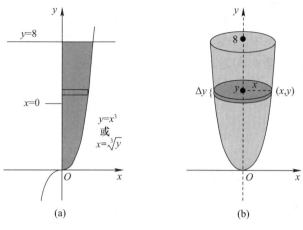

图 5-4-22

由于立体在 $y=0$ 和 $y=8$ 之间,所以它的体积是

$$V = \int_0^8 A(y)\,\mathrm{d}y = \int_0^8 \pi y^{2/3}\,\mathrm{d}y = \pi \frac{3}{5} y^{5/3} \Big|_0^8 = \frac{96\pi}{5}$$

例 5-4-13 区域 $\mathcal{R}$ 由曲线 $y=x$ 和 $y=x^2$ 围成,该区域绕 x 轴旋转一周,求该旋转体的体积。

解 曲线 $y=x$ 和 $y=x^2$ 的交点是 $(0,0)$ 和 $(1,1)$,图 5-4-23 显示了它们之间的区域,旋转体以及垂直于 x 轴的截面。平面 P_x 上的截面具有垫圈的形状,内环半径为 x^2,外环半径为 x,因此用外环面积减去内环面积得到截面的面积:

$$A(x) = \pi x^2 - \pi (x^2)^2 = \pi(x^2 - x^4)$$

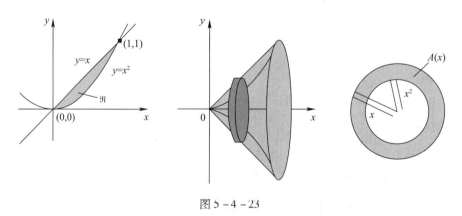

图 5-4-23

因此,可得

$$V = \int_0^1 A(x)\,\mathrm{d}x = \int_0^1 \pi(x^2 - x^4)\,\mathrm{d}x = \pi\left[\frac{x^3}{3} - \frac{x^5}{5}\right]_0^1 = \frac{2\pi}{15}$$

例 5-4-11~例 5-4-13 中的立体称为**旋转体**,因为它们是绕直线旋转得到的。一般情况下,我们可以通过基本的定义公式计算旋转体的体积

$$V = \int_a^b A(x)\,\mathrm{d}x \quad \text{或} \quad V = \int_c^d A(y)\,\mathrm{d}y$$

我们可以利用下面的一种方式得到截面的面积：

（1）如果截面是一个圆盘（例 5 - 4 - 11 ~ 例 5 - 4 - 12），可以找到圆盘的半径（根据 x 或 y），利用公式

$$A = \pi r^2$$

求截面面积。

（2）如果截面是一个垫圈（例 5 - 4 - 13），通过画图确定它的内环半径 r_1，外环半径 r_2，利用外环面积减去内环面积得到截面的面积

$$A = \pi (r_2)^2 - \pi (r_1)^2$$

下面的例子给出这种过程的进一步说明。

例 5 - 4 - 14 求例 5 - 4 - 13 中的区域绕直线 $x = -1$ 旋转所得立体的体积。

解 图 5 - 4 - 24 显示了水平截面，它是一个内环半径为 $1+y$，外环半径为 $1+\sqrt{y}$ 的垫圈，因此，截面的面积是

$$A = \pi (r_2)^2 - \pi (r_1)^2 = \pi (1+\sqrt{y})^2 - \pi (1+y)^2$$

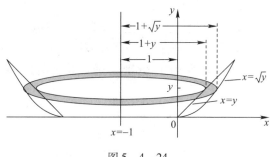

图 5 - 4 - 24

则体积为

$$V = \int_0^1 A(x)\,\mathrm{d}x = \int_0^1 \pi \left[(1+\sqrt{y})^2 - (1+y)^2\right]\mathrm{d}y$$

$$= \pi \int_0^1 (2\sqrt{y} - y - y^2)\,\mathrm{d}y = \pi \left[\frac{4y^{3/4}}{3} - \frac{y^2}{2} - \frac{y^3}{3}\right]_0^1 = \frac{\pi}{2}$$

3）平行截面面积已知的立体体积

现在我们来求不是旋转体，但平行截面面积已知的立体体积。

例 5 - 4 - 15 图 5 - 4 - 25 显示了一个底是 1 为半径的圆的立体，垂直于底的平行截面是等腰三角形，求该立体的体积。

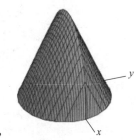

图 5 - 4 - 25

解 已知圆的方程为 $x^2 + y^2 = 1$，图 5 - 4 - 26 显示了该立体、底面以及距离原点为 x 的典型截面。

由于点 B 在圆上，我们可得 $y = \sqrt{1-x^2}$，因此，三角形 ABC 的底为 $|AB| = 2\sqrt{1-x^2}$。因为该三角形是等腰三角形，所以从图 5 - 4 - 26（c）中可得它的高是 $\sqrt{3}y = \sqrt{3}\sqrt{1-x^2}$，因此，可得截面面积

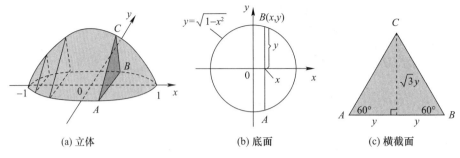

(a) 立体　　　　　　　　(b) 底面　　　　　　　　(c) 横截面

图 5-4-26

$$A(x) = \frac{1}{2} \cdot 2\sqrt{1-x^2} \cdot \sqrt{3}\sqrt{1-x^2} = \sqrt{3}(1-x^2)$$

立体的体积是

$$V = \int_{-1}^{1} A(x)\,dx = \int_{-1}^{1} \sqrt{3}(1-x^2)\,dx$$

$$= 2\int_{0}^{1} \sqrt{3}(1-x^2)\,dx = 2\sqrt{3}\left[x - \frac{x^3}{3}\right]_{0}^{1} = \frac{4\sqrt{3}}{3}$$

例 5-4-16 求一个锥体的体积,它的底是边长为 L 的正方形,高是 h。

解 将坐标原点放在锥体的顶点,x 轴在它的中心轴上(图 5-4-27)。任意一个过点 x 垂直于 x 轴的平面 P_x 截锥体为边长为 s 的正方形。通过观察图 5-4-28 中相似三角形利用 x 表示 s,有

$$\frac{x}{h} = \frac{s/2}{L/2} = \frac{s}{L}$$

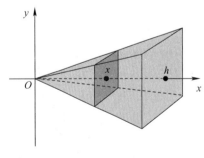

图 5-4-27

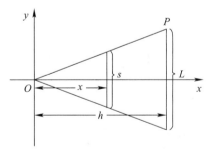

图 5-4-28

因此 $s = Lx/h$,截面的面积是

$$A(x) = s^2 = \frac{L^2}{h^2}x^2$$

锥体位于 $x=0$ 和 $x=h$ 之间,因此它的体积是

$$V = \int_{0}^{h} A(x)\,dx = \int_{0}^{h} \frac{L^2}{h^2}x^2\,dx = \frac{L^2}{h^2}\frac{x^3}{3}\bigg|_{0}^{h} = \frac{L^2 h}{3}$$

注 不是必须要将锥体的顶点放在坐标原点,这样做只是为了简化方程的形式。如果我们

换种方式,将底面中心放在坐标原点,顶点在 y 轴上(图 5 – 4 – 29),可以验证将得到积分

$$V = \int_0^h \frac{L^2}{h^2}(h-y)^2 \mathrm{d}y = \frac{L^2 h}{3}$$

4)旋转体的体积——圆柱壳(薄壳法)

许多体积问题利用到目前为止我们使用的切割方法是非常难以处理的。例如,让我们考虑曲线 $y = 2x^2 - x^3$ 和 x 轴所围区域绕 y 轴旋转所得立体的体积(图 5 – 4 – 30)。如果我们切割,将会面临非常复杂的问题。为了求解内环半径和外环半径我们必须求解关于 x 的三次方程 $y = 2x^2 - x^3$,这是不容易的。

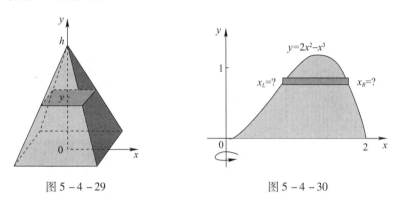

图 5 – 4 – 29　　　　　　　　图 5 – 4 – 30

幸运的是,我们用称为圆柱壳(薄壳法)的方法来求解,下面的例子将说明这一点。

例 5 – 4 – 17　求曲线 $y = 2x^2 - x^3$ 和 x 轴所围区域绕 y 轴旋转所得立体的体积。

解　取代截片法,我们用圆柱壳来近似立体。如图 5 – 4 – 31 所示,在 $[0,2]$ 之间任取一个小区间 $[x, x + \mathrm{d}x]$,作以 $y = 2x^2 - x^3$ 为高,$\mathrm{d}x$ 为宽的典型近似矩形,如果将该矩形绕 y 轴旋转,我们将得到一个圆柱壳,它的内半径是 x。

想象将该壳切开并展平(图 5 – 4 – 32),结果是近似矩形平板,长和宽分别具有尺寸 $2\pi x$ 和 $2x^2 - x^3$,因此该柱壳的体积是

$$2\pi x (2x^2 - x^3) \mathrm{d}x$$

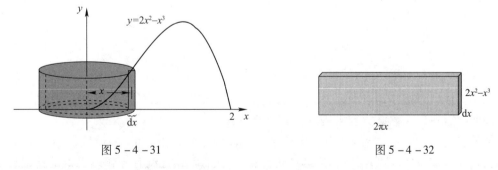

图 5 – 4 – 31　　　　　　　　图 5 – 4 – 32

将柱壳体积微元在 $[0,2]$ 上积分,即为旋转体的体积,即

$$V = \int_0^2 2\pi x (2x^2 - x^3) \mathrm{d}x = 2\pi \int_0^2 (2x^3 - x^4) \mathrm{d}x$$

$$= 2\pi \left[\frac{1}{2}x^4 - \frac{1}{5}x^5 \right]_0^2 = 2\pi \left(8 - \frac{32}{5} \right) = \frac{16}{5}\pi$$

例 5-4-18 由 $y = \left(\dfrac{r}{h}\right)x$ 和 $x = h$，x 轴相交所得到的区域绕 x 轴旋转，得到一个圆锥体（假设 $r > 0, h > 0$），用两种方法计算旋转体体积。

解 根据截面法，如图 5-4-33 所示，所求体积为

$$V = \int_0^h \pi \left(\frac{r}{h}x\right)^2 \mathrm{d}x = \pi \frac{r^2}{h^2} \int_0^h x^2 \mathrm{d}x = \pi \frac{r^2}{h^2} \left[\frac{x^3}{3}\right]_0^h = \frac{1}{3}\pi r^2 h$$

根据薄壳法，如图 5-4-34 所示，所求体积为

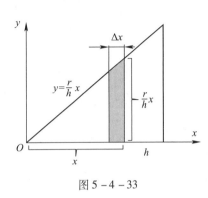

图 5-4-33 图 5-4-34

$$V = \int_0^r 2\pi y \left(h - \frac{h}{r}y\right)\mathrm{d}y = 2\pi h \int_0^r \left(y - \frac{1}{r}y^2\right)\mathrm{d}y = 2\pi h \left[\frac{y^2}{2} - \frac{y^3}{3r}\right]_0^r = \frac{1}{3}\pi r^2 h$$

正如预期的那样，两种方法得到的结果是一致的。

3. 曲线的弧长　旋转体的表面积

平面曲线形态各异，它不单单是函数 $y = f(x)$ 或 $x = g(y)$ 的图形，比如图 5-4-35 所示的曲线，就不能用 $y = f(x)$ 或 $x = g(y)$ 来表示。为此，在研究平面曲线的弧长之前，我们需要先精确定义"平面曲线"这一概念。

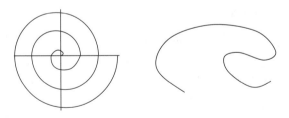

图 5-4-35

如果把曲线看成是动点的轨迹，把 t 看成是时间，x 和 y 视为某一质点在时间 t 的位置，那么平面曲线就可以用参数方程来表示，即 $x = f(t), y = g(t)$，其中 t 为参数。

另外，形容词"光滑"指的是当一质点沿某一曲线运动，在时间 t 的位置 (x, y)，它的方向并不会突然改变（$f'(t)$ 和 $g'(t)$ 的连续性可保证这一点），并且没有停顿或倒退的情况（$f'(t)$ 和 $g'(t)$ 不同时为 0 可保证此点）。

定义 设一平面曲线的参数方程为 $\begin{cases} x = f(t) \\ y = g(t) \end{cases} (a \leqslant t \leqslant b)$，其中 $f'(t)$ 和 $g'(t)$ 存在且在定义域 $[a, b]$ 上是连续的，$f'(t)$ 和 $g'(t)$ 在 $[a, b]$ 上不同时为 0，则称该曲线是**光滑**的。

当一条曲线已经参数化了，就是说方程 $f(t)$ 和 $g(t)$ 以及 t 的取值范围已经确定了，从而也

确定了该曲线的正方向。

例 5-4-19 画出参数方程 $\begin{cases} x=2t+1 \\ y=t^2-1 \end{cases} (0 \leq t \leq 3)$ 的曲线图。

解 我们可以先列出一个三行的数值(表 5-4-2),然后在平面坐标上标出有序对 (x,y),再用光滑的曲线将这些点按 t 增加的方向连接起来,如图 5-4-36 所示。

表 5-4-2

t	0	1	2	3
x	1	3	5	7
y	-1	0	3	8

在例 5-4-1 中,当 $t=0$ 时对应曲线上的点 $(1,-1)$,当 $t=1$ 时对应曲线上的点 $(3,0)$。当 t 从 0 增加到 3 时,曲线图就描绘出一条从 $(1,-1)$ 到 $(7,8)$ 的轨迹。图中的箭头标出的方向就叫曲线的正方向。曲线的方向似乎与曲线的长度没关系,但在后续的学习中遇到的问题就会发现与曲线的方向有关。

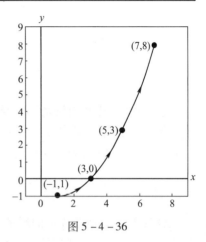

图 5-4-36

1) 曲线长度的计算

要研究曲线的弧长,我们可以想象找一根与曲线相匹配的绳子,然后将绳子拉直并用直尺去测量。但是如果我们有一条比较复杂的曲线,想得到非常精确的结果,或是某一方程的曲线图,就很难去测量了。为此,我们需要利用已经解决的面积和体积同样的思想给出一个更精确的定义。

假设光滑曲线由参数方程给出
$$x=f(t), \quad y=g(t) \quad (a \leq t \leq b)$$
对曲线的弧长我们将参数区间 $[a,b]$ 等分成 n 个子区间(宽度为 Δt),如果 $t_0, t_1, t_2, \cdots, t_n$ 是这些子区间的端点,则 $x_i=f(t_i)$ 和 $y_i=g(t_i)$ 是与曲线 C 上点 $P_i(x_i, y_i)$ 相对应的,则曲线 C 的长度就可以用直线段 $\overline{P_0P_1}, \overline{P_1P_2}, \cdots, \overline{P_{n-1}P_n}$ 的长度的和来近似(图 5-4-37),而且近似的结果随着 n 的增加会变得更好。因此,我们可将曲线 C 的长度定义为这些标记的多边形的长度的极限:

$$L = \lim_{n \to \infty} \sum_{i=1}^{n} |\overline{P_{i-1}P_i}|$$

注意到,定义曲线弧长的过程和已经定义的面积和体积的过程是非常相似的。我们将曲线分成许多小段,然后近似这些小段并相加,最后取 $n \to \infty$ 时的极限。

为了计算,需要给 L 一个更方便的表示形式。令 $\Delta x_i = x_i - x_{i-1}$ 和 $\Delta y_i = y_i - y_{i-1}$,则多边形的第 i 个直线段的长度是
$$|\overline{P_{i-1}P_i}| = \sqrt{(\Delta x_i)^2 + (\Delta y_i)^2}$$
但是,由导数的定义知道如果 Δt 非常小,则

$$f'(t_i) \approx \frac{\Delta x_i}{\Delta t}$$

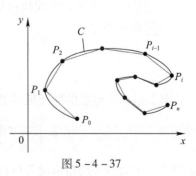

图 5-4-37

因此
$$\Delta x_i \approx f'(t_i)\Delta t, \quad \Delta y_i \approx g'(t_i)\Delta t$$
于是
$$|\overline{P_{i-1}P_i}| = \sqrt{(\Delta x_i)^2 + (\Delta y_i)^2}$$
$$\approx \sqrt{[f'(t_i)\Delta t]^2 + [g'(t_i)\Delta t]^2}$$
$$= \sqrt{[f'(t_i)]^2 + [g'(t_i)]^2}\Delta t$$
因此
$$L = \sum_{i=1}^{n}\sqrt{[f'(t_i)]^2 + [g'(t_i)]^2}\Delta t$$
这是函数 $\sqrt{[f'(t)]^2 + [g'(t)]^2}$ 的黎曼和,得
$$L = \int_a^b \sqrt{[f'(t)]^2 + [g'(t)]^2}\mathrm{d}t$$

由此可见,**光滑曲线是可求长的**。而且,我们有如下计算公式。

情形 1:如果具有参数方程 $x=f(t),y=g(t),a\leqslant t\leqslant b$ 的曲线是光滑的,当 t 由 a 增加到 b 时它是严格遍历的,则它的长度是
$$L = \int_a^b \sqrt{\left(\frac{\mathrm{d}x}{\mathrm{d}t}\right)^2 + \left(\frac{\mathrm{d}y}{\mathrm{d}t}\right)^2}\mathrm{d}t \tag{5-4-3}$$

情形 2:如果所给光滑曲线的方程是 $y=f(x)$, $a\leqslant x\leqslant b$,则可以把 x 看成参数,于是参数方程为 $x=x, y=f(x)$,则弧长公式为
$$L = \int_a^b \sqrt{1+\left(\frac{\mathrm{d}y}{\mathrm{d}x}\right)^2}\mathrm{d}x \tag{5-4-4}$$

情形 3:如果所给光滑曲线的方程是 $x=f(y)$ ($c\leqslant y\leqslant d$),则可以把 y 看成参数,并得到改写的弧长公式
$$L = \int_c^d \sqrt{1+\left(\frac{\mathrm{d}x}{\mathrm{d}y}\right)^2}\mathrm{d}y \tag{5-4-5}$$

情形 4:如果光滑曲线弧由极坐标方程 $\rho=\rho(\theta)$, $\alpha\leqslant\theta\leqslant\beta$ 给出,则由直角坐标和极坐标之间的关系可得
$$\begin{cases} x=\rho(\theta)\cos\theta \\ y=\rho(\theta)\sin\theta \end{cases} (\alpha\leqslant\theta\leqslant\beta)$$

这就是以 θ 为参数的曲线弧的参数方程。于是,弧长公式为
$$L = \int_\alpha^\beta \sqrt{\left(\frac{\mathrm{d}x}{\mathrm{d}\theta}\right)^2 + \left(\frac{\mathrm{d}y}{\mathrm{d}\theta}\right)^2}\mathrm{d}\theta = \int_\alpha^\beta \sqrt{\rho^2(\theta) + \rho'^2(\theta)}\mathrm{d}\theta \tag{5-4-6}$$

以上公式对圆和线段来说可以得到相同的结果,以下几个例子说明了这一问题。

例 5-4-20 计算圆 $x^2+y^2=a^2$ 的周长。

解 先写出圆的参数方程为
$$x=a\cos t, \quad y=a\sin t \quad (0\leqslant t\leqslant 2\pi)$$

那么
$$\frac{dx}{dt} = -a\sin t, \quad \frac{dy}{dt} = a\cos t$$

由弧长公式得
$$L = \int_0^{2\pi} \sqrt{\left(\frac{dx}{dt}\right)^2 + \left(\frac{dy}{dt}\right)^2} dt = \int_0^{2\pi} \sqrt{a^2\sin^2 t + a^2\cos^2 t}\, dt = a\int_0^{2\pi} 1\, dt = 2\pi a$$

例 5 – 4 – 21 求曲线 $y = (x/2)^{2/3}$ 上点 $(0,0)$ 到 $(2,1)$ 之间的弧长。

解 因为导数
$$\frac{dy}{dx} = \frac{2}{3}\left(\frac{x}{2}\right)^{-1/3}\left(\frac{1}{2}\right) = \frac{1}{3}\left(\frac{2}{x}\right)^{1/3}$$

在 $x=0$ 处没有定义,从而不能用式(5 – 4 – 4)求曲线的弧长。

因曲线的参数方程为 $x = 2t^3, y = t^2 (0 \leqslant t \leqslant 1)$ 或者用 y 表示 x。这里用 y 表示 x:
$$x = 2y^{3/2}$$

由此看出,欲求其弧长的曲线也是从 $y=0$ 到 $y=1$ 的 $x = 2y^{3/2}$ 的图象(图 5 – 4 – 38)。导数
$$\frac{dx}{dy} = 2\left(\frac{3}{2}\right)y^{1/2} = 3y^{1/2}$$

在 $[0,1]$ 连续,由式(5 – 4 – 5)求曲线的弧长
$$\begin{aligned}L &= \int_c^d \sqrt{1 + \left(\frac{dx}{dy}\right)^2}\, dy = \int_0^1 \sqrt{1 + 9y}\, dy \\ &= \frac{1}{9}\int_0^1 \sqrt{1+9y}\, d(1+9y) = \frac{1}{9} \times \frac{2}{3}(1+9y)^{3/2}\Big|_0^1 \\ &= \frac{2}{27} \times (10\sqrt{10} - 1) \approx 2.27\end{aligned}$$

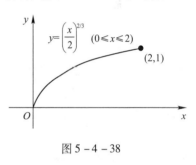

图 5 – 4 – 38

因为式(5 – 4 – 3)~式(5 – 4 – 6)中根号的出现,导致弧长的计算中求积分的原函数是非常困难的,甚至是不可能精确求解的。因此,在接下来的例子里我们必须想办法寻找弧长的近似解。

例 5 – 4 – 22 计算双曲线 $xy = 1$ 从点 $(1,1)$ 到 $\left(2, \dfrac{1}{2}\right)$ 部分的曲线弧长。

解 因为
$$y = \frac{1}{x}, \quad \frac{dy}{dx} = -\frac{1}{x^2}$$

因此,由式(5 – 4 – 4)可得
$$L = \int_1^2 \sqrt{1 + \left(\frac{dy}{dx}\right)^2}\, dx = \int_1^2 \sqrt{1 + \frac{1}{x^4}}\, dx$$

精确地计算这个定积分是不可能的,因此利用辛普森法则,令
$$a = 1, b = 2, n = 10, \Delta x = 0.1, f(x) = \sqrt{1 + 1/x^4}$$

于是

$$L = \int_1^2 \sqrt{1 + \frac{1}{x^4}} dx \approx \frac{\Delta x}{3}[f(1) + 4f(1.1) + 2f(1.2) + 4f(1.3) + \cdots + 4f(1.9) + f(2)]$$
$$\approx 1.1321$$

例 5-4-23 求抛物线 $y^2 = x$ 从点 $(0,0)$ 到点 $(1,1)$ 部分的弧长。

解 由于 $y^2 = x$,因此可得 $dx/dy = 2y$,由式(5-4-4)可得

$$L = \int_0^1 \sqrt{1 + \left(\frac{dx}{dy}\right)^2} dy = \int_0^1 \sqrt{1 + 4y^2} dy$$

利用积分表,可得

$$L = \frac{\sqrt{5}}{2} + \frac{\ln(\sqrt{5}+2)}{4} \approx 1.478943$$

例 5-4-24 计算摆线 $x = r(\theta - \sin\theta), y = r(1 - \cos\theta)$ 一拱的长度。

解 已知摆线的一拱由参数区间 $0 \leq \theta \leq 2\pi$ 确定,由于

$$\frac{dx}{d\theta} = r(1 - \cos\theta), \quad \frac{dy}{d\theta} = r\sin\theta$$

所以,有

$$L = \int_0^{2\pi} \sqrt{\left(\frac{dx}{d\theta}\right)^2 + \left(\frac{dy}{d\theta}\right)^2} d\theta = \int_0^{2\pi} \sqrt{r^2(1-\cos\theta)^2 + r^2\sin^2\theta} d\theta$$
$$= \int_0^{2\pi} \sqrt{r^2(1 - 2\cos\theta + \cos^2\theta + \sin^2\theta)} d\theta = r\int_0^{2\pi} \sqrt{2(1-\cos\theta)} d\theta$$

进一步利用三角恒等式计算:

$$L = r\int_0^{2\pi} \sqrt{2(1-\cos\theta)} d\theta = 8r$$

2) 旋转体的表面积

如果一条光滑的平面曲线绕平面内任意一条直线(旋转轴)旋转,得到如图 5-4-39 所示的旋转体。本小节的目的就是计算该旋转体的表面积。

在讨论这个问题之前,先让我们来学习一下圆台的侧面积公式。圆台就是被垂直于圆锥中线的两个平面所切得的圆锥的部分(图 5-4-40 中阴影部分)。

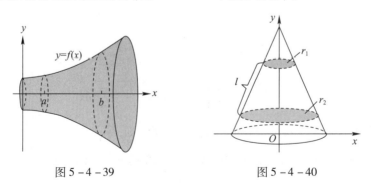

图 5-4-39　　　　　　　图 5-4-40

如果一个圆台的两个底的半径分别为 r_1 和 r_2,并且其斜高为 l,那么它的侧表面积 A 可以

表示为

$$A = 2\pi\left(\frac{r_1 + r_2}{2}\right)l = 2\pi \times (\text{平均半径}) \times (\text{斜高})$$

如图 5-4-41 所示,在第一象限内的曲线弧是函数 $y = f(x)(a \leqslant x \leqslant b)$ 的图形。将区间 $[a,b]$ 分割成 n 份,且该分割方法满足 $a = x_0 < x_1 < \cdots < x_n = b$,这样也就将曲线分割成 n 部分。当该曲线绕 x 轴旋转时,就形成一个面,而被分割成的每一部分也就相应构成了一个窄的环状体,这个环状体的表面积可以近似地看成是一个圆台的侧面积,也就是 $2\pi f(x_i)\Delta s_i$。如果我们将所有的这些环状体加在一起,并求当分割段的长度趋近于 0 时的极限,就得到了旋转体的表面积。

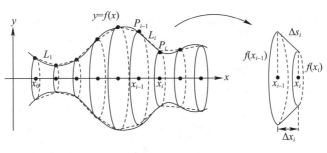

图 5-4-41

因此,表面积为

$$A = \lim_{\|P\| \to 0} \sum_{i=1}^{n} 2\pi\left(\frac{f(x_{i-1}) + f(x_i)}{2}\right)\Delta s_i = 2\pi\int_a^b f(x)\,\mathrm{d}s = 2\pi\int_a^b f(x)\sqrt{1 + (f'(x))^2}\,\mathrm{d}x$$

如果所给曲线的参数方程为 $x = f(t), y = g(t), a \leqslant t \leqslant b$,那么表面积公式就可以表示为

$$A = 2\pi\int_a^b y\,\mathrm{d}s = 2\pi\int_a^b g(t)\sqrt{(f'(t))^2 + (g'(t))^2}\,\mathrm{d}t$$

例 5-4-25 计算半径为 R 的球体的表面积。

解 已知球体的表面可以理解为,在平面直角坐标系下,以半径为 R 的上半圆周绕 x 轴旋转一周得到,上半圆周方程可表示为 $f(x) = \sqrt{R^2 - x^2}\,(-R \leqslant x \leqslant R)$,则有

$$f'(x) = -\frac{x}{\sqrt{R^2 - x^2}}, \quad 1 + [f'(x)]^2 = \frac{R^2}{\sqrt{R^2 - x^2}}$$

由旋转表面积公式,得

$$A = 2\pi\int_a^b f(x)\sqrt{1 + (f'(x))^2}\,\mathrm{d}x = 2\pi\int_{-R}^{R}\sqrt{R^2 - x^2}\,\frac{R}{\sqrt{R^2 - x^2}}\,\mathrm{d}x = 2\pi R\int_{-R}^{R}\mathrm{d}x = 4\pi R^2$$

例 5-4-26 当函数 $y = \sqrt{x}\,(0 \leqslant x \leqslant 4)$ 所表示的曲线绕 x 轴旋转时,求该旋转体的表面积。

解 已知 $f(x) = \sqrt{x}$,得 $f'(x) = 1/(2\sqrt{x})$,因此

$$A = 2\pi\int_0^4 \sqrt{x}\sqrt{1 + \frac{1}{4x}}\,\mathrm{d}x = \pi\int_0^4 \sqrt{4x + 1}\,\mathrm{d}x = \left[\pi \times \frac{1}{4} \times \frac{2}{3}(4x + 1)^{\frac{3}{2}}\right]_0^4 = \frac{\pi}{6}(17^{\frac{3}{2}} - 1)$$

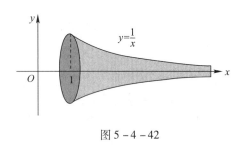

图 5-4-42

例 5-4-27 矛盾的加布里埃尔号角 将曲线 $y=\dfrac{1}{x}$ 在区间 $[1,+\infty)$ 上的图形绕 x 轴旋转一周得到的一个表面叫**加布里埃尔号角**(图 5-4-42),求号角的体积和表面积.

解 根据旋转体体积公式得号角体积

$$V = \int_1^{+\infty} \pi \left(\frac{1}{x}\right)^2 dx = \lim_{b\to\infty} \pi \int_1^b x^{-2} dx = \lim_{b\to\infty}\left[-\frac{\pi}{b}\right]_1^b = \pi$$

该号角的表面积

$$A = \int_1^\infty 2\pi y\, ds = \int_1^\infty 2\pi y \sqrt{1+\left(\frac{dy}{dx}\right)^2}\, dx$$

$$= 2\pi \int_1^\infty \frac{1}{x}\sqrt{1+\left(\frac{-1}{x^2}\right)^2}\, dx = \lim_{b\to+\infty} 2\pi \int_1^b \frac{\sqrt{x^4+1}}{x^3}\, dx$$

由于

$$\frac{\sqrt{x^4+1}}{x^3} > \frac{\sqrt{x^4}}{x^3} = \frac{1}{x}$$

因此

$$\int_1^b \frac{\sqrt{x^4+1}}{x^3}\, dx > \int_1^b \frac{1}{x}\, dx = \ln b$$

于是,$A = \lim\limits_{b\to+\infty} 2\pi \int_1^b \dfrac{\sqrt{x^4+1}}{x^3}\, dx > \lim\limits_{b\to+\infty} 2\pi \ln b = +\infty$。

上述结论说明号角的体积有限但表面积无限,如果把它转化成实际问题,就好比说这个号角可以被有限的颜料填满,但是却不可能有足够的颜料来粉刷它的内表面,这是不是很矛盾呢? 是我们的数学出问题了吗? 不是的。想象一下把这个长角沿它的边缘切开、展开、摊平,给我们一定量的颜料,我们是不可能给它涂上一层厚度均匀的颜料的。但是,如果当我们从长角的一头涂到另一头时,我们允许颜料的厚度越来越薄,这是可以做到的,这样,当然就跟我们往没有切开的长角里倒入 π 立方单位颜料所出现的情况是一样的(想象颜料可以任何厚度分布)。

5.4.3 定积分在物理上的应用

在许多物理和工程的应用中我们经常会遇到下面几个概念:功、水压力、物体的质心。正像之前解决的几何应用(面积、体积、弧长)一样,我们的策略是将物理量分成许多小部分,对每一部分进行近似求解,然后将结果相加,取极限,最后计算定积分。

1. 功

在日常生活中,"功"的意思是完成一项任务需要付出的大量努力。在科学中,这个词特别涉及作用到物理上的力和物体随之产生的位移。这里讨论如何计算功。

1) 常力做的功

一般地,如果一个物体具有位移函数 $s(t)$ 沿直线移动,则物体受的作用力 F 被牛顿运动定律定义为物体的质量 m 和加速度 a 的乘积：

$$F = m \cdot a = m\frac{d^2s}{dt^2}$$

式中：质量的测量单位是 kg，位移的测量单位是 m，时间的测量单位是 s，力的单位是 N。因此，1N 的力作用在 1kg 的物体上产生的加速度是 $1m/s^2$。

在加速度是常数的情况下，则力也是常数，该力做的功被定义为力 F 和位移 d 的乘积：

$$W = Fd \tag{5-4-7}$$

如果力 F 的单位是 N，位移 d 的单位是 m，则功的单位是 N·m，称为焦耳(J)。

例如，假如你举起地板上 1.2kg 的书放到 0.7m 高的桌子上。你使用的力等于地球引力的反作用力，因此，可知

$$F = mg = 1.2 \times 9.8 = 11.76(N)$$

则功为

$$W = Fd = 11.76 \times 0.7 \approx 8.2(J)$$

2）变力沿直线做的功

假设物体沿着 x 轴正向从 a 移动到 b，在 a、b 之间的任一点 x 处物体所受的力为 $f(x)$，将区间 $[a,b]$ 用点 $x_0, x_1, x_2, \cdots, x_n$ 等分成宽度为 Δx 的 n 个子区间，在第 i 个子区间 $[x_{i-1}, x_i]$ 上选取样本点 x_i^*，在该点处的力为 $f(x_i^*)$。如果 n 大，则 Δx 就小。由于 $f(x)$ 是连续函数，所以函数值在子区间 $[x_{i-1}, x_i]$ 上不会有太大的变化。换句话说，在该区间上 f 基本上是个常数，因此从点 x_{i-1} 移动到点 x_i 做的功可由式(5-4-7)近似得到：

$$W_i \approx f(x_i^*)\Delta x$$

于是，可以求和得到总功近似的黎曼和：

$$W \approx \sum_{i=1}^{n} f(x_i^*)\Delta x \tag{5-4-8}$$

看起来当 n 更大时近似精度也更好，因此，定义将物体由 a 移动到 b 所做的功为式(5-4-8)当 $n \to \infty$ 时的极限。由于式(5-4-8)的右边是黎曼和，它的极限是定积分，所以

$$W = \lim_{n \to \infty} \sum_{i=1}^{n} f(x_i^*)\Delta x = \int_a^b f(x) dx \tag{5-4-9}$$

在实际应用时，我们仍然采用元素法，选取积分变量 x，并确定它的变化区间 $[a,b]$ 后，在该区间上任取一小区间 $[x, x+dx]$，将该区间上施加的力看作常力 $F(x)$，得到"功元素"：

$$dW = f(x)dx$$

则总功为 dW 在 $[a,b]$ 上的积分，即

$$W = \int_a^b f(x) dx$$

例 5-4-28 一个质量 5kg 的漏桶通过以常速率拉一条 20m 长的绳子从地面升至空中。绳的质量为 0.5kg/m。开始时桶中装质量为 20kg 的水并以常速率漏水。桶到顶时水刚好漏完，求下列情形：(1) 单独升高水；(2) 升高水桶和水两者；(3) 升高水、桶及绳子所消耗的功是多少？

解 (1) 单独升高水需要的力等于水的重量，它在 20m 的升高过程中稳定地从 20kg 减少

到 0kg,当桶离开地面 x m 时,水重

$$f(x) = 20 \times \frac{20-x}{20} \times g = (20-x)g(\text{N})$$

（原来水的质量）（升至 x 时留下的水的比例）

做的功为

$$W = \int_a^b f(x)\mathrm{d}x = \int_0^{20}(20-x)g\mathrm{d}x = g\left[20x - \frac{x^2}{2}\right]_0^{20} = 300g\;(\text{J})$$

（2）水和桶一起,提升质量 5kg 的桶 20m 做功为 $5 \times g \times 20 = 100g$ J,因此提升水和桶消耗的功是

$$300g + 100g = 400g(\text{J})$$

（3）水、桶和绳子在高度 x 处的总重为

$$f(x) = (20-x)g + 5g + (20-x) \times 0.5g(\text{N})$$

（变化的水重量）（固定的桶重量）（在高度为 x 时剩余的绳重）

提升绳子的功是

$$\text{在绳子上做的功} = \int_0^{20} 0.5 \times (20-x)g\mathrm{d}x = 0.5 \times g\left[20x - \frac{x^2}{2}\right]_0^{20} = 150g$$

所以,对于水、桶和绳子组合的总功为

$$300g + 100g + 150g = 550g(\text{J})$$

例 5-4-29　弹簧的应用问题　一个弹簧从其原始长度 10cm 拉伸至 15cm 需要受 40N 的作用力,问将该弹簧从 15cm 拉伸至 18cm 需要做多少功?

解　根据库克定律,将弹簧拉伸 x m 需要受的力是 $f = kx$。当弹簧从 15cm 拉伸至 18cm,拉伸长度是 5cm = 0.05m,这意味着 $f(0.05) = 40$,因此

$$0.05k = 40,\quad k = \frac{40}{0.05} = 800$$

于是,$f(x) = 800x$,将该弹簧从 15cm 拉伸至 18cm 需要做的功是

$$W = \int_{0.05}^{0.08} 800x\mathrm{d}x = 800\left.\frac{x^2}{2}\right|_{0.05}^{0.08} = 400 \times [(0.08)^2 - (0.05)^2] = 1.56(\text{J})$$

例 5-4-30　抽取液体问题　一个倒圆锥形状的贮水池高 10m,底是半径 4m 的圆,装水至 8m 高,问将水从贮水池的顶部抽空需要做多少功?

分析　我们设想一次把一水平薄层的液体提升,并且对每层应用上述做功公式。当薄层变得越来越薄而薄层数目变得越来越多时,这就引导我们要用定积分来求。每次得到的积分依赖于液体的重量和容器的尺寸,求得积分的方式却总是相同的(即元素表达式是一样的)。

解　建立垂直坐标系(图 5-4-43)以便测量贮水池的深度,水从 2m 到 10m 被抽出。因此,我们选择高度 x 为积分变量,其变化区间为 $[2,10]$,在 $[2,10]$ 上任取小区间 $[x, x+\mathrm{d}x]$,即取厚度 $\mathrm{d}x$ 的一层水,利用图 5-4-44 以及相似三角形可以计算出 r_i 如下：

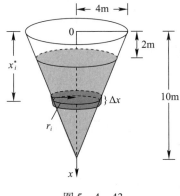
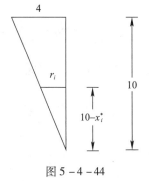

图 5 - 4 - 43 　　　　　　　　　图 5 - 4 - 44

$$\frac{r}{10-x} = \frac{4}{10}, \quad r = \frac{2}{5}(10-x)$$

于是，该层水体积的近似值是

$$dv = \pi r^2 dx = \frac{4}{25}\pi(10-x)^2 dx$$

它的质量是

$$dm = 1000 \times \frac{4}{25}\pi(10-x)^2 dx = 160\pi(10-x)^2 dx$$

抽出该层水克服地球引力做功是

$$dF = dmg = 9.8 \times 160\pi(10-x)^2 dx = 1568\pi(10-x)^2 dx$$

这一层的每一个质点移动的距离近似为 x，将这层水移动到顶部需要做的功 dW 约等于力 dF 和距离 x 的乘积：

$$dW = dF \cdot x = 1568\pi x(10-x)^2 dx$$

将水抽空需要做的功为

$$\begin{aligned} W &= \int_2^{10} 1568\pi x(10-x)^2 dx \\ &= 1568\pi \int_2^{10}(100x - 20x^2 + x^3)dx = 1568\pi \left[50x^2 - \frac{20x^3}{3} + \frac{x^4}{4}\right]_2^{10} \\ &= 1568\pi\left(\frac{2048}{3}\right) \approx 3.4 \times 10^6 (\text{J}) \end{aligned}$$

例 5 - 4 - 31 把质量为 m 的物体，从地球(半径为 R)表面升高到离地面距离为 h 的位置时，需做功多少？若使物体远离地球不再返回地面，物体离开地球时的初速度至少应为多少？

解 根据引力定律，地球与物体之间的引力为

$$f(x) = k\frac{Mm}{x^2} (k \text{ 为引力系数}, M \text{ 为地球质量})$$

由 $k\dfrac{Mm}{R^2} = mg$ [因为 $f(R) = mg$]，得 $kM = gR^2$，因此，$f(x) = \dfrac{mgR^2}{x^2}$。则将物体升高到离地面的距离为 h 时，需做的功为

$$w(h) = \int_R^{R+h} f(x)dx = mgR^2 \int_R^{R+h} \frac{1}{x^2}dx = mgR^2 \left(-\frac{1}{x}\right)\Big|_{x=R}^{x=R+h}$$

$$= mgR^2\left(\frac{1}{R} - \frac{1}{R+h}\right) = \frac{mgRh}{R+h}$$

若使物体远离地球不再返回地面,则需做的功为

$$w(+\infty) = \lim_{h\to+\infty} w(h) = \lim_{h\to+\infty} \frac{mgRh}{R+h} = \lim_{h\to+\infty} \frac{mgR}{\frac{R}{h}+1} = mgR$$

在地球上,要使一个物体(例如火箭)远离地球不再返回地面,则物体所具有的动能至少应等于 mgR,即 $\frac{1}{2}mv_0^2 = mgR$。由此可以求出物体的初速度至少应是 $v_0 = \sqrt{2gR}$。取

$$g = 9.8(\text{m/s}^2), \quad R = 6400(\text{km})$$

则得 $v_0 = \sqrt{2 \times 0.0098 \times 6400} = 11.2(\text{km/s})$(第二宇宙速度)。

2. 水压力

深水潜水员意识到水压力会随着潜水深度的增加而加大,这是因为他们上面的水的重力增大了。

一般地,假设一个面积为 $A\text{m}^2$ 的水平薄板浸入密度为 $\rho\text{kg/m}^3$ 的液体里,在液面下 $d\text{m}$ 处(图 5-4-45)。平板正上方的液体体积是 $V = Ad$,因此它的质量是 $m = \rho V = \rho Ad$。于是,液体对薄板产生的压力是

$$F = mg = \rho gAd$$

这里的 g 是重力加速度,则压力为

$$P = \frac{F}{A} = \rho gd$$

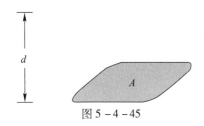

图 5-4-45

因为水的密度是 $\rho = 1000\text{kg/m}^3$,所以游泳池底部 2m 处的压强是

$$P = \rho gd = 1000\text{kg/m}^3 \times 9.8\text{m/s}^2 \times 2\text{m} = 19600\text{Pa} = 19.6\text{kPa}$$

实验证明液体中任一方向上的压强都是一样的,所以液体密度为 ρ、深度为 d 时的压强为

$$P = \rho gd \tag{5-4-10}$$

这将启发我们确定垂直放入液体中的平板、墙或大坝的静压力,这不是一个简单的问题,因为随着深度的增加压强不再是常数。

例 5-4-32 一个梯形状的大坝,高度是 20m,上底是 50m,下底是 30m。如果水平面距离大坝顶部 4m,计算大坝的静压力。

解 选择坐标原点在水平面,x 轴垂直(图 5-4-46(a))。水深是 16m,选择水的深度 x 为积分变量,在区间 $[0,16]$ 上任取一个子区间 $[x, x+dx]$。则该水平长条大坝用高为 Δx 宽为 w 的矩形近似,这里,由相似三角形(图 5-4-46(b))可得

$$\frac{a}{16-x} = \frac{10}{20} \quad \text{或} \quad a = \frac{16-x}{2} = 8 - \frac{x}{2}$$

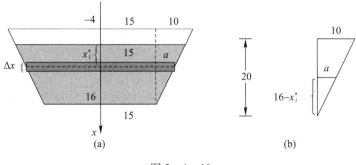

图 5-4-46

于是
$$w = 2(15+a) = 2\left(15+8-\frac{1}{2}x\right) = 46-x$$

该长条的面积
$$dA = w dx = (46-x)dx$$

利用式(5-4-10)可得该长条上的压强
$$P \approx 1000gx$$

该长条上的静压力等于压强与面积之积：
$$dF_i = P \cdot dA = 1000gx(46-x)dx$$

将这些压力在[0,16]上积分，便可得到大坝的总压力：
$$F = \int_0^{16} 1000gx(46-x)dx = 1000(9.8)\int_0^{16}(46x-x^2)dx$$
$$= 9800 \times \left[23x^2 - \frac{x^3}{3}\right]_0^{16} \approx 4.43 \times 10^7 (N)$$

例 5-4-33 设水闸门为矩形。它的宽为20m，高为16m，并垂直立于水中。在下面情形下，求闸门受到的水压力：

(1) 闸门上沿与水平面相齐；(2) 水平面超过闸门上沿2m。注：水的比重为9800(N/m^3)。

解 (1) 如图5-4-47(a)那样建立坐标系。

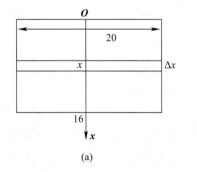 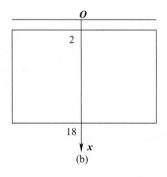

图 5-4-47

因为水深x处，高为Δx的矩形闸门，它受到的水压力为
$$\Delta p \approx (20\Delta x)x \cdot 9800 (\text{合理假设}) = 1.96 \times 10^5 x\Delta x$$

而它的微分形式为 $dp = 1.96 \times 10^5 x dx$。因此,整个闸门受到的水压力为

$$p = \int_0^{16} dp = 1.96 \times 10^5 \int_0^{16} x dx = 1.96 \times 10^5 \left(\frac{1}{2}x^2\right)\bigg|_{x=0}^{x=16} \approx 2.5 \times 10^{17} (\text{N})$$

解 (2) 如图 5-4-47(b) 所示,整个闸门受到的水压力为

$$p = \int_2^{18} dp = 1.96 \times 10^5 \int_2^{18} x dx = 1.96 \times 10^5 \left(\frac{1}{2}x^2\right)\bigg|_{x=2}^{x=18} \approx 3.1 \times 10^{17} (\text{N})$$

这样,可以归纳**求流体压力的步骤**。

不论使用什么样的坐标系,都可以按下列的步骤求对于被淹没的垂直平板的流体力:

(1) 求一个典型的水平条形的长度和深度的表达式;

(2) 把它们的乘积乘以流体的比重,并且在被平板或壁所占据的深度的区间上积分。

3. 矩、质心和转动惯量

许多结构和力学系统的行为跟它的质量集中在单独的一个点那样,该点称为**质心**。知道如何求这个点的位置是重要的并且做这件事基本上是数学工作。

我们分阶段由简到难建立数学模型。第一阶段是设想在刚性 x 轴上的质量 m_1, m_2 和 m_3 被支撑在位于原点的支点上(图 5-4-48)。这样生成的系统可能平衡,也可能不平衡,这取决于质量多大以及如何安置它们。

图 5-4-48

每个质量 $m_k(k=1,2,3)$ 生成的一个向下的力 $m_k g$,它等于质量乘以重力加速度。这些力的每一个都有一个绕原点使轴转动的倾向,跟转动一个跷跷板一样,这个称为转矩的效果是由力 $m_k g$ 和从作用点到原点的距离的乘积来测量。在原点的左边的质量施加一个负的(反时针)转矩,原点右边的质量施加一个正的(顺时针)转矩。

转矩的和反映的是一个系统绕原点转动的倾向,这个和称为系统转矩。

$$\text{系统转矩} = m_1 g x_1 + m_2 g x_2 + m_3 g x_3 \qquad (5-4-11)$$

当且仅当系统的转矩为零,它将平衡。

如果在式(5-4-11)中提出公因子 g,我们看到系统转矩为

$$g \cdot (\underbrace{m_1 x_1 + m_2 x_2 + m_3 x_3}_{})$$

环境的一个特征　　　系统的一个特征

于是转矩是重力加速度 g 和数 $m_1 x_1 + m_2 x_2 + m_3 x_3$ 的乘积。这里 g 是系统所处的环境的特征,而数 $m_1 x_1 + m_2 x_2 + m_3 x_3$ 是系统本身的特征,这是一个常数,不论系统位于哪里,它都保持同一值。

我们通常想知道把支点放在何处才能使整个系统平衡,即把支点放在什么点 $\bar{x}$ 可使转矩之和为 0。我们根据平衡等式求解 $\bar{x}$。

如图 5-4-49 所示,每个质点 $m_k(k=1,2,3)$ 关于在平衡位置的支点 $\bar{x}$ 的转矩是,$m_k = (m_k$ 离开 $\bar{x}$ 的有向距离$) \cdot ($向下的力$) = (x_k - \bar{x})m_k g$ 因为这些转矩的和是 0,即有

$$\sum_{k=1}^{3}(x_k - \bar{x})m_k g = 0$$

$$\sum_{k=1}^{3}(x_k - \bar{x})m_k = 0$$

$$\sum_{k=1}^{3} x_k m_k - \sum_{k=1}^{3} \bar{x} m_k = 0$$

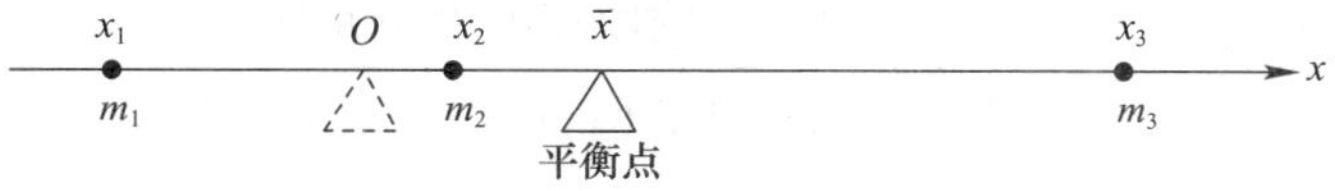

```
 x₁       O   x₂    x̄              x₃
 •           •  △                 •         x
 m₁          m₂  平衡点             m₃
```

图 5 – 4 – 49

解得

$$\bar{x} = \frac{\sum_{k=1}^{3} x_k m_k}{\sum_{k=1}^{3} m_k} = \frac{\text{关于原点的系统矩}}{\text{系统质量}}$$

点 $\bar{x}$ 称为该系统的质心。

一般地，如果 n 个位于 x 轴上点 $x_1, x_2, \cdots, x_n$ 处具有质量 $m_1, m_2, \cdots, m_n$ 的质点系，则它的质心可以类似地表示为

$$\bar{x} = \frac{\sum_{i=1}^{n} m_i x_i}{\sum_{i=1}^{n} m_i} = \frac{\sum_{i=1}^{n} m_i x_i}{M} \qquad (5-4-12)$$

式中：$M = \sum m_i$ 是质点系的总质量，每个力矩的总和是

$$M_o = \sum_{i=1}^{n} m_i x_i$$

被称为**质点系相对于原点的力矩**。

式（5 – 4 – 12）可以变形为 $M\bar{x} = M_o$，这说明如果总质量被考虑集中到质心上，则它的力矩等于质点系的力矩。

例 5 – 4 – 34 质量为 4kg、2kg、6kg 和 7kg 的物体沿着 x 轴分别放在点 0、1、2 和 4，找出它们的质心（图 5 – 4 – 50）。

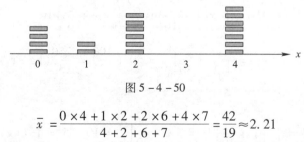

图 5 – 4 – 50

解

$$\bar{x} = \frac{0 \times 4 + 1 \times 2 + 2 \times 6 + 4 \times 7}{4 + 2 + 6 + 7} = \frac{42}{19} \approx 2.21$$

结果与我们的直觉是一致的。

现在我们进入第二阶段，讨论具有连续密度函数的金属丝和细杆的矩和质心。

设想金属丝或细杆沿着 x 轴从 $x = a$ 到 $x = b$ 分布，其密度为连续函数 $\rho(x)$，如图 5 – 4 – 51 所示。因为密度是连续变化的，所以在很小的一段上，密度可以近似看成常数，所以我们可以采

用前面求功和水压力类似的方法,转化成定积分来计算矩和质心。

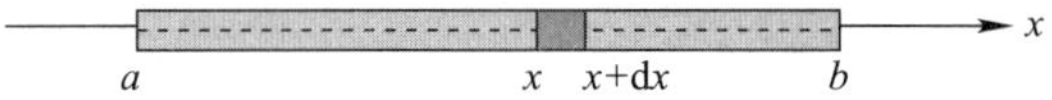

图 5-4-51

在 $[a,b]$ 上任取一个小区间 $[x,x+dx]$,则该小段可以近似看成一个质点,距离原点近似为 x,质量微元为 $dM = \rho(x)dx$,于是可以写出到原点的力矩元素
$$dM_o = x\rho(x)dx$$
由此,在区间 $[a,b]$ 上积分,便得金属丝和细杆的矩、质量和质心

关于原点的矩
$$M_o = \int_a^b x\rho(x)dx \tag{5-4-13}$$

质量
$$M = \int_a^b \rho(x)dx \tag{5-4-14}$$

质心
$$\bar{x} = \frac{M_o}{M} \tag{5-4-15}$$

例 5-4-35 (常密度条和杆)证明常密度直的细条或杆的质心位于其两个端点之间的线段的中点。

解 我们把细条安置在 x 轴上从 $x=a$ 到 $x=b$ 的部分。我们的目的是证明 $\bar{x} = (a+b)/2$。设其密度为常数 ρ,由式(5-4-13)、式(5-4-14)和式(5-4-15)可得
$$\bar{x} = \frac{M_o}{M} = \frac{\int_a^b x\rho dx}{\int_a^b \rho dx} = \frac{\rho\int_a^b x dx}{\rho\int_a^b dx} = \frac{\frac{1}{2}x^2\big|_a^b}{(b-a)} = \frac{a+b}{2}$$

例 5-4-36 (变密度杆)有一根 10m 米长的杆,从左到右逐渐变粗,以至于其密度不是常数,而是 $\rho(x) = 1 + (x/10) \text{kg/m}$。求杆的质心。

解 杆关于原点的矩是
$$M_o = \int_0^{10} x\left(1 + \frac{x}{10}\right)dx = \int_0^{10}\left(x + \frac{x^2}{10}\right)dx$$
$$= \left[\frac{x^2}{2} + \frac{x^3}{30}\right]_0^{10} = 50 + \frac{100}{3} = \frac{250}{3}(\text{kg}\cdot\text{m})$$

杆的质量是
$$M = \int_0^{10}\left(1 + \frac{x}{10}\right)dx = \left[x + \frac{x^2}{20}\right]_0^{10} = 10 + 5 = 15(\text{kg})$$

所以质心位于
$$\bar{x} = \frac{M_o}{M} = \frac{250}{3} \times \frac{1}{15} \approx 5.56(\text{m})$$

现实生活中,除了要求线段状物体的力矩和质心,还有曲线状、平面薄片状、立体状物体,也需要计算,我们把这个问题留到第 9 章重积分学习之后继续讨论。

转动惯量 有些机器上装有飞轮。正在转动的飞轮,一旦切断机器的动力电源,它不会立即停止转动,还要持续转动一段时间才会慢慢停止下来。转动物体所具有的这种能够保持原有转动状态的性质,称为转动惯性。而反映转动惯性大小的物理量,称为转动惯量。

从中学物理中知道,一个平动物体的动能为 $E = \frac{1}{2}mv^2$。现在,设有质量为 m 的质点绕固定轴转动。若它离转轴的垂直距离为 r,转动角速度为 ω,则它转动时的动能为

$$E = \frac{1}{2}m(r\omega)^2 = \frac{1}{2}(mr^2)\omega^2$$

把它与物体平动时的动能公式 $E = \frac{1}{2}mv^2$ 做比较,ω 相当于物体平动时的速度 v,而 mr^2 就相当于平动物体的质量。因此,就用 $J = mr^2$ 定义上述那个转动质点的转动惯量(单位有 g·cm^2 或 kg·m^2)。

例 5-4-37 设有一个质量均匀分布的飞轮,半径为 R,厚度为 h。求它绕中心轴转动时的转动惯量。

解 要解决这个问题,不能直接套用公式 $J = mR^2$,因为半径不同的圆周上质点的转动惯量是不相等的。为此,我们设想把飞轮分成一个套一个的圆环(如图 5-4-52 所示)。当每一个圆环的宽度 Δx 很小时,可以认为同一个圆环上各点都处在同一个圆周上(合理假设)。例如图中那个内半径为 x 且宽度为 Δx 的圆环。它的质量为 $2\pi xh\mu\Delta x$(μ 为体密度),而转动惯量为

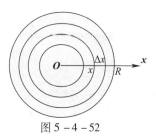

图 5-4-52

$$\Delta J \approx (2\pi xh\mu\Delta x)x^2 = 2\pi h\mu x^3\Delta x \text{(局部线性化,合理假设)}$$

当把 Δx 看作无穷小量 $\mathrm{d}x$ 时,就得到转动惯量的微分形式为 $\mathrm{d}J = 2\pi h\mu x^3\mathrm{d}x$。因此,飞轮的转动惯量(积分形式)为

$$J = \int_0^R \mathrm{d}J = 2\pi h\mu \int_0^R x^3\mathrm{d}x\mu = 2\pi h\mu \left(\frac{1}{4}x^4\right)\bigg|_{x=0}^{x=R} = \frac{1}{2}(\pi R^2 h\mu)R^2 = \frac{1}{2}mR^2$$

(其中数值 $m = \pi R^2 h\mu$ 为飞轮的总质量)

计算结果说明,均匀飞轮的转动惯量等于全部质量 m 集中到飞轮边沿上时转动惯量的一半。我们平常见到的飞轮,边沿部分较厚,中间部分较薄,甚至还挖出许多洞眼,目的是把飞轮的质量尽可能地集中分布在边沿上,使同等质量的飞轮具有较大的转动惯量。

5.4.4 定积分在其他方面的应用

这一节我们将讨论积分在经济学(消费者剩余)和生物学(血流量、心输出量)方面的一些应用。

1. 消费者剩余

回想一下,需求函数是指一个公司为了销售 x 单位商品需要指定的价格。一般来说,销售的商品越多需要价格越低,所以需求函数是单调递减函数。一个典型的需求函数曲线被

称为需求曲线(图 5-4-53)。如果 X 是当前可用的商品数量,则 $P = p(x)$ 是当前的销售价格。

我们将区间 $[0, X]$ 等分成 n 个子区间,每个子区间的宽度是 $\Delta x = X/n$,令 $x_i^* = x_i$ 是第 i 个子区间的右端点(见图 5-4-54)。如果在 x_{i-1} 单位商品被卖完之后,还仅有 x_i 单位商品可用,每单位商品的价格必须被定为 $p(x_i)$ 美元,则另外的 Δx 单位商品可以被卖完(但是不能更多)。付出 $p(x_i)$ 美元的消费者将倾向于高价值的商品,他们会付出他们认为值得的。因此在仅支付 P 美元时,他们节省的量是

$$(节省的量)(单位商品) = [p(x_i) - P]\Delta x$$

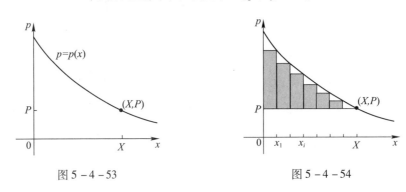

图 5-4-53　　　　　　　　图 5-4-54

考虑每一个子区间上愿意消费的群体然后相加,就可以得到节省总量

$$\sum_{i=1}^{n} [p(x_i) - P]\Delta x$$

令 $n \to \infty$,则该黎曼和接近于定积分

$$\int_0^X [p(x) - P] \mathrm{d}x \qquad (5-4-16)$$

这被经济学家称为商品的消费者剩余。

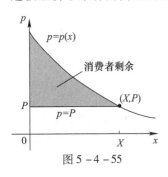

图 5-4-55

消费者剩余是指消费者在以价格 P 购买数量为 X 商品时所节省的钱。图 5-4-55 对消费者剩余做了说明,图中需求曲线下方直线 $p = P$ 上方表示的就是消费者剩余。

例 5-4-38　一个商品的需求函数(美元)是 $p = 1200 - 0.2x - 0.0001x^2$,计算当销售水平是 500 时的消费者剩余。

解　由于销售的产品数量是 $X = 500$,所以对应的价格是

$$P = 1200 - (0.2) \times (500) - (0.0001) \times (500)^2 = 1075$$

因此,消费者剩余是

$$\int_0^{500} [p(x) - P]\mathrm{d}x = \int_0^{500} (1200 - 0.2x - 0.0001x^2 - 1075)\mathrm{d}x$$

$$= \int_0^{500} (125 - 0.2x - 0.0001x^2)\mathrm{d}x = 125x - 0.1x^2 - (0.0001)\left(\frac{x^3}{3}\right)\Big]_0^{500}$$

$$= (125) \times (500) - (0.1) \times (500)^2 - \frac{(0.0001) \times (500)^3}{3} = 33{,}333.33 \,(美元)$$

2. 血流量

医学研究中层流定律可表示为

$$v(r) = \frac{P}{4\eta l}(R^2 - r^2)$$

上式给出了血沿着半径为 R、长度为 l、距离中心轴为 r 的血管流动速度,这里 P 是血管两端之间的压差,η 是血的黏性。现在,为了计算血流速度,或者是通量(单位时间的体积),我们讨论较小的等距半径 $r_1, r_2, \cdots$。内径 r_{i-1} 外径 r_i 的项圈(或垫圈)的近似面积是 $2\pi r_i \Delta r$,这里 $\Delta r = r_i - r_{i-1}$(图 5-4-56)。如果 Δr 比较小,则流过该项圈的速度几乎为常数且被近似为 $v(r_i)$。单位时间内流过该项圈的血的体积可被近似为

$$(2\pi r_i \Delta r) v(r_i) = 2\pi r_i v(r_i) \Delta r$$

单位时间内通过该截面的血流总量是

$$\sum_{i=1}^{n} 2\pi r_i v(r_i) \Delta r$$

图 5-4-57 说明了这种近似。注意到向着血管中心方向血流速度加大,n 越大近似精度越好。当我们取极限时就可以得到通量的精确值,它是单位时间通过截面的血的体积:

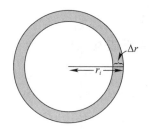

图 5-4-56

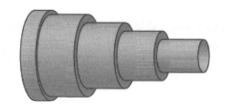

图 5-4-57

$$\begin{aligned} F &= \lim_{n \to \infty} \sum_{i=1}^{n} 2\pi r_i v(r_i) \Delta r = \int_0^R 2\pi r v(r) \, dr \\ &= \int_0^R 2\pi r \frac{P}{4\eta l}(R^2 - r^2) \, dr \\ &= \frac{\pi P}{2\eta l} \int_0^R (R^2 r - r^3) \, dr = \frac{\pi P}{2\eta l} \left[R^2 \frac{r^2}{2} - \frac{r^4}{4} \right]_{r=0}^{r=R} \\ &= \frac{\pi P}{2\eta l} \left[\frac{R^4}{2} - \frac{R^4}{4} \right] = \frac{\pi P R^4}{8\eta l} \end{aligned}$$

这个等式

$$F = \frac{\pi P R^4}{8\eta l} \tag{5-4-17}$$

被称为**泊肃叶(Poiseuille)定律**。该定律表明通量正比于血管半径的四次方。

3. 心输出量

图 5-4-58 显示了人的心血管系统,血从身体通过返回心脏的静脉,进入右心房,并通过肺动脉输送到肺部氧合。然后通过肺静脉回流入左心房,通过主动脉到身体的其他部位。心脏的心输出量是指单位时间内心脏输出的血的体积,也就是,流入主动脉的速度。

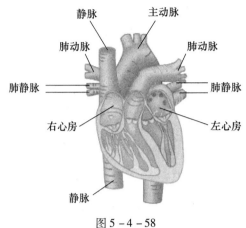

图 $5-4-58$

染料稀释法被用来测量心输出量,染料被注射进右心房通过心脏进入主动脉。探针插入主动脉测量一段时间 $[0,T]$ 内等时间间隔流出心脏的染料的浓度,直到染料被清除。令 $c(t)$ 为 t 时刻染料的浓度,如果我们将区间 $[0,T]$ 等分成长度为 Δt 的子区间,则在子区间 $t=t_{i-1}$ 到 $t=t_i$ 流过测量点的染料总量可被近似为

$$(\text{浓度})(\text{体积}) = c(t_i)(F\Delta t)$$

这里 F 是我们试图要确定的血流比率。因此,染料总量可被近似为

$$\sum_{i=1}^{n} c(t_i) F\Delta t = F \sum_{i=1}^{n} c(t_i) \Delta t$$

令 $n \to \infty$ 可得染料总量为

$$A = F \int_0^T c(t) \, dt$$

因此,心输出量是

$$F = \frac{A}{\int_0^T c(t) \, dt} \qquad (5-4-18)$$

这里 A 是已知的染料总量,定积分可以通过读取的浓度来近似。

例 $5-4-39$ 在用染料稀释法测量心输出量时,将 5mg 染料注入右心房,表 $5-4-3$ 中数据为每秒钟右主动脉染料的浓度 $c(t)$,请估算心输出量。

表 $5-4-3$

t	$c(t)$	t	$c(t)$
0	0	6	6.1
1	0.4	7	4.0
2	2.8	8	2.3
3	6.5	9	1.1
4	9.8	10	0
5	8.9		

解 这里 $A=5$,$\Delta t=1$,$T=10$,我们利用辛普森法近似浓度的积分

$$\int_0^{10} c(t)\,dt \approx \frac{1}{3}[0 + 4\times(0.4) + 2\times(2.8) + 4\times(6.5) + 2\times(9.8) + 4\times(8.9) +$$
$$2\times(6.1) + 4\times(4.0) + 2\times(2.3) + 4\times(1.1) + 0]$$
$$\approx 41.87$$

因此,式(5-4-18)给出的心输出量是

$$F = \frac{A}{\int_0^{10} c(t)\,dt} \approx \frac{5}{41.87} \approx 0.12(\text{L/s}) = 7.2(\text{L/min})$$

习题 5-4

(A)

1. 求下列曲线的弧长:

(1) 对数曲线 $y = \ln x$ 上点 $(1,0)$ 到点 $\left(\sqrt{3}, \frac{1}{2}\ln 3\right)$ 这一段;

(2) $x^{\frac{2}{3}} + y^{\frac{2}{3}} = a^{\frac{2}{3}}$ (内摆线或星形线);

(3) $x = a(\cos t + t\sin t), y = a(\sin t - t\cos t)$ $(0 \leq t \leq 2\pi)$ (圆的渐开线);

(4) 心形线 $r = a(1 + \cos\theta)$ $(a > 0)$;

(5) 阿基米德螺线 $r = a\theta$ $(a > 0; 0 \leq \theta \leq 2\pi)$。

2. 证明:椭圆

$$\begin{cases} x = a\cos t \\ y = b\sin t \end{cases} (a > b > 0; 0 \leq t \leq 2\pi)$$

的弧长等于正弦曲线 $y = \sqrt{a^2 - b^2}\sin\dfrac{x}{b}$ 的一个波线长度。

3. **椭圆积分** 对于椭圆

$$\begin{cases} x = a\cos t \\ y = b\sin t \end{cases} (a > b > 0; 0 \leq t \leq 2\pi)$$

由于 $x'(t) = -a\sin t, y'(t) = b\cos t$,代入弧长公式,则得椭圆的弧长为

$$s = \int_0^{2\pi} \sqrt{a^2\sin^2 t + b^2\cos^2 t}\,dt = a\int_0^{2\pi} \sqrt{\sin^2 t + \frac{b^2}{a^2}\cos^2 t}\,dt$$
$$= a\int_0^{2\pi} \sqrt{1 - \frac{a^2 - b^2}{a^2}\cos^2 t}\,dt = a\int_0^{2\pi} \sqrt{1 - k^2\cos^2 t}\,dt$$

其中 $k = \dfrac{\sqrt{a^2 - b^2}}{a}$ $(0 < k < 1)$ 为椭圆的离心率。上面最后一个积分 $\int_0^{2\pi} \sqrt{1 - k^2\cos^2 t}\,dt$ 或相应的不定积分 $\int \sqrt{1 - k^2\cos^2 t}\,dt$ 都称为第二类椭圆积分。因为原函数 $\int \sqrt{1 - k^2\cos^2 t}\,dt$ 不能表示成初等函数,所以不能通过牛顿-莱布尼茨公式计算积分 $\int_0^{2\pi} \sqrt{1 - k^2\cos^2 t}\,dt$。还有像

$$\int \frac{1}{\sqrt{1 - k^2\cos^2 t}}\,dt \quad (\text{第一类椭圆积分})$$

这样的原函数也不能表示成初等函数。

4. 求下列图形的面积(先画出草图,并认准所求面积的图形):

(1) 双曲线 $xy=1$ 与直线 $y=x$ 和 $y=2$ 围成的图形;

(2) 上半圆周 $y=\sqrt{2-x^2}$ 与抛物线 $y=x^2$ 围成的图形;

(3) 抛物线 $y^2=x$ 与直线 $y=x-2$ 围成的图形。

5. 设由曲线 $y=1-x^2(x\geqslant 0)$ 与两个坐标轴围成的图形,被抛物线 $y=ax^2(a>0)$ 分成两块图形。问:当 a 为何值时,这两块图形的面积相等?

6. 抛物线 $y^2=2x$ 把圆 $x^2+y^2\leqslant 8$ 分成两部分,求它们面积的比值。

7. 在曲线 $y=\mathrm{e}^{-x}(0\leqslant x<+\infty)$ 上求一点 P(见图 5-4-59),使该点处曲线的切线与两个坐标轴围成的三角形有最大面积,并求出这个最大面积。

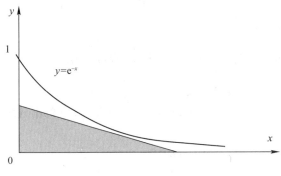

图 5-4-59

8. 如图 5-4-60 所示,在区间 $(0,4)$ 内确定 a 的值,使阴影部分的面积为最小。

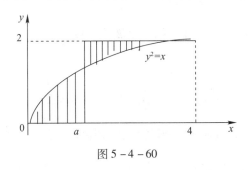

图 5-4-60

9. 求下列曲线围成图形的面积:

(1) $r=a(1+\cos\theta)$(心形线,见图 5-4-61); (2) $r^2=a^2\cos 2\theta$(双纽线,见图 5-4-62);

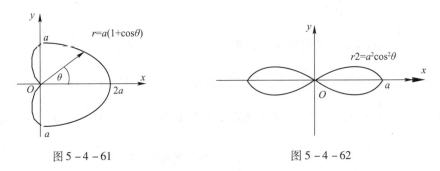

图 5-4-61 图 5-4-62

(3) $r = a\sin 3\theta$（三叶线，见图 5-4-63）；　　(4) $x^3 + y^3 = 3axy$（笛卡儿叶形线，见图 5-4-64）；

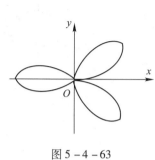

图 5-4-63

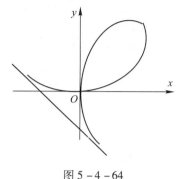

图 5-4-64

(5) $x^4 + y^4 = a^2 xy$。

10. 求下列图形（绕 Ox 轴或绕 Oy 轴或绕某直线）所形成旋转体的体积：

(1) 椭圆 $\dfrac{x^2}{a^2} + \dfrac{y^2}{b^2} \le 1$ 分别绕 Ox 轴与绕 Oy 轴；

(2) 由曲线 $y = \ln x$、Ox 轴和直线 $x = e$ 围成的图形，分别绕 Ox 轴与绕 Oy 轴；

(3) 由曲线 $y = 2x - x^2$ 和 Ox 围成的图形，分别绕 Ox 轴与绕 Oy 轴；

(4) 曲线 $x^2 + (y - b)^2 = a^2 (b \ge a > 0)$ 包围的图形绕 Ox 轴；

(5) 圆 $x^2 + y^2 \le a^2$ 绕直线 $x = -b (b \ge a > 0)$。

11. 曲线 $y = e^{-x} (0 \le x < +\infty)$、$Ox$ 轴、Oy 轴和直线 $x = a$ 围成的图形，绕 Ox 轴旋转一周形成的旋转体的体积记成 $V(a)$。

(1) 求极限 $\lim\limits_{a \to +\infty} V(a)$；　　(2) 求当 a 为何值时，$V(a) = \dfrac{1}{2} \lim\limits_{a \to +\infty} V(a)$。

12. 设图形由旋轮线

$$\begin{cases} x = a(t - \sin t) \\ y = a(1 - \cos t) \end{cases} (a > 0, 0 \le t \le 2\pi)$$

的一拱与 Ox 轴围成。求下列旋转体的体积：(1) 绕 Ox 轴；(2) 绕 Oy 轴；(3) 绕直线 $y = 2a$。

13. 设正椭圆锥的高为 h，底面椭圆两个半轴长分别为 a 和 b。求它的体积。

14. 求下列立体的体积（见图 5-4-65）：

(1) 设横截面直径为 36cm 的树干上，有一个被切去的缺口（如图示）。切口下底面正好是横截面的半圆，而上底面与下底面的夹角为 45°。求切下来那部分木块的体积。

(2) 设在半径为 6cm 的圆上，直立有高为 10cm 的等腰三角形（如图示）。今让这个三角形的高保持不变，底边端点保持在圆周上，沿着圆的直径平行移动，形成一个立体。求它的体积。

(3) 设横截面半径为 a 的两个正圆柱，它们的中心轴相互正交。求它们公共部分的体积（图中的立体只是公共部分的一半）。

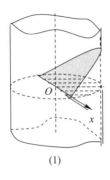 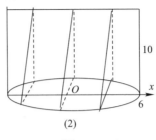 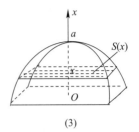

(1) （2） （3）

图 5-4-65

15. 求下列旋转曲面的面积：

(1) 椭圆 $\dfrac{x^2}{a^2}+\dfrac{y^2}{b^2}=1$ 分别绕 Ox 轴与 Oy 轴；

(2) 圆 $x^2+(y-b)^2=a^2(b\geqslant a>0)$ 绕 Ox 轴。

16. 求旋轮线

$$\begin{cases} x=a(t-\sin t) \\ y=a(1-\cos t) \end{cases} (a>0,0\leqslant t\leqslant 2\pi)$$

的一拱分别绕下列轴线形成的旋转曲面的面积：(1) Ox 轴；(2) Oy 轴；(3) 直线 $y=2a$。

17. 证明：

(1) 半径为 R 的球面面积是 $4\pi R^2$；

(2) 底圆半径为 R、高为 H 的正圆锥的侧面积是 $\pi R\sqrt{R^2+H^2}$。

（B）

1. 设有长为 $2a$ 的一根直棒，其上均匀分布有某种物质（分布线密度为 μ）。另有质量为 m 的质点，它到棒中点的垂直距离为 a。求棒对上述质点的吸引力。

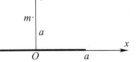

提示：先选取坐标系如图示。

2. 设有圆柱形蓄水池，底圆半径为 10m，高为 30m，池内盛有深为 27m 的水。求将池内的水从池口全部抽出所做的功。

注：水的比重为 9800N/m^3。N·m（牛顿·米）$=\text{J}$（焦耳）是功的单位。

3. 设有半径为 10m 的半球形水池，蓄满了水。求把水抽尽所做的功。

4. 若 1N（牛）的力能使弹簧伸长 1cm，求使这个弹簧伸长 10cm 所做的功。

5. 设底圆半径为 10cm 且高为 80cm 的正圆柱内，充满有压强为 10N/cm^2 的蒸汽。若蒸汽的温度不变，要使蒸汽的体积减小一半，需花费多少功？

6. 设有某种物质均匀地分布在半径为 R 的半圆盘上（分布密度为 μ）。求它绕直边的转动惯量。

7. 设有某物质均匀地分布在长为 a 且宽为 b 的矩形板上（分布密度为 μ）。分别求它绕长边与短边的转动惯量。

8. 设有某物质均匀地分布在半径为 R 的球上(分布密度为 μ)。若它绕中心轴匀速转动的角速度为 ω,求它的转动惯量和动能。 提示:选取旋转轴为 Ox 轴。

9. 在下面情形下,求水对垂直壁上的压力:

(1) 壁的形状是半径为 $R(m)$ 的半圆,且直径位于水的表面上;

(2) 壁的形状是半径为 $R(m)$ 的圆,且顶端位于水平面上;

(3) 壁的形状是梯形,下底为 6m,上底为 10m,高为 5m,且下底沉没于水面下 20m。

10. 设正弦交流电的电流 $i(t) = I_m \sin\omega t$,经过半波整流后为

$$i_+(t) = \begin{cases} I_m \sin\omega t & \left(0 \leqslant t \leqslant \dfrac{\pi}{\omega}\right) \\ 0 & \left(\dfrac{\pi}{\omega} < t \leqslant \dfrac{2\pi}{\omega}\right) \end{cases}$$

求它在一个整周期内的平均值和有效值。

§5.5 反常积分

在定积分的定义中,被积函数要求定义在有限闭区间上,且有界。然而在许多实际应用中,如物理、经济、概率等,常遇到区间端点 a 或 b(或者两者同时)趋向于 $-\infty$ 或 $+\infty$,甚至还会碰到在区间上的某个点处函数是无界的。在这一节,我们将定积分的概念推广至无限区间和函数无界的情形,称其为反常积分或广义积分。

5.5.1 无穷限的反常积分

我们先来考虑位于曲线 $y = \dfrac{1}{x^2}$ 下方,x 轴上方,直线 $x = 1$ 右边的无限区域 S 的面积。也许你会认为由于区域 S 是无限的,所以它的面积也一定是无限的。我们细看一下,S 位于 $x = t$ 左边的部分(图 5-5-1 阴影部分)它的面积是

$$S(t) = \int_1^t \frac{1}{x^2}dx = -\frac{1}{x}\bigg|_1^t = 1 - \frac{1}{t}$$

注意到不管 t 取多大,$S(t)$ 总是小于 1。进一步得

$$\lim_{t \to +\infty} S(t) = \lim_{t \to +\infty}\left(1 - \frac{1}{t}\right) = 1$$

阴影部分在 $t \to +\infty$ 时面积接近于 1(图 5-5-2),因此,称阴影部分的面积等于 1,将上述结果写成

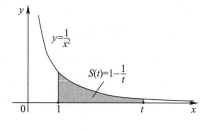

图 5-5-1

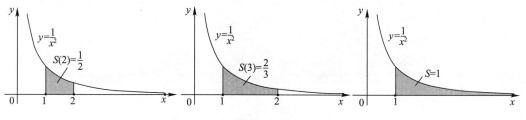

图 5-5-2

$$\int_1^{+\infty} \frac{1}{x^2} \mathrm{d}x = \lim_{t \to +\infty} \int_1^t \frac{1}{x^2} \mathrm{d}x = 1$$

受这个例子的启发,我们定义无限区间上的积分为有限区间上定积分的极限。

定义 1 （无穷限的反常积分）

(1) 假设 $f(x)$ 在 $[a, +\infty)$ 是连续的,定义

$$\int_a^{+\infty} f(x) \mathrm{d}x = \lim_{t \to +\infty} \int_a^t f(x) \mathrm{d}x \qquad (5-5-1)$$

(2) 假设 $f(x)$ 在 $(-\infty, b]$ 是连续的,定义

$$\int_{-\infty}^b f(x) \mathrm{d}x = \lim_{t \to -\infty} \int_t^b f(x) \mathrm{d}x \qquad (5-5-2)$$

(3) 假设 $f(x)$ 在 $(-\infty, +\infty)$ 是连续的,定义(a 可以是任意常数)

$$\int_{-\infty}^{+\infty} f(x) \mathrm{d}x = \int_{-\infty}^a f(x) \mathrm{d}x + \int_a^{+\infty} f(x) \mathrm{d}x = \lim_{t \to -\infty} \int_t^a f(x) \mathrm{d}x + \lim_{t \to +\infty} \int_a^t f(x) \mathrm{d}x$$

$$(5-5-3)$$

若极限存在,则称反常积分是收敛的,并称此极限为该反常积分的值;否则,称反常积分是发散的。

注意,定义 1(3) 中,要求式 (5-5-3) 右侧的两个反常积分都收敛,则称左侧的反常积分收敛。换句话说,右侧只要有一个积分不收敛,则原积分就是发散的。

如果使用符号 $[F(x)]_a^{+\infty}$ 来表示 $\lim_{t \to +\infty} F(b) - F(a)$,那么上述定义也具有牛顿-莱布尼茨公式的形式。例如式 (5-5-3) 就可以表示为

$$\int_a^{+\infty} f(x) \mathrm{d}x = \lim_{t \to +\infty} \int_a^t f(x) \mathrm{d}x = \lim_{t \to +\infty} [F(t) - F(a)] = [F(x)]_a^{+\infty}$$

式中:$F'(x) = f(x)$。

类似的定义也适用于 $[F(x)]_{-\infty}^b$ 和 $[F(x)]_{-\infty}^{+\infty}$。注意上述几种情况都不是用来"取代"无穷的,它们都被定义为一个极限,同样可以用计算反常积分的方法来计算它们。

如果给定的函数是正的,则任一种反常积分可被解释为面积。例如,如果 $f(x) \geq 0$ 且积分 $\int_a^{\infty} f(x) \mathrm{d}x$ 是收敛的,则我们定义区域的面积(图 5-5-3)

$$A = \{(x,y) \mid x \geq a, 0 \leq y \leq f(x)\}$$

$$S(A) = \int_a^{\infty} f(x) \mathrm{d}x$$

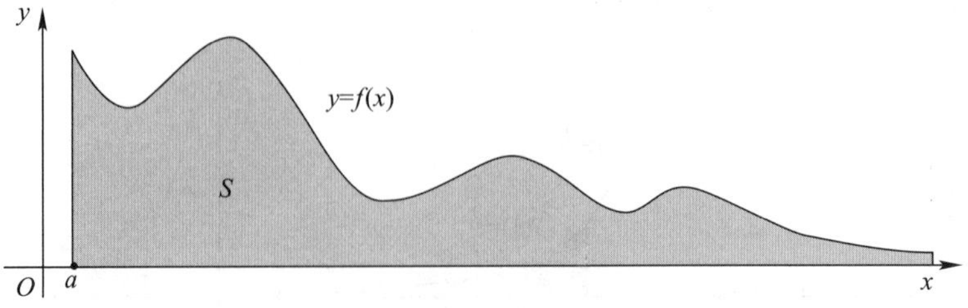

图 5-5-3

例 5-5-1 判断积分 $\int_1^{+\infty} \dfrac{1}{x} dx$ 是收敛还是发散。

解 根据定义,可得

$$\int_1^{+\infty} \dfrac{1}{x} dx = \lim_{t \to +\infty} \int_1^t \dfrac{1}{x} dx = \lim_{t \to +\infty} \ln|x|\Big]_1^t = \lim_{t \to +\infty}(\ln t - \ln 1) = +\infty$$

该积分是不存在的,所以积分 $\int_1^{+\infty} \dfrac{1}{x} dx$ 是发散的。

让我们比较例 5-5-1 和这一节开始给的例子:

$$\int_1^{+\infty} \dfrac{1}{x^2} dx \text{ 收敛}; \quad \int_1^{+\infty} \dfrac{1}{x} dx \text{ 发散}$$

从几何上看(图 5-5-4),虽然曲线 $y = 1/x$ 和 $y = 1/x^2$ 非常相似,但是在曲线 $y = 1/x^2$ 下方,$x = 1$ 右方的面积是有限的而曲线 $y = 1/x$ 下方的面积却是无限的。注意到虽然当 $x \to +\infty$ 时,$1/x$ 和 $1/x^2$ 都是趋于零,但是 $1/x^2$ 的速度更快。$1/x$ 的值减小得不够快,所以它的积分是无限的。

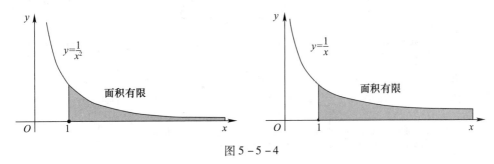

图 5-5-4

例 5-5-2 计算 $\int_{-\infty}^0 x e^x dx$。

解 利用定义可得

$$\int_{-\infty}^0 x e^x dx = \lim_{t \to -\infty} \int_t^0 x e^x dx$$

利用分部积分令 $u = x, dv = e^x dx$,则 $du = dx, v = e^x$,于是

$$\int_t^0 x e^x dx = x e^x \Big]_t^0 - \int_t^0 e^x dx = -t e^t - 1 + e^t$$

当 $t \to -\infty$ 时 $e^t \to 0$,由洛必达法则可得

$$\lim_{t \to -\infty} t e^t = \lim_{t \to -\infty} \dfrac{t}{e^{-t}} = \lim_{t \to -\infty} \dfrac{1}{-e^{-t}} = \lim_{t \to -\infty} -e^{-t} = 0$$

因此

$$\int_{-\infty}^0 x e^x dx = \lim_{t \to -\infty}(-te^t - 1 + e^t) = -0 - 1 + 0 = -1$$

例 5-5-3 计算 $\int_{-\infty}^{+\infty} \dfrac{1}{1+x^2} dx$。

解 在定义中选择 $a=0$ 是比较方便的:

$$\int_{-\infty}^{+\infty}\frac{1}{1+x^2}dx = \int_{-\infty}^{0}\frac{1}{1+x^2}dx + \int_{0}^{+\infty}\frac{1}{1+x^2}dx$$

分别计算右边的积分:

$$\int_{0}^{+\infty}\frac{1}{1+x^2}dx = \lim_{t\to+\infty}\int_{0}^{t}\frac{1}{1+x^2}dx = \lim_{t\to+\infty}\arctan x\Big|_{0}^{t} = \lim_{t\to+\infty}(\arctan t - \arctan 0) = \frac{\pi}{2}$$

$$\int_{-\infty}^{0}\frac{1}{1+x^2}dx = \lim_{t\to-\infty}\int_{t}^{0}\frac{1}{1+x^2}dx = \lim_{t\to-\infty}\arctan x\Big|_{t}^{0} = \lim_{t\to-\infty}(\arctan 0 - \arctan t) = \frac{\pi}{2}$$

由于这两个积分都是收敛的,所以给定的积分是收敛的而且

$$\int_{-\infty}^{+\infty}\frac{1}{1+x^2}dx = \frac{\pi}{2} + \frac{\pi}{2} = \pi$$

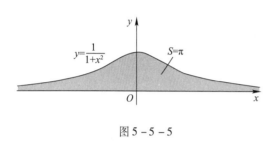

图 5-5-5

由于 $1/(1+x^2)>0$,给定的反常积分可以表示位于曲线 $y=1/(1+x^2)$ 下方 x 轴上方的面积(见图 5-5-5)。

例 5-5-4 求 p 取什么值时积分 $\int_{1}^{+\infty}\frac{1}{x^p}dx$ 收敛?

解 由例 5-5-1 知道当 $p=1$ 时,积分是发散的,所以假设 $p\neq 1$,则

$$\int_{1}^{+\infty}\frac{1}{x^p}dx = \lim_{t\to+\infty}\int_{1}^{t}\frac{1}{x^p}dx = \lim_{t\to+\infty}\frac{x^{-p+1}}{-p+1}\Big|_{x=1}^{x=t} = \lim_{t\to+\infty}\frac{1}{1-p}\Big[\frac{1}{t^{p-1}}-1\Big]$$

如果 $p>1$,则 $p-1>0$,因此当 $t\to+\infty$ 时,$1/t^{p-1}\to 0$,于是

$$\int_{1}^{+\infty}\frac{1}{x^p}dx = \frac{1}{p-1} \quad (p>1)$$

所以积分是收敛的。当 $p<1$ 时,则 $p-1<0$,$\frac{1}{t^{p-1}} = t^{1-p} \to +\infty$ $(t\to+\infty)$,此时积分是发散的。

总结例 5-5-1、例 5-5-4 得

$$\int_{1}^{+\infty}\frac{1}{x^p}dx = \begin{cases} +\infty & (p\leqslant 1) \\ \dfrac{1}{p-1} & (p>1) \end{cases}$$

5.5.2 无界函数的反常积分

前面举过这样的例子

$$\int_{-1}^{1}\frac{1}{x^2}dx = \Big[-\frac{1}{x}\Big]_{-1}^{1} = \Big(-\frac{1}{1}\Big) - \Big(-\frac{1}{-1}\Big) = -2$$

这个结果是有明显错误的,因为定积分定义中被积函数必须是有界的,而这里 $f(x)=1/x^2$ 不是有界的,所以它是不可积的!

事实上 $\int_{-1}^{1}\dfrac{1}{x^2}\mathrm{d}x$ 是一个反常积分，因为它在 $x=0$ 的任一邻域内都是无界的，点 $x=0$ 称为函数的**瑕点**，所以无界函数的反常积分也称为瑕积分，这一类积分在实际中也常会遇到。

为了更直观地理解，我们先假设 f 是正的定义在区间 $[a,b]$ 上的连续函数，但在 b 点处具有垂直渐近线（图 5-5-6）。设 A 为 f 曲线下方 x 轴上方介于 a、b 之间的区域，则 A 介于 a、t 之间的部分面积是

$$S(t)=\int_a^t f(x)\,\mathrm{d}x$$

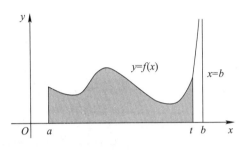

图 5-5-6

如果当 $t\to b$ 时，$S(t)$ 接近于一个确定的常数 S，则我们说区域 A 的面积是 S，记为

$$\int_a^b f(x)\,\mathrm{d}x=\lim_{t\to b^-}\int_a^t f(x)\,\mathrm{d}x$$

类似地，若瑕点在区间左端点（图 5-5-7）或者区间内部（图 5-5-8），上述思路同样适用。下面给出第二类反常积分的定义。

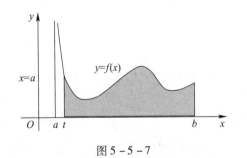

图 5-5-7　　　　　　图 5-5-8

定义 2（无界函数的反常积分）

(1) 假设函数 $f(x)$ 在区间 $[a,b)$ 上连续，点 b 为 $f(x)$ 的瑕点，则定义

$$\int_a^b f(x)\,\mathrm{d}x=\lim_{t\to b^-}\int_a^t f(x)\,\mathrm{d}x$$

(2) 如果 f 是区间 $(a,b]$ 上的连续函数，在点 a 处间断，则

$$\int_a^b f(x)\,\mathrm{d}x=\lim_{t\to a^+}\int_t^b f(x)\,\mathrm{d}x$$

如果相应的极限是存在的，则称反常积分 $\int_a^b f(x)\,\mathrm{d}x$ 是收敛的，并称此极限为该反常积分的值；否则称为发散的。

（3）如果 f 在点 $c(a<c<b)$ 处无界，且 $\int_a^c f(x)\mathrm{d}x$ 和 $\int_c^b f(x)\mathrm{d}x$ 是收敛的，则我们定义

$$\int_a^b f(x)\mathrm{d}x = \int_a^c f(x)\mathrm{d}x + \int_c^b f(x)\mathrm{d}x$$

如果 $\int_a^c f(x)\mathrm{d}x$ 和 $\int_c^b f(x)\mathrm{d}x$ 都收敛，则称反常积分 $\int_a^b f(x)\mathrm{d}x$ 是收敛的，并称此极限为该反常积分的值；否则称为发散的。

例 5-5-5 计算 $\int_2^5 \dfrac{1}{\sqrt{x-2}}\mathrm{d}x$。

解 注意到该积分是反常积分，因为函数 $f(x)=1/\sqrt{x-2}$ 在 $x=2$ 处具有铅直渐近线。无界间断点出现在区间 $[2,5]$ 的左端点，所以由定义可得

$$\int_2^5 \dfrac{1}{\sqrt{x-2}}\mathrm{d}x = \lim_{t\to 2^+}\int_t^5 \dfrac{1}{\sqrt{x-2}}\mathrm{d}x = \lim_{t\to 2^+} 2\sqrt{x-2}\Big|_t^5 = \lim_{t\to 2^+} 2(\sqrt{3}-\sqrt{t-2}) = 2\sqrt{3}$$

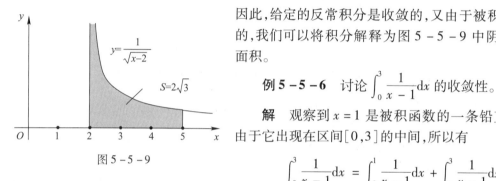

图 5-5-9

因此，给定的反常积分是收敛的，又由于被积函数是正的，我们可以将积分解释为图 5-5-9 中阴影部分的面积。

例 5-5-6 讨论 $\int_0^3 \dfrac{1}{x-1}\mathrm{d}x$ 的收敛性。

解 观察到 $x=1$ 是被积函数的一条铅直渐近线，由于它出现在区间 $[0,3]$ 的中间，所以有

$$\int_0^3 \dfrac{1}{x-1}\mathrm{d}x = \int_0^1 \dfrac{1}{x-1}\mathrm{d}x + \int_1^3 \dfrac{1}{x-1}\mathrm{d}x$$

这里

$$\int_0^1 \dfrac{1}{x-1}\mathrm{d}x = \lim_{t\to 1^-}\int_0^t \dfrac{1}{x-1}\mathrm{d}x = \lim_{t\to 1^-}\ln|x-1|\Big|_0^t = \lim_{t\to 1^-}(\ln|t-1|-\ln|-1|)$$

$$= \lim_{t\to 1^-}\ln(1-t) = -\infty$$

因为当 $t\to 1^-$ 时 $1-t\to 0^+$，因此 $\int_0^1 \dfrac{1}{x-1}\mathrm{d}x$ 是发散的，即 $\int_0^3 \dfrac{1}{x-1}\mathrm{d}x$ 是发散的。

警告 如果在例 5-5-6 中我们没有注意到渐近线 $x=1$ 误将其当作普通定积分来处理，则会得到下面错误的结果：

$$\int_0^3 \dfrac{1}{x-1}\mathrm{d}x = \ln|x-1|\Big|_0^3 = \ln 2 - \ln 1 = \ln 2$$

这是错误的，因为这是一个反常积分必须利用极限来求解。

例 5-5-7 计算 $\int_0^1 \ln x\,\mathrm{d}x$。

解 函数 $f(x)=\ln x$ 在 $x=0$ 处具有铅直渐近线，因为 $\lim\limits_{x\to 0^+}\ln x=-\infty$。因此，该积分是反常积分，由定义可得

$$\int_0^1 \ln x \, dx = \lim_{t \to 0^+} \int_t^1 \ln x \, dx$$

由分部积分，令 $u = \ln x, dv = dx$，则 $du = dx/x, v = x$：

$$\int_t^1 \ln x \, dx = x \ln x \Big|_t^1 - \int_t^1 dx = 1\ln 1 - t\ln t - (1 - t)$$
$$= -t\ln t - 1 + t$$

第一项积分使用洛必达法则：

$$\lim_{t \to 0^+} t\ln t = \lim_{t \to 0^+} \frac{\ln t}{1/t} = \lim_{t \to 0^+} \frac{1/t}{-1/t^2} = 0$$

因此

$$\int_0^1 \ln x \, dx = \lim_{t \to 0^+}(-t\ln t - 1 + t) = -0 - 1 + 0 = -1$$

图 5-5-10 给出了这一结果的几何解释，$y = \ln x$ 上方 x 轴下方阴影部分的面积是 1。

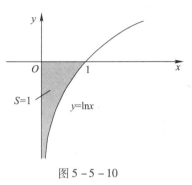

图 5-5-10

5.5.3 反常积分敛散性的判别法

有时候难以计算出反常积分的确切结果，但是知道它是收敛还是发散很重要。下面的定理给出了判断反常积分敛散性的方法，以第一种类型的反常积分进行表述，第二种类型的反常积分也有类似的结论。

直接比较判别定理 假设函数 f 和 g 在 $[a, +\infty)$ 上连续，且有 $f(x) \geq g(x) \geq 0$，则

（1）如果 $\int_a^{+\infty} f(x) \, dx$ 是收敛的，则 $\int_a^{+\infty} g(x) \, dx$ 是收敛的；

（2）如果 $\int_a^{+\infty} g(x) \, dx$ 是发散的，则 $\int_a^{+\infty} f(x) \, dx$ 是发散的。

图 5-5-11 给出了几何描述，如果曲线 $y = f(x)$ 下的面积是有限的，则在曲线 $y = g(x)$ 下的面积也是有限的。如果曲线 $y = g(x)$ 下的面积是无限的，则 $y = f(x)$ 下的面积也是无限的。

注意 逆命题不一定成立：如果 $\int_a^{+\infty} g(x) \, dx$ 收敛，$\int_a^{+\infty} f(x) \, dx$ 不一定收敛，$\int_a^{+\infty} f(x) \, dx$ 发散，$\int_a^{+\infty} g(x) \, dx$ 不一定发散。

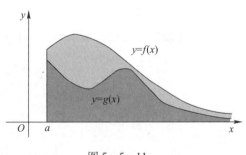

图 5-5-11

例如，通过比较定理可知积分 $\int_1^{+\infty} \frac{1 + e^{-x}}{x} \, dx$ 是发散的，因为 $\frac{1 + e^{-x}}{x} > \frac{1}{x}$，而由例 5-5-1 可知 $\int_1^{+\infty} \frac{1}{x} \, dx$ 是发散的。

例 5-5-8 证明 $\int_0^{+\infty} e^{-x^2} \, dx$ 是收敛的。

解 不能直接计算该积分，因为 e^{-x^2} 的原函数不是初等函数。

$$\int_0^{+\infty} e^{-x^2}dx = \int_0^1 e^{-x^2}dx + \int_1^{+\infty} e^{-x^2}dx$$

将积分写成上述形式会发现右边第一项积分是一般的定积分,对于第二项积分,由于当 $x \geq 1$ 时 $x^2 \geq x$,因此 $-x^2 \leq -x$,所以 $e^{-x^2} \leq e^{-x}$。又

$$\int_1^{+\infty} e^{-x}dx = \lim_{t \to +\infty}\int_1^t e^{-x}dx = \lim_{t \to +\infty}(e^{-1} - e^{-t}) = e^{-1}$$

因此,在比较定理中,令 $f(x) = e^{-x}, g(x) = e^{-x^2}$,如图 5-5-12 所示可以看到 $\int_1^{+\infty} e^{-x}dx$ 是收敛的,自然 $\int_0^{+\infty} e^{-x}dx$ 也是收敛的。

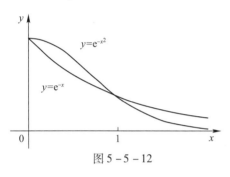

图 5-5-12

在例 5-5-8 中我们没通过计算证明积分 $\int_0^{\infty} e^{-x^2}dx$ 是收敛的,该反常积分的结果在概率理论中是非常重要的。利用多元微积分方法可以证明其真实值是 $\sqrt{\pi}/2$,表 5-5-1 通过计算表明 $\int_0^t e^{-x^2}dx$ 的结果随着 t 的增大接近于 $\sqrt{\pi}/2$,验证了反常积分的定义。事实上,这些值收敛得很快,因为当 $x \to +\infty$ 时,$e^{-x^2} \to 0$ 是非常迅速的。

表 5-5-1

t	1	2	3	4	5	6
$\int_1^t e^{-x}dx$	0.7468241328	0.8820813908	0.8862073483	0.8862269118	0.8862269225	0.8862269225

有时候,比较两个函数的大小是有困难的,为了应用上更加方便,我们不加证明地给出比较判别法的极限形式。

极限比较判别定理 假设函数 f 和 g 在 $[a, +\infty)$ 上连续,且有 $f(x) \geq 0$,$g(x) \geq 0$。若

$$\lim_{x \to +\infty}\frac{f(x)}{g(x)} = L \quad (0 < L < +\infty)$$

则

$$\int_a^{+\infty} f(x)dx \quad 和 \quad \int_a^{+\infty} g(x)dx$$

二者同时收敛或者同时发散。

需要说明的是,虽然从 a 到 $+\infty$ 的两个函数的反常积分可能同时收敛,但这不表明它们的积分值一定一样,比如下面这个例子。

例 5-5-9 (使用极限比较判别法)通过与 $\int_1^{+\infty} \frac{1}{x^2}dx$ 比较,证明 $\int_1^{+\infty} \frac{1}{1+x^2}dx$ 收敛。求出这两个积分并加以比较。

解 函数 $\frac{1}{x^2}$ 与 $\frac{1}{1+x^2}$ 都是正的且在 $[1, +\infty)$ 上都连续,又因为

$$\lim_{x\to+\infty}\frac{f(x)}{g(x)}=\lim_{x\to+\infty}\frac{1/x^2}{1/(1+x^2)}=\lim_{x\to+\infty}\frac{1+x^2}{x^2}=1$$

因为 $\int_1^{+\infty}\frac{1}{x^2}dx$ 收敛,由定理知 $\int_1^{+\infty}\frac{1}{1+x^2}dx$ 也收敛。

但两积分收敛于不同的值(图 5-5-13),由例 5-5-4 知

$$\int_1^{+\infty}\frac{1}{x^2}dx=\frac{1}{2-1}=1$$

$$\int_1^{+\infty}\frac{1}{1+x^2}dx=\lim_{b\to+\infty}\int_1^b\frac{1}{1+x^2}dx=\lim_{b\to+\infty}(\arctan b-\arctan 1)$$

$$=\frac{\pi}{2}-\frac{\pi}{4}=\frac{\pi}{4}$$

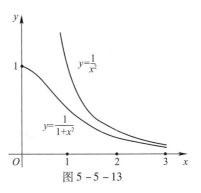

图 5-5-13

例 5-5-10 (使用极限比较判别法)证明 $\int_1^{+\infty}\frac{2}{e^x-5}dx$ 收敛。

解 从例 5-5-8 可以看出 $\int_1^{+\infty}e^{-x}dx=\int_1^{+\infty}\frac{1}{e^x}dx$ 收敛,又因为

$$\lim_{x\to+\infty}\frac{1/e^x}{2/(e^x-5)}=\lim_{x\to+\infty}\frac{e^x-5}{2e^x}=\lim_{x\to+\infty}\left(\frac{1}{2}-\frac{5}{2e^x}\right)=\frac{1}{2}$$

故积分 $\int_1^{+\infty}\frac{2}{e^x-5}dx$ 收敛。

习题 5-5

(A)

1. 填空题

(1) 反常积分 $\int_1^{+\infty}\frac{1}{x^p}dx$ 当 p _____ 时收敛;当 p _____ 时发散。

(2) 反常积分 $\int_0^1\frac{1}{x^p}dx$ 当 p _____ 时收敛;当 p _____ 时发散。

2. 下列反常积分收敛的是( )。

A. $\int_1^{+\infty}\frac{1}{\sqrt{x}}dx$ B. $\int_1^{+\infty}\frac{1}{x^4}dx$ C. $\int_e^{+\infty}\frac{\ln x}{x}dx$ D. $\int_e^{+\infty}\frac{1}{x\ln x}dx$

3. 判断下列各反常积分的敛散性,如果收敛,计算反常积分的值:

(1) $\int_0^{+\infty}\frac{1}{1+e^x}dx$;

(2) $\int_1^{+\infty}\frac{1}{x(x+1)}dx$;

(3) $\int_0^{+\infty}e^{-ax}dx(a>0)$;

(4) $\int_{-\infty}^{+\infty}\frac{1}{x^2+2x+2}dx$;

(5) $\int_2^{+\infty}\frac{1}{(x+7)\sqrt{x-2}}dx$;

(6) $\int_1^{+\infty}\frac{\arctan x}{x^2}dx$;

(7) $\int_0^{+\infty}\frac{1}{\sqrt{x}}e^{-\sqrt{x}}dx$;

(8) $\int_1^e\frac{1}{x\sqrt{1-(\ln x)^2}}dx$;

(9) $\int_0^3 \frac{1}{(1-x)^2}dx$ ； (10) $\int_1^2 \frac{x}{\sqrt{x-1}}dx$ 。

4. 当 k 为何值时,反常积分 $\int_2^{+\infty} \frac{1}{x(\ln x)^k}dx$ 收敛；当 k 为何值时,这个反常积分发散；又当 k 为何值时,这个反常积分取得最小值。

5. 判定下列反常积分的敛散性：

(1) $\int_0^{+\infty} \frac{1}{\sqrt[3]{x^4+1}}dx$ ； (2) $\int_1^{+\infty} \frac{\arctan x}{x}dx$ ；

(3) $\int_2^{+\infty} \sin\frac{1}{x^2}dx$ ； (4) $\int_0^{+\infty} \frac{1}{1+x|\sin x|}dx$ ；

(5) $\int_0^1 \frac{1}{\sqrt{x}}\sin\frac{1}{x}dx$ ； (6) $\int_1^3 \frac{1}{(\ln x)^3}dx$ 。

(B)

1. 选择题：

(1) 若 $\int_a^{+\infty} f(x)dx$ 及 $\int_a^{+\infty} g(x)dx$ 均发散,则 $\int_a^{+\infty} [f(x)+g(x)]dx$ 一定( )。

A. 收敛 B. 发散 C. 敛散性不能确定

(2) 已知反常积分 $\int_{-\infty}^{+\infty} e^{k|x|}dx = 1$ 收敛,则 $k = ($)。

A. $\frac{1}{2}$ B. $-\frac{1}{2}$ C. 2 D. -2

3. 计算反常积分 $\int_0^{+\infty} x^n e^{-x}dx$ (n 为自然数)。

4. 求 c 的值,使 $\lim_{x\to+\infty}\left(\frac{x+c}{x-c}\right)^x = \int_{-\infty}^c te^{2t}dt$ 。

5. 设反常积分 $\int_1^{+\infty} f^2(x)dx$ 收敛。证明： $\int_1^{+\infty} \frac{f(x)}{x}dx$ 收敛。

6. 已知 $\int_0^{+\infty} \frac{\sin x}{x}dx = \frac{\pi}{2}$,求 $\int_0^{+\infty} \frac{\sin^2 x}{x^2}dx$ 。

第6章 微分方程

  微分方程是伴随着微积分的发展而新兴起来的,是自然科学许多领域中必不可少的工具。英国数学家牛顿在 1671 年的一篇关于微积分的论文中就已经涉及,并用积分和级数讨论了微分方程的近似求解。他研究的第一个一阶微分方程为

$$y' = 1 - 3x + y + x^2 + xy$$

微积分的另一发明者德国数学家莱布尼茨约于 1676 年讨论了一个几何问题——反切向问题。它的数学模型是

$$y' = -\frac{y}{\sqrt{a^2 - y^2}}$$

瑞士数学家欧拉于 1744 年利用二阶微分方程

$$f_{y'y'}y'' + f_{y'y}y' + f_{y'x} - f_y = 0$$

给出了极小问题

$$\min \int_{x_0}^{x_1} f(x,y,y') \, \mathrm{d}x$$

的一般解。法国数学家克莱罗(Clairaut)于 1734 年研究一个长方形框的移动时,建立了如下的数学模型:

$$y - xy' + f(y') = 0$$

这是第一个隐式微分方程。这个方程在某些点处存在着许多可能的不同解曲线。例如,直线族 $y = Cx - f(C)$ 和它们的包络曲线,其中 C 为任意常数。

  总之,在工程实际问题和其他数学分支中都会遇到形形色色的常微分方程,而在这些方程中,仅有较少的一部分可以通过初等积分法得到其通解或通积分。这就促使数学工作者从理论上去探讨它们的解析解,而工程师从逼近分析角度去研究它们的近似解,但无论是解析解还是近似解的求解都是一件非常困难的事情。

  微分方程可分为常微分方程和偏微分方程两种类型,本章主要研究的是常微分方程,为方便起见简称为微分方程。

§6.1 微分方程的基本概念

  微积分将变量引入数学,使数学能够描述事物的变化与运动。微积分的一个重要应用就是利用微分方程对客观世界的现象和问题进行建模和分析。社会学家、物理学家对于微积分的研究更在于用微分方程对现实社会和自然界中的变化现象和运动规律进行建模。这些模型常常不是函数本身,而是函数、函数的导数或微分,函数的高阶导数或高阶微分所满足的一些关系,即**微分方程**。在现实生活中,常常是依据正在发生的变化预测未来可能发生的现象。下

面通过几个例子来说明如何利用微分方程对物理或社会现象进行建模。

例 6 – 1 – 1 生物种群增长 当生物种群(细菌或动物)在一个理想的生存环境下(生存空间无限,食物充足,没有天敌,没有死亡),种群增长速度与当前种群数量成正比(出生率)。如果用 t 表示时间,$p(t)$ 表示 t 时刻种群的数量,并且在 $t=0$ 时刻,种群数量 $p(0) = p_0$,研究种群数量 $p(t)$ 随时间的变化规律。

假设生物种群数量的增长率为常数 λ,则有

$$\frac{\mathrm{d}p(t)}{\mathrm{d}t} = \lambda p(t)$$

因为对所有时间 t 种群数量 $p(t)>0$,所以种群数量总是增长的,而且种群数量增长的速度随着种群数量的增长而增长。理想生存环境下的生物种群的初始数量为 $p(0)=p_0$,则生物种群的数量满足

$$\begin{cases} \dfrac{\mathrm{d}p(t)}{\mathrm{d}t} = \lambda p(t) \\ p(0) = p_0 \end{cases} \tag{6-1-1}$$

模型(6 – 1 – 1)可以推广到人口增长的情形,通常称为马尔萨斯人口增长模型。

事实上,生物的生长环境和资源是有限的,假设生物的容许数量为 N。当生物种群的数量 $p(t)$ 较小时,生物种群数量是接近于指数增长的,随着数量接近 N,增长率会越来越小;当 $p(t)$ 超过 N,生物种群数量就会减少。生物种群数量的变化模型即变为

$$\begin{cases} \dfrac{\mathrm{d}p}{\mathrm{d}t} = \lambda p\left(1 - \dfrac{p}{N}\right) \\ p(0) = p_0 \end{cases} \tag{6-1-2}$$

如果 p 与 N 相比很小,则 $\dfrac{p}{N}$ 接近于 0,$\dfrac{\mathrm{d}p}{\mathrm{d}t} \approx \lambda p$;当 $p>N$,$1-\dfrac{p}{N}<0$,则 $\dfrac{\mathrm{d}p}{\mathrm{d}t}<0$,生物种群会减少,随着时间的推移,生物种群数量会接近于 N。模型(6 – 1 – 2)可以推广到人口增长的情形,通常称为逻辑斯蒂(Logistic)人口增长模型。

例 6 – 1 – 2 逃逸速度 假设火箭垂直于地球表面以初速度 v_0 发射,没有燃料提供新的推力,火箭的质量为 m 且在飞行过程中保持不变。当火箭的初速度很大时,火箭飞行高度很高,直到飞行速度为 0,然后受地球引力的作用落回地面。为了使火箭在完全脱离地球引力时飞行的初速度不为零,则应该使火箭的飞行速度足够大。

根据牛顿的万有引力定律,宇宙空间中两个粒子之间的相互引力正比于它们的质量,反比于其距离的平方。假设火箭和地球的距离为 s,则地球对火箭的引力为

$$F = -G\frac{Mm}{s^2}$$

式中:G 为万有引力常数,M,m 分别为地球和火箭的质量。由牛顿第二定律知

$$m\frac{\mathrm{d}^2 s}{\mathrm{d}t^2} = -G\frac{Mm}{s^2}$$

即

$$\frac{\mathrm{d}^2 s}{\mathrm{d}t^2} = -\frac{GM}{s^2} \tag{6-1-3}$$

当 $s=R$ (R 为地球的半径) 时,由式 (6-1-3) 可得 $\dfrac{d^2s}{dt^2}\Big|_{t=R}=-\dfrac{GM}{R^2}=-g$,即 $GM=gR^2$。为了计算火箭的脱离地球引力的速度,必须研究速度和距离的关系。根据牛顿运动学定律和复合函数的导数关系有

$$\frac{dv}{dt}=\frac{dv}{ds}\times\frac{ds}{dt}=v\frac{dv}{ds}$$

即有

$$v\frac{dv}{ds}=-\frac{gR^2}{s^2} \tag{6-1-4}$$

式 (6-1-4) 两边同时关于 s 积分即可得到

$$\frac{1}{2}v^2=\frac{gR^2}{s}+C$$

而当 $s=R$ 时,$v=v_0$,即 $C=\dfrac{1}{2}v_0^2-gR$,于是

$$\frac{1}{2}v^2=\frac{gR^2}{s}+\frac{1}{2}v_0^2-gR \tag{6-1-5}$$

显然 $v=\sqrt{\dfrac{gR^2}{s}+\dfrac{1}{2}v_0^2-gR}$ 满足式 (6-1-4)。为了能脱离地球的引力,必须在 $s\to+\infty$ 时,v 的极限为 $\sqrt{\dfrac{1}{2}v_0^2-gR}$ 大于 0,即 $v_0>\sqrt{2gR}$,其中 g 为地球表面处的加速度,R 为地球半径。对于地球而言 $\sqrt{2gR}$ 为火箭脱离地球的速度即逃逸速度。

例 6-1-3　连接在弹簧上的质点振动　考察一端固定的一个弹簧上另一端联结一个质量为 m 的质点 M 的运动状态。取质点 M 的平衡状态为原点,M 离开平衡位置的位移为 x,显然质点上的作用力 f 与位移 x 成正比,且指向平衡位置,故有 $f=-bx$,负号表示力的方向与位移 x 的方向相反,b 为弹性系数 (常数)。据牛顿第二运动定律

$$f=m\frac{d^2x}{dt^2}$$

可以得出质点 M 运动的方程为

$$m\frac{d^2x}{dt^2}+bx=0$$

取 $k=\sqrt{\dfrac{b}{m}}$,则方程变形为

$$\frac{d^2x}{dt^2}+k^2x=0 \tag{6-1-6}$$

并且假设质点 M 从平衡位置以初速度 v_0 开始振动,即

$$x(0)=0,\frac{dx}{dt}\Big|_{t=0}=v_0>0 \tag{6-1-7}$$

式 (6-1-6) 和式 (6-1-7) 描述的质点运动中,若作用质点 M 运动在有阻尼的介质中,质点运动过程除受到弹性力外,还受到阻力 (空气或摩擦) 的作用,且设阻力的大小与速度成

正比,方向与速度的方向相反,记阻尼系数为 μ,并记 $2n = \dfrac{\mu}{m}$,则质点 M 的运动方程为

$$\frac{d^2 x}{d t^2} + 2n \frac{dx}{dt} + k^2 x = 0 \qquad (6-1-8)$$

该方程称为在有阻尼的情况下,物体自由振动的微分方程。

若作用在质点 M 上的力除弹性力和阻尼力外,还有一附加的周期性外力 $F = H\sin\omega t$,记 $h = \dfrac{H}{m}$,则质点 M 的运动方程变为

$$\frac{d^2 x}{d t^2} + 2n \frac{dx}{dt} + k^2 x = h\sin\omega t \qquad (6-1-9)$$

从上面式(6-1-1)~式(6-1-4)、式(6-1-6)、式(6-1-8)和式(6-1-9)中可以看出,这些方程都含有未知函数的导数,都是微分方程。一般地,表示未知函数、未知函数的导数与自变量之间关系的方程叫作**微分方程**。微分方程出现的未知函数的最高阶导数的**阶数**,叫作**微分方程的阶**。式(6-1-1)、式(6-1-2)和式(6-1-4)是一阶微分方程,式(6-1-3)和式(6-1-6)是二阶微分方程,方程 $y^{(4)} + 2y'' + y = 0$ 是四阶微分方程。

一般的 n 阶微分方程的形式是 $F(x, y', y'', \cdots, y^{(n)}) = 0$,这里 $y^{(n)}$ 是必须出现的,而 $x, y', y'', \cdots, y^{(n-1)}$ 等变量可以不出现。例如 $y^{(n)} + 6 = 0$。

满足微分方程的函数叫作**微分方程的解**。例如,函数 $p(t) = 20e^{\lambda t}$ 和 $p(t) = 1000e^{\lambda t}$ 都是微分方程(6-1-1)的解,而函数 $p(t) = Ce^{\lambda t}$ 也是微分方程(6-1-1)的解,其中 C 是任意常数。若微分方程的解中含有任意常数,而且独立的任意常数的个数与微分方程的阶数相同(这里所说的独立,就是任意常数不能通过合并减少任意常数的个数),把这样的解称作**微分方程的通解**。而含有任意常数的解,不能完全准确地反映某一特定客观事物的规律特性,通常需要确定解中的这些常数的值。为此,需要根据实际问题产生确定这些常数的条件,比如对于微分方程(6-1-1),当 $t = 0$ 时,种群数量为 $p = p_0$,或 $p(0) = p_0$,即 $p(0) = Ce^{\lambda \times 0} = C = p_0$,这些条件称作微分方程的**初值条件**。二阶微分方程的初值条件必须有两个,如式(6-1-6)的初值条件如式(6-1-7)所示有两个。不含任意常数的微分方程的解叫作微分方程的**特解**,如式(6-1-5)所示的函数就是方程(6-1-4)的特解。求解微分方程满足初值条件的特解问题叫作微分方程的初值问题,比如对质点振动的运动方程为

$$\begin{cases} \dfrac{d^2 x}{d t^2} + k^2 x = 0 \\ x(0) = 0 \\ \left.\dfrac{dx}{dt}\right|_{t=0} = v_0 \end{cases} \qquad (6-1-10)$$

微分方程的解的图形是一条曲线,这条曲线叫作微分方程的积分曲线。初值问题的几何意义,就是求微分方程通过给定点的那条积分曲线。例如,微分方程(6-1-8)的几何意义就是求微分方程(6-1-6)的通过点 $(0,0)$ 且在该点处的切线斜率为 v_0 的那条积分曲线。

例 6-1-4 验证:函数

$$x = C_1 \sin kt + C_2 \cos kt \qquad (6-1-11)$$

是微分方程(6-1-6)的解,并确定满足初值条件(6-1-7)的特解。

解 函数$(6-1-11)$的一阶导数和二阶导数分别为

$$\frac{dx}{dt} = kC_1\cos kt - kC_2\sin kt$$

$$\frac{d^2x}{dt^2} = -k^2C_1\sin kt - k^2C_2\cos kt = -k^2(C_1\sin kt + C_2\cos kt) = -k^2x$$

因此$\frac{d^2x}{dt^2} + k^2x = 0$,即函数$(6-1-11)$是微分方程的通解。将条件"$t=0, x=0$"代入式$(6-1-11)$得$C_2 = 0$。将初值条件$\frac{dx}{dt}\big|_{t=0} = v_0$代入式$(6-1-11)$得$C_1 = \frac{v_0}{k}$,因此所求的特解为

$$x = \frac{v_0}{k}\sin kt$$

习题 6-1

(A)

1. 指出下列各题中的函数(显函数或隐函数)是否为所给微分方程的解。

(1) $y = e^{-x^2}, \frac{dy}{dx} = -2xy$ _____;

(2) $y = \arctan(x+y) + c, y' = \frac{1}{(x+y)^2}$ _____;

(3) $y = xe^x, y'' - 2y' + y = 0$ _____;

(4) $\int_1^y e^{-\frac{t^2}{2}}dt + x + 1 = 0, y' + e^{\frac{1}{2}y^2} = 0$ _____。

2. 试说出下列各方程的阶数。

(1) $y = x(y')^2 - 2yy' + x = 0$ _____;

(2) $(y'')^3 + 5(y')^4 - y^5 + x^7 = 0$ _____;

(3) $xy''' + 2y'' + x^2y = 0$ _____;

(4) $(x^2 - y^2)dx = (x^2 + y^2)dy = 0$ _____。

3. 在下列积分曲线族中找出满足已给初值条件的曲线。

(1) $y - x^3 = C, y(0) = 1$;

(2) $y = C_1e^x + C_2e^{-x}, y(0) = 1, y'(0) = 0$;

(3) $y = C_1\sin(x + C_2), y(\pi) = 1, y'(\pi) = 0$。

(B)

1. 求下列微分方程满足所给初值条件的特解。

(1) $\frac{dy}{dx} = \sin x, y\big|_{x=0} = 1$; (2) $\frac{d^2y}{dx^2} = 6x, y\big|_{x=0} = 0, y'\big|_{x=0} = 2$。

2. 写出由下列条件确定的曲线所满足的微分方程与初值条件。

(1) 曲线在其上任一点的切线的斜率等于该点横坐标的两倍,且通过点$(1,4)$;

(2) 已知曲线过点$(-1,1)$且曲线上任一点的切线与Ox轴交点的横坐标等于切点的横坐标的平方。

3. 用微分方程表示一物理命题:某种气体的压强 p 对于温度 T 的变化率与压强成正比,与温度的平方成反比。

§6.2 一阶微分方程

在上一节中,我们得到的微分方程(6-1-1)和式(6-1-2)都是一阶微分方程。若研究生物种群增长的变化规律,则需要求解方程(6-1-1)和式(6-1-2)的解析解。为了得到解析解的表达式,本节中我们讨论特殊的一阶微分方程

$$y' = f(x,y) \tag{6-2-1}$$

通解的求解方法。

6.2.1 可分离变量的微分方程

当 $f(x,y) = g(x)h(y)$ 时,微分方程(6-2-1)就变为

$$y' = g(x)h(y) \tag{6-2-2}$$

函数 $g(x), h(y)$ 都是连续函数,且 $h(y) \neq 0$,通常把方程(6-2-2)称为**可分离变量的微分方程**。

为了求解微分方程(6-2-2)的通解,方程(6-2-2)可变形为

$$\frac{\mathrm{d}y}{\mathrm{d}x} = g(x)h(y)$$

方程两边除以 $h(y)$,乘以 $\mathrm{d}x$ 可得

$$\frac{1}{h(y)}\mathrm{d}y = g(x)\mathrm{d}x \tag{6-2-3}$$

方程(6-2-3)两边同时积分可得

$$\int \frac{1}{h(y)}\mathrm{d}y = \int g(x)\mathrm{d}x$$

若 $H(y)$ 和 $G(x)$ 分别为 $\frac{1}{h(y)}$ 和 $g(x)$ 的原函数,则有

$$H(y) = G(x) + C \tag{6-2-4}$$

通常把式(6-2-4)叫作微分方程(6-2-2)的隐式通解。

利用上述方法就可以求解微分方程(6-1-1)的通解。首先将微分方程(6-1-1)变为

$$\frac{\mathrm{d}p}{p} = \lambda \mathrm{d}t$$

两边同时积分有

$$\ln p = \lambda t + C_0$$
$$p(t) = \mathrm{e}^{\lambda t + C_0}$$

即 $p(t) = C\mathrm{e}^{\lambda t}$,其中 $C = \mathrm{e}^{C_0} > 0$。实际上无论 C 取什么实数,该函数 $p(t)$ 都满足微分方程(6-1-1)。因此,C 为任意常数。

例 6-2-1 求微分方程 $\frac{\mathrm{d}y}{\mathrm{d}x} = 2xy$ 的通解。

解 该方程分离变量得

$$\frac{dy}{y} = 2xdx$$

两端取积分有

$$\int \frac{dy}{y} = \int 2xdx$$

积分得 $\ln|y| = x^2 + C_1$，从而 $y = \pm e^{x^2+C_1} = \pm e^{C_1}e^{x^2}$，记 $C = \pm e^{C_1}$，则该方程的通解为 $y = Ce^{x^2}$。

例 6-2-2 求微分方程 $\dfrac{dy}{dx} = \dfrac{6x^2}{2y+\cos y}$ 的通解。

解 分离变量得

$$(2y + \cos y)dy = 6x^2 dx$$

两边积分得

$$\int (2y + \cos y)dy = \int 6x^2 dx$$

故原微分方程的通解为

$$y^2 + \sin y = 2x^3 + C$$

其中 C 为任意常数，该通解是一个无法显化的隐函数。

例 6-2-3 在一个被害案中，被害人在被害后尸体的温度从正常的 37℃ 按照牛顿冷却定律开始下降。假设两小时后尸体温度变成 35℃，并且假设环境温度保持在 20℃ 不变，试求出尸体温度 T 随时间 t 的变化规律。又若尸体被发现时温度为 20℃，时间是下午 2 点整，试推算出被害人是什么时间被害的。

解 假设牛顿冷却定律的温度变化系数为常数 k，则尸体温度的变化规律为

$$\begin{cases} \dfrac{dT}{dt} = -k(T-20) \\ T(0) = 37 \end{cases}$$

分离常数得

$$\frac{dT}{T-20} = -kdt$$

积分后得

$$T - 20 = Ce^{-kt}$$

代入初值条件 $T(0) = 37$，可求得 $C = 17$。于是得该初值问题的解为

$$T = 20 + 17e^{-kt}$$

当 $t = 2$ 时，$T = 35$℃，有 $35 = 20 + 17e^{-2k}$，求得 $k \approx 0.063$，于是温度函数为

$$T = 20 + 17e^{-0.063t}$$

将 $T = 30$ 代入，有 $t = \dfrac{1}{-0.063}\ln\dfrac{10}{17} \approx 8.4(h)$。

于是，可以断定被害时间应该是在尸体发现前的 8.4h，即 8h24min，大约是在凌晨 5 点 36 分。

事实上,对于某类一阶微分方程可以通过变量代换化为可分离变量的微分方程。例如,一阶微分方程 $\dfrac{\mathrm{d}y}{\mathrm{d}x}=\varphi\left(\dfrac{y}{x}\right)$,其中 φ 为一元连续函数,可以通过变量代换 $u=\dfrac{y}{x}$ 将其化为可分离变量的微分方程

$$\frac{1}{\varphi(u)-u}\mathrm{d}u=\frac{1}{x}\mathrm{d}x$$

通常把能化成 $\dfrac{\mathrm{d}y}{\mathrm{d}x}=\varphi\left(\dfrac{y}{x}\right)$ 形式的一阶微分方程称为**齐次方程**,例如微分方程 $x\dfrac{\mathrm{d}y}{\mathrm{d}x}=y\ln\dfrac{y}{x}$ 和 $(xy-y^2)\mathrm{d}x+(x^2-2xy)\mathrm{d}y=0$ 都是齐次方程。

例 6-2-4 求方程 $(x+y)\mathrm{d}x+(x-y)\mathrm{d}y=0$ 的通解。

解 方程可以写成

$$\frac{\mathrm{d}y}{\mathrm{d}x}=-\frac{x+y}{x-y}=-\frac{1+\dfrac{y}{x}}{1-\dfrac{y}{x}}$$

令 $u=\dfrac{y}{x}$,即 $y=ux$,则 $\dfrac{\mathrm{d}y}{\mathrm{d}x}=u+x\dfrac{\mathrm{d}u}{\mathrm{d}x}$,于是

$$u+x\frac{\mathrm{d}u}{\mathrm{d}x}=-\frac{1+u}{1-u}$$

化简后得

$$\frac{\mathrm{d}x}{x}=\frac{1-u}{u^2-2u-1}\mathrm{d}u$$

两边同时积分,得

$$-\frac{1}{2}\ln|u^2-2u-1|=\ln|x|+C'$$

即 $u^2-2u-1=Cx^{-2}$,将 $u=\dfrac{y}{x}$ 代入上式,即得通解为

$$y^2-2xy-x^2=C$$

例 6-2-5 探照灯的聚光镜的镜面是一张旋转曲面,它的形状由 xOy 坐标面上的一条曲线 L 绕 x 轴旋转而成。根据聚光镜性能的要求,从其旋转轴上一点 O 处发出的所有光线经反射后都与旋转轴平行。求曲线 L 的方程。

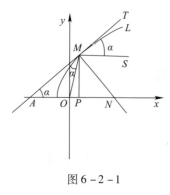

图 6-2-1

解 将光源所在 O 点取作坐标原点(图 6-2-1),且曲线 L 位于 $y\geqslant 0$ 范围内。

设点 $M(x,y)$ 为 L 上的任一点,点 O 发出的某条光线经点 M 反射后是一条与 x 轴平行的直线 MS。又设过点 M 的切线 AT 与 x 轴的夹角为 α,则 $\angle SMT=\alpha$。而 $\angle OMA$ 是入射角的余角,$\angle SMT$ 是反射角的余角,根据光学的反射定律可得 $\angle SMT=\angle AMT=\alpha$。从而 $AO=OM$,但是 $AO=AP-OP=PM\cot\alpha-OP=\dfrac{y}{y'}-x$,且 $OM=\sqrt{x^2+y^2}$。于是有微分方程

$$\frac{y}{y'} - x = \sqrt{x^2 + y^2}$$

把 x 看成 y 的函数,当 $y > 0$ 时,有

$$\frac{\mathrm{d}x}{\mathrm{d}y} = \frac{x}{y} + \sqrt{\left(\frac{x}{y}\right)^2 + 1}$$

令 $x = vy$,则 $\frac{\mathrm{d}x}{\mathrm{d}y} = v + y\frac{\mathrm{d}v}{\mathrm{d}y}$,代入上式得

$$v + y\frac{\mathrm{d}v}{\mathrm{d}y} = v + \sqrt{v^2 + 1}$$

即 $y\frac{\mathrm{d}v}{\mathrm{d}y} = \sqrt{v^2 + 1}$,分离变量,可得

$$\frac{\mathrm{d}v}{\sqrt{v^2 + 1}} = \frac{\mathrm{d}y}{y}$$

两边积分得 $\ln(v + \sqrt{v^2 + 1}) = \ln y - \ln C$,化简后,得

$$v + \sqrt{v^2 + 1} = \frac{y}{C}$$

$$\frac{y^2}{C^2} - \frac{2vy}{C} = 1$$

将 $x = vy$ 代入上式,可得

$$y^2 = 2C\left(x + \frac{C}{2}\right)$$

这是以 x 轴为轴、焦点在原点的抛物线。

6.2.2 一阶线性微分方程

当 $f(x,y) = Q(x) - P(x)y$ 时,微分方程(6-2-1)就变为

$$y' + P(x)y = Q(x) \tag{6-2-5}$$

该方程叫作**一阶线性微分方程**。该方程中 y 和 y' 都是一次。如果 $Q(x) \equiv 0$,方程(6-2-5)称为**一阶齐次线性微分方程**,否则称为**一阶非齐次线性微分方程**。

对于非齐次线性方程(6-2-5),把 $Q(x)$ 换成零所得的微分方程

$$y' + P(x)y = 0 \tag{6-2-6}$$

称为对应于非齐次线性微分方程(6-2-5)的**齐次线性方程**。方程(6-2-6)可以分离变量求得该方程的通解为

$$y = Ce^{-\int P(x)\mathrm{d}x} \tag{6-2-7}$$

非齐次线性微分方程(6-2-5)的通解如何求解?先看一个简单的一阶线性微分方程的通解的求解。考虑微分方程

$$y' + \frac{1}{x}y = 2 \quad (x \neq 0)$$

现对上式两边同乘以 x,就有

$$xy' + y = 2x$$

两边积分有

$$xy = x^2 + C$$

或

$$y = x + \frac{C}{x}$$

对于方程(6-2-5)也可以进行类似的运算,左边也可以看作是某个函数 $u(x)$ 乘以 y 得到的积函数 $u(x)y$ 的导数,而 $(u(x)y)' = u'(x)y + u(x)y'$,与方程(6-2-5)的左边比较可知,给方程(6-2-5)两边同乘以 $u(x)$,可得

$$u(x)y' + u(x)P(x)y = Q(x)u(x)$$

则 $u'(x) = u(x)P(x)$,取 $u(x) = e^{\int P(x)dx}$(这里的不定积分运算中都不含有任意常数,表示一个特殊的原函数,本章以后的公式中不定积分都不含有任意常数),则

$$u(x)y = \int Q(x)u(x)dx + C$$

把 $u(x) = e^{\int P(x)dx}$ 代入上式,并化简可得

$$y = e^{-\int P(x)dx}\int Q(x)e^{\int P(x)dx}dx + Ce^{-\int P(x)dx} \qquad (6-2-8)$$

这种求解一阶线性微分方程通解的方法称作**积分因子法**,即给微分方程两边同乘以积分因子 $u(x) = e^{\int P(x)dx}$,再进行两边积分。

对式(6-2-8)变形为 $y = \left(\int Q(x)e^{\int P(x)dx}dx + C\right)e^{-\int P(x)dx}$,对比式(6-2-7)可以看出,其变化是把式(6-2-7)中的常数 C 变成一个函数 $v(x)$,即

$$y = v(x)e^{-\int P(x)dx} \qquad (6-2-9)$$

并代入方程(6-2-5)得

$$(v(x)e^{-\int P(x)dx})' + P(x)v(x)e^{-\int P(x)dx} = Q(x)$$

化简得

$$v'(x) = Q(x)e^{\int P(x)dx}$$

积分得

$$v(x) = \int Q(x)e^{\int P(x)dx}dx + C$$

将其代入式(6-2-9)得方程(6-2-5)的通解为

$$y = e^{-\int P(x)dx}\int Q(x)e^{\int P(x)dx}dx + Ce^{-\int P(x)dx}$$

这种方法称为**常数变易法**。即先求出一阶非齐次线性微分方程对应的齐次线性方程的通解,然后将常数变成函数,代入非齐次方程求出所变成的函数,再代回就可求出非齐次线性方程对应的通解。

例 6-2-6 求微分方程 $y' + 3x^2y = 6x^2$ 的通解。

解法一（积分因子法）

记 $P(x)=3x^2$, $Q(x)=6x^2$, 取积分因子 $u(x)=e^{\int 3x^2 dx}=e^{x^3}$, 微分方程两边同时乘以 e^{x^3} 得
$$e^{x^3}y'+3x^2e^{x^3}y=6x^2e^{x^3}$$

即 $(e^{x^3}y)'=6x^2e^{x^3}$, 两边积分有
$$e^{x^3}y=2e^{x^3}+C$$

化简后得 $y=2+Ce^{-x^3}$。

解法二（常数变易法）

方程 $y'+3x^2y=6x^2$ 对应的齐次线性微分方程为 $y'+3x^2y=0$, 分离变量求得齐次线性微分方程的通解为
$$y=Ce^{-x^3}$$

令 $y=v(x)e^{-x^3}$, 代入方程 $y'+3x^2y=6x^2$ 得
$$(v(x)e^{-x^3})'+3x^2v(x)e^{-x^3}=6x^2$$

化简, 有
$$v'(x)e^{-x^3}=6x^2$$

即 $v'(x)=6x^2e^{x^3}$, 所以 $v(x)=2e^{x^3}+C$, 于是 $y=(2e^{x^3}+C)e^{-x^3}=2+Ce^{-x^3}$

式(6-2-8)也可以作为方程(6-2-5)的通解公式使用, 即把 $P(x)$ 和 $Q(x)$ 直接代入(6-2-8)即可得到方程(6-2-5)的通解。

解法三（公式法）

将 $P(x)=3x^2$, $Q(x)=6x^2$ 代入公式 $y=e^{-\int P(x)dx}\int Q(x)e^{\int P(x)dx}dx+Ce^{-\int P(x)dx}$ 有

$$y=e^{-\int 3x^2 dx}\int 6x^2 e^{\int 3x^2 dx}dx+Ce^{-\int 3x^2 dx}$$
$$=e^{-x^3}\int 6x^2 e^{x^3}dx+Ce^{-x^3}=2+Ce^{-x^3}$$

6.2.3 伯努利方程

通常把微分方程
$$y'+P(x)y=Q(x)y^n \quad (n\neq 0,1) \tag{6-2-10}$$

称为伯努利（Bernouli）方程。事实上, 当 $n=0$ 或 $n=1$ 时, 微分方程(6-2-10)即变为一阶线性微分方程。当 $n\neq 0,1$ 时, 方程两边同除以 y^n 得
$$y^{-n}y'+P(x)y^{1-n}=Q(x) \tag{6-2-11}$$

显然 $(y^{1-n})'=(1-n)y^{-n}y'$, 若令 $z=y^{1-n}$, 则方程(6-2-11)变为
$$\frac{dz}{dx}+(1-n)P(x)=(1-n)Q(x)$$

则
$$z=e^{-\int(1-n)P(x)dx}\int(1-n)Q(x)e^{\int(1-n)P(x)dx}dx+Ce^{-\int(1-n)P(x)dx}$$

代入 $z=y^{1-n}$ 可得伯努利方程的通解为

$$y^{1-n} = e^{-\int(1-n)P(x)dx}\int(1-n)Q(x)e^{\int(1-n)P(x)dx}dx + Ce^{-\int(1-n)P(x)dx}$$

例 6-2-7 求方程 $\dfrac{dy}{dx} + \dfrac{y}{x} = a(\ln x)y^2$ 的通解。

解 方程的两端同时除以 y^2 得

$$y^{-2}\dfrac{dy}{dx} + \dfrac{y^{-1}}{x} = a\ln x$$

即 $-\dfrac{d(y^{-1})}{dx} + \dfrac{y^{-1}}{x} = a\ln x$，令 $z = y^{-1}$，则上述方程成为

$$\dfrac{dz}{dx} - \dfrac{z}{x} = -a\ln x$$

该方程的通解为

$$z = x\left(C - \dfrac{a}{2}\ln^2 x\right)$$

将 $z = y^{-1}$ 代入，所求方程的通解为

$$yx\left(C - \dfrac{a}{2}\ln^2 x\right) = 1$$

习题 6-2
(A)

1. 求下列微分方程的通解。

(1) $x(y^2+1)dx + y(x^2+1)dy = 0$；

(2) $\dfrac{dy}{dx} = \dfrac{1+y^2}{xy+x^3y}$；

(3) $(x+1)\dfrac{dy}{dx} + 1 = 2e^{-y}$。

2. 求下列微分方程满足初值条件的特解。

(1) $(x^2+1)y' = \arctan x, y(0) = 0$；

(2) $y'\sin x = y\ln y, y\left(\dfrac{\pi}{2}\right) = e$；

(3) $y'\tan x + y = -3, y\left(\dfrac{\pi}{2}\right) = 0$。

3. 求下列一阶微分方程的通解。

(1) $(x - 2xy - y^2)dy + y^2 dx = 0$；

(2) $(x^2 - y^2)dy - 2xy\,dx = 0$；

(3) $x(1+x^2)dy = (y + x^2 y - x^2)dx$；

(4) $\dfrac{dy}{dx} = \dfrac{y}{2x} + \dfrac{x^2}{2y}$。

4. 求下列微分方程满足初值条件的特解。

(1) $(1-x^2)y' + xy = 1, y\big|_{x=0} = 1$；

(2) $y' = \dfrac{y^2 - 2xy - x^2}{y^2 + 2xy - x^2}, y\big|_{x=1} = 1$；

(3) $y' + \dfrac{y}{x+1} + y^2 = 0, y\big|_{x=0} = 1$。

(B)

1. 镭的衰变有如下的规律:镭的衰变速度与它的现存量 R 成正比。由经验数据得知,镭经过 1600 年后,只余原始量 R_0 的一半。试求镭的现存量 R 与时间 t 的函数关系式。

2. 小船从河边点 O 处出发驶向对岸(两岸为平行直线)。设船速为 a,船行方向始终与河岸垂直,又设河宽为 h,河中任一点处的水流速度与该点到两岸距离的乘积成正比(比例系数为 k)。求小船的航行路线。

3. 求一曲线的方程,此曲线通过原点,并且它在点 (x,y) 处的切线斜率等于 $2x+y$。

4. 设有一质量为 m 的质点做直线运动。从速度等于零的时刻起,有一个与运动方向一致、大小与时间成正比(比例系数为 k_1)的力作用于它,此外还受一与速度成正比(比例系数为 k_2)的阻力作用。求质点运动的速度与时间的函数关系。

5. 验证形如 $yf(xy)\mathrm{d}x + xg(xy)\mathrm{d}y = 0$ 的微分方程可经变量代换 $u=xy$ 化为可分离变量的方程,并求其通解。

6. 将温度为 T_0 的物体放在温度为 T_1 的空气中逐渐冷却($T_0 > T_1$),由实验测定,物体在空气中冷却的速度与这一物体的温度和其周围空气的温度之差成正比,求任意时刻 t 物体的温度 $T(t)$。

7. 一曲线通过点 $A(0,1)$,且曲线上任意一点 $M(x,y)$ 处的切线在 y 轴上的截距等于原点至 M 点的距离,求此曲线方程。

8. 有连接 $A(0,1)$ 和 $B(1,0)$ 两点的向上凸的光滑曲线,点 $P(x,y)$ 为曲线上任一点,已知曲线与弦 AP 之间所夹面积为 x^3,求曲线方程。

9. 用适当的变量代换求解下列微分方程的通解。

(1) $\dfrac{\mathrm{d}y}{\mathrm{d}x} = (x+y)^2$; (2) $\dfrac{\mathrm{d}y}{\mathrm{d}x} = \dfrac{1}{x-y} + 1$。

10. 黎卡提方程 $y' = P(x)y^2 + Q(x)y + R(x)$ 是最简单的一类一阶非线性方程,请研究该方程的解的存在性。

§6.3 二阶微分方程

在 6.2 节中,我们主要研究了一阶微分方程及其通解的求解方法,而在工程实践和科学研究中常常会遇到二阶微分方程。事实上,方程(6-1-3)、式(6-1-6)、式(6-1-8)和式(6-1-9)都是二阶微分方程。同时,方程(6-1-3)是可降阶的二阶微分方程,而方程(6-1-6)、式(6-1-8)和式(6-1-9)都是二阶线性微分方程。下面,我们来研究以上两类二阶微分方程通解的求解方法。

6.3.1 可降阶的二阶微分方程

有些二阶微分方程可以化为一阶微分方程来求解,这种求解微分方程的方法称作**降阶法**,能够降阶求解的微分方程叫作**可降阶的微分方程**。例如方程 $xy'' + y' = 4x, 2yy'' = 1 + (y')^2$,这两个微分方程都是可降阶的。

1. 不显含函数 y 的二阶微分方程 $y'' = f(x, y')$

微分方程 $xy'' + y' = 4x$ 和 $(1+x^2)y'' = 2xy'$ 不显含未知函数 y,具有统一的形式

$$y'' = f(x, y')$$

对于这类方程,可以把一阶导函数 y' 看成一个函数 $p(x)$,则 $y'' = p'(x)$,该类型的方程就变成了函数 $p(x)$ 的一阶微分方程。求出 $p(x)$ 后再积分就得到了函数 $y(x)$。

例 6-3-1 求微分方程 $(1 + x^2)y'' = 2xy'$ 的通解。

解 所给方程中没有显含未知函数 y,令 $p = y'$,则 $y'' = p'$,且
$$(1 + x^2)p' = 2xp$$

分离变量得
$$\frac{dp}{p} = \frac{2x}{1 + x^2}dx$$

两端积分,得 $\ln|p| = \ln(1 + x^2) + C$,即 $y' = p = C_1(1 + x^2)$,其中 $C_1 = \pm e^C$。上等式两边再次积分得 $y = C_1(3x + x^3) + C_2$,其中 C_1, C_2 为任意常数。

例 6-3-2 求微分方程 $xy'' + y' = 4x$ 的通解。

解 令 $p = y'$,则 $y'' = p'$,得 $xp' + p = 4x$,即 $(xp)' = 4x$。于是,有 $xp = 2x^2 + C_1$,即 $y' = p = 2x + \frac{C_1}{x}$,再积分一次,得
$$y = x^2 + C_1\ln|x| + C_2$$

2. 不显含变量 x 的二阶微分方程 $y'' = f(y, y')$

微分方程 $2yy'' = 1 + (y')^2$ 不显含变量 x,对于这类 $y'' = f(y, y')$ 的二阶微分方程,可以把 y 看成自变量,则 y', y'' 看成是 y 的函数,则方程转化成不显含未知函数 x 的微分方程,仍然令 $y' = p$,即
$$y'' = \frac{d^2y}{dx^2} = \frac{dp}{dx} = \frac{dp}{dy} \times \frac{dy}{dx} = p\frac{dp}{dy}$$

方程就变成了 p 关于 y 的一阶线性方程,求得是一个关于 y 的函数,再对 x 积分就可求得该微分方程的解。

例 6-3-3 求微分方程 $2yy'' = 1 + (y')^2$ 的通解。

解 令 $y' = p$,则 $y'' = \frac{d^2y}{dx^2} = \frac{dp}{dx} = \frac{dp}{dy} \times \frac{dy}{dx} = p\frac{dp}{dy}$,代入所求微分方程有
$$2py\frac{dp}{dy} = 1 + p^2$$

分离变量,得
$$\frac{2pdp}{1 + p^2} = \frac{dy}{y}$$

积分,得 $\ln(1 + p^2) = \ln C_1 y$,即有 $y' = p = \pm\sqrt{C_1 y - 1}$。

上等式两边再次积分可得 $2\sqrt{C_1 y - 1} = \pm C_1 x + C_2$,其中 C_1, C_2 为任意常数。

例 6-3-4 一质量均匀、柔软但不伸长的绳索,两端固定,求绳索受自身重力的作用下垂处于平衡状态的曲线形状。

解 设绳索的最低点为 A,取 y 轴通过点 A 铅直向上,取 x 轴水平向右,建立如图 6-3-1 所示的坐标系,$|OA|$ 为一确定的值。设绳索的形状曲线方程为 $y = f(x)$。对于绳索上点 A 到

另一任意点 $M(x,y)$ 间的一段弧 $\overset{\frown}{AM}$,其长度为 s,绳索的线密度为 ρ,弧 $\overset{\frown}{AM}$ 的重力为 ρgs。弧 $\overset{\frown}{AM}$ 在点 A 受到的张力沿水平切线方向,其大小为 H;在点 M 处的张力沿该点处的切线方向,切线的倾角为 θ,大小为 T。弧 $\overset{\frown}{AM}$ 处于平衡状态,作用在其上的外力保持平衡,则有

$$T\sin\theta = \rho gs, \quad T\cos\theta = H$$

两式相除得

$$\tan\theta = \frac{1}{a}s \quad \left(a = \frac{H}{\rho g}\right)$$

由于 $\tan\theta = y'$,$s = \int_0^x \sqrt{1+(y')^2}\,\mathrm{d}x$,代入上式,得

$$y' = \frac{1}{a}\int_0^x \sqrt{1+(y')^2}\,\mathrm{d}x$$

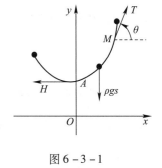

图 6-3-1

两端再对 x 求导,有

$$y'' = \frac{1}{a}\sqrt{1+(y')^2}$$

取原点 O 到点 A 的距离为 a,即 $|OA|=a$,初值条件为 $y|_{x=0}=a$,$y'|_{x=0}=0$,令 $y'=p$,则 $y''=\dfrac{\mathrm{d}p}{\mathrm{d}x}$,代入上述方程,分离变量后得

$$\frac{\mathrm{d}p}{\sqrt{1+p^2}} = \frac{\mathrm{d}x}{a}$$

两边积分得

$$\ln(p+\sqrt{1+p^2}) = \frac{x}{a} + C_1$$

由 $y'|_{x=0} = p|_{x=0} = 0$,得 $C_1 = 0$,即 $\ln(p+\sqrt{1+p^2}) = \dfrac{x}{a}$,解得

$$y' = p = \frac{\mathrm{e}^{\frac{x}{a}} - \mathrm{e}^{-\frac{x}{a}}}{2}$$

两端积分,得

$$y = \frac{a}{2}\left(\mathrm{e}^{\frac{x}{a}} + \mathrm{e}^{-\frac{x}{a}}\right) + C_2$$

把 $y|_{x=0}=a$ 代入上式,得 $C_2 = 0$。

因此绳索平衡时的形状曲线为 $y = \dfrac{a}{2}\left(\mathrm{e}^{\frac{x}{a}} + \mathrm{e}^{-\frac{x}{a}}\right)$,称作**悬链线方程**。

6.3.2 二阶线性微分方程

前面讨论了可降阶的二阶微分方程,通过变量代换将它们变为一阶微分方程,这在本质上还是一阶微分方程的求解。在 6.1 节例 6-1-3 中,为了研究连接在弹簧上的质点振动的运行规律,需要求解二阶线性微分方程(6-1-6)、(6-1-8)和(6-1-9)的解析解,但上述的方法是无法适用的。为了得到解析解的表达式,下面我们讨论二阶线性微分方程通解的求解方法。二阶线性微分方程的一般形式为

$$y'' + p(x)y' + q(x)y = f(x) \tag{6-3-1}$$

式中:$p(x)$,$q(x)$,$f(x)$均为x的连续函数;y'',y'和y都是一次的。如果$f(x) \equiv 0$,则称方程是齐次的,否则称为非齐次的。方程(6-3-1)所对应的齐次线性微分方程为

$$y'' + p(x)y' + q(x)y = 0 \tag{6-3-2}$$

二阶线性微分方程(6-3-1)的初值问题是指

$$\begin{cases} y'' + p(x)y' + q(x)y = f(x) \\ y(x_0) = y_0, y'(x_0) = y_0' \end{cases} \tag{6-3-3}$$

二阶线性微分方程(6-3-1)的边值问题是指

$$\begin{cases} y'' + p(x)y' + q(x)y = f(x) \quad (x_1 \leqslant x \leqslant x_2) \\ y(x_1) = y_1, y(x_2) = y_2 \end{cases} \tag{6-3-4}$$

事实上,二阶线性微分方程的解是存在且唯一的,这里不作证明,感兴趣的读者可在数学分析无穷级数的应用内容中查找相关内容。二阶线性微分方程一般难以用简单的解析式写出其解,但由其解的存在性与唯一性可以得到解的结构定理。下面我们就齐次和非齐次两种情形分别进行讨论和研究。

情形1 二阶齐次线性微分方程

定理 6-3-1 如果 $y_1(x)$ 和 $y_2(x)$ 是二阶齐次线性微分方程(6-3-2)的两个解,则

$$y = C_1 y_1(x) + C_2 y_2(x) \tag{6-3-5}$$

必然是方程(6-3-2)的解,其中 C_1,C_2 是任意常数。

证明 由于 $y_1(x)$ 和 $y_2(x)$ 是方程(6-3-2)的解,则有

$$y_1''(x) + p(x)y_1'(x) + q(x)y_1(x) = 0$$
$$y_2''(x) + p(x)y_2'(x) + q(x)y_2(x) = 0$$

即

$$\begin{aligned} &y''(x) + p(x)y'(x) + q(x)y(x) \\ &= C_1 y_1''(x) + C_2 y_2''(x) + p(x)[C_1 y_1'(x) + C_2 y_2'(x)] + q(x)[C_1 y_1(x) + C_2 y_2(x)] \\ &= C_1[y_1''(x) + p(x)y_1'(x) + q(x)y_1(x)] + C_2[y_2''(x) + p(x)y_2'(x) + q(x)y_2(x)] \\ &= 0 \end{aligned}$$

注意到,解(6-3-5)在形式上有 C_1 和 C_2 两个任意常数,但它不一定是方程(6-3-2)的通解。例如,若 y_1 是方程(6-3-2)的解,则 $6y_1$ 也是方程(6-3-2)的解,这时式(6-3-5)成为 $y = C_1 y_1 + 6C_2 y_1$,即 $y = Cy_1$,其中 $C = C_1 + 6C_2$。显然不是方程(6-3-2)的通解。那么什么情况下或满足什么条件的 $y_1(x)$ 和 $y_2(x)$ 才是方程(6-3-2)的通解?为此,必须引入函数组线性相关和线性无关的概念。

函数 $y_1(x), y_2(x), \cdots, y_n(x)$ 是定义在区间 I 上的 n 个函数,如果存在 n 个不全为零的常数 $k_1, k_2, \cdots, k_n$,使得对任意 $x \in I$ 时有恒等式

$$k_1 y_1(x) + k_2 y_2(x) + \cdots + k_n y_n(x) \equiv 0$$

成立,那么称这 n 个函数在区间 I 上**线性相关**,否则称**线性无关**。

例如，函数 $1, \sin^2 x, \cos^2 x$ 在整个实数域是线性相关的，因为取 $k_1=1, k_2=k_3=-1$，有恒等式 $1-\sin^2 x-\cos^2 x=0$。又如函数 $1,x$ 在任何区间 (a,b) 内是线性无关的，如果 k_1,k_2 有一个不为零，那么在区间 (a,b) 内最多有一个 x 值使 $k_1+k_2 x=0$ 成立；要使上式恒为零，必须 $k_1=k_2=0$。

对于两个函数的情形，要使 $k_1 y_1(x)+k_2 y_2(x)\equiv 0$，即 $y_1(x)$ 和 $y_2(x)$ 线性相关，则 $\dfrac{y_1(x)}{y_2(x)}=k(y_2(x)\neq 0)$。两个函数的比为常数，则线性相关，否则就线性无关。于是对于二阶齐次线性微分方程的通解就有如下的结构定理。

定理 6-3-2 如果 $y_1(x)$ 和 $y_2(x)$ 是二阶齐次线性微分方程 (6-3-2) 的两个线性无关的特解，则 $y=C_1 y_1(x)+C_2 y_2(x)$ 必然是方程 (6-3-2) 的通解，其中 C_1,C_2 是任意常数。

例如，方程 $y''-y=0$ 是二阶齐次线性微分方程，容易验证 $y_1=\mathrm{e}^x, y_2=\mathrm{e}^{-x}$ 是该方程的特解，且 $\dfrac{y_1}{y_2}=\dfrac{\mathrm{e}^x}{\mathrm{e}^{-x}}=\mathrm{e}^{2x}$ 不恒为常数，亦即它们是线性无关的。因此该微分方程的通解为 $y=C_1 \mathrm{e}^x+C_2 \mathrm{e}^{-x}$。

定理 6-3-2 可以推广到 n 阶齐次线性微分方程。

推论 1 若 $y_1(x), y_2(x), \cdots, y_n(x)$ 是 n 阶齐次线性微分方程

$$y^{(n)}+q_1(x)y^{(n-1)}+\cdots+q_{n-1}(x)y'+q_n y\equiv 0$$

的 n 个线性无关的特解，则该方程的通解为

$$y=C_1 y_1(x)+C_2 y_2(x)+\cdots+C_n y_n(x)$$

其中 $C_1,C_2,\cdots,C_n$ 是任意常数。

虽然对于微分方程 (6-3-2) 找出一对线性无关的特解没有一般的方法，但是若能找出一个不恒为零的解 y_1（比如可以观察到一个特解），则令 $y_2=u(x)y_1$，并代入微分方程 (6-3-2) 求出 $u(x)$，就可以得到微分方程 (6-3-2) 的通解。

把 $y_2'=u'y_1+uy_1', y_2''=u''y_1+2u'y_1'+uy_1''$ 代入方程 (6-3-2)，得

$$\begin{aligned}
& y_2''+p(x)y_2'+q(x)y_2 \\
&= u''y_1+2u'y_1'+uy_1''+p(x)[u'y_1+uy_1']+q(x)uy_1 \\
&= u''y_1+2u'y_1'+p(x)u'y_1+u[y_1''+p(x)y_1'+q(x)y_1] \\
&= u''y_1+u'[2y_1'+p(x)y_1]=0
\end{aligned}$$

于是有

$$u''+u'\left[2\dfrac{y_1'}{y_1}+p(x)\right]=0$$

即

$$\dfrac{u''}{u'}=-\dfrac{2y_1'}{y_1}-p(x)$$

积分，得 $\ln|u'|=-2\ln|y_1|-\int p(x)\mathrm{d}x$，即 $u'=\dfrac{\mathrm{e}^{-\int p(x)\mathrm{d}x}}{y_1^2}$。

因此，可以取 $u=\displaystyle\int \dfrac{1}{y_1^2}\mathrm{e}^{-\int p(x)\mathrm{d}x}\mathrm{d}x$，则另一个线性无关的特解为

$$y_2 = y_1 \int \frac{1}{y_1^2} e^{-\int p(x)dx} dx$$

对于方程(6-3-2)不恒为零的特解 y_1,可以得到方程(6-3-2)的通解

$$y = C_1 y_1 + C_2 y_1 \int \frac{1}{y_1^2} e^{-\int p(x)dx} dx$$

例 6-3-5 求方程 $xy'' - y' = 0$ 的通解。

解 可以得出 $y_1(x) = 1$ 是该方程的一个特解,则另一个线性无关的解为

$$y_2 = \int e^{-\int p(x)dx} dx = \int e^{-\int \frac{1}{x}dx} dx = \frac{x^2}{2}$$

故微分方程的通解为 $y = C_1 + C_2 x^2$。

情形2 二阶非齐次线性微分方程

我们讨论了二阶齐次线性微分方程的解的结构,下面来讨论二阶非齐次线性微分方程的解的结构。

我们知道,一阶线性微分方程的通解由对应的齐次方程的通解和非齐次方程本身的一个特解两部分组成。事实上,二阶及二阶以上的非齐次线性方程的通解也具有相同的结构。

定理 6-3-3 设 $y^*(x)$ 是二阶非齐次线性微分方程 $y'' + p(x)y' + q(x)y = f(x)$ 的一个特解,$Y(x) = C_1 y_1 + C_2 y_2$ 是对应齐次线性微分方程的通解,则

$$y = Y(x) + y^*(x) = C_1 y_1 + C_2 y_2 + y^*(x) \qquad (6-3-6)$$

是二阶非齐次线性微分方程(6-3-1)的通解。

证明 把式(6-3-6)代入方程(6-3-1)的左端,得

$$(Y'' + y^{*\prime\prime}) + p(x)(Y' + y^{*\prime}) + q(x)(Y + y^*)$$
$$= [Y'' + p(x)Y' + q(x)Y] + [y^{*\prime\prime} + p(x)y^{*\prime} + q(x)y^*]$$
$$= y^{*\prime\prime} + p(x)y^{*\prime} + q(x)y^* = f(x)$$

例如,方程 $y'' - y = x$ 是二阶非齐次线性微分方程,已知 $Y = C_1 e^x + C_2 e^{-x}$ 是对应的齐次线性微分方程的通解;容易验证 $y^* = -x$ 是所给微分方程的一个特解,于是

$$y = C_1 e^x + C_2 e^{-x} - x$$

是所给微分方程的通解。

当微分方程(6-3-1)的非齐次项为 $f(x) = f_1(x) + f_2(x)$ 时,其特解有如下性质:

定理 6-3-4 设 $y_1^*(x)$ 是微分方程 $y'' + p(x)y' + q(x)y = f_1(x)$ 的一个特解,$y_2^*(x)$ 是微分方程 $y'' + p(x)y' + q(x)y = f_2(x)$ 的一个特解,则 $y^* = y_1^*(x) + y_2^*(x)$ 是微分方程

$$y'' + p(x)y' + q(x)y = f_1(x) + f_2(x) \qquad (6-3-7)$$

的一个特解。

证明 将 $y^* = y_1^* + y_2^*$ 代入方程(6-3-7),得

$$(y_1^* + y_2^*)'' + p(x)(y_1^* + y_2^*)' + q(x)(y_1^* + y_2^*)$$
$$= (y_1^{*\prime\prime} + p(x)y_1^{*\prime} + q(x)y_1^*) + (y_2^{*\prime\prime} + p(x)y_2^{*\prime} + q(x)y_2^*)$$
$$= f_1(x) + f_2(x)$$

这一定理称为线性微分方程的特解的叠加原理。

事实上,定理 6-3-3 和定理 6-3-4 可以推广到 n 阶非齐次线性微分方程。

常数变易法 二阶非齐次线性微分方程的通解能不能像一阶非齐次线性微分方程那样通过常数变易法得到呢? 一阶非齐次线性微分方程的通解可由其对应的齐次方程的通解 $y = Cy_1(x)$ 变换成 $y = u(x)y_1(x)$(通解中的任意常数 C 换成未知函数 $u(x)$),再代入非齐次方程解出 $u(x)$。对于二阶及二阶以上的非齐次线性微分方程也同样有类似的方法。

若二阶齐次线性微分方程(6-3-2)的通解为
$$y = C_1 y_1(x) + C_2 y_2(x)$$
仿照一阶非齐次线性微分方程的通解求法,将 C_1, C_2 变换为未知函数 $v_1(x), v_2(x)$,令
$$y = v_1 y_1(x) + v_2 y_2(x) \tag{6-3-8}$$

为确定 $v_1(x), v_2(x)$ 使式(6-3-8)表示的函数满足非齐次线性微分方程(6-3-1),则对(6-3-8)两边求导得
$$y' = y_1' v_1 + y_1 v_1' + y_2' v_2 + y_2 v_2'$$
$$y'' = y_1'' v_1 + 2 y_1' v_1' + y_1 v_1'' + y_2'' v_2 + 2 y_2' v_2' + y_2 v_2''$$

代入微分方程(6-3-1),有
$$y'' + p(x)y' + q(x)y$$
$$= y_1'' v_1 + 2 y_1' v_1' + y_1 v_1'' + y_2'' v_2 + 2 y_2' v_2' + y_2 v_2'' + p(x)(y_1' v_1 + y_1 v_1' + y_2' v_2 + y_2 v_2') +$$
$$q(x)(y_1 v_1 + y_2 v_2)$$
$$= 2 y_1' v_1' + y_1 v_1'' + 2 y_2' v_2' + y_2 v_2'' + p(x)(y_1 v_1' + y_2 v_2') +$$
$$(y_1'' + p(x) y_1' + q(x) y_1) v_1 + (y_2'' + p(x) y_2' + q(x) y_2) v_2 = f$$

由于 y_1, y_2 是对应齐次线性微分方程的特解,整理得
$$2 y_1' v_1' + y_1 v_1'' + 2 y_2' v_2' + y_2 v_2'' + p(x)(y_1 v_1' + y_2 v_2') = f$$

难以直接从该式解出 $v_1(x), v_2(x)$,为此进行整理变形,得
$$(y_1 v_1' + y_2 v_2')' + y_1' v_1' + y_2' v_2' + p(x)(y_1 v_1' + y_2 v_2') = f$$

当
$$y_1 v_1' + y_2 v_2' = 0 \tag{6-3-9}$$

时,则有
$$y_1' v_1' + y_2' v_2' = f$$

由式(6-3-9)和式(6-3-1)联立组成关于 v_1' 和 v_2' 的方程组,在系数行列式
$$U(x) = \begin{vmatrix} y_1 & y_2 \\ y_1' & y_2' \end{vmatrix} = y_1 y_2' - y_1' y_2 \neq 0$$

时,可解得
$$v_1' = -\frac{y_2 f}{U}, \quad v_2' = -\frac{y_1 f}{U}$$

当 $f(x)$ 连续时,积分可得
$$v_1 = C_1 + \int \left(-\frac{y_2 f}{U} \right) \mathrm{d}x, \quad v_2 = C_2 + \int \left(-\frac{y_1 f}{U} \right) \mathrm{d}x$$

因此，二阶非齐次线性微分方程(6-3-1)的通解为

$$y = C_1 y_1 + C_2 y_2 - y_1 \int \frac{y_2 f}{U} \mathrm{d}x - y_2 \int \frac{y_1 f}{U} \mathrm{d}x$$

例 6-3-6 求微分方程 $y'' - y = \tan x (0 < x < \pi/2)$ 的通解。

解 对应的齐次线性微分方程 $y'' - y = 0$ 的通解为 $y = C_1 \mathrm{e}^x + C_2 \mathrm{e}^{-x}$，令 $y = v_1 \mathrm{e}^x + v_2 \mathrm{e}^{-x}$，则有

$$\begin{cases} v_1' \mathrm{e}^x + v_2' \mathrm{e}^{-x} = 0 \\ v_1' \mathrm{e}^x - v_2' \mathrm{e}^{-x} = x \end{cases}$$

解方程组得 $v_1' = \frac{1}{2} x \mathrm{e}^{-x}, v_2' = -\frac{1}{2} x \mathrm{e}^x$。积分得

$$v_1 = -\frac{1}{2} x \mathrm{e}^{-x} - \frac{1}{2} \mathrm{e}^{-x} + C_1, \quad v_2 = -\frac{1}{2} x \mathrm{e}^x + \frac{1}{2} \mathrm{e}^x + C_2$$

所求非齐次方程的通解为

$$\begin{aligned} y &= v_1 \mathrm{e}^x + v_2 \mathrm{e}^{-x} \\ &= \left(-\frac{1}{2} x \mathrm{e}^{-x} - \frac{1}{2} \mathrm{e}^{-x} + C_1 \right) \mathrm{e}^x + \left(-\frac{1}{2} x \mathrm{e}^x + \frac{1}{2} \mathrm{e}^x + C_2 \right) \mathrm{e}^{-x} \\ &= C_1 \mathrm{e}^x + C_2 \mathrm{e}^{-x} - x \end{aligned}$$

故该微分方程的通解为 $y = C_1 \mathrm{e}^x + C_2 \mathrm{e}^{-x} - x$。

6.3.3 二阶常系数齐次线性微分方程

对于方程(6-3-1)要求出其特解是一件很不容易的事情，但是当式(6-3-1)中的 $p(x)$ 和 $q(x)$ 分别为常数 p 和 q 时，则微分方程就变成二阶常系数线性微分方程

$$y'' + py' + qy = f(x) \tag{6-3-10}$$

其中 p 和 q 为常数。通常称

$$y'' + py' + qy = 0 \tag{6-3-11}$$

为二阶常系数非齐次线性微分方程(6-3-10)所对应的齐次线性微分方程。

可以发现，方程(6-3-11)中的未知函数 y 和其一、二阶导数只相差一个常数因子。我们知道指数函数 $y = \mathrm{e}^{\lambda x}$（$\lambda$ 为常数）的一阶导数 $y' = \lambda \mathrm{e}^{\lambda x}$ 和二阶导数 $y'' = \lambda^2 \mathrm{e}^{\lambda x}$ 只相差一个常数因子。现把它们代入方程(6-3-11)中可得

$$\lambda^2 \mathrm{e}^{\lambda x} + p \lambda \mathrm{e}^{\lambda x} + q \mathrm{e}^{\lambda x} = 0$$

即

$$(\lambda^2 + p\lambda + q) \mathrm{e}^{\lambda x} = 0$$

而 $\mathrm{e}^{\lambda x} \neq 0$，于是当 λ 为方程

$$\lambda^2 + p\lambda + q = 0 \tag{6-3-12}$$

的根时，函数 $y = \mathrm{e}^{\lambda x}$ 就是方程(6-3-11)的特解。通常把方程(6-3-12)叫作二阶常系数齐次线性微分方程(6-3-11)的**特征方程**。显然，特征方程可以看作是把方程(6-3-11)中的 y'' 代换成 λ^2，y' 代换成 λ，y 代换成 1。特征方程是一个二次代数方程，两个根 λ_1, λ_2 可以由公

式 $\lambda_{1,2} = \dfrac{-p \pm \sqrt{p^2 - 4q}}{2}$ 求出。它们有三种不同的情形：

（Ⅰ）当 $p^2 - 4q > 0$ 时，特征方程有两个不同的实根

$$\lambda_1 = \frac{-p + \sqrt{p^2 - 4q}}{2}, \quad \lambda_2 = \frac{-p - \sqrt{p^2 - 4q}}{2} \tag{6-3-13}$$

由式（6-3-13），若 $\lambda_1 \neq \lambda_2$，则 $y_1 = e^{\lambda_1 x}, y_2 = e^{\lambda_2 x}$ 是微分方程（6-3-11）的两个线性无关的特解，则微分方程（6-3-11）的通解为

$$y = C_1 e^{\lambda_1 x} + C_2 e^{\lambda_2 x}$$

例 6-3-7 求微分方程 $y'' - 2y' - 3y = 0$ 的通解。

解 所给微分方程的特征方程为 $\lambda^2 - 2\lambda - 3 = 0$，其根 $\lambda_1 = -1, \lambda_2 = 3$ 是两个不相等的实根，所求通解为 $y = C_1 e^{-x} + C_2 e^{3x}$。

（Ⅱ）当 $p^2 - 4q = 0$ 时，特征方程有两个相同的实根 $\lambda_1 = \lambda_2 = \dfrac{-p}{2}$，只得到所给微分方程的一个解 $y_1 = e^{\lambda_1 x}$。令 $y_2 = u y_1 = u e^{\lambda_1 x}$，并求导得

$$y_2' = e^{\lambda_1 x}(u' + \lambda_1 u)$$
$$y_2'' = e^{\lambda_1 x}(u'' + 2\lambda_1 u' + \lambda_1^2 u)$$

代入原微分方程得

$$e^{\lambda_1 x}\left[(u'' + 2\lambda_1 u + \lambda_1^2 u) + p(u' + \lambda_1 u) + qu\right] = 0$$

约去 $e^{\lambda_1 x}$，并合并同类项得

$$u'' + (2\lambda_1 + p)u' + (\lambda_1^2 + p\lambda_1 + q)u = 0$$

λ_1 是特征方程的二重根，$2\lambda_1 + p = 0, \lambda_1^2 + p\lambda_1 + q = 0$，于是 $u'' = 0$。不妨取 $u = x$，于是，得到方程的另一个特解 $y = x e^{\lambda_1 x}$。故微分方程（6-3-14）的通解为

$$y = C_1 e^{\lambda_1 x} + C_2 x e^{\lambda_1 x} = (C_1 + C_2 x) e^{\lambda_1 x}$$

例 6-3-8 求微分方程 $y'' - 4y' + 4y = 0$ 的通解。

解 所给微分方程的特征方程为 $\lambda^2 - 4\lambda + 4 = 0$，其根 $\lambda_1 = \lambda_2 = 2$ 是两个不相等的实根，所求通解为 $y = (C_1 + C_2 x) e^{2x}$。

（Ⅲ）当 $p^2 - 4q < 0$ 时，特征方程有一对共轭复根

$$\lambda_1 = \alpha + \beta i, \quad \lambda_2 = \alpha - \beta i$$

其中，$\alpha = \dfrac{-p}{2}, \beta = \sqrt{4q - p^2}$。这时，方程的两个特解为

$$y_1 = e^{(\alpha + \beta i)x}, \quad y_2 = e^{(\alpha - \beta i)x}$$

这两个特解线性无关，但均为复值函数。为了得到实值函数解，利用欧拉公式 $e^{i\theta} = \cos\theta + i\sin\theta$ 把两个特解改写为

$$y_1 = e^{(\alpha + \beta i)x} = e^{\alpha x}(\cos\beta x + i\sin\beta x) \tag{6-3-14}$$
$$y_2 = e^{(\alpha - \beta i)x} = e^{\alpha x}(\cos\beta x - i\sin\beta x) \tag{6-3-15}$$

式（6-3-14）+式（6-3-15），除以 2 得

$$\bar{y}_1 = \frac{1}{2}(y_1 + y_2) = e^{\alpha x}\cos\beta x$$

式(6-3-14)-式(6-3-15),除以$2i$得

$$\bar{y}_1 = \frac{1}{2i}(y_1 - y_2) = e^{\alpha x}\sin\beta x$$

根据齐次方程解的叠加原理,$\bar{y}_1, \bar{y}_2$是方程(6-3-11)的特解,且$\dfrac{\bar{y}_1}{\bar{y}_2} = \dfrac{e^{\alpha x}\cos\beta x}{e^{\alpha x}\sin\beta x} = \cot\beta x$不为常数,所以微分方程(6-3-11)的通解为

$$y = e^{\alpha x}(C_1\cos\beta x + C_2\sin\beta x)$$

例6-3-9 求微分方程$y'' + 2y' + 5y = 0$的通解。

解 所给微分方程的特征方程为$\lambda^2 + 2\lambda + 5 = 0$,其根$\lambda_{1,2} = -1 \pm 2i$是一对共轭复根,故所求的通解为$y = [C_1\cos 2x + C_2\sin 2x]e^{-x}$。

综上所述,求二阶常系数齐次线性微分方程$y'' + py' + qy = 0$的通解的步骤如下:

(1) 写出微分方程的特征方程:$\lambda^2 + p\lambda + q = 0$;
(2) 求出特征方程的两个根λ_1, λ_2;
(3) 根据特征方程的两个根的不同情形,按照表6-3-1写出微分方程的通解:

表6-3-1

特征方程$\lambda^2 + p\lambda + q = 0$的两个根$\lambda_1, \lambda_2$	微分方程$y'' + py' + qy = 0$的通解
两个不相等的实根λ_1, λ_2	$y = C_1 e^{\lambda_1 x} + C_2 e^{\lambda_2 x}$
两个相等的实根$\lambda_1 = \lambda_2 = \lambda$	$y = (C_1 + C_2 x)e^{\lambda x}$
一对共轭复根$\lambda_{1,2} = \alpha \pm \beta i$	$y = e^{\alpha x}(C_1\cos\beta x + C_2\sin\beta x)$

上面讨论二阶常系数齐次线性微分方程所用的方法以及方程的通解形式,可以推广到n阶常系数齐次线性微分方程上去,对此只给出简单叙述:

n阶常系数齐次线性微分方程的一般形式是

$$y^{(n)} + p_1 y^{(n-1)} + p_2 y^{(n-2)} + \cdots + p_{n-1} y' + p_n y = 0$$

其中$p_1, p_2, \cdots, p_{n-1}, p_n$都是常数。

令$y = e^{rx}$,分别求出各阶导数代入上述一般方程,得到关于r的n次代数方程(也称特征方程):

$$r^n + p_1 r^{n-1} + p_2 r^{n-2} + \cdots + p_{n-1} r + p_n = 0$$

解其根。根据特征方程的根,可以写出其对应的微分方程的解如表6-3-2所列。

表6-3-2

特征方程的根	微分方程通解中对应的项
单实根r	给出一项:Ce^{rx}
一对单复根$r_{1,2} = \alpha \pm \beta i$	给出两项:$e^{\alpha x}(C_1\cos\beta x + C_2\sin\beta x)$
k重实根r	给出k项:$e^{rx}(C_1 + C_2 x + \cdots + C_k x^{k-1})$
一对k重复根$r_{1,2} = \alpha \pm \beta i$	给出$2k$项:$e^{\alpha x}[(C_1 + C_2 x + \cdots + C_k x^{k-1})\cos\beta x + (D_1 + D_2 x + \cdots + D_k x^{k-1})\sin\beta x]$

从代数学知道,n 次代数方程有 n 个根(重根按重数计算),而特征方程的每一个根都对应着通解中的一项,且每一项各含有一个任意的常数,这样就得到 n 阶常系数齐次线性微分方程的通解

$$y = C_1 y_1 + C_2 y_2 + \cdots + C_n y_n$$

比如,求方程 $y^{(4)} - 2y''' + 5y'' = 0$ 的通解。这里特征方程为

$$r^4 - 2r^3 + 5r^2 = 0$$

可求得根分别为 $r_1 = r_2 = 0$ 和 $r_{3,4} = 1 \pm 2\mathrm{i}$,因此所给微分方程的通解为

$$y = C_1 + C_2 x + \mathrm{e}^x (C_3 \cos 2x + C_4 \sin 2x)$$

下面,我们来研究二阶常系数齐次线性微分方程的初值问题和边值问题。

对于微分方程(6-3-11)中的通解求出满足初值条件 $y(x_0) = y_0, y'(x_0) = y_0'$ 的特解问题称为二阶常系数齐次线性微分方程的**初值问题**。

例 6-3-10 对于质点振动的运动方程(6-1-10)的初值问题,其特征方程为 $\lambda^2 + k^2 = 0$,则两个特征值分别为 $\lambda_{1,2} = \pm k\mathrm{i}$,则运动方程(6-1-10)的通解为

$$x = C_1 \cos kt + C_2 \sin kt$$

又

$$\frac{\mathrm{d}x}{\mathrm{d}t} = -kC_1 \sin kt + kC_2 \cos kt$$

则

$$x(0) = C_1 \cos(k \times 0) + C_2 \sin(k \times 0) = C_1 = 0$$

$$\left. \frac{\mathrm{d}x}{\mathrm{d}t} \right|_{t=0} = -kC_1 \sin(k \times 0) + kC_2 \cos(k \times 0) = kC_2 = v_0$$

综合上式,得 $C_1 = 0, C_2 = v_0/k$,则满足初值条件的解为 $x(t) = \dfrac{v_0}{k} \sin kt$。

对于方程(6-3-11)中的通解求出满足边值条件 $y(x_0) = y_0, y(x_1) = y_1$ 的特解问题称为二阶常系数齐次线性微分方程的**边值问题**。与初值问题不同,边值问题并不一定有解存在。

例 6-3-11 求微分方程 $y'' + 2y' + y = 0$ 满足 $y(0) = 1, y(1) = 3$ 的解。

解 特征方程为 $\lambda^2 + 2\lambda + 1 = 0$,只有一个根 $\lambda = -1$。因此,方程的通解为

$$y = C_1 \mathrm{e}^{-x} + C_2 x \mathrm{e}^{-x}$$

满足的边值条件为

$$y(0) = C_1 \mathrm{e}^0 + C_2 \times 0 \times \mathrm{e}^0 = C_1 = 1$$

$$y(1) = C_1 \mathrm{e}^{-1} + C_2 \times 1 \times \mathrm{e}^{-1} = 3$$

即

$$\begin{cases} C_1 = 1 \\ C_1 + C_2 = 3\mathrm{e} \end{cases}$$

解方程组,得 $C_1 = 1, C_2 = 3\mathrm{e} - 1$。

该边值问题的解为 $y = \mathrm{e}^{-x} + (3\mathrm{e} - 1) x \mathrm{e}^{-x}$。

例 6-3-12 求 6.1 节中式(6-1-8)所示的阻尼条件的自由振动的质点 M 的运动微分方程

$$\begin{cases} \dfrac{d^2x}{dt^2} + 2n\dfrac{dx}{dt} + k^2 x = 0 \\ x(0) = x_0, \dfrac{dx}{dt}\bigg|_{t=0} = v_0 \end{cases} \quad (6-3-16)$$

的特解。

解 特征方程为 $\lambda^2 + 2n\lambda + k^2 = 0$，其根为

$$\lambda_{1,2} = \frac{-2n \pm \sqrt{4n^2 - 4k^2}}{2} = -n \pm \sqrt{n^2 - k^2}$$

(1) 小阻尼：$n < k$。

特征方程的根 $\lambda = -n \pm \omega i$ ($\omega = \sqrt{k^2 - n^2}$) 是一对共轭复根，方程(6-3-16)的通解为

$$x = e^{-nt}(C_1 \cos\omega t + C_2 \sin\omega t)$$

根据初值条件定出 $C_1 = x_0$，$C_2 = \dfrac{v_0 + nx_0}{\omega}$，因此所求特解为

$$x = e^{-nt}\left(x_0 \cos\omega t + \frac{v_0 + nx_0}{\omega}\sin\omega t\right)$$

令 $x_0 = A\sin\phi$，$\dfrac{v_0 + nx_0}{\omega} = A\cos\phi$ ($0 \le \phi \le 2\pi$)，则特解为

$$x = Ae^{-nt}\sin(\omega t + \phi) \quad (6-3-17)$$

其中 $\omega = \sqrt{k^2 - n^2}$，$A = \sqrt{x_0^2 + \dfrac{(v_0 + nx_0)^2}{\omega^2}}$，$\tan\phi = \dfrac{x_0 \omega}{v_0 + n\omega}$。

从式(6-3-17)中可以看出，质点 M 的运动是周期为 $\dfrac{2\pi}{\omega}$ 的振动。但其振幅 Ae^{-nt} 随时间 t 的增大而逐渐减小。所以，质点 M 随着时间 t 的增大而趋于平衡位置。

(2) 大阻尼：$n > k$。

特征方程的根 $\lambda_{1,2} = -n \pm \sqrt{n^2 - k^2}$ 是两个不相等的实根，方程(6-3-16)的通解为

$$x = C_1 e^{-(n - \sqrt{n^2 - k^2})t} + C_2 e^{-(n + \sqrt{n^2 - k^2})t}$$

根据初值条件定出 $C_1 = \dfrac{x_0}{2} + \dfrac{v_0 + nx_0}{2\sqrt{n^2 - k^2}}$，$C_2 = \dfrac{x_0}{2} - \dfrac{v_0 + nx_0}{2\sqrt{n^2 - k^2}}$，因此所求特解为

$$x = \left(\frac{x_0}{2} + \frac{v_0 + nx_0}{2\sqrt{n^2 - k^2}}\right)e^{-(n - \sqrt{n^2 - k^2})t} + \left(\frac{x_0}{2} - \frac{v_0 + nx_0}{2\sqrt{n^2 - k^2}}\right)e^{-(n + \sqrt{n^2 - k^2})t} \quad (6-3-18)$$

从式(6-3-18)中可以看出，使 $x = 0$ 的 t 值只有一个，即质点 M 最多过平衡位置一次，质点 M 已不再有振动现象。且当 $t \to +\infty$ 时，$x \to 0$，即质点 M 随着时间 t 的增大而趋于平衡位置。

(3) 临界阻尼：$n = k$。

特征方程的根 $\lambda = -n$，是两个相等的实根，方程(6-3-16)的通解为

$$x = (C_1 + C_2 t)e^{-nt}$$

根据初值条件定出 $C_1 = x_0$,$C_2 = v_0 + nx_0$,因此所求特解为

$$x = (x_0 + (v_0 + nx_0)t)e^{-nt}$$

由于 $\lim\limits_{t \to +\infty} te^{-nt} = \lim\limits_{t \to +\infty} \dfrac{t}{e^{nt}} = \lim\limits_{t \to +\infty} \dfrac{1}{ne^{nt}} = 0$,因此质点 M 最多过平衡位置一次,质点 M 已不再有振动现象,且随着时间 t 的增大而趋于平衡位置。

6.3.4 二阶常系数非齐次线性微分方程

二阶非齐次线性微分方程的通解虽然可以用常数变易法从对应的齐次线性微分方程的通解中求得,但求解过程比较繁杂。对于二阶常系数非齐次线性微分方程来说,其通解可以看作是对应齐次线性微分方程的通解与本身的一个特解之和。如果能确定二阶常系数非齐次线性微分方程的一个特解 y^*,就可以求出二阶常系数非齐次线性微分方程的通解。这里只讨论方程(6-3-10)中 $f(x)$ 取两种典型形式时的确定 y^* 的特殊方法。这种特殊方法就是**待定系数法**。

例 6-3-13 确定方程 $y'' - 2y' - 3y = x$ 的一个特解。

解 事实上,如果特解 y^* 是一个多项式函数,则其一阶、二阶导数中的自变量的最高次数比多项式低一到二次。因此该方程的特解应该是一个一次函数,设 $y^* = ax + b$,$y^{*\prime} = a$,$y^{*\prime\prime} = 0$,代入原微分方程后可得

$$0 - 2 \times a - 3 \times (ax + b) = x$$

整理得

$$-3ax - (2a + b) = x$$

根据对应项系数相同,则有 $\begin{cases} -3a = 1 \\ 2a + b = 0 \end{cases}$,则 $a = -\dfrac{1}{3}$,$b = \dfrac{2}{3}$,故原微分方程的一个特解为 $y^* = -\dfrac{1}{3}x + \dfrac{2}{3}$。

例 6-3-14 确定方程 $y'' - 2y' - 3y = xe^{2x}$ 的一个特解。

解 由于非齐次项 $f(x) = xe^{2x}$,特解 y^* 应该是一个多项式乘以 e^{2x},令 $y^* = p(x)e^{2x}$($p(x)$ 是一个多项式),则有

$$y^{*\prime} = p'(x)e^{2x} + 2p(x)e^{2x}, \quad y^{*\prime\prime} = p''(x)e^{2x} + 4p'(x)e^{2x} + 4p(x)e^{2x}$$

代入所求方程

$$p''(x)e^{2x} + 4p'(x)e^{2x} + 4p(x)e^{2x} - 2(p'(x)e^{2x} + 2p(x)e^{2x}) - 3p(x)e^{2x} = xe^{2x}$$

整理有

$$p''(x) + 2p'(x) - 3p(x) = x$$

因 $p(x)$ 是一个多项式,令 $p(x) = ax + b$,则 $p'(x) = a$,$p''(x) = 0$,代入上式,得

$$-3a = 1, \quad 2a - 3b = 0$$

解之得,$a = -\dfrac{1}{3}$,$b = -\dfrac{2}{9}$。于是 $p(x) = -\dfrac{1}{3}x - \dfrac{2}{9}$,故原微分方程的一个特解为

$$y^* = \left(-\frac{1}{3}x - \frac{2}{9}\right)e^{2x}$$

情形 1 $f(x) = P_m(x)e^{rx}$

这里 $P_m(x)$ 是一个 m 次多项式,因此,可以想到方程(6-3-10)的特解 y^* 也应该是一个多项式与指数函数 e^{rx} 的乘积。令 $y^* = R(x)e^{rx}$,可以求出 $y^{*\prime}, y^{*\prime\prime}$,再代入微分方程(6-3-10) 进而确定 y^*。令 $y^* = R(x)e^{rx}$,则

$$y^{*\prime} = e^{rx}(rR(x) + R'(x)), \quad y^{*\prime\prime} = e^{rx}(r^2 R(x) + 2rR'(x) + R''(x))$$

代入方程(6-3-10)并消去 e^{rx},得

$$R''(x) + (2r+p)R'(x) + (r^2 + pr + q)R(x) = P_m(x)$$

(1) 当 $r^2 + pr + q \neq 0$,即 r 不是方程(6-3-10)的特征方程 $\lambda^2 + p\lambda + q = 0$ 的根时,$R(x)$ 应该是一个 m 次多项式。令 $R(x) = b_0 x^m + b_1 x^{m-1} + \cdots + b_{m-q}x + b_m$,并将 $y^*, y^{*\prime}, y^{*\prime\prime}$ 代入方程(6-3-10),比较等式两端同类项的系数,就得到了关于 $b_0, b_1, \cdots, b_m$ 作为未知元的 $(m+1)$ 个方程联立的方程组。从而可确定出 $b_i(i=0,1,\cdots,m)$,得到特解 y^*。

(2) 当 $r^2 + pr + q = 0, 2r + p \neq 0$,即 r 是方程(6-3-10)的特征方程 $\lambda^2 + p\lambda + q = 0$ 的单根时,$R'(x)$ 应该是一个 m 次多项式。令 $R(x) = x(b_0 x^m + b_1 x^{m-1} + \cdots + b_{m-q}x + b_m)$,用同样的方法可以确定出 $b_i(i=0,1,\cdots,m)$,得到特解 y^*。

(3) 当 $r^2 + pr + q = 0, 2r + p = 0$,即 r 是方程(6-3-10)的特征方程 $\lambda^2 + p\lambda + q = 0$ 的重根时,$R''(x)$ 应该是一个 m 次多项式。令 $R(x) = x^2(b_0 x^m + b_1 x^{m-1} + \cdots + b_{m-q}x + b_m)$,用同样的方法可以确定出 $b_i(i=0,1,\cdots,m)$,得到特解 y^*。

综上所述,令

$$y^* = x^k R_m(x)e^{rx}$$

式中:$R_m(x)$ 与 $P_m(x)$ 是同次(m 次)的多项式,k 按照 r 不是特征方程的根,是特征方程的单根或重根分别取 0、1 和 2。这一结论也可以推广到 n 阶常系数非齐次线性微分方程。

例 6-3-15 求微分方程 $y'' + y' - 2y = x^2$ 的一个特解。

解 所给方程对应的齐次方程为 $y'' + y' - 2y = 0$,它的特征方程为 $\lambda^2 + \lambda - 2 = 0$。显然 $r = 0$ 不是特征方程的根,令 $y^* = b_0 x^2 + b_1 x + b_2$,则 $y^{*\prime} = 2b_0 x + b_1, y^{*\prime\prime} = 2b_0$,代入所给方程得

$$\begin{cases} -2b_0 = 1 \\ 2b_0 - 2b_1 = 0 \\ 2b_0 + b_1 - 2b_2 = 0 \end{cases}$$

解方程组得 $b_0 = -\frac{1}{2}, b_1 = -\frac{1}{2}, b_2 = -\frac{3}{4}$,故所求特解为 $y^* = -\frac{1}{2}x^2 - \frac{1}{2}x - \frac{3}{4}$。

例 6-3-16 求微分方程 $y'' + 3y' + 2y = xe^{-2x}$ 的通解。

解 对应的齐次线性微分方程为 $y'' + 3y' + 2y = 0$,其特征方程为 $\lambda^2 + 3\lambda + 2 = 0$,解得特征根为 $\lambda_1 = -1, \lambda_2 = -2$。因此,对应的齐次线性方程的通解为 $y = C_1 e^{-x} + C_2 e^{-2x}$。

原方程自由项 $f(x) = xe^{-2x}, r = -2$ 是特征方程的单根,令 $y^* = x(b_0 x + b_1)e^{-2x}$,代入原方程,并消去 e^{-2x} 有 $-2b_0 x + 2b_0 - b_1 = x$,比较系数得

$$\begin{cases} -2b_0 = 1 \\ 2b_0 - b_1 = 0 \end{cases}$$

解之得 $b_0 = -\frac{1}{2}, b_1 = -1$。于是 $y^* = x\left(-\frac{1}{2}x - 1\right)e^{-2x}$。从而原微分方程的通解为

$$y = C_1 e^{-x} + C_2 e^{-2x} - x\left(\frac{1}{2}x + 1\right)e^{-2x}$$

例 6-3-17 求微分方程 $y'' + 4y' + 4y = 5e^{-2x}$ 的通解。

解 对应的齐次线性微分方程为 $y'' + 4y' + 4y = 0$,特征方程为 $\lambda^2 + 4\lambda + 4 = 0$,解得特征根为 $\lambda_1 = \lambda_2 = -2$。即对应的齐次线性微分方程的通解为

$$y = C_1 e^{-2x} + C_2 x e^{-2x}$$

原方程自由项 $f(x) = 5e^{-2x}$,$r = -2$ 是特征方程的重根,令 $y^* = bx^2 e^{-2x}$,代入原方程,并消去 e^{-2x} 有 $b = \frac{5}{2}$。于是 $y^* = \frac{5}{2}x^2 e^{-2x}$。从而原方程的通解为

$$y = C_1 e^{-x} + C_2 x e^{-2x} + \frac{5}{2}x^2 e^{-2x}$$

例 6-3-18 求微分方程 $y''' + 3y'' + 3y' + y = (x-5)e^{-x}$ 的通解。

解 该方程为三阶常系数非齐次线性微分方程,对应的齐次线性微分方程为

$$y''' + 3y'' + 3y' + y = 0$$

特征方程为 $\lambda^3 + 3\lambda^2 + 3\lambda + 1 = 0$,解得特征根为 $\lambda_1 = \lambda_2 = \lambda_3 = -1$。因此,对应的齐次线性微分方程的通解为 $y = (C_1 + C_2 x + C_3 x^2)e^{-x}$。

原方程的自由项 $f(x) = (x-5)e^{-x}$,$r = -1$ 是特征方程的三重根,令 $y^* = x^3(b_0 x + b_1)e^{-x}$,代入原方程,并消去 e^{-x} 有 $24b_0 x + 6b_1 = x - 5$。于是 $b_0 = \frac{1}{24}, b_1 = -\frac{5}{6}$,则特解为 $y^* = x^3\left(\frac{1}{24}x - \frac{5}{6}\right)e^{-x}$。从而原方程的通解为

$$y = (C_1 + C_2 x + C_3 x^2)e^{-x} + x^3\left(\frac{1}{24}x - \frac{5}{6}\right)e^{-x}$$

情形 2 $f(x) = [P_m(x)\cos\beta x + Q_n(x)\sin\beta x]e^{\alpha x}$

根据欧拉公式 $e^{i\theta} = \cos\theta + i\sin\theta$,则有

$$\cos\theta = \frac{1}{2}(e^{i\theta} + e^{-i\theta}), \quad \sin\theta = \frac{1}{2i}(e^{i\theta} - e^{-i\theta})$$

于是有

$$f(x) = \left[P_m(x)\frac{e^{\beta xi} + e^{-\beta xi}}{2} + Q_n(x)\frac{e^{\beta xi} - e^{-\beta xi}}{2i}\right]e^{\alpha x}$$

$$= \left(\frac{P_m(x)}{2} + \frac{Q_n(x)}{2i}\right)e^{(\alpha+\beta i)x} + \left(\frac{P_m(x)}{2} - \frac{Q_n(x)}{2i}\right)e^{(\alpha-\beta i)x}$$

$$= P(x)e^{(\alpha+\beta i)x} + \bar{P}(x)e^{(\alpha-\beta i)x}$$

其中

$$P(x) = \frac{P_m}{2} + \frac{Q_n}{2i} = \frac{P_m}{2} - \frac{Q_n}{2}i, \quad \bar{P}(x) = \frac{P_m}{2} - \frac{Q_n}{2i} = \frac{P_m}{2} + \frac{Q_n}{2}i$$

是互成共轭的 l 次多项式（$l=\max\{m,n\}$）。

令 $f_1(x)=P(x)\mathrm{e}^{(\alpha+\beta\mathrm{i})x}$，$f_2(x)=\overline{P}(x)\mathrm{e}^{(\alpha-\beta\mathrm{i})x}$，则 $f_1(x)=\overline{f_2(x)}$，若 y_1^* 是方程

$$y''+py'+qy=f_1(x)$$

的解，那么 $\overline{y_1^*}$ 一定是方程

$$y''+py'+qy=f_2(x)$$

的解。根据解的叠加原理 $y^*=y_1^*+\overline{y_1^*}$ 一定是方程

$$y''+py'+qy=f_1(x)+f_2(x)$$

的解，而且 y^* 是实数解。因此情形 2 归于情形 1 中 r 取复数 $\alpha+\beta\mathrm{i}$ 或 $\alpha-\beta\mathrm{i}$ 的情形，利用情形 1 的结果可得情形 2 的特解

$$\begin{aligned}y^* &= x^k R_l(x)\mathrm{e}^{(\alpha+\beta\mathrm{i})x}+x^k\overline{R_l(x)}\mathrm{e}^{(\alpha-\beta\mathrm{i})x} \\ &= x^k\mathrm{e}^{\alpha x}[R_l(x)\mathrm{e}^{\beta x\mathrm{i}}+\overline{R_l(x)}\mathrm{e}^{-\beta x\mathrm{i}}] \\ &= x^k\mathrm{e}^{\alpha x}[R_l(x)(\cos\beta x+\mathrm{i}\sin\beta x)+\overline{R_l(x)}(\cos\beta x-\mathrm{i}\sin\beta x)]\end{aligned}$$

由于方括号内的两项是共轭的，相加后虚部抵消，所以特解就只是实函数的形式。因此对自由项 $f(x)=[P_m(x)\cos\beta x+Q_n(x)\sin\beta x]\mathrm{e}^{\alpha x}$ 的形式，特解

$$y^*=x^k\mathrm{e}^{\alpha x}[A_l(x)\cos\beta x+B_l(x)\sin\beta x]$$

式中：$A_l(x)$，$B_l(x)$ 是 $l(l=\max\{m,n\})$ 次多项式，而 k 按照 $\alpha+\beta\mathrm{i}$ 或 $\alpha-\beta\mathrm{i}$ 不是特征方程的根，或是特征方程的单根分别取 0 或 1。该结论也可以推广到 n 阶常系数非齐次线性微分方程，但要注意 k 是特征方程中含根 $\alpha+\beta\mathrm{i}$（或 $\alpha-\beta\mathrm{i}$）的重数。

例 6-3-19 求微分方程 $y''+y=x\cos 2x$ 的特解。

解 对应的齐次线性微分方程为 $y''+y=0$，其特征方程为 $\lambda^2+1=0$，解得特征根为 $\lambda_{1,2}=\pm\mathrm{i}$。这里 $\alpha+\beta\mathrm{i}=2\mathrm{i}$ 不是特征方程的根，令

$$y^*=(a_0 x+a_1)\cos 2x+(b_0 x+b_1)\sin 2x$$

代入原方程，得

$$(-3a_0 x-3a_1+4b_0)\cos 2x-(3b_0 x+3b_1+4a_0)\sin 2x=x\cos 2x$$

比较两端同类项系数，得 $\begin{cases}-3a_0=1\\-3a_1+4b_0=0\\-3b_0=0\\-3b_1-4a_0=0\end{cases}$，解方程组得

$$a_0=-\frac{1}{3},\quad a_1=0,\quad b_0=0,\quad b_1=\frac{4}{9}$$

故所给微分方程的一个特解为

$$y^*=-\frac{1}{3}x\cos 2x+\frac{4}{9}\sin 2x$$

例 6-3-20 求微分方程 $y''+4y=4\cos 2x-8\sin 2x$ 的特解。

解 对应的齐次线性微分方程为 $y''+4y=0$，其特征方程为 $\lambda^2+4=0$，解得特征根为

$\lambda_{1,2} = \pm 2i$，这里 $\alpha + \beta i = 2i$ 是特征方程的单根，令
$$y^* = x(a\cos 2x + b\sin 2x)$$
代入原方程得
$$4b\cos 2x - 4a\sin 2x = 4\cos 2x - 8\sin 2x$$
比较两端同类项系数，得 $a = 2, b = 1$。于是，所给微分方程的一个特解为
$$y^* = x(2\cos 2x + \sin 2x)$$

例 6-3-21 求微分方程 $y'' + 4y' + 4y = 5e^{-2x} + \cos 2x$ 的通解。

解 对应的齐次线性微分方程为 $y'' + 4y' + 4y = 0$，其特征方程为 $\lambda^2 + 4\lambda + 4 = 0$，解得特征根为 $\lambda_1 = \lambda_2 = -2$。即对应的齐次线性微分方程的通解为
$$y = C_1 e^{-2x} + C_2 x e^{-2x}$$

原方程中 $f(x) = 5e^{-2x} + \cos 2x$ 可以看成是 $f_1(x) = 5e^{-2x}$ 与 $f_2(x) = \cos 2x$ 的和。

对于 $f_1(x) = 5e^{-2x}$，$r = -2$ 是特征方程的重根，令 $y_1^* = bx^2 e^{-2x}$，代入原方程，并消去 e^{-2x} 有 $b = \frac{5}{2}$。于是 $y_1^* = \frac{5}{2} x^2 e^{-2x}$。

对于 $f_2(x) = \cos 2x$，这里 $\alpha + \beta i = 2i$ 不是特征方程的根，令
$$y_2^* = a\cos 2x + b\sin 2x$$
代入原方程，得
$$8b\cos 2x - 8a\sin 2x = \cos 2x$$
比较两端同类项系数，得 $a = 0, b = \frac{1}{8}$，于是 $y_2^* = \frac{1}{8}\sin 2x$。

因此，原微分方程的一个特解为
$$y^* = y_1^* + y_2^* = \frac{5}{2} x^2 e^{-2x} + \frac{1}{8}\sin 2x$$

从而，所求方程的通解为
$$y = C_1 e^{-2x} + C_2 x e^{-2x} + \frac{5}{2} x^2 e^{-2x} + \frac{1}{8}\sin 2x$$

例 6-3-22 质点在无阻尼振动过程中，除受弹性恢复力外，还在运动方向上受到干扰力 $F = h\sin pt$ 的作用，运动方程为 $\dfrac{d^2 x}{dt^2} + k^2 x = h\sin pt$，求该方程的通解。

解 对应的齐次线性微分方程为 $\dfrac{d^2 x}{dt^2} + k^2 x = 0$，其特征方程 $\lambda^2 + k^2 = 0$ 的根为 $\lambda = \pm ki$，则对应的齐次线性微分方程的通解为
$$x(t) = C_1 \cos kt + C_2 \sin kt$$

令 $C_1 = A\cos\phi, C_2 = A\sin\phi$，则 $x(t) = A\sin(kt + \phi)$，其中 A, ϕ 为任意常数。对于 $f(t) = h\sin pt$，$\alpha + \beta i = \pm pi$，分为 $p = k$ 和 $p \neq k$ 两种情况讨论。

（1）若 $p \neq k$，则 $\alpha + \beta i = \pm pi$ 不是特征方程的根，设 $x^* = a\cos pt + b\sin pt$，代入所求方程，整理得 $a = 0, b = \dfrac{h}{k^2 - p^2}$，于是

$$x^* = \frac{h}{k^2 - p^2}\sin pt$$

从而,$p \neq k$时,方程的通解为

$$x(t) = A\sin(kt + \phi) + \frac{h}{k^2 - p^2}\sin pt$$

质点的振动由两部分振动组成,这两部分都是简谐振动。第一项是自由振动,第二项是强迫振动。当干扰力的角频率 p 与振动系统的固有频率 k 相差很小时,它的振幅 $\left|\dfrac{h}{k^2-p^2}\right|$ 可以很大。

(2)若 $p = k$,则 $\alpha + \beta\mathrm{i} = \pm p\mathrm{i}$ 是特征方程的根,设 $x^* = t(a\cos pt + b\sin pt)$,代入所求方程,整理得 $a = -\dfrac{h}{2k}, b = 0$,于是

$$x^* = -\frac{h}{2k}t\sin pt$$

从而,当 $p \neq k$ 时微分方程的通解为

$$x(t) = A\sin(kt + \phi) - \frac{h}{2k}t\sin pt$$

上式右端的第二项的振幅 $\dfrac{h}{2k}t$ 会随着时间 t 的增大而无限增大,这就发生所谓的共振现象。为了避免共振现象,应使干扰力的角频率 p 远离振动系统的固有频率 k。反之,如果要利用共振现象,应使干扰力的角频率 $p = k$ 或与振动系统的固有频率 k 很接近。

6.3.5 二阶齐次线性微分方程的幂级数解法

二阶变系数齐次线性微分方程的求解问题归结为寻求它的一个非零解。由于微分方程的系数是自变量的函数,所以不能按照常系数情形的方法去求解。但是,由微积分学可知,在满足某些条件下,可以用幂级数来表示一个函数。因此,自然地想到,能否用幂级数来表示微分方程的解呢?下面就来讨论这一问题。首先看两个简单的例子。不失一般性,这里也以 x 表示自变量,y 表示未知函数。

例 6 – 3 – 23 求微分方程 $y'' - xy = 0$ 的通解。

解 设

$$y = a_0 + a_1 x + a_2 x^2 + a_3 x^3 + \cdots + a_n x^n + \cdots \tag{6-3-19}$$

为微分方程的解,这里 $a_i(i = 0, 1, 2, \cdots, n, \cdots)$ 是待定常数。

将式(6 – 3 – 19)对 x 求导两次得

$$y'' = 2 \times 1 \times a_2 + 3 \times 2 \times a_3 x + \cdots + n \times (n-1) \times a_n x^{n-2} + \cdots \tag{6-3-20}$$

将式(6 – 3 – 19)和式(6 – 3 – 20)代入到微分方程,并比较 x 的同次幂的系数得

$$2 \times 1 \times a_2 = 0, \quad 3 \times 2 \times a_3 - a_0 = 0, \quad 4 \times 3 \times a_4 - a_1 = 0, \quad 5 \times 4 \times a_5 - a_2 = 0, \cdots$$

通过计算可得

$$a_{3k} = \frac{a_0}{2 \times 3 \times 5 \times 6 \times \cdots \times (3k-1) \times 3k}$$

注:(*)幂级数的相关定义及理论见本书的第9章第3节内容。

$$a_{3k+1} = \frac{a_1}{3 \times 4 \times 6 \times 7 \times \cdots \times 3k \times (3k+1)}$$

$$a_{3k+2} = 0$$

其中 a_0 和 a_1 是任意常数。因此

$$y = a_0 \left[1 + \frac{x^3}{2 \times 3} + \frac{x^6}{2 \times 3 \times 5 \times 6} + \cdots + \frac{x^{3k}}{2 \times 3 \times 5 \times 6 \times \cdots \times (3k-1) \times 3k} + \cdots \right] +$$

$$a_1 \left[x + \frac{x^4}{3 \times 4} + \frac{x^7}{3 \times 4 \times 6 \times 7} + \cdots + \frac{x^{3k+1}}{3 \times 4 \times 6 \times 7 \times \cdots \times 3k \times (3k+1)} + \cdots \right]$$

由幂级数相关知识,上式右边的幂级数的收敛半径是正无穷大,即收敛域为 $(-\infty, +\infty)$,因此级数的和(包括两个任意常数 a_0 和 a_1)便是所要求出的通解。

例 6-3-24 求微分方程 $y'' - 2xy' - 4y = 0$ 的满足初值条件 $y(0) = 0, y'(0) = 1$ 的特解。

解 设幂级数(6-3-19)为微分方程的解,则利用初值条件可得

$$a_0 = 0, \quad a_1 = 1$$

进而有

$$y = x + a_2 x^2 + a_3 x^3 + \cdots + a_n x^n + \cdots \quad (6-3-21)$$

$$y' = 1 + 2a_2 x + 3a_3 x^2 + \cdots + n a_n x^{n-1} + \cdots \quad (6-3-22)$$

$$y'' = 2 \times 1 \times a_2 + 3 \times 2 \times a_3 x + \cdots + n \times (n-1) \times a_n x^{n-2} + \cdots \quad (6-3-23)$$

将式(6-3-21)、式(6-3-22)和式(6-3-20)代入到微分方程,并比较 x 的同次幂的系数得

$$a_2 = 0, \quad a_3 = 1, \quad a_4 = 0, \cdots, \quad a_n = \frac{2}{n-1} a_{n-2}, \quad \cdots$$

通过计算可得

$$a_{2k} = 0, \quad a_{2k+1} = \frac{1}{k!}$$

对于一切正整数 k 成立。

将系数 $a_i (i = 0, 1, 2, \cdots, n, \cdots)$ 的值代入式(6-3-19)便得所求的满足初值条件的特解为

$$y = x + x^3 + \frac{x^5}{2!} + \cdots + \frac{x^{2k+1}}{k!} + \cdots = x \left(1 + x^2 + \frac{x^4}{2!} + \cdots + \frac{x^{2k}}{k!} + \cdots \right)$$

$$= x e^{x^2}$$

例 6-3-23 和例 6-3-24 是通过把微分方程的解表示为幂级数来求解的。此时,一个重要的问题是,是否所有微分方程都能按照上述方法求出其幂级数解呢?或者说微分方程满足什么条件才能保证它的解可用幂级数来表示呢?幂级数的形式是什么,其收敛区间又如何?这些问题在微分方程解析理论中有详细的解答,本书在此不再赘述。

关于二阶齐次线性微分方程

$$y'' + p(x) y' + q(x) y = 0 \quad (6-3-24)$$

用幂级数求解的问题,我们有如下定理。

定理 6-3-1 如果微分方程(6-3-24)中的系数 $p(x)$ 和 $q(x)$ 可在开区间 $(-R,R)$ 内展开为 x 的幂级数,那么在 $(-R,R)$ 内微分方程(6-3-24)必有形如 $y = \sum\limits_{n=0}^{\infty} a_n x^n$ 的解。

事实上,以上定理对于微分方程(6-3-24)满足初值条件 $y(x_0) = y_0$ 和 $y'(x_0) = y'_0$ 的情形也成立。例如,求微分方程 $y'' - xy = 0$ 满足初值条件 $y(0) = 0, y'(0) = 1$ 的特解,可以得到 $a_0 = 0, a_1 = 1$,利用例 6-3-23 的结果可得所求的特解为

$$y = x + \frac{x^4}{3 \times 4} + \frac{x^7}{3 \times 4 \times 6 \times 7} + \cdots + \frac{x^{3k+1}}{3 \times 4 \times 6 \times 7 \times \cdots \times 3k \times (3k+1)} + \cdots$$

习题 6-3
(A)

1. 求下列微分方程的通解:

(1) $y'' = e^{2x} - \sin 2x$;

(2) $y'' = \dfrac{y'}{x} + x$;

(3) $xy'' = y' \ln \dfrac{y'}{x}$;

(4) $yy'' - 2(y')^2 = 0$。

2. 求下列微分方程满足初值条件的特解:

(1) $(1+x^2) y'' = 2xy', y|_{x=0} = 1, y'|_{x=0} = 3$;

(2) $yy'' + (y')^2 = 0, y|_{x=0} = 2, y'|_{x=0} = \dfrac{1}{2}$;

(3) $yy'' - 2[(y')^2 - y'] = 0, y|_{x=0} = 1, y'|_{x=0} = 2$。

3. 试求 $y'' = x$ 的经过点 $M(0,1)$ 且在此点与直线 $y = \dfrac{x}{2} + 1$ 相切的积分曲线。

4. 在上半平面求一条向上凹的曲线,使其上任一点 $P(x,y)$ 处曲率等于此曲线在该点的法线段 PQ 长度的倒数(点 Q 是法线与 x 轴的交点),且曲线在点 $(1,1)$ 处的切线与 x 轴平行。

5. 指出下列函数组在其定义区间内哪些是线性无关的?

(1) x, x^2;

(2) $x, 2x$;

(3) $e^{2x}, 3e^{2x}$;

(4) $\ln x, x \ln x$;

(5) $\cos 2x, \sin 2x$;

(6) $\sin 2x, \cos x \sin x$。

6. 验证 $y_1 = e^{x^2}, y_2 = xe^{x^2}$ 是微分方程 $y'' - 4xy' + (4x^2 - 2)y = 0$ 的特解,并写出该方程的通解。

7. 设 $y_1(x), y_2(x), y_3(x)$ 都是非齐次线性微分方程 $y'' + p(x)y' + q(x)y = f(x)$ 的特解(其中 $p(x), q(x), f(x)$ 为已知函数),且 $\dfrac{y_2(x) - y_1(x)}{y_3(x) - y_1(x)} \neq$ 常数,求证:

$$y(x) = (1 - C_1 - C_2) y_1(x) + C_1 y_2(x) + C_2 y_3(x)$$

是该方程的通解(C_1, C_2 为任意常数)。

8. 求下列常系数齐次线性微分方程的通解。

(1) $y'' + y' - 2y = 0$;

(2) $y'' - 4y' = 0$;

(3) $4y'' - 8y' + 5y = 0$;

(4) $y'' + y = 0$;

(5) $y'' - 4y' + 4y = 0$;

(6) $y^{(4)} - 4y''' + 10y'' - 12y' + 5y = 0$。

9. 求下列常系数齐次线性方程满足初值条件的特解。
(1) $y'' - 4y' + 3y = 0, y|_{x=0} = 6, y'|_{x=0} = 10$；
(2) $y'' + 4y' + 29y = 0, y|_{x=0} = 0, y'|_{x=0} = 15$；
(3) $4y'' + 4y' + y = 0, y|_{x=0} = 2, y'|_{x=0} = 0$。

10. 试求 $y'' + 9y = 0$ 通过点 $M(\pi, -1)$ 且在该点与直线 $y + 1 = x - \pi$ 相切的积分曲线。

11. 某介质中一单位质点 M 受一力作用沿直线运动，该力与质点 M 到中心 O 的距离成正比（比例常数是4）方向与 OM 相同，介质的阻力与运动的速度成正比（比例常数是3）方向与速度方向相反。求该质点的运动规律（运动开始时质点 M 静止，且距中心1cm）。

12. 已给某常系数二阶齐次方程的一个特解 $y = e^{mx}$，对应的特征方程的判别式等于零。求这微分方程满足初值条件 $y|_{x=0} = y'|_{x=0} = 1$ 的特解。

13. 设微分方程 $y'' + 4y' + 13y = 0$ 的一个解 v 对应的曲线与方程 $y'' - 4y' + 29y = 0$ 的一个解 u 对应的曲线在原点相切。若 $u'\left(\dfrac{\pi}{2}\right) = 1$，试确定 u 和 v。

14. 确定下列微分方程的特解形式（不必定出常数）:
(1) $y'' + y = (x - 2) \cdot e^{3x}$；
(2) $y'' + y = 4x\sin x$；
(3) $y'' - 6y' = 3x^2 + 1$；
(4) $y'' - 2y' + 2y = xe^x \sin x$；
(5) $y'' - 2y' + y = xe^x$；
(6) $y'' + y = e^x(\sin x + x\cos x)$。

15. 求下列微分方程的通解:
(1) $y'' + y' = x$；
(2) $y'' - 4y' + 4y = 2\sin 2x$；
(3) $y'' + 4y' + 4y = e^{ax}$（其中 a 为实数）。

16. 求下列微分方程满足初值条件的特解:
(1) $y'' - y' = 3, y|_{x=0} = 0, y'|_{x=0} = 1$；
(2) $y'' - 2y' = e^x(x^2 + x - 3), y|_{x=0} = 2, y'|_{x=0} = 2$；
(3) $y'' + 4y' = \sin 2x, y|_{x=0} = \dfrac{1}{4}, y'|_{x=0} = 0$。

（B）

1. 设 $\varphi(x) = e^x - \int_0^x (x - u)\varphi(u)\mathrm{d}u$，其中 $\varphi(x)$ 为二阶可导函数，求 $\varphi(x)$。

2. **放射性物质的衰变** 放射性物质因不断放射出各种射线而逐步减少其质量的现象称为衰变。根据物理实验得知，放射性物质的衰变速度与该物质现存的质量成正比。碳-14 (^{14}C) 是放射性物质，经过衰变而变成碳-12 (^{12}C)，碳-12 是非放射性物质。生物活体因和自然环境进行新陈代谢，恰好补偿了碳-14 的衰减量，从而保持碳-14 和碳-12 含量不变，即体内碳-14 与碳-12 质量之比是一个常数。而生物死亡后，本体和环境的交换停止，遗体中所含的碳-14 会因衰减而减少，通过测量遗体中碳-14 和碳-12 的数量之比，能够推算出遗体的活性本体的死亡年代。例如，对一个古墓中遗体所含碳-14 的测量得知是正常人体碳-14 含量的65%，试计算遗体的活性人体的死亡年代。

（提示：设 t 时刻人体中的碳-14 数量为 $y(t)$，$t = 0$ 为人体的死亡时刻，该时刻人体中的碳-14 数量为 y_0，则 $\dfrac{\mathrm{d}y(t)}{\mathrm{d}t} = -uy(t)$。）

3. **生物种群的生长**
一个生物种群的生长率是平均出生率与平均死亡率之差。假设某种生物种群的平均出生

率为 $\beta(\beta>0)$，由于生存环境的限制和食物的竞争，平均死亡率与生物群体的规模成正比，其比例常数为 $\lambda(\lambda>0)$。如果用 $n(t)$ 表示 t 时刻生物种群的数量，$t=0$ 时，种群的数量为 n_0，求 $n(t)$ 随时间 t 的变化规律。

4. 自由落体与蹦极

离地面很高的物体受地球引力的作用由静止开始落向地面。求它落到地面时的速度和所需的时间。蹦极是一项非常刺激的户外运动。跳跃者把一根较粗很长的橡皮绳绑在脚踝上，伸展两臂从 40m 以上的高空跳下，跳跃者会体验几秒钟的自由落体运动。当人体落到一定高度时，橡皮绳被拉开，阻止人继续下落。人体下降到最低点时，橡皮绳再次弹起，人被拉起，随后又落下，如此多次，直到橡皮绳的弹性完全消失为止。目前，美国科罗拉多河上的皇家峡谷大桥仍然是蹦极爱好者的乐园。研究蹦极者的运动函数，即蹦极者的位置随时间的变化情况。

假设蹦极绳子是一根相当粗的橡皮筋绳子。当橡皮筋绳子受到的张力使橡皮绳超过其自然长度时，绳子会产生一个线性恢复力，而这个恢复力的大小与绳子被拉伸的长度成正比，方向与绳子伸长的方向相反，恢复力会使绳子恢复到自然长度。以桥面垂直向下的直线为 y 轴方向，前面位置为 y 轴的原点，时刻 t 的单位为 s，t 时刻蹦极者的位置为 $y(t)$。根据牛顿第二力学定律，蹦极者在运动过程中所受的力有蹦极者的自身重力、空气阻力和蹦极绳产生的恢复力（只有蹦极者降落的距离大于蹦极绳的自然长度时，蹦极绳才会产生恢复力）。简单起见，假设蹦极者所受的空气阻力与蹦极者的运动速度成正比，比例系数为 k，方向与运动方向相反。蹦极绳的恢复系数为 μ，重力加速度为 9.8m/s^2。假设蹦极绳的自然长度为 $L(L=60\text{m})$，蹦极者的质量为 $m(\text{kg})$，蹦极者在 $t=0$ 时刻开始降落，在 $t=t_1$ 时刻降落到蹦极绳的自然长度，即 $y(t_1)=60$。当蹦极者的降落距离 $y(t)<60(t<t_1)$ 时，蹦极者做的落体运动：

$$\begin{cases} \dfrac{\mathrm{d}y(t)}{\mathrm{d}t}=v(t) \\ \dfrac{\mathrm{d}v(t)}{\mathrm{d}t}=g-\dfrac{k}{m}v(t) \\ y(0)=0 \\ v(0)=0 \end{cases}$$

当 $t>t_1$ 时，蹦极者坠落过程和回弹过程中不仅受到了重力和空气阻力的作用，还受到蹦极绳的恢复力作用，蹦极者的运动方程为

$$\begin{cases} \dfrac{\mathrm{d}y(t)}{\mathrm{d}t}=v(t) \\ \dfrac{\mathrm{d}v(t)}{\mathrm{d}t}=g-\dfrac{k}{m}v(t)-\dfrac{k}{m}(y(t)-L) \\ y(t_1)=L \\ v(t_1)=v_1 \end{cases}$$

(1) 需要多长时间蹦极者才能下降到他运动的最低点？最低点是桥面下多少米？

(2) 蹦极者能做多长时间的自由落体运动？

(3) 在降落过程中达到的最大下降速度是多少？

(4) 蹦极者最终停止运动时，距桥面多少米？

(5) 在坐标轴上画出蹦极者的运动曲线。

5. 利用幂级数求下列微分方程的解。
(1) $y' - xy - x = 1$;
(2) $y'' + xy' + y = 0$。

§6.4 一阶微分方程的数值解

很多微分方程虽然满足解存在的唯一性条件,但它们的解常常不能表示成初等函数的形式。对于这类微分方程的解的讨论,最常用的方法就是数值积分,也就是对微分方程进行数值解。本节内容简单介绍最常用且基础的两种数值解法:欧拉法和龙格-库塔法。

6.4.1 欧拉法

求微分方程的初值问题

$$\frac{dy}{dx} = f(x,y), y(x_0) = y_0 \tag{6-4-1}$$

的解 $y = y(x)$,可以从初始条件 $y(x_0) = y_0$ 出发,按照一定的步长 h,依某种方法逐步计算微分方程解 $y(x)$ 的近似值 $y_n \approx y(x_n)$,这里 $x_n = x_0 + nh$。这样求出的解称为数值解。由于数字计算机的发展,通过数值解的图形我们可以便捷地了解微分方程的解随时间及参数变化时的形状,而不必直接求出解来,数值解方法成为分析微分方程的有力工具。

欧拉曾简单地用差分代替微分,微分方程(6-4-1)可化为

$$y_{n+1} = y_n + hf(x_n, y_n), \quad x_n = x_0 + nh \tag{6-4-2}$$

称为欧拉(Euler)公式。即在 Oxy 坐标平面方程的解曲线 $y = y(x)$ 上,取过点 (x_n, y_n) 的切线(斜率为 $f(x_n, y_n)$),当 $x = x_{n+1}$ 时,在切线上截取的 $y = y_{n+1}$ 作为解的近似值。

欧拉公式相当于将解 $y(x_{n+1}) = y(x_n + h)$ 用泰勒级数展开,只取一次项,其局部截断误差为 h^2 的常数倍

$$y(x_{n+1}) = y(x_n) + hy'(x_n) + \frac{h^2}{2}y''(x_n) + \cdots = y_n + hf(x_n, y_n) + O(h^2)$$
$$= y_{n+1} + O(h^2)$$

因此,欧拉公式的局部截断误差可写为

$$y(x_{n+1}) - y_{n+1} = O(h^2)$$

在数学上,若一种方法使其局部截断误差为步长 h 的 $O(h^{p+1})$,则称此方法有 p 阶精度。因此,欧拉方法有 1 阶精度。

如果微分方程的解取积分形式

$$y(x) = \int_{x_0}^{x} f(x, y(x)) dx$$

利用定积分的梯形公式作近似代换,可得

$$y_{n+1} = y_n + \int_{x_n}^{x_{n+1}} f(s, y(s)) ds$$
$$\approx y_n + \int_{x_n}^{x_{n+1}} \frac{1}{2}[f(x_n, y_n) + f(x_{n+1}, y_{n+1})] ds$$
$$= y_n + \frac{1}{2}[f(x_n, y_n) + f(x_{n+1}, y_{n+1})](x_{n+1} - x_n)$$

上式中含未知值 y_{n+1},但其值可用欧拉公式计算。即先用欧拉公式进行预测,再用上述的梯形公式校正,计算公式为

$$\bar{y}_{n+1} = y_n + hf(x_n, y_n),$$

$$y_{n+1} = y_n + \frac{h}{2}[f(x_n, y_n) + f(x_{n+1}, \bar{y}_{n+1})] \qquad (6-4-3)$$

此方法称为改进的欧拉方法。现计算其精度,取半步长的泰勒级数展开式

$$y(x_{n+\frac{1}{2}}) = y\left(x_n + \frac{h}{2}\right) = y(x_n) + \frac{h}{2}y'(x_n) + \frac{h^2}{8}y''(x_n) + O(h^3)$$

$$= y(x_{n+1-\frac{1}{2}}) = y\left(x_{n+1} - \frac{h}{2}\right) = y(x_{n+1}) - \frac{h}{2}y'(x_{n+1}) + \frac{h^2}{8}y''(x_{n+1}) + O(h^3)$$

因为 $y''(x_{n+1}) = y''(x_n + h) = y''(x_n) + hy'''(\eta)$,比较上两式再利用 $y_n = y(x_n)$ 可得

$$y(x_{n+1}) = y(x_n) + (f_n + f_{n+1})\frac{h}{2} + O(h^3) = y_{n+1} + O(h^3)$$

这里 y_{n+1} 是用改进的欧拉方法计算的 $x = x_{n+1}$ 时的 $y = y(x)$ 值,因此改进的欧拉方法有 2 阶精度。

例 6-4-1 用欧拉方法、改进欧拉方法计算下列初值问题,并与精确解对比,步长 $h = 0.1$,

$$\frac{dy}{dx} = y(1 - y^2), \quad y(0) = 2 \qquad (6-4-4)$$

解 可以得到微分方程(6-4-4)的精确解为

$$y(x) = \frac{2e^x}{\sqrt{4e^{2x} - 3}} \qquad (6-4-5)$$

根据式(6-4-5)、式(6-4-2)和式(6-4-3)计算结果如表 6-4-1 所列。

表 6-4-1

	精确解	欧拉方法		改进的欧拉方法	
x_i	y_i	y_i	误差	y_i	误差
0	2	2	0	2	0
0.1	1.6097	1.4	0.20966	1.6328	0.023143
0.2	1.4181	1.2656	0.1525	1.4388	2.07×10^{-2}
0.3	1.3037	1.1894	0.11422	1.32	1.64×10^{-2}
0.4	1.2281	1.1401	0.088016	1.2409	1.28×10^{-2}
0.5	1.1752	1.1059	0.069255	1.1852	1.00×10^{-2}
0.6	1.1366	1.0813	0.055327	1.1445	7.96×10^{-3}
0.7	1.1077	1.063	0.044694	1.114	6.39×10^{-3}
0.8	1.0856	1.0492	0.036401	1.0907	5.16×10^{-3}
0.9	1.0684	1.0386	0.029828	1.0726	4.21×10^{-3}
1.0	1.055	1.0304	0.024552	1.0584	3.44×10^{-3}

6.4.2 龙格－库塔法

关于微分方程的数值解,也可以用间接的泰勒级数式来求解。由中值定理得

$$y_{n+1} = y_n + hf(x_n + \theta h, y(x_n + \theta h)) = y_n + hk^*(x_n, y_n, h) \qquad (6-4-6)$$

式中:$k^*(x_n, y_n, h) = f(x_n + \theta h, y(x_n + \theta h))$ 称为区间 $[x_n, y_n]$ 的平均斜率,当 $h = 0$ 时,可以通过在区间上取若干点的斜率的线性组合来确定 $k^*(x_n, y_n, h)$。

$$y_{n+1} = y_n + h\sum_{i=1}^{r}\lambda_i k_i \qquad (6-4-7)$$

式中:λ_i 为加权因子;k_i 为第 i 段斜率,共有 r 段,第 1 段取 $k_1 = f_n = f(x_n, y_n)$,然后逐步递推

$$k_j = f\left(x_n + d_j h, y_n + h\sum_{s=1}^{j-1}\beta_{js}k_s\right) \quad (j = 2, 3, 4, \cdots, r)$$

式中:常数 d_j, β_{js} 待定。上两式称为 r 阶龙格－库塔(Runge－Kutta)公式。

选定 $\lambda_i, d_j, \beta_{js}$ 使 r 阶龙格－库塔公式有尽可能高的 $p(r)$ 阶精度。考虑 $r = 2$ 情形,应用双变量泰勒级数展开式

$$\begin{aligned}k_2 &= f(x_n + d_2 h, y_n + \beta_{21}k_1 h) \\ &= f(x_n, y_n) + h\left(d_2\frac{\partial}{\partial x} + \beta_{21}k_1\frac{\partial}{\partial y}\right)f(x_n, y_n) + \cdots + \\ & \quad \frac{h^{p-1}}{(p-1)!}\left(d_2\frac{\partial}{\partial x} + \beta_{21}k_1\frac{\partial}{\partial y}\right)^{p-1}f(x_n, y_n) + O(h^p)\end{aligned}$$

将其代入龙格－库塔公式,经整理可得

$$\begin{aligned}y_{n+1} = y_n &+ h(\lambda_1 + \lambda_2)f(x_n, y_n) + h^2\lambda_2(d_2 f_x + \beta_{21}k_1 f_y)f(x_n, y_n) + \cdots + \\ &\frac{\lambda_2 h^{p-1}}{(p-1)!}\left(d_2\frac{\partial}{\partial x} + \beta_{21}k_1\frac{\partial}{\partial y}\right)^{p-1}f(x_n, y_n) + O(h^p)\end{aligned}$$

上式与典型泰勒级数展开式对比,令 h 和 h^2 项的系数相同,可得条件

$$\lambda_1 + \lambda_2 = 1, \quad \lambda_2 \cdot d_2 = \frac{1}{2}, \quad \lambda_2 \cdot \beta_{21} = \frac{1}{2}$$

而要 h^3 项系数相同的条件更多且无法同时满足,因此 $r = 2$ 时,龙格－库塔公式最大阶数为 $p(2) = 2$。取 d_2 为自由参数,则上述条件变为

$$\lambda_1 = 1 - \frac{1}{2d_2}, \quad \lambda_2 = \frac{1}{2d_2}, \quad \beta_{21} = d_2$$

当 $d_2 = 1$ 时变为改进的欧拉方法;尚可取 $d_2 = \frac{1}{2}\left(或\frac{2}{3}\right)$ 得到常用的 2 阶龙格－库塔公式

$$y_{n+1} = y_n + hk_2, \quad k_1 = f(x_n, y_n), \quad k_2 = f\left(x_n + \frac{h}{2}, y_n + \frac{h}{2}k_1\right) \qquad (6-4-8)$$

用同样方法分析高阶龙格－库塔公式。对 $r = 3$ 而言,龙格－库塔公式有 8 个系数应满足 6 个等式,有两个自由参数,其最大阶数为 $p(3) = 3$,即有 3 阶精度。

可以证明,当 $r \leq 4$ 时,$p(r) = r$;而 $r = 5, 6, 7$ 时,$p(r) = r - 1$;$r = 8, 9$ 时,$p(r) = r - 2$。由于 4 阶以上龙格－库塔公式的函数值的计算工作量大大增加,而精度提高较慢,因此,最为常用

的是具有 4 阶精度的 4 阶龙格 – 库塔公式

$$\begin{cases} y_{i+1} = y_i + \dfrac{h}{6}(k_1 + 2k_2 + 2k_3 + k_4) \\ k_1 = f(x_i, y_i) \\ k_2 = f\left(x_i + \dfrac{h}{2}, y_i + \dfrac{h}{2}k_1\right) \\ k_3 = f\left(x_i + \dfrac{h}{2}, y_i + \dfrac{h}{2}k_2\right) \\ k_4 = f\left(x_i + \dfrac{h}{2}, y_i + \dfrac{h}{2}k_3\right) \end{cases} \qquad (6-4-9)$$

对龙格 – 库塔公式 (6-4-7)，必须保证当 $h \to 0$ 时平均斜率趋近真正斜率，就是要求成立

$$k^*(x_n, y_n, 0) = \lim_{h \to 0} \frac{y_{n+1} - y_n}{h} = y'(x_n) = f(x_n, y_n)$$

这个必要条件称为相容性条件，可以用局部截断误差的阶数表示其相容的程度。

另一方面，数值解的计算必须保证当 $h \to 0$ 时收敛于精确解，称为收敛性问题，即

$$\lim_{h \to 0, x_n \to x} y_n = y(x)$$

收敛性可以用整体误差 $e_n = |y(x_n) - y_n|$ 表示，它包括从初值条件 $y(x_0) = y_0$ 开始由 x_0 到 x_n 每步产生的局部截断误差与舍入误差积累的总和。对某一计算方法，如存在正数 M，其整体误差 $e_n \leq Mh^p$，则称该方法为 p 阶收敛的。

虽然相容性表示的是计算公式以方程为极限，收敛性表示的是解的计算公式以方程的解为极限，两种概念不同，但只要微分方程满足一定条件，则它们是等价的。具体地说，当不计舍入误差时，如平均斜率函数 $k^*(x, y, h)$ 满足关于 y 的利普希茨 (Lipschitz) 条件，则 p 阶相容的方法一定是 p 阶收敛的，即有估计式 $e_n \leq Mh^p$。

舍入误差是由计算机字长、函数计算精度及定点或浮点运算等多种因素产生，分析较困难，一般当作随机变量出来。如同时考虑截断误差和舍入误差，则整体误差将变为 $e_n \leq Mh^p + \dfrac{\varepsilon}{h}$，这里 ε 为每一步舍入误差的上界。这表示缩小步长 h 会减少截断误差，但因步数增加又会加大舍入误差。计算时必须选择适合的步长，在截断误差的积累和舍入误差的积累之间取得平衡。

对于例 6-4-1，分别利用二阶和四阶龙格 – 库塔方法求解结果如表 6-4-2 所示：

表 6-4-2

x_i	精确解 y_i	二阶龙格 – 库塔方法 y_i	误差	四阶龙格 – 库塔方法 y_i	误差
0	2	2	0	2	0
0.1	1.6097	1.6093	0.070307	1.5394	0.000322
0.2	1.4181	1.4179	0.059893	1.3582	0.000156
0.3	1.3037	1.3036	0.047845	1.2558	8.73×10^{-5}

续表

x_i	精确解 y_i	二阶龙格-库塔方法 y_i	误差	四阶龙格-库塔方法 y_i	误差
0.4	1.2281	1.2281	0.038258	1.1899	5.44×10^{-5}
0.5	1.1752	1.1751	0.030877	1.1443	3.63×10^{-5}
0.6	1.1366	1.1366	0.025148	1.1114	2.53×10^{-5}
0.7	1.1077	1.1076	0.020639	1.087	1.82×10^{-5}
0.8	1.0856	1.0855	0.01704	1.0685	1.34×10^{-5}
0.9	1.0684	1.0684	0.014134	1.0543	1.01×10^{-5}
1.0	1.055	1.055	0.011764	1.0432	7.63×10^{-6}

习题 6-4

(A)

1. 从例 6-4-1 的欧拉方法、改进的欧拉方法、2 阶龙格-库塔方法、4 阶龙格-库塔方法中选择一种方法，每一步从精确解出发计算出下一步，并求出其相对误差，同时与表中的积累误差比较。

2. 取步长为 0.5, 0.2, 0.1, 利用欧拉法计算初值问题 $y' = y + xy, y(0) = 1$ 在区间 $[0,1]$ 上的解。

(B)

用欧拉法计算初值问题 $y' + 3x^2 y = 6x^2, y(0) = 3$ 的 $y(1)$，其中 h 分别取 0.5, 0.1, 0.01, 0.001。

第7章 多元数量值函数积分

早在16世纪中叶,数学家牛顿(1642—1727)为了研究球及球壳作用于质点上的万有引力,在他的著作《自然哲学的数学原理》中曾涉及二重积分,但由于当时数学知识的局限性,只能用几何来描述。1771年,欧拉(1707—1783)对重积分进行了系统的研究,首次给出了用二次积分计算二重积分的方法。与此同时,拉格朗日(1737—1813)在有关旋转椭球引力的研究中,用三重积分表示引力,采用了极坐标形式,解决了用直角坐标计算重积分带来的困难。为了克服计算中的困难,他用球坐标建立了有关的积分变换公式,开始了多重积分变换的研究。期间拉普拉斯也使用球坐标变换,将一元函数积分思想推广到多元函数。建立多重积分理论主要是18世纪的数学家,直到1841年,雅可比(1804—1851)研究了重积分的变量代换,使重积分的计算更加简便有效。

由定积分的学习知道,当被积函数为一元函数,积分区域是一个有限区间时,可以利用定积分解决由一元函数确定的非均匀分布在区间上的可加量的求和问题。比如,借助于定积分可以计算曲边梯形的面积、做变速直线运动物体的路程问题,也可以计算变力沿直线做功等问题。然而,在实际科学技术应用中,我们常常还会遇到诸如求空间区域上物体的体积、求平面薄板的质量、求空间物体的质量、求曲线和曲面构件的质量等问题,这些问题都可归结为由多元函数确定的非均匀分布在某种几何形体(直线段、平面、空间区域或一段曲线、一片曲面等的统称)上可加量的求和问题。这就需要将定积分概念进行推广,研究多元函数在某种几何形体上的积分。

本章我们将定积分的概念推广到二元函数在平面域上的二重积分,三元函数在空间域上的三重积分,以及多元(数量值)函数在曲线上或曲面上的积分,统称为**多元数量值函数的积分**(包括重积分、第一类线积分和第一类曲面积分),并介绍其概念、性质、计算方法和应用。

§7.1 多元数量值函数积分的概念与性质

本节从求物体的质量问题入手,引入多元数量值函数积分的概念。

7.1.1 微元法与物体质量的计算

引例 设有一个密度非均匀分布的物体,该物体占据空间的闭区域 Ω(图7-1-1),已知它的密度是 Ω 上点 $M(x,y,z)$ 的连续函数,记 $\mu = f(M) = f(x,y,z)$,试求该物体的质量 m。

分析 如果密度均匀的话,质量就等于密度乘以物体体积。现在的困难在于各点处的密度不一样,无法直接进行计算,那么怎样解决"均匀"和"非均匀"的矛盾呢?其实,我国古代有"曹冲称象"的故事,从中可以受到启发。曹冲用一个个石块质量代替大象质量,把所有石块的质量加起来就是大象的质量。所以,我们也可以想象把物体分成很多份,因为密度是连续变化的,每一小份的密度可以近似看作常量,就可以得到每一份物体质量的

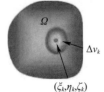

图7-1-1

近似值,将其相加就近似于整个物体的质量。很显然,分割越细,近似程度就越高。

因此,采用如下步骤:

分割 将物体所在区域 Ω 任意划分为 n 个子区域 $\Delta V_k(k=1,2,\cdots,n)$,它的体积也记作 ΔV_k;

近似 当子区域 ΔV_k 的直径 d_k(注:集合的直径是指该集合中任意两点间距离的最大值)很小时,其质量的分布可以近似看成是均匀的,即密度函数 $\mu=f(x,y,z)$ 在 ΔV_k 上可看成常数。在 ΔV_k 内任意取一点 $M_k(\xi_k,\eta_k,\zeta_k)$,则在 ΔV_k 内各点的密度近似等于 $f(M_k)=f(\xi_k,\eta_k,\zeta_k)$,从而得到分布在 ΔV_k 上薄板质量 Δm_k 的近似值

$$\Delta m_k = f(M_k) \cdot \Delta V_k$$

求和 将所有的子区域 ΔV_k 上的质量 Δm_k 的近似值相加,就得到整块薄板质量的近似值

$$m = \sum_{k=1}^{n} \Delta m_k \approx \sum_{k=1}^{n} f(M_k) \cdot \Delta V_k$$

取极限 当积分区域的子区域 ΔV_k 被划分得越小,上述和式的近似程度就越高。用 d 表示所有子区域直径的最大值,即 $d=\max\limits_{1\le k\le n}\{d_k\}$,则当 $d\to 0$ 时,每个子区域都无限地缩小为一点,上述和式的极限就是所求物体质量 m 的精确值

$$m = \lim_{d \to 0} \sum_{k=1}^{n} f(M_k) \cdot \Delta V_k \tag{7-1-1}$$

如果该物体很薄,则物体可以看作一个片状物体,假设该物体占据空间曲面 Σ 如图 7-1-2 所示,此时体密度变为面密度 $\mu=f(M)=f(x,y,z)$,体积就变为曲面面积,该物体的质量 m 为

$$m = \lim_{d \to 0} \sum_{k=1}^{n} f(\xi_k,\eta_k,\zeta_k) \cdot \Delta S_k \tag{7-1-2}$$

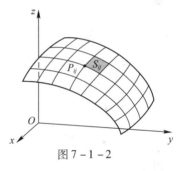

图 7-1-2

式中:ΔS_k 表示分割后每一子曲面的面积;d 表示所有子曲面直径的最大值。

特别地,若该物体是个平面薄片,假设它占据 xOy 平面上的闭区域 D(图 7-1-3),体密度就变为面密度 $\mu=f(M)=f(x,y)$,体积就变为面积,那么该物体的质量 m 为

$$m = \lim_{d \to 0} \sum_{k=1}^{n} f(\xi_k,\eta_k) \cdot \Delta \sigma_k \tag{7-1-3}$$

式中:$\Delta \sigma_k$ 表示分割后每一子区域的面积。

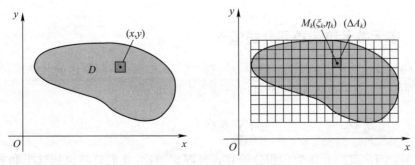

图 7-1-3

如果该物体很细,则可看作没有粗细的线形构件。假设该物体占据空间曲线 Γ(或者平面曲线 L)如图 7-1-4 所示,体密度变为线密度 $\mu = f(M) = f(x,y,z)$,体积就变为长度,那么该物体的质量 m 为

$$m = \lim_{d \to 0} \sum_{k=1}^{n} f(\xi_k, \eta_k, \zeta_k) \cdot \Delta s_k \tag{7-1-4}$$

式中:Δs_k 表示分割后每一小段的弧长。

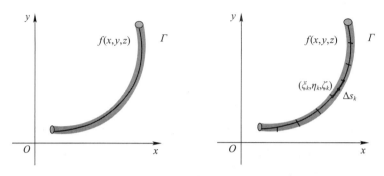

图 7-1-4

特别地,如果该线形物体是个直线棒,假设占据空间直线段 AB,如图 7-1-5 所示,它的密度为 $\mu = f(M) = f(x), x \in [a,b]$,则将求该细棒的质量问题化为我们熟悉的定积分:

$$m = \lim_{\lambda \to 0} \sum_{i=1}^{n} f(\xi_i) \Delta x_i = \int_a^b f(x) \mathrm{d}x \tag{7-1-5}$$

式中:$\lambda = \max_{1 \leq i \leq n} \{\Delta x_i\}$。

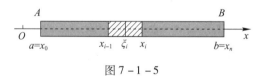

图 7-1-5

从上述求物体的质量问题的实例中不难看到,尽管物体所占据的几何形体不同,几何形体可以在直线上、平面上亦可以在空间中,但从数量关系来看,它们都归结为求一个具有相同结构的和式极限(式(7-1-3))的问题。和式中的每一项都是函数 f 在各小几何形体中任意一点 M_k 的值 $f(M_k)$ 与相应小几何形体的度量 $\Delta \Omega_k$ 的乘积,这里"局部线性化"是核心思想。只是形状不同,选取的"微元"的形式不同而已,小几何形体的度量 $\Delta \Omega_k$ 可能是长度、面积和体积等。

7.1.2 多元数量值函数积分的概念

其实在科学技术当中,还有很多的类似问题,例如,求各种不同物体的转动惯量、平面或空间几何形体的长度、面积或体积等,都可以归结为求形如公式

$$\lim_{d \to 0} \sum_{k=1}^{n} f(M_k) \cdot \Delta \Omega_k \tag{7-1-6}$$

的和式的极限。与定义一元函数定积分的和式极限相类比,我们自然也把这类和式极限定义为一类积分,这就是多元数量值函数的积分。

定义 1 （多元数量值函数积分）设 Ω 是一个有界几何形体，f 是定义在 Ω 上的数量值函数，将 Ω 任意划分为 n 个小部分 $\Delta\Omega_k(k=1,2,\cdots,n)$，用 $\Delta\Omega_k$ 表示 $\Delta\Omega_k$ 的度量。任取 $M_k \in \Delta\Omega_k$，作乘积 $f(M_k)\cdot\Delta\Omega_k$ 及和式

$$\sum_{k=1}^n f(M_k)\cdot\Delta\Omega_k$$

如果不论将 Ω 如何划分，不论点 M_k 在 $\Delta\Omega_k$ 上如何选取，当所有 $\Delta\Omega_k$ 直径的最大值 $d\to 0$ 时，上述的和式都趋向同一个常数，那么就称函数 f 在 Ω 上是可积的，且称此常数为多元数量值函数 f 在 Ω 上的积分，简称为 f 在 Ω 上的积分，记作

$$\int_\Omega f(M)\,\mathrm{d}\Omega = \lim_{d\to 0}\sum_{k=1}^n f(M_k)\Delta\Omega_k \tag{7-1-7}$$

式中：Ω 称为**积分区域**；f 称为**被积函数**；$f(M)\mathrm{d}\Omega$ 称为**被积表达式**或**积分微元**。

进一步说明：式(7-1-6)所定义的数量值函数的积分中几何形体的形状及其所在空间维数不同，所以积分区域也不同，既可能是直线上的区间、平面或空间中的区域，也可能是平面或空间中的一条曲线段或空间中的一片曲面，从而相应的被积函数可能是一元函数、二元函数和三元函数。根据这些不同，可以给出数量值函数积分(7-1-7)的不同类型的具体表达形式和名称如下：

(1) **三重积分** 如果 Ω 为空间上的闭区域 Ω，那么 f 就是定义在 Ω 上的三元函数 $f(x,y,z)$，$\Delta\Omega_k$ 就是子区域的体积 ΔV_k，M_k 就是该子区域上的任意一点 (ξ_k,η_k,ζ_k)，为了明确这时积分区域为空间区域 Ω，被积函数是有三个独立的自变量，积分式(7-1-7)可具体写成

$$\iiint_\Omega f(x,y,z)\,\mathrm{d}V = \lim_{d\to 0}\sum_{k=1}^n f(\xi_k,\eta_k,\zeta_k)\Delta V_k \tag{7-1-8}$$

称它为三元函数 $f(x,y,z)$ 在区域 Ω 上的**三重积分**，其中 $\mathrm{d}V$ 称为**体积微元**。

这样，分布在空间区域 Ω 上的密度函数 $\mu=f(x,y,z)$ 的空间物体的质量 m 就等于三重积分的值，即

$$m = \iiint_\Omega f(x,y,z)\,\mathrm{d}V$$

由三重积分的定义可知，当在 Ω 上 $f(x,y,z)\equiv 1$ 时，三重积分 $\iiint_\Omega \mathrm{d}V$ 的值就等于区域 Ω 的体积。

(2) **第一型面积分**（对面积的曲面积分）如果 Ω 为一片可求面积的曲面 Σ，那么 f 就是定义在曲面 Σ 上的三元函数 $f(x,y,z)$，$\Delta\Omega_k$ 就是 Σ 的子曲面的面积 ΔS_k，M_k 就是该子曲面上的任意一点 (ξ_k,η_k,ζ_k)。由于 M_k 在曲面 Σ 上变化，它的坐标 x,y,z 必须满足曲面的方程 $F(x,y,z)=0$（或 $z=f(x,y)$），其中独立的只有两个，所以用两个积分号来表示这类积分，可具体写成

$$\iint_\Sigma f(x,y,z)\,\mathrm{d}S = \lim_{d\to 0}\sum_{k=1}^n f(\xi_k,\eta_k,\zeta_k)\Delta S_k \tag{7-1-9}$$

称它为 $f(x,y,z)$ 在曲面 Σ 上**对面积的曲面积分**，也称为**第一型面积分**，其中，Σ 称为**积分曲面**，$\mathrm{d}S$ 称为**曲面面积微元**。

这样，对于所求物体为曲面 Σ，其面密度为 $\mu=f(x,y,z)$，则曲面构件的质量可表示为

$$m = \iint_{\Sigma} f(x,y,z) \, \mathrm{d}S$$

(3) 二重积分 如果 Ω 是 xOy 平面上的闭区域 D，那么 f 就是定义在 D 上的二元函数 $f(x,y)$，$\Delta\Omega_k$ 就是子区域的面积 $\Delta\sigma_k$，M_k 就是该子区域上的任意一点 (ξ_k, η_k)，从而积分式(7-1-7)可具体写成

$$\int_{(\Omega)} f(M) \, \mathrm{d}\Omega = \lim_{d \to 0} \sum_{k=1}^{n} f(\xi_k, \eta_k) \Delta\sigma_k$$

称它为二元函数 $f(x,y)$ 在区域 D 上的**二重积分**。为了明确显示出二重积分的积分区域是平面区域 D，被积函数有两个独立的自变量，我们用两个积分符号把它表示为

$$\iint_{D} f(x,y) \, \mathrm{d}\sigma = \lim_{d \to 0} \sum_{k=1}^{n} f(\xi_k, \eta_k) \Delta\sigma_k \qquad (7-1-10)$$

式中：$\mathrm{d}\sigma$ 称为**面积微元**。

同样可知，上面所求的密度为 $\mu = f(x,y)$ 的平面薄板的质量 m 就可用 $m = \iint_{D} f(x,y) \, \mathrm{d}\sigma$ 来计算。

由二重积分的定义也不难看出，当在 D 上 $f(x,y) \equiv 1$ 时，二重积分 $\iint_{D} \mathrm{d}\sigma$ 的值就等于区域 D 的面积。

(4) 第一型线积分 （对弧长的曲线积分）如果 Ω 为一条可求长的平面（或空间）曲线弧段 L（或 Γ），那么 f 就是定义在曲线段 L（或 Γ）上的二元（或三元）函数 $f(x,y)$（或 $f(x,y,z)$），$\Delta\Omega_k$ 就是 L（或 Γ）的子弧段（Δs_k）的长度 Δs_k，M_k 就是该平面（或空间）子弧段上的任意一点 (ξ_k, η_k)（或 (ξ_k, η_k, ζ_k)），从而积分式子(7-1-7)可具体写成

$$\int_{L} f(x,y) \, \mathrm{d}s = \lim_{d \to 0} \sum_{k=1}^{n} f(\xi_k, \eta_k) \Delta s_k \qquad (7-1-11)$$

或

$$\int_{\Gamma} f(x,y,z) \, \mathrm{d}s = \lim_{d \to 0} \sum_{k=1}^{n} f(\xi_k, \eta_k, \zeta_k) \Delta s_k \qquad (7-1-12)$$

称它为 $f(x,y)$（或 $f(x,y,z)$）在平面（或空间）曲线段 L（或 Γ）上**对弧长的曲线积分**，也称为**第一型线积分**，其中，L（或 Γ）称为**积分路径**，$\mathrm{d}s$ 称为**弧长微元**。

(5) 定积分 如果 Ω 是 x 轴上的闭区间 $[a,b]$，那么 f 就是定义在区间 $[a,b]$ 上的一元函数 $f(x)$，$\Delta\Omega_k$ 就是子区间 $[x_{k-1}, x_k]$ 的长度 Δx_k，M_k 就是该子区间上的任意一点 ξ_k，从而积分式(7-1-7)可具体写成

$$\int_{(\Omega)} f(M) \, \mathrm{d}\Omega = \lim_{d \to 0} \sum_{k=1}^{n} f(\xi_k) \Delta x_k$$

它就是一元函数 $f(x)$ 在区间 $[a,b]$ 上的定积分 $\int_{a}^{b} f(x) \, \mathrm{d}x$。

这里被积函数在形式上是二元（或三元）函数，但由于点 M_k 在曲线 L（或 Γ）上变动，它的坐标必定满足曲线 L 的方程。又因为平面（或空间）曲线 L（或 Γ）的直角坐标方程为一个（或两个）方程，所以实际上独立的自变量只有一个，正因为如此，我们仍采用一个积分号来表示

曲线积分。

与前面相类似,当线密度为 $\mu=f(x,y)$($\mu=f(x,y,z)$)的平面(或空间)时物质曲线的质量就可以用第一型线积分来计算。当在 L(或 Γ)上 $f(x,y)\equiv 1$(或 $f(x,y,z)\equiv 1$)时,曲线积分 $\int_{(L)}\mathrm{d}s$(或 $\int_{(\Gamma)}\mathrm{d}s$)的值等于曲线 L(或 Γ)的弧长。

综上所述,多元数量值函数的积分包括二重积分、三重积分、第一型曲线积分和第一型曲面积分等,它们都可以看作一元函数定积分的推广。所有这些积分都是形如式(7-1-7)的和式极限,只不过被积函数的定义域是不同的几何形体,是由于求不同几何形体上非均匀分布的可加量的需要而抽象出来的重要数学概念,反映了现实世界中事物的统一性。

7.1.3 多元数量值函数积分的性质

多元数量值函数的积分是定积分的推广,本质上仍然是某种特定和式的极限,因此极限满足的性质,对这类积分也具有同定积分类似的性质。

一般地,如果多元数量值函数 f 是可度量的有界几何形体 Ω 上的**连续(或者除有限个点、线外连续)函数**,则函数 f 在 Ω 上一定可积。

当 $f(M)$ 和 $g(M)$ 在 Ω 上可积时,则以下的积分性质成立:

性质 1 (线性性质)设 a,b 是常数,则

$$\int_\Omega [af(M)+bg(M)]\mathrm{d}\Omega = a\int_\Omega f(M)\mathrm{d}\Omega + b\int_\Omega g(M)\mathrm{d}\Omega$$

性质 2 (积分区域的可加性)设 $\Omega=\Omega_1+\Omega_2$,且 Ω_1 与 Ω_2 除边界点外无公共部分,如图 7-1-6 所示,则

$$\int_\Omega f(M)\mathrm{d}\Omega = \int_{\Omega_1} f(M)\mathrm{d}\Omega + \int_{\Omega_2} f(M)\mathrm{d}\Omega$$

性质 3 (保序性)若在 Ω 上,$f(M)\leq g(M)$,则

$$\int_\Omega f(M)\mathrm{d}\Omega \leq \int_\Omega g(M)\mathrm{d}\Omega$$

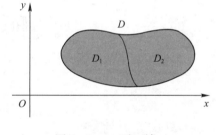

图 7-1-6 平面域

特别地,若在 Ω 上 $f(M)\geq 0$,则 $\int_\Omega f(M)\mathrm{d}\Omega\geq 0$。

性质 4 (估值定理)若在 Ω 上,$m\leq f(M)\leq M$,则

$$m\Omega \leq \int_\Omega f(M)\mathrm{d}\Omega \leq M\Omega$$

性质 5 (积分中值定理)设 Ω 是可度量的有界连通的闭的几何形体,f 在 Ω 上连续,则在 Ω 上至少存在一点 P,使

$$\int_\Omega f(M)\mathrm{d}\Omega = f(P)\cdot \Omega$$

下面以二重积分为例,简单介绍性质的应用。

例 7-1-1 比较下列积分的大小:

$$I_1 = \iint_D (x+y)^2 \mathrm{d}\sigma, \quad I_2 = \iint_D (x+y)^3 \mathrm{d}\sigma$$

式中：积分区域 $D:(x-2)^2+(y-1)^2 \leq 2$。

解 利用保序性进行比较。如图 7-1-7 所示，积分区域 D 的边界为圆周，它与 x 轴交于点 $(1,0)$，且与直线 $x+y=1$ 相切，而区域 D 位于直线的上方，故在 D 上 $x+y \geq 1$，从而 $(x+y)^2 \leq (x+y)^3$，故有

$$\iint_D (x+y)^2 d\sigma \leq \iint_D (x+y)^3 d\sigma$$

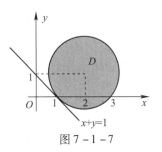

图 7-1-7

例 7-1-2 估计积分 $\iint_D e^{\sin x \cos y} d\sigma$ 的值，其中 D 是圆心在坐标原点半径为 2 的圆盘。

解 因为 $-1 \leq \sin x \leq 1$ 和 $-1 \leq \cos y \leq 1$，则有 $-1 \leq \sin x \cos y \leq 1$，因此

$$e^{-1} \leq e^{\sin x \cos y} \leq e^1 = e$$

由性质 3，即有 $m = e^{-1}$，$M = e$ 和 $S(D) = \pi(2)^2 = 4\pi$。可得

$$\frac{4\pi}{8} \leq \iint_D e^{\sin x \cos y} d\sigma \leq 4\pi e$$

例 7-1-3 设 $f(x,y)$ 在区域 $D:x^2+y^2 \leq t^2$ 上连续，则当 $t \to 0$ 时，求

$$\lim_{t \to 0} \frac{1}{\pi t^2} \iint_D f(x,y) dxdy$$

解 利用积分中值定理：$\iint_D f(x,y) dxdy = \pi t^2 f(\xi, \eta)$，其中 (ξ, η) 为 D 内一点，显然，当 $t \to 0$ 时，$(\xi, \eta) \to (0,0)$。由 $f(x,y)$ 的连续性得

$$\lim_{t \to 0} \frac{1}{\pi t^2} \iint_D f(x,y) dxdy = \lim_{t \to 0} f(\xi, \eta) = f(0,0)$$

根据积分中值定理，可定义二元函数 $f(x,y)$ 在平面区域 D 上的**平均值**为

$$f_{\text{ave}} = \frac{1}{S(D)} \iint_D f(x,y) d\sigma$$

式中：$S(D)$ 是 D 的面积。

如果 $f(x,y) \geq 0$，方程

$$S(D) \times f_{\text{ave}} = \iint_D f(x,y) d\sigma$$

说明底为 D、密度为 f_{ave} 的平面薄片的质量等于密度为 $f(x,y)$ 的平面薄片的质量。

如同定积分一样，不是每个函数都在给定的积分区域上可积。比如，如果积分区域是一个无界的区域，那么函数在该区域上就不一定可积。

对于曲线积分，可积性与定积分类似，若 f 在曲线 Γ（或 L）上连续，或者 f 有界，且除了有限个点外连续，则 f 在曲线 Γ（或 L）上可积。

对于二重积分或第一型曲面积分而言，有如下结论：

定理 7-1-1 如果 f 在一个有界的平面区域 D（或空间曲面 Σ）上有界，且除了一些个别的光滑曲线之外，f 都是连续的，则 f 在 D（或 Σ）上可积。特别地，如果 f 在 D（或 Σ）上都连续，则 f 在 D（或 Σ）上可积。

关于这个结论的证明,在较高等的(微积分)教科书中给出,这里不做证明,事实上,要证明它也不太容易。

由此,大多数的函数(只要它们是有界的)在每个有界区域 D(或 Σ)上都可积。例如
$$f(x,y) = e^x - x^2\sin(xy^3)$$
在任意有界区域上都可积。然而,对于函数
$$g(x,y) = \frac{3x - x^2 y}{y - x^2}$$
如果积分区域与抛物线 $y = x^2$ 相交,将不可积。再例如阶梯函数
$$h(x,y) = \begin{cases} 3 & (0 \leq x \leq 1, 2 < y \leq 3) \\ 2 & (0 \leq x \leq 1, 1 < y \leq 2) \\ 1 & (0 \leq x \leq 1, 0 \leq y \leq 1) \end{cases}$$
仅在 $y = 1$ 和 $y = 2$ 两条线上不连续,所以它在积分域 $D = \{(x,y) \mid 0 \leq x \leq 1, 0 \leq y \leq 3\}$ 上可积。

对于三重积分等数量值积分,也有类似结论,不再赘述。

习题 7–1
(A)

1. 根据积分的性质,比较下列积分的大小。

(1) $I_1 = \iint\limits_{D}(x^2 - y^2)\mathrm{d}\sigma, I_2 = \iint\limits_{D}\sqrt{x^2 - y^2}\mathrm{d}\sigma$,其中 D 是以 $(0,0),(1,-1),(1,1)$ 为顶点的三角形区域。

(2) $I_1 = \iiint\limits_{\Omega}z\mathrm{e}^{-x^2-y^2}\mathrm{d}v, I_2 = \iiint\limits_{\Omega}z^2\mathrm{e}^{-x^2-y^2}\mathrm{d}v, I_3 = \iiint\limits_{\Omega}z^3\mathrm{e}^{-x^2-y^2}\mathrm{d}v$,其中 $\Omega: -\sqrt{1-x^2-y^2} \leq z \leq 0$。

(3) $I_1 = \iint\limits_{D_1}\mathrm{e}^{2y-x^2-y^2-2x}\mathrm{d}x\mathrm{d}y, I_2 = \iint\limits_{D_2}\mathrm{e}^{2y-x^2-y^2-2x}\mathrm{d}x\mathrm{d}y, I_3 = \iint\limits_{D_3}\mathrm{e}^{2y-x^2-y^2-2x}\mathrm{d}x\mathrm{d}y$,其中 D_1 是正方形区域,D_2 是 D_1 的内切圆区域,D_3 是 D_1 的外接圆区域,D_1 的中心点在 $(-1,1)$ 点。

2. 对弧长的曲线积分,利用定义证明其性质 3。

3. 按对面积的曲面积分的定义证明公式
$$\iint\limits_{\Sigma}f(x,y,z)\mathrm{d}S = \iint\limits_{\Sigma_1}f(x,y,z)\mathrm{d}S + \iint\limits_{\Sigma_2}f(x,y,z)\mathrm{d}S$$
其中 Σ 是由 Σ_1 和 Σ_2 组成的。

4. 函数 $f(x,y)$ 在有界闭区域 D 上连续是 $\iint\limits_{D}f(x,y)\mathrm{d}x\mathrm{d}y$ 存在的(　　)。

　A. 充分条件　　　　　　B. 必要条件
　C. 充要条件　　　　　　D. 既非充分又非必要条件

5. 定义 $\iint\limits_{D}f(x,y)\mathrm{d}\sigma = \lim\limits_{\lambda \to 0}\sum\limits_{k=1}^{n}f(\xi_k,\eta_k)\Delta\sigma_k$ 中的 λ 是(　　)。

　A. 小区域的直径　　　　B. 所有小区域的直径的最大值
　C. 小区域的面积　　　　D. 所有小区域的面积的最大值

6. 设 D 是由闭区域 $\{(x,y)\mid x^2+y^2\leq 4, y\geq 0\}$，则 $\iint\limits_{D}\mathrm{d}x\mathrm{d}y = $ _____。

7. 利用二重积分的性质估计下列积分的值。

(1) $I = \iint\limits_{D}(x^2+y^2+2)\mathrm{d}\sigma$，其中 $D:\{(x,y)\mid |x|+|y|\leq 1\}$。

(2) $I = \iint\limits_{D}(x+xy-x^2-y^2)\mathrm{d}\sigma$，其中 $D:\{(x,y)\mid 0\leq x\leq 1, 0\leq y\leq 2\}$。

(3) $I = \iint\limits_{D}(x+y+10)\mathrm{d}\sigma$，其中 D 是由圆周 $x^2+y^2=4$ 所围区域。

(B)

1. 极限 $\lim\limits_{n\to\infty}\sum\limits_{i=1}^{n}\sum\limits_{j=1}^{n}\dfrac{n}{(n+i)(n^2+j^2)} = ($ $)$。

A. $\int_0^1 \mathrm{d}x\int_0^x \dfrac{1}{(1+x)(1+y^2)}\mathrm{d}y$ B. $\int_0^1 \mathrm{d}x\int_0^1 \dfrac{1}{(1+x)(1+y)}\mathrm{d}y$

C. $\int_0^1 \mathrm{d}x\int_0^x \dfrac{1}{(1+x)(1+y)}\mathrm{d}y$ D. $\int_0^1 \mathrm{d}x\int_0^1 \dfrac{1}{(1+x)(1+y^2)}\mathrm{d}y$

2. 估计 $I = \iint\limits_{D}(x^2+4y^2+9)\mathrm{d}\sigma$ 的值，其中 D 是由圆周 $x^2+y^2=4$ 所围区域。

3. 当 Σ 是 xOy 面内的一个闭区域时，曲面积分 $\iint\limits_{\Sigma}f(x,y,z)\mathrm{d}S$ 与二重积分是什么关系？

4. 求极限 $\lim\limits_{r\to 0^+}\dfrac{1}{r^2}\iint\limits_{x^2+y^2\leq r^2}\mathrm{e}^{x^2+y^2}\cos(x+y)\mathrm{d}\sigma$。

5. 某公司销售 A 商品 x 个单位，B 商品 y 个单位的利润为

$$P(x,y) = -(x-200)^2 - (y-100)^2 + 5000$$

现已知一周内 A 商品的销售数量在 150～200 个单位之间变化，B 商品的销售数量在 80～100 个单位之间变化。求销售这两种商品一周的平均利润。

§7.2 对弧长的曲线积分的计算

利用定义来计算积分是非常复杂的，有的甚至无法计算，从本节开始，我们分别介绍各类数量值函数积分的实用有效的计算方法。当积分区域 Ω 为一可求长的平面（或空间）曲线段 L（或 Γ）时，由本章 7.1 节的定义，对应的数量值函数的积分就是第一型曲线积分，也称为**对弧长的曲线积分**，即

$$\int_L f(x,y)\mathrm{d}s = \lim_{d\to 0}\sum_{k=1}^{n}f(\xi_k,\eta_k)\Delta s_k$$

或

$$\int_\Gamma f(x,y,z)\mathrm{d}s = \lim_{d\to 0}\sum_{k=1}^{n}f(\xi_k,\eta_k,\zeta_k)\Delta s_k$$

当 $f(x,y)\equiv 1 (f(x,y,z)\equiv 1)$ 时，积分 $\int_L f(x,y)\mathrm{d}s \left(\int_\Gamma f(x,y,z)\mathrm{d}s\right)$ 就等于积分曲线的弧长；当积

分曲线封闭时,相应的曲线积分记作 $\oint_L f(x,y)\mathrm{d}s$ $\left(\oint_\Gamma f(x,y,z)\mathrm{d}s\right)$。

在被积函数连续的情况下,可将对弧长的曲线积分转化为定积分来计算。

7.2.1 求曲线型构件的质量

我们仍然从质量问题入手寻找解决思路。

假设在平面上有一个光滑的曲线构件,其光滑曲线记为 L,由下列参数方程给出

$$x = x(t), y = y(t) \quad (\alpha \leqslant t \leqslant \beta)$$

如果其线密度为 $\mu = f(x,y)$,且为连续函数,则其质量可用对弧长的曲线积分来表示

$$m = \int_L f(x,y)\mathrm{d}s \tag{7-2-1}$$

在定积分应用一节中,我们已经知道,弧微分可表示为

$$\mathrm{d}s = \sqrt{\left(\frac{\mathrm{d}x}{\mathrm{d}t}\right)^2 + \left(\frac{\mathrm{d}y}{\mathrm{d}t}\right)^2}\mathrm{d}t$$

在曲线上取微元 $\mathrm{d}s$,在其上任取一点作为微元的密度 $f(x,y)$,则该微元的质量为

$$\mathrm{d}m = f(x,y)\mathrm{d}s = f(x(t),y(t))\sqrt{\left(\frac{\mathrm{d}x}{\mathrm{d}t}\right)^2 + \left(\frac{\mathrm{d}y}{\mathrm{d}t}\right)^2}\mathrm{d}t$$

则整个曲线构件的质量为

$$m = \int_\alpha^\beta f(x(t),y(t))\sqrt{\left(\frac{\mathrm{d}x}{\mathrm{d}t}\right)^2 + \left(\frac{\mathrm{d}y}{\mathrm{d}t}\right)^2}\mathrm{d}t \tag{7-2-2}$$

比较式(7-2-1)和式(7-2-2),可得

$$\int_L f(x,y)\mathrm{d}s = \int_\alpha^\beta f(x(t),y(t))\sqrt{\left(\frac{\mathrm{d}x}{\mathrm{d}t}\right)^2 + \left(\frac{\mathrm{d}y}{\mathrm{d}t}\right)^2}\mathrm{d}t$$

7.2.2 对弧长的曲线积分的计算

由上述质量的计算我们猜想,对弧长的曲线积分可以化为定积分来计算,这个结果可严格表述如下:

定理 7-2-1 设 L 为一简单的光滑平面曲线,其参数方程为

$$x = x(t), \quad y = y(t), \quad t \in [\alpha,\beta]$$

函数 $f(x,y)$ 在 L 上连续,则

$$\int_L f(x,y)\mathrm{d}s = \int_\alpha^\beta f(x(t),y(t))\sqrt{\left(\frac{\mathrm{d}x}{\mathrm{d}t}\right)^2 + \left(\frac{\mathrm{d}y}{\mathrm{d}t}\right)^2}\mathrm{d}t \tag{7-2-3}$$

证明 如图 7-2-1 所示,在区间 $[\alpha,\beta]$ 中任意插入 $(n-1)$ 个点 $t_k(k=1,2,\cdots,n-1)$,使得

$$\alpha = t_0 < t_1 < t_2 \cdots < t_{n-1} < t_n = \beta$$

则曲线被划分为 n 个子弧段,设其长为 Δs_k,由于曲线是光滑

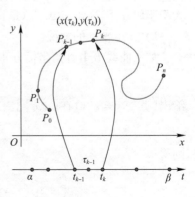

图 7-2-1

的,故由弧长的计算公式可知

$$\Delta s_k = \int_{t_{k-1}}^{t_k} \sqrt{\left(\frac{dx}{dt}\right)^2 + \left(\frac{dy}{dt}\right)^2} dt$$

又知被积函数 $\sqrt{\left(\frac{dx}{dt}\right)^2 + \left(\frac{dy}{dt}\right)^2}$ 是连续的,由定积分中值定理,得

$$\Delta s_k = \sqrt{(x'_t(\tau_k))^2 + (y'_t(\tau_k))^2} \Delta t_k$$

其中 $\tau_k \in [t_{k-1}, t_k]$,记 $x(\tau_k) = \xi_k, y(\tau_k) = \eta_k$,则点 $M_k(\xi_k, \eta_k)$ 应位于子弧段上,作和式

$$\sum_{k=1}^{n} f(\xi_k, \eta_k) \Delta s_k = \sum_{k=1}^{n} f[x(\tau_k), y(\tau_k)] \sqrt{(x'_t(\tau_k))^2 + (y'_t(\tau_k))^2} \Delta t_k \quad (7-2-4)$$

因为被积函数 $f(x,y)$ 在曲线 L 上连续,故曲线积分 $\int_L f(x,y) ds$ 存在。因此,无论对曲线如何划分,点 M_k 如何选取,当 Δs_k 的最大直径趋于零,式(7-2-4)左端的和式极限存在,即为曲线积分 $\int_L f(x,y) ds$,即

$$\int_L f(x,y) ds = \lim_{d \to 0} \sum_{k=1}^{n} f(\xi_k, \eta_k) \Delta s_k \quad (7-2-5)$$

另一方面,由于 $f[x(\tau_k), y(\tau_k)] \sqrt{(x'_t(\tau_k))^2 + (y'_t(\tau_k))^2}$ 在区间 $[\alpha, \beta]$ 上连续,根据定积分的定义和存在定理可知

$$\lim_{d \to 0} \sum_{k=1}^{n} f[x(\tau_k), y(\tau_k)] \sqrt{(x'_t(\tau_k))^2 + (y'_t(\tau_k))^2} \Delta t_k = \int_{\alpha}^{\beta} f(x(t), y(t)) \sqrt{\left(\frac{dx}{dt}\right)^2 + \left(\frac{dy}{dt}\right)^2} dt$$

$$(7-2-6)$$

由式(7-2-4)、式(7-2-5)和式(7-2-6),可知 $\int_L f(x,y) ds = \int_{\alpha}^{\beta} f(x(t), y(t)) \sqrt{\left(\frac{dx}{dt}\right)^2 + \left(\frac{dy}{dt}\right)^2} dt$ 成立。

注 在计算对弧长的曲线积分 $\int_L f(x,y) ds$ 时,由于 (x,y) 在积分路径上变化,故它一定满足曲线 L 的方程。从而只要将弧长微元 ds 看作弧微分,把积分路径的参数方程代入被积表达式 $f(x,y) ds$,然后计算所得到的定积分就可以了。但是必须明确的是,定积分的**上限 β 必须大于下限 α**,因为弧长 Δs_k 总是正的,从而要求 $\Delta t_k > 0$。

1) 直角坐标的情况

如果曲线 L 由直角坐标方程

$$y = y(x) \quad (x \in [a, b])$$

给出(其中 $y = y(x)$ 在 $[a,b]$ 上一阶导数连续),那么可将它化成参数方程

$$x = x, \quad y = f(x) \quad (x \in [a, b])$$

则得

$$\int_L f(x,y) ds = \int_a^b f(x, y(x)) \sqrt{1^2 + \left(\frac{dy}{dx}\right)^2} dx \quad (7-2-7)$$

同理,如果曲线 L 由直角坐标方程 $x = x(y), y \in [c,d]$ 给出,可以选 y 为参变量。

2）极坐标的情况

如果曲线 L 由直角坐标方程

$$r = r(\theta) \quad (\theta \in [\alpha, \beta])$$

给出(其中 $r = r(\theta)$ 在 $[\alpha,\beta]$ 上有一阶连续导数),那么可将它化成参数方程

$$x = r(\theta)\cos\theta, \quad y = r(\theta)\sin\theta \quad (\theta \in [\alpha,\beta])$$

则得

$$\int_L f(x,y) ds = \int_\alpha^\beta f(r(\theta)\cos\theta, \ r(\theta)\sin\theta) \sqrt{r^2(\theta) + r'^2(\theta)} d\theta \quad (7-2-8)$$

3）空间曲线的情况

如果曲线 Γ 为空间曲线,其参数方程为

$$x = x(t), \quad y = y(t), \quad z = z(t) \quad (t \in [\alpha,\beta])$$

函数 $f(x,y)$ 在 Γ 上连续,则

$$\int_\Gamma f(x,y,z) ds = \int_\alpha^\beta f(x(t),y(t),z(t)) \sqrt{\left(\frac{dx}{dt}\right)^2 + \left(\frac{dy}{dt}\right)^2 + \left(\frac{dz}{dt}\right)^2} dt \quad (7-2-9)$$

例 7-2-1 计算 $\int_L (2 + x^2 y) ds$,其中 L 是单位圆周 $x^2 + y^2 = 1$ 的上部。

解 首先(图 7-2-2)将曲线 L 参数化,得

$$x = \cos t, \quad y = \sin t \quad (0 \leqslant t \leqslant \pi)$$

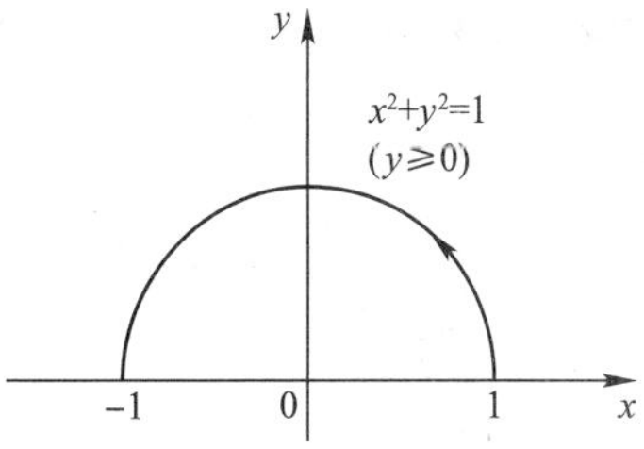

由式(7-2-3)知

$$\int_L (2 + x^2 y) ds = \int_0^\pi (2 + \cos^2 t \sin t) \sqrt{(-\sin t)^2 + (\cos t)^2} dt$$

$$= \int_0^\pi (2 + \cos^2 t \sin t) dt = \left[2t - \frac{\cos^3 t}{3}\right]_0^\pi = 2\pi + \frac{2}{3}$$

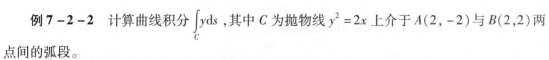

图 7-2-2

例 7-2-2 计算曲线积分 $\int_C y ds$,其中 C 为抛物线 $y^2 = 2x$ 上介于 $A(2,-2)$ 与 $B(2,2)$ 两点间的弧段。

解 以 y 为参数,如图 7-2-3 所示,将曲线参数化为

$$x = \frac{1}{2} y^2, \quad y = y \quad (y \in [-2,2])$$

可得

$$\int_C y ds = \int_{-2}^2 y \sqrt{1 + \left(\frac{dx}{dy}\right)^2} dy = \int_{-2}^2 y \sqrt{1 + y^2} dy = 0$$

其中最后一步等式是利用了定积分计算中的"偶倍奇零"对称性性质。

从此例不难发现,曲线积分在几何上表示抛物线 $y^2 = 2x$ 在 A,B 两点间弧段形心的纵坐标 $\bar{y}$,由弧段 $\widehat{AB}$ 关于 x 轴对称易见必有 $\bar{y} = 0$。由此启发,

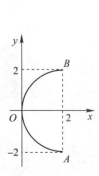

图 7-2-3

对于对弧长的曲线积分,若积分路径关于 x 轴(或 y 轴)对称,被积函数关于 y(或 x)是奇函数,则该积分之值必为零(请读者思考)。

例 7 - 2 - 3 计算曲线积分 $\oint_C \sqrt{x^2 + y^2} \, ds$,其中 C 是(如图 7 - 2 - 4 所示)由直线 $y = x$,圆弧 $x^2 + y^2 = a^2 (a > 0)$ 与 x 轴上的线段 $\overline{OA}$ 构成的闭路径。

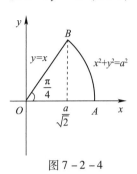

图 7 - 2 - 4

解 根据积分区域的可加性

$$\oint_C \sqrt{x^2 + y^2} \, ds = \int_{\overline{OA}} \sqrt{x^2 + y^2} \, ds + \int_{\widehat{AB}} \sqrt{x^2 + y^2} \, ds + \int_{\overline{BO}} \sqrt{x^2 + y^2} \, ds$$

由于线段 $\overline{OA}$ 的方程为 $x = x, y = 0$,所以

$$\int_{\overline{OA}} \sqrt{x^2 + y^2} \, ds = \int_0^a x \sqrt{1 + (y')^2} \, dx = \int_0^a x \, dx = \frac{a^2}{2}$$

又 $\widehat{AB}$ 的参数方程为

$$x = a\cos\theta, \quad y = a\sin\theta, \quad \theta \in \left[0, \frac{\pi}{4}\right]$$

$\overline{BO}$ 的参数方程为 $x = x, y = x, x \in \left[0, \frac{a}{\sqrt{2}}\right]$,所以

$$\int_{\widehat{AB}} \sqrt{x^2 + y^2} \, ds = \int_0^{\frac{\pi}{4}} a^2 \, d\theta = \frac{1}{4}\pi a^2$$

$$\int_{\overline{BO}} \sqrt{x^2 + y^2} \, ds = \int_0^{\frac{a}{\sqrt{2}}} 2x \, dx = \frac{1}{2} a^2$$

从而得

$$\oint_C \sqrt{x^2 + y^2} \, ds = \left(1 + \frac{\pi}{4}\right) a^2$$

7.2.3 对弧长的曲线积分的几何意义

从几何上来看,当 $f(x, y) \geq 0$ 时,$\int_C f(x, y) \, ds$ 表示(图 7 - 2 - 5)"围栏"或"门帘"一侧的面积,其中底为曲线 C,$f(x, y)$ 可理解为在点 (x, y) 上方的高度。因此,非负函数的对弧长的曲线积分的几何意义为以 C 为准线,母线平行于 z 轴且高为 $f(x, y)$ 的"曲边柱面"的侧面积。

当 $f(x, y) \leq 0$ 时,$\int_C f(x, y) \, ds$ 可理解为以 C 为准线,母线平行于 z 轴且高为 $-f(x, y)$ 的"曲边柱面"的侧面积的负值。

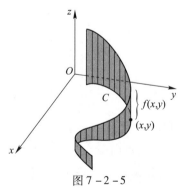

图 7 - 2 - 5

例 7 - 2 - 4 (柱面的侧面积)求椭圆柱面 $\frac{x^2}{5} + \frac{y^2}{9} = 1$ 介于平面 $z = 0$ 与 $z = y$ 之间位于第一、三卦限内部的面积,如

图 7-2-6 所示。

解 也可用微元法来建立所求面积的对弧长的曲线积分表达式。

（1）求侧面的面积微元。考察在子弧段 ds 上的椭圆柱面的侧面积，它可视为以 ds 为底，以点 M 的竖坐标 $z = y$ 为高的长方形，从而得到侧面积微元

$$dA = y ds$$

（2）求侧面积。将侧面积微元沿曲线 C 无限"累加"，即

$$A = \int_C y ds$$

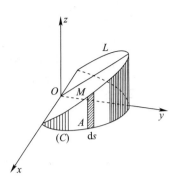

图 7-2-6

由于曲线 C 的参数方程为

$$x = \sqrt{5} \cos t, \quad y = 3\sin t \quad (t \in [0, \pi])$$

所以

$$A = \int_C y ds = \int_0^\pi 3\sin t \sqrt{5\sin^2 t + 9\cos^2 t}\, dt = -3\int_0^\pi \sqrt{5 + 4\cos^2 t}\, d(\cos t) = 9 + \frac{15}{4}\ln 5$$

如果曲线是一条空间光滑曲线，它的参数方程为

$$x = x(t), \quad y = y(t), \quad z = z(t) \quad (t \in [\alpha, \beta])$$

$f(x,y,z)$ 在曲线 C 上连续，那么曲线积分 $\int_C f(x,y,z) ds$ 可用类似的计算方法化成定积分如下

$$\int_C f(x,y,z) ds = \int_\alpha^\beta f(x(t), y(t), z(t)) \sqrt{\left(\frac{dx}{dt}\right)^2 + \left(\frac{dy}{dt}\right)^2 + \left(\frac{dz}{dt}\right)^2}\, dt \quad (7-2-10)$$

如果记向量 $\boldsymbol{r}(t) = x(t)\boldsymbol{i} + y(t)\boldsymbol{j} + z(t)\boldsymbol{k}$，则式（7-2-7）可以写成更加紧凑的向量形式：

$$\int_C f(x,y,z) ds = \int_\alpha^\beta f(\boldsymbol{r}(t)) |\boldsymbol{r}'(t)|\, dt \quad (7-2-11)$$

习题 7-2

（A）

1. 一根铁丝占据 xOy 面上的单位圆 $x^2 + y^2 = 1$，铁丝上每一点处的密度为 $\rho(x,y) = x^2 + y^2$，则铁丝的质量为_____。

2. 计算下列对弧长的曲线积分：

（1）$\oint_L (x^2 + y^2)^n ds$，其中 L 为圆周 $x = a\cos t, y = a\sin t (0 \leq t \leq 2\pi)$。

（2）$\int_L (2x + 9z) ds$，其中 L 为连接 $x = t, y = t^2, z = t^3 (0 \leq t \leq 1)$。

（3）$\oint_L (x + y) ds$，其中 L 为连接 $(0,1,1)$ 及 $(1,0,1)$ 两点的直线段。

（4）$\int_L \frac{x + y^2}{\sqrt{1 + x^2}} ds$，其中 L 是曲线 $y = x^2/2$，从 $(1, 1/2)$ 到 $(0, 0)$。

(5) $\int_L (x^2+y^2)\mathrm{d}s$,其中 L 为曲线 $x=a(\cos t+t\sin t), y=a(\sin t-t\cos t)(0\leqslant t\leqslant 2\pi)$。

(6) $\int_\Gamma x^2 yz\mathrm{d}s$,其中 Γ 为折线 $ABCD$,这里 A,B,C,D 依次为点 $(0,0,0),(0,0,2),(1,0,2)$,$(1,3,2)$。

(B)

1. 求圆柱面 $x^2+y^2=2y$ 被锥面 $z=\sqrt{x^2+y^2}$ 和平面 $z=0$ 割下部分的面积 A。

2. 求 $I=\int_L (x^2+y-z)\mathrm{d}s$,其中 L 为球面 $x^2+y^2+z^2=a^2$ 被平面 $x+y+z=0$ 所截得的圆周。

3. 计算曲线积分 $\oint_L e^{\sqrt{x^2+y^2}}\mathrm{d}s$,其中 L 为圆周 $x^2+y^2=a^2$,直线 $y=x$ 及 x 轴在第一象限中所围图形的边界。

4. 计划给一个篱笆的两面上漆,篱笆基底部在 xy 平面上,并且形状为 $x=3\cos^3 t$,$y=3\sin^3 t(0\leqslant t\leqslant\pi/2)$,它在点 (x,y) 处的高为 $1+\dfrac{1}{3}y$,单位为 m,先画出篱笆的图形,然后计算出它需要多少油漆。

§7.3 二重积分的计算

当积分区域 Ω 为一平面区域 D 时,由本章 7.1 节定义,对应的数量值函数的积分就是二重积分,即

$$\iint_D f(x,y)\mathrm{d}\sigma = \lim_{d\to 0}\sum_{k=1}^n f(\xi_k,\eta_k)\Delta\sigma_k$$

在被积函数连续的情况下,可将二重积分转化为累次积分来计算,即将二重积分的计算转化为两个定积分来计算。由于被积函数有时候用直角坐标系表示比较方便,但有时使用极坐标系表示会较为简便,所以我们主要就这两种坐标系下的计算方法分别加以讨论。

7.3.1 求平面薄片的质量

我们从二重积分的物理意义——平面薄片的质量问题入手,来寻找二重积分计算的思路。

如果物体是占据 xOy 平面上的闭区域 D 的一块平面薄板,如图 7-3-1 所示,密度函数 $\mu=f(M)=f(x,y)$ 在 D 上连续,要求物体的质量,我们通过在 x 轴和 y 轴上插入分点,将区域

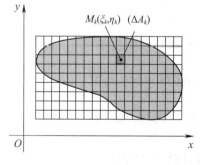
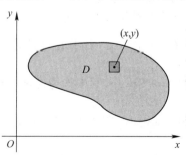

图 7-3-1

分割成子区域(ΔA_k),然后近似、求和、取极限,得到质量 $m = \iint\limits_{D} f(x,y)\mathrm{d}\sigma$。但接下来的问题是很难计算此极限。联想到质量问题中,我们可以通过定积分或第一类曲线积分计算细棒的质量,所以我们转换思路,取"质量微元"为"细棒",大多数时候,我们取"直线棒"。为此,我们只在 x 轴上或者 y 轴上插入分点。

$$m = \mu \cdot D$$

假设闭区域 D 可以表示成

$$D = \{(x,y) \mid a \leq x \leq b, g_1(x) \leq y \leq g_2(x)\}$$

在 x 轴上的区间 $[a,b]$ 内插入 $(n-1)$ 个分点,然后作垂直于 x 轴的直线,将闭区域 D 分成 n 个子区域,如图 7-3-2 所示,质量微元为

$$\mathrm{d}m = \left(\int_{g_1(x)}^{g_2(x)} f(x,y)\mathrm{d}y\right)\mathrm{d}x$$

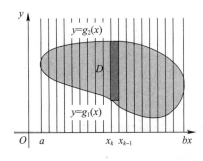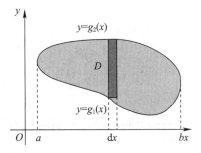

图 7-3-2

将质量微元在区间 $[a,b]$ 上积分,可得物体的质量:

$$m = \int_a^b \mathrm{d}m = \int_a^b \left(\int_{g_1(x)}^{g_2(x)} f(x,y)\mathrm{d}y\right)\mathrm{d}x$$

即有

$$\iint\limits_{D} f(x,y)\mathrm{d}\sigma = \int_a^b \left(\int_{g_1(x)}^{g_2(x)} f(x,y)\mathrm{d}y\right)\mathrm{d}x \tag{7-3-1}$$

式(7-3-1)右端的积分叫作先对 y、后对 x 的**二次积分**。就是说,先把 $f(x,y)$ 中的 x 看作常数,积分上下限 $g_1(x)$ 和 $g_2(x)$ 中的 x 也要当作常数,对 y 计算 $g_1(x)$ 到 $g_2(x)$ 的定积分,然后把算出来的结果(是 x 的函数)再对 x 计算 a 到 b 的定积分,这个先对 y、后对 x 的二次积分也常记为

$$\int_a^b \mathrm{d}x \int_{g_1(x)}^{g_2(x)} f(x,y)\mathrm{d}y$$

所以,式(7-3-1)也写作

$$\iint\limits_{D} f(x,y)\mathrm{d}\sigma = \int_a^b \mathrm{d}x \int_{g_1(x)}^{g_2(x)} f(x,y)\mathrm{d}y$$

类似地,假设闭区域 D 可以表示成

$$D = \{(x,y) \mid c \leq y \leq d, h_1(y) \leq x \leq h_2(y)\}$$

在 y 轴上的区间 $[c,d]$ 内插入 $(n-1)$ 个分点,然后作垂直于 y 轴的直线,将闭区域 D 分成

n 个子区域,如图 7-3-3 所示,质量微元为

$$dm = \left(\int_{h_1(x)}^{h_2(x)} f(x,y) dx\right) dy$$

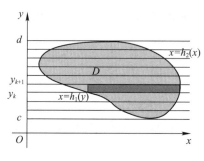
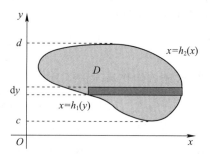

图 7-3-3

将质量微元在区间 $[c,d]$ 上积分,可得物体的质量:

$$m = \int_c^d dm = \int_c^d \left(\int_{h_1(x)}^{h_2(x)} f(x,y) dx\right) dy$$

即有

$$\iint_D f(x,y) d\sigma = \int_c^d \left(\int_{h_1(x)}^{h_2(x)} f(x,y) dx\right) dy$$

上式右端的积分叫作先对 x、后对 y 的**二次积分**,这个积分也常记为

$$\int_c^d dy \int_{h_1(x)}^{h_2(x)} f(x,y) dx \tag{7-3-2}$$

所以,式(7-3-2)也写作

$$\iint_D f(x,y) d\sigma = \int_c^d dy \int_{h_1(x)}^{h_2(x)} f(x,y) dx$$

当被积函数 $f(x,y)$ 在 D 上变号时,由于

$$f(x,y) = \frac{f(x,y) + |f(x,y)|}{2} - \frac{|f(x,y)| - f(x,y)}{2} \xlongequal{\text{记为}} f_1(x,y) + f_2(x,y)$$

所以

$$\iint_D f(x,y) dxdy = \iint_D f_1(x,y) dxdy - \iint_D f_2(x,y) dxdy$$

因此上面讨论的累次积分法仍然有效。

7.3.2 利用直角坐标系计算二重积分

在讨论一般区域二重积分的计算之前,我们先来定义区域的类型。

一个平面区域 D 称为 **X 型域**,是指如果区域 D 介于两条关于 x 的连续曲线之间,即

$$D = \{(x,y) \mid a \leq x \leq b, g_1(x) \leq y \leq g_2(x)\}$$

其中 $g_1(x)$ 和 $g_2(x)$ 在 $[a,b]$ 上连续,如图 7-3-4 所示。

若 D 是 X 型域,$f(x,y)$ 在 D 上连续,要计算 $\iint_D f(x,y) d\sigma$,可以化为先对 y、后对 x 的二次积分,即

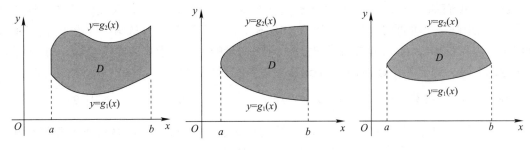

图 7-3-4

$$\iint_D f(x,y)\,d\sigma = \int_a^b dx \int_{g_1(x)}^{g_2(x)} f(x,y)\,dy \tag{7-3-3}$$

同样,如果平面区域 D 可以表示为

$$D = \{(x,y) \mid c \leq y \leq d, h_1(y) \leq x \leq h_2(y)\}$$

其中 $h_1(y)$ 和 $h_2(y)$ 是连续的,则称该区域 D 为 **Y 型域**,如图 7-3-5 所示。

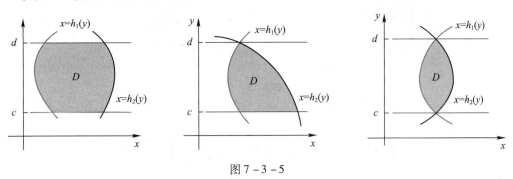

图 7-3-5

若 D 是 Y 型域,$f(x,y)$ 在 D 上连续,用建立式(7-3-3)的类似方法,我们有

$$\iint_D f(x,y)\,d\sigma = \int_c^d dy \int_{h_1(y)}^{h_2(y)} f(x,y)\,dx \tag{7-3-4}$$

例 7-3-1 计算 $\iint_D (x+2y)\,d\sigma$,其中 D 是由抛物线 $y=2x^2$ 和 $y=1+x^2$ 围成的区域。

解 首先计算两抛物线的交点,即 $2x^2 = 1+x^2$,得 $x^2 = 1$,所以 $x = \pm 1$。记围成的区域为 D,如图 7-3-6 所示。它是 X 型域而非 Y 型域,记

$$D = \{(x,y) \mid -1 \leq x \leq 1, 2x^2 \leq y \leq 1+x^2\}$$

因为下边界为 $y = 2x^2$,上边界为 $y = 1+x^2$,由式(7-3-3)

$$\iint_D (x+2y)\,d\sigma = \int_{-1}^1 dx \int_{2x^2}^{1+x^2} (x+2y)\,dy = \int_{-1}^1 \left[xy + y^2\right]_{y=2x^2}^{y=1+x^2} dx$$

$$= \int_{-1}^1 \left[x(1+x^2) + (1+x^2)^2 - x(2x^2) - (2x^2)^2\right] dx$$

$$= \int_{-1}^1 (-3x^4 - x^3 + 2x^2 + x + 1)\,dx$$

$$= \left[-3\frac{x^5}{5} - \frac{x^4}{4} + 2\frac{x^3}{3} + \frac{x^2}{2} + x\right]_{-1}^1 = \frac{32}{15}$$

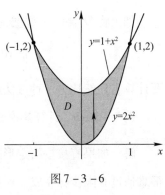

图 7-3-6

注 当我们如例 7-3-1 中建立累次积分时,首先要画出积分区域的草图。通常如图 7-3-6 中画一个垂直向量会很有帮助,内层积分的上下限就可以从图中读出来:向量的起点位于下边界线 $y=g_1(x)$,即给出了积分的下限;向量的终点位于上边界线 $y=g_2(x)$,即给出了积分的上限。对于 Y 型域,向量水平地从左边界线到右边界线。

例 7-3-2 计算 $\iint\limits_{D} xy\mathrm{d}\sigma$,其中 D 由直线 $y=x-1$ 和抛物线 $y^2=2x+6$ 围成。

解 区域 D 如图 7-3-7 所示,D 既是 X 型域又是 Y 型域,但是将 D 看作 X 型域会相对复杂一些,因为其下边界由两部分组成。因此我们选择将 D 看作 Y 型域:

$$D = \left\{(x,y) \ \middle| \ -2 \leqslant y \leqslant 4, \frac{1}{2}y^2 - 3 \leqslant x \leqslant y+1\right\}$$

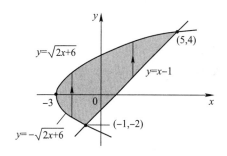
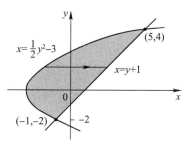

图 7-3-7

由式(7-3-4)

$$\iint\limits_{D} xy\mathrm{d}\sigma = \int_{-2}^{4}\mathrm{d}y\int_{\frac{1}{2}y^2-3}^{y+1} xy\mathrm{d}x = \int_{-2}^{4}\left[\frac{x^2}{2}y\right]_{x=\frac{1}{2}y^2-3}^{x=y+1}\mathrm{d}y$$

$$= \frac{1}{2}\int_{-2}^{4} y\left[(y+1)^2 - \left(\frac{1}{2}y^2-3\right)^2\right]\mathrm{d}y$$

$$= \frac{1}{2}\int_{-2}^{4}\left(-\frac{y^5}{4} + 4y^3 + 2y^2 - 8y\right)\mathrm{d}y$$

$$= \frac{1}{2}\left[-\frac{y^6}{24} + y^4 + 2\frac{y^3}{3} - 4y^2\right]_{-2}^{4} = 36$$

如果将 D 看作 X 型域,就会得到

$$\iint\limits_{D} xy\mathrm{d}\sigma = \int_{-3}^{-1}\mathrm{d}x\int_{-\sqrt{2x+6}}^{\sqrt{2x+6}} xy\mathrm{d}y + \int_{-1}^{5}\mathrm{d}x\int_{x-1}^{\sqrt{2x+6}} xy\mathrm{d}y$$

要计算它显然比另一种方法麻烦得多。

例 7-3-3 计算累次积分 $\int_{0}^{1}\mathrm{d}x\int_{x}^{1}\sin(y^2)\mathrm{d}y$。

解 如果直接按给定形式计算,需要计算 $\int_{x}^{1}\sin(y^2)\mathrm{d}y$,但是 $\int_{x}^{1}\sin(y^2)\mathrm{d}y$ 不是初等函数,很难通过有限步骤完成。所以要交换积分次序。首先要做的是把累次积分转化为二重积分,反向使用式(7-3-3),有

$$\int_{0}^{1}\mathrm{d}x\int_{x}^{1}\sin(y^2)\mathrm{d}y = \iint\limits_{D}\sin(y^2)\mathrm{d}\sigma$$

其中
$$D = \{(x,y) | 0 \leq x \leq 1, x \leq y \leq 1\}$$
画出 D 的图形(如图 7-3-8 所示)。可得 D 的另外一种描述方式,如图 7-3-9 所示。
$$D = \{(x,y) | 0 \leq y \leq 1, 0 \leq x \leq y\}$$

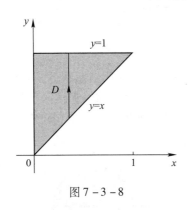
图 7-3-8

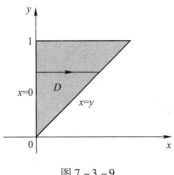
图 7-3-9

由此可将二重积分转化为另外一种积分次序的累次积分

$$\int_0^1 dx \int_x^1 \sin(y^2) dy = \iint_D \sin(y^2) d\sigma$$
$$= \int_0^1 dy \int_0^y \sin(y^2) dx = \int_0^1 [x\sin(y^2)]_{x=0}^{x=y} dy$$
$$= \int_0^1 y\sin(y^2) dy = -\frac{1}{2}\cos(y^2) \Big]_0^1 = \frac{1}{2}(1-\cos 1)$$

需要说明的是,在实际应用中,二重积分的积分区域 D 往往既不是 X 型域又不 Y 型域的情形,此时我们可以通过适当的划分,利用积分区域的可加性,将 D 看作 X 型域和 Y 型域的并集,如图 7-3-10 所示。在相应区域上进行计算。

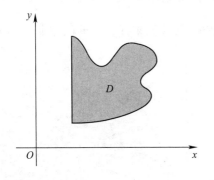 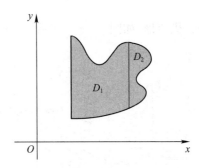

图 7-3-10

7.3.3 利用极坐标系计算二重积分

在定积分的计算中,选择合适的换元法(也称为变量替换)经常会将复杂的积分转换为简单的积分。在多变量的情况下,我们通常也会利用变量替换来化简二重积分的计算,但在这里往往不仅要简化被积函数,还要简化积分域。

假设我们要计算二重积分

$$\iint\limits_{D} f(x,y)\,\mathrm{d}\sigma$$

其中 D 是如图 7-3-11(a) 所示的区域，此时进行计算需要将积分区域划分成多个区域，多分出一个区域就要多计算一个二重积分。又如在概率统计中有重要的二重积分

$$\iint\limits_{D} \mathrm{e}^{-(x^2+y^2)}\,\mathrm{d}\sigma$$

其中 D 为 $x^2+y^2=R^2$ 围成的圆域，如图 7-3-11(b) 所示，在直角坐标系下，不管用哪种方式描述积分区域都是很麻烦的，同时还会涉及求被积函数 e^{-x^2} 的原函数，但该函数的原函数不是初等函数，所以用直角坐标系来计算是求不出来的，但是在极坐标系下却相对容易得多。

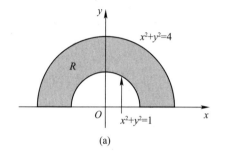
(a)

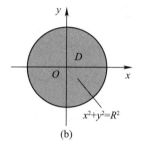
(b)

图 7-3-11

我们知道极坐标系中 (r,θ) 与直角坐标中 (x,y) 的关系如下（图 7-3-12）：

$$\begin{cases} x = r\cos\theta \\ y = r\sin\theta \end{cases}$$

先来看简单的情形：若积分区域 D 可用极坐标表示为

$$D = \{(r,\theta) \mid a \leq r \leq b, \alpha \leq \theta \leq \beta\}$$

称区域为**极矩形**，如图 7-3-13 所示，在极坐标的情形下，我们来计算二重积分 $\iint\limits_{D} f(x,y)\,\mathrm{d}\sigma$。

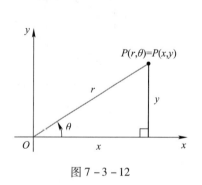

图 7-3-12

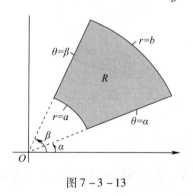

图 7-3-13

分析 由二重积分的定义，我们将极径区间 $[a,b]$ 等分成宽度为 $\Delta r = (b-a)/m$ 的 m 个小区间 $[r_{i-1},r_i]$，同时将极角区间 $[\alpha,\beta]$ 等分成宽度为 $\Delta\theta = (\beta-\alpha)/n$ 的 n 个小区间 $[\theta_{j-1},\theta_j]$。则圆周 $r=r_i$ 和射线 $\theta=\theta_j$ 将极矩形 R 分割成若干个子极矩形 R_{ij}，如图 7-3-14 所示。此时子极矩形可表示为

$$R_{ij} = \{(r,\theta) \mid r_{i-1} \leq r \leq r_i, \theta_{j-1} \leq \theta \leq \theta_j\}$$

该区域的"中心"的极坐标可表示为

$$r_i^* = \frac{1}{2}(r_{i-1} + r_i), \quad \theta_j^* = \frac{1}{2}(\theta_{j-1} + \theta_j)$$

根据半径为 r、夹角为 θ 的扇形的面积公式 $\frac{1}{2}r^2\theta$,我们要计算 R_{ij} 的面积,只需要两个这样的扇形面积相减即可,它们有相同的夹角 $\Delta\theta = \theta_j - \theta_{j-1}$,所以 R_{ij} 的面积为

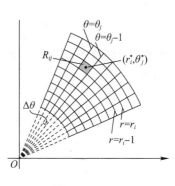

图 7-3-14

$$\Delta A_i = \frac{1}{2}r_i^2\Delta\theta - \frac{1}{2}r_{i-1}^2\Delta\theta = \frac{1}{2}(r_i^2 - r_{i-1}^2)\Delta\theta$$

$$= \frac{1}{2}(r_i + r_{i-1})(r_i - r_{i-1})\Delta\theta = r_i^*\Delta r\Delta\theta$$

R_{ij} 的中心的极坐标为 $(r_i^*\cos\theta_j^*, r_i^*\sin\theta_j^*)$,所以其黎曼和为

$$\sum_{i=1}^m \sum_{j=1}^n f(r_i^*\cos\theta_j^*, r_i^*\sin\theta_j^*)\Delta A_i = \sum_{i=1}^m \sum_{j=1}^n f(r_i^*\cos\theta_j^*, r_i^*\sin\theta_j^*)r_i^*\Delta r\Delta\theta \quad (7-3-5)$$

如果记 $g(r,\theta) = r \cdot f(r\cos\theta, r\sin\theta)$,则黎曼和式(7-3-5)可记为

$$\sum_{i=1}^m \sum_{j=1}^n g(r_i^*, \theta_j^*)\Delta r\Delta\theta$$

上式正是二重积分

$$\int_\alpha^\beta \int_a^b g(r,\theta)\mathrm{d}r\mathrm{d}\theta$$

的黎曼和。因此有

$$\iint_D f(x,y)\mathrm{d}\sigma = \lim_{m,n\to\infty} \sum_{i=1}^m \sum_{j=1}^n f(r_i^*\cos\theta_j^*, r_i^*\sin\theta_j^*)\Delta\sigma_i$$

$$= \lim_{m,n\to\infty} \sum_{i=1}^m \sum_{j=1}^n g(r_i^*, \theta_j^*)\Delta r\Delta\theta = \int_\alpha^\beta \int_a^b g(r,\theta)\mathrm{d}r\mathrm{d}\theta$$

$$= \int_\alpha^\beta \int_a^b f(r\cos\theta, r\sin\theta)r\mathrm{d}r\mathrm{d}\theta \quad (7-3-6)$$

进一步我们可将积分区域推广到更复杂的情形,如图 7-3-15 所示。首先在极坐标下描述积分区域:

若 f 在区域

$$D = \{(r,\theta) \mid \alpha \leq \theta \leq \beta, h_1(\theta) \leq r \leq h_2(\theta)\}$$

上连续,则根据前面的推导有

$$\iint_D f(x,y)\mathrm{d}\sigma = \lim_{m,n\to\infty} \sum_{i=1}^m \sum_{j=1}^n f(r_i^*\cos\theta_j^*, r_i^*\sin\theta_j^*)\Delta A_i$$

$$= \lim_{m,n\to\infty} \sum_{i=1}^m \sum_{j=1}^n g(r_i^*, \theta_j^*)\Delta r\Delta\theta$$

$$= \int_\alpha^\beta \int_{h_1(\theta)}^{h_2(\theta)} g(r,\theta)\mathrm{d}r\mathrm{d}\theta$$

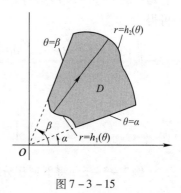

图 7-3-15

$$= \int_\alpha^\beta \int_{h_1(\theta)}^{h_2(\theta)} f(r\cos\theta, r\sin\theta) r \mathrm{d}r \mathrm{d}\theta$$

二重积分的极坐标变换 若 f 在区域 $\alpha \leq \theta \leq \beta, h_1(\theta) \leq r \leq h_2(\theta)$ 上连续,其中 $0 \leq \beta - \alpha \leq 2\pi$,则

$$\iint_D f(x,y) \mathrm{d}\sigma = \int_\alpha^\beta \int_{h_1(\theta)}^{h_2(\theta)} f(r\cos\theta, r\sin\theta) r \mathrm{d}r \mathrm{d}\theta \tag{7-3-7}$$

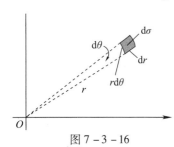

图 7-3-16

式(7-3-6)说明,将二重积分从直角坐标转化为极坐标,只需要替换 $x = r\cos\theta$ 和 $y = r\sin\theta$,同时改变相应的积分上下限,然后将 $\mathrm{d}\sigma$ 替换为 $r\mathrm{d}r\mathrm{d}\theta$,一定要小心不能将这里的 r 漏掉。如图 7-3-16 所示,其中"微"极矩形的长和宽分别为 $r\mathrm{d}r$ 和 $\mathrm{d}\theta$,所以其面积 $\mathrm{d}\sigma = r\mathrm{d}r\mathrm{d}\theta$,此式也称为**极坐标系下的面积微元**。

特别地,令该公式中的 $f(x,y) = 1, h_1(\theta) = 0$ 和 $h_2(\theta) = h(\theta)$,此时由 $\theta = \alpha, \theta = \beta$ 和 $r = h(\theta)$ 围成的区域 D 的面积为

$$S(D) = \iint_D 1 \mathrm{d}\sigma = \int_\alpha^\beta \mathrm{d}\theta \int_0^{h(\theta)} r \mathrm{d}r = \int_\alpha^\beta \left[\frac{r^2}{2}\right]_0^{h(\theta)} \mathrm{d}\theta = \frac{1}{2} \int_\alpha^\beta [h(\theta)]^2 \mathrm{d}\theta$$

这样,将一个二重积分从直角坐标系转换为极坐标系需要三个步骤:

第一步 通过坐标变换公式将被积函数 $f(x,y)$ 化为极坐标系下的表达式,即
$$f(x,y) = f(r\cos\theta, r\sin\theta)$$

第二步 将面积微元 $\mathrm{d}A$ 换成 $r\mathrm{d}r\mathrm{d}\theta$;

第三步 将积分区域的边界曲线用极坐标表示出来。

最后,在极坐标系下的二重积分化为二次累次积分,一般情况下,在极坐标系下先对 r 后对 θ 进行二次积分,也需要三个步骤:

第一步 画图,画出区域草图,并标出边界曲线;

第二步 找 r 积分限,从原点出发引导射线穿过区域,先交为下限,后交为上限;

第三步 找 θ 积分限,即区域与极轴的夹角范围。

例 7-3-4 计算积分 $\iint_D (3x + 4y^2) \mathrm{d}\sigma$,其中 D 是上半平面上由圆 $x^2 + y^2 = 1$ 和 $x^2 + y^2 = 4$ 围成的区域。

解 D 可记为
$$D = \{(x,y) | y \geq 0, 1 \leq x^2 + y^2 \leq 4\}$$

它是如图 7-3-11 所示的半圆环,在极坐标系下可以表示为 $1 \leq r \leq 2, 0 \leq \theta \leq \pi$,由式(7-3-6)可得

$$\iint_R (3x + 4y^2) \mathrm{d}\sigma = \int_0^\pi \mathrm{d}\theta \int_1^2 (3r\cos\theta + 4r^2\sin^2\theta) r \mathrm{d}r$$

$$= \int_0^\pi \left[r^3\cos\theta + r^4\sin^2\theta\right]_{r=1}^{r=2} \mathrm{d}\theta = \int_0^\pi (7\cos\theta + 15\sin^2\theta) \mathrm{d}\theta$$

$$= \int_0^\pi \left[7\cos\theta + \frac{15}{2}(1 - \cos 2\theta)\right] \mathrm{d}\theta = \left[7\sin\theta + \frac{15\theta}{2} - \frac{15}{4}\sin 2\theta\right]_0^\pi = \frac{15\pi}{2}$$

例 7-3-5 将下列积分区域上的二重积分 $\iint_R f(r,\theta) \mathrm{d}\sigma$ 表示成累次积分的形式。

(1) R 为区域:圆 $r=2$ 的外部与圆 $r=4\cos\theta$ 内部相交的部分;

(2) R 为区域:圆 $r=2$ 的内部与圆 $r=4\cos\theta$ 内部相交的公共部分。

解 (1) 如图 7-3-17 所示,先联立表达式,$4\cos\theta=2$,求出交点的极角为 $\theta=\pm\dfrac{\pi}{3}$,又知,内圆边界方程为 $r=2$,外圆边界方程为 $r=4\cos\theta$,则积分区域可表达为

$$D=\{(r,\theta)\,|\,2\leqslant r\leqslant 4\cos\theta,\ -\pi/3\leqslant\theta\leqslant\pi/3\}$$

则,累次积分可表达为

$$\iint\limits_{D}f(r,\theta)\,\mathrm{d}\sigma=\int_{-\pi/3}^{\pi/3}\mathrm{d}\theta\int_{2}^{4\cos\theta}f(r,\theta)r\,\mathrm{d}r$$

(2) 如图 7-3-18 所示,不难发现相应的积分区域由 3 部分构成,分别记为

$$D=D_1\cup D_2\cup D_3$$

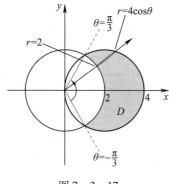

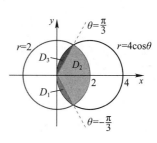

图 7-3-17　　　　　　　　　图 7-3-18

分别表示子区域,如图 7-3-19 所示。

$$D_1=\{(r,\theta)\,|\,0\leqslant r\leqslant 4\cos\theta,\ -\pi/2\leqslant\theta\leqslant -\pi/3\}$$
$$D_2=\{(r,\theta)\,|\,0\leqslant r\leqslant 2,\ -\pi/3\leqslant\theta\leqslant\pi/3\}$$
$$D_3=\{(r,\theta)\,|\,0\leqslant r\leqslant 4\cos\theta,\ \pi/3\leqslant\theta\leqslant\pi/2\}$$

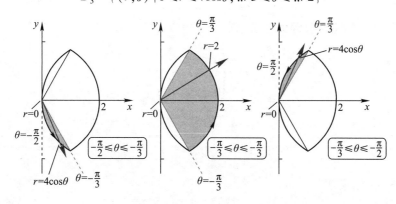

图 7-3-19

所以

$$\iint\limits_{D}f(r,\theta)\,\mathrm{d}\sigma=\int_{-\pi/2}^{-\pi/3}\mathrm{d}\theta\int_{0}^{4\cos\theta}f(r,\theta)r\,\mathrm{d}r+\int_{-\pi/3}^{\pi/3}\mathrm{d}\theta\int_{0}^{2}f(r,\theta)r\,\mathrm{d}r+$$
$$\int_{\pi/3}^{\pi/2}\mathrm{d}\theta\int_{0}^{4\cos\theta}f(r,\theta)r\,\mathrm{d}r$$

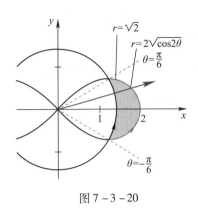

图 7-3-20

例 7-3-6 计算双纽线 $r^2 = 4\cos 2\theta$ 被圆 $r = \sqrt{2}$ 所截剩下部分在第一、四象限图形的面积。

解 如图 7-3-20 所示,联立两方程,得 $4\cos 2\theta = 2$,即 $\theta = \pm \dfrac{\pi}{6}$,则相应区域可表示为

$$D = \{(r,\theta) \mid \sqrt{2} \leqslant r \leqslant 2\sqrt{\cos 2\theta},\ -\pi/6 \leqslant \theta \leqslant -\pi/6\}$$

所求区域的面积为

$$S = \int_{-\frac{\pi}{6}}^{\frac{\pi}{6}} \int_{\sqrt{2}}^{2\sqrt{\cos 2\theta}} r \mathrm{d}r \mathrm{d}\theta = \int_{-\frac{\pi}{6}}^{\frac{\pi}{6}} \left[\frac{r^2}{2}\right]_{\sqrt{2}}^{2\sqrt{\cos 2\theta}} \mathrm{d}\theta$$

$$= \int_{-\frac{\pi}{6}}^{\frac{\pi}{6}} (2\cos 2\theta - 1) \mathrm{d}\theta = (\sin 2\theta - \theta)\Big|_{-\frac{\pi}{6}}^{\frac{\pi}{6}} = \sqrt{3} - \frac{\pi}{3}$$

例 7-3-7 计算 $\iint\limits_{D} \mathrm{e}^{-(x^2+y^2)} \mathrm{d}\sigma$,其中 D 是第一象限的圆域,如图 7-3-11(b)所示:$x^2 + y^2 \leqslant R^2 (R > 0)$。

解 区域 D 用极坐标可表示为

$$D: \begin{cases} 0 \leqslant \theta \leqslant \dfrac{\pi}{2} \\ 0 \leqslant r \leqslant R \end{cases}$$

则有

$$\iint\limits_{D} \mathrm{e}^{-(x^2+y^2)} \mathrm{d}\sigma = \int_{0}^{\frac{\pi}{2}} \mathrm{d}\theta \int_{0}^{R} \mathrm{e}^{-r^2} r \mathrm{d}r = \int_{0}^{\frac{\pi}{2}} \left[-\frac{1}{2}\mathrm{e}^{-r^2}\right]_{0}^{R} \mathrm{d}\theta = \frac{\pi}{4}(1 - \mathrm{e}^{-R^2})$$

利用上述结果,我们很容易计算在概率统计中有重要应用的**概率积分**:

$$\int_{0}^{+\infty} \mathrm{e}^{-x^2} \mathrm{d}x = \frac{\sqrt{\pi}}{2}$$

记 D_1 为 xOy 平面上的第一象限的区域,则

$$D_1: \begin{cases} 0 \leqslant \theta \leqslant \dfrac{\pi}{2} \\ 0 \leqslant r < +\infty \end{cases}$$

且

$$\left(\int_{0}^{+\infty} \mathrm{e}^{-x^2} \mathrm{d}x\right)^2 = \left(\int_{0}^{+\infty} \mathrm{e}^{-x^2} \mathrm{d}x\right)\left(\int_{0}^{+\infty} \mathrm{e}^{-y^2} \mathrm{d}y\right) = \int_{0}^{+\infty} \mathrm{d}x \int_{0}^{+\infty} \mathrm{e}^{-(x^2+y^2)} \mathrm{d}y = \iint\limits_{D_1} \mathrm{e}^{-(x^2+y^2)} \mathrm{d}\sigma$$

由例 7-3-7 结果知

$$\iint\limits_{D_1} \mathrm{e}^{-(x^2+y^2)} \mathrm{d}\sigma = \lim_{R \to +\infty} \iint\limits_{D} \mathrm{e}^{-(x^2+y^2)} \mathrm{d}\sigma = \lim_{R \to +\infty} \frac{\pi}{4}(1 - \mathrm{e}^{-R^2}) = \frac{\pi}{4}$$

所以

$$\int_{0}^{+\infty} \mathrm{e}^{-x^2} \mathrm{d}x = \frac{\sqrt{\pi}}{2}$$

习题 7-3
（A）

1. $\int_0^1 dx \int_0^{1-x} f(x,y) dy = ($ $)$。

   A. $\int_0^1 dy \int_0^1 f(x,y) dx$ B. $\int_0^1 dy \int_0^{1-x} f(x,y) dx$

   C. $\int_0^1 dy \int_0^1 f(x,y) dx$ D. $\int_0^1 dy \int_0^{1-y} f(x,y) dx$

2. 设 D 为 $x^2 + y^2 \leq a^2$，当 $a = ($ $)$ 时，$\iint\limits_D \sqrt{a^2 - x^2 - y^2} dxdy = \pi$。

   A. 1   B. $\sqrt[3]{\dfrac{3}{2}}$ C. $\sqrt[3]{\dfrac{3}{4}}$ D. $\sqrt[3]{\dfrac{1}{2}}$

3. 设 D 是由 $x^2 + y^2 = 2ax$ 与 x 轴所围的上半部分的闭区域，$\iint\limits_D (x^2 + y^2) d\sigma = ($ $)$。

   A. πa^4 B. $\dfrac{3}{4}\pi a^4$ C. $\dfrac{3}{2}\pi a^4$ D. $2\pi a^2$

4. 若区域 D 由 $x^2 + y^2 = -2x$ 所围成，则 $\iint\limits_D (x+y) \sqrt{x^2+y^2} dxdy = ($ $)$。

   A. $\iint\limits_D (x+y) \sqrt{-2x} dxdy$ B. $\int_{-\frac{\pi}{2}}^{\frac{\pi}{2}} (\sin\theta + \cos\theta) d\theta \int_0^{-2\cos\theta} \rho^3 d\rho$

   C. $2\int_{\frac{\pi}{2}}^{\pi} (\sin\theta + \cos\theta) d\theta \int_0^{-2\cos\theta} \rho^3 d\rho$ D. $\int_{\frac{\pi}{2}}^{\frac{3\pi}{2}} (\sin\theta + \cos\theta) d\theta \int_0^{-2\cos\theta} \rho^3 d\rho$

5. 设函数 $f(x,y)$ 连续，则 $\int_0^{\frac{\pi}{4}} d\theta \int_0^1 f(\rho\cos\theta, \rho\sin\theta) \rho d\rho = ($ $)$。

   A. $\int_0^{\frac{\sqrt{2}}{2}} dx \int_x^{\sqrt{1-x^2}} f(x,y) dy$ B. $\int_0^{\frac{\sqrt{2}}{2}} dx \int_0^{\sqrt{1-x^2}} f(x,y) dy$

   C. $\int_0^{\frac{\sqrt{2}}{2}} dy \int_y^{\sqrt{1-y^2}} f(x,y) dx$ D. $\int_0^{\frac{\sqrt{2}}{2}} dy \int_0^{\sqrt{1-y^2}} f(x,y) dx$

6. 设 $f(x)$ 是连续奇函数，$g(x)$ 是连续偶函数，$D = \{(x,y) | 0 \leq x \leq 1, -\sqrt{x} \leq y \leq \sqrt{x}\}$，则（ ）。

   A. $\iint\limits_D f(y)g(x) dxdy = 0$ B. $\iint\limits_D f(x)g(y) dxdy = 0$

   C. $\iint\limits_D [f(x) + g(y)] dxdy = 0$ D. $\iint\limits_D [f(y) + g(x)] dxdy = 0$

7. 求 $\iint\limits_D \dfrac{x\sin y}{y} d\sigma$，其中 D 是以 $(0,0), (1,1), (0,1)$ 为顶点的三角形区域。

8. 写出积分 $\int_0^1 dx \int_{1-x}^{\sqrt{1-x^2}} f(x,y) dy$ 的极坐标二次积分形式

$$\int_0^{\frac{\pi}{2}} d\theta \int_{\frac{1}{\sin\theta + \cos\theta}}^1 f(r\cos\theta, r\sin\theta) r dr$$

9. 计算下列二重积分

(1) $I = \iint\limits_D (|x| + |y|) d\sigma$,其中 $D: x^2 + y^2 \leq 1$。

(2) $I = \int_0^{\frac{R}{\sqrt{2}}} e^{-y^2} dy \int_0^y e^{-x^2} dx$。

(3) $\iint\limits_D |x^2 + y^2 - 2| d\sigma$,其中 $D: x^2 + y^2 \leq 3$。

(4) $\iint\limits_D y e^{xy} dxdy$,其中 D 是由直线 $x=1, x=2, y=2$ 及双曲线计算 $xy=1$ 所围成的区域。

(5) $\iint\limits_D x(y+1) dxdy$,其中 $D: x^2 + y^2 \geq 1, x^2 + y^2 \leq 2x$。

(6) $\iint\limits_D \frac{xy}{x^2+y^2} dxdy$,其中 $D: y \geq x, 1 \leq x^2 + y^2 \leq 2$。

(7) $\iint\limits_D \ln(1+x^2+y^2) d\sigma$,其中 D 为 $x^2 + y^2 = 4$ 及坐标轴所围的第一象限部分。

10. 设函数 $f(x)$ 连续,$f(0)=0$,且在 $x=0$ 处可导,求极限

$$\lim_{t \to 0^+} \frac{1}{t^4} \iint\limits_{x^2+y^2 \leq t^2} f(x^2+y^2) dxdy$$

(B)

1. 设 $f(u)$ 连续,区域 $D: x^2 + y^2 \leq 2y$,则 $\iint\limits_D f(xy) d\sigma = $ ( )。

A. $\int_{-1}^1 dx \int_{-\sqrt{1-x^2}}^{\sqrt{1-x^2}} f(xy) dy$ B. $2\int_0^2 dy \int_0^{\sqrt{2y-y^2}} f(xy) dx$

C. $\int_0^\pi d\theta \int_0^{2\sin\theta} f(\rho^2 \sin\theta\cos\theta) d\rho$ D. $\int_0^\pi d\theta \int_0^{2\sin\theta} f(\rho^2 \sin\theta\cos\theta) \rho d\rho$

2. 计算 $I = \iint\limits_D \frac{1+xy}{1+x^2+y^2} d\sigma$,其中 $D: \{(x,y) | x^2+y^2 \leq a^2, y \geq 0\}$。

3. 函数 $f(x,y) = x\cos xy$ 在矩形域 $D: 0 \leq x \leq \pi, 0 \leq y \leq 1$ 上的平均值是_____。

4. 设 D 为圆域 $x^2+y^2 \leq 1$,则 $\iint\limits_D (x^2-y) dxdy = $ _____。

5. 计算二次积分 $I = \int_0^1 dy \int_y^1 x^2 \sin xy dx$。

6. 计算 $\iint\limits_D |y-x^2| dxdy$,其中 $D: -1 \leq x \leq 1, 0 \leq y \leq 1$。

7. 计算 $\iint\limits_D (\sqrt{x^2+y^2} + y) dxdy$,其中 D 是由圆 $x^2+y^2=4$ 和 $(x+1)^2+y^2=1$ 所围成的平面区域(提示:利用对称性和积分区域相减)。

8. 计算 $\iint\limits_D (x^2+y^2) dxdy$,其中 $D: x^2+y^2 \leq ax, x^2+y^2 \leq ay (a>0)$ 的公共部分。

9. 计算 $\iint\limits_D (x^5 y - 1) dxdy$,其中 D 是由 $y=\sin x, x = \pm\frac{\pi}{2}, y=1$ 所围部分。

10. 曲径通幽:定积分转化为二重积分求解

(1) 求极限 $\lim\limits_{x\to\infty}\int_0^x \dfrac{2e^{-t^2}}{\sqrt{\pi}}dt$。

(2) 计算积分 $\int_0^{+\infty}\int_0^{+\infty}\dfrac{1}{(1+x^2+y^2)^2}dxdy$。

(3) 设 $f(x)$ 在 $[a,b]$ 上连续且 $f(x)>0$,求证:
$$\int_a^b f(x)dx \int_a^b \dfrac{1}{f(x)}dx \geq (b-a)^2$$

(4) 设 $f(x)$,$g(x)$ 在 $[a,b]$ 上连续且单调增加,求证:
$$(b-a)\int_a^b f(x)g(x)dx \geq \int_a^b f(x)dx \int_a^b g(x)dx$$

11. 奇偶对称性

定积分有"偶倍奇零"的性质,即若积分区域关于坐标原点对称,则

$$\int_{-a}^a f(x)dx = \begin{cases} 2\int_0^a f(x)dx & (f(-x)=f(x)) \\ 0 & (f(-x)=-f(x)) \end{cases}$$

也就是说积分区域和被积函数同时满足对称性和奇偶性,就可以简化计算,为我们计算带来方便。那么对于二重积分,应该也有类似的性质,请你借助于二重积分的物理意义,类比定积分分析出二重积分的对称性,并解决下述问题:

(1) 利用对称性解释二重积分 $\iint\limits_D xy^2 d\sigma = 0$,其中 $D=[-1,1]\times[-1,1]$。

(2) 设 D 是曲线 $|x|+|y|=1$ 所围区域,D_1 是由直线 $x+y=1$ 和坐标轴所围区域,则二重积分 $\iint\limits_D (1+x+y)d\sigma = (\qquad)$。

A. $4\iint\limits_{D_1}(1+x+y)d\sigma$ B. 0

C. 2 D. 1

(3) 设积分区域 $D=\{(x,y)\mid -a\leq x\leq a, -a\leq y\leq x\}$,$D_1=\{(x,y)\mid 0\leq x\leq a, 0\leq y\leq x\}$,则二重积分 $\iint\limits_D (x^3y+xy^2)dxdy = (\qquad)$。

A. $2\iint\limits_{D_1} x^3y\,dxdy$ B. $4\iint\limits_{D_1}(x^3y+xy^2)dxdy$

C. 0 D. $2\iint\limits_{D_1} xy^2\,dxdy$

12. 轮换对称性

把刻画积分域的不等式或者不等式组中的坐标进行轮换或对换后,积分域不改变,则称该**积分域具有轮换对称性**,例如平面区域 $0\leq x\leq 1, 0\leq y\leq 1$,$x^2+y^2\leq R^2$,空间区域 $x^2+y^2+z^2\leq R^2$ 等。

如果积分区域具有轮换对称性,那么积分 $\iint\limits_D f(x)d\sigma$ 与 $\iint\limits_D f(y)d\sigma$ 会有什么关系?

$\iint_D f(x,y)\,\mathrm{d}\sigma$ 和 $\iint_D f(y,x)\,\mathrm{d}\sigma$ 呢？请你总结并给出理由。

（1）利用轮换对称性估计积分 $\iint_D (\cos y^2 + \sin x^2)\,\mathrm{d}\sigma$ 的值，其中 D 是正方形 $[0,1]\times[0,1]$。

（2）设 Ω 为 $x^2 + y^2 + z^2 \leq 1$，化简 $\iiint_\Omega (x^2 + my^2 + nz^2)\,\mathrm{d}V$。

（C）

1. 根据二重积分的性质，比较下列积分的大小：

（1）$\iint_D (x+y)^2\,\mathrm{d}\sigma$ 与 $\iint_D (x+y)^3\,\mathrm{d}\sigma$，其积分区域 D 是由圆周 $(x-2)^2 + (y-1)^2 = 2$ 所围成。

（2）$\iint_D \ln(x+y)\,\mathrm{d}\sigma$ 与 $\iint_D [\ln(x+y)]^2\,\mathrm{d}\sigma$，其中积分区域 D 是三角形闭区域，三顶点坐标分别为 $(1,0),(1,1),(2,0)$。

2. 利用二重积分的性质估计下列积分的值：

（1）$I = \iint_D xy(x+y)\,\mathrm{d}\sigma$，其中 $D = \{(x,y)\mid 0\leq x\leq 1, 0\leq y\leq 1\}$；

（2）$I = \iint_D (x^2 + 4y^2 + 9)\,\mathrm{d}\sigma$，其中 $D = \{(x,y)\mid x^2 + y^2 \leq 4\}$。

3. 设函数 $f(x,y)$ 连续，且 $f(-x,-y) = -f(x,y)$，证明：

$$\iint_D f(x,y)\,\mathrm{d}\sigma = 0$$

其中 $D = \{(x,y)\mid -a\leq x\leq a, -b\leq y\leq b\}$（$a,b$ 为常数）

4. 设 $D: x^2 + y^2 \leq r^2$，计算极限

$$\lim_{r\to 0} \frac{1}{\pi r^2}\iint_D e^{x^2-y^2}\cos(x+y)\,\mathrm{d}x\mathrm{d}y$$

5. 计算下列二次积分：

（1）$\int_1^5 \mathrm{d}y \int_y^5 \frac{1}{y\ln x}\mathrm{d}x$；　　　（2）$\int_0^1 \mathrm{d}x \int_0^x x\sqrt{1-x^2+y^2}\,\mathrm{d}y$。

6. 计算 $I = \iint_D e^{\max\{bx^2, ay^2\}}\,\mathrm{d}x\mathrm{d}y$，其中 $D = \{(x,y)\mid -a\leq x\leq a, -b\leq y\leq b\}$。

7. 计算

（1）$\iint_D |y + \sqrt{3}x|\,\mathrm{d}x\mathrm{d}y$，其中 $D = \{(x,y)\mid x^2 + y^2 \leq 1\}$；

（2）$\iint_D |y - x^2|\,\mathrm{d}x\mathrm{d}y$，其中 $D = \{(x,y)\mid -1\leq x\leq 1, 0\leq y\leq 2\}$。

8. 计算二重积分

$$\iint_D y\left(1 + xe^{\frac{x^2+y^2}{2}}\right)\mathrm{d}x\mathrm{d}y$$

其中 D 为直线 $y = x$，$y = -1$ 及 $x = 1$ 所围成的平面区域。

9. 证明：
$$\int_a^b dy \int_0^y (y-x)^n f(x) dx = \frac{1}{n+1} \int_a^b (b-x)^{n+1} f(x) dx$$

其中 n 为正整数，$f(x)$ 为连续函数，且 $a<b$。

10. 计算二重积分 $\iint\limits_D x e^{-y^2} dxdy$，其中 D 是由曲线 $y=4x^2$ 和 $y=9x^2$ 在第一象限所围成的区域。

11. 设 $f(x,y)$ 连续，且 $f(x,y) = xy + \iint\limits_D f(u,v) dudv$，其中 D 是由 $y=0$，$y=x^2$ 以及 $x=1$ 所围成的闭区域，求 $f(x,y)$。

12. 设 $f(x,y) = \begin{cases} 2x & (0 \leqslant x \leqslant 1, 0 \leqslant y \leqslant 1) \\ 0 & (其他) \end{cases}$，求 $F(t) = \iint\limits_{x+y \leqslant t} f(x,y) dxdy$ 的表达式。

13. 求由曲面 $z=xy$ 以及平面 $x+y+z=1$，$y=0$，$x=0$ 所围成的立体的体积。

14. 计算 $\int_0^1 dx \int_0^{1-x} dy \int_0^{1-x-y} (1-y) e^{-(1-y-z)^2} dz$。

15. 把下列积分化为极坐标形式，并计算积分值：

(1) $\int_0^a dy \int_0^{\sqrt{a^2-y^2}} (x^2+y^2) dx$；　　(2) $\int_0^a dx \int_0^x \sqrt{x^2+y^2} dy$；

(3) $\int_0^1 dx \int_{x^2}^x (x^2+y^2)^{-\frac{1}{2}} dy$；　　(4) $\int_0^{2a} dx \int_0^{\sqrt{2ax-x^2}} (x^2+y^2) dy$。

16. 计算下列二重积分：

(1) $\iint\limits_D \sin\sqrt{x^2+y^2} dxdy$，其中 D 为 $\pi^2 \leqslant x^2+y^2 \leqslant 4\pi^2$；

(2) $\iint\limits_D \sqrt{\frac{1-x^2-y^2}{1+x^2+y^2}} dxdy$，其中 D 是 $x^2+y^2 \leqslant 1$ 的第一象限部分；

(3) $\iint\limits_D \sqrt{a^2-x^2-y^2} dxdy$，其中 D 是双纽线 $(x^2+y^2)^2 = a^2(x^2-y^2)(a>0)$ 的右半部分所围成的闭区域。

17. 计算 $\iint\limits_D \left(\frac{x^2}{a^2} + \frac{y^2}{b^2}\right) dxdy$，其中 D 是由圆周 $x^2+y^2=1$ 所围成的闭区域。

18. 证明：$\iint\limits_D f(\sqrt{x^2+y^2}) dxdy = 2\pi \int_0^1 x f(x) dx$，其中 D 为 $x^2+y^2 \leqslant 1$ 所围成的闭区域。

§7.4　对面积的曲面积分的计算

当积分区域 Ω 为曲面 S 时，由本章 7.1 节的定义，对应的数量值函数的积分就是第一型曲面积分，也称为对面积的曲面积分，即

$$\iint\limits_S f(x,y,z) dS = \lim_{d \to 0} \sum_{k=1}^n f(\xi_k, \eta_k, \zeta_k) \Delta S_k$$

式中：S 为积分曲面。当 $f(x,y,z) \equiv 1$ 时，积分 $\iint\limits_S dS$ 就等于积分曲面的面积；当积分曲面是封

闭的曲面时,相应的面积积分记作 $\oiint_S f(x,y,z)\mathrm{d}S$。

对于该类积分的计算,面积微元 $\mathrm{d}S$ 的选取和计算是关键。所以,我们先讨论一般情况下面积微元的计算,然后从质量问题引出对面积的曲面积分的计算,最后再举例介绍一些特殊情况下微元 $\mathrm{d}S$ 的选取方法。

7.4.1 曲面面积的计算

我们通过局部均匀化求曲面的面积微元 $\mathrm{d}S$,也就是将 S 分割成小块并用切平面的面积近似每一小块的面积。

设一曲面 S 的方程为

$$z = f(x,y) \quad ((x,y) \in D)$$

式中:D 为曲面 S 在 xOy 面上的投影区域;$f(x,y)$ 在 D 上具有连续的偏导数,则此时曲面的面积 S 也是非均匀连续分布在平面区域上的可加量,因此可以利用二重积分来计算。

如图 7-4-1 所示,将曲面 S 任意分块,取其中的一块 ΔS_{ij},将其面积也记为 ΔS_{ij},设 ΔS_{ij} 在 xOy 面上的投影为 $\Delta\sigma$,其大小为 $\mathrm{d}\sigma$。在 $\Delta\sigma$ 上任取一点 $R_{ij}(x_i, y_j)$,曲面 S 上对应点 $P_{ij}(x_i, y_j, f(x_i, y_j))$,设曲面在该点处的切平面为 ΔT_{ij},以小闭区域 $\Delta\sigma$ 的边界为准线作母线平行于 z 轴的柱面,该柱面在切平面上截下一小片平面,设其面积为 $\mathrm{d}S$。由于 $\Delta\sigma$ 的直径很小,切平面 ΔT_{ij} 上的那一小片平面的面积 $\mathrm{d}S$ 可以近似代替相应的那小片曲面的面积 ΔS。

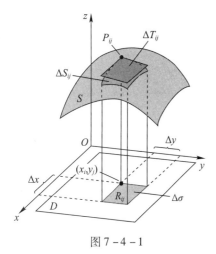

图 7-4-1

设点 P 处曲面 S 的法向量为

$$\boldsymbol{n} = (-f_x, -f_y, 1)$$

它在该点处的第三个方向的余弦为

$$\cos\gamma = \frac{1}{\sqrt{1 + f_x^2(x,y) + f_y^2(x,y)}}$$

其中 γ 为 $\boldsymbol{n}$ 与 z 轴正向的夹角,所以用该点对应的切平面块来近似相应的曲面块,其曲面面积微元为

$$\mathrm{d}S = \frac{\mathrm{d}\sigma}{\cos\gamma} = \sqrt{1 + f_x^2(x,y) + f_y^2(x,y)}\,\mathrm{d}\sigma \tag{7-4-1}$$

进一步,通过"无限累加"面积微元 $\mathrm{d}S$,就可以得到曲面面积 S 的积分表达式

$$S = \iint_D \sqrt{1 + f_x^2(x,y) + f_y^2(x,y)}\,\mathrm{d}\sigma \tag{7-4-2}$$

同理,如果曲面的方程为

$$y = f(z,x), (z,x) \in D \quad \text{或} \quad x = f(y,z), (y,z) \in D$$

那么,可得到曲面面积的积分表达式分别为

$$S = \iint_D \sqrt{1 + f_z^2(z,x) + f_x^2(z,x)}\,\mathrm{d}\sigma \tag{7-4-3}$$

$$S = \iint_D \sqrt{1 + f_y^2(y,z) + f_z^2(y,z)}\,d\sigma \qquad (7-4-4)$$

例 7-4-1 求抛物面 $z = x^2 + y^2$ 位于平面 $z = 9$ 下方的部分的表面积。

解 平面和抛物面相交于 $x^2 + y^2 = 9, z = 9$。因此给定曲面位于圆心为原点半径为 3 的圆盘 D 之上(图 7-4-2),由式(7-4-2),有

$$\begin{aligned} S &= \iint_D \sqrt{1 + \left(\frac{\partial z}{\partial x}\right)^2 + \left(\frac{\partial z}{\partial y}\right)^2}\,d\sigma \\ &= \iint_D \sqrt{1 + (2x)^2 + (2y)^2}\,d\sigma \\ &= \iint_D \sqrt{1 + 4(x^2 + y^2)}\,d\sigma \end{aligned}$$

转化为极坐标,可得

$$\begin{aligned} S &= \int_0^{2\pi} d\theta \int_0^3 \sqrt{1+4r^2}\,r\,dr = \int_0^{2\pi} d\theta \int_0^3 r\sqrt{1+4r^2}\,dr \\ &= 2\pi \times \frac{1}{8} \times \frac{2}{3}(1+4r^2)^{3/2}\Big|_0^3 = \frac{\pi}{6}(37\sqrt{37} - 1) \end{aligned}$$

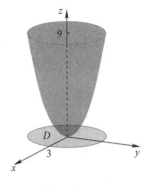

图 7-4-2

例 7-4-2 计算半径为 a 的球的表面积。

解 取上半球面方程为 $z = \sqrt{a^2 - x^2 - y^2}$,则它在 xOy 面上的投影区域 $D = \{(x,y) \mid x^2 + y^2 \leq a^2\}$。

由 $$\frac{\partial z}{\partial x} = \frac{-x}{\sqrt{a^2 - x^2 - y^2}}, \quad \frac{\partial z}{\partial y} = \frac{-y}{\sqrt{a^2 - x^2 - y^2}}$$

得 $$\sqrt{1 + \left(\frac{\partial z}{\partial x}\right)^2 + \left(\frac{\partial z}{\partial y}\right)^2} = \frac{a}{\sqrt{a^2 - x^2 - y^2}}$$

因为该函数在闭区域 D 上无界,我们不能直接应用曲面面积公式。所以先选取区域 $D_1 = \{(x,y) \mid x^2 + y^2 \leq b^2\}$ $(0 < b < a)$ 为积分区域,算出相应于 D_1 上的球面面积 S_1 后,再令 $b \to a$ 取 S_1 的极限就得半球面的面积。

$$S_1 = \iint_{D_1} \frac{a}{\sqrt{a^2 - x^2 - y^2}}\,dxdy$$

利用极坐标,得

$$\begin{aligned} S_1 &= \iint_{D_1} \frac{a}{\sqrt{a^2 - \rho^2}}\rho\,d\rho d\theta = a \int_0^{2\pi} d\theta \int_0^b \frac{a}{\sqrt{a^2 - \rho^2}}\rho\,d\rho \\ &= 2\pi a \int_0^b \frac{a}{\sqrt{a^2 - \rho^2}}\rho\,d\rho = 2\pi a(a - \sqrt{a^2 - b^2}) \end{aligned}$$

于是 $$\lim_{b \to a} S_1 = \lim_{b \to a}[2\pi a(a - \sqrt{a^2 - b^2})] = 2\pi a^2$$

因此整个球面的面积为

$$S = 4\pi a^2$$

7.4.2 对面积的曲面积分的计算

由物理意义可知,如果被积函数 $f(x,y,z)$ 表示物质曲面的面密度,那么对面积的曲面积分

$\iint_\Sigma f(x,y,z)\mathrm{d}S$ 就是表示物质曲面的质量,这与前面用定积分求物质质量的分析方法(微元法)是类似的。利用曲面面积的微元 $\mathrm{d}S$ 的表达式,它是非均匀连续分布在 S 的投影区域 D 上的可加量,因此物质曲面的质量可以表达为二重积分

$$\iint_D f[x,y,z(x,y)]\sqrt{1+z_x^2(x,y)+z_y^2(x,y)}\,\mathrm{d}x\mathrm{d}y$$

来计算,其中 $z=z(x,y)$ 为曲面 Σ 的方程,D 为 S 在 xOy 平面上的投影,从而启发我们可以将第一型对面积的曲面积分化为二重积分来计算,得到如下的计算定理:

定理 7-4-1 设光滑曲面 Σ 的方程为

$$z=z(x,y)\quad ((x,y)\in D)$$

$f(x,y,z)$ 在 Σ 上连续,则

$$\iint_\Sigma f(x,y,z)\mathrm{d}S = \iint_D f[x,y,z(x,y)]\sqrt{1+z_x^2+z_y^2}\,\mathrm{d}x\mathrm{d}y \qquad (7-4-5)$$

证明方法与对弧长的曲线积分计算定理类似,这里从略。

式(7-4-5)表明,为了将对面积的曲面积分化为二重积分,只要将 $\mathrm{d}S$ 看作曲面面积微元,将曲面面积微元表达式和曲面的方程代入式(7-4-5)左端的被积表达式 $f(x,y,z)\mathrm{d}S$,并求出 Σ 在 xOy 平面上的投影区域 D 就可以了。

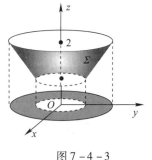

图 7-4-3

例 7-4-3 求对面积的曲面积分 $\iint_\Sigma z\mathrm{d}S$,其中 Σ 是圆锥面 $z=\sqrt{x^2+y^2}$ 介于平面 $z=1$ 与 $z=2$ 之间的部分。

解 曲面 Σ 在 xOy 平面上的投影区域(图 7-4-3)为

$$D=\{(x,y)\mid 1\leqslant x^2+y^2\leqslant 4\}$$

由于

$$z_x = \frac{x}{\sqrt{x^2+y^2}},\quad z_y = \frac{y}{\sqrt{x^2+y^2}}$$

根据式(7-4-5)得知

$$\iint_\Sigma z\mathrm{d}S = \iint_D \sqrt{x^2+y^2}\sqrt{1+\frac{x^2}{x^2+y^2}+\frac{y^2}{x^2+y^2}}\,\mathrm{d}x\mathrm{d}y$$

$$= \iint_D \sqrt{2(x^2+y^2)}\,\mathrm{d}x\mathrm{d}y = \iint_D \sqrt{2}r\cdot r\mathrm{d}r\mathrm{d}\varphi = \sqrt{2}\int_0^{2\pi}\mathrm{d}\varphi\int_1^2 r^2\mathrm{d}r = \frac{14}{3}\sqrt{2}\pi$$

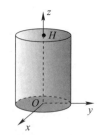

图 7-4-4

例 7-4-4 求曲面积分 $\iint_\Sigma z(x^2+y^2)\mathrm{d}S$,其中 Σ 是圆柱面 $x^2+y^2=R^2$ 与平面 $z=0,z=H$ 围成的立体表面。

解 如图 7-4-4 所示,由积分区域可加性,得

$$\iint_\Sigma z(x^2+y^2)\mathrm{d}S = \iint_{\Sigma_1} z(x^2+y^2)\mathrm{d}S + \iint_{\Sigma_2} z(x^2+y^2)\mathrm{d}S + \iint_{\Sigma_3} z(x^2+y^2)\mathrm{d}S$$

由于 Σ_2 的方程为 $z=0$,Σ_3 的方程为 $z=H$,则由公式(7-4-5)得

$$\iint_{\Sigma_2} z(x^2+y^2)\mathrm{d}S = 0$$

$$\iint_{\Sigma_3} z(x^2+y^2)\mathrm{d}S = \iint_{D_{xOy}} H(x^2+y^2)\mathrm{d}x\mathrm{d}y$$

$$= H\int_0^{2\pi}\mathrm{d}\varphi\int_0^R r^3\mathrm{d}r = \frac{\pi}{2}R^4 H$$

式中:D_{xOy} 为 Σ_3 在 xOy 平面上的投影。

又因为 Σ_1 关于 yOz 平面和 zOx 平面对称,被积函数关于 x 与 y 是偶函数,所以,若将圆柱面用坐标面 $x=0$ 与 $y=0$ 分割成 4 块,其中在第一卦限的部分记为 Σ_1',它的方程为 $x=\sqrt{R^2-y^2}$,它在 yOz 平面上的投影记为 D_{yOz},则

$$\iint_{\Sigma_1} z(x^2+y^2)\mathrm{d}S = 4\iint_{D_{yOz}} zR^2\sqrt{1+\frac{y^2}{R^2-y^2}}\mathrm{d}x\mathrm{d}y$$

$$= 4R^3\int_0^H z\mathrm{d}z\int_0^R \frac{1}{\sqrt{R^2-y^2}}\mathrm{d}y = 4R^3\int_0^H z\left[\arcsin\frac{y}{R}\right]_0^R\mathrm{d}z = \pi R^3 H^2$$

从而得知,曲面积分值为 $\frac{\pi}{2}R^3 H(2H+R)$。

7.4.3 杂例

对于一般的曲面,求面积微元时,采用切平面代替,然后投影到坐标面上,就可以将曲面积分转化为投影面上的二重积分。其实,面积微元的选取,依据曲面形状的不同,可以灵活选取,只要遵循两个原则:

(1) 微元的面积好计算;

(2) 面积微元上被积函数变化不大,可以近似为常量。此时,根据面积微元的表达式,就可以将对面积的曲面积分转化为不同类型的积分,我们通过例题来体会。

例 7-4-5 计算曲面积分 $\iint_{\Sigma}\frac{\mathrm{d}S}{z}$,其中 Σ 是球面 $x^2+y^2+z^2=a^2$ 被平面 $z=h(0<h<a)$ 截出的顶部。

解 如图 7-4-5 所示,因为被积函数只与变量 z 有关,取面积微元为环形区域,圆环的长度为 $2\pi a\sin\varphi$,宽度为 $a\mathrm{d}\varphi$,则

$$\mathrm{d}S = 2\pi a^2\sin\varphi\mathrm{d}\varphi$$

且 $z=R\cos\phi$,所以

$$\iint_{\Sigma}\frac{\mathrm{d}S}{z} = \int_0^{\arccos\frac{h}{a}}\frac{2\pi a^2\sin\varphi\mathrm{d}\varphi}{a\cos\varphi}$$

$$= -2\pi a\ln\cos\varphi\Big|_0^{\arccos\frac{h}{a}} = 2\pi a\ln\frac{a}{h}$$

例 7-4-6 计算 $I = \iint_{\Sigma}\frac{\mathrm{d}S}{\lambda-z}(\lambda>R)$,其中 Σ 是球面 $x^2+y^2+z^2=R^2$。

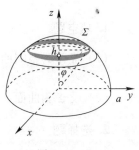

图 7-4-5

解 如图 7-4-6 所示,取球面坐标系,则 $z = R\cos\phi$,用 $\phi =$ 常数,$\theta =$ 常数分割曲面 Σ,则面积微元

$$dS = R^2\sin\varphi d\theta d\varphi$$

故

$$\begin{aligned}
I &= \int_0^{2\pi} d\theta \int_0^{\pi} \frac{R^2\sin\varphi}{\lambda - R\cos\varphi} d\varphi \\
&= 2\pi R \int_0^{\pi} \frac{d(\lambda - R\cos\varphi)}{\lambda - R\cos\varphi} \\
&= 2\pi R \ln\frac{\lambda + R}{\lambda - R}
\end{aligned}$$

例 7-4-7 计算曲面积分 $I = \oiint_{\Sigma} \frac{dS}{x^2 + y^2 + z^2}$,其中 Σ 是介于平面 $z = 0$ 和 $z = H$ 之间的圆柱体 $x^2 + y^2 = R^2$。

解 如图 7-4-7 所示,取曲面面积元素为

$$dS = 2\pi R dz$$

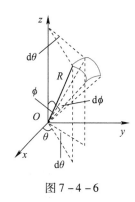

图 7-4-6   图 7-4-7

则原积分可化为定积分

$$I = \int_0^H \frac{2\pi R dz}{R^2 + z^2} = 2\pi \arctan\frac{H}{R}$$

习题 7-4
(A)

1. 填空题

(1) 若 Σ 为空间曲面,则曲面积分 $\iint_{\Sigma} dS$ 表示的含义是_____。

(2) 设 Σ 为曲面 $z = \sqrt{x^2 + y^2}$ 在 $0 \leq z \leq 1$ 的部分,则 $\iint_{\Sigma} x dS = $ _____。

2. 选择题

(1) 设 Σ 为曲面 $z = 2 - (x^2 + y^2)$ 在 xOy 面上方部分,则 $\iint_{\Sigma} z dS = ($)。

A. $\iint\limits_{x^2+y^2\leq 2}(2-x^2-y^2)\sqrt{1+4x^2+4y^2}\,dxdy$

B. $\iint\limits_{x^2+y^2\leq 2}(2-x^2-y^2)\,dxdy$

C. $\iint\limits_{x^2+y^2\leq 2}z\sqrt{1+4x^2+4y^2}\,dxdy$

D. $\iint\limits_{x^2+y^2\leq 2}\sqrt{1+4x^2+4y^2}\,dxdy$

(2) 设 Σ 为 $x^2+y^2+z^2=a^2$,则 $\oiint\limits_{\Sigma}(x^2+y^2+z^2)\,dS$ 的值为( )。

A. $2\pi a^4$ 　　　　　　　B. $\dfrac{2}{3}\pi a^4$

C. $4\pi a^4$ 　　　　　　　D. $\dfrac{4}{3}\pi a^4$

(3) 设 $\Sigma: x^2+y^2+z^2=a^2(z\geq 0)$,$\Sigma_1$ 为 Σ 在第一卦限的部分,则下列结论正确的是( )。

A. $\iint\limits_{\Sigma}x\,dS=4\iint\limits_{\Sigma_1}x\,dS$ 　　　　B. $\iint\limits_{\Sigma}y\,dS=4\iint\limits_{\Sigma_1}x\,dS$

C. $\iint\limits_{\Sigma}z\,dS=4\iint\limits_{\Sigma_1}x\,dS$ 　　　　D. $\iint\limits_{\Sigma}xyz\,dS=4\iint\limits_{\Sigma_1}xyz\,dS$

3. 计算 $\iint\limits_{\Sigma}(xy+z)\,dS$,其中 Σ 是平面 $2x-y+z-3=0$ 上的一部分,其在 xOy 面上的投影为 $y=0, x=1, y=x$ 所围成的三角形区域。

4. 计算 $\iint\limits_{\Sigma}xyz\,dS$,其中 Σ 是圆锥面 $z^2=x^2+y^2$ 在平面 $z=1$ 和 $z=4$ 中间的部分。

5. 令 Σ 是球面 $x^2+y^2+z^2=a^2$,计算下列各题:

(1) $\iint\limits_{\Sigma}z\,dS$;

(2) $\iint\limits_{\Sigma}\dfrac{x+y^3+\sin z}{1+z^4}\,dS$;

(3) $\iint\limits_{\Sigma}(x^2+y^2+z^2)\,dS$;

(4) $\iint\limits_{\Sigma}x^2\,dS$;

(5) $\iint\limits_{\Sigma}(x^2+y^2)\,dS$。

6. 计算曲面积分 $\iint\limits_{\Sigma}f(x,y,z)\,dS$,其中 Σ 是抛物面 $z=2-(x^2+y^2)$ 在 xOy 面上方的部分,$f(x,y,z)$ 分别如下:

(1) $f(x,y,z)=1$;　　(2) $f(x,y,z)=x^2+y^2$;　　(3) $f(x,y,z)=3z$。

7. 求抛物面 $z=x^2+y^2$ 被平面 $z=2$ 截下的曲面面积。

(B)

1. 求球面 $x^2+y^2+z^2=2$ 被锥面 $z=\sqrt{x^2+y^2}$ 截下的帽形壳面积。

2. $\iint\limits_{\Sigma}\dfrac{1}{x^2+y^2+z^2}dS$,其中 Σ 是柱面 $x^2+y^2=R^2$ 介于平面 $z=h(h>0)$ 和 $z=0$ 之间的部分。

3. $\iint\limits_{\Sigma}(2xy-2x^2-x+z)dS$,其中 Σ 是平面 $2x+2y+z=6$ 在第一卦限的部分。

4. $\iint\limits_{\Sigma}(xy+yz+zx)dS$,其中 Σ 是锥面 $z=\sqrt{x^2+y^2}$ 被柱面 $x^2+y^2=2ax$ 所截得的有限部分。

5. 奇偶对称性

由前面所学可知,定积分和二重积分具有奇偶对称性。那么对于对面积的曲面积分,应该也有类似的性质,对面积的曲面积分的奇偶对称性又如何呢?请你进行总结,并回答问题:

(1) 设空间曲面 $\Sigma:x^2+y^2+z^2=R^2,z\geq 0(R>0)$,则( )。

A. $\iint\limits_{\Sigma}(x+y+z)dS=0$ B. $\iint\limits_{\Sigma}(x+z)dS=0$

C. $\iint\limits_{\Sigma}(y+z)dS=0$ D. $\iint\limits_{\Sigma}xyzdS=0$

(2) 设空间曲面 $\Sigma:x^2+y^2+z^2=R^2,z\geq 0(R>0)$,$\Sigma_1$ 是 Σ 在第一卦限部分,则( )。

A. $\iint\limits_{\Sigma}xdS=4\iint\limits_{\Sigma_1}xdS$ B. $\iint\limits_{\Sigma}ydS=4\iint\limits_{\Sigma_1}ydS$

C. $\iint\limits_{\Sigma}zdS=4\iint\limits_{\Sigma_1}zdS$ D. $\iint\limits_{\Sigma}xyzdS=4\iint\limits_{\Sigma_1}xyzdS$

§7.5 三重积分的计算

当积分区域为一空间区域 Ω 时,对应的数量值函数的积分就是三重积分,即

$$\iiint\limits_{\Omega}f(x,y,z)dV=\lim_{d\to 0}\sum_{k=1}^{n}f(\xi_k,\eta_k,\zeta_k)\Delta V_k$$

类似于二重积分,在被积函数连续的情况下,可将三重积分转化为三次积分来计算,即将三重积分的计算转化为三个定积分来计算。由于被积函数和积分区域在不同的坐标系下表示的简易程度不同,本节我们将分别介绍直角坐标系、柱面坐标系和球面坐标系下三重积分的计算。

7.5.1 空间物体质量的计算

设一空间物体占据空间区域 Ω,其密度函数为 $\rho(x,y,z),(x,y,z)\in\Omega$,求该物体的质量 m。问题的关键在于"质量微元"的选取。

如果分割成小方块,如图 7-5-1 所示,质量微元 $dm=\rho(x,y,z)\Delta x\Delta y\Delta z$,质量就转化为 Ω 上的三重积分

$$m=\iiint\limits_{\Omega}dm=\iiint\limits_{\Omega}\rho(x,y,z)\Delta x\Delta y\Delta z$$

如果分割成细棒,如图 7-5-2 所示,质量微元 = 细棒线密度 × 细棒长度,然后把质量微元在细棒的投影区域上积分,就可以得到物体质量。

如果分割成平面薄片,如图 7-5-3 所示,质量微元 = 薄片面密度 × 薄片厚度,然后把质量微元在薄片的投影区间上积分,就可以得到物体质量。

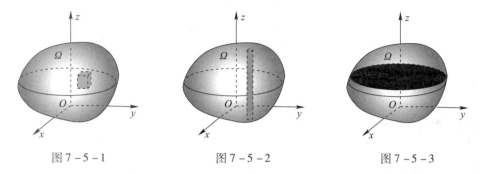

图 7-5-1　　　　　　图 7-5-2　　　　　　图 7-5-3

到目前为止,我们已经会求曲线型(包括直线型)构件和曲面型(包括平面型)物体的质量,也就是上述后两种分割方式下质量微元可以分别转化为定积分和二重积分计算,然后再对它们分别在投影区域和投影区间上积分即可。

受此启发,三重积分的计算就可以转化为先定积分再二重积分的计算,也可以转化为先二重积分再定积分的计算,这就是下面的先单后重法(投影法)和先重后单法(截面法)。

7.5.2　直角坐标系下三重积分的计算

1. 先单后重法(投影法)

我们考虑 $f(x,y,z)$ 连续且积分区域 Ω 比较简单的情形。如果 Ω 位于两张关于 x 和 y 的连续曲面之间,即

$$\Omega = \{(x,y,z) \mid (x,y) \in D, u_1(x,y) \leqslant z \leqslant u_2(x,y)\} \tag{7-5-1}$$

我们称 Ω 为第 I 型域,其中 D 是 Ω 在 xOy 平面上的投影,如图 7-5-4 所示。注意到 Ω 的上边界曲面的方程为 $z = u_2(x,y)$,下边界曲面的方程为 $z = u_1(x,y)$,则

$$\iiint_\Omega f(x,y,z)\,dV = \iint_D \left[\int_{u_1(x,y)}^{u_2(x,y)} f(x,y,z)\,dz\right]d\sigma \tag{7-5-2}$$

它表示右端的内层积分中,当 $f(x,y,z)$ 关于 z 积分时,x 和 y 是固定的,因此 $u_1(x,y)$ 和 $u_2(x,y)$ 也被当作常数。这样就将三重积分化成由一个单积分和一个二重积分构成的累次积分,这种计算三重积分的积分顺序称为"先单后重"或"先一后二"。如果再将其中的二重积分化为二次积分,那么,所求三重积分最终被化为三个定积分构成的三次积分。

特别地,若 Ω 在 xOy 平面上的投影 D 是 X 型域,如图 7-5-5 所示,则

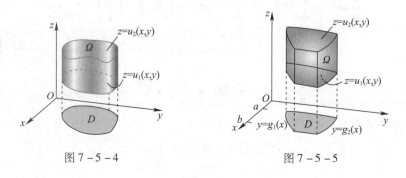

图 7-5-4　　　　　　　　图 7-5-5

$$\Omega = \{(x,y,z) \mid a \leq x \leq b, g_1(x) \leq y \leq g_2(x), u_1(x,y) \leq z \leq u_2(x,y)\}$$

式(7-5-2)就化为

$$\iiint_\Omega f(x,y,z)\mathrm{d}V = \int_a^b \mathrm{d}x \int_{g_1(x)}^{g_2(x)} \mathrm{d}y \int_{u_1(x,y)}^{u_2(x,y)} f(x,y,z)\mathrm{d}z \qquad (7-5-3)$$

若 D 是 Y 型域,如图 7-5-6 所示,则

$$\Omega = \{(x,y,z) \mid c \leq y \leq d, h_1(y) \leq x \leq h_2(y), u_1(x,y) \leq z \leq u_2(x,y)\}$$

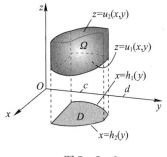

式(7-5-2)就化为

$$\iiint_\Omega f(x,y,z)\mathrm{d}V = \int_c^d \mathrm{d}y \int_{h_1(y)}^{h_2(y)} \mathrm{d}x \int_{u_1(x,y)}^{u_2(x,y)} f(x,y,z)\mathrm{d}z$$

$$(7-5-4)$$

例 7-5-1 计算三重积分 $\iiint_\Omega z\mathrm{d}V$,其中 Ω 是由平面 $x=0$, $y=0, z=0$ 和 $x+y+z=1$ 围成的四面体。

解 先作图,其中一个是积分区域的立体 Ω,如图 7-5-7 所示,另一个是该立体在 xOy 平面上的投影 D,如图 7-5-8 所

图 7-5-6

示。再确定四面体的边界,其中下边界为平面 $z=0$,上边界为平面 $x+y+z=1$(或 $z=1-x-y$),在式(7-5-3)中,$u_1(x,y)=0$ 和 $u_2(x,y)=1-x-y$。注意到平面 $x+y+z=1$ 和 $z=0$ 在 xOy 平面上相交于直线 $x+y=1$(或 $y=1-x$)。所以 Ω 的投影为如图 7-5-8 所示的三角形域,则有

$$\Omega = \{(x,y,z) \mid 0 \leq x \leq 1, 0 \leq y \leq 1-x, 0 \leq z \leq 1-x-y\}$$

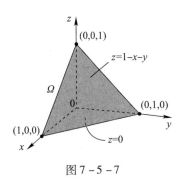
图 7-5-7

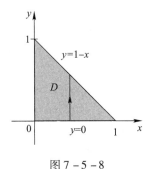
图 7-5-8

其中投影区域 D 视为 X 型域,由此可计算积分如下:

$$\iiint_E z\mathrm{d}V = \int_0^1 \mathrm{d}x \int_0^{1-x} \mathrm{d}y \int_0^{1-x-y} z\mathrm{d}z = \int_0^1 \mathrm{d}x \int_0^{1-x} \left[\frac{z^2}{2}\right]_{x=0}^{z=1-x-y} \mathrm{d}y$$

$$= \frac{1}{2}\int_0^1 \mathrm{d}x \int_0^{1-x} (1-x-y)^2 \mathrm{d}y = \frac{1}{2}\int_0^1 \left[-\frac{(1-x-y)^3}{3}\right]_{y=0}^{y=1-x} \mathrm{d}x$$

$$= \frac{1}{6}\int_0^1 (1-x)^3 \mathrm{d}x = \frac{1}{6}\left[-\frac{(1-x)^4}{4}\right]_0^1 = \frac{1}{24}$$

如果 Ω 可以描述为

$$E = \{(x,y,z) \mid (y,z) \in D, u_1(y,z) \leq x \leq u_2(y,z)\}$$

则称 Ω 为第 Ⅱ 型域。其中 D 是 Ω 在 yOz 平面上的投影,如图 7-5-9 所示。其后表面为 $x=u_1(y,z)$,前表面为 $x=u_2(x,z)$,则有

$$\iiint\limits_{\Omega} f(x,y,z)\,\mathrm{d}V = \iint\limits_{D}\left[\int_{u_1(y,z)}^{u_2(y,z)} f(x,y,z)\,\mathrm{d}x\right]\mathrm{d}\sigma \tag{7-5-5}$$

最后,如果 Ω 可以描述为

$$\Omega = \{(x,y,z) \mid (x,z) \in D, u_1(x,z) \leq y \leq u_2(x,z)\}$$

则称 Ω 为第 Ⅲ 型域。其中 D 是 Ω 在 zOx 平面上的投影。$y=u_1(x,z)$ 是其左侧表面,$y=u_2(x,z)$ 是右表面,如图 7-5-10 所示。在该类型下有

$$\iiint\limits_{\Omega} f(x,y,z)\,\mathrm{d}V = \iint\limits_{D}\left[\int_{u_1(x,z)}^{u_2(x,z)} f(x,y,z)\,\mathrm{d}y\right]\mathrm{d}\sigma \tag{7-5-6}$$

再依据 D 是 X 型域还是 Y 型域,式(7-5-5)和式(7-5-6)分别有两种积分次序(对应于式(7-5-3)和式(7-5-4))。

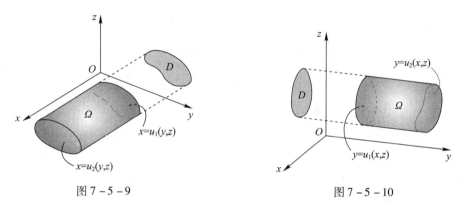

图 7-5-9   图 7-5-10

例 7-5-2 计算 $\iiint\limits_{\Omega}\sqrt{x^2+z^2}\,\mathrm{d}V$,其中 Ω 是由抛物面 $y=x^2+z^2$ 和平面 $y=4$ 围成的立体。

解 视立体 Ω(图 7-5-11)为 Ⅰ 型域,设其在 xOy 平面上的投影为 D_1,为抛物线区域,如图 7-5-12 所示。

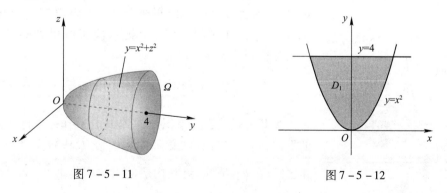

图 7-5-11   图 7-5-12

从 $y=x^2+z^2$ 可得 $z=\pm\sqrt{y-x^2}$,所以 Ω 的下边界为 $z=-\sqrt{y-x^2}$,上边界为 $z=\sqrt{y-x^2}$。因此将 Ω 可描述为

$$\Omega = \{(x,y,z) \mid -2 \leq x \leq 2, x^2 \leq y \leq 4, -\sqrt{y-x^2} \leq z \leq \sqrt{y-x^2}\}$$

因此有

$$\iiint_\Omega \sqrt{x^2+z^2}\,dV = \int_{-2}^{2}\int_{x^2}^{4}\int_{-\sqrt{y-x^2}}^{\sqrt{y-x^2}} \sqrt{x^2+z^2}\,dzdydx$$

尽管该转化形式是正确的,但却很难计算。所以我们考虑将 Ω 看作Ⅲ型域。设 Ω 在 zOx 平面上的投影 D_3 是圆盘 $x^2+z^2 \leq 4$,如图 7-5-13 所示。可知 Ω 的左侧表面为抛物面 $y=x^2+z^2$,右侧曲面为平面 $y=4$,令式(7-5-6)中的 $u_1(x,z)=x^2+z^2$ 和 $u_2(x,z)=4$,则

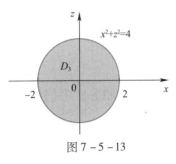

图 7-5-13

$$\iiint_\Omega \sqrt{x^2+z^2}\,dV = \iint_{D_3}\left[\int_{x^2+z^2}^{4}\sqrt{x^2+z^2}\,dy\right]d\sigma$$
$$= \iint_{D_3}(4-x^2-z^2)\sqrt{x^2+z^2}\,d\sigma$$

显然该积分可以继续写成

$$\int_{-2}^{2}\int_{-\sqrt{4-x^2}}^{\sqrt{4-x^2}}(4-x^2-z^2)\sqrt{x^2+z^2}\,dzdx$$

将它转化为 zOx 平面的极坐标来计算,设 $x=r\cos\theta, z=r\sin\theta$。则有

$$\iiint_\Omega \sqrt{x^2+z^2}\,dV = \iint_{D_3}(4-x^2-z^2)\sqrt{x^2+z^2}\,dxdy$$
$$= \int_0^{2\pi}\int_0^2 (4-r^2)r\cdot r\,drd\theta = \int_0^{2\pi}d\theta\int_0^2(4r^2-r^4)\,dr$$
$$= 2\pi\left[\frac{4r^3}{3}-\frac{r^5}{5}\right]_0^2 = \frac{128}{15}\pi$$

2. 先重后单法(截面法)

有时候,我们还可以用"先重后单"(或"先二后一")的方法来计算三重积分。为方便计算,假定积分区域是第Ⅰ型的,用任一平行于 xOy 平面的平面截割积分区域 Ω,所截出的平面区域记作 D_z,并设 z 的变化范围为 $[a,b]$,如图 7-5-14 所示。

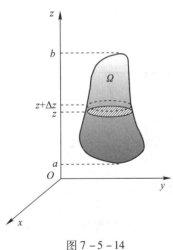

图 7-5-14

在"无限累加"乘积项 $f(x,y,z)\Delta z\Delta A$ 时,先固定 z 和 Δz,在以 D_z 为底,厚度为 Δz 的薄层上"无限累加",提出公因子 Δz,再沿 z 轴在区间 $[a,b]$ 上把各薄层所得到的和"无限累加",从而得到

$$\iiint_\Omega f(x,y,z)\,dV = \int_a^b\left[\iint_{D_z}f(x,y,z)\,d\sigma\right]dz \quad (7-5-7)$$

按此公式计算三重积分,首先应任意作一平行于 xOy 平面的平面,确定它与 Ω 的截面区域 D_z 及 Ω 中各点竖坐标 z 的变化区间 $[a,b]$;其次,计算内层的二重积分 $\iint_{D_z}f(x,y,z)\,d\sigma$,一般来说,它是 z 的一元函数;最后再计算该函数在区间 $[a,b]$ 上的定积分。

例 7 – 5 – 3 计算三重积分 $\iiint_\Omega z^2 \mathrm{d}x\mathrm{d}y\mathrm{d}z$，其中 Ω 是由椭球面 $\dfrac{x^2}{a^2} + \dfrac{y^2}{b^2} + \dfrac{z^2}{c^2} = 1$ 所围的空间闭区域。

解 我们采用"先重后单"的计算方法。椭球面被平行于 xOy 平面的平面所截区域 D_z 是平面 $z=z$ 上的椭圆域，可表示为

$$D_z = \left\{ (x,y) \,\bigg|\, \frac{x^2}{a^2} + \frac{y^2}{b^2} \leqslant 1 - \frac{z^2}{c^2} \right\}$$

此时，由相应的二重积分的几何意义，椭圆面积为

$$\iint_{D_z} \mathrm{d}x\mathrm{d}y = \pi a\sqrt{1 - \frac{z^2}{c^2}} \cdot b\sqrt{1 - \frac{z^2}{c^2}} = \pi ab\left(1 - \frac{z^2}{c^2}\right)$$

又空间闭区域 Ω 可表示为

$$\Omega = \left\{ (x,y,z) \,\bigg|\, \frac{x^2}{a^2} + \frac{y^2}{b^2} \leqslant 1 - \frac{z^2}{c^2}, -c \leqslant z \leqslant c \right\}$$

如图 7 – 5 – 15 所示，并由式(7 – 5 – 7)得

$$\iiint_\Omega z^2 \mathrm{d}x\mathrm{d}y\mathrm{d}z = \int_{-c}^c z^2 \mathrm{d}z \iint_{D_z} \mathrm{d}x\mathrm{d}y = \pi ab \int_{-c}^c \left(1 - \frac{z^2}{c^2}\right) z^2 \mathrm{d}z = \frac{4}{15}\pi abc^3$$

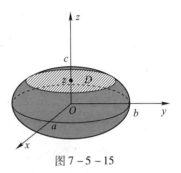

图 7 – 5 – 15

7.5.3 柱面坐标系下三重积分的计算

在例 7 – 5 – 2 中我们看到，将三重积分化为先一后二的积分后，相应的二重积分用极坐标系计算更容易。为此，我们引入空间柱面坐标系，会看到有些三重积分用柱面坐标系更易计算。

设 $P(x,y,z)$ 为空间内的一点，并设点 P 在 xOy 面上的投影的极坐标为 (r,θ)，则这样的三个数 (r,θ,z) 就叫作点 P 的柱面坐标，如图 7 – 5 – 16 所示，这里规定三个数的变化范围为

$$0 \leqslant r < +\infty, \quad 0 \leqslant \theta \leqslant 2\pi, \quad -\infty < z < +\infty$$

三组坐标面(如图 7 – 5 – 17 所示)分别为

$r = $ 常数，即以 z 轴为轴的圆柱面；

$\theta = $ 常数，即过 z 轴的半平面；

$z = $ 常数，即与 xOy 面平行的平面。

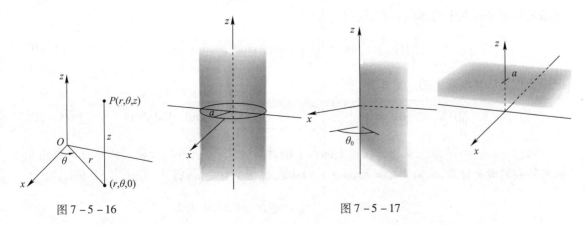

图 7 – 5 – 16 　　　　　　　　　　图 7 – 5 – 17

显然,点 P 的直角坐标系与柱面坐标的关系为

$$\begin{cases} x = r\cos\theta \\ y = r\sin\theta \\ z = z \end{cases}$$

则空间区域在 xOy 平面上的投影 D(如图 7-5-18 所示)。特别地,假设 $f(x,y,z)$ 连续,空间区域可表示为

$$\Omega = \{(x,y,z) \mid (x,y) \in D, u_1(x,y) \leq z \leq u_2(x,y)\}$$

其中 D 在极坐标系下可表示为

$$D = \{(r,\theta) \mid \alpha \leq \theta \leq \beta, h_1(\theta) \leq r \leq h_2(\theta)\}$$

则有

$$\iiint\limits_{\Omega} f(x,y,z)\mathrm{d}V = \iint\limits_{D} \left[\int_{u_1(x,y)}^{u_2(x,y)} f(x,y,z)\mathrm{d}z \right] \mathrm{d}x\mathrm{d}y \tag{7-5-8}$$

为此,用三组坐标面 $r=$ 常数,$\theta=$ 常数和 $z=$ 常数把 Ω 分成许多小闭区域,这种小闭区域(图 7-5-19)都是柱体,今考虑 r,θ 和 z 各取得微小增量 $\mathrm{d}r,\mathrm{d}\theta$ 和 $\mathrm{d}z$ 所成的柱体体积。底面积即为在极坐标下的面积元素,于是得

$$\mathrm{d}V = r\mathrm{d}r\mathrm{d}\theta\mathrm{d}z$$

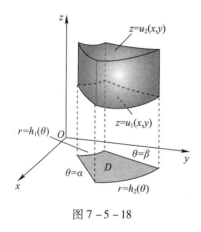

图 7-5-18

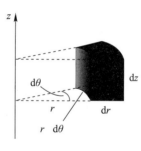

图 7-5-19

这就是柱面坐标系中的体积元素,则有

$$\iiint\limits_{\Omega} f(x,y,z)\mathrm{d}V = \iiint\limits_{\Omega} f(r\cos\theta, r\sin\theta, z) r\mathrm{d}r\mathrm{d}\theta\mathrm{d}z \tag{7-5-9}$$

进一步化简极坐标系下的二重积分,有

$$\iiint\limits_{\Omega} f(x,y,z)\mathrm{d}V = \int_{\alpha}^{\beta} \int_{h_1(\theta)}^{h_2(\theta)} \int_{u_1(r\cos\theta, r\sin\theta)}^{u_2(r\cos\theta, r\sin\theta)} f(r\cos\theta, r\sin\theta, z) r\mathrm{d}z\mathrm{d}r\mathrm{d}\theta \tag{7-5-10}$$

式(7-5-10)就是三重积分在极坐标系下的计算公式。它说明:要将三重积分从直角坐标系转换到极坐标系,只需要令 $x=r\cos\theta, y=r\sin\theta$,保留 z 不变,再将 $\mathrm{d}V$ 替换为 $r\mathrm{d}r\mathrm{d}\theta\mathrm{d}z$,则

$$\iiint\limits_{\Omega} f(x,y,z)\mathrm{d}V = \iiint\limits_{\Omega} f(r\cos\theta, r\sin\theta, z) r\mathrm{d}r\mathrm{d}\theta\mathrm{d}z$$

当 Ω 用极坐标易于表达,且被积函数 $f(x,y,z)$ 含有因子 x^2+y^2 时,就可以选用式(7-5-10)。

例 7-5-4 立体 Ω 含于圆柱体 $x^2+y^2=1$ 内,且介于平面 $z=4$ 和抛物面 $z=1-x^2-y^2$ 之间,如图 7-5-20 所示,且每点的密度和这一点到圆柱体的纵轴的距离成比例,求 Ω 的质量。

解 在柱面坐标系下圆柱体为 $r=1$,抛物面为 $z=1-r^2$,所以
$$\Omega=\{(r,\theta,z)\,|\,0\leq\theta\leq 2\pi,0\leq r\leq 1,1-r^2\leq z\leq 4\}$$
由题意,(x,y,z) 点处的密度函数为
$$f(x,y,z)=K\sqrt{x^2+y^2}=Kr$$
其中 K 为比例系数,则 Ω 的质量为
$$\begin{aligned}m&=\iiint_\Omega K\sqrt{x^2+y^2}\,\mathrm{d}V=\int_0^{2\pi}\int_0^1\int_{1-r^2}^4(Kr)r\mathrm{d}z\mathrm{d}r\mathrm{d}\theta\\&=\int_0^{2\pi}\int_0^1(Kr)[4-(1-r^2)]\mathrm{d}r\mathrm{d}\theta\\&=K\int_0^{2\pi}\mathrm{d}\theta\int_0^1(3r^2+r^4)\mathrm{d}r\\&=2\pi K\left[r^3+\frac{r^5}{5}\right]_0^1=\frac{12\pi K}{5}\end{aligned}$$

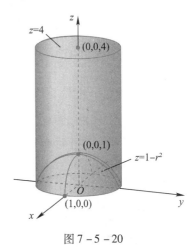

图 7-5-20

例 7-5-5 计算 $\int_{-2}^2\int_{-\sqrt{4-x^2}}^{\sqrt{4-x^2}}\int_{\sqrt{x^2+y^2}}^2(x^2+y^2)\mathrm{d}z\mathrm{d}y\mathrm{d}x$。

解 该累次积分是立体区域上的三重积分,其中
$$\Omega=\left\{(x,y,z)\left|\begin{array}{l}-2\leq x\leq 2\\-\sqrt{4-x^2}\leq y\leq\sqrt{4-x^2}\\\sqrt{x^2+y^2}\leq z\leq 2\end{array}\right.\right\}$$
且 Ω 在 xOy 平面上的投影为圆盘 $x^2+y^2\leq 4$。Ω 的下表面是圆锥 $z=\sqrt{x^2+y^2}$,上表面为平面 $z=2$(如图 7-5-21 所示),该积分区域在柱面坐标系下有
$$\Omega=\{(r,\theta,z)\,|\,0\leq\theta\leq 2\pi,0\leq r\leq 2,r\leq z\leq 2\}$$

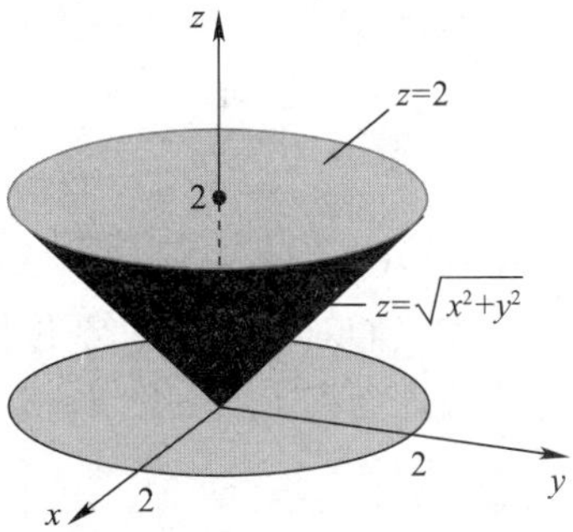

图 7-5-21

因此有
$$\begin{aligned}\int_{-2}^2\int_{-\sqrt{4-x^2}}^{\sqrt{4-x^2}}\int_{\sqrt{x^2+y^2}}^2(x^2+y^2)\mathrm{d}z\mathrm{d}y\mathrm{d}x&=\iiint_\Omega(x^2+y^2)\mathrm{d}V=\iiint_\Omega r^2\cdot r\mathrm{d}r\mathrm{d}\theta\mathrm{d}z\\&=\int_0^{2\pi}\mathrm{d}\theta\int_0^2\mathrm{d}r\int_r^2\mathrm{d}z=\int_0^{2\pi}\mathrm{d}\theta\int_0^2 r^3(2-r)\mathrm{d}r=2\pi\left[\frac{1}{2}r^4-\frac{1}{5}r^5\right]_0^2=\frac{16}{5}\pi\end{aligned}$$

7.5.4 球面坐标系下三重积分的计算

设 $P(x,y,z)$ 为空间内一点,如图 7-5-22 所示,则点 P 也可用这样三个有次序的数 ρ,ϕ 和 θ 来确定,其中 ρ 为原点 O 与点 P 的距离,ϕ 为有向线段 $\overrightarrow{OP}$ 与 z 轴正向所夹的角,θ 为从正 z

轴来看自 x 按逆时针方向转到有向线段 $\overrightarrow{OM}$ 的角，这里 M 为 P 在 xOy 面上的投影，这样的三个数 ρ,ϕ 和 θ 叫作点 P 的球面坐标，其变化范围为

$$0 \leqslant \rho < +\infty, \quad 0 \leqslant \phi \leqslant \pi, \quad 0 \leqslant \theta \leqslant 2\pi$$

三组坐标面（图 7-5-23）分别为

$\rho =$ 常数，即以原点为中心的球面；

$\phi =$ 常数，即以原点为顶点，z 轴为轴的圆锥面；

$\theta =$ 常数，即过 z 轴的半平面。

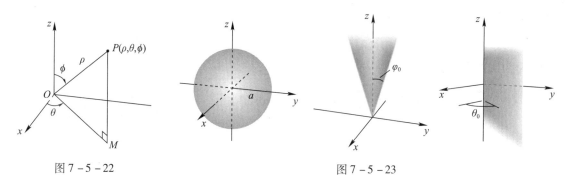

图 7-5-22

图 7-5-23

如图 7-5-22 所示，很容易得到直角坐标系下点 $P(x,y,z)$ 与在球面坐标系下点 $P(\rho,\phi,\theta)$ 之间的关系为

$$\begin{cases} x = OM\cos\theta = \rho\sin\phi\cos\theta \\ y = OM\sin\theta = \rho\sin\phi\sin\theta \\ z = \rho\cos\phi \end{cases}$$

为了把三重积分中的变量从直角坐标变换为球面坐标，用三组坐标面 ρ 常数、$\phi =$ 常数和 $\theta =$ 常数把积分区域 Ω 分成许多小闭区域，我们称其为对应在球面坐标系下的球面楔，该区域可表示为

$$\Omega = \{(\rho,\phi,\theta) \mid a \leqslant \rho \leqslant b, \alpha \leqslant \theta \leqslant \beta, c \leqslant \phi \leqslant d\}$$

式中：$a > 0, \beta - \alpha \leqslant 2\pi; d - c \leqslant \pi$。

如我们对球面楔进行更小的细分：用同心球面 $\rho = \rho_i$，半平面 $\theta = \theta_j$ 和半锥面 $\phi = \phi_k$ 将 E 分割成球面楔 E_{ijk}，如图 7-5-24 所示，可以看出 E_{ijk} 近似于边长分别为 $\Delta\rho$、$\rho_i\Delta\phi$（半径为 ρ_i、夹角为 $\Delta\phi$ 的弧度），和 $\rho_i\sin\phi_k\Delta\theta$（半径为 $\rho_i\sin\phi_k$，夹角为 $\Delta\theta$ 的弧度）的长方体。所以 E_{ijk} 的体积近似等于

$$\Delta V_{ijk} \approx \Delta\rho \times (\rho_i\Delta\theta) \times (\rho_i\sin\phi_k\Delta\theta) = \rho_i^2\sin\phi_k\Delta\rho\Delta\theta\Delta\phi$$

由此可得黎曼和为

$$\sum_{i=1}^{l}\sum_{j=1}^{m}\sum_{k=1}^{n} f(\rho_i\sin\phi_k\cos\theta_j, \rho_i\sin\phi_k\sin\theta_j, \rho_i\cos\phi_k)\rho_i^2\sin\phi_k\Delta\rho\Delta\theta\Delta\phi$$

该和是函数

$$F(\rho,\phi,\theta) = f(\rho\sin\phi\cos\theta, \rho\sin\phi\sin\theta, \rho\cos\phi) \cdot \rho^2\sin\phi$$

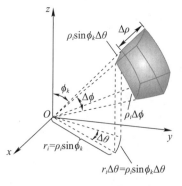

图 7-5-24

的黎曼和。因此，有下述三重积分在球面坐标系下的计算

公式。

$$\iiint_\Omega f(x,y,z)\mathrm{d}V = \int_c^d \int_\alpha^\beta \int_a^b f(\rho\sin\phi\cos\theta,\rho\sin\phi\sin\theta,\rho\cos\phi)\cdot\rho^2\sin\phi\mathrm{d}\rho\mathrm{d}\theta\mathrm{d}\phi$$

$$(7-5-11)$$

其中球面楔 $\Omega = \{(\rho,\phi,\theta)\,|\,a\leq\rho\leq b,\alpha\leq\theta\leq\beta,c\leq\phi\leq d\}$。

式(7-5-11)表明(图7-5-25)：将三重积分从直角坐标转换到球面坐标，需要写出

$$\begin{cases} x = \rho\sin\phi\cos\theta \\ y = \rho\sin\phi\sin\theta \\ z = \rho\cos\phi \end{cases}$$

并代换相应的积分限，再将 $\mathrm{d}V$ 替换为 $\rho^2\sin\phi\mathrm{d}\rho\mathrm{d}\theta\mathrm{d}\phi$ 即可。

式(7-5-11)可以推广到更一般的球面区域：

$$\Omega = \{(\rho,\theta,\phi)\,|\,\alpha\leq\theta\leq\beta,c\leq\phi\leq d,g_1(\theta,\phi)\leq\rho\leq g_2(\theta,\phi)\}$$

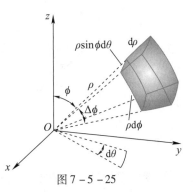

图 7-5-25

在这种情形下，除了将式(7-5-1)中的 ρ 积分上下限换成 $g_1(\theta,\phi)$ 和 $g_2(\theta,\phi)$，其他均不变。

通常，球面坐标系适用于三重积分中积分区域的边界为**锥面、球面**等的情形。

若积分区域 Ω 的边界曲面是一个包围原点在内的闭曲面，其球面坐标方程为 $\rho = \rho(\phi,\theta)$，则

$$I = \iiint_\Omega F(\rho,\phi,\theta)\rho^2\sin\phi\mathrm{d}\rho\mathrm{d}\phi\mathrm{d}\theta = \int_0^{2\pi}\mathrm{d}\theta\int_0^\pi\mathrm{d}\phi\int_0^{\rho(\phi,\theta)}F(\rho,\phi,\theta)\rho^2\sin\phi\mathrm{d}\rho$$

当积分区域 Ω 为球面 $\rho = a$ 所围成时，则

$$I = \int_0^{2\pi}\mathrm{d}\theta\int_0^\pi\mathrm{d}\phi\int_0^a F(\rho,\phi,\theta)\rho^2\sin\phi\mathrm{d}\rho$$

特别地，当 $F(\rho,\phi,\theta) = 1$ 时，由上式即得球的体积

$$V = \int_0^{2\pi}\mathrm{d}\theta\int_0^\pi\sin\phi\mathrm{d}\phi\int_0^a \rho^2\mathrm{d}\rho = 2\pi\cdot 2\cdot\frac{a^3}{3} = \frac{4}{3}\pi a^3$$

例 7-5-6 计算 $\iiint_\Omega e^{(x^2+y^2+z^2)^{\frac{3}{2}}}\mathrm{d}V$，其中 $\Omega = \{(x,y,z)\,|\,x^2+y^2+z^2\leq 1\}$。

解 利用球面坐标，则

$$\Omega = \{(\rho,\phi,\theta)\,|\,0\leq\rho\leq 1,0\leq\theta\leq 2\pi,0\leq\phi\leq\pi\}$$

于是，由式(7-5-11)，有

$$\iiint_\Omega e^{(x^2+y^2+z^2)^{\frac{3}{2}}}\mathrm{d}V = \int_0^\pi\int_0^{2\pi}\int_0^1 e^{(\rho^2)^{\frac{3}{2}}}\rho^2\sin\phi\mathrm{d}\rho\mathrm{d}\theta\mathrm{d}\phi$$

$$= \int_0^\pi\sin\phi\mathrm{d}\phi\int_0^{2\pi}\mathrm{d}\theta\int_0^1 e^{\rho^3}\rho^2\mathrm{d}\rho = [-\cos\phi]_0^\pi(2\pi)\left[\frac{1}{3}e^{\rho^3}\right]_0^1 = \frac{4}{3}\pi(e-1)$$

本题若不使用球坐标，求解将会变得极其困难，在直角坐标下累次积分会变成

$$\int_{-1}^1 \mathrm{d}x\int_{-\sqrt{1-x^2}}^{\sqrt{1-x^2}}\mathrm{d}y\int_{-\sqrt{1-x^2-y^2}}^{\sqrt{1-x^2-y^2}}e^{(x^2+y^2+z^2)^{\frac{3}{2}}}\mathrm{d}z$$

例 7-5-7 利用球面坐标计算立体的体积，立体由圆锥 $z = \sqrt{x^2 + y^2}$ 上方和球面 $x^2 + y^2 + z^2 = z$ 下方所围成的区域，如图 7-5-26 所示。

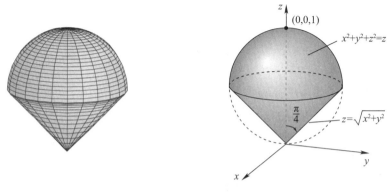

图 7-5-26

解 易知球经过原点，球心为 $\left(0, 0, \dfrac{1}{2}\right)$，此时用球坐标可表示为

$$\rho^2 = \rho\cos\phi \quad \text{或} \quad \rho = \cos\phi$$

圆锥的方程可写成为

$$\rho\cos\phi = \sqrt{\rho^2\sin^2\phi\cos^2\theta + \rho^2\sin^2\phi\sin^2\theta} = \rho\sin\phi$$

则可知 $\cos\phi = \sin\phi$，或 $\phi = \dfrac{\pi}{4}$，从而，立体在球坐标下可写成

$$\Omega = \{(\rho, \theta, \phi) \mid 0 \leq \theta \leq 2\pi, 0 \leq \phi \leq \pi/4, 0 \leq \rho \leq \cos\phi\}$$

我们先对 ρ 积分，再对 ϕ 积分，最后对 θ 积分，如图 7-5-27 所示，确定积分限：

图 7-5-27(a) 表示 ϕ 和 θ 固定，ρ 从 0 变到 $\cos\phi$，图 7-5-27(b) 表示 θ 固定，ϕ 从 0 变到 $\pi/4$，图 7-5-27(c) 表示 θ 从 0 变到 2π。

则 Ω 的体积为

$$V = \iiint\limits_{\Omega} \mathrm{d}V = \int_0^{2\pi} \mathrm{d}\theta \int_0^{\pi/4} \mathrm{d}\phi \int_0^{\cos\phi} \rho^2 \sin\phi \mathrm{d}\rho$$

$$= \int_0^{2\pi} \mathrm{d}\theta \int_0^{\pi/4} \sin\phi \left[\frac{\rho^3}{3}\right]_{\rho=0}^{\rho=\cos\phi} \mathrm{d}\phi = \frac{2\pi}{3} \int_0^{\pi/4} \sin\phi \cos^3\phi \mathrm{d}\phi = \frac{2\pi}{3} \left[-\frac{\cos^4\phi}{4}\right]_0^{\pi/4} = \frac{\pi}{8}$$

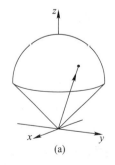 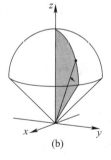 

(a) (b) (c)

图 7-5-27

习题 7-5

(A)

1. 设空间区域 $\Omega: z \geq \sqrt{3(x^2+y^2)}, x^2+y^2+z^2 \leq 1$,则 $\iiint\limits_{\Omega} z^2 \mathrm{d}V = ($ $)$。

A. $\int_0^{2\pi} \mathrm{d}\theta \int_0^{\frac{\pi}{3}} \sin\varphi \cos^2\varphi \mathrm{d}\varphi \int_0^1 \rho^4 \mathrm{d}\rho$

B. $\int_0^{2\pi} \mathrm{d}\theta \int_0^{\frac{\pi}{6}} \sin\varphi \cos^2\varphi \mathrm{d}\varphi \int_0^1 \rho^4 \mathrm{d}\rho$

C. $\int_0^{2\pi} \mathrm{d}\theta \int_0^{\frac{\pi}{3}} \sin\varphi \cos\varphi \mathrm{d}\varphi \int_0^1 \rho^3 \mathrm{d}\rho$

D. $\int_0^{2\pi} \mathrm{d}\theta \int_0^{\frac{\pi}{6}} \sin\varphi \cos\varphi \mathrm{d}\varphi \int_0^1 \rho^2 \mathrm{d}\rho$

2. 设 $\Omega: x^2+y^2+z^2 \leq 1$,则 $\iiint\limits_{\Omega} \dfrac{z\ln(x^2+y^2+z^2+1)}{x^2+y^2+z^2+1} \mathrm{d}V = ($ $)$。

A. -1 B. 1 C. 0 D. 0

3. 写出三次积分 $\int_0^1 \mathrm{d}z \int_0^{1-z} \mathrm{d}y \int_0^2 f(x,y,z) \mathrm{d}x$ 的另外五种积分次序。

4. 计算下列三重积分:

(1) $\iiint\limits_{\Omega} \sin(x+y+z) \mathrm{d}V$,其中 Ω 由三个坐标面与平面 $x+y+z=\dfrac{\pi}{2}$ 所围成。

(2) $\iiint\limits_{\Omega} xy \mathrm{d}V$,其中 Ω 是由 $z=xy, x+y=1, z=0$ 所围的有界闭区域。

(3) $\iiint\limits_{\Omega} z \mathrm{d}V$,其中 Ω 是由曲面 $z=x^2+y^2$ 与 $z=\sqrt{2-x^2-y^2}$ 所围成。

(4) $\iiint\limits_{\Omega} (x^2+y) \mathrm{d}V$,其中 Ω 是由曲面 $z=x^2+y^2$ 与 $z=4$ 所围成的立体。

(5) $\iiint\limits_{\Omega} (x+y+z^2) \mathrm{d}V$,其中 Ω 为立体 $x^2+y^2+z^2 \leq 4$ 的上半部。

(6) $\iiint\limits_{\Omega} (x+z) \mathrm{d}V$,其中 Ω 是由曲面 $z=\sqrt{x^2+y^2}$ 与 $z=\sqrt{1-x^2-y^2}$ 所围成。

(B)

1. 已知 Ω 由 $x^2+y^2+z^2=1$ 围成,计算下列三重积分:

(1) $\iiint\limits_{\Omega} (x^2+y^2+z^2) \mathrm{d}V$;

(2) $\iiint\limits_{\Omega} \left(\dfrac{x^2}{a^2}+\dfrac{y^2}{b^2}+\dfrac{z^2}{c^2}\right) \mathrm{d}V$;

(3) $\iiint\limits_{\Omega} \left(\dfrac{x}{a^2}+\dfrac{y}{b^2}+\dfrac{z}{c^2}\right) \mathrm{d}V$。

2. 计算 $\iiint\limits_{\Omega} (x^2+z^2) \mathrm{d}V$,其中 Ω 是球 $x^2+y^2+z^2 \leq 4$。

3. 计算 $\iiint_{\Omega}(x+y+2z)dV$，其中 Ω 为曲面 $z=x^2+y^2$ 与 $z=1$ 所围成的闭区域。

4. 计算 $\iiint_{\Omega}(x^2+5xy^2\sin\sqrt{x^2+y^2})dV$，其中 Ω 由曲面 $z=\frac{1}{2}(x^2+y^2)$ 与 $z=1,z=4$ 围成。

5. 计算 $\iiint_{\Omega}y\sqrt{1-x^2}dV$，其中 Ω 由曲面 $y=-\sqrt{1-x^2-z^2},x^2+z^2=1$ 与 $y=1$ 所围成。

6. 设 Ω 为曲线 $\begin{cases}x^2=2z\\y=0\end{cases}$ 绕 z 轴一周形成的曲面与 $z=1,z=2$ 所围成的立体，求

(1) $\iiint_{\Omega}\frac{1}{x^2+y^2+z^2}dV$； (2) $\iiint_{\Omega}(x^2+y^2+z^2)dV$。

7. 设 $F(t)=\iiint_{x^2+y^2+z^2\leq t^2}f(x^2+y^2+z^2)dxdydz$，其中 $f(u)$ 为连续函数，$f'(0)$ 存在，且 $f(0)=0$，$f'(0)=1$，求 $\lim\limits_{t\to 0^+}\frac{F(t)}{t^5}$。

8. 设函数 $f(x)$ 连续且恒大于零，有

$$F(t)=\frac{\iiint_{\Omega(t)}f(x^2+y^2+z^2)dV}{\iint_{D(t)}f(x^2+y^2)d\sigma}, \quad G(t)=\frac{\iint_{D(t)}f(x^2+y^2)d\sigma}{\int_{-t}^{t}f(x^2)dx}$$

式中：$\Omega(t)=\{(x,y,z)\mid x^2+y^2+z^2\leq t^2\}$，$D(t)=\{(x,y)\mid x^2+y^2\leq t^2\}$。

(1) 讨论 $F(t)$ 在区间 $(0,+\infty)$ 内的单调性；

(2) 证明 $t>0$ 时，$F(t)>\frac{2}{\pi}G(t)$。

9. 假设密度和形状已知，如何求空间物体的质量？请写出你的想法。你可以从二重积分中求平面薄片的质量问题寻求思路。

10. (求平均值) 求以 $F(x,y,z)=xyz$ 为密度的在第一卦限以坐标平面和平面 $x=2,y=2,z=2$ 为界的立体上的平均密度。

11. 求三重积分的最小值问题。在空间的什么区域 Ω 上，积分值

$$\iiint_{\Omega}(4x^2+y^2+z^2-4)dV$$

获得最小值？给出你答案的理由。

12. 奇偶对称性

定积分有"偶倍奇零"的性质，即：若积分区域关于坐标原点对称，则

$$\int_{-a}^{a}f(x)dx=\begin{cases}2\int_{0}^{a}f(x)dx & (f(-x)=f(x))\\0 & ((f(-x)=-f(x)))\end{cases}$$

也就是说积分区域和被积函数同时满足对称性和奇偶性，就可以简化计算，为我们计算带来方便。二重积分也有奇偶对称性。那么对于三重积分，应该也有类似的性质，三重积分的对称性又如何呢？请你进行总结，并回答问题：

(1) 设空间区域 $\Omega_1:x^2+y^2+z^2\leq R^2, z\geq 0$，$\Omega_2$ 是 Ω_1 在第一卦限部分，则

A. $\iiint_{\Omega_1} z\mathrm{d}V = 4\iiint_{\Omega_2}\mathrm{d}V$ B. $\iiint_{\Omega_1}\mathrm{d}V = 4\iiint_{\Omega_2}\mathrm{d}V$

C. $\iiint_{\Omega_1} y\mathrm{d}V = 2\iiint_{\Omega_2} y\mathrm{d}V$ D. $\iiint_{\Omega_1}\mathrm{d}V = \iiint_{\Omega_2} z\mathrm{d}V$

(2) 设 Ω 为 $x^2+y^2+z^2\leq 1, z\geq 0$，$\Omega_1$ 为 Ω 在第一卦限部分，则( )。

A. $\iiint_{\Omega}\sin(xyz)\mathrm{d}V = 0$

B. $\iiint_{\Omega}\sin(xyz)\mathrm{d}V = \iiint_{\Omega_1}\sin(xyz)\mathrm{d}V$

C. $\iiint_{\Omega} xy\sin(xyz)\mathrm{d}V = 2\iiint_{\Omega_1} xy\sin(xyz)\mathrm{d}V$

D. $\iiint_{\Omega} z\sin(xyz)\mathrm{d}V = 4\iiint_{\Omega_1} z\sin(xyz)\mathrm{d}V$

13. 广义球坐标变换

$$T:\begin{cases} x = a\rho\sin\phi\cos\theta & (0\leq\rho\leq+\infty) \\ y = b\rho\sin\phi\sin\theta & (0\leq\theta\leq 2\pi) \\ z = c\rho\cos\phi & (0\leq\phi\leq\pi) \end{cases}$$

此时，体积微元为 $\mathrm{d}V = abc\sin\phi\rho^2\mathrm{d}\theta\mathrm{d}\phi\mathrm{d}\rho$。

(1) 计算 $\iiint_{\Omega}(x^2+y^2+z^2)\mathrm{d}V$，其中 Ω 为 $\dfrac{x^2}{a^2}+\dfrac{y^2}{b^2}+\dfrac{z^2}{c^2}\leq 1$。

(2) 计算 $\iiint_{\Omega} z\mathrm{d}V$，其中 Ω 为 $\dfrac{x^2}{a^2}+\dfrac{y^2}{b^2}+\dfrac{z^2}{c^2}\leq 1$ 与 $z\geq 0$ 所围区域。

(C)

1. 选择适当的坐标系计算下列三重积分：

(1) $\iiint_{\Omega} xy\mathrm{d}V$，其中 Ω 是由柱面 $x^2+y^2=1$ 及平面 $z=1$、$z=0$、$x=0$、$y=0$ 所围成的在第一卦限内的闭区域；

(2) $\iiint_{\Omega}\sqrt{x^2+y^2+z^2}\mathrm{d}V$，其中 Ω 是由球面 $x^2+y^2+z^2=z$ 所围成的闭区域；

(3) $\iiint_{\Omega}(x^2+y^2)\mathrm{d}V$，其中 Ω 是由曲面 $4z^2=25(x^2+y^2)$ 及平面 $z=5$ 所围成的闭区域；

(4) $\iiint_{\Omega}(x^2+y^2)\mathrm{d}V$，其中 Ω 是由不等式 $0<a\leq\sqrt{x^2+y^2+z^2}\leq A, z\geq 0$ 所确定。

2. 设函数 $f(x)$ 在 $(-\infty,+\infty)$ 上连续，且满足

$$f(t) = 2\iint_{x^2+y^2\leq t^2}(x^2+y^2)f(\sqrt{x^2+y^2})\mathrm{d}x\mathrm{d}y + t^4$$

求 $f(x)$。

3. 设函数 $f(u)$ 具有连续的导数，且 $f(0)=0, f'(0)=2$，求极限

$$\lim_{t\to 0}\dfrac{1}{\pi t^4}\iiint_{\Omega} f(\sqrt{x^2+y^2+z^2})\mathrm{d}x\mathrm{d}y\mathrm{d}z$$

式中：Ω 为 $x^2+y^2+z^2\leq t^2$。

§7.6 多元数量值函数积分的应用

我们已经看到了,一个非均匀连续分布在区间 $[a,b]$ 上的可加量 Q,可以通过定积分来计算,利用微元法建立 Q 的积分表达式是关键。如果所求量 Q 是非均匀连续分布在区域 (Ω) 上的可加量,就需要利用重积分或线面积分来计算。例如,平面薄板的质量可用二重积分计算,而空间曲面的质量可用第一类曲面积分计算。本节主要介绍用"微元法",将某些几何和物理方面的问题转化为计算数量值函数积分。

求子区域上局部量的近似值是微元法的关键。在实际应用中,为了求积分微元,应当分析导致所求量 Q 非均匀分布的原因,找出主要是由于哪一个相关量的变化才使得 Q 非均匀分布。例如,平面薄板上物质质量在区域上的非均匀分布是由于面密度是变量造成的,所以"以不变代变",用子区域内任意一点处的面密度近似代替整个子区域的值,从而将子区域上的分布看成是均匀的,求得所求量 ΔQ 的近似值 $dQ = f(x,y)d\sigma$,这个近似值往往就是所求量的**微元** dQ,求得微元后,再将它在整个积分域上"无限累加",便得到所求量的积分表达式。

7.6.1 曲顶柱体的体积

如图 7-6-1 所示,假设 $f(x,y) \geq 0$,函数 $z = f(x,y)$ 就表示位于平面区域 xOy 上方的一片曲面,D 是 xOy 上的区域,作以 D 的边界曲线为准线,母线平行于 z 轴的柱面,便得到一个以 D 为底面、曲面 $z = f(x,y)$ 为顶面的立体,称它为**曲顶柱体**。我们来计算曲顶柱体的体积 V。

曲顶柱体体积在区域上的非均匀分布是由于它的"高"是变量造成的。所以,我们首先将平面区域任意划分为若干子区域,在子区域上,"以均匀代替非均匀",求出局部量 ΔV 的近似值,如图 7-6-2 所示。

$$dV = f(x,y)d\sigma$$

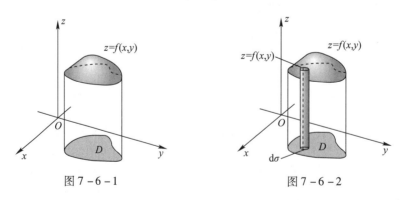

图 7-6-1 图 7-6-2

利用极限将上述局部量的近似值"无限累加",就得到所求量 V 在区域上精确值的二重积分表达式

$$V = \iint_D f(x,y)d\sigma = \iint_D f(x,y)dxdy \tag{7-6-1}$$

由此可见,当 $f(x,y) \geq 0$ 时,**二重积分的几何意义**是以 D 为底面、曲面 $z = f(x,y)$ 为顶的曲顶柱体的体积。

若函数 $f(x,y)$ 既有正值又有负值,如图 7-6-3 所示,则二重积分表示体积的代数和,即

$$\iint_D f(x,y)\,\mathrm{d}\sigma = V_1 + V_2 - V_3 - V_4$$

例 7-6-1 若 $D = \{(x,y) \mid -1 \leq x \leq 1, -2 \leq y \leq 2\}$，计算二重积分 $\iint_D \sqrt{1-x^2}\,\mathrm{d}\sigma$。

解 如果利用定义来计算该积分有点复杂。因为 $\sqrt{1-x^2} \geq 0$，我们可以将二重积分理解成立体体积来计算。

若 $z = \sqrt{1-x^2}$，则 $x^2 + z^2 = 1$ 且 $z \geq 0$，所以给定的二重积分表示介于长方形 D 和圆柱面 $x^2 + z^2 = 1$ 之间立体 S 的体积，如图 7-6-4 所示。S 的体积为半径为 1 的半圆的面积乘以圆柱体的长度，所以

$$\iint_D \sqrt{1-x^2}\,\mathrm{d}\sigma = \frac{1}{2}\pi(1)^2 \times 4 = 2\pi$$

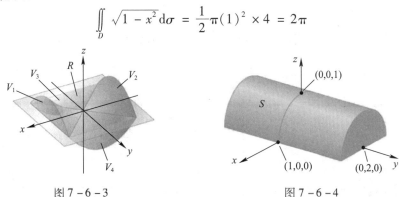

图 7-6-3   图 7-6-4

注 若 $f(x,y) = C$ 为常数函数，则 $\iint_D C\,\mathrm{d}\sigma = C \cdot$ 面积(D)。

利用二重积分的几何意义，可以解释二重积分的对称奇偶性。比如，积分区域 D 关于 y 轴对称，如图 7-6-5 所示，被积函数 $f(x,y) = xy^2$ 是关于 x 的奇函数，则围成的曲顶柱体两部分形状一致，体积相等，但分别分布于 xOy 面的上下两侧，各自的积分值符号相反，所以积分值为 0。

如果 $f(x,y) \geq 0$，公式

$$S(D) \times f_{\text{ave}} = \iint_D f(x,y)\,\mathrm{d}\sigma$$

说明底为 D、高为 f_{ave} 的立方体体积等于高为曲面的立体的体积。假设 $z = f(x,y)$ 表示山体表面，如果将高出 f_{ave} 的顶部砍掉，然后用来填充低谷，会把山体刚好填平，如图 7-6-6 所示。

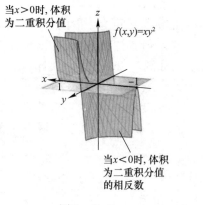
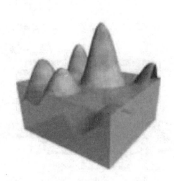

图 7-6-5   图 7-6-6

例 7-6-2 计算位于抛物面 $z = x^2 + y^2$ 之下，xOy 面之上区域 D 之上的立体体积，其中 D 由直线 $y = 2x$ 和抛物线 $y = x^2$ 围成。

解一 立体如图 7-6-7 所示，从图 7-6-8 可看出 D 为 X 型域：
$$D = \{(x,y) \mid 0 \leq x \leq 2, x^2 \leq y \leq 2x\}$$

因此在 $z = x^2 + y^2$ 之下，D 之上的立体体积为

$$\begin{aligned}
V &= \iint\limits_{D} (x^2 + y^2)\,d\sigma = \int_0^2 \int_{x^2}^{2x} (x^2 + y^2)\,dy\,dx \\
&= \int_0^2 \left[x^2 y + \frac{y^3}{3}\right]_{y=x^2}^{y=2x} dx = \int_0^2 \left[x^2(2x) + \frac{(2x)^3}{3} - x^2 x^2 - \frac{(x^2)^3}{3}\right] dx \\
&= \int_0^2 \left(-\frac{x^6}{3} - x^4 + \frac{14x^3}{3}\right) dx - \frac{x^7}{21} - \frac{x^5}{5} + \frac{7x^4}{6}\Big|_0^2 = \frac{216}{35}
\end{aligned}$$

解二 由图 7-6-9 所示，区域 D 也可以看作 Y 型域：
$$D = \left\{(x,y) \,\Big|\, 0 \leq y \leq 4, \frac{1}{2}y \leq x \leq \sqrt{y}\right\}$$

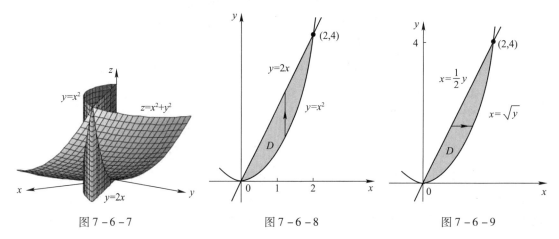

图 7-6-7　　　　　　图 7-6-8　　　　　　图 7-6-9

因此 D 的另外一种表达为

$$\begin{aligned}
V &= \iint\limits_{D} (x^2 + y^2)\,d\sigma = \int_0^4 dy \int_{\frac{1}{2}y}^{\sqrt{y}} (x^2 + y^2)\,dx \\
&= \int_0^4 \left[\frac{x^3}{3} + xy^2\right]_{x=\frac{1}{2}y}^{x=\sqrt{y}} dy = \int_0^4 \left(\frac{y^{3/2}}{3} + y^{5/2} - \frac{y^3}{24} - \frac{y^3}{2}\right) dy \\
&= \frac{2}{15}y^{5/2} + \frac{2}{7}y^{7/2} - \frac{13}{96}y^4 \Big|_0^4 = \frac{216}{35}
\end{aligned}$$

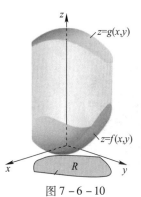

图 7-6-10

扩展上述思想，我们能够解决更为一般的空间立体的体积问题。

设 $z = g(x,y)$ 和 $z = f(x,y)$ 是连续函数，在 xOy 面上的积分区域 R 上，有 $g(x,y) \geq f(x,y)$，如图 7-6-10 所示，计算区域 D 上两曲面间的立体体积。

立体的"底"和"顶"连续变化，立体内一个特定长方块的高是上下曲面的垂直距离 $g(x,y) - f(x,y)$，设其在区域 D 上的投影区域面积为 $d\sigma$，则体积微元

$$dV = [g(x,y) - f(x,y)]\,d\sigma$$

所以，两曲面之间的立体体积为

$$V = \iint_D [g(x,y) - f(x,y)] d\sigma \qquad (7-6-2)$$

例 7-6-3 计算位于抛物面 $z = x^2 + y^2$ 下方，xOy 平面之上，且被圆柱体 $x^2 + y^2 = 2x$ 所含的立体的体积。

解 该立体的底 D 的边界方程为 $x^2 + y^2 = 2x$，配方后为 $(x-1)^2 + y^2 = 1$，如图 7-6-11 和图 7-6-12 所示，在极坐标系下边界线可表示为

$$r^2 = 2r\cos\theta \quad \text{或} \quad r = 2\cos\theta$$

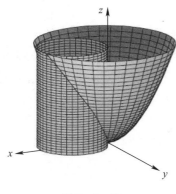
图 7-6-11

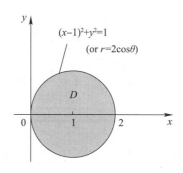
图 7-6-12

因此 D 可表示为

$$D = \left\{(r,\theta) \mid -\frac{\pi}{2} \leqslant \theta \leqslant \frac{\pi}{2}, 0 \leqslant r \leqslant 2\cos\theta\right\}$$

由公式 (7-6-2)，则有

$$\begin{aligned}
V &= \iint_D (x^2 + y^2) d\sigma = \int_{-\frac{\pi}{2}}^{\frac{\pi}{2}} d\theta \int_0^{2\cos\theta} r^2 r dr \\
&= \int_{-\frac{\pi}{2}}^{\frac{\pi}{2}} \left[\frac{r^4}{4}\right]_0^{2\cos\theta} d\theta = 4\int_{-\frac{\pi}{2}}^{\frac{\pi}{2}} \cos^4\theta d\theta = 8\int_0^{\frac{\pi}{2}} \cos^4\theta d\theta \\
&= 8\left(\frac{1}{4}\cos^3\theta\sin\theta\bigg|_0^{\frac{\pi}{2}} + \frac{3}{4}\int_0^{\frac{\pi}{2}} \cos^2\theta d\theta\right) = 6\int_0^{\frac{\pi}{2}} \cos^2\theta d\theta \\
&= 6\left[\frac{1}{2}\theta + \frac{1}{4}\sin 2\theta\right]_0^{\frac{\pi}{2}} = 6 \times \frac{1}{2} \times \frac{\pi}{2} = \frac{3\pi}{2}
\end{aligned}$$

7.6.2 矩和质心

许多结构和力学系统问题就像全部质量集中在一点上的作用一样，该点就叫作**质心**。于是怎样确定该点就非常重要，而这基本是一个数学问题。前面我们已经讨论了分布在刚性轴上的质点系的质心，以及具有连续密度的金属丝和细杆的质心。

设有 n 个位于 x 轴上点 $x_1, x_2, \cdots, x_n$ 处具有质量 $m_1, m_2, \cdots, m_n$ 的质点系，则它的质心可以表示为

$$\bar{x} = \frac{\sum_{i=1}^n m_i x_i}{\sum_{i=1}^n m_i} = \frac{\sum_{i=1}^n m_i x_i}{m}$$

式中：$M_0 = \sum\limits_{i=1}^{n} m_i x_i$ 称为系统关于原点的矩。

假设分布在 x 轴上，端点分别为 a,b，且具有连续密度函数 $\rho(x)$ 的细杆或丝，其质心为

$$\bar{x} = \frac{M_0}{M} = \frac{\int_a^b x\rho(x)\,\mathrm{d}x}{\int_a^b \rho(x)\,\mathrm{d}x}$$

式中：$M_0 = \int_a^b x\rho(x)\,\mathrm{d}x$ 称为细杆或丝关于原点的矩。

我们继续讨论分布在不同区域上的物体的矩和质心。先讨论平面薄片的质心。

设在平面上有 n 个质量分别为 $m_1, m_2, \cdots, m_n$ 的质点 $P_1, P_2, \cdots, P_n$，坐标分别为 (x_1, y_1)，(x_2, y_2)，$\cdots$，(x_n, y_n)，称 $m_i y_i, m_i x_i (i = 1, 2, \cdots, n)$ 为质点 P_i 分别对 x 轴和 y 轴的**力矩**，此时，上述 n 个质点构成的质点系对两个坐标轴的力矩依次为

$$M_x = \sum_{i=1}^{n} m_i y_i, \quad M_y = \sum_{i=1}^{n} m_i x_i$$

设质心 P 的坐标为 $(\bar{x}, \bar{y})$，由质心的上述定义知

$$\bar{x} = \frac{M_y}{m}, \quad \bar{y} = \frac{M_x}{m}$$

式中：$m = \sum\limits_{i=1}^{n} m_i$ 为质点系的总质量。

设薄片分布于平面区域 D，且密度为 $\rho(x,y)$，将薄片分成若干个小区域，每个小区域的质量近似等于 $\rho(x,y)\mathrm{d}\sigma$，这部分质量可近似看作集中在点 (x,y) 上，从而把该薄板离散化为一质点系。于是可以写出力矩微元 $\mathrm{d}M_y$ 及 $\mathrm{d}M_x$：

$$\mathrm{d}M_y = x\rho(x,y)\mathrm{d}\sigma, \quad \mathrm{d}M_x = y\rho(x,y)\mathrm{d}\sigma$$

以这些元素为被积表达式，在区域 D 上积分，即得

$$M_y = \iint\limits_{D} x\rho(x,y)\mathrm{d}\sigma, \quad M_x = \iint\limits_{D} y\rho(x,y)\mathrm{d}\sigma$$

则质心坐标 $(\bar{x}, \bar{y})$ 为

$$\bar{x} = \frac{M_y}{m} = \frac{1}{m}\iint\limits_{D} x\rho(x,y)\mathrm{d}\sigma \quad \bar{y} = \frac{M_x}{m} = \frac{1}{m}\iint\limits_{D} y\rho(x,y)\mathrm{d}\sigma \tag{7-6-3}$$

式中：质量 $m = \iint\limits_{D} \rho(x,y)\mathrm{d}\sigma$。

类似可得其他形状物体的质心。

例如，设曲线型构件占据空间曲线 $\varGamma$，设其线密度为 $\rho(x,y,z)$，该物体的质心坐标为

$$\bar{x} = \frac{M_{yz}}{m} = \frac{1}{m}\int_{\varGamma} x\rho(x,y,z)\mathrm{d}s, \quad \bar{y} = \frac{M_{zx}}{m} = \frac{1}{m}\int_{\varGamma} y\rho(x,y,z)\mathrm{d}s,$$

$$\bar{z} = \frac{M_{xy}}{m} = \frac{1}{m}\int_{\varGamma} z\rho(x,y,z)\mathrm{d}s \tag{7-6-4}$$

式中:M_{yz}、M_{zx}和M_{xy}分别为曲线对坐标平面yOz、zOx和xOy的力矩,$m = \int_{\Gamma}\rho(x,y,z)\mathrm{d}s$为曲线的质量。

再比如,空间立体Ω的体密度为$\rho(x,y,z)$,则该立体的质心坐标为

$$\bar{x} = \frac{M_{yz}}{m}, \quad \bar{y} = \frac{M_{zx}}{m}, \quad \bar{z} = \frac{M_{xy}}{m} \quad (7-6-5)$$

式中:质量$m = \iiint_{\Omega}\rho(x,y,z)\mathrm{d}V$;$M_{yz} = \iiint_{\Omega}x\rho(x,y,z)\mathrm{d}V$为质点系对坐标平面$yOz$的力矩,$M_{zx}$和$M_{xy}$类似。

其他形状的质心坐标类似可得,不再赘述。

例7-6-4 求顶点在$(0,0)$,$(1,0)$和$(0,2)$的三角形薄片的质量和质心,其中密度函数为

$$\rho(x,y) = 1 + 3x + y$$

解 如图7-6-13所示。利用两点$(1,0)$,$(0,2)$之间的直线方程,得斜边方程为$y = 2 - 2x$。此时薄片的质量为

$$\begin{aligned} m &= \iint_D \rho(x,y)\mathrm{d}\sigma = \int_0^1 \mathrm{d}x \int_0^{2-2x}(1+3x+y)\mathrm{d}y \\ &= \int_0^1 \left[y + 3xy + \frac{y^2}{2}\right]_0^{2-2x}\mathrm{d}x \\ &= 4\int_0^1(1-x^2)\mathrm{d}x = 4\left[x - \frac{x^3}{3}\right]_0^1 = \frac{8}{3} \end{aligned}$$

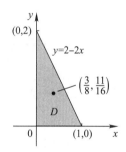

图7-6-13

则由式(7-6-3)有

$$\begin{aligned} \bar{x} &= \frac{1}{m}\iint_D x\rho(x,y)\mathrm{d}\sigma = \frac{3}{8}\int_0^1 \mathrm{d}x \int_0^{2-2x}(x + 3x^2 + xy)\mathrm{d}y \\ &= \frac{3}{8}\int_0^1\left[xy + 3x^2 y + x\frac{y^2}{2}\right]_{y=0}^{y=2-2x}\mathrm{d}x = \frac{3}{2}\int_0^1(x-x^3)\mathrm{d}x = \frac{3}{2}\left[\frac{x^2}{2} - \frac{x^4}{4}\right]_0^1 = \frac{3}{8} \\ \bar{y} &= \frac{1}{m}\iint_D y\rho(x,y)\mathrm{d}A = \frac{3}{8}\int_0^1 \mathrm{d}x \int_0^{2-2x}(y + 3xy + y^2)\mathrm{d}y \\ &= \frac{3}{8}\int_0^1\left[\frac{y^2}{2} + 3x\frac{y^2}{2} + \frac{y^3}{3}\right]_0^{2-2x}\mathrm{d}x = \frac{1}{4}\int_0^1(7 - 9x - 3x^2 + 5x^3)\mathrm{d}x \\ &= \frac{1}{4}\left[7x - 9\frac{x^2}{2} - x^3 + 5\frac{x^4}{4}\right]_0^1 = \frac{11}{16} \end{aligned}$$

所以质心为点$\left(\frac{3}{8}, \frac{11}{16}\right)$。

例7-6-5 求质量均匀分布、半径为R的半球体的质心。

解 如图7-6-14所示,建立坐标系。由上半球面关于z轴的对称性以及质量的均匀分布性,可知质心应在z轴上,从而有$\bar{x} = 0$,$\bar{y} = 0$,只要求$\bar{z}$。

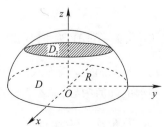

图7-6-14

为求 $\bar{z}$，根据式(7-6-5)必须先求出此半球体对 xOy 平面的力矩：

$$M_{xy} = \iiint_\Omega \rho z dV$$

式中：$\Omega = \{(x,y,z) | 0 \leq z \leq \sqrt{R^2-x^2-y^2}\}$。

利用先重后单法，并对其中的二重积分应用极坐标进行计算，不难求得

$$M_{xy} = \iiint_\Omega \rho z dV = \int_0^{2\pi} d\phi \int_0^R r dr \int_0^{\sqrt{R^2-r^2}} \rho z dz = \frac{1}{4}\rho\pi R^4$$

又因为半球体的总质量为

$$m = \iiint_\Omega \rho dV = \rho \iiint_\Omega dV = \frac{2}{3}\rho\pi R^3$$

所以 $\bar{z} = \dfrac{M_{xy}}{m} = \dfrac{3}{8}R$，半球体的质心为 $\left(0, 0, \dfrac{3}{8}R\right)$。

实际上，还可以用另一种方法来求半球体对 xOy 平面的力矩 M_{xy}，将半球体用垂直于 z 轴的平面 $z=z$ 切割成若干薄片，在 z 轴上截距为 z 到 $z+dz$ 的薄片可近似看成一圆柱体，其体积为

$$\pi(R^2 - z^2)dz$$

由于该薄片上各点的竖坐标可近似看成 z，从而得薄片对 xOy 平面力矩微元

$$dM_{xy} = z \cdot \rho\pi(R^2 - z^2)dz$$

进行"无限累加"，得总力矩为

$$M_{xy} = \int_0^R z \cdot \rho\pi(R^2 - z^2)dz = \frac{1}{4}\rho\pi R^4$$

这种方法，其实就相当于对三重积分

$$M_{xy} = \iiint_\Omega \rho z dV$$

利用"先重后单"的积分顺序进行计算的方法。

在此例中，由于质量在半球体上是均匀的，所以在计算质心的竖坐标时，ρ 可以从积分号中提出并消去，即

$$\bar{z} = \frac{M_{xy}}{m} = \frac{\iiint_\Omega \rho z dV}{\iiint_\Omega \rho dV} = \frac{1}{V}\iiint_\Omega z dV$$

式中：$V = \iiint_\Omega dV$ 为半球体的体积，这时半球体的质心的竖坐标与密度没有关系，完全由区域的几何形状确定。显然，上述推理对质心的其他坐标也成立，因此这样求出的点常称为空间几何图形的**几何中心**，简称为**形心**。

7.6.3 转动惯量

物体的一阶矩(即力矩)告诉我们的是重力场中有关平衡和物体所受到的转动力矩。如

果物体是一个旋转的杆状物,我们则对杆上储存多少能量,或到底要具有多少能量才能使旋转杆加速到某一特定的角速度更感兴趣,而这正是二阶矩(转动惯量)要讨论的问题。

设想将杆状物细分成质量为 Δm_k 的小块,令 r_k 表示第 k 块的质心到旋转轴的距离(图 7-6-15)。如果此杆以 $\omega = \mathrm{d}\theta/\mathrm{d}t(\mathrm{rad}/\mathrm{s})$ 的角速度旋转,则小块的质心沿其轨道转动的线速度为

$$v_k = \frac{\mathrm{d}}{\mathrm{d}t}(r_k\theta) = r_k\frac{\mathrm{d}\theta}{\mathrm{d}t} = r_k\omega$$

小块的动能近似为

$$\frac{1}{2}\Delta m_k v_k^2 = \frac{1}{2}\Delta m_k (r_k\omega)^2 = \frac{1}{2}\omega^2 r_k^2 \Delta m_k$$

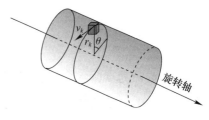

图 7-6-15

随着杆被分割得越来越细,由这些小块动能的近似和取极限得到的积分就是杆的动能:

$$KE_{杆} = \frac{1}{2}\int \omega^2 r^2 \mathrm{d}m = \frac{1}{2}\omega^2 \int r^2 \mathrm{d}m \qquad (7-6-6)$$

其中因子

$$I = \int r^2 \mathrm{d}m$$

为杆关于旋转轴的**转动惯量**,而**转动惯量微元**

$$\mathrm{d}I = r^2 \mathrm{d}m$$

并从式(7-6-6)可见杆的动能是

$$KE_{杆} = \frac{1}{2}\int \omega^2 r^2 \mathrm{d}m = \frac{1}{2}I\omega^2 \qquad (7-6-7)$$

要启动以 ω 为角速度旋转的杆状物,需要提供动能 $KE = (1/2)I\omega^2$。而要终止杆的转动,则应释放出等量的能。要启动以线速度 v 运行的质量为 m 的机车,需要提供 $KE = (1/2)mv^2$ 的动能,要使机车停住,也同样应释放等量的能量。杆的转动惯量与机车的质量是类似的,使机车难以启动或停止的是它的质量,使杆难以启动或停止的是它的转动惯量。转动惯量不仅要考虑质量,还要考虑它的分布。

转动惯量还有一个作用,即能确定在一个负荷下水平金属梁将弯曲多大?横梁的硬度是 I 的一个常数倍,I 为关于横梁纵向轴的一个典型的横截面的转动惯量。I 的值越大,横梁越硬,它在一定负载下的弯曲就越小。这就是为什么我们使用工字型钢梁而不用方截面的钢梁。梁的上下部的凸边缘承受了梁的绝大部分质量以免其承载在纵向轴上,从而极大化了 I 的值。

一般地,对于任意形状的物体(图 7-6-16),我们都可以通过将该物体看作质点系,求出转动惯量微元的表达式,再将物体的转动惯量转化为积分来计算。下面以密度为 $\rho(x,y)$ 且分布于区域 D 的平面薄片(设其面密度为)为例,给出转动惯量的计算公式:

关于 x 轴:

$$I_x = \iint\limits_D y^2 \rho(x,y) \mathrm{d}\sigma \qquad (7-6-8)$$

关于 y 轴:

$$I_y = \iint\limits_D x^2 \rho(x,y) d\sigma \tag{7-6-9}$$

关于原点：

$$I_o = \iint\limits_D (x^2 + y^2) \rho(x,y) d\sigma = I_x + I_y \tag{7-6-10}$$

关于直线 L：

$$I_L = \iint\limits_D r^2(x,y) \rho(x,y) d\sigma \tag{7-6-11}$$

式中：$r(x,y)$ 为点 (x,y) 到直线 L 的距离。

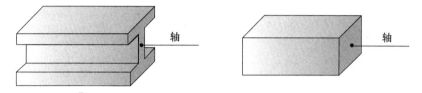

图 7-6-16

例 7-6-6 求圆心在原点、半径为 a 的均匀（密度为常数 ρ）圆盘 D 的转动惯量 I_x，I_y 和 I_o。

解 D 的边界线为 $x^2 + y^2 = a^2$，在极坐标系下可表示为 $0 \leq r \leq a, 0 \leq \theta \leq \pi$。首先计算 I_o：

（1）求转动惯量的微元：

$$dI_o = r^2 dm = \rho(x^2 + y^2) d\sigma$$

（2）求总转动惯量：

$$I_o = \iint\limits_D (x^2 + y^2) \rho d\sigma = \rho \int_0^{2\pi} \int_0^a r^2 \cdot r dr d\theta$$

$$= \rho \int_0^{2\pi} d\theta \int_0^a r^3 dr = 2\pi\rho \left[\frac{r^4}{4}\right]_0^a = \frac{\pi\rho a^4}{2}$$

由对称性可知，质量均匀分布的圆盘对其任何一直径的转动惯量都是相等的，即 $I_x = I_y$，并有转动惯量的微元可知 $I_o = I_x + I_y$，所以

$$I_x = I_y = \frac{I_o}{2} = \frac{\pi\rho a^4}{4}$$

圆盘的质量为

$$m = \rho(\pi a^2)$$

所以圆盘关于原点的转动惯量（像轮子关于轴心）可写成

$$I_o = \frac{\pi\rho a^4}{2} = \frac{1}{2}(\rho\pi a^2) a^2 = \frac{1}{2} m a^2$$

因此，如果增大质量或者圆盘半径，相应地转动惯量会增大。

例 7-6-7 求一质量均匀分布半径为 R、圆心角为 2α 的金属圆弧关于它的对称轴的转动惯量。

解 设圆弧的线密度为常数 μ，建立如图 7-6-17 所示的坐标系，则圆弧 $\overset{\frown}{AB}$ 以极角 t 为参数的参数方程为

$$\begin{cases} x = R\cos t \\ y = R\sin t \end{cases} (t \in [-\alpha, \alpha])$$

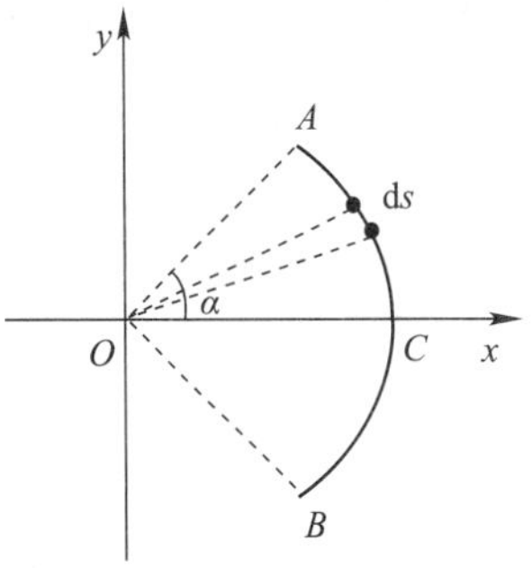

由于弧段 $\overset{\frown}{AB}$ 关于 x 轴对称，且线密度为常数，则转动惯量可以为求弧 $\overset{\frown}{AC}$ 关于 x 轴的转动惯量的 2 倍。对弧 $\overset{\frown}{AC}$ 取微元 ds，其转动惯量微元为

$$dI_x = y^2 dm = \mu y^2 ds$$

从而金属弧段 $\overset{\frown}{AB}$ 关于 x 轴的转动惯量为

$$I = 2I_x = 2\int_0^\alpha \mu y^2 ds = 2\mu \int_0^\alpha (R\sin t)^2 \sqrt{(-R\sin t)^2 + (R\cos t)^2} dt$$

$$= 2\mu R^3 \int_0^\alpha \sin^2 t \, dt = \mu R^3 (\alpha - \sin\alpha\cos\alpha)$$

图 7-6-17

此题又启发我们，对第一型曲线积分，若积分路径关于 x 轴（或 y 轴）对称，被积函数关于 y（或 x）是偶函数，则沿曲线积分值等于沿曲线在对称轴一边的路径上积分的二倍。

7.6.4 引力

由力学知识知道，若两个质量分别为 m_0 与 m 的质点 P_0 与 P 相距为 r，根据万有引力定律，则质点 P 对质点 P_0 的引力大小为

$$F = k\frac{m_0 m}{r^2} \quad (k \text{ 为引力常数})$$

方向沿 P 与 P_0 连线且指向 P，如图 7-6-19 所示。如果用向量来表示就是

$$\boldsymbol{F} = k \cdot \frac{m_0 m}{r^2} \boldsymbol{e}_r \, (\boldsymbol{e}_r \text{ 表示向量 } \overrightarrow{P_0P} \text{ 的单位向量})$$

由于向量不具有可加性，因此，为了求一个质点系对另一质点 P_0 的引力，需要将质点系中的每个质点对 P_0 的引力向量 $\boldsymbol{F}$ 分解为沿三个坐标轴的分量分别相加。那么如何求一个质量连续分布的平面或空间物体对位于该物体外一点 P_0 的万有引力呢？下面，通过例子介绍求质量连续分布的物体对定点的引力的方法。

例 7-6-8 设有半径为 R、密度为常数 μ 的圆板，在板的中心垂线上有一单位质量的质点 P_0，求圆板对该质点的引力。

解 设质点 P_0 与圆板中心的距离为 h，建立如图 7-6-18 所示的坐标系。由于板内各点对质点 P_0 的引力是非均匀连续变化的量，又因为引力不具有可加性，为了利用积分的思想来求板对 P_0 的引力，这需要对引力进行分解，并对引力的分量分别进行求解。

$$\boldsymbol{r} = \overrightarrow{P_0 P} = (x, y, -h)$$

$$r = |\boldsymbol{r}| = \sqrt{x^2 + y^2 + h^2}$$

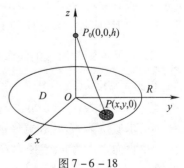

图 7-6-18

所以板内质量为 m 的质点对 P_0 的引力为

$$F = k\frac{m}{r^2}e_r = \frac{km}{r^3}r = \left(\frac{kmx}{(x^2+y^2+h^2)^{3/2}}, \frac{kmy}{(x^2+y^2+h^2)^{3/2}}, \frac{-kmh}{(x^2+y^2+h^2)^{3/2}}\right)$$

由于三个分量都是在区域上随点 P 非均匀连续变化的可加量,所以,一般需要用三个二重积分来计算,如图 7-6-18 可知,圆板内质点的分布关于中心轴（z 轴）是对称的,沿 x 轴和 y 轴的分力都因方向相反而相互抵消,故 $F_x = F_y = 0$,所以只需求 F_z 就行了。

（1）求引力微元 $\mathrm{d}F_z$。任取小区域中一点 $P(x,y,0)$,用该点到 P_0 的距离 r 近似代替小区域中各点到 P_0 的距离,则引力微元为

$$\mathrm{d}F_z = -\frac{k\mu h}{(x^2+y^2+h^2)^{3/2}}\mathrm{d}A$$

（2）求引力 F_z。引力微元 $\mathrm{d}F_z$ 在区域上"无限累加",即得圆板对 P_0 的引力沿 z 轴的分力

$$F_z = \iint_D -\frac{k\mu h}{(x^2+y^2+h^2)^{3/2}}\mathrm{d}A$$

采用极坐标计算上面的二重积分可得

$$F_z = \int_0^{2\pi}\mathrm{d}\varphi\int_0^R \frac{-k\mu h}{(h^2+r^2)^{3/2}}r\mathrm{d}r = -2\pi k\mu h\int_0^R \frac{r}{(h^2+r^2)^{3/2}}\mathrm{d}r$$
$$= -2\pi k\mu\left(1 - \frac{h}{\sqrt{h^2+R^2}}\right)$$

所以引力向量为

$$F = -2\pi k\mu\left(1 - \frac{h}{\sqrt{h^2+R^2}}\right)k。$$

习题 7-6
(A)

1. 计算位于抛物面 $z = x^2 + y^2$ 之下,xOy 面之上区域 D 之上的立体体积,其中 D 由直线 $y = 2x$ 和抛物线 $y = x^2$ 围成。

2. 计算由平面 $z = 0$ 和抛物面 $z = 1 - x^2 - y^2$ 所围成的立体的体积。

3. 求由曲面 $x^2 + y^2 + z^2 = R^2$ 与曲面 $x^2 + y^2 + z^2 = 4R^2$ 所围成立体体积。

4. 设一薄板占有的区域为中心在坐标原点,半径为 a 的圆域,其面密度 $\mu = x^2 + y^2$,求薄板的质量。

5. 设直线 L 过点 $A(1,0,0)$,$B(0,1,1)$ 两点,将 L 绕 z 轴旋转一周得到曲面 Σ,Σ 与平面 $z = 0$,$z = 2$ 所围成立体为 Ω。(1) 求曲面 Σ 的方程;(2) 求 Ω 的形心坐标。

6. 设平面薄片所占的闭区域 D 是由螺线 $r = 2\theta$ 上一段弧 $\left(0 \leqslant \theta \leqslant \frac{\pi}{2}\right)$ 与直线 $\theta = \frac{\pi}{2}$ 所围成的,它的面密度 $\rho(x,y) = x^2 + y^2$,求该薄片的质量。

7. 求半径为 a、中心角为 2φ 的均匀圆弧（线密度为 $\mu = 1$）的质心。

8. 求质量为 M,长和宽分别为 a,b 的长方形均匀薄板对长边的转动惯量。

9. 设面密度为 μ、半径为 R 的圆形薄片 $x^2 + y^2 \leqslant R^2$,$z = 0$,求它对位于 $M_0(0,0,a)$ $(a > 0)$ 处的单位质量的质点的引力。

10. 一螺旋状弹簧置于螺旋线 $x=\cos 4t, y=\sin 4t, z=t, 0 \leq t \leq 2\pi$ 上,其密度为常数 $\rho=1$。求该弹簧的质量、质心和它的转动惯量。

11. 求抛物面壳 $z=\frac{1}{2}(x^2+y^2)(0 \leq z \leq 1)$ 的质量,此壳的面密度为 $\mu=z$。

12. 求面密度为 μ_0 的均匀半球壳 $x^2+y^2+z^2=a^2(z \geq 0)$ 对于 z 轴的转动惯量。

13. 计算 $\iiint_\Omega (x^2+y^2)\mathrm{d}V$,其中 Ω 是由 yOz 上的抛物线 $z=\frac{y^2}{4}$ 与直线 $z=1, z=2$ 所围成的平面图形绕 z 轴旋转一周所得的立体。

14. 求曲面 $(x^2+y^2+z^2)^2=a^2(x^2+y^2-z^2)$ 所围立体的体积。

15. 一均匀物体(密度 ρ 为常数)占有的闭区域 Ω 由曲面 $z=x^2+y^2$ 和平面 $z=0, |x|=a, |y|=a$ 所围成:
    (1) 求物体的体积;
    (2) 求物体的质心;
    (3) 求物体关于 z 轴的转动惯量。

16. 设面密度为 ρ 的匀质半圆形平面薄片占有区域
$$D=\{(x,y,0) | R_1 \leq \sqrt{x^2+y^2} \leq R_2, x \geq 0\}$$
求它对位于 z 轴上的点 $M_0(0,0,a)(a>0)$ 处单位质量的质点的引力 F 的大小。

17. 半径为 R 的球形行星的大气密度为 $\mu=\mu_0 \mathrm{e}^{-ch}$,其中 h 为行星表面上方的高度,μ_0 是在海平面的大气密度,c 为正常数,求行星大气的质量。

(B)

1. 求半球 $z=\sqrt{a^2-x^2-y^2}$ 在 xOy 平面圆域 $x^2+y^2 \leq a^2$ 之上的平均高度。

2. 在均匀半圆形薄片的直径上,要接上一个一边与直径等长的均匀矩形薄片,为了使整个均匀薄片的重心恰好落在圆心上,问接上去的均匀矩形薄片另一边的长度应该是多少?

3. 设平面薄片所占的闭区域 D 由直线 $x+y=2, y=x$ 和 x 轴所围成,它的面密度 $\rho(x,y)=x^2+y^2$,求该薄片的质量。

4. 设均匀薄片所占的闭区域 D 由 $y=\sqrt{2px}, x=x_0, y=0$ 所围成,求此薄片的重心。

5. 求球面 $x^2+y^2+z^2=a^2$ 位于第一卦限的形心。

6. 求一薄壳的质心和关于 z 轴的转动惯量,设其质量为常数,薄壳为锥面 $x^2+y^2-z^2=0$ 被平面 $z=1$ 和 $z=2$ 所截下的部分。

7. **火山喷发的高度问题** 火山喷发是地壳运动的一种表现形式,也是地球内部热能在地表的一种最强烈的形式。岩浆等喷出物在短时间内从火山口向地表释放,岩浆冷凝后往往形成厚度相当稳定、覆盖面积很广的熔岩被,黏附在附近山体上。

某火山的形状可以用曲面 $z=h\mathrm{e}^{\frac{-\sqrt{x^2+y^2}}{4h}}$ 来表示。在一次喷发后,有体积为 V 的熔岩黏附在山上,使它具有和原来一样的形状,求火山高度变化的百分比。

8. 设有一颗地球同步轨道通信卫星,距地面的高度为 $h=36000\mathrm{km}$,运行的角速度与地球自转的角速度相同。试计算该通信卫星的覆盖面积与地球表面积的比值(地球半径 $R=6400\mathrm{km}$)。

9. **水桶容量问题** 某仪器上有一只圆柱形的无盖水桶,桶高6cm,半径为1cm。在桶壁上钻两个小孔用于安装支架,使水桶可以倾斜。两个小孔距桶底 2cm,且两孔连线恰为直径,水可以从两个小孔向外流出。当水桶以不同角度倾斜放置且没有水漏出时,这只水桶最多可装多少水?

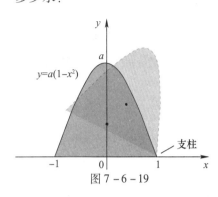

图 7-6-19

10. **器具设计** 当设计一个器具时,一个令大家关心的问题就是如何使器具不会翻倒。若倾斜,只要它的质心位于支撑轴改为正确的一侧,就能自己正过来,该点应是当它翻倒时,器具一直骑在该点上。假设密度近似为常数的器具的轮廓是抛物线,且充满 xOy 面内的闭区域:$0 \leq y \leq a(1-x^2)$,$-1 \leq x \leq 1$(如图 7-6-19 所示),问 a 取什么值才能保证器具倾斜度大于 45°才会翻倒?

11. **飓风能量问题** 在一个简化的飓风模型中,假设速度只取单纯的圆周方向,其大小为 $V(r,z) = \Omega r e^{-(\frac{z}{h}+\frac{r}{a})}$,其中 r, z 是柱坐标的两个坐标变量,Ω, h, a 为常数。以海平面飓风中心处作为坐标原点,如果大气密度 $\rho(z) = \rho_0 e^{-\frac{z}{h}}$,求运动的全部动能,并问在哪一个位置速度具有最大值?

*§7.7 重积分的换元法

正如前面几节中的一些示例所示,将重积分转化为多次积分计算有时比较复杂,被积函数和积分区域都会造成计算困难。本节的目标是"变中求胜",介绍如何通过坐标变换将重积分转换为相对简单的计算。我们首先介绍坐标变换,然后讨论变量代换对重积分的影响。

7.7.1 坐标变换

在定积分中,我们经常使用坐标变换简化积分。通过转换变量 x 和 u 的作用,我们得到换元公式为

$$\int_a^b f(x) \mathrm{d}x = \int_c^d f(g(u)) g'(u) \mathrm{d}u \qquad (7-7-1)$$

式中:$x = g(u)$,且 $a = g(c)$,$b = g(d)$。式(7-7-1)也可以写为

$$\int_a^b f(x) \mathrm{d}x = \int_c^d f(g(u)) \frac{\mathrm{d}x}{\mathrm{d}u} \mathrm{d}u \qquad (7-7-2)$$

坐标变换在二重积分中也同样有用。我们在前面已经见过这样的例子:转化为极坐标。新的变量 r 和 θ 通过如下方程替代旧的变量 x 和 y:

$$x = r\cos\theta, \quad y = r\sin\theta$$

以及换元公式为

$$\iint_D f(x,y) \mathrm{d}\sigma = \iint_S f(r\cos\theta, r\sin\theta) r \mathrm{d}r \mathrm{d}\theta$$

式中:$rO\theta$ 平面上区域 S 是 xOy 平面上区域 D 的对应区域。

一般地,我们考虑由变换 T 确定的从 uv-平面到 xy-平面的变量代换:

$$T(u,v) = (x,y)$$

式中:x、y 和 u、v 的关系为

$$x = g(u,v), \quad y = h(u,v) \tag{7-7-3}$$

我们通常假设 T 是 C^1 变换,指 g 和 h 有连续的一阶偏导数。

变换 T 其实是一个函数,其定义域和值域都是 R^2 的子集。若 $T(u_1,v_1)=(x_1,y_1)$,则称点 (x_1,y_1) 为点 (u_1,v_1) 的像。如果不同的点有不同的像,则称 T 是一一对应的。图 7-7-1 展示了 T 作用在 uv - 平面上的区域 S 上的效果。T 将 S 映射为 xy - 平面上的区域 D,称为 S 的像,由 S 中所有点的像组成。

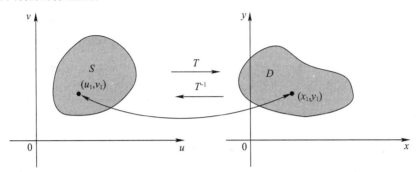

图 7-7-1

若 T 是一一变换,则有从 xy - 平面到 uv - 平面的逆变换 T^{-1},此时有可能从方程(7-7-3)中解出 u 和 v:

$$u = G(x,y), \quad v = H(x,y)$$

例 7-7-1 设变换由如下方程确定:

$$x = u^2 - v^2 \quad y = 2uv$$

找出正方形域 $S = \{(u,v) \mid 0 \leq u \leq 1, 0 \leq v \leq 1\}$ 的像。

解 因为 S 的边界变换后为其像的边界,所以我们首先寻找 S 的边界的像,如表 7-7-1 所示。

表 7-7-1

区域 S 的边界面方程	区域 D 的边界	简化了 D 的边界
$S_1 : v = 0 (0 \leq u \leq 1)$	$x = u^2, y = 0 (0 \leq u \leq 1)$	$y = 0 (0 \leq x \leq 1)$
$S_2 : u = 1 (0 \leq v \leq 1)$	$x = 1 - v^2, y = 2v$	$x = 1 - \dfrac{y^2}{4} (0 \leq x \leq 1)$
$S_3 : v = 1 (0 \leq u \leq 1)$	$x = u^2 - 1, y = 2u$	$x = \dfrac{y^2}{4} - 1 (-1 \leq x \leq 0)$
$S_4 : u = 0 (0 \leq v \leq 1)$	$x = -v^2, y = 0$	$y = 0 (-1 \leq x \leq 0)$

S 的像 R 的边界即如图 7-7-2 所示。

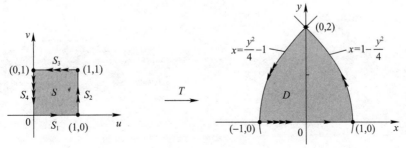

图 7-7-2

7.7.2 二重积分的换元法

现在让我们看看变量代换对二重积分的影响。我们首先看 uv - 平面上的小矩形域 S，其左下角点为 (u_0, v_0)，两边长为 Δu 和 Δv（图 7 - 7 - 3）。

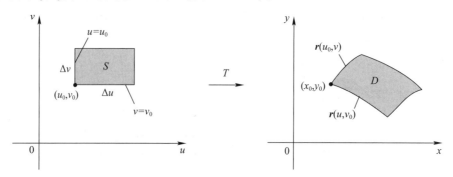

图 7 - 7 - 3

S 的像是 xy - 平面上的区域 D，其中一个边界点为 $(x_0, y_0) = T(u_0, v_0)$，向量
$$\boldsymbol{r}(u, v) = g(u, v)\boldsymbol{i} + h(u, v)\boldsymbol{j}$$
是点 (u, v) 的像的位置向量。S 的下边界的方程是 $v = v_0$，其像曲线由向量函数 $\boldsymbol{r}(u, v_0)$ 给定。(x_0, y_0) 处的像曲线的切向量为
$$\boldsymbol{r}_u(u, v) = g_u(u, v)\boldsymbol{i} + h_u(u, v)\boldsymbol{j} = \frac{\partial x}{\partial u}\boldsymbol{i} + \frac{\partial y}{\partial u}\boldsymbol{j}$$

类似地，S 的左边界（即 $u = u_0$）的像曲线在 (x_0, y_0) 点处的切向量为
$$\boldsymbol{r}_v(u, v) = g_v(u, v)\boldsymbol{i} + h_v(u, v)\boldsymbol{j} = \frac{\partial x}{\partial v}\boldsymbol{i} + \frac{\partial y}{\partial v}\boldsymbol{j}$$

我们可以用割向量
$$\boldsymbol{a} = \boldsymbol{r}(u_0 + \Delta u, v_0) - \boldsymbol{r}(u_0, v_0), \quad \boldsymbol{b} = \boldsymbol{r}(u_0, v_0 + \Delta v) - \boldsymbol{r}(u_0, v_0)$$
确定的平行四边形近似 S 的像 $D = T(S)$，如图 7 - 7 - 4 所示。又因为
$$\boldsymbol{r}_u(u, v) = \lim_{\Delta u \to 0} \frac{\boldsymbol{r}(u_0 + \Delta u, v_0) - \boldsymbol{r}(u_0, v_0)}{\Delta u}$$
所以 $\quad\boldsymbol{r}(u_0 + \Delta u, v_0) - \boldsymbol{r}(u_0, v_0) \approx \Delta u \boldsymbol{r}_u(u, v)$

同理 $\quad\boldsymbol{r}(u_0, v_0 + \Delta v) - \boldsymbol{r}(u_0, v_0) \approx \Delta v \boldsymbol{r}_v(u, v)$

则平行四边形的面积近似为（图 7 - 7 - 5）
$$|\Delta u \boldsymbol{r}_u(u, v) \times \Delta v \boldsymbol{r}_v(u, v)| = |\boldsymbol{r}_u(u, v) \times \boldsymbol{r}_v(u, v)| \Delta u \Delta v \tag{7 - 7 - 4}$$

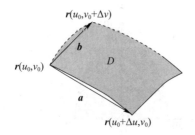

图 7 - 7 - 4

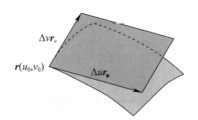

图 7 - 7 - 5

又由于

$$\boldsymbol{r}_u \times \boldsymbol{r}_v = \begin{vmatrix} \boldsymbol{i} & \boldsymbol{j} & \boldsymbol{k} \\ \dfrac{\partial x}{\partial u} & \dfrac{\partial y}{\partial u} & 0 \\ \dfrac{\partial x}{\partial v} & \dfrac{\partial y}{\partial v} & 0 \end{vmatrix} = \begin{vmatrix} \dfrac{\partial x}{\partial u} & \dfrac{\partial y}{\partial u} \\ \dfrac{\partial x}{\partial v} & \dfrac{\partial y}{\partial v} \end{vmatrix} \boldsymbol{k} = \begin{vmatrix} \dfrac{\partial x}{\partial u} & \dfrac{\partial x}{\partial v} \\ \dfrac{\partial y}{\partial u} & \dfrac{\partial y}{\partial v} \end{vmatrix} \boldsymbol{k}$$

该行列式被称为变换的**雅可比(Jacobi)行列式**。

定义 由 $x=g(u,v)$ 和 $y=h(u,v)$ 确定的变换 T 的雅可比行列式为

$$J(u,v) = \frac{\partial(x,y)}{\partial(u,v)} = \begin{vmatrix} \dfrac{\partial x}{\partial u} & \dfrac{\partial x}{\partial v} \\ \dfrac{\partial y}{\partial u} & \dfrac{\partial y}{\partial v} \end{vmatrix} \tag{7-7-5}$$

在该定义下,我们用式(7-7-4)给出 D 的面积 $\Delta\sigma$ 的近似值:

$$\Delta\sigma \approx \left| \frac{\partial(x,y)}{\partial(u,v)} \right| \Delta u \Delta v \tag{7-7-6}$$

其中雅可比行列式计算在点 (u_0,v_0) 处的值。

接下来,我们将 uv-平面上的区域 S 划分为矩形域 S_{ij},并记它们在 xy-平面上的像为 σ_{ij} (图 7-7-6)。

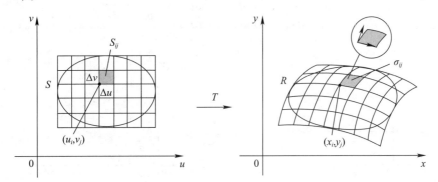

图 7-7-6

对每个 σ_{ij} 应用式(7-7-8)近似,我们可以近似地计算函数 f 在 D 上的二重积分:

$$\iint_D f(x,y) \mathrm{d}\sigma \approx \sum_{i=1}^m \sum_{j=1}^n f(x_i,y_i) \Delta\sigma$$

$$\approx \sum_{i=1}^m \sum_{j=1}^n f(g(u_i,v_j),h(u_i,v_j)) \left| \frac{\partial(x,y)}{\partial(u,v)} \right| \Delta u \Delta v$$

其中雅可比行列式取 (u_i,v_j) 点处的值。注意到该二重和是积分的黎曼和

$$\iint_S f(g(u,v),h(u,v)) \left| \frac{\partial(x,y)}{\partial(u,v)} \right| \mathrm{d}u\mathrm{d}v$$

综上所述,有如下定理成立。

定理 7-7-1 设 $f(x,y)$ 在闭区域 D 上连续,变换:

$$T:\begin{cases} x = g(u,v) \\ y = h(u,v) \end{cases} \quad (u,v) \in S \to R$$

满足:(1) $h(u,v), g(u,v)$ 在 S 上一阶导数连续;

(2) 在 S 上雅克比行列式 $J(u,v) = \dfrac{\partial(x,y)}{\partial(u,v)} \neq 0$;

(3) 变换 $T:S \to D$ 是一一对应的,

则

$$\iint_D f(x,y) \mathrm{d}\sigma = \iint_S f(g(u,v), h(u,v)) \left| \dfrac{\partial(x,y)}{\partial(u,v)} \right| \mathrm{d}u\mathrm{d}v \qquad (7-7-7)$$

注意式(7-7-7)与式(7-7-2)的一维公式的相同之处。代替导数 $\dfrac{\mathrm{d}x}{\mathrm{d}u}$ 的是雅可比行列式的绝对值即 $\left| \dfrac{\partial(x,y)}{\partial(u,v)} \right|$。

作为式(7-7-7)的第一个应用示例,我们会看到极坐标系下的积分计算公式仅仅是个特殊情形。这里从 $r\theta$-平面到 xy-平面的变换 T:
$$x = g(r,\theta) = r\cos\theta, \quad y = h(r,\theta) = r\sin\theta$$
该变换的几何意义如图7-7-7所示:T 将 $r\theta$-平面上的任意矩形域映射为 xy-平面上的极矩形。T 的雅可比式为

$$J(r,\theta) = \begin{vmatrix} \dfrac{\partial x}{\partial r} & \dfrac{\partial x}{\partial \theta} \\ \dfrac{\partial y}{\partial r} & \dfrac{\partial y}{\partial \theta} \end{vmatrix} = \begin{vmatrix} \cos\theta & -r\sin\theta \\ \sin\theta & r\cos\theta \end{vmatrix} = r\cos^2\theta + r\sin^2\theta = r > 0$$

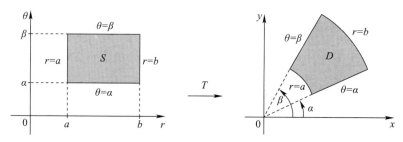

图7-7-7

由式(7-7-7)有

$$\iint_D f(x,y) \mathrm{d}\sigma = \iint_S f(r\cos\theta, r\sin\theta) \left| \dfrac{\partial(x,y)}{\partial(r,\theta)} \right| \mathrm{d}r\mathrm{d}\theta$$
$$= \int_\alpha^\beta \int_a^b f(r\cos\theta, r\sin\theta) r \mathrm{d}r\mathrm{d}\theta$$

与前面公式一致。

再比如,**广义极坐标变换** $T:\begin{cases} x = ar\cos\theta \\ y = br\sin\theta \end{cases}$,其中 $a > 0, b > 0, r \geq 0, 0 \leq \theta \leq 2\pi$,雅可比行列式为

$$J(r,\theta) = \begin{vmatrix} \dfrac{\partial x}{\partial r} & \dfrac{\partial x}{\partial \theta} \\ \dfrac{\partial y}{\partial r} & \dfrac{\partial y}{\partial \theta} \end{vmatrix} = \begin{vmatrix} a\cos\theta & -ar\sin\theta \\ b\sin\theta & br\cos\theta \end{vmatrix} = abr(\cos^2\theta + \sin^2\theta) = abr > 0$$

则

$$\iint_D f(x,y)\mathrm{d}\sigma = \iint_S f(ar\cos\theta, br\sin\theta)abr\mathrm{d}r\mathrm{d}\theta$$

例 7-7-2 计算 $\iint_D \sqrt{1 - \dfrac{x^2}{a^2} - \dfrac{y^2}{b^2}}\mathrm{d}x\mathrm{d}y$，其中 D 为椭圆 $\dfrac{x^2}{a^2} + \dfrac{y^2}{b^2} = 1$ 所围成的闭区域。

解 在广义极坐标：$\begin{cases} x = ar\cos\theta \\ y = br\sin\theta \end{cases}$ 下，积分区域 $S: 0 \leqslant r \leqslant 1, 0 \leqslant \theta \leqslant 2\pi$，则

$$\iint_D \sqrt{1 - \frac{x^2}{a^2} - \frac{y^2}{b^2}}\mathrm{d}x\mathrm{d}y = \iint_S \sqrt{1-r^2}\, abr\mathrm{d}r\mathrm{d}\theta$$

$$= -\frac{1}{2}ab\int_0^{2\pi}\mathrm{d}\theta \int_0^r \sqrt{1-r^2}\,\mathrm{d}(1-r^2)$$

$$= \frac{2}{3}\pi ab$$

例 7-7-3 用变量代换 $x = u^2 - v^2, y = 2uv$ 计算积分 $\iint_D y\mathrm{d}x\mathrm{d}y$，其中 D 由 x 轴、抛物线 $y^2 = 4 - 4x$ 和 $y^2 = 4 + 4x, y \geqslant 0$ 围成。

解 区域 R 如图 7-7-2 所示。由例 7-7-1 我们知道 $T(S) = D$，其中 $S = [0,1] \times [0,1]$。事实上，通过变量代换来计算积分的原因就在于 S 比 D 简单得多。首先我们计算雅可比式：

$$\frac{\partial(x,y)}{\partial(u,v)} = \begin{vmatrix} \dfrac{\partial x}{\partial u} & \dfrac{\partial x}{\partial v} \\ \dfrac{\partial y}{\partial u} & \dfrac{\partial y}{\partial v} \end{vmatrix} = \begin{vmatrix} 2u & -2v \\ 2v & 2u \end{vmatrix} = 4u^2 + 4v^2 > 0$$

因此，由式 (7-7-7)，

$$\iint_D y\mathrm{d}A = \iint_S 2uv\left|\frac{\partial(x,y)}{\partial(u,v)}\right|\mathrm{d}u\mathrm{d}v = \int_0^1\int_0^1 (2uv)4(u^2+v^2)\mathrm{d}u\mathrm{d}v$$

$$= 8\int_0^1\int_0^1 (u^3v + uv^3)\mathrm{d}u\mathrm{d}v = 8\int_0^1 \left[\frac{1}{4}u^4v + \frac{1}{2}u^2v^3\right]_{u=0}^{u=1}\mathrm{d}v$$

$$= \int_0^1 (2v + 4v^3)\mathrm{d}v = \left[v^2 + v^4\right]_0^1 = 2$$

注 例 7-7-3 之所以易于求解是因为我们给出了适当的变量代换。如果我们没有被提供变换，那么我们首先要考虑寻找适当的变换。假设 $f(x,y)$ 很难积分，建议对 $f(x,y)$ 的形式进行变换。若积分区域 D 比较复杂，选取的变换要使得转化后的区域 S 表达简洁。

例 7-7-4 计算积分 $\iint_D \mathrm{e}^{(x+y)/(x-y)}\mathrm{d}\sigma$，其中 D 是顶点为 $(1,0),(2,0),(0,-2)$ 和 $(0,-1)$ 的梯形。

解 因为被积函数 $\mathrm{e}^{(x+y)/(x-y)}$ 直接积分不容易，由函数的形式做变换：

$$u = x + y, \quad v = x - y \tag{7-7-8}$$

该方程定义了从 xy-平面到 uv-平面的变换 T^{-1}。式 (7-7-7) 讨论的是 uv-平面到 xy-平面的变换 T，所以从式 (7-7-8) 中解出 x 和 y：

$$x = \frac{1}{2}(u+v), \quad y = \frac{1}{2}(u-v) \qquad (7-7-9)$$

T 的雅可比式为

$$\frac{\partial(x,y)}{\partial(u,v)} = \begin{vmatrix} \frac{\partial x}{\partial u} & \frac{\partial x}{\partial v} \\ \frac{\partial y}{\partial u} & \frac{\partial y}{\partial v} \end{vmatrix} = \begin{vmatrix} \frac{1}{2} & \frac{1}{2} \\ \frac{1}{2} & -\frac{1}{2} \end{vmatrix} = -\frac{1}{2}$$

为了寻找对应于 D 的 uv - 平面上的区域 S,我们罗列出 D 的边界曲线方程:

$$y = 0 \quad x - y = 2 \quad x = 0 \quad x - y = 1$$

由式(7-7-8)或式(7-7-9),上述曲线在 uv - 平面上的像为

$$u = v \quad v = 2 \quad u = -v \quad v = 1$$

因此 S 是如图 7-7-8 所示的顶点为 $(1,1)(2,2)$,$(-2,2)$ 和 $(-1,1)$ 的梯形区域。由此

$$S = \{(u,v) \mid 1 \leq v \leq 2, -v \leq u \leq v\}$$

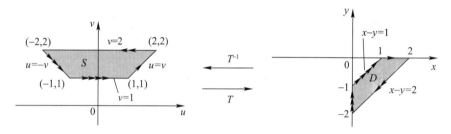

图 7-7-8

由式(7-7-7)

$$\iint_D e^{(x+y)/(x-y)} d\sigma = \iint_S e^{u/v} \left| \frac{\partial(x,y)}{\partial(u,v)} \right| du dv = \int_1^2 dv \int_{-v}^{v} e^{u/v} \left(\frac{1}{2} \right) du$$

$$= \int_1^2 (e - e^{-1}) v dv = \frac{3}{4}(e - e^{-1})$$

7.7.3 三重积分的换元法

定理 7-7-1 可以推广到三重(甚至更高)积分,7.5 节的柱坐标和球坐标就是三重积分特殊情况的变量替换方法。

假设变换 T:

$$x = g(u,v,w), \quad y = h(u,v,w), \quad z = k(u,v,w)$$

将 uvw - 空间上的区域 S 映射为 xyz - 空间上的区域 Ω。

T 的雅可比行列式由如下 3×3 行列式确定:

$$J(u,v,w) = \frac{\partial(x,y,z)}{\partial(u,v,w)} = \begin{vmatrix} \frac{\partial x}{\partial u} & \frac{\partial x}{\partial v} & \frac{\partial x}{\partial w} \\ \frac{\partial y}{\partial u} & \frac{\partial y}{\partial v} & \frac{\partial y}{\partial w} \\ \frac{\partial z}{\partial u} & \frac{\partial z}{\partial v} & \frac{\partial z}{\partial w} \end{vmatrix} \qquad (7-7-10)$$

在与定理式(7-7-7)类似的假设下,我们有关于三重积分的如下公式:

$$\iiint_\Omega f(x,y,z)\mathrm{d}V = \iiint_S f(x(u,v,w),y(u,v,w),z(u,v,w))\left|\frac{\partial(x,y,z)}{\partial(u,v,w)}\right|\mathrm{d}u\mathrm{d}v\mathrm{d}w$$

(7-7-11)

与二维情况一样,变量替换公式的推导比较复杂,这里不做讨论。

例 7-7-5 利用式(7-7-11)推导球面坐标系下的三重积分计算公式。

解 变量代换由如下方程给出:

$$x = \rho\sin\phi\cos\theta, \quad y = \rho\sin\phi\sin\theta, \quad z = \rho\cos\phi$$

计算雅可比式:

$$\begin{aligned}
\frac{\partial(x,y,z)}{\partial(\rho,\theta,\phi)} &= \begin{vmatrix} \sin\phi\cos\theta & -\rho\sin\phi\sin\theta & \rho\cos\phi\cos\theta \\ \sin\phi\sin\theta & \rho\sin\phi\cos\theta & \rho\cos\phi\sin\theta \\ \cos\phi & 0 & -\rho\sin\phi \end{vmatrix} \\
&= \cos\phi \begin{vmatrix} -\rho\sin\phi\sin\theta & \rho\cos\phi\cos\theta \\ \rho\sin\phi\cos\theta & \rho\cos\phi\sin\theta \end{vmatrix} - \rho\sin\phi \begin{vmatrix} \sin\phi\cos\theta & -\rho\sin\phi\sin\theta \\ \sin\phi\sin\theta & \rho\sin\phi\cos\theta \end{vmatrix} \\
&= \cos\phi(-\rho^2\sin\phi\cos\phi\sin^2\theta - \rho^2\sin\phi\cos\phi\cos^2\theta) - \\
&\quad \rho\sin\phi(\rho\sin^2\phi\cos^2\theta + \rho\sin^2\phi\sin^2\theta) \\
&= -\rho^2\sin\phi\cos^2\phi - \rho^2\sin\phi\sin^2\phi = -\rho^2\sin\phi
\end{aligned}$$

因为 $0 \leq \phi \leq \pi$,我们有 $\sin\phi \geq 0$。因此

$$\left|\frac{\partial(x,y,z)}{\partial(\rho,\theta,\phi)}\right| = |-\rho^2\sin\phi| = \rho^2\sin\phi$$

由式(7-7-11)得

$$\iiint_\Omega f(x,y,z)\mathrm{d}V = \iiint_S f(\rho\sin\phi\cos\theta,\rho\sin\phi\sin\theta,\rho\cos\phi)\rho^2\sin\phi\mathrm{d}\rho\mathrm{d}\phi\mathrm{d}\theta$$

与 7.5 节公式一致。

以下是另一种变换的例子,虽然我们可以直接计算,但此处选它是为了较简单(也很直观)地说明变量代换。

例 7-7-6 通过变换 $T: u = \frac{2x-y}{2}, v = \frac{y}{2}, w = \frac{z}{3}$,计算积分

$$\int_0^3 \int_0^4 \int_{x=y/2}^{x=(y/2)+1} \left(\frac{2x-y}{2} + \frac{z}{3}\right)\mathrm{d}x\mathrm{d}y\mathrm{d}z$$

解 先画出 xyz-空间区域 Ω 的图形,并识别它的边界面,如图 7-7-9 所示。此例中 Ω 的边界面全是平面。

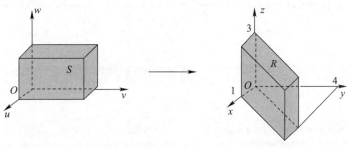

图 7-7-9

先计算相应的 uvw - 区域 S 和变换的雅可比行列式。为此,先解方程组求出 x,y,z 的表达式
$$x = u + v, \quad y = 2v, \quad z = 3w$$
然后以这些表达式代换 Ω 的边界面方程,以得到 S 的边界面,如表 7-7-2 所列。

表 7-7-2

区域 Ω 的边界面方程	区域 S 的边界	简化了的 S 的边界
$x = y/2$	$u + v = 2v/2 = v$	$u = 0$
$x = (y/2) + 1$	$u + v = 2v/2 + 1 = v + 1$	$u = 1$
$y = 0$	$2v = 0$	$v = 0$
$y = 4$	$2v = 4$	$v = 2$
$z = 0$	$3w = 0$	$w = 0$
$z = 3$	$3w = 3$	$w = 1$

再计算雅可比式:

$$J(u,v,w) = \begin{vmatrix} \dfrac{\partial x}{\partial u} & \dfrac{\partial x}{\partial v} & \dfrac{\partial x}{\partial w} \\ \dfrac{\partial y}{\partial u} & \dfrac{\partial y}{\partial v} & \dfrac{\partial y}{\partial w} \\ \dfrac{\partial z}{\partial u} & \dfrac{\partial z}{\partial v} & \dfrac{\partial z}{\partial w} \end{vmatrix} = \begin{vmatrix} 1 & 1 & 0 \\ 0 & 2 & 0 \\ 0 & 0 & 3 \end{vmatrix} = 6$$

用式(7-7-11)可得

$$\int_0^3 dz \int_0^4 dy \int_{\frac{y}{2}}^{\frac{y}{2}+1} \left(\frac{2x-y}{2} + \frac{z}{3} \right) dx$$
$$= \int_0^1 dw \int_0^2 dv \int_0^1 (u+w) 6 du = 6 \int_0^1 dw \int_0^2 \left[\frac{u^2}{2} + uw \right]_0^1 dv$$
$$= 6 \int_0^1 dw \int_0^2 \left(\frac{1}{2} + w \right) dv = 6 \int_0^1 \left[\frac{v}{2} + vw \right]_0^2 dw$$
$$= 6 \int_0^1 (1 + 2w) dw = 6(w + w^2) \Big|_0^1 = 12$$

积分的本质就是无穷多个无穷小的总和。它的结果可以统一认为是在求某一有序维度下的空间中的体积,换元可以认为是不同空间下的映射。当坐标变换为非线性时,重积分的变量替换定理使用起来会使计算很困难。因此,这一节的目的仅在于介绍所涉及的思想。当你学习了线性代数后,更详细的对变换的讨论、雅可比行列式和多变量替换的内容在高等微积分教程中都可以查到。

习题 7-7
(A)

1. 设变换 $T: u = x - y, v = 2x + y$。

(1) 用 u,v 表示 x,y,并求雅可比行列式 $\dfrac{\partial(x,y)}{\partial(u,v)}$ 的值;

(2) 求出 xy-平面内以 $(0,0)(1,1)$ 和 $(1,-2)$ 为顶点的三角形区域在变换 T 下的像,并画出 uv-平面变换后的区域。

2. 求变换 $T: x=u\sin v, y=u\cos v$ 雅可比行列式 $\dfrac{\partial(x,y)}{\partial(u,v)}$。

3. 求变换 $T: x=u\cos v, y=u\sin v, z=w$ 雅可比行列式 $\dfrac{\partial(x,y,z)}{\partial(u,v,w)}$。

4. 求从直角坐标变换到球面坐标变换的雅可比行列式。

5. 设 R 为 xy-平面的第一象限的区域,其边界为双曲线 $xy=1, xy=9$ 和直线 $y=x, y=4x$。用变换 $T: x=u/v, y=uv, u>0, v>0$ 将积分

$$\iint_D \left(\sqrt{\dfrac{y}{x}} + \sqrt{xy} \right) \mathrm{d}x\mathrm{d}y$$

重写为 uv-平面上的积分,并计算其积分值。

6. 用变换 $T: u=x-y, v=x+y$ 计算积分 $\iint_R \cos(x-y)\sin(x+y)\,\mathrm{d}x\mathrm{d}y$,其中 R 为顶点为 $(0,0),(\pi,-\pi),(\pi,\pi)$ 的三角形。

(B)

1. **椭圆板的转动惯量** 一密度为常数的薄板覆盖椭圆 $\dfrac{x^2}{a^2}+\dfrac{y^2}{b^2}=1$ 所围区域,$a>0, b>0$。求该平板关于原点的转动惯量。(提示:利用广义极坐标变换)

2. **椭圆面积** 椭圆 $\dfrac{x^2}{a^2}+\dfrac{y^2}{b^2}=1$ 的面积可以用二重积分直接计算,但要做三角变换。一种更简单的计算方法是用变换 $x=au, y=bv$,再在 uv-平面的圆盘 $S: u^2+v^2 \leq 1$ 上计算变换后的积分,用该方法求椭圆面积。

3. 用变换 $T: x=u+(1/2)v, y=v$ 计算积分

$$\int_0^2 \int_{y/2}^{(y+4)/2} y^3 (2x-y) \mathrm{e}^{(2x-y)^2} \mathrm{d}x\mathrm{d}y$$

4. 设空间区域 $\Omega: u=x, v=xy, w=3z$,通过变换 $T: u=x, v=xy, w=3z$ 计算积分

$$\iiint_\Omega (x^2 y + 3xyz)\,\mathrm{d}x\mathrm{d}y\mathrm{d}z$$

5. 计算 $\iint_R \mathrm{e}^{\frac{y-x}{y+x}} \mathrm{d}x\mathrm{d}y$,其中 R 是 x 轴、y 轴和直线 $x+y=2$ 所围成的区域。

6. 计算由 $y^2=px, y^2=qx, x^2=ay, x^2=by (0<p<q, 0<a<b)$ 所围成的区域 R 的面积。

第8章 多元向量值函数积分

本章我们将讨论向量值函数的积分,即第二类曲线积分和第二类曲面积分,然后重点介绍向量值函数积分与二重积分、三重积分的联系,第二类曲线积分与第二类曲面积分之间的联系,即格林公式、高斯公式和斯托克斯公式,最后介绍散度和旋度的概念及向量的微分运算子。

§8.1 对坐标曲线积分的概念与计算

本节首先介绍向量场的基本概念和对坐标曲线积分的概念,这类积分与对弧长的曲线积分不同,需要考虑积分的曲线的方向,然后讨论其性质和计算方法,最后研究曲线积分与路径无关的问题,这类积分也是根据实际问题的需要提出来的,有着重要的应用,因此有必要专门研究。

8.1.1 数量场和向量场的概念

物理量通常都是由其空间和时间确定的,物理量在空间或空间-时间上的分布就称为这个物理量的**场**。第7章讨论中,如地球表面每个位置大气的密度,在不同空间区域上每个位置的温度不同,即温度是空间上位置的函数。我们把某空间区域 Ω 内点 M 的函数 $f(M)$ 称为区域 Ω 上的数量场。即如果物理量是数量,则称为**数量场**。如果物理量是向量,则称为**向量场**,如在空间不同的位置上大气流动方向和速度不同,如图 8-1-1(a) 和 (b) 所示,短箭头线(向量)表示某地区地表上空 10m 处两个不同时间的气流的速度和方向。对比两图,不难看出该地区在一段时间内不同地点大气流速的变化情况,这样的大气流速在每个点都可以给出一个大气流速向量,从而形成一个速度向量场。图 8-1-2(a) 给出了向量场的另一个例子——海平面的洋流,图 8-1-2(b) 是某空域气流穿过机翼的情况。

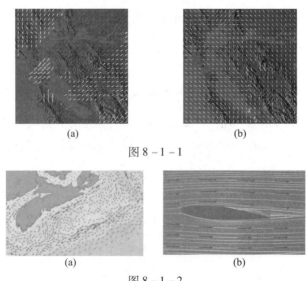

图 8-1-2

通常情况下,场是一个定义在空间的点集上的函数,当函数是多元函数时,称为**数量场**,当函数是向量值函数时,称为**向量场**。

定义1 设 E 是 $R^3(R^2)$ 的子集,$\boldsymbol{F}(M)$ 是定义在 E 上的一个三(二)维向量值函数,即函数 $\boldsymbol{F}(M)$ 将 E 中的每个点 (x,y,z) 映射为一个三(二)维向量,则 $\boldsymbol{F}(M)$ 称为 E 上的向量场。

如图 8-1-3 所示,画出了 R^3 上的一个向量场 $\boldsymbol{F}$,我们可以把它按照分量函数 P,Q 和 R 表示成

$$\boldsymbol{F}(x,y,z) = P(x,y,z)\boldsymbol{i} + Q(x,y,z)\boldsymbol{j} + R(x,y,z)\boldsymbol{k} \qquad (8-1-1)$$

同向量值函数一样,可以定义向量场的连续性,就是说 $\boldsymbol{F}$ 是连续的当且仅当 P,Q 和 R 是连续的。有的时候将点 (x,y,z) 和它的位置向量 $\boldsymbol{r} = (x,y,z)$ 视为相同的,且将 $\boldsymbol{F}(x,y,z)$ 写成 $\boldsymbol{F}(\boldsymbol{r})$,这样 $\boldsymbol{F}$ 就成了一个将向量 $\boldsymbol{r}$ 映射到向量函数 $\boldsymbol{F}(\boldsymbol{r})$ 的函数。

设 D 是 R^2 中的一个集合(一个平面区域),函数为 D 上的每一个点 (x,y) 指定了一个二维向量 $\boldsymbol{F}(x,y)$,即可表示为(图 8-1-4):

$$\boldsymbol{F}(x,y) = P(x,y)\boldsymbol{i} + Q(x,y)\boldsymbol{j} \qquad (8-1-2)$$

式中:$P(x,y),Q(x,y)$ 是二元数量函数。

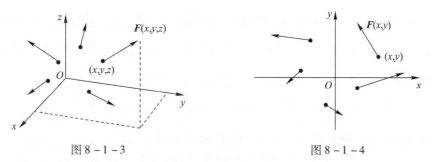

图 8-1-3   图 8-1-4

例 8-1-1 定义 $\boldsymbol{F}(x,y) = -y\boldsymbol{i} + x\boldsymbol{j}$ 为一个 R^2 上的向量场,画出该向量场的示意图,描绘向量场 $\boldsymbol{F}$ 的特点。

解 由于 $\boldsymbol{F}(1,0) = \boldsymbol{j}$,则从点 $(1,0)$ 出发画出向量 $\boldsymbol{j} = (0,1)$,由于 $\boldsymbol{F}(0,1) = -\boldsymbol{i}$,则从点 $(0,1)$ 出发画出向量 $(-1,0)$。按照这样的方式继续下去,如表 8-1-1 所示算出 $\boldsymbol{F}(x,y)$ 在几个点的向量,向量场 $\boldsymbol{F}(x,y)$ 如图 8-1-5 所示。

表 8-1-1

(x,y)	$\boldsymbol{F}(x,y)$	(x,y)	$\boldsymbol{F}(x,y)$	(x,y)	$\boldsymbol{F}(x,y)$	(x,y)	$\boldsymbol{F}(x,y)$
(1,0)	<0,1>	(-1,0)	<0,-1>	(0,1)	<-1,0>	(0,-1)	<1,0>
(2,2)	<-2,2>	(-2,2)	<-2,-2>	(-2,-2)	<-2,-2>	(2,-2)	<2,2>
(3,0)	<0,3>	(-3,0)	<0,-3>	(0,3)	<-3,0>	(0,-3)	<3,0>

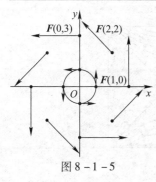

图 8-1-5

从图 8-1-5 中可以看出,每个箭头都和某个以原点为圆心的圆相切。取位置向量 $\boldsymbol{r} = x\boldsymbol{i} + y\boldsymbol{j}$ 和向量 $\boldsymbol{F}(\boldsymbol{r}) = \boldsymbol{F}(x,y)$ 的点积:

$$\boldsymbol{r} \cdot \boldsymbol{F}(\boldsymbol{r}) = (x\boldsymbol{i} + y\boldsymbol{j}) \cdot (-y\boldsymbol{i} + x\boldsymbol{j}) = 0$$

这表明 $\boldsymbol{F}(x,y)$ 和位置向量 $\boldsymbol{r} = x\boldsymbol{i} + y\boldsymbol{j}$ 正交,从而和以原点为圆心,半径为 $|\boldsymbol{r}| = \sqrt{x^2 + y^2}$ 的圆相切,同时注意到 $|\boldsymbol{F}(x,y)| = \sqrt{(-y)^2 + x^2} = |\boldsymbol{r}|$,因而向量 $\boldsymbol{F}(x,y)$ 的大小和圆的半径相等,如图 8-1-6 所示。

例 8-1-2 画出由 $\boldsymbol{F}(x,y,z) = z\boldsymbol{k}$ 给出的 R^3 上的向量场。

解 如图 8-1-7 所示,所有的向量都是竖直方向的,且 xOy 平面以上的向量方向向上,xOy 平面以下的向量方向向下,长度等于点到 xOy 平面的距离。

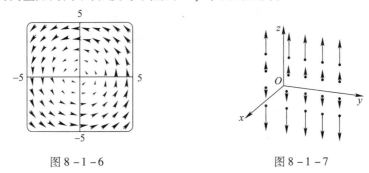

图 8-1-6   图 8-1-7

例 8-1-3 牛顿引力定律描述两个质量为 m 和 M 的物体间引力大小为 $|\boldsymbol{F}| = G\dfrac{mM}{r^2}$,其中 r 是物体间的距离,G 是引力常数。假定质量为 M 的物体被放置在 R^3 中原点的位置上(例如 M 是地球质量,原点在它的中心)。设质量为 m 的物体的位置向量为 $\boldsymbol{r} = (x,y,z)$,因此 $r = |\boldsymbol{r}|$,作用在质量为 m 的物体上的引力指向原点,单位向量为 $-\dfrac{\boldsymbol{r}}{|\boldsymbol{r}|}$。因此,作用在质量为 m 的物体上的引力为 $\boldsymbol{F}(\boldsymbol{r}) = -G\dfrac{mM}{|\boldsymbol{r}|^3}\boldsymbol{r}$,$|\boldsymbol{r}| = \sqrt{x^2+y^2+z^2}$。$\boldsymbol{F}(\boldsymbol{r})$ 称为引力场,因为它将空间中的每一个点 $\boldsymbol{r}$ 映射为一个向量(力 $\boldsymbol{F}(\boldsymbol{r})$)。向量场 $\boldsymbol{F}(\boldsymbol{r})$ 可表示成(图 8-1-8):

$$\boldsymbol{F}(\boldsymbol{r}) = -\dfrac{GmMx}{(x^2+y^2+z^2)^{\frac{3}{2}}}\boldsymbol{i} - \dfrac{GmMy}{(x^2+y^2+z^2)^{\frac{3}{2}}}\boldsymbol{j} - \dfrac{GmMz}{(x^2+y^2+z^2)^{\frac{3}{2}}}\boldsymbol{k}$$

三元函数 $f(x,y,z)$ 的梯度 $\nabla f(x,y,z)$(或 $\mathbf{grad}\,f(x,y)$)定义为

$$\nabla f(x,y,z) = f_x(x,y,z)\boldsymbol{i} + f_y(x,y,z)\boldsymbol{j} + f_z(x,y,z)\boldsymbol{k}$$

$\nabla f(x,y,z)$ 是 R^3 上的向量场,称为**梯度向量场**。同样,二元函数 $f(x,y)$ 的梯度 $\nabla f(x,y)$ 是 R^2 上的向量场,由下式给出:

$$\nabla f(x,y) = f_x(x,y)\boldsymbol{i} + f_y(x,y)\boldsymbol{j}$$

例 8-1-4 找出 $f(x,y) = x^2y - y^3$ 的梯度向量场,在 $f(x,y)$ 的等高线图上画出梯度向量场,它们之间的关系怎样?

解 由梯度公式知

$$\nabla f(x,y) = \dfrac{\partial f}{\partial x}\boldsymbol{i} + \dfrac{\partial f}{\partial y}\boldsymbol{j} = 2xy\boldsymbol{i} + (x^2 - 3y^2)\boldsymbol{j}$$

如图 8-1-9 所示,在 $f(x,y)$ 的等高线图上画出了梯度向量场,不难发现,梯度向量和等高线正交,梯度向量在等高线密集的位置长,在等高线稀疏的地方短。这是因为梯度向量的长度是 $f(x,y)$ 的方向导数的值,等高线密集的地方,意味高度变化很快。

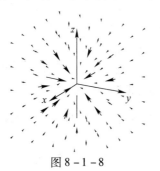   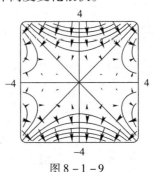

图 8-1-8   图 8-1-9

8.1.2 对坐标的曲线积分的概念

在物理学上,质点在恒力 f 的作用下沿直线运动距离为 s,且力的方向与质点的运动方向一致时,力 f 做的功为

$$W = f \cdot s$$

若是变力 $f(x)$ 与质点的运动方向在同一条直线上(x 轴),则质点从 $x = a$ 处移动到 $x = b$ 所作的功可由定积分表示

$$W = \int_a^b f(x)\,\mathrm{d}x$$

现在考虑当力 $\boldsymbol{F}$ 为一个向量

$$\boldsymbol{F}(x,y,z) = P(x,y,x)\boldsymbol{i} + Q(x,y,x)\boldsymbol{j} + R(x,y,x)\boldsymbol{k}$$

如果质点在该力的作用下沿空间曲线 Γ 运动,力 $\boldsymbol{F}(x,y,z)$ 所作的功如何计算?

假定 $\boldsymbol{F}(x,y,z) = P(x,y,z)\boldsymbol{i} + Q(x,y,z)\boldsymbol{j} + R(x,y,z)\boldsymbol{k}$ 是 R^3 上的一个连续场,质点从光滑曲线 Γ:

$$\boldsymbol{r}(t) = x(t)\boldsymbol{i} + y(t)\boldsymbol{j} + z(t)\boldsymbol{k}$$

上的 A 点 $(t = \alpha)$ 移动到 B 点 $(t = \beta)$,将曲线 Γ 分割成 n 段,取

$$M_0 = A, M_1, M_2, \cdots, M_n = B$$

对应地,参数 t 的划分为 $t_0 = \alpha, t_1, t_2, \cdots, t_n = \beta$,在给定曲线 Γ 上的第 i 段 $\widehat{M_{i-1}M_i}$ 上任取一点 (ξ_i, η_i, ζ_i),$\overrightarrow{M_{i-1}M_i}$ 为连接 M_{i-1} 到 M_i 的向量,取 $\Delta \boldsymbol{r}_i = \overrightarrow{M_{i-1}M_i}$,则力 $\boldsymbol{F}$ 在第 i 段弧上做的功

$$\Delta W_i \approx \boldsymbol{F}(\xi_i, \eta_i, \zeta_i) \cdot \Delta \boldsymbol{s}_i$$

则该力沿光滑曲线 Γ 移动质点所做的功为

$$W \approx \sum_{i=1}^n \boldsymbol{F}(\xi_i, \eta_i, \zeta_i) \cdot \overrightarrow{M_{i-1}M_i}$$

取 $\lambda = \max\limits_{i=1}^{n}\{|\Delta \boldsymbol{s}_i|\}$,则

$$W = \lim_{\lambda \to 0} \sum_{i=1}^n \boldsymbol{F}(\xi_i, \eta_i, \zeta_i) \cdot \Delta \boldsymbol{s}_i$$

定义 2 假设 $\boldsymbol{F}(x,y,z) = P(x,y,x)\boldsymbol{i} + Q(x,y,x)\boldsymbol{j} + R(x,y,x)\boldsymbol{k}$ 是空间 R^3 上的一个向量场,光滑曲线 Γ:

$$\boldsymbol{r}(t) = x(t)\boldsymbol{i} + y(t)\boldsymbol{j} + z(t)\boldsymbol{k}$$

上的 A 点 $(t = \alpha)$ 移动到 B 点 $(t = \beta)$,把曲线 Γ 分割成任意 n 段,取

$$M_0 = A, M_1, M_2, \cdots, M_n = B$$

对应地,参数 t 的划分为 $t_0 = \alpha, t_1, t_2, \cdots, t_n = \beta$,在曲线 Γ 上的第 i 段 $\widehat{M_{i-1}M_i}$ 上任取一点 (ξ_i, η_i, ζ_i),$\overrightarrow{M_{i-1}M_i}$ 为连接 M_{i-1} 到 M_i 的向量,取 $\Delta \boldsymbol{r}_i = \overrightarrow{M_{i-1}M_i}$,取 $\lambda = \max\limits_{i=1}^{n}\{|\Delta \boldsymbol{r}_i|\}$,若极限

$$\lim_{\lambda \to 0} \sum_{i=1}^n \boldsymbol{F}(\xi_i, \eta_i, \zeta_i) \cdot \Delta \boldsymbol{r}_i$$

存在,则把该极限值称为向量函数 $F(x,y,z)$ 在曲线 Γ 上的第二类曲线积分,记为

$$\int_{\Gamma} F(x,y,z) \, \mathrm{d}r = \lim_{\lambda \to 0} \sum_{i=1}^{n} F(\xi_i, \eta_i, \zeta_i) \cdot \Delta r_i \qquad (8-1-3)$$

式中:$F(x,y,z)$ 称为**积分向量**;曲线 Γ 称为**积分弧段**;$\mathrm{d}r$ 称为**有向曲线元**。

曲线 $\Gamma: r(t) = x(t)\boldsymbol{i} + y(t)\boldsymbol{j} + z(t)\boldsymbol{k}$ 在 $(x(t), y(t), z(t))$ 处的单位切向量为

$$T(t) = \frac{r'(t)}{|r'(t)|}$$

则 $\mathrm{d}r = T\mathrm{d}s$,$\mathrm{d}s$ 为弧微分,第二类曲线积分也可表示为

$$\int_{\Gamma} F(x,y,z) \cdot \mathrm{d}r = \int_{\Gamma} F(x,y,z) \cdot T(x,y,z) \mathrm{d}s = \int_{\Gamma} \left[F(r) \cdot \frac{r'(t)}{|r'(t)|} \right] |r'(t)| \mathrm{d}t$$

式中:$T(x,y,z)$ 是积分路径 Γ 上点 (x,y,z) 处的单位切向量,这个积分进而被缩写成

$$\int_{\Gamma} F \cdot \mathrm{d}r$$

若点 $A = B$,则 Γ 为封闭曲线,曲线积分可记为 $\oint_{\Gamma} F \cdot \mathrm{d}r$。

需要注意的是这里的 Γ 是光滑或分段光滑的有向曲线,沿 Γ 从点 A 到点 B,即点 A 为曲线的起点,点 B 为曲线的终点。

存在定理:若 $F(x,y,z) = P(x,y,z)\boldsymbol{i} + Q(x,y,z)\boldsymbol{j} + R(x,y,z)\boldsymbol{k}$ 在曲线 Γ 上连续,则第二类曲线积分 $\int_{\Gamma} F \cdot \mathrm{d}r$ 一定存在。

相应地,当向量场为二维向量,曲线为平面曲线时,可得到平面上第二类曲线积分的定义。

若 L 是平面区域 D 中一条以 A 为起点,B 为终点分段光滑的有向曲线,向量 $F(M)$ 为定义在 D 上的向量值函数,$T_e(M)$ 为 L 上任一点 M 处的单位切向量,若积分

$$\int_{L} [F(M) \cdot T_e(M)] \mathrm{d}s$$

存在,则称该积分为向量值函数 $F(M)$ 沿着有向曲线 L 的积分,即平面曲线 L 上的第二类曲线积分,记作

$$\int_{L} F(x,y) \cdot \mathrm{d}r = \int_{L} [F(M) \cdot T_e(M)] \mathrm{d}s \qquad (8-1-4)$$

在定义 2 中,$F(x,y,z) = (P(x,y,z), Q(x,y,z), R(x,y,z))$,$r(t) = (x(t), y(t), z(t))$,则 $\mathrm{d}r = (\mathrm{d}x, \mathrm{d}y, \mathrm{d}z)$,式 $\int_{\Gamma} F(x,y,z) \cdot \mathrm{d}r$ 可以改写为

$$\int_{\Gamma} F(x,y,z) \cdot \mathrm{d}r = \int_{\Gamma} P(x,y,z)\mathrm{d}x + Q(x,y,z)\mathrm{d}y + R(x,y,z)\mathrm{d}z \qquad (8-1-5)$$

可看作是积分 $\int_{\Gamma} P(x,y,z)\mathrm{d}x, \int_{\Gamma} Q(x,y,z)\mathrm{d}y, \int_{\Gamma} R(x,y,z)\mathrm{d}z$ 的和,因此第二类曲线积分也叫作对坐标的曲线积分。

式 (8-1-4) 表示成坐标形式:

记点 M 的坐标为 (x,y),$F(M) = (P(x,y), Q(x,y))$,则有

$$\int_{L} F(x,y) \cdot \mathrm{d}r = \int_{\Gamma} P(x,y)\mathrm{d}x + Q(x,y)\mathrm{d}y \qquad (8-1-6)$$

式(8-1-5)和式(8-1-6)右端就是第二类曲线积分的坐标形式,是各坐标积分的和,这些对坐标的积分也可单独出现。

力 $\boldsymbol{F}(M) = P(x,y,x)\boldsymbol{i} + Q(x,y,x)\boldsymbol{j} + R(x,y,x)\boldsymbol{k}$ 将质点从点 A 沿空间曲线 Γ 移至点 B 时所作的功表示第二类曲线积分:

$$W = \int_{\Gamma} \boldsymbol{F}(M) \cdot \mathrm{d}\boldsymbol{r} = \int_{\Gamma} P(x,y,z)\mathrm{d}x + Q(x,y,z)\mathrm{d}y + R(x,y,z)\mathrm{d}z$$

注 第二类曲线积分与第一类曲线积分的区别主要为:第一类曲线积分的被积表达式 $f(M)\mathrm{d}s$ 是两个数量的乘积,积分路径没有方向性,$\mathrm{d}s$ 是弧微分,始终为正数;而第二类曲线积分的被积表达式 $\boldsymbol{F}(M) \cdot \mathrm{d}\boldsymbol{r}$ 是两个向量的数量积(点积),$\mathrm{d}\boldsymbol{r}$ 是向量微分,积分路径具有方向性,同一向量值函数沿同一路径 Γ 从点 A 到点 B 和从点 B 到点 A 两个积分的值互为相反数。

同定积分一样,第二类曲线积分也有下面的性质:

性质 1 如果把积分路径 Γ 的方向反过来(记作 Γ^{-}),则

$$\int_{\Gamma^{-}} \boldsymbol{F}(M) \cdot \mathrm{d}\boldsymbol{r} = -\int_{\Gamma} \boldsymbol{F}(M) \cdot \mathrm{d}\boldsymbol{r} \tag{8-1-7}$$

性质 2 (线性性质)设 α,β 为常数,且 $\int_{\Gamma} \boldsymbol{F}(M) \cdot \mathrm{d}\boldsymbol{r}, \int_{\Gamma} \boldsymbol{G}(M) \cdot \mathrm{d}\boldsymbol{r}$ 存在,则

$$\int_{\Gamma} (\alpha \boldsymbol{F}(M) + \beta \boldsymbol{G}(M)) \cdot \mathrm{d}\boldsymbol{r} = \alpha \int_{\Gamma} \boldsymbol{F}(M) \cdot \mathrm{d}\boldsymbol{r} + \beta \int_{\Gamma} \boldsymbol{G}(M) \cdot \mathrm{d}\boldsymbol{r} \tag{8-1-8}$$

性质 3 (可加性)设 Γ_1、Γ_2 为两条有向曲线,且 $\int_{\Gamma_1} \boldsymbol{F}(M) \cdot \mathrm{d}\boldsymbol{r}, \int_{\Gamma_2} \boldsymbol{F}(M) \cdot \mathrm{d}\boldsymbol{r}$ 存在,则

$$\int_{\Gamma_1+\Gamma_2} \boldsymbol{F}(M) \cdot \mathrm{d}\boldsymbol{r} = \int_{\Gamma_1} \boldsymbol{F}(M) \cdot \mathrm{d}\boldsymbol{r} + \int_{\Gamma_2} \boldsymbol{F}(M) \cdot \mathrm{d}\boldsymbol{r} \tag{8-1-9}$$

8.1.3 对坐标的曲线积分的计算

设向量函数 $\boldsymbol{F}(x,y,z)$ 是定义在光滑曲线 $\Gamma:\boldsymbol{r}(t) = (x(t),y(t),z(t))$ 点 A 到点 B 连续向量场,$t = a$ 对应起点 A,$t = b$ 对应终点 B,,那么 $\boldsymbol{F}$ 沿 Γ 的曲线积分为

$$\int_{\Gamma} \boldsymbol{F}(\boldsymbol{r}) \cdot \mathrm{d}\boldsymbol{r} = \int_{a}^{b} \boldsymbol{F}(\boldsymbol{r}) \cdot \boldsymbol{r}'(t)\mathrm{d}t = \int_{\Gamma} \boldsymbol{F}(\boldsymbol{r}) \cdot \boldsymbol{T}_{e}\mathrm{d}s \tag{8-1-10}$$

注 上式中,$\mathrm{d}\boldsymbol{r} = \boldsymbol{r}'(t)\mathrm{d}t$,$\boldsymbol{T}_e = (\cos\alpha,\cos\beta,\cos\gamma)$ 为曲线 Γ 在点 $(x(t),y(t),z(t))$ 的单位切向量。

假设 $\boldsymbol{F}(x,y,z) = P(x,y,z)\boldsymbol{i} + Q(x,y,z)\boldsymbol{j} + R(x,y,z)\boldsymbol{k}$ 为定义在空间光滑曲线 Γ 上的三元向量值函数,$\boldsymbol{F}(x,y,z)$ 沿 Γ 的第二类曲线积分可以写成

$$\begin{aligned}\int_{\Gamma} \boldsymbol{F}(x,y,z) \cdot \mathrm{d}\boldsymbol{r} &= \int_{\Gamma} P(x,y,z)\mathrm{d}x + Q(x,y,z)\mathrm{d}y + R(x,y,z)\mathrm{d}z \\ &= \int_{\Gamma} [P(x,y,z)\cos\alpha + Q(x,y,z)\cos\beta + R(x,y,z)\cos\gamma]\mathrm{d}s\end{aligned}$$

$$(8-1-11)$$

式中:$\mathrm{d}s$ 是弧微分,$\mathrm{d}x = \cos\alpha \mathrm{d}s, \mathrm{d}y = \cos\beta \mathrm{d}s, \mathrm{d}z = \cos\gamma \mathrm{d}s$ 是有向曲线元 $\mathrm{d}\boldsymbol{r}$ 在三个坐标轴上的投影。曲线 $\Gamma:\boldsymbol{r}(t) = (x(t),y(t),z(t))$ 光滑,且 $\boldsymbol{F}(x,y,z)$ 在曲线 Γ 上连续,则有如下的计算公式:

$$\int_\Gamma P(x,y,z)\mathrm{d}x + Q(x,y,z)\mathrm{d}y + R(x,y,z)\mathrm{d}z$$

$$= \int_a^b \{P[x(t),y(t),z(t)]x'(t) + Q[x(t),y(t),z(t)]y'(t) +$$

$$R[x(t),y(t),z(t)]z'(t)\}\mathrm{d}t \qquad (8-1-12)$$

式中:$t=a$ 对应起点 A,$t=b$ 对应终点 B。

设 L 为光滑的有向平面曲线,它的参数方程为 $\boldsymbol{r}(t)=(x(t),y(t))$,$t=a$ 对应曲线 L 的起点,$t=b$ 对应终点,向量值函数 $\boldsymbol{F}(x,y)=(P(x,y),Q(x,y))$ 在 L 上连续,则

$$\int_L P(x,y)\mathrm{d}x + Q(x,y)\mathrm{d}y = \int_a^b \{P[x(t),y(t)]x'(t) + Q[x(t),y(t)]y'(t)\}\mathrm{d}t$$

$$(8-1-13)$$

点 (x,y) 在曲线 L 上,它的坐标应满足 L 的方程,只要将 L 的参数方程代入被积表达式 $P(x,y)\mathrm{d}x + Q(x,y)\mathrm{d}y$,再将积分化为式(8-1-13)右端的定积分形式。与第一类曲线积分不同的是,定积分的下限对应于曲线 L 起点的参数 a,而上限应对应曲线 L 终点的参数 b,a 并不一定小于 b。

如果有向曲线 L 的直角坐标系方程为 $y=f(x)$,则可把 x 作为参数,将 L 化为参数方程 $\begin{cases} y=f(x) \\ x=x \end{cases}$,从而式(8-1-13)就变成

$$\int_L P(x,y)\mathrm{d}x + Q(x,y)\mathrm{d}y = \int_a^b \{P[x,f(x)] + Q[x,f(x)]f'(x)\}\mathrm{d}x \quad (8-1-14)$$

式中:a 对应于 L 的起点;b 对应于 L 的终点。

类似地,可以将第二类曲线积分的概念和计算式(8-1-14)推广到空间曲线积分。

例 8-1-5 计算 $I = \int_L y^2\mathrm{d}x - x^2\mathrm{d}y$,其中起点为 $A(0,1)$、终点为 $B(1,0)$ 的积分路径 L 为:

(1) 单位圆周 $x^2+y^2=1$ 位于第一象限的部分;

(2) 从 A 到 $O(0,0)$ 再到 B 的有向折线,如图 8-1-10 所示。

解 (1) 单位圆周的参数方程为 $x=\cos t$,$y=\sin t$,根据式(8-1-13)易得

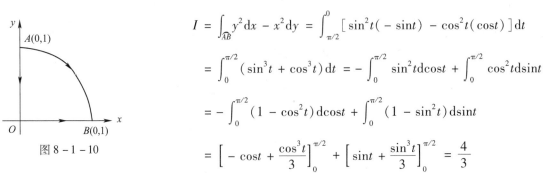

图 8-1-10

$$I = \int_{\widehat{AB}} y^2\mathrm{d}x - x^2\mathrm{d}y = \int_{\pi/2}^0 [\sin^2 t(-\sin t) - \cos^2 t(\cos t)]\mathrm{d}t$$

$$= \int_0^{\pi/2}(\sin^3 t + \cos^3 t)\mathrm{d}t = -\int_0^{\pi/2}\sin^2 t\,\mathrm{d}\cos t + \int_0^{\pi/2}\cos^2 t\,\mathrm{d}\sin t$$

$$= -\int_0^{\pi/2}(1-\cos^2 t)\mathrm{d}\cos t + \int_0^{\pi/2}(1-\sin^2 t)\mathrm{d}\sin t$$

$$= \left[-\cos t + \frac{\cos^3 t}{3}\right]_0^{\pi/2} + \left[\sin t + \frac{\sin^3 t}{3}\right]_0^{\pi/2} = \frac{4}{3}$$

(2) 由于线段 $\overrightarrow{AO}$ 与 $\overrightarrow{OB}$ 的方程分别为 $x=0$(以 y 为参数)与 $y=0$(以 x 为参数),由积分性质及式(8-1-14)得

$$I = \int_{\overrightarrow{AO}} y^2 dx - x^2 dy + \int_{\overrightarrow{OB}} y^2 dx - x^2 dy = \int_1^0 -0 \cdot dy + \int_0^1 0 \cdot dx = 0$$

例 8-1-6 计算积分 $I = \int_L 2yx^3 dy + 3x^2 y^2 dx$，其中起点和终点分别为 $O(0,0)$ 和 $B(1,1)$ 的积分路径 L 为：

(1) 抛物线 $y = x^2$；　　(2) 直线段 $y = x$；

(3) 依次联结 $O, A(1,0)$ 和 B 的有向折线如图 8-1-11 所示。

解 (1) 以 x 为参数，由式 (8-1-14) 得

$$I = \int_L 2yx^3 dy + 3x^2 y^2 dx = \int_0^1 (4x^6 + 3x^6) dx = 1$$

(2) 以 x 为参数，由式 (8-1-14)，则有

$$I = \int_L 2yx^3 dy + 3x^2 y^2 dx = \int_0^1 (2x^4 + 3x^4) dx = 1$$

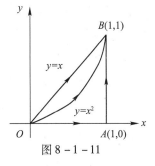

图 8-1-11

(3) 由积分路径的可加性，知

$$I = \int_L 2yx^3 dy + 3x^2 y^2 dx = \int_{\overrightarrow{OA}} 2yx^3 dy + 3x^2 y^2 dx + \int_{\overrightarrow{AB}} 2yx^3 dy + 3x^2 y^2 dx$$

由于 $\overrightarrow{OA}$ 的方程为 $y=0$（以 x 为参数），$\overrightarrow{AB}$ 的方程为 $x=1$（以 y 为参数），所以有

$$I = \int_L 2yx^3 dy + 3x^2 y^2 dx = \int_0^1 3x^2 \cdot 0 dx + \int_0^1 2y dy = 1$$

例 8-1-7 求力场 $\boldsymbol{F}(x,y) = x^2 \boldsymbol{i} - xy \boldsymbol{j}$ 沿四分之一圆周（图 8-1-12）

$$\boldsymbol{r}(t) = \cos t \boldsymbol{i} + \sin t \boldsymbol{j} \quad \left(0 \leq t \leq \frac{\pi}{2}\right)$$

移动质点所做的功。

解 由于 $P(x,y) = x^2, Q(x,y) = -xy, x(t) = \cos t, y(t) = \sin t$，则

$$\boldsymbol{F}(\boldsymbol{r}(t)) = \cos^2 t \boldsymbol{i} - \sin t \cos t \boldsymbol{j}$$

又 $\boldsymbol{r}'(t) = -\sin t \boldsymbol{i} + \cos t \boldsymbol{j}$，由式 (8-1-12) 得

$$W = \int_L \boldsymbol{F} \cdot d\boldsymbol{r} = \int_0^{\pi/2} \boldsymbol{F}'(\boldsymbol{r}(t)) \cdot \boldsymbol{r}'(t) dt$$

$$= \int_0^{\pi/2} [\cos^2 t(-\sin t) - \sin t \cos t(\cos t)] dt$$

$$= \int_0^{\pi/2} (-2\cos^2 t \sin t) dt = 2\left.\frac{\cos^3 t}{3}\right|_0^{\frac{\pi}{2}} = -\frac{2}{3}$$

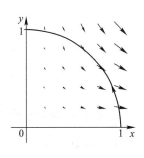

图 8-1-12

例 8-1-8 一质量为 m 的物体在重力的作用下从点 A 沿某光滑曲线 Γ 移动到点 B，求重力作的功。

解 建立如图 8-1-13 所示的空间直角坐标系，则质点在 Γ 上任意一点 M 处所受的重力为 $\boldsymbol{F}(M) = (0,0,-mg)$，设点 A 与 B 的坐标分别为 (x_0, y_0, z_0) 与 (x,y,z)，从而重力所做的功为

$$W = \int_\Gamma \boldsymbol{F}(M) \cdot d\boldsymbol{r} = \int_\Gamma P(M) dx + Q(M) dy + R(M) dz$$

$$= -mg \int_{z_0}^z dz = mg(z_0 - z)$$

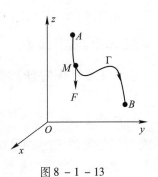

图 8-1-13

上述诸例的结果显示,有些第二类曲线积分的值不仅与积分曲线的起点和终点有关,而且与积分路径有关(如例8-1-5、例8-1-7),但也有些第二类曲线积分积分路径不同,但积分值却相同(如例8-1-6和例8-1-8)。

8.1.4 曲线积分与路径无关

在上面例8-1-6和例8-1-8中,虽然连接起点和终点的曲线不同,但积分结果却一样,这种现象称之为**曲线积分与路径无关**。与积分路径无关的第二类曲线积分,只是与起点和终点的位置有关。

定义3 如果 F 是定义在区域 Ω 上的连续向量场,对 Ω 中的任意两条有相同起点和终点的路径 Γ_1 和 Γ_2 有 $\int_{\Gamma_1} F(r) dr = \int_{\Gamma_2} F(r) dr$,则称曲线积分 $\int_{\Gamma} F(r) dr$ 是**积分与路径无关**的。

如果一条积分路径具有相同的起点和终点,也就是说 $r(b) = r(a)$,那么称它是封闭的(图8-1-14)。如果 $\int_{\Gamma} F(r) dr$ 在 Ω 上是积分与路径无关的,且 Γ 是 Ω 上的任意的闭路径,我们可以在 Γ 上任选两个点 A 和 B,并将 Γ 看成是由从 A 到 B 的路径 Γ_1 和从 B 到 A 的路径 Γ_2 组成(图8-1-15),那么

$$\oint_{\Gamma} F(r) dr = \int_{\Gamma_1} F(r) dr + \int_{\Gamma_2} F(r) dr = \int_{\Gamma_1} F(r) dr - \int_{\Gamma_2^-} F(r) dr = 0$$

Γ_1 和 Γ_2^- 具有相同的起点和终点。

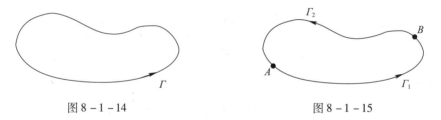

图8-1-14　　　　　　　　　　　图8-1-15

相反地,如果 $\oint_{\Gamma} F(r) dr = 0$ 对 Ω 上的任意的闭曲线 Γ 成立,可以证明该曲线积分与路径无关。在 D 上从点 A 到点 B 取两条路径,定义 Γ 为由 Γ_1 和 Γ_2^- 连接而成的曲线,那么

$$\oint_{\Gamma} F(r) dr = \int_{\Gamma_1} F(r) dr + \int_{\Gamma_2^-} F(r) dr = \int_{\Gamma_1} F(r) dr - \int_{\Gamma_2} F(r) dr = 0$$

因此 $\int_{\Gamma_1} F(r) dr = \int_{\Gamma_2} F(r) dr$。从而有下面的充要条件定理。

定理8-1-1 若 $\int_{\Gamma} F(r) dr$ 在 Ω 上是积分与路径无关的,当且仅当 $\int_{\Gamma} F(r) dr = 0$ 对 Ω 内的任意闭曲线 Γ 成立。

8.1.5 保守场和势函数

定义4 如果 $F(r)$ $(r \in \Omega)$ 是定义在区域 Ω 上的连续向量场,且曲线积分 $\int_{\Gamma} F(r) dr$ 是积分与路径无关,则称向量场 $F(r)$ 为**保守向量场**,简称**保守场**。

也就是说保守向量场 $F(r)$ 在区域 Ω 上的第二类曲线积分只与起点和终点的位置有关而

与链接两点的曲线无关。第二类曲线积分 $\int_{\Gamma} \boldsymbol{F}(\boldsymbol{r}) \mathrm{d}\boldsymbol{r}$ 在物理意义上表示了质点在力 $\boldsymbol{F}(\boldsymbol{r})$ 的作用下沿曲线 Γ 从起点运动到终点所作的功,当曲线 Γ 为 x 轴时,$\int_{\Gamma} \boldsymbol{F}(\boldsymbol{r}) \mathrm{d}\boldsymbol{r}$ 变成了定积分 $\int_{a}^{b} F(x) \mathrm{d}x = G(b) - G(a)$,其中 $G(x)$ 是 $F(x)$ 的一个原函数。于是对于空间的光滑曲线 Γ 的起点 A 和终点 B,是否也存在一个位置函数 $G(\boldsymbol{r})$,使得 $\int_{\Gamma} \boldsymbol{F}(\boldsymbol{r}) \mathrm{d}\boldsymbol{r} = G(B) - G(A)$。

假设光滑曲线 Γ 的参数方程为 $\boldsymbol{r}(t) = (x(t), y(t), z(t))$,起点 A 的参数 $t = a$,终点 B 的参数 $t = b$,$\mathrm{d}\boldsymbol{r}(t) = (x'(t), y'(t), z'(t)) \mathrm{d}t$,由计算公式(8-1-12)得

$$\int_{\Gamma} \boldsymbol{F}(\boldsymbol{r}) \cdot \mathrm{d}\boldsymbol{r} = \int_{\Gamma} P(x,y,z) \mathrm{d}x + Q(x,y,z) \mathrm{d}y + R(x,y,z) \mathrm{d}z$$
$$= \int_{a}^{b} \{P[x(t),y(t),z(t)]x'(t) + Q[x(t),y(t),z(t)]y'(t) + R[x(t),y(t),z(t)]z'(t)\} \mathrm{d}t$$

令 $\phi(t)$ 为 $P[x(t),y(t),z(t)]x'(t) + Q[x(t),y(t),z(t)]y'(t) + R[x(t),y(t),z(t)]z'(t)$ 的原函数,则有 $\int_{\Gamma} \boldsymbol{F}(\boldsymbol{r}) \cdot \mathrm{d}\boldsymbol{r} = \phi(b) - \phi(a)$。

由此可以发现保守向量场和一个数量场的梯度有着非常重要的联系。

定理 8-1-2 假设在区域 Ω 内存在向量场 $\boldsymbol{F}(\boldsymbol{r})$ 和一个数量场 $\phi(\boldsymbol{r})$,且 $\boldsymbol{F}(\boldsymbol{r}) = \nabla \phi(\boldsymbol{r})$,$\forall \boldsymbol{r} \in \Omega$,$\nabla \phi(\boldsymbol{r})$ 存在,则 $\boldsymbol{F}(\boldsymbol{r})$ 是区域 Ω 内的保守向量场。相反,$\boldsymbol{F}(\boldsymbol{r})$ 是区域 Ω 内的保守向量场,则 $\boldsymbol{F}(\boldsymbol{r})$ 一定是某个数量场 $\phi(\boldsymbol{r})$ 的梯度,即 $\boldsymbol{F}(\boldsymbol{r}) = \nabla \phi(\boldsymbol{r})$。

证明 假设 $\forall \boldsymbol{r} \in \Omega$,$\boldsymbol{F}(\boldsymbol{r}) = \nabla \phi(\boldsymbol{r})$,对于 Ω 内链接 A、B 两点的光滑曲线 Γ 上的曲线积分 $\int_{\Gamma} \boldsymbol{F} \cdot \mathrm{d}\boldsymbol{r}$ 有:

$$\int_{\Gamma} \boldsymbol{F} \cdot \mathrm{d}\boldsymbol{r} = \int_{\Gamma} \nabla \phi \cdot \mathrm{d}\boldsymbol{r} = \int_{\Gamma} \mathrm{d}\phi = [\phi]_{A}^{B} = \phi(B) - \phi(A)$$

这里曲线积分变成了一个位置函数 $\phi(\boldsymbol{r})$ 的增量,只与曲线的起点和终点有关,因此 $\boldsymbol{F}(\boldsymbol{r})$ 是保守向量场。

相反,假设 $\boldsymbol{F}(\boldsymbol{r})$ 是保守向量场,则数量场 $\phi(\boldsymbol{r})$ 可以表示为 $\boldsymbol{F}(\boldsymbol{r})$ 在连接原点和 $\boldsymbol{r}$ 的光滑曲线 Γ 上的曲线积分 $\int_{\Gamma} \boldsymbol{F} \cdot \mathrm{d}\boldsymbol{r}$,由于 $\boldsymbol{F}(\boldsymbol{r})$ 是保守向量,曲线积分 $\int_{\Gamma} \boldsymbol{F} \cdot \mathrm{d}\boldsymbol{r}$ 与积分路径无关,所以 $\phi(\boldsymbol{r}) = \int_{0}^{\boldsymbol{r}} \boldsymbol{F} \cdot \mathrm{d}\boldsymbol{r}$,于是 $\mathrm{d}\phi = \boldsymbol{F} \cdot \mathrm{d}\boldsymbol{r} = \nabla \phi \cdot \mathrm{d}\boldsymbol{r}$。

据向量的数量积计算和 $\mathrm{d}\boldsymbol{r}$ 的任意性,则 $\boldsymbol{F}(\boldsymbol{r}) = \nabla \phi(\boldsymbol{r})$。

由定理 8-1-2 可以看出,若向量场 $\boldsymbol{F}(\boldsymbol{r})$ 是保守场,则一定存在一个数量场 $\phi(\boldsymbol{r})$,使 $\boldsymbol{F}(\boldsymbol{r}) = \nabla \phi(\boldsymbol{r})$。

定义 5 保守向量场 $\boldsymbol{F}(\boldsymbol{r})$ 的第二类曲线积分值等于某个位置函数 $\phi(\boldsymbol{r})$ 的终点函数值 $\phi(B)$ 与起点函数值 $\phi(A)$ 的差 $\phi(B) - \phi(A)$,称该位置函数 $\phi(\boldsymbol{r})$ 为向量场 $\boldsymbol{F}(\boldsymbol{r})$ 的**势函数**,简称**势**。

对于 $\phi(\boldsymbol{r})$ 加上任意常数 C,其梯度不变,因此保守向量场的势也就不唯一。对于与路径无关的第二类曲线积分,我们只需要找到保守向量场的势函数,就可以用终点与起点的势差来

计算。

类似于定积分的基本公式:$G'(x)$在$[a,b]$上连续,$\int_a^b G'(x)\mathrm{d}x = G(b) - G(a)$,可以得到保守向量$\boldsymbol{F}(\boldsymbol{r})$的曲线积分的基本公式。若$f$为可微函数,其**梯度向量**$\nabla f$在$\Gamma$上连续,则

$$\int_\Gamma \nabla f(\boldsymbol{r}) \cdot \mathrm{d}\boldsymbol{r} = f(\boldsymbol{r}(b)) - f(\boldsymbol{r}(a)) \qquad (8-1-15)$$

注1 上述公式中仅仅知道f在曲线Γ的端点处的值,就可以计算保守场的曲线积分(势函数f的梯度向量场)。定理也表明∇f的曲线积分等于f的净增加值。

注2 曲线Γ也可以是分段光滑曲线。

如果函数f是一个二元函数,且积分路径L(图8-1-16)是一个起点为$A(x_1,y_1)$,终点为$B(x_2,y_2)$的平面曲线,那么上述定理就变为

$$\int_L \nabla f \cdot \mathrm{d}\boldsymbol{r} = f(x_2,y_2) - f(x_1,y_1) \qquad (8-1-16)$$

如果函数f是一个三元函数,且积分路径Γ是一个起点为$A(x_1,y_1,z_1)$,终点为$B(x_2,y_2,z_2)$的空间曲线(图8-1-17),那么就有

$$\int_\Gamma \nabla f(\boldsymbol{r}) \cdot \mathrm{d}\boldsymbol{r} = f(x_2,y_2,z_2) - f(x_1,y_1,z_1) \qquad (8-1-17)$$

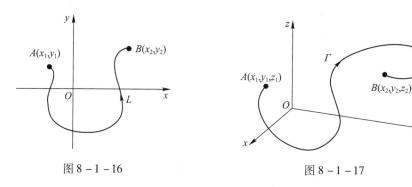

图8-1-16　　　　　　　　　图8-1-17

例8-1-9 求引力

$$\boldsymbol{F}(\boldsymbol{r}) = -G\frac{mM}{|x|^3}\boldsymbol{r}$$

沿分段光滑的曲线Γ从点$(3,4,12)$到点$(2,2,0)$移动质量为m的质点所作的功。

解 由8.1节例8-1-3结论知,$\boldsymbol{F}(\boldsymbol{r}) = -G\dfrac{mM}{|x|^3}\boldsymbol{r} = \nabla f$,其中

$$f(x,y,z) = G\frac{mM}{\sqrt{x^2+y^2+z^2}}$$

因此,由定理知所做的功为

$$W = \int_\Gamma \boldsymbol{F} \cdot \mathrm{d}\boldsymbol{r} = \int_\Gamma \nabla f \cdot \mathrm{d}\boldsymbol{r} = f(2,2,0) - f(3,4,12)$$

$$= G\frac{mM}{\sqrt{2^2+2^2+0^2}} - G\frac{mM}{\sqrt{3^2+4^2+12^2}} = GmM\left(\frac{1}{2\sqrt{2}} - \frac{1}{13}\right)$$

对于一个在开区域上有定义,且与路径无关的第二类曲线积分,其积分值是一个起点和终

点的位置函数,该函数一定是其梯度场的势。梯度场是个保守向量场,那么所有的保守向量场也一定存在一个相应的势函数即定理 8-1-3。

定理 8-1-3 假定 D 是一个平面上的连通开集(即 D 中的任意点 P 处都存在一个以 P 为中心的圆域被 D 所包含,且 D 中任意两个点的连线属于 D),$\boldsymbol{F}$ 在 D 上是连续的向量场,如果 $\int_L \boldsymbol{F}(\boldsymbol{r})\cdot \mathrm{d}\boldsymbol{r}$ 在 D 上是积分与路径无关时,那么 $\boldsymbol{F}$ 是 D 上的一个保守向量场,即存在一个函数 f,满足 $\nabla f=\boldsymbol{F}$。

证明 设 $A(a,b)$ 是 D 中给定的点,定义

$$f(x,y)=\int_{(a,b)}^{(x,y)}\boldsymbol{F}\cdot \mathrm{d}\boldsymbol{r}$$

下面构造在 D 中的任意点 (x,y) 处所要求的势函数 f。

由于 D 是开的,存在一个以 (x,y) 为中心的圆域包含于 D 中,圆域中任取一点 (x_1,y),其中 $x_1<x$,并设 L 由从 (a,b) 到 (x_1,y) 的任意路径 L_1 和从 (x_1,y) 到 (x,y) 的水平线段 L_2 组成(图 8-1-18),因为 $\int_L \boldsymbol{F}(\boldsymbol{r})\cdot \mathrm{d}\boldsymbol{r}$ 积分与路径无关,则

$$\begin{aligned}f(x,y)&=\int_L \boldsymbol{F}(\boldsymbol{r})\cdot \mathrm{d}\boldsymbol{r}\\&=\int_{L_1+L_2}\boldsymbol{F}(\boldsymbol{r})\cdot \mathrm{d}\boldsymbol{r}=\int_{(a,b)}^{(x_1,y)}\boldsymbol{F}(\boldsymbol{r})\cdot \mathrm{d}\boldsymbol{r}+\int_{L_2}\boldsymbol{F}(\boldsymbol{r})\cdot \mathrm{d}\boldsymbol{r}\end{aligned}$$

图 8-1-18

积分 $\int_{(a,b)}^{(x_1,y)}\boldsymbol{F}(\boldsymbol{r})\cdot \mathrm{d}\boldsymbol{r}$ 与 x 无关,因此

$$\frac{\partial}{\partial x}f(x,y)=0+\frac{\partial}{\partial x}\int_{L_2}\boldsymbol{F}\cdot \mathrm{d}\boldsymbol{r}$$

记 $\boldsymbol{F}=P(x,y)\boldsymbol{i}+Q(x,y)\boldsymbol{j}$,那么

$$\int_{L_2}\boldsymbol{F}(\boldsymbol{r})\cdot \mathrm{d}\boldsymbol{r}=\int_{L_2}P(x,y)\mathrm{d}x+Q(x,y)\mathrm{d}y$$

在 L_2 上,y 是常数,因此 $\mathrm{d}y=0$。用 t 作为参数,其中 $x_1\leqslant t\leqslant x$,有

$$\begin{aligned}\frac{\partial}{\partial x}f(x,y)&=\frac{\partial}{\partial x}\int_{L_2}P(x,y)\mathrm{d}x+Q(x,y)\mathrm{d}y\\&=\frac{\partial}{\partial x}\int_{x_1}^{x}P(t,y)\mathrm{d}t=P(x,y)\end{aligned}$$

若考虑竖直的线段(图 8-1-19),类似得到

$$\begin{aligned}\frac{\partial}{\partial y}f(x,y)&=\frac{\partial}{\partial y}\int_{L_2}P(x,y)\mathrm{d}x+Q(x,y)\mathrm{d}y\\&=\frac{\partial}{\partial y}\int_{y_1}^{y}Q(x,t)\mathrm{d}t=Q(x,y)\end{aligned}$$

图 8-1-19

因此 $\boldsymbol{F}=P(x,y)\boldsymbol{i}+Q(x,y)\boldsymbol{j}=\frac{\partial f}{\partial x}\boldsymbol{i}+\frac{\partial f}{\partial y}\boldsymbol{j}=\nabla f$,即保守向量场 $\boldsymbol{F}$ 一定存在势函数 f,使得 $\boldsymbol{F}=\nabla f$。但如何确定一个向量场 $\boldsymbol{F}$ 是否为保守场呢?

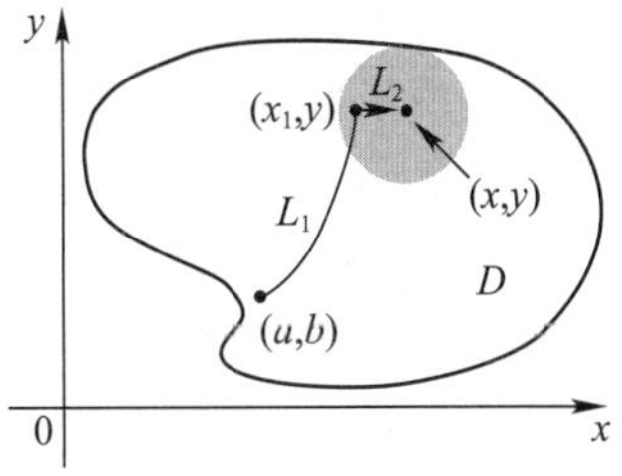

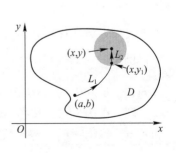

设 $F = P(x,y)\boldsymbol{i} + Q(x,y)\boldsymbol{j}$ 是保守场,其中 $P(x,y)$ 和 $Q(x,y)$ 具有一阶连续偏导数,一定存在函数 $f(x,y)$ 满足 $F = \nabla f$,即 $P(x,y) = \dfrac{\partial f(x,y)}{\partial x}, Q(x,y) = \dfrac{\partial f(x,y)}{\partial y}$,则

$$\frac{\partial P(x,y)}{\partial y} = \frac{\partial^2 f(x,y)}{\partial x \partial y} = \frac{\partial Q(x,y)}{\partial x}$$

因此有下面的定理。

定理 8-1-4 如果 $F(x,y) = P(x,y)\boldsymbol{i} + Q(x,y)\boldsymbol{j}$ 是一个保守向量场,其中 $P(x,y)$ 和 $Q(x,y)$ 具有一阶连续偏导数,那么在整个 D 上,有

$$\frac{\partial P(x,y)}{\partial y} = \frac{\partial Q(x,y)}{\partial x} \tag{8-1-18}$$

需要注意的是定理 4 的逆命题不一定成立,但对一些特殊的区域是成立的。这一问题留在下一节格林公式中来讨论。先来讨论当 $\dfrac{\partial P(x,y)}{\partial y} = \dfrac{\partial Q(x,y)}{\partial x}$ 时,保守向量场 $F = (P,Q)$ 的势函数 $f(x,y)$ 的求法。

从定理 8-1-4 知保守向量场 F 一定有势函数 f,且 $F = \nabla f$,虽然没有给出计算势函数 f 的方法,但给出了 $\mathrm{d}f = P(x,y)\mathrm{d}x + Q(x,y)\mathrm{d}y$ 这个全微分,可以通过积分的方法求出势函数 f,这种方法称为**全微分求积方法**。

若在平面区域 D 上存在一个函数 $f(x,y)$,使其 $\mathrm{d}f = P(x,y)\mathrm{d}x + Q(x,y)\mathrm{d}y$,则称 $f(x,y)$ 是 $P(x,y)\mathrm{d}x + Q(x,y)\mathrm{d}y$ 在 D 上的一个**原函数**。

显然,若 $f(x,y)$ 是 $P(x,y)\mathrm{d}x + Q(x,y)\mathrm{d}y$ 在 D 上的一个原函数,则 $f(x,y) + C$(C 为常数)也是它的一个原函数,并且容易证明任意两个原函数之差为一常数。

由表达式 $\boldsymbol{F} \cdot \mathrm{d}\boldsymbol{r} = P(x,y)\mathrm{d}x + Q(x,y)\mathrm{d}y$ 求它的所有原函数问题称为**二元函数的全微分求积问题**。

例 8-1-10 已知向量场 $\boldsymbol{F}(x,y) = (3+2xy)\boldsymbol{i} + (x^2-3y^2)\boldsymbol{j}$,证明它是保守场,并求它的势函数。

解 令 $P(x,y) = 3+2xy, Q(x,y) = x^2-3y^2$,则 $\dfrac{\partial P(x,y)}{\partial y} = \dfrac{\partial Q(x,y)}{\partial x} = 2x$ 连续。所以 $\boldsymbol{F}(x,y) = (3+2xy)\boldsymbol{i} + (x^2-3y^2)\boldsymbol{j}$ 是保守场,$f_x(x,y) = 3+2xy$,对 x 积分有:

$$f(x,y) = \int (3+2xy)\mathrm{d}x = 3x + x^2 y + g(y)$$

又

$$f_y(x,y) = x^2 - 3y^2 = x^2 + g'(y)$$
$$g'(y) = -3y^2$$

对上式两端 y 求积分,得 $g(y) = -y^3 + C$(C 为常数),则有

$$f(x,y) = 3x + x^2 y - y^3 + C$$

上述这种方法在计算过程中,先对 x 求积分,再对 y 求积分的方法称为偏积分法。

例 8-1-11 已知 $\boldsymbol{F}(x,y) = (3+2xy)\boldsymbol{i} + (x^2-3y^2)\boldsymbol{j}$,计算曲线积分 $\displaystyle\int_L \boldsymbol{F} \cdot \mathrm{d}\boldsymbol{r}$,其中 L 为曲线 $\boldsymbol{r}(t) = \mathrm{e}^t\sin t\,\boldsymbol{i} + \mathrm{e}^t\cos t\,\boldsymbol{j}, 0 \leqslant t \leqslant \pi$。

解 由例 8-1-10 知,该曲线积分与路径无关,直接使用曲线积分基本公式,$\boldsymbol{r}(0) = (0,1)$ 和 $\boldsymbol{r}(\pi) = (0, -\mathrm{e}^\pi)$,势函数 $f(x,y) = 3x + x^2 y - y^3 + C$,由曲线积分的基本定理得

$$\int_L \boldsymbol{F} \cdot \mathrm{d}\boldsymbol{r} = \int_L \nabla f \cdot \mathrm{d}\boldsymbol{r} = f(0, -\mathrm{e}^\pi) - f(0,1) = \mathrm{e}^{3\pi} + 1$$

这种方法就简单直接些。

例 8-1-12 验证在 xOy 平面内,$xy^2 dx + x^2 y dy$ 是某函数的全微分,并求它的原函数。

解 记 $P(x,y) = xy^2$,$Q(x,y) = x^2 y$,$\dfrac{\partial P}{\partial y} = \dfrac{\partial (xy^2)}{\partial y} = 2xy$,$\dfrac{\partial Q}{\partial x} = \dfrac{\partial (x^2 y)}{\partial x} = 2xy$,所以在 xOy 平面内 $\dfrac{\partial P}{\partial y} = \dfrac{\partial Q}{\partial x}$,并且两个偏导数连续,故 $xy^2 dx + x^2 y dy$ 是某函数的全微分。

方法一 (曲线积分法)在 xOy 平面内任取一定点 (x_0, y_0),由定理 8-1-3,积分与路径无关,为了计算方便,我们选取 $x_0 = y_0 = 0$,积分路径(如图 8-1-20 所示),则

$$f(x,y) = \int_{(0,0)}^{(x,y)} xy^2 dx + x^2 y dy$$
$$= \int_{\overrightarrow{OA}} xy^2 dx + x^2 y dy + \int_{\overrightarrow{AB}} xy^2 dx + x^2 y dy$$
$$= 0 + \int_0^y x^2 y dy = \frac{1}{2} x^2 y^2$$

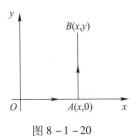

图 8-1-20

故所求原函数为 $f(x,y) = \dfrac{1}{2} x^2 y^2 + C$($C$ 为常数)。

方法二 (积分法)由于 $f_x = P(x,y) = xy^2$,先将式中的 y 看作常数,两端对 x 积分得,
$$f(x,y) = \frac{1}{2} x^2 y^2 + g(y)$$

所以 $f_y(x,y) = x^2 y + g'(y) = Q(x,y) = x^2 y$,从而 $g'(y) = 0$,所以 $g(y) = C$(C 为任意的常数),故 $f(x,y) = \dfrac{1}{2} x^2 y^2 + C$($C$ 为常数)。

方法三 (凑微分法)由于所求原函数 $f(x,y)$ 的全微分为
$$df = xy^2 dx + x^2 y dy$$

改写上式
$$df = xy(y dx + x dy) = (xy) d(xy) = d\left(\frac{1}{2} x^2 y^2\right)$$

故所求原函数为
$$f(x,y) = \frac{1}{2} x^2 y^2 + C \quad (C \text{ 为常数})$$

习题 8-1

(A)

1. 填空题

(1) 对坐标的曲线积分与曲线的方向_____。

(2) 设 $\int_L P(x,y) dx + Q(x,y) dy \neq 0$,则 $\dfrac{\int_{L^-} P(x,y) dx + Q(x,y) dy}{\int_L P(x,y) dx + Q(x,y) dy} = $_____。

(3) 在公式 $\int_L P(x,y) dx + Q(x,y) dy = \int_\alpha^\beta [P(\varphi(t), \psi(t)) \varphi'(t) + Q(\varphi(t), \psi(t)) \psi'(t)] dt$ 中,下限 α 对应于 L 的_____,上限 β 对应于 L 的_____。

(4) 两类曲线积分的联系是_____。

2. 计算下列对坐标的曲线积分：

(1) $\int_{\Gamma} y\mathrm{d}x + z\mathrm{d}y + x\mathrm{d}z$，其中 $\Gamma: x = \sqrt{t}, y = t, z = t^2, 1 \leq t \leq 4$。

(2) $\int_L e^x \mathrm{d}x$，其中 L 为抛物线 $x = y^3$，从点 $(1,1)$ 到 $(-1,-1)$。

(3) $\int_{\Gamma} z^2 \mathrm{d}x + x^2 \mathrm{d}y + y^2 \mathrm{d}z$，其中 Γ 为从点 $A(1,0,0)$ 到点 $B(4,1,2)$ 的直线。

(4) $\oint_L \dfrac{(x+y)\mathrm{d}x - (x-y)\mathrm{d}y}{x^2 + y^2}$，其中 L 为按逆时针方向绕行的圆周 $x^2 + y^2 = a^2$。

(5) $\int_L y^3 \mathrm{d}x + x^2 \mathrm{d}y$，其中 L 为抛物线，从点 $A(0,-1)$ 到点 $B(0,1)$。

(6) $\int_L y\mathrm{d}x + (x + y^2)\mathrm{d}y$，其中 L 为按顺时针方向绕行的椭圆周 $4x^2 + 9y^2 = 36$。

(7) $\int_L \boldsymbol{F}\mathrm{d}\boldsymbol{r}$，其中 $\boldsymbol{F}(x,y,z) = x\boldsymbol{i} + y\boldsymbol{j} + xy\boldsymbol{k}$，$\boldsymbol{r}(t) = \cos t\boldsymbol{i} + \sin t\boldsymbol{j} + t\boldsymbol{k}, 0 \leq t \leq \pi$。

(8) $\oint_{\Gamma} \mathrm{d}x - \mathrm{d}y + y\mathrm{d}z$，其中 Γ 为有向闭折线 $ABCA$，其中 $A(1,0,0), B(0,1,0), C(0,0,1)$。

3. 证明曲线积分 $\int_{(1,2)}^{(3,4)} (6xy^2 - y^3)\mathrm{d}x + (6x^2y - 3xy^2)\mathrm{d}y$ 在整个 xOy 面内与路径无关，并计算积分值。

4. 证明向量场 $\boldsymbol{F}$ 是保守场，并找到一个函数 f 使得 $\boldsymbol{F} = \nabla f$。

(1) $\boldsymbol{F}(x,y) = 2xy\boldsymbol{i} + x^2\boldsymbol{j}$；

(2) $\boldsymbol{F}(x,y) = (1 + xy)\mathrm{e}^{xy}\boldsymbol{i} + (\mathrm{e}^y + x^2\mathrm{e}^{xy})\boldsymbol{j}$；

(3) $\boldsymbol{F}(x,y) = (2x\cos y + y^2\cos x)\boldsymbol{i} + (2y\sin x - x^2\sin y)\boldsymbol{j}$。

5. 验证 $(3x^2y + 8xy^2)\mathrm{d}x + (x^3 + 8x^2y + 12y\mathrm{e}^y)\mathrm{d}y$ 在整个 xOy 平面内是某一函数 $u(x,y)$ 的全微分，并求这样一个 $u(x,y)$。

6. 已知 $f(\pi) = 1$，曲线积分 $\int_A^B \left[\sin x - f(x)\right] \dfrac{y}{x}\mathrm{d}x + f(x)\mathrm{d}y$ 与路径无关，求函数 $f(x)$。

(B)

1. 计算下列对坐标的曲线积分：

(1) $\int_L xy\mathrm{d}x$，其中 L 为圆周 $(x-a)^2 + y^2 = a^2 (a > 0)$ 及 x 轴所围成的在第一象限内的区域的整个边界（按逆时针方向绕行）；

(2) $\int_{\Gamma} z\mathrm{d}x + x\mathrm{d}y + y\mathrm{d}z$，其中 Γ 为曲面 $z = x^2$ 和 $x^2 + y^2 = 4$ 的交线，从 z 轴正向看 Γ 为逆时针方向。

2. 设 z 轴与重力的方向一致，求质量为 m 的质点从位置 (x_1, y_1, z_1) 沿直线移到 (x_2, y_2, z_2) 时重力所作的功。

3. 把对坐标的曲线积分 $\int_L P(x,y)\mathrm{d}x + Q(x,y)\mathrm{d}y$ 化成对弧长的曲线积分，其中 L 为

(1) 在 xOy 面内沿直线从点 $(0,0)$ 到点 $(1,1)$；

(2) 沿抛物线 $y = x^2$ 从点 $(0,0)$ 到 $(1,1)$;

(3) 沿上半圆周 $x^2 + y^2 = 2x$ 从点 $(0,0)$ 到 $(1,1)$。

4. 设 $\boldsymbol{f}(x,y) = \dfrac{-y}{x^2+y^2}\boldsymbol{i} + \dfrac{x}{x^2+y^2}\boldsymbol{j}\ ((x,y) \neq (0,0))$,曲线 L 为按逆时针方向绕行的圆周 $x^2 + y^2 = a^2$:

(1) 证明: $\boldsymbol{f}(x,y) = \nabla F(x,y)$,其中 $F(x,y) = \arctan\left(\dfrac{y}{x}\right)$;

(2) 证明: $\oint_L \boldsymbol{f} \mathrm{d}\boldsymbol{r} = 2\pi$,这是否与定理 8-1-3 相矛盾?

5. 试确定 λ,使得 $\dfrac{x}{y}r^\lambda \mathrm{d}x - \dfrac{x^2}{y^2}r^\lambda \mathrm{d}y$ 是某个函数 $u(x,y)$ 的全微分,其中 $r = \sqrt{x^2+y^2}$,并求 $u(x,y)$。

6. 设 $f(x)$ 具有二阶连续导数,$f(0) = 0, f'(0) = 1$,且
$$[xy(x+y) - f(x)y]\mathrm{d}x + [f'(x) + x^2 y]\mathrm{d}y = 0$$
为全微分方程,求 $f(x)$ 及全微分方程的通解。

7. 在变力 $\boldsymbol{F} = yz\boldsymbol{i} + zx\boldsymbol{j} + xy\boldsymbol{k}$ 的作用下,质点由原点沿直线运动到椭球面
$$\frac{x^2}{a^2} + \frac{y^2}{b^2} + \frac{z^2}{c^2} = 1$$
上第一卦限的点 $M(x_0, y_0, z_0)$,问当 x_0, y_0, z_0 取何值时,力 $\boldsymbol{F}$ 所做的功 W 最大,并求出 W 的最大值。

§8.2 对坐标曲面积分的概念与计算

本节来研究流体流量的表示和计算问题。

8.2.1 曲面的侧

在研究江河海洋的水流运动、大气的运动(如天气预报、台风预报等)等问题时,流体的速度场是一个非常重要的量。如果速度场仅是 x,y,z 的函数,则称速度场是时不变的(或定常的)。如果速度场不仅依赖 x,y,z,还依赖于时间 t,则称速度场是时变的(或不定常的)。例如在一个金属水管中的水以恒定速度 $\boldsymbol{v}$ 流动,单位时间内,管道中流过的水的体积或流过水管垂直截面的水的体积称为水管中水的流量。

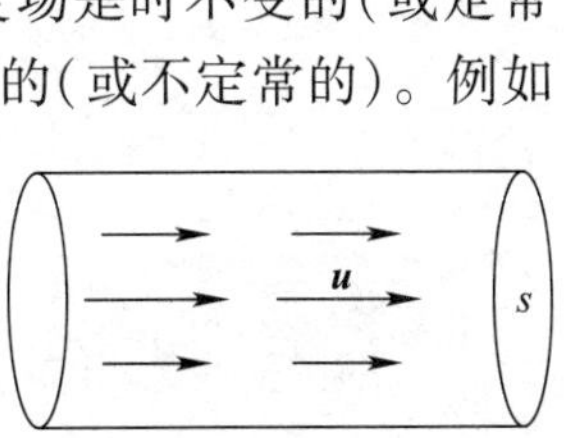

假设水管的截面积为 A,$|\boldsymbol{v}| = v_0$,若水流的速度方向 $\boldsymbol{v}$ 与管壁平行即垂直于水管的截面(如图 8-2-1 所示),则水管中水的流量
$$\Phi = v_0 A$$

图 8-2-1

若水流的速度方向 $\boldsymbol{v}$ 与管壁不平行即不垂直于水管的截面(如图 8-2-2 所示),$\boldsymbol{n}$ 为水管截面的法线($|\boldsymbol{n}| = 1$),则水管中水的流量
$$\Phi = \boldsymbol{v} \cdot \boldsymbol{n} A$$

但是,当流速是空间上的位置函数,且研究的曲面不是平面时,就需要

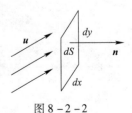

图 8-2-2

用微元法来研究。此时流体的流量问题可表述为：

流量问题 设在一流体的定常速度场的定义域内，有一光滑曲面 Σ，计算单位时间内流过曲面 Σ 的流量。

规定：

（1）流体的流过曲面（或通过）是指流体从曲面的一侧到另一侧；

（2）所谓曲面的侧就是曲面的方向。

若光滑曲面 Σ 不封闭，其边界曲线分段光滑，是指 Σ 上的每一点 M 都有切平面，且切平面的位置随切点的位置移动而连续地变动。

曲面的侧 曲面 Σ 上的每一点 M 有两个方向的单位法向量，它们是否一定分别代表了曲面在点 M 的两侧？问题的关键是如何定义有向曲面。

假设光滑曲面 Σ 上的两点 M_1 和 M_2 的两个法向量分别为 n_1 和 n_2（如图 8-2-3 所示）。M_1 沿曲面 Σ 运动时，其法向量 n_1 连续地变化。当 M_1 运动到 M_2 时，若 n_1 与 n_2 同向，称 n_1 与 n_2 是在曲面的同侧；若 n_1 与 n_2 反向，则称 n_1 与 n_2 是在曲面的异侧。因此，在曲面上取定点 M_1 和法向量 n_1，由 M_1 沿曲面 Σ 的光滑曲线在曲面 Σ 内（不穿过曲面的边界曲线）连续地走遍曲面 Σ，便得到曲面 Σ 中与 n_1 同侧的全体法向量（图 8-2-4）。通常对 n_1 反向的 $-n_1$ 用同样的方法可得到曲面 Σ 中与 $-n_1$ 同侧的全体法向量，这样把曲面分成了两侧。实际上，并不是所有的曲面都是这样的：从 M_1 出发，n_1 随 M_1 沿曲面 Σ 的光滑曲线而不越过曲面 Σ 的边界连续运动到 M_1 时与原有的法向量 "n_1" 重合，但有的曲面却变成了 n_1 的反向 $-n_1$。例如以德国几何学家莫比乌斯（Mobius，1790—1868）命名的莫比乌斯带（图 8-2-5）就是单侧的。将长方形纸条 $ABCD$ 先扭转一次，然后使 B 与 D 及 A 与 C 粘贴一起，构成了一条封闭的环带。它的确具有上述单侧曲面的性质。假如用一种颜色涂这条环带，则可以不越过它的边界而涂遍它的全部。因此对于单侧曲面，自然不便说流体"通过"它的流量。本书今后讨论的曲面均为双侧曲面。

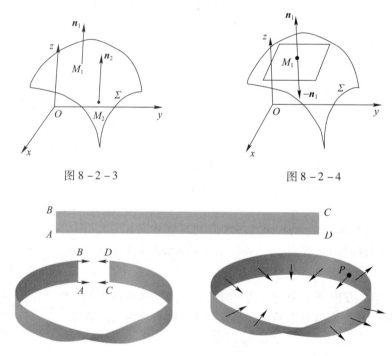

图 8-2-3

图 8-2-4

图 8-2-5

设 Σ 是一双侧曲面,在其上任一点 M 的法线上选定一个确定的方向,则曲面上全部点的同侧法线也随之确定。如果原选定的法线方向改变,则在其他点的法线方向也随之改变。我们可选定它的一侧为正侧,这种**取定正侧的曲面,称为定向曲面或有向曲面**。

假设光滑曲面 Σ 由函数 $z=f(x,y)$ ($(x,y) \in D$)确定,其中 $f(x,y)$ 在 D 上有连续的偏导数,单位法向量为

$$\boldsymbol{n} = (\cos\alpha, \cos\beta, \cos\gamma) = \pm \frac{1}{\sqrt{1+\left(\frac{\partial f}{\partial x}\right)^2+\left(\frac{\partial f}{\partial y}\right)^2}}\left(-\frac{\partial f}{\partial x}, -\frac{\partial f}{\partial y}, 1\right)$$

可见每个分量都是 x,y 的连续函数,即法线的方向是随点的位置而连续变动的。因此,可通过正负号的选择确定曲面的一侧。例如,若选取正号,则 $\cos\gamma > 0$,它表示法向量与 z 轴正向的夹角为锐角,就是通常所说的曲面的上侧,若选取负号,则 $\cos\gamma < 0$,则所确定的一侧是曲面的下侧,这时法线与 z 轴正向的夹角是钝角。

如果设光滑曲面 Σ 是由参数方程表示

$$x = x(u,v), y = y(u,v), z = z(u,v) \quad ((u,v) \in D)$$

由曲面光滑性知

$$\left[\frac{\partial(y,z)}{\partial(u,v)}\right]^2 + \left[\frac{\partial(z,x)}{\partial(u,v)}\right]^2 + \left[\frac{\partial(x,y)}{\partial(u,v)}\right]^2 \neq 0$$

此时曲面 Σ 上的单位法向量为

$$\boldsymbol{n} = (\cos\alpha, \cos\beta, \cos\gamma) = \pm \frac{\left(\frac{\partial(y,z)}{\partial(u,v)}, \frac{\partial(z,x)}{\partial(u,v)}, \frac{\partial(x,y)}{\partial(u,v)}\right)}{\sqrt{\left[\frac{\partial(y,z)}{\partial(u,v)}\right]^2 + \left[\frac{\partial(z,x)}{\partial(u,v)}\right]^2 + \left[\frac{\partial(x,y)}{\partial(u,v)}\right]^2}}$$

法向量 $\boldsymbol{n}$ 在曲面 Σ 上连续,正号表示曲面的一侧,负号则表示曲面的另一侧。不封闭的曲面,就有上侧与下侧、左侧与右侧、前侧与后侧之分。

光滑曲面 Σ 表示为向量函数 $\boldsymbol{r}(u,v)$,则自动定义了一个方向,即单位法向量

$$\boldsymbol{n} = \frac{\boldsymbol{r}_u \times \boldsymbol{r}_v}{|\boldsymbol{r}_u \times \boldsymbol{r}_v|}$$

负的方向由 $-\boldsymbol{n}$ 给出。例如球面 $x = x^2+y^2+z^2 = a^2$ 的向量参数表示为

$$\boldsymbol{r}(\phi,\theta) = a\sin\phi\cos\theta\boldsymbol{i} + a\sin\phi\sin\theta\boldsymbol{j} + a\cos\phi\boldsymbol{k}$$

则有 $\boldsymbol{r}_\phi \times \boldsymbol{r}_\theta = a^2\sin^2\phi\cos\theta\boldsymbol{i} + a^2\sin^2\phi\sin\theta\boldsymbol{j} + a^2\sin\phi\cos\phi\boldsymbol{k}$ 和 $|\boldsymbol{r}_\phi \times \boldsymbol{r}_\theta| = a^2\sin\phi$,因此 $\boldsymbol{r}(\phi,\theta)$ 导出的方向定义为单位法向量:

$$\boldsymbol{n} = \frac{\boldsymbol{r}_\phi \times \boldsymbol{r}_\theta}{|\boldsymbol{r}_\phi \times \boldsymbol{r}_\theta|} = \sin\phi\cos\theta\boldsymbol{i} + \sin\phi\sin\theta\boldsymbol{j} + \cos\phi\boldsymbol{k} = \frac{1}{a}\boldsymbol{r}(\phi,\theta)$$

可以看出球面上点的位置向量 $\boldsymbol{r}(\phi,\theta)$ 和法向量 $\boldsymbol{n}$ 的方向相同,也就是说确定的是球面的外侧(图 8-2-6),如果我们调换参数次序,可以得到相反的方向(向内的),这是因为 $\boldsymbol{r}_\phi \times \boldsymbol{r}_\theta = -\boldsymbol{r}_\theta \times \boldsymbol{r}_\phi$。

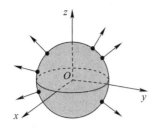 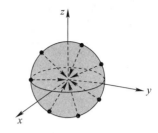

图 8-2-6

对于封闭的曲面,通常把两侧分为**内侧**和**外侧**,即法向量指向曲面所围立体内部的一侧为内侧,而另一侧为外侧。无论是内侧或外侧,单位法向量都是随着点在封闭曲面上移动而连续变化。

有了曲面的方向,接下来讨论流速为 $v(x,y,z)$ 的不可压缩流体的流量问题。

假设 Σ 是双侧曲面,取定一侧为正侧,单位法向量 $\boldsymbol{n}=(\cos\alpha,\cos\beta,\cos\gamma)$ 是曲面上点 $M(x,y,z)$ 的连续函数。设

$$v(M) = P(x,y,z)\boldsymbol{i} + Q(x,y,z)\boldsymbol{j} + R(x,y,z)\boldsymbol{k}$$

式中:P,Q,R 在 Σ 上连续,研究流体在单位时间内从 Σ 的负侧流向正侧的流量。

如果 Σ 是一平面,流速场中 $v(M)$ 是常向量(即流速在场中各点的大小和方向相同),流体通过 Σ 上的面积相等部分的流量是相同的,所以流量为 $\Phi = \boldsymbol{v}\cdot\boldsymbol{S} = \boldsymbol{v}\cdot\boldsymbol{n}S$(图 8-2-7),其中 $\boldsymbol{S}=\boldsymbol{n}S,\boldsymbol{n}$ 为 Σ 指向给定侧的单位法向量,S 为平面的面积。当 $\boldsymbol{v}$ 与 $\boldsymbol{n}$ 的夹角为锐角时,由于 $\boldsymbol{v}\cdot\boldsymbol{n}>0$,流量 Φ 就等于以 S 为底、$|\boldsymbol{v}|$ 为斜高的斜柱体的体积 V(图 8-2-8);当 $\boldsymbol{v}$ 与 $\boldsymbol{n}$ 的夹角为直角时,流量 Φ 就等于0;当 $\boldsymbol{v}$ 与 $\boldsymbol{n}$ 的夹角为钝角时,由于 $\boldsymbol{v}\cdot\boldsymbol{n}<0$,所以流量 $\Phi = \boldsymbol{v}\cdot\boldsymbol{n}S = -V$,负号表示流体是流向 $\boldsymbol{n}$ 的反向一侧。

如果 Σ 是一片有向曲面,流速 $\boldsymbol{v}$ 不是常向量,那么单位法向量 $\boldsymbol{n}$ 的方向与流速 $\boldsymbol{v}$ 的大小和方向都随点 M 的不同而变化,通过整个曲面 Σ 的流量等于通过 Σ 各部分小曲面流量之和,可用积分的思想方法来讨论。将 Σ 任意划分成若干个小子曲面,当所有子曲面的直径都很小时,利用"局部均匀化"的思想求出通过各有向子曲面流向指定一侧的流量的近似值,即流量微元。如图 8-2-9 所示,在面积为 $\mathrm{d}S$ 的有向子曲面上任取一点 $M(x,y,z)$,把 $\mathrm{d}S$ 上各点处的流速看成常向量 $\boldsymbol{v}(M)$,各点处指向给定一侧的单位法向量看成常向量 $\boldsymbol{n}(M)$,从而有向子曲面 $\mathrm{d}S$ 可看成为 $\mathrm{d}\boldsymbol{S}$,是单位法向量为 $\boldsymbol{n}(M)$ 的有向平面。所以通过微曲面 $\mathrm{d}S$ 流向指定一侧的流量微元为

$$\mathrm{d}\Phi = \boldsymbol{v}(M)\cdot\mathrm{d}\boldsymbol{S} = \boldsymbol{v}(M)\cdot\boldsymbol{n}(M)\mathrm{d}S \quad (\mathrm{d}\boldsymbol{S} = \boldsymbol{n}(M)\mathrm{d}S)$$

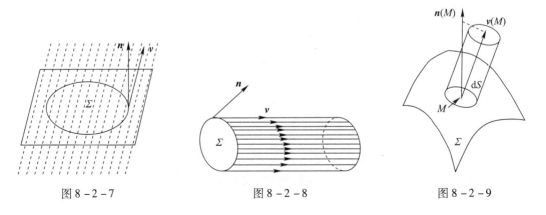

图 8-2-7   图 8-2-8   图 8-2-9

从而,将流量微元 dΦ 沿整个曲面 Σ "无限累加",便得到通过 Σ 并流向指定一侧的总流量为

$$\Phi = \iint_S \boldsymbol{v}(M) \cdot \mathrm{d}\boldsymbol{S} = \iint_S [\boldsymbol{v}(M) \cdot \boldsymbol{n}(M)] \mathrm{d}S$$

将流量问题抽象,就得到第二类曲面积分的定义。

8.2.2 对坐标的曲面积分的概念及性质

定义 (第二类曲面积分)设 Σ 是空间区域 Ω 中的一片可求面积的有向曲面,$A(M)$ 是定义在 Ω 上的向量值函数,$\boldsymbol{n}(M)$ 为 Σ 上任一点 M 处的单位法向量。若积分

$$\iint_\Sigma [\boldsymbol{A}(M) \cdot \boldsymbol{n}(M)] \mathrm{d}S$$

存在,则称该积分为向量值函数 $A(M)$ 在有向曲面 Σ 上的积分,习惯上也称为**第二类曲面积分**,记作

$$\iint_S \boldsymbol{A}(M) \cdot \mathrm{d}\boldsymbol{S} = \iint_\Sigma [\boldsymbol{A}(M) \cdot \boldsymbol{n}(M)] \mathrm{d}S \qquad (8-2-1)$$

式中:Σ 称为**积分曲面**,$A(M)$ 称为**被积函数**,$A(M) \cdot \mathrm{d}\boldsymbol{S}$ 称为**被积表达式**,并记 $\mathrm{d}\boldsymbol{S} = \boldsymbol{n}(M)\mathrm{d}S$,称为**有向曲面面积微元向量**,它可以看成是曲面 Σ 在点 M 处的一个法向量,其模等于曲面面积微元 $\mathrm{d}S$ 的值,即 $\|\mathrm{d}\boldsymbol{S}\| = \mathrm{d}S$。

如果 Σ 为封闭曲面,那么积分符号可以记为 $\oiint_S [\boldsymbol{A}(M) \cdot \boldsymbol{n}(M)]\mathrm{d}S$。

由上述定义可知,流体通过曲面 Σ 流向 $\boldsymbol{n}(M)$ 所指一侧的总流量为流速 $\boldsymbol{v}(M)$ 沿有向曲面 Σ 的积分,也就是第二类曲面积分 $\Phi = \iint_S \boldsymbol{v}(M) \cdot \mathrm{d}\boldsymbol{S}$。

公式(8-2-1)是第二类曲面积分的向量形式。就像第二类曲线积分一样,在直角坐标系下它也可以用坐标形式来表示。设点 M 的坐标为 (x,y,z),则:
$A(M) = (P(x,y,z), Q(x,y,z), R(x,y,z))$, $\boldsymbol{n}(M) = (\cos\alpha, \cos\beta, \cos\gamma)$ 可得

$$\begin{aligned}\iint_S \boldsymbol{A}(M) \cdot \mathrm{d}\boldsymbol{S} &= \iint_S [\boldsymbol{A}(M) \cdot \boldsymbol{n}(M)] \mathrm{d}S \\ &= \iint_S [P(x,y,z)\cos\alpha + Q(x,y,z)\cos\beta + R(x,y,z)\cos\gamma] \mathrm{d}S\end{aligned} \qquad (8-2-2)$$

式(8-2-2)表示两类曲面积分之间的联系。其中,$\cos\alpha \mathrm{d}S, \cos\beta \mathrm{d}S, \cos\gamma \mathrm{d}S$ 分别是曲面面积微元向量 $\mathrm{d}\boldsymbol{S}$ 在 yOz, zOx, xOy 平面上的投影,并分别记为 $\mathrm{d}y\mathrm{d}z, \mathrm{d}z\mathrm{d}x, \mathrm{d}x\mathrm{d}y$。

注 这里 $\mathrm{d}x\mathrm{d}y$,它不同于直角坐标系下二重积分的面积微元 $\mathrm{d}\sigma = \mathrm{d}x\mathrm{d}y$,这里的 $\mathrm{d}x\mathrm{d}y$ 是微元向量 $\mathrm{d}\boldsymbol{S}$ 在 xOy 平面上的投影,包含有正负号,取决于 Σ 法向量的方向,即

$$\mathrm{d}\boldsymbol{S} = (\mathrm{d}y\mathrm{d}z, \mathrm{d}z\mathrm{d}x, \mathrm{d}x\mathrm{d}y), 或$$

$$\cos\alpha \mathrm{d}S = \mathrm{d}y\mathrm{d}z, \cos\beta \mathrm{d}S = \mathrm{d}z\mathrm{d}x, \cos\gamma \mathrm{d}S = \mathrm{d}x\mathrm{d}y$$

于是式(8-2-2)可改写成:

$$\iint_S \boldsymbol{A}(M) \cdot \mathrm{d}\boldsymbol{S} = \iint_S P(x,y,z)\mathrm{d}y\mathrm{d}z + Q(x,y,z)\mathrm{d}z\mathrm{d}x + R(x,y,z)\mathrm{d}x\mathrm{d}y \qquad (8-2-3)$$

式(8-2-3)右端就是第二类曲面积分的坐标形式,实际上是三个曲面积分之和,它们也可以单独出现。因此,第二类曲面积分也称为对坐标的曲面积分。

注 两类曲面积分是有区别的,第一类曲面积分的被积表达式 $f(M)\mathrm{d}S$ 是两个数量的乘积,积分曲面没有方向性,曲面面积微元 $\mathrm{d}S$ 在各坐标面上的投影 $\mathrm{d}\sigma$ 总是非负的,即 $\mathrm{d}\sigma \geq 0$;而第二类曲面积分的被积表达式 $\boldsymbol{A}(M) \cdot \mathrm{d}\boldsymbol{S}$ 是两个向量的数量积(点积),积分曲面 Σ 具有方向性,有两侧之分,其中 $\mathrm{d}y\mathrm{d}z, \mathrm{d}z\mathrm{d}x, \mathrm{d}x\mathrm{d}y$ 是向量 $\mathrm{d}\boldsymbol{S}$ 在对应坐标平面上的投影,其正负取决于 Σ 的法向量 $\boldsymbol{n}$ 的方向。

若在 Σ 上各点处的法向量 $\boldsymbol{n}$ 与 z 轴正向夹角小于或等于 $\pi/2$,则 $\mathrm{d}x\mathrm{d}y = \mathrm{d}\sigma \geq 0$;

若大于或等于 $\pi/2$,则 $\mathrm{d}x\mathrm{d}y = \mathrm{d}\sigma_{xOy} \leq 0$,其中 $\mathrm{d}\sigma_{xOy}$ 是 $\mathrm{d}S$ 在 xOy 上的投影区域的面积,也可简记为 $\mathrm{d}\sigma$。

从上述定义可知,第二类曲面积分也是可以通过第一类曲面积分定义的,但同第二类曲线积分一样,积分曲面的方向性可通过曲面的单位法向量确定

$$\boldsymbol{n}(M) = (\cos\alpha, \cos\beta, \cos\gamma)$$

则有

$$\boldsymbol{A}(M) \cdot \boldsymbol{n}(M) = P(x,y,z)\mathrm{d}y\mathrm{d}z + Q(x,y,z)\mathrm{d}z\mathrm{d}x + R(x,y,z)\mathrm{d}x\mathrm{d}y$$

对比第二类曲面积分和第二类曲线积分,很容易得出第二类曲面积分的下列性质。

(1)(对向量场的线性性)若 $\boldsymbol{A} = c_1\boldsymbol{A}_1 + c_2\boldsymbol{A}_2$,则

$$\iint_{\Sigma} \boldsymbol{A} \cdot \boldsymbol{n}\mathrm{d}S = c_1 \iint_{\Sigma} \boldsymbol{A}_1 \cdot \boldsymbol{n}\mathrm{d}S + c_2 \iint_{\Sigma} \boldsymbol{A}_2 \cdot \boldsymbol{n}\mathrm{d}S$$

(2)(对积分曲面的可加性)若定向曲面 Σ 是由定向曲面 Σ_1 和 Σ_2 拼接而成的,则有

$$\iint_{\Sigma} \boldsymbol{A} \cdot \boldsymbol{n}\mathrm{d}S = \iint_{\Sigma_1} \boldsymbol{A}_1 \cdot \boldsymbol{n}\mathrm{d}S + \iint_{\Sigma_2} \boldsymbol{A}_2 \cdot \boldsymbol{n}\mathrm{d}S \tag{8-2-4}$$

(3)(对曲面的方向性)若用 Σ^+ 和 Σ^- 表示曲面的不同的侧,则

$$\iint_{\Sigma^-} \boldsymbol{A} \cdot \boldsymbol{n}\mathrm{d}S = -\iint_{\Sigma^+} \boldsymbol{A} \cdot \boldsymbol{n}\mathrm{d}S \tag{8-2-5}$$

式(8-2-5)表示,当积分曲面取相反侧时,对坐标的曲面积分要改变符号。因此,在对坐标的曲面积分的分析计算中,必须注意积分曲面所取的侧。

这些性质的证明与重积分类似,读者可以自己证明。

8.2.3 对坐标的曲面积分的计算

类似第一类曲面积分计算,第二类曲面积分也可以化为二重积分来计算。

为了简单起见,仅以曲面积分 $\iint_{\Sigma} R(x,y,z)\mathrm{d}x\mathrm{d}y$ 为例,其中 $R(x,y,z)$ 在 Σ 上连续。设 Σ 的方程为 $z = f(x,y)((x,y) \in D_{xOy})$,$D_{xOy}$ 为曲面 Σ 在 xOy 面上的投影,则由式(8-2-2)和式(8-2-3)知

$$\iint_{\Sigma} R(x,y,z)\mathrm{d}x\mathrm{d}y = \iint_{\Sigma} R(x,y,z)\cos\gamma\mathrm{d}S$$

注意到点 (x,y,z) 在曲面 Σ 上变化,其坐标满足 Σ 的方程,且 $\cos\gamma\mathrm{d}S = \pm\mathrm{d}x\mathrm{d}y$,于是上式右端便可以化成二重积分:

$$\iint_\Sigma R(x,y,z)\mathrm{d}x\mathrm{d}y = \pm \iint_{D_{xOy}} R[x,y,f(x,y)]\mathrm{d}x\mathrm{d}y \tag{8-2-6}$$

曲面 Σ 取上侧（即 Σ 的法向向量 n 与 z 轴正向的夹角为锐角）积分时,式(8-2-6)右端的二重积分的符号取"+"；Σ 下侧积分时取"-"。

同理,对于另外两个积分,当光滑曲面 Σ 的方程可用 $x=g(y,z)$, $y=h(z,x)$ 表示并且 $P(x,y,z)$ 与 $Q(x,y,z)$ 在 Σ 上连续,分别有

$$\iint_\Sigma P(x,y,z)\mathrm{d}y\mathrm{d}z = \pm \iint_{D_{yOz}} P[g(y,z),y,z]\mathrm{d}y\mathrm{d}z \tag{8-2-7}$$

$$\iint_\Sigma Q(x,y,z)\mathrm{d}z\mathrm{d}x = \pm \iint_{D_{zOx}} Q[x,h(z,x),z]\mathrm{d}z\mathrm{d}x \tag{8-2-8}$$

式中：D_{yOz} 和 D_{zOx} 分别为 Σ 在 yOz 和 zOx 平面上的投影区域。当沿曲面 Σ 的前侧（即 Σ 的法向向量 n 与 x 轴正向的夹角为锐角）积分时,式(8-2-7)右端的二重积分的符号取"+"；沿 Σ 后侧积分时取"-"。

当沿曲面 Σ 的右侧（即 Σ 的法向向量 n 与 y 轴正向的夹角为锐角）积分时,式(8-2-8)右端的二重积分的符号取"+"；沿 Σ 左侧积分时取"-"。

若设光滑曲面 Σ 的参数方程为

$$r(u,v) = x(u,v)i + y(u,v)j + z(u,v)k \quad ((u,v)\in D)$$

曲面 Σ 指定侧的单位法向量为

$$n = \pm \frac{r_u \times r_v}{|r_u \times r_v|}$$

式中：正负号的选择,应使得上式右边与曲面 Σ 的指定侧一致,已知 $\mathrm{d}S = |r_u \times r_v|\mathrm{d}u\mathrm{d}v$,由第一类曲面积分公式知

$$\iint_\Sigma A\cdot n\mathrm{d}S = \pm\iint_D A\cdot(r_u\times r_v)\mathrm{d}u\mathrm{d}v = \pm\iint_D \begin{vmatrix} P & Q & R \\ x_u & y_u & z_u \\ x_v & y_v & z_v \end{vmatrix}\mathrm{d}u\mathrm{d}v$$

$$= \pm\iint_\Sigma \left[P\frac{\partial(y,z)}{\partial(u,v)} + Q\frac{\partial(z,x)}{\partial(u,v)} + R\frac{\partial(x,y)}{\partial(u,v)}\right]\mathrm{d}u\mathrm{d}v \tag{8-2-9}$$

若曲面 Σ 由显式方程表示,即 $z=f(x,y)$ $((x,y)\in D)$,则有

$$\iint_\Sigma A\cdot n\mathrm{d}S = \pm\iint_D \begin{vmatrix} P & Q & R \\ 1 & 0 & f_x \\ 0 & 1 & f_y \end{vmatrix}\mathrm{d}u\mathrm{d}v = \pm\iint_D(-Pf_x - Qf_y + R)\mathrm{d}x\mathrm{d}y \tag{8-2-10}$$

式中：正负号的选择,取决于曲面 Σ 的定侧是上侧还是下侧。利用投影的特性,我们还可以得到下述的性质：

若 Σ 是母线平行于 x 轴的定向柱面,则 $\iint_\Sigma P(x,y,z)\mathrm{d}y\mathrm{d}z = 0$；

若 Σ 是母线平行于 y 轴的定向柱面,则 $\iint_\Sigma Q(x,y,z)\mathrm{d}z\mathrm{d}x = 0$；

若 Σ 是母线平行于 z 轴的定向柱面,则 $\iint\limits_{\Sigma} R(x,y,z)\mathrm{d}x\mathrm{d}y = 0$ 。

例 8-2-1 计算曲面积分 $I = \iint\limits_{\Sigma} z\mathrm{d}x\mathrm{d}y$,其中 Σ 为球面 $x^2+y^2+z^2 = R^2$ 的外侧在第一卦限的部分。

解 由于球面在第一卦限的方程为
$$z = \sqrt{R^2-x^2-y^2}$$
它在 xOy 面上的投影区域为
$$D_{xOy} = \{(x,y) \mid x^2+y^2 \leq R^2, x\geq 0, y\geq 0\}$$
它的法向量 $\boldsymbol{n}$ 指向上方,与 z 轴的夹角为锐角(图 8-2-10),由公式得
$$I = \iint\limits_{\Sigma} z\mathrm{d}x\mathrm{d}y = \iint\limits_{D_{xOy}} \sqrt{R^2-x^2-y^2}\mathrm{d}x\mathrm{d}y = \int_0^{\frac{\pi}{2}}\int_0^R \sqrt{R^2-r^2}\,r\mathrm{d}r\mathrm{d}\theta = \frac{1}{6}\pi R^3$$

实际上,此式中的二重积分在几何上表示 $\frac{1}{8}$ 球体的体积,计算结果是显然的。

例 8-2-2 计算积分 $I = \oiint\limits_{\Sigma}(x^2+y^2)\mathrm{d}y\mathrm{d}z + z\mathrm{d}x\mathrm{d}y$,其中 Σ 为圆柱面 $x^2+y^2 = 1$ 与 $z=0$, $z=H(H>0)$ 所围成的圆柱体表面的外侧。

解 原式是两个曲面积分之和,依次记为 $I_1 = \oiint\limits_{\Sigma}(x^2+y^2)\mathrm{d}y\mathrm{d}z$ 和 $I_2 = \oiint\limits_{\Sigma} z\mathrm{d}x\mathrm{d}y$,
又知 Σ 由三部分组成,即圆柱面 Σ_1,下底面 Σ_2 和上底面 Σ_3(图 8-2-11),所以
$$I_1 = \iint\limits_{\Sigma_1}(x^2+y^2)\mathrm{d}y\mathrm{d}z + \iint\limits_{\Sigma_2}(x^2+y^2)\mathrm{d}y\mathrm{d}z + \iint\limits_{\Sigma_3}(x^2+y^2)\mathrm{d}y\mathrm{d}z$$

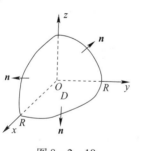
图 8-2-10

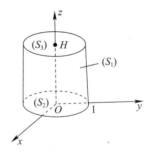
图 8-2-11

由于要求 Σ_1 在 yOz 平面上的投影,则需要把 Σ_1 分成前后两片,分别记为 Σ_{11} 和 Σ_{12},它们的方程分别为
$$x = \sqrt{1-y^2}, \quad x = -\sqrt{1-y^2}, \quad |y|\leq 1$$
在 yOz 上的投影区域都是矩形域:
$$D_{yOz} = \{(y,z) \mid |y|\leq 1, 0\leq z\leq H\}$$

由题中的假设可知 Σ_{11} 和 Σ_{12} 的法向量与 x 轴正向的夹角分别为锐角和钝角。再注意到 Σ_2 与 Σ_3 的法向量均垂直于 x 轴,从而可知

$$I_1 = \left(\iint_{\Sigma_{11}} (x^2 + y^2)\,dydz + \iint_{\Sigma_{12}} (x^2 + y^2)\,dydz \right) + \iint_{\Sigma_2} (x^2 + y^2)\,dydz + \iint_{\Sigma_3} (x^2 + y^2)\,dydz$$

$$= \iint_{D_{yOz}} dydz - \iint_{D_{xOy}} dydz + 0 + 0 = 0$$

为了计算第二个积分 $I_2 = \oiint_S z\,dxdy$，需要将 Σ 向 xOy 平面上投影。由于圆柱面 Σ_1 的法向量与 z 轴垂直，曲面面积微元向量 $d\boldsymbol{S}$ 在 xOy 平面上的投影 $dxdy = 0$，而 Σ_2 与 Σ_3 在 xOy 平面上的投影区域均为 $D_{xOy} = \{(x,y) \mid x^2 + y^2 \leq 1\}$，它们的法向量指向相反，所以

$$I_2 = \iint_{\Sigma_1} z\,dxdy + \iint_{\Sigma_2} z\,dxdy + \iint_{\Sigma_3} z\,dxdy = 0 - \iint_{D_{xOy}} 0\,dxdy + \iint_{D_{xOy}} H\,dxdy = \pi H$$

故知 $I = I_1 + I_2 = \pi H$。

例 8-2-3 计算第二类曲面积分 $\iint_{\Sigma} x\,dydz + y\,dzdx + z\,dxdy$，其中 Σ 是顶点为 $(1,0,0)$，$(0,1,0)$，$(0,0,1)$ 的三角形的上侧（图 8-2-12）。

解 方法 1 曲面 Σ 的方程 $x + y + z = 1$ 在平面 xOy 面上的投影为：$x = 0$、$y = 0$ 和 $x + y = 1$ 所围的区域 D，因此

$$\iint_{\Sigma} z\,dxdy = \iint_D (1 - x - y)\,dxdy = \int_0^1 dx \int_0^{1-x} (1 - x - y)\,dy$$

$$= \frac{1}{2} \int_0^1 (1-x)^2\,dx = \frac{1}{6}$$

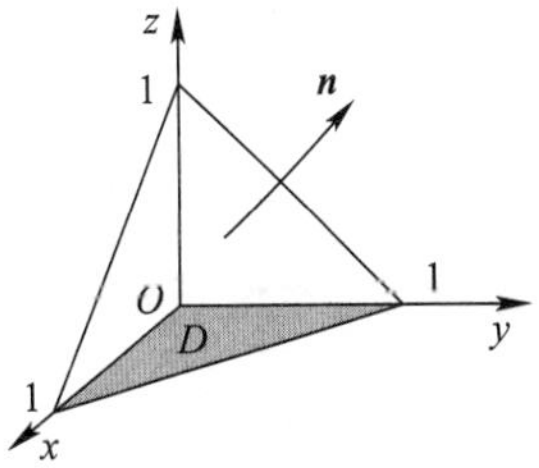

图 8-2-12

由积分表达式的对称性及曲面的对称性，有

$$\iint_{\Sigma} x\,dydz = \iint_{\Sigma} y\,dzdx = \frac{1}{6}$$

因此

$$\iint_{\Sigma} x\,dydz + y\,dzdx + z\,dxdy = \frac{1}{2}$$

方法 2 利用两种曲面积分的关系。因为曲面 Σ 为 $x + y + z = 1$ 的上侧，所以其单位法向量为

$$\boldsymbol{n} = \frac{1}{\sqrt{3}}(1,1,1)$$

因此

$$\iint_{\Sigma} x\,dydz + y\,dzdx + z\,dxdy = \frac{1}{\sqrt{3}} \iint_{\Sigma} (x + y + z)\,dS = \frac{1}{\sqrt{3}} \times 1 \times \frac{1}{2} \times \sqrt{2} \times \sqrt{2} \times \sin\frac{\pi}{3} = \frac{1}{2}$$

例 8-2-4 求电场强度 $\boldsymbol{E} = \dfrac{q}{r^3}\boldsymbol{r}$ 通过球面 $x^2 + y^2 + z^2 = R^2$ 外侧的电通量，其中 $\boldsymbol{r}$ 是径向向量

$$\boldsymbol{r} = (x,y,z), \quad r = |\boldsymbol{r}| = \sqrt{x^2 + y^2 + z^2}$$

解 球面 Σ 外侧的单位法向量为 $\boldsymbol{n} = \dfrac{\boldsymbol{r}}{R}$，故电通量为

$$\oiint_{\Sigma} \boldsymbol{E} \cdot \boldsymbol{n} \mathrm{d}S = \oiint_{\Sigma} \frac{q}{r^3} \boldsymbol{r} \cdot \frac{\boldsymbol{r}}{R} \mathrm{d}S = \frac{q}{R^2} \oiint_{\Sigma} \mathrm{d}S = \frac{q}{R^2} \cdot 4\pi R^2 = 4\pi q$$

本例题说明电场强度通过球面的电通量与球的半径无关。

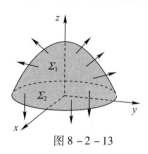

图 8-2-13

例 8-2-5 计算 $\iint_{\Sigma} \boldsymbol{F} \cdot \mathrm{d}\boldsymbol{S}$,其中 $\boldsymbol{F}(x,y,z) = y\boldsymbol{i} + x\boldsymbol{j} + z\boldsymbol{k}$,$\Sigma$ 是由抛物面 $z = 1 - x^2 - y^2$ 和平面 $z = 0$ 包围的连续区域 Ω 的边界的外侧。

解 $P(x,y,z) = y, Q(x,y,z) = x, R(x,y,z) = z$,如图 8-2-13 所示,$\Sigma$ 是有一个抛物面 Σ_1(法向量向外)和圆形底面 Σ_2(法向量向下)组成的闭曲面。Σ_1 在 xOy 平面上的投影区域为 $D = \{(x,y) \mid x^2 + y^2 \le 1\}$,在 Σ_1 上 $\frac{\partial z}{\partial x} = -2x, \frac{\partial z}{\partial y} = -2y$,则有

$$\cos\alpha = \frac{2x}{\sqrt{1+4x^2+4y^2}}, \quad \cos\beta = \frac{2y}{\sqrt{1+4x^2+4y^2}}, \quad \cos\gamma = \frac{1}{\sqrt{1+4x^2+4y^2}}$$

$$\begin{aligned}
\iint_{\Sigma_1} P\mathrm{d}y\mathrm{d}z + Q\mathrm{d}z\mathrm{d}x + R\mathrm{d}x\mathrm{d}y &= \iint_{\Sigma_1} \left[P\frac{\cos\alpha}{\cos\gamma} + Q\frac{\cos\beta}{\cos\gamma} + R \right] \mathrm{d}x\mathrm{d}y \\
&= \iint_D (y \times 2x + x \times 2y + 1 - x^2 - y^2) \mathrm{d}x\mathrm{d}y \\
&= \iint_D (1 + 4xy - x^2 - y^2) \mathrm{d}x\mathrm{d}y \\
&= \int_0^{2\pi} \int_0^1 (1 + 4r^2 \cos\theta\sin\theta - r^2) r \mathrm{d}r \mathrm{d}\theta \\
&= \int_0^{2\pi} \frac{1}{2} \left[r^2 + \left(2\cos\theta\sin\theta - \frac{1}{2}\right) r^4 \right]_0^1 \mathrm{d}\theta \\
&= \int_0^{2\pi} \left(\cos\theta\sin\theta + \frac{1}{4} \right) \mathrm{d}\theta = \frac{\pi}{2}
\end{aligned}$$

圆盘 Σ_2 上,单位法向量 $\boldsymbol{n} = -\boldsymbol{k}$,有 $\iint_{\Sigma_2} \boldsymbol{F} \cdot \mathrm{d}\boldsymbol{S} = \iint_{\Sigma_2} \boldsymbol{F} \cdot (-\boldsymbol{k}) \mathrm{d}S = \iint_D (-z) \mathrm{d}\sigma = 0$,将两部分相加,得 $\iint_{\Sigma} \boldsymbol{F} \cdot \mathrm{d}\boldsymbol{S} = \iint_{\Sigma_1} \boldsymbol{F} \cdot \mathrm{d}\boldsymbol{S} + \iint_{\Sigma_2} \boldsymbol{F} \cdot \mathrm{d}\boldsymbol{S} = \frac{\pi}{2}$。

例 8-2-6 计算第二类曲面积分 $\iint_{\Sigma} x^3 \mathrm{d}y\mathrm{d}z + y^3 \mathrm{d}z\mathrm{d}x$,其中 Σ 是上半椭球面

$$\frac{x^2}{a^2} + \frac{y^2}{b^2} + \frac{z^2}{c^2} = 1 \quad (z \ge 0)$$

的上侧。

解 利用广义球面坐标变换,得上半椭球面 Σ 的参数方程为

$$x = a\sin\theta\cos\varphi, y = b\sin\theta\sin\varphi, z = c\cos\theta \quad \left(0 \le \varphi \le 2\pi, 0 \le \theta \le \frac{\pi}{2} \right)$$

因为

$$\frac{\partial(y,z)}{\partial(\theta,\varphi)} = bc\sin^2\theta\cos\varphi$$

$$\frac{\partial(z,x)}{\partial(\theta,\varphi)} = ac\sin^2\theta\sin\varphi$$

$$\frac{\partial(x,y)}{\partial(\theta,\varphi)} = ab\cos\theta\sin\theta > 0$$

所以向量 $r_\theta \times r_\varphi$ 指向 Σ 的上侧，因此有

$$\iint_\Sigma x^3 \mathrm{d}y\mathrm{d}z = \iint_D (a^3\sin^3\theta\cos^3\varphi)(bc\sin^2\theta\cos\varphi)\mathrm{d}\theta\mathrm{d}\varphi$$

$$= a^3 bc \int_0^{\frac{\pi}{2}} \sin^5\theta \int_0^{2\pi} \cos^4\varphi \mathrm{d}\varphi = \frac{2}{5}\pi a^3 bc$$

同理，可得

$$\iint_\Sigma y^3 \mathrm{d}z\mathrm{d}x = \frac{2}{5}\pi ab^3 c$$

于是有

$$\iint_\Sigma x^3 \mathrm{d}y\mathrm{d}z + y^3 \mathrm{d}z\mathrm{d}x = \frac{2}{5}\pi abc(a^2+b^2)$$

例 8-2-7 计算曲面积分

$$\iint_\Sigma (2x+z)\mathrm{d}y\mathrm{d}z + z\mathrm{d}x\mathrm{d}y$$

式中：Σ 为有向曲面 $z = x^2 + y^2 (0 \leqslant z \leqslant 1)$ 的上侧。

解 为了对第二类曲面积分的方法有一个全面的了解，将用 3 种不同的方法求解，并对不同的方法进行比较。

方法 1 分别计算 $I_1 = \iint_\Sigma (2x+z)\mathrm{d}y\mathrm{d}z$ 和 $I_2 = \iint_\Sigma z\mathrm{d}x\mathrm{d}y$。

计算 I_1，把 Σ 分成 Σ_1 和 Σ_2，$\Sigma_1: x = \sqrt{z-y^2}$（取后侧），$\Sigma_2: x = -\sqrt{z-y^2}$（取前侧），$\Sigma_1$ 和 Σ_2 在 yOz 平面上的投影（图 8-2-14）均为 $D_{yz} = \{(y,z) | y^2 \leqslant z \leqslant 1, -1 \leqslant y \leqslant 1\}$，则

$$I_1 = \iint_{\Sigma_1} (2x+z)\mathrm{d}y\mathrm{d}z + \iint_{\Sigma_2} (2x+z)\mathrm{d}y\mathrm{d}z$$

$$= -\iint_{D_{yz}} (2\sqrt{z-y^2}+z)\mathrm{d}y\mathrm{d}z + \iint_{D_{yz}} (-2\sqrt{z-y^2}+z)\mathrm{d}y\mathrm{d}z$$

$$= -4\iint_{D_{yz}} \sqrt{z-y^2}\mathrm{d}y\mathrm{d}z = -4\int_{-1}^1 \mathrm{d}y \int_{y^2}^1 \sqrt{z-y^2}\mathrm{d}z$$

$$= \frac{8}{3}\int_{-1}^1 (1-y^2)^{\frac{3}{2}}\mathrm{d}y = -\pi$$

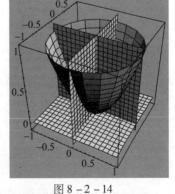

图 8-2-14

计算 I_2，把 Σ 投影在 xOy 平面，投影区域 $D_{xOy} = \{(x,y) | x^2 + y^2 \leqslant 1\}$，

$$I_2 = \iint_{D_{xy}} (x^2+y^2)\mathrm{d}x\mathrm{d}y = \int_0^{2\pi} \mathrm{d}\theta \int_0^1 r^3 \mathrm{d}r = \frac{\pi}{2}$$

所以 $I = I_1 + I_2 = -\pi + \dfrac{\pi}{2} = -\dfrac{\pi}{2}$。

方法 2 将 $\iint\limits_{\Sigma}(2x+z)\mathrm{d}y\mathrm{d}z$ 化为对坐标 x,y 的曲面积分,即

$$\mathrm{d}y\mathrm{d}z = (-z_x)\mathrm{d}x\mathrm{d}y = -2x\mathrm{d}x\mathrm{d}y$$

$$I = \iint\limits_{\Sigma}(2x+z)\mathrm{d}y\mathrm{d}z + z\mathrm{d}x\mathrm{d}y = \iint\limits_{\Sigma}((2x+z)(-2x)+z)\mathrm{d}x\mathrm{d}y$$

$$= \iint\limits_{D_{xy}}[-4x^2 - 2x(x^2+y^2) + (x^2+y^2)]\mathrm{d}x\mathrm{d}y$$

由对称性知

$$\iint\limits_{D_{xy}} x(x^2+y^2)\mathrm{d}x\mathrm{d}y = 0, \quad \iint\limits_{D_{xy}} 4x^2\mathrm{d}x\mathrm{d}y = \iint\limits_{D_{xy}} 2(x^2+y^2)\mathrm{d}x\mathrm{d}y$$

所以 $I = -\iint\limits_{D_{xy}}(x^2+y^2)\mathrm{d}x\mathrm{d}y = -\dfrac{\pi}{2}$。

方法 3 化为第一类曲面积分计算。Σ 上任一点 (x,y,z) 处的法向量为

$$\boldsymbol{n} = \dfrac{1}{\sqrt{1+z_x+z_y}}(-z_x,-z_y,1) = \dfrac{1}{\sqrt{1+4x^2+4y^2}}\cdot(-2x,-2y,1)$$

故

$$I = \iint\limits_{\Sigma}(2x+z)\mathrm{d}y\mathrm{d}z + z\mathrm{d}x\mathrm{d}y = \iint\limits_{\Sigma}\dfrac{(2x+z)(-2x)+z\cdot 1}{\sqrt{1+4x^2+4y^2}}\mathrm{d}S$$

$$= \iint\limits_{D_{xy}}\dfrac{(2x+x^2+y^2)\cdot(-2x)+(x^2+y^2)}{\sqrt{1+4x^2+4y^2}}\cdot\sqrt{1+4x^2+4y^2}\mathrm{d}x\mathrm{d}y$$

$$= -\iint\limits_{D_{xy}}[-4x^2 - 2x(x^2+y^2) + (x^2+y^2)]\mathrm{d}x\mathrm{d}y = -\dfrac{\pi}{2}$$

实际上,第二种和第三种方法是一样的。还有一种利用高斯公式化为三重积分的计算方法,我们将在高斯公式及其应用中介绍。

习题 8-2
(A)

1. 填空题

(1) 二重积分是第_____类曲面积分。

(2) 设 $\iint\limits_{\Sigma}A\mathrm{d}S \neq 0$,则 $\dfrac{\iint\limits_{\Sigma}A\mathrm{d}S}{\iint\limits_{\Sigma^-}A\mathrm{d}S} = $ _____。

(3) 两类曲面积分的关系是_____。

2. 判断题

(1) 设 Σ 为下半球面 $x^2+y^2+z^2=a^2, z\leq 0$,法线朝下,则有

$$\iint\limits_{\Sigma} z\mathrm{d}x\mathrm{d}y = \iint\limits_{D_{xy}} -\sqrt{a^2-x^2-y^2}\mathrm{d}x\mathrm{d}y \text{。} \qquad (\quad)$$

(2) 设 Σ 为平面 $x+z=a$ 在柱面 $x^2+y^2=a^2$ 内那一部分的上侧,则

$$\iint\limits_{\Sigma}(x+z)\mathrm{d}x\mathrm{d}y = a\iint\limits_{\Sigma}\mathrm{d}x\mathrm{d}y = a\times(\Sigma \text{的面积}) = \sqrt{2}\pi a^3 \text{。} \qquad (\quad)$$

(3) 设 Σ 为球面 $x^2 + y^2 + z^2 = a^2 (y \geq 0)$ 的外侧，由对称性，$\iint\limits_{\Sigma} z \, dx \, dy = 0$。 (　　)

3. 计算下列曲面积分

(1) $\iint\limits_{\Sigma}(2x + y - z) \, dx \, dy$，其中 Σ 为平面 $2x + y - z = 3$ 介于 $\dfrac{x^2}{a^2} + \dfrac{y^2}{b^2} = 1$ 内的部分，且任一点的法向量 $\boldsymbol{n} = 2\boldsymbol{i} + \boldsymbol{j} - \boldsymbol{k}$；

(2) $\iint\limits_{\Sigma} y^2 \, dy \, dz + z^2 \, dx \, dy$，其中 Σ 为柱面 $x^2 + y^2 = R^2$ 被平面 $z = 0, z = 1$ 所截下的部分，沿外侧；

(3) $\iint\limits_{\Sigma} x^2 \, dy \, dz + y^2 \, dz \, dx + z^2 \, dx \, dy$，其中 Σ 为球面，沿外侧；

(4) $\iint\limits_{\Sigma}(x^2 + y^2) \, dy \, dz + z \, dx \, dy$，其中 Σ 为 $z = x^2 + y^2$ 介于 $z = 0, z = 1$ 之间的部分，其法向量正向与 z 轴夹角大于 $\dfrac{\pi}{2}$；

(5) $\iint\limits_{\Sigma} y^2 \, dy \, dz + z \, dx \, dy$，其中 Σ 为 $z = 1 - x^2 - y^2$ 在上半平面的部分，其法向量正向与 z 轴夹角小于 $\dfrac{\pi}{2}$；

(6) $\iint\limits_{\Sigma} xyz \, dx \, dy$，其中 Σ 为球面 $x^2 + y^2 + z^2 = R^2, x \geq 0, y \geq 0$，其法向量正向与 z 轴夹角小于 $\dfrac{\pi}{2}$；

(7) $\oiint\limits_{\Sigma} xz \, dx \, dy + xy \, dy \, dz + yz \, dz \, dx$，其中 Σ 为平面 $x = 0, y = 0, z = 0, x + y + z = 1$ 所围成的空间区域的整个边界曲面的外侧；

(8) $\iint\limits_{\Sigma} \cos y \, dz \, dx + \left(\sin x + \arctan \dfrac{z}{2}\right) dx \, dy$，其中 Σ 为平面 $z = 2 (x^2 + y^2 \leq 4)$ 的下侧。

(B)

1. 计算下列曲面积分

(1) $\iint\limits_{\Sigma} y \, dz \, dx - z \, dx \, dy$，其中 Σ 为曲面 $y = x^2 + z^2 (0 \leq y \leq 1)$ 以及 $y = 1 (x^2 + z^2 \leq 1)$；

(2) $\iint\limits_{\Sigma} [f(x,y,z) + x] \, dy \, dz + [2f(x,y,z) + y] \, dz \, dx + [f(x,y,z) + z] \, dx \, dy$，其中 f 为连续函数，Σ 为平面 $x - y + z = 1$ 在第四卦限的上侧；

(3) $\oiint\limits_{\Sigma}(x + y^2 + z^3) \, dy \, dz$，其中 Σ 为球面 $x^2 + y^2 + z^2 = R^2$；

(4) $\oiint\limits_{\Sigma} \dfrac{x}{r^3} dy \, dz + \dfrac{y}{r^3} dz \, dx + \dfrac{z}{r^3} dx \, dy$，其中 Σ 为球面 $x^2 + y^2 + z^2 = R^2$ 的外侧表面，$r = \sqrt{x^2 + y^2 + z^2}$；

(5) $\oiint\limits_{\Sigma} \dfrac{x \, dy \, dz + z^2 \, dx \, dy}{x^2 + y^2 + z^2}$，其中 Σ 是由曲面 $x^2 + y^2 = R^2$ 及两平面 $z = R, z = -R (R > 0)$ 所围成

立体表面的外侧。

2. 把 $\iint\limits_{\Sigma} P(x,y,z)\mathrm{d}y\mathrm{d}z + Q(x,y,z)\mathrm{d}z\mathrm{d}x + R(x,y,z)\mathrm{d}x\mathrm{d}y$ 化为对面积的曲面积分,其中:

(1) Σ 为上半球面 $z = \sqrt{1-x^2-y^2}$ 的上侧;

(2) Σ 为抛物面 $z = 2 - (x^2+y^2)$ 在 xOy 面上方的部分的上侧。

3. 求矢量场 $\boldsymbol{A} = f(x)\boldsymbol{i} + g(y)\boldsymbol{j} + h(z)\boldsymbol{k}$ 流过平行六面体 $0 < x < a, 0 < y < b, 0 < z < c$ 的外表面的通量,其中 $f(x)$、$g(y)$、$h(z)$ 为连续函数。

§8.3 散度和旋度

本节我们通过曲线积分和曲面积分引入场分析中的两个重要概念,也是向量场的两种不同形式的微分,它们作用于向量形成向量的不同微积,在流体、电磁领域应用方面起到了重要的作用,每个算符都和梯度运算相似,但前者作用于向量场,而后者作用于标量场。

8.3.1 散度

散度是在流体的稳定性和场论分析中的一个非常重要的概念,在磁场的通量变化分析上有着重要的应用。

若 $\boldsymbol{F}(x,y,z) = P(x,y,z)\boldsymbol{i} + Q(x,y,z)\boldsymbol{j} + R(x,y,z)\boldsymbol{k}$ 是点 $M(x,y,z) \in R^3$ 的向量值函数即一个向量场,则 $\boldsymbol{F}(x,y,z)$ 在点 M 的散度是一个数量场,定义为

$$\mathrm{div}\boldsymbol{F} = \lim_{\Delta V \to 0} \frac{1}{\Delta V} \oiint\limits_{\delta S} \boldsymbol{F} \cdot \boldsymbol{n} \mathrm{d}S \qquad (8-3-1)$$

式中: ΔV 是包含点 M 的封闭曲面 δS 围成的微小区域, ΔV 也表示该微小区域的体积; $\boldsymbol{n}$ 是曲面 δS 的外法线单位向量。物理上,散度是曲面上向量的通量与曲面围成的区域的体积的比值。

为了导出散度的直角坐标表示,我们把 ΔV 看成是以点 $M(x,y,z)$ 为中心,边长为 $\Delta x, \Delta y$ 和 Δz 的长方体,如图 8-3-1 所示,且 $P(x,y,z), Q(x,y,z)$ 和 $R(x,y,z)$ 的偏导数连续。由于长方体有六个平面,因此式(8-3-1)的右端由六个平面积分组成。平面 S_1 垂直于 x 轴,外法向量 $\boldsymbol{n}_1 = (1,0,0)$, $\boldsymbol{F} \cdot \boldsymbol{n}_1 = P$,中心点为 $\left(x + \dfrac{\Delta x}{2}, y, z\right)$,由于平面 S_1 很小,则可以用 S_1 的面积 $\Delta y \Delta z$ 与 $\boldsymbol{F} \cdot \boldsymbol{n}_1$ 在 $\left(x + \dfrac{\Delta x}{2}, y, z\right)$ 处的值乘积近似:

$$\iint\limits_{S_1} \boldsymbol{F} \cdot \boldsymbol{n} \mathrm{d}S \approx P\left(x + \dfrac{\Delta x}{2}, y, z\right) \Delta y \Delta z$$

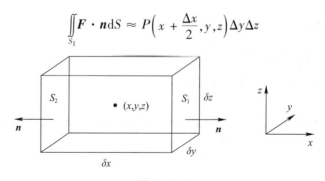

图 8-3-1

类似地,表面 S_2 的中心位于 $\left(x - \dfrac{\Delta x}{2}, y, z\right)$ 且 S_2 垂直于 x 轴,外法向量 $\boldsymbol{n}_2 = (-1, 0, 0)$, $\boldsymbol{F} \cdot \boldsymbol{n}_2 = -P$,有

$$\iint_{S_2} \boldsymbol{F} \cdot \boldsymbol{n} \mathrm{d}S \approx -P\left(x - \frac{\Delta x}{2}, y, z\right)\Delta y \Delta z$$

于是

$$\iint_{S_1+S_2} \boldsymbol{F} \cdot \boldsymbol{n} \mathrm{d}S \approx \left[P\left(x + \frac{\Delta x}{2}, y, z\right) - P\left(x - \frac{\Delta x}{2}, y, z\right)\right]\Delta y \Delta z$$

$$\approx \frac{\partial P}{\partial x}\Delta x \Delta y \Delta z = \frac{\partial P}{\partial x}\Delta V$$

同样地,对于垂直于 y 轴的表面 S_3 和 S_4,垂直于 z 轴的表面 S_5 和 S_6 有

$$\iint_{S_3+S_4} \boldsymbol{F} \cdot \boldsymbol{n} \mathrm{d}S \approx \frac{\partial Q}{\partial y}\Delta V$$

$$\iint_{S_5+S_6} \boldsymbol{F} \cdot \boldsymbol{n} \mathrm{d}S \approx \frac{\partial R}{\partial z}\Delta V$$

所以

$$\oiint_{\delta S} \boldsymbol{F} \cdot \boldsymbol{n} \mathrm{d}S \approx \left(\frac{\partial P}{\partial x} + \frac{\partial Q}{\partial y} + \frac{\partial R}{\partial z}\right)\Delta V$$

由于 $\dfrac{\partial P}{\partial x}, \dfrac{\partial Q}{\partial y}, \dfrac{\partial R}{\partial z}$ 连续,极限 $\lim\limits_{\Delta V \to 0} \dfrac{1}{\Delta V} \oiint_{\delta S} \boldsymbol{F} \cdot \boldsymbol{n} \mathrm{d}S$ 一定存在,因此

$$\mathrm{div}\boldsymbol{F} = \frac{\partial P}{\partial x} + \frac{\partial Q}{\partial y} + \frac{\partial R}{\partial z} \tag{8-3-2}$$

显然,$\mathrm{div}\boldsymbol{F}(x, y, z)$ 是一个数量场。$\boldsymbol{F}$ 的散度按符号运算可写成 ∇ 和 $\boldsymbol{F}$ 的数量积:

$$\mathrm{div}\boldsymbol{F}(x, y, z) = \nabla \cdot \boldsymbol{F} \tag{8-3-3}$$

例 8-3-1 如果 $\boldsymbol{F}(x, y, z) = xz\boldsymbol{i} + xyz\boldsymbol{j} - y^2\boldsymbol{k}$,求 $\mathrm{div}\boldsymbol{F}(x, y, z)$。

解 由式(8-3-3)得

$$\mathrm{div}\boldsymbol{F}(x, y, z) = \nabla \cdot \boldsymbol{F} = \frac{\partial}{\partial x}(xz) + \frac{\partial}{\partial y}(xyz) + \frac{\partial}{\partial z}(-y^2) = z + xz$$

散度的物理意义 如果 $\mathrm{div}\boldsymbol{F}(x, y, z)$ 是液体(或气体)的速度,那么 $\mathrm{div}\boldsymbol{F}(x, y, z)$ 表示在点 (x, y, z) 单位体积上液体(或气体)流出的质量的增长率的改变量。换句话说,$\mathrm{div}\boldsymbol{F}(x, y, z)$ 描述了流体从点 (x, y, z) 流出的趋势。如果 $\mathrm{div}\boldsymbol{F}(x, y, z) = 0$,那么 $\boldsymbol{F}$ 称为**不可压缩的**。

拉普拉斯算子 若数量场 $f(x, y, z)$ 是二阶可导的,梯度向量场 ∇f 的散度为

$$\mathrm{div}(\nabla f) = \nabla \cdot (\nabla f) = \frac{\partial^2 f}{\partial x^2} + \frac{\partial^2 f}{\partial y^2} + \frac{\partial^2 f}{\partial z^2}$$

上式简写为 ∇^2,其中 $\nabla^2 = \nabla \cdot \nabla$,这个表达式称为**拉普拉斯算子**,则有

$$\nabla^2 f = \frac{\partial^2 f}{\partial x^2} + \frac{\partial^2 f}{\partial y^2} + \frac{\partial^2 f}{\partial z^2} \tag{8-3-4}$$

拉普拉斯方程算子非常重要,在热的传导和波的运动上有着重要的应用,如拉普拉斯方程

$$\nabla^2 f = \frac{\partial^2 f}{\partial x^2} + \frac{\partial^2 f}{\partial y^2} + \frac{\partial^2 f}{\partial z^2} = 0$$

如果将拉普拉斯方程应用于向量场 $\boldsymbol{F}(x,y,z) = xz\boldsymbol{i} + xyz\boldsymbol{j} - y^2\boldsymbol{k}$，对于它的分量函数做运算，得

$$\nabla^2 \boldsymbol{F} = \nabla^2 P \boldsymbol{i} + \nabla^2 Q \boldsymbol{j} + \nabla^2 R \boldsymbol{k}$$

8.3.2 旋度

$$\boldsymbol{F}(x,y,z) = P(x,y,z)\boldsymbol{i} + Q(x,y,z)\boldsymbol{j} + R(x,y,z)\boldsymbol{k}$$

是一个向量场，点 $M(x,y,z) \in R^3$，$\boldsymbol{F}(x,y,z)$ 在点 M 的旋度 **curlF** 是一个向量场，其在单位向量 $\boldsymbol{n}$ 上的投影为

$$\boldsymbol{n} \cdot \mathbf{curl}\boldsymbol{F} = \lim_{\Delta S \to 0} \frac{1}{\Delta S} \oint_{\delta C} \boldsymbol{F} \cdot \mathrm{d}\boldsymbol{r} \qquad (8-3-5)$$

式中：ΔS 是包含点 M 的封闭曲线 δC 围成的微小曲面，ΔS 也表示该微小曲面的面积，$\boldsymbol{n}$ 是曲面 ΔS 的法线单位向量，δC 的方向和 ΔS 的法线方向符合右手法则（图 8-3-2）。旋度的定义与散度定义形式相同，不同的是用线积分代替了面积分。

为了获得旋度 **curlF** 的向量分量的表示形式，$\boldsymbol{n}$ 依次选取 $(1,0,0)$，$(0,1,0)$ 和 $(0,0,1)$。

先研究 ΔS 平行于 xOy 平面，且边长分别为 Δx，Δy 中心为 $M(x,y,z)$ 的正方形 δC，$\Delta S = \Delta x \Delta y$，$\boldsymbol{n} = \boldsymbol{e}_3 = (0,0,1)$，依照右手法则，$\delta C$ 的方向为逆时针方向。

$$\oint_{\delta C} \boldsymbol{F} \cdot \mathrm{d}\boldsymbol{r}$$

积分曲线由四个边组成（图 8-3-3）。首先考虑有向线段 C_1 上的积分，线段 C_1 的中点为 $\left(x, y - \frac{\Delta y}{2}, z\right)$，方向为 x 轴正向，因此 $\boldsymbol{F} \cdot \mathrm{d}\boldsymbol{r} = P\mathrm{d}x$。由于 Δx、Δy 很小，则

$$\int_{C_1} \boldsymbol{F} \cdot \mathrm{d}\boldsymbol{r} \approx P\left(x, y - \frac{\Delta y}{2}, z\right)\Delta x$$

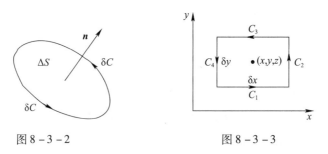

图 8-3-2　　　　　　图 8-3-3

同样地，线段 C_3 的中点为 $\left(x, y + \frac{\Delta y}{2}, z\right)$，方向为 x 轴负向，有

$$\int_{C_3} \boldsymbol{F} \cdot \mathrm{d}\boldsymbol{r} \approx -P\left(x, y + \frac{\Delta y}{2}, z\right)\Delta x$$

两式相加，有

$$\int_{C_1 + C_3} \boldsymbol{F} \cdot \mathrm{d}\boldsymbol{r} \approx \left[P\left(x, y + \frac{\Delta y}{2}, z\right) - P\left(x, y - \frac{\Delta y}{2}, z\right)\right]\Delta x$$

$$\approx -\frac{\partial P}{\partial y}\Delta y \Delta x$$

对于中点为 $\left(x+\frac{\Delta x}{2}, y, z\right)$、方向为 y 轴正向的线段 C_2,中点为 $\left(x-\frac{\Delta x}{2}, y, z\right)$、方向为 y 轴负向的线段 C_4 用类似的方法可得到

$$\int_{C_2+C_4} \boldsymbol{F}\cdot\mathrm{d}\boldsymbol{r} \approx \left[Q\left(x+\frac{\Delta x}{2}, y, z\right) - Q\left(x-\frac{\Delta x}{2}, y, z\right)\right]\Delta y \approx \frac{\partial Q}{\partial x}\Delta x \Delta y$$

所以,

$$\oint_{\delta C}\boldsymbol{F}\cdot\mathrm{d}\boldsymbol{r} = \int_{C_1+C_2+C_3+C_4}\boldsymbol{F}\cdot\mathrm{d}\boldsymbol{r} \approx \left(\frac{\partial Q}{\partial x}-\frac{\partial P}{\partial y}\right)\Delta x \Delta y$$

因为 P, Q 有一阶连续偏导数,则极限 $\lim\limits_{\Delta S\to 0}\frac{1}{\Delta s}\oint_{\delta C}\boldsymbol{F}\cdot\mathrm{d}\boldsymbol{r}$ 必然存在,且

$$\lim_{\Delta S\to 0}\frac{1}{\Delta s}\oint_{\delta C}\boldsymbol{F}\cdot\mathrm{d}\boldsymbol{r} = \frac{\partial Q}{\partial x}-\frac{\partial P}{\partial y}$$

于是

$$\boldsymbol{e}_3 \cdot \mathrm{curl}\boldsymbol{F} = \frac{\partial Q}{\partial x}-\frac{\partial P}{\partial y} \tag{8-3-6}$$

类似地,取 $\boldsymbol{e}_1 = (1,0,0), \boldsymbol{e}_2 = (0,1,0)$ 可以求得

$$\boldsymbol{e}_1 \cdot \mathrm{curl}\boldsymbol{F} = \frac{\partial R}{\partial y}-\frac{\partial Q}{\partial z} \tag{8-3-7}$$

$$\boldsymbol{e}_2 \cdot \mathrm{curl}\boldsymbol{F} = \frac{\partial P}{\partial z}-\frac{\partial R}{\partial x} \tag{8-3-8}$$

所以

$$\mathrm{curl}\boldsymbol{F} = \left(\frac{\partial R}{\partial y}-\frac{\partial Q}{\partial z}, \frac{\partial P}{\partial z}-\frac{\partial R}{\partial x}, \frac{\partial Q}{\partial x}-\frac{\partial P}{\partial y}\right) \tag{8-3-9}$$

注意到向量积的行列式表示,旋度可以表示为

$$\mathrm{curl}\boldsymbol{F} = \begin{vmatrix} \boldsymbol{i} & \boldsymbol{j} & \boldsymbol{k} \\ \dfrac{\partial}{\partial x} & \dfrac{\partial}{\partial y} & \dfrac{\partial}{\partial z} \\ P & Q & R \end{vmatrix} \tag{8-3-10}$$

将梯度算子 ∇ 看作是一个分量为 $\left\{\dfrac{\partial}{\partial x}, \dfrac{\partial}{\partial y}, \dfrac{\partial}{\partial z}\right\}$ 的向量 $\nabla = \boldsymbol{i}\dfrac{\partial}{\partial x}+\boldsymbol{j}\dfrac{\partial}{\partial y}+\boldsymbol{k}\dfrac{\partial}{\partial z}$,将其作用到标量场上的时候是有其意义的,即为 $f(x,y,z)$ 的梯度,可以把旋度看成是微分算子 ∇ 和向量 $\boldsymbol{F}$ 的向量积,则

$$\mathrm{curl}\boldsymbol{F} = \nabla \times \boldsymbol{F} \tag{8-3-11}$$

若 $\mathrm{curl}\boldsymbol{F} = \boldsymbol{0}$,则称向量场 $\boldsymbol{F}$ 为**无旋场**。

例 8-3-2 如果 $\boldsymbol{F}(x,y,z) = xz\boldsymbol{i}+xyz\boldsymbol{j}-y^2\boldsymbol{k}$,求 $\mathrm{curl}\boldsymbol{F}$。

解 由式(8-3-11),得

$$\mathbf{curl}F = \nabla \times F = \begin{vmatrix} \mathbf{i} & \mathbf{j} & \mathbf{k} \\ \frac{\partial}{\partial x} & \frac{\partial}{\partial y} & \frac{\partial}{\partial z} \\ P & Q & R \end{vmatrix}$$

$$= \left(\frac{\partial}{\partial y}(-y^2) - \frac{\partial}{\partial z}(xyz)\right)\mathbf{i} + \left(\frac{\partial}{\partial z}(xz) - \frac{\partial}{\partial x}(-y^2)\right)\mathbf{j} + \left(\frac{\partial}{\partial x}(xyz) - \frac{\partial}{\partial y}(xz)\right)\mathbf{k}$$

$$= -y(2+x)\mathbf{i} + x\mathbf{j} + yz\mathbf{k}$$

旋度与保守向量场 若向量场 $F(x,y,z) = (P(x,y,z), Q(x,y,z), R(x,y,z))$ 是保守向量场,则一定存在一个数量场 $f(x,y,z)$,且 $f(x,y,z)$ 的二阶偏导数连续,于是

$$\mathbf{curl}F = \mathbf{curl}(\nabla f) = \nabla \times \nabla f = \begin{vmatrix} \mathbf{i} & \mathbf{j} & \mathbf{k} \\ \frac{\partial}{\partial x} & \frac{\partial}{\partial y} & \frac{\partial}{\partial z} \\ P & Q & R \end{vmatrix} = \begin{vmatrix} \mathbf{i} & \mathbf{j} & \mathbf{k} \\ \frac{\partial}{\partial x} & \frac{\partial}{\partial y} & \frac{\partial}{\partial z} \\ \frac{\partial f}{\partial x} & \frac{\partial f}{\partial y} & \frac{\partial f}{\partial z} \end{vmatrix}$$

$$= \left(\frac{\partial^2 f}{\partial y \partial z} - \frac{\partial^2 f}{\partial z \partial y}\right)\mathbf{i} + \left(\frac{\partial^2 f}{\partial z \partial x} - \frac{\partial^2 f}{\partial x \partial z}\right)\mathbf{j} + \left(\frac{\partial^2 f}{\partial x \partial y} - \frac{\partial^2 f}{\partial y \partial x}\right)\mathbf{k} = \mathbf{0}$$

所以有定理 8-3-1。

定理 8-3-1 若向量场 $F(x,y,z) = (P(x,y,z), Q(x,y,z), R(x,y,z))$ 是保守向量场,且 $P(x,y,z), Q(x,y,z), R(x,y,z)$ 有连续的一阶偏导数,那么 $\mathbf{curl}F = \mathbf{0}$。

保守向量场的旋度为 **0**,即**保守场是无旋场**。定理 8-3-1 说明若向量场不是无旋场,则一定不是保守场。如例 8-3-2 提供的向量场 $F(x,y,z) = xz\mathbf{i} + xyz\mathbf{j} - y^2\mathbf{k}$,因为 $\mathbf{curl}F \neq \mathbf{0}$,所以 $F(x,y,z)$ 不是保守场。

然而,在一般情况下,定理 8-3-1 的逆命题是不成立的,但如果增加 F 是处处有定义的条件,或更为一般情况下,如果定义域为单连通区域,那么逆命题是成立的,其证明放在斯托克斯公式一节(8.4.3 节)证明。

定理 8-3-2 如果 F 是一个在整个 R^3 上都有定义的向量场,它的分量函数都有连续的偏导数,且 $\mathbf{curl}F = \mathbf{0}$,那么 F 是一个保守向量场。

例 8-3-3 (1) 证明 $F(x,y,z) = y^2z^3\mathbf{i} + 2xyz^3\mathbf{j} + 3xy^2z^2\mathbf{k}$ 是一个保守向量场。

(2) 求函数 f 使得 $F = \nabla f$。

解 (1) 计算 F 的旋度

$$\mathbf{curl}F = \nabla \times F = \begin{vmatrix} \mathbf{i} & \mathbf{j} & \mathbf{k} \\ \frac{\partial}{\partial x} & \frac{\partial}{\partial y} & \frac{\partial}{\partial z} \\ y^2z^3 & 2xyz^3 & 3xy^2z^2 \end{vmatrix} = \mathbf{0}$$

由于 $\mathbf{curl}F = \mathbf{0}$ 且 F 的定义域为 R^3,可知 F 为一个保守向量场。

(2) 使用偏积分方法求解。因为 $f_x(x,y,z) = y^2z^3, f_y(x,y,z) = 2xyz^3, f_z(x,y,z) = 3xy^2z^2$。对 $f_x(x,y,z) = y^2z^3$ 关于 x 积分,有

$$f(x,y,z) = xy^2z^3 + g(y,z)$$

对上式关于 y 微分,得到

$$f_y(x,y,z) = 2xyz^3 + g_y(y,z)$$

与 $f_y(x,y,z) = 2xyz^3$ 比较，得出 $g_y(y,z) = 0$，从而得到 $g(y,z) = h(z)$，且
$$f_z(x,y,z) = 3xy^2z^2 + h'(z)$$
与 $f_z(x,y,z) = 3xy^2z^2$ 比较，得出
$$h'(z) = 0$$
因此，得
$$f(x,y,z) = xy^2z^3 + C \quad (C \text{ 为常数})$$

关于保守向量场下列三个命题是等价的：

(1) 向量 **F** 是某个势函数 f 的梯度：$\boldsymbol{F} = \nabla f$；

(2) 向量 **F** 是无旋的：$\mathbf{curl}\boldsymbol{F} = \nabla \times \boldsymbol{F} = \boldsymbol{0}$；

(3) 向量 **F** 是保守的：对任意闭曲线 C，$\oint_C \boldsymbol{F} \cdot \mathrm{d}\boldsymbol{r} = 0$。

旋度与转动 设有刚体绕 z 轴转动，角速度为 $\boldsymbol{\omega}$，M 为刚体内任意一点，在 z 轴上以 O 为原点建立直角坐标系（图 8-3-4），则 $\boldsymbol{\omega} = \omega \boldsymbol{k}$，而点 M 可用向量 $\boldsymbol{r} = \overrightarrow{OM} = (x,y,z)$ 来表示。由力学知道，点 M 的线速度 v 就可表示为
$$\boldsymbol{v} = \boldsymbol{\omega} \times \boldsymbol{r}$$
由此有
$$\boldsymbol{v} = \begin{vmatrix} \boldsymbol{i} & \boldsymbol{j} & \boldsymbol{k} \\ 0 & 0 & \omega \\ x & y & z \end{vmatrix} = (-\omega y, \omega x, 0)$$
而
$$\mathbf{curl}\boldsymbol{v} = \nabla \times \boldsymbol{v} = \begin{vmatrix} \boldsymbol{i} & \boldsymbol{j} & \boldsymbol{k} \\ \dfrac{\partial}{\partial x} & \dfrac{\partial}{\partial y} & \dfrac{\partial}{\partial z} \\ -\omega y & \omega x & 0 \end{vmatrix}$$
$$= (0,0,2\omega) = 2\boldsymbol{\omega}$$

另一种联系表现在当 v 表示流体的速度场的时候，质点在流体 (x,y,z) 附近沿 **curl**v 的方向绕轴旋转，这个旋转向量的长度表示质点绕轴旋转速度的大小（图 8-3-5），如果在点 P 有 $\mathbf{curl}\boldsymbol{v} = \boldsymbol{0}$，那么说明流体在点 P 不作旋转运动，且 **F** 在 P 点称为无旋的。换句话说，在 P 点没有涡流或漩涡，那么一个小螺旋桨随着流体运动，但不绕自身的轴旋转。如果 $\mathbf{curl}\boldsymbol{v} \neq \boldsymbol{0}$，小螺旋桨在流动的同时自转。

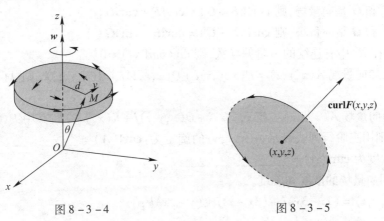

图 8-3-4　　　　　　　　　图 8-3-5

旋度的散度

如果 F 是 R^3 上的一个向量场，那么 **curl**F 也是 R^3 上的一个向量场，由此，可以计算它的散度，下面的定理说明这个结果是 0。

定理 8-3-3　如果 $F(x,y,z) = P(x,y,z)\boldsymbol{i} + Q(x,y,z)\boldsymbol{j} + R(x,y,z)\boldsymbol{k}$ 是 R^3 上的一个向量场且 P,Q,R 有连续的二阶偏导数，那么

$$\text{div curl}F = 0$$

证明　由散度和旋度的公式，有

$$\text{div}\mathbf{curl}F = \nabla \cdot (\nabla \times F) = \frac{\partial}{\partial x}\left(\frac{\partial R}{\partial y} - \frac{\partial Q}{\partial z}\right) + \frac{\partial}{\partial y}\left(\frac{\partial P}{\partial z} - \frac{\partial R}{\partial x}\right) + \frac{\partial}{\partial z}\left(\frac{\partial Q}{\partial x} - \frac{\partial P}{\partial y}\right)$$

$$= \frac{\partial^2 R}{\partial x \partial y} - \frac{\partial^2 Q}{\partial x \partial z} + \frac{\partial^2 P}{\partial y \partial z} - \frac{\partial^2 R}{\partial y \partial x} + \frac{\partial^2 Q}{\partial z \partial x} - \frac{\partial^2 P}{\partial z \partial y} = 0$$

例 8-3-4　证明向量场 $F(x,y,z) = xz\boldsymbol{i} + xyz\boldsymbol{j} - y^2\boldsymbol{k}$ 不能写成另一个向量场的旋度，也就是 $F \neq \text{curl}G$。

解　可知

$$\text{div}F(x,y,z) = z + xz$$

因此 $\text{div}F(x,y,z) \neq 0$，如果 $F = \mathbf{curl}G$ 成立的话，由定理 8-3-3 应该有

$$\text{div}F(x,y,z) = \text{div}\mathbf{curl}G = 0$$

这和 $\text{div}F(x,y,z) \neq 0$ 矛盾，因此 F 不是另一个向量场的旋度。

习题 8-3

（A）

1. 判断题。

（1）如果 $A(x,y,z)$ 是一个向量场，则 $\text{div}A$ 是向量场。　　　　　　　　　　（　　）

（2）如果 $A(x,y,z)$ 是一个向量场，则 $\mathbf{curl}A$ 是向量场。　　　　　　　　　　（　　）

（3）设 F 和 G 是向量场，且 $\text{div}F = \text{div}G$，则 $F = G$。　　　　　　　　　　（　　）

（4）设 F 和 G 是向量场，则 $\mathbf{curl}(F + G) = \mathbf{curl}F + \mathbf{curl}G$。　　　　　　　　（　　）

（5）设 F 和 G 是向量场，则 $\mathbf{curl}(F \cdot G) = \mathbf{curl}F \cdot \mathbf{curl}G$。　　　　　　　　　（　　）

（6）设 f 在 R^3 中有连续的一阶偏导数，则 $\text{div}(\text{curl}\,\nabla f) = 0$。　　　　　　（　　）

2.（1）已知向量场 $A(x,y,z) = P(x,y,z)\boldsymbol{i} + Q(x,y,z)\boldsymbol{j} + R(x,y,z)\boldsymbol{k}$，则 $A(x,y,z)$ 的散度 $\text{div}A(x,y,z) = $ ＿＿＿＿＿＿。

（2）已知向量场 $A(x,y,z) = P(x,y,z)\boldsymbol{i} + Q(x,y,z)\boldsymbol{j} + R(x,y,z)\boldsymbol{k}$，其中 $P、Q、R$ 具有一阶连续偏导数，则用三阶行列式表示 $A(x,y,z)$ 的旋度为：$\mathbf{curl}(A) = $ ＿＿＿＿＿＿；用向量表示 $A(x,y,z)$ 的旋度为 $\mathbf{curl}(A) = $ ＿＿＿＿＿＿。

3. 求下列向量场的散度和旋度。

（1）$F(x,y,z) = (2z - 3y)\boldsymbol{i} + (3x - z)\boldsymbol{j} + (y - 2x)\boldsymbol{k}$；

（2）$F(x,y,z) = y^2\boldsymbol{i} + xy\boldsymbol{j} + xz\boldsymbol{k}$；

(3) $\boldsymbol{F}(x,y,z) = xye^z\boldsymbol{i} + yze^x\boldsymbol{k}$；

(4) $\boldsymbol{F}(x,y,z) = e^x\sin y\boldsymbol{i} + e^y\sin z\boldsymbol{j} + e^z\sin x\boldsymbol{k}$；

(5) $\boldsymbol{F}(x,y,z) = \dfrac{1}{\sqrt{x^2+y^2+z^2}}(x\boldsymbol{i}+y\boldsymbol{j}+z\boldsymbol{k})$。

4. 设 f 是一个数量场，$\boldsymbol{F}$ 是一个向量场。说明下列表述是否有意义。如果没有，为什么？如果有，说明它是数量场还是向量场。

(1) **curl**f；　　(2) **grad**f；　　(3) div$\boldsymbol{F}$；　　(4) **curl**(**grad**f)；

(5) **grad**$\boldsymbol{F}$；　(6) **curl**(curl$\boldsymbol{F}$)；　(7) div(**grad**f)；　(8) **grad**(div$\boldsymbol{F}$)；

(9) div(div$\boldsymbol{F}$)；　(10) (**grad**f)×(div$\boldsymbol{F}$)；　(11) div(**curl**(**grad**f))。

5. 已知 $u = \ln(x^2+y^2+z^2)$，计算 div(**grad**u)。

6. 已知 $u = \ln(x^2+y^2+z^2)$，计算 **curl**(**grad**u)。

7. 证明任何形如 $\boldsymbol{F}(x,y,z) = f(x)\boldsymbol{i} + g(y)\boldsymbol{j} + h(z)\boldsymbol{k}$ 的向量场都是无旋场，其中 f, g, h 是可微函数。

8. 证明任何形如 $\boldsymbol{F}(x,y,z) = f(y,z)\boldsymbol{i} + g(x,z)\boldsymbol{j} + h(x,y)\boldsymbol{k}$ 的向量场都是无源场，其中 f, g, h 是可微函数。

（B）

1. 设 **curl**$\boldsymbol{B} = \boldsymbol{A}$ 且 **curl**$\boldsymbol{C} = \boldsymbol{A}$，证明：$\boldsymbol{C} = \boldsymbol{B} + \textbf{grad}u$，其中 u 为任一数量值函数。

2. 设 $u = f\left(xy, \dfrac{x}{z}, \dfrac{y}{z}\right)$ 具有二阶连续偏导数，求 div(**grad**u)。

3. 求 div[**grad**$f(r)$]，其中 $r = \sqrt{x^2+y^2+z^2}$，当 $f(r)$ 等于什么时，有
$$\text{div}[\textbf{grad}f(r)] = 0$$

4. 利用格林公式证明格林第一公式：
$$\iint\limits_D f\nabla^2 g\,\mathrm{d}\sigma = \oint\limits_L f(\nabla g)\cdot \boldsymbol{n}\,\mathrm{d}s - \iint\limits_D \nabla f\cdot\nabla g\,\mathrm{d}\sigma$$

式中：L 是闭区域 D 的正向边界曲线；f 和 g 在 D 上具有连续的一阶偏导数。($\nabla g\cdot\boldsymbol{n}$ 表示 g 沿 L 的法线方向的方向导数。）

5. 利用格林第一公式证明格林第二公式：
$$\iint\limits_D (f\nabla^2 g - g\nabla^2 f)\,\mathrm{d}\sigma = \oint\limits_L [f(\nabla g) - f(\nabla g)]\cdot\boldsymbol{n}\,\mathrm{d}s$$

式中：L 是闭区域 D 的正向边界曲线；f 和 g 在 D 上具有连续的一阶偏导数。

6. （**旋度和旋转之间的联系**）设 B 为绕 z 轴旋转的刚体。旋转可以用向量 $\boldsymbol{w} = \omega\boldsymbol{k}$ 来描述，其中 ω 为 B 的角速度，即 B 中任意点 P 的切向速度除以其到旋转轴的距离 d。设 P 的位置向量为 $\boldsymbol{r} = (x, y, z)$。

(1) 角度 θ 如图 8-3-6 所示，证明 B 的速度场为 $\boldsymbol{v} = \boldsymbol{w}\times\boldsymbol{r}$；

(2) 证明 $\boldsymbol{v} = -\omega y\boldsymbol{i} + \omega x\boldsymbol{j}$；

(3) 证明 **curl**$\boldsymbol{v} = 2\boldsymbol{w}$。

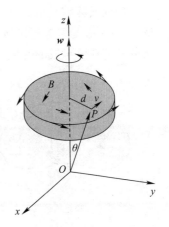

图 8-3-6

§8.4 线、面积分与重积分的联系

8.4.1 格林公式

微积分基本公式

$$\int_a^b F'(x)\mathrm{d}x = F(b) - F(a)$$

该公式表明:定积分的计算可以由被积函数的原函数在积分区间边界(即端点)上的值得到,建立了一元函数在积分区域(即区间[a,b])上的定积分与其被积函数的原函数在积分域边界上的值之间的密切关系。由 8.3 节知,对于平面区域上保守向量场的第二类曲线积分也有类似的公式

$$\int_L \nabla f \cdot \mathrm{d}\boldsymbol{r} = f(B) - f(A)$$

式中:A,B 分别为曲线 L 的起点和终点。该公式能否推广到二元函数的积分,建立平面区域 D 上的二重积分与沿 D 的边界曲线 L 的曲线积分之间的联系呢?下面就来讨论这个我们称为**格林公式**的问题。

为了清楚表述,先引进简单曲线和单连通区域、复连通区域以及区域边界曲线的正方向等概念。

简单曲线是指端点之间的任何地方不存在自相交的曲线,即对于一个简单的闭曲线 $\boldsymbol{r}(a)=\boldsymbol{r}(b)$,当 $a<t_1<t_2<b$ 时,$\boldsymbol{r}(t_1)\neq \boldsymbol{r}(t_2)$。简单曲线包括简单封闭曲线和简单非封闭曲线(图 8-4-1)。

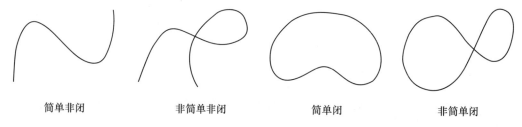

简单非闭　　　非简单非闭　　　简单闭　　　非简单闭

图 8-4-1

单连通区域是指这样的平面连通区域 D,区域中的每条简单闭曲线所包围的点都在区域 D 中,否则称为复连通区域。直观地说(图 8-4-2),单连通区域是指不包含"洞"且不能由两块分开的部分组成的区域,复连通就是有"洞"的区域。

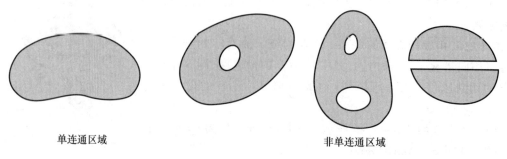

单连通区域　　　　　　　非单连通区域

图 8-4-2

规定平面区域 D 的边界曲线 L 的**正方向**：当观察者沿曲线 L 行进时，区域 D 在他附近的部分总在观察者的左侧，则**观察者的行进方向**为边界曲线 L 的**正方向**。若区域 D 为单连通区域，则 L 的正方向为逆时针方向（图 8-4-3(a)）。对于复连通区域（图 8-4-3(b)），按照规定，作为 D 正方向的边界，L 的正向是逆时针方向，而 l 的正向是顺时针方向。

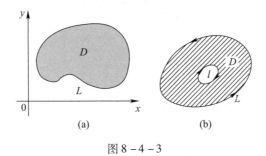

图 8-4-3

下面从平面区域上有界闭区域的面积入手，寻找二重积分与边界上曲线积分的关系，对平面上由简单闭曲线围成的有界闭区域 D 和边界曲线 L，其中 L 的正方向为逆时针方向，则区域 D 的面积可表示为

$$D = \iint_D dxdy$$

另一方面，设 D 的边界曲线 L 可由下边界曲线 $L_1:y=\phi_1(x)$ 和上边界曲线 $L_2:y=\phi_2(x)$，$a \leqslant x \leqslant b$ 组成（图 8-4-4(a)），则

$$\iint_D dxdy = \int_a^b \left[\int_{\phi_1(x)}^{\phi_2(x)} dy\right] dx = \int_a^b \phi_2(x)dx - \int_a^b \phi_1(x)dx = -\int_b^a \phi_2(x)dx - \int_a^b \phi_1(x)dx$$

$$= -\int_{L_2} ydx - \int_{L_1} ydx = -\int_{L_1+L_2} ydx = \oint_L -ydx$$

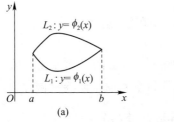
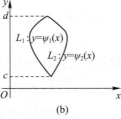

图 8-4-4

即

$$\iint_D -dxdy = \oint_L ydx \tag{8-4-1}$$

令 $P(x,y)=y$，比较微积分基本公式和式(8-4-1)有

$$\iint_D -\frac{\partial P(x,y)}{\partial y}dxdy = \oint_L P(x,y)dx \tag{8-4-2}$$

类似地，如果设 D 的边界曲线 L 可由左边界曲线 $L_1:y=\psi_1(x)$ 和右边界曲线 $L_2:y=\psi_2(x)$，$a \leqslant x \leqslant b$ 组成（图 8-4-4(b)），可得到

$$\iint_D \mathrm{d}x\mathrm{d}y = \oint_L x\mathrm{d}y \tag{8-4-3}$$

令 $Q(x,y) = x$，比较上式等式两端，有

$$\iint_D \frac{\partial Q}{\partial x}\mathrm{d}x\mathrm{d}y = \oint_L Q\mathrm{d}y \tag{8-4-4}$$

将公式(8-4-2)、式(8-4-4)相加，得

$$\iint_D \left(\frac{\partial Q}{\partial x} - \frac{\partial P}{\partial y}\right)\mathrm{d}x\mathrm{d}y = \oint_L P\mathrm{d}x + Q\mathrm{d}y$$

这一结论对于平面区域 D 上的保守向量场 $\boldsymbol{F} = (P, Q)$ 来说也是成立的。

因为 $\boldsymbol{F} = (P, Q)$ 是保守场，则

$$\oint_L P\mathrm{d}x + Q\mathrm{d}y = 0, \quad 且 \frac{\partial Q}{\partial x} = \frac{\partial P}{\partial y}$$

$$\iint_D \left(\frac{\partial Q}{\partial x} - \frac{\partial P}{\partial y}\right)\mathrm{d}x\mathrm{d}y = 0$$

即

$$\iint_D \left(\frac{\partial Q}{\partial x} - \frac{\partial P}{\partial y}\right)\mathrm{d}x\mathrm{d}y = \oint_L P\mathrm{d}x + Q\mathrm{d}y$$

这一结论能否进一步推广？

对连通区域 D 和其正向边界曲线 L，当 $\frac{\partial Q}{\partial x}, \frac{\partial P}{\partial y}$ 连续时，$\iint_D \left(\frac{\partial Q}{\partial x} - \frac{\partial P}{\partial y}\right)\mathrm{d}x\mathrm{d}y$ 和 $\oint_L P\mathrm{d}x + Q\mathrm{d}y$ 均存在，是否有

$$\iint_D \left(\frac{\partial Q}{\partial x} - \frac{\partial P}{\partial y}\right)\mathrm{d}x\mathrm{d}y = \oint_L P\mathrm{d}x + Q\mathrm{d}y$$

实际上，这一结果由英国数学家格林在 1828 年在《论应用数学分析于电磁学》中给出，称其为格林公式。

定理 8-4-1 （格林公式）设 D 是由曲线 C 围成的平面连通区域，C 为分段光滑的正向简单闭曲线，若在包含 D 的开区域上，函数 P 和 Q 具有一阶连续偏导数，则

$$\iint_D \left(\frac{\partial Q}{\partial x} - \frac{\partial P}{\partial y}\right)\mathrm{d}\sigma = \oint_C P\mathrm{d}x + Q\mathrm{d}y \tag{8-4-5}$$

注 （1）$\oint_C P\mathrm{d}x + Q\mathrm{d}y$ 或 $\oint_{\partial D} P\mathrm{d}x + Q\mathrm{d}y$ 表示区域 D 的边界正向曲线 C 或 ∂D 上的第二类曲线积分，所以，格林定理还可以描述为

$$\iint_D \left(\frac{\partial Q}{\partial x} - \frac{\partial P}{\partial y}\right)\mathrm{d}\sigma = \oint_{\partial D} P\mathrm{d}x + Q\mathrm{d}y \tag{8-4-6}$$

（2）$\frac{\partial Q}{\partial x}, \frac{\partial P}{\partial y}$ 在包含区域 D 的开区域上连续。格林公式被视为二重积分中的微积分基本公式。对比式(8-4-5)和微积分基本公式，两公式中左式积分都含有导数（$F', \partial Q/\partial x$ 和 $\partial P/\partial y$），而右侧积分含有原本函数在区域边界上的函数值。（一维情况下，区域为区间 $[a,b]$，其边界由点 a 和 b 组成。）格林公式可以拆分成：

$$\iint_D -\frac{\partial P}{\partial y}\mathrm{d}\sigma = \oint_C P\mathrm{d}x \tag{8-4-7}$$

和

$$\iint_D \frac{\partial Q}{\partial x}\mathrm{d}\sigma = \oint_C Q\mathrm{d}x \tag{8-4-8}$$

证明 （1）当区域 D 为简单区域。设区域 D 为第 I 类型：

$$D = \{(x,y) \mid a \leqslant x \leqslant b, g_1(x) \leqslant y \leqslant g_2(x)\}$$

式中：g_1 和 g_2 均为连续函数。这样式(8-4-7)的左侧二重积分可以计算如下：

$$\iint_D -\frac{\partial P}{\partial y}\mathrm{d}\sigma = -\int_a^b \int_{g_1(x)}^{g_2(x)} \frac{\partial P}{\partial y}(x,y)\mathrm{d}y\mathrm{d}x = -\int_a^b [P(x,g_2(x)) - P(x,g_1(x))]\mathrm{d}x$$

$$\tag{8-4-9}$$

现在来计算式(8-4-7)的右侧曲线积分，将曲线 C 分成四个相互连接的小曲线 C_1, C_2, C_3 和 C_4（图 8-4-5）。在 C_1 上，x 作为曲线的参数，其方程为 $x=x, y=g_1(x)$，$a \leqslant x \leqslant b$，则

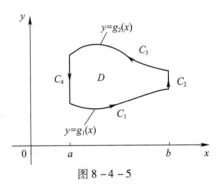

图 8-4-5

$$\int_{C_1} P(x,y)\mathrm{d}x = \int_a^b P(x,g_1(x))\mathrm{d}x$$

可以看到曲线 C_3 为从右到左，而 $-C_3$ 就是从左到右，因此曲线 $-C_3$ 的参数方程可以写成 $x=x, y=g_2(x)$，$a \leqslant x \leqslant b$，所以

$$\int_{C_3} P(x,y)\mathrm{d}x = -\int_{-C_3} P(x,y)\mathrm{d}x = -\int_a^b P(x,g_2(x))\mathrm{d}x$$

在曲线 C_2 和 C_4（其中任一条曲线可能退化成一个单点），x 为常数，所以

$$\mathrm{d}x = 0 \quad \text{和} \quad \int_{C_2} P(x,y)\mathrm{d}x = 0 = \int_{C_4} P(x,y)\mathrm{d}x$$

因此

$$\oint_C P(x,y)\mathrm{d}x = \int_{C_1} P(x,y)\mathrm{d}x + \int_{C_2} P(x,y)\mathrm{d}x + \int_{C_3} P(x,y)\mathrm{d}x + \int_{C_4} P(x,y)\mathrm{d}x$$

$$= \int_a^b P(x,g_1(x))\mathrm{d}x - \int_a^b P(x,g_2(x))\mathrm{d}x$$

与式(8-4-9)对比，则得 $-\iint_D \frac{\partial P}{\partial y}\mathrm{d}\sigma = \oint_C P\mathrm{d}x$。式(8-4-8)类似可以证明，只需将区域 D 看成类型 II 即可。将两公式结合，就得到了格林公式。

（2）当区域 D 由若干简单区域组成。如图 8-4-6 所示区域 D，记为 $D = D_1 \cup D_2$，其中 D_1 和 D_2 为简单区域，D_1 的边界为 $C_1 + C_3$，D_2 的边界为 $C_2 + C_3^-$，所以在 D_1 和 D_2 上分别使用格林定理，则

$$\iint_{D_1} \left(\frac{\partial Q}{\partial x} - \frac{\partial P}{\partial y}\right)\mathrm{d}A = \oint_{C_1+C_3} P\mathrm{d}x + Q\mathrm{d}y$$

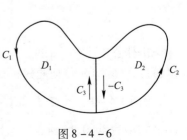

图 8-4-6

$$\iint_{D_2}\left(\frac{\partial Q}{\partial x}-\frac{\partial P}{\partial y}\right)\mathrm{d}\sigma = \oint_{C_2+C_{\overline{3}}} P\mathrm{d}x + Q\mathrm{d}y$$

将两式加起来,在曲线 C_3 和曲线 $-C_3$ 上的线积分抵消,得到

$$\iint_{D}\left(\frac{\partial Q}{\partial x}-\frac{\partial P}{\partial y}\right)\mathrm{d}\sigma = \oint_{C_1+C_2} P\mathrm{d}x + Q\mathrm{d}y$$

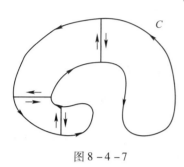

图 8-4-7

对于 $D = D_1 \cup D_2$ 格林定理成立,其边界为 $C = C_1 + C_2$。类似可证明(图 8-4-7)对任意的有限简单区域中格林公式成立。

(3) 若复连通区域 D,格林定理也可以扩展到区域包含有洞的情形,即区域不是简单连通的。图 8-4-8(a)给出了以 C 为边界的区域 D,其中 C 由简单闭曲线 C_1 和 C_2 组成。确定边界曲线的正方向,为使行走在曲线 C 上区域 D 一直在其左侧,则取外边界 C_1 逆时针,内边界 C_2 顺时针方向为正方向。用直线将 D 分成如图 8-4-8(b)中两个区域 D' 和 D'',分别在上面使用格林定理,则

$$\iint_{D}\left(\frac{\partial Q}{\partial x}-\frac{\partial P}{\partial y}\right)\mathrm{d}\sigma = \iint_{D_1}\left(\frac{\partial Q}{\partial x}-\frac{\partial P}{\partial y}\right)\mathrm{d}\sigma + \iint_{D_2}\left(\frac{\partial Q}{\partial x}-\frac{\partial P}{\partial y}\right)\mathrm{d}\sigma$$

$$= \oint_{\partial D'} P\mathrm{d}x + Q\mathrm{d}y + \oint_{\partial D''} P\mathrm{d}x + Q\mathrm{d}y$$

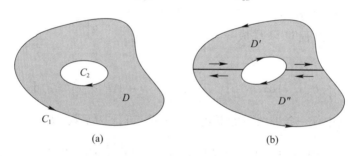

图 8-4-8

因在公共边界上的线积分,方向相互抵消,所以有

$$\iint_{D}\left(\frac{\partial Q}{\partial x}-\frac{\partial P}{\partial y}\right)\mathrm{d}\sigma = \int_{C_1} P\mathrm{d}x + Q\mathrm{d}y + \int_{C_2} P\mathrm{d}x + Q\mathrm{d}y = \int_{C} P\mathrm{d}x + Q\mathrm{d}y$$

这就是在复连通区域 D 上的格林公式。

因此对于连通区域 D 和分段光滑的正向边界曲线 C,若函数 P 和 Q 具有一阶连续偏导数,则有

$$\iint_{D}\left(\frac{\partial Q}{\partial x}-\frac{\partial P}{\partial y}\right)\mathrm{d}\sigma = \oint_{C} P\mathrm{d}x + Q\mathrm{d}y$$

格林公式建立了平面区域上的简单闭曲线积分与所围成区域上的二重积分的联系,即可以通过式(8-4-5)把曲线积分转化为二重积分计算。

例 8-4-1 计算 $\int_{C} x^4\mathrm{d}x + xy\mathrm{d}y$,其中 C 为连接从点 $(0,0)$ 到点 $(1,0)$,点 $(1,0)$ 到点 $(0,1)$,最后点 $(0,1)$ 到点 $(0,0)$ 的直线段围成的三角形曲线。

解 利用格林定理来计算,注意曲线 C 为正方向,包含区域 D(见图 8-4-9),令 $P(x,y) = x^4$, $Q(x,y) = xy$,则有

$$\int_C x^4 dx + xy dy = \iint_D \left(\frac{\partial Q}{\partial x} - \frac{\partial P}{\partial y} \right) d\sigma$$
$$= \int_0^1 \int_0^{1-x} (y - 0) dy dx$$
$$= \int_0^1 \left[\frac{1}{2} y^2 \right]_0^{1-x} dx = \frac{1}{2} \int_0^1 (1-x)^2 dx$$
$$= -\frac{1}{6} (1-x)^3 \Big|_0^1 = \frac{1}{6}$$

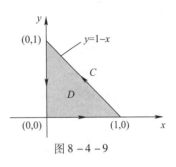

图 8-4-9

例 8-4-2 计算 $\oint_C (3y - e^{\sin x}) dx + (7x + \sqrt{y^4 + 1}) dy$,其中曲线 C 为圆 $x^2 + y^2 = 9$,取逆时针方向。

解 边界为 C 的区域 $D: x^2 + y^2 \leq 9$,先利用格林定理,再用极坐标化简

$$\oint_C (3y - e^{\sin x}) dx + (7x + \sqrt{y^4 + 1}) dy = \iint_D \left[\frac{\partial}{\partial x}(7x + \sqrt{y^4 + 1}) - \frac{\partial}{\partial y}(3y - e^{\sin x}) \right] d\sigma$$
$$= \int_0^{2\pi} \int_0^3 (7-3) r dr d\theta = 4 \int_0^{2\pi} d\theta \int_0^3 r dr = 36\pi$$

从例 8-4-1 和例 8-4-2 可以发现二重积分的计算比线积分的计算容易。一般情况下,把线积分转化成二重积分计算。但是有时还是计算线积分容易(试着在例 8-4-2 中计算线积分,很快就有体会)。在计算区域面积时,因为区域 D 的面积为 $\iint_D 1 dA$,我们只需选择合适的 P 和 Q,即满足

$$\frac{\partial Q}{\partial x} - \frac{\partial P}{\partial y} = 1$$

下面有几种情况供选择,如表 8-4-1 所示:

表 8-4-1

方法 1	方法 2	方法 3
$P(x,y) = 0$	$P(x,y) = -y$	$P(x,y) = -\frac{1}{2} y$
$Q(x,y) = x$	$Q(x,y) = 0$	$Q(x,y) = \frac{1}{2} x$

方法 1 和方法 2 的计算结果公式为(8-4-1)和式(8-4-3),因此利用格林定理计算区域 D 的面积公式为

$$A = \oint_C x dy = -\oint_C y dx = \frac{1}{2} \oint_C x dy - y dx \tag{8-4-10}$$

例 8-4-3 求椭圆曲线 $\frac{x^2}{a^2} + \frac{y^2}{b^2} = 1$ 围成区域的面积。

解 椭圆的参数方程为 $x = a\cos t, y = b\sin t$,其中 $0 \leq t \leq 2\pi$,利用求面积的第 3 个公式,得

$$A = \frac{1}{2} \oint_C x dy - y dx = \frac{1}{2} \int_0^{2\pi} (a\cos t)(b\cos t) dt - (b\sin t)(-a\sin t) dt = \frac{ab}{2} \int_0^{2\pi} dt = \pi ab$$

例 8-4-4 计算 $\oint_C y^2 dx + 3xy dy$,其中曲线 C 为半环形,区域 D 的边界,即介于两上半圆

$x^2+y^2=1$ 和 $x^2+y^2=4$ 之间的图形，方向如图 8-4-10 所示。

解 区域 D 不是一个简单区域，y 轴将区域分成两个简单的区域，由极坐标，知

$$D=\{(r,\theta)\mid 1\leqslant r\leqslant 2, 0\leqslant\theta\leqslant\pi\}$$

所以，由格林公式得

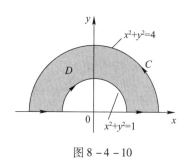

图 8-4-10

$$\oint_C y^2\mathrm{d}x+3xy\mathrm{d}y=\iint_D\left[\frac{\partial}{\partial x}(3xy)-\frac{\partial}{\partial y}(y^2)\right]\mathrm{d}\sigma$$

$$=\iint_D y\mathrm{d}\sigma=\int_0^\pi\int_1^2(r\sin\theta)r\mathrm{d}r\mathrm{d}\theta$$

$$=\int_0^\pi\sin\theta\mathrm{d}\theta\int_1^2 r^2\mathrm{d}r$$

$$=[-\cos\theta]_0^\pi\left[\frac{1}{3}r^3\right]_1^2=\frac{14}{3}$$

例 8-4-5 若 $\boldsymbol{F}(x,y)=(-y\boldsymbol{i}+x\boldsymbol{j})/(x^2+y^2)$，则对于所围成区域包含原点的任意简单封闭曲线，有 $\oint_C \boldsymbol{F}\cdot\mathrm{d}\boldsymbol{r}=2\pi$。

解 因为 C 为任意所围成区域包含原点的闭曲线，很难直接去求线积分，因此，考虑如图 8-4-11 所示，在区域作一以原点为圆心、半径为 a 的圆弧（a 足够小）C'，位于曲线 C 内部，方向取逆时针。设 D 为曲线 C 和 C' 组成的闭区域。则取正方向为 $C\cup(-C')$，利用一般的格林定理，则

$$\oint_C P\mathrm{d}x+Q\mathrm{d}y+\oint_{-C'} P\mathrm{d}x+Q\mathrm{d}y=\iint_D\left(\frac{\partial Q}{\partial x}-\frac{\partial P}{\partial y}\right)\mathrm{d}\sigma=\iint_D\left[\frac{y^2-x^2}{(x^2+y^2)^2}-\frac{y^2-x^2}{(x^2+y^2)^2}\right]\mathrm{d}\sigma=0$$

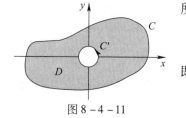

图 8-4-11

所以

$$\oint_C P\mathrm{d}x+Q\mathrm{d}y=\oint_{C'} P\mathrm{d}x+Q\mathrm{d}y$$

即

$$\int_C \boldsymbol{F}\cdot\mathrm{d}\boldsymbol{r}=\int_{C'}\boldsymbol{F}\cdot\mathrm{d}\boldsymbol{r}$$

此时，可以利用参数方程计算上述积分，设 $\boldsymbol{r}(t)=a\cos t\boldsymbol{i}+a\sin t\boldsymbol{j}, 0\leqslant t\leqslant 2\pi$，则

$$\int_C\boldsymbol{F}\cdot\mathrm{d}\boldsymbol{r}=\int_{C'}\boldsymbol{F}\cdot\mathrm{d}\boldsymbol{r}=\int_0^{2\pi}\boldsymbol{F}(\boldsymbol{r}(t))\cdot\boldsymbol{r}'(t)\mathrm{d}t$$

$$=\int_0^{2\pi}\frac{(-a\sin t)(-a\sin t)+(a\cos t)(a\cos t)}{a^2\cos^2 t+a^2\sin^2 t}\mathrm{d}t=\int_0^{2\pi}\mathrm{d}t=2\pi$$

由前面内容知道，若在简单连通的开区域 D 上有一向量场 $\boldsymbol{F}=P\boldsymbol{i}+Q\boldsymbol{j}$ 是保守场，则在整个区域 D 上对任意闭曲线 C 有 $\oint_C\boldsymbol{F}\cdot\mathrm{d}\boldsymbol{r}=0$，即与积分路径无关。相反地，对 $\forall(x,y)\in D$ 有

$$\frac{\partial P}{\partial y}=\frac{\partial Q}{\partial x}$$

向量 $\boldsymbol{F}=P\boldsymbol{i}+Q\boldsymbol{j}$ 是否为保守向量，即 $\oint_C P\mathrm{d}x+Q\mathrm{d}y$ 是否与路径无关，下面定理给出回答。

定理 8-4-2 若函数 P 和 Q 具有一阶连续的偏导数，且对 $\forall(x,y)\in D$ 有 $\frac{\partial P}{\partial y}=\frac{\partial Q}{\partial x}$，则向量 $\boldsymbol{F}=P\boldsymbol{i}+Q\boldsymbol{j}$ 是保守场，C 为区域 D 内的任意闭曲线，积分 $\oint_C P\mathrm{d}x+Q\mathrm{d}y=0$。

证明 C 为区域 D 内的任意闭曲线，区域 G 被曲线 C 包含，则有

$$\oint_C \boldsymbol{F} \cdot \mathrm{d}\boldsymbol{r} = \oint_C P\mathrm{d}x + Q\mathrm{d}y = \iint_G \left(\frac{\partial Q}{\partial x} - \frac{\partial P}{\partial y}\right)\mathrm{d}\sigma = \iint_R 0\mathrm{d}\sigma = 0$$

如果曲线不是简单曲线但是自身有一个或多个交点，我们可以将其分成几个简单的闭曲线。可以发现在这些简单闭曲线上线积分都为 0，将其相加得到对于任意的闭曲线 C：

$$\oint_C \boldsymbol{F} \cdot \mathrm{d}\boldsymbol{r} = 0$$

即线积分 $\int_L \boldsymbol{F} \cdot \mathrm{d}\boldsymbol{r}$ 的值不依赖于区域 D 内的积分路径，也就是说 $\boldsymbol{F} = P\boldsymbol{i} + Q\boldsymbol{j}$ 为保守场。

在平面单连通区域 D 内，函数 $P(x,y)$ 和 $Q(x,y)$ 具有一阶连续的偏导数，则下面的命题是等价的：

（1）向量场 $\boldsymbol{F} = P\boldsymbol{i} + Q\boldsymbol{j}$ 是保守场；

（2）在 D 内 $\int_L \boldsymbol{F} \cdot \mathrm{d}\boldsymbol{r}$ 与路径无关；

（3）$\oint_C P\mathrm{d}x + Q\mathrm{d}y = 0$，$\forall C \subset D$；

（4）在 D 内存在函数 $f(x,y)$，使 $\mathrm{d}f = P\mathrm{d}x + Q\mathrm{d}y$；

（5）$\forall (x,y) \in D$ 有 $\dfrac{\partial P}{\partial y} = \dfrac{\partial Q}{\partial x}$。

格林公式的向量形式 借助于旋度和散度概念，我们可以将格林公式用另外一种形式来表达，这将在后续学习中非常有用。

设平面区域 D，它的边界曲线为 L，且函数 $P(x,y)$ 和 $Q(x,y)$ 满足格林公式的前提条件，则向量场

$$\boldsymbol{F}(x,y) = P(x,y)\boldsymbol{i} + Q(x,y)\boldsymbol{j}$$

的线积分为

$$\oint_L \boldsymbol{F} \cdot \mathrm{d}\boldsymbol{r} = \oint_L P\mathrm{d}x + Q\mathrm{d}y$$

且它的旋度为

$$\mathbf{curl}\boldsymbol{F} = \begin{vmatrix} \boldsymbol{i} & \boldsymbol{j} & \boldsymbol{k} \\ \dfrac{\partial}{\partial x} & \dfrac{\partial}{\partial y} & \dfrac{\partial}{\partial z} \\ P(x,y) & Q(x,y) & 0 \end{vmatrix} = \left(\frac{\partial Q}{\partial x} - \frac{\partial P}{\partial y}\right)\boldsymbol{k}$$

因此

$$(\mathbf{curl}\boldsymbol{F}) \cdot \boldsymbol{k} = \left(\frac{\partial Q}{\partial x} - \frac{\partial P}{\partial y}\right)\boldsymbol{k} \cdot \boldsymbol{k} = \frac{\partial Q}{\partial x} - \frac{\partial P}{\partial y}$$

将格林公式重新写成向量的形式：

$$\oint_L \boldsymbol{F} \cdot \mathrm{d}\boldsymbol{r} = \iint_D (\mathbf{curl}\boldsymbol{F}) \cdot \boldsymbol{k}\mathrm{d}\sigma \tag{8-4-11}$$

它表明将 $\boldsymbol{F}$ 沿 L 的切线向量部分的线积分表示成 $\mathbf{curl}\boldsymbol{F}$ 纵向部分在由 L 包围的区域 D 上的二重积分。我们继续还可以导出一个关于 $\boldsymbol{F}$ 的法向量的相似公式。

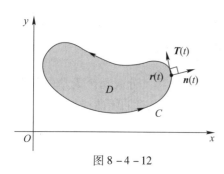

图 8-4-12

如果 L 由如下的向量方程给出

$$r(t) = x(t)\boldsymbol{i} + y(t)\boldsymbol{j} \quad (a \leqslant t \leqslant b)$$

那么单位切向量可表示为

$$\boldsymbol{T}(t) = \frac{\boldsymbol{r}'(t)}{|\boldsymbol{r}'(t)|} = \frac{x'(t)}{|\boldsymbol{r}'(t)|}\boldsymbol{i} + \frac{y'(t)}{|\boldsymbol{r}'(t)|}\boldsymbol{j}$$

可以证明 L 的单位法向量可由下式给出(图 8-4-12)

$$\boldsymbol{n}(t) = \frac{y'(t)}{|\boldsymbol{r}'(t)|}\boldsymbol{i} - \frac{x'(t)}{|\boldsymbol{r}'(t)|}\boldsymbol{j}$$

有

$$\begin{aligned}
\oint_L \boldsymbol{F} \cdot \boldsymbol{n} \mathrm{d}s &= \int (\boldsymbol{F} \cdot \boldsymbol{n}) |\boldsymbol{r}'(t)| \mathrm{d}t \\
&= \int_a^b \left[\frac{P(x(t),y(t))y'(t)}{|\boldsymbol{r}'(t)|} - \frac{Q(x(t),y(t))x'(t)}{|\boldsymbol{r}'(t)|} \right] |\boldsymbol{r}'(t)| \mathrm{d}t \\
&= \int_a^b P(x(t),y(t))y'(t) \mathrm{d}t - Q(x(t),y(t))x'(t) \mathrm{d}t \\
&= \int_L P \mathrm{d}y - Q \mathrm{d}x = \iint_D \left(\frac{\partial P}{\partial x} + \frac{\partial Q}{\partial y} \right) \mathrm{d}\sigma
\end{aligned}$$

不难发现,式(8-4-11)中,二重积分的被积表达式恰好是 $\boldsymbol{F}$ 的散度,则有格林公式的第二种向量表示:

$$\oint_L \boldsymbol{F} \cdot \boldsymbol{n} \mathrm{d}s = \iint_D \mathrm{div}\boldsymbol{F}(x,y) \mathrm{d}\sigma \qquad (8-4-12)$$

式(8-4-12)指出 $\boldsymbol{F}$ 沿 L 法向量部分的线积分等于 $\boldsymbol{F}$ 的散度在 L 所包围的区域 D 上的二重积分。

8.4.2 高斯公式

格林公式写成的法向量形式为 $\oint_L \boldsymbol{F} \cdot \boldsymbol{n} \mathrm{d}s = \iint_D \mathrm{div}\boldsymbol{F}(x,y) \mathrm{d}\sigma$,其中 L 是平面区域 D 的正向边界曲线。能不能将这个定理扩展到 R^3 上的向量场情形:

$$\oiint_\Sigma \boldsymbol{F} \cdot \boldsymbol{n} \mathrm{d}S = \iiint_\Omega \mathrm{div}\boldsymbol{F} \mathrm{d}v$$

其中 Σ 是有界连通闭区域 Ω 的边界曲面。

根据散度定义 $\mathrm{div}\boldsymbol{F} = \lim_{\Delta V \to 0} \frac{1}{\Delta V} \oiint_{\delta\Sigma} \boldsymbol{F} \cdot \boldsymbol{n} \mathrm{d}S$,若把区域 Ω 用平行于坐标平面的平面任意分割成 N 个小区域,在第 i 个小区域 $\Delta\Omega_i$ 上任取一点 $(\xi_i, \eta_i, \zeta_i) \in \Delta\Omega_i$,令区域 $\Delta\Omega_i$ 的体积为 ΔV_i,边界曲面为 $\delta\Sigma_i$ 有

$$\mathrm{div}\boldsymbol{F}(\xi_i, \eta_i, \zeta_i) \Delta V_i \approx \oiint_{\delta\Sigma_i} \boldsymbol{F} \cdot \boldsymbol{n} \mathrm{d}S$$

故有

$$\sum_{i=1}^N \mathrm{div}\boldsymbol{F}(\xi_i, \eta_i, \zeta_i) \Delta V_i \approx \sum_{i=1}^N \oiint_{\delta\Sigma_i} \boldsymbol{F} \cdot \boldsymbol{n} \mathrm{d}S$$

在近似等式的右边和式中,第 i 个小区域 $\Delta\Omega_i$ 上表面与第 i_1 个小区域 $\Delta\Omega_{i_1}$ 相接,则其上表面的曲面积分与第 i_1 个小区域 $\Delta\Omega_{i_1}$ 的下表面的曲面积分大小相同符号相反。类似地,第 i 个小区域 $\Delta\Omega_i$ 的其他表面也会与其相接的区域的表面积分抵消,所以上式右边为

$$\sum_{i=1}^{N}\oiint_{\delta\Sigma_i}\boldsymbol{F}\cdot\boldsymbol{n}\mathrm{d}S = \oiint_{\Sigma}\boldsymbol{F}\cdot\boldsymbol{n}\mathrm{d}S$$

取 λ_i 为区域 $\Delta\Omega_i$ 的外接球直径,$\lambda = \max\{\lambda_1,\lambda_2,\cdots,\lambda_N\}$,则有

$$\lim_{\lambda\to 0}\sum_{i=1}^{N}\mathrm{div}\boldsymbol{F}(\xi_i,\eta_i,\zeta_i)\Delta V_i = \iiint_{\Omega}\mathrm{div}\boldsymbol{F}(x,y,z)\mathrm{d}v$$

在相同的假设下,公式

$$\iiint_{\Omega}\mathrm{div}\boldsymbol{F}\mathrm{d}v = \oiint_{\Sigma}\boldsymbol{F}\cdot\boldsymbol{n}\mathrm{d}S$$

称为高斯公式(也称散度定理)。注意到它和格林公式的相似性,它给出了一个函数的偏导数(在高斯公式中是 $\mathrm{div}\boldsymbol{F}(x,y,z)$)在一个区域上的积分和原函数 $\boldsymbol{F}$ 在区域边界上积分的关系。

定理 8-4-3 （高斯公式） 设 Ω 是一个单连通闭区域,并设 Σ 是 Ω 的边界曲面,给定正方向(向外)。设 $\boldsymbol{F}(x,y,z) = P(x,y,z)\boldsymbol{i} + Q(x,y,z)\boldsymbol{j} + R(x,y,z)\boldsymbol{k}$ 是一个向量场,其分量函数在一个包含 Ω 的开区域上有连续的偏导数,那么

$$\oiint_{\Sigma}\boldsymbol{F}\cdot\mathrm{d}\boldsymbol{S} = \iiint_{\Omega}\mathrm{div}\boldsymbol{F}(x,y,z)\mathrm{d}V \qquad (8-4-13)$$

或

$$\oiint_{\Sigma}P\mathrm{d}y\mathrm{d}z + Q\mathrm{d}z\mathrm{d}x + R\mathrm{d}x\mathrm{d}y = \iiint_{\Omega}\left(\frac{\partial P}{\partial x} + \frac{\partial Q}{\partial y} + \frac{\partial R}{\partial z}\right)\mathrm{d}V \qquad (8-4-14)$$

证明 设 $\boldsymbol{F}(x,y,z) = P(x,y,z)\boldsymbol{i} + Q(x,y,z)\boldsymbol{j} + R(x,y,z)\boldsymbol{k}$,有

$$\oiint_{\Sigma}\boldsymbol{F}\cdot\mathrm{d}\boldsymbol{S} = \oiint_{\Sigma}\boldsymbol{F}\cdot\boldsymbol{n}\mathrm{d}S = \oiint_{\Sigma}(P\boldsymbol{i}+Q\boldsymbol{j}+R\boldsymbol{k})\cdot\boldsymbol{n}\mathrm{d}S = \oiint_{\Sigma}P\boldsymbol{i}\cdot\boldsymbol{n}\mathrm{d}S + \oiint_{\Sigma}Q\boldsymbol{j}\cdot\boldsymbol{n}\mathrm{d}S + \oiint_{\Sigma}R\boldsymbol{k}\cdot\boldsymbol{n}\mathrm{d}S$$

因此,与格林公式的证明相同,只需证明下面的三个等式:

$$\oiint_{\Sigma}P\boldsymbol{i}\cdot\boldsymbol{n}\mathrm{d}S = \oiint_{\Sigma}P(x,y,z)\mathrm{d}y\mathrm{d}z = \iiint_{\Omega}\frac{\partial P}{\partial x}\mathrm{d}V \qquad (8-4-15)$$

$$\oiint_{\Sigma}Q\boldsymbol{j}\cdot\boldsymbol{n}\mathrm{d}S = \oiint_{\Sigma}Q(x,y,z)\mathrm{d}z\mathrm{d}x = \iiint_{\Omega}\frac{\partial Q}{\partial y}\mathrm{d}V \qquad (8-4-16)$$

$$\oiint_{\Sigma}R\boldsymbol{k}\cdot\boldsymbol{n}\mathrm{d}S = \oiint_{\Sigma}R(x,y,z)\mathrm{d}x\mathrm{d}y = \iiint_{\Omega}\frac{\partial R}{\partial z}\mathrm{d}V \qquad (8-4-17)$$

我们只证明式(8-4-17)成立,式(8-4-15)和式(8-4-16)证明方法类似。首先假定 Ω 是由上、下两个曲面和侧面是其母线平行于 z 轴的柱面所围成的。Ω 在 xOy 平面上的投影为 D (图 8-4-13)。设上、下曲面的方程为

下曲面 $\Sigma_1: z = z_1(x,y)$,$(x,y)\in D$

上曲面 $\Sigma_2: z = z_2(x,y)$,$(x,y)\in D$ 周围柱面为 Σ_3,于是

$$\iiint_{\Omega}\frac{\partial R}{\partial z}\mathrm{d}V = \iiint_{\Omega}\frac{\partial R}{\partial z}\mathrm{d}x\mathrm{d}y\mathrm{d}z = \iint_{D}\mathrm{d}x\mathrm{d}y\int_{z_1(x,y)}^{z_1(x,y)}\frac{\partial R}{\partial z}\mathrm{d}z$$

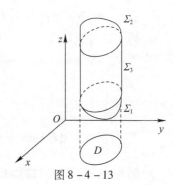

图 8-4-13

$$= \iint_D R(x,y,z_2(x,y))\mathrm{d}x\mathrm{d}y - \iint_D R(x,y,z_1(x,y))\mathrm{d}x\mathrm{d}y$$

$$= \iint_{\Sigma_{2\pm}} R(x,y,z)\mathrm{d}x\mathrm{d}y + \iint_{\Sigma_{1\mp}} R(x,y,z)\mathrm{d}x\mathrm{d}y$$

这里 $\Sigma_{2\pm}$ 表示 Σ_2 的定向为法线向上,$\Sigma_{1\mp}$ 表示 Σ_1 的定向为法线向下,又知

$$\iint_{\Sigma_{3\mathcal{H}}} R(x,y,z)\mathrm{d}x\mathrm{d}y = 0$$

所以

$$\iiint_\Omega \frac{\partial R}{\partial z}\mathrm{d}x\mathrm{d}y\mathrm{d}z = \iint_{\Sigma_{2\pm}} R(x,y,z)\mathrm{d}x\mathrm{d}y + \iint_{\Sigma_{1\mp}} R(x,y,z)\mathrm{d}x\mathrm{d}y + \iint_{\Sigma_{3\mathcal{H}}} R(x,y,z)\mathrm{d}x\mathrm{d}y = \iint_{\Sigma_{\mathcal{H}}} R(x,y,z)\mathrm{d}x\mathrm{d}y$$

同样对于 $\iiint_\Omega \frac{\partial Q}{\partial y}\mathrm{d}V$ 和 $\iiint_\Omega \frac{\partial R}{\partial z}\mathrm{d}V$ 可得类似结论,这就对这种简单区域证明了高斯公式。

至于一般的空间封闭曲面 Σ 围成的闭区域,如同证明格林公式一样,可以分成多块这样的区域,对每一块来讲高斯公式成立,然后相加,即可证明对一般区域也都成立。更一般的形式是:

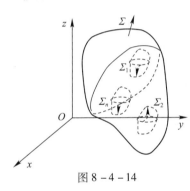

图 8-4-14

设空间有封闭曲面 $\Sigma_1, \Sigma_2, \cdots, \Sigma_n$ 在封闭曲面 Σ 内部,它们围成的闭区域为 Ω(图 8-4-14),函数 P, Q, R 在 Ω 上有连续的一阶偏导数,则

$$\iiint_\Omega \left(\frac{\partial P}{\partial x} + \frac{\partial Q}{\partial y} + \frac{\partial R}{\partial z}\right)\mathrm{d}V = \oiint_{\Sigma_{\mathcal{H}}} + \oiint_{\Sigma_{1\mathcal{H}}} + \cdots + \oiint_{\Sigma_{n\mathcal{H}}} P\mathrm{d}y\mathrm{d}z + Q\mathrm{d}z\mathrm{d}x + R\mathrm{d}x\mathrm{d}y$$

由于 $\oiint_\Sigma (P\cos\alpha + Q\cos\beta + R\cos\gamma)\mathrm{d}S = \oiint_\Sigma P\mathrm{d}y\mathrm{d}z + Q\mathrm{d}z\mathrm{d}x + R\mathrm{d}x\mathrm{d}y$,$\cos\alpha, \cos\beta, \cos\lambda$ 是曲面 Σ 上任一点 (x,y,z) 处的外法向量的方向余弦,则高斯公式也有如下的形式:

$$\iiint_\Omega \left(\frac{\partial P}{\partial x} + \frac{\partial Q}{\partial y} + \frac{\partial R}{\partial z}\right)\mathrm{d}x\mathrm{d}y\mathrm{d}z = \oiint_\Sigma (P\cos\alpha + Q\cos\beta + R\cos\gamma)\mathrm{d}S \quad (8-4-18)$$

同样也可以用高斯公式来计算体积:设在空间中有一张封闭曲面 Σ,内部体积为 V,则

$$V = \oiint_{\Sigma_{\mathcal{H}}} x\mathrm{d}y\mathrm{d}z = \oiint_{\Sigma_{\mathcal{H}}} y\mathrm{d}z\mathrm{d}x = \oiint_{\Sigma_{\mathcal{H}}} z\mathrm{d}x\mathrm{d}y = \frac{1}{3}\oiint_{\Sigma_{\mathcal{H}}} x\mathrm{d}y\mathrm{d}z + y\mathrm{d}z\mathrm{d}x + z\mathrm{d}x\mathrm{d}y \quad (8-4-19)$$

例 8-4-6 求向量场 $\boldsymbol{F}(x,y,z) = z\boldsymbol{i} + y\boldsymbol{j} + x\boldsymbol{k}$ 在单位球面 $x^2 + y^2 + z^2 = 1$ 上外侧的通量。

解 先计算散度

$$\mathrm{div}\boldsymbol{F} = \frac{\partial}{\partial x}(z) + \frac{\partial}{\partial y}(y) + \frac{\partial}{\partial z}(x) = 1$$

单位球面 S 是由 $x^2 + y^2 + z^2 \leq 1$ 给出的单位球 Ω 的边界,因此,由高斯公式给出通量如下:

$$\oiint_\Sigma \boldsymbol{F} \cdot \mathrm{d}\boldsymbol{S} = \iiint_\Omega \mathrm{div}\boldsymbol{F}(x,y,z)\mathrm{d}V = \iiint_\Omega 1\mathrm{d}V = \frac{4}{3}\pi \times 1^2 = \frac{4}{3}\pi$$

例 8-4-7 计算曲面积分

$$I = \iint_{\Sigma} x^3 \mathrm{d}y\mathrm{d}z + y^3 \mathrm{d}z\mathrm{d}x + (z^3 + x^2 + y^2)\mathrm{d}x\mathrm{d}y$$

式中：Σ 为上半球面 $z = \sqrt{R^2 - x^2 - y^2}$ 的上侧。

解 题中 Σ 不是封闭曲面，不能直接使用高斯公式，但若补上 xOy 平面上的圆域

$$\Sigma_1 = \{(x,y) \mid x^2 + y^2 \leqslant R^2\}$$

并使其法线正向朝下，从而上半球面与平面圆域组成一封闭曲面，其法线正向朝外，它们围成的区域记为 Ω，此时可用高斯公式。需要注意的是，计算中要减去一个沿 Σ_1 下侧的第二类曲面积分，于是有

$$I = \iint_{\Sigma} + \iint_{\Sigma_1} - \iint_{\Sigma_1} = \oiint_{\Sigma+\Sigma_1} + \iint_{\Sigma_1^-}$$

$$= \iiint_{\Omega} \left(\frac{\partial}{\partial x}(x^3) + \frac{\partial}{\partial y}(y^3) + \frac{\partial}{\partial z}(z^3) \right) \mathrm{d}V + \iint_{\Sigma_1}(x^2 + y^2) \mathrm{d}x\mathrm{d}y$$

$$= \iiint_{\Omega} 3(x^2 + y^2 + z^2) \mathrm{d}V + \iint_{\Sigma_1}(x^2 + y^2) \mathrm{d}x\mathrm{d}y$$

又因为

$$\iiint_{\Omega} 3(x^2 + y^2 + z^2) \mathrm{d}V = 3 \int_0^{2\pi} \mathrm{d}\varphi \int_0^{\frac{\pi}{2}} \sin\theta \mathrm{d}\theta \int_0^R r^4 \mathrm{d}r = \frac{6}{5} \pi R^5$$

$$\iint_{\Sigma_1}(x^2 + y^2) \mathrm{d}x\mathrm{d}y = \int_0^{2\pi} \mathrm{d}\varphi \int_0^R \rho^3 \mathrm{d}\rho = \frac{1}{2} \pi R^4$$

所以

$$I = \frac{6}{5} \pi R^5 + \frac{1}{2} \pi R^4$$

例 8-4-8 计算第二类曲面积分

$$\oiint_{\Sigma} \frac{x^3 \mathrm{d}z\mathrm{d}x + y^3 \mathrm{d}z\mathrm{d}x + z^3 \mathrm{d}x\mathrm{d}y}{x^2 + y^2 + z^2}$$

式中：Σ 是球面 $x^2 + y^2 + z^2 = a^2$ 的外侧。

解 因为在 Σ 上，$x^2 + y^2 + z^2 = a^2$，所以

$$\oiint_{\Sigma} \frac{x^3 \mathrm{d}z\mathrm{d}x + y^3 \mathrm{d}z\mathrm{d}x + z^3 \mathrm{d}x\mathrm{d}y}{x^2 + y^2 + z^2} = \frac{1}{a^2} \oiint_{\Sigma} x^3 \mathrm{d}z\mathrm{d}x + y^3 \mathrm{d}z\mathrm{d}x + z^3 \mathrm{d}x\mathrm{d}y$$

由高斯公式，得

$$\oiint_{\Sigma} x^3 \mathrm{d}z\mathrm{d}x + y^3 \mathrm{d}z\mathrm{d}x + z^3 \mathrm{d}x\mathrm{d}y = 3 \iiint_{\Omega} (x^2 + y^2 + z^2) \mathrm{d}x\mathrm{d}y\mathrm{d}z = 3 \int_0^{2\pi} \mathrm{d}\varphi \int_0^{\pi} \mathrm{d}\theta \int_0^a r^4 \sin\theta \mathrm{d}r = \frac{12}{5} \pi a^5$$

因此

$$\oiint_{\Sigma} \frac{x^3 \mathrm{d}z\mathrm{d}x + y^3 \mathrm{d}z\mathrm{d}x + z^3 \mathrm{d}x\mathrm{d}y}{x^2 + y^2 + z^2} = \frac{12}{5} \pi a^5$$

请思考，能否直接使用高斯公式计算本题？

例 8-4-9 计算曲面积分 $\iint_{\Sigma}(x^2 \cos\alpha + y^2 \cos\beta + z^2 \cos\lambda) \mathrm{d}S$，$\Sigma$ 为曲面 $x^2 + y^2 = z^2$ 介于平

面 $z=0$ 和 $z=h(h>0)$ 之间部分的下侧，$\cos\alpha,\cos\beta,\cos\lambda$ 是曲面 Σ 上任一点 (x,y,z) 处的法向量的方向余弦。

解 曲面 Σ 不是封闭曲面，不能直接用高斯公式。取平面 $\Sigma_1:z=h(x^2+y^2\leqslant h^2)$ 的上侧，则 $\Sigma+\Sigma_1$ 一起构成了一个封闭曲面，记它们围成的区域为 Ω，由高斯公式得

$$\oiint_{\Sigma+\Sigma_1}(x^2\cos\alpha+y^2\cos\beta+z^2\cos\lambda)\mathrm{d}S = 2\iiint_\Omega(x+y+z)\mathrm{d}x\mathrm{d}y\mathrm{d}z$$

$$= 2\iiint_\Omega z\mathrm{d}x\mathrm{d}y\mathrm{d}z$$

$$= 2\int_0^h z\left(\iint_{x^2+y^2\leqslant z^2}\mathrm{d}x\mathrm{d}y\right)\mathrm{d}z = 2\int_0^h \pi z^3\mathrm{d}z = \frac{1}{2}\pi h^4$$

对平面 $\Sigma_1:z=h(x^2+y^2\leqslant h^2)$，$\boldsymbol{n}=(0,0,1)$，所以

$$\iint_{\Sigma_1}(x^2\cos\alpha+y^2\cos\beta+z^2\cos\lambda)\mathrm{d}S = \iint_{\Sigma_1}z^2\mathrm{d}S = \iint_{x^2+y^2\leqslant h^2}h^2\mathrm{d}S = \pi h^4$$

因此

$$\iint_{\Sigma}(x^2\cos\alpha+y^2\cos\beta+z^2\cos\lambda)\mathrm{d}S = \frac{1}{2}\pi h^4 - \pi h^4 = -\frac{1}{2}\pi h^4$$

8.4.3 斯托克斯公式

格林公式建立了平面区域 D 上的二重积分和在它的平面边界曲线 ∂D 上的曲线积分之间的关系，高斯公式说明了空间区域 Ω 上的三重积分和其边界曲面 $\partial\Omega$ 上的曲面积分的关系，接下来介绍的斯托克斯公式则是建立了曲面 S 上的曲面积分和 S 的边界曲线 ∂S（是一个空间曲线）上的曲线积分之间的关系。

图 8-4-15 给出了一个有向曲面 S 和它的单位法向量 $\boldsymbol{n}$ 及边界曲线 $\varGamma$ 的正方向，即当观察者沿着 $\varGamma$ 的正向运动时，他的头顶指向曲面 S 的法线方向，此时曲面将总是在其左侧（也称**右手准则**，即如果右手拇指所指的方向指向曲面法线的正向，则其余四指的方向就是边界曲线 $\varGamma$ 的正方向）。

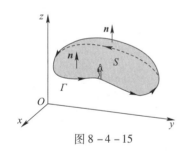

图 8-4-15

对于曲面 S 上的微小区域 ΔS（面积也记为 ΔS），它的单位法向量 $\boldsymbol{n}$ 和边界曲线 $\Delta\varGamma$ 的正方向符合右手法则

$$\boldsymbol{F}(x,y,z)=P(x,y,z)\boldsymbol{i}+Q(x,y,z)\boldsymbol{j}+R(x,y,z)\boldsymbol{k}$$

是 R^3 上的连续向量场。由旋度的定义

$$\boldsymbol{n}\cdot\mathrm{curl}\boldsymbol{F} = \lim_{\Delta S\to 0}\frac{1}{\Delta S}\oint_{\Delta\varGamma}\boldsymbol{F}\cdot\mathrm{d}\boldsymbol{r}$$

知

$$(\mathrm{curl}\boldsymbol{F}\cdot\boldsymbol{n})_M\Delta S \approx \oint_{\Delta\varGamma}\boldsymbol{F}\cdot\mathrm{d}\boldsymbol{r}$$

其中 $M\in\Delta S$（图 8-4-16），则有

$$\sum_{i=1}^n(\mathrm{curl}\boldsymbol{F}\cdot\boldsymbol{n})_{M_i}\Delta S_i \approx \sum_{i=1}^n\oint_{\Delta\varGamma_i}\boldsymbol{F}\cdot\mathrm{d}\boldsymbol{r}$$

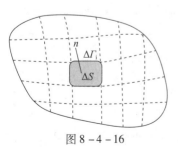

图 8-4-16

当 $\Delta S_i\to 0$ 时，上式左边就是曲面 S 上的旋度 $\mathrm{curl}\boldsymbol{F}$ 的积分 $\iint_S\mathrm{curl}\boldsymbol{F}\cdot\boldsymbol{n}\mathrm{d}S$。而上式右边的曲线积分则相邻的微元会相互抵

消,由于相邻微元的同一边界上线元 $\mathrm{d}\boldsymbol{r}$ 方向相反(如图 8-4-17 所示)。因此右边的曲线积分的和就只有曲面 S 的边界曲线 Γ 上的积分 $\oint_{\Gamma} \boldsymbol{F} \cdot \mathrm{d}\boldsymbol{r}$ 。因此,有

$$\iint_{S} \mathbf{curl}\boldsymbol{F} \cdot \boldsymbol{n} \mathrm{d}S = \oint_{\Gamma} \boldsymbol{F} \cdot \mathrm{d}\boldsymbol{r}$$

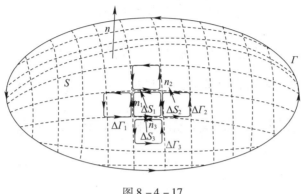

图 8-4-17

这就是斯托克斯公式。

定理 8-4-4 (斯托克斯公式) 设 Σ 是一个具有定向的分片光滑曲面,且由一个简单的、分段光滑的、方向为正的闭曲线 $\partial\Sigma$ 界定。设

$$\boldsymbol{F}(x,y,z) = P(x,y,z)\boldsymbol{i} + Q(x,y,z)\boldsymbol{j} + R(x,y,z)\boldsymbol{k}$$

是一个向量场,其分量函数在 R^3 上的一个包含 Σ 的开区域上具有连续的偏导数,那么

$$\iint_{\Sigma} \mathbf{curl}\boldsymbol{F} \cdot \boldsymbol{n}\mathrm{d}S = \oint_{\partial\Sigma} \boldsymbol{F} \cdot \mathrm{d}\boldsymbol{r} \tag{8-4-20}$$

或行列式形式

$$\iint_{\Sigma} \begin{vmatrix} \boldsymbol{i} & \boldsymbol{j} & \boldsymbol{k} \\ \dfrac{\partial}{\partial x} & \dfrac{\partial}{\partial y} & \dfrac{\partial}{\partial z} \\ P & R & K \end{vmatrix} \mathrm{d}\boldsymbol{S} = \oint_{\partial\Sigma} P\mathrm{d}x + Q\mathrm{d}y + R\mathrm{d}z \tag{8-4-21}$$

或

$$\iint_{\Sigma} \left(\frac{\partial R}{\partial y} - \frac{\partial Q}{\partial z}\right)\mathrm{d}y\mathrm{d}z + \left(\frac{\partial P}{\partial z} - \frac{\partial R}{\partial x}\right)\mathrm{d}z\mathrm{d}x + \left(\frac{\partial Q}{\partial x} - \frac{\partial P}{\partial y}\right)\mathrm{d}x\mathrm{d}y$$

$$= \oint_{\partial\Sigma} P(x,y,z)\mathrm{d}x + Q(x,y,z)\mathrm{d}y + R(x,y,z)\mathrm{d}z \tag{8-4-22}$$

其中曲面 S 的正侧与曲线 Γ 的正向按右手法则。

分析 由于 $\oint_{\partial\Sigma} \boldsymbol{F} \cdot \mathrm{d}\boldsymbol{r} = \oint_{\partial\Sigma} \boldsymbol{F} \cdot \boldsymbol{T}\mathrm{d}s$ 和 $\iint_{\Sigma} \mathbf{curl}\boldsymbol{F} \cdot \boldsymbol{n}\mathrm{d}S = \iint_{\Sigma} \mathbf{curl}\boldsymbol{F} \cdot \mathrm{d}\boldsymbol{S}$,斯托克斯公式指出 $\boldsymbol{F}$ 的切向分量沿着 Σ 的边界曲线的线积分等于 $\boldsymbol{F}$ 的旋度的法向部分的曲面积分。实际上,如果曲面 Σ 是 xOy 面上的区域,其法向量为 $\boldsymbol{n} = \boldsymbol{k}$,此时,曲面积分就变成了二重积分,斯托克斯公式退化为格林公式的向量形式。

$$\iint_{\Sigma} \mathbf{curl} F \cdot \mathrm{d}S = \iint_{\Sigma} \mathbf{curl} F \cdot k \mathrm{d}S = \oint_{\partial \Sigma} F \cdot \mathrm{d}r$$

证明式(8-4-22)就是要分别证明三个等式：

$$\iint_{\Sigma} \frac{\partial P}{\partial z} \mathrm{d}z\mathrm{d}x - \frac{\partial P}{\partial y}\mathrm{d}x\mathrm{d}y = \oint_{\partial \Sigma} P(x,y,z)\mathrm{d}x \qquad (8-4-23)$$

$$\iint_{\Sigma} \frac{\partial Q}{\partial x} \mathrm{d}x\mathrm{d}y - \frac{\partial Q}{\partial y}\mathrm{d}y\mathrm{d}z = \oint_{\partial \Sigma} Q(x,y,z)\mathrm{d}y \qquad (8-4-24)$$

$$\iint_{\Sigma} \frac{\partial R}{\partial y} \mathrm{d}y\mathrm{d}z - \frac{\partial R}{\partial x}\mathrm{d}z\mathrm{d}x = \oint_{\partial \Sigma} R(x,y,z)\mathrm{d}z \qquad (8-4-25)$$

第一个等式应用空间曲线积分的计算公式与格林公式分别将 $\oint_{\partial \Sigma} P(x,y,z)\mathrm{d}x$ 与 $\iint_{\Sigma} \frac{\partial P}{\partial z}\mathrm{d}z\mathrm{d}x - \frac{\partial P}{\partial y}\mathrm{d}x\mathrm{d}y$ 化为 xOy 平面上同一条闭曲线上相同被积函数的曲线积分来证明。类似地可证第二个、第三个等式。

证明 首先证明

$$\iint_{\Sigma} \frac{\partial P}{\partial z} \mathrm{d}z\mathrm{d}x - \frac{\partial P}{\partial y}\mathrm{d}x\mathrm{d}y = \oint_{\partial \Sigma} P(x,y,z)\mathrm{d}x$$

如果平行于三个坐标轴的直线与曲面 Σ 至多交于一点(Σ 上有平行于坐标轴的线段除外)。设以 x 与 y 为自变量，曲面 Σ 的方程为 $z=f(x,y)$，$(x,y) \in D$，区域 D 是曲面 Σ 在 xOy 平面上的投影。设区域 D 的边界闭曲线是 ∂D(图 8-4-18)。由曲线积分的计算公式，有

$$\oint_{\partial \Sigma} P(x,y,z)\mathrm{d}x = \oint_{\partial D} P[x,y,f(x,y)]\mathrm{d}x$$

又由公式

$$\cos\alpha \mathrm{d}S = \mathrm{d}y\mathrm{d}z, \quad \cos\beta \mathrm{d}S = \mathrm{d}z\mathrm{d}x, \quad \cos\gamma \mathrm{d}S = \mathrm{d}x\mathrm{d}y$$
$$(8-4-26)$$

又曲面 Σ 上侧为正方向，其单位法向量为

$$\mathbf{n} = (\cos\alpha, \cos\beta, \cos\gamma) = \frac{1}{\sqrt{1 + \left(\frac{\partial f}{\partial x}\right)^2 + \left(\frac{\partial f}{\partial y}\right)^2}}\left(-\frac{\partial f}{\partial x}, -\frac{\partial f}{\partial y}, 1\right) \qquad (8-4-27)$$

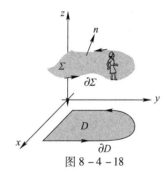

图 8-4-18

由式(8-4-25)和式(8-4-26)，得

$$\mathrm{d}z\mathrm{d}x = \frac{\cos\beta}{\cos\gamma}\mathrm{d}x\mathrm{d}y = -\frac{\partial f}{\partial y}\mathrm{d}x\mathrm{d}y$$

于是

$$\iint_{S} \frac{\partial P}{\partial z} \mathrm{d}z\mathrm{d}x - \frac{\partial P}{\partial y}\mathrm{d}x\mathrm{d}y = \iint_{S} -\frac{\partial P}{\partial z}\frac{\partial f}{\partial y}\mathrm{d}x\mathrm{d}y - \frac{\partial P}{\partial y}\mathrm{d}x\mathrm{d}y$$

$$= -\iint_{S}\left(\frac{\partial P}{\partial z}\frac{\partial f}{\partial y} + \frac{\partial P}{\partial y}\right)\mathrm{d}x\mathrm{d}y$$

$$= -\iint_{D} \frac{\partial}{\partial y} P[x,y,f(x,y)]\mathrm{d}x\mathrm{d}y$$

$$= \oint_{\partial D} P[x,y,f(x,y)]\mathrm{d}x \text{ (格林公式)}$$

即 $\iint\limits_{S}\frac{\partial P}{\partial z}\mathrm{d}z\mathrm{d}x - \frac{\partial P}{\partial y}\mathrm{d}x\mathrm{d}y = \oint_{\partial S} P(x,y,z)\mathrm{d}x$

同理可以证明式(8-4-24)和式(8-4-25)。将式(8-4-23)、式(8-4-24)和式(8-4-25)的等号左右两端分别相加,得斯托克斯公式(8-4-22)。

如果曲面 Σ 与平行三个坐标轴的直线相交多于一点,可将曲面 Σ 分成有限个小曲面块,使得每一块小曲面都满足上述要求,根据曲面积分与曲线积分的性质,不难证明斯托克斯公式也成立。

斯托克斯公式转化为第一类曲面积分:

$$\iint\limits_{\Sigma}\left[\left(\frac{\partial R}{\partial y}-\frac{\partial Q}{\partial z}\right)\cos\alpha + \left(\frac{\partial P}{\partial z}-\frac{\partial R}{\partial x}\right)\cos\beta + \left(\frac{\partial Q}{\partial x}-\frac{\partial P}{\partial y}\right)\cos\gamma\right]\mathrm{d}S$$

$$= \oint_{\partial\Sigma} P(x,y,z)\mathrm{d}x + Q(x,y,z)\mathrm{d}y + R(x,y,z)\mathrm{d}z \qquad (8-4-28)$$

式中: $\boldsymbol{n} = (\cos\alpha,\cos\beta,\cos\gamma)$ 是曲面 Σ 正侧单位法向量。

例 8-4-10 利用斯托克斯公式计算曲线积分 $\oint_{\Gamma} z\mathrm{d}x + x\mathrm{d}y + y\mathrm{d}z$,其中 Γ 为平面 $x+y+z=1$ 被三个坐标面所截得的三角形区域 Σ 的边界,从 z 轴的正向看,Γ 取逆时针方向(如图 8-4-19 所示)。

解 已知 $P(x,y,z)=z, Q(x,y,z)=x, R(x,y,z)=y$,故

$$\frac{\partial R}{\partial y}-\frac{\partial Q}{\partial z}=1, \quad \frac{\partial P}{\partial z}-\frac{\partial R}{\partial x}=1, \quad \frac{\partial Q}{\partial x}-\frac{\partial P}{\partial y}=1$$

取平面三角形作为斯托克斯公式中的曲面 Σ,可得

$$I = \oint_{\Gamma} z\mathrm{d}x + x\mathrm{d}y + y\mathrm{d}z = \iint\limits_{S}\mathrm{d}y\mathrm{d}z + \mathrm{d}z\mathrm{d}x + \mathrm{d}x\mathrm{d}y$$

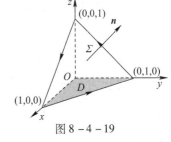

图 8-4-19

由于 Σ 的法向量 $\boldsymbol{n}$ 与三个坐标轴的夹角均为锐角,并注意到上式右端三个面积分的轮换对称性,所以

$$I = 3\iint\limits_{D}\mathrm{d}x\mathrm{d}y = 3\times\frac{1}{2}\times 1\times 1 = \frac{3}{2}$$

例 8-4-11 计算第二类曲线积分

$$I = \oint_{\Gamma}(2z-y)\mathrm{d}x + (x+z)\mathrm{d}y + (3x-2y)\mathrm{d}z$$

式中:Σ 是抛物面 $z=9-x^2-y^2$ 在 xOy 平面上方的部分,法向量向上,其边界曲线 $\partial\Sigma = \{(x,y,z)\mid x^2+y^2=9, z=0\}$ 是 xOy 平面的圆,从 z 轴正向看去沿逆时针方向(图 8-4-20)。

解 令 $\boldsymbol{F}=(2z-y)\boldsymbol{i}+(x+z)\boldsymbol{j}+(3x-2y)\boldsymbol{k}$,

$$\mathrm{curl}\boldsymbol{F} = \begin{vmatrix} \boldsymbol{i} & \boldsymbol{j} & \boldsymbol{k} \\ \dfrac{\partial}{\partial x} & \dfrac{\partial}{\partial y} & \dfrac{\partial}{\partial z} \\ 2z-y & x+z & 3x-2y \end{vmatrix} = -3\boldsymbol{i}-\boldsymbol{j}+2\boldsymbol{k}$$

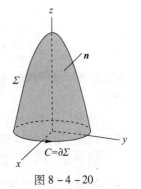

图 8-4-20

由 $S: z = 9 - x^2 - y^2, z_x = -2x, z_y = -2y$，则 S 的法向量 $\boldsymbol{n} = \dfrac{(2x, 2y, 1)}{\sqrt{1 + 4x^2 + 4y^2}}$；

根据斯托克斯公式

$$I = \oint_\Gamma (2z - y)dx + (x + z)dy + (3x - 2y)dz$$

$$= \iint_S (-3, -1, 2) \times \frac{(2x, 2y, 1)}{\sqrt{1 + 4x^2 + 4y^2}} dS$$

$$= \iint_{x^2 + y^2 \leqslant 9} (-6x - 2y + 2)dxdy = \iint_{x^2 + y^2 \leqslant 9} 2dxdy = 18\pi$$

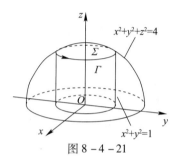

图 8-4-21

例 8-4-12 用斯托克斯公式计算积分 $\iint_S \mathbf{curl}\boldsymbol{F} \cdot d\boldsymbol{S}$，其中 $\boldsymbol{F}(x, y, z) = xz\boldsymbol{i} + yz\boldsymbol{j} + xy\boldsymbol{k}$，$\Sigma$ 是球面 $x^2 + y^2 + z^2 = 4$ 在圆柱面 $x^2 + y^2 = 1$ 内，且在 xOy 平面上方的部分（如图 8-4-21 所示）。

解 先求边界曲线方程，联立方程组

$$\begin{cases} x^2 + y^2 + z^2 = 4 \\ x^2 + y^2 = 1 \end{cases}$$

消元，得 $z = \sqrt{3}$（因为 $z > 0$）。从而知，Γ 方程为

$$\begin{cases} z = \sqrt{3} \\ x^2 + y^2 = 1 \end{cases}$$

其向量方程为

$$\boldsymbol{r}(t) = \cos t \boldsymbol{i} + \sin t \boldsymbol{j} + \sqrt{3}\boldsymbol{k} \quad (0 \leqslant t \leqslant 2\pi)$$

因此有

$$\boldsymbol{r}'(t) = -\sin t \boldsymbol{i} + \cos t \boldsymbol{j} + 0\boldsymbol{k}$$

则有

$$\boldsymbol{F}(\boldsymbol{r}(t)) = \sqrt{3}\cos t \boldsymbol{i} + \sqrt{3}\sin t \boldsymbol{j} + \sin t\cos t \boldsymbol{k}$$

由斯托克斯公式：

$$\iint_\Sigma \mathbf{curl}\boldsymbol{F} \cdot d\boldsymbol{S} = \oint_\Gamma \boldsymbol{F} \cdot d\boldsymbol{r} = \int_0^{2\pi} \boldsymbol{F}(\boldsymbol{r}(t)) \cdot \boldsymbol{r}'(t)dt$$

$$= \int_0^{2\pi} (-\sqrt{3}\cos t\sin t + \sqrt{3}\sin t\cos t)dt = 0$$

注意到，例 8-4-12 中我们通过知道 $\boldsymbol{F}$ 在边界曲线 Γ 上的值简单地计算了曲面积分。这意味着，如果我们有另一个定向曲面有相同的边界曲线 Γ，那么我们能得到相同的曲面积分值。

前面，通过格林公式和保守向量场的性质推导出了平面曲线积分与路径无关的充要条件，类似地，利用斯托克斯公式可以推导出空间曲线积分与路径无关的条件。

定理 8-4-5 设 $\Omega \subset R^3$ 是一维单连通区域，若函数 $P(x, y, z), Q(x, y, z)$ 和 $R(x, y, z)$ 在 Ω 内具有一阶连续偏导数，则以下四个条件是等价的：

(1) 对于 Ω 内任一段光滑的封闭曲线 Γ,有 $\oint_{\Gamma} P\mathrm{d}x + Q\mathrm{d}y + R\mathrm{d}z = 0$;

(2) 对于 Ω 内任一段光滑的封闭曲线 Γ,曲线积分 $\int_{\Gamma} P\mathrm{d}x + Q\mathrm{d}y + R\mathrm{d}z$ 与路径无关,只与起点和终点有关;

(3) $P\mathrm{d}x + Q\mathrm{d}y + R\mathrm{d}z$ 是 Ω 内某一函数 $u(x,y,z)$ 的全微分;

(4) 在 Ω 内,$\dfrac{\partial P}{\partial y} = \dfrac{\partial Q}{\partial x}, \dfrac{\partial Q}{\partial z} = \dfrac{\partial R}{\partial y}, \dfrac{\partial R}{\partial x} = \dfrac{\partial P}{\partial z}$ 处处成立。

证明 (1)⇒(2):

对于 Ω 内的任意两点 A 和 B,有两条分别以 A 为起点,B 为终点的光滑曲线 Γ_1 和 Γ_2,显然 $\Gamma_1 + \Gamma_2^-$ 是一封闭曲线,有

$$\oint_{\Gamma_1+\Gamma_2^-} P\mathrm{d}x + Q\mathrm{d}y + R\mathrm{d}z = 0$$

而

$$\oint_{\Gamma_1+\Gamma_2^-} P\mathrm{d}x + Q\mathrm{d}y + R\mathrm{d}z = \int_{\Gamma_1} P\mathrm{d}x + Q\mathrm{d}y + R\mathrm{d}z - \int_{\Gamma_2} P\mathrm{d}x + Q\mathrm{d}y + R\mathrm{d}z = 0$$

所以

$$\int_{\Gamma_1} P\mathrm{d}x + Q\mathrm{d}y + R\mathrm{d}z = \int_{\Gamma_2} P\mathrm{d}x + Q\mathrm{d}y + R\mathrm{d}z$$

(2)⇒(3):

因为 $\int_{\Gamma} P\mathrm{d}x + Q\mathrm{d}y + R\mathrm{d}z = \int_{A}^{B} P\mathrm{d}x + Q\mathrm{d}y + R\mathrm{d}z$,设曲线 $\Gamma: \begin{cases} x = \phi(t) \\ y = \varphi(t) \\ z = \omega(t) \end{cases} (a \leqslant t \leqslant b), t = a$ 对应起点 $A, t = b$ 对应起点 B,一定存在一个函数 $u(x,y,z)$ 使:

$$\begin{aligned}\int_{\Gamma} P\mathrm{d}x + Q\mathrm{d}y + R\mathrm{d}z &= \int_{a}^{b} \{P[\phi(t),\varphi(t),\omega(t)]\phi'(t) + Q[\phi(t),\varphi(t),\omega(t)]\varphi'(t) + \\ &\quad R[\phi(t),\varphi(t),\omega(t)]\omega'(t)\}\mathrm{d}t \\ &= u(b) - u(a)\end{aligned}$$

因此有 $\mathrm{d}u = P\mathrm{d}x + Q\mathrm{d}y + R\mathrm{d}z$,$P\mathrm{d}x + Q\mathrm{d}y + R\mathrm{d}z$ 是 Ω 内某一函数 $u(x,y,z)$ 的全微分。

(3)⇒(4):

因为 $\mathrm{d}u = P\mathrm{d}x + Q\mathrm{d}y + R\mathrm{d}z$,即

$$\frac{\partial u}{\partial x} = P, \quad \frac{\partial u}{\partial y} = Q, \quad \frac{\partial u}{\partial z} = R$$

又 P,Q,R 有一阶连续偏导数,所以

$$\frac{\partial^2 u}{\partial x \partial y} = \frac{\partial P}{\partial y} = \frac{\partial Q}{\partial x}, \quad \frac{\partial^2 u}{\partial y \partial z} = \frac{\partial Q}{\partial z} = \frac{\partial R}{\partial y}, \quad \frac{\partial^2 u}{\partial z \partial x} = \frac{\partial R}{\partial x} = \frac{\partial P}{\partial z}$$

处处成立。

(4)⇒(1):

由于在 Ω 内,$\dfrac{\partial P}{\partial y} = \dfrac{\partial Q}{\partial x}, \dfrac{\partial Q}{\partial z} = \dfrac{\partial R}{\partial y}, \dfrac{\partial R}{\partial x} = \dfrac{\partial P}{\partial z}$ 处处成立,对于 Ω 内光滑曲线 Γ 及其张成的曲面 S,由斯托克斯公式可得

$$\oint_\Gamma P\mathrm{d}x + Q\mathrm{d}y + R\mathrm{d}z$$
$$= \iint_S \left(\frac{\partial R}{\partial y} - \frac{\partial Q}{\partial z}\right)\mathrm{d}y\mathrm{d}z + \left(\frac{\partial P}{\partial z} - \frac{\partial R}{\partial x}\right)\mathrm{d}z\mathrm{d}x + \left(\frac{\partial Q}{\partial x} - \frac{\partial P}{\partial y}\right)\mathrm{d}x\mathrm{d}y = 0$$

即任意光滑闭曲线的曲线积分为零。

空间曲线积分 $\int_\Gamma P\mathrm{d}x + Q\mathrm{d}y + R\mathrm{d}z$ 与路径无关的充要条件是 $\frac{\partial Q}{\partial z} = \frac{\partial R}{\partial y}, \frac{\partial R}{\partial x} = \frac{\partial P}{\partial z}, \frac{\partial P}{\partial y} = \frac{\partial Q}{\partial x}$ 在 Ω 内处处成立。

在 Ω 内,当 $\frac{\partial Q}{\partial z} = \frac{\partial R}{\partial y}, \frac{\partial R}{\partial x} = \frac{\partial P}{\partial z}, \frac{\partial P}{\partial y} = \frac{\partial Q}{\partial x}$ 处处成立, $P\mathrm{d}x + Q\mathrm{d}y + R\mathrm{d}z$ 是某函数 $u(x,y,z)$ 的全微分,则

$$u(x,y,z) = \int_{(x_0,y_0,z_0)}^{(x,y,z)} P\mathrm{d}x + Q\mathrm{d}y + R\mathrm{d}z + C$$

例 8-4-13 验证曲线积分 $\int_\Gamma (y+z)\mathrm{d}x + (z+x)\mathrm{d}y + (x+y)\mathrm{d}z$ 与路径无关,并求被积表达式的原函数 $u(x,y,z)$。

解 $P = y+z, Q = z+x, R = x+y$,则 $\frac{\partial P}{\partial y} = \frac{\partial Q}{\partial x} = \frac{\partial Q}{\partial z} = \frac{\partial R}{\partial y} = \frac{\partial R}{\partial x} = \frac{\partial P}{\partial z} = 1$ 处处连续,所以曲线积分与路径无关,且

$$u(x,y,z) = \int_{(x_0,y_0,z_0)}^{(x,y,z)} (y+z)\mathrm{d}x + (z+x)\mathrm{d}y + (x+y)\mathrm{d}z + C$$

记 $M_0 = (x_0, y_0, z_0), M = (x,y,z)$,如图 8-4-22 所示。取从 M_0 沿平行 x 轴的直线到 $M_1 = (x, y_0, z_0)$,再沿平行 y 轴的直线到 $M_2 = (x, y, z_0)$,最后沿平行 z 轴的直线到 $M = (x,y,z)$,于是

$$u(x,y,z) = \int_{x_0}^x (y_0 + z_0)\mathrm{d}t + \int_{y_0}^y (z_0 + x)\mathrm{d}t + \int_{z_0}^z (x_0 + y)\mathrm{d}t + C'$$
$$= (y_0 + z_0)x - (y_0 + z_0)x_0 + (z_0 + x)y - (z_0 + x)y_0 + (x+y)z - (x+y)z_0 + C'$$
$$= xy + xz + yz + C$$

当然,也可以记 $M_0 = (0,0,0)$,过程更简单。

接下来,我们讨论另外两个概念:环流量与无旋场。假定 Γ 是一条定向闭曲线,v 表示流体中的速度场,考虑曲线积分

$$\int_\Gamma v \cdot \mathrm{d}r = \int_\Gamma v \cdot T \mathrm{d}s$$

式中:$v \cdot T$ 是 v 在单位切向量 T 方向上的分量,这意味着 v 的方向越接近 T 的方向,$v \cdot T$ 的值越大,因此 $\int_\Gamma v \cdot \mathrm{d}r$ 是流体沿 Γ 流动强度的一个度量,称为 v 绕 Γ 的环流量(图 8-4-23)。

图 8-4-22

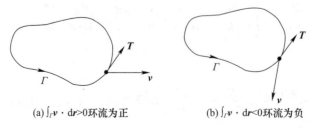

(a) $\int_\Gamma v \cdot \mathrm{d}r > 0$ 环流为正 (b) $\int_\Gamma v \cdot \mathrm{d}r < 0$ 环流为负

图 8-4-23

现在设 $M_0=(x_0,y_0,z_0)$ 是流体中的一个点,并设 S_a 是一个半径为 a 中心在 M_0 的小圆盘,那么对 S_a 上的任意点 M 都有 **curl**$v(M)\approx$**curl**$v(M_0)$,因为 **curl**v 是连续的,那么由斯托克斯公式,得到下面沿边界圆周 Γ_a 环流量的近似。

$$\int_{\Gamma_a}v\cdot\mathrm{d}r=\iint_{S_a}\mathbf{curl}v\cdot\mathrm{d}S=\iint_{S_a}\mathbf{curl}v\cdot n\mathrm{d}S$$

$$\approx\iint_{S_a}\mathbf{curl}v(M_0)\cdot n(M_0)\mathrm{d}S=\mathbf{curl}v(M_0)\cdot n(M_0)\pi a^2$$

当 $a\to 0$ 的时候这个近似将变得更好,由此,我们得到

$$\mathbf{curl}v(M_0)\cdot n(M_0)=\lim_{a\to 0}\frac{1}{\pi a^2}\int_{\Gamma_a}v\cdot\mathrm{d}r$$

上述这个等式给出了旋度和环流量之间的关系,它说明 **curl**$v\cdot n$ 是流体绕 n 轴旋转效果的一个量度。当轴平行于 **curl**v 时,旋转效果最好。如图 8-4-24 所示,想象一个很小的螺旋桨在水流中的 M 点处,当它的轴平行于 **curl**v 的时候,它的转动最快。

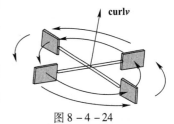

图 8-4-24

最后需要说明的是,斯托克斯定理还可以用来回答:如果在整个 R^3 上 **curl**$v=\mathbf{0}$,那么 v 是无旋的。我们知道,如果 $\int_{\Gamma}v\cdot\mathrm{d}r=0$ 对每个闭路径 Γ 成立,那么 v 是保守的。给定 Γ,假定我们可以找到一个定向曲面 S 使它的边界为 Γ,那么斯托克斯定理指出:

$$\int_{\Gamma}v\cdot\mathrm{d}r=\iint_{S}\mathbf{curl}v\cdot\mathrm{d}S=\iint_{S}\mathbf{0}\cdot\mathrm{d}S=0$$

一条非简单的曲线可以分成几段简单曲线,沿这些简单曲线的积分都是 0。将这些积分相加,我们知道 $\int_{\Gamma}v\cdot\mathrm{d}r=0$ 对所有闭曲线 Γ 成立。

对于函数 $u(x,y,z)$ 在 $\Omega\subset R^3$ 内二阶偏导数连续,令 $F=\nabla u$,

$$\mathrm{div}F=\nabla\cdot\nabla u=\frac{\partial^2 u}{\partial x^2}+\frac{\partial^2 u}{\partial y^2}+\frac{\partial^2 u}{\partial z^2},$$

$$\mathbf{curl}F=\nabla\times\nabla u=\begin{vmatrix}i&j&k\\\frac{\partial}{\partial x}&\frac{\partial}{\partial y}&\frac{\partial}{\partial z}\\\frac{\partial u}{\partial x}&\frac{\partial u}{\partial y}&\frac{\partial u}{\partial z}\end{vmatrix}$$

$$=\left(\frac{\partial^2 u}{\partial y\partial z}-\frac{\partial^2 u}{\partial z\partial y}\right)i-\left(\frac{\partial^2 u}{\partial x\partial z}-\frac{\partial^2 u}{\partial z\partial x}\right)j+\left(\frac{\partial^2 u}{\partial x\partial y}-\frac{\partial^2 u}{\partial y\partial x}\right)k=\mathbf{0}$$

由于混合偏导数连续,所以各个向量分量为零。保守向量场是无旋场,因此梯度的旋度为零向量,即**梯度场是无旋场,保守场**。

任意向量 $F=Pi+Qj+Rk$,若 P,Q,R 的二阶偏导数连续,则

$$\mathrm{div}(\mathbf{curl}F)=\nabla\cdot(\nabla\times F)=0$$

证明 $\nabla \cdot (\nabla \times \boldsymbol{F}) = \nabla \cdot \left(\dfrac{\partial R}{\partial y} - \dfrac{\partial Q}{\partial z}, \dfrac{\partial P}{\partial z} - \dfrac{\partial R}{\partial x}, \dfrac{\partial Q}{\partial x} - \dfrac{\partial P}{\partial y} \right)$

$= \dfrac{\partial^2 R}{\partial y \partial x} - \dfrac{\partial^2 Q}{\partial z \partial x} + \dfrac{\partial^2 P}{\partial z \partial y} - \dfrac{\partial^2 R}{\partial x \partial y} + \dfrac{\partial^2 Q}{\partial x \partial z} - \dfrac{\partial^2 P}{\partial y \partial z} = 0$

任意光滑向量的旋度的散度为零,即**旋度场是无源场**。

习题 8-4

(A)

1. 填空题

(1) 设 L 是由 $x=1$、$y=x$ 和 x 轴所围成三角形的逆时针边界,记 L 所围区域为 D,则利用格林公式将 $\oint_L (x^2y - 3y)\mathrm{d}x + \left(\dfrac{x^3}{3} - x \right)\mathrm{d}y$ 转化成二重积分是_____,该曲线积分的值是_____。

(2) $\oint_L \mathrm{d}x + \mathrm{d}y$ _____,其中 L 是正向星形线 $x^{\frac{2}{3}} + y^{\frac{2}{3}} = a^{\frac{2}{3}} (a>0)$。

(3) 已知曲线积分 $\int_L (1+y^2)\mathrm{d}x + x[1+f(y)]\mathrm{d}y$ 与路径无关,则 $f(y) =$ _____。

(4) $(x^4 + 2xy^3)\mathrm{d}x + (ax^2y^2 - 4y^5)\mathrm{d}y$ 是某个函数的全微分,则常数 $a =$ _____。

(5) 若对任意的闭曲线 L 都有 $\oint_L 3x^2 y \mathrm{d}x + f(x)\mathrm{d}y = 0$,其中函数 $f(x)$ 具有一阶连续导数,且 $f(1) = 2$,则 $f(x) =$ _____。

(6) 设空间闭区域 Ω 是由分片光滑的_____曲面 Σ 所围成,若函数 $P(x,y,z)$,$Q(x,y,z)$,$R(x,y,z)$ 在 Ω 上具有_____,则有_____或_____,这里 Σ 是 Ω 的整个边界曲面的_____侧,$\cos\alpha, \cos\beta, \cos\gamma$ 是 Σ 在点 (x,y,z) 处的法向量的方向余弦,通常把上面两个公式叫作**高斯公式**。

(7) 设 Γ 为分段光滑的空间_____曲线,Σ 是以 Γ 为边界的分片光滑的_____曲面,Γ 的正向与 Σ 的侧符合_____规则,若函数 $P(x,y,z), Q(x,y,z), R(x,y,z)$ 在曲面 Σ(连同边界 Γ)上具有_____,则有_____,通常把上面这个公式叫作**斯托克斯公式**。

2. 选择题

(1) 下列就格林公式 $\oint_L P\mathrm{d}x + Q\mathrm{d}y = \iint_D \left(\dfrac{\partial Q}{\partial x} - \dfrac{\partial P}{\partial y} \right)\mathrm{d}x\mathrm{d}y$ 的说法正确的是(   )。

A. 函数 P、Q 在曲线 L 上具有一阶连续偏导数,L 取逆时针方向

B. 函数 P、Q 在区域 D 上具有一阶连续偏导数,L 取逆时针方向

C. 函数 P、Q 在区域 D 上具有一阶连续偏导数,L 为 D 的正向边界

D. 函数 P、Q 在曲线 L 上具有一阶连续偏导数,L 为 D 的正向边界

(2) 设曲线 L 是有界闭区域 D 的正向边界,则 D 的面积是(   )。

A. $\oint_L x\mathrm{d}y + y\mathrm{d}x$ B. $\oint_L x\mathrm{d}y - y\mathrm{d}x$ C. $\dfrac{1}{2}\oint_L x\mathrm{d}y + y\mathrm{d}x$ D. $\dfrac{1}{2}\oint_L x\mathrm{d}y - y\mathrm{d}x$

(3) 设 L 是 $x^2 + y^2 = 1$ 的正向,则 $\oint_L (x^3 - y)\mathrm{d}x + (x - y^3)\mathrm{d}y = ($ $)$。

A. 0　　　　　　B. 2π　　　　　　C. -2π　　　　　　D. $\dfrac{3\pi}{2}$

(4) 设函数 $P(x,y)$、$Q(x,y)$ 在单连通域 D 上具有一阶连续偏导数,则曲线积分 $\int_L Pdx - Qdy$ 在 D 内与路径无关的充要条件是(　　)。

A. $\dfrac{\partial Q}{\partial x} = \dfrac{\partial P}{\partial y}$　　B. $\dfrac{\partial Q}{\partial y} = \dfrac{\partial P}{\partial x}$　　C. $\dfrac{\partial Q}{\partial x} = -\dfrac{\partial P}{\partial y}$　　D. $\dfrac{\partial Q}{\partial y} = -\dfrac{\partial P}{\partial x}$

(5) 下列曲线积分在整个 xOy 面上与路径无关的是(　　)。

A. $\int_L \dfrac{1}{x}dx + ydy$　　　　　　B. $\int_L (x+2y)dx + (x-2y)dy$

C. $\int_L x\sin y dx + y\sin x dy$　　　　D. $\int_L ye^x dx + (y + e^x)dy$

(6) 设 L 是任意一条分段光滑的闭曲线,则 $\oint_L (2x + e^y)dx + (xe^y - y)dy = (\ \ )$。

A. 0　　　　　　B. 1　　　　　　C. 2π　　　　　　D. 无法确定

3. 判断题,若错误请说明理由。

(1) 空间有界立体 Ω 的体积 $V = \dfrac{1}{3}\oiint_\Sigma xdydz + ydzdx + zdxdy$,其中 Σ 为 Ω 的封闭边界曲面的外侧。　　　　　　　　　　　　　　　　　　　　　　　　　　　　　(　　)

(2) $\oiint_\Sigma x^3 dydz + y^3 dzdx + z^3 dxdy = 3\iiint_\Omega (x^2 + y^2 + z^2)dxdydz = 3\iiint_\Omega R^3 dxdydz = 4\pi R^5$,其中 Σ 是球面 $x^2 + y^2 + z^2 = R^2 (R > 0)$ 的外侧,Ω 是 Σ 所围成的球体。　　　(　　)

4. 计算下列曲线积分。

(1) $\oint_L ydx + (y\ln 2 - x)dy$,其中 L 是有向闭折线 $ABCA$,这里的 A、B、C 依次为点 $(-1,0)$、$(2,1)$ 和 $(1,0)$。

(2) $\oint_L (x^2y + e^x)dx - (xy^2 + e^y)dy$,其中 L 是圆周 $x^2 + y^2 = R^2 (R > 0)$,取逆时针方向。

(3) $\int_L (x - y)dx - x(1 - \sin y)dy$,其中 L 是圆周 $y = \sqrt{2x - x^2}$ 上从点 $(2,0)$ 到点 $(0,0)$ 的一段弧。

5. 计算曲线积分 $\int_L (e^x + xy)dx + \left(\dfrac{1}{2}x^2 - e^y\right)dy$,其中 L 是 $y = \sin\left(\dfrac{\pi}{2}x^2\right)$ 上从 $(0,0)$ 到 $(1,1)$ 的一段弧。

6. 利用高斯公式计算下列曲面积分。

(1) $\oiint_\Sigma xdydz + ydzdx + zdxdy$,其中 Σ 为球面 $x^2 + y^2 + z^2 = a^2 (a > 0)$ 的外侧。

(2) $\oiint_\Sigma \dfrac{x^3 dydz + y^3 dzdx + z^3 dxdy}{(x^2 + y^2 + z^2)^{\frac{3}{2}}}$,其中 Σ 为球面 $x^2 + y^2 + z^2 = a^2 (a > 0)$ 的外侧。

(3) $\iint_\Sigma (x^2 - yz)dydz + (y^2 - zx)dzdx + 2zdxdy$,其中 Σ 为 $z = 1 - \sqrt{x^2 + y^2}$ 被 $z = 0$ 所截上部分的外侧。

(4) $\iint\limits_{\Sigma} 2x^3 dydz + 2y^3 dzdx + 3(z^2-1)dxdy$, 其中 Σ 是曲面 $z = 1 - x^2 - y^2 (z \geq 0)$ 的上侧。

7. 已知曲线积分 $I = \int_{OA} (e^x \cos y + axy^2)dx + (2x^2y - be^x \sin y)dy$ 与路径无关,试确定常数 a,b 的值,并求当点 O 和 A 分别为 $(0,0)$ 及 $(1,1)$ 时 I 的值。

8. 证明: $\dfrac{xdx + ydy}{x^2 + y^2}$ 在整个 xOy 平面除去 y 的负半轴及原点的区域 G 内是某个二元函数的全微分,并求出一个这样的函数。

9. 函数 $\varphi(x)$ 具有连续导数,且 $\varphi(0) = 0$,方程 $xy^2 dx + y\varphi(x)dy = 0$ 为全微分方程,求 $\varphi(x)$,并求方程 $xy^2 dx + y\varphi(x)dy = 0$ 的通解。

10. 计算 $\int_{\Gamma} (z-y)dx + (x-z)dy + (x-y)dz$,其中 Γ 是曲线 $\begin{cases} x^2 + y^2 = 1 \\ x - y + z = 2 \end{cases}$,从 z 轴正向看去取顺时针方向。

11. 计算 $\oint_{\Gamma} ydx + zdy + xdz$ 其中 Γ 为圆周 $\begin{cases} x^2 + y^2 + z^2 = a^2 \\ x + y + z = 0 \end{cases} (a > 0)$,若从 x 轴正向看去取逆时针方向。

12. 利用斯托克斯公式计算曲线积分

$$\oint_{\Gamma} ydx + zdy + xdz$$

其中 Γ 为球面 $x^2 + y^2 + z^2 = a^2$ 与平面 $x + y + z = 0$ 的交线,其方向与该平面的法向量 $(1,1,1)$ 符合右手准则。

13. 利用斯托克斯公式计算曲线积分

$$\oint_{\Gamma} (z-y)dx + (x-z)dy + (y-x)dz$$

其中 Γ 是从 $(a,0,0)$ 经 $(0,a,0)$ 和 $(0,0,a)$ 回到 $(a,0,0)$ 的三角形 $(a > 0)$。

(B)

1. 填空题

(1) $\int_L (1 - 2xy - y^2)dx - (x+y)^2 dy = $ _____,其中 L 是由点 $O(0,0)$ 到点 $A(1,1)$ 的任意一段光滑曲线。

(2) 设 L 是任意一条分段光滑闭曲线,函数 $f(u)$ 具有连续的导数,则曲线积分 $\oint_L f(xy)(ydx + xdy) = $ _____。

2. 设 $I = \oint_L \dfrac{-ydx + xdy}{x^2 + y^2}$,因为 $\dfrac{\partial Q}{\partial x} = \dfrac{\partial P}{\partial y} = \dfrac{y^2 - x^2}{(x^2 + y^2)^2}$,所以( )。

A. 对任意闭曲线 L,都有 $I = 0$

B. 当 L 为不含原点的有界闭区域 D 的边界曲线时,$I = 0$

C. 因为 $\dfrac{\partial P}{\partial y}$ 与 $\dfrac{\partial Q}{\partial x}$ 在原点不存在,故对任意的 $L, I \neq 0$

D. 如果 L 包含原点,$I = 0$;如果 L 不含原点,$I \neq 0$

3. 函数 $f(x,y)$ 在 xOy 面上具有一阶连续偏导数，$\int_L 2xy\mathrm{d}x + f(x,y)\mathrm{d}y$ 与路径无关，并对任意 t 恒有 $\int_{(0,0)}^{(t,1)} 2xy\mathrm{d}x + f(x,y)\mathrm{d}y = \int_{(0,0)}^{(1,t)} 2xy\mathrm{d}x + f(x,y)\mathrm{d}y$，求 $f(x,y)$。

4. 设 $f(x,y)$ 在椭圆域 $\dfrac{x^2}{4} + y^2 \leqslant 1$ 上具有二阶连续的偏导数，L 是 $\dfrac{x^2}{4} + y^2 = 1$，取顺时针方向，计算 $I = \oint_L [3y + f_x(x,y)]\mathrm{d}x + f_y(x,y)\mathrm{d}y$。

5. 计算曲线积分 $I = \int_L (x + \mathrm{e}^{\sin y})\mathrm{d}y - \left(y - \dfrac{1}{2}\right)\mathrm{d}x$，其中 L 是由位于第一象限中的直线段 $x + y = 1$ 与位于第二象限中的圆弧 $x^2 + y^2 = 1$ 构成的曲线，其方向是由 $A(1,0)$ 到 $B(0,1)$ 再到 $C(-1,0)$。

6. 计算 $I = \oint_L \dfrac{(x-y)\mathrm{d}x + (x+y)\mathrm{d}y}{x^2 + y^2}$，其中 L 是：

(1) 正向圆周 $x^2 + y^2 = 1$；

(2) 正向闭曲线：$|x| + |y| = 2$。

§8.5 外微分初步

8.5.1 外乘积、外微分形式

之前出现的线积分、面积分与体积分等，可以理解为是一些微分形式，例如在线积分

$$\int P\mathrm{d}x + Q\mathrm{d}y + R\mathrm{d}z$$

中就出现微分 $\mathrm{d}x$、$\mathrm{d}y$、$\mathrm{d}z$ 的一次式：

$$\omega = P\mathrm{d}x + Q\mathrm{d}y + R\mathrm{d}z$$

称为**一次微分形式**，在面积分

$$\iint P\mathrm{d}y\mathrm{d}z + Q\mathrm{d}z\mathrm{d}x + R\mathrm{d}x\mathrm{d}y$$

中就出现微分 $\mathrm{d}x, \mathrm{d}y, \mathrm{d}z$ 的二次式：

$$\alpha = P\mathrm{d}y\mathrm{d}z + Q\mathrm{d}z\mathrm{d}x + R\mathrm{d}x\mathrm{d}y$$

称为**二次微分形式**，在体积分

$$\iiint H\mathrm{d}x\mathrm{d}y\mathrm{d}z$$

中就出现微分的三次式：

$$\lambda = H\mathrm{d}x\mathrm{d}y\mathrm{d}z$$

称为**三次微分形式**。

在我们所讨论的三维空间中，能出现的微分形式就是这三种，再加上零次微分形式即函数 f。值得注意的是所有出现的这些微分形式中都不出现像 $\mathrm{d}x\mathrm{d}x$、$\mathrm{d}y\mathrm{d}z\mathrm{d}y$、$\cdots$，即至少有两个相同的 $\mathrm{d}x$、$\mathrm{d}y$、$\mathrm{d}z$ 的项，而每个形式中只包含具有不同的 $\mathrm{d}x$、$\mathrm{d}y$、$\mathrm{d}z$ 的项。要说清楚上述情况，必须在

引入外微分形式后才能看清楚。

首先可以看到,对坐标的线、面积分的区域都是有方向的。如果把定积分和二重积分看作是曲线和曲面积分的特殊情形,则它们的积分区域也是有方向的。同样,对三重积分也可以定向。例如有了定向之后,从 A 点到 B 点的曲线积分与从 B 点到 A 点的曲线积分就差一符号,也就是曲线的长度可以有正有负。这个事实在定积分中已有结论:

$$\int_a^b f(x)\,\mathrm{d}x = -\int_b^a f(x)\,\mathrm{d}x$$

关于曲面,也有个定向的问题。假设所讨论的曲面可以分为内侧和外侧,可以借助法线向内和向外来定向。之前我们确实也碰到了无法分出内外侧的曲面,如莫比乌斯带这种曲面。这里我们仅讨论可以定向的曲面。在曲面定向之后,不同方向的积分值就差一符号,也就是曲面的面积在面积元素定向之后有正有负。例如二重积分的定义描述:

如果 $f(x,y)$ 在 D 中有定义,则

$$\iint_D f(x,y)\,\mathrm{d}\sigma = \lim_{d\to 0}\sum_{i=1}^n f(\xi_i,\eta_i)\Delta\sigma_i$$

这里 $\Delta\sigma_i$ 为面积元素,由于没有对 D 定向,所以总假设是正的。因此,进行代换也要保证结果是正的。即

$$\text{变换}\begin{cases} x = x(u,v) \\ y = y(u,v) \end{cases}$$

$$\mathrm{d}\sigma = \mathrm{d}x\mathrm{d}y = \left|\frac{\partial(x,y)}{\partial(u,v)}\right|\mathrm{d}u\mathrm{d}v$$

则

$$\iint_D f(x,y)\,\mathrm{d}x\mathrm{d}y = \iint_{D'} f(x(u,v),y(u,v))\left|\frac{\partial(x,y)}{\partial(u,v)}\right|\mathrm{d}u\mathrm{d}v$$

可知上式中雅可比行列式取绝对值就是保证面积元素为正。但是对于已经定向的面积元素的曲面进行积分时,由于面积元素本来就可正可负,所以就没有必要对雅可比行列式取绝对值了,即此时

$$\iint_D f(x,y)\,\mathrm{d}x\mathrm{d}y = \iint_{D'} f(x(u,v),y(u,v))\frac{\partial(x,y)}{\partial(u,v)}\mathrm{d}u\mathrm{d}v$$

此处 D 是已经定了向的,D' 为经变换 $\begin{cases} x = x(u,v) \\ y = y(u,v) \end{cases}$ 的逆变换得到的区域,当然也是定了向的。于是

$$\mathrm{d}x\mathrm{d}y = \frac{\partial(x,y)}{\partial(u,v)}\mathrm{d}u\mathrm{d}v = \begin{vmatrix} \frac{\partial x}{\partial u} & \frac{\partial x}{\partial v} \\ \frac{\partial y}{\partial u} & \frac{\partial y}{\partial v} \end{vmatrix}\mathrm{d}u\mathrm{d}v$$

(1) 如果取 $y = x$,则

$$\mathrm{d}x\mathrm{d}x = \frac{\partial(x,x)}{\partial(u,v)}\mathrm{d}u\mathrm{d}v = \begin{vmatrix} \frac{\partial x}{\partial u} & \frac{\partial x}{\partial v} \\ \frac{\partial x}{\partial u} & \frac{\partial x}{\partial v} \end{vmatrix}\mathrm{d}u\mathrm{d}v = 0$$

(2) 如果将 x, y 对换,则

$$dydx = \frac{\partial(y,x)}{\partial(u,v)}dudv = \begin{vmatrix} \frac{\partial y}{\partial u} & \frac{\partial y}{\partial v} \\ \frac{\partial x}{\partial u} & \frac{\partial x}{\partial v} \end{vmatrix} dudv = -\begin{vmatrix} \frac{\partial x}{\partial u} & \frac{\partial x}{\partial v} \\ \frac{\partial y}{\partial u} & \frac{\partial y}{\partial v} \end{vmatrix} dudv$$

所以此时 $dxdy \neq dydx$,也就是说 dx, dy 在乘积中的次序不能颠倒,若要颠倒就要差一符号。

我们把满足上述两条规则的微分乘积称为微分的外乘积,为了表示与普通乘积不一样,用记号 $dx \wedge dy$ 来记它,即

$dx \wedge dx = 0$(两个相同的微分外乘积为零)

$dx \wedge dy = -dy \wedge dx$(两个不同微分的外乘积交换次序差一符号)

由微分的外乘积上函数组成的微分形式称为外微分形式,例如若 P,Q,R,A,B,C,H 为三维欧几里得空间中参数 x,y,z 的函数,则 $Pdx + Qdy + Rdz$ 为一次外微分形式(由于一次没有乘积,与普通的微分形式是一样的);$Adx \wedge dy + Bdy \wedge dz + Cdz \wedge dx$ 为二次外微分形式;$Hdx \wedge dy \wedge dz$ 为三次外微分形式,而 P,Q,R,A,B,C,H 等就称为微分形式的系数。

对于任意两个外微分形式 λ, μ 也可以定义外乘积 $\lambda \wedge \mu$,只要将相应的各项外微分进行外乘积就可以了。记

$$\lambda = Adx + Bdy + Cdz$$

$$\mu = Edx + Fdy + Gdz$$

$$v = Pdy \wedge dz + Qdz \wedge dx + Rdx \wedge dy$$

由于 $dx \wedge dx = dy \wedge dy = dz \wedge dz = 0, dx \wedge dy = -dy \wedge dx, dz \wedge dy = -dy \wedge dz, dx \wedge dz = -dz \wedge dx$ 通过简单的计算可得

$$\lambda \wedge \mu = (BG - CF)dy \wedge dz + (CE - AG)dz \wedge dx + (AF - BE)dx \wedge dy$$

$$\lambda \wedge v = (AP + BQ + CR)dx \wedge dy \wedge dz$$

这样,我们就可得到:外微分形式的外乘积满足分配率及结合律,即如果 λ, μ, v 为任意三个外微分形式,则

(1) $(\lambda + \mu) \wedge v = \lambda \wedge v + \mu \wedge v$,

 $\lambda \wedge (\mu + v) = \lambda \wedge \mu + \lambda \wedge v$

(2) $\lambda \wedge (\mu \wedge v) = (\lambda \wedge \mu) \wedge v$

(3) 外微分形式的外乘积不满足交换律,但满足:若 λ 为 p 次外微分形式,μ 为 q 次外微分形式,则

$$\mu \wedge \lambda = (-1)^{pq} \lambda \wedge \mu$$

其实在向量运算中,我们已经接触过这样的运算法则:对于向量 $\boldsymbol{a}, \boldsymbol{b}$,有

$$\boldsymbol{a} \times \boldsymbol{a} = \boldsymbol{0}, \quad \boldsymbol{a} \times \boldsymbol{b} = -\boldsymbol{b} \times \boldsymbol{a}$$

所以对微分进行外乘积就好像对向量进行外乘积(向量积运算)。

8.5.2 外微分运算、Poincare 引理及其逆定理

对外微分形式 ω 可以定义外微分算子 d,对于零次外微分形式,即函数 f.

定义 8-5-1

$$df = \frac{\partial f}{\partial x}dx + \frac{\partial f}{\partial y}dy + \frac{\partial f}{\partial z}dz$$

即为普通的**全微分算子**。对于一次外微分形式

$$\omega = Pdx + Qdy + Rdz$$

定义 8-5-2

$$d\omega = dP \wedge dx + dQ \wedge dy + dR \wedge dz$$

即对 P, Q, R 进行外微分,然后进行外乘积。由于

$$dP = \frac{\partial P}{\partial x}dx + \frac{\partial P}{\partial y}dy + \frac{\partial P}{\partial z}dz$$

$$dQ = \frac{\partial Q}{\partial x}dx + \frac{\partial Q}{\partial y}dy + \frac{\partial Q}{\partial z}dz$$

$$dR = \frac{\partial R}{\partial x}dx + \frac{\partial R}{\partial y}dy + \frac{\partial R}{\partial z}dz$$

所以

$$\begin{aligned}d\omega &= \left(\frac{\partial P}{\partial x}dx + \frac{\partial P}{\partial y}dy + \frac{\partial P}{\partial z}dz\right) \wedge dx + \left(\frac{\partial Q}{\partial x}dx + \frac{\partial Q}{\partial y}dy + \frac{\partial Q}{\partial z}dz\right) \wedge dy + \\ &\quad \left(\frac{\partial R}{\partial x}dx + \frac{\partial R}{\partial y}dy + \frac{\partial R}{\partial z}dz\right) \wedge dz \\ &= \left(\frac{\partial R}{\partial y} - \frac{\partial Q}{\partial z}\right)dy \wedge dz + \left(\frac{\partial P}{\partial z} - \frac{\partial R}{\partial x}\right)dz \wedge dx + \left(\frac{\partial Q}{\partial x} - \frac{\partial P}{\partial y}\right)dx \wedge dy\end{aligned}$$

对于二次外微分形式

$$\omega = Ady \wedge dz + Bdz \wedge dx + Cdx \wedge dy$$

定义 8-5-3

$$d\omega = dA \wedge dy \wedge dz + dB \wedge dz \wedge dx + dC \wedge dx \wedge dy$$

将 dA, dB, dC 的式子代入上式,利用外乘积的性质,立刻得到

$$d\omega = \left(\frac{\partial A}{\partial x} + \frac{\partial B}{\partial y} + \frac{\partial C}{\partial z}\right)dx \wedge dy \wedge dz$$

对于三次外微分形式

$$\omega = Hdx \wedge dy \wedge dz$$

一样定义

$$d\omega = dH \wedge dx \wedge dy \wedge dz$$

而

$$dH = \frac{\partial H}{\partial x}dx + \frac{\partial H}{\partial y}dy + \frac{\partial H}{\partial z}dz$$

利用外乘积性质,容易得到

$$d\omega = \left(\frac{\partial H}{\partial x}dx + \frac{\partial H}{\partial y}dy + \frac{\partial H}{\partial z}dz\right) \wedge dx \wedge dy \wedge dz = 0$$

这是因为每一项中至少有两个微分是相同的。于是在三维空间中任意三次外微分形式的外微分为零。在这些规定下，外微分算子 d 与普通的微分算子是一样的，即对每一项进行运算，在每一项中分别对每一个因子进行运算，其余因子不动，将得到的各项相加。不同的只是外微分算子 d 是运算之后进行外乘积，而普通的微分算子是运算之后进行通常的乘积。

关于外微分算子，立即可得重要的定理：

Poincare 引理：若 ω 为一外微分形式，其微分形式的系数具有二阶连续偏微商，则 $\mathrm{dd}\omega = 0$。

证明 由于只在三维空间中讨论，而三维空间中的外微分形式不外乎有以下四种：零次外微分形式即函数 f，以及一、二和三次微分形式。

$$\omega_1 = P\mathrm{d}x + Q\mathrm{d}y + R\mathrm{d}z$$

$$\omega_2 = A\mathrm{d}x \wedge \mathrm{d}y + B\mathrm{d}y \wedge \mathrm{d}z + C\mathrm{d}z \wedge \mathrm{d}x$$

$$\omega_3 = H\mathrm{d}x \wedge \mathrm{d}y \wedge \mathrm{d}z$$

分别对它们一一验证。

先看零次外微分形式 $\omega = f$，有

$$\mathrm{d}\omega = \mathrm{d}f = \frac{\partial f}{\partial x}\mathrm{d}x + \frac{\partial f}{\partial y}\mathrm{d}y + \frac{\partial f}{\partial z}\mathrm{d}z$$

$$\begin{aligned}\mathrm{dd}\omega &= \mathrm{dd}f = \mathrm{d}\left(\frac{\partial f}{\partial x}\right) \wedge \mathrm{d}x + \mathrm{d}\left(\frac{\partial f}{\partial y}\right) \wedge \mathrm{d}y + \mathrm{d}\left(\frac{\partial f}{\partial z}\right) \wedge \mathrm{d}z \\ &= \mathrm{d}\left(\frac{\partial^2 f}{\partial x^2}\mathrm{d}x + \frac{\partial^2 f}{\partial x \partial y}\mathrm{d}y + \frac{\partial^2 f}{\partial x \partial z}\mathrm{d}z\right) \wedge \mathrm{d}x + \\ &\quad \mathrm{d}\left(\frac{\partial^2 f}{\partial y \partial x}\mathrm{d}x + \frac{\partial^2 f}{\partial y^2}\mathrm{d}y + \frac{\partial^2 f}{\partial y \partial z}\mathrm{d}z\right) \wedge \mathrm{d}y + \\ &\quad \mathrm{d}\left(\frac{\partial^2 f}{\partial z \partial x}\mathrm{d}x + \frac{\partial^2 f}{\partial z \partial y}\mathrm{d}y + \frac{\partial^2 f}{\partial z^2}\mathrm{d}z\right) \wedge \mathrm{d}z\end{aligned}$$

利用外微分乘积的性质，化简得

$$\mathrm{dd}\omega = \left(\frac{\partial^2 f}{\partial y \partial x} - \frac{\partial^2 f}{\partial x \partial y}\right)\mathrm{d}x \wedge \mathrm{d}y + \left(\frac{\partial^2 f}{\partial z \partial y} - \frac{\partial^2 f}{\partial y \partial z}\right)\mathrm{d}y \wedge \mathrm{d}z + \left(\frac{\partial^2 f}{\partial x \partial z} - \frac{\partial^2 f}{\partial z \partial x}\right)\mathrm{d}z \wedge \mathrm{d}x$$

因假设 f 具有二阶连续偏微商，故

$$\frac{\partial^2 f}{\partial y \partial x} = \frac{\partial^2 f}{\partial x \partial y}, \quad \frac{\partial^2 f}{\partial z \partial y} = \frac{\partial^2 f}{\partial y \partial z}, \quad \frac{\partial^2 f}{\partial x \partial z} = \frac{\partial^2 f}{\partial z \partial x}$$

所以

$$\mathrm{dd}\omega = 0$$

同样对于一次形式 ω_1，有

$$\begin{aligned}\mathrm{d}\omega_1 &= \mathrm{d}P \wedge \mathrm{d}x + \mathrm{d}Q \wedge \mathrm{d}y + \mathrm{d}R \wedge \mathrm{d}z \\ &= \left(\frac{\partial R}{\partial y} - \frac{\partial Q}{\partial z}\right)\mathrm{d}y \wedge \mathrm{d}x + \left(\frac{\partial P}{\partial z} - \frac{\partial R}{\partial x}\right)\mathrm{d}z \wedge \mathrm{d}x + \left(\frac{\partial Q}{\partial x} - \frac{\partial P}{\partial y}\right)\mathrm{d}x \wedge \mathrm{d}y\end{aligned}$$

于是

$$\mathrm{dd}\omega_1 = \left(\frac{\partial^2 R}{\partial x \partial y} - \frac{\partial^2 Q}{\partial x \partial z} + \frac{\partial^2 P}{\partial y \partial z} - \frac{\partial^2 R}{\partial y \partial x} + \frac{\partial^2 Q}{\partial z \partial x} - \frac{\partial^2 P}{\partial z \partial y}\right)\mathrm{d}x \wedge \mathrm{d}y \wedge \mathrm{d}z = 0$$

即
$$\mathrm{dd}\omega_1 = 0$$

对于二次形式 ω_2,有
$$\mathrm{d}\omega_2 = \mathrm{d}A \wedge \mathrm{d}x \wedge \mathrm{d}y + \mathrm{d}B \wedge \mathrm{d}y \wedge \mathrm{d}z + \mathrm{d}C \wedge \mathrm{d}z \wedge \mathrm{d}x$$

这是个三次形式,前面已证任意三次形式的外微分为零,即
$$\mathrm{dd}\omega_2 = 0, \quad \mathrm{dd}\omega_3 = 0$$

其实反过来,(不作证明要求)还可以有

Poincare 引理逆定理 若 ω 是一个 p 次外微分形式且 $\mathrm{d}\omega = 0$,则存在一个 $(p-1)$ 次外微分形式 a,使得 $\omega = \mathrm{d}a$。

8.5.3 梯度、旋度与散度的数学意义

有了上述准备,用外微分形式来重新叙述前几节的结果,就比较好理解了。先看零次外微分形式 $\omega = f$,其外微分为
$$\mathrm{d}\omega = \mathrm{d}f = \frac{\partial f}{\partial x}\mathrm{d}x + \frac{\partial f}{\partial y}\mathrm{d}y + \frac{\partial f}{\partial z}\mathrm{d}z$$

而 f 的梯度为
$$\mathbf{grad}f = \frac{\partial f}{\partial x}\mathbf{i} + \frac{\partial f}{\partial y}\mathbf{j} + \frac{\partial f}{\partial z}\mathbf{k}$$

所以梯度与零次外微分形式的外微分相当。

再看一次外微分形式
$$\omega_1 = P\mathrm{d}x + Q\mathrm{d}y + R\mathrm{d}z$$

它的外微分为
$$\begin{aligned}\mathrm{d}\omega_1 &= \left(\frac{\partial R}{\partial y} - \frac{\partial Q}{\partial z}\right)\mathrm{d}y \wedge \mathrm{d}x + \left(\frac{\partial P}{\partial z} - \frac{\partial R}{\partial x}\right)\mathrm{d}z \wedge \mathrm{d}x + \left(\frac{\partial Q}{\partial x} - \frac{\partial P}{\partial y}\right)\mathrm{d}x \wedge \mathrm{d}y \\ &= \begin{vmatrix} \mathrm{d}y \wedge \mathrm{d}x & \mathrm{d}z \wedge \mathrm{d}x & \mathrm{d}x \wedge \mathrm{d}y \\ \dfrac{\partial}{\partial x} & \dfrac{\partial}{\partial y} & \dfrac{\partial}{\partial z} \\ P & Q & R \end{vmatrix}\end{aligned}$$

而向量 $\mathbf{u} = (P, Q, R)$ 的旋度为
$$\mathbf{curl}\,\mathbf{u} = \left(\frac{\partial R}{\partial y} - \frac{\partial Q}{\partial z}\right)\mathbf{i} + \left(\frac{\partial P}{\partial z} - \frac{\partial R}{\partial x}\right)\mathbf{j} + \left(\frac{\partial Q}{\partial x} - \frac{\partial P}{\partial y}\right)\mathbf{k} = \begin{vmatrix} \mathbf{i} & \mathbf{j} & \mathbf{k} \\ \dfrac{\partial}{\partial x} & \dfrac{\partial}{\partial y} & \dfrac{\partial}{\partial z} \\ P & Q & R \end{vmatrix}$$

所以旋度与一次外微分形式的外微分相当。

再看二次外微分形式
$$\omega_2 = A\mathrm{d}x \wedge \mathrm{d}y + B\mathrm{d}y \wedge \mathrm{d}z + C\mathrm{d}z \wedge \mathrm{d}x$$

于是 ω_2 的外微分为

$$d\omega_2 = dA \wedge dx \wedge dy + dB \wedge dy \wedge dz + dC \wedge dz \wedge dx = \left(\frac{\partial A}{\partial x} + \frac{\partial B}{\partial y} + \frac{\partial C}{\partial z}\right)dx \wedge dy \wedge dz$$

而向量 $v = (A, B, C)$ 的散度为

$$\text{div} v = \frac{\partial A}{\partial x} + \frac{\partial B}{\partial y} + \frac{\partial C}{\partial z}$$

所以散度与二次外微分形式的外微分相当。

从这个观点来看还有没有可能产生具有这种性质的其他的"度"？很明显在三维空间中这是不可能的，因为在三维空间中，三次外微分形式的外微分为零，所以不可能再有与之相当的"度"了。所以从这个观点看，在三维空间只能有这三个度，即梯度、旋度和散度。它们与外微分形式的对应关系如表 8 – 5 – 1 所示。

表 8 – 5 – 1

外微分形式的次数	对应的度
0	梯度
1	旋度
2	散度

此外，Poincare 引理 $dd\omega = 0$ 也有其场论意义。当 ω 为零次外微分形式，即 $\omega = f$，则 $ddf = 0$，就是

$$\text{curl grad } f = 0$$

当 ω 为一次外微分形式，即 $\omega_1 = Pdx + Qdy + Rdz$，记 $u = (P, Q, R)$，那么 $dd\omega_1 = 0$，也就是

$$\text{div curl } u = 0$$

8.5.4 多变量微积分的基本定理

有了外微分形式，就可以说清楚在高维空间中微分与积分是如何成为一对矛盾的。回顾：先看格林公式

$$\oint_L Pdx + Qdy = \iint_D \left(\frac{\partial Q}{\partial x} - \frac{\partial P}{\partial y}\right)dxdy$$

如果记 $\omega_1 = Pdx + Qdy$，则 ω_1 为一次外微分形式，于是

$$d\omega_1 = dP \wedge dx + dQ \wedge dy = \left(\frac{\partial P}{\partial x}dx + \frac{\partial P}{\partial y}dy\right) \wedge dx + \left(\frac{\partial Q}{\partial x}dx + \frac{\partial Q}{\partial y}dy\right) \wedge dy$$

$$= \frac{\partial P}{\partial x}dx \wedge dx + \frac{\partial P}{\partial y}dy \wedge dx + \frac{\partial Q}{\partial x}dx \wedge dy + \frac{\partial Q}{\partial y}dy \wedge dy = \left(\frac{\partial Q}{\partial x} - \frac{\partial P}{\partial y}\right)dx \wedge dy$$

由于曲线积分的曲线 L 是定向的，所以格林公式可以写成

$$\oint \omega_1 = \iint d\omega_1$$

同样高斯公式为

$$\oiint_{S_{\text{外}}} Pdxdz + Qdzdx + Rdxdy = \iiint_\Omega \left(\frac{\partial P}{\partial x} + \frac{\partial Q}{\partial y} + \frac{\partial R}{\partial z}\right)dxdydz$$

由于 S 是定向的，所以可以将

$$Pdxdz + Qdzdx + Rdxdy$$

看作二次外微分形式

$$\omega_2 = Pdx \wedge dz + Qdz \wedge dx + Rdx \wedge dy$$

而

$$d\omega_2 = \left(\frac{\partial P}{\partial x} + \frac{\partial Q}{\partial y} + \frac{\partial R}{\partial z}\right)dx \wedge dy \wedge dz$$

于是高斯公式可写成

$$\oiint \omega_2 = \iiint d\omega_2$$

再看斯托克斯公式

$$\oint_\Gamma Pdx + Qdy + Rdz = \iint_S \left(\frac{\partial R}{\partial y} - \frac{\partial Q}{\partial z}\right)dydz + \left(\frac{\partial P}{\partial z} - \frac{\partial R}{\partial x}\right)dzdx + \left(\frac{\partial Q}{\partial x} - \frac{\partial P}{\partial y}\right)dxdy$$

由于线、面积分都是定向的，把 $Pdx + Qdy + Rdz = \omega$ 看作一次外微分形式，于是

$$d\omega = \left(\frac{\partial R}{\partial y} - \frac{\partial Q}{\partial z}\right)dy \wedge dz + \left(\frac{\partial P}{\partial z} - \frac{\partial R}{\partial x}\right)dz \wedge dx + \left(\frac{\partial Q}{\partial x} - \frac{\partial P}{\partial y}\right)dx \wedge dy$$

因此斯托克斯公式可写为

$$\oint \omega = \iint d\omega$$

从这些立即看出，格林公式、高斯公式与斯托克斯公式实际上都可以用同一个公式写出来，即

$$\int_{\partial \Sigma} \omega = \int_\Sigma d\omega$$

这里 ω 为外微分形式，$d\omega$ 为 ω 的外微分，Σ 为 $d\omega$ 的封闭积分区域，$\partial \Sigma$ 表示 Σ 的边界，$\int$ 表示区域有多少维数就有多少重数。其实我们可以发现，联系区域与其边界的积分公式不会再有了，因为三维空间中，三次外微分形式的外微分为零。

这个一般的公式

$$\int_{\partial \Sigma} \omega = \int_\Sigma d\omega$$

可以推广到更高维的空间去，也可推广到更一般的流形上去。而这个一般的公式揭露了高维空间的微分与积分是如何成为一对矛盾的。这对矛盾的一方为外微分形式 $d\omega$，另一方是线、面、体积分。这个公式是说高次的外微分形式 $d\omega$ 在区域上的积分等于低一次的外微分形式 ω 在区域的低一维空间的边界上的积分。外微分运算与积分起了相互抵消作用，就像加法与减法、乘法与除法、乘方与开方相互抵消一样。在一维空间中这就是微积分的基本公式

$$\int_a^b \frac{d}{dx}f(x)dx = f(x)\big|_a^b = f(b) - f(a)$$

式中：Σ 为直线段 $[a,b]$，$\partial \Sigma$ 表示 Σ 的边界，指的是端点 a,b，$d\omega = \frac{d}{dx}f(x)dx$。

我们把公式

$$\int_{\partial\Sigma}\omega = \int_{\Sigma}d\omega$$

统称为**斯托克斯公式**,所以**在高维空间,斯托克斯公式就是高维空间的微积分基本定理**。

综上所述,外微分形式的次数与空间维度关系如表 8-5-2 所示。

表 8-5-2

外微分形式的次数	空间	公式
0	直线段	牛顿-莱布尼茨公式
1	平面区域	格林公式
1	空间曲线	斯托克斯公式
2	空间曲面	高斯公式

需要说明的是,我们借助外微分形式,是让大家比较直观地了解微分与积分如何成为一对矛盾,对以往学过的内容有个比较深入的本质认识,为将来继续学习流形打下较好的基础。

习题 8-5

1. 计算下列外乘积。

(1) $(5dx + 3dy) \wedge (3dx + 2dy)$;

(2) $(6dx \wedge dy + 27dx \wedge dz) \wedge (dx + dy + dz)$;

(3) $(xdx + 7z^2 dy) \wedge (ydx - \sin3xdy + dz)$。

2. 计算下列外微分。

(1) $d(2xydx + x^2 dy)$;

(2) $d(\cos ydx - \sin xdy)$;

(3) $d(6zdx \wedge dy - xydx \wedge dz)$。

3. 设 λ 为 p 次外微分形式,μ 为 q 次外微分形式,证明:

(1) $\mu \wedge \lambda = (-1)^{pq} \lambda \wedge \mu$;

(2) $d(\mu \wedge \lambda) = d\mu \wedge \lambda + (-1)^q \mu \wedge d\lambda$。

第 9 章 无 穷 级 数

前面微积分的学习中讨论了初等函数的微分和积分,但对于复杂多变的客观世界来说还远远不够,很多问题是无法用初等函数来表示和解决的,如

$$\int_0^1 e^{-x^2}dx \quad 和 \quad \int_0^1 \frac{\sin x}{x}dx$$

的计算和微分方程 $y'' - xy = 0$ 的求解等都无法用初等函数进行,需要研究新的函数类型。有限个初等函数的有限次四则运算和微分仍然是初等函数,不可能产生新的函数,但是无限个初等函数的无限次相加则可能会形成新的函数,这就是所谓的无穷级数。数、幂函数、三角函数是最基本常见的初等函数,它们的无限项相加形成了数项级数、幂级数和三角级数,同时三角函数、指数函数和对数函数也都可以表示成幂级数,进而解决这些积分和微分方程问题。无穷级数是高等数学的一个重要组成部分,它是表示函数、研究函数的性质以及进行数值计算的一种有力工具。本章首先讨论常数项级数的概念及其收敛性的判定方法,然后讨论函数项级数的收敛性,重点研究如何将函数展开成幂级数和三角级数(傅里叶级数)的问题。

§9.1 常数项级数的概念与性质

大约公元前 450 年,古希腊有一位名叫芝诺(Zero)的学者,曾提出若干个在数学发展史上产生过重大影响的悖论,其中"Achilles(古希腊神话中的英雄)追赶乌龟"是较为著名的一个。

设乌龟在 Achilles 前面 $S_1(m)$ 处向前爬行,Achilles 在后面追赶,当 Achilles 用了 $t_1(s)$,跑完 $S_1(m)$ 时,乌龟已向前爬了 $S_2(m)$;当 Achilles 再用 $t_2(s)$,跑完 $S_2(m)$ 时,乌龟又向前爬了 $S_3(m)$……这样的过程可以一直持续下去,因此 Achilles 永远也追不上乌龟。

显然,这一结论完全有悖于常识,是绝对荒谬的。没有人会怀疑,Achilles 必将在 $T(s)$ 时间内,跑了 $S(m)$ 后追上乌龟(T 和 S 是常数)。Zero 的诡辩之处就在于把有限的时间 T(或距离 S)分割成无穷段 $t_1, t_2, \cdots$(或 $S_1, S_2, \cdots$),然后一段一段地加以叙述,从而造成一种假象:这样"追—爬—追—爬"的过程将随时间的流逝而永无止境。事实上,如果将用掉的时间 $t_1, t_2, \cdots$(或跑过的距离 $S_1, S_2, \cdots$)加起来,即

$$t_1 + t_2 + \cdots + t_n + \cdots \quad (或 S_1 + S_2 + \cdots + S_n + \cdots)$$

尽管相加的项有无限个,但它们的和却是有限数 T(或 S)。换言之,经过时间 $T(s)$,Achilles 跑完 $S(m)$ 后,他已经追上乌龟了。

在数学发展的历史过程中,一些伟大的数学家也曾出现过在今天看来的一些难以理解的错误。例如,对于 $\frac{1}{1-x}$ 按照多项式的长除法可得到

$$\frac{1}{1-x} = 1 + x + x^2 + \cdots + \frac{x^n}{1-x} \tag{9-1-1}$$

当把式(9-1-1)右边的除法无限进行下去,似乎可以得到

$$\frac{1}{1-x} = 1 + x + x^2 + \cdots + x^n + \cdots \qquad (9-1-2)$$

在式(9-1-2)中,当 $x=1$ 时,$\frac{1}{1-x} = +\infty$;

而当 $x=2$ 时,$\frac{1}{1-x} = -1$,即 $1 + 2 + 2^2 + \cdots + 2^n + \cdots = -1$;

对于 $x = -1$,却有

$$\frac{1}{2} = \frac{1}{1-(-1)} = 1 - 1 + (-1)^2 + \cdots + (-1)^n + \cdots$$

上式的右边是意大利数学家格兰迪(Grandi)于 1703 年提出的一个著名级数:

$$1 - 1 + (-1)^2 + \cdots + (-1)^{n-1} + \cdots \qquad (9-1-3)$$

称为**格兰迪级数**。由加法的结合律可以得到两个完全不同的结论:

$$1 - 1 + (-1)^2 + \cdots + (-1)^n + \cdots = (1-1) + (1-1) + \cdots = 0$$
$$1 - 1 + (-1)^2 + \cdots + (-1)^n + \cdots = 1 + (-1+1) + (-1+1) + \cdots = 1$$

实际上,在 18 世纪的欧洲,莱布尼茨认为格兰迪级数的和以相同的概率取 0 或者 1,这一结论竟然也得到了拉格朗日和欧拉的支持,欧拉更是由此得出了"无穷大大于正数,-1 大于无穷大,无穷大是介于 -1 和正数之间的一种极限,与 0 类似"的结论。

出现这些谬误的原因在于认为"**无限个数或函数的相加**"与"**有限个数或函数相加**"的运算规则相同。"无限个数相加"是否一定有意义?若不一定的话,那么怎么来判别?有限个数相加时的一些运算法则,如加法交换律、结合律对于无限个数相加是否继续有效?这正是本节要讨论的常数项级数的一些概念。

9.1.1 常数项级数的概念

人们认识事物在数量方面的特性,往往有一个由近似到精确的过程,在这种认识过程中,会遇到由有限个数相加到无穷多个数相加的问题。

引例 9-1-1 圆的面积

现计算半径为 R 的圆面积 S,具体做法如下:作圆的内接正三边形,算出这三边形的面积 a_1,它是圆面积 S 的一个精度不高的近似值。为了提高精度减少误差,我们以这个正三边形的每一边为底分别作一个顶点在圆周上的等腰三角形(图 9-1-1),算出这三个等腰三角形的面积之和 a_2。那么 $a_1 + a_2$(即内接正六边形的面积)就是 S 的一个精度较高误差较小的近似值。同样地,在这正六边形的每一边上分别作一个顶点在圆周上的等腰三角形,算出这六个等腰三角形的面积之和 a_3。那么 $a_1 + a_2 + a_3$(即内接正十二边形的面积)就是 S 的一个精度更高误差更小的近似值。如此继续下去,内接正 $3 \times 2^{n-1}$ 边形的面积就逐步逼近圆面的面积:

$$S \approx a_1 + a_2 + \cdots + a_n$$

如果内接的正多边形的边数无限增多,即 n 无限增大,那么和 $a_1 + a_2 + \cdots + a_n$ 的极限就是所求圆面面积 S。这时,和式中的项数无限增多,于是出现了无穷多个量依次相加的数学式子。

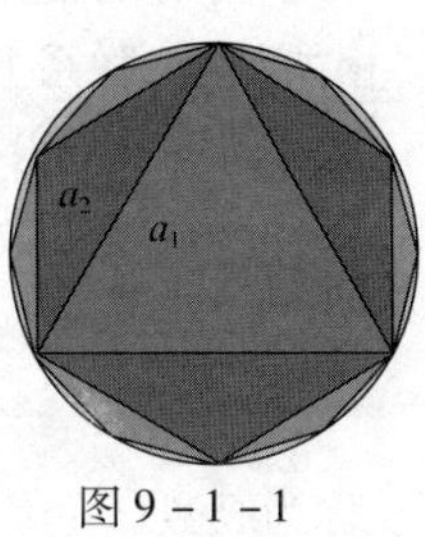

图 9-1-1

引例 9-1-2 自由落体运动的小球的运动状态

小球从 1m 高处自由落下,每次跳起的高度减半,问小球是否会在某时刻停止运动?

分析:记 t_1 表示小球第 1 次落地时的运动时间, t_k 表示小球第 k ($k>1$) 次落地与上一次落地的间隔时间。由自由落体运动方程 $s=\frac{1}{2}gt^2$ 可以求出:

$$t_1=\sqrt{\frac{2}{g}},\ t_2=\sqrt{\frac{2}{g}}\cdot\frac{2}{\sqrt{2}},\ t_3=\sqrt{\frac{2}{g}}\cdot\frac{2}{(\sqrt{2})^2},\cdots,t_n=\sqrt{\frac{2}{g}}\cdot\frac{2}{(\sqrt{2})^{n-1}}$$

即小球第 n 次落地时运动时间为

$$T=t_1+t_1+\cdots+t_n=\sqrt{\frac{2}{g}}\left[1+2\times\left(\frac{1}{\sqrt{2}}+\frac{1}{(\sqrt{2})^2}+\cdots+\frac{1}{(\sqrt{2})^{n-1}}\right)\right]$$

$$=\sqrt{\frac{2}{g}}\left[1+2\times\frac{1}{\sqrt{2}}\times\frac{1-\frac{1}{(\sqrt{2})^{n-1}}}{1-\frac{1}{\sqrt{2}}}\right]$$

$$<\sqrt{\frac{2}{g}}\left[1+2\times\frac{1}{\sqrt{2}}\times\frac{1}{1-\frac{1}{\sqrt{2}}}\right]=\sqrt{\frac{2}{g}}\left[1+2(\sqrt{2}+1)\right]$$

如果小球落地的次数无限增多,即 n 无限增大,那么和 $t_1+t_2+\cdots+t_n$ 的极限即为

$$\sqrt{\frac{2}{g}}\left[1+2(\sqrt{2}+1)\right]$$

因此,经过 $\sqrt{\frac{2}{g}}\left[1+2(\sqrt{2}+1)\right]$(s)后,小球一定会停止运动。

一般地,如果给定一个数列 $u_1,u_2,u_3,\cdots,u_n,\cdots$,那么由这个数列构成的表达式

$$u_1+u_2+u_3+\cdots+u_n+\cdots \qquad (9-1-4)$$

叫作**常数项无穷级数**,简称**常数项级数**,记为 $\sum_{i=1}^{\infty}u_i$,即

$$\sum_{i=1}^{\infty}u_i=u_1+u_2+u_3+\cdots+u_n+\cdots$$

式中:第 n 项 u_n 叫作级数的**一般项**(或**通项**)。

事实上,上述常数项级数的定义只是一个形式上的定义,怎么样理解级数中无穷多个数量"相加"呢? 联系上面的两个引例,我们可以从有限项的和出发,观察和研究它们的变化趋势,由此来理解无穷多个数量相加的含义。

作常数项级数(9-1-4)的前 n 项的**和**

$$s_n=u_1+u_2+\cdots+u_n=\sum_{i=1}^{n}u_i \qquad (9-1-5)$$

s_n 称为级数(9-1-4)的**部分和**。当 n 依次取 $1,2,3,\cdots$ 时,它们构成一个新的数列

$$s_1 = u_1$$
$$s_2 = u_1 + u_2$$
$$s_3 = u_1 + u_2 + u_3$$
$$\vdots$$
$$s_n = u_1 + u_2 + \cdots + u_n = \sum_{i=1}^{n} u_i$$
$$\vdots$$

将其称为级数(9-1-4)的部分和数列$\{s_n\}$。

根据这个数列的敛散性,引进级数(9-1-4)收敛与发散的概念。

定义 如果级数$\sum_{i=1}^{\infty} u_i$的部分和数列$\{s_n\}$收敛于常数s,即$\lim_{n\to\infty} s_n = s$,那么称级数$\sum_{i=1}^{\infty} u_i$ **收敛**,且称它的和为s,记为$s = \sum_{i=1}^{\infty} u_i$;如果部分和数列$\{s_n\}$发散,那么称级数$\sum_{i=1}^{\infty} u_i$发散。

由上述定义可知,只有当无穷级数收敛时,无穷多个实数的加法才是有意义的,并且它们的和就是级数的部分和数列的极限。所以,级数的收敛与数列的收敛本质上是一回事。当级数收敛时,其部分和s_n是级数的和s的近似值,它们之间的差值

$$r_n = s - s_n = u_{n+1} + u_{n+2} + \cdots$$

叫作级数的**余项**。用近似值s_n代替s所产生的误差是这个余项的绝对值,即误差是$|r_n|$,且有$\lim_{n\to\infty} r_n = 0$。

同时,级数与数列的极限有着紧密的联系。给定级数$\sum_{i=1}^{\infty} u_i$,就有部分和数列$\{s_n\}$,其中$s_n = \sum_{i=1}^{n} u_i$;反之,给定数列$\{s_n\}$,就有以$\{s_n\}$为部分和数列的级数

$$s_1 + (s_2 - s_1) + (s_3 - s_2) + \cdots + (s_i - s_{i-1}) + \cdots = s_1 + \sum_{i=2}^{\infty} (s_i - s_{i-1}) = \sum_{i=1}^{\infty} u_i$$

式中:$u_1 = s_1, u_n = s_n - s_{n-1}(n \geq 2)$。由上述定义,级数$\sum_{i=1}^{\infty} u_i$与数列$\{s_n\}$同时收敛或同时发散,且在收敛时,有

$$\sum_{i=1}^{\infty} u_i = \lim_{n\to\infty} s_n = \lim_{n\to\infty} \sum_{i=1}^{n} u_i$$

值得注意的是,级数是形式上用加号将其各项连接起来的式子,仅是一个记号而已,它可能收敛于其和(即有意义),也可能发散(即没有和且无意义),它不一定具有通常数学定义中的存在性与唯一性。什么叫作"无穷项相加"?既没有定义,实际上也不可能,永远也加不完,因此,不能把级数看成是无穷项相加,它不是相加运算,也不是相加运算的结果。但许多实际问题又提出了数列的各项"相加"的问题,例如"刘徽割圆""一尺之锤"问题等。于是,我们只好借助于部分和数列的极限来研究级数及其敛散性等问题。

例9-1-1 讨论等比级数(或几何级数)

$$\sum_{i=1}^{\infty} q^{i-1} = 1 + q + q^2 + \cdots + q^n + \cdots \tag{9-1-6}$$

的收敛性,其中 q 叫作级数的**公比**。

解 如果 $q \neq 1$,那么部分和

$$s_n = \sum_{i=1}^{n} q^{i-1} = 1 + q + q^2 + \cdots + q^{n-1} = \frac{1-q^n}{1-q}$$

当 $|q| < 1$ 时,$\lim\limits_{n \to \infty} q^n = 0$,从而 $\lim\limits_{n \to \infty} s_n = \frac{1}{1-q}$,因此这时级数(9-1-6)收敛,其和为 $\frac{1}{1-q}$。

当 $|q| > 1$ 时,$\lim\limits_{n \to \infty} q^n = \infty$,从而 $\lim\limits_{n \to \infty} s_n = \infty$,这时级数(9-1-6)发散。

当 $q = -1$ 时,当 n 为奇数时,$s_n = 1$;当 n 为偶数时,$s_n = 0$;显然部分和数列 $\{s_n\}$ 发散,此时级数(9-1-6)发散。

如果 $q = 1$,那么部分和 $s_n = n$,显然部分和数列 $\{s_n\}$ 发散,此时级数(9-1-6)发散。

综上所述,当 $|q| < 1$ 时,级数(9-1-6)收敛,其和为 $\frac{1}{1-q}$;当 $|q| \geq 1$ 时,级数(9-1-6)发散。

现在我们来回答本章开头提出的 Achilles 追赶乌龟的问题。

设乌龟的速度 v_1(m/s)和 Achilles 的速度 v_2(m/s)之比为 $q = \frac{v_1}{v_2}(0 < q < 1)$。Achilles 在乌龟后面 S_1(m)处开始追赶乌龟。当 Achilles 跑完 S_1(m)时,乌龟向前爬行了 $S_2 = qS_1$(m);当 Achilles 继续跑完 S_2(m)时,乌龟又向前爬行了 $S_3 = q^2 S_1$(m)……当 Achilles 继续跑完 S_n(m) 时,乌龟又向前爬行了 $S_{n+1} = q^n S_1$(m)……显然 Achilles 要追赶上乌龟,必须跑完上述无限段路程 $S_1, S_2, \cdots, S_n, \cdots$。由于

$$S_1 + S_2 + \cdots + S_n + \cdots = S_1(1 + q + q^2 + \cdots + q^n + \cdots) = \frac{S_1}{1-q}$$

即我们在前面所说的,这无限段路程的和却是有限的,也就是说,当 Achilles 跑完路程 $\frac{S_1}{1-q}$ m (即经过了时间 $\frac{S_1}{(1-q)v_2}$ s),它已经追上了乌龟。

例 9-1-2 证明级数

$$\sum_{n=1}^{\infty} (-1)^{n-1} = 1 - 1 + 1 - 1 + \cdots + (-1)^{n-1} + \cdots$$

是发散的。

证明 这级数的部分和为

$$s_n = \begin{cases} 1 & (n \text{ 为奇数}) \\ 0 & (n \text{ 为偶数}) \end{cases}$$

由于部分和数列 $\{s_n\}$ 发散,因此所给级数是发散的。

几何级数 $\sum\limits_{n=0}^{\infty} x^n$ 在 $|x| < 1$ 时收敛于 $\frac{1}{1-x}$,而 $x = 1, -1, 2$ 时,该几何级数是发散的。莱布尼茨、拉格朗日和欧拉的错误就在于对一个发散的级数进行了根本不存在的求和。

例 9-1-3 证明级数 $\sum\limits_{n=1}^{\infty} n = 1 + 2 + 3 + \cdots + n + \cdots$ 是发散的。

证明 这级数的部分和为

$$s_n = 1 + 2 + 3 + \cdots + n = \frac{n(n+1)}{2}$$

由于 $\lim\limits_{n\to\infty} s_n = +\infty$,即部分和数列 $\{s_n\}$ 发散,因此所给级数是发散的。

9.1.2 收敛级数的基本性质

根据常数项级数收敛、发散以及和的概念,可以由数列的性质平行地导出收敛级数的几个基本性质。

性质 1 (级数收敛的必要条件)设级数 $\sum\limits_{n=1}^{\infty} u_n$ 收敛,则其一般项所构成的数列 $\{u_n\}$ 是无穷小量,即

$$\lim_{n\to\infty} u_n = 0 \tag{9-1-7}$$

证明 设收敛级数 $\sum\limits_{n=1}^{\infty} u_n$ 的和与部分和分别为 s、s_n,由级数收敛的定义可得 $\lim\limits_{n\to\infty} s_n = s$,则 $\lim\limits_{n\to\infty} u_n = \lim\limits_{n\to\infty}(s_n - s_{n-1}) = \lim\limits_{n\to\infty} s_n - \lim\limits_{n\to\infty} s_{n-1} = s - s = 0$,证毕。

性质 1 可以用来判断某些级数发散。如果级数的一般项数列不是无穷小量,那么该级数必定发散。例如,当 $|q| \geqslant 1$ 时 $\{q^n\}$ 不是无穷小量,因此级数 $\sum\limits_{n=1}^{\infty} q^n$ 发散。例 9-1-3 中级数 $\sum\limits_{n=1}^{\infty} n$ 的一般项为 $u_n = n$,所以该级数也发散。

要注意的是,性质 1 只是级数收敛的必要条件,而非充分条件。换言之,数列 $\{u_n\}$ 为无穷小量并不能保证级数 $\sum\limits_{n=1}^{\infty} u_n$ 收敛。例如,调和级数

$$1 + \frac{1}{2} + \frac{1}{3} + \cdots + \frac{1}{n} + \cdots \tag{9-1-8}$$

虽然它的一般项数列 $\{u_n\}$ 是无穷小量,但是该级数是发散的。下面我们用反证法证明如下:

假设级数(9-1-8)收敛,其部分和为 s_n,且 $\lim\limits_{n\to\infty} s_n = s$。此时,对级数(9-1-8)的部分和 s_{2n},也有 $\lim\limits_{n\to\infty} s_{2n} = s$。于是

$$\lim_{n\to\infty}(s_{2n} - s_n) = s - s = 0$$

但另一方面

$$s_{2n} - s_n = \frac{1}{n+1} + \frac{1}{n+2} + \cdots + \frac{1}{2n} > \underbrace{\frac{1}{2n} + \frac{1}{2n} + \cdots + \frac{1}{2n}}_{n\text{项}} = \frac{1}{2}$$

即数列 $\{s_{2n} - s_n\}$ 不是无穷小量,与假设级数(9-1-8)收敛矛盾。故原级数发散。

性质 2 (线性性)设级数 $\sum\limits_{n=1}^{\infty} u_n = A$,$\sum\limits_{n=1}^{\infty} v_n = B$,$\alpha$ 和 β 是两个常数,则

$$\sum_{n=1}^{\infty} (\alpha u_n + \beta v_n) = \alpha A + \beta B \tag{9-1-9}$$

证明 设级数 $\sum\limits_{n=1}^{\infty} u_n$ 和 $\sum\limits_{n=1}^{\infty} v_n$ 的部分和分别为 s_n 与 σ_n，则

$$\lim_{n\to\infty} s_n = A, \quad \lim_{n\to\infty} \sigma_n = B$$

对级数 $\sum\limits_{n=1}^{\infty}(\alpha u_n + \beta v_n)$ 的部分和 δ_n 有

$$\delta_n = \alpha s_n + \beta \sigma_n$$

故得

$$\lim_{n\to\infty} \delta_n = \lim_{n\to\infty}(\alpha s_n + \beta \sigma_n) = \alpha \lim_{n\to\infty} s_n + \beta \lim_{n\to\infty} \sigma_n = \alpha A + \beta B$$

性质 2 说明，对收敛级数可以进行加法和数乘运算。由关系式 $\delta_n = \alpha s_n + \beta \sigma_n$ 知道，当 $\alpha \neq 0, \beta \neq 0$ 时，若部分和数列 $\{s_n\}$ 和 $\{\sigma_n\}$ 只有一个发散时，数列 $\{\delta_n\}$ 发散，进而级数 $\sum\limits_{n=1}^{\infty}(\alpha u_n + \beta v_n)$ 也发散。

例 9-1-4 求级数 $\sum\limits_{n=1}^{\infty} \dfrac{2^{n+1}-5}{3^n}$ 的和。

解 因为等比级数 $\sum\limits_{n=1}^{\infty} \dfrac{2^n}{3^n}$ 与 $\sum\limits_{n=1}^{\infty} \dfrac{1}{3^n}$ 都收敛，则有

$$\sum_{n=1}^{\infty} \frac{2^{n+1}-5}{3^n} = \frac{4}{3}\sum_{n=1}^{\infty}\left(\frac{2}{3}\right)^{n-1} - \frac{5}{3}\sum_{n=1}^{\infty}\left(\frac{1}{3}\right)^{n-1} = \frac{4}{3} \times \frac{1}{1-\dfrac{2}{3}} - \frac{5}{3} \times \frac{1}{1-\dfrac{1}{3}} = \frac{3}{2}$$

性质 3 如果级数 $\sum\limits_{n=1}^{\infty} u_n$ 收敛，那么对这个级数的项任意加括号后所成的级数

$$(u_1 + u_2 + \cdots + u_{n_1}) + (u_{n_1+1} + \cdots + u_{n_2}) + \cdots + (u_{n_{k-1}+1} + \cdots + u_{n_k}) + \cdots \quad (9-1-10)$$

仍收敛，且其和不变。

证明 令
$$v_1 = u_1 + u_2 + \cdots + u_{n_1}$$
$$v_2 = u_{n_1+1} + u_{n_1+2} + \cdots + u_{n_2}$$
$$\vdots$$
$$v_k = u_{n_{k-1}+1} + u_{n_{k-1}+2} + \cdots + u_{n_k}, \cdots$$

则级数 $(9-1-10)$ 记为 $\sum\limits_{k=1}^{\infty} v_k$。令 $\sum\limits_{n=1}^{\infty} u_n$ 和 $\sum\limits_{k=1}^{\infty} v_k$ 的部分和分别为 s_n 与 σ_k，则

$$\sigma_1 = s_{n_1}$$
$$\sigma_2 = s_{n_2}$$
$$\vdots$$
$$\sigma_k = s_{n_k}$$
$$\vdots$$

则数列 $\{\sigma_k\}$ 是数列 $\{s_n\}$ 的一个子列。由数列 $\{s_n\}$ 的收敛性以及收敛数列与其子数列的关系可知，数列 $\{\sigma_k\}$ 必收敛，且有

$$\lim_{k\to\infty}\sigma_k = \lim_{n\to\infty}s_n$$

即加括号后所成的级数(9-1-10)收敛,且其和不变。

性质 3 可以理解为,收敛的级数满足加法结合律。同时可以得到如下推论:如果加括号后所成的级数发散,那么原来级数也发散。

在数列极限中我们知道,一个数列的某个子列收敛并不能保证数列本身收敛。因此,相应地,在一个级数的和式中,添加了括号后所得的级数收敛并不能保证原来的级数收敛,即上面的级数 $\sum_{n=1}^{\infty} v_n$ 收敛并不能保证级数 $\sum_{n=1}^{\infty} u_n$ 收敛。

例 9-1-5 我们已知例 9-1-2 中的级数

$$\sum_{n=1}^{\infty}(-1)^{n-1} = 1-1+1-1\cdots+(-1)^{n-1}+\cdots$$

是发散的。但若在每两项之间加上括号,则有

$$(1-1)+(1-1)+\cdots+(1-1)+\cdots=0+0+\cdots+0+\cdots=0$$

即添加了括号后所得的级数是收敛的。

性质 4 在级数 $\sum_{n=1}^{\infty} u_n$ 中去掉、加上或改变有限项,不会改变级数 $\sum_{n=1}^{\infty} u_n$ 的收敛性。

请读者自己完成证明。

例 9-1-6 一慢性病人每天服用某种药物,按医嘱每天服用 0.05 mg,设体内的药物每天有 20% 通过各种渠道排泄掉,问长期服药后体内药量维持在怎样的水平?

解 服药第一天,病人体内药量为 0.05 mg;服药第二天,病人体内药量为 $0.05\times(1-20\%)+0.05 = 0.05\times\left(1+\frac{4}{5}\right)$ (mg);服药第三天,病人体内药量为 $[0.05(1-20\%)+0.05]\times(1-20\%)+0.05 = 0.05\left[1+\frac{4}{5}+\left(\frac{4}{5}\right)^2\right]$ (mg)……,按此推导下去,长期服药后,体内药量为

$$0.05\times\left[1+\frac{4}{5}+\left(\frac{4}{5}\right)^2+\left(\frac{4}{5}\right)^3+\cdots\right] = 0.05\times\sum_{i=1}^{\infty}\left(\frac{4}{5}\right)^{i-1} = 0.05\times\frac{1}{1-\frac{4}{5}} = 0.25\,(\text{mg})$$

在实际病例中,医生往往根据病人的病情,考虑体内药量水平的需求,确定病人每天的服药量。

习题 9-1

(A)

1. 填空题

(1) $\sum_{n=1}^{\infty} u_n$ 收敛,则 $\lim_{n\to\infty}(u_n^2 - u_n + 3) =$ _____ 。

(2) $\sum_{n=1}^{\infty} a_n$ 收敛,且 $S_n = a_1+a_2+\cdots+a_n$,则 $\lim_{n\to\infty}(S_{n+1}+S_{n-1}-2S_n) =$ _____ 。

(3) $\left(\frac{1}{2}+\frac{1}{3}\right)+\left(\frac{1}{2^2}+\frac{1}{3^2}\right)+\left(\frac{1}{2^3}+\frac{1}{3^3}\right)+\cdots$ 的和是 _____ 。

(4) 若 $\sum\limits_{n=1}^{\infty} u_n$ 的和是 3,则 $\sum\limits_{n=3}^{\infty} u_n$ 的和是_____。

(5) $\sum\limits_{n=1}^{\infty} t^n$ 的和是 2,则 $\sum\limits_{n=1}^{\infty} \dfrac{t^n}{2}$ 的和是_____。

(6) 当 $|x|<1$ 时,$\sum\limits_{n=1}^{\infty} x^n$ 的和是_____。

2. 根据级数收敛与发散的定义判别下列级数的敛散性:

(1) $\sum\limits_{n=1}^{\infty} \dfrac{1}{(3n-2)(3n+1)}$; (2) $\sum\limits_{n=1}^{\infty} (\sqrt{n+2} - 2\sqrt{n+1} + \sqrt{n})$。

3. 判别下列级数的敛散性:

(1) $\sum\limits_{n=1}^{\infty} \sqrt[n]{0.001}$; (2) $\sum\limits_{n=1}^{\infty} \dfrac{2^n - 3^n}{7^n}$;

(3) $\dfrac{1}{5} + 1 + \dfrac{1}{25} + 2 + \cdots + \dfrac{1}{5^n} + n + \cdots$;

(4) $\sum\limits_{n=1}^{\infty} (-1)^n \left(\dfrac{8}{5}\right)^n$;

(5) $\sum\limits_{n=1}^{\infty} \sqrt{\dfrac{n-1}{n+1}}$。

4. 已知 $\sum\limits_{n=1}^{\infty} (-1)^{n-1} a_n = 2$,$\sum\limits_{n=1}^{\infty} a_{2n-1} = 5$,求 $\sum\limits_{n=1}^{\infty} a_n$ 的和。

5. 若级数 $\sum\limits_{n=1}^{\infty} a_n$ 与 $\sum\limits_{n=1}^{\infty} b_n$ 中有一个收敛,另一个发散,证明:$\sum\limits_{n=1}^{\infty} (a_n + b_n)$ 必发散,如果两个级数均发散,则级数 $\sum\limits_{n=1}^{\infty} (a_n + b_n)$ 是否必发散?(如果正确请证明,否则,请举例)

6. 一条蠕虫以每秒 1cm 的速度在一根长 1m 的橡皮绳上从一端向另一端爬行,而橡皮绳每秒钟伸长 1m,问这条虫子能否爬行到橡皮绳的另一端(德国数学家许瓦兹 1867 年提出)?若橡皮绳每秒伸长 10m,问这条虫子能否爬行到橡皮绳的另一端?若橡皮绳每秒伸长为当前长度的 1/10,问这条虫子能否爬行到橡皮绳的另一端?

(B)

1. 填空题

(1) 级数 $\sum\limits_{n=1}^{\infty} \dfrac{2n+1}{(n^2+1)[(n+1)^2+1]}$ 的和为_____。

(2) 若级数 $\sum\limits_{n=1}^{\infty} (u_n - 1)$ 收敛,则 $\lim\limits_{n \to \infty} u_n = $_____。

2. 选择题

(1) 设级数 $\sum\limits_{n=1}^{\infty} u_n$ 的部分和 $s_n = \sum\limits_{k=1}^{n} u_k$,则数列 $\{s_n\}$ 有界是 $\sum\limits_{n=1}^{\infty} u_n$ 收敛的( )。

A. 充分非必要条件 B. 必要非充分条件
C. 充要条件 D. 既非充分又非必要条件

(2) 若级数 $\sum\limits_{n=1}^{\infty} (u_n + v_n)$ 收敛,则( )。

A. $\sum_{n=1}^{\infty} u_n$、$\sum_{n=1}^{\infty} v_n$ 均收敛 B. $\sum_{n=1}^{\infty} u_n$、$\sum_{n=1}^{\infty} v_n$ 中至少有一个收敛

C. $\sum_{n=1}^{\infty} u_n$、$\sum_{n=1}^{\infty} v_n$ 不一定收敛 D. $\sum_{n=1}^{\infty} u_n$、$\sum_{n=1}^{\infty} v_n$ 一定都发散

3. 设 $\lim_{n \to \infty} u_n = \infty$ 且 $u_n \neq 0$，研究级数 $\sum_{n=1}^{\infty} \left(\dfrac{1}{u_n} - \dfrac{1}{u_{n+1}} \right)$ 的敛散性。

4. 设级数 $\sum_{n=1}^{\infty} u_n$ 收敛，级数 $\sum_{n=1}^{\infty} v_n$ 发散，证明级数 $\sum_{n=1}^{\infty} (u_n + v_n)$ 发散，并判断级数 $\sum_{n=1}^{\infty} \left(\dfrac{1}{2n} + \dfrac{1}{2^n} \right)$ 的敛散性。

5. 级数 $\sum_{n=1}^{\infty} u_n$ 满足：$\lim_{n \to \infty} u_n = 0$；$\sum_{n=1}^{\infty} (u_{2n-1} + u_{2n})$ 收敛。证明：级数 $\sum_{n=1}^{\infty} u_n$ 收敛。

§9.2 常数项级数的审敛法

数项级数的收敛性可以通过部分和数列的收敛性来判定，但很多级数的部分和通常难以用解析式表示。一般的常数项级数，它的各项可以是正数、负数或者零，各项均为正数或者零的级数称为正项级数，任意的常数项级数则可以通过取绝对值变为正项级数，通过研究其对应的正项级数的收敛性来判定其是否收敛。正负交错出现的级数称为交错级数。本节内容主要介绍判定正项级数和交错级数收敛性的审敛法。

9.2.1 正项级数及其审敛法

在 9.1 节中 Achilles 追乌龟的路程所构成的级数 $S_1(1 + q + q^2 + \cdots + q^n + \cdots)$，以及发散级数 $\sum_{n=1}^{\infty} n = 1 + 2 + 3 + \cdots + n + \cdots$，都有一个明显的特征：它们的各个项都是正数。这是一类很特殊的常数项级数。

定义 9-2-1 如果级数 $\sum_{n=1}^{\infty} u_n$ 的各项都是非负实数，即

$$u_n \geq 0 \quad (n = 1, 2, 3, \cdots)$$

则称此级数为正项级数。

设 $\sum_{n=1}^{\infty} u_n$ 为正项级数，它的部分和为 s_n，则数列 $\{s_n\}$ 是一个单调递增数列

$$s_1 \leq s_2 \leq s_3 \leq \cdots \leq s_{n-1} \leq s_n \leq s_{n+1} \leq \cdots$$

根据单调有界数列必收敛的准则，我们可以得到

定理 9-2-1 （正项级数的收敛原理）正项级数 $\sum_{n=1}^{\infty} u_n$ 收敛的充分必要条件是它的部分和数列 $\{s_n\}$ 有上界。

由定理 9-2-1 可知，如果正项级数 $\sum_{n=1}^{\infty} u_n$ 发散，那么它的部分和数列 $\{s_n\}$ 必发散，且 $\lim_{n \to \infty} s_n = +\infty$，因此 $\sum_{n=1}^{\infty} u_n = +\infty$。

例 9-2-1 级数 $\sum_{n=1}^{\infty} \ln \frac{(n+1)^2}{n(n+2)}$ 是正项级数,它的部分和数列的通项为

$$s_n = \sum_{i=1}^{n} \ln \frac{(i+1)^2}{i(i+2)} = \sum_{i=1}^{n} \left[\ln \frac{i+1}{i} - \ln \frac{i+2}{i+1} \right] = \ln 2 - \ln \frac{n+2}{n+1} < \ln 2$$

由正项级数的收敛原理,正项级数 $\sum_{n=1}^{\infty} \ln \frac{(n+1)^2}{n(n+2)}$ 收敛。

下面我们就判定一般正项级数收敛性的方法进行深入研究。由正项级数的收敛原理,可得关于正项级数的一个基本的审敛法。

定理 9-2-2 (比较审敛法) 设 $\sum_{n=1}^{\infty} u_n$ 和 $\sum_{n=1}^{\infty} v_n$ 都是正项级数,且 $u_n \leq v_n$, $n=1,2,3,\cdots$。若级数 $\sum_{n=1}^{\infty} v_n$ 收敛,则级数 $\sum_{n=1}^{\infty} u_n$ 也收敛;反之,若级数 $\sum_{n=1}^{\infty} u_n$ 发散,则级数 $\sum_{n=1}^{\infty} v_n$ 也发散。

证明 若正项级数 $\sum_{n=1}^{\infty} v_n$ 收敛,且收敛于 σ,则正项级数 $\sum_{n=1}^{\infty} u_n$ 的部分和

$$s_n = u_1 + u_2 + \cdots + u_n \leq v_1 + v_2 + \cdots + v_n \leq \sigma \quad (n=1,2,\cdots,n,\cdots)$$

即部分和数列 $\{s_n\}$ 有界。由定理 9-2-1 知正项级数 $\sum_{n=1}^{\infty} u_n$ 收敛。

反之,若正项级数 $\sum_{n=1}^{\infty} u_n$ 发散,则正项级数 $\sum_{n=1}^{\infty} v_n$ 必发散。这是因为若正项级数 $\sum_{n=1}^{\infty} v_n$ 收敛,由上面已证明的结论,正项级数 $\sum_{n=1}^{\infty} u_n$ 也收敛,与已知条件矛盾。

常数项级数的每一项同乘以一非零常数 k 以及去掉级数前面部分的有限项不会影响级数的收敛性,因此可得如下推论:

推论 设 $\sum_{n=1}^{\infty} u_n$ 和 $\sum_{n=1}^{\infty} v_n$ 都是正项级数,若级数 $\sum_{n=1}^{\infty} v_n$ 收敛,且存在正整数 N,使得当 $n \geq N$ 时有 $u_n \leq k v_n (k>0)$ 成立,则级数 $\sum_{n=1}^{\infty} u_n$ 也收敛;若级数 $\sum_{n=1}^{\infty} v_n$ 发散,且存在正整数 N,使得当 $n \geq N$ 时有 $u_n \geq k v_n (k>0)$ 成立,则级数 $\sum_{n=1}^{\infty} u_n$ 发散。

例 9-2-2 讨论 p 级数

$$\sum_{n=1}^{\infty} \frac{1}{n^p} = 1 + \frac{1}{2^p} + \frac{1}{3^p} + \cdots + \frac{1}{n^p} + \cdots$$

的收敛性,其中常数 $p > 0$。

解 设 $p \leq 1$,这时级数的一般项 $\frac{1}{n^p} \geq \frac{1}{n}$,但调和级数 $\sum_{n=1}^{\infty} \frac{1}{n}$ 发散,因此由正项级数的比较审敛法可知,当 $p \leq 1$ 时级数发散。

设 $p > 1$,则有

$$\frac{1}{k^p} = \frac{1}{k^p} \cdot 1 = \frac{1}{k^p} \int_{k-1}^{k} \mathrm{d}x = \int_{k-1}^{k} \frac{1}{k^p} \mathrm{d}x \leq \int_{k-1}^{k} \frac{1}{x^p} \mathrm{d}x \quad (k=2,3,4,\cdots)$$

从而级数的部分和

$$s_n = 1 + \sum_{k=2}^{n} \frac{1}{k^p} \leq 1 + \sum_{k=2}^{n} \int_{k-1}^{k} \frac{1}{x^p} dx = 1 + \int_{1}^{n} \frac{1}{x^p} dx$$

$$= 1 + \frac{1}{p-1}\left(1 - \frac{1}{n^{p-1}}\right) < 1 + \frac{1}{p-1} \quad (n = 2, 3, \cdots)$$

即部分和数列 $\{s_n\}$ 有上界。由定理 9-2-1 可知级数收敛。

综上所述可得，p 级数当 $p > 1$ 时收敛，当 $p \leq 1$ 时发散。

例 9-2-3 判定正项级数 $\sum_{n=1}^{\infty} \frac{n+2}{2n^3 - n}$ 的收敛性。

解 当 $n > 1$ 时，不等式 $\frac{n+2}{2n^3 - n} < \frac{1}{n^2}$ 成立，由于正项级数 $\sum_{n=1}^{\infty} \frac{1}{n^2}$ 收敛，由比较审敛法可知，原正项级数收敛。

为了应用上的方便，下面我们给出正项级数比较审敛法的极限形式。

定理 9-2-3 （比较审敛法的极限形式）设 $\sum_{n=1}^{\infty} u_n$ 和 $\sum_{n=1}^{\infty} v_n$ 都是正项级数，且

$$\lim_{n \to \infty} \frac{u_n}{v_n} = l \quad (0 \leq l \leq +\infty)$$

(1) 若 $0 \leq l < +\infty$ 且级数 $\sum_{n=1}^{\infty} v_n$ 收敛，则级数 $\sum_{n=1}^{\infty} u_n$ 收敛；

(2) 若 $0 < l \leq +\infty$，且级数 $\sum_{n=1}^{\infty} v_n$ 发散，则级数 $\sum_{n=1}^{\infty} u_n$ 发散。

所以当 $0 < l < +\infty$ 时，级数 $\sum_{n=1}^{\infty} u_n$ 和 $\sum_{n=1}^{\infty} v_n$ 同时收敛或同时发散。

证明 (1) 由数列极限的定义可知，对于 $\varepsilon = 1$，存在正整数 N，当 $n > N$ 时，有

$$\frac{u_n}{v_n} < l + 1$$

即 $u_n < (l+1)v_n$。又正项级数 $\sum_{n=1}^{\infty} v_n$ 收敛，根据比较审敛法的推论可知，级数 $\sum_{n=1}^{\infty} u_n$ 收敛。

(2) 对于 $0 < l < +\infty$ 情形，利用反证法，假设级数 $\sum_{n=1}^{\infty} u_n$ 收敛，由结论(1)可知，级数 $\sum_{n=1}^{\infty} v_n$ 收敛，但已知 $\sum_{n=1}^{\infty} v_n$ 发散，因此级数 $\sum_{n=1}^{\infty} u_n$ 收敛不成立，即级数 $\sum_{n=1}^{\infty} u_n$ 发散。

对于 $l = +\infty$ 情形，留给读者证明。

极限形式的比较审敛法，在两个正项级数的一般项均趋近于零的情况下，其实是比较它们的一般项作为无穷小量的阶。定理 9-2-3 表明，当 $n \to \infty$ 时，如果 u_n 是与 v_n 同阶或是比 v_n 高阶的无穷小，而级数 $\sum_{n=1}^{\infty} v_n$ 收敛，那么级数 $\sum_{n=1}^{\infty} u_n$ 也收敛；如果 u_n 是与 v_n 同阶或是比 v_n 低阶的无穷小，而级数 $\sum_{n=1}^{\infty} v_n$ 发散，那么级数 $\sum_{n=1}^{\infty} u_n$ 也发散。

在例 9-2-3 中，当 $n \to \infty$ 时，$\frac{n+2}{2n^3 - n} \sim \frac{1}{2n^2}$，利用定理 9-2-3 便可得到 $\sum_{n=1}^{\infty} \frac{n+2}{2n^3 - n}$ 收敛的结论。

例 9-2-4 判定正项级数 $\sum_{n=1}^{\infty} \sin \dfrac{1}{n}$ 的收敛性。

解 因为

$$\lim_{n \to \infty} \dfrac{\sin \dfrac{1}{n}}{\dfrac{1}{n}} = 1 > 0$$

而调和级数 $\sum_{n=1}^{\infty} \dfrac{1}{n}$ 发散,根据定理 9-2-3 可知,级数 $\sum_{n=1}^{\infty} \sin \dfrac{1}{n}$ 发散。

例 9-2-5 判定正项级数 $\sum_{n=1}^{\infty} \sqrt{n+1}\left(1 - \cos \dfrac{2}{n}\right)$ 的收敛性。

解 因为

$$\lim_{n \to \infty} \dfrac{\sqrt{n+1}\left(1 - \cos \dfrac{2}{n}\right)}{\dfrac{1}{n^{\frac{3}{2}}}} = \lim_{n \to \infty} \dfrac{\sqrt{n+1}}{\sqrt{n}} \times \dfrac{\dfrac{1}{2} \times \left(\dfrac{2}{n}\right)^2}{\dfrac{1}{n^2}} = 2 > 0$$

而级数 $\sum_{n=1}^{\infty} \dfrac{1}{n^{\frac{3}{2}}}$ 收敛,根据定理 9-2-3 可知,级数 $\sum_{n=1}^{\infty} \sqrt{n+1}\left(1 - \cos \dfrac{2}{n}\right)$ 收敛。

事实上,在利用比较审敛法判定正项级数 $\sum_{n=1}^{\infty} u_n$ 收敛性时,需要适当地选取一个已知其收敛性的正项级数 $\sum_{n=1}^{\infty} v_n$ 作为比较的基准。最常选作基准级数的是 **p 级数**和**等比级数**。

例 9-2-6 判断级数 $\sum_{n=1}^{\infty} \dfrac{2n^2 + 3n}{\sqrt{5 + n^5}}$ 收敛还是发散。

解 $u_n = \dfrac{2n^2 + 3n}{\sqrt{5 + n^5}}$ 中,分子起作用的项是 $2n^2$,分母中的则是 $\sqrt{n^5} = n^{\frac{5}{2}}$,于是 $\dfrac{2n^2}{n^{\frac{5}{2}}} = \dfrac{2}{n^{\frac{1}{2}}}$,选取 $\dfrac{1}{n^{\frac{1}{2}}}$,则有:$\lim_{n \to \infty} \dfrac{u_n}{\dfrac{1}{n^{\frac{1}{2}}}} = \lim_{n \to \infty} \dfrac{2n^{\frac{5}{2}} + 3n^{\frac{3}{2}}}{\sqrt{5 + n^5}} = 2$,而 $p = \dfrac{1}{2} < 1$,因此该级数发散。

利用比较审敛法时,先要对所考虑的正项级数的收敛性有一个大致估计,进而找一个敛散性已知的合适正项级数与之相比较。但就绝大多数情况而言,这两个步骤都具有相当难度。因此,理想的审敛法似乎应着眼于对正项级数一般项表达式的分析。

等比级数 $\sum_{n=1}^{\infty} q^n$,在 $\dfrac{u_{n+1}}{u_n} = \dfrac{q^{n+1}}{q^n} = q > 0$ 时,$\sum_{n=1}^{\infty} q^n$ 的收敛性只依赖于其后一项与前一项之比,即公比 q 是否小于 1。直观地类比一下,容易想象,若一个级数 $\sum_{n=1}^{\infty} u_n$ 的后一项与前一项之比 $\dfrac{u_{n+1}}{u_n}$ 在 n 很大时很小(小于 1),则这个级数应该是收敛(或发散)的。基于这样的思想,可得到使用方便的比值审敛法。

定理 9-2-4 (比值审敛法,达朗贝尔(d'Alembert)判别法)设 $\sum_{n=1}^{\infty} u_n$ 是正项级数,如果

$$\lim_{n\to\infty}\frac{u_{n+1}}{u_n}=\rho$$

那么当 $0\leqslant\rho<1$ 时级数收敛，当 $\rho>1$ $\left(\text{或}\lim\limits_{n\to\infty}\dfrac{u_{n+1}}{u_n}=+\infty\right)$ 时级数发散，当 $\rho=1$ 时级数可能收敛也可能发散。

证明 （1）当 $0\leqslant\rho<1$，取一个适当充分小的正数 ε，使得 $\rho+\varepsilon=r<1$，根据数列极限的定义，存在一正整数 N，当 $n>N$ 时有不等式

$$\frac{u_{n+1}}{u_n}<\rho+\varepsilon=r, n=N+1, N+2, N+3,\cdots$$

即有

$$u_{N+2}<ru_{N+1}, u_{N+3}<ru_{N+2}, u_{N+4}<ru_{N+3},\cdots, u_{N+k+1}<r^k u_{N+1},\cdots$$

又等比级数 $\sum\limits_{k=1}^{\infty}r^k u_{N+1}$ 收敛（公比 $r<1$），根据定理 9-2-2 的推论，知级数 $\sum\limits_{n=1}^{\infty}u_n$ 收敛。

（2）当 $\rho>1$，取一个适当充分小的正数 ε，使得 $\rho-\varepsilon>1$，根据数列极限的定义，存在一正整数 N，当 $n>N$ 时有

$$\frac{u_{n+1}}{u_n}>\rho-\varepsilon>1$$

即有

$$u_{n+1}>u_n$$

因此，当 $n>N$ 时，级数的一般项 u_n 单调递增且无上界，从而 $\lim\limits_{n\to\infty}u_n=+\infty$。根据级数收敛的必要条件可知级数 $\sum\limits_{n=1}^{\infty}u_n$ 发散。

类似地，可以证明当 $\lim\limits_{n\to\infty}\dfrac{u_{n+1}}{u_n}=+\infty$ 时，级数 $\sum\limits_{n=1}^{\infty}u_n$ 发散。

（3）当 $\rho=1$ 时级数可能收敛也可能发散。例如 p 级数，不论 p 为何值都有

$$\lim_{n\to\infty}\frac{u_{n+1}}{u_n}=\lim_{n\to\infty}\frac{\dfrac{1}{(n+1)^p}}{\dfrac{1}{n^p}}=\lim_{n\to\infty}\left(\frac{n}{n+1}\right)^p=1$$

而我们知道，p 级数当 $p>1$ 时收敛，当 $p\leqslant 1$ 时发散，因此只根据 $\rho=1$ 不能判定级数的收敛性。

例 9-2-7 判定正项级数 $\sum\limits_{n=1}^{\infty}\dfrac{1}{n!}$ 的收敛性。

解 因为 $\lim\limits_{n\to\infty}\dfrac{u_{n+1}}{u_n}=\lim\limits_{n\to\infty}\dfrac{\dfrac{1}{(n+1)!}}{\dfrac{1}{n!}}=\lim\limits_{n\to\infty}\dfrac{1}{n+1}=0$，由比值审敛法可知，原正项级数收敛。

例 9-2-8 判定正项级数 $\sum\limits_{n=1}^{\infty}\dfrac{n!}{10^n}$ 的收敛性。

解 因为 $\lim\limits_{n\to\infty}\dfrac{u_{n+1}}{u_n}=\lim\limits_{n\to\infty}\dfrac{\frac{(n+1)!}{10^{n+1}}}{\frac{n!}{10^n}}=\lim\limits_{n\to\infty}\dfrac{n+1}{10}=+\infty$,由比值审敛法可知,原正项级数发散。

比值审敛法在 $\rho=1$ 或 $\lim\limits_{n\to\infty}\dfrac{u_{n+1}}{u_n}$ 不存在时,就无法判别正项级数 $\sum\limits_{n=1}^{\infty}u_n$ 的敛散性。如级数 $\sum\limits_{n=1}^{\infty}2^{-n-(-1)^n}$,$\dfrac{u_{n+1}}{u_n}=\dfrac{2^{-(n+1)-(-1)^{n+1}}}{2^{-n-(-1)^n}}=2^{-1+2(-1)^n}=\begin{cases}2,n=2k\\2^{-3},n=2k-1\end{cases}(k=1,2,3,\cdots)$,显然 $\lim\limits_{n\to\infty}\dfrac{u_{n+1}}{u_n}$ 不存在,无法使用比值法判别级数的敛散性。

正项级数 $\sum\limits_{n=1}^{\infty}u_n$,如果存在某个 N,当 $n>N$ 时,$0\leqslant u_n<r^n$,$0<r<1$,而 $\sum\limits_{n=N+1}^{\infty}r^n$ 收敛,则级数 $\sum\limits_{n=N+1}^{\infty}u_n$ 也收敛。显而易见 $\sqrt[n]{u_n}<r<1$,于是我们得到了一种常用的正项级数审敛法——根值审敛法。

定理 9-2-5 (根值审敛法,柯西(Cauchy)判别法)设 $\sum\limits_{n=1}^{\infty}u_n$ 是正项级数,如果

$$\lim_{n\to\infty}\sqrt[n]{u_n}=\rho$$

那么当 $0\leqslant\rho<1$ 时级数收敛,当 $\rho>1$(或 $\lim\limits_{n\to\infty}\sqrt[n]{u_n}=+\infty$)时级数发散,当 $\rho=1$ 时级数可能收敛也可能发散。

定理 9-2-6 的证明与定理 9-2-5 相仿,这里从略。

对于级数 $\sum\limits_{n=1}^{\infty}2^{-n-(-1)^n}$,$\lim\limits_{n\to\infty}\sqrt[n]{u_n}=\lim\limits_{n\to\infty}\sqrt[n]{2^{-n-(-1)^n}}=\dfrac{1}{2}\times 2^{\lim\limits_{n\to\infty}\frac{-(-1)^n}{n}}=\dfrac{1}{2}<1$,因此该级数收敛。

例 9-2-9 判定正项级数 $\sum\limits_{n=1}^{\infty}\dfrac{3+(-1)^n}{3^n}$ 的收敛性。

解 因为

$$\lim_{n\to\infty}\sqrt[n]{u_n}=\lim_{n\to\infty}\dfrac{1}{3}\sqrt[n]{3+(-1)^n}=\lim_{n\to\infty}\dfrac{1}{3}e^{\frac{\ln[3+(-1)^n]}{n}}=\dfrac{1}{3}e^{\lim\limits_{n\to\infty}\frac{1}{n}\cdot\ln[3+(-1)^n]}$$

且 $\ln[3+(-1)^n]$ 有界,由无穷小数列的性质得,$\lim\limits_{n\to\infty}\dfrac{1}{n}\cdot\ln[3+(-1)^n]=0$,从而

$$\lim_{n\to\infty}\sqrt[n]{u_n}=\dfrac{1}{3}$$

由根值审敛法可知,原级数收敛。

事实上,若一个正项级数的收敛性可以由比值审敛法判定,则它一定也能用根植审敛法来判定。但是,能用根植审敛法判定的,未必能用比值审敛法判定。也就是说,根植审敛法的适用范围比比值审敛法广。但是对于某些具体例子而言,两种判别法都适用,而比值审敛法比根植审敛法更方便一些。读者可根据正项级数具体情况来选择合适的判别法。

根值审敛法与比值审敛法的本质是比较审敛法,都是与等比级数 $\sum\limits_{n=1}^{\infty}q^n$ 相比较而得到。在判定级数收敛时,要求级数的一般项 u_n 受到 q^n 的控制,并且 $0<q<1$;而在判定级数发散

时,则要求 $q > 1$;当 $q = 1$ 时,审敛法失效,即便是对于 $\sum_{n=1}^{\infty} \dfrac{1}{n^p}$ 这样简单的级数,也都无能为力。下面介绍的**拉比(Raabe)审敛法**将在一定程度上弥补上述的局限性。

*定理 9-2-6 (拉比审敛法)设 $\sum_{n=1}^{\infty} u_n \ (u_n \neq 0)$ 是正项级数,如果

$$\lim_{n \to \infty} n\left(\dfrac{u_n}{u_{n+1}} - 1\right) = \rho$$

那么当 $\rho > 1$ 时级数收敛,当 $\rho < 1$ 时级数发散。

例 9-2-10 判定级数正项级数 $\sum_{n=1}^{\infty} \dfrac{(2n-1)!!}{(2n)!!}$ 的收敛性。

使用比值法有 $\lim\limits_{n \to \infty} \dfrac{u_{n+1}}{u_n} = \lim\limits_{n \to \infty} \left(\dfrac{(2n+1)!!}{(2n+2)!!} \times \dfrac{(2n)!!}{(2n-1)!!}\right) = \lim\limits_{n \to \infty} \dfrac{2n+1}{2n+2} = 1$,无法判断;而根值法难以使用。我们用拉比审敛法可以简便求解。

解 $\lim\limits_{n \to \infty} n\left(\dfrac{u_n}{u_{n+1}} - 1\right) = \lim\limits_{n \to \infty} n\left(\dfrac{2n+2}{2n+1} - 1\right) = \dfrac{1}{2} < 1$

因此,正项级数 $\sum_{n=1}^{\infty} \dfrac{(2n-1)!!}{(2n)!!}$ 发散。

9.2.2 交错级数及其审敛法

对于一常数项级数,如果一般项只有有限个负值或有限个正值,都可以利用正项级数的审敛法来判定它的收敛性。如果其一般项既有无限个正值,又有无限个负值,那么正项级数审敛法不再适用。下面先来研究一类特殊的常数项级数——交错级数。

定义 9-2-2 如果常数项级数的各项是正负交错的,即可写成下面的形式:

$$u_1 - u_2 + u_3 - u_4 + \cdots$$

或

$$-u_1 + u_2 - u_3 + u_4 - \cdots$$

式中:$u_1, u_2, u_3, u_4, \cdots$ 都是正数,则称此级数为交错级数,记为 $\sum_{n=1}^{\infty} (-1)^{n-1} u_n$ 或 $\sum_{n=1}^{\infty} (-1)^n u_n$。

特别地,若交错级数满足数列 $\{u_n\}$ 单调递减且收敛于 0,则称其为**莱布尼茨级数**。

定理 9-2-7 (莱布尼茨定理)莱布尼茨级数 $\sum_{n=1}^{\infty} (-1)^{n-1} u_n$ 必收敛,且其和 $s \leq u_1$,余项 r_n 的绝对值 $|r_n| \leq u_{n+1}$。

证明 记莱布尼茨级数前 $2n$、$2n+1$ 项的和分别为 s_{2n}、s_{2n+1}。

先证明极限 $\lim\limits_{n \to \infty} s_{2n}$ 存在。为此把 s_{2n} 写成两种形式:

$$s_{2n} = (u_1 - u_2) + (u_3 - u_4) + \cdots + (u_{2n-1} - u_{2n})$$

和

$$s_{2n} = u_1 - (u_2 - u_3) - (u_4 - u_5) - \cdots - (u_{2n-2} - u_{2n-1}) - u_{2n}$$

因为上面所有括号的差都是非负的,于是数列$\{s_{2n}\}$是单调增加的,并且$s_{2n} < u_1$。根据单调有界数列必收敛准则可知,当$n \to \infty$时,s_{2n}趋近于一个极限s,并且s不大于u_1:

$$\lim_{n \to \infty} s_{2n} = s \leqslant u_1$$

再证明当$n \to \infty$时s_{2n+1}的极限也是s。由收敛级数的必要条件可知

$$\lim_{n \to \infty} u_{2n+1} = 0$$

又

$$s_{2n+1} = s_{2n} + u_{2n+1}$$

进而有

$$\lim_{n \to \infty} s_{2n+1} = \lim_{n \to \infty} s_{2n} + \lim_{n \to \infty} u_{2n+1} = s + 0 = s$$

因为$\lim_{n \to \infty} s_{2n} = s$和$\lim_{n \to \infty} s_{2n+1} = s$,由数列收敛的充分条件可知,$\lim_{n \to \infty} s_n = s$。这就证明了莱布尼茨级数$\sum_{n=1}^{\infty}(-1)^{n-1} u_n$收敛,且和$s \leqslant u_1$。

最后,可以看出余项r_n表达式为

$$r_n = \pm(u_{n+1} - u_{n+2} + \cdots)$$

其绝对值为

$$|r_n| = u_{n+1} - u_{n+2} + \cdots$$

其右端也是一个莱布尼茨级数,由上述结论可得,其和小于级数的第一项,也就是说

$$|r_n| \leqslant u_{n+1}$$

例9-2-11 判定交错级数$1 - \frac{1}{2} + \frac{1}{3} - \frac{1}{4} + \cdots + (-1)^{n-1}\frac{1}{n} + \cdots$的收敛性。

解 因为

$$u_{n+1} = \frac{1}{n+1} < u_n = \frac{1}{n}$$

且

$$\lim_{n \to \infty} u_n = \lim_{n \to \infty} \frac{1}{n} = 0$$

即此交错级数为莱布尼茨级数,故级数$\sum_{n=1}^{\infty}(-1)^{n-1}\frac{1}{n}$收敛。

例9-2-12 判定交错级数$\sum_{n=1}^{\infty}(-1)^n \frac{1}{2^n}\left(1 + \frac{1}{n}\right)^{n^2}$的收敛性。

解 记$u_n = \frac{1}{2^n}\left(1 + \frac{1}{n}\right)^{n^2}$,则

$$\lim_{n \to \infty} u_n = \lim_{n \to \infty} \frac{1}{2^n}\left(1 + \frac{1}{n}\right)^{n^2} = \lim e^{n\ln\frac{\left(1+\frac{1}{n}\right)^n}{2}} = e^{\lim_{n \to \infty} n\ln\frac{\left(1+\frac{1}{n}\right)^n}{2}} = +\infty$$

由收敛级数的必要条件,原交错级数$\sum_{n=1}^{\infty}(-1)^n \frac{1}{2^n}\left(1 + \frac{1}{n}\right)^{n^2}$发散。

9.2.3 绝对收敛与条件收敛

正项级数的审敛法比较容易,能否利用正项级数的审敛法对一般常数项级数的收敛性进行判定呢?

对于一常数项级数 $\sum_{n=1}^{\infty} u_n$,逐项取绝对值得到新的级数 $\sum_{n=1}^{\infty} |u_n|$,则级数 $\sum_{n=1}^{\infty} |u_n|$ 为正项级数。若级数 $\sum_{n=1}^{\infty} |u_n|$ 收敛,$\sum_{n=1}^{\infty} u_n$ 是不是收敛呢?

令 $v_n = \frac{1}{2}(u_n + |u_n|), n = 1, 2, 3, \cdots$,则有 $v_n \geq 0$,且 $v_n \leq |u_n|$。因级数 $\sum_{n=1}^{\infty} |u_n|$ 收敛,由比较审敛法可知,级数 $\sum_{n=1}^{\infty} v_n$ 收敛,从而级数 $\sum_{n=1}^{\infty} 2v_n$ 也收敛。又 $u_n = 2v_n - |u_n|$,由收敛级数的基本性质可知

$$\sum_{n=1}^{\infty} u_n = 2\sum_{n=1}^{\infty} v_n - \sum_{n=1}^{\infty} |u_n|$$

故级数 $\sum_{n=1}^{\infty} u_n$ 也收敛。注意到,这个结论的逆命题是不成立的,即不能由 $\sum_{n=1}^{\infty} u_n$ 收敛断定 $\sum_{n=1}^{\infty} |u_n|$ 也收敛。例如,莱布尼茨级数 $\sum_{n=1}^{\infty} (-1)^{n-1} \frac{1}{n}$ 收敛,但对每项取绝对值后得到的是调和级数 $\sum_{n=1}^{\infty} \frac{1}{n}$,而它是发散的。

定义 9-2-3 如果级数 $\sum_{n=1}^{\infty} |u_n|$ 收敛,则称级数 $\sum_{n=1}^{\infty} u_n$ **绝对收敛**;如果级数 $\sum_{n=1}^{\infty} u_n$ 收敛而级数 $\sum_{n=1}^{\infty} |u_n|$ 发散,则称级数 $\sum_{n=1}^{\infty} u_n$ **条件收敛**。

根据以上分析,级数绝对收敛与级数收敛具有以下重要关系:

定理 9-2-8 如果级数 $\sum_{n=1}^{\infty} u_n$ 绝对收敛,那么级数 $\sum_{n=1}^{\infty} u_n$ 必定收敛。

上述证明中引入的级数 $\sum_{n=1}^{\infty} v_n$,其一般项为

$$v_n = \frac{1}{2}(u_n + |u_n|) = \begin{cases} u_n & (u_n > 0) \\ 0 & (u_n \leq 0) \end{cases}$$

可见级数 $\sum_{n=1}^{\infty} v_n$ 是把级数 $\sum_{n=1}^{\infty} u_n$ 中的负项换成 0 而得到的,它也就是级数 $\sum_{n=1}^{\infty} u_n$ 中的全体正项所构成的级数。类似可知,令

$$w_n = \frac{1}{2}(|u_n| - u_n) = \begin{cases} 0 & (u_n \geq 0) \\ -u_n & (u_n < 0) \end{cases}$$

则级数 $\sum_{n=1}^{\infty} w_n$ 为级数 $\sum_{n=1}^{\infty} u_n$ 中全体负项的绝对值所构成的级数。可以发现,如果级数 $\sum_{n=1}^{\infty} u_n$ 绝

对收敛,那么级数 $\sum\limits_{n=1}^{\infty} v_n$ 与 $\sum\limits_{n=1}^{\infty} w_n$ 都收敛;如果级数 $\sum\limits_{n=1}^{\infty} u_n$ 条件收敛,那么 $\sum\limits_{n=1}^{\infty} v_n$ 与 $\sum\limits_{n=1}^{\infty} w_n$ 都发散。

定理 9-2-8 表明,对于一般的常数项级数 $\sum\limits_{n=1}^{\infty} u_n$,如果用正项级数的审敛法判定级数 $\sum\limits_{n=1}^{\infty} |u_n|$ 收敛,那么级数 $\sum\limits_{n=1}^{\infty} u_n$ 也收敛。这就使得一大类级数的收敛性判定问题转化为正项级数的收敛性判定问题。

一般来说,如果级数 $\sum\limits_{n=1}^{\infty} |u_n|$ 发散,我们不能断定级数 $\sum\limits_{n=1}^{\infty} u_n$ 也发散。但是,如果我们利用比值审敛法根据 $\lim\limits_{n\to\infty} \left|\dfrac{u_{n+1}}{u_n}\right| = \rho > 1$ 或利用根值审敛法根据 $\lim\limits_{n\to\infty} \sqrt[n]{|u_n|} = \rho > 1$ 判定级数 $\sum\limits_{n=1}^{\infty} |u_n|$ 发散,那么我们可以断定 $\sum\limits_{n=1}^{\infty} u_n$ 必定发散。这是因为从 $\rho > 1$ 可以得到,当 $n\to\infty$ 时 $|u_n|$ 不可能趋近于 0,从而当 $n\to\infty$ 时 u_n 不可能趋近于 0,因此级数 $\sum\limits_{n=1}^{\infty} u_n$ 是发散的。

例 9-2-13 判定级数 $\sum\limits_{n=1}^{\infty} \dfrac{\sin 3n}{n^2}$ 的收敛性。

解 因为 $\left|\dfrac{\sin 3n}{n^2}\right| \leqslant \dfrac{1}{n^2}$,而级数 $\sum\limits_{n=1}^{\infty} \dfrac{1}{n^2}$ 收敛,由正项级数的比较审敛法,级数 $\sum\limits_{n=1}^{\infty} \left|\dfrac{\sin 3n}{n^2}\right|$ 也收敛。由定理 9-2-8 可知,级数 $\sum\limits_{n=1}^{\infty} \dfrac{\sin 3n}{n^2}$ 收敛。

习题 9-2
(A)

1. 用比较审敛法或比较审敛法的极限形式判别下列级数的敛散性:

(1) $\sum\limits_{n=1}^{\infty} \dfrac{1}{(n+2)\sqrt{n+1}}$;

(2) $\sum\limits_{n=1}^{\infty} \dfrac{1+n}{1+n^2}\cos^2\dfrac{2}{n}$;

(3) $\sum\limits_{n=1}^{\infty} \sin\dfrac{\pi}{4^n}$;

(4) $\sum\limits_{n=1}^{\infty} \dfrac{4}{1+2^n}$;

(5) $\sum\limits_{n=1}^{\infty} \dfrac{1}{n-\sqrt{n}}$;

(6) $\sum\limits_{n=1}^{\infty} \dfrac{4+3^n}{2^n}$;

(7) $\sum\limits_{n=1}^{\infty} \dfrac{5+2n}{(1+n^2)^2}$;

(8) $\sum\limits_{n=1}^{\infty} \dfrac{n+5}{\sqrt[3]{n^7+n^2}}$;

(9) $\sum\limits_{n=1}^{\infty} \left(1+\dfrac{1}{n}\right)^2 e^{-n}$;

(10) $\sum\limits_{n=1}^{\infty} \dfrac{1}{n!}$;

(11) $\sum\limits_{n=1}^{\infty} \dfrac{n!}{n^n}$;

(12) $\sum\limits_{n=1}^{\infty} \dfrac{1}{n^{1+1/n}}$。

2. 用比值审敛法或根值审敛法判别下列级数的敛散性:

(1) $\sum\limits_{n=1}^{\infty} \dfrac{2^n}{(2n-1)!}$;

(2) $\sum\limits_{n=1}^{\infty} \dfrac{2^n \cdot n!}{n^n}$;

(3) $\sum\limits_{n=1}^{\infty} \left(\dfrac{n}{3n-1}\right)^{2n-1}$;

(4) $\sum_{n=1}^{\infty} \frac{1}{(2n)!}$;   (5) $\sum_{n=1}^{\infty} e^{-n} n!$;   (6) $\sum_{n=1}^{\infty} \frac{10^n}{(n+1)4^{2n+1}}$;

(7) $\sum_{n=1}^{\infty} \frac{n^n}{3^{1+3n}}$;   (8) $\sum_{n=1}^{\infty} \frac{1}{(\ln n)^n}$;   (9) $\sum_{n=1}^{\infty} \frac{(n^2+1)^n}{(2n^2+1)^n}$。

3. 判别下列级数的敛散性:

(1) $\sum_{n=1}^{\infty} \frac{n^2+2^n}{2^n \cdot n^2}$;   (2) $\sum_{n=1}^{\infty} \frac{4+(-1)^n}{3^n}$;   (3) $\sum_{n=1}^{\infty} \frac{a^n}{1+a^{2n}} (a>0)$。

4. 判断下列级数是否收敛,若收敛是绝对收敛还是条件收敛?

(1) $\sum_{n=1}^{\infty} (-1)^n \left(1-\cos\frac{a}{n}\right) (a>0)$;   (2) $\sum_{n=1}^{\infty} (-1)^n \frac{1}{\ln n}$;

(3) $\sum_{n=1}^{\infty} \frac{(-1)^n}{(\ln n)^n}$;   (4) $\sum_{n=1}^{\infty} \frac{(-1)^n}{n \ln n}$;

(5) $\sum_{n=1}^{\infty} \frac{(-1)^n}{(\arctan n)^n}$;   (6) $\sum_{n=1}^{\infty} (-1)^{n-1} \frac{(2n-1)!!}{(2n-1)!}$。

5. 设级数 $\sum_{n=1}^{\infty} a_n, \sum_{n=1}^{\infty} b_n$ 皆收敛,且 $a_n \leq c_n \leq b_n (n=1,2,\cdots)$,证明 $\sum_{n=1}^{\infty} c_n$ 收敛。

6. 判断级数 $\sum_{n=1}^{\infty} (-1)^{n-1} u_n$ 的敛散性,其中 $u_{2n-1} = \frac{1}{2n-1}, u_{2n} = \frac{1}{(2n)^2}, n=1,2,\cdots$。

7. 级数 $\sum_{n=1}^{\infty} u_n$ 由等式 $u_1=1, u_{n+1} = \frac{2+\cos n}{\sqrt{n}} u_n$ 递归定义,判断该级数的敛散性。

8. 对于级数 $\sum_{n=0}^{\infty} \frac{x^n}{n!}$,证明对任意的 x 该级数都收敛,并且有 $\lim_{n\to\infty} \frac{x^n}{n!} = 0$。

(B)

1. 选择题

(1) 级数 $\sum_{n=1}^{\infty} n \sin\frac{1}{n}$ 是(   )。

A. 绝对收敛   B. 条件收敛   C. 发散   D. 无法判断收敛性

(2) 当 $k>0$ 时,级数 $\sum_{n=1}^{\infty} (-1)^n \frac{k+n}{n^2}$ 是(   )。

A. 发散   B. 条件收敛   C. 绝对收敛   D. 无法判断收敛性

(3) 若 $u_n > 0$ 且 $\lim_{n\to\infty} \frac{u_n}{n^2} = 1$,则级数 $\sum_{n=1}^{\infty} (-1)^n \ln\left(1+\frac{1}{u_n}\right)$ 是(   )。

A. 发散   B. 条件收敛   C. 绝对收敛   D. 无法判断收敛性

2. 填空题

(1) 若 $\sum_{n=1}^{\infty} \frac{(-1)^n + k}{n}$ 收敛,则 $k = $ _____。

(2) $\sum_{n=1}^{\infty} (-1)^n \frac{\cos n\pi}{\sqrt{n\pi}}$ 的敛散性为_____。

(3) 设级数 $S = \sum_{n=1}^{\infty} \frac{(-1)^{n-1}}{n^{p-3}}$,当 $p \in $ _____ 时,S 绝对收敛;当 $p \in $ _____ 时,S 条件

收敛;当 $p \in$ _____ 时,S 发散。

3. 用适当的方法判别下列级数的敛散性。

(1) $\sum_{n=1}^{\infty} \dfrac{n}{n^2+1}$;

(2) $\sqrt{2} + \sqrt{\dfrac{3}{2}} + \cdots + \sqrt{\dfrac{n+1}{n}} + \cdots$;

(3) $\sum_{n=1}^{\infty} 2^n \sin \dfrac{\pi}{3^n}$;

(4) $\sum_{n=1}^{\infty} n\tan \dfrac{\pi}{2^{n+1}}$;

(5) $\sum_{n=1}^{\infty} \dfrac{n}{2^n} \cos^2 \dfrac{n}{3}\pi$ 。

4. 判别下列级数的敛散性。若收敛,指出是绝对收敛还是条件收敛。

(1) $\sum_{n=1}^{\infty} (-1)^{n-1} \dfrac{n}{4^{n-1}}$;

(2) $\sum_{n=1}^{\infty} (-1)^{n-1} \dfrac{1}{\sqrt{n^2+1}}$;

(3) $\sum_{n=1}^{\infty} (-1)^{n-1} \ln\left(1 + \dfrac{1}{\sqrt{n}}\right)$;

(4) $\sum_{n=1}^{\infty} (-1)^{n+1} \dfrac{2^{n^2}}{n!}$;

(5) $\sum_{n=1}^{\infty} \dfrac{(-1)^n + \sin n}{n^2}$ 。

5. $\sum_{n=1}^{\infty} a_n$ 为正项级数,$r_n = \dfrac{a_{n+1}}{a_n}$,$R_n = \sum_{k=n+1}^{\infty} a_k$,且 $\lim_{n \to \infty} r_n = L < 1$,则:

(1) 若 $\{r_n\}$ 为递减数列,且 $r_{n+1} < 1$,通过求一个几何级数的和,证明 $R_n \leqslant \dfrac{a_{n+1}}{1 - r_{n+1}}$;

(2) 若 $\{r_n\}$ 为递增数列,且 $r_{n+1} < 1$,证明 $R_n \leqslant \dfrac{a_{n+1}}{1 - r_{n+1}}$。

6. 已知级数 $\sum_{n=1}^{\infty} a_n$,$\sum_{n=1}^{\infty} a_n^+$ 为 $\sum_{n=1}^{\infty} a_n$ 的所有正项组成的级数,$\sum_{n=1}^{\infty} a_n^-$ 为 $\sum_{n=1}^{\infty} a_n$ 的所有负项组成的级数。令 $a_n^+ = \dfrac{a_n + |a_n|}{2}$,$a_n^- = \dfrac{a_n - |a_n|}{2}$,则:

(1) 若 $\sum_{n=1}^{\infty} a_n$ 绝对收敛,证明级数 $\sum_{n=1}^{\infty} a_n^+$ 和 $\sum_{n=1}^{\infty} a_n^-$ 都收敛;

(2) 若 $\sum_{n=1}^{\infty} a_n$ 条件收敛,证明级数 $\sum_{n=1}^{\infty} a_n^+$ 和 $\sum_{n=1}^{\infty} a_n^-$ 都发散。

7. 证明:若 $\sum_{n=1}^{\infty} a_n$ 为条件收敛,r 为任意实数,则存在 $\sum_{n=1}^{\infty} a_n$ 的一个重排和为 r。

8. **积分审敛法**:对于正项级数 $\sum_{n=1}^{\infty} a_n$,如果有 $[1, +\infty)$ 上连续单调减少函数 $f(x)$,满足 $f(n) = a_n (n = 1, 2, \cdots)$,则级数 $\sum_{n=1}^{\infty} a_n$ 与反常积分 $\int_1^{+\infty} f(x) \mathrm{d}x$ 同时收敛或发散。

(1) 试用关于正项级数的基本定理证明该判别法;

(2) 利用上述判别法,讨论级数 $\sum_{n=2}^{\infty} \dfrac{1}{n(\ln n)^p}$ 的收敛性。

9. 试判别级数 $\sum_{n=1}^{\infty} \left[\dfrac{1}{n} - \ln\left(1 + \dfrac{1}{n}\right) \right]$ 的敛散性。

§9.3 幂 级 数

前面研究了数项级数的收敛性问题,当数项级数的一般项为函数时,数项级数就变成了函数项级数。从本节开始,研究无限个函数相加的问题即函数项级数问题。

9.3.1 函数项级数的概念

定义 1 如果给定一个定义在区间 I 上的函数列
$$u_1(x), u_2(x), u_3(x), \cdots, u_n(x), \cdots$$
那么由这个函数列构成的表达式
$$u_1(x) + u_2(x) + u_3(x) + \cdots + u_n(x) + \cdots \tag{9-3-1}$$
称为定义在区间 I 上的函数项无穷级数,简称**函数项级数**,记为 $\sum_{n=1}^{\infty} u_n(x)$,即
$$\sum_{n=1}^{\infty} u_n(x) = u_1(x) + u_2(x) + u_3(x) + \cdots + u_n(x) + \cdots$$
式中:第 n 项 $u_n(x)$ 为函数项级数的一般项函数。

例如,如果取 $u_n(x) = a_{n-1}(x-x_0)^{n-1}$(其中 a_{n-1} 为常数),则称函数项级数
$$\sum_{n=1}^{\infty} a_{n-1}(x-x_0)^{n-1}$$
为幂级数。为了方便起见,常常将幂级数表达为
$$\sum_{n=0}^{\infty} a_n (x-x_0)^n$$
若作代换 $t = x - x_0$,则幂级数变形为 $\sum_{n=0}^{\infty} a_n t^n$。本章我们主要研究形如 $\sum_{n=0}^{\infty} a_n x^n$ 的幂级数。
例如
$$1 + x + x^2 + \cdots + x^n + \cdots$$
$$1 + x + \frac{x^2}{2!} + \cdots + \frac{x^n}{n!} + \cdots$$
都是幂级数。

再如,如果取 $u_n(x) = a_n \cos nx + b_n \sin nx$(其中 a_n、b_n 为常数),则称函数项级数
$$\sum_{n=1}^{\infty} (a_n \cos nx + b_n \sin nx)$$
为**三角级数**。特别地:

若 $a_n = 0$,则称三角级数 $\sum_{n=1}^{\infty} b_n \sin nx$ 为**正弦级数**;

若 $b_n = 0$,则称三角级数 $\sum_{n=1}^{\infty} a_n \cos nx$ 为**余弦级数**。

例如,$\sum_{n=1}^{\infty} \frac{(-1)^{n+1}}{n} \sin nx$ 为正弦级数,$\sum_{n=1}^{\infty} \frac{1}{(2n-1)^2} \cos(2n-1)x$ 为余弦级数。

函数项级数的收敛性可以通过常数项级数来得到。对于每一个给定的值 $x_0 \in I$，函数项级数 (9-3-1) 成为常数项级数

$$u_1(x_0) + u_2(x_0) + u_3(x_0) + \cdots + u_n(x_0) + \cdots \qquad (9-3-2)$$

则级数 (9-3-2) 可能收敛也可能发散。如果级数 (9-3-2) 收敛，就称点 x_0 是函数项级数 (9-3-1) 的**收敛点**；如果级数 (9-3-2) 发散，就称点 x_0 是函数项级数 (9-3-1) 的**发散点**。函数项级数 (9-3-1) 的收敛点的全体称为它的**收敛域**，发散点的全体称为它的**发散域**。

例如幂级数 $\sum_{n=1}^{\infty} x^n$，由等比级数可知，任意一点 $x_0 \in (-1,1)$ 都是幂级数 $\sum_{n=1}^{\infty} x^n$ 的收敛点，而任意一点 $x_0 \in (-\infty, -1] \cup [1, +\infty)$ 都是幂级数 $\sum_{n=1}^{\infty} x^n$ 的发散点，因此幂级数 $\sum_{n=1}^{\infty} x^n$ 的收敛域为 $(-1,1)$，发散域为 $(-\infty, -1] \cup [1, +\infty)$。

对应于收敛域内的任意一个数 x，函数项级数成为一个收敛的常数项级数，因而有一个确定的和 s。因此，在收敛域上，函数项级数的和是 x 的函数 $s(x)$，通常称 $s(x)$ 为函数项级数的**和函数**，其定义域就是函数项级数的收敛域，记为

$$s(x) = \sum_{n=1}^{\infty} u_n(x) = u_1(x) + u_2(x) + u_3(x) + \cdots + u_n(x) + \cdots$$

把函数项级数 (9-3-1) 的前 n 项的部分和记作 $s_n(x)$，则 $s_n(x) = \sum_{k=1}^{n} u_k(x)$。在收敛域上有

$$\lim_{n \to \infty} s_n(x) = s(x)$$

且记 $r_n(x) = s(x) - s_n(x)$，$r_n(x)$ 叫作函数项级数 (9-3-1) 的**余项**，并有

$$\lim_{n \to \infty} r_n(x) = 0$$

事实上，函数项级数 $\sum_{n=1}^{\infty} u_n(x)$ 与部分和函数列 $\{s_n(x)\}$ 的收敛性在本质上一致。为方便起见，我们将经常通过讨论部分和函数列来研究函数项级数的性态。

若有限个函数 $u_1(x), u_2(x), \cdots, u_n(x)$ 在定义域 D 上具有某种性态，如连续性、可导性和可积性等，则它们的和函数

$$u_1(x) + u_2(x) + \cdots + u_n(x)$$

在 D 上仍保持同样的性态，且有

性质 1 $\lim_{x \to x_0} [u_1(x) + u_2(x) + \cdots + u_n(x)] = \lim_{x \to x_0} u_1(x) + \lim_{x \to x_0} u_2(x) + \cdots + \lim_{x \to x_0} u_n(x)$；

性质 2 $\dfrac{d[u_1(x) + u_2(x) + \cdots + u_n(x)]}{dx} = \dfrac{du_1(x)}{dx} + \dfrac{du_2(x)}{dx} + \cdots + \dfrac{du_n(x)}{dx}$；

性质 3 $\int_a^b [u_1(x) + u_2(x) + \cdots + u_n(x)] dx = \int_a^b u_1(x) dx + \int_a^b u_2(x) dx + \cdots + \int_a^b u_n(x) dx$。

上述这些性质给我们研究函数的性态带来了很大的方便。

在研究函数项级数时，我们面对的是无限个 $u_n(x)$ $(n = 1, 2, 3, \cdots)$，它们的和函数 $s(x)$ 大多是不知道的，也就是说，我们只能借助于 $u_n(x)$ 的性态来间接地获得和函数 $s(x)$ 的性态。那

么很自然地,我们希望在一定条件下,上述运算法则可以推广到无限个函数求和的情形。

这个问题是函数项级数研究中的基本问题,其实质是极限(或求导、求积分)运算与无限求和运算在什么条件下可以交换次序。由于求导、求积分与无限求和均可看作特殊的极限运算,因此更一般地,可将其统一视为两种极限运算的交换次序。下面我们就给出相应的运算结论。

(1) 将性质 1 推广到无限个函数的情形,是指当 $u_n(x)$ 在 D 上连续时,和函数 $s(x) = \sum_{n=1}^{\infty} u_n(x)$ 也在 D 上连续,且有

$$\lim_{x \to x_0} \sum_{n=1}^{\infty} u_n(x) = \sum_{n=1}^{\infty} \lim_{x \to x_0} u_n(x)$$

即极限运算与无限求和运算可以交换次序,也称函数项级数 $\sum_{n=1}^{\infty} u_n(x)$ 可以**逐项求极限**。

(2) 将性质 2 推广到无限个函数的情形,是指当 $u_n(x)$ 在 D 上可导时,和函数 $s(x) = \sum_{n=1}^{\infty} u_n(x)$ 也在 D 上可导,且有

$$\frac{\mathrm{d}}{\mathrm{d}x} \sum_{n=1}^{\infty} u_n(x) = \sum_{n=1}^{\infty} \frac{\mathrm{d}}{\mathrm{d}x} u_n(x)$$

即求导运算与无限求和运算可以交换次序,也称函数项级数 $\sum_{n=1}^{\infty} u_n(x)$ 可以**逐项求导**。

(3) 将性质 3 推广到无限个函数的情形,是指当 $u_n(x)$ 在闭区间 $[a,b] \subset D$ 上可积时,和函数 $s(x) = \sum_{n=1}^{\infty} u_n(x)$ 也在 $[a,b]$ 上可积,且有

$$\int_a^b \sum_{n=1}^{\infty} u_n(x) \mathrm{d}x = \sum_{n=1}^{\infty} \int_a^b u_n(x) \mathrm{d}x$$

即求积分运算与无限求和运算可以交换次序,也称函数项级数 $\sum_{n=1}^{\infty} u_n(x)$ 可以**逐项求积分**。

9.3.2 幂级数的收敛性

幂级数是一类简单而特殊的函数项级数,它的一般表示形式为

$$\sum_{n=0}^{\infty} a_n (x - x_0)^n = a_0 + a_1(x - x_0) + a_2(x - x_0)^2 + \cdots + a_n(x - x_0)^n + \cdots$$

(9-3-3)

事实上,幂级数可以看成是一个关于 $(x - x_0)$ 的"无限次多项式",而它的部分和函数 $s_n(x)$ 是一个 $(n-1)$ 次多项式。为了方便,我们通常取 $x_0 = 0$,也就是讨论幂级数

$$\sum_{n=0}^{\infty} a_n x^n = a_0 + a_1 x + a_2 x^2 + \cdots + a_n x^n + \cdots \quad (9-3-4)$$

事实上,幂级数 $\sum_{n=0}^{\infty} a_n x^n$ 在点 $x = 0$ 处都是收敛的,且收敛于 a_0。下面我们主要介绍幂级数 $\sum_{n=0}^{\infty} a_n x^n$ 的收敛性以及性质。

对于一个给定的幂级数,收敛点 x_0 处级数就变成了 $\sum_{n=0}^{\infty} a_n x_0^n$,其和就是 $s(x_0)$,因而需要讨论幂级数的收敛性问题,也就是研究它的收敛域与发散域,即 x 取数轴上哪些点时幂级数收敛,取哪些点时幂级数发散。

为了研究上述问题,我们先看一个例子。考察幂级数

$$1 + x + x^2 + \cdots + x^n + \cdots$$

的收敛性。由 9.1 节可知,当 $|x| < 1$ 时,幂级数收敛于和函数 $\dfrac{1}{1-x}$,即

$$\frac{1}{1-x} = 1 + x + x^2 + \cdots + x^n + \cdots \quad (-1 < x < 1)$$

当 $|x| \geqslant 1$ 时,幂级数发散。

事实上,利用所学的方法还可得下述结论:

(1) $\sum_{n=1}^{\infty} \dfrac{x^n}{n}$ 的收敛域为 $[-1, 1)$;

(2) $\sum_{n=1}^{\infty} \dfrac{x^n}{n^2}$ 的收敛域为 $[-1, 1]$;

(3) $\sum_{n=1}^{\infty} \dfrac{x^n}{n!}$ 的收敛域为 $(-\infty, +\infty)$。

由此可以猜想该幂级数的收敛域是一个区间。事实上,这个结论对于一般的幂级数也是成立的。我们有如下定理:

定理 9-3-1 (阿贝尔(Abel)定理) 如果幂级数 $\sum_{n=0}^{\infty} a_n x^n$ 当 $x = x_0 (x_0 \neq 0)$ 时收敛,那么满足不等式 $|x| < |x_0|$ 的一切 x 使这幂级数绝对收敛。如果幂级数 $\sum_{n=0}^{\infty} a_n x^n$ 当 $x = x_0$ 时发散,那么满足不等式 $|x| > |x_0|$ 的一切 x 使这幂级数发散。

证明 先设 $x_0 (x_0 \neq 0)$ 是幂级数 $\sum_{n=0}^{\infty} a_n x^n$ 的收敛点,即常数项级数

$$a_0 + a_1 x_0 + a_2 x_0^2 + \cdots + a_n x_0^n + \cdots$$

收敛。根据收敛级数的必要条件,则有

$$\lim_{n \to \infty} a_n x_0^n = 0$$

由收敛数列的有界性,即存在一个正常数 M,使得

$$|a_n x_0^n| \leqslant M \quad (n = 1, 2, 3, \cdots)$$

此时幂级数 $\sum_{n=0}^{\infty} a_n x^n$ 的一般项的绝对值

$$|a_n x^n| = \left| a_n x_0^n \cdot \frac{x^n}{x_0^n} \right| = |a_n x_0^n| \cdot \left| \frac{x}{x_0} \right|^n \leqslant M \left| \frac{x}{x_0} \right|^n$$

当 $|x| < |x_0|$ 即 $\left| \dfrac{x}{x_0} \right| < 1$ 时,等比级数 $\sum_{n=0}^{\infty} M \left| \dfrac{x}{x_0} \right|^n$ 收敛,由正项级数的比较审敛法,

$\sum_{n=0}^{\infty}|a_n x^n|$ 收敛,因此 $\sum_{n=0}^{\infty} a_n x^n$ 绝对收敛。

定理 9-3-1 的第二部分可用反证法证明。假设幂级数 $\sum_{n=0}^{\infty} a_n x^n$ 当 $x = x_0$ 时发散而存在一点 x_1 满足 $|x_1| > |x_0|$ 使幂级数 $\sum_{n=0}^{\infty} a_n x^n$ 收敛,则根据本定理的第一部分,幂级数 $\sum_{n=0}^{\infty} a_n x^n$ 当 $x = x_0$ 时一定收敛,这与假设矛盾。

定理 9-3-1 表明,如果幂级数 $\sum_{n=0}^{\infty} a_n x^n$ 在 $x = x_0$ 处收敛,那么对于开区间 $(-|x_0|, |x_0|)$ 内的任何 x,幂级数都收敛;如果幂级数在 $x = x_0$ 处发散,那么对于闭区间 $[-|x_0|, |x_0|]$ 外的任何 x,幂级数都发散。

设已给幂级数在数轴上既有异于原点的收敛点也有发散点,那么从原点沿数轴正向向右移动,首先会只遇到收敛点,然后就只会遇到发散点,且这两部分的分界点可能是收敛点也可能是发散点。从原点沿数轴负向向左移动情形也是如此。两个分界点 $-|x_0|$ 与 $|x_0|$ 在原点的两侧,且由定理 9-3-1 可知它们到原点的距离是一样的(图 9-3-1)。由此可以得到下述重要推论。

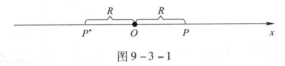

图 9-3-1

推论 如果幂级数 $\sum_{n=0}^{\infty} a_n x^n$ 不是仅在一点 $x = 0$ 收敛,也不是在整个数轴上都收敛,那么必存在一个确定的正数 R,使得:

当 $|x| < R$ 时,幂级数绝对收敛;

当 $|x| > R$ 时,幂级数发散;

当 $x = R$ 与 $x = -R$ 时,幂级数可能收敛也可能发散。

通常把正数 R 叫作幂级数 $\sum_{n=0}^{\infty} a_n x^n$ 的收敛半径,开区间 $(-R, R)$ 叫作幂级数 $\sum_{n=0}^{\infty} a_n x^n$ 的收敛区间。再由幂级数在 $x = R$ 与 $x = -R$ 处的收敛性就可以决定它的收敛域是 $(-R, R)$、$[-R, R)$、$(-R, R]$ 和 $[-R, R]$ 这四个区间中的一个。

为了方便起见,如果幂级数 $\sum_{n=0}^{\infty} a_n x^n$ 仅在 $x = 0$ 处收敛,则规定收敛半径 $R = 0$,此时收敛域为 $\{0\}$;如果幂级数 $\sum_{n=0}^{\infty} a_n x^n$ 对任意实数 x 都收敛,则规定收敛半径 $R = +\infty$,这时收敛域是 $(-\infty, +\infty)$。

为了研究幂级数的收敛性,需要得到收敛域,关键是如何求解收敛半径。关于幂级数的收敛半径的求解方法,有下面的定理。

定理 9-3-2 如果幂级数 $\sum_{n=0}^{\infty} a_n x^n$($a_n \neq 0$)的相邻两项的系数 a_n 和 a_{n+1} 满足

$$\lim_{n \to \infty} \left| \frac{a_{n+1}}{a_n} \right| = \rho$$

那么这幂级数的收敛半径

$$R = \begin{cases} 1/\rho & (\rho > 0) \\ +\infty & (\rho = 0) \\ 0 & (\rho = +\infty) \end{cases}$$

证明 考察 $\sum_{n=0}^{\infty} a_n x^n$ 的各项取绝对值后所成的新级数

$$|a_0| + |a_1 x| + |a_2 x^2| + \cdots + |a_n x^n| + \cdots \tag{9-3-5}$$

这级数相邻两项之比为

$$\left| \frac{a_{n+1} x^{n+1}}{a_n x^n} \right| = \left| \frac{a_{n+1}}{a_n} \right| |x|$$

（1）若 $\rho \neq 0$，根据正项级数的比值审敛法，那么当 $\rho |x| < 1$ 即 $|x| < \dfrac{1}{\rho}$ 时，级数(9-3-5)收敛，从而幂级数 $\sum_{n=0}^{\infty} a_n x^n$ 绝对收敛；当 $\rho |x| > 1$ 即 $|x| > \dfrac{1}{\rho}$ 时，

$$\lim_{n \to \infty} \left| \frac{a_{n+1} x^{n+1}}{a_n x^n} \right| = |x| \lim_{n \to \infty} \left| \frac{a_{n+1}}{a_n} \right| > 1$$

即从某项 n 开始有 $|a_{n+1} x^{n+1}| > |a_n x^n|$，因此当 $n \to \infty$ 时 $|a_n x^n|$ 不能趋近于零，进而 $a_n x^n$ 也不能趋近于零，则幂级数 $\sum_{n=0}^{\infty} a_n x^n$ 发散。因此收敛半径 $R = \dfrac{1}{\rho}$。

（2）若 $\rho = 0$，则对于任意非零实数 x，有

$$\lim_{n \to \infty} \left| \frac{a_{n+1} x^{n+1}}{a_n x^n} \right| = 0 < 1$$

根据正项级数的比值审敛法，级数(9-3-5)收敛，从而幂级数 $\sum_{n=0}^{\infty} a_n x^n$ 绝对收敛。因此收敛半径 $R = +\infty$。

（3）若 $\rho = +\infty$，则对于任意非零实数 x，有 $\lim\limits_{n \to \infty} \left| \dfrac{a_{n+1} x^{n+1}}{a_n x^n} \right| = +\infty$，即从某项 n 开始有

$$|a_{n+1} x^{n+1}| > |a_n x^n|$$

由（1）的分析可知，当 $n \to \infty$ 时 $a_n x^n$ 不能趋近于零，则幂级数 $\sum_{n=0}^{\infty} a_n x^n$ 发散。因此收敛半径 $R = 0$。

例 9-3-1 求幂级数 $x - \dfrac{x^2}{2} + \dfrac{x^3}{3} - \dfrac{x^4}{4} + \cdots + (-1)^{n-1} \dfrac{x^n}{n} + \cdots$ 的收敛半径与收敛域。

解 因为

$$\rho = \lim_{n \to \infty} \left| \frac{a_{n+1}}{a_n} \right| = \lim_{n \to \infty} \frac{\frac{1}{n+1}}{\frac{1}{n}} = 1$$

即收敛半径为 $R = \dfrac{1}{\rho} = 1$。

当 $x = 1$ 时,原级数变为 $1 - \dfrac{1}{2} + \dfrac{1}{3} - \dfrac{1}{4} + \cdots + (-1)^{n-1}\dfrac{1}{n} + \cdots$,此交错级数收敛;

当 $x = -1$ 时,原级数变为 $-1 - \dfrac{1}{2} - \dfrac{1}{3} - \dfrac{1}{4} - \cdots - \dfrac{1}{n} - \cdots$,此级数发散。

因此,原级数的收敛域为 $(-1, 1]$。

例 9-3-2 求幂级数 $1 + x + \dfrac{x^2}{2!} + \dfrac{x^3}{3!} + \dfrac{x^4}{4!} + \cdots + \dfrac{x^n}{n!} + \cdots$ 的收敛半径与收敛域。

解 因为

$$\rho = \lim_{n\to\infty}\left|\dfrac{a_{n+1}}{a_n}\right| = \lim_{n\to\infty}\dfrac{\dfrac{1}{(n+1)!}}{\dfrac{1}{n!}} = \lim_{n\to\infty}\dfrac{1}{n+1} = 0$$

即收敛半径为 $R = +\infty$,因此收敛域为 $(-\infty, \infty)$。

例 9-3-3 求幂级数 $\sum\limits_{n=0}^{\infty} n!\, x^n$ 的收敛半径与收敛域。

解 因为

$$\rho = \lim_{n\to\infty}\left|\dfrac{a_{n+1}}{a_n}\right| = \lim_{n\to\infty}\dfrac{(n+1)!}{n!} = \lim_{n\to\infty}(n+1) = +\infty$$

即收敛半径为 $R = 0$,因此收敛域为 $\{0\}$。

值得注意的是,定理 9-3-2 虽然提供了一种计算收敛半径简便有效的方法,但要求幂级数的一般项的系数 $a_n \neq 0$。如果幂级数缺少奇数次幂项或者偶数次幂项,那么定理 9-3-2 不能直接应用了。我们可以利用正项级数的比值审敛法来求解收敛半径。

例 9-3-4 求幂级数 $\sum\limits_{n=0}^{\infty} \dfrac{(2n)!}{(n!)^2} x^{2n}$ 的收敛半径。

解 因为

$$\lim_{n\to\infty}\left|\dfrac{\dfrac{[2(n+1)]!}{[(n+1)!]^2} x^{2(n+1)}}{\dfrac{(2n)!}{(n!)^2} x^{2n}}\right| = x^2 \lim_{n\to\infty}\dfrac{2(2n+1)}{n+1} = 4x^2$$

由正项级数的比值审敛法,当 $4x^2 < 1$ 即 $|x| < \dfrac{1}{2}$ 时,级数收敛;当 $4x^2 > 1$ 即 $|x| > \dfrac{1}{2}$ 时,级数发散。因此,原级数的收敛半径为 $R = \dfrac{1}{2}$。

对于一般形式的幂级数 $\sum\limits_{n=0}^{\infty} a_n (x - x_0)^n$ 的收敛性问题,可以进行变量代换 $t = x - x_0$ 化为标准形式的幂级数 $\sum\limits_{n=0}^{\infty} a_n t^n$,再利用定理 9-3-2 研究收敛性问题,这是因为它们的收敛半径是相等的。

例 9-3-5 求幂级数

$$\sum_{n=1}^{\infty} \frac{1}{2^n \cdot n}(x-1)^n$$

的收敛半径与收敛域。

解 令 $t = x - 1$，则原级数变为 $\sum_{n=1}^{\infty} \frac{1}{2^n \cdot n} t^n$。

因为

$$\rho = \lim_{n \to \infty} \left| \frac{a_{n+1}}{a_n} \right| = \lim_{n \to \infty} \frac{2^n \cdot n}{2^{n+1} \cdot (n+1)} = \frac{1}{2}$$

即收敛半径为 $R = \frac{1}{\rho} = 2$，进而幂级数 $\sum_{n=1}^{\infty} \frac{1}{2^n \cdot n} t^n$ 的收敛区间为 $(-2, 2)$，因此幂级数 $\sum_{n=1}^{\infty} \frac{1}{2^n \cdot n}(x-1)^n$ 的收敛区间为 $(-1, 3)$。

当 $x = 3$ 时，原级数变为 $\sum_{n=1}^{\infty} \frac{1}{n}$，此级数发散；

当 $x = -1$ 时，原级数变为 $\sum_{n=1}^{\infty} \frac{(-1)^n}{n}$，此交错级数收敛。

因此，原级数的收敛域为 $[-1, 3)$。

9.3.3 幂级数的运算性质

设幂级数 $\sum_{n=0}^{\infty} a_n x^n$ 和 $\sum_{n=0}^{\infty} b_n x^n$ 的收敛半径分别为 R_1 和 R_2，且分别在收敛区间 $(-R_1, R_1)$ 和 $(-R_2, R_2)$ 内收敛，记 $R = \min\{R_1, R_2\}$，则在区间 $(-R, R)$ 内，它们的和 $\sum_{n=0}^{\infty}(a_n + b_n)x^n$、差 $\sum_{n=0}^{\infty}(a_n - b_n)x^n$、积 $\sum_{n=0}^{\infty} a_n x^n \cdot \sum_{n=0}^{\infty} b_n x^n$ 均收敛，且收敛半径为 R；而对于它们的商 $\dfrac{\sum_{n=0}^{\infty} a_n x^n}{\sum_{n=0}^{\infty} b_n x^n}$ 的收敛半径有可能会远远小于 R_1 和 R_2。

关于幂函数收敛性问题，在得到收敛区间之后，需要求出在收敛区间内幂级数的和函数的表达式。

下面先介绍幂级数的和函数的重要性质。

（1）**和函数的连续性**：幂级数在它的收敛域上连续。

定理 9-3-3 设幂级数 $\sum_{n=0}^{\infty} a_n x^n$ 的收敛半径为 R，则和函数 $s(x)$ 在收敛区间 $(-R, R)$ 内连续；若 $\sum_{n=0}^{\infty} a_n x^n$ 在 $x = R$（或 $x = -R$）收敛，则和函数 $s(x)$ 在 $x = R$（或 $x = -R$）左（或右）连续。

（2）**逐项可积性**：幂级数在包含于收敛域中的任意闭区间上可以逐项求积分。

定理 9-3-4 设 a, b 是幂级数 $\sum_{n=0}^{\infty} a_n x^n$ 的收敛域中任意两点，则

$$\int_a^b \sum_{n=0}^{\infty} a_n x^n \mathrm{d}x = \sum_{n=0}^{\infty} \int_a^b a_n x^n \mathrm{d}x$$

特别地,取 $a=0, b=x$,则有

$$\int_0^x \sum_{n=0}^\infty a_n t^n \mathrm{d}t = \sum_{n=0}^\infty \int_0^x a_n t^n \mathrm{d}t = \sum_{n=0}^\infty \frac{a_n}{n+1} x^{n+1}$$

且逐项积分所得幂级数 $\sum_{n=0}^\infty \frac{a_n}{n+1} x^{n+1}$ 的收敛半径也是 R。

注 虽然逐项积分所得的幂级数 $\sum_{n=0}^\infty \frac{a_n}{n+1} x^{n+1}$ 与原幂级数 $\sum_{n=0}^\infty a_n x^n$ 收敛半径相同,但是收敛域有可能扩大,主要是端点处收敛性的改变。

（3）**逐项可导性**：幂级数在它的收敛区间内可以逐项求导。

定理 9-3-5 设幂级数 $\sum_{n=0}^\infty a_n x^n$ 的收敛半径为 R,则它在收敛区间 $(-R,R)$ 内可以逐项求导,即

$$\frac{\mathrm{d}}{\mathrm{d}x} \sum_{n=0}^\infty a_n x^n = \sum_{n=0}^\infty \frac{\mathrm{d}}{\mathrm{d}x}(a_n x^n) = \sum_{n=0}^\infty n a_n x^{n-1}$$

且逐项求导所得幂级数 $\sum_{n=0}^\infty n a_n x^{n-1}$ 的收敛半径也是 R。

反复应用上述结论可得：幂级数 $\sum_{n=0}^\infty a_n x^n$ 的和函数 $s(x)$ 在其收敛区间 $(-R,R)$ 内具有任意阶导数。

注 虽然逐项求导所得的幂级数 $\sum_{n=0}^\infty n a_n x^{n-1}$ 与原幂级数 $\sum_{n=0}^\infty a_n x^n$ 收敛半径相同,但是收敛域有可能缩小,主要是端点处收敛性的改变。

例 9-3-6 求幂级数 $\sum_{n=0}^\infty \frac{x^n}{n+1}$ 的和函数。

解 先求幂级数的收敛域。由

$$\lim_{n\to\infty} \left|\frac{a_{n+1}}{a_n}\right| = \lim_{n\to\infty} \frac{n+1}{n+2} = 1$$

则收敛半径为 $R=1$。

当 $x=-1$ 时,原级数变为 $\sum_{n=0}^\infty \frac{(-1)^n}{n+1} = 1 - \frac{1}{2} + \frac{1}{3} - \cdots$,此交错级数收敛;

当 $x=1$ 时,原级数变为 $\sum_{n=0}^\infty \frac{1}{n+1}$,此级数发散;

因此,原级数的收敛域为 $[-1,1)$。

再求幂级数的和函数 $s(x)$。记 $s(x) = \sum_{n=0}^\infty \frac{x^n}{n+1}, x \in [-1,1)$,则

$$xs(x) = \sum_{n=0}^\infty \frac{x^{n+1}}{n+1}, \quad x \in [-1,1)$$

于是

$$[xs(x)]' = \Big(\sum_{n=0}^\infty \frac{x^{n+1}}{n+1}\Big)' = \sum_{n=0}^\infty \Big(\frac{x^{n+1}}{n+1}\Big)' = \sum_{n=0}^\infty x^n = \frac{1}{1-x} \quad (|x|<1)$$

利用逐项可积性,上式从 0 到 x 积分可得

$$xs(x) = \int_0^x \frac{1}{1-x}dx = -\ln(1-x) \quad (-1 \leqslant x < 1)$$

进而,当 $x \neq 0$ 时有

$$s(x) = -\frac{1}{x}\ln(1-x) \quad (x \neq 0)$$

综上所述,所求和函数为

$$s(x) = \begin{cases} 1 & (x=0) \\ -\dfrac{1}{x}\ln(1-x) & (-1 \leqslant x < 0 \text{ 或 } 0 < x < 1) \end{cases}$$

值得注意的是,利用幂级数的和函数可以求解一些特殊常数项级数的和。例如求级数 $\sum_{n=0}^{\infty} \dfrac{1}{(n+1)2^n}$ 的和,只需在例 9-3-6 级数的和函数 $s(x)$ 表达式中取 $x = \dfrac{1}{2}$ 即可求出,则有

$$\sum_{n=0}^{\infty} \frac{1}{(n+1)2^n} = s\left(\frac{1}{2}\right) = 2\ln 2$$

9.3.4 函数展开成幂级数及其应用

9.3.3 节,我们讨论了幂级数的收敛性及其和函数的性质,但在许多应用中,遇到的却是相反的问题:给定函数 $f(x)$,要考虑它是否能在某个区间内"展开成幂级数",也就是说,是否能找到这样一个幂级数,它在某个区间内收敛,且其和恰好就是给定的函数 $f(x)$,如我们在本章一开始提出的如 $\int_0^1 e^{-x^2}dx$ 和 $\int_0^1 \dfrac{\sin x}{x}dx$ 的计算和微分方程 $y'' - xy = 0$ 的求解等。如果能找到这样的幂级数,我们就说,**函数 $f(x)$ 在该区间内能展开成幂级数**,而这个幂级数在该区间内就表示了函数 $f(x)$。下面我们就来讨论函数可以展开成幂级数的条件,以及在这些条件满足时如何将函数展开成幂级数。

假设函数 $f(x)$ 在点 x_0 的某个邻域 $U(x_0, r)$ 内能展开成幂级数,即有

$$f(x) = a_0 + a_1(x-x_0) + a_2(x-x_0)^2 + \cdots + a_n(x-x_0)^n + \cdots$$

根据和函数的逐项可导性,$f(x)$ 在 $U(x_0, r)$ 内具有任意阶导数,

$$f^{(n)}(x) = n! a_n + (n+1)! a_{n+1}(x-x_0) + \frac{(n+2)!}{2!}a_{n+2}(x-x_0)^2 + \cdots$$

令 $x = x_0$,则

$$f^{(n)}(x_0) = n! a_n$$

进而可得

$$a_n = \frac{f^{(n)}(x_0)}{n!} \quad (n = 0, 1, 2, \cdots)$$

也就是说,系数 $a_n (n = 0, 1, 2, \cdots)$ 由函数 $f(x)$ 唯一确定,我们称它们为 $f(x)$ 在点 x_0 处的**泰勒系数**。

换句话说,设函数 $f(x)$ 在点 x_0 的某个邻域 $U(x_0, r)$ 内任意阶可导,则我们能求出它在 x_0

的泰勒系数 $a_n = \dfrac{f^{(n)}(x_0)}{n!}(n=0,1,2,\cdots)$，并作出幂级数

$$\sum_{n=0}^{\infty} \frac{f^{(n)}(x_0)}{n!}(x-x_0)^n \tag{9-3-6}$$

这一幂级数称为 $f(x)$ 在点 x_0 处的**泰勒级数**。

那么，是否存在常数 ρ，使得 $f(x)$ 在 x_0 处的泰勒级数 $\sum\limits_{n=0}^{\infty}\dfrac{f^{(n)}(x_0)}{n!}(x-x_0)^n$ 在点 x_0 的某个邻域 $U(x_0,\rho)(0<\rho\leqslant r)$ 内收敛于 $f(x)$？

事实上，上述问题的答案并不是肯定的。也就是说，一个任意阶可导的函数的泰勒级数并不一定能收敛于函数本身。

为了寻找一个函数的泰勒级数收敛于它本身的条件，我们回到一元函数微分学中的泰勒公式：设函数 $f(x)$ 在 $U(x_0,r)$ 内有 $(n+1)$ 阶导数，则

$$f(x) = \sum_{k=0}^{n} \frac{f^{(k)}(x_0)}{k!}(x-x_0)^k + R_n(x)$$

其中 $R_n(x) = \dfrac{f^{(n+1)}(\xi)}{(n+1)!}(x-x_0)^{n+1}$ (ξ 介于 x 与 x_0 之间)，称为**拉格朗日型余项**。

为研究方便，记 $P_n(x) = \sum\limits_{k=0}^{n}\dfrac{f^{(k)}(x_0)}{k!}(x-x_0)^k$，则 n 次泰勒多项式 $P_n(x)$ 就是泰勒级数 $(9-3-6)$ 的前 $(n+1)$ 项的和，且 $f(x) = P_n(x) + R_n(x)$。

若 $\lim\limits_{n\to\infty}R_n(x) = 0$，即有 $\lim\limits_{n\to\infty}[f(x) - P_n(x)] = 0$。进而有 $\lim\limits_{n\to\infty}P_n(x) = f(x)$，根据函数项级数收敛的定义，有

$$f(x) = \sum_{n=0}^{\infty} \frac{f^{(n)}(x_0)}{n!}(x-x_0)^n$$

可以发现，上述论证的过程都是可逆的。因此我们可以得到：

定理 9-3-6 设函数 $f(x)$ 在点 x_0 的某一邻域 $U(x_0,r)$ 内具有任意阶导数，则

$$f(x) = \sum_{n=0}^{\infty} \frac{f^{(n)}(x_0)}{n!}(x-x_0)^n$$

在邻域 $U(x_0,r)$ 内成立的充分必要条件是在该邻域内 $f(x)$ 的泰勒公式中的余项 $R_n(x)$ 当 $n\to\infty$ 时的极限为零，即

$$\lim_{n\to\infty} R_n(x) = 0 \quad (x \in U(x_0,r))$$

这时，才称函数 $f(x)$ 在点 x_0 处可以展开成幂级数(或泰勒级数)，或者称幂级数 $(9-3-6)$ 为 $f(x)$ 在点 x_0 处的**幂级数展开式**(或**泰勒展开式**)。

由以上讨论可知，函数 $f(x)$ 在 $U(x_0,r)$ 内可以展开成泰勒级数的充分必要条件是泰勒展开式

$$f(x) = \sum_{n=0}^{\infty} \frac{f^{(n)}(x_0)}{n!}(x-x_0)^n \tag{9-3-7}$$

成立，也就是泰勒级数 $(9-3-6)$ 在 $U(x_0,r)$ 内收敛，且和函数为 $f(x)$。

下面着重讨论 $x_0 = 0$ 的情形。在式 $(9-3-7)$ 中，取 $x_0 = 0$，得

$$f(0) + f'(0)x + \cdots + \frac{f^{(n)}(0)}{n!}x^n + \cdots = \sum_{n=0}^{\infty} \frac{f^{(n)}(0)}{n!}x^n \qquad (9-3-8)$$

幂级数(9-3-8)称为函数 $f(x)$ 的麦克劳林(Maclaurin)级数。

若函数 $f(x)$ 在开区间 $(-r,r)$ 内可以展开成 x 的幂级数,则有

$$f(x) = \sum_{n=0}^{\infty} \frac{f^{(n)}(0)}{n!}x^n \quad (|x| < r) \qquad (9-3-9)$$

式(9-3-9)称为函数 $f(x)$ 的麦克劳林展开式。

我们可以通过讨论使余项 $R_n(x)$ 趋近于零的 x 范围,导出基本初等函数的麦克劳林展开式,然后介绍一些将初等函数展开成幂级数的方法。

要把函数 $f(x)$ 展开成 x 的幂级数,可以按照下列步骤进行:

第一步 求出 $f(x)$ 的各阶导数 $f'(x), f''(x), f'''(x), \cdots, f^{(n)}(x), \cdots$,如果在 $x=0$ 处某阶导数不存在,就停止进行,说明 $f(x)$ 无法展开成幂级数;

第二步 求出函数 $f(x)$ 及其各阶导数在 $x=0$ 处的值:

$$f(0), f'(0), f''(0), f'''(0), \cdots, f^{(n)}(0), \cdots$$

第三步 写出幂级数

$$f(0) + f'(0)x + \frac{f''(0)}{2!}x^2 + \cdots + \frac{f^{(n)}(0)}{n!}x^n + \cdots$$

求出收敛半径 R,并得到收敛区间 $(-R, R)$;

第四步 利用余项表达式 $R_n(x) = \frac{f^{(n+1)}(\xi)}{(n+1)!}x^{n+1}$($\xi$ 介于 0 和 x 之间),考察当 x 在区间 $(-R, R)$ 内时余项 $R_n(x)$ 当 $n \to \infty$ 时的极限是否为零,如果为零,那么函数 $f(x)$ 在区间 $(-R, R)$ 内的幂级数展开式为

$$f(x) = f(0) + f'(0)x + \frac{f''(0)}{2!}x^2 + \cdots + \frac{f^{(n)}(0)}{n!}x^n + \cdots \quad (-R < x < R)$$

例 9-3-7 将函数 $f(x) = e^x$ 展开成 x 的幂级数。

解 由导数的计算方法,$f(x)$ 的各阶导数为 $f^{(n)}(x) = e^x$,因此

$$f(0) = 1, f^{(n)}(0) = e^0 = 1, \quad n = 1, 2, 3, \cdots$$

于是可得幂级数

$$1 + x + \frac{x^2}{2!} + \cdots + \frac{x^n}{n!} + \cdots$$

它的收敛半径为 $R = +\infty$。

对于任意给定的实数 x 与 ξ(ξ 介于 0 和 x 之间),拉格朗日型余项的绝对值为

$$|R_n(x)| = \left| \frac{e^{\xi}}{(n+1)!}x^{n+1} \right| \leq e^{|x|} \frac{|x|^{n+1}}{(n+1)!}$$

因 $e^{|x|}$ 有限且与 n 无关,而 $\frac{|x|^{n+1}}{(n+1)!}$ 是收敛级数 $\sum_{n=0}^{\infty} \frac{|x|^{n+1}}{(n+1)!}$($x$ 看成常数并与 n 无关)的一般项,由收敛级数的必要条件知,$\lim\limits_{n \to \infty} \frac{|x|^{n+1}}{(n+1)!} = 0$,即有 $\lim\limits_{n \to \infty} e^{|x|} \frac{|x|^{n+1}}{(n+1)!} = 0$,由夹逼准则得,$\lim\limits_{n \to \infty} |R_n(x)| = 0$,即有 $\lim\limits_{n \to \infty} R_n(x) = 0$。于是可得幂级数展开式

$$e^x = 1 + x + \frac{x^2}{2!} + \cdots + \frac{x^n}{n!} + \cdots \quad (-\infty < x < +\infty)$$

如果在 $x=0$ 处附近,用泰勒级数的部分和(即多项式)来近似代替指数函数 e^x,那么随着项数的增加,它们就越来越接近于 e^x,如图 9-3-2 所示。

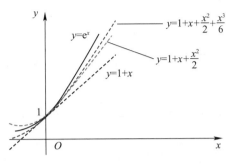

图 9-3-2

例 9-3-8 将函数 $f(x) = \sin x$ 展开成 x 的幂级数。

解 易得 $f(0) = 0$。由导数的计算方法,$f(x)$ 的各阶导数为

$$f^{(n)}(x) = \sin\left(x + n \cdot \frac{\pi}{2}\right) \quad (n = 1, 2, 3, \cdots)$$

$f^{(n)}(0)$ 顺序循环地依次取 $1, 0, -1, 0, \cdots (n = 1, 2, 3, 4, \cdots)$,于是可得级数

$$x - \frac{x^3}{3!} + \frac{x^5}{5!} - \cdots + (-1)^k \frac{x^{2k+1}}{(2k+1)!} + \cdots$$

它的收敛半径为 $R = +\infty$。

对于任意给定的实数 x 与 ξ(ξ 介于 0 和 x 之间),拉格朗日型余项的绝对值为

$$|R_n(x)| = \left|\frac{\sin\left[\xi + \frac{(n+1)\pi}{2}\right]}{(n+1)!} x^{n+1}\right| \leqslant \frac{|x|^{n+1}}{(n+1)!}$$

将 x 看成常数,利用数列极限知识可知,$\lim\limits_{n\to\infty} e^{|x|} \frac{|x|^{n+1}}{(n+1)!} = 0$,由夹逼准则得,$\lim\limits_{n\to\infty} |R_n(x)| = 0$,即有 $\lim\limits_{n\to\infty} R_n(x) = 0$。于是可得幂级数展开式

$$\sin x = x - \frac{x^3}{3!} + \frac{x^5}{5!} - \cdots + (-1)^k \frac{x^{2k+1}}{(2k+1)!} + \cdots \quad (-\infty < x < +\infty)$$

如果在 $x=0$ 处附近,用泰勒级数的部分和(即多项式)来近似代替三角函数 $\sin x$,那么随着项数的增加,它们就越来越接近于 $\sin x$,如图 9-3-3 所示。

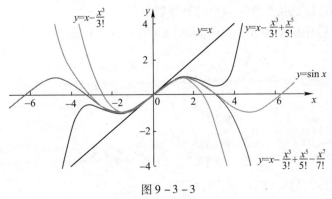

图 9-3-3

事实上,利用上述方法,我们可以得到幂函数$(1+x)^m$(m为任意实数)在开区间$(-1,1)$内可以展开成x的幂级数

$$(1+x)^m = 1 + mx + \frac{m(m-1)}{2!}x^2 + \cdots + \frac{m(m-1)\cdots(m-n+1)}{n!}x^n + \cdots \quad (-1<x<1)$$

(9-3-10)

上述等式请读者自己证明。

通常把式(9-3-10)叫作**二项展开式**。特别地,当m为正整数时,$(1+x)^m$的幂级数展开式为

$$(1+x)^m = 1 + mx + \frac{m(m-1)}{2!}x^2 + \cdots + mx^{m-1} + x^m$$

这就是代数学中的**二项式定理**。

通过计算可得,对应于$m=\frac{1}{2}$与$-\frac{1}{2}$的二项展开式分别为

$$\sqrt{1+x} = 1 + \frac{1}{2}x - \frac{1}{2\times 4}x^2 + \frac{1\times 3}{2\times 4\times 6}x^3 - \frac{1\times 3\times 5}{2\times 4\times 6\times 8}x^4 + \cdots \quad (-1 \leqslant x \leqslant 1)$$

$$\frac{1}{\sqrt{1+x}} = 1 - \frac{1}{2}x + \frac{1\times 3}{2\times 4}x^2 - \frac{1\times 3\times 5}{2\times 4\times 6}x^3 + \frac{1\times 3\times 5\times 7}{2\times 4\times 6\times 8}x^4 - \cdots \quad (-1 < x \leqslant 1)$$

以上将函数展开成幂级数的例子,是直接按公式$a_n = \frac{f^{(n)}(x_0)}{n!}$计算幂级数的系数,最后考察余项$R_n(x)$是否趋近于零。这种直接展开的方法计算量较大,而且研究余项即使在初等函数中也不是一件容易的事。下面介绍一种简便有效的方法——**间接法**。它就是利用一些已知函数的幂级数展开式,通过幂级数运算(四则运算、逐项求导、逐项积分)以及变量代换等,将所给函数展开成幂级数。这样做不但计算简单,而且可以避免研究余项。

前面我们已经求得的幂级数展开式有

$$e^x = \sum_{n=0}^{\infty} \frac{1}{n!} x^n \quad (-\infty < x < +\infty) \quad (9-3-11)$$

$$\sin x = \sum_{k=0}^{\infty} \frac{(-1)^k}{(2k+1)!} x^{2k+1} \quad (-\infty < x < +\infty) \quad (9-3-12)$$

$$\frac{1}{1+x} = \sum_{n=0}^{\infty} (-1)^n x^n \quad (-1 < x < 1) \quad (9-3-13)$$

下面利用**间接法**得到几个常见函数的幂级数展开式。

把式(9-3-11)中的x换成$-x$、x^2、$x\ln a (a>0, a\neq 1)$,可得

$$e^{-x} = \sum_{n=0}^{\infty} \frac{1}{n!} (-x)^n \quad (-\infty < x < +\infty)$$

$$e^{x^2} = \sum_{n=0}^{\infty} \frac{1}{n!} x^{2n} \quad (-\infty < x < +\infty)$$

$$a^x = \sum_{n=0}^{\infty} \frac{(\ln a)^n}{n!} x^n \quad (-\infty < x < +\infty)$$

将式(9-3-12)两边同时对x求导,可得

$$(\sin x)' = \left[\sum_{k=0}^{\infty} \frac{(-1)^k}{(2k+1)!} x^{2k+1}\right]' \quad (-\infty < x < +\infty)$$

即有

$$\cos x = \sum_{k=0}^{\infty} \left[\frac{(-1)^k}{(2k+1)!} x^{2k+1}\right]' = \sum_{k=0}^{\infty} \frac{(-1)^k}{(2k)!} x^{2k} \quad (-\infty < x < +\infty)$$

对式(9-3-13)两边从 0 到 x 积分,可得

$$\int_0^x \frac{1}{1+x} dx = \int_0^x \sum_{n=0}^{\infty} (-1)^n x^n dx$$

$$= \sum_{n=0}^{\infty} \int_0^x (-1)^n x^n dx = \sum_{n=0}^{\infty} \frac{(-1)^n}{n+1} x^{n+1} \quad (-1 < x < 1)$$

即有

$$\ln(1+x) = \sum_{n=1}^{\infty} \frac{(-1)^{n-1}}{n} x^n \quad (-1 < x \leqslant 1) \tag{9-3-14}$$

把式(9-3-13)中的 x 换成 x^2,可得

$$\frac{1}{1+x^2} = \sum_{n=0}^{\infty} (-1)^n x^{2n} \quad (-1 < x < 1)$$

上式两边从 0 到 x 积分,可得

$$\arctan x = \sum_{n=0}^{\infty} \frac{(-1)^n}{2n+1} x^{2n+1} \quad (-1 \leqslant x \leqslant 1)$$

下面再举几个用间接法把函数展开成幂级数的例子。

例 9-3-9 将函数 $f(x) = (1-x)\ln(1+x)$ 展开成 x 的幂级数。

解 因为

$$\ln(1+x) = \sum_{n=1}^{\infty} \frac{(-1)^{n-1}}{n} x^n \quad (-1 < x \leqslant 1)$$

则有

$$f(x) = (1-x) \sum_{n=1}^{\infty} \frac{(-1)^{n-1}}{n} x^n = \sum_{n=1}^{\infty} \frac{(-1)^{n-1}}{n} x^n - \sum_{n=1}^{\infty} \frac{(-1)^{n-1}}{n} x^{n+1}$$

$$= x + \sum_{n=2}^{\infty} \frac{(-1)^{n-1}}{n} x^n - \sum_{n=2}^{\infty} \frac{(-1)^n}{n-1} x^n$$

$$= x + \sum_{n=2}^{\infty} \frac{(-1)^{n-1}(2n-1)}{n(n-1)} x^n \quad (-1 < x \leqslant 1)$$

例 9-3-10 将函数 $f(x) = \sin x$ 展开成 $\left(x - \frac{\pi}{4}\right)$ 的幂级数。

解 因为

$$\sin x = \sin\left[\frac{\pi}{4} + \left(x - \frac{\pi}{4}\right)\right] = \sin\frac{\pi}{4}\cos\left(x - \frac{\pi}{4}\right) + \cos\frac{\pi}{4}\sin\left(x - \frac{\pi}{4}\right)$$

$$= \frac{\sqrt{2}}{2}\left[\cos\left(x - \frac{\pi}{4}\right) + \sin\left(x - \frac{\pi}{4}\right)\right]$$

又
$$\cos\left(x-\frac{\pi}{4}\right)=1-\frac{\left(x-\frac{\pi}{4}\right)^2}{2!}+\frac{\left(x-\frac{\pi}{4}\right)^4}{4!}-\cdots\quad(-\infty<x<+\infty)$$

$$\sin\left(x-\frac{\pi}{4}\right)=\left(x-\frac{\pi}{4}\right)-\frac{\left(x-\frac{\pi}{4}\right)^3}{3!}+\frac{\left(x-\frac{\pi}{4}\right)^5}{5!}-\cdots\quad(-\infty<x<+\infty)$$

则有
$$\sin x=\frac{\sqrt{2}}{2}\left[1+\left(x-\frac{\pi}{4}\right)-\frac{\left(x-\frac{\pi}{4}\right)^2}{2!}-\frac{\left(x-\frac{\pi}{4}\right)^3}{3!}+\cdots\right]\quad(-\infty<x<+\infty)$$

(9-3-15)

注 三角函数 $\sin x$ 在点 $x_0=0$ 处的泰勒展开式和在 $x_0=\frac{\pi}{4}$ 处的泰勒展开式虽然不同，但它们从不同角度表达了函数 $\sin x$。式(9-3-15)两边分别对 x 求导，得余弦函数 $\cos x$ 在 $x_0=\frac{\pi}{4}$ 处的泰勒展开式：

$$\cos x=\frac{\sqrt{2}}{2}\left[1-\left(x-\frac{\pi}{4}\right)-\frac{\left(x-\frac{\pi}{4}\right)^2}{2!}+\frac{\left(x-\frac{\pi}{4}\right)^3}{3!}+\cdots\right]\quad(-\infty<x<+\infty)$$

例 9-3-11 将函数 $f(x)=\dfrac{1}{x^2+4x+3}$ 展开成 $(x-1)$ 的幂级数。

解 因为
$$f(x)=\frac{1}{x^2+4x+3}=\frac{1}{(x+1)(x+3)}=\frac{1}{2(1+x)}-\frac{1}{2(3+x)}$$
$$=\frac{1}{2(2+x-1)}-\frac{1}{2(4+x-1)}=\frac{1}{4\left(1+\frac{x-1}{2}\right)}-\frac{1}{8\left(1+\frac{x-1}{4}\right)}$$

又
$$\frac{1}{4\left(1+\frac{x-1}{2}\right)}=\frac{1}{4}\sum_{n=0}^{\infty}\frac{(-1)^n}{2^n}(x-1)^n\quad\left(-1<\frac{x-1}{2}<1\right)$$

$$\frac{1}{8\left(1+\frac{x-1}{4}\right)}=\frac{1}{8}\sum_{n=0}^{\infty}\frac{(-1)^n}{4^n}(x-1)^n\quad\left(-1<\frac{x-1}{4}<1\right)$$

则有
$$f(x)=\frac{1}{x^2+4x+3}=\sum_{n=0}^{\infty}(-1)^n\left(\frac{1}{2^{n+2}}-\frac{1}{2^{2n+3}}\right)(x-1)^n\quad(-1<x<3)$$

用幂级数来表示函数，是局部逼近，用已知点的信息来表达未知点信息和用简单函数近似复杂函数的本质就构成了幂级数公式发展的基础（函数展开与函数近似），主要用于函数的近似计算，已成为现代数学许多分支的基础。其应用也十分广泛，例如极限计算、数值计算、微分方程数值解以及稳定性判别等。

需要注意的是,在函数$f(x)$的幂级数展开式中,如果取x为收敛域内任意一点,则可以得到对应常数项级数的和。例如,在指数函数e^x的麦克劳林展开式

$$e^x = \sum_{n=0}^{\infty} \frac{1}{n!}x^n \quad (-\infty < x < +\infty)$$

中,令$x = 1$,则有

$$e = 1 + 1 + \frac{1}{2!} + \cdots + \frac{1}{n!} + \cdots$$

类似地可以得到

$$\sin 1 = 1 - \frac{1}{3!} + \frac{1}{5!} - \frac{1}{7!} - \cdots + (-1)^k \frac{1}{(2k+1)!} + \cdots$$

$$\cos 1 = 1 - \frac{1}{2!} + \frac{1}{4!} - \frac{1}{6!} + \cdots + (-1)^k \frac{1}{(2k)!} + \cdots$$

$$\ln 2 = 1 - \frac{1}{2} + \frac{1}{3} - \frac{1}{4} - \cdots + (-1)^{n-1}\frac{1}{n} + \cdots \tag{9-3-16}$$

例 9-3-12 求常数项级数$\sum_{n=0}^{\infty} (-1)^n \frac{n+1}{(2n+1)!}$的和。

解
$$\sum_{n=0}^{\infty} (-1)^n \frac{n+1}{(2n+1)!} = \frac{1}{2} \sum_{n=0}^{\infty} (-1)^n \frac{2n+2}{(2n+1)!}$$
$$= \frac{1}{2}\left[\sum_{n=0}^{\infty} (-1)^n \frac{2n+1}{(2n+1)!} + \sum_{n=0}^{\infty} (-1)^n \frac{1}{(2n+1)!}\right]$$
$$= \frac{1}{2}\left[\sum_{n=0}^{\infty} (-1)^n \frac{1}{(2n)!} + \sum_{n=0}^{\infty} (-1)^n \frac{1}{(2n+1)!}\right]$$
$$= \frac{\cos 1 + \sin 1}{2}$$

下面,主要介绍幂级数在近似计算中的应用。给定一个函数,在该函数的幂级数展开式的有效区间上,函数值可以近似地利用这个幂级数按精度要求计算出来。

例 9-3-13 计算$\ln 2$的近似值,要求误差不超过0.0001。

解 由式$(9-3-16)$可得

$$\ln 2 = 1 - \frac{1}{2} + \frac{1}{3} - \frac{1}{4} - \cdots + (-1)^{n-1}\frac{1}{n} + \cdots$$

取上述级数前n项的和作为$\ln 2$的近似值,其误差为

$$|r_n| \leq \frac{1}{n+1}$$

为了使得误差不超过0.0001,就需要取该级数的前10000项进行计算,但这样做计算量太大了,我们必须用收敛较快的级数来代替它。

把式$(9-3-14)$中的x换成$-x$,得

$$\ln(1-x) = -\sum_{n=1}^{\infty} \frac{1}{n}x^n \quad (-1 \leq x < 1)$$

两式相减,得到不含有偶次幂的展开式

$$\ln\frac{1+x}{1-x} = \ln(1+x) - \ln(1-x)$$
$$= 2\left(x + \frac{1}{3}x^3 + \frac{1}{5}x^5 + \cdots + \frac{1}{2n-1}x^{2n-1} + \cdots\right) \quad (-1 < x < 1)$$

令 $\frac{1+x}{1-x} = 2$,则有 $x = \frac{1}{3}$。将 $x = \frac{1}{3}$ 代入上式可得

$$\ln 2 = 2 \times \left(\frac{1}{3} + \frac{1}{3} \times \frac{1}{3^3} + \frac{1}{5} \times \frac{1}{3^5} + \frac{1}{7} \times \frac{1}{3^7} + \cdots + \frac{1}{2n-1}\frac{1}{3^{2n-1}} + \cdots\right)$$

取前四项作为 $\ln 2$ 的近似值,其误差为

$$|r_4| = 2\left(\frac{1}{9} \times \frac{1}{3^9} + \frac{1}{11} \times \frac{1}{3^{11}} + \frac{1}{13} \times \frac{1}{3^{13}} + \cdots\right)$$
$$< \frac{2}{3^{11}} \times \left[1 + \frac{1}{9} + \left(\frac{1}{9}\right)^2 + \cdots\right] = \frac{2}{3^{11}} \times \frac{1}{1-\frac{1}{9}} = \frac{1}{4 \times 3^9} < \frac{1}{70000} < 0.0001$$

于是取

$$\ln 2 \approx 2 \times \left(\frac{1}{3} + \frac{1}{3} \times \frac{1}{3^3} + \frac{1}{5} \times \frac{1}{3^5} + \frac{1}{7} \times \frac{1}{3^7}\right)$$

考虑到舍入误差,计算时应取五位小数:

$$\frac{1}{3} \approx 0.33333, \quad \frac{1}{3} \times \frac{1}{3^3} \approx 0.01235,$$
$$\frac{1}{5} \times \frac{1}{3^5} \approx 0.00082, \quad \frac{1}{7} \times \frac{1}{3^7} \approx 0.00007$$

因此得

$$\ln 2 \approx 0.6931$$

再例如,前面我们得到了幂级数展开式

$$\arctan x = \sum_{n=0}^{\infty} \frac{(-1)^n}{2n+1} x^{2n+1} \quad (-1 \leq x \leq 1)$$

取 $x = 1$,则有

$$\frac{\pi}{4} = 1 - \frac{1}{3} + \frac{1}{5} - \frac{1}{7} + \cdots$$

事实上,如果利用上式来计算 π 的近似值,由于上级数的收敛速度太慢,要达到一定精度的话,计算量比较大。但如果我们取 $x = \frac{\sqrt{3}}{3}$,则可得

$$\frac{\pi}{6} = \frac{\sqrt{3}}{3} \times \left(1 - \frac{1}{3 \times 3} + \frac{1}{5 \times 3^2} - \frac{1}{7 \times 3^3} + \cdots - \frac{1}{19 \times 3^9} + \cdots\right)$$

即

$$\pi = 2\sqrt{3}\left(1 - \frac{1}{3 \times 3} + \frac{1}{5 \times 3^2} - \frac{1}{7 \times 3^3} + \cdots - \frac{1}{19 \times 3^9} + \cdots\right)$$

这一级数的收敛速度就快得多了,同时这也是一个 Leibniz 级数,其误差不超过被舍去部分的第一项的绝对值。由于 $\frac{2\sqrt{3}}{19 \times 3^9} < 10^{-5}$,所以前 9 项之和已经精确到小数点后第四位,即有

$$\pi \approx 3.1416$$

利用幂级数不仅可计算一些函数值的近似值,而且可计算一些定积分的近似值和求解微分方程。具体地说,如果被积函数在积分区间上能展开成幂级数,那么把这个幂级数逐项积分,用积分后的级数就可以算出定积分的近似值。

例 9 – 3 – 14 计算 $\int_0^1 e^{-x^2} dx$ 的近似值,要求误差不超过 0.0001。

解 由于我们无法将 e^{-x^2} 的原函数用初等函数表示出来,因而不能用牛顿 – 莱布尼茨公式直接计算定积分 $\int_0^1 e^{-x^2} dx$ 的值,但是利用被积函数的幂级数展开式,可以计算出它的近似值,并精确到任意事先要求的精度。

前面我们得到了被积函数 e^{-x^2} 的幂级数展开式为

$$e^{-x^2} = 1 - x^2 + \frac{x^4}{2!} - \frac{x^6}{3!} + \frac{x^8}{4!} \quad (-\infty < x < +\infty)$$

从 0 到 1 逐项积分,得

$$\int_0^1 e^{-x^2} dx = 1 - \frac{1}{3} + \frac{1}{10} - \frac{1}{42} + \frac{1}{216} - \frac{1}{1320} + \frac{1}{9360} - \frac{1}{75600} + \cdots$$

这是一个莱布尼茨级数,其误差不超过被舍去部分的第一项的绝对值。由于

$$\frac{1}{75600} < 1.5 \times 10^{-5}$$

因此前面 7 项之和具有四位有效数字,故有

$$\int_0^1 e^{-x^2} dx \approx 0.7486$$

例 9 – 3 – 15 计算 $\int_0^1 \frac{\sin x}{x} dx$ 的近似值,要求误差不超过 0.0001。

解 利用 $\sin x$ 的麦克劳林展开式,得

$$\frac{\sin x}{x} = 1 - \frac{1}{3!}x^2 + \frac{1}{5!}x^4 - \frac{1}{7!}x^6 + \cdots, \quad x \in (-\infty, +\infty)$$

所以

$$\int_0^1 \frac{\sin x}{x} dx = 1 - \frac{1}{3 \times 3!} + \frac{1}{5 \times 5!} - \frac{1}{7 \times 7!} + \cdots$$

这是一个收敛的交错级数,第四项 $\frac{1}{7 \times 7!} < \frac{1}{3000} < 0.0001$,故取前 3 项作为积分的近似值,得

$$\int_0^1 \frac{\sin x}{x} dx \approx 1 - \frac{1}{3 \times 3!} + \frac{1}{5 \times 5!} \approx 0.9461$$

例 9 – 3 – 16 求方程 $y'' - xy = 0$ 满足 $y(0) = 0, y'(0) = 1$ 的特解。

解 假设 $y(x) = a_0 + a_1 x + a_2 x^2 + \cdots + a_n x^n + \cdots$,则

$$y'(x) = a_1 + 2a_2 x + \cdots + na_n x^{n-1} + \cdots$$
$$y''(x) = 2a_2 + \cdots + n(n-1)a_n x^{n-2} + \cdots$$

有 $y(0) = a_0 = 0, y'(0) = a_1 = 1$,将 y, y'' 代入方程整理得

$$2a_2 + (3\times 2 a_3 - a_0)x + \cdots + (n(n-1)a_n - a_{n-3})x^{n-2} + \cdots = 0$$

所以

$$\begin{cases} a_0 = 0 \\ a_1 = 1 \\ a_2 = 0 \\ a_n = \dfrac{a_{n-3}}{n(n-1)} \quad (n = 3, 4, \cdots) \end{cases}$$

即

$$a_{3n} = a_{3n+2} = 0, \quad a_{3n+1} = \frac{1}{(3n+1)\times 3n \times \cdots \times 7 \times 6 \times 4 \times 3} \quad (n = 1, 2, \cdots)$$

所以 $y = x + \dfrac{1}{3\times 4} x^4 + \cdots + \dfrac{1}{(3n+1)\times 3n \times \cdots \times 7 \times 6 \times 4 \times 3} x^{3n+1} + \cdots$。

例 9-3-7 证明欧拉公式 $e^{ix} = \cos x + i\sin x$。

证明:

因为 $e^x = \sum_{n=0}^{\infty} \dfrac{1}{n!} x^n$, $\sin x = \sum_{k=0}^{\infty} \dfrac{(-1)^k}{(2k+1)!} x^{2k+1}$, $\cos x = \sum_{k=0}^{\infty} \dfrac{(-1)^k}{(2k)!} x^{2k}$ $(-\infty < x < +\infty)$

所以

$$e^{ix} = \sum_{n=0}^{\infty} \frac{1}{n!}(ix)^n = \sum_{n=0}^{\infty} \frac{1}{n!} i^n x^n = \sum_{k=0}^{\infty} \frac{(-1)^k}{(2k)!} x^{2k} + i\sum_{k=0}^{\infty} \frac{(-1)^k}{(2k+1)!} x^{2k+1}$$
$$= \cos x + i\sin x \quad (-\infty < x < +\infty)$$

当 $x = \pi i$ 时,$e^{\pi i} = \cos\pi + i\sin\pi = -1$,$e^{\pi i} + 1 = 0$,这就是被誉为数学上最美的公式。

习题 9-3

(A)

1. 填空题:

(1) 若幂级数 $\sum_{n=1}^{\infty} a^n \left(\dfrac{x-3}{2}\right)^n$ 在 $x = 0$ 处收敛,则在 $x = 5$ 处_____(收敛、发散)。

(2) 若 $\lim_{n \to +\infty} \left|\dfrac{c_n}{c_{n+1}}\right| = 2$,则幂级数 $\sum_{n=0}^{\infty} c_n x^{2n}$ 的收敛半径为_____。

(3) $\sum_{n=1}^{\infty} \dfrac{(-3)^n x^n}{n}$ 的收敛域_____。 (4) $\sum_{n=1}^{\infty} \dfrac{3 + (-1)^n}{3^n} x^n$ 的收敛域_____。

(5) $\sum_{n=1}^{\infty} (-1)^n \dfrac{x^{2n+1}}{n \cdot 2^n}$ 的收敛域_____。 (6) $\sum_{n=0}^{\infty} \dfrac{1+n}{1+n^2}(x-2)^n$ 的收敛域_____。

2. 求下列幂级数的收敛域:

(1) $\sum_{n=1}^{\infty} \frac{3^n}{n^2+1} x^n$;   (2) $\sum_{n=1}^{\infty} \frac{2n-1}{2^n} x^{2n-2}$;   (3) $\sum_{n=1}^{\infty} \frac{3^n+(-2)^n}{n}(x+1)^n$;

(4) $\sum_{n=1}^{\infty} n!(2x+1)^n$;   (5) $\sum_{n=1}^{\infty} \frac{(4x+3)^n}{(\ln n)^n}$;   (6) $\sum_{n=1}^{\infty} (-1)^n \frac{x^{2n}}{n!}$。

3. 若幂级数 $\sum_{n=1}^{\infty} a_n x^n$ 的收敛域是 $[-9, 9)$,写出 $\sum_{n=1}^{\infty} a_n x^{2n}$ 的收敛域。

4. 利用逐项求导或逐项积分,求下列级数在收敛区间内的和函数:

(1) $\sum_{n=1}^{\infty} n x^{n-1} (-1 < x < 1)$;

(2) $\sum_{n=1}^{\infty} \frac{x^{2n-1}}{2n-1} (-1 < x < 1)$,并求级数 $\sum_{n=1}^{\infty} \frac{1}{(2n-1)2^n}$ 的和。

5. 求幂级数 $\sum_{n=1}^{\infty} n(x-1)^n$ 的收敛域及其和函数。

6. 若 $\sum_{n=1}^{\infty} a_n 5^n$ 收敛,试判断下列级数的敛散性:

(1) $\sum_{n=1}^{\infty} a_n (-5)^n$;   (2) $\sum_{n=1}^{\infty} a_n (-3)^n$;   (3) $\sum_{n=1}^{\infty} a_n (-7)^n$。

7. 证明若 $\lim_{n \to \infty} \sqrt[n]{|a_n|} = \rho$,其中 $\rho \neq 0$,则级数 $\sum_{n=1}^{\infty} a_n x^n$ 的收敛半径为 $R = \frac{1}{\rho}$。

8. 若 $\sum_{n=1}^{\infty} a_n x^n$ 对所有 $n \geq 0$ 有 $a_{n+4} = a_n$,求级数的收敛区间及和函数的表达式。

9. 若 $\sum_{n=1}^{\infty} a_n (x-x_0)^n$ 对所有 n 有 $a_n \neq 0$,证明若 $\lim_{n \to \infty} \left| \frac{a_n}{a_{n+1}} \right|$ 存在,则该级数的收敛半径 $R = \lim_{n \to \infty} \left| \frac{a_n}{a_{n+1}} \right|$。

10. 将下列函数展开成 x 的幂级数,并求展开式成立的区间:

(1) 3^x;

(2) $\ln(x^2 + 3x + 2)$;

(3) $\left(1 + \frac{x^2}{2}\right) \cos x$;

(4) $(1+x) \ln(1+x)$。

11. 将函数 $f(x) = \frac{1}{(1+x)^2}$ 在 $x_0 = 1$ 处展开成幂级数。

12. 将函数 $f(x) = \frac{1}{3+x}$ 展开成 $(x-2)$ 的幂级数。

13. 将函数 $f(x) = x \ln(1+x^2) + 2 \arctan x$ 展开成 x 的幂级数。

14. 利用函数的幂级数展开式求 $\sqrt[9]{522}$ 的近似值(误差不超过 0.00001)。

15. 利用被积函数的幂级数展开式求定积分 $\int_0^{0.5} \frac{dx}{1+x^4}$ 的近似值(误差不超过 0.00001)。

16. 证明函数 $f(x) = \sum_{n=0}^{\infty} \frac{(-1)^n x^{2n}}{(2n)!}$ 是微分方程 $f''(x) + f(x) = 0$ 的解。

17. 证明函数 $f(x) = \sum_{n=0}^{\infty} \dfrac{x^n}{n!}$ 是微分方程 $f'(x) = f(x)$ 的解,且 $f(x) = e^x$。

18. 利用几何级数 $\sum_{n=0}^{\infty} x^n$ 求下面级数的和:

(1) $\sum_{n=0}^{\infty} nx^{n-1} \, |x| < 1$; (2) $\sum_{n=0}^{\infty} nx^n \, |x| < 1$;

(3) $\sum_{n=0}^{\infty} n(n-1)x^n \, |x| < 1$; (4) $\sum_{n=0}^{\infty} \dfrac{n}{2^n}$;

(5) $\sum_{n=0}^{\infty} \dfrac{n^2}{2^n}$; (6) $\sum_{n=0}^{\infty} \dfrac{n^2 - n}{2^n}$。

19. 用 $\arctan x$ 的幂级数证明 $\pi = 2\sqrt{3} \sum_{n=0}^{\infty} \dfrac{(-1)^n}{(2n+1)3^n}$。

(B)

1. 若幂级数 $\sum_{n=1}^{\infty} \dfrac{(2x-a)^n}{2n-1}$ 的收敛域为 $[3,4)$,求常数 a。

2. 求幂级数 $\sum_{n=0}^{\infty} \dfrac{n+1}{2^n} x^n$ 的和函数,并求 $\sum_{n=0}^{\infty} \dfrac{n+1}{2^n}$ 的值。

3. 求级数 $\sum_{n=1}^{\infty} \dfrac{1}{n(2n+1)2^n}$ 的和。$\left(\text{提示:令 } f(x) = \sum_{n=1}^{\infty} \dfrac{1}{2n(2n+1)} x^{2n+1}\right)$

4. 将函数 $f(x) = \dfrac{1}{4}\ln\dfrac{1+x}{1-x} + \dfrac{1}{2}\arctan x - x$ 展开成 x 的幂级数。

5. 利用 $\sum_{n=1}^{\infty} (-1)^{n-1} \dfrac{1}{n^2} = \dfrac{\pi^2}{12}$,计算 $\int_0^1 \dfrac{\ln(1+x)}{x} dx$。

6. 将函数 $f(x) = \dfrac{x}{(1-x^2)^2}$ 展开成麦克劳林级数,并求 $f^{(9)}(0)$。

7. 利用级数的幂级数展开式求 ln3 的近似值,使得误差不超过 0.0001。

8. 计算定积分 $\dfrac{2}{\sqrt{\pi}} \int_0^{\frac{1}{2}} e^{-x^2} dx$ 的近似值,使得误差不超过 $0.0001 \left(\text{取} \dfrac{1}{\sqrt{\pi}} \approx 0.54619\right)$。

9. 设 y 由隐函数方程 $\int_0^x e^{t^2} dt = y e^{-x^2}$ 确定:

(1) 证明 y 满足微分方程 $y' - 2xy = 1$;

(2) 把 y 展开成 x 的幂级数;

(3) 写出它的收敛域。

10. 距离地球表面高为 h 处质量为 m 的物体受到的重力为

$$F = \dfrac{mgR^2}{(R+h)^2}$$

式中 R 为地球半径,g 是重力加速度。

(1) 将 F 表示为 $\dfrac{h}{R}$ 的幂级数;

(2) 观察当 h 远远小于地球半径 R 时,我们可以使用级数的第一项近似 F,即我们经常使

用的表达式 $F \approx mg$,使用交错级数估计当近似式 $F \approx mg$ 的精度在 1% 以内时,h 的取值范围(取 $R = 6400 \text{km}$)。

11. **斐波那契(Fibonacci)数列**的通项式为

$$F_0 = F_1 = 1, F_{n+1} = F_n + F_{n-1} \quad (n = 1, 2, \cdots)$$

若记 $f(x) = F_0 + F_1 x + F_2 x^2 + \cdots F_n x^n + \cdots$,那么

$$f(x) = 1 + x + \sum_{n=0}^{\infty} F_{n+2} x^{n+2} = 1 + x + \sum_{n=0}^{\infty} (F_{n+1} + F_n) x^{n+2} = 1 + x + x(f(x) - 1) + x^2 f(x)$$

整理后得到 $f(x) = \dfrac{1}{1 - x - x^2}$。试利用 $f(x)$ 的幂级数展开式证明:

$$F_n = \frac{1}{\sqrt{5}} \left[\left(\frac{1 + \sqrt{5}}{2} \right)^{n+1} - \left(\frac{1 - \sqrt{5}}{2} \right)^{n+1} \right] \quad (n = 0, 1, 2, \cdots)$$

§9.4 傅里叶级数

音乐与数学有什么关系? 莱布尼茨说:"音乐就它的基础来说,是数学的;就它的出现来说,是直觉的。"爱因斯坦说:"我们这个世界可以由数学的公式组成,也可以由音乐的音符组成。"同一首乐曲不同的乐器演奏出来的效果大不相同,同一首歌不同的歌手演唱的音效也不尽一样,这是因为音色不同。那么造成音色不同的原因是什么? 电子琴为什么可以弹奏出不同乐器的音色? 通过本节课的学习,你会明白频率为 μ 的声音实际上是由频率为 μ(元音或基音)、2μ(第一泛音)、3μ(第二泛音)、4μ(第三泛音)、……,按照一定的比例组合而成,组合的比例不同则音色不同,因而电子琴可以按照不同的比例合成出诸如钢琴、小提琴、二胡等乐器的音色。

正弦函数是工程上最容易得到的周期函数,那么对于一个周期函数在满足什么情况下可以把它用不同倍频的正弦函数表示,其表示形式是否唯一? 从阿基米德开始,很多大数学家一直在孜孜不倦地寻找用简单函数较好地近似代替复杂函数的途径。除了理论上的需要之外,它对实际应用领域的意义更是不可估量。但在微积分发明之前,这个问题一直没有获得本质上的突破。英国数学家泰勒在 17 世纪初找到了用幂函数的(无限)线性组合表示一般函数 $f(x)$ 的方法,即通过泰勒展开将函数化为幂级数形式

$$f(x) = \sum_{n=0}^{\infty} \frac{f^{(n)}(x_0)}{n!} (x - x_0)^n$$

经过理论上的完善之后,它很快成为了微分学(乃至整个函数论)的重要工具之一。但是,函数的泰勒展开式在应用中有一定的局限性。用 $f(x)$ 的 n 次泰勒多项式

$$p_n(x) = \sum_{k=0}^{n} \frac{f^{(k)}(x_0)}{k!} (x - x_0)^k$$

来近似地代替函数 $f(x)$,要求 $f(x)$ 至少 n 阶可导,这一条件对许多实际问题来说是过于苛刻的(特别是在发现了许多不可导甚至不连续的重要函数之后);同时,一般来说泰勒多项式仅在点 x_0 附近与 $f(x)$ 吻合得较为理想,也就是说,它只有局部性质。为此有必要寻找函数的新的级数展开方法。

在科学和工程领域,会常常遇到周期现象或者一定时长(一个有限区间)的观测结果,例

如各种各样的振动,交流电压和电流,听到一段音乐,看到一段视频等,为了描述和分析这些周期或有限时长的现象,就需要用到周期函数。正弦函数和余弦函数是最简单的周期函数,由最简单的简谐振动产生,可以表示为

$$y = A\sin(\omega t + \varphi)$$

式中:y表示动点的位置,t表示时间,A为振幅,φ为初相位。

然而,客观世界的周期现象是复杂多样的,不能都以简单的正弦函数来表述,如何研究这一类非正弦函数呢?从物理学上,很多振动现象可以看成若干个不同的振动现象之和。事实上,对于更一般的情形,早在18世纪中叶,伯努利·丹尼尔在解决弦振动问题时就提出了这样的见解:任意复杂的振动都可以分解成一系列简谐振动之和。用数学语言来描述即为:在一定条件下,任意周期为$T = \dfrac{2\pi}{\omega}$的函数$f(t)$,都可用一系列分别以$T, \dfrac{T}{2}, \dfrac{T}{3}, \cdots$为周期的正弦函数所组成的级数表示,即

$$f(t) = A_0 + \sum_{n=1}^{\infty} A_n \sin(n\omega t + \varphi_n) \qquad (9-4-1)$$

式中:$A_0, A_n, \varphi_n (n = 1, 2, 3, \cdots)$都是常数。将式(9-4-1)中的正弦函数用和角公式展开:

$$A_n \sin(n\omega t + \varphi_n) = A_n \sin\varphi_n \cos n\omega t + A_n \cos\varphi_n \sin n\omega t$$

令$\dfrac{a_0}{2} = A_0, a_n = A_n \sin\varphi_n, b_n = A_n \cos\varphi_n (n = 1, 2, 3, \cdots), x = \omega t$,则式(9-4-1)就变成了以$2\pi$为周期的函数展开的傅里叶级数:

$$f(x) = \dfrac{a_0}{2} + \sum_{n=1}^{\infty} (a_n \cos nx + b_n \sin nx) \qquad (9-4-2)$$

19世纪初,法国数学家和工程师傅里叶在研究热传递问题时,找到了在有限区间上用三角级数来表示一般函数$f(x)$的方法,即把$f(x)$展开成所谓的傅里叶级数。虽然没有给出明确的条件和严格的证明,但是却开创了"傅里叶分析"这一重要的数学分析,拓广了传统数学函数的概念。傅里叶的工作被认为是19世纪科学迈出的极为重要的一步,他对数学的发展特别是信号处理和信号分析的贡献是他同时代的科学家难以预料的。

与函数的泰勒展开相比,函数的傅里叶展开对于函数$f(x)$的要求要宽容得多,并且它的部分和在整个区间都与$f(x)$吻合得较为理想。因此,傅里叶级数是比泰勒级数更有力、适用性更广的工具,它在声学、光学、热力学、电学等研究领域极有价值,在微分方程求解方面更是起着基本的作用。可以说,傅里叶级数理论在整个现代分析学中占有核心的地位。

本节只介绍有关傅里叶级数的一些基本知识,大致包括两个方面:
(1) 如何将一个给定的函数$f(x)$展开成傅里叶级数;
(2) 傅里叶级数的收敛定理。

9.4.1 周期为2π的函数展开成傅里叶级数

假设函数$f(x)$为定义在整个实数范围上的以2π为周期的周期函数,且在闭区间$[-\pi, \pi]$上可积。下面我们来研究如何将函数$f(x)$展开成傅里叶级数。除非特别说明,本目中我们总是如此假设。

傅里叶展开的基础是三角函数系的正交性。

所谓三角函数系

$$1, \cos x, \sin x, \cos 2x, \sin 2x, \cdots, \cos nx, \sin nx, \cdots \tag{9-4-3}$$

在闭区间$[-\pi,\pi]$上**正交**,就是指在三角函数系(9-4-3)中任何不同的两个函数的乘积在闭区间$[-\pi,\pi]$上的定积分等于零,即

$$\int_{-\pi}^{\pi} 1 \cdot \cos nx \, dx = 0 \quad (n=1,2,3,\cdots)$$

$$\int_{-\pi}^{\pi} 1 \cdot \sin nx \, dx = 0 \quad (n=1,2,3,\cdots)$$

$$\int_{-\pi}^{\pi} \cos kx \cos nx \, dx = 0 \quad (k,n=1,2,3,\cdots, k \neq n)$$

$$\int_{-\pi}^{\pi} \sin kx \sin nx \, dx = 0 \quad (k,n=1,2,3,\cdots, k \neq n)$$

$$\int_{-\pi}^{\pi} \sin kx \cos nx \, dx = 0 \quad (k,n=1,2,3,\cdots)$$

以上五个等式都可以通过计算定积分来验证,现将第三个等式进行证明:

利于三角函数中的积化和差公式以及定积分的计算方法,当$k \neq n$时,有

$$\int_{-\pi}^{\pi} \cos kx \cos nx \, dx = \frac{1}{2} \int_{-\pi}^{\pi} [\cos(k+n)x + \cos(k-n)x] \, dx$$

$$= \frac{1}{2} \left[\frac{\sin(k+n)x}{k+n} + \frac{\sin(k-n)x}{k-n} \right]_{-\pi}^{\pi}$$

$$= 0 \quad (k,n=1,2,3,\cdots, k \neq n)$$

在三角函数系(9-4-3)中两个相同函数的乘积在闭区间$[-\pi,\pi]$上的定积分不等于零,即

$$\int_{-\pi}^{\pi} 1^2 \, dx = 2\pi$$

$$\int_{-\pi}^{\pi} \cos^2 nx \, dx = \pi, \int_{-\pi}^{\pi} \sin^2 nx \, dx = \pi \quad (n=1,2,3,\cdots)$$

下面先来讨论这样一个问题:假定函数$f(x)$可以展开成如下形式的三角级数

$$f(x) = \frac{a_0}{2} + \sum_{n=1}^{\infty} (a_n \cos nx + b_n \sin nx)$$

也就是说假定等式右边的三角级数收敛于$f(x)$,如何来确定三角级数中的系数a_k和b_k。我们自然要问:系数a_k和b_k与函数$f(x)$之间存在着怎样的关系?换句话说,如何利用$f(x)$把系数a_k和b_k表达出来?

为此,进一步假设式(9-4-2)右端的三角级数可以逐项积分。

先求a_0。对式(9-4-2)从$-\pi$到π进行积分,由于假设式(9-4-2)右端的三角级数可逐项积分,即有

$$\int_{-\pi}^{\pi} f(x) \, dx = \int_{-\pi}^{\pi} \frac{a_0}{2} \, dx + \int_{-\pi}^{\pi} \left[\sum_{k=1}^{\infty} (a_k \cos kx + b_k \sin kx) \right] dx$$

$$= \int_{-\pi}^{\pi} \frac{a_0}{2} dx + \sum_{k=1}^{\infty} \left[a_k \int_{-\pi}^{\pi} \cos kx dx + b_k \int_{-\pi}^{\pi} \sin kx dx \right]$$

由三角函数系(9-4-3)的正交性，上式右端除了第一项外其余各项均为零，所以

$$\int_{-\pi}^{\pi} f(x) dx = \frac{a_0}{2} \cdot 2\pi = \pi a_0$$

于是可得

$$a_0 = \frac{1}{\pi} \int_{-\pi}^{\pi} f(x) dx$$

其次求 a_n。用 $\cos nx$ 乘以式(9-4-2)两端后再从 $-\pi$ 到 π 进行积分，即有

$$\int_{-\pi}^{\pi} f(x) \cos nx dx = \frac{a_0}{2} \int_{-\pi}^{\pi} \cos nx dx + \sum_{k=1}^{\infty} \left[a_k \int_{-\pi}^{\pi} \cos kx \cos nx dx + b_k \int_{-\pi}^{\pi} \sin kx \cos nx dx \right]$$

由三角函数系(9-4-3)的正交性，上式右端除了第 $k=n$ 项外其余各项均为零，所以

$$\int_{-\pi}^{\pi} f(x) \cos nx dx = a_n \int_{-\pi}^{\pi} \cos^2 nx dx = a_n \pi$$

于是可得

$$a_n = \frac{1}{\pi} \int_{-\pi}^{\pi} f(x) \cos nx dx \quad (n = 1, 2, 3, \cdots)$$

最后求 b_n。类似地，用 $\sin nx$ 乘以式(9-4-2)两端后再从 $-\pi$ 到 π 进行积分可得

$$b_n = \frac{1}{\pi} \int_{-\pi}^{\pi} f(x) \sin nx dx \quad (n = 1, 2, 3, \cdots)$$

特别地，当 $n=0$ 时，系数 a_n 的表达式正好给出 a_0，因此上述结果可以合并写成

$$\begin{cases} a_n = \dfrac{1}{\pi} \int_{-\pi}^{\pi} f(x) \cos nx dx & (n = 0, 1, 2, \cdots) \\ b_n = \dfrac{1}{\pi} \int_{-\pi}^{\pi} f(x) \sin nx dx & (n = 1, 2, \cdots) \end{cases} \quad (9-4-4)$$

如果式(9-4-4)中的积分都存在，这时由它们定出的系数 $a_0, a_1, b_1, a_2, b_2, \cdots$ 叫作函数 $f(x)$ 的**傅里叶系数**，将这些系数代入式(9-4-2)右端，所得的三角级数

$$\frac{a_0}{2} + \sum_{n=1}^{\infty} (a_n \cos nx + b_n \sin nx) \quad (9-4-5)$$

叫作函数 $f(x)$ 的**傅里叶级数**。

需要注意的是，在上述分析过程中如果我们考虑的闭区间为 $[0, 2\pi]$，则函数 $f(x)$ 的傅里叶系数也可以表达为

$$\begin{cases} a_n = \dfrac{1}{\pi} \int_{0}^{2\pi} f(x) \cos nx dx & (n = 0, 1, 2, \cdots) \\ b_n = \dfrac{1}{\pi} \int_{0}^{2\pi} f(x) \sin nx dx & (n = 1, 2, \cdots) \end{cases}$$

一个定义在 $(-\infty, +\infty)$ 上周期为 2π 的函数 $f(x)$，如果它在一个周期上可积，那么一定可以作出傅里叶级数(9-4-5)。然而，函数 $f(x)$ 的傅里叶级数(15-5-5)是否一定收敛呢?

如果它收敛,它是否一定收敛于函数 $f(x)$？即函数 $f(x)$ 在怎样的条件下,它的傅里叶级数不仅收敛,而且收敛于函数 $f(x)$,或者函数 $f(x)$ 满足什么条件可以展开成傅里叶级数？

下面我们叙述一个收敛定理,它给出关于上述问题的一个重要结论。

定理 9 – 4 – 1 （收敛定理,狄利克雷(Dirichlet)充分条件）设函数 $f(x)$ 是周期为 2π 的周期函数,如果它满足：

（1）在一个周期内连续或只有有限个第一类间断点；

（2）在一个周期内至多只有有限个极值点,那么 $f(x)$ 的傅里叶级数收敛,并且当 x_0 是 $f(x)$ 的连续点时,傅里叶级数收敛于 $f(x_0)$；当 x_0 是 $f(x)$ 的间断点时,傅里叶级数收敛于 $\dfrac{f(x_0^-)+f(x_0^+)}{2}$。

此定理我们不作证明。

由狄利克雷收敛定理可得,只要函数 $f(x)$ 在 $[-\pi,\pi]$ 上至多有有限个第一类间断点,并且不作无限次振动,函数 $f(x)$ 的傅里叶级数在连续点处就收敛于该点的函数值,在间断点处收敛于该点左极限与右极限的算术平均值。此时,我们可以得到函数 $f(x)$ 的傅里叶级数在 $[-\pi,\pi]$ 上的和函数为

$$s(x) = \begin{cases} f(x) & (x\ \text{为}\ f(x)\ \text{的连续点}) \\ \dfrac{f(x^-)+f(x^+)}{2} & (x\ \text{为}\ f(x)\ \text{的第一类间断点}) \\ \dfrac{f(\pi^-)+f(-\pi^+)}{2} & (x = \pm\pi) \end{cases}$$

例如,函数 $f(x)$ 是周期为 2π 的周期函数,且

$$f(x) = \begin{cases} -1 & (-\pi < x \leqslant 0) \\ x^2+1 & (0 < x \leqslant \pi) \end{cases}$$

则 $f(x)$ 满足狄利克雷充分条件,因此 $f(x)$ 的傅里叶级数在 $x = \pi$ 处收敛于

$$\frac{f(\pi^-)+f(-\pi^+)}{2} = \frac{(\pi^2+1)+(-1)}{2} = \frac{\pi^2}{2}$$

事实上,函数展开成傅里叶级数的条件比函数展开成幂级数的条件低得多。记

$$C = \left\{ x \,\bigg|\, f(x) = \frac{1}{2}[f(x^-)+f(x^+)] \right\}$$

则 $f(x)$ 在 C 上的**傅里叶级数展开式**为

$$f(x) = \frac{a_0}{2} + \sum_{n=1}^{\infty}(a_n\cos nx + b_n\sin nx) \quad (x \in C) \tag{9-4-6}$$

其中系数 a_n,b_n 由式(9-4-4)确定。

下面我们给出将周期为 2π 的周期函数 $f(x)$ 展开成傅里叶级数的步骤：

第一步,验证 $f(x)$ 满足狄利克雷充分条件,判定 $f(x)$ 的傅里叶级数收敛；

第二步,由收敛定理的结论,画出和函数 $s(x)$ 的图形,注意与 $f(x)$ 图形的区别和联系；

第三步,利用式(9-4-4)计算傅里叶系数 a_n 和 b_n；

第四步,写出函数 $f(x)$ 的傅里叶级数展开式,x 的范围必须去掉不满足 $f(x) =$

$\dfrac{f(x^-)+f(x^+)}{2}$ 的那些点。

例 9-4-1 设函数 $f(x)$ 是周期为 2π 的周期函数,它在 $[-\pi,\pi)$ 上的表达式为

$$f(x)=\begin{cases} -1 & (-\pi \leqslant x < 0) \\ 1 & (0 \leqslant x < \pi) \end{cases}$$

将 $f(x)$ 展开成傅里叶级数。

解 可以验证函数 $f(x)$ 满足狄利克雷充分条件,且在点 $x=k\pi(k=0,\pm1,\pm2,\cdots)$ 处不连续,在其他点处都连续。由收敛定理可知,$f(x)$ 的傅里叶级数收敛,并且当 $x=k\pi$ 时级数收敛于

$$\frac{-1+1}{2}=\frac{1+(-1)}{2}=0$$

当 $x \neq k\pi$ 时级数收敛于 $f(x)$。因此,$f(x)$ 的傅里叶级数的和函数 $s(x)$ 的图形如图 9-4-1 所示。

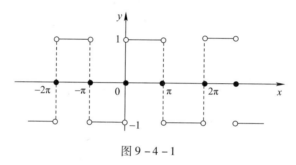

图 9-4-1

计算傅里叶系数如下:

$$\begin{aligned} a_n &= \frac{1}{\pi}\int_{-\pi}^{\pi}f(x)\cos nx\,\mathrm{d}x \\ &= \frac{1}{\pi}\int_{-\pi}^{0}(-1)\cos nx\,\mathrm{d}x + \frac{1}{\pi}\int_{0}^{\pi}1\cdot\cos nx\,\mathrm{d}x \\ &= 0 \quad (n=0,1,2,\cdots) \\ b_n &= \frac{1}{\pi}\int_{-\pi}^{\pi}f(x)\sin nx\,\mathrm{d}x \\ &= \frac{1}{\pi}\int_{-\pi}^{0}(-1)\sin nx\,\mathrm{d}x + \frac{1}{\pi}\int_{0}^{\pi}1\cdot\sin nx\,\mathrm{d}x \\ &= \frac{1}{\pi}\left[\frac{\cos nx}{n}\right]_{-\pi}^{0} + \frac{1}{\pi}\left[-\frac{\cos nx}{n}\right]_{0}^{\pi} \\ &= \frac{1}{n\pi}[1-\cos n\pi - \cos n\pi + 1] = \frac{2}{n\pi}[1-(-1)^n] = \begin{cases} \dfrac{4}{n\pi} & (n=1,3,5,\cdots) \\ 0 & (n=2,4,6,\cdots) \end{cases} \end{aligned}$$

将求得的傅里叶系数代入式(9-4-6),可得 $f(x)$ 的傅里叶级数展开式为

$$f(x)=\frac{4}{\pi}\left[\sin x + \frac{1}{3}\sin 3x + \cdots + \frac{1}{2k-1}\sin(2k-1)x + \cdots\right] \quad (-\infty < x < +\infty;\, x \neq 0,\pm\pi,\pm 2\pi,\cdots)$$

事实上,如果把例 9-4-1 中的函数理解为矩形波的波形函数(周期为 2π,振幅为 1,自变量 x 表示时间),那么上面所得到的傅里叶级数展开式表明:矩形波是由一系列不同频率的正弦波叠加而成的,这些正弦波的频率依次为基波频率的奇数倍。

例 9-4-2 设函数 $f(x)$ 是周期为 2π 的周期函数,它在 $[-\pi,\pi)$ 上的表达式为

$$f(x) = \begin{cases} x & (-\pi \leq x < 0) \\ 0 & (0 \leq x < \pi) \end{cases}$$

将 $f(x)$ 展开成傅里叶级数。

解 可以验证函数 $f(x)$ 满足狄利克雷充分条件,且在点

$$x = (2k+1)\pi \quad (k = 0, \pm 1, \pm 2, \cdots)$$

处不连续,在其他点处都是连续的。由收敛定理可知,$f(x)$ 的傅里叶级数收敛,并且当 $x = (2k+1)\pi$ 时级数收敛于

$$\frac{f(-\pi^+) + f(\pi^-)}{2} = \frac{-\pi + 0}{2} = -\frac{\pi}{2}$$

当 $x \neq (2k+1)\pi$ 时级数收敛于 $f(x)$。因此,$f(x)$ 的傅里叶级数的和函数 $s(x)$ 的图形如图 9-4-2 所示。

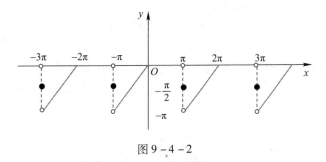

图 9-4-2

计算傅里叶系数如下:

$$a_0 = \frac{1}{\pi}\int_{-\pi}^{\pi} f(x)\,\mathrm{d}x = \frac{1}{\pi}\int_{-\pi}^{0} x\,\mathrm{d}x = \frac{1}{\pi}\left[\frac{x^2}{2}\right]_{-\pi}^{0} = -\frac{\pi}{2}$$

$$a_n = \frac{1}{\pi}\int_{-\pi}^{\pi} f(x)\cos nx\,\mathrm{d}x$$

$$= \frac{1}{\pi}\int_{-\pi}^{0} x\cos nx\,\mathrm{d}x = \frac{1}{\pi}\left[\frac{x\sin nx}{n} + \frac{\cos nx}{n^2}\right]_{-\pi}^{0} = \frac{1 - \cos n\pi}{n^2\pi}$$

$$= \begin{cases} \dfrac{2}{(2k-1)^2\pi}, & n = 2k-1 \\ 0, & n = 2k \end{cases} \quad (k = 1, 2, \cdots)$$

$$b_n = \frac{1}{\pi}\int_{-\pi}^{\pi} f(x)\sin nx\,\mathrm{d}x = \frac{1}{\pi}\int_{-\pi}^{0} x\sin nx\,\mathrm{d}x$$

$$= \frac{1}{\pi}\left[-\frac{x\cos nx}{n} + \frac{\sin nx}{n^2}\right]_{-\pi}^{0} = -\frac{\cos n\pi}{n} = \frac{(-1)^{n+1}}{n} \quad (n = 1, 2, 3, \cdots)$$

将求得的傅里叶系数代入式(9-4-6),可得 $f(x)$ 的傅里叶级数展开式为

$$f(x) = -\frac{\pi}{4} + \left(\frac{2}{\pi}\cos x + \sin x\right)$$
$$-\frac{1}{2}\sin 2x + \left(\frac{2}{3^2\pi}\cos 3x + \frac{1}{3}\sin 3x\right)$$
$$-\frac{1}{4}\sin 4x + \left(\frac{2}{5^2\pi}\cos 5x + \frac{1}{5}\sin 5x\right) - \cdots \quad (-\infty < x < +\infty, x \neq \pm\pi, \pm 3\pi, \cdots)$$

需要注意的是,如果函数 $f(x)$ 只在闭区间 $[-\pi,\pi]$ 上有定义,并且满足狄利克雷充分条件,那么函数 $f(x)$ 也可以展开成傅里叶级数。事实上,我们可在 $[-\pi,\pi)$ 或 $(-\pi,\pi]$ 外补充函数 $f(x)$ 的定义,使它拓广成周期为 2π 的周期函数 $F(x)$。按这种方式拓广函数的定义域的过程称为**周期延拓**。再将 $F(x)$ 展开成傅里叶级数,最后限制 x 在 $(-\pi,\pi)$ 内,此时 $f(x) = F(x)$,这样便得到 $f(x)$ 的傅里叶级数展开式。根据收敛定理,傅里叶级数在区间端点 $x = \pm\pi$ 处收敛于
$$\frac{f(\pi^-) + f(-\pi^+)}{2}$$

例 9-4-3 将函数
$$f(x) = \begin{cases} -x & (-\pi \leqslant x < 0) \\ x & (0 \leqslant x \leqslant \pi) \end{cases}$$
展开成傅里叶级数。

解 可以验证函数 $f(x)$ 满足狄利克雷充分条件,并且拓广为周期为 2π 的周期函数 $F(x)$,则 $F(x)$ 在每一点 x 处都连续,如图 9-4-3 所示。因此函数 $F(x)$ 的傅里叶级数展开式在 $[-\pi,\pi]$ 上收敛于 $f(x)$。

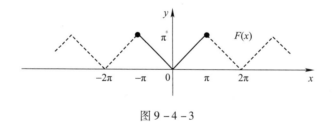

图 9-4-3

计算傅里叶系数如下:
$$a_0 = \frac{1}{\pi}\int_{-\pi}^{\pi} f(x)\mathrm{d}x = \frac{2}{\pi}\int_0^{\pi} x\mathrm{d}x = \pi$$
$$a_n = \frac{1}{\pi}\int_{-\pi}^{\pi} f(x)\cos nx\,\mathrm{d}x$$
$$= \frac{2}{\pi}\int_0^{\pi} x\cos nx\,\mathrm{d}x$$
$$= \frac{2}{n^2\pi}(\cos n\pi - 1)$$
$$= \frac{2}{n^2\pi}[(-1)^n - 1]$$
$$= \begin{cases} -\dfrac{4}{(2k-1)^2\pi} & (n = 2k-1, k = 1,2,\cdots) \\ 0 & (n = 2k, k = 1,2,\cdots) \end{cases}$$

$$b_n = \frac{1}{\pi}\int_{-\pi}^{\pi} f(x)\sin nx \, dx = 0 \quad (n = 1,2,3,\cdots)$$

将求得的傅里叶系数代入式(9-4-5),可得 $f(x)$ 的傅里叶级数展开式为

$$f(x) = \frac{\pi}{2} - \frac{4}{\pi}\sum_{n=1}^{\infty}\frac{1}{(2n-1)^2}\cos(2n-1)x \quad (-\pi \leqslant x \leqslant \pi) \qquad (9-4-7)$$

需要注意的是,在函数 $f(x)$ 的傅里叶级数展开式中,如果取 x 为 $C = \left\{x \mid f(x) = \frac{1}{2}[f(x^-) + f(x^+)]\right\}$ 内任意一点,则可以得到对应常数项级数的和。在例 9-4-3 傅里叶级数展开式(9-4-7)中,令 $x=0$,可得

$$f(0) = \frac{\pi}{2} - \frac{4}{\pi}\sum_{n=1}^{\infty}\frac{1}{(2n-1)^2} = 0$$

则有

$$\frac{\pi^2}{8} = 1 + \frac{1}{3^2} + \frac{1}{5^2} + \cdots$$

设

$$\sigma = 1 + \frac{1}{2^2} + \frac{1}{3^2} + \frac{1}{4^2} + \cdots$$

$$\sigma_1 = 1 + \frac{1}{3^2} + \frac{1}{5^2} + \cdots = \frac{\pi^2}{8}$$

$$\sigma_2 = \frac{1}{2^2} + \frac{1}{4^2} + \frac{1}{6^2} + \cdots$$

$$\sigma_3 = 1 - \frac{1}{2^2} + \frac{1}{3^2} - \frac{1}{4^2} + \cdots$$

因为 $\sigma_2 = \frac{\sigma}{4} = \frac{\sigma_1 + \sigma_2}{4}$,所以

$$\sigma_2 = \frac{\sigma_1}{3} = \frac{\pi^2}{24}, \quad \sigma = \sigma_1 + \sigma_2 = \frac{\pi^2}{6}, \quad \sigma_3 = 2\sigma_1 - \sigma = \frac{\pi^2}{12}$$

9.4.2 正弦级数和余弦级数

一般来说,一个周期为 2π 的周期函数的傅里叶级数既含有正弦项,又含有余弦项。但是,也有一些周期为 2π 的周期函数的傅里叶级数只含有正弦项或者只含有常数项和余弦项。这是什么原因呢？实际上,这些情况是与所给函数 $f(x)$ 的奇偶性有着密切联系。周期为 2π 的函数 $f(x)$ 的傅里叶系数的计算公式为

$$a_n = \frac{1}{\pi}\int_{-\pi}^{\pi} f(x)\cos nx \, dx \quad (n = 0,1,2,\cdots)$$

$$b_n = \frac{1}{\pi}\int_{-\pi}^{\pi} f(x)\sin nx \, dx \quad (n = 1,2,\cdots)$$

由定积分的性质知,奇函数在对称区间上的积分为零,偶函数在对称区间上的积分等于半区间上积分的两倍,则有当 $f(x)$ 为奇函数时, $f(x)\cos nx$ 是奇函数, $f(x)\sin nx$ 是偶函数,故有

$$\begin{cases} a_n = 0 & (n = 0,1,2,\cdots) \\ b_n = \dfrac{2}{\pi}\int_0^\pi f(x)\sin nx\,\mathrm{d}x & (n = 1,2,\cdots) \end{cases}$$

即奇函数的傅里叶级数是只含有正弦项的正弦级数

$$\sum_{n=1}^\infty b_n \sin nx \tag{9-4-8}$$

当 $f(x)$ 为偶函数时，$f(x)\cos nx$ 是偶函数，$f(x)\sin nx$ 是奇函数，故有

$$\begin{cases} a_n = \dfrac{2}{\pi}\int_0^\pi f(x)\cos nx\,\mathrm{d}x & (n = 0,1,2,\cdots) \\ b_n = 0 & (n = 1,2,\cdots) \end{cases}$$

即偶函数的傅里叶级数是只含有常数项和余弦项的余弦级数

$$\frac{a_0}{2} + \sum_{n=1}^\infty a_n \cos nx \tag{9-4-9}$$

例 9-4-4 设函数 $f(x)$ 是周期为 2π 的周期函数，它在 $[-\pi,\pi)$ 上的表达式为

$$f(x) = x$$

将 $f(x)$ 展开成傅里叶级数。

解 可以验证函数 $f(x)$ 满足狄利克雷充分条件，且在点

$$x = (2k+1)\pi \quad (k = 0, \pm 1, \pm 2, \cdots)$$

处不连续，在其他点处都连续。由收敛定理可知，$f(x)$ 的傅里叶级数收敛，并且当 $x = (2k+1)\pi$ 时级数收敛于

$$\frac{f(-\pi^+) + f(\pi^-)}{2} = \frac{\pi + (-\pi)}{2} = 0$$

当 $x \neq (2k+1)\pi$ 时级数收敛于 $f(x)$。因此，$f(x)$ 的傅里叶级数的和函数 $s(x)$ 的图形如图 9-4-4 所示。

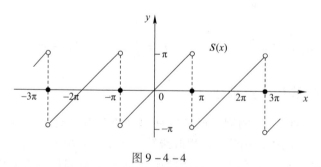

图 9-4-4

若不考虑 $x = (2k+1)\pi (k = 0, \pm 1, \pm 2, \cdots)$ 这些点，则函数 $f(x)$ 是周期为 2π 的奇函数，即傅里叶系数 $a_n = 0 (n = 0,1,2,\cdots)$，而

$$\begin{aligned} b_n &= \frac{2}{\pi}\int_0^\pi f(x)\sin nx\,\mathrm{d}x = \frac{2}{\pi}\int_0^\pi x\sin nx\,\mathrm{d}x \\ &= \frac{2}{\pi}\left[-\frac{x\cos nx}{n} + \frac{\sin nx}{n^2}\right]_0^\pi \\ &= -\frac{2}{n}\cos n\pi = \frac{2}{n}(-1)^{n+1} \quad (n = 1,2,\cdots) \end{aligned}$$

将求得的傅里叶系数 b_n 代入式(9-4-8),可得 $f(x)$ 的傅里叶级数展开式为

$$f(x) = x = 2\left(\sin x - \frac{1}{2}\sin 2x + \frac{1}{3}\sin 3x - \cdots\right)$$

$$= 2\sum_{n=1}^{\infty} \frac{(-1)^{n+1}}{n}\sin nx \quad (-\infty < x < +\infty, x \neq \pm\pi, \pm 3\pi, \cdots)$$

例 9-4-5 将周期函数

$$u(t) = E|\sin t|$$

展开成傅里叶级数,其中 E 为正常数。

解 可以验证函数 $u(t)$ 满足狄利克雷充分条件,且在定义域 R 内处处连续。由收敛定理可知,$u(t)$ 的傅里叶级数收敛于 $u(t)$,即 $u(t)$ 的傅里叶级数的和函数即为 $u(t)$,它的图形如图 9-4-5 所示。

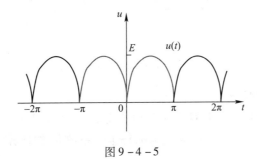

图 9-4-5

因为 $u(t)$ 为偶函数,则傅里叶系数 $b_n = 0 (n = 1, 2, 3, \cdots)$,而

$$a_0 = \frac{2}{\pi}\int_0^{\pi} u(t)\mathrm{d}t = \frac{2}{\pi}\int_0^{\pi} E\sin t\mathrm{d}t = \frac{4E}{\pi}$$

$$a_n = \frac{2}{\pi}\int_0^{\pi} u(t)\cos nt\mathrm{d}t = \frac{2}{\pi}\int_0^{\pi} E\sin t\cos nt\mathrm{d}t$$

$$= \frac{E}{\pi}\int_0^{\pi}[\sin(n+1)t - \sin(n-1)t]\mathrm{d}t$$

$$= \frac{E}{\pi}\left[-\frac{\cos(n+1)t}{n+1} + \frac{\cos(n-1)t}{n-1}\right]_0^{\pi} \quad (n \neq 1)$$

$$= \begin{cases} -\dfrac{4E}{[(2k)^2 - 1]\pi}, & \text{当 } n = 2k \\ 0, & \text{当 } n = 2k+1 \end{cases} \quad (k = 1, 2, \cdots)$$

$$a_1 = \frac{2}{\pi}\int_0^{\pi} u(t)\cos t\mathrm{d}t = \frac{2}{\pi}\int_0^{\pi} E\sin t\cos t\mathrm{d}t = 0$$

将求得的傅里叶系数 a_n 代入式(9-4-9),可得 $f(x)$ 的傅里叶级数展开式为

$$u(t) = E|\sin t| = \frac{4E}{\pi}\left(\frac{1}{2} - \frac{1}{3}\cos 2t - \frac{1}{15}\cos 4t - \frac{1}{35}\cos 6t - \cdots\right)$$

$$= \frac{2E}{\pi}\left[1 - 2\sum_{n=1}^{\infty}\frac{\cos 2nt}{4n^2 - 1}\right] \quad (-\infty < t < +\infty)$$

在实际问题(如波动问题,热的传导、扩散问题)中,有时还需要把定义在区间 $[0, \pi]$ 上的

函数 $f(x)$ 展开成正弦级数或余弦级数。

根据前面讨论的结果,这类展开问题可以按如下的方法解决:设函数 $f(x)$ 定义在 $[0,\pi]$ 上并且满足狄利克雷条件,我们在开区间 $(-\pi,0)$ 内补充函数 $f(x)$ 的定义,得到定义在 $(-\pi,\pi]$ 上的函数 $F(x)$,并使得 $F(x)$ 在开区间 $(-\pi,\pi)$ 上为奇函数(或偶函数)。通常把按这种方式拓广函数定义域的过程称为**奇延拓**(或**偶延拓**)。然后将奇延拓(或偶延拓)后的函数 $F(x)$ 展开成傅里叶级数,这个级数必定是正弦级数(或余弦级数)。此时,当 $x \in (0,\pi]$ 时 $f(x) = F(x)$,这样便得到 $f(x)$ 的正弦级数(或余弦级数)展开式。

例如将函数

$$\varphi(x) = x \quad (0 \leqslant x \leqslant \pi)$$

作奇延拓,再作偶延拓,即为例 9-4-4 中的函数,由例 9-4-4 的结果有

$$x = 2\sum_{n=1}^{\infty} \frac{(-1)^{n+1}}{n} \sin nx \quad (0 \leqslant x < \pi)$$

例 9-4-6 将函数

$$f(x) = x + 1 \quad (0 \leqslant x \leqslant \pi)$$

分别展开成正弦级数和余弦级数。

解 先展开成正弦级数。为此对函数 $f(x)$ 作奇延拓,如图 9-4-6 所示。

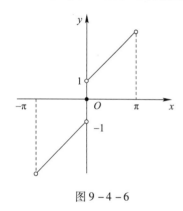

图 9-4-6

因为 $a_n = 0$,傅里叶系数 b_n 的计算如下:

$$\begin{aligned}
b_n &= \frac{2}{\pi}\int_0^\pi f(x)\sin nx \,\mathrm{d}x = \frac{2}{\pi}\int_0^\pi (x+1)\sin nx \,\mathrm{d}x \\
&= \frac{2}{\pi}\left(\int_0^\pi x\sin nx \,\mathrm{d}x + \int_0^\pi \sin nx \,\mathrm{d}x\right) \\
&= \frac{2}{n\pi}(1 - \pi\cos n\pi - \cos n\pi) \\
&= \begin{cases} \dfrac{2}{\pi} \cdot \dfrac{\pi + 2}{n} & (n = 1,3,5,\cdots) \\ -\dfrac{2}{n} & (n = 2,4,6,\cdots) \end{cases}
\end{aligned}$$

将求得的傅里叶系数 b_n 代入式(9-4-8),可得 $f(x)$ 的正弦级数展开式为

$$f(x) = x + 1 = \frac{2}{\pi}\left[(\pi+2)\sin x - \frac{\pi}{2}\sin 2x + \frac{1}{3}(\pi+2)\sin 3x - \cdots\right] \quad (0 < x < \pi)$$

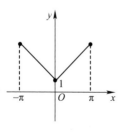

图 9-4-7

在端点 $x = 0$ 处正弦级数收敛于 0,它不等于 $f(0)$;
在端点 $x = \pi$ 处正弦级数收敛于 0,它不等于 $f(\pi)$。

再展开成余弦级数。为此对函数 $f(x)$ 作偶延拓,如图 9-4-7 所示。

因为 $b_n = 0$,傅里叶系数 a_n 的计算如下:

$$a_0 = \frac{2}{\pi}\int_0^\pi (x+1)\,\mathrm{d}x = \pi + 2$$

$$a_n = \frac{2}{\pi}\int_0^\pi (x+1)\cos nx\,\mathrm{d}x$$

$$= \frac{2}{\pi}\left(\int_0^\pi x\cos nx\,\mathrm{d}x + \int_0^\pi \cos nx\,\mathrm{d}x\right)$$

$$= \frac{2}{n^2\pi}(\cos n\pi - 1)$$

$$= \begin{cases} 0 & (\text{当 } n = 2,4,6,\cdots) \\ -\dfrac{4}{n^2\pi} & (\text{当 } n = 1,3,5,\cdots) \end{cases}$$

将求得的傅里叶系数 a_n 代入式(9-4-9),可得 $f(x)$ 的余弦级数展开式为

$$f(x) = x + 1 = \frac{\pi}{2} + 1 - \frac{4}{\pi}\left(\cos x + \frac{1}{3^2}\cos 3x + \frac{1}{5^2}\cos 5x + \cdots\right) \quad (0 \leqslant x \leqslant \pi)$$

9.4.3 周期为 $2l$ 的函数展开成傅里叶级数

前面我们所讨论的周期函数都是以 2π 为周期的,但是实际问题中所遇到的周期函数,它的周期不一定是 2π。下面我们就讨论周期为 $2l$ 的周期函数的傅里叶级数。根据上述讨论的结果,经过对**自变量的变量代换**,可得下面的定理:

定理 9-4-2 设周期为 $2l$ 的周期函数 $f(x)$ 满足狄利克雷充分条件,则 $f(x)$ 的傅里叶级数展开式为

$$f(x) = \frac{a_0}{2} + \sum_{n=1}^\infty \left(a_n\cos\frac{n\pi x}{l} + b_n\sin\frac{n\pi x}{l}\right) \quad (x \in C) \tag{9-4-10}$$

其中

$$\begin{cases} a_n = \dfrac{1}{l}\int_{-l}^l f(x)\cos\dfrac{n\pi x}{l}\,\mathrm{d}x & (n=0,1,2,\cdots) \\ b_n = \dfrac{1}{l}\int_{-l}^l f(x)\sin\dfrac{n\pi x}{l}\,\mathrm{d}x & (n=1,2,3,\cdots) \end{cases} \tag{9-4-11}$$

$$C = \left\{x \,\bigg|\, f(x) = \frac{1}{2}[f(x^-) + f(x^+)]\right\}$$

当 $f(x)$ 为奇函数时

$$f(x) = \sum_{n=1}^\infty b_n\sin\frac{n\pi x}{l}$$

其中

$$b_n = \frac{2}{l}\int_0^l f(x)\sin\frac{n\pi x}{l}\,\mathrm{d}x \quad (n=1,2,\cdots)$$

当 $f(x)$ 为偶函数时

$$f(x) = \frac{a_0}{2} + \sum_{n=1}^\infty a_n\cos\frac{n\pi x}{l}$$

其中

$$a_n = \frac{2}{l}\int_0^l f(x)\cos\frac{n\pi x}{l}\mathrm{d}x \quad (n=0,1,2,\cdots)$$

证明 作变量代换 $z=\frac{\pi x}{l}(-l\leqslant x\leqslant l)$，则有 $-\pi\leqslant z\leqslant\pi$。设函数

$$f(x)=f\left(\frac{lz}{\pi}\right)=F(z)$$

则 $F(z)$ 是周期为 2π 的周期函数，并且满足狄利克雷充分条件，将 $F(z)$ 展开成傅里叶级数

$$F(z)=\frac{a_0}{2}+\sum_{n=1}^{\infty}(a_n\cos nz+b_n\sin nz)$$

其中

$$a_n=\frac{1}{\pi}\int_{-\pi}^{\pi}F(z)\cos nz\mathrm{d}z$$

$$b_n=\frac{1}{\pi}\int_{-\pi}^{\pi}F(z)\sin nz\mathrm{d}z$$

因为 $z=\frac{\pi x}{l}$，$F(z)=f(x)$，则有

$$f(x)=\frac{a_0}{2}+\sum_{n=1}^{\infty}\left(a_n\cos\frac{n\pi}{l}x+b_n\sin\frac{n\pi}{l}x\right)$$

其中

$$a_n=\frac{1}{l}\int_{-l}^{l}f(x)\cos\frac{n\pi}{l}x\mathrm{d}x \quad (n=0,1,2,3,\cdots)$$

$$b_n=\frac{1}{l}\int_{-l}^{l}f(x)\sin\frac{n\pi}{l}x\mathrm{d}x \quad (n=1,2,3,\cdots)$$

类似地，可以证明定理的其余部分。

事实上，周期为 2π 的周期函数的收敛定理以及周期延拓、奇延拓、偶延拓可以推广到周期为 $2l$ 的周期函数。例如函数

$$f(x)=\begin{cases}x & \left(0\leqslant x\leqslant\frac{1}{2}\right)\\ 2-2x & \left(\frac{1}{2}<x<1\right)\end{cases}$$

若记

$$s(x)=\frac{a_0}{2}+\sum_{n=1}^{\infty}a_n\cos(n\pi x)\quad(-\infty<x<+\infty)$$

式中：$a_n=2\int_0^1 f(x)\cos(n\pi x)\mathrm{d}x(n=0,1,2,\cdots)$，则 $s(x)$ 为将 $f(x)$ 进行偶延拓再进行周期延拓所得函数的傅里叶级数，特别地有

$$s\left(-\frac{5}{2}\right)=s\left(-\frac{1}{2}\right)=s\left(\frac{1}{2}\right)=\frac{f\left(\frac{1}{2}+0\right)+f\left(\frac{1}{2}-0\right)}{2}=\frac{3}{4}$$

例 9-4-7 设函数 $f(x)$ 是周期为 4 的周期函数,它在 $[-2,2)$ 上的表达式为

$$f(x) = \begin{cases} 0 & (-2 \leq x < 0) \\ k & (0 \leq x < 2) \end{cases} \quad (k \neq 0)$$

将 $f(x)$ 展开成傅里叶级数。

解 可以判断函数 $f(x)$ 满足狄利克雷充分条件,且由收敛定理可得 $f(x)$ 的傅里叶级数的和函数 $s(x)$ 的图形,如图 9-4-8 所示。

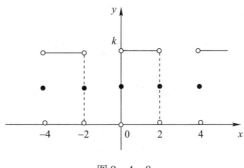

图 9-4-8

注意到 $l=2$,按式 (9-4-11) 有

$$a_0 = \frac{1}{2}\int_{-2}^{0} 0 \mathrm{d}x + \frac{1}{2}\int_{0}^{2} k \mathrm{d}x = k$$

$$a_n = \frac{1}{l}\int_{-l}^{l} f(x)\cos\frac{n\pi}{l}x \mathrm{d}x = \frac{1}{2}\int_{0}^{2} k \cdot \cos\frac{n\pi}{2}x \mathrm{d}x = 0 \quad (n=1,2,\cdots)$$

$$b_n = \frac{1}{2}\int_{0}^{2} k \cdot \sin\frac{n\pi}{2}x \mathrm{d}x = \frac{k}{n\pi}(1-\cos n\pi)$$

$$= \begin{cases} \dfrac{2k}{n\pi} & (\text{当 } n=1,3,5,\cdots) \\ 0 & (\text{当 } n=2,4,6,\cdots) \end{cases}$$

将求得的傅里叶系数 a_n, b_n 代入式 (9-4-10),可得 $f(x)$ 的傅里叶级数展开式为

$$f(x) = \frac{k}{2} + \frac{2k}{\pi}\left(\sin\frac{\pi x}{2} + \frac{1}{3}\sin\frac{3\pi x}{2} + \frac{1}{5}\sin\frac{5\pi x}{2} + \cdots\right) \quad (-\infty < x < +\infty; x \neq 0, \pm 2, \pm 4, \cdots)$$

习题 9-4

(A)

1. 填空题:

(1) 如果 $f(x)$ 是周期为 2π 的周期函数,并且

$$f(x) = \frac{a_0}{2} + \sum_{n=1}^{\infty}(a_n\cos nx + b_n\sin nx)$$

则 $a_0 = $ _____, $a_n = $ _____, $b_n = $ _____ $(n=1,2,\cdots)$;

若 $f(x)$ 又为偶函数,则 $a_0 = $ _____, $a_n = $ _____, $b_n = $ _____ $(n=1,2,\cdots)$。

(2) $f(x)$ 满足收敛定理条件,其傅里叶级数的和函数为 $S(x)$,已知 $f(x)$ 在 $x=0$ 处左连

续,且 $f(0)=-1, S(0)=2$,则 $\lim_{x\to 0^+}f(x)=$ _____。

(3) 设

$$f(x)=\begin{cases}1+\dfrac{x}{\pi} & (-\pi\leqslant x<0)\\ 1+\dfrac{x}{\pi} & (0\leqslant x<\pi)\end{cases}$$

展成以 2π 为周期的傅里叶级数的函数为 $S(x)$,则 $S(-3)=$ _____,$S(12)=$ _____,$S(k\pi)$ _____(k 为整数)。

(4) 设 $f(x)$ 是以 2π 为周期的函数,已知其傅里叶系数是 a_n, b_n,若 $g(x)=f(-x)$,则 $g(x)$ 的傅里叶系数 a_n^*, b_b^* 与 a_n, b_n 的关系是 $a_n^*=$ _____、$b_b^*=$ _____。

(5) $f(x)=e^x\cos x$ 在 $[-\pi,\pi]$ 上的傅里叶系数 $a_0=$ _____,$b_1=$ _____。

2. (1) 试求三角多项式

$$T_n(x)=\dfrac{\alpha_0}{2}+\sum_{k=1}^{n}(\alpha_k\cos kx+\beta_k\sin kx)$$

的傅里叶级数,其中 $\alpha_0,\alpha_k,\beta_k(k=1,2,\cdots,n)$ 为常数;

(2) 将 $f(x)=\cos^2 x$ 展开成傅里叶级数。

3. 将函数 $f(x)=x^2(-\pi\leqslant x\leqslant\pi)$ 展开成傅里叶级数。

4. 以 2π 为周期的周期函数 $f(x)$ 在 $[-\pi,\pi]$ 上的表达式为

$$f(x)=\begin{cases}0 & (-\pi\leqslant x<0)\\ 1 & (0\leqslant x<\pi)\end{cases}$$

将其展开为傅里叶级数。

5. 将函数 $f(x)=\pi-x(0\leqslant x\leqslant\pi)$ 分别展开成:

(1) 正弦级数; (2) 余弦级数。

6. 将函数 $f(x)=2+|x|,(-1\leqslant x\leqslant 1)$ 展开成傅里叶级数。

7. 设周期函数 $f(x)$ 的周期为 2π。证明:

(1) 若 $f(x-\pi)=-f(x)$,则 $f(x)$ 的傅里叶系数 $a_0=0, a_{2k}=0, b_{2k}=0\ (k=1,2,\cdots)$;

(2) 若 $f(x-\pi)=f(x)$,则 $f(x)$ 的傅里叶系数 $a_{2k+1}=0, b_{2k+1}=0\ (k=0,1,2,\cdots)$。

8. 设函数 $f(x)=\begin{cases}-1 & (-\pi<x\leqslant 0)\\ 1+x^2 & (0<x\leqslant\pi)\end{cases}$,则 $f(x)$ 以 2π 为周期的延拓函数的傅里叶级数

在点 $x=0, x=\pi, x=\dfrac{\pi}{2}, x=10, x=-10, x=-10\pi$ 处分别收敛于何值?

(B)

1. 设 $f(x)$ 是周期为 2π 的周期函数,它在区间 $(-\pi,\pi]$ 上定义为

$$f(x)=\begin{cases}2 & (-\pi\leqslant x\leqslant 0)\\ x^3 & (0<x\leqslant\pi)\end{cases}$$

则 $f(x)$ 的傅里叶级数在 $x=\pi$ 处收敛于 _____。

2. 设
$$f(x) = \begin{cases} (x+2\pi)^2 & (-\pi \leq x < 0) \\ x^2 & (0 \leq x < \pi) \end{cases}$$
试按狄利克雷收敛定理在 $[-\pi, \pi]$ 上给出函数 $f(x)$ 的傅里叶级数的和函数 $s(x)$ 的表达式。

3. 设 $f(x)$ 是周期为 2π 的函数,它在 $[-\pi, \pi]$ 上的表达式为
$$f(x) = \begin{cases} 0 & (-\pi \leq x < 0) \\ e^x & (0 \leq x < \pi) \end{cases}$$
将 $f(x)$ 展成傅里叶级数。

4. 设 $f(x)$ 是周期为 2π 的周期函数,其在 $[-\pi, \pi)$ 上的表达式为 $f(x) = 3x^2 + 1$,将 $f(x)$ 展开为傅里叶级数,并求出 $\sum_{n=1}^{\infty} \frac{(-1)^n}{n^2}$ 的和。

5. 将 $f(x) = x^2 (-1 \leq x \leq 1)$ 展开成以 2 为周期的傅里叶级数,并由该级数求下列常数项级数的和:

(1) $\sum_{n=1}^{\infty} \frac{1}{n^2}$;   (2) $\sum_{n=1}^{\infty} (-1)^{n+1} \frac{1}{n^2}$ 。

6. 将函数 $f(x) = 2 + |x| (-1 \leq x \leq 1)$ 展开成以 2 为周期的傅里叶级数,并由此求级数 $\sum_{n=1}^{\infty} \frac{1}{n^2}$ 的和。

7. 证明:当 $0 \leq x \leq \pi$ 时, $\sum_{n=1}^{\infty} \frac{\cos n\pi x}{n^2} = \frac{x^2}{4} - \frac{\pi x}{2} + \frac{\pi^2}{6}$ 。

8. 将函数 $f(x) = e^x$ 在 $(-\pi, \pi)$ 内展开成傅里叶级数,并求级数 $\sum_{n=1}^{\infty} \frac{1}{1+n^2}$ 的和。

参 考 文 献

[1] 同济大学应用数学系．高等数学[M]．7版．北京：高等教育出版社，2015．
[2] 邓乐斌．高等数学的基本概念与方法[M]．武汉：华中科技大学出版社，2004．
[3] 朱勇，张小柔，林益等．高等数学中的反例[M]．武汉：华中理工大学出版社，1986．
[4] 韩云瑞．微积分概念解析[M]．北京：高等教育出版社，2007．
[5] 魏战线．工科数学分析基础释疑解难[M]．北京：高等教育出版社，2007．
[6] 侯风波．高等数学[M]．5版．北京：高等教育出版社，2018．
[7] VARBERG D，PURCELL E J，RIGDON S E．微积分[M]．刘深全，张万芹，张同斌，等译．北京：机械工业出版社，2011．
[8] 徐永琳，田巧玉，文艳艳．微积分探究性学习的理论与实践研究[M]．北京：中国水利水电出版社，2016．
[9] STEWART J．微积分（上册）[M]．白峰杉，等译．北京：高等教育出版社，2004．
[10] STEWART J．微积分（下册）[M]．白峰杉，等译．北京：高等教育出版社，2004．
[11] 芬尼，韦尔，焦尔当诺．托马斯微积分[M]．叶其孝，王耀东，唐兢，译．北京：高等教育出版社，2011．
[12] 华东师范大学数学系．数学分析[M]．北京：高等教育出版社，1997．
[13] 明清河．数学分析的思想与方法[M]．济南：山东大学出版社，2004．
[14] 阿德里安·班纳．普林斯顿微积分读本[M]．杨爽，赵晓婷，等译．2版．北京：人民邮电出版社，2016．
[15] 王维克．数学之旅：数学的抽象与心智的荣耀[M]．北京：高等教育出版社，2019．
[16] 齐民友．重温微积分[M]．北京：高等教育出版社，2019．
[17] 刘春凤，等．高等数学——基础教程[M]．北京：清华大学出版社，2013．
[18] 刘春凤，等．高等数学——实训教程[M]．北京：清华大学出版社，2013．
[19] 华东师范大学数学系．数学分析[M]．5版．北京：高等教育出版社，2019．
[20] 陈纪修，於崇华，金路．数学分析[M]．3版．北京：高等教育出版社，2010．
[21] 王高雄，周之铭，朱思铭，等．常微分方程[M]．4版．北京：高等教育出版社，2020．
[21] 丁同仁，李承治．常微分方程教程[M]．3版．北京：高等教育出版社，2022．
[22] 周义仓，靳祯，秦军林．常微分方程及其应用[M]．2版．北京：科学出版社，2010．
[23] 朱建民，李建平．高等数学[M]．2版．北京：高等教育出版社，2015．
[24] 李继成，朱晓平．高等数学[M]．北京：高等教育出版社，2021．
[25] 马知恩，王绵森．工科数学分析基础[M]．3版．北京：高等教育出版社，2018．
[26] 吴赣昌．应用数学基础（应用型本科版）[M]．北京：中国人民大学出版社，2018．
[27] 龚昇．简明微积分[M]．4版．北京：高等教育出版社，2018．
[28] STEWART J. Calculus[M]. Boston：Cengage Learning，2020．
[29] MATTHEWS P C. Vector Calculus [M]. New York：Springer，2000．
[30] 斯彻．散度、旋度、梯度释义（图解版）[M]．李雄伟，夏爱生，段志坚，等译．北京：机械工业出版社，2005．